SUMMARY OF PROPERTIES OF SWITCHING ALGEBRA

P1a.	$a + b = b + a$	P1b.	$ab = ba$		**Commutative**
P2a.	$a + (b + c) = (a + b) + c$	P2b.	$a(bc) = (ab)c$		**Associative**
P3a.	$a + 0 = a$	P3b.	$a \cdot 1 = a$		**Identity**
P3aa.	$0 + a = a$	P3bb.	$1 \cdot a = a$		
P4a.	$a + 1 = 1$	P4b.	$a \cdot 0 = 0$		**Null**
P4aa.	$1 + a = 1$	P4bb.	$0 \cdot a = 0$		
P5a.	$a + a' = 1$	P5b.	$a \cdot a' = 0$		**Complement**
P5aa.	$a' + a = 1$	P5bb.	$a' \cdot a = 0$		
P6a.	$a + a = a$	P6b.	$a \cdot a = a$		**Idempotency**
P7.	$(a')' = a$				**Involution**
P8a.	$a(b + c) = ab + ac$	P8b.	$a + bc = (a + b)(a + c)$		**Distributive**
P9a.	$ab + ab' = a$	P9b.	$(a + b)(a + b') = a$		**Adjacency**
P9aa.	$a'b' + a'b + ab + ab' = 1$	P9bb.	$(a' + b')(a' + b)(a + b)(a + b') = 0$		
P10a.	$a + a'b = a + b$	P10b.	$a(a' + b) = ab$		**Simplification**
P11a.	$(a + b)' = a'b'$	P11b.	$(ab)' = a' + b'$		**DeMorgan**
P11aa.	$(a + b + c \ldots)' = a'b'c' \ldots$	P11bb.	$(abc \ldots)' = a' + b' + c' \ldots$		
P12a.	$a + ab = a$	P12b.	$a(a + b) = a$		**Absorption**
P13a.	$at_1 + a't_2 + t_1 t_2 = at_1 + a't_2$	P13b.	$(a + t_1)(a' + t_2)(t_1 + t_2)$ $= (a + t_1)(a' + t_2)$		**Consensus**
P14a.	$ab + a'c = (a + c)(a' + b)$				

GATES

OR

a	b	a + b
0	0	0
0	1	1
1	0	1
1	1	1

AND

a	b	ab
0	0	0
0	1	0
1	0	0
1	1	1

NOT

a	a'
0	1
1	0

NAND

a	b	(a b)'
0	0	1
0	1	1
1	0	1
1	1	0

NOR

a	b	(a + b)'
0	0	1
0	1	0
1	0	0
1	1	0

Exclusive-OR

a	b	$a \oplus b$
0	0	0
0	1	1
1	0	1
1	1	0

Exclusive-NOR

a	b	$(a \oplus b)'$
0	0	1
0	1	0
1	0	0
1	1	1

디지털 논리설계

3rd Edition

디지털 논리설계

Introduction to Logic Design

최종필 · 강정원 · 김성신 · 김종화
송상훈 · 예윤해 · 이현수 공역

Alan B. Marcovitz

McGraw Hill

INTRODUCTION TO LOGIC DESIGN, 3rd Edition

7 8 9 0   MHE-KOREA   20 22

                 Original: Introduction to Logic Design, 3rd Edition
                            By Alan B. Marcovitz
                            ISBN 978-0-07-319164-5

Korean ISBN   978-89-6055-142-8   93560

Printed in Korea

디지털논리설계, 3판

발 행 일 / 2010년 1월 10일 1쇄
              2022년 1월 5일 7쇄
저　　　자 / Alan B. Marcovitz
역　　　자 / 최종필, 강정원, 김성신, 김종화
              송상훈, 예윤해, 이현수
발 행 인 / 총텍멩(CHONG TECK MENG)
발 행 처 / 맥그로힐에듀케이션코리아 유한회사
주　　　소 / 서울시 마포구 양화로 45, 8층 801호
              (서교동, 메세나폴리스)
전　　　화 / (02)325-2351
등록번호 / 제2013-000122호(2012.12.28)

ISBN: 978-89-6055-142-8

판 매 처 / (주)교보문고
문　　　의 / 02)3156-3681
정　　　가 / 30,000원

이 책은 컴퓨터과학, 컴퓨터공학, 전기공학을 전공하는 학생들에게 논리설계를 소개하기 위해 계획되었다. 공학기초나 초급 프로그래밍 과정을 이수했으면 더 좋겠지만 특별히 선수과목을 필요로 하지는 않는다.

이 책은 기본원리를 강조하며 많은 예제를 통하여 가르친다. 논리설계를 배우는 유일한 길은 많은 설계 문제를 다루는 것이라는 것이 저자의 철학이다. 따라서 책의 본문에 많은 예제뿐 아니라 각 장마다 문제와 답이 있는 문제풀이가 있고 많은 연습문제(일부 해답은 부록 B에 있다)와 장 테스트(해답은 부록 C에 있다)가 있다. 또한 부록 E에는 6개의 완전한 예제(문제 정의에서부터 논리 설계까지)가 있다. 이중에 3개는 조합논리로서 3장 이후부터 사용할 수 있고, 나머지는 순차논리로서 7장 이후부터 사용할 수 있을 것이다. 이론과 실제 세계를 이어줄 수 있도록 실습에 관한 내용을 제공한다. 부록 D에는 표준 하드웨어 실습(칩, 스위치, 등, 와이어), 브레드보드 시뮬레이션(PC나 매킨토시), 그리고 스키메틱 캡처 툴을 가지고 실습을 위한 배경 설명을 한다. 실습을 하지 않을 수도 있지만 8에서 10가지의 실습을 추가하면 학생들에게 커다란 도움이 될 것이다.

큰 시스템 설계에는 컴퓨터-이용 설계 툴들이 많이 이용되지만 학생들은 기초를 우선 이해해야 한다. 첫 교과 소개에서는 많은 것을 보여주는 것보다 기초적인 것이 더 도움이 된다. 스키메틱 캡처 실습과 4장과 8장의 HDL에 관한 절은 컴퓨터-이용 툴을 이용하는 다음 교과과정으로의 전이를 수월하게 할 것이다.

1장에서는 간단한 소개와 이 책에서 사용되는 수 체계에 대한 개요를 설명한다(이 부분을 전에 배웠다면 건너뛰어도 된다).

2장에서는 조합시스템의 설계 과정 단계와 진리표의 개발에 관해서 설명한다. 다음에는 스위치 대수와 스위칭 함수를 기본 게이트로(AND, OR, NOT, NAND, NOR, Exclusive-OR, Exclusive-NOR) 구현하는 것을 소개한다. 여기서는 게이트의 논리적 특징만 논의되지 전자공학적인 구현은 논의되지 않는다.

카르노 맵은 3장에서야 소개되지만 대수적 단순화와 같이 사용하기를 원하면 2.6절 다음에 3.1절을 다룰 수도 있다. 대수에서 맵으로의 연관에 관한 많은 예제가 부록 A에 있다.

3장에서는 카르노 맵을 이용한 단순화를 다룬다. 단일출력과 다중출력 문제를 해결하는 방법을 제시한다.

v

4장에서는 조합문제를 푸는 두 가지 알고리즘 방법인 Quine-McCluskey 방법과 반복된 합의 방법을 소개한다. 두 방법 모두 함수나 함수들의 집합에 대해서 주내포항을 만들고 최소 곱의합 해를 찾기 위해서 표를 이용한 방법을 사용한다.

5장에서는 더 큰 조합 시스템의 설계를 다룬다. 가산기, 비교기, 디코더, 인코더, 우선순위 인코더, 멀티플렉서와 같은 많은 상용 장치들을 소개한다. ROM, PLA, PAL과 같이 중규모 조합 시스템을 구현하기 위한 논리배열의 사용에 관한 설명이 뒤따른다. 마지막으로 2개의 큰 시스템을 설계한다.

6장에서는 순차시스템을 소개한다. 래치와 플립플롭의 동작을 살펴보는 것으로 시작한다. 다음에는 순차시스템의 동작을 분석하는 기법을 설명한다.

7장에서는 순차시스템의 설계 과정을 소개한다. 카운터에 대한 경우를 설명하고, 마지막에는 문제의 구술로부터 상태표나 상태도를 개발하는 해법을 상세히 다룬다.

8장에서는 큰 순차시스템을 살펴본다. 시프트 레지스터와 카운터의 설계를 살펴보는 것으로 시작한다. 다음에는 PLD(메모리가 있는 논리 배열)가 나온다. 더 복잡한 시스템의 설계에 사용되는 3가지 기법인 ASM도, 원-핫 인코딩, HDL을 설명한다. 마지막에는 큰 시스템에 대한 2개의 예를 제시한다.

이 책의 특징 하나는 문제풀이에 있다. 각 장에 있는 많은 문제는 본문에서 소개한 기법을 예시하면서 자세한 풀이를 적어 놓았다. 학생들은 먼저 문제들을 (해답을 보지 않고) 풀어보고 나서 자신이 한 것을 해답과 비교를 하는 것을 추천한다.

각 장에는 많은 연습문제가 있다. 선택된 문제들의 해답은 부록 B에 있다. 해답집은 웹사이트를 통해서 강사에게 제공된다. 또한 모든 장에는 장 테스트로 끝을 맺는다. 이에 대한 해답은 부록 C에 있다.

이 책의 또 다른 독특한 점은 부록 D에 있는 실습예제이다. 여기에는 하드웨어 기반의 Logic Lab(칩과 전선 등을 이용), 컴퓨터 스크린 상에서 선들을 "연결하는" 하드웨어 시뮬레이터, 회로 캡처 프로그램인 LogicWorks의 3가지 플랫폼을 소개한다. 학생들이 다양한 실험에 대한 실습을 수행할 수 있을 정도의 충분한 정보를 제공한다. 26가지 실습문제가 제공된다. 이중의 일부는 강사가 세부적인 내용을 변경할 수 있도록 선택사양이 제시된다.

이 책을 교재로 사용하면 주당 3.5시간의 강의와 8번의 실습을 수행하여 4학점의 교과과정으로 운영할 수 있다(실습에 대한 일정은 없지만 대학원 조교를 이용해서 실습을 수행할 수 있다). 이 교과과정은 다음을 다룬다.

1장: 모든 내용
2장: 2.11을 제외한 모든 내용
3장: 모든 내용
5장: 5.8을 제외한 모든 내용. 하지만 내용에 따라 10퍼센트는 어려운 문제이며, 2내지 3인이 그룹을 만들어서 작업을 한다.

6장: 모든 내용

7장: 모든 내용

8장: 8.1, 8.2, 8.3. 가끔 8.7절에 기반한 두 번째 프로젝트를 낸다.

9장과 4장: 가끔은 이것 중에 하나를 볼 시간이 있지만 두 장을 모두 다룬 적은 없다.

시간이 더 모자라면 2.10절의 내용을 최소한으로 다룰 수 있다. 3.5절은 연속성을 해치지 않는다. 3.6절은 5.7.2절에서 PLA를 설명할 때 사용되기도 한다. 5장은 본문 다른 곳에서는 사용되지 않지만, 많은 주제들이 학생들에게 필요할 것이다. 강사는 주제를 선택할 수 있다. 6장과 7장에서 SR과 T 플립플롭은 생략할 수 있다. 7.2절과 7.3절은 생략해도 연속성을 잃지 않는다. 5장과 같이 8장의 주제를 선택할 수 있다. 시간이 약간 있으면 9.1절을 다룰 수도 있다. 시간이 좀 더 있으면 여기를 생략하고 분할을 이용한 상태축소(9.2절과 9.3절)를 다룰 수도 있다.

웹 사이트

이 책과 더불어 이용할 수 있는 강의 보조자료가 웹 사이트에 있다. 학생들은 퀴즈 파일과 테스트 예제를 이용할 수 있고, 강사들은 풀이 매뉴얼, 강의 요약 등을 이용할 수 있다. 웹 사이트 주소는 http://www.mhhe.com/marcovitz이다.

전자 교재 선택

이 책은 CourseSmart를 통해서 강사나 학생들에게 제공될 수도 있다. CourseSmart는 기존 교재의 거의 반값으로 전체 본문을 온라인으로 구매할 수 있도록 한다. 전자책을 구매하면 CourseSmart의 웹 툴을 이용해서 전체 본문검색, 노트와 중요지점 표시, 동급생과의 이메일 등을 할 수 있다. CourseSmart에 대한 더 많은 내용은 http://www.CourseSmart.com을 참조하라.

감사의 글

내 아내 Allyn의 격려와 원고를 작성하느라고 사무실에 있을 때 무수한 시간을 참아준 것에 감사한다. Florida Atlantic University의 동료들이 원고의 일부를 읽어주었다. 책을 만들도록 밀어준 학과장인 Mohammad Ilyas, Roy Levow, Borko Fuhrt에게 감사를 표하고 싶다. 학생들은 더 좋은 책이 되도록 자극을 주고, 제안과 교정을 해 주었다. 원고를 검토해 주신 분들은 다음과 같다.

Kurt Behpour, California Polytechnic State University

Noni M. Bohonak, University of South Carolina Lancaster

Frank Candocia, Florida International University

Paula Cheslik, Glendale Community College

William D. Eads, Colorado State University

Nikrouz Faroughi, Sacramento State University

Jose A. Gonzalez-Cueto, Dalhousie University

William M. Jones, Jr., U.S. Naval Academy

Timothy P. Kurzweg, Drexel University

Rod Milbrandt, Rochester Community and Technical College

Shuo Pand, Embry-Riddle Aeronautical University

Martin Reisslein, Arizona State University

Martha Sloan, Michigan Tech

Wei Wang, Indiana University-Purdue University Indianapolis

Xiaohe We, Bethune-Cookman University

Tong Zhang, Rensselaer Polytechnic Institute

이들은 많은 조언과 제안을 해주었다. 이들의 노력에 의해서 이 책은 더 좋아질 수 있었다. 마지막으로 McGraw-Hill의 직원들, 특히 Darlene Schueller, Raghu Srinivasan, Curt Reynolds, Brenda Rolwes, Jane Mohr와 Lachina Publishing Services의 Emily가 없었으면 이 책은 완성되지 못했을 것이다.

Alan Marcovitz

디지털 논리회로 시스템은 전기전자 컴퓨터공학 분야의 학생들이 배우는 기초과목이다. 이 교과목의 의의는 다음과 같다.

컴퓨터와 같은 디지털 시스템의 회로장치는 전자회로 부품으로 구성되었지만 이 책은 논리적 관점 이상에서 시스템을 분석하고 설계할 수 있게 한다. 따라서 전기전자 컴퓨터공학 분야의 학생뿐 아니라 전산응용이나 정보공학 분야의 학생처럼 전기전자공학의 전자회로에 대한 기초 지식이 없다고 하더라도 디지털 시스템에 접근할 수 있도록 한다. 이제까지 컴퓨터의 내부가 블랙박스로 보였던 사람에게 이 책은 컴퓨터 내부를 훤히 들여다볼 수 있게 만드는 첫 발을 내딛게 할 것이다.

또한 이 책에서는 스위칭 대수의 기초 이론을 제공함으로써 수학적 논리가 실제 존재하는 세계의 시스템으로 어떻게 형상화되는지를 분명히 보여주고 있다. 대수 체계가 논리로, 논리가 회로와 시스템으로 구현되는 과정이 원리적인 설명과 수많은 예제를 통해서 예시되고 있다.

요즈음 많은 교재들의 추세가 툴 사용법과 실용적인 기교를 소개하는 데 반해서 이 책은 기초적인 원리를 강조하는 편이다. 기본이 잘 닦여 있으면 다양한 응용에 적용하고 계속 변화하는 툴과 기교에 적응하는 것은 쉽다. 또한 실용성을 간과하지 않기 위해서 실습을 위한 툴 소개와 실습 내용을 부록에 담고 있다. 처음에 학생들이 이 책을 편한 마음으로 보기에는 약간의 부담을 느낄 수도 있겠지만 정독하고자 하는 마음이 있으면 많은 것을 얻을 수 있을 것으로 생각한다. 디지털 세상에 첫 발을 내딛으신 여러분, 디지털 세상에 오신 것을 환영합니다.

책은 읽기 쉽고 이해하기 쉬워야 한다는 것을 알면서도 나름 노력에도 불구하고 원하는 만큼의 수준에 이르지 못한 것 같아 못내 아쉬움이 있지만 독자들의 혜량을 바라며, 좀 더 좋은 책이 되도록 노력을 해주신 맥그로힐 출판사에 감사를 드립니다.

역자대표 최종필

차례

소개

이 책은 논리설계라고도 하는 디지털 시스템 설계에 관한 것이다. 디지털 시스템은 모든 신호가 불연속(discrete) 값에 의해 표현되는 시스템이다. 내부적으로 디지털 시스템은 0과 1로 나타내는 두 개의 값을 갖는 신호로 동작한다(다중 값을 갖는 시스템의 구성이 가능하지만 두 개의 값을 갖는 시스템은 더욱 신뢰성이 높으므로, 거의 모든 디지털 시스템은 두 개의 값을 갖는 신호를 이용한다).

컴퓨터와 계산기가 대표적인 예지만, 모든 전자시스템은 많은 디지털 논리회로를 포함하고 있다. CD 플레이어나 iPod 등을 통하여 듣는 음악, 컴퓨터 스크린에 있는 각 화소, 그리고 대부분의 휴대전화의 신호들은 비트(bits)라고 하는 2진수(binary digits)들로 코드화되어 있다.

1.1 논리회로 설계

디지털 시스템은 그림 1.1의 시스템처럼 임의 수의 입력(A, B, ...)과 임의 수의 출력(W, X, ...)을 가질 수 있다. 그림에 나타낸 데이터 입력 외에도 어떤 회로는 클럭(규칙적으로 0과 1 사이를 번갈아 움직이는 또 하나의 입력)이라 부르는 타이밍 신호를 필요로 한다. 6장에서 클럭 신호에 대해 상세히 논의할 것이다.

그림 1.1 디지털 시스템

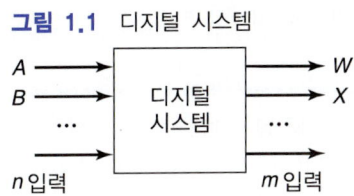

디지털 시스템의 간단한 예가 예제 1.1에 나와 있다.

 **예제 1.1**

세 개의 입력 A, B, C와 한 개의 출력 Z를 갖는 시스템은 두 개의 입력이 1일 때만[1] $Z = 1$이다.

디지털 시스템의 입력과 출력은 실제의 양을 나타낸다. 예제 1.1처럼 두 가지 값 중 하나를 나타내는 2진 값들일 수도 있고, 다른 경우에는 두 가지 이상의 여러 가지 값 중 하나를 나타낼 수도 있다. 예를 들면, 입력이 십진수이거나, 혹은

---

[1] 조건이 맞으면 출력이 1이고, 조건이 맞지 않으면 1이 아니다(0이 되어야함)라는 의미이다.

출력이 이 강좌에 대한 학점일 수가 있다. 이들은 비트라 부르는 2진수들의 집합으로 표현되어야 한다. 이런 과정을 입력과 출력을 2진수로 코딩한다고 부른다 (나중에 이것에 대하여 상세히 논의할 것이다).

이러한 2진수들은 물리적으로 두 개의 전압 중 하나를 표현할 수 있다. 예를 들면, 논리 0에 대해 0 V, 논리 1에 대해 5 V로 나타낼 수 있다. 또는 디스켓에서처럼 한쪽 방향의 자계와 다른 방향의 자계, 입력으로 스위치의 위 방향과 아래 방향, 혹은 출력으로 전등의 on과 off 등으로 나타낼 수 있다. 이 책에서는 이러한 물리적 표현을 다루지 않고 단지 0과 1들로 표시된 것을 다루게 된다. 물리적 표현은 구체적인 실험 실습을 설명할 때 그리고, 말로 나타낸 설명을 보다 형식화한 것으로 해석할 때만 나타난다.

예제 1.1과 같은 디지털 시스템의 동작을 표의 형태로 나타낼 수 있다. 단지 8개의 가능한 입력 조합이 있으므로 모든 입력 조합 각각에 대한 출력이 무엇인지를 열거할 수 있다. 이러한 표는 진리표라고 하며 표 1.1에 보여주고 있다. 진리표에 대한 설명은 이 장의 뒤로 미룬다.

네 개의 다른 예가 예제 1.2부터 1.5까지 주어진다.

표 1.1 예제 1.1에 대한 진리표

A	B	C	Z
0	0	0	0
0	0	1	0
0	1	0	0
0	1	1	1
1	0	0	0
1	0	1	1
1	1	0	1
1	1	1	1

예제 1.2

두 개의 4비트 2진수를 표현하는 8개의 입력과 합을 나타내는 하나의 5비트 출력을 갖는 시스템(각 입력 숫자는 0에서 15까지의 범위에 있고, 출력은 0에서 30까지의 범위에 있을 수 있다).

예제 1.3

하나의 입력 A와 클럭, 그리고 하나의 출력 Z로 구성된 시스템에서 마지막 3개의 연속된 클럭에서 입력이 1일 때만 출력이 1이 된다.

예제 1.4

시간을 시와 분으로 나타내는 디지털시계는 네 개의 십진수와 오전 오후를 위한 AM 또는 PM을 나타낼 수 있어야 한다(첫 번째 숫자는 1이거나 또는 빈칸만을 표시한다). 매 1분마다 시계가 진행되기 위하여 타이밍 신호가 필요하고, 그리고 시간을 세팅할 수 있는 방법이 있어야 한다. 대부분의 디지털시계는 알람 기능이 있어야 하는데, 이를 위하여 추가적인 저장장치와 회로가 필요하다.

예제 1.5

더욱 복잡한 예는 신호제어기이다. 가장 간단한 예로서 단지 2개의 도로가 있고 신호등은 일정한 시간 동안에 각 도로에서 초록색이 된다. 그리고 또 다른 일정 시간 동안 노란색으로 바뀌고 최종적으로 빨간색이 된다. 이 시스템에는 클럭 외에는 어떤 입력도 없다. 출력은 각 방향에서 세 가지 색깔이 필요하므로 총 6개가 있다(각 출력은 여러 개의 전구를 제어해도 된다). 신호제어기는 예를 들면, 좌회전 신호와 같은 출력도 추가로 있을 수 있다. 또한 빨간 신호에서 기다리거나 초록 신호일 때 지나가는 차량이 있을 경우 알려주는 입력들도 있을 수도 있다.

처음 두 개의 예제는 조합회로(combinational)이다. 즉, 출력이 입력의 현재 값에만 의존한다. 예제 1.1에서 A, B, C의 현재 값을 안다면, Z가 지금 어떤 값을 갖는 지를 결정할 수 있다.[2] 예제 1.3, 1.4, 그리고 1.5는 순차회로(sequential)이다. 즉, 지난 시간(이전의 클럭 시간)의 입력 상태들을 알아야 하기 때문에 메모리(memory)가 필요하게 된다.

책의 전반부에서 조합회로 시스템을 집중하여 다루고 순차회로 시스템에 관한 논의는 뒤로 미룬다. 뒤에서 다시 설명하겠지만, 순차회로 시스템은 메모리와 조합회로의 두 부분으로 구성된다. 따라서 순차회로 시스템 설계를 공부하려면, 먼저 조합회로 시스템을 설계할 수 있어야 한다.

일반적으로 영어나 한국어와 같은 자연어에서 정확한 표현을 하기가 어렵기 때문에 주의하여야 한다. 위에서 주어진 예제들은 다르게 해석할 수 있는 여지가 있다. 예제 1.1에서 세 개의 입력 모두가 1일 때 출력이 1이 될 수 있는가? 아니면, 단지 두 개의 입력만이 1일 때 출력이 1인가? 그 해석을 어느 쪽으로든 할 수 있다. 진리표를 적을 때 결정을 해야 한다. 이 예에서 두 개를 두 개 혹은 그 이상으로 해석하였고, 따라서 3개의 입력 모두가 1일 때 출력을 1로 되는 것으로 결정했다(이 책의 예제에서 가능한 정확하게 하려고 노력하지만, 사람에 따라서 문제 설명을 다르게 이해할 수도 있다).

따라서 논리회로 시스템에 대한 설명을 좀 더 정확하게 할 필요가 있다. 2장에서는 조합회로 시스템에 대해 그리고 6장에서는 순차회로 시스템에 대해 설명을 한다.

1.1.1 실습

교재의 내용들은 설계된 시스템들을 구현하지 않고도 학습이 가능하지만, 실제로 실험을 함으로써 학습효과를 크게 높일 수 있다. 논리회로 부품들을 전선으로 연결하고, 입력들을 스위치들 또는 전원들에 연결하고, 출력을 측정기 또는 전등으로 된 디스플레이에 연결함으로써 실험을 하는 고전적인 방법이 있고, 또는 여러 가지 컴퓨터 도구들을 이용하여 논리회로 시스템을 시뮬레이션을 통하여 실험하는 방법이 있다.

어느 방법을 쓰든지, 학생들은 설계한 회로를 구현하고, 구현한 회로의 입력에 여러 가지 입력 값들을 가하여 올바른 출력이 나오는 지를 체크함으로써 테스트를 해야 한다. 몇 개 안되는 입력인 경우는 모든 가능한 입력 조합으로 테스트할 수 있다. 그러나 4비트 덧셈기와 같이 입력 수가 많은 경우는 소수의 샘플 입력만 가지고 하는 수밖에 없다. 물론 샘플 입력들은 회로의 모든 부분들을 동작시킬 수 있는 것들이어야 한다(예를 들어, 아주 작은 수들로만 샘플 입력이 만들어

---

2) 실제 시스템에서 입력과 출력 사이에는 짧은 시간의 지연이 있다. 즉 입력이 어떤 시점에서 변하면 출력은 그것보다 조금 뒤에 변한다. 시간은 일반적으로 나노 초(10^{-9}sec)의 범위이다. 대부분의 경우 이러한 지연을 무시하게 되지만 5장에서 이 지연에 관한 논의를 다시 할 것이다.

지면 덧셈기의 높은 자리 부분은 테스트가 되지 않는다).

부록 D에 세 가지 플랫폼(고전적인 하드웨어 방법, 그리고 두 가지의 소프트웨어 시뮬레이션 방법)에 대한 설명을 포함하였다. 그리고 세 가지 플랫폼에서 실습할 수 있는 내용과, 교재에서 사용되는 모든 집적회로에 대한 핀 배치도를 포함하였다.

부록 D.1에서 IDL-800 Digital Lab[3])에 대한 기능들을 소개한다. IDL-800은 입력으로 사용되는 스위치, 펄서, 클럭 신호들, 그리고 출력으로는 전등들과 2개의 세븐 세그먼트 디스플레이가 제공된다. 브레드보드를 위한 공간이 있고, 교재에서 사용되는 집적회로 칩들을 꽂아 놓을 수 있다. 물론 전원과 측정기가 장착되어 있다. 실험을 하기 위하여 꼭 이 시스템을 사용해야 되는 것은 아니지만, 이 장비 하나로 필요한 모든 것들이 제공된다(집적회로 칩과 연결을 위한 전선을 제외).

부록 D.2에서 브레드보드 시뮬레이터(MacBreadboard와 WinBreadboard[4])에 대한 설명을 한다. 브레드보드 시뮬레이터는 하드웨어 실험 장비에서 제공되는 스위치, 펄서, 클럭 신호들, 그리고 전등들이 제공된다. 그리고 집적회로 칩들과 연결하는 선들이 제공된다.

LogicWorks[5])와 Altera[6])같은 좀 더 복잡한 소프트웨어들은 설계된 회로에 대한 시뮬레이션을 구현하고 테스트할 수 있게 한다. 시뮬레이션할 회로는 게이트 또는 집적회로들을 연결함으로써 구현된다. 시스템에 따라서는 회로 전체나 일부를 VHDL 또는 유사한 설계언어로 나타낼 수도 있다. 부록 D.3에서 LogicWorks에 대한 설명을 충분히 하여 교재에서 설명된 많은 회로들을 구현하여 테스트할 수 있을 것이다. Altera 도구에 대한 설명은 Brown과 Vranesic이 공저한 "*Fundamentals of Logic with VHDL Design*", 3rd Ed.을 참조하라.

부록 D.4는 해당된 장 별로 각 플랫폼에서 실험할 수 있는 26개의 실험 내용을 포함하고 있다.

마지막으로 부록 D.5는 교재에서 사용되는 모든 집적회로에 대한 핀 배치도를 포함하였다.

1.2 수 체계의 간단한 복습

이 절에서는 책의 나머지 부분을 이해하는 데 필요한 수 체계에서의 몇 가지 중요한 내용을 소개한다. 이 내용에 대해 친숙하다면 2장으로 넘어가도 된다.

정수는 보통 자리 수 체계(positional number system)를 이용하여 표현된다. 여기서 각 자리의 숫자(digit)는 지수승 열(power series)에서 계수를 나타낸다.

$$N = a_{n-1}r^{n-1} + a_{n-2}r^{n-2} + \cdots + a_2r^2 + a_1r + a_0$$

---

3) K & H Mfg. Co., Ltd에서 제조(http://www.kandh.com.tw).

4) Yoeric Software의 상표(http://www.yoeric.com).

5) Capilano Computing(http://www.capilano.com).

6) Altera Corporation(http://www.altera.com).

여기서 n은 자릿수, r은 기수, 그리고 a_i는 계수이다. a_i는 다음의 범위를 갖는 정수이다.

$$0 \leq a_i < r$$

십진수에 대하여 $r = 10$이고 a는 0에서 9의 범위이다. 2진수에 대해서는 $r = 2$이며 a는 0이거나 1이다. 컴퓨터 문서에서 일반적으로 사용되는 또 다른 표기 방법에 $r = 8$인 8진수와 $r = 16$인 16진수가 있다. 2진수에서 숫자는 보통 binary digits에 대한 축약인 비트(bits)라 부른다.

십진수 7642(때로 기수가 10, 즉 십진수임을 강조하기 위하여 7642_{10}으로 표기)는 따라서 다음을 나타낸다.

$$7642_{10} = 7 \times 10^3 + 6 \times 10^2 + 4 \times 10 + 2$$

그리고 2진수는 다음과 같다.

$$101111_2 = 1 \times 2^5 + 0 \times 2^4 + 1 \times 2^3 + 1 \times 2^2 + 1 \times 2 + 1$$
$$= 32 + 8 + 4 + 2 + 1 = 47_{10}$$

마지막 예에서,[7] 지수승 열(power series)을 계산만 하면 2진수가 십진수로 변환된다는 것을 쉽게 알 수 있다. 변환을 쉽게 하기 위하여 2의 지수승이 필요할 때마다 계산하는 것보다는 2의 지수승들을 알고 있으면 편리하다(적어도 2의 처음 10승까지만 기억해도 시간과 노력을 상당히 절약할 수 있을 것이다. 처음 20개의 지수승이 표 1.2에 나와 있다).

표 1.3에 나와 있는 것과 같이 처음 16개의 양의 2진 정수와 때로는 처음 32

표 1.2 2의 지수승

n	2^n	n	2^n
1	2	11	2,048
2	4	12	4,096
3	8	13	8,192
4	16	14	16,384
5	32	15	32,768
6	64	16	65,536
7	128	17	131,072
8	256	18	262,144
9	512	19	524,288
10	1,024	20	1,048,576

표 1.3 처음 32개의 2진 정수

십진수	2진수	4비트	십진수	2진수
0	0	0000	16	10000
1	1	0001	17	10001
2	10	0010	18	10010
3	11	0011	19	10011
4	100	0100	20	10100
5	101	0101	21	10101
6	110	0110	22	10110
7	111	0111	23	10111
8	1000	1000	24	11000
9	1001	1001	25	11001
10	1010	1010	26	11010
11	1011	1011	27	11011
12	1100	1100	28	11100
13	1101	1101	29	11101
14	1110	1110	30	11110
15	1111	1111	31	11111

---

7) 1.3절의 문제풀이는 이 장에서 논의된 각 형태의 문제에 대한 다른 예들을 포함하고 있다. 각 장마다 문제풀이에 관한 절이 있다.

개의 양의 2진 정수가 자주 사용될 것이다(십진수에서와 같이 선두에 있는 0들은 보통 생략하지만, 처음 16개에 해당하는 4비트 수에는 선두에 있는 0들을 보여준다). 저장 장소의 크기도 함께 명시할 때, 선두에 있는 0들은 비트의 수를 나타내기 위하여 추가된다.

2^n보다 1이 작은 수는 n개의 1로 구성되는 것을 참고하라(예를 들면, $2^4 - 1 = 1111 = 15$, $2^5 - 1 = 11111 = 31$).

n비트 수는 0에서 $2^n - 1$까지 양의 정수를 표현할 수 있다. 따라서 예를 들어 4비트 수는 0에서 15까지의 범위를 가지며, 8비트 수는 0에서 255, 그리고 16비트 수는 0에서 65,535까지의 범위를 갖는다.

십진수를 2진수로 변환하기 위하여 각 숫자를 2진수로 변환함으로써 십진수의 지수승 열을 계산하면 될 것이다. 즉,

$$746 = 111 \times (1010)^{10} + 0100 \times 1010 + 0110$$

그러나 이것은 상당한 시간이 소요되는 2진수의 곱셈을 요구한다.

십진수 계산법을 이용한 간단한 2가지 알고리즘이 있다. 우선 변환하려는 수보다 작은 2의 최대 지수승을 빼고 같은 2진수 자리에 해당하는 곳에 1을 둔다. 그리고 나머지에 대하여도 반복한다. 0은 나머지보다 큰 2의 지수승에 해당하는 자리에 둔다.

예제 1.6

746에 대해서 $2^9 = 512$는 746보다 작은 것들에서 가장 큰 2의 지수승이다. 따라서 $2^9(512)$ 자리에 1이 있다.

$$746 = 1 _____$$

따라서 $746 - 512 = 234$를 계산한다. 다음으로 작은 2의 지수승은 $2^8 = 256$이지만 234보다는 크다. 따라서 2^8자리에 0이 있다.

$$746 = 1\,0 _____$$

다음으로 2^7자리에 1을 넣고 $234 - 128 = 106$을 계산한다(지금까지 계산한 2진수는 101로 시작한다).

$$746 = 1\,0\,1 _____$$

계속하여 106에서 64를 빼면 42가 되고 2^6자리가 1이 된다(지금, 1011로 시작하는 것까지 구했다).

$$746 = 1\,0\,1\,1 _____$$

42는 32보다 크므로 2^5 자리에 1을 가지고 $42 - 32 = 10$을 계산한다.

$$746 = 1\,0\,1\,1\,1 \_\_\_\_\_$$

10은 $2^4 = 16$보다 작으므로 2^4 위치에 0이 있다. 같은 방법으로 빼기(다음은 8)를 계속하면 남은 10에 대한 2진수는 1010인 것을 알 수 있다.

$$746_{10} = 1 \times 2^9 + 0 \times 2^8 + 1 \times 2^7 + 1 \times 2^6 + 1 \times 2^5 + 0 \times 2^4 + 1$$
$$\times 2^3 + 0 \times 2^2 + 1 \times 2 + 0$$
$$= 1011101010_2$$

또 다른 방법은 십진수를 2로 계속하여 나누어 가는 것이다. 나눌 때마다 나머지는 최하위 비트(a_0)에서 시작하는 2진수의 숫자를 발생한다. 나머지는 버리고 이 과정을 반복한다.

예제 1.7

746을 십진수에서 2진수로 변환하기 위하여

746/2 = 373 (나머지 0)	0
373/2 = 186 (나머지 1)	10
186/2 = 93 (나머지 0)	010
93/2 = 46 (나머지 1)	1010
46/2 = 23 (나머지 0)	01010
23/2 = 11 (나머지 1)	101010
11/2 = 5 (나머지 1)	1101010
5/2 = 2 (나머지 1)	11101010
2/2 = 1 (나머지 0)	011101010
1/2 = 0 (나머지 1)	1011101010

마지막 나누기(1/2)를 생략하면 안 된다. 최상위 자리의 1을 얻게 된다. 계속해서 2로 나눌 수 있지만 추가적으로 0들만 얻게 되어 의미가 없다. 따라서 정답은 앞에서와 같이 1011101010가 된다. 이 방법에서 남은 수에 대한 2진수 값을 알면 멈추고 2진수로 변환할 수 있다. 따라서 23이었을 때 (표 1.3으로부터) 10111을 알고 이미 생성한 비트들 앞에 위치시켜서 10111 01010을 얻을 수 있다.

예제 1.8

105를 2진수로 변환하라.

105/2 = 52, 나머지 1	1
52/2 = 26, 나머지 0	01
26/2 = 13, 나머지 0	001
그러나 13 = 1101	1101001

이 방법은 지수승 열에서 마지막 항을 제외한 모든 항들이 2로 나눌 수 있으므로 성립한다. 즉,

$$746 = 1 \times 2^9 + 0 \times 2^8 + 1 \times 2^7 + 1 \times 2^6 + 1 \times 2^5 + 0 \times 2^4$$
$$+ 1 \times 2^3 + 0 \times 2^2 + 1 \times 2 + 0$$
$$746/2 = 373 \text{ 그리고 나머지 } 0$$
$$= 1 \times 2^8 + 0 \times 2^7 + 1 \times 2^6 + 1 \times 2^5 + 1 \times 2^4$$
$$0 \times 2^3 + 1 \times 2^2 + 0 \times 2 + 1 + \text{나머지 } 0$$

마지막 비트는 나머지가 되고, 이 과정을 반복하면 다음과 같이 된다.

$$373/2 = 186과 \ 나머지 \ 1$$
$$= 1 \times 2^7 + 0 \times 2^6 + 1 \times 2^5 + 1 \times 2^4 + 1 \times 2^3 + 0 \times 2^2$$
$$1 \times 2 + 0 + 나머지 \ 1$$

[문제풀이 1, 2; 연습문제 1, 2][8]

나머지는 오른쪽에서 두 번째 숫자가 된다. 다음 나눗셈에서 나머지는 세 번째 숫자 0이 된다. 이 과정을 최상위 비트가 찾아질 때까지 계속하면 된다.

1.2.1 16진수

종종 hex($r = 16$)로 부르는 16진수(hexadecimal)는 컴퓨터 문서에서 보편적으로 사용되는 기수인데, 2진수로 표현된 수를 짧게 나타낼 수 있는 방법이다.

$$N = (b_7 2^7 + b_6 2^6 + b_5 2^5 + b_4 2^4) + (b_3 2^3 + b_2 2^2 + b_1 2^1 + b_0)$$
$$= 2^4 (b_7 2^3 + b_6 2^2 + b_5 2^1 + b_4) + (b_3 2^3 + b_2 2^2 + b_1 2^1 + b_0)$$
$$= 16h_1 + h_0$$

16진수는 2진수를 최하위 비트에서 시작하여 4비트씩 그룹지어 얻어진다. 예를 들어, 위의 8비트 숫자에서 h_1은 16진수를 나타내는데, 0부터 15사이의 값이다. 괄호 안에 있는 각 항들은 십진수로 해석하면 된다. 2진수로 표현된 수가 4비트씩 그룹하기에 부족하면 필요한 만큼 0들을 상위 비트에 추가하면 된다. 9 이상의 숫자는 알파벳의 처음 6개 문자를 사용하여 표현된다.

10	A
11	B
12	C
13	D
14	E
15	F

예제 1.9

(예제 1.6과 1.7에서)
$$1011101010_2 = 0010 \ 1110 \ 1010_2$$
$$= 2EA_{16}$$

16진수에서 십진수로 변환하기 위하여 지수승 열을 계산하면 된다.

예제 1.10

$$2EA_{16} = 2 \times 16^2 + 14 \times 16 + 10$$
$$= 512 + 224 + 10 = 746_{10}$$

마지막으로 십진수를 16진수로 변환하기 위하여, 16으로 나누어 16진 숫자의 나머지를 생성하는 것을 반복하면 된다(또는, 십진수를 2진수로 변환한 후에 예제 1.9처럼 2진수를 4비트 단위로 그룹지어 얻을 수 있다).

---

8) 모든 절의 마지막에 그 절에 적합한 문제풀이와 연습문제가 주어진다.

예제 1.11

```
746/16 = 46    나머지  10          A
 46/16 = 2     나머지  14          EA
  2/16 = 0     나머지   2          2EA
```

[문제풀이 3, 4; 연습문제 3, 4]

1.2.2 2진 덧셈

컴퓨터와 그 밖의 디지털 시스템에서 가장 보편적인 연산은 두 수의 덧셈이다. 여기서는 2진수의 덧셈에 관한 과정을 설명한다.

다음 두 2진수의 합을 구하기 위하여,

```
0 1 1 0     6
0 1 1 1   +7
```

표 1.4 2진 덧셈

$$0 + 0 = 0$$
$$0 + 1 = 1$$
$$1 + 0 = 1$$
$$1 + 1 = 10(2, 합이\ 0이고$$
$$캐리가\ 1이다.)$$

십진수에서 하는 것처럼 한 번에 한 숫자씩 더하여 합을 만들고 캐리를 다음 비트에 제공한다. 십진수에 대한 덧셈표가 있는 것처럼 2진수에 대해서도 덧셈표가 필요하다(표 1.4). 예제 1.12에서 6 (0110)과 7 (0111)을 더하는 덧셈 과정을 단계적으로 보여주고 있다.

예제 1.12

먼저, 최하위 비트들(가장 오른쪽에 있는 비트들)이 더해져서 합으로 1, 그리고 캐리로 0을 파랑색으로 나타낸 것과 같이 생성한다.

```
    0
0 1 1 0
0 1 1 1
─────────
      1
```

다음은, 오른쪽으로부터 2번째 숫자를 더해야 한다.

$$0 + 1 + 1 = 0 + (1 + 1) = 0 + 10 = 10$$

(합 0, 캐리 1)

또는 $(0 + 1) + 1 = 1 + 1 = 10$

(더하는 순서는 중요하지 않다.)

덧셈은 다음과 같이 나타난다.

```
  1 0
0 1 1 0
0 1 1 1
─────────
    0 1
```

마지막 두 번의 덧셈은 다음과 같다.

```
1 1            0 1
0 1 1 0        0 1 1 0
0 1 1 1        0 1 1 1
─────────      ─────────
1 0 1          1 1 0 1
```

세 번째 비트의 덧셈을 보면 3개의 1(두 개의 숫자와 캐리)을 갖고 있다. 그것은 합이 3(2진수로 11) 즉, 합(sum) 비트가 1이고 캐리 1을 발생한다. 물론 최종 합은 10진수로 13이 된다. 이 경우 마지막 덧셈은 캐리 0을 발생하므로 최종 합은 4비트 길이가 된다. 만약 더할 숫자가 더 크면(13 + 5라 한다면), 최종 합은 다음에 보인 것처럼 5비트가 필요하다. 여기서 마지막 캐리는 최종 합에 포함된다(즉, 십진수 덧셈과 마찬가지로 2개의 4비트수의 합은 4 혹은 5비트의 결과를 생성한다).

```
  1 0 1
1 1 0 1            13
  0 1 0 1           5
1 0 0 1 0          18
```

n비트 워드를 갖는 컴퓨터에서 산술연산의 결과가 범위를 넘을 때[예를 들면, n비트 양의 정수의 덧셈이 $(n + 1)$비트 결과를 만드는 경우] 이를 오버플로우(overflow)라 부른다. 4비트 양의 정수의 덧셈에서 합이 16(즉, 2^4)보다 크거나 같으면 오버플로우가 발생한다. 마지막 예에서 덧셈 결과 18은 가장 큰 4비트 양의 정수 15보다 크므로 오버플로우가 발생한 것이다.

두 개의 2진수 덧셈에서 최하위 비트 덧셈(2-오퍼랜드) 이후는 3-오퍼랜드 덧셈이 된다. 더해지는 캐리를 c_{in}으로 그리고 덧셈 결과로 발생하는 캐리는 c_{out}으로 표기한다. 그러면 덧셈 문제는 다음과 같이 된다.

$$
\begin{array}{c}
c_{in} \\
a \\
b \\
\hline
c_{out} \ s
\end{array}
$$

표 1.5는 덧셈 과정을 정의하는 진리표를 보여주고 있다.

이러한 1비트 계산을 하는 회로를 전가산기(full adder)라 한다. 4비트 수를 더하기 위하여 그림 1.2와 같이 4개의 전가산기를 연결할 수 있다. 비트 1에 해당하는 전가산기에는 캐리 입력이 없으므로 0인 것을 주목하라. 이 비트는 반가산기(half adder)로 불리는 더 간단한 회로를 사용할 수 있다. 2장에서 전가산기를 설계할 때 이에 대한 설명을 다시 한다.

표 1.5 1비트 가산기

a	b	c_{in}	c_{out}	s
0	0	0	0	0
0	0	1	0	1
0	1	0	0	1
0	1	1	1	0
1	0	0	0	1
1	0	1	1	0
1	1	0	1	0
1	1	1	1	1

[문제풀이 5; 연습문제 5]

그림 1.2 4비트 가산기

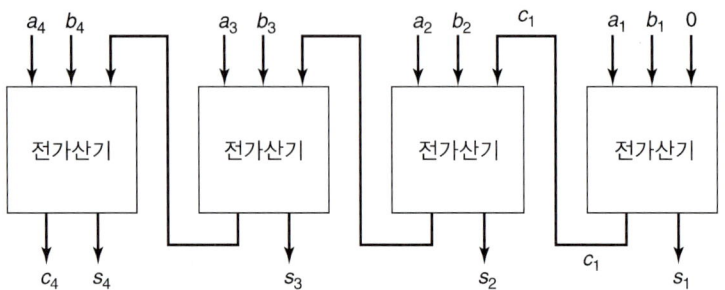

1.2.3 부호화 수

지금까지 무부호화 수(unsigned numbers)라고도 일컫는 양의 정수(positive integer)만 취급했다. 컴퓨터는 부호화 수(signed numbers) 즉, 양수와 음수 모두를 다루어야 한다. 인간에게 친숙한 표현은 부호화 크기(signed-magnitude)라 부르는, $+5$ 혹은 -3과 같은 십진수의 예이다. 이것은 수의 첫 번째 비트를 부호 표시(보통 양수에 대해 0, 음수에 대해서 1)로 사용하고 나머지 비트를 크기로 사용하여 컴퓨터에서 활용할 수 있다. 따라서 4비트 시스템에서 다음과 같이 수를 나타내게 된다.

$$+5 \rightarrow 0101 \quad -5 \rightarrow 1101 \quad -3 \rightarrow 1011$$

3비트 크기를 가지므로 사용 가능한 수의 범위는 -7에서 $+7$이다(물론, 대부분의 컴퓨터는 수를 저장하는 데 더 많은 비트를 사용하기 때문에 더 큰 범위를 갖는다). 이런 방식에서는 0을 표현하는 데 두 가지, 즉, 양의 0 (0000)과 음의 0 (1000)이 있을 수 있다. 이것이 혼란을 일으킬 수도 있지만(적어도 컴퓨터의 내부 논리회로를 복잡하게 한다), 부호화 수에서의 더욱 큰 문제는 연산의 복잡성이다. 다음의 덧셈 문제를 생각하자.

$$
\begin{array}{cccccc}
+5 & -5 & +5 & -5 & -3 & +3 \\
\underline{+3} & \underline{-3} & \underline{-3} & \underline{+3} & \underline{+5} & \underline{-5} \\
+8 & -8 & +2 & -2 & +2 & -2
\end{array}
$$

두 오퍼랜드(operand)의 부호가 같은 처음 두 경우에서는 단지 크기를 더하고 부호를 그대로 사용한다. 이 두 경우에 대하여 계산은 $5+3$이다. 나머지 예들에서는 어느 것이 더 큰 지를 먼저 결정해야 한다(첫 번째가 클 수도 있고 두 번째 오퍼랜드가 클 수도 있다). 그리고 큰 수에서 작은 수를 빼야 하며 최종적으로 크기가 더 큰 쪽의 부호를 붙인다. 네 가지 경우에 대하여 계산은 $5-3$이다. 물론 이렇게 해서 해결은 되지만 필요한 하드웨어(가산기, 감산기, 비교기)의 복잡성 때문에 좀 더 좋은 해결책이 필요하게 된다.

부호화 2진수는 대부분 2의 보수(two's complement) 형태로 저장된다. 선두에 있는 비트는 여전히 부호 비트(양의 경우 0)이다. 양수(0을 포함하여)는 일반 2진수로 저장된다. 저장될 수 있는 가장 큰 수는 $2^{n-1}-1$($n=4$에 대해 7)이다. 그러므로 4비트 시스템에서 $+5$는 0101로 저장될 것이다.

음수 $-a$는 n비트 시스템에서 $2^n - a$에 해당하는 2진 값으로 저장된다. 따라서 예를 들어, -3은 $16-3=13$ 즉 1101의 2진수로 저장된다.

저장될 수 있는 가장 큰 음수는 -2^{n-1}(4비트 시스템에서 -8)이 된다. 2의 보수에서 사용할 수 있는 가장 큰 수는 같은 비트 수로 나타낼 수 있는 무부호화 수의 대략 반이다. 왜냐하면 2^n개 중에서 절반이 음수로 사용되기 때문이다. 이 방법을 2진 외의 다른 기수로 확장하여 기수 보수(radix complement)라 한다. n 자리 숫자에서 음수 $-a$는 $r^n - a$로 저장된다. 예를 들어, 십진수에서 이것은 10의 보수라 한다. 2자리 숫자 시스템에서 − 16은 100 − 16 = 84로 저장된다(0에서 49 사이의 수는 양수를 그리고 50에서 99 사이의 수는 음수를 나타낸다).

다음 세 단계의 방법을 사용하여 2의 보수에서 음수에 대한 저장 형태를 쉽게 찾을 수 있다.

1. 크기와 등가인 2진수를 찾아라.
2. 각 비트의 보수를 구하라(즉, 0은 1로 1은 0으로 바꾼다).
3. 1을 더한다.

예제 1.13

		−5		−1		−0
1.	5:	0101	1:	0001	0:	0000
2.		1010		1110		1111
3.		_____1		___1		___1
	−5:	1011	−1:	1111		0000
	(a)		(b)		(c)	

음의 0은 없다는 것에 주목하라. + 0을 보수화하는 과정을 거치면 다시 0000이 된다. 2의 보수 덧셈에서 최상위 비트의 캐리 발생은 무시한다.

표 1.6은 양(무부호화)수와 2의 보수 부호화 수의 경우에서 가능한 모든 4비트 수의 의미를 나열한 것이다.

표 1.6 부호화(signed)와 무부호화(unsigned) 4비트 수

2진수	양수	부호화 수 (2의 보수)
0000	0	0
0001	1	+ 1
0010	2	+ 2
0011	3	+ 3
0100	4	+ 4
0101	5	+ 5
0110	6	+ 6
0111	7	+ 7
1000	8	− 8
1001	9	− 7
1010	10	− 6
1011	11	− 5
1100	12	− 4
1101	13	− 3
1110	14	− 2
1111	15	− 1

2의 보수 형태로 저장된 음수(즉, 1로 시작되는 것)의 크기를 알아내려면 앞에서 설명한 세 단계 방법의 두 번째와 세 번째 단계를 따르면 된다.

예제 1.14

```
                        −5:   1 0 1 1    −1:    1 1 1 1
2. 비트 단위로 보수 취함          0 1 0 0            0 0 0 0
3. 1을 더함                         1                  1
                        5:    0 1 0 1    1:     0 0 0 1
```

이와 다른 방법으로, 수에서 1을 빼고 보수화하면 같은 답을 제공할 것이다.

2의 보수가 많이 사용되는 이유는 덧셈하는 데 있어서 간단하기 때문이다. 어떤 두 수를 더할 때 두 수의 부호와 상관없이 있는 그대로 2진 덧셈을 한다. 세 가지 경우의 예를 예제 1.15에 보여주고 있다. 각 경우에 최상위 비트의 캐리 발생은 무시한다.

예제 1.15

```
 −5         1 0 1 1     −5         1 0 1 1     −5         1 0 1 1
 +7         0 1 1 1     +5         0 1 0 1     +3         0 0 1 1
 +2    (1)  0 0 1 0      0    (1)  0 0 0 0     −2    (0)  1 1 1 0
```

첫 번째에서 합은 2이다. 두 번째의 합은 0이다. 세 번째에서, 합은 −2이고 결과는 −2 에 대한 저장 형태를 나타내고 있다.

합이 범위를 넘으면 오버플로우가 발생한다. 4비트 수에 대해 범위는 −8 ≤ 합 ≤ +7이다.

예제 1.16

```
 +5         0 1 0 1
 +4         0 1 0 0
       (0)  1 0 0 1     (−7처럼 보임)
```

계산된 답은 분명히 잘못되었다. 왜냐하면 올바른 답(+9)은 4비트로 나타낼 수 있는 범위를 벗어나기 때문이다.

각각 0으로 시작하는 두 개의 양수를 더하고 1로 시작하는 음수 결과를 얻게 되면 오버플로우가 발생한 것이다. 비슷하게, 두 개의 음수를 더하고 −8보다 더 작은 음수 합을 얻게 되면 또한 오버플로우가 발생한 것이다(또 다른 방법으로, 최상위 비트에서의 캐리와 최상위 비트로의 캐리가 서로 다를 때 오버플로우가 발생한 것이다).

예제 1.17

```
 −5         1 0 1 1
 −4         1 1 0 0
       (1)  0 1 1 1     (+7처럼 보임)
```

이 경우는 두 음수의 합이 양수처럼 보인다.

반대 부호의 두 수의 덧셈은 오버플로우가 절대로 발생하지 않는다. 왜냐하면 합의 크기가 두 오퍼랜드의 크기 사이에 존재하기 때문이다(4비트 예를 다룰 때는 오버플로우가 자주 발생하는 것처럼 보이지만, 16비트나 32비트 길이인 대부분의 컴퓨터에서는 자주 발생하지 않는다).

[문제풀이 6, 7, 8; 연습문제 6, 7, 8, 9]

1.2.4 2진 뺄셈

부호에 관계없이 뺄셈은 일반적으로 두 번째 오퍼랜드의 2의 보수를 먼저 취하고 더함으로써 완성된다. 따라서 $a - b$는 $a + (-b)$로 계산된다.

예제 1.18

7 - 5의 계산을 해보자.

```
  5:  0 1 0 1
      1 0 1 0      7:      0 1 1 1
      +     1     -5:    + 1 0 1 1
 -5:  1 0 1 1      2    (1) 0 0 1 0
```

먼저 5가 보수화된다. 그리고 -5는 7에 더해져서 정답 2를 만들어낸다. 뺄셈에 관계된 수가 부호에 관계없이, 이와 동일한 과정에 의해 계산된다.

부호화 수에서, 같은 부호의 두 수를 더하는 과정에서 반대 부호의 결과를 만들어내면 상위 비트의 캐리 출력은 무시되고 오버플로우가 발생한다. 무부호화 수의 덧셈에서, 최상위 비트에서의 캐리 출력은 오버플로우의 지시자(indicator) 이다. 그러나 뺄셈에서는 캐리 출력 0이 오버플로우를 나타낸다. 예제 1.18에서 부호화 수나 무부호화 수나 관계없이 오버플로우가 없다. 이것은 정답 2가 4비트로 나타낼 수 있는 범위 내에 있기 때문이다. 무부호화 수에 대하여 캐리 출력 1은 오버플로우가 없음을 나타낸다. 부호화 수에서 음수에 양수를 더하면 오버플로우가 절대 발생하지 않는다.

거의 모든 컴퓨터의 연산회로는 보수 계산에서의 1을 더하는 것과 두 오퍼랜드를 더하는 것이 한 단계에서 이루어진다. 최하위 비트(비트 0)에서의 가산기는 캐리 입력이 없다. 뺄셈을 할 때에 보수화 과정에서 더해지는 1은 캐리 입력으로 들어간다. 따라서 7 - 5를 계산하기 위하여 5에 대한 비트마다 보수를 만들어서(0101은 1010이 된다) 더한다.

예제 1.19

```
          7 - 5

              1
           0 1 1 1
           1 0 1 0
         (1) 0 0 1 0
```

물론 가산기뿐만 아니라 감산기도 설계할 수 있지만, 모든 컴퓨터 설계에서 불필요한 하드웨어를 줄여서 최소화하는 것이 필요하다.

무부호화 수에서는 오퍼랜드가 2의 보수 시스템에서 표현할 수 있는 것보다 크더라도 이 방법이 적용된다. 예제 1.20에서 뺄셈 14 − 10을 보여주고 있다.

예제 1.20

```
      1
   1 1 1 0
 + 0 1 0 1
(1) 0 1 0 0 = 4
```

예제 1.21(a)에서 무부호화 수에 대한 오버플로우와 예제 1.21(b)에서는 부호화 수에 대한 오버플로우를 보여주고 있다.

예제 1.21

```
    5 − 7        7 − (−5)
       1              1
    0 1 0 1        0 1 1 1
    1 0 0 0        0 1 0 0
(0) 1 1 1 0        1 1 0 0

     (a)            (b)
```

무부호화 수 뺄셈에 대해 오버플로우는 캐리 0에 의해 표시된다. (a)의 결과는 음수(−2)가 되어야 하고 무부호화 시스템에서 표현될 수 없다. 부호화 수에 대한 결과라면 오버플로우가 아니고 옳은 답이다. 부호화 수에 대해, 예제 1.21(b)에 나타낸 것처럼 양수에서 음수를 빼거나 음수에서 양수를 빼면 오버플로우가 발생할 수 있다. 덧셈 과정은 두개의 양수를 포함하고 결과는 음수(−4)로 보이기 때문에 그것은 오버플로우이다(실제 결과는 12가 되어야 하는데, 4비트 부호화 수에서 가장 큰 수인 7보다 크게 된다).

[문제풀이 9, 10; 연습문제 10]

1.2.5 2진화 십진코드(BCD)

내부적으로 모든 컴퓨터는 2진수로 동작한다. 그러나 컴퓨터와 사람간의 인터페이스에서는 일반적으로 십진수이다. 따라서 입력에서 십진수를 2진수로 변환하고 출력에서는 2진수를 십진수로 바꾸는 것이 필요하다(소프트웨어로 이 변환을 하는 것은 간단하다). 그러나 이들 십진 입력과 출력은 숫자 별로 2진수로 코딩되어야 한다. 만약 표 1.7의 첫 번째 2진 열에서처럼 10개의 십진 숫자를 표현하기 위하여 처음 10개의 2진수를 사용하면, 예를 들어 숫자 739는 다음과 같이 저장된다.

  0111   0011   1001

각 십진 숫자는 4비트로 표현되므로 3자리 숫자 십진수는 12비트가 필요하다(반면에 2진수로 변환되면 10비트만 필요하다. 왜냐하면 1023까지의 수는 10비트로 표현될 수 있기 때문이다). 저장의 비효율성뿐만 아니라 2진화 십진 코드(BCD)[9] 수에서 연산은 2진수보다 더 복잡하므로 BCD는 제한된 계산을 요구하는 소규모 시스템에서만 내부적으로 사용된다.

처음 10개의 2진수를 이용하여 10개의 수를 표현하는 간단한 코드를 이미 설명하였다. 남아있는 4비트 2진수(1010, 1011, 1100, 1101, 1110, 1111)는 사용하지 않는다. 이 코드와 표 1.7에서 두 번째에서 네 번째 열까지에 있는 코드들을 가중치 코드(weighted code)라 부른다. 왜냐하면 나타내려고 하는 값이 각 디지트와 가중치를 곱하고 이들의 합으로 계산되기 때문이다. 첫 번째 열의 코드는 8421 코드라고도 부르는데, 8421은 비트들의 가중치(weight)를 나타내기 때문이다. 각 십진 숫자는 다음과 같이 표현된다.

$$8 \times a_3 + 4 \times a_2 + 2 \times a_1 + 1 \times a_0$$

8421코드는 스트레이트 2진수(straight binary)라고도 한다. 가끔씩 사용되는 두 개의 다른 가중치 코드(5421과 2421)들도 다음 열에 나타내었다.

두 개의 다른 비가중치 코드들도 표 1.7에 보여주고 있다. 처음 것은 나타내려는 숫자보다 3이 많은 2진수로 표현되는 excess-3(XS3) 코드이다. 예를 들면 0은 2진수 3 (0011)으로 6은 6 + 3 = 9(1001)의 2진수로 저장된다. 마지막 열은 5 중의 2(2 of 5) 코드를 나타낸다. 여기서 각 숫자는 5비트 수로 표현되고 5비트 중에서 2 비트만 1, 그리고 나머지 3비트는 0이다. 이것은 에러 검출 기능을 제공한다. 왜냐하면 저장 혹은 전송 할 때 어느 한 비트에 에러가 있을 때 결과는 1개 혹은 3개의 1을 갖게 되므로 에러가 있다는 것을 알게 된다.

표 1.7 2진화 십진(BCD) 코드

십진법 숫자	8421 코드	5421 코드	2421 코드	Excess 3 코드	2 of 5 코드
0	0000	0000	0000	0011	11000
1	0001	0001	0001	0100	10100
2	0010	0010	0010	0101	10010
3	0011	0011	0011	0110	10001
4	0100	0100	0100	0111	01100
5	0101	1000	1011	1000	01010
6	0110	1001	1100	1001	01001
7	0111	1010	1101	1010	00110
8	1000	1011	1110	1011	00101
9	1001	1100	1111	1100	00011
사용 안함	1010	0101	0101	0000	1의 개수가
	1011	0110	0110	0001	0, 1, 3, 4
	1100	0111	0111	0010	또는 5인
	1101	1101	1000	1101	22가지
	1110	1110	1001	1110	패턴
	1111	1111	1010	1111	

---

9) 이와 관련하여 5.8.1절 참조.

5421과 2421 코드에서는 어떤 숫자를 표현하는 데 있어 다른 코드(5에 대하여 0101)들이 가능할 수가 있다. 그러나 표에 보인 것들이 표준적인 표현이고 다른 것들은 사용되지 않는 분류에 포함된다.

코드마다 여러 가지 응용에서 각각 장점이 있다. 예를 들어 만약 부호화된 10의 보수 수가 저장된 경우에 저장된 수의 첫 숫자는 음수에 대해 5에서 9의 범위가 된다. 5421, 2421, Excess-3 코드에서는 첫 비트가 1인 숫자에 해당한다. 따라서 음수인지를 결정하는 데 단지 1비트만 체크하면 된다. 그러나 8421코드에서는 더욱 복잡한 논리가 요구된다. 왜냐하면 음수에 대하여 첫 번째 비트가 0이거나 1이 될 수 있기 때문이다. 5421 코드와 excess-3 코드에서 10의 보수는 각 비트의 보수를 취하여 1을 더하여 계산된다. 다른 코드에서 10의 보수를 구하는 과정은 훨씬 복잡하다. 뒤에 나오는 예에서 이런 코드들의 일부를 다루게 된다. [문제풀이 11, 12; 연습문제 11, 12]

1.2.6 다른 코드

디지털 세계에서는 여러 가지 다른 코드들을 사용한다. 알파벳 따위의 문자와 숫자로 이루어진 정보는 ASCII(American Standard Code for Information Interchange)를 이용하여 전송된다. 많은 제어신호들(예를 들면 carriage return) 뿐만 아니라 표준 키보드에서 여러 가지 문자를 나타내기 위하여 7비트가 사용된다. 표 1.8에 프린트 가능한 코드들을 열거하였다(00으로 시작하는 코드들은 제어신호들을 위한 것이다).

표 1.8 ASCII 코드

$a_3a_2a_1a_0$	$a_6a_5a_4$					
	010	011	100	101	110	111
0000	space	0	@	P	`	p
0001	!	1	A	Q	a	q
0010	"	2	B	R	b	r
0011	#	3	C	S	c	s
0100	$	4	D	T	d	t
0101	%	5	E	U	e	u
0110	&	6	F	V	f	v
0111	'	7	G	W	g	w
1000	(	8	H	X	h	x
1001	)	9	I	Y	i	y
1010	*	:	J	Z	j	z
1011	+	;	K	[	k	{
1100	,	<	L	\	l		
1101		=	M	]	m	}
1110	.	>	N	^	n	~
1111	/	?	O	_	o	delete

이 코드는 표준 키보드로부터 프린트될 수 있는 어떤 것도 코딩할 수 있게 한다. 예를 들면 Logic은 다음과 같이 코드화가 될 수 있다.

$$1001100 \quad 1101111 \quad 1100111 \quad 1101001 \quad 1100011$$
$$\text{L} \qquad \text{o} \qquad \text{g} \qquad \text{i} \qquad \text{c}$$

그레이 코드(Gray code)는 연속된 두 수의 코드들 간에 단지 한 비트만 다르게 코딩된다. 표 1.9는 4비트 그레이 코드의 순서를 보여준다.

표 1.9 그레이 코드

수	그레이 코드	수	그레이 코드
0	0000	8	1100
1	0001	9	1101
2	0011	10	1111
3	0010	11	1110
4	0110	12	1010
5	0111	13	1011
6	0101	14	1001
7	0100	15	1000

그레이 코드는 연속적인 디바이스의 위치를 코딩하는 데 대단히 유용하다. 디바이스가 한 구역에서 다른 구역으로 이동할 때 단지 코드 중의 한 비트만 변한다. 만약 구역 경계선에서 있을 때 정확한 위치가 불분명할지라도, 단지 한 비트만 부정확하게 되고 인접한 두 구역 중의 하나의 위치를 나타내게 된다. 통상적인 2진 코드가 사용되면 7에서 8로 이동하는 경우에 4비트 모두가 바뀌게 된다.

[문제풀이 13; 연습문제 13]

1.3 문제풀이

1. 다음 양의 2진수를 십진수로 변환하라.

   a. 110100101

   b. 00010111

   a. $110100101 = 1 + 4 + 32 + 128 + 256 = 421$

   오른쪽 (1의 위치)에서 왼쪽으로 (2^8 위치) 계산을 시작(2, 8, 16, 64 위치에 0이 있다).

   b. $00010111 = 1 + 2 + 4 + 16 = 23$

   앞 부분의 0은 값에 영향을 주지 않는다.

2. 다음 십진수를 2진수로 변환하라. 모든 수는 무부호(양)이고 12비트로 표현된다고 가정하라.

   a. 47

   b. 98

   c. 5000

a. 47　　　　$47 < 64$　　　2^6비트 이상은 없음

　　　　　　$47 - 32 = 15$　　2^5비트를 세트

　　　　　　$15 < 16$　　　2^4비트 없음

　　　　　　$15 - 8 = 7$　　2^3비트를 세트

　　　　　　$7 = 111$　　　마지막 3비트는 111

　　$47 = 000000101111$

b. 98　　　　$98/2 = 49$　　나머지 = 0　　　　　0

　　　　　　$49/2 = 24$　　나머지 = 1　　　　　10

　　　　　　$24/2 = 12$　　나머지 = 0　　　　　010

　　　　　　$12/2 = 6$　　나머지 = 0　　　　　0010

　　　　　　$6/2 = 3$　　나머지 = 0　　　　　00010

　　　　　　$3/2 = 1$　　나머지 = 1　　　　　100010

　　　　　　$1/2 = 0$　　나머지 = 1　　　　　1100010

0을 2로 계속 나누어서 0인 나머지들을 12비트를 얻을 때까지 계속할 수도 있고, 또는 선두 비트들은 0이 되어야 하는 것을 알 수 있다.

　　$98 = 000001100010$

　　a에서 처럼, 이미 알고 있는 수가 나오면, 말하자면 12 = 1100, 나누는 것을 중단 할 수 있다. 이미 구한 3개의 최하위 비트 010을 취하고 그 앞에 12에 대한 2진수를 두어서 같은 해답 1100010(요구하는 비트수를 만들기 위하여 선두에 충분한 0을 둔다)을 얻을 수 있다.

c. 5000: 12비트로 나타낼 수 없다. 왜냐하면 $5000 > 2^{12}$

3. 아래 숫자를 16진수로 변환하라.

　a. 11010110111_2

　b. 611_{10}

비트의 수를 4의 배수가 되도록 최상위 비트 쪽에 0을 추가한다.

　a.　$0110\ 1011\ 0111 = 6B7_{16}$

　b.　$611/16 = 38$　　　　나머지 3　　　　　3

　　　$38/16 = 2$　　　　나머지 6　　　　　63

　　　$2/16 = 0$　　　　나머지 2　　　　　263

2진수로 0010 0110 0011이 된다.

4. 다음 16진수를 십진수로 변환하라.

　a. 263

　b. 1C3

　a. $3 + 6 \times 16 + 2 \times 16^2 = 3 + 96 + 512 = 611$

　b. $3 + 12 \times 16 + 16^2 = 3 + 192 + 256 = 451$

5. 다음 6비트 무부호 수의 합을 계산하라. 합이 6비트 장소에 저장되어야 한다면, 어떤 합이 오버플로우를 생성하는지 표시하라. 또한 문제에 해당하는 십진수를 보여라.

a. $001011 + 011010$

b. $101111 + 000001$

c. $101010 + 010101$

d. $101010 + 100011$

a.

			0		1 0		0 1
11		0 0 1 0 1 1		0 0 1 0 1 1		0 0 1 0 1 1	
26		0 1 1 0 1 0		0 1 1 0 1 0		0 1 1 0 1 0	
37			1		0 1		1 0 1

	1 0		1 1		1	
	0 0 1 0 1 1		0 0 1 0 1 1		0 0 1 0 1 1	
	0 1 1 0 1 0		0 1 1 0 1 0		0 1 1 0 1 0	
	0 1 0 1		0 0 1 0 1		0 1 0 0 1 0 1 = 37	

이 경우 마지막 캐리 결과는 0(합의 일부로 나타남)이므로 해답은 6비트에 저장될 수 있다는 것을 알 수 있다(오버플로우가 없다).

b.
```
      0 1 1 1 1      (캐리)
    1 0 1 1 1 1        47
    0 0 0 0 0 1         1
  -----------        ----
  0 1 1 0 0 0 0        48
```

c.
```
      0 0 0 0 0
    1 0 1 0 1 0        42
    0 1 0 1 0 1        21
  -----------        ----
  0 1 1 1 1 1 1        63
```

d.
```
      0 0 0 1 0
    1 0 1 0 1 0        42
    1 0 0 0 1 1        35
  -----------        ----
  1 0 0 1 1 0 1        77      오버플로우(13처럼 보인다)
```

77은 6비트로 나타낼 수 있는 가장 큰 수인 63보다 더 크다.

6. 다음 십진수는 6비트 2의 보수 형태로 저장되어야 한다. 어떻게 저장되는지 보여라.

a. $+14$

b. -20

c. $+37$

a. $+14 = 001110$ 양의 수는 2진수로 변환만 하면 된다.

b. -20: $+20 = 010100$

비트를 보수	1 0 1 0 1 1
1을 더함	1
-20이 6비트로 저장된 형태	1 0 1 1 0 0

c. 37: 저장할 수 없음. 6비트 숫자의 범위는 $-32 \le n \le 31$. 37을 2진수로 변환하면 100101이 되지만, 이것은 음수를 나타낸다.

7. 6비트 2의 보수 형태의 수들이 다음과 같이 컴퓨터 안에 저장되어 있다. 십진수로 얼마를 나타내는가?

a. 001011

b. 111010

a. 001011: 0으로 시작하기 때문에 양의 수 = 1 + 2 + 8 = 11

b. 111010: 1로 시작하기 때문에 음의 수; 2의 보수를 취함

$$
\begin{array}{r}
0\,0\,0\,1\,0\,1 \\
1 \\
\hline
0\,0\,0\,1\,1\,0 \quad = 6
\end{array}
$$

따라서 111010는 -6

8. 다음 각 부호화(2의 보수) 수의 쌍이 컴퓨터 워드(6비트)에 저장되었다. 6비트 컴퓨터 워드에 저장될 때 합을 계산하라. 각 오퍼랜드들과 합을 십진수로 나타내어라. 오버플로우가 있는지 나타내어라.

a. $1\,1\,1\,1\,1\,1 + 0\,0\,1\,0\,1\,1$

b. $0\,0\,1\,0\,0\,1 + 1\,0\,0\,1\,0\,0$

c. $0\,0\,1\,0\,0\,1 + 0\,1\,0\,0\,1\,1$

d. $0\,0\,1\,0\,1\,0 + 0\,1\,1\,0\,0\,0$

e. $1\,1\,1\,0\,1\,0 + 1\,1\,0\,0\,0\,1$

f. $1\,0\,1\,0\,0\,1 + 1\,1\,0\,0\,0\,1$

g. $1\,1\,0\,1\,0\,1 + 0\,0\,1\,0\,1\,1$

a. $1\,1\,1\,1\,1\,1$ -1
　　 $\underline{0\,0\,1\,0\,1\,1}$ $\underline{+11}$　캐리는 무시된다. 나머지 예에서는
(1) $0\,0\,1\,0\,1\,0$ $+10$　표시하지 않음

b. $0\,0\,1\,0\,0\,1$ $+9$
　　 $\underline{1\,0\,0\,1\,0\,0}$ $\underline{-28}$
　　 $1\,0\,1\,1\,0\,1$ -19

c. $0\,0\,1\,0\,0\,1$ $+9$
　　 $\underline{0\,1\,0\,0\,1\,1}$ $\underline{+19}$
　　 $0\,1\,1\,1\,0\,0$ $+28$

d. $0\,0\,1\,0\,1\,0$ $+10$
　　 $\underline{0\,1\,1\,0\,0\,0}$ $\underline{+24}$
　　 $1\,0\,0\,0\,1\,0$ -30처럼 보임; $+34$이어야 한다. 오버플로우; 두 양수의 합이 음수처럼 보임

e.	1 1 1 0 1 0	−6
	<u>1 1 0 0 0 1</u>	<u>−15</u>
	1 0 1 0 1 1	−21
f.	1 0 1 0 0 1	−23
	<u>1 1 0 0 0 1</u>	<u>−15</u>
	0 1 1 0 1 0	+26처럼 보임; −38이어야 한다; 오버플로우;
		두 음수의 합이 양수처럼 보임
g.	1 1 0 1 0 1	−11
	<u>0 0 1 0 1 1</u>	<u>+11</u>
	0 0 0 0 0 0	0

9. 다음 각 쌍의 무부호화 수에서 뺄셈을 하라.

a. 0 0 1 1 0 1 − 0 0 0 1 1 0

b. 1 1 0 1 0 1 − 0 0 0 0 1 1

c. 0 0 0 1 1 1 − 0 1 0 0 1 1

a. (이 예는 부호화 수나 무부호화 수나 같다.)

	1	
0 0 1 1 0 1	0 0 1 1 0 1	13
−0 0 0 1 1 0	<u>1 1 1 0 0 1</u>	<u>−6</u>
	(1) 0 0 0 1 1 1	7

b.

	1	
1 1 0 1 0 1	1 1 0 1 0 1	53
−0 0 0 0 1 1	<u>1 1 1 1 0 0</u>	<u>−3</u>
	(1) 1 1 0 0 1 0	50

c.

	1	
0 0 0 1 1 1	0 0 0 1 1 1	7
−0 1 0 0 1 1	<u>1 0 1 1 0 0</u>	<u>−19</u>
	(0) 1 1 0 1 0 0	오버플로우, 답은 음수

10. 다음 각 쌍의 부호화 수를 빼라.

a. 1 1 0 1 0 1 − 0 0 0 0 1 1

b. 1 1 0 1 0 1 − 0 1 1 0 0 0

c. 0 1 0 0 0 0 − 1 0 0 1 0 0

a.

	1	
1 1 0 1 0 1	1 1 0 1 0 1	− 11
−0 0 0 0 1 1	<u>1 1 1 1 0 0</u>	<u>−(+3)</u>
	(1) 1 1 0 0 1 0	−14

이것은 문제풀이 9b에서의 2진수와 같다.

b.

$$\begin{array}{r} 1 \\ 1\,1\,0\,1\,0\,1 \qquad 1\,1\,0\,1\,0\,1 \\ -0\,1\,1\,0\,0\,0 \qquad \underline{1\,0\,0\,1\,1\,1} \end{array}$$

          (1) 0 1 1 1 0 1   오버플로우, 양수처럼 보임

－11
－(＋24)

c.

$$\begin{array}{r} 1 \\ 0\,1\,0\,0\,0\,0 \qquad 0\,1\,0\,0\,0\,0 \\ -1\,0\,0\,1\,0\,0 \qquad \underline{0\,1\,1\,0\,1\,1} \end{array}$$

          (0) 1 0 1 1 0 0   오버플로우, 음수처럼 보임

16
－(－28)

11. 3개의 십진 숫자를 저장할 수 있는 컴퓨터가 있다. 다음 두 수는 각 5개 코드에서 어떻게 저장되는가?

a. 491

b. 27

a. 8421   0100 1001 0001
5421   0100 1100 0001
2421   0100 1111 0001
XS3   0111 1100 0100
2 of 5   01100 00011 10100

처음 4개 코드는 12비트 워드를 필요로 한다. 5의 2코드는 15비트 워드가 필요하다는 것을 참고하라.

b. 8421   0000 0010 0111
5421   0000 0010 1010
2421   0000 0010 1101
XS3   0011 0101 1010
2 of 5   11000 10010 00110

12. 컴퓨터에 다음과 같이 2진수가 저장되어 있다. 다음과 같은 코드로 수가 저장되어 있다면 나타내는 십진수는 얼마인가?

  i. BCD 8421   ii. BCD 5421
 iii. BCD 2421   iv. BCD excess 3
  v. 무부호화 2진수   vi. 부호화 2진수

a. 1000 0111

b. 0011 0100

c. 1100 1001

a. 1000 0111
  i. BCD 8421   87
 ii. BCD 5421   ― 0111 사용 안 됨
 iii. BCD 2421   ― 1000, 0111 사용 안 됨
 iv. BCD excess 3   54
  v. 무부호화 2진수   135
 vi. 부호화 2진수   －121

b. 0011 0100
- i. BCD 8421   34
- ii. BCD 5421   34
- iii. BCD 2421   34
- iv. BCD excess 3   01
- v. 무부호화 2진수   52
- vi. 부호화 2진수   +52

c. 1100 1001
- i. BCD 8421   —   1100 사용 안 됨
- ii. BCD 5421   96
- iii. BCD 2421   —   1001 사용 안 됨
- iv. BCD excess 3   96
- v. 무보수화 2진수   201
- vi. 보수화 2진수   −55

13. a. 다음을 ASCII로 코드화하라.
- i. HELLO
- ii. hello

b. 다음을 영어로 번역하라.
- i. 1011001 1100101 1110011 0100001
- ii. 0110010 0101011 0110001 0111101 0110011

a. i. 1001000 1000101 1001100 1001100 1001111
ii. 1101000 1100101 1101100 1101100 1101111

b. i. Yes!
ii. 2+1=3

1.4 연습문제[10)]

1. 다음 무부호화 2진수들을 십진수로 변환하라.
- *a. 11111
- b. 1000000
- c. 1001101101
- *d. 101111
- e. 10101010
- f. 000011110000
- g. 110011001100
- *h. 000000000000

2. 다음 십진수들을 2진수로 변환하라. 모든 수는 무부호화 수(양수)이고 12비트로 표현된다고 가정하라.
- *a. 73
- c. 402
- *e. 1000
- *g. 4200
- b. 127
- d. 512
- f. 17
- h. 1365

---

10) 별표(*)로 표시된 연습문제의 해답은 부록 B에 있다.

3. 다음을 16진수로 변환하라.

    *a. 100101101011_2

    b. 10110100000101_2

    *c. 791_{10}

    d. 1600_{10}

4. 다음 16진수들을 십진수로 변환하라.

    a. 1000

    b. ABCD

    *c. 3FF

5. 다음 6비트 무부호화 수 쌍들의 합을 계산하라. 합이 6비트의 장소에 저장되어야 한다면 어느 합이 오버플로우를 발생하는지 표시하라. 그리고 두 오퍼랜드와 합을 십진수로 나타내어라.

    *a. 000011 + 001100   *e. 001011 + 100111

    b. 010100 + 101101   f. 000101 + 000111

    c. 011100 + 011010   g. 101100 + 100100

    *d. 110011 + 001110

6. 다음 십진수는 6비트 2의 보수 형태로 저장된다. 어떻게 저장되는지 보여라.

    *a. +25   *c. +32   *e. −15   g. −1

    b. 0   d. +15   f. −45   h. −16

7. 다음과 같이 6비트 2의 보수 형태의 수들이 컴퓨터에 저장되어 있다. 십진수 얼마를 나타내는가?

    a. 000101   *c. 010101   e. 011111   g. 101010

    b. 111111   *d. 100100   f. 111001   *h. 100000

8. 부호화 2진수를 2의 보수 형태로 저장하는 컴퓨터가 있다. 모든 수의 길이는 8비트이다.

    a. 01101011에 의해 표현되는 십진수는 무엇인가?

    b. 10101110에 의해 표현되는 십진수는 무엇인가?

    *c. −113은 어떻게 저장되는가?

    *d. +143은 어떻게 저장되는가?

    e. +43은 어떻게 저장되는가?

    f. −43은 어떻게 저장되는가?

9. 다음 각 부호화(2의 보수) 수의 쌍은 6비트 컴퓨터 워드에 저장된다. 6비트 컴퓨터 워드에 저장될 때 합을 구하라. 각 오퍼랜드와 합을 등가인 십진수로 나타내어라. 오버플로우가 있으면 표시하라.

    *a. 110101   c. 001100   e. 011010

         001111   110100   001100

    b. 111010   *d. 101010   *f. 111101

         000111   100110   110000

10. 다음 각 수의 쌍에 대해, 첫 번째 것에서 두 번째 것을 뺀다. 다음 두 가지(i, ii) 경우에 대하여 오퍼랜드와 결과를 십진수로 보여라.

   i. 수는 부호화되지 않았다.

   ii. 수는 부호화(2의 보수)되었다.

오버플로우가 있다면 표시하라.

a.	010101	*c.	111010	e.	110010
	001100		000111		110111
*b.	010001	*d.	100100	f.	111010
	011000		011000		101101

11. 3자리의 십진수를 저장할 수 있는 컴퓨터가 있다. 다음 각 수는 다음 5개 코드들의 경우에 각각 어떻게 저장되는가?

   i. 8421   iv.   excess 3

   ii. 5421   v.   2 of 5

   iii. 2421

*a. 103   b. 999   c. 1   d. 0

12. 컴퓨터에 다음 수들을 저장하고 있다. 수들이 다음 방법들에 의해 저장될 때 표현되는 십진수는 어떻게 되는가?

   i. BCD 8421   iv. BCD excess 3

   ii. BCD 5421   v. 무부호화 2진수

   iii. BCD 2421   vi. 부호화 2진수

a.	1111	1010	*d.	1001	0101
*b.	0001	1011	e.	1110	1101
c.	1000	0011	f.	0100	1000

13. a. 다음을 ASCII로 코딩하라.

     i. Problem 5   iii. 2 + 1 = 3

    *ii. "OK"   iv. ABM

b. 다음을 영어로 번역하라.

     i. 1000001 1101100 1100001 1101110

     ii. 0100100 0110111 0101110 0111001 0110101

   *iii. 0111001 0101111 0110011 0111101 0110011

     iv. 1010100 1101000 1100101 0100000 1100101

          1101110 1100100

1.5　1장 테스트(30분)[11]

1. 십진수 347을 다음 진수로 변환하라.

   a. 2진수

   b. 16진수

---

11) 학생들은 $8\frac{1}{2} \times 11$ 크기의 종이 한 장에 어떤 것이든 원하는 것을 양면에 노트하여 사용할 수 있다. 각 장의 테스트 해답은 부록 C에 있다.

2. 다음 두개의 무부호화 이진수를 더하라. 양쪽 오퍼랜드와 결과를 2진수와 십진수로 보여라(더할 때 발생하는 캐리를 확실히 명시하라). 오버플로우가 있다면 나타내어라.

01011   101011
01110   011001

3. 주어진 두 개의 2진수가 다음과 같이 해석된다면 십진수로 각각 얼마를 나타내는가?

10010101   01110011

  a. 무부호화 2진수
  b. 부호화 2진수
  c. BCD(8421 코드)

4. 3쌍의 부호화(2의 보수) 수를 더하라. 두 오퍼랜드와 결과를 2진수와 십진수로 보여라. 오버플로우가 있다면 나타내어라.

1100   1010   0101
1101   0111   0011

5. 두 쌍의 수를 빼라. 두 오퍼랜드와 결과를 2진수와 십진수로 보여라.
  a. 무부호화된 것으로 가정하라.
  b. 부호화된 것으로 가정하라.
1101 − 1100   1010 − 0110
오버플로우가 있다면 나타내어라.

조합회로 시스템

이 장에서 조합회로 시스템 동작을 나타내기 위해 필요한 도구들을 설명한다. 그리고 시스템 동작에 대한 명세서, 간소화, 그리고 구현을 위한 대수적 방법에 대하여 설명한다.

설계 과정을 잘 이해할 수 있게 하는 작은 시스템을 먼저 다루고, 5장에서 어느 정도 큰 시스템을 고찰할 것이다.

2.1 조합회로 시스템 설계 과정

이 절에서는 조합회로 시스템을 설계하는 데 필요한 과정을 간략히 설명한다(순차회로 시스템에 대해서 비슷한 과정이 7장에서 설명될 것이다). 설계 과정은 일반적으로 문제 서술로 시작하는데, 의도하는 시스템에 대하여 말로 표현하는 것이다. 최종 산출물은 사용 가능한 부품들을 이용하여 설계 목적과 제약을 만족시키는 시스템의 블록도를 만들어내는 것이다.

다음에 나오는 5개의 예문을 사용하여 설계 과정에서의 단계들을 설명하고, 뒷 장들에서 설계에 필요한 도구를 만들어갈 때도 이 설계 단계를 따르게 된다.

 예문(Continuing Examples)

예문 1. 4개의 입력 A, B, C, D와 출력 Z를 갖는 시스템은 입력 중 3개가 1이면 $Z = 1$이다.

예문 2. 온/오프 되는 전등은 3개의 스위치 중 어느 한 개로 제어할 수 있다. 스위치 한 개는 마스터 온/오프 스위치이다. 만일 마스터 스위치가 오프되면 전등은 차단된다. 마스터 스위치가 온이 될 때 다른 스위치들 중 한 개의 위치가 위에서 아래 혹은 아래에서 위로 변하면 전등의 상태를 변화시킨다.

예문 3. 시스템은 1비트 2진 덧셈을 한다. 시스템은 3개의 입력(더해지는 2비트와 다음 하위 비트로부터의 캐리)을 가지며 합 비트와 다음 상위 비트로 들어가는 캐리에 해당하는 2개의 출력을 제공한다.

예문 4. 디스플레이 구동기: 시스템은 십진 숫자에 대한 코드를 입력으로 받고 대부분의 디지털 시계와 숫자 표시에 사용되는 7-세그먼트 디스플레이를 구동하는 신호를 출력으로 제공한다.

예문 5. 시스템은 2개의 4비트 데이터와 캐리 입력으로 구성된 9개의 입력과, 합을 표현하는 5비트 출력 1개를 갖는다(각 입력 수는 0에서 15까지의 범위이고 출력은 0에서 31까지의 범위이다).

이 5개의 예제들 외에 부록 E에 작은 시스템에 대하여 동작 서술에서부터 게이트를 이용한 설계까지의 완전한 예들이 추가되었다(순차회로 시스템에 대한 예도 포함되어 있다).

　　설계과정은 다음과 같은 단계에 의하여 진행된다(어떤 설계 문제의 경우에는 필요없는 단계가 있을 수도 있다).

> **단계 1:** 각 입력과 출력을 2진으로 표현하라.

　　예문 1, 3, 5와 같이 문제 서술에서 이미 2진 입력과 출력으로 주어지는 경우가 있는가 하면, 설계자가 정해야 되는 경우도 있다. 예문 2에서는 각 입력과 출력에 해당하는 숫자 값을 정해야 한다. 전등이 켜지는 것을 출력 1로, 꺼지는 것을 0으로 코드화할 수 있다(전등 설계자와 협력하면 반대의 정의도 가능하다). 그리고 스위치의 위 방향을 입력 1로, 아래 방향을 0으로 정의한다. 예문 4의 경우에서 입력은 10진수가 된다. 이 경우에 어떤 BCD 코드를 사용할 것인지를 결정해야 한다. 그것은 누가 입력을 제공하는가에 의해 정해질 수도 있고, 혹은 시스템이 가장 간단하도록 정할 수도 있다. 또한 출력을 코드화해야 한다. 디스플레이 동작에 대한 자세한 내용과 1 혹은 0, 어느 경우에 각 세그먼트가 켜지는 지도 알아야 한다(2.1.1절에서 상세히 논의 할 것이다). 일반적으로 필요한 논리회로의 크기가 입력과 출력의 표현 방법에 따라 많은 영향을 받을 수도 있다.

> **단계 1.5:** 만약 필요하면, 문제를 더 작은 부문제(subproblem)로 나누어라.

　　이런 단계는 진리표를 만든 다음에 하는 것이 가능할 경우도 있고, 때로는 진리표를 작성하기 전부터 문제를 나누어야 할 경우가 있기 때문에 이 단계를 여기에 두었다.

　　앞으로 설명하게 될 대부분의 설계 기술들을 아주 큰 문제에 적용하는 것은 불가능하다. 예문 5의 경우도 4비트 가산기가 9개의 입력을 가지므로 9개의 입력 열과 5개의 출력 열을 갖는 $2^9 = 512$행의 진리표를 요구한다. 이 진리표의 내용은 쉽게 만들 수 있지만, 표는 몇 페이지에 해당될 정도로 대단히 번거롭다. 더구나, 2장과 3장의 최소화 기법은 무리가 따를 것이다. 32비트 수를 더하는 실제의 컴퓨터 가산기 설계 문제로 가면 더 이상 최소화 기법으로 다룰 수가 없게 된다. 진리표는 캐리 입력이 없어도 2^{64}행(대략 1.84×10^{19})의 길이가 된다(이 진리표 전체를 나타내려면 각 페이지에 백만 행을 적고 백만 페이지를 책으로 만들 때 1,800만 권 이상의 분량이 되는 크기이다). 혹은 1초에 진리표의 10억 행을 처리하는(수퍼컴퓨터 성능) 컴퓨터가 있을 때 전체 진리표를 처리하는 데 584년 이상이 걸린다.

　　분명히 우리는 이런 문제를 어떤 방식으로든 해결해 왔다. 가산기의 경우에

손으로 어떻게 덧셈을 하는지를 모방하는 것이다. 즉, 한 번에 1비트를 더하여 1비트 합과 다음 비트로 들어가는 캐리를 만든다. 이것은 예문 3에 서술된 문제인데 단지 8행의 진리표를 요구한다. 이런 시스템을 32개 만들어 서로 연결하면 32비트 가산기를 만들 수 있을 것이다.

또한, 이미 구현된 부시스템(subsystem)을 이용하는 것이 가장 경제적인 경우들이 있다. 예를 들면, 예문 5에서 서술된 4비트 가산기를 단일 IC칩으로 구입하여, 이것을 32비트 가산기 설계에서 한 개의 부품으로 사용할 수 있을 것이다. 이런 설계 과정 부분은 5장에서 다룰 것이다.

단계 2: 설계 사양을 진리표 혹은 대수식으로 형식화(formalize)하라.

여기서는 진리표만 사용하고 대수식의 표현 방법은 이 장의 뒷부분에서 다룰 것이다. 보통 진리표는 설계 단계 2의 결과로 나타난다. 진리표는 모든 가능한 입력 조합과 이들 입력 조합에 대한 각 출력값을 나열한 것이다. 디지털 시스템에서 각 입력은 단지 두 가지 중에서 하나의 값(0 혹은 1)을 가지므로 이렇게 하는 것이 가능하다.

따라서 n 입력을 가지면 2^n개의 입력 조합이 있으므로 진리표는 2^n개의 행을 갖는다. 이들 행은 특별한 이유 없이 빼먹는 일을 방지하기 위해 보통 2진 순서대로 적는다. 진리표는 두 종류의 열로 구성되는데, 즉 각 입력 변수마다 하나의 열을 할당한 n개의 입력 열들과 각 출력 변수마다 하나의 열을 할당한 m개의 출력 열을 갖는다.

두 입력 A, B와 한 개의 출력 Y에 대한 진리표의 예를 표 2.1에 보여준다. 이 진리표는 두 개의 입력 열과 한 개의 출력 열 그리고 $2^2 = 4$개의 행(제목 열은 포함 안함)으로 구성된다. 설계 과정의 나머지 단계들을 설명한 후에 예문들에 대한 진리표를 곧 보게 될 것이다.

표 2.1 2입력 진리표

A	B	Y
0	0	0
0	1	1
1	0	1
1	1	1

단계 3: 서술을 간단히 하라.

진리표로부터 바로 구현할 수 있는 기법도 있지만(예를 들면, 5장의 ROM을 참조), 대부분의 경우에 구현하기 위하여 진리표를 대수식으로 변환하여야 한다. 그러나 진리표로부터 구한 대수식의 형태는 다소 복잡한 시스템으로 구현되는 경향이 있다. 따라서 2장과 3장에 걸쳐서 대수식을 간소화하는 기법에 대하여 설명한다.

단계 4: 설계 목표와 제약에 근거하여, 사용 가능한 부품으로 시스템을 구현하라.

게이트(gate)는 한 개의 출력을 갖는 회로이다. 2장과 3장에서 대부분의 설계들은 게이트를 부품으로 사용하여 구현하게 된다. 2단계를 설명하기 위해 사용된 진리표는 게이트의 한 종류인 2입력 OR 게이트 동작을 나타내고 있다(표 2.1). 설계의 최종 형태는 게이트로 구현한 블록도로 나타낼 수 있는데, 여기서 OR 게이트는 보통 그림 2.1의 기호로 나타낸다. 이와 같은 게이트들을 몇 개 포함하고 있는 IC 패키지를 사용하여 실험실에서 시스템을 구현하거나, 컴퓨터를 이용하여 시뮬레이션을 할 수 있다.

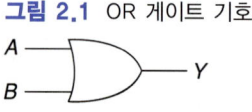

그림 2.1 OR 게이트 기호

앞에서 언급한 것과 같이 게이트 외에도 가산기, 디코더와 같이 좀 더 복잡한 부품들도 빌딩 블록으로 사용할 수 있다(순차회로 시스템을 다룰 때, 메모리 소자와 그 밖의 더 큰 빌딩 블록들을 소개한다).

설계 목표는 보통 가장 비용이 적게 드는 회로를 만드는 것이다. 이것은, 항상 그렇지는 않지만, 보통 가장 간단한 대수식에 해당하는 회로이다. 게이트는 보통 패키지 단위로 사용되므로 비용은 패키지의 수로 계산된다. 한 개의 패키지에 2입력 OR 게이트 4개가 있다고 가정하면, 패키지 안의 4개의 게이트 중 한 개만 필요한 경우의 비용과 4개 전부가 필요한 경우의 비용은 같다. 경우에 따라서는 속도가 목표인 경우도 있다. 즉, 가능한 빠른 속도의 회로를 만드는 것이다. 나중에 보겠지만, 신호가 게이트를 통과할 때마다 약간의 지연이 있어서 결국 시스템 속도가 늦어진다. 따라서 만약 속도가 설계 목표의 요소가 되면 각 신호가 통과해야 하는 게이트 수를 줄여야 한다.

2.1.1 무정의 조건

디스플레이 구동기 예(예문 4)에 대한 진리표를 만들기 전에 무정의(don't care)의 개념을 이해해야 한다. 시스템에 따라서는 출력 값이 단지 입력 조건의 일부에 대하여만 지정되는 경우가 있다[이런 함수를 불완전하게 명시된 함수(incompletely specified functions)라고도 부른다]. 나머지 입력 조합에 대하여는 출력이 어떤 값을 갖든지 중요하지 않다. 즉 상관하지 않는다. 진리표에서 무정의들은 X로 나타낸다(어떤 책에서는 d, ϕ, 혹은 φ를 사용한다). 표 2.2는 무정의를 갖는 진리표이다.

이 표는 a와 b가 0일 때 f는 0이 되고 $a = 0$, $b = 1$이거나 $a = 1$, $b = 0$일 때 f는 1, 그리고 a와 b가 모두 1일 때는 f는 무엇이 되든 상관이 없음을 나타낸다. 달리 표현하면 표 2.3의 f_1이든 f_2이든 받아들일 수 있다는 뜻이다.

무정의가 있는 시스템을 설계할 때 무정의 입력 조합 각각에 대하여 출력을 0 혹은 1로 만들어야 한다. 표 2.3의 예에서 f_1 혹은 f_2 어느 것이든 구현할 수 있음을 의미한다. 이들 중 어떤 것은 구현하는 데 훨씬 비용이 적게 들어갈 수 있을 것이다. 만약 여러 개의 무정의가 있으면 가능한 해답의 수는 급격하게 증가한다. 왜냐하면 무정의들은 각각 독립적으로 0 혹은 1이 될 수 있기 때문이다. 3장에서 개발한 기법은 무정의를 대단히 쉽게 처리하며, 무정의가 없는 경우에 사용되는 똑같은 방법으로 문제를 해결할 수 있게 한다.

표 2.2 무정의를 갖는 진리표

a	b	f
0	0	0
0	1	1
1	0	1
1	1	X

표 2.3 수용할 수 있는 진리표

a	b	f_1	f_2
0	0	0	0
0	1	1	1
1	0	1	1
1	1	0	1

실제 시스템에서 무정의는 여러 가지 경우로 발생한다. 먼저 결코 일어날 수 없는 어떤 입력 조합이 있다. 예문 4의 경우로 여기서 입력은 십진 숫자 코드이다. 단지 10가지의 가능한 입력 조합만이 있다. 만약 4비트 코드가 사용되면 입력 조합 중 6개는 결코 발생하지 않는다. 시스템을 만들 때 이들 각 무정의 조합에 대해 출력이 0이거나 1이 되도록 설계할 수 있다. 왜냐하면 그런 입력은 결코 일어나지 않기 때문이다.

무정의가 발생하는 또 다른 경우는 두 개가 연결된 시스템에서 두 번째 시스템을 구동시키는 첫 번째 시스템을 설계하는 경우이다. 예를 들어 그림 2.2의 블록도처럼 시스템 1이 시스템 2를 어떤 방법으로 동작하게 하는 것을 설계한다고 하자. 어떤 특정 값 A, B, C에 대해 시스템 2는 J가 0이든 1이든 관계없이 똑같이 동작하는 경우가 있다. 이 경우 시스템 1의 출력 J는 그 입력 조합에 대해 무정의이다. 7장에서 이런 동작이 발생하는 것을 보게 되는데, 시스템 2는 플립플롭(2진 메모리소자)인 경우이다.

그림 2.2 무정의를 갖는 설계 예

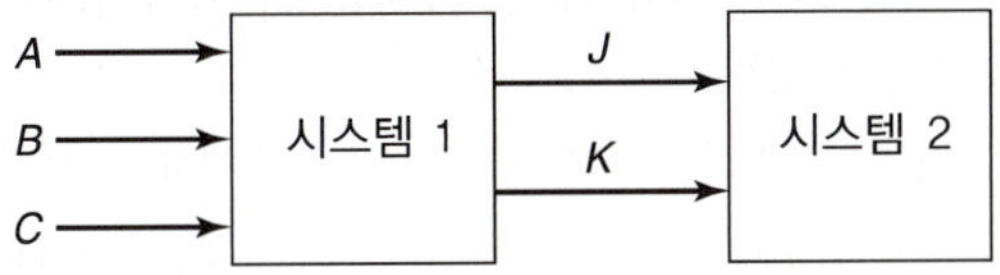

예문 4에서 세 번째 종류의 무정의를 볼 수 있는데, 출력들 중의 하나가 어떻게 되든지 상관하지 않는 경우이다.

2.1.2 진리표 작성

주어진 서술식 설계 문제에서 첫 단계는 입력을 어떻게 코딩하는지를 결정하는 것이다. 그 다음에 진리표의 작성은 보통 간단하게 된다. 입력 수에 의하여 진리표에서 몇 개의 행이 필요한지가 정해지지만 중요한 문제는 일반적으로 서술식 설명에 대한 모호성에 있다.

예문 1의 경우에 16행의 진리표가 필요하다. 4개의 입력 열과 1개의 출력 열이 있다(표 2.4에서 문제 설명에 대한 3가지 해석을 보여주기 위하여 Z_1, Z_2, Z_3로 나타낸 3개의 출력 열이 있다). 진리표에서 처음 15행에 대한 시스템 동작은 논쟁의 여지가 거의 없다. 입력 라인에서 1이 3개보다 적으면 출력은 0이다. 입력의 3개가 1이고 다른 것이 0이면 출력은 1이다. 표를 완성하는 데 있어서 모호한 사항은 단지 마지막 행과 관련된 것이다. "입력 중 3개가 1"은 정확하게 3개 혹은 적어도 3개를 의미하는가? 만약 앞의 것이 사실이라면 진리표의 마지막 라인은 Z_1에서처럼 0이다. 만약 후자가 사실이면 표의 마지막 라인은 Z_2에서처럼 1이다. 다르게 해석할 수 있는 두 가지가 더 있는데, 4개 입력이 절대 동시에 모두

표 2.4 예문 1에 대한 진리표

A	B	C	D	Z_1	Z_2	Z_3
0	0	0	0	0	0	0
0	0	0	1	0	0	0
0	0	1	0	0	0	0
0	0	1	1	0	0	0
0	1	0	0	0	0	0
0	1	0	1	0	0	0
0	1	1	0	0	0	0
0	1	1	1	1	1	1
1	0	0	0	0	0	0
1	0	0	1	0	0	0
1	0	1	0	0	0	0
1	0	1	1	1	1	1
1	1	0	0	0	0	0
1	1	0	1	1	1	1
1	1	1	0	1	1	1
1	1	1	1	0	1	X

1이 되지 않는 것으로 알고 있는 경우와 4개 입력 모두가 1이면 출력이 어떤 값을 갖든지 상관하지 않는 경우이다. 이 두 가지는 Z_3 열과 같이 되는데 마지막 행에 무정의 X로 표시되어 있다.

예문 2에서는, 입력과 출력을 코딩한 후에도 문제에 대한 유일한 해답을 갖지 못한다. 스위치는 a, b, c로(여기서 a는 마스터 스위치이다) 표시하고 1은 위로 그리고 0은 아래로 된 상태를 나타낸다. 전등의 출력을 f로 나타내는데, f가 1일 때 전등이 켜진다. $a = 0$일 때는 b와 c의 값에 관계없이 전등은 꺼진다(0). 문제 서술은 $a = 1$일 때의 출력을 자세하게 명시하지 않고, 다른 입력에서의 변화가 어떤 영향을 주는지에 대해서만 명시하고 있다. 이 문제에 대한 두 가지 가능한 해답이 있다. 만약 두 스위치 b와 c가 모두 아래 위치에 있을 때 전등이 꺼진다고 가정하면, 표의 5번째 행(100)은 표 2.5(a)에서 보는 것처럼 출력은 0을 갖는다. 이 중 어느 하나의 스위치가 위로 되면(101, 110) 전등은 켜져야 한다. 이 상태에서 b나 c를 변화시키는 것은 시스템을 100 입력 상태로 돌아가게 하거나 혹은 상태 111로 이동하게 하며 출력이 0이다.

표 2.5 예문 2에 대한 진리표

a	b	c	f
0	0	0	0
0	0	1	0
0	1	0	0
0	1	1	0
1	0	0	0
1	0	1	1
1	1	0	1
1	1	1	0

(a)

a	b	c	f
0	0	0	0
0	0	1	0
0	1	0	0
0	1	1	0
1	0	0	1
1	0	1	0
1	1	0	0
1	1	1	1

(b)

스위치 b, c가 위로 되어 있는 경우에 전등이 켜지거나, 혹은 스위치 b, c가 아래로 되어 있는 경우에 전등이 켜지는 것과 같이, 스위치 b, c가 다른 고정된 값으로 시작할 수도 있다. 이들 두 경우는 똑같이 표 2.5(b)의 진리표를 생성한다.

예문 3의 1비트 2진 전가산기에 대한 진리표는 1.2.2절의 표 1.5(이 표를 1.2.2절에서는 진리표라고 하지 않았음)에서 이미 만들었다.

비록 예문 5의 4비트 가산기에 대한 진리표는 쉽게 만들 수 있지만, 512개나 되는 행이 필요하게 된다. 그리고 진리표를 만들었다고 해도 손으로, 즉 컴퓨터의 도움 없이 함수를 간단히 하는 것은 거의 불가능하다는 것을 알 수 있다. 이 문제에 관한 논의는 5장으로 미루기로 한다.

이제 예문 4의 디스플레이 구동기를 살펴보자. 시스템의 블록도는 그림 2.3(a)에 보여주고 있다. 2진 입력인 W, X, Y, Z는 십진수를 나타내는 코드이다. 디스플레이 구동기는 디스플레이 7개의 세그먼트(a, b, c, d, e, f, g)를 위한 신호들을 출력으로 제공해야 한다. 디스플레이 구조는 그림 2.3(b)에 보여주고 있고, 각 숫자에 대하여 디스플레이가 어떻게 켜져야 되는 지를 그림 2.3(c)에 나타냈다. 실선은 점등된 세그먼트를 나타내고 점선은 그 숫자에 대해 점등되지 않는 세그먼트를 나타낸다. 숫자 6, 7, 9에 대해서는 다른 방법으로도 디스플레이 할 수 있는 것을 주목하라. 숫자 6에 대해 세그먼트 a를 점등하는 경우도 있고, 하지 않는 경우도 있다.

그림 2.3 7-세그먼트 디스플레이

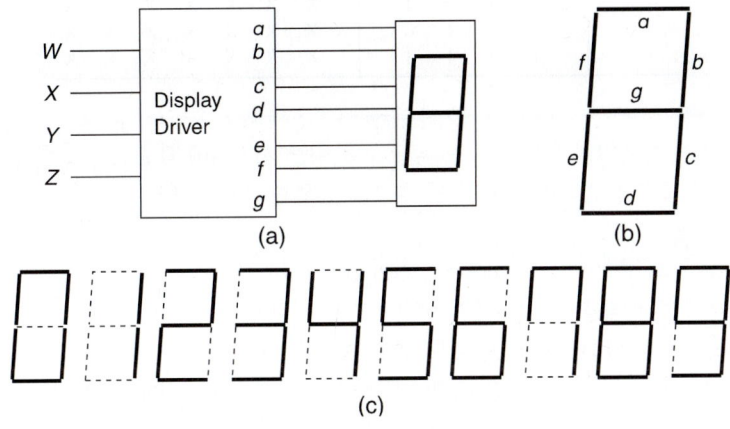

먼저 해야 할 일은 십진 숫자에 대한 코드를 선택하는 것이다. 그것은 분명히 진리표에 영향을 준다. 그리고 사실상 구현하는 데 필요한 비용에 중대한 영향을 미친다. 이 예제를 위하여 십진 숫자는 8421 코드로 저장되어 있는 것으로 가정한다(다른 코드의 경우들은 4장에서 살펴본다). 다음은 세그먼트를 점등하기 위하여 필요한 신호가 0인지 1인지를 알아야 한다. 0인 경우 켜지는 것과 1인 경우 켜지는 두 가지 종류의 디스플레이가 있기 때문이다. 그리고 설계 명세서에 숫자

6, 7, 9에 대해서 어떻게 점등할 것인지, 또는 어떻게 하든 관계가 없다든지를 나타내야 한다. 마지막으로 10진수에 속하지 않는 입력(1010, 1011, ..., 1111)에 대하여 어떻게 해야 되는지 결정해야 한다. 만일 이런 입력이 절대 나타나지 않는다면, 이 입력들에 대하여 디스플레이 구동기가 어떤 값을 출력해도 상관이 없다. 그렇지 않은 경우에는 설계 명세서에 세그먼트 모두가 꺼져야 한다든가 또는 에러 코드를 출력해야 된다는 등의 명시를 해야 한다.

진리표 2.6은 입력이 8421코드, 세그먼트 점등하는 신호는 1, 숫자 6, 7, 9에 대해서 어떻게 출력하든 관계없고, 10진수에 속하지 않는 입력(1010, 1011, ..., 1111)은 발생하지 않는다고 가정하여 만든 것이다.

표 2.6 7-세그먼트 디스플레이 구동장치에 대한 진리표

숫자	W	X	Y	Z	a	b	c	d	e	f	g
0	0	0	0	0	1	1	1	1	1	1	0
1	0	0	0	1	0	1	1	0	0	0	0
2	0	0	1	0	1	1	0	1	1	0	1
3	0	0	1	1	1	1	1	1	0	0	1
4	0	1	0	0	0	1	1	0	0	1	1
5	0	1	0	1	1	0	1	1	0	1	1
6	0	1	1	0	X	0	1	1	1	1	1
7	0	1	1	1	1	1	1	0	0	X	0
8	1	0	0	0	1	1	1	1	1	1	1
9	1	0	0	1	1	1	1	X	0	1	1
–	1	0	1	0	X	X	X	X	X	X	X
–	1	0	1	1	X	X	X	X	X	X	X
–	1	1	0	0	X	X	X	X	X	X	X
–	1	1	0	1	X	X	X	X	X	X	X
–	1	1	1	0	X	X	X	X	X	X	X
–	1	1	1	1	X	X	X	X	X	X	X

예제 2.1

3개의 입력 a, b, c와 4개의 출력 w, x, y, z를 갖는 시스템에 대한 진리표를 작성한다. 출력은 입력 조건을 만족하는 가장 큰 정수와 동일한 2진수이다.

a = 0: 홀수   a = 1: 짝수
b = 0: 소수   b = 1: 소수가 아님
c = 0: 8보다 작음 c = 1: 8보다 크거나 같음

어떤 입력은 절대 발생하지 않을 수도 있고 출력은 모두 0이 되지는 않는다.

[소수(prime)는 단지 자신과 1로만 나누어지는 수이다.] 이것에 대한 진리표를 다음에 보여준다.

a	b	c	w	x	y	z
0	0	0	0	1	1	1
0	0	1	1	1	0	1
0	1	0	X	X	X	X
0	1	1	1	1	1	1
1	0	0	0	0	1	0
1	0	1	X	X	X	X
1	1	0	0	1	1	0
1	1	1	1	1	1	0

처음 4개의 행에 대하여 홀수를 찾는다. 홀수인 소수는 1, 3, 5, 7, 11, 13이다. 따라서 첫 행은 2진수 7(8보다 작으면서 가장 큰 홀수인 소수)에 해당한다. 둘째 행은 13에 대한 2진 값이다. 그 다음 2개의 행은 소수가 아닌 경우이다. 8보다 작은 모든 홀수는 소수이다. 그러므로 입력은 절대 010이 될 수 없고, 출력들은 무정의 조건 된다. 마지막으로 9와 15는 소수가 아닌 홀수이고, 15가 더 크다. 진리표의 뒤쪽 반에 대해서 유일한 짝수 소수는 2이다. 따라서 101은 결코 발생하지 않는다. 소수가 아닌 더 큰 짝수는 6과 14이다.

[문제풀이 1, 2; 연습문제 1, 2]

2.2 스위칭 대수

앞 절에서 조합회로 시스템의 구어적 서술에서부터 더 형식적(formal)이고 정확한 서술인 진리표까지 다루었다. 진리표는 ROM(5장 참조)을 이용하여 시스템을 구현하는 데는 충분하지만, 다른 부품으로 구현된 시스템을 해석하고 설계하기 위해서는 대수적 표현이 필요하다. 이 절에서는 스위칭 대수의 속성들을 소개한다.

대수가 필요한 몇 가지 이유가 있다. 아마 가장 명백한 이유는 게이트 회로로 나타낼 때, 입력에 의한 출력 함수가 필요하기 때문이다. 각 게이트는 대수적 표현으로 정의되므로, 이러한 대수식을 조작할 필요가 자주 발생한다(가능한 모든 입력 값에 대하여 입력에서부터 시작하여 각 게이트를 통하여 출력에 도달할 때까지 신호를 따라가면서 출력 값을 정할 수 있다. 이 방법으로 게이트들로 이루어진 시스템에 대한 전체 진리표를 만들기 위해서 많은 시간이 필요할 것이다).

두 번째로, 필요한 것보다 훨씬 더 복잡한 게이트 회로에 해당하는 대수적 수식을 설계 과정에서 얻는 경우가 자주 발생한다. 대수는 그러한 수식을 간소화하여 이를 구현하는 데 필요한 논리회로를 최소화하기도 한다. 3장에서 이러한 최소화를 하기 위한 비대수적 방법 즉, 알고리즘적인 방법들이 있다는 것을 알게 된다. 그러나 알고리즘 방법과 관련되어 있는 대수적 기초를 이해하는 것도 중요하다.

세 번째로, 대수는 게이트 회로를 구현하는 과정에서 필수적이다. 이번 장이나 다음 장에서 소개되는 기법에 의한 간소화된 대수식은 문제의 요구를 항상 만족시키지는 못한다. 따라서 문제의 요구 사항들을 만족시킬 수 있게 하는 대수가 필요하게 된다.

이전 판에서는 대수식 다루는 것의 이해를 돕기 위해서 이장의 중간에 카르노 맵을 설명했었다. 2.7절을 읽기 전에 3.1절을 공부하고 부록 A에 있는 맵을 이용한 대수의 속성들을 공부할 수도 있다.

이와 같은 이유로 이 장은 스위칭 대수의 몇 가지 기본 속성을 알아보는 것으로 시작하고, 대수식을 조작하기 위하여 그것들을 어떻게 사용하는지에 대한 많은 예를 보여준다.

스위칭 대수를 전개하는 하나의 접근 방식은 가설(postulate)이나 공리(axiom)의 집합들을 가지고 시작하여 좀 더 일반적인 부울대수를 정의해 나가는 것이다.

부울대수에서 입력, 출력, 그리고 내부 신호들에 해당하는 각 변수는 k 값들(여기서 $k \geq 2$) 중의 하나를 가질 수 있다. 이 가설에 기초하여 대수를 정의하고 결과적으로 연산자들의 의미를 정의할 수 있다. 그리고 특별한 경우로 $k = 2$인 스위칭 대수로 제한할 수 있다. 이러한 접근방법에 대한 논의는 2.9절로 미루고, 먼저 스위칭 대수의 연산자와 일부 기본적인 속성들에 의해 스위칭 대수를 정의하려 한다.

2.2.1 스위칭 대수의 정의

스위칭 대수는 2진수, 즉 모든 변수와 상수가 2개의 값 0과 1 중의 하나를 갖는다. 물론 2진이 아닌 양들은 2진 형태로 코딩되어야 한다. 이들은 물리적으로 전등의 오프나 온, 스위치의 위 혹은 아래, 낮은 전압이나 높은 전압, 자계의 한 방향과 반대 방향을 나타낸다. 물리적으로 어떻게 나타내는 가는 대수의 관점에서는 중요하지 않다. 시스템을 구현할 때에는 각 값을 나타내는 물리적 표현을 정하게 된다.

먼저 스위칭 대수의 3가지 연산자를 정의하고 스위칭 대수의 여러 속성을 알아본다.

OR(+로 적음)[1]

$a + b$(a **OR** b로 읽음)는 $a = 1$이거나 $b = 1$일 때 혹은 둘 다 1일 때 1이다.

AND(· 거나 혹은 간단히 2변수를 연속해서 적음)

$a \cdot b = ab$(a **AND** b로 읽음)는 $a = 1$이고 $b = 1$일 때만 1이다.

NOT(′로 적음)

a'(**NOT** a로 읽음)는 $a = 0$일 때만 1이다.

보수(complement)라는 용어는 때로 NOT 대신에 사용된다. 이 연산은 또한 반전이라고도 부르며 이를 구현한 소자를 인버터라고 한다.

OR에 대한 표기는 보통의 대수에서 덧셈과 같고 AND는 곱하기와 같으므로 합(sum)과 곱(product)으로도 자주 사용된다. 따라서 ab는 종종 곱항으로 부르고 $a + b$는 합항으로 부른다. 아래에서 논의하는 많은 속성들은 스위칭 대수뿐만 아니라 일반 대수에도 적용되지만, 몇 가지 주목할 만한 예외가 있다는 것을 알게 된다.

3가지 연산에 대한 진리표가 표 2.7에 주어진다.

표 2.7 OR, AND, NOT에 대한 진리표

a	b	$a + b$	a	b	ab	a	a'
0	0	0	0	0	0	0	1
0	1	1	0	1	0	1	0
1	0	1	1	0	0		
1	1	1	1	1	1		

---

[1] OR는 때때로 ∨로 적고 그 경우에 AND는 ∧로 적는다. NOT x는 때로는 ~x나 $\bar{x}$로 적는다.

지금부터 스위칭 대수의 속성들을 알아본다[이것들은 정리(theorem)라 부르기도 한다]. 앞으로 사용될 속성들은 책표지의 안쪽에 전부 나열되어있다.[2] 첫 번째 속성 그룹은 정의(혹은 진리표)에서부터 나온 것이다.

P1a. $a + b = b + a$ **P1b.** $ab = ba$ 교환(commutative)

진리표의 2번째와 3번째 행에 대해 OR와 AND에 대한 출력 값들은 서로 같다는 것을 주목하라. 이것은 교환(commutative)법칙으로 알려져 있다. 같은 표기를 사용하는 덧셈과 곱셈에 대해 적용되므로 명백해 보인다. 그러나 이것은 명시적으로 서술될 필요가 있다. 왜냐하면 모든 대수의 모든 연산자에 대해서 적용되는 것은 아니기 때문이다(예를 들면, 일반대수에서 $a - b \neq b - a$. 스위칭 대수에서 감산 연산은 없다).

P2a. $a + (b + c) = (a + b) + c$ **P2b.** $a(bc) = (ab)c$ 결합(associative)

결합(associative)법칙으로 알려져 있는 이 속성은 OR나 AND 연산에서 순서는 중요하지 않다는 것을 나타내고, 따라서 (괄호 없이) 단지 $a + b + c$와 abc로도 쓸 수 있다. 이것으로부터 OR나 AND에 대해 몇 가지를 언급할 수 있다. 먼저 OR의 정의를 다음과 같이 확장할 수 있다.

$a + b + c + d \cdots$는 오퍼랜드$(a, b, c, d, \ldots)$의 어느 것 한 개가 1이면 1이고 모두 0일 때만 0이다.

그리고 AND의 정의는 다음과 같이 확장된다.

$abcd \ldots$는 모든 오퍼랜드가 1일 때만 1이고 어느 것이든 0이면 0이다.

가장 기본적인 회로 요소는 게이트(gate)이다. 게이트는 OR, AND와 같은 하나의 기본 함수를 구현하는 출력이 하나인 회로이다(나중에 다른 게이트 종류들을 정의할 것이다). 게이트들은 2개, 3개, 4개, 또는 8개의 입력을 갖는다(이 이외의 입력 수로도 만들 수 있으나, 현재 실질적으로 사용하고 있는 표준으로 되어 있다). 가장 일반적으로 사용되는 (그리고 이 책에 걸쳐 사용할) 기호들은 그림 2.4에 나타나 있다(그림 2.4에서 OR에 대해 둥근 입력, AND에 대해서는 평평한 입력 그리고 OR의 뾰족한 출력, 둥근 AND 출력을 참고하라).

그림 2.4 OR와 AND 게이트의 기호

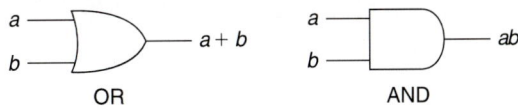

속성 2b는 그림 2.5의 3개 회로의 출력들이 전부 같다는 것을 말해주고 있다.

---

2) 이 리스트는 다소 임의대로 만들어져 있다. 대수적 식을 조작하는 데 유용한 것으로 생각되는 속성들을 포함하고 있다. 각각 서로 등가인 어떤 식의 쌍도 리스트에 포함될 수 있다. 실제 다른 책들은 다소 다른 리스트를 갖는다.

그림 2.5 속성 2b의 AND 게이트 구현

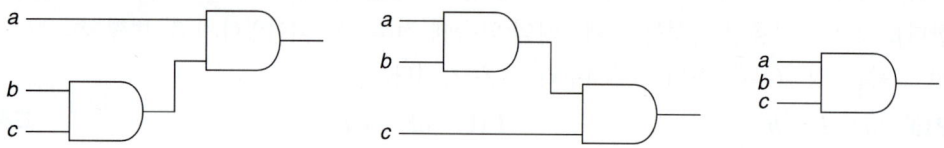

여기서 설명할 3번째 게이트는 그림 2.6에 나타낸 기호의 NOT이다. 삼각형은 전자공학에서 단지 증폭기를 나타내는 심볼이다. 출력의 원(때로 버블로 부름)은 반전(NOT)을 위한 기호이고, 나중에 보겠지만 NOT 함수를 나타내기 위하여 다른 게이트 입력과 출력에 붙어있는 경우도 있다.

그림 2.6 NOT 게이트

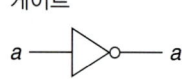

$$a \longrightarrow a'$$

괄호는 다른 수학에서와 같은 방법으로 사용되며, 괄호 안의 식은 먼저 계산된다. 괄호 없는 표현을 계산할 때는 다음 순서로 된다.

NOT
AND
OR

그러므로, 예를 들면

$$ab' + c'd = [a(b')] + [(c')d]$$

괄호가 없어도 입력 b는 먼저 보수화되고 a와 AND된다. 입력 c는 보수화되고 d와 AND되며 두 곱항은 OR된다. 만약 a와 b를 AND하여 보수화하려면, ab'보다 $(ab)'$으로 적어야 한다. 그리고 AND 전에 OR를 하려면 $a(b' + c')d$로 적어야 한다.

각 속성에서 a, b, c, . . .와 같은 단일 문자는 단지 단일 변수가 아니라 임의의 식을 나타내기도 한다. 예를 들면 속성 1a에서 $a = xy'z$이고 $b = w'$를 나타내면 다음과 같이 된다.

$$xy'z + w' = w' + xy'z$$

그리고 속성들은 항상 쌍대(dual)로 나타난다는 것을 주목하라. 속성의 쌍대를 얻기 위하여 OR와 AND를 교환하고, 그리고 상수 0과 1을 서로 교환하면 된다. OR와 AND 교환은 P1과 P2에서 명백하며, 상수 0과 1의 교환은 뒤에 나오는 세 가지 속성들에서 사용된다. 두 개의 식이 같을 때 이들 식의 쌍대도 역시 같게 된다. 따라서, 속성 쌍들의 절반을 증명하지 않아도 되므로 나중에 일이 줄어든다.

[문제풀이 3; 연습문제 3]

2.2.2 스위칭 대수의 기본 속성

다음에는 상수 0, 1과 관계있는 3쌍의 속성을 살펴본다.

항등원(identity)	**P3a.** $a + 0 = a$	**P3b.** $a \cdot 1 = a$
널(null)	**P4a.** $a + 1 = 1$	**P4b.** $a \cdot 0 = 0$
보수(complement)	**P5a.** $a + a' = 1$	**P5b.** $a \cdot a' = 0$

속성 P3a와 P4b는 진리표의 첫 번째와 세 번째 행으로부터 직접 나온다. 속성 P3b와 P4a는 두 번째와 네 번째 행으로부터 나온다. 속성 P5는 NOT의 정의, 즉 a나 a'는 어느 쪽이 항상 1이고 다른 것은 항상 0이라는 사실에서 나온다. 따라서 P5a는 둘 다 1인 $0 + 1$이나 $1 + 0$인 경우이고, 그리고 P5b는 둘 다 0인 $0 \cdot 1$이나 $1 \cdot 0$인 경우이다. 여기서도 각 속성은 쌍대로 나오고 있다.

교환 속성(P1a)과 P3, P4, P5를 조합하여 다음 속성들을 얻을 수 있다.

P3aa. $0 + a = a$ **P3bb.** $1 \cdot a = a$

P4aa. $1 + a = 1$ **P4bb.** $0 \cdot a = 0$

P5aa. $a' + a = 1$ **P5bb.** $a' \cdot a = 0$

대수식을 조작할 때, 교환법칙(P1)을 사용하여 항을 먼저 교환하지 않고 이 속성들을 사용하게 되는 경우가 자주 생긴다.

AND와 OR에 대한 진리표(표 2.7)의 처음과 마지막 행으로부터 다음과 같은 속성도 나온다.

P6a. $a + a = a$ **P6b.** $a \cdot a = a$ 멱등(idempotency)

속성 P6a를 반복 적용하면 다음과 같이 됨을 알 수 있다.

$$a + a + a + a = a$$

논리함수를 조작하는 과정에서 이들 각 등식은 양방향성이다. 예를 들면, $xyz + xyz$는 xyz로 대체할 수 있다. 그러나 xyz를 $xyz + xyz$로 대체하는 것도 때로는 도움이 된다.

연산자의 진리표로부터 바로 얻을 수 있는 마지막 속성은 리스트에 포함시킬 자체 쌍대(self-dual)뿐이다.

P7. $(a')' = a$ 누승(involution)

만약 $a = 0$이면 $a' = 1$. 그러나 다시 보수화되면 즉, $(0')' = 1' = 0 = a$. 비슷한 방법으로 만약 $a = 1$, $a' = 0$이면 $(1')' = 1$이다. AND, OR, 0 혹은 1이 없으므로, 이 속성에 대한 쌍대는 같게 된다.

다음 속성의 쌍은 배분법칙(distributive law)이라고 하는 것으로 대수 조작에서 가장 유용한 것이다.

P8a. $a(b + c) = ab + ac$ **P8b.** $a + bc = (a + b)(a + c)$ 배분(distributive)

P8a는 대단히 익숙한 것으로 덧셈과 곱셈에 많이 사용한다. 우변에서 좌변으로 가는 것은 인수분해(factoring)라고 한다. 반면에 P8b는 일반적인 대수에서는 적용되지 않는 속성이다(a, b, c를 1, 2, 3으로 치환하면 좌변에서 계산은 $1 + 6 = 7$이고 우변에서 $4 \times 3 = 12$이다). 스위칭 대수에서 이들 속성을 증명하는 가장 간단한 방법은 등식 양변에 대한 진리표를 만들고 그들이 같다는 것을 보여주는 것이다. 표 2.8은 속성 P8b를 증명하기 위해 나타내었다. 왼쪽의 3개 열은 입력 열이다. 등식의 좌변(LHS)은 bc에 대한 열을 먼저 구성함으로써 만든다. 이 열은 b, c가 모두 1인 행에서 1이고 그렇지 않으면 0이다. 따라서 LHS $= a + bc$는 a열과

bc열을 이용하여 계산된다. LHS는 한 열이 1을 포함하거나 모두 1일 때마다 1이 되고, 둘 다 0이면 0이 된다. 비슷한 방법으로 우변(RHS)은 $a + b$에 대한 열을 먼저 구성함으로써 계산된다. 이것은 $a = 1$이거나 $b = 1$일 때마다 1을 포함한다. $a + c$에 대한 열도 비슷한 방식으로 구성되며, 마지막으로 RHS $= (a + b)(a + c)$는 이 두 열이 모두 1일 때만 1이다.

표 2.8 속성 8b를 증명하기 위한 진리표

a	b	c	bc	LHS	$a + b$	$a + c$	RHS
0	0	0	0	0	0	0	0
0	0	1	0	0	0	1	0
0	1	0	0	0	1	0	0
0	1	1	1	1	1	1	1
1	0	0	0	1	1	1	1
1	0	1	0	1	1	1	1
1	1	0	0	1	1	1	1
1	1	1	1	1	1	1	1

표는 각 행(입력 조합)에 대한 식을 계산함으로써 만들 수도 있을 것이다. 첫째 행에 대하여,

$$a + bc = 0 + (0 \cdot 0) = 0 + 0 = 0$$
$$(a + b)(a + c) = (0 + 0)(0 + 0) = 0 + 0 = 0$$

그리고 6번째 행(101)에 대하여

$$a + bc = 1 + (0 \cdot 1) = 1 + 0 = 1$$
$$(a + b)(a + c) = (1 + 0)(1 + 1) = 1 \cdot 1 = 1$$

모든 8개 행에 대하여 이렇게 계산을 해야 한다. 전체 표를 만드는 경우는 처음 방법이 쉬울 것이다.

이 방법은 또한 두 함수가 같은 지를 결정하는 데도 사용될 수 있다. 두 함수가 같기 위해서는 모든 입력 조합에 대해서 같은 값을 가져야 한다. 만약 진리표의 한 행에서 값들이 서로 다르면 함수는 같지 않다.

예제 2.2

진리표를 만들고 다음 3개의 함수가 같은지 보여라.

$$f = y'z' + x'y + x'yz'$$
$$g = xy' + x'z' + x'y$$
$$h = (x' + y')(x + y + z')$$

$x\,y\,z$	$y'z'$	$x'y$	$x'yz'$	f	xy'	$x'z'$	$x'y$	g	$x' + y'$	$x + y + z'$	h
0 0 0	1	0	0	1	0	1	0	1	1	1	1
0 0 1	0	0	0	0	0	0	0	0	1	0	0
0 1 0	0	1	1	1	0	1	1	1	1	1	1
0 1 1	0	1	0	1	0	0	1	1	1	1	1
1 0 0	1	0	0	1	1	0	0	1	1	1	1
1 0 1	0	0	0	0	1	0	0	1	1	1	1
1 1 0	0	0	0	0	0	0	0	0	0	1	0
1 1 1	0	0	0	0	0	0	0	0	0	1	0

진리표는 표 2.8를 작성할 때 했던 것과 같은 기법을 이용하여 3개의 각 함수에 대하여 구성되었다. 입력 조합 1 0 1에 대하여 $f = 0$ 그러나 $g = h = 1$이다. 그러므로 f는 다른 어떤 함수와도 같지 않다. g와 h에 대한 열은 동일하다. 따라서 $g = h$이다.

[문제풀이 4, 5; 연습문제 4, 5]

2.2.3 대수 함수의 조작

대수적 표현식을 간소화하는 데 필요한 몇 가지 속성들을 추가하기 전에, 앞으로의 설명을 쉽게 하기 위해 몇 가지 용어들을 소개한다.

리터럴(literal)은 변수나 변수의 보수를 나타낸다. 예로서 a와 b'이다. 식의 복잡성을 결정하는 데 리터럴들의 수가 하나의 측정 기준이 된다. 즉, 식에서 사용되는 변수의 수가 카운트된다. 예를 들어, 다음 식은 8개의 리터럴을 포함하고 있다.

$$ab' + bc'd + a'd + e'$$

곱항(product term)은 한 개의 리터럴이나 또는 그 이상의 리터럴이 AND 연산자로 연결된 것이다. 위의 예에서 4개의 곱항 ab', $bc'd$, $a'd$, e'가 있다. 단일 리터럴도 곱항임을 주목하라.

표준곱항(standard product term)은 최소항(minterm)이라고도 하는데, 주어진 문제에서의 변수 모두를 포함하는 곱항이다. 최소항에서 각 변수는 보수화되지 않거나 혹은 보수화되어 나타난다. 따라서 4변수 w, x, y, z 함수에 대한 $w'xyz$와 $wxyz$는 표준곱항이지만 $wy'z$는 표준곱항이 아니다.

곱의합(sum of products) 식(SOP로 줄여 쓰기도 함)은 한 개의 곱항이거나 또는 두 개 이상의 곱항들이 OR 연산자에 의해 연결된 것이다. 위의 식과 다음 식들은 이 정의를 만족시키는 곱의합 식들이다.

$w'xyz' + wx'y'z' + wx'yz + wxyz$	(4 곱항)
$x + w'y + wxy'z$	(3 곱항)
$x' + y + z$	(3 곱항)
wy'	(1 곱항)
z	(1 곱항)

보통 같은 함수에 대해서 몇 가지 다른 곱의합 식으로 나타내는 것이 가능하다.

정규합(canonical sum) 혹은 표준곱항의 합(sum of standard product terms)은 모든 항이 표준곱항으로 이루어진 곱의합 식이다. 위의 예에서 첫 번째만이(문제에서 변수의 수가 모두 4개일 경우) 정규합이다. 대수 조작은 정규합으로 시작하는 경우들이 자주 있다.

최소 곱의합(minimum sum of products) 식은 주어진 함수에 대한 가장 적은 수의 곱항을 갖는 SOP 식들 중의 하나이다. 가장 적은 수의 항을 갖는 식들이 한 개 이상 있으면, 최소는 가장 적은 수의 리터럴을 갖는 식들로 정의된다. 위의 설명이 의미하듯이 주어진 문제에 대해 한 개 이상의 최소해가 있을 수 있다. 다음의 각 식들은 등가이다(x, y, z에 대해 어떤 값을 선택하여도 각 식은 같은 값을

디지털 논리설계

발생한다는 의미). 첫 번째 것은 표준곱항의 합인 것을 주목하라.

(1) $x'yz' + x'yz + xy'z' + xy'z + xyz$ 5항, 15 리터럴
(2) $x'y + xy' + xyz$ 3항, 7리터럴
(3) $x'y + xy' + xz$ 3항, 6리터럴
(4) $x'y + xy' + yz$ 3항, 6리터럴

식 (3), (4)는 최소식들이다(나타낸 식들 중에서 최소인 것이 확실하지만 더 적은 수의 항이나 적은 수의 문자를 갖는 다른 식이 없는 지는 명백하지 않다). (주의할 점: 모든 최소해를 찾을 때, 이미 찾은 최선의 것보다 더 많은 항이나 문자를 갖는 해는 포함되지 않는다.)

첫 번째 식에서 마지막 2개 식까지 유도할 수 있는 대수 속성들을 충분히 이미 알고 있다. 먼저 처음 식을 두 번째 식으로 줄여보자.

$$
\begin{aligned}
x'yz' &+ x'yz + xy'z' + xy'z + xyz \\
&= (x'yz' + x'yz) + (xy'z' + xy'z) + xyz &&\text{결합} \\
&= x'y(z' + z) + xy'(z' + z) + xyz &&\text{배분} \\
&= x'y \cdot 1 + xy' \cdot 1 + xyz &&\text{보수} \\
&= x'y + xy' + xyz &&\text{항등원}
\end{aligned}
$$

첫 단계는 항을 결합시키게 하는 P2a를 이용한 것이다. 그리고 처음 두 항에서 $x'y$로 인수분해하고 세 번째와 네 번째 항에서 xy'로 인수분해하기 위하여 P8a를 적용한다. 다음은 $z' + z$를 1로 대체하기 위하여 P5aa를 사용한다. 마지막 단계에서 식을 줄이기 위하여 P3b를 사용한다.

다음 속성을 추가하여, 마지막 세 단계는 한 단계로 줄일 수도 있다.

인접(adjacency)   **P9a.** $ab + ab' = a$ **P9b.** $(a + b)(a + b') = a$

여기서 첫 번째 경우에 $a = x'y$이고 $b = z'$이다. 따라서 2개의 곱항이 합해질 때, 이 두 항의 변수들 중에 한 개만 서로 보수의 형태로 된 것 외에 나머지가 전부 같은 경우에는 P9a를 이용하여 결합될 수 있다(이 속성의 증명은 위에서 사용한 동일한 3단계를 따른다. P8a는 a를 인수분해하기 위하여, P5a는 $b + b'$를 1로 대체하기 위하여, 그리고 마지막으로 P3b는 결과를 생성하기 위하여 사용한다). P9b는 P8a, P5a, P3b들의 쌍대인 P8b, P5b, P3a를 이용하여 증명할 수 있다.

6개의 리터럴만을 갖는 식 (3)을 유도하기 위한 가장 쉬운 방법은 P6a를 이용하여 $xy'z$를 복사하여 사용하는 것이다.

$$xy'z = xy'z + xy'z$$

식은 다음과 같이 된다.

$$
\begin{aligned}
x'yz' &+ x'yz + xy'z' + xy'z + xyz + xy'z \\
&= (x'yz' + x'yz) + (xy'z' + xy'z) + (xyz + xy'z) \\
&= x'y(z' + z) + xy'(z' + z) + xz(y + y') \\
&= x'y \cdot 1 + xy' \cdot 1 + xz \cdot 1 \\
&= x'y + xy' + xz
\end{aligned}
$$

$xy'z$를 복사하여 끝에 두고 마지막 항 (xyz)과 결합하여 앞에서와 같은 방법으로 진행된다. P6a를 이용하여 $x'yz$를 복사하여 xyz와 결합함으로써 다른 식도 유도된다. P6a를 이용하여 한 개의 항을 복사하여 사용할 때, 처음 곱의합 식에서 자유롭게 항들의 순서를 바꿀 수 있는 것을 주목하라.

일반적으로 한 개의 항을 같은 식에 있는 여러 다른 항들과 결합할 수 있다. 따라서 필요한 만큼 항을 복사하여 사용할 수 있다.

항을 복사하지 않고 다른 속성을 이용하여 6리터럴의 식으로 줄일 수 있는데, 그 속성은 다음과 같다.

P10a. $a + a'b = a + b$ **P10b.** $a(a' + b) = ab$ **단순화(simplification)**

P8b, P5a, P3bb를 다음과 같이 사용함으로써 P10a가 성립함을 알 수 있다.

$$a + a'b = (a + a')(a + b) \qquad \text{배분}$$
$$= 1 \cdot (a + b) \qquad \text{보수}$$
$$= a + b \qquad \text{항등원}$$

P10b는 다음과 같이 증명된다.

$$a(a' + b) = aa' + ab = 0 + ab = ab$$

이 속성을 끝 두 항을 x로 인수분해한 것에 적용할 수 있다.

$$x'y + xy' + xyz$$
$$= x'y + x(y' + yz) \qquad \text{배분}$$
$$= x'y + x(y' + z) \qquad \text{단순화}$$
$$= x'y + xy' + xz \qquad \text{배분}$$

라인 2에서 라인 3으로 갈 때 P10a를 이용하였다. 또 다른 방법으로 처음과 마지막 항으로부터 y를 인수분해 할 수도 있다.

$$y(x' + xz) + xy'$$
$$= y(x' + z) + xy'$$
$$= x'y + yz + xy'$$

이것도 6리터럴을 사용하는 또 하나의 동등한 식이다.

정규화 형태로 표현된 다음 예제를 살펴보자.

예제 2.3

$$a'b'c' + a'bc + a'bc + ab'c'$$

처음 두 항은 P9a를 이용하여 결합될 수 있고 다음 식을 만든다.

$$a'c' + a'bc + ab'c'$$

이제 처음 두 항으로부터 a'를 인수로 분해할 수 있고 이것을 다음과 같이 줄이는 데 P10a를 사용한다.

$$a'c' + a'b + ab'c'$$

그리고 c'로 처음과 마지막 항에 같은 과정을 반복하면 다음 식이 된다.

$$a'c' + a'b + b'c'$$

비록 앞의 어떤 식보다 이 식이 더 간단하지만 최소화 식은 아니다. 이제까지 만들어낸 속성으로는 더 이상 간소화를 못하고, 이것이 최소가 아닌 것을 알 수 있는 방법은 아직 없다. 원래의 식으로 되돌아가서 첫 항을 마지막 항과 묶고 그리고 중간의 두 항으로 묶을 수 있다. 그리고 P9a를 적용하면 단지 2항과 4리터럴을 갖는 식을 얻게 된다.

$$a'b'c' + a'bc' + a'bc + ab'c'$$
$$= b'c' + a'b$$

뒤에서 3항 식에서 2항만 갖는 식으로 유도할 수 있는 속성을 설명한다.

앞에서 정의된 각 용어들에 대하여 유용한 쌍대 용어들이 있다.

합항(sum term)은 OR 연산자에 의해 한 개 이상의 리터럴이 연결되어 있다. 예를 들면 $a + b' + c$와 (단지 한 리터럴인) b'들이다.

표준합항(standard sum term)은 최대항(maxterm)이라고도 하며, 주어진 문제에서의 변수를 모두 포함하는 합항이다. 최대항에서 각 변수는 보수화되지 않거나 혹은 보수화되어 나타난다. 따라서 w, x, y, z의 4변수 함수에 대하여 $w' + x + y + z'$ 항과 $w + x + y + z$ 항은 표준 합항이지만 $x + y' + z$는 아니다.

합의곱(product of sums) 식은 AND 연산자에 의해 한 개 이상의 합항이 연결된 것이다. 합의곱 식의 예는:

$(w + x)(w + y)$	2 항
$w(x + y)$	2 항
w	1 항
$w + x$	1 항
$(w + x' + y' + z')(w' + x + y + z')$	2 항

정규곱(canonical product) 혹은 표준합항의 곱(product of standard sum terms)은 모든 항이 표준합항으로 이루어진 합의곱 식이다. 위에서 마지막 것만(문제에서 변수의 수가 모두 4개일 경우) 정규곱이다.

최소는 합의곱(POS)과 곱의합(SOP) 모두에 대해 같은 방법으로 정의된다. 즉 가장 적은 수의 항을 갖는 식을 뜻하고, 같은 수의 항을 갖는 경우는 이들 중 가장 적은 수의 리터럴을 갖는 식을 뜻한다. 주어진 함수(혹은 식)는 최소 곱의합과 최소 합의곱 형태로 줄어들 수 있는데, 이들은 같은 수의 항과 리터럴로 되거나, 혹은 한 쪽이 다른 쪽보다 더 적은 수의 항과 리터럴을 가질 수도 있다(나중에 최소화 기법을 설명할 때 예제들을 보여준다).

식은 곱의합 형태, 합의곱 형태, 양쪽 모두, 혹은 어느 것도 아닌 형태가 될 수 있다. 예는 다음과 같다.

SOP: $x'y + xy' + xyz$

POS: $(x + y')(x' + y)(x' + z')$

양쪽 모두: $x' + y + z$ 또는 xyz'

어느 것도 아님: $x(w' + yz)$ 또는 $z' + wx'y + v(xz + w')$

지금부터 합의곱 형태로 함수를 간단히 하는 예제를 살펴보자(나중에 곱의합에서 합의곱으로, 그리고 합의곱에서 곱의합 형태로 변환하는 방법을 설명한다).

$$g = (w' + x' + y + z')(w' + x' + y + z)(w + x' + y + z')$$

처음 두 항은 P9b를 사용하여 결합될 수 있다. 여기서

$$a = w' + x' + y \text{ 그리고 } b = z'$$

그래서

$$g = (w' + x' + y)(w + x' + y + z')$$

P6b를 사용하여 첫 항의 복사를 만들어 마지막 항과 결합하면 쉽게 더 줄어들 수 있다.

여기서

$$a = x' + y + z' \text{ 그리고 } b = w$$

최종 결과식은

$$g = (w' + x' + y)(x' + y + z')$$

또한, 곱의합 식으로 한 것과 같은 방법으로 다음과 같은 조작을 할 수 있다.

$$g = (w' + x' + y)(w + x' + y + z')$$
$$= x' + y + w'(w + z') \qquad \textbf{[P8b]}$$
$$= x' + y + w'z' \qquad \textbf{[P10b]}$$
$$= (x' + y + w')(x' + y + z') \qquad \textbf{[P8b]}$$

여기서 첫 번째 괄호 안의 리터럴들의 순서를 바꾼 것 외에는 앞의 식과 같은 것이다.

[문제풀이 6, 7, 8, 9; 연습문제 6, 7, 8, 9]

2.3 AND, OR, NOT 게이트에 의한 함수 구현

먼저 AND, OR, NOT 게이트 회로를 이용한 스위칭 함수의 구현을 알아본다. (결국, 설계 목표는 주어진 스위칭 함수를 구현하는 회로도를 만드는 것이다). 앞 절에서 최소 곱의합 식을 설명할 때, 다음 함수를 소개하였다.

$$f = x'yz' + x'yz + xy'z' + xy'z + xyz$$

이를 구현한 회로도는 그림 2.7에 나타내었다. 각 곱항은 AND 게이트에 의해 형성된다. 이 예제에서 모든 AND 게이트는 3개의 입력을 갖는다. AND 게이트의 출력들은 OR 게이트에 (이 경우에 5입력 OR 게이트) 들어가는 입력으로 사용된다. 이 구현에서 모든 입력은 보수화된 것과 보수화되지 않은 것 두 가지 모두 가능하다는 것을 가정한다(즉, 예를 들면 입력으로 x와 x' 모두 가능하다). 이것은

일반적으로 조합논리 회로의 입력들이 순차회로 시스템의 메모리소자인 플립플롭 출력으로부터 오는 경우에 적용된다. 그러나 입력이 시스템에 대한 입력이면 일반적이라고 할 수가 없다.

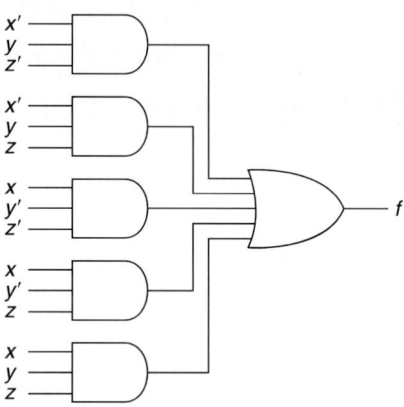

그림 2.7 f에 대한 표준 곱의합 형태의 블록도

이것은 2레벨(two-level) 회로의 예이다. 레벨의 수는 입력신호가 입력에서부터 출력까지 통과해야 하는 게이트들의 수들 중에서 가장 큰 값이다. 이 예에서, 모든 신호는 먼저 AND 게이트를 통과하고 나서 OR 게이트를 통과한다. 입력들은 보수화되고 보수화되지 않은 것 모두가 가능할 때, 곱의합과 합의곱 식들은 모두 2레벨 회로가 된다.

이 함수가 최소 곱의합 식으로 유도될 수 있음을 보았고, 그들 중 하나가 다음과 같다.

$$f = x'y + xy' + xz$$

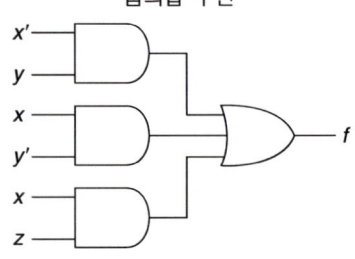

그림 2.8 f 함수에 대한 최소 곱의합 구현

물론 이것은 그림 2.8에 보인 것과 같이 덜 복잡한 회로를 만들어 낸다.

회로의 복잡성을 20개의 게이트 입력(5개의 AND 각각에 대한 3입력과 OR에 들어가는 5입력)과 6개의 게이트로부터 9개의 게이트 입력과 4개의 게이트로 줄였다. 게이트 회로에서 최소의 정의는 최소 게이트 수를 갖는 경우이고, 최소 게이트 수가 같은 경우는 최소 게이트 입력의 수를 갖는 경우이다. 2레벨 회로에서 이것은 최소 곱의합이나 최소 합의곱 함수에 해당한다.

만약 보수화된 입력이 가능하지 않다면, 보수화가 요구되는 각 입력에 대해(이 예에서는 x와 y) 인버터가 필요하다. 그림 2.9의 회로는 f를 구현하기 위하여 그림 2.8의 회로에 추가되어야 할 NOT 게이트를 보여주고 있다. 이 그림에서 각 입력은 한번만 표시하였고 입력 선은 필요한 게이트로 연결이 된다. 실제 회로를 구성할 때는 이런 식으로 된다(이것은 3레벨 회로이다. 왜냐하면 경로의 일부는 3개의 게이트 NOT, AND, OR를 통과하기 때문이다). 그러나 간단하게 보이도록 회로를 그림 2.8처럼 그릴 것이다.

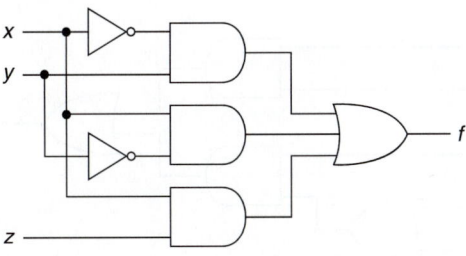

그림 2.9 보수화되지 않은 입력만 갖는 회로

합의곱 식(모든 입력은 보수화된 것과 보수화되지 않은 것 모두가 가능한 것으로 가정)은 2레벨 OR-AND 회로에 해당한다. 같은 예제에 대하여 최소 합의곱은 지금까지 전개한 대수에 기초하여 분명하지 않지만 다음과 같고, 그림 2.10의 회로로 구현된다.

$$f = (x + y)(x' + y' + z)$$

곱의합이나 합의곱 어느 쪽도 아닌 함수로 구현하게 되면 2레벨 이상의 회로가 된다. 예로 다음 함수를 살펴보자.

$$h = z' + wx'y + v(xz + w')$$

괄호 안에서 시작하여 입력 x와 z로 AND 게이트를 만든다. AND 게이트의 출력은 OR 게이트로 가고 OR 게이트의 다른 입력은 w'이다. OR 출력은 v와 AND되어 입력 z' 및 $wx'y$를 생성하는 AND 게이트의 출력과 OR되어 그림 2.11의 회로가 된다.

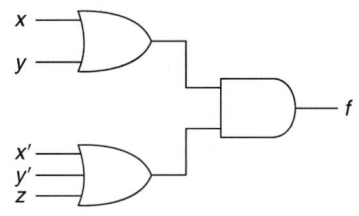

그림 2.10 합의곱 구현

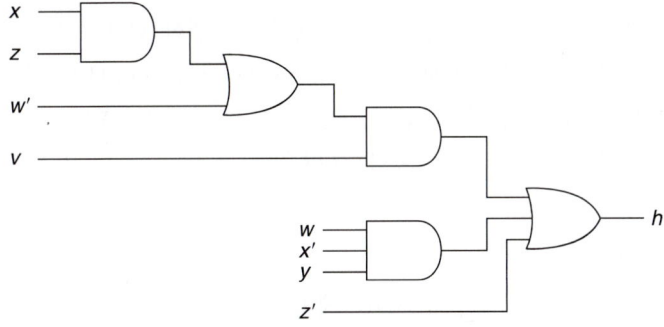

그림 2.11 멀티레벨 회로

이것은 4레벨 회로이다. 왜냐하면 신호 x와 z는 먼저 AND 게이트를 통과하고 OR, AND 그리고 최종적으로 OR를 거치게 되어, 총 4개의 게이트를 통과해야 되기 때문이다.

예제 2.4

만약 그림 2.8을 위한 함수에서, 마지막 두 항으로부터 x를 인수분해하면 다음을 얻는다.

$$f = x'y + x(y' + z)$$

결과는 3레벨 회로가 된다.

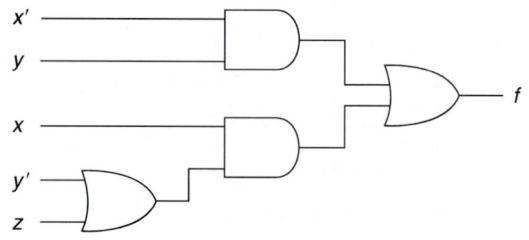

이러한 (3레벨) 해법은 4개의 2입력 게이트를 사용한다.

　　게이트는 보통 14개의 연결핀이 있는 dual in-line packages(DIP)에 들어 있다. 이들 패키지는 종종 칩(chip)이라 부른다(16, 18, 22 또는 더 많은 핀들이 있는 큰 패키지는 더욱 복잡한 논리회로를 위하여 사용된다). 이들 패키지는 집적회로(IC)를 포함하고 있다. 집적회로는 단지 몇 개의 게이트를 포함할 때 소규모 집적(SSI)으로 분류된다. 이장에서 다루는 것들이 SSI에 속한다. 중간규모 집적(MSI) 회로는 100개 정도의 게이트를 포함하며 이들에 대한 예는 나중에 보게 된다. 대규모 집적(LSI), 초대규모 집적(VLSI), 기가규모 집적(GSI)이란 용어들은 완전한 컴퓨터를 포함하여 더욱 복잡한 패키지를 위해 사용된다. 연결핀 중 2개는 칩에 전원을 공급하는 데 쓰인다. 논리회로 연결을 위해서는 (14핀 칩에서) 12핀이 남는다. 따라서 칩에 4개의 2입력 게이트를 구성할 수 있다(각 게이트는 두 개의 입력 선과 한 개의 출력 선을 갖는다. 따라서 이러한 게이트 4개를 위하여 12개의 핀이 필요하다). 비슷하게 6개의 1입력 게이트(NOT), 3개의 3입력 게이트, (사용하지 않는 2개의 핀을 갖는) 2개의 4입력 게이트를 위한 핀들을 사용할 수 있다.
　　특정한 집적회로들의 예에서 transistor-transistor logic(TTL)과 특히 7400계열 칩[3]을 논의 할 것이다. 이들 칩에 대해서 전원 연결은 5 V와 접지(0 V)이다.
　　실험에서 자주 접하게 되는 AND, OR, NOT 집적회로의 리스트는 다음과 같다.

7404	6(hex) NOT 게이트
7408	4(quadruple) 2입력 AND 게이트
7411	3(triple) 3입력 AND 게이트
7421	2(dual) 4입력 AND 게이트
7432	4(quadruple) 2입력 OR 게이트

3입력 OR(혹은 AND)가 필요하고 단지 2입력 소자만 활용이 가능하면 다음과 같이 구성될 수 있다.

---

3)　7400 계열 내에서도 (74H10처럼) 74 뒤의 리터럴들에 의해 표시되는 많은 종류가 있다. 그것들에 대해 자세히 언급하지 않고 디지털 전자회로 강좌를 위해 남겨 둔다.

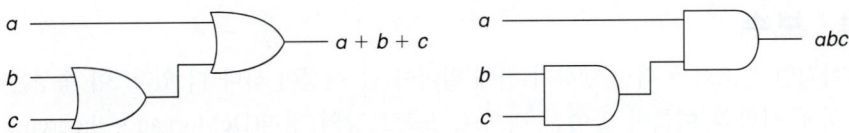

이 방법으로 더 많은 수의 입력을 갖는 게이트로 확장될 수 있다.[4]

또한, 만약 2입력 게이트가 필요하고 3입력 게이트가 남아 있다면 우리는 2개의 입력에 같은 신호를 연결할 수 있다(왜냐하면 $aa = a$ 그리고 $a + a = a$).

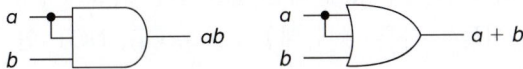

또한, 논리 1(+5 V)을 AND의 한쪽 입력에 연결하거나 OR의 입력 한쪽에 논리 0(접지)을 연결할 수 있다.

실험실에서 논리 0과 논리 1은 종종 두 가지 전압 0과 5 V로 표현된다. 일반적으로 높은 전압은 1을 나타내고 낮은 전압은 0을 나타내기 위하여 사용된다. 이것은 정논리로 불려진다. 그 반대의 선택, 즉 높은 전압을 0으로 나타내는 것도 가능하며 부논리라고 부른다. 1과 0을 다룰 때, 1과 0의 의미가 자체로 나타나지 않는다. 그러나 동일한 전자회로에 대하여 우리가 어떤 선택을 하는가에 따라 그 의미가 결정된다.

표 2.9(a)의 진리표를 보자. 여기서 게이트의 동작은 단지 고(H)와 저(L)로만 기술된다. 표 2.9(b)의 정논리 해석은 OR 게이트에 대한 진리표를 생성한다. 표 2.9(c)의 부논리 해석은 AND 게이트에 대한 진리표가 된다.

표 2.9

a. 고/저			b. 정논리			c. 부논리		
a	b	f	a	b	f	a	b	f
L	L	L	0	0	0	1	1	1
L	H	H	0	1	1	1	0	0
H	L	H	1	0	1	0	1	0
H	H	H	1	1	1	0	0	0

거의 대부분의 구현은 정논리를 사용한다. 따라서 이 책 전체를 통하여 정논리를 사용할 것이다. 종종 부논리 혹은 2가지의 혼합 논리도 사용된다.

[문제풀이 10, 11; 연습문제 10, 11; 실험5)]

---

4) 주의: 이 방법은 2.6절에서 소개되겠지만 NAND와 NOR 게이트에는 적용되지 않는다.
5) 실험은 부록 D에 있는 실험을 뜻한다.

2.4 보수

대수학적인 간소화를 더 진행하기 전에 알아야 할 속성이 하나 더 있다. 이 속성은 유일하게 사람의 이름이 붙여진 것으로, 드모르강의 정리(DeMorgan's theorem)라고 한다.

드모르강(DeMorgan)   **P11a.** $(a + b)' = a'b'$ **P11b.** $(ab)' = a' + b'$

이 속성을 가장 간단히 증명하는 방법은 표 2.10의 진리표를 이용하는 것이다. 표 2.10에서 속성에 나타나는 각 항에 대한 열을 만든다(표에서 이 항들의 값은 명백하다. 왜냐하면 이들은 다른 열에 대한 AND, OR, NOT 연산을 통해서 얻을 수 있기 때문이다). 11a로 표시된 $(a + b)'$과 $a'b'$에 대한 열이 서로 같고 11b로 표시된, $(ab)'$과 $a' + b'$에 대한 열이 서로 같음을 알 수 있다.

표 2.10 드모르강 정리의 증명

a	b	$a + b$	$(a + b)'$	a'	b'	$a'b'$	ab	$(ab)'$	$a' + b'$
0	0	0	1	1	1	1	0	1	1
0	1	1	0	1	0	0	0	1	1
1	0	1	0	0	1	0	0	1	1
1	1	1	0	0	0	0	1	0	0
			11a			11a		11b	11b

이 속성은 두 개 이상의 오퍼랜드의 경우로도 쉽게 확장될 수 있다.

P11aa. $(a + b + c \ldots)' = a'b'c' \ldots$

P11bb. $(abc \ldots)' = a' + b' + c' \ldots$

3변수 경우의 P11aa에 대한 증명은 다음과 같이 된다.

$$(a + b + c)' = [(a + b) + c]' = (a + b)'c' = a'b'c'$$

> **주의:** NOT(')는 괄호를 통하여 분배될 수 없다.
>
> $(ab)' \neq a'b'$ and $(a + b)' \neq a' + b'$
>
> 예를 들어,
>
> $ab + a'b' \neq 1$

진리표의 $(ab)'$과 $a'b'$ 열에서 $a = 0$와 $b = 1$에 (혹은 $a = 1$과 $b = 0$에) 대한 값만 비교해보면 알 수 있다.

$$(0 \cdot 1)' = 0' = 1 \quad 0' \cdot 1' = 1 \cdot 0 = 0$$

함수가 주어지고 그것의 보수를 찾아야 할 때, 즉 주어진 $f(w, x, y, z)$에 대해 $f'(w, x, y, z)$가 필요할 때가 있다. 간단한 방법은 드모르강 정리를 반복하여 사용하는 것이다.

예제 2.5

$$f = wx'y + xy' + wxz$$

일 때

$$f' = (wx'y + xy' + wxz)'$$
$$= (wx'y)'(xy')'(wxz)' \qquad \textbf{[P11a]}$$
$$= (w' + x + y')(x' + y)(w' + x' + z') \qquad \textbf{[P11b]}$$

함수가 곱의합 형태이면 보수는 합의곱 형태 그리고 합의곱 형태의 보수는 곱의합 형태가 된다는 것을 주목하라.

더 일반적인 식의 보수를 구하기 위하여 드모르강 정리를 반복하여 적용할 수 있고 또는 다음과 같은 법칙을 따르면 된다.

1. 각 변수를 보수화하라(즉 a를 a' 혹은 a'를 a로).
2. 0은 1로 1은 0으로 대체하라.
3. 연산의 순서를 유지하는 것을 확인하면서 AND는 OR, OR는 AND로 대체하라. 괄호가 추가적으로 필요할 수도 있다.

예제 2.6

$$f = ab'(c + d'e) + a'bc'$$
$$f' = [a' + b + c'(d + e')][a + b' + c]$$

f에서 마지막으로 수행되는 연산은 곱항을 갖는 복잡한 첫 항과 마지막 곱항과의 OR이다. 연산 순서를 유지하기 위하여 f'에서 괄호가 추가되어야 하고 AND가 마지막 연산이 된다.

P11a와 P11b를 반복 사용하여 같은 결과를 만들 수 있지만 훨씬 더 많은 작업이 요구된다.

$$f' = [ab'(c + d'e) + a'bc']'$$
$$= [ab'(c + d'e)]'[a'bc']'$$
$$= [a' + b + (c + d'e)'][a + b' + c]$$
$$= [a' + b + c'(d'e)'][a + b' + c]$$
$$= [a' + b + c'(d + e')][a + b' + c]$$

[문제풀이 12; 연습문제 12]

2.5 진리표로부터 대수적 표현

설계 문제는 입력과 출력을 표현하는 진리표의 형태로 주어지는 경우가 많다. 때로는 시스템에 대한 서술적 설명이 쉽게 진리표로 변환될 수 있다. 따라서 진리표를 대수식으로 나타낼 수 있는 능력이 필요하다. 이 과정을 이해하기 위하여 표 2.11의 2변수 함수의 진리표에 대하여 살펴보자.

이것은 2변수 문제이므로 진리표는 $4(= 2^2)$행, 즉 4가지 가능한 입력 조합을 갖는다(이것은 이 장 처음에 정의한 것과 같은 OR에 대한 진리표이다. 그러나 여기서의 논의와는 관계가 없다). 표가 의미하는 것은 다음과 같다.

f is 1   if $a = 0$ AND $b = 1$ OR
     if $a = 1$ AND $b = 0$ OR
     if $a = 1$ AND $b = 1$

그러나 이것은 다음과 같이 말하는 것과 같다.

표 2.11 2변수의 진리표

a	b	f
0	0	0
0	1	1
1	0	1
1	1	1

$$f \text{ is } 1 \quad \text{if } a' = 1 \text{ AND } b = 1 \quad \text{OR}$$
$$\text{if } a = 1 \text{ AND } b' = 1 \quad \text{OR}$$
$$\text{if } a = 1 \text{ AND } b = 1$$

그러나 $a' = 1$ AND $b = 1$은 $a'b = 1$로 표현하는 것과 같으므로

$$f \text{ is } 1 \quad \text{if } a'b = 1 \text{ OR if } ab' = 1 \text{ OR if } ab = 1$$

이것은 최종적으로 다음 식을 만든다.

$$f = a'b + ab' + ab$$

진리표의 각 행은 곱항에 해당한다. 곱의합 식은 진리표에서 함수 값이 1이 되는 행에 해당하는 곱항의 OR로 구성된다. 각 곱항은 그 변수에 대한 입력 열에서 해당 행의 값이 0일 때는 보수화되고, 1일 때는 보수화되지 않는 각 변수를 가진다. 따라서 예를 들면 행 10는 ab'항을 만든다. 이들 곱항은 모든 변수를 포함하며 최소항(minterm)이다. 최소항(minterm)은 보통 숫자로 나타내는데, 진리표의 입력 행에서 2진수를 단지 십진수로 변환한 수이다. 다음 두 가지 표기 방법이 일반적으로 사용된다.

$$f(a, b) = m_1 + m_2 + m_3$$
$$f(a, b) = \Sigma m(1, 2, 3)$$

참고: 최소항을 사용하여 나타낼 때 $f(a, b)$와 같이 함수 이름에 변수를 꼭 붙여서 사용해야 한다. 대수식을 $f = a'b + ab' + ab$와 같이 쓸 때는 변수가 분명하기 때문에 변수를 붙이지 않고 f 만을 쓴다.

표 2.12에 3변수의 모든 함수에 대해 사용되는 최소항과 최소항을 나타내는 번호를 보여주고 있다.

한 특정한 함수에 대하여, 함수가 1이 되는 항들은 함수 f에 대하여 SOP 형태의 식을 만드는 데 사용되고, 함수가 0이 되는 항들은 함수 f'에 대하여 SOP 형태의 식을 만드는 데 사용된다. f'에 대한 SOP 형태의 식에 대하여 보수를 취하면 f에 대하여 POS 형태의 식이 만들어진다.

표 2.12 최소항(minterm)

ABC	최소항	번호
000	$A'B'C'$	0
001	$A'B'C$	1
010	$A'BC'$	2
011	$A'BC$	3
100	$AB'C'$	4
101	$AB'C$	5
110	ABC'	6
111	ABC	7

예제 2.7

ABC	f	f'
000	0	1
001	1	0
010	1	0
011	1	0
100	1	0
101	1	0
110	0	1
111	0	1

여기서 진리표는 함수 f와 그것의 보수 f'를 모두 보여준다. 다음과 같이 함수를 나타낼 수 있다.

$$f(A, B, C) = \Sigma m(1, 2, 3, 4, 5)$$
$$= A'B'C + A'BC' + A'BC + AB'C' + AB'C$$

진리표로부터, 혹은 모든 최소항들이 f나 f' 둘 중 한 개에 포함된다는 사실로부터 f'에 대한 식을 쉽게 구할 수 있다.

$$f'(A, B, C) = \Sigma m(0, 6, 7)$$
$$= A'B'C' + ABC' + ABC$$

f'에 대한 보수를 취하여 최대항(maxterm)들의 곱 식을 구할 수 있다.[6]

$$f = (f')' = (A + B + C)(A' + B' + C)(A' + B' + C')$$

위 두 개의 최소항의 합들은 곱의합(SOP) 식들이다. 대부분의 경우에, 최소항(minterm)의 합 식은 최소 곱의합(minimum SOP) 식이 아니다. 5항 15리터럴의 f를 다음과 같이 3항과 6리터럴을 갖는 두 가지 식으로 줄일 수 있다.

$$f = A'B'C + A'BC' + A'BC + AB'C' + AB'C$$
$$= A'B'C + A'B + AB' \qquad \textbf{[P9a, P9a]}$$
$$= A'C + A'B + AB'$$
$$= B'C + A'B + AB'$$

여기서 최종 식들은 두 번째 식의 첫 항과 두 번째나 세 번째 항에 대하여 P8a와 P10a를 사용하여 얻어진다. 비슷한 방법으로 P9a를 이용하여 f'를 3항 9리터럴에서 2항 5리터럴로 줄일 수 있다.

$$f' = A'B'C' + AB$$

P11을 이용하여 f에 대한 최소 합의곱(minimum POS) 식을 구할 수 있다.

$$f = (A + B + C)(A' + B')$$

최소 합의곱 식을 찾기 위하여 합의곱(POS) 식을 조작하거나 또는 f'에 대한 곱의합(SOP) 식을 간소화한 후에 이것을 드모르강의 정리를 이용하여 합의곱 식으로 변환하면 된다. 두 방법이 같은 결과를 만들어낸다.

3장의 대부분에서 함수들을 최소항들의 번호로 나열함으로써 나타내게 된다. 물론 함수 표시 부분에 변수들도 포함되어야 한다. 따라서

$$f(w, x, y, z) = \Sigma m(0, 1, 5, 9, 11, 15)$$

는 다음 함수를 규정하는 가장 간단한 방법이다.

$$f = w'x'y'z' + w'x'y'z + w'xy'z + wx'y'z + wx'yz + wxyz$$

함수가 무정의를 포함하고 있으면 그 항들은 따로 합(Σ)에 나타내야 한다.

예제 2.8

$$f(a, b, c) = \Sigma m(1, 2, 5) + \Sigma d(0, 3)$$

는 최소항 1, 2, 5가 함수에 포함되고 0, 3은 무정의이며, 진리표가 다음과 같다는 것을 의미한다.

---

6) SOP 식을 먼저 구하지 않고 진리표에서 직접 POS 식을 구할 수 있다. 함수 f에서 0이 되는 항들은 POS 식에서 최대항들이 된다. 이 방식에 대한 설명은 혼동을 주기 때문에 생략하였다.

abc	f
0 0 0	X
0 0 1	1
0 1 0	1
0 1 1	X
1 0 0	0
1 0 1	1
1 1 0	0
1 1 1	0

이제 처음 3개의 예문으로 돌아가 그들에 대한 대수식을 전개해 보자.

예제 2.9

예문 1에 대한 진리표로부터 직접 Z_2 출력에 대한 식을 얻을 수 있다.

$$Z_2 = A'BCD + AB'CD + ABC'D + ABCD' + ABCD$$

마지막 항($ABCD$)은 P10a를 이용하여 다른 각각의 항과 결합할 수 있다. 따라서 P6a를 사용하여 마지막 항($ABCD$)을 4번 복사하고 P10a를 4번 사용하면 다음과 같이 된다.

$$Z_2 = BCD + ACD + ABD + ABC$$

더 이상 간단하게 되지 않는 최소 곱의합(minimum SOP) 식이다. Z_1 출력에 대한 식을 구하면 다음과 같이 된다.

$$Z_1 = A'BCD + AB'CD + ABC'D + ABCD'$$

더 이상 간소화가 되지 않는다. 이 식 또한 네 개의 항을 가지고 있다. 그러나 Z_2에 대한 식은 단지 12개의 리터럴을 갖는 반면에 이것은 16개의 리터럴을 가지고 있다.

예제 2.10

예문 2에 대해 어떤 진리표를 선택하는가에 따라 다음 두 식 중의 하나와 같이 된다. 더 이상 간소화되지 않는다.

$$f = ab'c + abc' \quad 또는 \quad f = ab'c' + abc$$

진리표로부터 f'에 대한 식은

$$f' = a'b'c' + a'b'c + a'bc' + a'bc + ab'c' + abc$$
$$= a'b' + a'b + ab'c' + abc \qquad \text{[P9a, P9b]}$$
$$= a' + ab'c' + abc = a' + b'c' + bc \qquad \text{[P9a, P10a]}$$

따라서 최대항의 곱 식은 다음과 같이 된다.

$$f = (a + b + c)(a + b + c')(a + b' + c)(a + b' + c')$$
$$(a' + b + c)(a' + b' + c')$$

그리고 최소 POS 식은 다음과 같다.

$$f = a(b + c)(b' + c')$$

예제 2.11

예문 3의 전가산기에 대해(대수식을 간단히 하기 위해 캐리 입력 c_{in}에 대해 c를 사용한다) 진리표로부터 직접 캐리와 합에 대한 다음 두 식을 얻는다.

$$c_{out} = a'bc + ab'c + abc' + abc$$
$$s = a'b'c + a'bc' + ab'c' + abc$$

캐리 출력의 간소화는 예제 2.9에서 Z_2에 대한 것과 매우 유사하고 다음과 같이 된다.

$$c_{out} = bc + ac + ab$$

s는 이미 최소 곱의합 형태로 되어 있다. 2.8절에서 전가산기의 구현에 대하여 설명한다.

스위칭 함수에 대한 더 일반적인 접근 방법을 간략하게 살펴본다. n변수에 대해 얼마나 많은 다른 함수가 있을까?

2변수에 대해 16개의 다른 함수가 되는 16가지의 가능한 진리표가 있다. 표 2.13의 진리표는 이들 모든 함수를 보여준다(표의 각 출력 열은 16개의 가능한 4비트 2진수에 해당한다).

표 2.13 모든 2변수 함수들

a	b	f_0	f_1	f_2	f_3	f_4	f_5	f_6	f_7	f_8	f_9	f_{10}	f_{11}	f_{12}	f_{13}	f_{14}	f_{15}
0	0	0	0	0	0	0	0	0	0	1	1	1	1	1	1	1	1
0	1	0	0	0	0	1	1	1	1	0	0	0	0	1	1	1	1
1	0	0	0	1	1	0	0	1	1	0	0	1	1	0	0	1	1
1	1	0	1	0	1	0	1	0	1	0	1	0	1	0	1	0	1

f_0, f_{15}와 같은 일부 함수는 중요하지 않다. 그리고 f_3과 같은 일부 함수는 1변수의 함수이다. 최소 곱의합 형태로 간소화된 함수들은 다음과 같다.

$$f_0 = 0 \qquad f_6 = a'b + ab' \qquad f_{12} = a'$$
$$f_1 = ab \qquad f_7 = a + b \qquad f_{13} = a' + b$$
$$f_2 = ab' \qquad f_8 = a'b' \qquad f_{14} = a' + b'$$
$$f_3 = a \qquad f_9 = a'b' + ab \qquad f_{15} = 1$$
$$f_4 = a'b \qquad f_{10} = b'$$
$$f_5 = b \qquad f_{11} = a + b'$$

표 2.14 n변수를 갖는 함수의 수

변수	함수 갯수
1	4
2	16
3	256
4	65,536
5	4,294,967,296

n변수에 대해 진리표는 2^n개의 행을 가지므로 열에 대해 어떠한 2^n비트도 선택할 수 있다. 따라서 n변수에 대해 2^{2^n}개의 다른 함수가 있다. 그 수는 표 2.14에서 보듯이 매우 급격하게 증가한다(따라서 연습이나 테스트를 위하여 4변수 혹은 그 이상의 변수 문제에서 거의 무제한적인 변화를 찾을 수 있다).

[문제풀이 13, 14;
연습문제 13, 14, 15, 16]

2.6 NAND, NOR, AND, Exclusive-OR 게이트

이 절에서는 많이 사용되는 다른 세 가지 형태의 게이트인 NAND, NOR, Exclusive-OR를 소개하고, 이것들을 사용하여 회로를 구현하는 방법을 알아본다.

NAND 게이트의 기호는 그림 2.12에 보여주고 있다. NAND도 AND, OR와 같이 입력의 수가 보통 2개, 3개, 4개, 8개인 것들이 쓰인다. 처음 소개되었을

그림 2.12　NAND 게이트

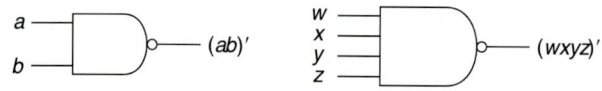

때는 그 기능을 잘 나타내는 AND-NOT으로 불리었지만, 더 짧은 이름인 NAND 가 널리 사용되고 있다. 다음 드모르강 정리에 의하여

$$(ab)' = a' + b'$$

그림 2.13　NAND 게이트의 또 다른 기호

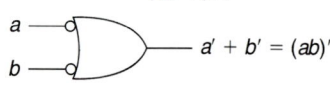

2입력 NAND를 그림 2.13의 심볼처럼 나타낼 수도 있다. 두 가지 심볼 중에 아무거나 사용해도 되고, 이들은 같은 게이트를 뜻한다.

그림 2.14에 NOR 게이트(OR-NOT)에 대한 기호를 보여주고 있다. 물론, $(a + b)' = a'b'$이다. NOR 게이트도 더 많은 입력을 가진 것들이 사용되고 있다.

그림 2.14　NOR 게이트 심볼

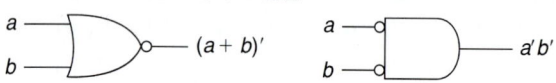

AND, OR, NOT 대신에 왜 NAND, NOR 게이트를 사용하는가? 결국 논리식은 AND, OR, NOT 연산자에 의한 것이므로 그들 게이트를 사용하여 구현하는 것은 단순하다. 전자 회로를 구현할 때 많은 경우에 자연적으로 신호를 반전(보수화)하게 된다. 따라서 AND로 구현하는 것보다 NAND가 편리하다. 가장 중요한 이유는 NAND 혹은 NOR의 한 가지 게이트들만으로도 모든 함수 구현이 가능하다는 것이다. 반면에 AND와 OR 게이트는 모두가 필요하고, 게다가 NOT 게이트까지 필요할 때가 있다. 그림 2.15의 회로에서 볼 수 있듯이 NOT 게이트와 2입력 AND와 OR 게이트는 2입력 NAND 게이트들만으로 대체할 수 있다. 따라서 이들 연산은 함수적으로 완전(functionally complete)하다고 말한다(2입력이상의 게이트일지라도 더 많은 입력을 갖는 NAND를 이용하면 구현할 수 있다. 또한 NOR 게이트만으로도 AND, OR, NOT를 구현할 수 있으며 이것은 연습문제로 남겨둔다).

그림 2.15　NAND의 함수적 완전성

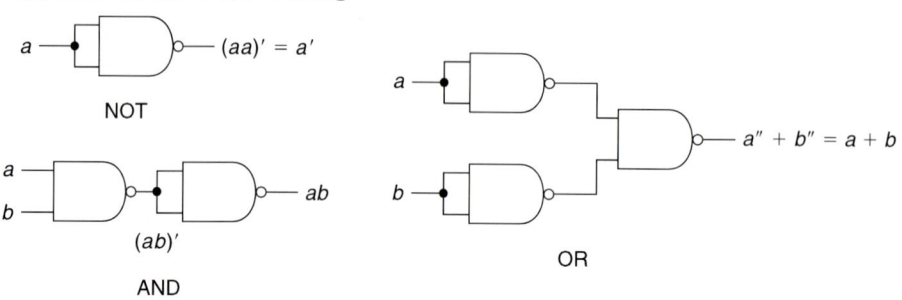

이런 게이트 등가성을 이용하여, 그림 2.8(2.3절)에서 AND와 OR 게이트로 처음 구현한 함수, $f = x'y + xy' + xz$를 NAND 게이트로 구현하여 그림 2.16에 보여주고 있다.

그림 2.16 NAND 게이트 구현

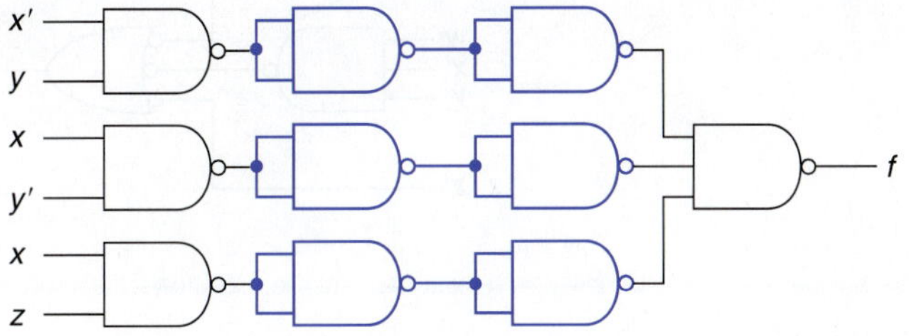

그러나 각 파랑색의 경로에 연속하여 두 개의 NOT 게이트가 연결되어 있다. 이것들은 논리적으로 아무런 의미가 없기 때문에(P7은 $(a')' = a$를 나타낸다) 회로에서 제거되어 그림 2.17로 된다. 즉 원래 회로의 모든 AND, OR 게이트는 NAND로 바뀌었고, 그 외에 변한 것은 아무 것도 없다.

AND와 OR로 구성된 회로가 다음과 같은 경우에는 NAND로 변환하는 과정이 상당히 간단하게 될 수 있다.

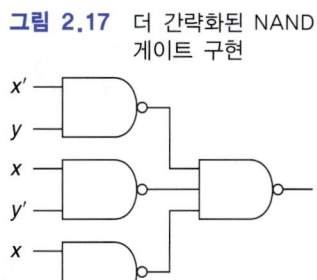

그림 2.17 더 간략화된 NAND 게이트 구현

1. 회로의 출력은 OR 게이트에서 나온다.
2. 모든 OR 게이트의 입력은 시스템 입력이나 AND 출력으로부터 나온다.
3. 모든 AND 게이트에 대한 입력은 시스템 입력이나 OR 게이트의 출력으로부터 나온다.

모든 게이트는 NAND 게이트로 대체하고, OR 게이트로 직접 들어오는 입력들은 보수화한다.

출력 게이트에서 시작하여 OR 게이트의 각 입력선의 양쪽에 버블(NOT)을 넣음으로써 같은 결과를 얻을 수 있다. 회로가 2레벨이 아니면 각 OR 게이트의 입력에서 이 과정을 반복하면 된다. 이 방법에 따라서 f의 AND/OR 구현은 그림 2.18과 같이 모든 게이트들이 NAND 게이트(앞에서 소개한 두 가지 표시 방법들 중의 하나)로 표시된다.

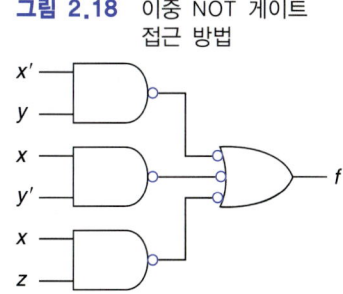

그림 2.18 이중 NOT 게이트 접근 방법

이러한 접근 방법은 약간만 고치면 위 조건을 만족하는 어떤 회로에도 사용될 수 있다. 즉, 시스템 입력이 OR 게이트에 직접 들어 올 때 두 번째 버블(NOT)을 넣을 곳이 없다. 따라서 그 시스템 입력은 보수화되어야 한다. 예를 들면, 다음 h에 대한 회로는 그림 2.19에 보여주고 있다.

$$h = z' + wx'y + v(xz + w')$$

모든 AND와 OR 게이트는 NAND가 되었고, OR 게이트에 직접 들어오는 2개의 입력은 보수화된 것을 주목하라.

그림 2.19 멀티레벨 NAND 구현

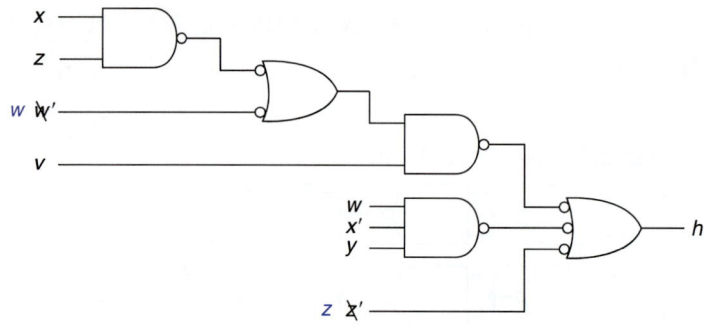

$$f = wx(y + z) + x'y$$

이 함수는 AND와 OR 게이트를 사용하여 다음 두 가지 방법으로 구현될 수 있다.

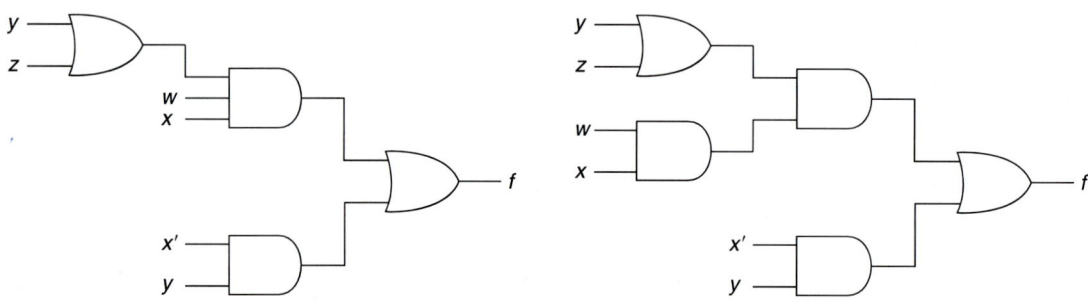

첫 번째 것은 다음에 보는 것과 같이 직접 NAND 게이트로 변환될 수 있다.

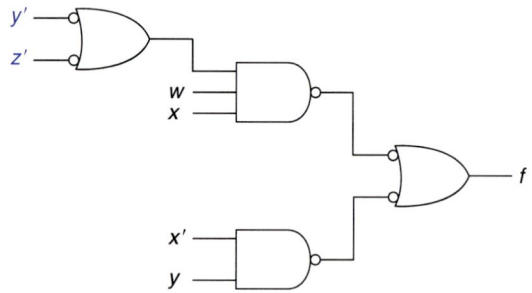

두 번째 것은 직접 NAND 게이트로 변환하지 못하고 NOT 게이트를 추가해야 될 수 있다. 왜냐하면 AND 게이트의 입력을 다른 AND로부터 받으므로 3번째 규칙을 위반하고 있기 때문이다. 따라서 다음 회로와 같이 된다.

여기서 NOT은 wx항을 형성하는 AND를 구현해야 되기 때문이다. 이 같은 형태의 식들은 곱의합 식들로 시작하여 얻어지는 경우가 많다. 2.8절에서 이 같은 예를 몇 가지 보게 될 것이다.

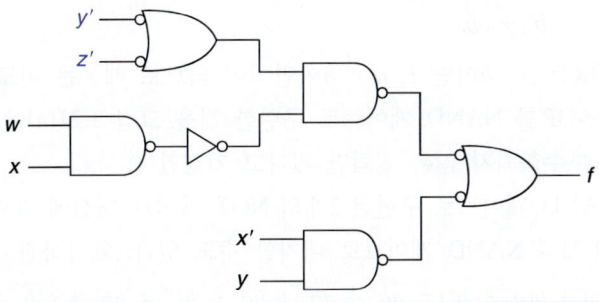

NOR 게이트로 회로를 구현하는 방법은 쌍대 접근 방법을 이용하여 설명할 수 있다. NAND 게이트 회로로 변환하는 방식에서 게이트들만 쌍대로 변환하여 기술하면 된다. 즉, OR와 AND로 구성된 회로가 다음과 같은 경우에는 NOR로 변환하는 과정이 상당히 간단하게 될 수 있다.

1. 회로의 출력은 AND 게이트에서 나온다.
2. 모든 AND 게이트의 입력은 시스템 입력이나 OR 출력으로부터 나온다.
3. 모든 OR 게이트에 대한 입력은 시스템 입력이나 AND 게이트의 출력으로 부터 나온다.

예제 2.13

$$g = (x + y')(x' + y)(x' + z')$$

는 다음과 같이 구현된다. 여기서 모든 게이트는 NOR 게이트이다.

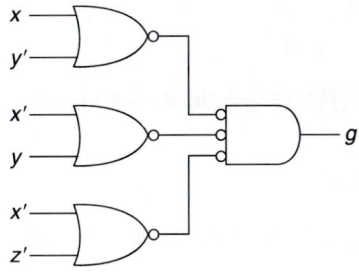

Exclusive-OR 게이트는 다음 식을 구현한 것이다.

$$a'b + ab'$$

이것은 $a \oplus b$로 나타내기도 한다. 이 Exclusive-OR(배타적 OR) 용어는 $a \oplus b$가 $a = 1$(그리고 $b = 0$)또는 $b = 1$(그리고 $a = 0$)이면 1 값을 갖지만 $a = 1$, $b = 1$인 경우에는 0의 값을 갖는다는 정의로부터 나왔다. OR(+)로 부르고 있는 연산자는 때로 Exclusive-OR와 구분하기 위하여 Inclusive-OR로 부르기도 한다. Exclusive-OR의 논리기호는 그림 2.20(a)에 나타낸 것처럼 입력에 이중 선을 갖는 것 외에는 OR 기호와 비슷하다. 또한 흔히 사용되는 것으로 그림 2.20(b)에 보여주는 것과 같은 Exclusive-NOR 게이트가 있다. 그것은 출력에 단지 NOT를 갖는 Exclusive-OR이며 다음 함수를 만족시킨다.

그림 2.20
(a) Exclusive-OR 게이트
(b) Exclusive-NOR 게이트

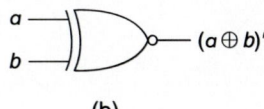

$$(a \oplus b)' = a'b' + ab$$

Exclusive-NOR는 $a = b$이면 1, $a \neq b$이면 0이 되므로 때로는 비교기라고 한다.

Exclusive-OR를 NAND 게이트로 구현한 것을 그림 2.21(a)에 보여주고 있다. 여기서는 보수화되지 않은 입력만 있다고 가정한다.

2입력 NAND 게이트로 구현된 2개의 NOT 게이트 대신에 그림 2.21b에 보인 것처럼 한 개의 NAND 게이트로 대치할 수도 있다. 왜냐하면

$$a(a' + b') + b(a' + b') = aa' + ab' + ba' + bb' = ab' + a'b$$

그림 2.21 Exclusive-OR 게이트

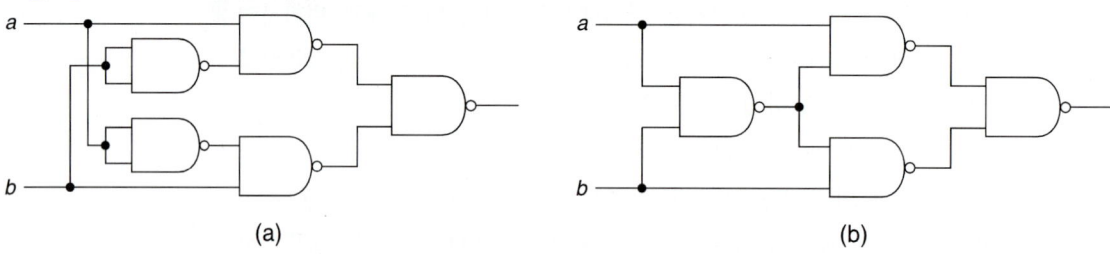

(a)   (b)

Exclusive-OR의 몇 가지 유용한 속성은 다음과 같다.

$$(a \oplus b)' = (a'b + ab')' = (a + b')(a' + b) = a'b' + ab$$
$$a' \oplus b = (a')'b + (a')b' = ab + a'b' = (a \oplus b)'$$
$$(a \oplus b') = (a \oplus b)'$$
$$a \oplus 0 = a = (a' \cdot 0 + a \cdot 1)$$
$$a \oplus 1 = a' = (a' \cdot 1 + a \cdot 0)$$

Exclusive-OR는 교환과 결합 속성을 모두 갖는다. 즉,

$$a \oplus b = b \oplus a$$
$$(a \oplus b) \oplus c = a \oplus (b \oplus c)$$

실험실에서 보통 접할 수 있는 NAND, NOR, Exclusive-OR 집적회로 패키지는 다음과 같다.

7400	4(quadruple) 2입력 NAND 게이트
7410	3(triple) 3입력 NAND 게이트
7420	2(dual) 4입력 NAND 게이트
7430	1(single) 8입력 NAND 게이트
7402	4(quadruple) 2입력 NOR 게이트
7427	3(triple) 3입력 NOR 게이트
7486	4(quadruple) 2입력 Exclusive-OR 게이트

회로를 구현할 때에 집적회로 패키지들을 사용한다. 한 개의 3입력 NAND 게이트만 필요하더라도 3개의 게이트를 갖는 패키지(7410)를 구입하여야 한다. 그러나 3입력 게이트는 입력 2개를 연결하거나 입력의 한 개를 논리 1에 연결하여 2입력 게이트로도 사용할 수 있음에 주목하라.

AND와 OR 게이트로 구성된 다음 회로를 생각하자. 논의와 상관없으므로 입력 변수는
생략되었다.

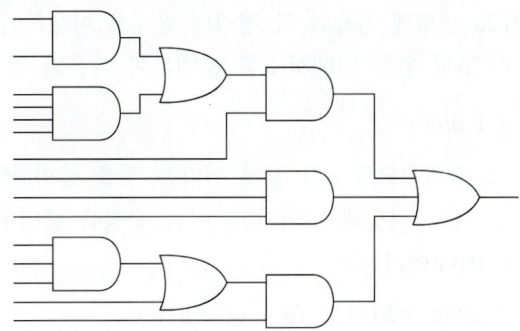

다음 표의 왼쪽 부분에 게이트 수와 패키지를 나타내었다.

	게이트		패키지			
입력	AND	OR	AND	OR	NAND	패키지
2	3	2	1		5	1
3	2	1	1	1	3	1
4	1		1		1	1
전체	6	3	3	1	9	3

AND와 OR 게이트로 구성하면 4개의 패키지 즉 3개의 AND와 1개의 OR 패키지가 필요하
다(2개의 2입력 OR 게이트는 남아있는 2개의 3입력 게이트로 구성될 수 있기 때문이다.

　　모든 게이트가 NAND로 변환되었을 때(그리고, 입력의 일부가 보수화되면) 게이트
와 패키지 수는 표의 오른쪽에 보여주고 있다. 3개의 패키지만 필요하다. 패키지 7420의
두 번째 4입력 게이트는(입력 3개를 함께 묶어서) 5번째 2입력 게이트로 사용될 수 있다.

[문제풀이 15, 16, 17;
연습문제 17, 18, 19; 실험]

2.7 　대수식의 간소화[7)

최소항(minterm)의 합이나 최대항(maxterm)의 곱으로 시작하여 대수식을 간단하
게 하는 과정을 이미 보았다. 다음과 같은 속성들이 주로 사용되었다.

P9a. $ab + ab' = a$ 　　　　**P9b.** $(a + b)(a + b') = a$
P10a. $a + a'b = a + b$ 　　　**P10b.** $a(a' + b) = ab$

그 외에 다음과 같은 속성들도 많이 사용되었다.

P6a. $a + a = a$ 　　　　　**P6b.** $a \cdot a = a$
P8a. $a(b + c) = ab + ac$ 　　**P8b.** $a + bc = (a + b)(a + c)$

함수가 표준 형태가 아닌 것으로 표현될 때, 다음 두 가지 속성도 유용하게 된다.

P12a. $a + ab = a$ 　　　　**P12b.** $a(a + b) = a$ 　　　　흡수(absorption)

P12a의 증명은 P3b, P8a, P4aa, 그리고 다시 P3b를 사용하여야 한다.

---

7)　여기서 카르노 맵을 소개하기를 원하는 강사가 있을 수 있다. 3.1절을 먼저 공부한 다음에 이 절의 내용은
　　부록 A와 같이 보면서 공부한다. 부록 A에서는 대수적 조작과 카르노 맵의 관계를 보여준다.

$$a + ab = a \cdot 1 + ab = a(1 + b) = a \cdot 1 = a$$

한 속성의 쌍대는 항상 사실이므로 단지 속성의 절반만 증명해도 된다는 것을 기억하라. P12b는 P12a 증명에 사용한 각 정리의 쌍대를 이용하여도 증명할 수 있을 것이다. 또는, P12b의 왼쪽 변에서 a를 분배하여 다음과 같이 된다.

$$a \cdot a + ab = a + ab$$

이것은 P12a의 바로 좌변이므로 a와 같게 된다는 것을 증명하였다.

P10a와 P12a는 매우 비슷해 보이지만, 이들 속성을 증명하기 위하여 다른 방법을 사용하였다. P10a에서는

$$a + a'b = (a + a')(a + b) = 1 \cdot (a + b) = a + b$$

[P8b, P5a, P3bb]

반면에, P12a에 대해서는 P3b, P8a, P4aa, P3b를 사용하였다. 어떻게 P12a를 증명하는데 다음과 같이 P8b를 사용하여 시작하면 안 되는 것을 알았는가?

$$a + ab = (a + a)(a + b) = a(a + b)?$$

각 단계들은 모두 맞지만, 이것들이 a와 같게 된다는 것을 유도하지는 않는다. 이와 비슷하게 P10a의 증명을 P3b를 사용하여 시작하면

$$a + a'b = a \cdot 1 + a'b$$

이다. 또한 이것도 P10a의 증명으로 유도하지 못한다. 초보자는 어디서 시작할 것인지를 어떻게 알까? 불행하게도 이에 대한 대답은 시행착오 혹은 경험이다. 많은 문제를 풀어본 후에는, 새로운 문제에 대해 어디서 시작해야 하는지에 대하여 올바른 추측을 잘 할 수 있게 된다. 한 방법이 통하지 않으면 또 다른 방법을 시도해야 한다. 두 식이 같다는 것을 증명하려고 할 때, 이런 것은 큰 문제가 아니다. 한 쪽이 다른 쪽과 같다는 것을 보여줄 때 증명은 끝나는 것이다.

많은 예제를 시작하기 전에, 이런 과정에 대해 몇 가지 언급할 것이 있다. 대수적 간소화를 위한 알고리즘은 없다. 즉, 어떤 속성들을 가지고 어떤 순서대로 적용해야 하는지를 알 수가 없다. 반면에, 지금까지 나온 속성들 중에서 속성 12, 9, 10은 항이나 리터럴의 수를 가장 잘 줄일 수 있는 속성들이다. 또 다른 어려움은 언제 끝나는지를 즉, 무엇이 최소인지를 알지 못하는 경우가 많다는 것이다. 지금까지 다룬 대부분의 예제에서 구한 최종 식들은 가장 간소화된 것처럼 보인다. 그러나 더 이상 간소화된 식을 구할 수 없다는 것이 분명하지 않은 예제들을 보게 될 것이다. 3장에서 다른 간소화 방법들을 소개할 때까지는 이 문제를 해결할 수 없을 것이다(문제풀이와 연습문제에서는 최소해에서의 항과 리터럴의 수가 주어진다. 주어진 수에 도달하면 끝난 것을 알게 되지만, 더 많은 것으로 끝나면 다른 방법을 시도해야 될 것이다).

이제 대수적 간소화의 몇 가지 예제를 살펴보자.

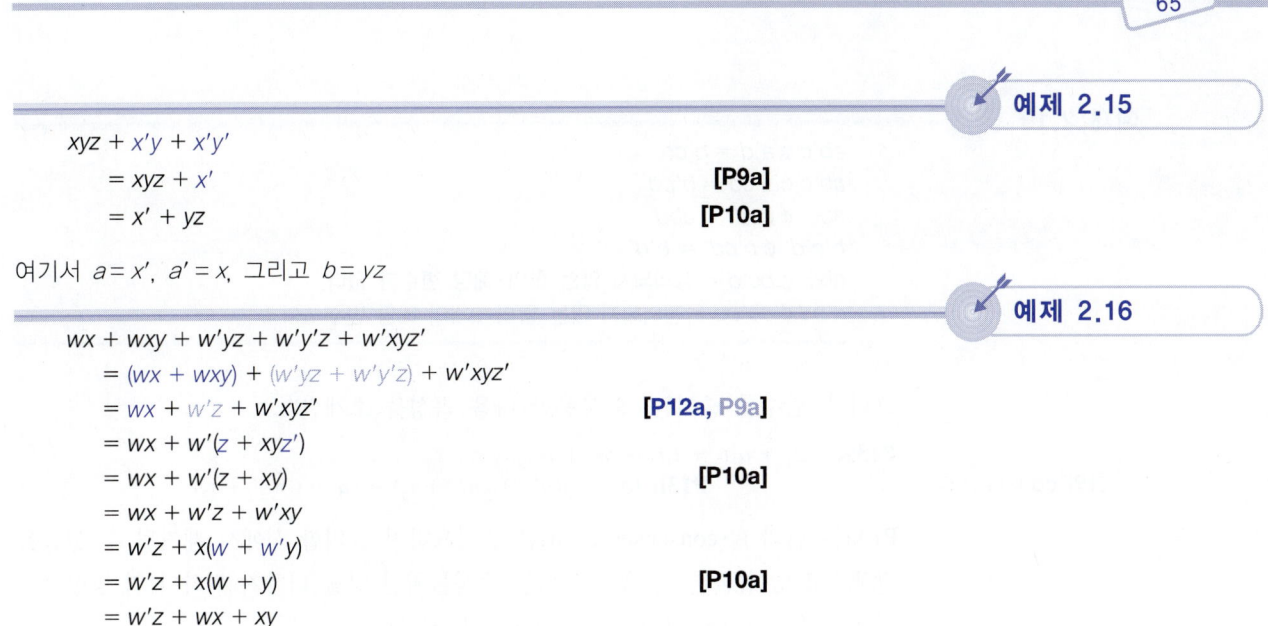

예제 2.15

$$xyz + x'y + x'y'$$
$$= xyz + x' \qquad \text{[P9a]}$$
$$= x' + yz \qquad \text{[P10a]}$$

여기서 $a = x'$, $a' = x$, 그리고 $b = yz$

예제 2.16

$$wx + wxy + w'yz + w'y'z + w'xyz'$$
$$= (wx + wxy) + (w'yz + w'y'z) + w'xyz'$$
$$= wx + w'z + w'xyz' \qquad \text{[P12a, P9a]}$$
$$= wx + w'(z + xyz')$$
$$= wx + w'(z + xy) \qquad \text{[P10a]}$$
$$= wx + w'z + w'xy$$
$$= w'z + x(w + w'y)$$
$$= w'z + x(w + y) \qquad \text{[P10a]}$$
$$= w'z + wx + xy$$

P10a는 먼저 wx와 $w'xyz'$를 통하여 xyz'항을 만들어 낼 수 있을 것이다. 그러나 이렇게 하면 다음 식과 같이 되어 다음에 어떻게 진행해야 최소화가 되는지를 대수적으로 알 수가 없다.

$$w'z + wx + xyz'$$

이제 줄일 수 있는 유일한 방법은 이 식에 항들을 더하는 것이다. 잠시 후, 이 식으로부터 최소화 식을 유도할 수 있는 다른 속성을 소개할 것이다.

예제 2.17

$$(x + y)(x + y + z') + y' = (x + y) + y' \qquad \text{[P12b]}$$
$$= x + (y + y') = x + 1 = 1 \qquad \text{[P5a, P4a]}$$

예제 2.18

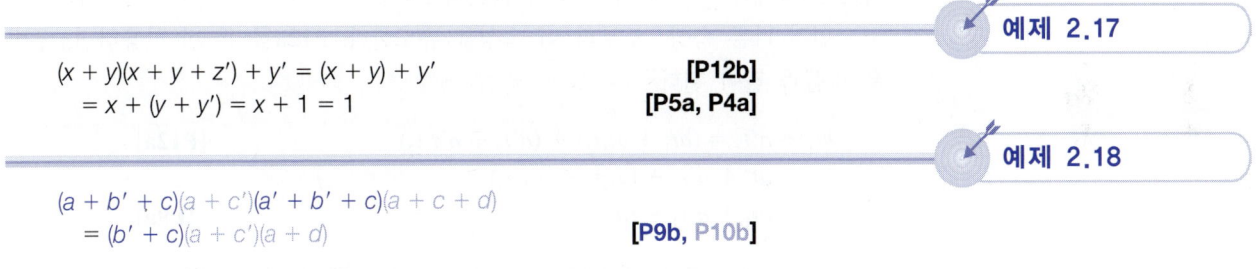

$$(a + b' + c)(a + c')(a' + b' + c)(a + c + d)$$
$$= (b' + c)(a + c')(a + d) \qquad \text{[P9b, P10b]}$$

여기서 2번째 간소화는 몇 단계를 거쳐서 되었다.

$$(a + c')(a + c + d) = a + c'(c + d) = a + c'd = (a + c')(a + d)$$

스위칭 함수의 대수적 간소화에 유용한 도구가 하나 더 있다. 심볼 ¢로 표시되는 합의(consensus) 연산자는 다음과 같이 정의된다.

어떤 2개의 곱항에 대하여 정확하게 한 변수가 한쪽 항에서는 보수화되지 않고 다른 항에서는 보수화되어 나타날 때, 합의는 남은 문자들의 곱으로 정의된다. 만약 그러한 변수가 존재하지 않거나 그런 변수가 한 개 이상 존재하면 합의는 정의되지 않는다. 한 항을 at_1으로, 두 번째를 $a't_2$(여기서 t_1, t_2는 곱항을 나타낸다)로 나타내고, 이 두 항에 대한 합의가 정의된다면 다음과 같다.

$$at_1 \text{ ¢ } a't_2 = t_1 t_2$$

예제 2.19

$ab'c \not\subset a'd = b'cd$

$ab'c \not\subset a'cd = b'cd$

$abc' \not\subset bcd' = abd'$

$b'c'd' \not\subset b'cd' = b'd'$

$abc' \not\subset bc'd = $ 정의되지 않는 합의—해당 변수가 없다.

$a'bd \not\subset ab'cd = $ 정의되지 않는 합의—2개의 해당 변수 a와 b

그러면, 함수를 줄이는 데 유용한 다음 속성을 소개한다.

합의(consensus)

P13a. $at_1 + a't_2 + t_1t_2 = at_1 + a't_2$

P13b. $(a + t_1)(a' + t_2)(t_1 + t_2) = (a + t_1)(a' + t_2)$

P13a는 합의 항(consensus term)은 불필요하며 곱의합 식에서 제거될 수 있음을 말해주고 있다(물론 이 속성은 다른 속성들처럼 항을 더하기 위하여 역 방향으로 사용될 수도 있다. 그것의 예를 곧 보게 된다).

> **주의:** 제거될 수 있는 항은 단지 합의 항 t_1t_2뿐이며 합의 항을 만드는 다른 두 항($at_1 + a't_2$)은 제거되지 않는다. 예를 들면
>
> $$ab + b'c + ac = ab + b'c \neq ac$$

합의곱 식에서도 비슷한 종류의 간소화를 쌍대인 P13b을 사용하여 할 수 있는데, 이것에 대하여는 더 이상 다루지 않는다.

먼저 다른 속성으로부터 이 속성을 유도한다. P12a를 두 번 사용하면, 우변은 다음과 같이 된다.

$$at_1 + a't_2 = (at_1 + at_1t_2) + (a't_2 + a't_1t_2) \qquad \textbf{[P12a]}$$
$$= at_1 + a't_2 + (at_1t_2 + a't_1t_2)$$
$$= at_1 + a't_2 + t_1t_2 \qquad \textbf{[P9a]}$$

또한 이 정리에 대한 진리표를 살펴보는 것은 도움이 될 것이다. 표 2.15로부터 합의 항 t_1t_2는 다른 항 중 하나가 이미 1인 경우에만 1이 되는 것을 알 수 있다. 따라서 RHS와 그 항을 OR해도 아무런 변화가 없다. 즉 LHS는 RHS와 같다.

표 2.15 합의

a	t_1	t_2	at_1	$a't_2$	RHS	t_1t_2	LHS
0	0	0	0	0	0	0	0
0	0	1	0	1	1	0	1
0	1	0	0	0	0	0	0
0	1	1	0	1	1	1	1
1	0	0	0	0	0	0	0
1	0	1	0	0	0	0	0
1	1	0	1	0	1	0	1
1	1	1	1	0	1	1	1

2.2.3절의 예제 2.3에서 다음 함수를

$$f = a'b'c' + a'bc' + a'bc + ab'c'$$

P9a를 사용하여 처음 두 항을 결합하고 P10a를 두 번 적용함으로써 다음과 같이 줄였다.

$$f_1 = a'c' + a'b + b'c'$$

이 시점에서 더 이상 간소화를 못했었다. 그러나 다른 그룹핑으로 시작함으로써 이것을 다음과 같이 줄일 수 있다는 것을 알았다.

$$f_2 = b'c' + a'b$$

사실상 제거된 항 $a'c'$는 다른 두 항의 합의 항이다. f_1에서 f_2로 가는 데 P13a를 사용할 수 있다.

$$g = bc' + abd + acd$$

속성 1에서 12까지를 사용해서는 간소화를 하지 못하므로 합의를 시도한다. 정의된 유일한 합의 항은 다음과 같다.

$$bc' \notin acd = abd$$

이제 속성 13에 의하여 합의 항을 제거할 수 있다. 따라서 다음과 같이 된다.

$$g = bc' + acd$$

다음을 3항 6리터럴의 식으로 간소화해라.

$$f = c'd' + ac' + ad + bd' + ab$$

합의 연산을 두 번 할 수 있다.

$$c'd' \notin ad = ac' \text{와 } ad \notin bd' = ab$$

따라서 ac'와 ab 항을 제거하여

$$f = c'd' + ad + bd'$$

다음 함수에서 속성 12, 9, 10을 적용할 방법이 없다.

$$f = w'y' + w'xz + wxy + wyz'$$

하지만, 문제에서 3항과 8개의 리터럴로 된 식으로 줄일 수 있다고 주어졌다. 이 경우에 합의 연산을 시도해 보는 것이다. 모든 항의 쌍에서 합의를 찾을 수 있는 방법은 첫 번째 항으로 두 번째 항과 합의 시도를 시작하는 것이다. 그리고 두 번째와 첫 번째 항으로 세 번째 항과의 합의를 시도하고, 같은 방식으로 나머지 항들에 대해서도 계산한다. 이런 방법으로 찾아낸 유일한 합의는 다음과 같다.

$$w'xz \notin wxy = xyz$$

디지털 논리설계

합의(consensus) 항이 곱의합 식의 일부이면, P13a는 그 항을 제거하고 식을 간단하게 한다. 합의 항이 곱의합 식에 있는 항이 아니면 P13a 속성에 의해 합의 항을 식에 추가할 수 있다. 물론, 무조건 이 항을 더하지는 않는다. 왜냐하면 그것은 식의 항 수를 증가시키기 때문이다. 그러나 마지막 수단으로 함수에 그것을 추가하는 것을 고려한다. 그리고 그 항이 또 다른 합의 항들을 만들어내어 함수를 줄일 수 있는지를 알아본다. 이 예에서, xyz를 추가함으로써 f는 다음과 같이 된다.

$$f = w'y' + w'xz + wxy + wyz' + xyz$$

여기서 다음과 같은 합의 항이 존재한다.

$$xyz \not\subset wyz' = wxy \quad \text{and} \quad xyz \not\subset w'y' = w'xz$$

따라서 wxy와 $w'xz$ 모두를 제거할 수 있고, 다음과 같이 남게 된다.

$$f = w'y' + wyz' + xyz \qquad \text{(3항, 8리터럴)}$$

다른 속성들과 합의를 이용하는 예를 살펴보자. 일반적인 접근 방법은 속성 12, 9, 10을 이용하는 것이다. 이것을 가지고 할 수 있는 데까지 해보고, 그리고 마지막으로 합의를 시도한다.

예제 2.23

$$A'BCD + A'BC'D + B'EF + CDE'G + A'DEF + A'B'EF$$
$$= A'BD + B'EF + CDE'G + A'DEF \qquad \textbf{[P12a, P9a]}$$

여기서 $A'BD \not\subset B'EF = A'DEF$
따라서 이것은 다음과 같이 줄어든다.

$$A'BD + B'EF + CDE'G$$

예제 2.24

$$w'xy + wz + xz + w'y'z + w'xy' + wx'z$$
$$= wz + w'x + xz + w'y'z \qquad \textbf{[P12a, P9a]}$$
$$= wz + w'x + w'y'z \qquad wz \not\subset w'x = xz \text{이므로} \qquad \textbf{[P13a]}$$

그러나,

$$wz + w'y'z = z(w + w'y') = z(w + y') \qquad \textbf{[P10a]}$$
$$= wz + w'x + y'z$$

[문제풀이 18; 연습문제 20, 21, 22]

2.8 대수 함수의 조작과 NAND 게이트 구현

대수식을 최소화하는 것 외에도, 주어진 식을 곱의합, 최소항의 합, 합의곱, 최대항의 곱과 같은 어떤 특별한 형태로 나타낼 필요가 가끔 있다. 그리고, 주어진 설계상의 제약을 만족시키기 위하여, 때로는 대수식을 조작해야 한다. 이 절에서 몇 가지 예를 살펴보고 속성 하나를 더 소개한다.

곱의합 식이 이미 주어진 상태에서 그것을 최소항(minterm)의 합으로 확장할 필요가 있을 때, 두 가지 방법으로 할 수 있다. 첫째는 주어진 식으로부터 진리표를 만들어, 이 진리표로부터 2.5절의 방법에 의해 최소항의 합을 만들 수 있다. 이 방법은 어떤 형태의 식에 대해서도 적용할 수 있다. 두 번째 방법은 P9a를 이용하여 항에 변수를 추가하는 것이다.

예제 2.25

$$f = bc + ac + ab$$
$$= bca + bca' + ac + ab$$

다른 두 항에 대해서도 이런 과정을 반복할 수 있다.

$$f = bca + bca' + acb + acb' + abc + abc'$$
$$= abc + a'bc + abc + ab'c + abc + abc'$$
$$= a'bc + ab'c + abc' + abc$$

여기서 P6a에 의해 중복된 항을 제거하였다.

만약 한 항에서 두 개의 리터럴이 없어진 경우이면, 그 항은 P9a를 반복 사용하여 4개의 최소항을 만들어 낼 것이다.

예제 2.26

$$g = x' + xyz = x'y + x'y' + xyz$$
$$= x'yz + x'yz' + x'y'z + x'y'z' + xyz$$

$$g(x, y, z) = \Sigma m(3, 2, 1, 0, 7) = \Sigma m(0, 1, 2, 3, 7)$$

최소항의 번호는 보통 번호순으로 적기 때문에 최소항의 순서를 다시 정렬하였다.

최대항의 곱으로 변환하기 위하여 P9b를 사용하면 된다. 예를 들면

예제 2.27

$$f = (A + B + C)(A' + B')$$
$$= (A + B + C)(A' + B' + C)(A' + B' + C')$$

함수를 한 형태에서 다른 형태로 변환하는 데 유용한 또 하나의 속성이 있다.

P14a. $ab + a'c = (a + c)(a' + b)$

(이 속성의 쌍대 또한 사실이다. 그러나 쌍대는 b와 c를 교환한 경우와 똑같이 된다.) 이 속성을 증명하기 위해서 식의 우변에 P8a를 3번 적용한다.

$$(a + c)(a' + b) = (a + c)a' + (a + c) b = aa' + a'c + ab + bc$$

그러나 $aa' = 0$이고 $bc = a'c \not\subset ab$이므로, P3aa와 P13a를 사용하면

$$aa' + a'c + ab + bc = a'c + ab$$

가 된다. 이것은 식의 좌변과 같은 것이다.

이 속성은 합의곱 식을 곱의합 식으로 또는 그 역으로 변환하는 데 특별히 유용하다. NAND 게이트들을 이용하여 시스템을 구현할 때 식을 조작하기 위하여 필요하기도 하다.

예제 2.7에서 다음 함수에 대한 최소항의 합 식과 최소 곱의합 식을 구하였고, 최대항의 곱 식과 최소 합의곱 식도 구하였다.

$$f(A, B, C) = \Sigma m(1, 2, 3, 4, 5)$$

예제 2.28에서 속성 P14a를 이용하여 위 함수에 대한 최소 합의곱(minimum POS)을 곱의합(SOP)으로 변환하는 것을 보여준다.

예제 2.28

$$f = (A + B + C)(A' + B') = AB' + A'(B + C) = AB' + A'B + A'C$$

여기서 P14a의 a는 A, b는 $B + C$, c는 B'이다. 이것은 예제 2.7에서 구한 최소 곱의합 식의 해 중의 하나이다. 이 속성을 사용하여 항상 최소 곱의합 식을 만들지는 못하지만 P8a만 사용하여 구한 것보다 이 경우와 같이 더 간단한 식을 만들어 낸다.

$$f = AA' + AB' + BA' + BB' + CA' + CB'$$
$$= AB' + A'B + A'C + B'C$$

항 $B'C$는 AB'와 $A'C$의 합의 항이기 때문에 삭제할 수 있다.

합의곱 식(혹은 곱의합이나 합의곱도 아닌 더 일반적인 식)으로부터 곱의합 식으로 변환하기 위하여 우선 다음의 세 가지 속성을 사용한다.

P8b. $a + bc = (a + b)(a + c)$
P14a. $ab + a'c = (a + c)(a' + b)$
P8a. $a(b + c) = ab + ac$

위 순서대로 적용하는데, 처음 두 속성 P8b와 P14a의 우변에서 좌변으로의 변환을 시도한다.

예제 2.29

$$
\begin{aligned}
&(A + B' + C)(A + B + D)(A' + C' + D') \\
&= [A + (B' + C)(B + D)](A' + C' + D') && \text{[P8b]} \\
&= (A + B'D + BC)(A' + C' + D') && \text{[P14a]} \\
&= A(C' + D') + A'(B'D + BC) && \text{[P14a]} \\
&= AC' + AD' + A'B'D + A'BC && \text{[P8a]}
\end{aligned}
$$

이들 속성들의 쌍대를 이용하여 예제 2.30에서처럼 합의곱(POS)으로 변환할 수 있다.

$$wxy' + xyz + w'x'z'$$
$$= x(wy' + yz) + w'x'z' \quad \text{[P8a]}$$
$$= x(y' + z)(y + w) + w'x'z' \quad \text{[P14a]}$$
$$= (x + w'z')[x' + (y' + z)(y + w)] \quad \text{[P14a]}$$
$$= (x + w')(x + z')(x' + y' + z)(x' + y + w) \quad \text{[P8b]}$$

2입력 NAND나 NOR 게이트(혹은 2입력과 3입력 게이트)만으로 함수를 구현하고 싶을 때도 P14a와 이런 종류의 대수 조작을 사용하면 가능하다(NAND 게이트의 경우에 대해서만 예를 들어 설명할 것이다). 다음과 같은 문제를 생각해보자.

다음 식은 함수 f에 대한 최소 곱의합 식이다. 모든 입력은 보수와 보수가 아닌 것 모두 사용 가능하다고 가정한다. 2입력 NAND 게이트만 사용하여 회로를 구현하라. 어떤 게이트도 NOT 게이트[8]로 사용될 수 없다.

$$f = ab'c' + a'c'd' + bd$$

(2레벨의 해는 4개의 게이트를 필요로 하는데, 3개는 3입력 게이트이고 총 11개의 게이트 입력이 있다.)

이 문제를 풀기 위하여 3입력 게이트를 제거해야 한다. 따라서 3리터럴 항들로부터 인수분해를 시도하는 것이 시작점이다. 처음 두 항에 공통인 c'으로 묶으면 다음과 같이 된다.

$$f = c'(ab' + a'd') + bd$$

사실 이 한 단계로 문제가 해결되었다. 왜냐하면 두 개의 3입력 곱항을 각각 2입력으로 줄였을 뿐만 아니라 최종 OR 게이트가 2입력 항으로 되었기 때문이다. 그림 2.22에 결과 회로를 보여주고 있는데, 회로를 AND와 OR 게이트로 먼저 구현하고 나서, 출력에서부터 시작하여 OR 입력과 AND 구현한 사이의 각 경로에 인버터를 두 개씩 추가하였다(이 예에서는 어떤 입력도 OR에 바로 들어오지 않는다). 이 해는 6개의 게이트와 12개의 입력을 필요로 한다. 이 해와 그리고 이미 언급한 2레벨 해에서도 2개의 집적회로 패키지가 필요하다는 것을 주목하라. 이 해는 2개의 7400(4개의 2입력 NAND)을 필요로 하고 2개의 게이트는 남는다. 2레벨 해는 7410(3개의 3입력 NAND)과 나머지 2입력 게이트에 대해 7400을 필요로 하고 3개의 게이트가 남는다(각 3입력 게이트를 두 개의 2입력 게이트와

---

8) 3입력 게이트를 2입력 게이트 2개와 NOT로 대체하여 항상 2입력 게이트를 사용한 회로를 만들 수 있을 것이다. 예를 들면, 3입력 NAND는 다음과 같이 구현될 수 있다.

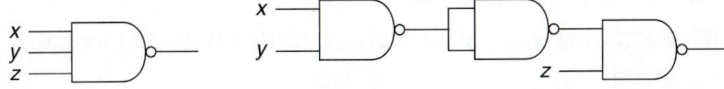

더 큰 게이트도 비슷한 방식으로 대체될 수 있다. 그러나 이런 방법은 대부분 필요 이상의 많은 게이트를 사용하게 된다.

NOT로 대체하면, 구현하는 데 7개의 2입력 게이트와 3개의 NOT 게이트가 필요할 것이다).

그림 2.22 2입력 NAND 게이트 회로

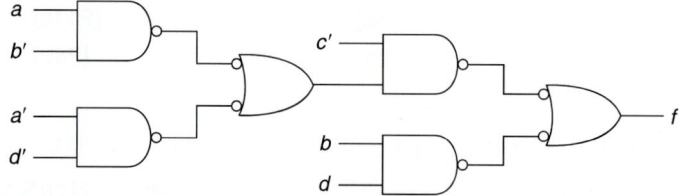

더 복잡한 예에 대하여 2입력 게이트 구현을 하려면 P8a뿐만 아니라 P14a도 자주 사용하게 된다. 예제 2.31과 2.32의 함수를 살펴보자(이미 최소 곱의합 형태로 된 함수이다).

예제 2.31

$$f = w'y'z + wz' + wx + wy$$

3리터럴 항인 $w'y'z$은 더 이상 인수분해가 되지 않는다(나머지 다른 세 개의 항에 w', y', 또는 z가 없기 때문에). 나머지 3항들 중에 2개 항은 인수 w로 인수분해할 수 있다(인수 w로 3항을 전부 인수분해하면 $z' + x + y$ 항이 남기 때문에 3항 전부를 인수분해하지 않는다).

$$f = (w'y'z + wz') + w(x + y)$$

속성 P14를 이용하면 다음과 같은 하나의 해를 얻을 수 있다.

$$f = (w' + z')(w + y'z) + w(x + y)$$

이 식을 구현한 회로를 다음에 보여주고 있는데, 사선으로 지워 변경한 입력들은 OR 게이트에 입력되는 것들이다.

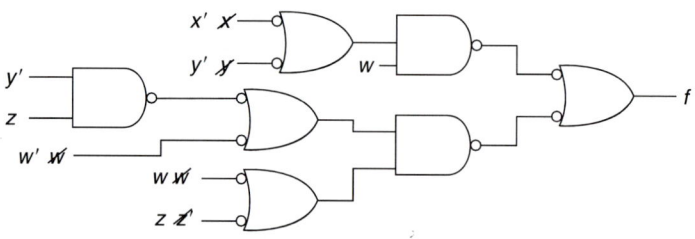

예제 2.32

$$G = DE' + A'B'C' + CD'E + ABC'E$$

우선 4리터럴 곱항을 해결해야 한다. 마지막 두 항에서 E를 이용하여 인수분해하면, 다음과 같이 된다.

$$G = DE' + A'B'C' + E(CD' + ABC')$$

그러나 지금 $A'B'C'$에 해당하는 3입력 게이트를 제거할 방법이 없다. 대신에 두 번째와 네 번째 항으로부터 C'를 인수로 분해할 수 있다.

$$G = C'(A'B' + ABE) + DE' + CD'E$$

괄호 안에 있는 식에 P14a를 적용하면 다음과 같이 된다.

$$G = C'(A' + BE)(A + B') + DE' + CD'E$$

혹은 A 대신에 B를 사용하여

$$G = C'(B' + AE)(B + A') + DE' + CD'E$$

어느 경우에나, 처음과 마지막 곱항에 2개의 3입력 AND 항을 갖고 있다($B' + AE$를 형성하는 OR 게이트 출력과 $B + A'$를 형성하는 OR 게이트 출력을 2-입력 AND 게이트에 연결할 수가 없다. 그 경우에는 AND 게이트 출력을 다른 입력으로 C'를 갖는, 또 다른 AND 게이트의 입력에 연결하게 되기 때문이다. 이것은 NAND 게이트로 변환하는 세 번째 규칙인, AND 게이트의 입력은 다른 AND 게이트의 출력에서 나오지 않아야 한다는 것을 위반한다).

첫 번째 복잡한 항의 C'와 마지막 곱항의 C를 사용하여 P14a를 적용함으로써 2-입력 게이트로만 이루어진 다음과 같은 식이 된다.

$$G = (C' + D'E)[C + (B' + AE)(B + A')] + DE'$$

이것은 다음에 나타낸 NAND 게이트 회로에서와 같이 10개의 게이트가 필요하다.

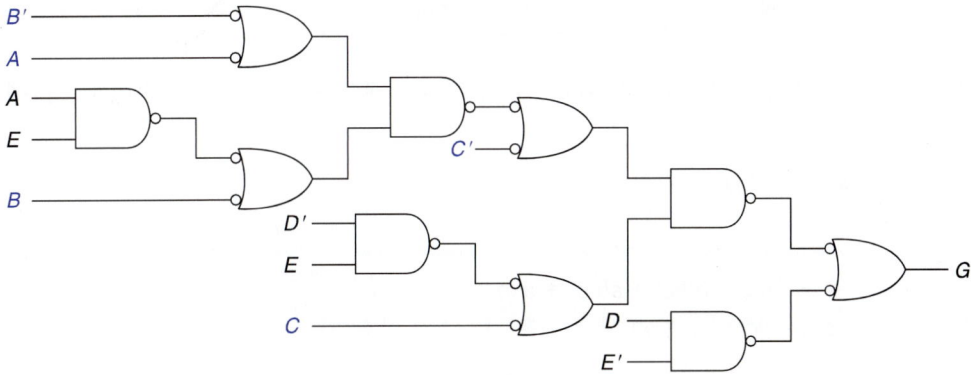

다시 말하면 가장 안 쪽 괄호에서 시작하여 AND와 OR로 회로를 구현함으로써 시작하였다. 5개의 입력이 OR 게이트에 직접 들어가기 때문에 파랑색으로 보여주는 것처럼 보수화되었다.

이 식을 조작할 수 있는 또 다른 방법이 있다.

$$G = C'(A' + BE)(A + B') + DE' + CD'E$$
$$= C'(A' + BE)(A + B') + (D + CE)(D' + E')$$
$$= (A' + BE)(AC' + B'C') + (D + CE)(D' + E')$$

이 경우 C'(P8a)를 분배함으로써 3입력 AND를 제거하고 마지막 2개의 곱항에 P14a를 사용하였다. 이것의 구현은 연습문제로 남겨 둔다. 그러나 다음의 카운트에서 보듯이 이전보다 하나가 더 많은 11개의 게이트가 필요한 것을 대수식으로부터 알 수 있다.

$$G = (A' + BE)(AC' + B'C') + (D + CE)(D' + E')$$

  1 2 3 4   5   6   7   8 9 10   11

여기서 게이트 수는 해당하는 연산자 아래에 숫자로 쓰여 있다.

게이트를 공유하는 하나의 예로서, 2입력 NAND 게이트로 다음 함수를 구현하는 것을 생각해보자.

예제 2.33

$$G = C'D' + ABC' + A'C + B'C$$
$$\quad = C'(D' + AB) + C(A' + B')$$

이것에 대한 회로는 다음과 같다.

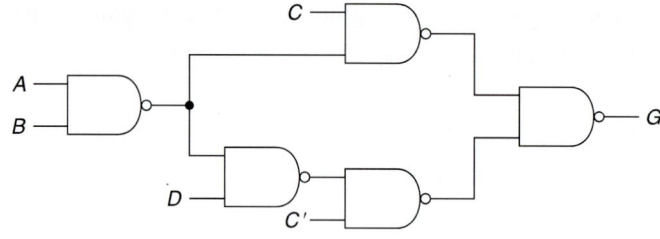

곱항 AB와 합항 $A' + B'$에 대해 (OR에 바로 들어오는 입력은 보수화되기 때문에) 하나의 NAND 게이트만이 필요하다는 것에 주목하라.

마지막 예로, 전가산기(예문 3)의 구현에 대하여 다시 알아본다. 예제 2.11에서 구한 곱의합 식을 다음에 다시 보여주고 있다(여기서 캐리 입력 c_{in}은 단지 c로 표현하였다).

예제 2.34

$$s = a'b'c + a'bc' + ab'c' + abc$$
$$c_{out} = bc + ac + ab$$

이것을 2레벨로 구현하기 위해서 하나의 4입력 NAND 게이트(s에 대해), 5개의 3입력 NAND 게이트(s에 대해 4개, c_{out}에 대해 1개), 3개의 2입력 NAND 게이트(c_{out}에 대해)가 필요하다. 사용 가능한 모든 입력은 보수와 보수가 아닌 것 모두 가능하다고 가정한다. 그러나 이 가정은 c에 대해서는 타당하지가 않다. 왜냐하면 그것은 하위 비트의 합을 계산하는 조합논리 회로의 출력이기 때문이다. 따라서 적어도 (c'을 위해) 하나의 NOT 게이트가 필요하다. 이 가산기의 구현을 위해서 4개의 집적회로 패키지(7420 1개, 7410 2개, 7400 1개)가 필요하다(3종류의 NAND 게이트 패키지에 각각 한 개의 게이트가 남아 있으므로 어느 것을 이용하여도 필요한 NOT 게이트 한 개를 만들 수가 있다).

비록 s와 c_{out}은 현재 최소 곱의합 식으로 되어 있지만, 다음과 같이 대수적 조작을 통해서 필요한 게이트의 수를 줄일 수 있다. s의 두 항과 c_{out}의 두 항으로부터 c를 먼저 인수로 분해하고 s의 다른 두 항으로부터 c'를 인수로 분해한다.[9]

$$s = c(a'b' + ab) + c'(ab' + a'b)$$

$$c_{out} = c(a + b) + ab$$

---

9) 이 식에서 b와 b'이나 a와 a'을 인자로 쉽게 묶을 수 있지만 게이트 회로는 같은 결과가 된다.

이 식은 3개의 NOT 게이트는 제외하고 11개의 2입력 NAND 게이트가 필요하다(왜냐하면 ab는 두 항을 위해 1개의 게이트로 구현되고, $a+b$도 $a'b'$와 같은 게이트를 사용하여 구현할 수 있다).

s에 대한 식을 다음과 같이 나타낼 수 있다.

$$s = c(a \oplus b)' + c'(a \oplus b) = c \oplus (a \oplus b)$$

그리고 c_{out}에 대해서도 다음과 같이 쓸 수 있다.

$$c_{out} = c(a \oplus b) + ab$$

(이것은 대수적 속성을 이용하지 않고 약간의 대수적 조작을 한 것이다. $a+b$와 $a \oplus b$ 사이의 차이는 앞의 식은 $a = b = 1$일 때 1이지만, 뒤의 식은 0이 된다. 하지만 c_{out}에 대한 식에서 ab 항 때문에 $a = b = 1$에 대해 c_{out}은 1이 된다.)

이 마지막 두 식을 이용하면 다음과 같이 2개의 Exclusive-OR와 3개의 2입력 NAND 게이트를 이용하여 합과 캐리를 모두 구현할 수 있다.

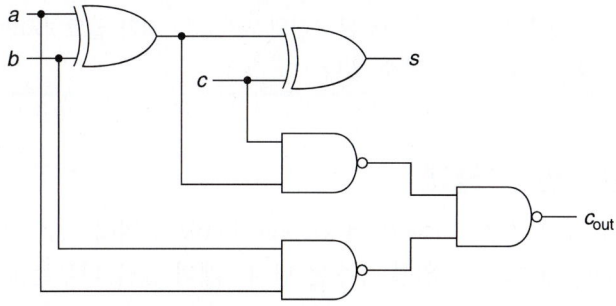

이 회로는 4개의 Exclusive-OR 게이트를 갖는 패키지(7486) 1개와 7400 1개를 사용하여 구현할 수가 있다. 이 구현에서 보수 입력은 필요하지 않다는 것에 주목하라.

마지막으로, 4개의 2입력 NAND 게이트로 각 Exclusive-OR를 구현할 수 있으므로 다음과 같은 회로가 된다.

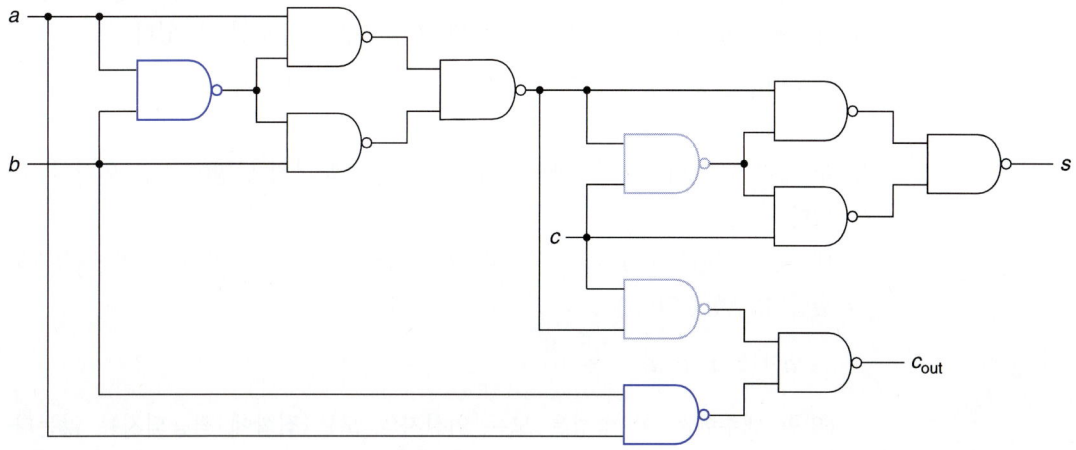

2개의 파랑색 NAND 게이트는 서로 같은 입력을 가지며, 두 개의 연파랑색 게이트 또한 같은 입력을 갖는 것에 주의하라. 따라서 이 게이트들을 공유하여 한 개씩만 사용하면, 다음과 같이 9개의 NAND 게이트만을 갖는 최종회로가 된다.

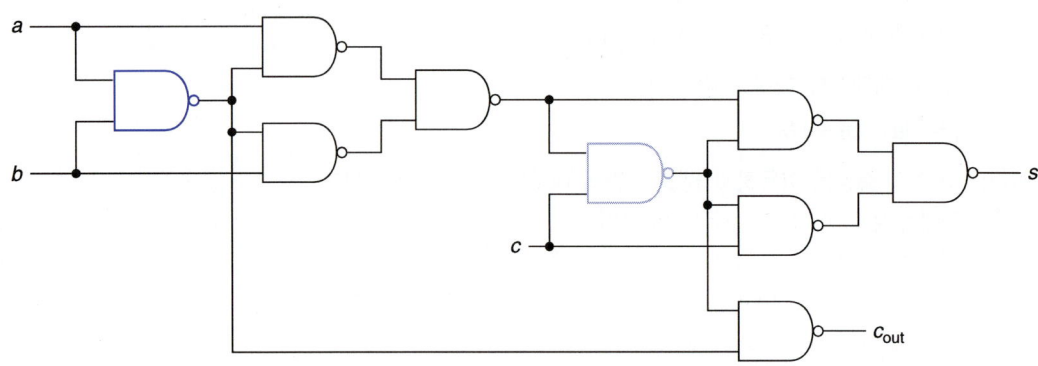

[문제풀이 19, 20, 21, 22, 23, 24; 연습문제 22, 23, 24, 25, 26, 27; 실험]

단지 1비트 가산기를 만든다면 이 구현은 3개의 7400패키지가 필요하지만, 4비트 가산기는 9개의 7400패키지로 구현할 수 있다.

2.9 일반적인 부울대수

스위칭 대수에 대한 기초는 1849년에 George Boole에 의해 처음 발표된 부울대수(Boolean algebra)이다. 스위칭 대수는 단지 2개의 값을 다루는데, 부울대수는 두 개 이상의 값을 허용하며 한 집합의 가설(postulate)에 의하여 정의되고, 정의된 가설들을 정리(theorem)로 하여 여러 가지 속성들이 만들어진다. 가설은 다양한 방법으로 기술되어 왔지만, 다음에 기술되는 전개 방법이 가장 쉬운 것으로 보인다. 실제 이들 가설의 몇 가지는 2.2.1과 2.2.2절에서 설명된 스위칭 대수의 속성과 형태가 동일하다. 그러나 스위칭 대수에서는 2진 부울대수에 한정된 연산자에 대한 정의를 하고, 정의로부터 직접 혹은 진리표를 통하여 속성을 증명하였다. 부울대수에서 연산자는 정의되지 않지만 가설로부터 유도될 수 있다.

1. 부울대수는 $k \geq 2$ 요소의 집합으로 구성된다(2.2.1절에서 전개된 스위칭 대수에 대해서는 $k = 2$).
2. 두 가지 이항(binary) 연산자 +와 ·, 그리고 하나의 단항(unary) 연산자 ′가 있다.
3. 대수는 닫혀(closed) 있다. 즉, a와 b가 집합의 구성원이면 다음 연산 결과도 집합의 구성원이다.

   $$a + b, a \cdot b, a'$$

   (일반 대수에서 이 속성은 모든 연산자와 모든 집합에 적용되지는 않는다. 예를 들면 양의 정수의 집합에서 뺄셈은 닫혀있지 않다. 왜냐하면 그것은 결

과가 음의 정수가 될 수 있기 때문이다. 나눗셈도 몫이 정수가 되지 않을 수 있으므로 닫혀있지 않다.)

4. 교환(commutative) 법칙(P1과 같음)

    i. $a + b = b + a$

   ii. $a \cdot b = b \cdot a$

5. 결합(associative) 법칙(P2와 같음)

    i. $a + (b + c) = (a + b) + c$

   ii. $a \cdot (b \cdot c) = (a \cdot b) \cdot c$

6. 배분(distributive) 법칙(P8과 같음)

    i. $a + b \cdot c = (a + b) \cdot (a + c)$

   ii. $a \cdot (b + c) = a \cdot b + a \cdot c$

7. 항등원(identity) (P3과 유사함)

    i.   집합에 다음과 같은 유일한 요소 0이 존재한다.

      $a + 0 = a$

   ii.   집합에 다음과 같은 유일한 요소 1이 존재한다.

      $a \cdot 1 = a$

8. 보수(complement) (P5와 같음): 각 요소 a에 대해 다음과 같은 유일한 요소 a'가 존재한다.

    i. $a + a' = 1$

   ii. $a \cdot a' = 0$

위와 같이 부울대수를 정의하였다. 이것은 일반적 부울대수뿐만 아니라 2진 시스템(이 장 전체를 통하여 논의해온 스위칭 대수)에도 적용된다.

스위칭 대수를 위한 연산자를 정의하기 위하여 이들 가설을 사용할 수 있다. 먼저 7번에서 가정된 2개의 요소 0과 1이 있다는 것을 알 수 있다. 그 가설과 교환법칙을 사용하여 OR(+) 연산자에 대한 표 2.16(a)의 처음 3개 행과 AND(·)에 대한 마지막 3개 행을 완성할 수 있다. OR에 대해 다음 가설

    $a + 0 = a$

은 $0 + 0 = 0$(첫 라인)과 $1 + 0 = 1$(세 번째 행)을 의미한다. 그리고 교환법칙을 사용하여

    $0 + a = a$

을 얻게 되고, 따라서 두 번째 행($0 + 1 = 1$)이 완성된다.

가설 7의 ii항을 이용하여 $0 \cdot 1 = 0$과 $1 \cdot 1 = 1$을, 그리고 교환 속성을 이용하여 $1 \cdot 0 = 0$을 얻는다. 나머지 행을 위해서, 멱등(idempotency) 속성(앞의 P6)을 증명할 필요가 있다. 이것은 다음과 같은 단계에 따라 증명할 수 있다.

표 2.16a OR와 AND의 정의

a	b	$a + b$	$a \cdot b$
0	0	0	
0	1	1	0
1	0	1	0
1	1		1

$$a + a = (a + a) \cdot 1 \qquad \text{[7ii]}$$
$$= (a + a) \cdot (a + a') \qquad \text{[8i]}$$
$$= a + a \cdot a' \qquad \text{[6i]}$$
$$= a + 0 \qquad \text{[8ii]}$$
$$= a \qquad \text{[7i]}$$

이 정리를 사용하여 OR 진리표의 첫 행($0 + 0 = 0$)을 완성할 수 있다. 이 정리의 쌍대인 다음 속성을 각 가설의 다른 항을 사용하여 증명할 수 있다.

$$a \cdot a = a$$

표 2.16b 완성된 OR와 AND의 정의

a	b	$a + b$	$a \cdot b$
0	0	0	0
0	1	1	0
1	0	1	0
1	1	1	1

따라서, AND 표 2.16b의 마지막 행($1 \cdot 1 = 1$)을 완성할 수 있다.

마지막으로 가설 8로부터 NOT($'$) 연산자를 정의할 수 있다. i항은 a나 a' 중의 하나(혹은 둘 다)가 1임을 말한다. ii항은 a나 a' 중의 하나(혹은 둘 다)가 0임을 의미한다. 따라서 둘 중 하나는 1이고 다른 것은 0이 되어야 한다. 즉 $a = 0$이면 a'는 1이 되어야 하고 $a = 1$이면 a'는 0이 되어야 한다. 이제 앞에서처럼 스위칭 대수의 모든 속성을 증명할 수 있는데, 이들 대부분은 일반 부울대수의 속성들에 속한다. 그러나 이들에 대한 것은 이 책의 범주를 벗어나므로 다루지 않는다.

2.10 문제풀이

1. 다음 각 문제에 대하여 4개의 입력 A, B, C, D가 있다. 지정된 함수에 대한 진리표를 보여라(4개의 출력을 갖는 하나의 진리표로 4개의 예제를 나타낸다).

   a. 입력은 4비트 무부호 2진수를 나타낸다. 출력 W는 수가 2 혹은 3의 배수이지만, 동시에 2와 3의 배수가 아닐 때만 1이 된다.

   b. 입력은 4비트 양의 2진수를 나타낸다. 출력 X는 입력이 소수(prime) 일 때만 0이다(입력 0은 절대 일어나지 않는다).

   c. 처음 두 입력 (A, B)는 2비트 무부호 2진수(0에서 3의 범위)를 나타낸다. 마지막 두 입력 (C, D)은 두 번째 무부호 2진수(같은 범위)를 나타낸다. 출력 Y는 두 수가 2 또는 그 이상 차이가 나는 경우에만 1이다.

   d. 입력은 BCD 수를 Excess-3코드로 나타낸다. 출력 Z는 수가 완전 제곱일 때만 1이 된다. 10진수에 속하지 않는 코드는 입력에 절대 발생하지 않는다.

진리표는 모든 네 부분에 대한 해답을 포함한다.

   a. 0을 2나 3의 배수로 생각하는지는 상관하지 않는다. 왜냐하면 그것은 두 수 모두의 배수이거나 또는 양쪽 모두의 배수가 아니기 때문이다. 따라서 이 경우에 $W = 0$. 다음 행의 경우 1은 2와 3의 배수가 아니기 때문에

A	B	C	D	W	X	Y	Z
0	0	0	0	0	X	0	X
0	0	0	1	0	0	0	X
0	0	1	0	1	0	1	X
0	0	1	1	1	0	1	1
0	1	0	0	1	1	0	1
0	1	0	1	0	0	0	0
0	1	1	0	0	1	0	0
0	1	1	1	0	0	1	1
1	0	0	0	1	1	1	0
1	0	0	1	1	1	0	0
1	0	1	0	1	1	0	0
1	0	1	1	0	0	0	0
1	1	0	0	0	1	1	1
1	1	0	1	0	0	1	X
1	1	1	0	1	1	0	X
1	1	1	1	1	1	0	X

$W = 0$. 다음 3행에 대해 $W = 1$, 왜냐하면 2와 4는 2의 배수이지만 3의 배수가 아니고, 3은 3의 배수지만 2의 배수는 아니기 때문이다. 5와 7은 어느 것의 배수가 아니다. 6은 두 수 모두의 배수이다. 따라서 다음 3행에 대해 $W = 0$이다. 8, 10, 그리고 14는 단지 2의 배수이고, 9와 15는 단지 3의 배수이기 때문에 이들 모두에 대해 $W = 1$이다. 나머지들은 $W = 0$이다(12는 2와 3 두 수 모두의 배수).

b. 소수는 1 혹은 그 자신에 의해서만 나누어질 수 있는 수이다. 소수에 대해서 출력이 0이라고 명시되었기 때문에, 소수가 아닌 수는 출력이 1이 된다. 소수가 아닌 첫 번째 수는 $4(2 \times 2)$이다. 사실 2 이외의 모든 짝수는 소수가 아니다. 0은 결코 입력으로 나타나지 않으므로 출력은 무정의가 된다.

c. 처음 4행에서 처음 숫자(AB)는 0이다. 그것은 0, 1, 2, 3을 갖는 연속적인 행과 비교된다. 2와 3은 0과의 차이가 2 혹은 그 이상이다. 다음 4행의 그룹에서 처음 숫자(AB)는 1이며, 그것은 단지 3과의 차이에서 만 2이상이 된다. 다음 4행의 그룹에서 처음 숫자(AB) 2는 단지 0과의 차이에서만 2 이상이 된다. 끝으로 마지막 4행의 그룹에서 처음 숫자(AB) 3은 0 또는 1과의 차이가 2 이상이 된다.

d. 완전 제곱은 어떤 정수를 그 자신으로 곱하여 얻어진 정수이다. 따라서 0, 1, 4, 9는 완전한 제곱이다. 처음 3행과 마지막 3행은 모두 무정의임을 주목하라. 왜냐하면 이들 입력 조합은 결코 일어나지 않기 때문이다.

2. 시스템은 속도 경고장치이다. 이 장치는 고속도로 상에서 속도 제한 신호를 두 개의 입력을 통해 받는다. 세 가지 가능한 값, 즉, 45, 55, 혹은 65 mph가 있다. 그리고 자동차에서 또 다른 두 개의 입력으로 차의 속도 신호를 받는

> 다. 속도 신호는 네 가지 가능한 값, 즉, 45이하, 46과 55 사이, 56과 65 사이 그리고 65 mph 이상이 있다. 시스템은 두 개의 출력 신호를 발생한다. 첫 번째 출력 f는 차가 제한 속도를 넘었는지를 지시한다. 두 번째 출력 g는 차가 65 mph 이상이거나 제한 속도보다 10 mph 이상일 때 "위험속도"임을 알려주는 신호이다. 각 입력과 출력이 2진 값으로 어떻게 코드화되는지를 보여라. 그리고 이 시스템에 대한 진리표를 완성하라.

첫 번째 단계는 다음 표에 나타낸 것처럼 입력을 코딩하는 것이다.

제한속도	a	b	속도	c	d
45	0	0	<45	0	0
55	0	1	46–55	0	1
65	1	0	56–65	1	0
unused	1	1	>65	1	1

출력은 자동차가 제한 속도를 넘기거나 위험속도일 때 1이 된다.

	a	b	c	d	f	g
	0	0	0	0	0	0
45	0	0	0	1	1	0
	0	0	1	0	1	1
	0	0	1	1	1	1
	0	1	0	0	0	0
55	0	1	0	1	0	0
	0	1	1	0	1	0
	0	1	1	1	1	1
	1	0	0	0	0	0
65	1	0	0	1	0	0
	1	0	1	0	0	0
	1	0	1	1	1	1
	1	1	0	0	X	X
	1	1	0	1	X	X
	1	1	1	0	X	X
	1	1	1	1	X	X

3. P8b: $a + bc = (a + b)(a + c)$의 각 변에 대하여 AND와 OR 게이트를 사용하여 회로의 블록도를 나타내어라.

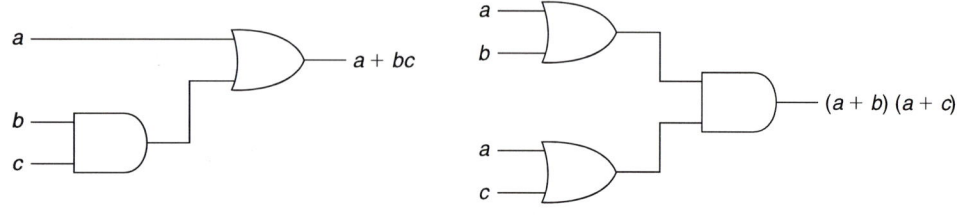

4. 다음 함수에 대한 진리표를 나타내어라.

a. $F = XY' + YZ + X'Y'Z'$

b. $G = X'Y + (X + Z')(Y + Z)$

(a)

XYZ	XY'	YZ	X'Y'Z'	F
000	0	0	1	1
001	0	0	0	0
010	0	0	0	0
011	0	1	0	1
100	1	0	0	1
101	1	0	0	1
110	0	0	0	0
111	0	1	0	1

(b)

XYZ	X'Y	X + Z'	Y + Z	()()	G
000	0	1	0	0	0
001	0	0	1	0	0
010	1	1	1	1	1
011	1	0	1	0	1
100	0	1	0	0	0
101	0	1	1	1	1
110	0	1	1	1	1
111	0	1	1	1	1

5. 진리표를 사용하여 각 그룹의 식이 같은지를 결정하라.

a. $f = a'c' + a'b + ac$

    $g = bc + ac + a'c'$

b. $f = P'Q' + PR + Q'R$

    $g = Q' + PQR$

(a)

abc	a'c'	a'b	ac	f	bc	ac	a'c'	g
000	1	0	0	1	0	0	1	1
001	0	0	0	0	0	0	0	0
010	1	1	0	1	0	0	1	1
011	0	1	0	1	1	0	0	1
100	0	0	0	0	0	0	0	0
101	0	0	1	1	0	1	0	1
110	0	0	0	0	0	0	0	0
111	0	0	1	1	1	1	0	1

두 함수는 같다.

(b)

PQR	P'Q'	PR	Q'R	f	Q'	PQR	g	
000	1	0	0	1	1	0	1	
001	1	0	1	1	1	0	1	
010	0	0	0	0	0	0	0	
011	0	0	0	0	0	0	0	
100	0	0	0	0	1	0	1	←
101	0	1	1	1	1	0	1	
110	0	0	0	0	0	0	0	
111	0	1	0	1	0	1	1	

(파랑색의 화살표로 표시된) 100 행에 대해 $f = 0$, $g = 1$을 주목하라. 따라서 두 함수는 다르다.

---

6. 다음 각 식에 대해 다음 중 어느 것이 적용되는지 나타내어라(하나 이상이 적용될 수도 있다).

  i.   곱항

  ii. 곱의합 식

  iii. 합항

  iv. 합의곱 식

  a. ab'

  b. $a'b + ad$

  c. $(a + b)(c + a'd)$

  d. $a' + b'$

  e. $(a + b')(b + c)(a' + c + d)$

a. i.   두 리터럴의 곱항

   ii. 한 곱항의 합

   iv. 두 합항의 곱

b. i.   두 곱항의 합

c. 관계된 것 없음: 두 번째 항은 합항이 아니다.

d. ii. 두 곱항의 합

   iii. 두 리터럴의 합

   iv. 한 합항의 곱

e. iv. 세 합항의 곱

---

7. 문제 6의 식에서 각각 리터럴은 몇 개인가?

a. 2   **b.** 4   **c.** 5   **d.** 2   **e.** 7

---

8. 속성 1부터 10까지 사용하여 다음 식을 최소 곱의합 형태(최소 식에서 항의 수와 리터럴의 수가 괄호에 보여주고 있다)로 줄여라. 각 단계를 보여라.

  a. $xyz' + xyz$ (1항, 2리터럴)

  b. $x'y'z' + x'y'z + x'yz + xy'z + xyz$ (2항, 3리터럴)

  c. $f = abc' + ab'c + a'bc + abc$ (3항, 6리터럴)

a. $xyz' + xyz = xy(z' + z) = xy \cdot 1 = xy$ **[P8a, P5aa, P3b]**

   혹은 P9a를$(a = xy, \ b = z')$ 한 단계만 적용

b. $x'y'z' + $ $x'y'z$ $+ x'yz + xy'z + xyz$

$x'y'z$ 항의 복사본을 만든다.

$$= (x'y'z' + x'y'z) + (x'y'z + x'yz) + (xy'z + xyz) \qquad \textbf{[P6a]}$$
$$= x'y'(z' + z) + x'z(y' + y) + xz(y' + y) \qquad \textbf{[P8a]}$$
$$= x'y' \cdot 1 + x'z \cdot 1 + xz \cdot 1 \qquad \textbf{[P5aa]}$$
$$= x'y' + x'z + xz \qquad \textbf{[P3b]}$$
$$= x'y' + (x' + x)z = x'y' + 1 \cdot z \qquad \textbf{[P8a, P5aa]}$$
$$= x'y' + z \qquad \textbf{[P3bb]}$$

혹은 P6a를 이용하지 않고

$$= (x'y'z' + x'y'z) + x'yz + (xy'z + xyz)$$
$$= x'y' + x'yz + xz \qquad \textbf{[P9a]}$$
$$= x'(y' + yz) + xz \qquad \textbf{[P8a]}$$
$$= x'(y' + z) + xz \qquad \textbf{[P10a]}$$
$$= x'y' + x'z + xz \qquad \textbf{[P8a]}$$
$$= x'y' + z \qquad \textbf{[P9a]}$$

두 번째 순서의 두 번째 라인에서 마지막 두 항을 결합하면, 원하는 해를 구할 수 없다는 것을 주의하라.

$$= x'y' + z(x'y + x)$$
$$= x'y' + z(y + x) \qquad \textbf{[P10a]}$$
$$= x'y' + yz + xz \qquad \textbf{[P8a]}$$

이것은 막다른 상황이다. 이것은 최소식(주어진 최소 조건)보다 더 많은 항을 가지며, 원래의 식(혹은 적어도 한 단계의 축소 후)으로 돌아가지 않고서는 더 줄일 수 있는 방법이 없다. 따라서 돌아가서 다시 시작해야 한다.

c. 이 문제에 대해 두 가지 접근 방법이 있다. abc는 다른 각 항들과 결합될 수 있기 때문에, 3개의 복사본을 사용한다.

$$abc = abc + abc + abc \qquad \textbf{[P6a]}$$
$$f = (abc' + abc) + (ab'c + abc) + (a'bc + abc)$$
$$= ab + ac + bc \qquad \textbf{[P9a]}$$

두 번째 방법으로, abc를 복사하지 않고 옆에 있는 항과 결합한다.

$$f = abc' + ab'c + a'bc + abc = abc' + ab'c + bc \qquad \textbf{[P9a]}$$
$$= abc' + c(b + b'a) = abc' + c(b + a)$$
$$= abc' + bc + ac \qquad \textbf{[P10a]}$$
$$= a(c + c'b) + bc = a(c + b) + bc$$
$$= ac + ab + bc \qquad \textbf{[P10a]}$$

혹은 마지막 두 라인대신에

$$= b(c + c'a) + ac = b(c + a) + ac$$
$$= bc + ab + ac \qquad \textbf{[P10a]}$$

이 방법에서 두 번째 항과 첫 번째 항으로부터 문자를 제거하기 위해 P10a를 두 번 사용하였다. 순서를 바꿔도 관계가 없다. 사실, 마지막 단계를 하기 위하여 (마지막 2개 라인에서 보여주는 것처럼) 또 다른 방법이 있다.

9. 속성들 P1부터 P10까지 사용하여 다음 식들을 최소 합의곱(minimum POS) 형태로 변환하라. 각 단계를 보여라(최소식에서 항의 수와 리터럴의 수가 괄호에 보여주고 있다).

a. $(a + b' + c)(a + b' + c')(a' + b + c)(a' + b' + c)$ (2항, 4리터럴)

b. $(x' + y' + z')(x' + y + z')(x' + y + z)$ (2항, 4리터럴)

a. 첫 두 항과 마지막 두 항을 그룹하여, 속성 P9b를 이용한다.

$[(a + b' + c)(a + b' + c')][(a' + b + c)(a' + b' + c)] =$
$[a + b'][a' + c]$

b. 가운데 항을 복사하여 나머지 항들과 그룹한다.

$(x' + y' + z')(x' + y + z')(x' + y + z)$
$= [(x' + y' + z')(x' + y + z')][(x' + y + z)(x' + y + z')]$
$= [x' + z'][x' + y]$

가운데 항을 복사하지 않으면, 다음처럼 된다.

$[x' + z'](x' + y + z)$

그리고 속성 P8b을 사용하면

$x' + z' (y + z) = x' + yz'$ **[P8a, P5bb, P3a]**
$= (x' + y)(x' + z)$ **[P8b]**

10. 다음 함수를 구현하기 위한 시스템 블록도를 AND, OR, NOT를 이용하여 나타내어라. 변수는 보수화되지 않은 것만 사용할 수 있다고 가정하라. 대수를 조작하면 안 된다.

$F = [A (B + C)' + BDE](A' + CE)$

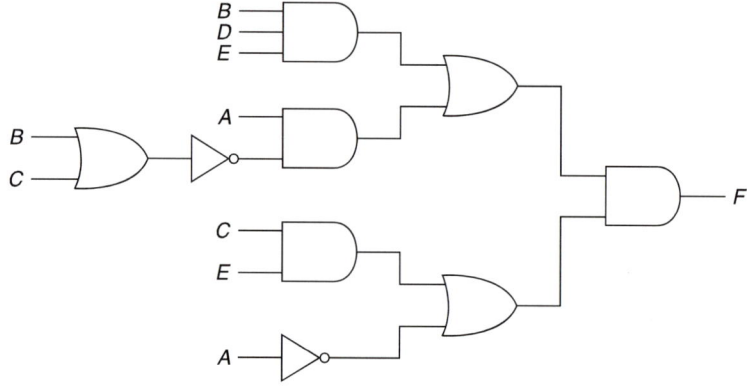

11. 다음 각 회로에 대하여

i. 대수식을 구하라.

ii. 그것을 곱의합 형태로 만들어라.

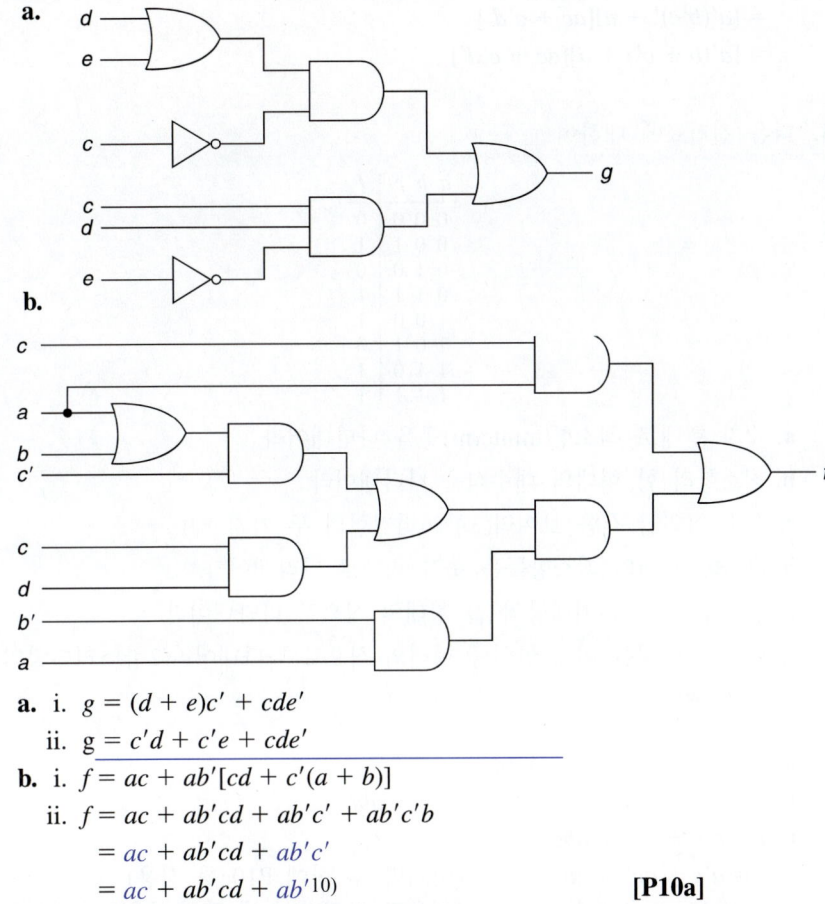

a. i. $g = (d + e)c' + cde'$

ii. $g = c'd + c'e + cde'$

b. i. $f = ac + ab'[cd + c'(a + b)]$

ii. $f = ac + ab'cd + ab'c' + ab'c'b$

$= ac + ab'cd + ab'c'$

$= ac + ab'cd + ab'$[10)   **[P10a]**

---

12. 다음 식에 대한 보수 함수를 구하라. 단일 문자의 경우만 보수를 취할 수 있다.

a. $f = x'yz' + xy'z' + xyz$

b. $g = (w + x' + y)(w' + x + z)(w + x + y + z)$

c. $h = (a + b'c)d' + (a' + c')(c + d)$

a. $f' = (x + y' + z)(x' + y + z)(x' + y' + z')$

SOP 형태가 POS 형태로 바뀌었다.

b. $g' = w'xy' + wx'z' + w'x'y'z'$

POS 형태가 SOP 형태로 바뀌었다.

c. $h' = [a'(b + c') + d][ac + c'd']$

한 단계씩 하면

$h' = [(a + b'c)d']'[(a' + c')(c + d)]'$

$= [(a + b'c)' + d][(a' + c')' + (c + d)']$

---

10) 뒤에서 이 식은 더 간소화될 수 있음을 알 수 있다.

$$= [a'(b'c)' + d][ac + c'd']$$
$$= [a'(b + c') + d][ac + c'd']$$

13. 다음 진리표에 대하여

a b c	f
0 0 0	0
0 0 1	1
0 1 0	0
0 1 1	1
1 0 0	1
1 0 1	0
1 1 0	1
1 1 1	1

a. 숫자 형태로 최소항(minterm)들을 나타내어라.

b. 최소항의 합 형태의 대수식을 나타내어라.

c. 최소 곱의합 식을 보여라(3항 6리터럴의 두 가지 해).

d. $f'(f$의 보수)의 최소항들을 숫자 형태로 나타내어라.

e. 함수 f에 대한 최대항의 곱 형태의 식으로 나타내어라.

f. 함수 f에 대한 최소 합의곱 형태의 식으로 나타내어라(2항 5리터럴의 두 가지 해).

a. $f(a, b, c) + \Sigma m(1, 3, 4, 6, 7)$

b. $f = a'b'c + a'bc + ab'c' + abc' + abc$

c. $f = a'c + ac' + abc$
     $= a'c + ac' + ab$ (마지막 두 항에 P10a를 사용)
     $= a'c + ac' + bc$ (처음과 마지막 항에 P10a사용)

d. $f'(a, b, c) = \Sigma m(0, 2, 5)$

e. $f'(a, b, c) = \Sigma m(0, 2, 5)$
         $= a'b'c' + a'bc' + ab'c$
   $f = (a + b + c)(a + b' + c)(a' + b + c')$

f. 함수 f의 첫 두 항을 재배열하면 P9b(인접) 속성을 사용할 수 있음을 알 수 있다.
   $f = (a + c + b)(a + c + b')(a' + b + c')$
     $= (a + c)(a' + b + c')$

다른 방법으로는, f'을 간소화한 후에 드모르강 정리를 이용한다.
   $f' = a'c' + ab'c$
   $f = (a + c)(a' + b + c')$

14. 다음 함수에 대하여
   $f(x, y, z) = \Sigma m(2, 3, 5, 6, 7)$

a. 진리표를 보여라.

b. 최소항의 합 형태로 대수식을 나타내어라.

c. 최소 곱의합 식을 보여라(2항과 3리터럴).

d. f'(f의 보수)의 최소항들을 숫자 형태로 나타내어라.

e. 함수 f에 대한 최대항의 곱 형태의 식으로 나타내어라.

f. 함수 f에 대한 최소 합의곱 형태의 식으로 나타내어라(2항 5리터럴).

a.

x y z	f
0 0 0	0
0 0 1	0
0 1 0	1
0 1 1	1
1 0 0	0
1 0 1	1
1 1 0	1
1 1 1	1

b. $f = x'yz' + x'yz + xy'z + xyz' + xyz$

c. $f = x'y + xy'z + xy$

$\quad = y + xy'z$

$\quad = y + xz$

d. $f'(x, y, z) = \Sigma m(0, 1, 4)$

e. $f' = x'y'z' + x'y'z + xy'z'$

$\quad f = (x + y + z)(x + y + z')(x' + y + z)$

f. $f' = x'y'z' + x'y'z + xy'z' + x'y'z'$

$\quad = x'y' + y'z'$

$\quad f = (x + y)(y + z)$

---

15. NAND 게이트만 사용하여 다음 각 식들에 해당하는 회로도를 보여라. 모든 입력은 보수화된 것과 보수화되지 않은 것 모두 사용이 가능하다고 가정하라. 대수식을 간소화하기 위하여 함수를 조작할 필요는 없다.

a. $f = ab'd' + bde' + bc'd + a'ce$

b. $g = b(c'd + c'e') + (a + ce)(a' + b'd')$

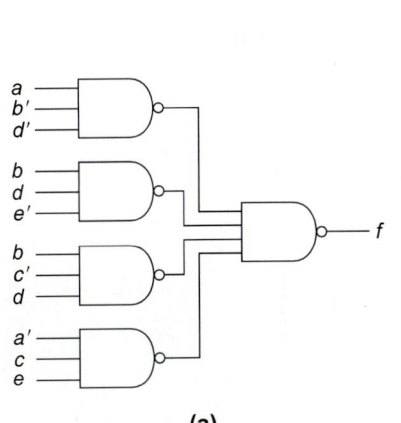

(a)

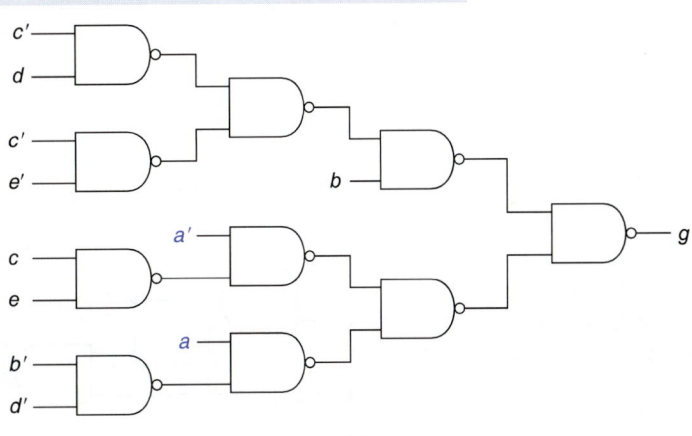

(b)

회로 (a)는 2레벨 회로이다. 회로 (b)에서 OR로 바로 가는 입력은 a와 a'뿐이며, 보수화되었다.

16. NOR 게이트만 사용하여 다음 각 식에 해당하는 회로도를 보여라. 모든 입력은 보수화된 것과 보수화되지 않은 것 모두 사용 가능하다고 가정하라. 대수식을 간소화하기 위하여 함수를 조작할 필요는 없다.

a. $f = (a + b')(a' + c + d)(b + d')$

b. $g = [a'b' + a(c + d)](b + d')$

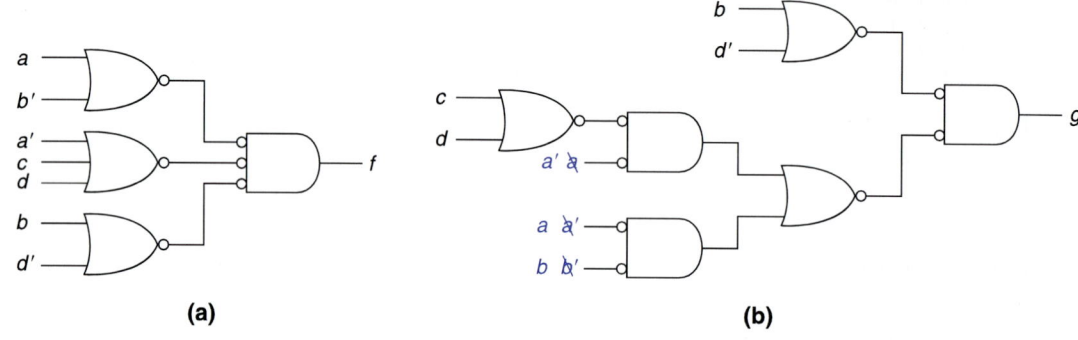

(a)   (b)

17. 다음 각 회로에 대하여
  i. 대수식을 구하라.
  ii. 최소 곱의합 형태로 식을 나타내어라.

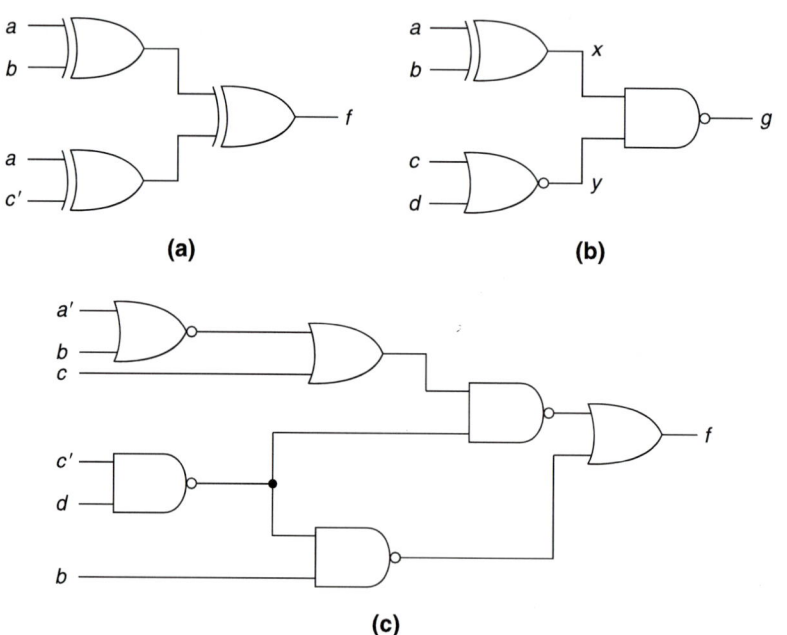

(a)   (b)

(c)

a. i. $f = (a \oplus b) \oplus (a \oplus c')$

    ii. $f = (a'b + ab') \oplus (a'c' + ac)$

        $= (a'b + ab')' (a'c' + ac) + (a'b + ab') (a'c' + ac)'$

        $= (a'b' + ab) (a'c' + ac) + (a'b + ab')(a'c + ac')$

        $= a'b'c' + abc + a'bc + ab'c'$

        $= b'c' + bc$

b. i. $g = x' + y' = (a'b + ab')' + c + d$

    ii. $g = ab + a'b' + c + d$

c. i. $f = \{[(a' + b)' + c](c'd)'\}' + [(b(c'd)')']$

    ii. $f = \{[(a' + b)' + c]' + (c'd)\} + [b' + c'd]$

        $= (a' + b)c' + c'd + b' + c'd$

        $= a'c' + bc' + c'd + b' = a'c' + c' + c'd + b'$

        $= c' + a'c' + c'd' + b' = c' + b'$

---

18. 다음 식을 최소 곱의합 식으로 줄여라. 각 단계를 보여라(최소 항의 수와 리
터럴의 수는 괄호에 나타나 있다).

   a. $F = A + B + A'B'C'D$ (3항, 4리터럴)

   b. $f = x'y'z + w'xz + wxyz' + wxz + w'xyz$

                           (3항, 7리터럴)

   c. $g = wxy' + xyz + wx'yz + xyz' + wy'$

                           (3항, 6리터럴)

   d. $H = AB + B'C + ACD + ABD' + ACD'$

                           (2항, 4리터럴)

   e. $G = ABC' + A'C'D + AB'C' + BC'D + A'D$

                           (2항, 4리터럴)

   f. $f = abc + b'cd + acd + abd'$

                           (2해, 3항, 9리터럴)

---

   a. $F = A + B + A'B'C'D$

        $= (A + A'B'C'D) + B$

        $= (A + B'C'D) + B$ **[P10a]**

        $= A + (B + B'C'D)$

        $= A + B + C'D$ **[P10a]**

또 다른 방법을 사용하여 같은 결과를 얻을 수 있다.

$A + B + A'B'C'D = (A + B) + (A + B)'C'D$ **[P11a]**

   $= (A + B) + C'D$ **[P10a]**

   b. $f = x'y'z + w'xz + wxyz' + wxz + w'xyz$

        $= x'y'z + w'xz + wxyz' + wxz$ **[P12a]**

        $= x'y'z + xz + wxyz'$ **[P9a]**

        $= x'y'z + x(z + wyz')$

        $= x'y'z + x(z + wy)$ **[P10a]**

        $= x'y'z + xz + wxy$

$$= z(x'y' + x) + wxy$$
$$= z(y' + x) + wxy \qquad \textbf{[P10a]}$$
$$= y'z + xz + wxy$$

c. P10a를 적용하는 두 가지 방법이 있다. 첫 번째와 세 번째 항에 사용하면, 다음과 같이 된다.

$$g = w(y' + yx'z) + xy$$
$$= w(y' + x'z) + xy$$
$$= wy' + wx'z + xy$$

그러나 여기서 (여러 번 뒤로 돌아가거나 P13a 없이는) 더 이상 줄일 수가 없다.

그러나 두 번째와 세 번째 항에 대하여 P10a를 먼저 사용하면,

$$g = wy' + y(x + x'wz)$$
$$= wy' + y(x + wz)$$
$$= wy' + xy + wyz$$

이제 첫 번째와 세 번째 항에 다시 P10a를 적용하면 6리터럴을 갖는 해를 생성하게 된다.

$$g = w(y' + yz) + xy = w(y' + z) + xy = wy' + wz + xy$$

d. $H = AB + B'C + ACD + ABD' + ACD'$
$$= AB + B'C + AC \qquad \textbf{[P12a, P9a]}$$
$$= AB + B'C \qquad \textbf{[P13a]}$$

e. $G = ABC' + A'C'D + AB'C' + BC'D + A'D$
$$= ABC' + AB'C' + A'D + BC'D \qquad \textbf{[P12a]}$$
$$= AC' + A'D + BC'D \qquad \textbf{[P9a]}$$

그러나

$$AC' \notin A'D = C'D$$
$$G = AC' + A'D + BC'D + C'D \qquad \textbf{[P13a]}$$
$$= AC' + A'D + C'D \qquad \textbf{[P12a]}$$
$$= AC' + A'D \qquad \textbf{[P13a]}$$

먼저 항을 더하는 데 합의를 사용하였고, 다음에는 같은 항을 제거하는 데 합의를 사용한 것을 주목하라.

f. $f = abc + b'cd + acd + abd'$

$abc \notin b'cd = acd$ 이고 합의(consensus) 항은 제거될 수 있으므로 f 는 다음 과 같이 된다.

$$f = abc + b'cd + abd'$$

더 이상의 축소는 가능하지 않다. 줄어든 식의 항들에 의한 합의는 이미 제거된 항 acd 만을 만들어 낸다. 이 식을 더 줄이기 위해 사용할 수 있는 속성은 아무것도 없다.

그러나 원래 함수로 되돌아가면 다른 합의가 존재하는 것을 알게 된다.

$$acd \ \cancel{\cdot} \ abd' = abc$$

따라서 abc 항은 제거될 수 있으므로 다음과 같이 된다.

$$f = b'cd + acd + abd'$$

이것 또한 최소해이다(왜냐하면 더 이상의 간소화는 가능하지 않기 때문이다). 이 함수에서 적용할 수 있는 두 가지의 합의를 찾았으나, 두 합의를 다 적용할 수는 없다. 왜냐하면 어느 합의를 먼저 적용하더라도 두 번째 합의를 형성하기 위해 필요한 항이 제거되기 때문이다.

19. 다음 함수를 최소항의 합 형태로 확장하라.

$$F\ (A,\ B,\ C) = A + B'C$$

두 가지 방법이 있다. P3b, P5aa(오른쪽에서 왼쪽으로)와, P8a를 반복 사용하여 다음과 같이 만든다.

$$A + B'C = A(B' + B) + (A' + A)B'C$$
$$= AB' + AB + A'B'C + AB'C$$
$$= AB'(C' + C) + AB(C' + C) + A'B'C + AB'C$$
$$= AB'C' + AB'C + ABC' + ABC + A'B'C + AB'C$$
$$= AB'C' + AB'C + ABC' + ABC + A'B'C$$

중복된 항 $AB'C$ 하나는 제거하였다. 또 다른 방법으로 다음과 같은 진리표를 이용할 수 있다.

A B C	B'C	F
0 0 0	0	0
0 0 1	1	1
0 1 0	0	0
0 1 1	0	0
1 0 0	0	1
1 0 1	1	1
1 1 0	0	1
1 1 1	0	1

진리표로부터 다음 식을 얻는다.

$$F = A'B'C + AB'C' + AB'C + ABC' + ABC$$

이것은 위 식에서 항들의 순서만 바뀐 것이다. 또한

$$F\ (A, B, C) = \Sigma m(1, 4, 5, 6, 7)$$

20. 다음 식들을 곱의합 형태로 변환하라.
   a. $(w + x' + z)(w' + y + z')(x + y + z)$
   b. $(a + b + c + d')(b + c + d)(b' + c')$

a. $(w + x' + z)(w' + y + z')(x + y + z)$

$\quad = [z + (w + x')(x + y)](w' + y + z')$ **[P8b]**

$\quad = (z + wx + x'y)(w' + y + z')$ **[P14a]**

$\quad = z(w' + y) + z'(wx + x'y)$ **[P14a]**

$\quad = w'z + yz + wxz' + x'yz'$ **[P8a]**

참고로 원래 것은 최소 합의곱 식이지만, 이것은 최소 곱의합 식이 아니다. P10a를 사용하여 이것을 다음과 같이 줄일 수 있다.

$\quad w'z + yz + wxz' + x'y$

b. $(a + b + c + d')(b + c + d)(b' + c')$

$\quad = [b + c + (a + d')d](b' + c')$ **[P8b]**

$\quad = (b + c + ad)(b' + c')$ **[P8b, P5b, P3a]**

$\quad = bc' + b'(c + ad)$ **[P14a]**

$\quad = bc' + b'c + ab'd$ **[P8a]**

또한, P14에서 b대신에 c를 사용하여

$\quad = (b + c + ad)(b' + c')$

$\quad = b'c + c'(b + ad)$

$\quad = b'c + bc' + ac'd$

둘 다 최소해이다.

21. 다음 식을 합의곱 형태로 변환하라.

a. $a'c'd + a'cd' + bc$

$a'c'd + a'cd' + bc$

$\quad = c(b + a'd') + c'a'd$ **[P8a]**

$\quad = (c + a'd)(c' + b + a'd')$ **[P14a]**

$\quad = (c + a')(c + d)(c' + b + a')(c' + b + d')$ **[P8b]**

참고로, 이것은 최소 합의곱 식이 아니다. P12b를 사용하여 첫 번째와 세 번째 항들을 조작하여 세 번째 항을 $(a' + b)$로 대체할 수 있다. 처음 두 항에서 a'를 인수로 분해함으로써 시작할 수 있지만 이것은 더 많은 작업을 요구한다.

22. (이미 최소 곱의합 형태인) 다음 각 식을 2입력 NAND 게이트만 사용하여 구현하라. NOT를 위해 게이트를 사용하면 안 된다. 모든 입력은 보수화되지 않은 것과 보수화된 것 모두 가능하다(필요한 게이트 수는 괄호 안에 나타나 있다).

a. $f = w'y' + xyz + wyz' + x'y'z$ (8게이트)

b. $f = abc + abd + a'c'd + a'b'c$ (8게이트)

c. $F = B'C'D' + BD + ACD + ABC$ (7게이트)

d. $g = a'b'c'd' + abcd' + a'ce + ab'd + be$ (12게이트)

a. $f = y'(w' + x'z) + y(xz + wz')$

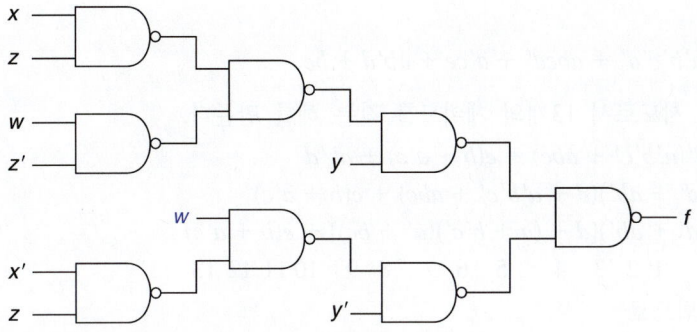

b. $f = abc + abd + a'c'd + a'b'c$

첫 두 항에서 ab를 인수로 분해하고 나머지 두 항에서 a'로 인수분해하면

$$f = ab(c + d) + a'(c'd + b'c)$$

이 식은 첫 항에 대하여 3입력 AND 게이트가 필요하다. 이 항에 대하여 a 또는 b를 괄호 안으로 분배하면

$$f = a(bc + bd) + a'(c'd + b'c)$$

이 식은 9개의 게이트가 필요하다. 다른 방법으로 첫 항과 마지막 항에서 c로 인수분해하고, 가운데 두 항에서 d로 인수분해하면

$$f = c(ab + a'b') + d(ab + a'c')$$

여기서 ab는 두 번 나타나는데 공유함으로써 다음과 같은 회로가 된다.

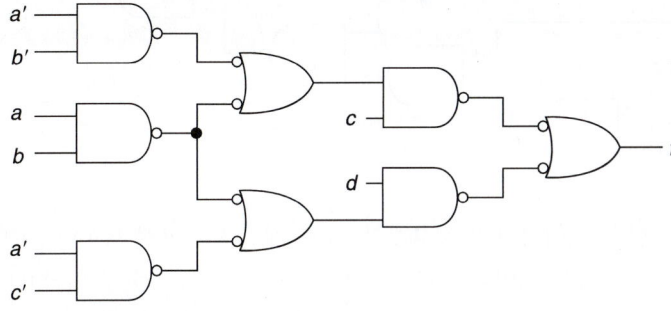

c. $F = AC(B + D) + B'C'D' + BD$
$\quad = (C + B'D')[C' + A(B + D)] + BD$

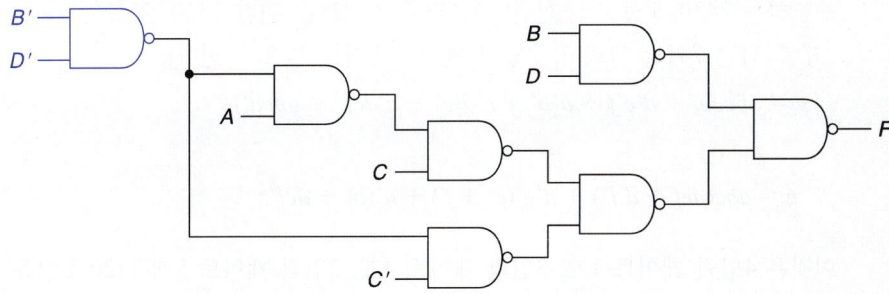

참고로, 왼편 게이트는 $B'D'$ 항과 $(B + D)$ 항 모두를 구현하는 데 사용되고 있다.

d. $g = a'b'c'd' + abcd' + a'ce + ab'd + be$

첫 번째 시도로서 13개의 게이트를 갖는 해를 만든다.

$$g = d'(a'b'c' + abc) + e(b + a'c) + ab'd$$
$$= (d' + ab')(d + a'b'c' + abc) + e(b + a'c)$$
$$= (d' + ab')[d + (a + b'c')(a' + bc)] + e(b + a'c)$$
$$\quad\quad 1\ 2\ 3\ \quad 4 \quad\quad 5\ \ 6\ 7\ \quad 8\ 9\ \ 10\ 11\ 12\ 13$$

다른 방법으로

$$g = a'(b'c'd' + ce) + a(bcd' + b'd) + be$$
$$= [a + b'c'd' + ce][a' + bcd' + b'd] + be$$
$$= [a + (c + b'd')(c' + e)][a' + (b + d)(b' + cd')] + be$$
$$\quad\quad 1\quad 2\quad 3\ 4\quad 5\quad\ 6\quad 7\quad\ 3\ \ 8\quad 9\ 10\quad 11\ 12$$

3번 게이트는 두 번 사용되었다.

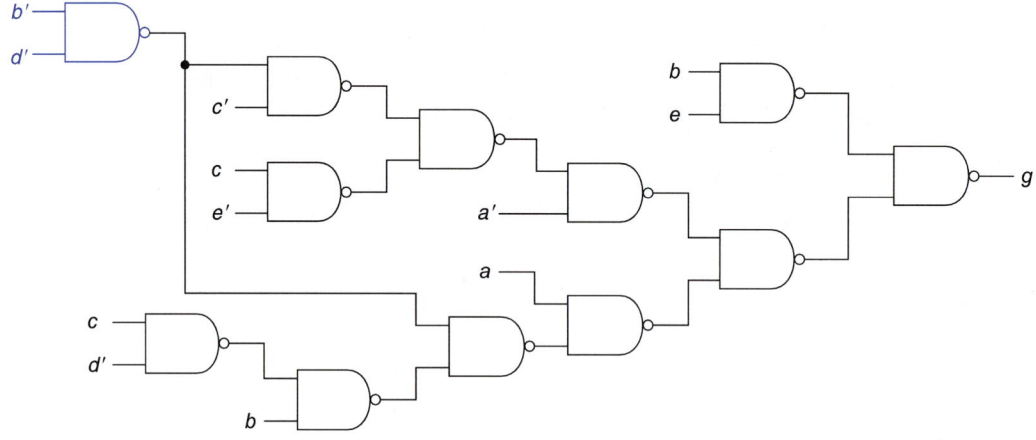

23. 다음 함수에 대하여 단지 4개의 7400 계열을 사용한 NAND 게이트 구현에 대한 회로도를 보여라. NOT를 위해 게이트를 사용하면 안 된다. 모든 변수는 보수화되지 않은 것과 보수화된 것 모두 사용 가능하다고 가정한다[참고로, 2레벨 해는 6입력 게이트 2개, 5입력 게이트 1개(하나의 8입력 게이트를 포함하는 7430 모듈로 구현된다.) 4입력 게이트를 위한 7420, 3입력 게이트 2개를 위한 7410, 그리고, 2입력 게이트 1개를 필요로 한다].

$$g = abcdef + d'e'f + a'b' + c'd'e' + a'def' + abcd'f'$$

$$g = abc(def + d'f') + d'e'(c' + f) + a'(b' + def')$$

이것은 4입력 게이트 1개, 3입력 게이트 4개, 2입력 게이트 5개[7420 1개(두 번째 게이트가 3입력 게이트로 사용 됨), 7410 1개, 그리고 7400 2개(게이트 3개가 사용되지 않음)]를 필요로 한다. 4입력 게이트를 사용하지 않으려면 P14a를 처음과 마지막 항에 사용하여 다음과 같이 만들 수 있다.

$$g = [a' + bc(def + d'f')][a + b' + def'] + d'e'(c' + f)$$

이것은 3입력 게이트 5개와 2입력 게이트 6개를 필요로 한다(여전히 4개 모듈).

또는 완전히 다른 인수로 분해를 하여 다음과 같이 만들 수도 있다.

$$g = de(abcf + a'f') + d'(abcf' + e'f + c'e') + a'b'$$
$$= [d' + e(abcf + a'f')][d + abcf' + e'f + c'e'] + a'b'$$
$$= [d' + e(a' + f)(f' + abc)]$$
$$\cdot [d + c'e' + (f + abc)(f' + e')] + a'b'$$

이것은 다음의 회로처럼 3입력 게이트 3개와 2입력 게이트 10개가 필요하다 (역시, 4개 모듈).

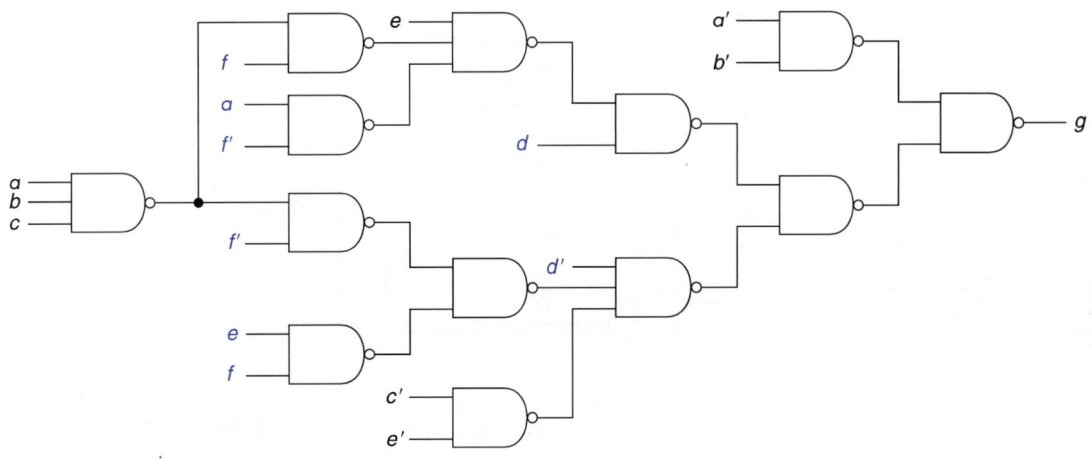

24. 다음은 이미 최소 곱의합 식으로 되어 있다.

$$F = B'DE' + A'B'D + A'BC'D' + ABD'E' + ABDE + ACDE$$

모든 변수는 보수가 아닌 것과 보수인 것이 모두 가능하다. NAND 게이트 집적회로 패키지(패키지 당 2입력 4개, 혹은 3입력 3개, 혹은 4입력 2개)를 3개 이상 사용하지 않는 두 가지의 해를 찾아라. 하나의 해는 2입력과 3입력 게이트만 사용해야 하며, 또 다른 해는 적어도 4입력 게이트 패키지 1개를 사용해야 한다.

가장 쉬운 출발점은 다음과 같이 항의 쌍들을 인수로 분해하는 것이다.

$$F = B'D(A' + E') + BD'(A'C' + AE') + ADE(B + C)$$

이것은 사실상 문제의 요구를 만족하는 해에 해당한다. 3입력 게이트 3개 [$B'D$ ( )의 처음 AND, BD'( )의 두 번째 AND, 출력 OR에 해당]가 있다. 마지막의 AND 해당하는 4입력 게이트 1개와 2입력 게이트 5개가 있다. 따라서 4입력 게이트를 위하여 7420 하나가 필요하다. 이 패키지의 두 번째 게이트는 다섯 번째 2입력 게이트로 사용될 수 있다. 3입력 게이트는 7410 하나를 필요로 하고 나머지 4개의 2입력 게이트는 7400 하나를 요구한다.

P14a를 이용하면 다음 식을 얻게 된다.

$$F = B'D(A' + E') + BD'(A' + E')(A + C') + ADE(B + C)$$

$A' + E'$ 항은 식에서 두 번 나타나므로 그것을 생성하는 NAND의 출력을 공유할 수 있다. 이것은 4입력 게이트 2개, 3입력 게이트 2개, 2입력 게이트 3개를 필요로 하고, 사용하지 않은 2입력과 3입력 게이트가 남는다(보드 상에서 물리적으로 이것에 가까운 또 다른 회로를 동시에 만든다면 남는 것을 활용할 수 있을 것이다). 이 회로도는 다음과 같다.

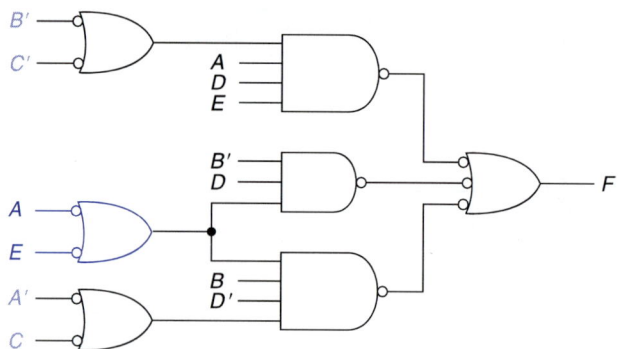

4입력 게이트를 사용하지 않는 해를 구하려면, 다음과 같이 D를 포함하는 4개의 항으로부터 D를 인수로 분해할 수 있다.

$$F = D[B'(A' + E') + AE(B + C)] + BD'(A'C' + AE')$$
$$\quad\ \ \ 2\ 2\quad\ \ 2\quad\ \ 2\ 3\quad\ 2\quad\ \ 2\ 3\quad\ \ 2\ \ 2$$

식 아래에 적혀있는 것으로부터 알 수 있듯이, 이 구현은 2입력 게이트 9개, 3입력 게이트 2개로 총 3개의 칩을 필요로 한다. 여기서 설명하지 않는 몇 가지 다른 해가 있다(그러나 그것 중 어느 것도 2입력 게이트만 사용하지는 않는다).

2.11 연습문제

1. borrow 입력 b_{in}과 입력 x, y 그리고 차 d와 borrow 출력 b_{out}을 생성하는 1비트 전감산기에 대한 진리표를 보여라.

$$b^{in}$$
$$x$$
$$\underline{-y}$$
$$b_{out}\ d$$

2. 다음 각각에 대한 진리표를 보여라.

*a. 4개의 입력과 3개의 출력이 있다. 입력 w, x, y, z는 가능한 성적에 대한 코드이다.

0000 A	0100 B−	1000 D+	1100 Incomplete
0001 A−	0101 C+	1001 D	1101 Satisfactory
0010 B+	0110 C	1010 D−	1110 Unsatisfactory
0011 B	0111 C−	1011 F	1111 Pass

출력은

1: 학점이 C이거나 더 좋을 때만 1이다(C−는 포함되지 않는다).

2: 대학이 학위에 요구되는 120학점(통과 학점만)에 대하여 카운트 할 때만 1이다.

3: 성적 점수의 평균을 계산할 때 카운트되는 경우만 1이다.

b. 이 시스템은 4개의 입력과 3개의 출력을 갖는다. 첫 번째 수를 나타내는 입력 a, b는 (0에서 3의 범위) 2비트의 2진수이다. 두 번째 수를 나타내는 또 다른 입력 c, d도 (같은 범위의) 2비트의 2진수이다. 출력 f는 두 수의 차이가 정확하게 2일 때만 1이 된다. 출력 g는 두 수가 같을 때만 1이 된다. 출력 h는 두 번째 수가 첫 번째 수보다 클 때만 1이다.

c. 시스템은 4개의 입력을 갖는다. 처음 두 입력 a, b는 범위가 1에서 3(0은 사용 안 됨)의 수를 표현한다. 다른 두 입력 c, d는 같은 범위에서 두 번째 수를 나타낸다. 출력 y는 첫 번째 수가 두 번째보다 크거나, 두 번째가 첫 번째 보다 2만큼 클 때만 1이 되어야 한다.

*d. 시스템은 한 개의 출력 F와 4개의 입력을 갖는다. 처음 두 개의 입력 A, B는 (0에서 3위 범위의) 2비트의 2진수이다. 또 다른 입력 C, D도 (같은 범위의) 2비트의 2진수이다. 두 수가 같거나 두 수의 차이가 정확하게 1이 될 때만 출력 F가 1이 된다.

e. 시스템은 한 개의 출력 F와 4개의 입력을 갖는다. 처음 두 개의 입력 A, B는 (0에서 3위 범위) 2비트의 2진수이다. 또 다른 입력 C, D도 (같은 범위의) 2비트의 2진수이다. F는 두 수의 합이 홀수일 때만 1이다.

    f. 시스템은 4개의 입력을 갖는다. 처음 두 입력 a, b는 범위 0에서 2사이의 수를 나타낸다(3은 사용 안함). 다른 두 입력 c, d도 같은 범위의 두 번째 수를 나타낸다. 출력 y는 두 수의 차이가 1보다 크지 않으면 1이 된다.

  *g. 한 해의 달은 1월은 0000, 2월은 0001, 그리고 12월은 1011과 같이 4 변수 a, b, c, d로 코딩되어 있다. 나머지 네 개 조합은 사용되지 않는다(참고: 30일은 4월, 6월, 9월, 11월이다. 나머지 모든 것은 2월을 제외하고 31일이다). 31일을 갖는 달이면 1, 그렇지 않으면 0이 되는 함수 g에 대한 진리표를 보여라.

    h. 한 해의 달은 문제 g번에서 처럼 코딩되어 있는데, 예외로 윤년의 2월을 나타내기 위해 1100으로 코딩되어 있다. 선택된 달에서 일수를 나타내는 5개의 출력 v, w, x, y, z를 갖는 진리표를 보여라.

    i. 문제 h번을 반복하라. 단, 출력을 BCD(8421 코드)로 하여라. 6개의 출력 u, v, w, x, y, z가 있다(여기서 첫 번째 숫자는 0, 0, u, v로 코딩되고 두 번째 숫자는 w, x, y, z로 코딩된다).

    j. 시스템은 4개의 입력 a, b, c, d와 1개의 출력 f를 갖는다. 마지막 3입력(b, c, d)은 범위가 0에서 7 사이인 2진수 n을 나타낸다. 그러나 입력 0은 결코 발생하지 않는다. 처음 입력(a)에 의해 출력은 다음과 같이 결정된다.

        $a = 0$: n이 2의 배수이면, f는 1이 된다.

        $a = 1$: n이 3의 배수이면, f는 1이 된다.

    k. 시스템은 4개의 입력 a, b, c, d와 1개의 출력 f를 갖는다. 처음 2입력(a, b)은 하나의 2진수(범위 0에서 3)를 나타내고 마지막 2입력(c, d)은 범위 1에서 3(0은 발생 안 함)의 다른 수를 표현한다. 출력 f는 두 번째 수가 첫 번째보다 적어도 2만큼 클 때만 1이 된다.

    l. 4개의 입력 a, b, c, d와 두 개의 출력 f와 g를 갖는 시스템에서 진리표를 완성하라. 입력은 8421코드로 되어있는 1부터 9까지의 BCD 코드이다. 다른 입력들은 절대 발생하지 않는다. 입력이 6보다 큰 홀수일 때와 7보다 작은 짝수일 때만 출력 f가 1이 된다. 입력이 완전 제곱일 때만 출력 g가 1이 된다(완전 제곱은 어떤 정수를 그 자신으로 곱하여 얻어진 정수이다. 따라서 0, 1, 4, 9는 완전 제곱이다).

3. 다음 각 등식의 양변에 대해 AND와 OR 게이트를 사용하여 회로의 블록도를 나타내어라.

  *a. P2a: $a + (b + c) = (a + b) + c$

   b. P8a: $a(b + c) = ab + ac$

4. 다음 함수에 대한 진리표를 보여라.

*a. $F = X'Y + Y'Z' + XYZ$

  b. $G = XY + (X' + Z)(Y + Z')$

  c. $H = WX + XY' + WX'Z + XYZ' + W'XY'$

5. 진리표를 사용하여 각 그룹에서 어떤 식들이 같은지 결정하라.

  a. $f = ac' + a'c + bc$

        $g = (a + c)(a' + b + c')$

*b. $f = a'c' + bc + ab'$

        $g = b'c' + a'c' + ac$

        $h = b'c' + ac + a'b$

  c. $f = ab + ac + a'bd$

        $g = bd + ab'c + abd'$

6. 다음 각 식에 대하여 다음 중 어느 것이 적용되는지 표시하라(하나 이상도 적용 가능).

  i.   곱항

  ii.   곱의합 식

 iii.   합항

 iv.   합의곱 식

  a. $abc'd + b'cd + ad'$

*b. $a' + b + cd$

  c. $b'c'd'$

*d. $(a + b)c'$

  e. $a' + b$

*f. a'

*g. $a(b + c) + a'(b' + d)$

  h. $(a + b' + d)(a' + b + c)$

7. 문제 4의 식에 대해 각각 몇 개의 리터럴이 있는가?

8. 속성 1부터 10까지 이용하여 다음 식을 최소 곱의합 식으로 줄여라. 각 단계를 보여라(최소 항의 수와 리터럴의 수가 괄호 안에 주어졌다).

*a. $x'z + xy'z + xyz$ (1항, 1리터럴)

  b. $x'y'z' + x'yz + xyz$ (2항, 5리터럴)

  c. $x'y'z' + x'y'z + xy' + xyz'$ (3항, 7리터럴)

*d. $a'b'c' + a'b'c + abc + ab'c$ (2항, 4리터럴)

  e. $x'y'z' + x'yz' + x'yz + xyz$ (2항, 4리터럴)

*f. $x'y'z' + x'y'z + x'yz + xyz + xyz'$

                     (2해, 각 3항, 6리터럴)

  g. $x'y'z' + x'y'z + x'yz + xy'z + xyz + xyz'$

                     (3항, 5리터럴)

  h. $a'b'c' + a'bc' + a'bc + ab'c + abc' + abc$

                     (3항, 5리터럴)

9. 속성 1부터 10까지 이용하여 다음 식을 최소 합의곱 식으로 줄여라. 각 단계를 보여라(최소 항의 수와 리터럴의 수가 괄호 안에 주어졌다).

    a. $(a + b + c)(a + b' + c)(a + b' + c')(a' + b' + c')$
                                      (2항, 4리터럴)

    b. $(x + y + z)(x + y + z')(x + y' + z)(x + y' + z')$
                                        (1항, 1리터럴)

    ⋆c. $(a + b + c')(a + b' + c')(a' + b' + c')(a' + b' + c)$
         $(a' + b + c)$ (2해, 각각 3항, 6리터럴)

10. 다음 함수를 구현하기 위한 시스템의 회로도를 AND, OR, NOT 게이트를 사용하여 나타내어라. 변수들은 보수화되지 않은 것만 사용 가능하다고 가정한다. 대수식을 조작하지 않는다.

    a. $P'Q' + PR + Q'R$
    b. $ab + c(a + b)$
    ⋆c. $wx'(v + y'z) + (w'y + v')(x + yz)'$

11. 다음 각 회로에 대해

    i.   대수식을 구하라.
    ii.   그것을 곱의합 식으로 나타내어라.

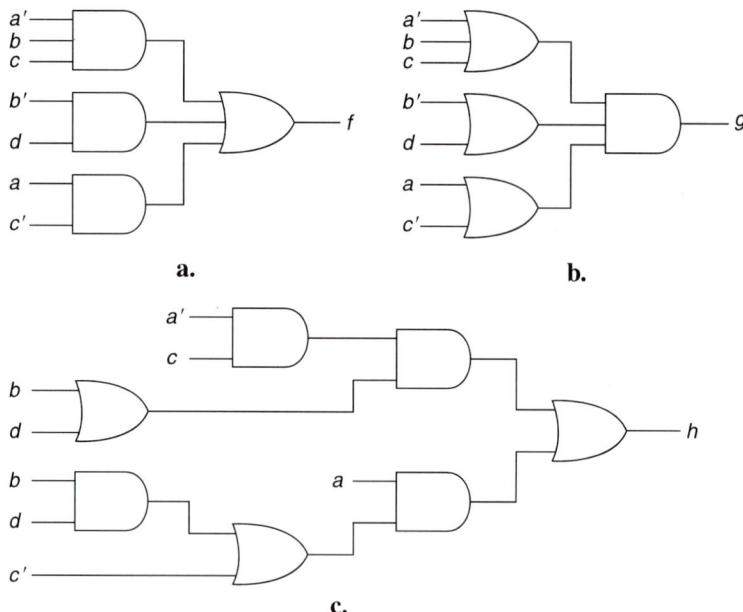

12. 다음 식의 보수 함수를 구하라. 해에서 단일 변수들만 보수화될 수 있다.

    ⋆a. $f = abd' + b'c' + a'cd + a'bc'd$
    b. $g = (a + b' + c)(a' + b + c)(a + b' + c')$
    c. $h = (a + b)(b' + c) + d'(a'b + c)$

13. 다음 각 함수에 대하여

$$f(x, y, z) = \Sigma m(1, 3, 6)$$
$$g(x, y, z) = \Sigma m(0, 2, 4, 6)$$

a. 진리표를 보여라.

b. 최소항의 합 형태로 대수식을 나타내어라.

c. 최소 곱의합 식을 보여라(*a*: 2항, 5리터럴; *b*: 1항, 1리터럴).

d. *f*′(*f*의 보수)의 최소항을 숫자 형태로 나타내어라.

e. 최대항의 곱 형태의 대수식을 나타내어라.

f. 최소 합의곱 식을 보여라(*f*: 3항, 6리터럴의 2개 해; *g*: 1항, 1리터럴).

*14. 다음 각 함수에 대하여

a b c	*f*	*g*
0 0 0	0	1
0 0 1	1	1
0 1 0	0	0
0 1 1	0	0
1 0 0	0	1
1 0 1	1	1
1 1 0	1	1
1 1 1	1	0

a. 숫자 형태로 최소항을 나타내어라.

b. 최소항의 합 형태로 대수식을 나타내어라.

c. 최소 곱의합 식을 보여라(*f*: 2항, 4리터럴; *g*: 2항, 3리터럴).

d. *f*′(*f*의 보수)의 최소항을 숫자 형태로 나타내어라.

e. 최대항의 곱 형태의 대수식을 나타내어라.

f. 최소 합의곱 식을 보여라(*f*: 2항, 4리터럴; *g*: 2항, 4리터럴).

15. 다음 각 함수에 대해

$$F = AB' + BC + AC$$
$$G = (A + B)(A + C') + AB'$$

a. 진리표를 보여라.

b. 최소항의 합 형태로 대수식을 보여라.

c. 최소 곱의합 식을 보여라(*F*: 2항, 4리터럴; *G*: 2항, 3리터럴).

d. 각 항의 보수의 최소항을 숫자 형태로 나타내어라.

e. 최대항의 곱 형태의 대수식을 나타내어라.

f. 최소 합의곱 식을 보여라(*F*: 2항, 4리터럴; *G*: 2항, 4리터럴).

16. 무정의를 갖는 다음 함수를 고려하자.

$$G(X, Y, Z) = \Sigma m(5, 6) + \Sigma d(1, 2, 4)$$

디지털 논리설계

다음 각 식에 대해 G에 대한 해로 사용 될 수 있는지 나타내어라(주석: 그것은 최소해가 아니어도 된다).

a. $XYZ' + XY'Z$ d. $Y'Z + XZ' + X'Z$
b. $Z' + XY'Z$ e. $XZ' + X'Z$
c. $X(Y' + Z')$ f. $YZ' + Y'Z$

17. NOR는 함수적으로 완전하다는 것을 2입력 NOR만을 사용하여 NOT, 2입력 AND, 2입력 OR를 구현함으로써 보여라.

18. 다음 각 회로에 대해
   i. 대수식을 구하라.
   ii. 그것을 곱의합 형태로 나타내어라.

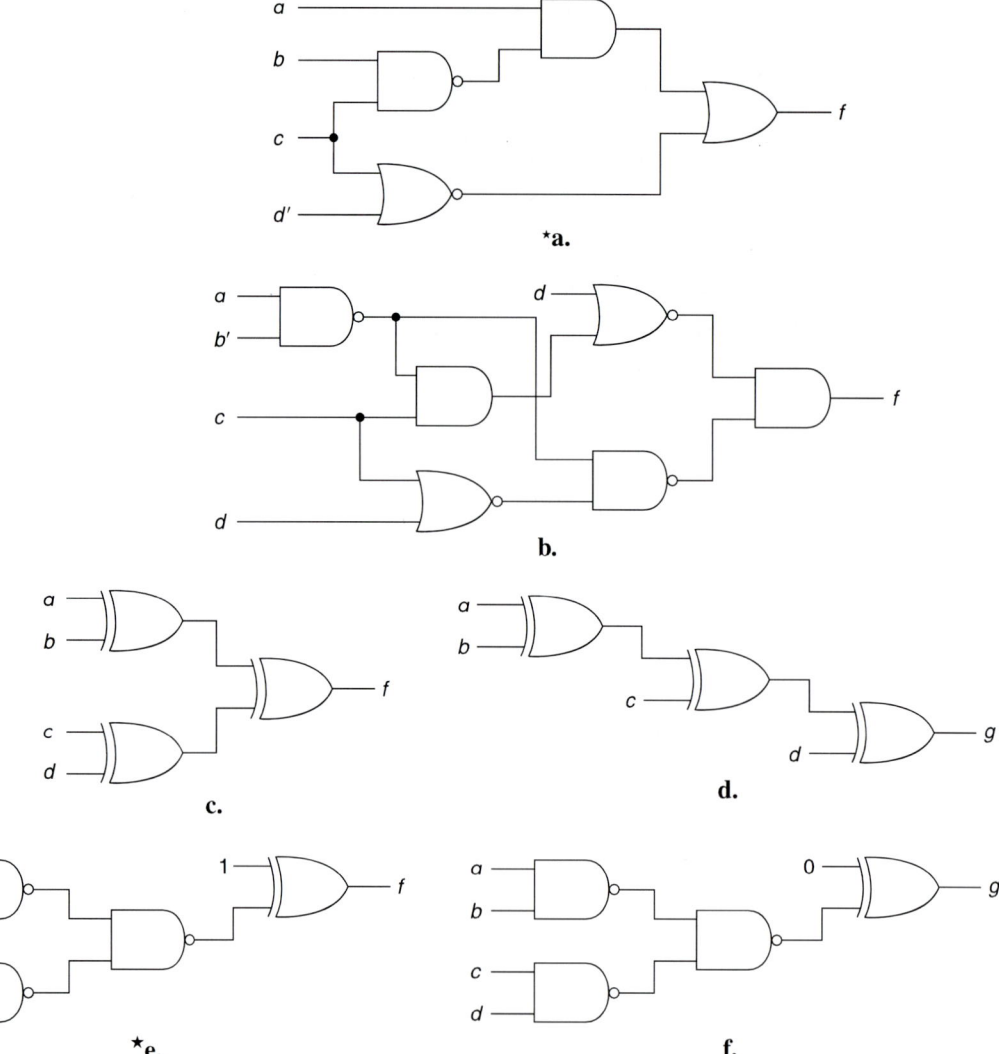

19. NAND 게이트만 사용하여 다음의 각 식들에 해당하는 회로도를 나타내어라. 모든 입력은 보수화되지 않은 것과 보수화된 것이 모두 가능하다고 가정하라. 대수식을 간단히 하기 위하여 함수를 조작하지 않는다.

    a. $f = wy' + wxz' + xy'z + w'x'z$

    b. $g = wx + (w' + y)(x + y')$

    c. $h = z(x'y + w'x') + w(y' + xz')$

  ★d. $F = D[B'(A' + E') + AE(B + C)] + BD'(A'C' + AE')$

20. P1부터 P12까지 이용하여 다음 식을 최소 곱의합 형태로 줄여라. 각 단계를 보여라(최소항의 수와 리터럴의 수는 괄호 안에 주어졌다).

    a. $h = ab'c + bd + bcd' + ab'c' + abc'd$ (3항, 6리터럴)

    b. $h = ab' + bc'd' + abc'd + bc$ (3항, 5리터럴)

  ★c. $f = ab + a'bd + bcd + abc' + a'bd' + a'c$

                                    (2항, 3리터럴)

    d. $g = abc + abd + bc'd'$ (2항, 5리터럴)

    e. $f = xy + w'y'z + w'xy' + wxyz' + w'yz + wz$

                                    (3항, 5리터럴)

21. 다음 식을 최소 곱의합 형태로 줄여라. 각 단계와 사용된 속성을 보여라(최소항의 수와 리터럴의 수는 괄호 안에 나타내었다).

    a. $f = x'yz + w'x'z + x'y + wxy + w'y'z$

                                    (3항, 7리터럴)

    b. $G = A'B'C' + AB'D + BCD' + A'BD + CD + A'D$

                                    (4항, 9리터럴)

  ★c. $F = W'YZ' + Y'Z + WXZ + WXYZ' + XY'Z + W'Y'Z'$

                                    (3항, 7리터럴)

    d. $g = wxz + xy'z + wz' + xyz + wxy'z + w'y'z'$

                                    (3항, 6리터럴)

    e. $F = ABD' + B'CE + AB'D + B'D'E + ABCD'E + B'C'D'$

                                    (3항, 8리터럴)

    f. $f = b'c + abc + b'cd + a'b'd + a'c'd$ (3항, 7리터럴)

  ★g. $G = B'C'D + BC + A'BD + ACD + A'D$

                                    (3항, 6리터럴)

    h. $f = ab + bcd + ab'c' + abd + bc + abc'$

                                    (2항, 4리터럴)

    i. $h = abc' + ab'd + bcd + a'bc$ (3항, 8리터럴)

  ★j. $g = a'bc' + bc'd + abd + abc + bcd' + a'bd'$

                              (2해, 3항, 9리터럴)

22. i. 다음 함수들에 대하여, 주어진 곱의합 식에 많은 새로운 항을 더하기 위하여 합의를 사용하라.

    ii. 그리고 각각을 최소 곱의합으로 줄여라. 각 단계와 사용된 속성을 나타내어라.

   *a. $f = a'b'c' + a'bd + a'cd' + abc$ (3항, 8리터럴)

   b. $g = wxy + w'y'z + xyz + w'yz'$ (3항, 8리터럴)

23. 다음 함수를 최소항의 합 형태로 확장하라.

   a. $f(a, b, c) = ab' + b'c'$

   *b. $g(x, y, z) = x' + yz + y'z'$

   c. $h(a, b, c, d) = ab'c + bd + a'd'$

24. 다음 각 식을 곱의합 형태로 변환하라.

   a. $(a + b + c + d')(b + c' + d)(a + c)$

   b. $(a' + b + c')(b + c' + d)(b' + d')$

   *c. $(w' + x)(y + z)(w' + y)(x + y' + z)$

   d. $(A + B + C)(B' + C + D)(A + B' + D)(B + C' + D')$

25. 다음 각 식을 합의곱 형태로 변환하라.

   a. $AC + A'D'$

   b. $w'xy' + wxy + xz$

   *c. $bc'd + a'b'd + b'cd'$

26. 다음 각 식(이미 최소 곱의합 형태)을 2입력 NAND 게이트만 사용하여 구현하라. NOT를 위해 게이트를 사용하면 안 된다. 모든 입력은 보수화되지 않은 것과 보수화된 것 모두 가능하다(필요한 게이트 수는 괄호 안에 나타나 있다).

   *a. $f = wy' + wxz' + y'z + w'x'z$ (7게이트)

   b. $ab'd' + bde' + bc'd + a'ce$ (10게이트)

   c. $H = A'B'E' + A'B'CD' + B'D'E' + BDE' + BC'E + ACE'$

                                                (14게이트)

   *d. $F = A'B'D' + ABC' + B'CD'E + A'B'C + BC'D$ (11게이트)

   e. $G = B'D'E' + A'BC'D + ACE + AC'E' + B'CE$

                                         (12게이트, 1개 공유)

   f. $h = b'd'e' + ace + c'e' + bcde$ (9게이트)

27. 다음 각 식은 이미 최소 곱의합 형태이다. 모든 입력은 보수화되지 않은 것과 보수화 된 것 모두 가능하다. 주어진 NAND 게이트의 집적회로 패키지(패키지 당 2입력 게이트 4개, 3입력 게이트 3개, 혹은 4입력 게이트 2개)수보다 많이 사용하지 않는 2개의 해를 각각 구하라. 하나의 해는 2입력과 3입력 게이트만 사용해야 하며, 또 다른 해는 적어도 4입력 게이트 패키지 1개를 사용해야 한다.

   *a. $F = ABCDE + B'E' + CD'E' + BC'D'E + A'B'C$

         $+ A'BC'E$ (3패키지)

   b. $G = ABCDEF + A'B'D' + C'D'E + AB'CE' + A'BC'DF$

         $+ ABE'F'$ (4패키지)

2.12   2장 테스트(100분 혹은 50분씩 2회)

1. 이 시스템의 입력 A와 B는 범위 0:3에 있는 하나의 2진수이다. 입력 C와 D 는 두 번째 2진수(마찬가지로 0:3의 범위)를 나타낸다. 3개의 출력 X, Y, Z 가 있다. Y와 Z는 두 입력의 차와 크기가 같은 수를 나타내고 X는 단지 처음 수가 더 클 때만 1이 되는 진리표를 보여라. 진리표의 두 라인은 채워져 있다.

A	B	C	D	X	Y	Z
0	0	0	0			
0	0	0	1			
0	0	1	0			
0	0	1	1			
0	1	0	0			
0	1	0	1			
0	1	1	0	0	0	1
0	1	1	1			
1	0	0	0			
1	0	0	1	1	0	1
1	0	1	0			
1	0	1	1			
1	1	0	0			
1	1	0	1			
1	1	1	0			
1	1	1	1			

2. 다음 함수들이 같은지 다른지를 나타내기 위하여 진리표를 사용하라.

$f = a'b' + a'c' + ab$
$g = (b' + c')(a' + b)$

a b c	f	g
0 0 0		
0 0 1		
0 1 0		
0 1 1		
1 0 0		
1 0 1		
1 1 0		
1 1 1		

3. 다음 식을 2개의 항과 4개의 리터럴을 갖는 곱의합 식의 형태로 간소화하라. 각 단계를 보여라.

$$a'b'c + a'bc + ab'c + ab'c'$$

4. 다음 문제에 대하여 모든 변수는 보수화된 것과 보수화되지 않은 것이 주어 진다고 가정하라.

$$f = ab'c + ad + bd$$

  a.   AND와 OR 게이트를 사용하여 f를 2레벨로 구현한 블록도를 보여라.

  b.   2입력 AND와 OR 게이트만을 사용하여 f를 구현한 블록도를 보여라.

5. 다음 진리표에 대하여,

x	y	z	f
0	0	0	1
0	0	1	0
0	1	0	1
0	1	1	1
1	0	0	0
1	0	1	1
1	1	0	0
1	1	1	1

    a. 숫자 형태로 최소항들의 합의 함수로 나타내어라(예를 들면, $\sum m(0, \ldots)$ 와 같이).

    b. 대수적인 형태로 최소항들의 합의 함수를 나타내어라(예를 들면, $x'yz +$ $\cdots$ 와 같이)

    c. 최소 곱의합 식을 구하라. (3항, 6리터럴)

    d. 최대항들의 곱 형태의 합의곱 식을 나타내어라.

    e. 최소 합의곱 식을 구하라. (2항, 5리터럴)

6. 모든 입력들은 보수화된 것과 보수화되지 않은 것이 주어진다고 가정하라. 다음 식의 2레벨 구현을,

$g = wx + wz + w'x' + w'y'z'$
    $= (w' + x + z)(w + x' + y')(w + x' + z')$

    a. NAND 게이트들만으로 구현하라(사용하는 게이트 크기는 제약이 없다).

    b. NOR 게이트들만으로 구현하라(사용하는 게이트 크기는 제약이 없다).

    c. 2입력 NAND 게이트들만을 사용하여 구현하라(NAND 게이트는 NOT로 사용될 수 없다).

7. 다음 각 함수들에 대하여, 최소 곱의합 식을 구하라. (3항, 6리터럴) 각 대수적 단계를 보여라.

    a. $f = b'd' + bc'd + b'cd' + bcd + ab'd$

    보너스 5점: 또 하나의 최소 곱의합 식을 구하라.

    b. $g = xy'z' + yz + xy'z + wxy + xz$

8. a. 다음 식을 최소항의 합(표준곱항의 합) 식으로 확장하라. 중복된 항은 제거하라.

        $g = a' + ac + b'c$

    b. 다음 식을 곱의합 식으로 변환하라.

        $f = (x' + y)(w' + y + z')(y' + z)(w + y' + z')$

9. 다음 각 함수를 2입력 NAND 게이트만을 사용하여 구현하라. 어떤 게이트도 NOT 게이트로 사용될 수 없다. 함수는 최소 곱의합 형태이다. 모든 입력들은 보수화된 것과 보수화되지 않은 것이 주어진다고 가정하라.

$f = ac + bcd + a'b'd'$ (7게이트)

10. 다음 각 함수를 2입력 NAND 게이트만을 사용하여 구현하라. 어떤 게이트도 NOT 게이트로 사용될 수 없다. 함수는 최소 곱의합 형태이다. 모든 입력들은 보수화된 것과 보수화되지 않은 것이 주어진다고 가정하라.

$f = abc + ac'd'e' + a'd'e + ce + cd$

(11개 게이트로 완성하면 만점, 10개 게이트로 완성하면 보너스 5점)

카르노 맵

2장에서 기술된 대수적 방법들은 이론적으로 임의의 함수를 간소화시키는 것이었다. 그러나 이론적인 방법에는 많은 문제점들이 있다. 예를 들어, 처음에 속성 P10, 다음에 속성 P14, ... 등과 같이 순서대로 적용해서 간소화되는 형식화된 공식이 존재하지 않기 때문이다. 이러한 방법들은 경험에 크게 의존하기 때문에 완전히 경험적 학습법(heuristic)을 요구한다. 많은 경우에 함수를 조작한 후 그것이 최소화된 것인지 아닌지를 확신할 수가 없다. 수식을 더 이상 조작을 할 수 없을 때조차 최소화가 되었다고 항상 기대할 수가 없다. 더욱이 4, 5변수들에 대한 대수적 간소화를 하는 것은 매우 어렵다. 끝으로, 수식들을 옮겨 쓰다가 잘못 쓰는 실수를 범하기도 쉽다.

본 장에서는 구현하기가 쉬운 카르노 맵(K-map: Karnaugh map)에 대해서 설명한다. 카르노 맵[1]은 곱의합 식을 사용하기 위해서 적당한 곱항들을 찾는 그래픽적인 방법이다(최소 곱의합 식을 사용하는데, "적당한" 곱항들을 주내포항 (*prime implicants*)이라 한다. 주내포항에 대한 정의는 뒤에 나온다). 맵은 6변수까지의 문제들에 대해 유용하고, 특히 3, 4변수를 가진 대부분의 문제들을 쉽게 처리할 수 있다. 이 방법으로 최소해를 찾는다는 보장은 없지만, 대부분의 경우에 최소해를 찾을 수 있다. 또한 무정의 조건을 가진 문제와 다중출력 문제에 대해, 최소합의곱 식을 찾을 때도 큰 어려움이 없이 카르노 맵 방법을 적용할 수 있다.

4장에서는 6변수 이상의 문제를 계산할 때 사용하는 두 가지의 방법에 대해서 설명한다(손으로 계산할 때 사용하는 것이지만, 매우 큰 문제를 해결한다).

3.1 카르노 맵 소개

이 절에서 2, 3, 4변수 맵의 배치에 대해 알아 볼 것이다. 카르노 맵은 함수에서 가능한 각 최소항을 하나의 정사각형으로 구성한다. 따라서, 2변수 맵은 4개의 정사각형을 갖고, 3변수 맵은 8개의 정사각형을 가지며, 4변수 맵은 16개의 정사각형을 갖는다.

맵 3.1에 두 개의 변수 맵을 보여주고 있다. 각각에서 위 오른쪽 사각형은 $A = 1$ 그리고 $B = 0$에 대응되는 최소항 2에 해당된다.

---

1)   1953년 Maurice Karnaugh에 의해서 알려짐.

디지털 논리설계

맵 3.1 2변수 카르노 맵

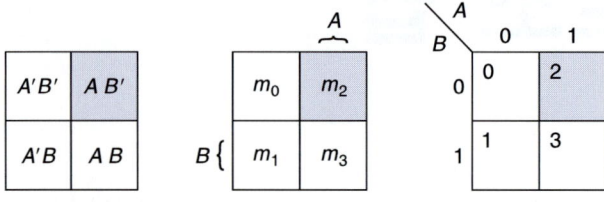

함수를 맵에 나타낼 때, 함수에 포함된 최소항에 대응되는 각각의 사각형에 1을 넣는다. 그리고 함수에 포함되지 않은 정사각형에는 0 혹은 공란으로 남겨둔다. 무정의를 갖는 함수에 대해서는 최소항이 무정의인 정사각형에 X를 넣는다. 맵 3.2는 이것들의 예를 보여준다.

맵 3.2 함수 표시

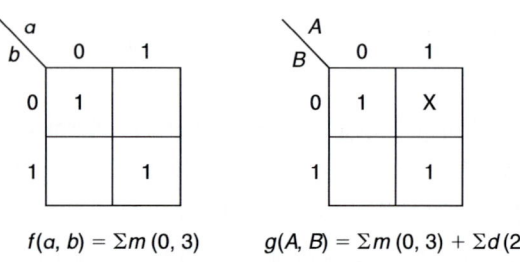

$$f(a, b) = \Sigma m (0, 3) \qquad g(A, B) = \Sigma m (0, 3) + \Sigma d (2)$$

3변수 맵은 맵 3.3에 보인 것과 같이 사각형에 배열된 8개의 정사각형을 가진다.[2]

맵 3.3 3변수 맵

C \ AB	$A'B'$ 00	$A'B$ 01	AB 11	AB' 10
C' 0	$A'B'C'$	$A'BC'$	ABC'	$AB'C'$
C 1	$A'B'C$	$A'BC$	ABC	$AB'C$

C \ AB	00	01	11	10
0	0	2	6	4
1	1	3	7	5

마지막 두 열은 숫자 순서가 아님을 주의하라. 이것은 맵 작업을 가능하게 하는

---

2) 일부 사람들은 맵의 행은 첫 번째 변수로 그리고 열은 다른 변수로 레벨을 붙인다. 그러면 3변수 맵은 다음과 같다.

A \ BC	00	01	11	10
0	0	1	3	2
1	4	5	7	6

맵의 이러한 버전은 다른 것과 같은 결과를 만든다.

핵심 아이디어이다. 이 방법으로 맵을 구성함으로써 인접한 정사각형의 최소항들
은 항상 다음 식을 이용하여 결합될 수 있다.

P9a. $ab + ab' = a$

예제 3.1

$m_0 + m_1$: $A'B'C' + A'B'C = A'B'$
$m_4 + m_6$: $AB'C' + ABC' = AC'$
$m_7 + m_5$: $ABC + AB'C = AC$

또한, 양쪽 끝 열 그리고 4행이 있을 때 맨 위와 바닥 행은 서로 인접한다. 따라서
$m_0 + m_4$: $A'B'C' + AB'C' = B'C'$
$m_1 + m_5$: $A'B'C + AB'C = B'C$

만약 맵 3.4에서 보여주는 것처럼 숫자 순으로 열을 배열하면 인접한 정사각형들
을 결합할 수 없다(여기서 최소항 m_2와 m_4에 대해서만 보여주고 있다).

맵 3.4 잘못된 맵 배열

C ＼ AB	00	01	10	11
0	0	2 $A'BC'$	4 $AB'C'$	6
1	1	3	5	7

$$m_2 + m_4 = A'BC' + AB'C' = C'(A'B + AB')$$

그러므로 이들을 한 개의 항으로 줄일 수가 없다.

예제 3.1에서 두 최소항의 합에 해당하는 곱항은 맵에서 인접하는 두 개의 1
을 나타낸다. 예제 3.1의 항들을 맵 3.5에서 보여주고 있다.

맵 3.5 2개로 이루어진 그룹에 해당하는 곱항

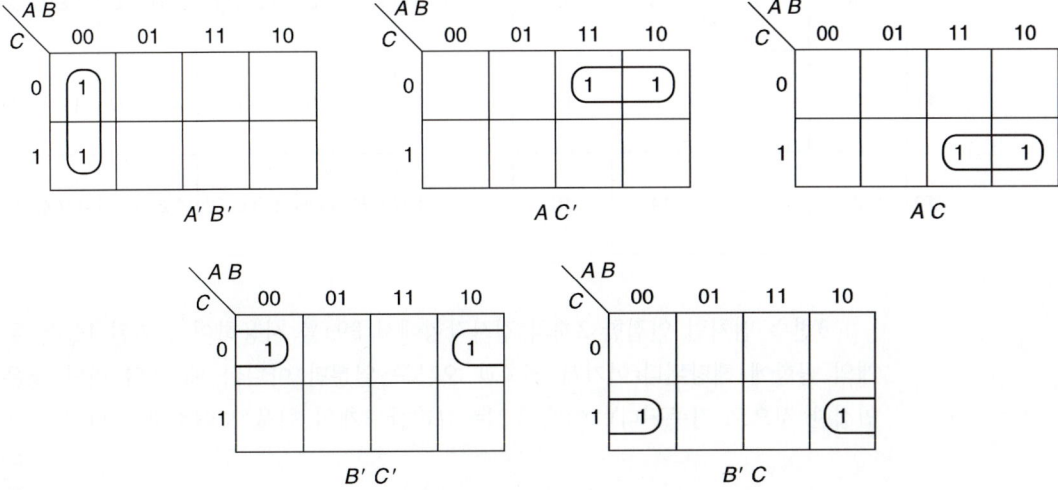

맵 3.6에 보여진 것처럼 맵을 수직 배열로(즉, 2열과 4행) 그리는 것이 더 편리하다. 이 맵들도 똑같은 결과를 만든다.

맵 3.6 3변수 맵의 수직 배열

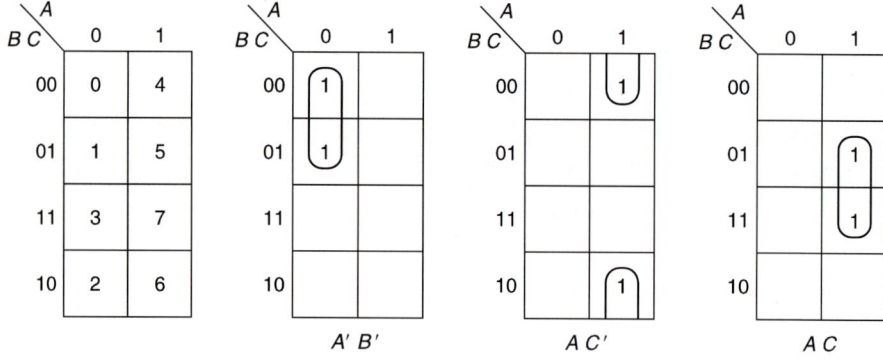

맵을 읽는 데 있어서(4열이 있는 배열에서) 맵 3.7에 보인 것처럼 두 열에 라벨을 붙이면 편리하다. 따라서 정사각형 4와 6에 있는 1들은 A열과 C'행에 있으므로 위와 같이 AC'항을 만든다.

4변수 맵은 맵 3.8에서 보는 것처럼 4×4 배열에서 16개 정사각형으로 구성된다.

맵 3.7 라벨이 붙여진 맵

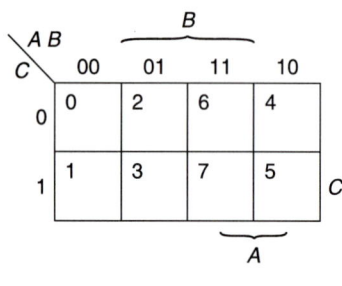

맵 3.8 4변수 맵

A B / C D	00	01	11	10
00	0	4	12	8
01	1	5	13	9
11	3	7	15	11
10	2	6	14	10

A B / C D	00	01	11	10
00	$A'B'C'D'$	$A'BC'D'$	$ABC'D'$	$AB'C'D'$
01	$A'B'C'D$	$A'BC'D$	$ABC'D$	$AB'C'D$
11	$A'B'CD$	$A'BCD$	$ABCD$	$AB'CD$
10	$A'B'CD'$	$A'BCD'$	$ABCD'$	$AB'CD'$

3변수 맵처럼 인접한 2개의 정사각형에서 P9a를 사용하여 결합된 1들은 한 개의 곱항에 해당된다(여기서 왼쪽과 오른쪽 열뿐만 아니라 맨 위와 바닥 행은 인접한 것으로 간주된다). 예제 3.2는 그러한 3개의 항을 보여주고 있다.

예제 3.2

$m_{13} + m_9$: $ABC'D + AB'C'D = AC'D$

$m_3 + m_{11}$: $A'B'CD + AB'CD = B'CD$

$m_0 + m_2$: $A'B'C'D' + A'B'CD' = A'B'D'$

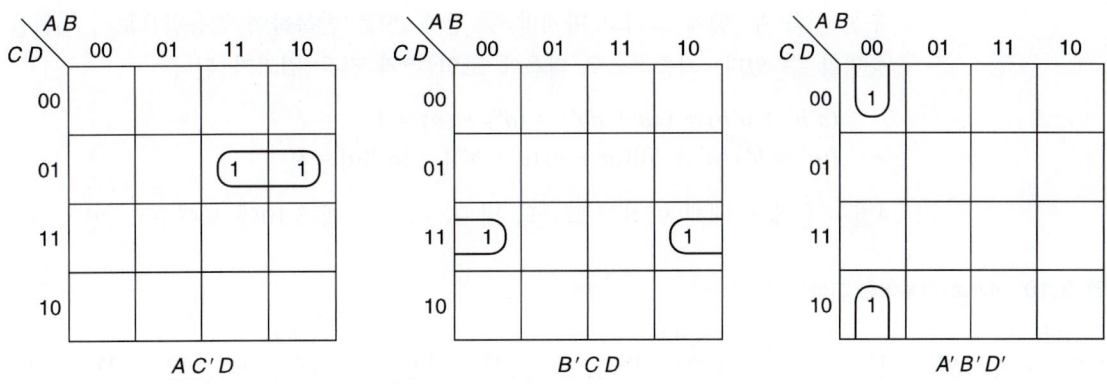

지금까지 나타낸 모든 곱항은 **P9a**를 이용하여 결합된 두 개의 최소항에 해당한다. 이것들은 한 개의 문자가 없어진, 즉 3변수 함수에서 2문자만, 4변수 함수에서 3변수만을 갖는 곱항에 해당한다. 4개의 1로 이루어진 그룹을 갖는 맵 3.9를 보자.

왼쪽 맵에서는 1을 두 개씩 원으로 묶었다. 한 개는 $A'C$항을 만들고, 다른 한 개는 AC항을 만든다. 분명히 이들 두 항에 **P9a**를 다시 적용하면 다음과 같이 된다.

$$A'C + AC = C$$

맵 3.9 4개의 1로 이루어진 그룹

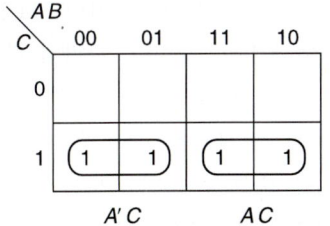 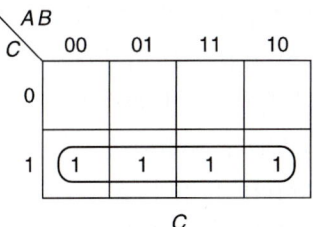

이것은 오른쪽 맵에서 4개의 1로 이루어진 사각형으로 보여주고 있다. 4개의 1을 포함하는 사각형은 변수 두 개가 없는(즉, 3변수 문제에 대해 1리터럴 항, 4변수 문제에 대해 2리터럴 항) 곱항에 해당한다.

이 들 4개의 항으로부터 C로 인수분해하면

$$A'B'C + A'BC + ABC + AB'C = C(A'B' + A'B + AB + AB')$$

그러므로, 괄호 안의 합은 a와 b의 모든 최소항의 합이며 1이 되어야 한다. 따라서 이 한 단계만으로 똑 같은 결과를 만들어 내고 있다. 사실, P9에 또 한 개의 보조 속성을 추가할 수 있다. 즉

P9aa. $a'b' + a'b + ab + ab' = 1$

  P9bb. $(a' + b')(a' + b)(a + b)(a + b') = 0$

우선 처음 두 항에 그리고 마지막 두 항에 P9를 반복하여 적용함으로써 이들을 증명할 수 있다. 최종적으로 다음에 보인 것과 같은 결과가 된다.

$$(a'b' + a'b) + (ab + ab') = (a') + (a) = 1$$
$$[(a' + b')(a' + b)][(a + b)(a + b')] = [a'][a] = 0$$

4변수 문제에 대해 이러한 그룹의 몇 가지 예를 맵 3.10에 보여주고 있다.

맵 3.10 4개로 이루어진 그룹의 예

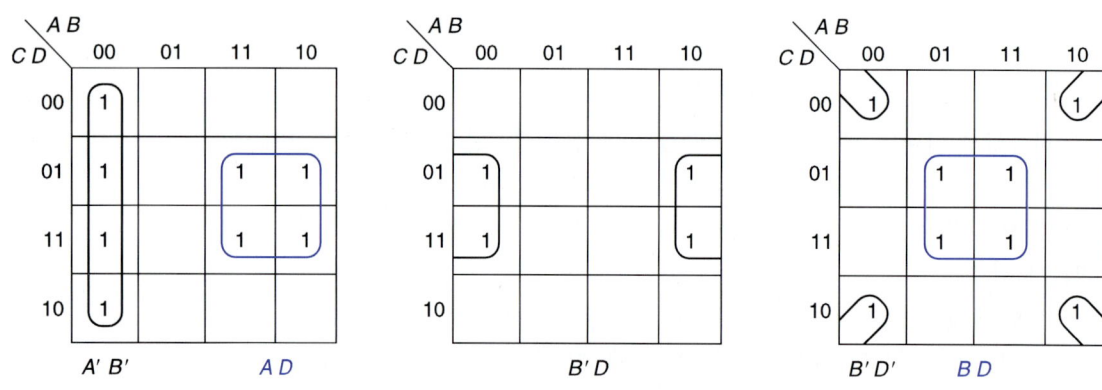

맵에서 항을 찾아내는 가장 쉬운 방법은 1이 위치하는 행과 열을 찾아내는 것이다. 따라서 첫 번째 맵 상에서 왼쪽에 있는 1의 그룹은 모두 $00(A'B')$열에 있다. 따라서 항은 $A'B'$이다. 또 다른 1의 그룹은 11과 10열에 있다. 공통적인 특징은 A 위치(A에 해당)에 1이 있다는 것이다. 그리고, 이 그룹은 01과 11행에 있는데 공통적인 특징은 D 위치(D에 해당)에 1이 있다는 것이다. 따라서 항은 AD이다. 가운데 맵에서 1이 00과 10열에 있어서 B'이 되며, 01과 11행에 있어서 D가 되어 항은 $B'D$가 된다(이 항은 첫 번째 맵에서도 나타나지만 원으로 묶이지 않았음에 주의하라). 마지막 맵에서 4개의 구석은 $B'D'$항이 된다(모든 1이 00과 10열, 00과 10행에 있기 때문에). 가운데에 있는 그룹은 BD이다. 이들 항들은 대수적으로 얻을 수 있는데, 먼저 최소항들의 쌍에 대해서 P10a를 적용하고, 결과로 나온 항들의 쌍에 P10a를 다시 적용하면 된다. 그러나 맵을 사용하는 이유는 대수적인 작업의 필요성을 없애는 것이다.

각각 4개로 이루어진 두 개의 인접한 그룹을 비슷한 방법으로 결합하여 8개의 정사각형으로(3개 리터럴이 없어짐) 이루어진 그룹을 만든다. 이러한 두 개 그룹을 맵 3.11에 보여주고 있다. 왼쪽에 있는 맵에 대한 항은 A'이고 오른쪽 맵에 있는 것은 D'이다.

맵 3.11 8개로 이루어진 그룹

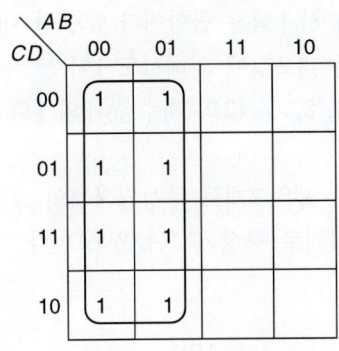
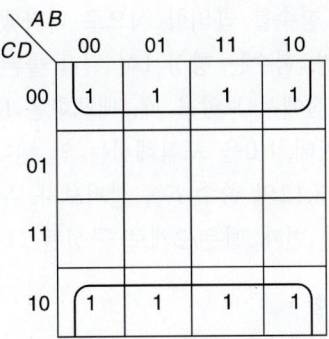

맵에 임의의 함수를 나타내는 방법은, 함수의 최소항(minterm)들을 알고서 맵을 그리거나, 또는 곱의합(SOP) 형태로 수식을 만들고 각 곱항들을 맵에 그리는 것이다.

예제 3.3

맵

$$F = AB' + AC + A'BC'$$

F에 대한 맵이 아래에 있는데, 각 곱항들은 원으로 묶었다. 맵에서 2개의 문자로 이루어진 항(한 개의 변수가 없는)들은 2개의 정사각형에 대응된다. AB' 항은 10열에 있다. AC 항은 $C=1$인 행과 A 위치에 공통의 1을 가진 11과 10열에 있다. 나머지 최소항 $A'BC'$는 01($A'B$)열과 $C=0$행에 있는 1개의 정사각형에 대응된다.

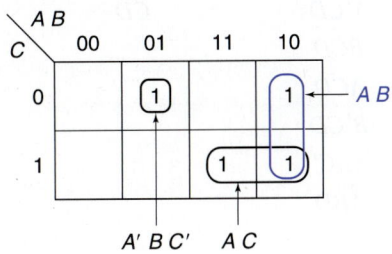

대수의 성질을 이용하여 식 F를 최소항 형태로 확장하면 동일한 맵을 얻을 수가 있다. 즉,

$$F = AB'(C' + C) + AC(B' + B) + A'BC'$$
$$= AB'C' + AB'C + AB'C + ABC + A'BC'$$
$$= m_4 + m_5 + m_5 + m_7 + m_2$$
$$= m_2 + m_4 + m_5 + m_7$$
(중복 제거 및 순서화)

위의 F식을 숫자 맵에 나타내면 동일한 결과를 얻을 수 있다.

C \ AB	00	01	11	10
0	0	2 1	6	4 1
1	1	3	7 1	5 1

이제 카르노 맵에 관련된 몇 가지 용어를 정의해보자. 함수의 내포항(implicant)은 함수를 곱의합 식으로 나타냈을 때 사용되는 곱항이다. 즉, 한 내포항이 1이 되면, 함수는 항상 1이 된다(물론, 다른 내포항에 의해서도 1이 될 수 있다). 맵의 관점에서 보았을 때, 내포항은 1, 2, 4, 8, ... (2의 지수승)개의 1로 구성된 사각형인데,[3] 0을 포함해서는 안 된다.

맵 3.12의 함수 F를 살펴보자. 두 번째 맵은 2개로 구성된 4개의 그룹을 보인다; 세 번째 맵은 2개로 구성된 그룹과 4개로 구성된 그룹을 보인다.

맵 3.12 정의를 설명하기 위한 함수

F의 내포항은

최소항	2개짜리 그룹	4개짜리 그룹
$A'B'C'D'$	$A'CD$	CD
$A'B'CD$	BCD	
$A'BCD$	ACD	
$ABC'D'$	$B'CD$	
$ABC'D$	ABC'	
$ABCD$	ABD	
$AB'CD$		

F에 대한 임의의 곱의합 식은 내포항들의 합이어야만 한다. F안의 각 1들이 적어도 한 개의 내포항에 포함되도록 충분한 내포항들을 선택해야 한다. 그러한 곱의합 식은 F의 커버(cover)라고 하고, 내포항이 어떤 최소항을 커버한다고 말한다 (예를 들면, ACD는 m_{11}과 m_{15}를 커버한다).

내포항들은 형태가 사각형이고 사각형 안의 1의 수는 2의 지수승 개이어야만 한다. 따라서 다음의 예제 3.4에 보인 맵의 함수들은 1개의 내포항에 의해 커버되지는 않지만, 2개의 내포항 합에 의해 가장 간단한 형태로 커버된다.

예제 3.4

G는 사각형의 모양으로 3개의 최소항, $ABC'D$, $ABCD$ 그리고 $ABCD'$로 이루어져 있다. 2개 또는 4개가 아닌 3개의 1로 이루어져 있기 때문에 맵에 보인 $ABC + ABD$ 이하로

---

3) 3.3절에서는 내포항의 정의를 확장하여 무정의 조건을 포함하도록 할 것이다.

더 줄일 수는 없다. 마찬가지로, H는 G를 이루는 3개의 동일한 최소항들에 $A'BC'D$ 가 추가되었다; 이것은 4개의 1로 구성된 그룹이지만, 사각형의 모양은 아니다. 맵에 보인 바와 같이 최소식은 $BC'D + ABC$이다(ABD가 H의 내포항이지만, 이미 다른 항에 포함된 것에 주목하라).

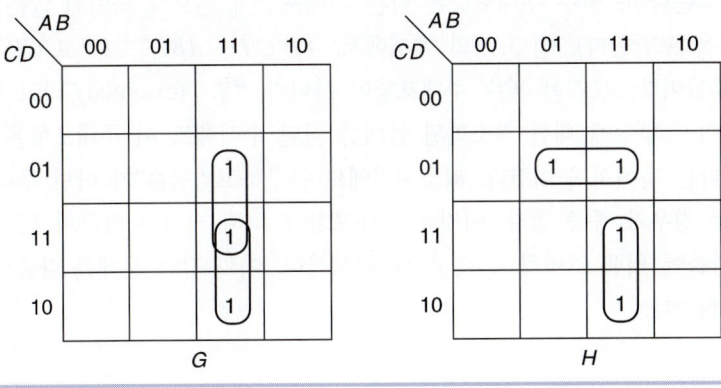

주내포항(prime implicant)은 맵의 관점에서 다른 내포항에 완전히 포함되지 않는 하나의 내포항이다. 예를 들면, 4개의 1로 구성된 한 사각형에 완전히 포함되지 않는 2개의 1들로 구성된 사각형이다. 맵 3.13 상에서, F의 모든 주내포항들이 원으로 묶여져 있다. 그들은 $A'B'C'D'$, ABC', ABD 그리고 CD이다. 큰 그룹의 일부가 아닌 유일한 최소항은 m_0이고, 2개의 1들로 이루어진 다른 4개의 내포항은 4개짜리 그룹에 완전히 포함되는 것을 주목하라.

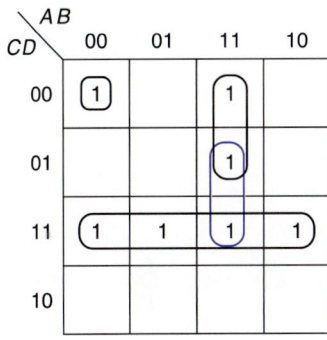

맵 3.13 주내포항

대수적 관점에서, 주내포항은 임의의 리터럴이 그 항에서 제거되면, 더 이상 내포항이 될 수 없는 것을 의미한다. 그러한 관점에서, $A'B'C'D'$는 $B'C'D'$, $A'C'D'$, $A'B'D'$, 그리고 $A'B'C'$가 내포항이 아니기 때문에 주내포항이다(즉, 그 항에서 임의의 리터럴을 제거한다면, 함수가 0이 되어야 하는 어떤 입력 조합에 대해서 1이 될 수 있기 때문이다). 그러나, ACD에서 A가 제거되었을 때 내포항인 CD가 남게 되기 때문에, ACD는 주내포항이 될 수 없다(분명히, 내포항이 주내포항인지 결정하는 그래픽적 접근방식은 문자 제거를 시도하는 대수적인 방법보다는 더 쉽다).

맵의 목적은 최소 곱의합 식을 찾기 위함인데, 여기서 최소란 곱항(내포항)의 수가 최소인 것을 찾는 것인데, 최소 수의 내포항들을 갖는 경우가 유일하지 않으면 가장 적은 수의 리터럴로 구성된 내포항으로 이루어진 것을 선택하면 된다. 그러나, 고려해야할 곱항들은 주내포항들만이다. 왜 그럴까? 주내포항이 아닌 내포항을 찾았다고 하자. 그러면, 그것은 더 많은 1들을 커버하는 주내포항에 포함되어야만 한다. 하지만, 더 큰 내포항(2개의 1보다는 4개의 1을 가지는)은 더 적은 리터럴을 가지고 있다. 이것만으로도 주내포항이 아닌 항을 사용한 해가 최소화되지 않는 것을 알 수 있다(예를 들면, CD는 2개의 리터럴을 가지는 반면, ACD는

디지털 논리설계

3개의 리터럴을 가진다). 더욱이, 더 큰 내포항은 보다 많은 1들을 커버하게 되고, 더 적은 수의 항들이 필요하다는 것을 의미한다.

필수 주내포항(essential prime implicant)은 다른 주내포항에 포함되지 않는 적어도 1개의 1을 포함하는 주내포항이다(만일 함수의 모든 주내포항들을 각각 원으로 묶는다면, 필수 주내포항은 다른 주내포항에 원으로 묶이지 않는 적어도 1개의 1을 포함한다). 맵 3.13의 예제에서, $A'B'C'D'$, ABC', 그리고 CD는 필수 주내포항들이다; ABD는 필수 주내포항이 아니다. "필수(essential)"라고 하는 용어는 주어진 함수에 대한 최소화된 곱의합 어떤 수식에도 이 주내포항은 포함되어야 한다는 뜻에서 붙여졌다. 최소해임에도 불구하고 "필수"가 아닌 주내포항을 포함하는 경우가 종종 있다. 이것은 주내포항에 의해 커버된 각각의 1들이 다른 주내포항들에 의해 커버될 수 있을 때 발생한다. 이와 같은 문제를 다음의 3.2절에서 설명한다.

[문제풀이 1; 연습문제 1]

3.2 카르노 맵을 사용한 최소 곱의합 식

이 절에서는 카르노 맵을 사용하여 최소 곱의합 식을 찾기 위한 2개의 방법을 기술한다. 비록 이 두 방법들이 약간의 경험적인 요소를 포함하지만, 3, 4변수를 가진 문제들에 대하여 최소 곱의합 식(또는, 다수의 해가 존재할 때는 한 개 이상)을 찾을 수 있도록 한다(그밖에 5, 6변수 맵에 대해서도 적용할 수 있지만, 3차원 이상의 시각적 표현은 어려우므로 사용하기가 곤란하다. 이에 대해서 3.6절에서 자세히 설명하기로 한다).

주내포항들을 찾는 과정은 맵에 있는 가장 고립된(isolated) 1들로부터 시작하여 맵의 모든 1들을 고려하는 것이다. 고립되었다는 것은 1을 갖는 인접한 정사각형들의 수가 적은(또는 없는) 것을 의미한다. n변수 맵에서, 각각의 정사각형은 n개의 인접한 정사각형을 가진다. 3, 4변수 맵에 대한 예를 맵 3.14에 보인다.

맵 3.14 3, 4변수 맵에서 인접한 정사각형

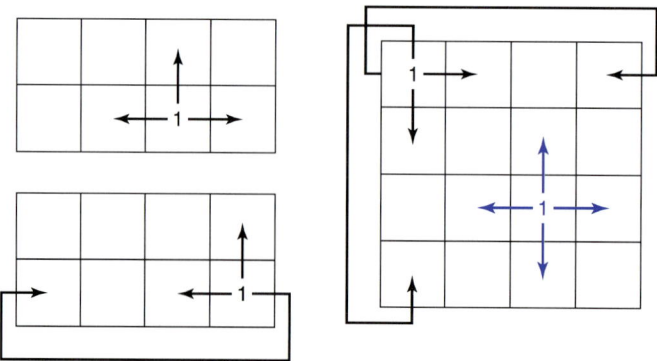

맵 방법 1

1. 모든 필수 주내포항들을 찾는다. 맵에서 그들을 묶고, 그들을 필수 주내포항으로 만드는 최소항들에 별(★) 표시를 한다. 맵에서 아직 원으로 묶여지지 않은 각각의 1을 검사함으로써 할 수 있다. 일반적으로 가장 고립된 1들, 즉, 1을 가진 인접 정사각형을 가장 적게 가지는 것들로부터 시작하는 것이 가장 빠른 방법이다.

2. 함수를 커버하는 충분한 다른 주내포항들을 찾는다. 이것은 다음의 2가지 기준을 이용한다.

    a. 아직 커버되지 않은 새로운 1들을 될수록 많이 커버하는 주내포항을 선택한다.

    b. 커버되지 않은 1들 중에서 고립된 것을 남겨놓지 않도록 한다.

"충분하다"는 상태가 보통 명백하게 나타난다. 예를 들면, 5개의 커버되지 않은 1들이 존재하고, 주내포항들이 그들 중 2개 이상 커버하지 못한다면, 적어도 3개 이상의 항이 필요하게 된다. 때때로, 3개가 충분하지 않을 수도 있지만 보통 충분하다.

이 방법을 보여주기 위한 몇 개의 예제를 살펴보기로 한다. 우선, 정의에서 사용된 예제를 보자.

예제 3.5

보이는 그대로 m_0는 인접한 1들을 가지지 않는다; 따라서, $m_0(A'B'C'D')$는 주내포항이다. 사실, 다른 주내포항이 이 1을 커버하지 않기 때문에, m_0는 필수 주내포항이다(최소항이 주내포항인 경우는 항상 필수 주내포항이 된다). 그리고 다음 살펴보아야 할 곳은 m_{12}이다. 왜냐하면 m_{12}는 단지 1개의 인접한 1을 가진다. 이 1은 주내포항 ABC'에 의해 커버된다. 사실, 다른 주내포항이 m_{12}를 커버하지 않기 때문에, ABC'는 필수이다(단지 1개의 인접한 1을 가질 때, 이 2개로 이루어진 그룹은 항상 필수 주내포항이 된다). 이 시점에서, 맵은 다음과 같이 된다.

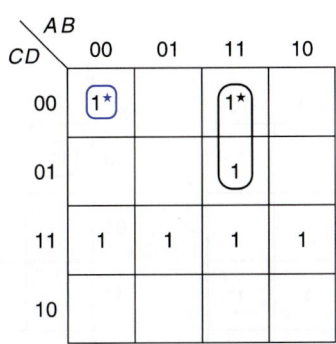

그리고

디지털 논리설계

$$F = A'B'C'D' + ABC' + \cdots$$

아직 커버되지 않은 1들은 4개로 이루어진 그룹(CD)을 형성한다. 각각은 그 그룹의 1들로 이루어진 2개의 인접 정사각형을 가진다. 4개로 이루어진 그룹의 경우는 항상 이렇게 된다(m_{15}같은 정사각형은 2개 이상의 인접한 1을 가지고 있다). 다른 주내포항이 m_3, m_7, 또는 m_{11}을 커버하지 않기 때문에 CD는 필수 주내포항이다. 이 그룹을 원으로 묶고 나면, 다음에 보인 것처럼 함수를 커버하게 된다.

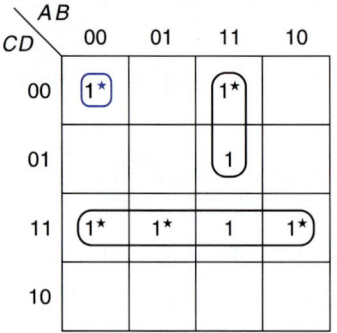

이에 대한 결과는 다음과 같다.

$$F = A'B'C'D + ABC' + CD$$

본 예제에서는, 필수 주내포항들을 찾기만 하면 작업이 끝나게 된다. 모든 1들은 1개 이상의 필수 주내포항들에 의해 커버되었다. 이러한 경우는, 단계 2를 필요로 하지 않는다. 사용되지 않는 다른 주내포항이 존재할 수도 있다(예제에서 ABD).

예제 3.6

다음의 맵에서 가장 고립된 1인 m_{11}을 고찰하여 보자. m_{11}은 2개로 이루어진 그룹인 wyz에 의해서만 커버된다. 또 다른 주내포항인 $y'z'$은 m_0, m_8 또는 m_{12}로 인하여 필수 주내포항이 된다. 이 최소항들 중 어떤 것도 다른 주내포항에 의해 커버되지 않기 때문에 주내포항 $y'z'$을 필수가 되게 한다. 두 번째 맵에서 이들 2개의 필수 주내포항이 원으로 묶여 있음을 보여준다.

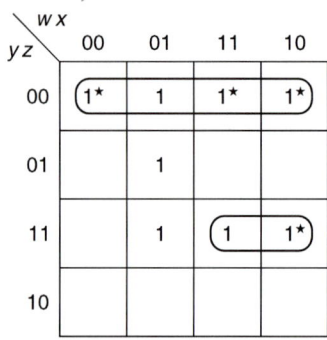

현재 커버되지 않은 1이 2개가 남게 되었다. 이들 각각을 2개의 다른 주내포항으로 커버할 수도 있지만, 이들 모두를 동시에 커버할 수 있는 유일한 방법을 다음의 첫 번째 맵에서 보여주고 있다.

따라서, 최소 곱의합 해는 다음과 같다.

$$f = y'z' + wyz + w'xz$$

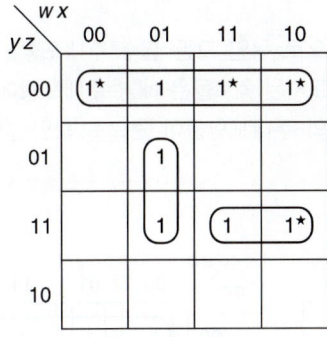

다른 2개의 주내포항은 파랑색으로 묶인 $w'xy'$과 xyz이다. 그러나 이들은 새로운 1을 커버하지 않기 때문에 없어도 된다. $w'xz$는 최소해에서 꼭 있어야 하지만 필수 주내포항의 정의를 만족시키지는 못한다. 왜냐하면 그것에 의해 커버된 1들은 다른 주내포항에 의해 커버될 수 있기 때문이다.

2장(예제 2.3)의 최소를 얻지 못하는 예를 다음에 보게 된다.

예제 3.7

$$f = a'b'c' + a'bc' + a'bc + ab'c'$$

대수적 조작에서 첫 번째 시도로, 처음 두 개의 최소항을 묶었다. 그러나 다음의 왼쪽 맵에서 볼 수 있듯이 이 묶음에 의해 남는 두 개의 1은 같이 묶을 수가 없게 되어 3개의 항을 갖는 해가 된다. 더구나 $a'c'$은 필수 주내포항이 아니다. 반면 맵을 사용하여, 오른쪽 맵에서 처럼 2개의 필수 주내포항을 선택하여 모든 최소항을 포함하면 다음 해를 얻을 수 있다

$$f = a'b + b'c'$$

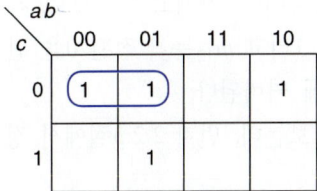 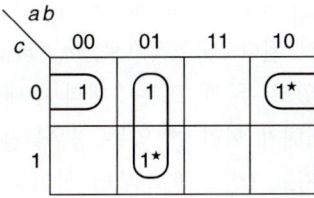

디지털 논리설계

모든 필수 주내포항들을 선택한 후, 나머지 1들을 커버할 수 있는 방법이 두 가지가 있을 경우, 이들 중 단지 한 가지만이 예제 3.8처럼 최소해를 만드는 경우가 가끔 있다.

예제 3.8

$$f(a, b, c, d) = \Sigma m(0, 2, 4, 6, 7, 8, 9, 11, 12, 14)$$

처음 맵에서 함수를 나타내고 두 번째 맵은 원으로 묶인 모든 필수 주내포항들을 나타내고 있다. 필수 주내포항 각각의 경우에, *로 표시된 각 1들은 해당 주내포항에 의해서만 커버된다(이것은 마지막 맵에서 나머지 2개의 주내포항들이 원으로 묶인 것을 보면 분명해진다).

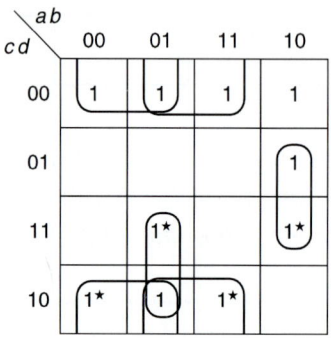
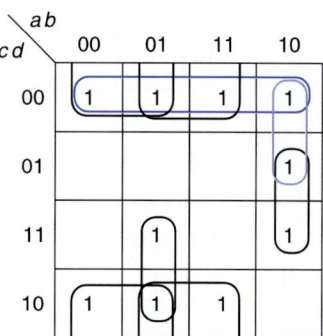

필수 주내포항에 의해 커버되지 않는 1(m_8)이 한 개가 남는데, 이것은 4개로 이루어진 그룹(파랑색)과 2개로 이루어진 그룹(연파랑색)의 두 주내포항에 의해 커버될 수 있다. 4개로 이루어진 주내포항이 2개로 이루어진 그룹보다 문자가 1개 더 적은 해를 제공하기 때문에 이를 선택한다.

$$f = a'd' + bd' + a'bc + ab'd + c'd'$$

4변수 맵상에서 필수 주내포항을 4개로 만들어진 1의 그룹이 되도록 만들려면 인접된 0이 두개인 것을 찾을 필요가 있다. 만약 인접된 0이 두개보다 작다면, 8개로 만든 그룹이거나 두 부분에 속해 있거나, 더 작은 그룹의 일부가 된다. 예제 3.8에서 살펴보면, m_2 그리고, m_{14}는 두 개의 인접된 0을 가지고 있으므로, 각각 필수 주내포항이 된다. 대조적으로, m_0, m_4, m_8 그리고 m_{12}는 인접된 0을 단지 한 개 가지고 있고 두 개 또는 3개의 주내포항에 커버된다.

다음에는 최소해가 여러 개 있는 경우들을 살펴보는데, 먼저 2.2.3절에서 정의한 용어들을 가지고 3변수 함수부터 살펴본다.

예제 3.9

$$x'yz' + x'yz + xy'z' + xy'z + xyz$$

이 함수는 왼쪽 맵과 같으며, 오른쪽 맵과 같이 두 개의 필수 주내포항을 가지고 있다.

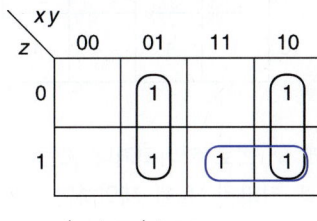
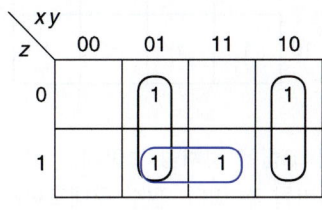

두 개의 필수 주내포항을 찾았지만 m_7은 어디에도 속하지 않는다. 그러므로 다음과 같이 두 개의 해를 구할 수 있다.

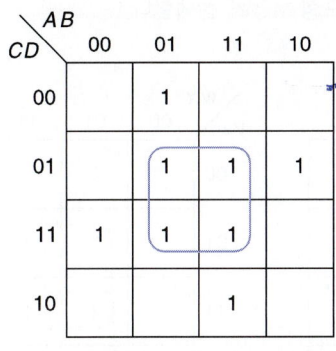
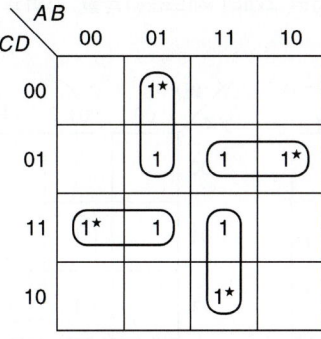

$$x'y + xy' + xz$$

$$x'y + xy' + yz$$

예제 3.10

이러한 예에서 신중하지 않으면 맵의 연파랑색 원으로 묶여진 4개의 1들로 이루어진 그룹을 선택하려고 할지 모른다. 그러나, 이 항은 필수 주내포항이 아니다. 모든 필수 주내포항들을 묶고 나면, 가운데 4개의 1들이 모두 커버되는 것을 쉽게 알 수 있다. 따라서, 최소해는 다음과 같다.

$$G = A'BC' + A'CD + ABC + AC'D$$

예제 3.11

$$g(w, x, y, z) = \Sigma m(2, 5, 6, 7, 9, 10, 11, 13, 15)$$

먼저 함수를 맵에 나타낸다(첫 번째 맵). 두 번째 맵에 표시된 2개의 필수 주내포항들은 다음과 같은 식을 만들 것이다.

$$g = xz + wz + \cdots$$

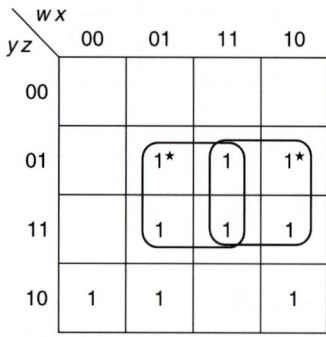

비록 m_2가 고립된 것처럼 보이지만, m_6와 함께 $w'yz'$로 커버되거나 또는 m_{10}과 함께 $x'yz'$로 커버될 수 있다. 필수 주내포항들에 의해 커버된 1들을 제외하면 3개의 1이 남는다. 남은 3개의 1들은 각각 2개의 다른 주내포항들에 의해 커버될 수 있다. 나머지 주내포항들은 각각 2개로 이루어진 그룹들이고(3개의 리터럴로 이루어짐), 남은 1들이 3개이므로 적어도 2개 이상의 주내포항이 필요하다. 사실 2개 이상의 주내포항으로 나머지 1들을 커버할 방법은 3가지가 있다. 맵 방법 1의 기준(a)을 적용하여, 다음의 왼쪽 맵에 보인 것처럼 2개의 새로운 1들을 커버할 주내포항 *w'yz'* 선택한다.

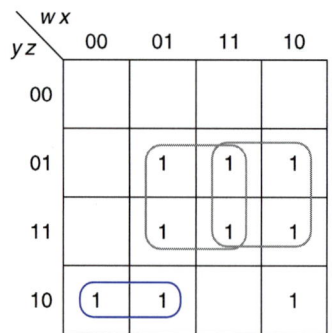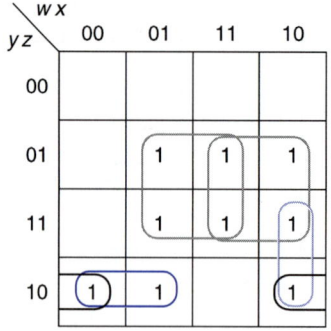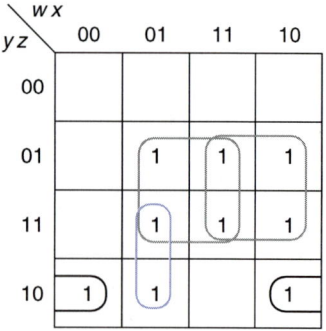

이렇게 할 경우, 단지 m_{10}만이 남게 되고, 이것은 가운데 맵에 보인 것처럼 *wx'y* 또는 $x'yz'$에 의해 커버될 수 있다. 비슷한 방법으로, $x'yz'$로 부터 시작하면 커버를 완성하기 위해 *w'xy*를 사용할 수 있다는 것을 세 번째 맵에서 보여준다(물론 *w'yz'*도 선택할 수 있지만 앞의 해들 중 하나와 동일하게 된다). 따라서, 3개의 해는

$$g = xz + wz + w'yz' + wx'y$$
$$g = xz + wz + w'yz' + x'yz'$$
$$g = xz + wz + x'yz' + w'xy$$

이 3개의 최소해들은 4개의 항들과 10개의 리터럴을 필요로 한다.

이러한 점에서, 다음과 같은 분명한 사실을 기술할 필요가 있다.

> **주의:** 만약 다중 해를 갖는다면, 최소해들은 동일한 수의 항들과 동일한 수의 리터럴을 가진다. 만약 예제에서 3개의 항과 7개의 리터럴을 갖는 최소해를 찾는다면, 4개의 항을 갖는 것은 최소해가 아니며, 3개의 항과 8개의 리터럴을 갖는 것도 최소해가 될 수 없다.

예제 3.12

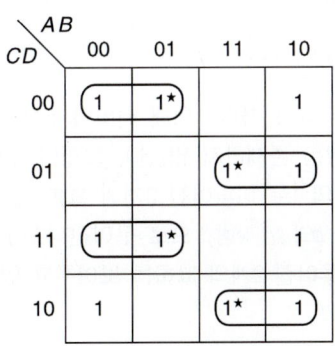 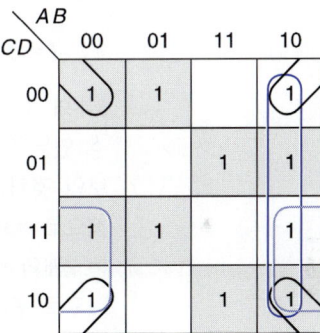

두 번째 맵에서 4개의 필수 주내포항과 커버되지 않은 1이 3개가 있는 상태를 나타낸다:

$$F = A'C'D' + AC'D + A'CD + ACD' + \cdots$$

4개의 필수 주내포항에 대한 사각형들은 오른쪽 맵에 음영으로 표시를 하였다. 4개로 이루어진 그룹인 또 다른 주내포항 3개가 오른쪽 맵에 보인다. 이들 각각은 나머지 3개의 1 중에서 2개를 커버한다(커버되는 2개는 서로 다름). 따라서, $B'D'$, AB' 그리고 $B'C$ 중의 임의의 2개는 최소 곱의합 식을 구하기 위하여 사용될 수 있다. 그 결과, 다음과 같이 3가지의 최소식을 얻을 수 있다.

$$F = A'C'D' + AC'D + A'CD + ACD' + B'D' + AB'$$
$$F = A'C'D' + AC'D + A'CD + ACD' + B'D' + B'C$$
$$F = A'C'D' + AC'D + A'CD + ACD' + AB' + B'C$$

예제 3.13

a b c d	00	01	11	10
00	1	1		1
01		1	1	1
11		1	1	
10	1	1		1

a b c d	00	01	11	10
00	1	1		1
01		1	1	1
11		1	1*	
10	1	1		1*

오른쪽 맵에 보인 것처럼, 2개의 필수 주내포항들이 존재한다. 가장 고립된 1들은 m_{10}과 m_{15}이다. 이들 각각은 단지 2개의 인접한 1을 가진다. 그러나, 4개의 1로 구성된 그룹 안의 모든 1들은 적어도 2개의 인접한 1을 가진다. 만일 이들 중에 단지 2개만 인접한 1을 갖는 것이 있다면, 그 최소항은 주내포항을 필수 주내포항으로 만든다(이들 4개로 이루어진 그룹 내의 다른 1들은 적어도 3개의 인접한 1을 가진다). 이 필수 주내포항들은 다음과 같은 식을 만들 것이다.

$$f = b'd' + bd + \cdots$$

3개의 1이 필수 주내포항들에 의해 커버되지 않고 아직 남아 있다. 3개 모두를 커버할 수 있는 1개의 항은 존재하지 않는다. 그러나, (01) 열에 있는 2개의 1은 왼쪽의 맵에 보인 것처럼 4개의 1로 이루어진 2개의 그룹 중의 한 개에 의해 커버될 수 있다(파랑색으로 묶여진 $a'b$와 연파랑색으로 묶여진 $a'd'$). 그리고, 오른쪽 맵에는 m_9를 커버하는 2개의 1로 이루어진 2개의 그룹을 보여주고 있다(파랑색으로 묶여진 $ac'd$와 연파랑색으로 묶여진 $ab'c'$).

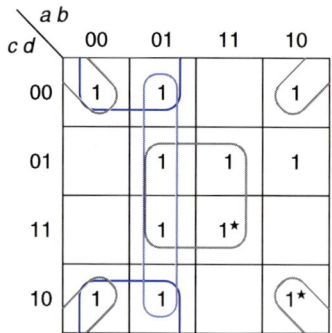

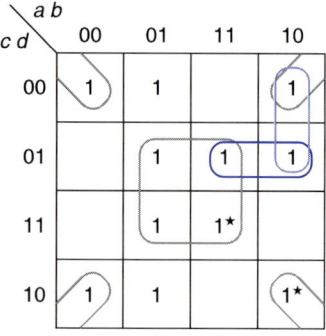

왼쪽 맵에서 묶여진 쌍으로부터 한 개의 항과, 그리고 오른쪽 맵의 묶인 쌍으로부터 임의로 1개를 독립적으로 선택할 수 있으므로, 4개의 해들이 존재함을 알 수 있다. 다음 식에서 각각의 괄호 안으로부터 한 개의 항을 선택함으로써 다음과 같이 4가지 해를 구할 수 있다.

$$f = b'd' + bd + \begin{Bmatrix} a'd' \\ a'b \end{Bmatrix} + \begin{Bmatrix} ac'd \\ ab'c' \end{Bmatrix}$$

4개의 해는 다음과 같다.

$$f = b'd' + bd + a'd' + ac'd$$
$$= b'd' + bd + a'd' + ab'c'$$
$$= b'd' + bd + a'b + ac'd$$
$$= b'd' + bd + a'b + ab'c'$$

예제 3.14

CD\AB	00	01	11	10
00	1	1		1
01			1	1
11	1	1		1
10	1		1	1

CD\AB	00	01	11	10
00	1	1*		1
01			1*	1
11	1	1*		1
10	1		1*	1

CD\AB	00	01	11	10
00	1	1		1
01			1	1
11	1	1		1
10	1		1	1

두 번째 맵에서 4개의 필수 주내포항과 커버되지 않은 1이 3개가 있는 상태를 나타낸다:

$$F = A'C'D' + AC'D + A'CD + ACD' + \cdots$$

4개의 필수 주내포항에 대한 사각형들은 세 번째 맵에 음영으로 표시를 하였다. 4개로 이루어진 그룹인 또 다른 주내포항 3개가 세 번째 맵에 보인다. 이들 각각은 나머지 3개의 1 중에서 2개를 커버한다(커버되는 2개는 서로 다름). 따라서, $B'D'$, AB' 그리고 $B'C$ 중의 임의의 2개는 최소 곱의합 식을 구하기 위하여 사용될 수 있다. 그 결과, 다음과 같이 3가지의 최소식을 얻을 수 있다.

$$F = A'C'D' + AC'D + A'CD + ACD' + B'D' + AB'$$
$$F = A'C'D' + AC'D + A'CD + ACD' + B'D' + B'C$$
$$F = A'C'D' + AC'D + A'CD + ACD' + AB' + B'C$$

좀 더 복잡한 예제들을 설명하기 전에, 최소 곱의합 식을 찾기 위한 약간 다른 방법을 소개한다.

맵 방법 2

1. 모든 주내포항들을 원으로 묶는다.

2. 모든 필수 주내포항들을 찾아낸다. 단지 한 번만 원으로 묶인 1들을 찾음으로써 이들을 쉽게 발견할 수 있다.

3. 그 다음(맵 방법 1에 기술한 것처럼) 다른 주내포항들을 충분히 선택한다. 물론, 이들 주내포항들은 이미 단계 1에서 지정되었다.

예제 3.15

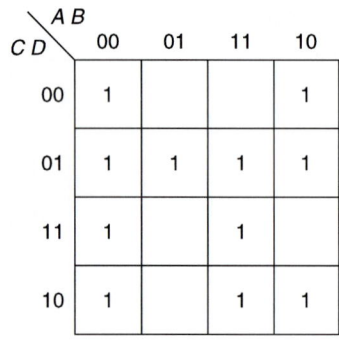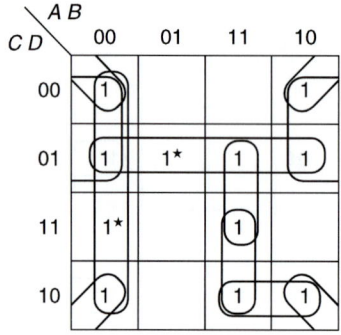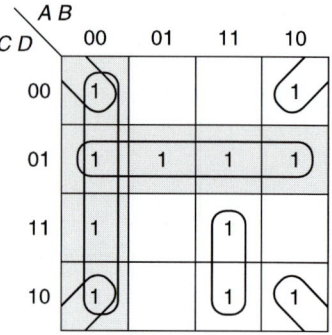

가운데 맵에 모든 주내포항들이 원으로 묶여져 있다. m_0가 3번 묶였고 다른 몇 개의 최소항들이 2번씩 묶인 것에 주목할 필요가 있다. 그러나, m_3와 m_5는 단지 1번 원으로 묶였다. 따라서, 이들을 커버하는 $A'B'$와 $C'D$는 필수 주내포항이다. 세 번째 맵에서, 필수 주내포항들에 의해 커버된 부분을 음영으로 표시하여, 커버되지 않고 남아있는 것을 잘 보이도록 하였다. 4개의 1이 남아있는데 이 들은 각각 2가지 방법으로 커버할 수 있다. 그리고, 5개의 주내포항들이 아직 사용되지 않고 있고, 이들 중에 2개 보다 더 많은 새로운 1을 커버하는 주내포항은 없다. 따라서, 적어도 2개 이상의 항이 필요하게 된다. 4개의 그룹 중에서, 단지 $B'D'$ 만이 2개의 새로운 1을 커버한다. $B'C'$는 단지 1개를 커버한다. $B'D'$를 선택하고 나면, 나머지를 커버하기 위해 ABC를 사용해야만 한다. 결과는 다음과 같다.

$$F = A'B' + C'D + B'D' + ABC$$

이것이 함수를 커버하는 유일한 4개의 주내포항 집합임을 알 수 있다.

예제 3.16

$$G(A, B, C, D) = \Sigma m(0, 1, 3, 7, 8, 11, 12, 13, 15)$$

이 예제는 필수 주내포항을 찾은 후에도 많은 1들이 커버되지 않는 경우이다. 다음의 왼쪽 맵은 모든 주내포항들을 나타내고 있다. 하나 뿐인 필수 주내포항 YZ를 찾고 나면, 5개의 1들이 아직 커버되지 않고 남게 된다. 다른 주내포항들 모두가 2개의 1로 이루어진 그룹이기 때문에, 적어도 3개 이상의 주내포항이 필요하게 된다. 이 주내포항들은 체인처럼 서로 연결되어있다.

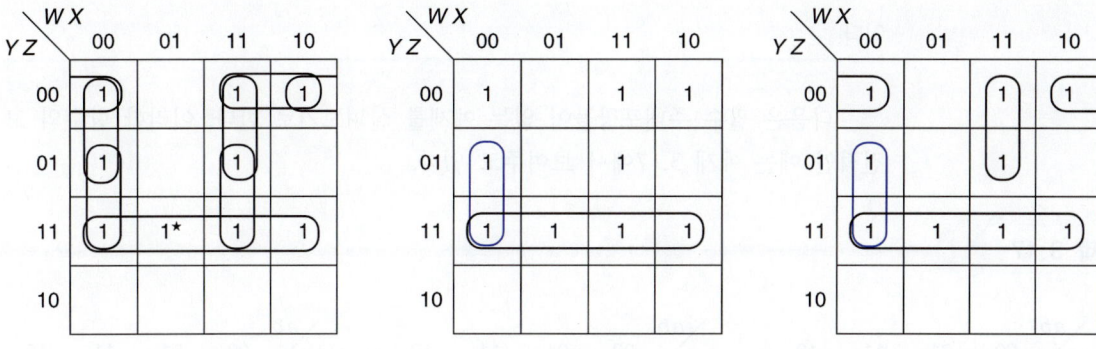

만일, 단지 1개의 해를 구한다면, 각각 새로운 1을 커버하는 두 개의 항을 선택하고 그 다음 나머지 1을 커버하는 항을 선택하는 맵 방법 1을 따르면 된다. 이러한 예를 세 번째 맵에서 보여주는데, 먼저 WXY'와 $X'Y'Z'$를 선택했다. 만일 모든 최소해들을 찾기 원한다면, 한 가지 방법은 (두 번째 맵에 보인 것처럼) 체인의 한 쪽 끝에서부터 시작하는 것이다(다른 쪽 끝인 m_{13}에서 시작할 수도 있는데, 동일한 결과를 얻게 될 것이다). m_1을 커버하기 위하여, 위 맵의 파랑색으로 표시한 $W'X'Z$ 또는 (아래 맵에 보인 것처럼) $W'X'Y$를 사용하여야 한다. 만일 $W'X'Z$를 선택하였다면, 위의 세 번째 맵의 항들이 2개의 항을 이용하여 나머지 1들을 커버할 수 있는 유일한 방법이기 때문에 더 이상 다른 선택의 여지가 없다. 따라서 한 가지 해는

$$F = YZ + W'X'Z + X'Y'Z' + WXY'$$

이다.

다음 3개의 맵은 m_0를 커버하기 위해 $W'X'Y'$를 사용하여 구한 해들을 보여주고 있다.

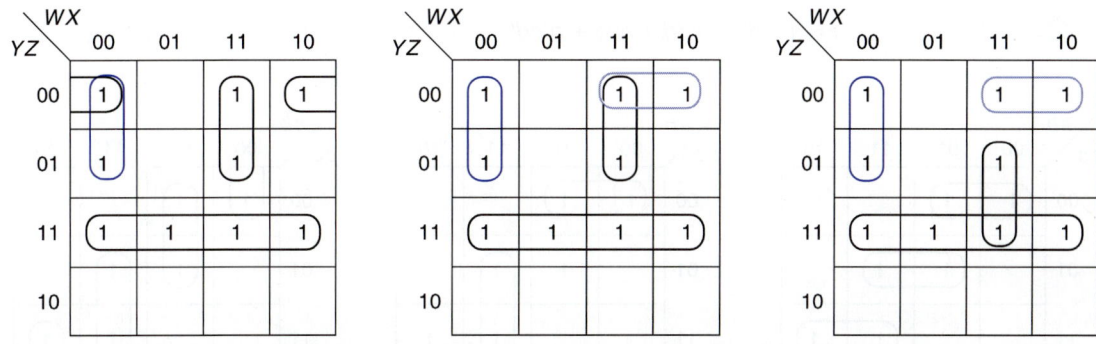

$W'X'Y'$를 선택하면 커버해야 할 3개의 1이 남게 된다. 앞 식에서의 마지막 두 항을 사용하거나(왼쪽 맵) 또는 m_8을 커버하기 위해 $WY'Z'$를 사용할 수 있다(오른쪽 두 맵). 따라서, 다른 3개의 해들은

$$F = YZ + W'X'Y' + X'Y'Z' + WXY'$$
$$F = YZ + W'X'Y' + WY'Z' + WXY'$$
$$F = YZ + W'X'Y' + WY'Z' + WXZ$$

이다.

다음은 필수 주내포항들이 없는 예제를 살펴보기로 한다. 이러한 함수의 고전적인 예는 예제 3.17에서 보여주고 있다.

예제 3.17

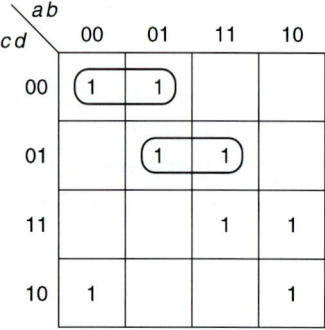

8개의 1이 존재하고, 모든 주내포항들은 2개씩 그룹되어 있다. 따라서, 최소해는 적어도 4개의 항을 필요로 한다. 시작점을 어디에서 하든지 관계없기 때문에, 위의 두 번째 맵에서, 임의로 $a'c'd'$항을 선택하였다. 맵 방법 1의 단계 2에 따라, 고립되고 커버되지 않은 1을 남겨놓지 않는 방식으로 2개의 새로운 1을 커버하는 두 번째 항을 선택한다. 세 번째 맵에 보인 것처럼, 두 번째로 선택한 항은 $bc'd$이다. 다른 가능성은 (마지막 열의 그룹에서) $b'cd'$가 될 것이다. 이 그룹 또한 사용되는 것을 알게 될 것이다. 이러한 과정을 반복함으로써 아래 왼쪽 맵에 보인 커버를 얻을 수 있다.

$$f = a'c'd' + bc'd + acd + b'cd'$$

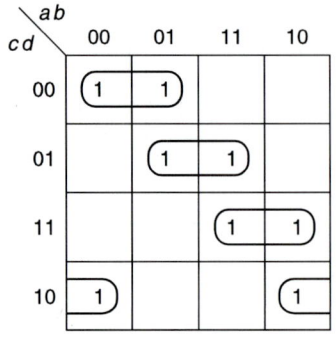
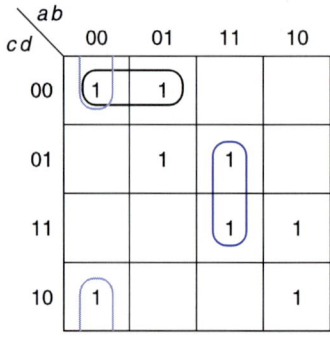
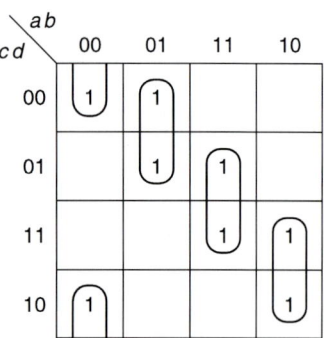

만일, $a'c'd'$에서 시작한 후에, 앞의 해에 포함되지 않은 주내포항 중에서 가운데 맵에 보인 abd 같은 항을 선택한다면, 고립되고 커버되지 않은 1(세 번째 항을 요구하는)과 3개의 1(2개 이상의 항을 요구하는)이 남는 것에 주목하여야 한다. 이 항들을 사용하는 해는 명백히 최소가 아닌 5개의 항을 요구한다(이미 4개를 가지는 해를 찾았다). 또는 단지 1개의 새로운 1을 커버하는 $a'b'd'$ 같은 항을 선택하여도 5개의 커버되지 않는 1을 남겨 두게 되고, 이것 역시 적어도 5개의 항을 요구한다.

이 문제에 대한 다른 해는 m_0를 커버하기 위한 유일한 다른 주내포항인 $a'b'd'$로부터 시작하는 것이다. 동일한 과정을 거치면 오른쪽 맵과 다음의 식을 얻을 수 있다.

$$f = a'b'd' + a'bc' + abd + ab'c$$

예제 3.18

$$G(A, B, C, D) = \Sigma m(0, 1, 3, 4, 6, 7, 8, 9, 11, 12, 13, 14, 15)$$

모든 주내포항들은 4개로 이루어진 그룹들이다. 13개의 1이 있기 때문에, 적어도 4개의 항을 필요로 한다. 첫 번째 맵에서 모든 주내포항들이 원으로 묶여 있는 것을 보여주고 있다. 9개의 묶음이 있다. 단지 한 번만 묶인 1은 없으므로 필수 주내포항이 존재하지 않는다.

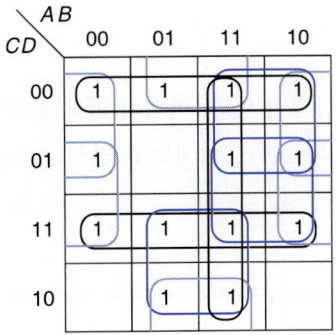

시작점으로써, 단지 2개의 주내포항에 의해 커버되는 최소항 중의 한 개인 m_0를 선택한다. 두 번째 맵에서, 이를 커버하기 위하여 $C'D'$를 사용하였다. 다음, 세 번째 맵에 보인 것처럼, 4개의 새로운 1을 커버하는 2개의 주내포항을 추가하였다. 그러면 m_{13}만이 커버되지 않고 남게 된다. 다음의 왼쪽 맵에는 m_{13}을 커버하기 위해 사용 가능한 3개의 다른 주내포항을 보여주고 있다. 따라서, 최소해 3가지를 구할 수 있다.

$$F = C'D' + B'D + BC + \{AB \quad \text{or} \quad AC' \quad \text{or} \quad AD\}$$

m_0를 커버하기 위해 $C'D'$를 사용하는 대신, 다음 맵에 보인 것처럼, m_0를 커버하는 유일한 다른 주내포항인 $B'C'$를 사용한다면, 각각 4개의 새로운 1을 커버하는 2개의 그룹을 찾을 수 있다. 그러면 m_{13}만이 커버되지 않고 남게 되고, 앞에서와 마찬가지로 (앞에서와 동일한 3개의 항을 이용하여) 커버를 완성하기 위한 3가지의 방법을 갖게 된다.

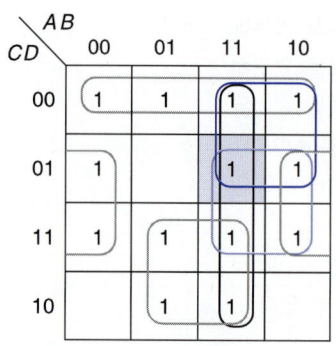
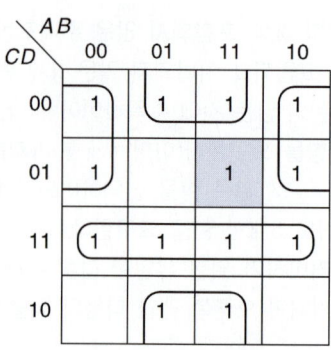
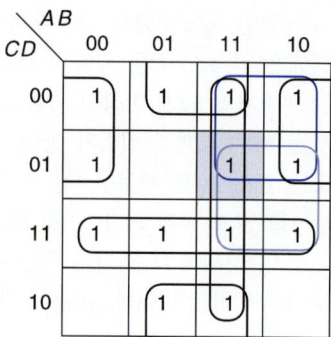

따라서, 6개의 동일한 해가 존재함을 알 수 있다.

$$F = \begin{Bmatrix} C'D' + B'D + BC \\ B'C' + BD' + CD \end{Bmatrix} + \begin{Bmatrix} AB \\ AC' \\ AD \end{Bmatrix}$$

위 식에서 한 그룹의 항은 첫 번째 괄호에서 선택하고 또 하나의 추가적인 항은 두 번째 괄호에서 선택한다. 각각이 가장 적은 수의 주내포항(4개)을 사용하였기 때문에, 더 좋은 해가 없다고 확신할 수 있다. 모든 가능한 경우를 시도해 보지 않아서 명백하지 않지만, 이 경우 이외의 다른 최소해가 존재하지 않는다.

많은 다른 예제들이 3.3절 문제풀이 1, 2에 포함되어 있다. 아래의 예제 3.19는 처음 예측되는 것보다도 많은 항들이 필요하게 되는 복잡한 4변수 문제들 중의 하나이다.

예제 3.19

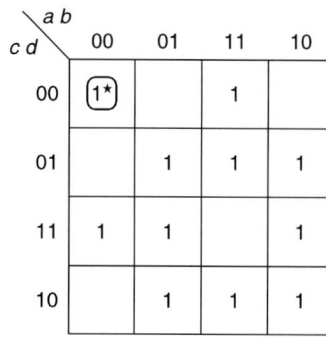
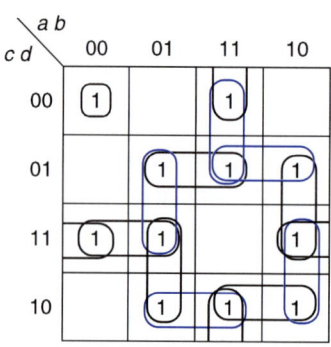
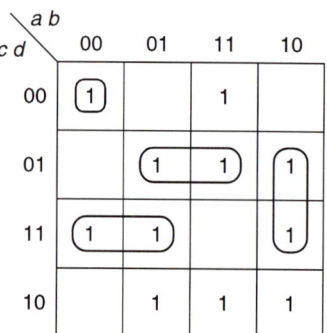

이 함수는 한 개의 필수 주내포항(최소항)과 10개의 다른 1을 가진다. 모든 다른 주내포항들은 2개씩 이루어진 그룹이다. 두 번째 맵은 13개의 모든 주내포항들을 보여주고 있다. 이 함수의 주내포항들은 다음과 같다.

$$a'b'c'd \quad a'cd \quad b'cd \quad ac'd \quad bc'd \quad bcd' \quad acd'$$
$$a'cd \quad a'bd \quad abc' \quad abd' \quad ab'c \quad ab'd$$

(m_0 이외의) 모든 1들이 2개 또는 3개의 다른 항들에 의해 커버될 수 있다.

2개로 이루어진 그룹들에 의해 10개의 1을 커버하기 위해서, $a'b'c'd'$ 외에 적어도 5개의 항이 필요하다. 세 번째 맵에서 함수의 커버를 찾는 시작 부분을 보여주고 있다. 이들은 2개의 새로운 1들을 커버하면서, 고립되고 커버되지 않는 1을 남겨 놓지 않고 있다(가장 위의 1은 m_{14}와 묶인다). 남은 4개의 1을 커버하기 위해서는 3개의 항이 더 필요하다. 몇 가지의 다른 묶음을 시도해보면, 7개 항 이내로 이 함수를 커버할 수 없다는 것을 알 수 있게 된다. 이 문제에 대한 32개의 서로 다른 최소해들이 존재한다. 몇 개의 해들을 아래에 기술하였고 나머지는 연습문제로 남겨둔다(연습문제 2p).

$$\begin{aligned} f &= a'b'c'd' + a'cd + bc'd + ab'd + abc' + a'bc + acd' \\ &= a'b'c'd' + a'cd + bc'd + ab'd + abd' + bcd' + ab'c \\ &= a'b'c'd' + b'cd + a'bd + ac'd + abd' + acd' + bcd' \\ &= a'b'c'd' + b'cd + abc' + bcd' + a'bd + ab'c + ab'd \end{aligned}$$

[문제풀이 2, 3, 4; 연습문제 2, 3, 4]

3.3 무정의(Don't Care)

앞 절에서 기술한 방법들을 크게 변경하지 않고 무정의를 가진 함수에 대한 최소해를 찾는 데 적용할 수 있다. 다만 주내포항의 정의를 약간 변경하고 필수 주내포항의 정의를 보다 명확히 할 필요가 있다.

> 내포항은 1, 2, 4, 8, . . . 개의 1 또는 X(무정의)의 사각형이다(0은 포함하지 않는다).
> 주내포항은 다른 더 큰 사각형에 포함되지 않는 내포항이다. 따라서, 주내포항들을 찾는 데 있어서 X도 1과 같이 동등하게 다룬다.
> 필수 주내포항은 다른 주내포항에 의해 커버되지 않는 1을 적어도 한 개를 커버하는 주내포항이다. 무정의(X)는 주내포항을 필수로 만들지는 않는다.

위 정의에 따라, 앞 절에서 설명한 두 가지 맵 방법 중에 하나를 적용하여 최소식을 구하면 된다. 해를 구하고 나면 X 중 어떤 것은 포함되거나 어떤 것은 포함되지 않게 된다. 그러나, 그들이 함수에 포함되는지 포함되지 않는지는 고려할 필요가 없다.

디지털 논리설계

예제 3.20

$$F(A, B, C, D) = \Sigma m(1, 7, 10, 11, 13) + \Sigma d(5, 8, 15)$$

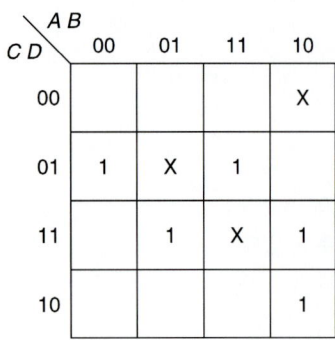 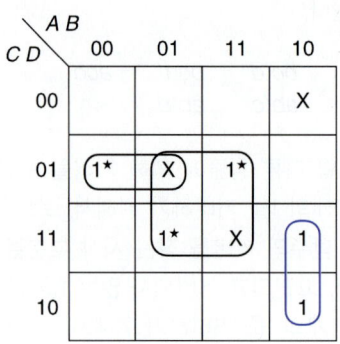 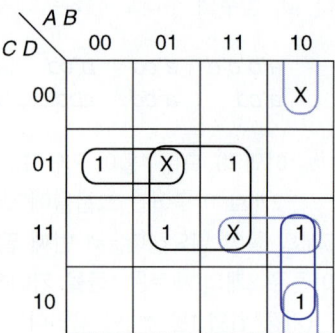

우선, 함수에 포함된 최소항들에 대한 1과 무정의에 대한 X를 기입하여 주어진 함수를 맵에 나타낸다. 가운데 맵은 2개의 필수 주내포항을 보여주고 있다. 각각의 경우에 ★가 있는 1들은 다른 주내포항들에 의해 커버되지 않는 것들이다. 그러면 함수의 나머지를 커버하기 위해 파랑색의 원으로 묶인 2개의 1이 남게 된다. 이들의 각각은 (세 번째 맵에 연파랑색으로 표시한 것처럼) 다른 주내포항에 의해 커버될 수 있기 때문에, 필수 주내포항이 아니다. 그러나, 만일 $AB'C$를 사용하지 않는다면, 2개의 항이 필요하게 된다. 따라서, 유일한 최소해는 다음과 같다.

$$F = BD + A'C'D + AB'C$$

그리고, 항 $AB'D'$와 ACD는 최소해에서 사용되지 않는 주내포항들이다. 만일 모든 무정의를 1로 사용한다면, m_8을 커버하기 위해 4개의 항이 필요하다.

$$F = BD + A'C'D + AB'C + AB'D' \quad \text{or}$$
$$F = BD + A'C'D + ACD + AB'D'$$

그리고 만일 무정의들이 모두 0이라면, 함수는 다음과 같다.

$$F = A'B'C'D + A'BCD + ABC'D + AB'C$$

어느 경우나, 무정의들을 사용하는 것보다 고정된 0 또는 1의 값을 사용하게 되면 해는 훨씬 더 복잡하게 된다.

예제 3.21

가운데의 맵에 보여주는 것처럼 2개의 필수 주내포항 $x'z$와 $w'yz$이 있다. 4개의 무정의로 이루어진 그룹 $w'x'$는 주내포항(4개의 X로 이루어지는 사각형이기 때문에)이지만, 필수는 아니다(다른 주내포항에 의해 커버되지 않는 1을 포함하지 않기 때문이다). 무정의들만으로 구성된 주내포항은 절대 사용하면 안 된다. 이는 어떤 추가적인 1을 커버하지도 않으면서 항 수만 늘리기 때문이다. 남은 3개의 1을 커버하기 위해 2개의 1로 이루어진 2개 항이 필요하다. 이것들로 인해 3개의 동일한 해가 존재하게 되며, 각 최소식은 4개의 항들과 11개의 리터럴로 되어 있다:

$$g_1 = x'z + w'yz + w'y'z' + wxy'$$
$$g_2 = x'z + w'yz + xy'z' + wxy'$$
$$g_3 = x'z + w'yz + xy'z' + wy'z$$

예제 3.21에 대해 주의해야 할 중요한 점은 3개의 대수식들이 하나의 동일한 함수를 나타내지 않다는 것이다. 첫 번째는 m_0에 대한 무정의를 1로 다루었다. 그러나 다른 2개는 무정의를 0으로 다루었다(이 두 개는 동일한 함수를 나타낸다). 이것은 무정의를 가진 문제에서 자주 발생한다. 이와 같은 경우에 함수의 지정된 부분(1과 0)에서는 해마다 동일하게 처리하지만, 무정의 부분에서는 해마다 다른 값을 취할 수도 있다. 맵 3.15의 맵들은 이 3개의 함수를 보여주고 있다.

맵 3.15 예제 3.21의 다른 해들

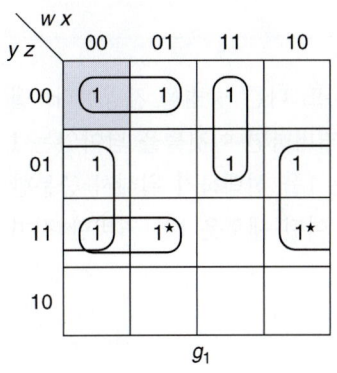 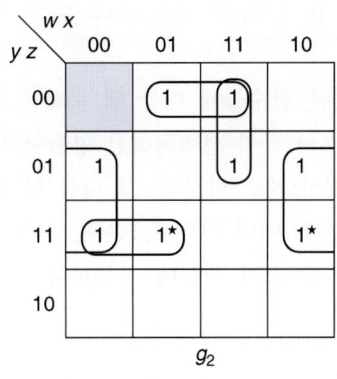 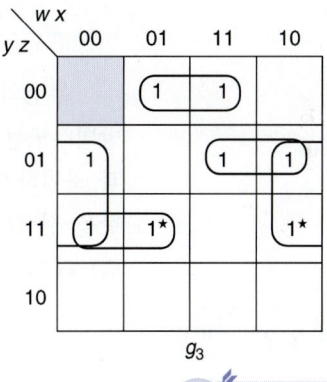

예제 3.22

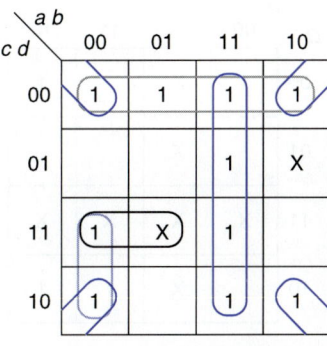 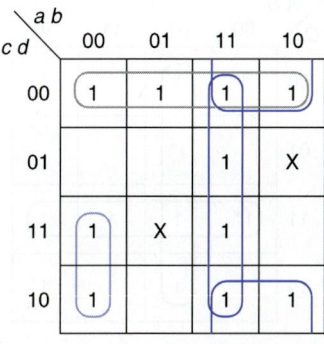

첫 번째 맵에서, 유일한 필수 주내포항 $c'd'$와 4개의 1로 구성된 다른 그룹 ab를 보인다 (ab를 사용해야 되는 이유는 m_{15}를 커버할 유일한 다른 주내포항인 bcd는 한 개의 더 많은 리터럴을 요구하고 ab에 의해 커버되지 않은 1을 커버하지 않기 때문이다). 3개의 남은 1들은 2개의 항을 필요로 한다. 그 중 한 개는 m_3을 커버하는 2개로 묶인 그룹이어야만 하고, 또 다른 것은 m_{10}을 커버하는 4개로 묶인 2그룹 중의 하나이어야 한다. 두 번째 맵에서, 4개로 묶인 그룹으로써 $b'd'$를 이용하는 2개의 해를 보여준다. 세 번째 맵에서, ad'를 이용하는 세 번째 해를 보인다. 따라서, 아래와 같은 최소해들을 구할 수 있다.

$$g_1 = c'd' + ab + b'd' + a'cd$$
$$g_2 = c'd' + ab + b'd' + a'b'c$$
$$g_3 = c'd' + ab + ad' + a'b'c$$

실제로 이러한 해들이 서로 동일한지 아닌지를 알아볼 필요가 있다. 예제 3.21에서 보였던 것처럼 모든 3개의 해들을 맵에 맵핑하거나 또는 무정의들의 행위표(behavioral table)를 만들 수 있다 — 표에서 각 무정의에 대하여 한 열과 각 해에 대하여 한 행을 할당한다.

	m_7	m_9
g_1	1	0
g_2	0	0
g_3	0	0

표에서 보여주는 바와 같이, g_2와 g_3는 동일하고, g_1과는 동일하지 않다는 것이 분명하다. 더 복잡한 예제는 문제풀이에서 볼 수 있다.

무정의 개념은 함수들에 대한 맵 문제를 푸는 또 다른 방법을 제공한다. 맵 방법 1또는 2를 사용하여 선택되어진 항들이 1을 커버하면 이것들을 남아있는 1과 구별하기 위해서 X로 바꾼다. 그 다음 남아있는 1을 선택하기 위해서 충분한 항을 선택하여 준다. 이미 커버된 1은(항의 일부가 어떤 새로운 1을 커버한 것처럼) 다시 사용될 수 있기 때문에 가능하다.

예제 3.23

$F(A, B, C, D) = \Sigma m(0, 3, 4, 5, 6, 7, 8, 10, 11, 14, 15)$

맵에서 보는 바와 같이 처음에 필수 주내포항 $A'B$와 CD를 찾았다. 두 번째 맵에서, 커버된 모든 1들을 무정의로 변환하였다. 마지막으로, 나머지 1들을 AC와 $B'C'D'$로 커버하면 다음 식을 얻을 수 있다.

$$F = A'B + CD + AC + B'C'D'$$

커버된 항들을 무정의로 대치하는 것은 앞에서 소개된 예제 3.14와 예제 3.15에서 음영으로 표시를 하는 것과 같은 이유인데, 이것은 커버되지 않은 1들을 잘 보이게 한다.

예제 3.24

첫 번째 맵상에서 필수 주내포항 xy'와 $x'y$를 원형으로 표시하였다. 여기서 커버된 1을 무정의 조건으로 바꾼 것이 두 번째 맵이다. 01 행에 있는 두 개의 1은 $w'y$ 또는 $w'x$로 커버할 수 있고, 또한 나머지 1은 $wx'z'$ 또는 $wy'z'$로 커버할 수 있다.

그러므로, 4개의 최소해는 다음과 같다.

$$xy' + x'y + \left\{\begin{matrix} w'y \\ x'y \end{matrix}\right\} + \left\{\begin{matrix} wx'z' \\ wy'z' \end{matrix}\right\}$$

[문제풀이 5, 6; 연습문제 5, 6]

3.4 합의곱

합의곱 형태의 최소식을 구하는 것은 새로운 이론을 필요로 하지 않는다. 가장 쉬운 방법은 아래와 같다:

1. 함수의 보수를 맵에 나타낸다(만일 이미 함수에 대한 맵이 존재한다면, 모든 0을 1로, 모든 1을 0으로 대치하고 X는 변환하지 않는다).

2. 앞의 두 절에서 사용한 방법을 이용하여 함수의 보수에 대한 최소 곱의합 식을 찾는다.

3. 이 곱의합 식에 대하여 드모르강의 정리(대수적 속성 P11)를 사용하여 보수를 취하면, 합의곱 식이 만들어진다.

또 다른 방법은 주내포항들의 쌍대(dual)를 정의하고 새로운 방법으로 접근하는 것이다. 이 방법은 여기서 다루지 않는다.

$f(a, b, c, d) = \Sigma m(0, 1, 4, 5, 10, 11, 14)$

모든 최소항들은 f 또는 f'의 최소항이어야 하기 때문에, f'는 f에 속하지 않는 모든 나머지 최소항들의 합이어야 한다. 즉,

$f'(a, b, c, d) = \Sigma m(2, 3, 6, 7, 8, 9, 12, 13, 15)$

아래의 그림은 f와 f'에 대한 맵을 보여준다.

ab\cd	00	01	11	10
00	1	1		
01	1	1		
11				1
10			1	1

f

ab\cd	00	01	11	10
00			1	1
01			1	1
11	1	1	1	
10	1	1		

f'

곱의합과 합의곱 식을 모두 필요로 하지 않으면, f를 맵에 표시할 필요는 없다. 일단 f를 맵에 나타내었다면, f'의 모든 최소항들을 기록하지 않아도 된다; 단지 1을 0으로 0을 1로 대치하면 되기 때문이다. 또는, f'를 맵핑하는 대신, f의 맵에서 0들의 사각형을 이용하면 된다. f와 f'에 대한 최소 곱의합 식들에 대한 맵을 아래에 보여준다.

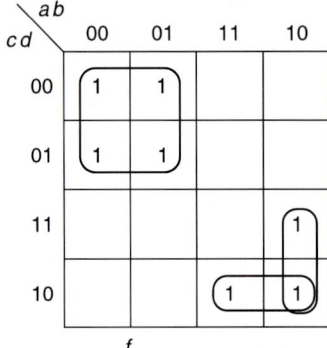

f

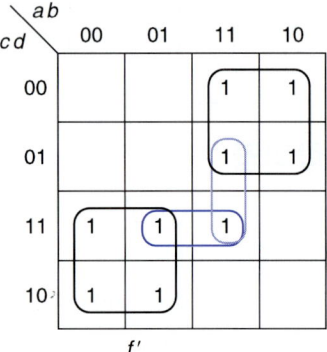

f'

f에 대한 하나의 최소해가 존재하고, f'의 곱의합에 대한 2개의 최소해가 존재한다.

$f = a'c' + ab'c + acd'$ $f' = ac' + a'c + abd$

$f' = ac' + a'c + bcd$

f에 대한 2개의 최소 합의곱 해를 얻기 위해서 f'에 대한 해를 보수화하면 된다.

$$f = (a' + c)(a + c')(a' + b' + d')$$
$$f = (a' + c)(a + c')(b' + c' + d')$$

최소 곱의합 해는 3개의 항을 가지고 8개의 리터럴을 가진다. 최소 합의곱 해는 3개의 항과 7개의 리터럴을 가진다(어떤 일정한 형식이 없다. 곱의합 해가 보다 적은 수의 항과 리터럴을 가지는 경우도 있고, 합의곱 해가 그럴 수도 있다. 또는 서로 같은 수의 항과 리터럴을 갖는 경우도 있다).

예제 3.26

다음 함수에 대한 모든 최소 곱의합과 모든 최소 합의곱에 대한 해를 찾아라.

$$g(w, x, y, z) = \Sigma m(1, 3, 4, 6, 11) + \Sigma d(0, 8, 10, 12, 13)$$

g를 맵에 나타내서 최소 곱의합 식을 먼저 찾기로 한다. 그러나, 주내포항을 묶음으로써 맵이 복잡하게 되기 전에, g를 맵에 나타낸다(g 밑에 있음). X들은 양쪽 맵(g, g')에서 같다.

맵 g:

yz \ wx	00	01	11	10
00	X	1	X	X
01	1		X	
11	1			1
10		1		X

yz \ wx	00	01	11	10
00	X	1	X	X
01	1		X	
11	1			1
10		1*		X

yz \ wx	00	01	11	10
00	X	X	X	X
01	1		X	
11	1			1
10		X		X

맵 g':

yz \ wx	00	01	11	10
00	X		X	X
01		1	X	1
11		1	1	
10	1			X

yz \ wx	00	01	11	10
00	X		X	X
01		1	X	1*
11		1*	1	
10	1*			X

yz \ wx	00	01	11	10
00	X		X	X
01			X	X
11			X	
10	X		1	X

g에 대한 유일한 필수 주내포항인 $w'xz'$는 가운데 맵에 나타낸다. 오른쪽 맵에서 필수 주내포항에 커버된 1들을 무정의(don't care)로 만들고, 남은 주내포항들을 보여주고 있다. 여기서 3개의 1들을 2개로 이루어진 그룹들로 커버해야 하는데, 이와 같은 유사한 예제는 이미 앞에서 다루었듯이 3개의 최소해가 존재한다.

$$g = w'xz' + \begin{cases} w'x'y' + x'yz \\ w'x'z + x'yz \\ w'x'z + wx'y \end{cases}$$

g'는 가운데 맵에서 보는 바와 같이 3개의 필수 주내포항이 존재한다. 이들에 의해서 커버된 모든 1들을 무정의로 만들면 단지 하나의 1이 남는다. 이것은 오른쪽 맵에서 보여주는 것처럼 두 가지 방법으로 커버될 수 있다.

$$g' = x'z' + xz + wy' + \begin{cases} wx \\ wz' \end{cases}$$

$$g = (x + z)(x' + z')(w' + y)\begin{cases} (w' + x') \\ (w' + z) \end{cases}$$

이 예에서 주목할 것은, 곱의합 식 각각은 단지 3개의 항(9개의 리터럴)을 필요로 하는데 반하여, 합의곱 식 각각은 4개의 항(8개의 리터럴)을 필요로 한다.

마지막으로, 5개의 해 중에서 어느 것들이(만일 있다면) 동등한 지 찾으려고 한다. 복잡한 점은 (앞 절에서 나타난 동일한 질문과 비교하여) g'에 대해서 언제 무정의를 1로 처리하는지이다. g의 경우에서는 이것을 0으로 처리하는 것을 의미한다. 3개의 곱의합 식을 g_1, g_2, g_3로 표시하고, 2개의 합의곱 식은 g_4, g_5로 표시하여, 다음과 같은 표를 만든다.

	0	8	10	12	13
g_1	1	0	0	0	0
g_2	0	0	0	0	0
g_3	0	0	1	0	0
g_4'	1	1	1	1	1
g_4	0	0	0	0	0
g_5'	1	1	1	1	1
g_5	0	0	0	0	0

g'에서 모든 무정의들이 g'의 필수 주내포항에 의해 묶였기 때문에 이들은 모두 1로 처리되었다(따라서, 이것들은 g에서 0으로 처리된 것을 뜻한다). 그러므로 다음 3개의 해가 동등하다는 것을 알 수가 있다.

$$g_2 = w'xz' + w'x'z + x'yz$$
$$g_4 = (x + z)(x' + z')(w' + y)(w' + x')$$
$$g_5 = (x + z)(x' + z')(w' + y)(w' + z)$$

[문제풀이 7, 8; 연습문제 7, 8]

3.5 5변수와 6변수 맵

5변수 맵은 $2^5 = 32$ 정사각형으로 구성되어진다. 앞에서 이미 사용하였던 것과 같이 여러 형태의 배열이 존재하지만, 여기에서는 16개 정사각형의 2층(layer)구조를 사용한다. 상단 층(다음 왼쪽 맵)은 처음 16개 최소항에 대한 정사각형을 포함하고, 하단 층은 남아있는 16개 정사각형을 포함한다(맵 3.16).

맵 3.16 5변수 맵

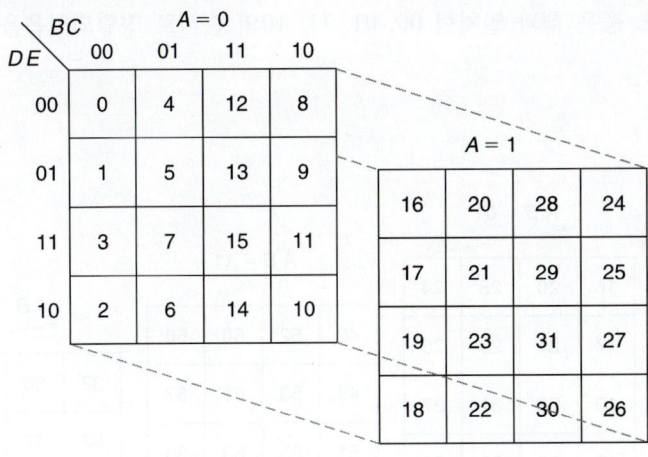

하단 층의 각 정사각형은 상단 층 정사각형의 최소항보다 16 만큼 큰 최소항 값을 갖는다. 곱항은 1, 2, 4, 8, 16, . . .개의 1 혹은 X들로 이루어진 직육면체로 나타난다. 바로 위와 아래의 정사각형들은 서로 인접된 것으로 간주한다.

예제 3.27

$$m_2 + m_5 = A'B'C'DE' + AB'C'DE' = B'C'DE'$$
$$m_{11} + m_{27} = A'BC'DE + ABC'DE = BC'DE$$
$$m_5 + m_7 + m_{21} + m_{23} = B'CE$$

이 항들은 아래의 맵에서 원으로 묶여있다.

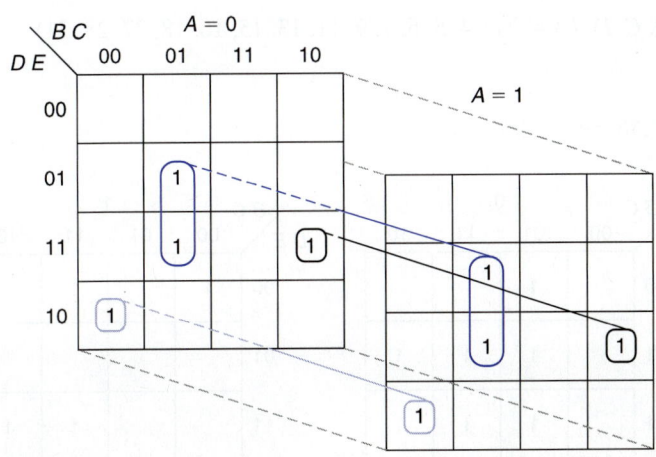

동일한 방식으로, 6변수 맵의 경우도 16개의 정사각형 맵을 4층으로 그릴 수 있다. 여기서 처음 2개의 변수 문자는 층을 결정하고 다른 변수 문자들은 층 안에 포함된 사각형을 결정한다. 맵 3.17은 최소항 번호와 함께 6변수 맵의 배열을 보여주고 있다. 층은 행과 열처럼 00, 01, 11, 10의 순서로 정렬되었음을 주목하라.

맵 3.17 6변수 맵

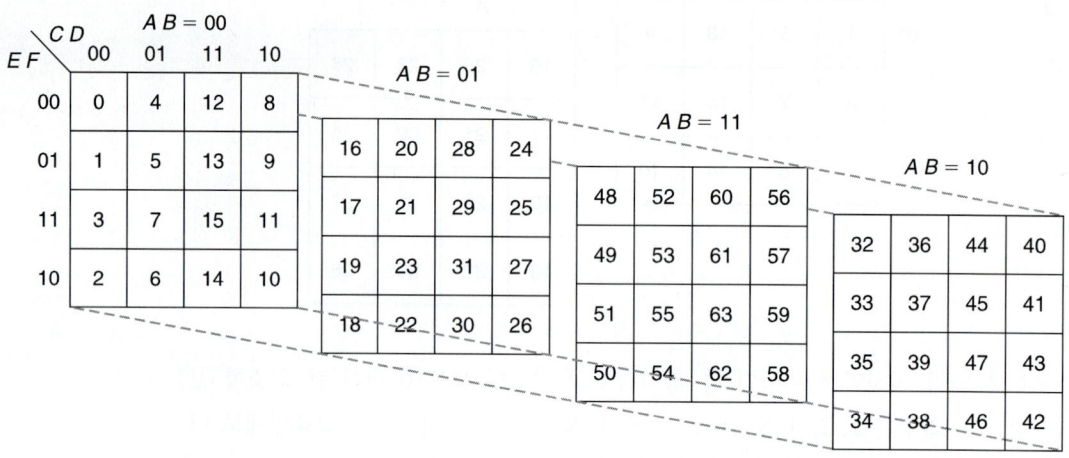

나중에 6변수 맵의 예제들도 다루겠지만, 이 절에서는 5변수 맵에 대해서만 설명하기로 한다. 4변수 맵과 동일한 방법을 사용한다. 단지 새로운 것은 사각형의 입체적 표현을 나타내는 것뿐이다. 하지만, 맵을 3차원과 같이 보이도록 그리지 않고 각 층을 나타내는 면을 순서대로 평면에 배열한다. 5변수 맵에 대한 접근 방법도 3변수, 4변수 맵에 대한 것과 마찬가지이다. 맵 3.18은 아래의 5변수 함수 F에 대한 맵을 보여주고 있다.

$$F(A, B, C, D, E) = \Sigma m(4, 5, 6, 7, 9, 11, 13, 15, 16, 18, 27, 28, 31)$$

맵 3.18 5변수 문제

A				

			0		
BC		00	01	11	10
DE					
00			1		
01			1	1	1
11			1	1	1
10			1		

			1		
BC		00	01	11	10
DE					
00		1		1	
01					
11				1	1
10		1			

항상 그렇듯이, F에 대한 필수 주내포항을 먼저 찾아야 한다. 그리고 한 층의 1들 중에서 인접한 층에서 대응하는 정사각형에 1이 없는 것을 찾는다. 이러한 1을 포함한 주내포항은 그 층에만 속하게 된다(따라서, 4변수 맵 문제가 된다). 이와 같은 예로, m_4의 경우가 있다(아래에 있는 정사각형 20에 0이 존재하므로). 따라서 m_4를 포함하는 주내포항은 첫 번째 층에 있어야 한다. 그리고, $A'B'C$는 필수 주내포항이다(A'는 $A = 0$ 층에 완벽하게 포함되었다는 사실을, 그리고 $B'C$는 두 번째 열에 있는 그룹을 나타낸다). 사실 이 항의 4개의 1은 모두가 다른 층에 대응되는 1이 없다. 그리고 m_6은 이 항을 필수 주내포항으로 만들고 있다(이 항에서 다른 두 개의 1들은 다른 주내포항에 의해서도 커버되고 있다). m_9, m_{16}, m_{18}, m_{28}도 이러한 기준에 맞는 것을 알 수 있다. 맵 3.19은 한 층에만 속하는 이러한 주내포항들을 보여주고 있다. 이렇게 하여 다음 식을 얻게 된다.

$$F = A'B'C + A'BE + AB'C'E' + ABCD'E' + \cdots$$

맵 3.19 한 층의 필수 주내포항

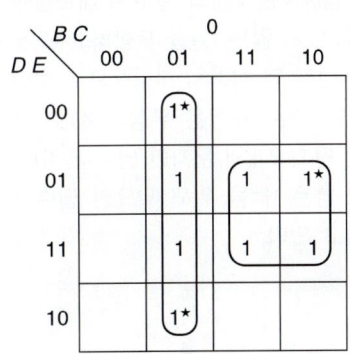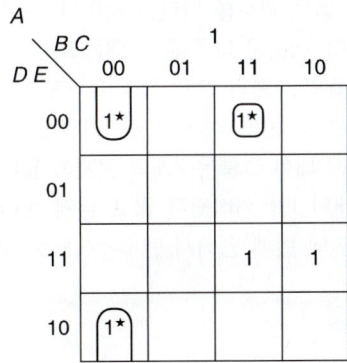

포함되지 않은 나머지 2개의 1들은 다른 층에 대응하는 1들을 갖고 있다. 그러나, 이들을 커버하는 유일한 주내포항은 BDE인데 맵 3.20에 파랑색으로 보여주고 있다. 또한 이것은 필수 주내포항이다(양쪽 층에 있는 1들을 포함한 주내포항은 변수 A를 가지지 않는다는 것을 주목하라). 이와 같은 주내포항은 각 층에서 같은 수의 1들을 가져야 한다. 그렇지 않으면 사각형이 될 수가 없다.

최종적인 해는 다음과 같다.

$$F = A'B'C + A'BE + AB'C'E' + ABCD'E' + BDE$$

예제 3.28에서 보겠지만 5변수 문제들에서는 8개의 1로 이루어진 그룹들이 종종 나타난다.

맵 3.20 두 층에서 1을 커버하는 필수 주내포항

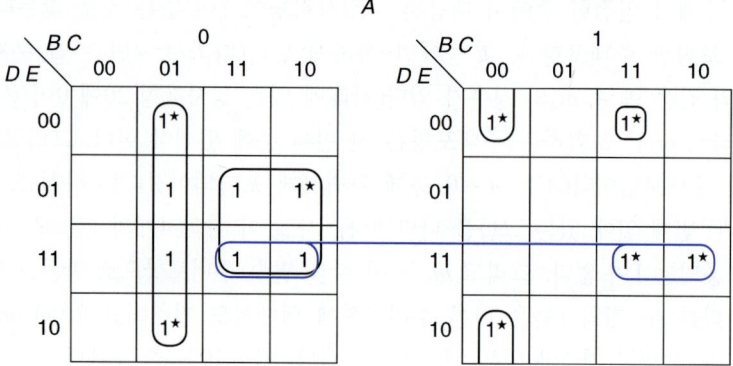

예제 3.28

$$G(A, B, C, D, E) = \Sigma m(1, 3, 8, 9, 11, 12, 14, 17, 19, 20, 22, 24, 25, 27)$$

첫 번째 맵은 함수를 나타낸 것이다. 두 번째 맵에서는 2개의 필수 주내포항을 보여주고 있는데, 이들은 다른 층에 대응하는 1을 갖고 있지 않는 1들을 포함하고 있는 것이다. 8개의 1들의 그룹인 $C'E$ (필수 주내포항)는 세 번째 맵 상에서 파랑색으로 보여주고 있다(여기서 두 번째 맵에서 발견되어진 2개의 필수 주내포항은 무정의(X)로 나타낸다). 8개의 1에 대한 그룹은 3개의 문자가 없어져서 단지 2개의 문자만 남는다. 이 시점에서 단지 2개의 1만 커버되지 않고 남게 된다. 이 남은 1들을 위해 필요한 필수 주내포항 $BC'D'$는 네 번째 맵에서 연파랑색으로 보여주고 있다.

따라서 해는 다음과 같다.

$$G = A'BCE' + AB'CE' + C'E + BC'D'$$

이 함수에 또 하나의 주내포항인 $A'BD'E'$가 있는데, 이 항이 커버할 수 있는 1들은 다른 주내포항에 의해 이미 다 커버되어 있다.

예제 3.29

다음 문제는 아래의 맵에서 보여주고 있다. 앞에서처럼 다른 층에 대응하는 1을 갖고 있지 않는 1들을 먼저 찾는다. $A = 0$ 층에 이러한 1들이 몇 개 있는데도 불구하고, 단지 m_{10} 만이 필수 주내포항을 만든다. 비슷하게 $A = 1$ 층에서는 m_{30}이 필수 주내포항에 의해 커버된다. 이 두 항은($A'C'E'$과 $ABCD$) 두 번째 맵에서 보여주고 있다. 커버된 1들은 다음 맵에서 무정의(X)로 표시되었다.

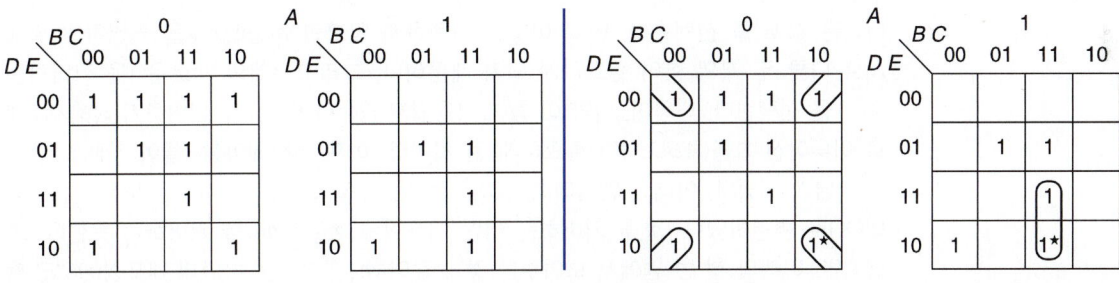

3개의 다른 필수 주내포항은 맵의 양쪽 층에 있는 1들을 포함한다. 이러한 항인 $CD'E$, BCE와 $B'C'DE'$는 아래 왼쪽 맵에서 보여주고 있다. 이것들은 m_{15}, m_{18}, m_{21}과 같이 고립된 1들을 찾음으로써 발견할 수 있다.

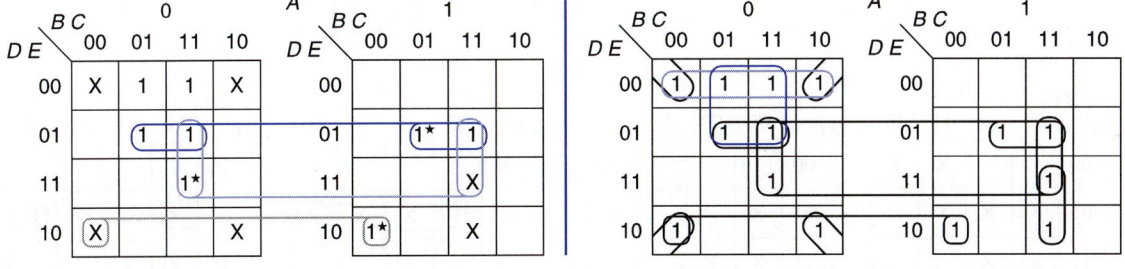

마지막으로, 남아있는 2개의 1(m_4, m_{12})은 위에 있는 오른쪽 맵처럼 $A'CD'$ 또는 $A'D'E'$ 두 가지 방법에 의해 커버될 수 있다. 따라서, 2개의 해는 다음과 같다.

$$F = A'C'E' + ABCD + CD'E + BCE + B'C'DE' + A'CD'$$
$$F = A'C'E' + ABCD + CD'E + BCE + B'C'DE' + A'D'E'$$

예제 3.30

$$H(A, B, C, D, E) = \Sigma m(1, 8, 9, 12, 13, 14, 16, 18, 19, 22, 23, 24, 30)$$
$$+ \Sigma d(2, 3, 5, 6, 7, 17, 25, 26)$$

H에 대한 왼쪽의 맵은 유일한 필수 주내포항인 $B'D$를 보여주고 있다(4개의 1들과 4개의 무정의 항으로 이루어진 그룹).

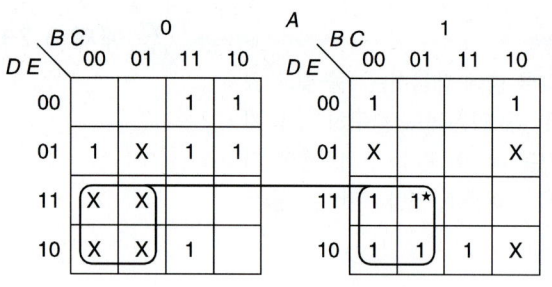

다음은 CDE'를 선택한다. 만일 이것을 선택하지 않으면 m_{14}와 m_{30}을 커버하기 위해서로 다른 두 개의 항이 필요하게 되기 때문이다. 그리고 4개의 새로운 1을 커버하는 $A'BD'$을 선택한다. 더욱이, 만약 이 항이 사용되지 않는다면, m_{12}를 커버하기 위해서 2개로 이루어진 그룹($A'BCE'$)이 필요하게 될 것이다. 이제 커버해야할 1들이 3개(m_1, m_{16}, m_{24}) 남게 되었다. 아래의 맵들에서, 남아있는 1들이 잘 보이도록 커버된 모든 1을 무정의(X)로 변경하였다. m_1을 커버하는 어떤 내포항도 m_{16}과 m_{24}를 커버하지 못한다. 그렇지만, 아래의 첫 번 맵에서 보여주는 것과 같이 m_{16}과 m_{24}는 하나의 내포항($AC'E'$ 혹은 $AC'D'$)에 의해 커버가 된다. 그리고 두 번째 맵에서 m_1은 4개로 이루어진 4개의 그룹($A'D'E$, $A'B'E$, $B'C'E$, 혹은 $C'D'E$)에 의해 커버될 수 있는 것을 보여주고 있다. 다음과 같이 8개의 해가 가능하다.

$$H = B'D + CDE' + A'BD' + \begin{Bmatrix} AC'E' \\ AC'D' \end{Bmatrix} + \begin{Bmatrix} A'D'E \\ A'B'E \\ B'C'E \\ C'D'E \end{Bmatrix}$$

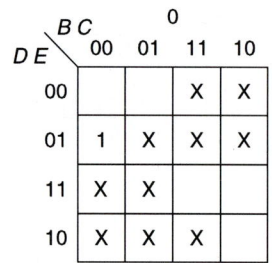
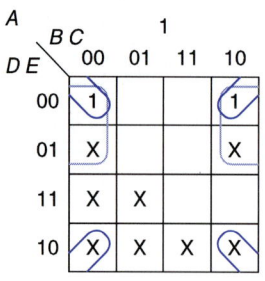

마지막으로, 6변수 함수의 예를 보여준다.

$$G(A, B, C, D, E, F) = \Sigma m(1, 3, 6, 8, 9, 13, 14, 17, 19, 24, 25, 29, 32,$$
$$33, 34, 35, 38, 40, 46, 49, 51, 53, 55, 56, 61, 63)$$

맵을 나타내는 층들의 AB 변수 값이 00, 01, 11, 10 의 순서로 되도록 수평적으로 배열되어 있고, 두 변수 AB는 16개의 정사각형으로 이루어진 4개의 층 중의 하나를 결정한다.

위의 맵은 3개의 필수 주내포항을 보여주고 있다. 단지 하나의 층에 존재하는 묶음은 세 번째 층에 있는 $ABDF$ 이다. 각 층 상단의 오른쪽 코너의 1들은 또 하나의 네 개로 이루어진 그룹(첫 번째 두 개의 변수 없이)인 $CD'E'F'$을 형성한다. 파랑색의 정사각형들은 8개로 이루어진 그룹인 $C'D'F$을 형성한다. 아래의 맵은 이들 세 개의 주내포항에 의해 커버된 1들을 무정의(X)로 변경한 것을 보여준다.

다른 2개의 필수 주내포항으로 $A'CE'F$와 $B'DEF'$가 있다(층 00과 층 10은 서로 인접해 있다는 것을 기억하라). 마지막으로, m_{32}와 m_{34}(4번째 층에 있는)는 여전히 커버가 안 되어 있다. 이들은 항 $AB'C'D'$에 의해서 커버된다. 따라서 최소식은 아래와 같다.

$$G = ABDF + CD'E'F' + C'D'F + A'CE'F + B'DEF' + AB'C'D'$$

[문제풀이 9, 10; 연습문제 9, 10]

3.6 다중출력 문제

실제 시스템을 설계할 때는 다중출력인 경우가 많다. 만일, 예를 들어 3개의 입력 A, B, C와 2개의 출력 F, G로 되어있는 문제가 주어지면, 이것을 2개의 독립된 문제로 취급하여(그림 3.1의 왼쪽의 것과 같이) 각 함수에 대한 맵을 그려 최소해

디지털 논리설계

를 구하면 된다. 그렇지만, 3개의 입력과 2개의 출력(오른쪽에 보인 것처럼)을 가진 하나의 시스템처럼 다루면 게이트를 공유함으로써 비용을 줄일 수도 있을 것이다.

그림 3.1 2개 함수의 구현

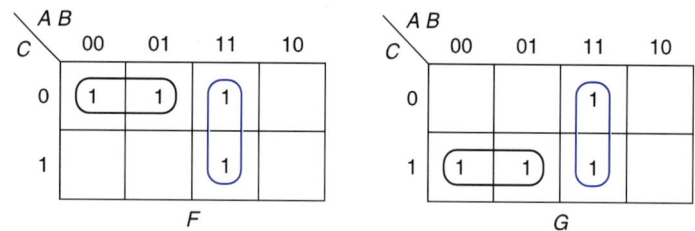

(두 개의 독립된 시스템)   (단일 시스템)

이 절에서는, AND와 OR 게이트를 사용한 2레벨 해(곱의합 해)를 얻는 것에 대한 과정을 설명하기로 한다. 모든 입력 변수에 정상 입력과 보수 입력을 다 사용 가능하다고 가정한다.[4] 이런 해들은 NAND 게이트 회로(같은 수의 게이트와 게이트 입력을 사용하여)로 변환 할 수 있다. 또한 합의곱 해도 찾을 수가 있다(각각의 함수들에 대한 보수 함수를 최소화한 후에 드모르강 정리를 사용함으로써). 우선 3개의 간단한 예를 들어 설명하기로 한다.

예제 3.32

$$F(A, B, C) = \Sigma m(0, 2, 6, 7) \qquad G(A, B, C) = \Sigma m(1, 3, 6, 7)$$

F와 G를 각각 독립적으로 맵에 그려서 해를 구하면

다음과 같은 식을 얻는다.

$$F = A'C' + AB \qquad G = A'C + AB$$

맵에서 보는 바와 같이, 같은 항(AB)이 두 맵에서 묶여 있음을 알 수 있다. 따라서, 우측 회로처럼 두 개로 하지 않고 좌측과 같은 회로를 만들 수 있다.

---

4) 최소의 정의는 가장 적은 개수의 게이트를 가진 회로를 말하고, 게이트의 수가 같을 경우에는 게이트 입력의 수가 최소인 것을 말한다.

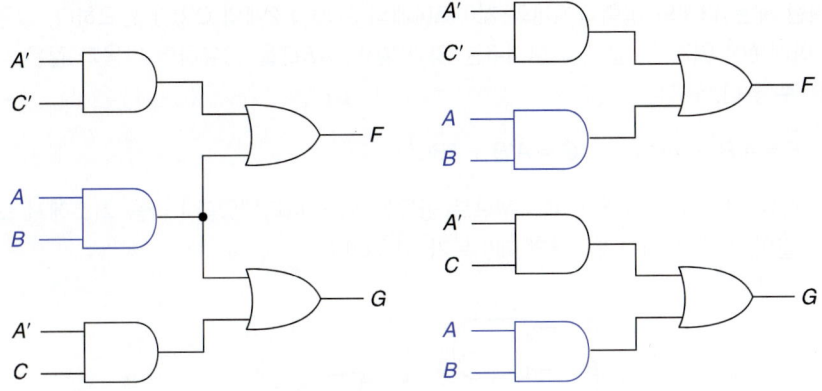

그림에서 보는 바와 같이, 좌측의 회로는 5개의 게이트가 필요하다. 그러나 우측의 회로는 1개가 더 많은 6개의 게이트를 사용한다.

이 예는 가장 간단한 경우이다. 두 개의 해가 공통된 항을 가지고 있다. 이런 항을 찾아내어 비용을 줄이는 데는 특별한 방법이 필요하지 않다.

두 개의 해가 서로 공통된 주내포항을 갖지 않을 때도, 다음 예에서 보여 주겠지만 공유할 수 있는 경우가 있다.

예제 3.33

$F(A, B, C) = \Sigma m(0, 1, 6)$ $G(A, B, C) = \Sigma m(2, 3, 6)$

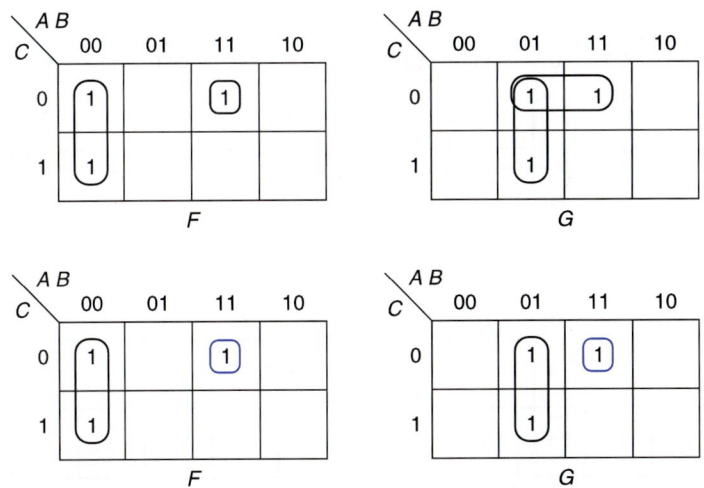

위쪽에 있는 두 맵에서, 두 함수를 독립적으로 고려하여 다음과 같은 식을 얻었다.

$F = A'B' + ABC'$ $G = A'B + BC'$

디지털 논리설계

이러한 해는 13개의 입력과 6개의 게이트(4개의 AND와 2개의 OR)가 필요하다. 그렇지만, 아래쪽에 있는 두 맵에서 보여주는 것과 같이, ABC'을 공유하여 다음과 같은 식을 얻을 수 있다.

$$F = A'B' + ABC' \qquad G = A'B + ABC'$$

(공유함을 강조하기 위해서, 파랑색으로 공유된 항을 나타내었다.) 다음 회로에서 보는 바와 같이, 11개의 입력과 5개의 게이트가 필요하다.

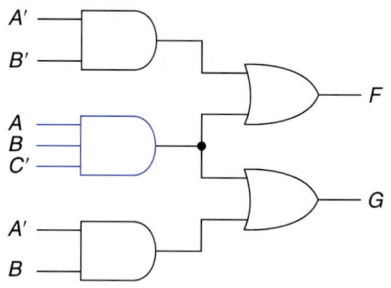

이 예제는 최소해에서 공유된 항은 주내포항일 필요가 없다는 것을 보여주고 있다(예제 3.33에서, ABC'가 F에서는 주내포항이지만 G에서는 아니다. 예제 3.34에서는 어느 함수에서도 주내포항이 아닌 항을 사용하는 예를 보여준다).

예제 3.34

$$F(A, B, C) = \Sigma m(2, 3, 7) \qquad G(A, B, C) = \Sigma m(4, 5, 7)$$

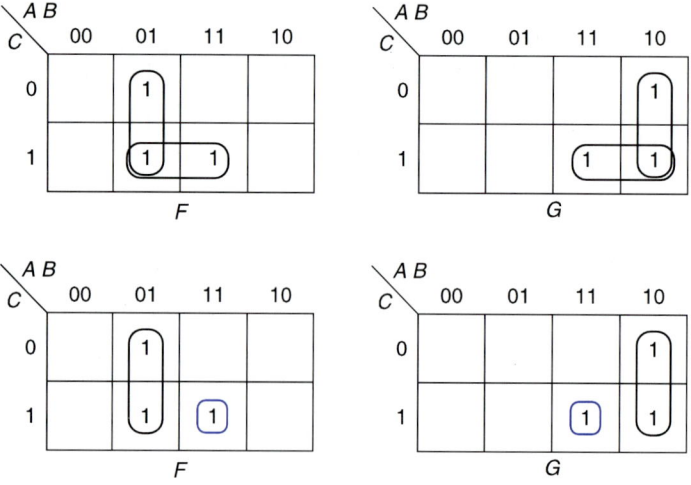

위쪽에 있는 F와 G에 대한 맵에서, 두 함수를 독립적으로 고려해서 해를 구했다. 각 함수의 필수 주내포항을 사용하여, 다음과 같은 식을 얻게 된다.

$$F = A'B + BC \qquad G = AB' + AC$$

그러나, 아래쪽에 있는 F와 G에 대한 맵에서 보는 바와 같이, 이 두 함수는 어느 함수의 주내포항도 아닌 ABC를 공유하고 있음을 보여주고 있다. 이 ABC항을 공유함으로써 단지 5개의 게이트만 요구되는 해를 얻을 수 있다.

$$F = A'B + ABC \qquad G = AB' + ABC$$

이런 종류의 문제를 푸는 방법은 두 함수에서 공통으로 존재하지 않는 1들을 먼저 찾는 것이다. 이들은 어느 한 함수의 주내포항에 의해서만 커버되어야 한다. 단지 공유하는 항들만 주내포항일 필요가 없다. 위의 예제에서, m_2가 $A'B$를 F의 필수 주내포항으로 만들기 때문에 F에서 $A'B$을 선택한다. 그리고 m_4는 AB'를 G의 필수 주내포항으로 만들기 때문에 G에서 AB'을 선택한다. 그러면 각 함수에서 커버되지 않는 하나의 1이 남게 되는데, 이는 두 함수의 똑같은 최소항인 ABC항으로 공유하게 된다. 공유하는 항 ABC는 주내포항이 아닌 것을 주목하라. 이제 좀 복잡한 예제를 살펴보자.

예제 3.35

$$F(A, B, C, D) = \Sigma m(4, 5, 6, 8, 12, 13)$$
$$G(A, B, C, D) = \Sigma m(0, 2, 5, 6, 7, 13, 14, 15)$$

이 두 함수의 맵은 아래와 같다. 여기에서 하나의 함수에서만 있는 1들을 파랑색으로 보여주고 있다.

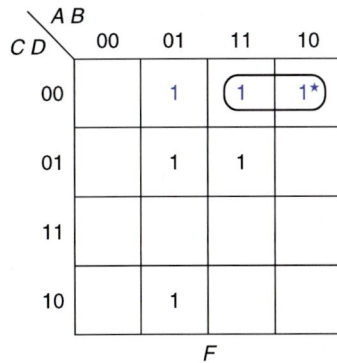
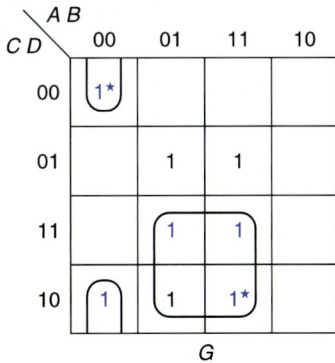

그리고 파랑색으로 표시된 1에 의해 필수 주내포항이 되는 항들을 묶는다. F에서 묶이지 않은 유일한 파랑색 1은 m_4인데, 이것은 2개의 주내포항에 의해서 커버되기 때문이다. 두 항 중에서 한 항이 적은 리터럴을 갖지만 지금 이것을 결정할 수가 없다. 다음은 F에 대하여 $A'BD'$을 선택한다. m_6은 G의 필수 주내포항에 의해서 포함되었기 때문에, 공유하기 위한 항을 더 이상 찾을 필요가 없다. 따라서 m_6은 F에서 주내포항 $A'BD'$에 의해서 커버된다. 그러면 아래의 맵에서 보는 것처럼, m_5와 m_{13}이 두 함수 모두에 남게 되어 파랑색으로 묶음 표시를 한 $BC'D$항으로 공유할 수 있다.

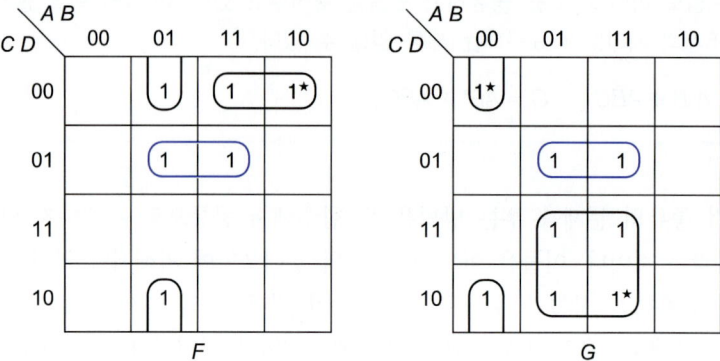

이들의 해는 다음과 같다.

$$F = AC'D' + A'BD' + BC'D$$
$$G = A'B'D' + BC + BC'D$$

이 두 식은 7개의 게이트와 20개의 게이트 입력이 필요하다. 만약 각 함수를 따로 최소화했다면, 위 두 식의 공유항인 3번째 항이 아래의 식처럼 2개의 서로 다른 항들로 이루어지게 된다.

$$F = AC'D' + A'BD' + BC'$$
$$G = A'B'D' + BC + BD$$

이 두 식은 8개의 게이트와 21개의 게이트 입력이 필요하게 된다. 분명히 공유항을 가진 회로가 보다 적은 비용이 드는 것을 알 수 있다.

공유항을 사용한 회로는 다음과 같다.[5]

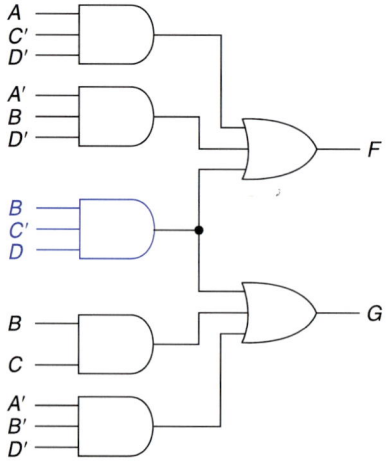

---

5) 비록 $BC'D$의 출력이 두 곳으로 가지만, 여기의 모든 게이트는 NAND로 바뀔 수 있다. 각각의 경로마다 두 개의 원(NOT)이 놓인다.

$F(A, B, C, D) = \Sigma m(0, 2, 3, 4, 6, 7, 10, 11)$

$G(A, B, C, D) = \Sigma m(0, 4, 8, 9, 10, 11, 12, 13)$

아래의 맵은 공유되지 않은 1들을 파랑색으로 나타냈고, 이런 1들 중의 하나에 의해서 필수 주내포항이 된 것들을 묶음 표시를 하였다.

각 함수를 독립적으로 풀면 다음과 같이 4개로 이루어진 그룹 2개 씩 더 필요하게 된다.

$F = A'C + A'D' + B'C \qquad G = AC' + C'D' + AB'$

이것은 8개의 게이트와 18개의 게이트 입력이 필요하다. 그러나 아래의 맵에서 보인 것처럼 2개로 이루어진 그룹들을 공유함으로써 게이트 수가 6개로 감소하고 게이트 입력 수도 16개로 감소됨을 알 수 있다. 만약 NAND 게이트를 사용하여 이 함수를 구현한다면, 각 함수의 해는 3개의 패키지가 필요하며, 공유 해에서는 2개의 패키지가 필요하다.

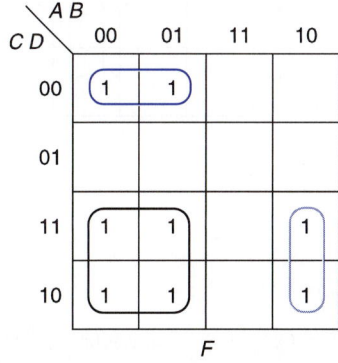

F

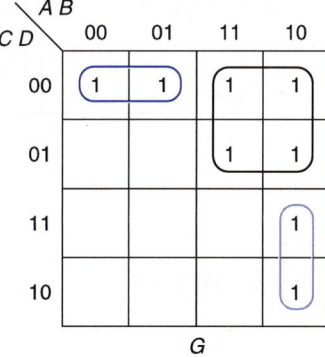

G

식과 AND/OR 게이트 회로는 다음과 같다.

$F = A'C + A'C'D' + AB'C \qquad G = AC' + A'C'D' + AB'C$

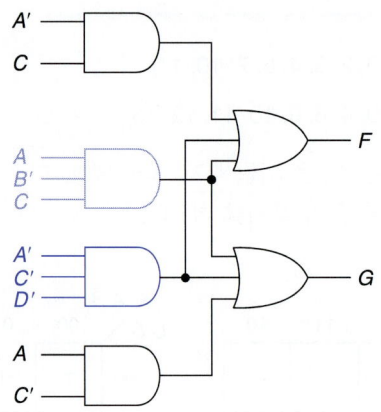

예제 3.37

$F(W, X, Y, Z) = \Sigma m(2, 3, 7, 9, 10, 11, 13)$

$G(W, X, Y, Z) = \Sigma m(1, 5, 7, 9, 13, 14, 15)$

아래의 맵은 공유되지 않은 1들을 파랑색으로 나타냈고, 이 1들을 커버하는 필수 주내포항에 묶음 표시를 하였다.

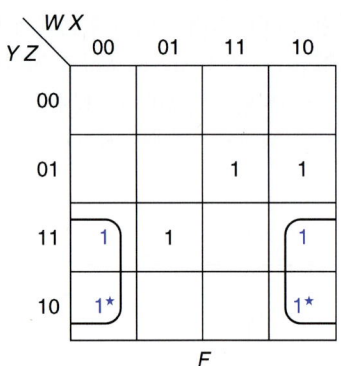

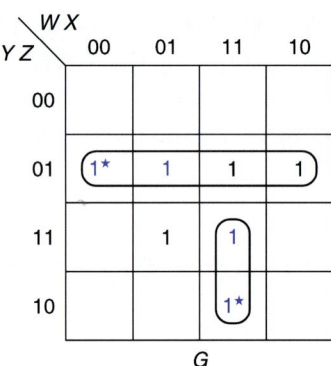

$F = X'Y + \cdots$

$G = Y'Z + WXY + \cdots$

이제 F에는 3개의 1이 남게 된다. m_9와 m_{13}은 G에서 필수 주내포항에 의해서 커버되었기 때문에, F에서 이 항들은 공유할 수가 없다. 따라서 F의 주내포항인 $WY'Z$가 선택되었다. 마지막으로 각 함수에서 커버되지 않은 한 개의 1인 m_7이 남았다. 이것은 공유항인 $W'XYZ$에 의해 커버되고, 다음과 같은 결과를 만든다.

$F = X'Y + WY'Z + W'XYZ$

$G = Y'Z + WXY + W'XYZ$

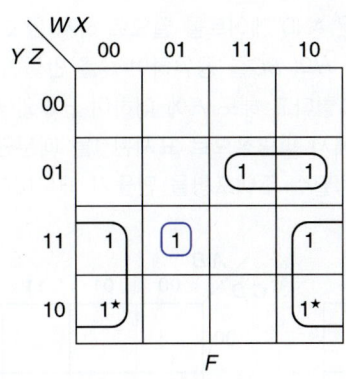

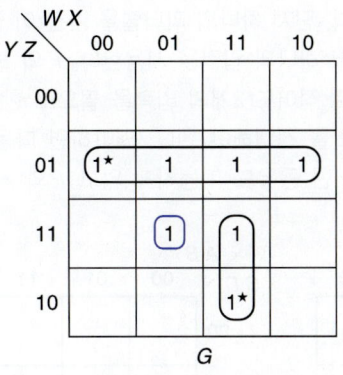

이것은 7개의 게이트와 20개의 입력을 필요로 한다. 그러나 두 함수를 독립된 문제로 풀면 아래의 식을 얻게 되는데, 8개의 게이트와 21개의 입력이 필요하다.

$$F = X'Y + WY'Z + W'YZ$$
$$G = Y'Z + WXY + XZ$$

동일한 방법으로 3개 이상의 출력을 갖는 문제에도 적용할 수 있다.

예제 3.38

우선, 3개의 독립된 문제로 고려하여 풀었을 때의 해를 보여준다.

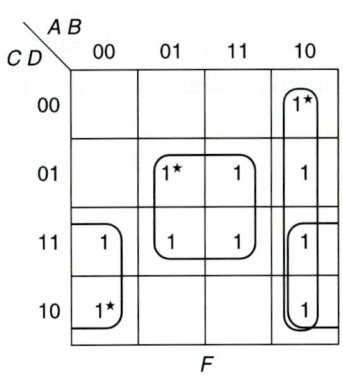

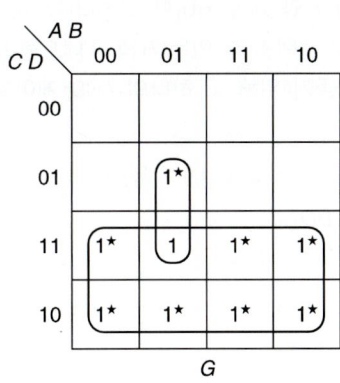

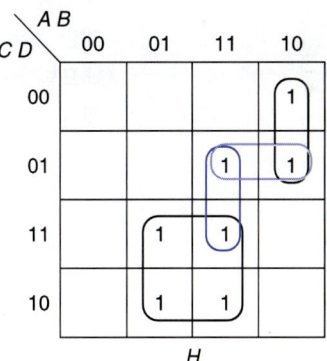

$$F = AB' + BD + B'C$$
$$G = C + A'BD$$
$$H = BC + AB'C' + (ABD \text{ or } AC'D)$$

이 해는 10개의 게이트와 25개의 게이트 입력을 필요로 한다(함수 G에서 항 C가 AND 게이트를 필요로 하지 않는 점에 주의).

이 예에서 모든 1들은 적어도 두 함수에서 최소항이기 때문에, 한 함수에만 최소항이 되는 1들을 우선 찾는 기법은 사용할 수가 없다. 함수 G에 대해서 C항을 선택하여 시작한다. 단지 하나의 리터럴을 가진 이 곱항은 AND 게이트를 필요로 하지 않고 OR 게이트에서 하나의 입력을 사용한다. F의 $B'C$와 H의 BC를 공유하여 C를 만들어도, OR 게이트로 적어도 2개의 입력을 필요로 한다. 그렇다고 해도 F에 대하여 $B'C$와 H에 대하여 BC를 선택해야 된다. 왜냐하면 다음 맵에서 파랑색으로 표시된 1들 때문인데, 이 1들은 어떤 공유도 가능하지 않고 F와 H에서 필수 주내포항을 만들기 때문이다.

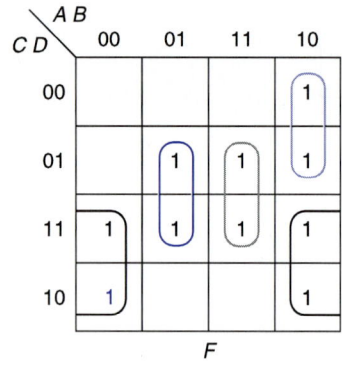
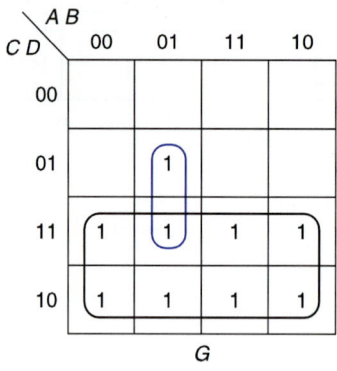
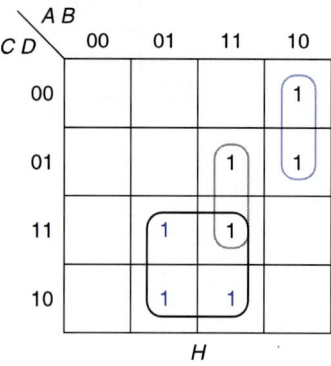

항 $AB'C'$는(연파랑색으로 묶여진) H에 대한 필수 주내포항이고 공유(F와 공유 가능한 유일한 항)될 수 있으므로 H에 대한 다음 항으로 선택하였다. $AB'C'$는 역시 F에서 사용되는데 이 항은 2개의 1을 커버하고 만일 이 항을 공유하지 않으면 m_8을 커버하기 위해 추가적으로 AB'항이 필요하게 되기 때문이다. 같은 방법으로, 항 $A'BD$는 $G(m_5$를 커버하는 유일한 방법)에 대해서 사용되고 F와 공유된다. 마지막으로 공유되는 항 ABD를 선택하여 F와 H의 커버를 마친다(항 ABD는 독립된 문제로 다루어질 때 H에 대한 커버를 위해 선택할 수 있는 H의 주내포항이다). 이 항을 F에서 공유하므로써, 주내포항 BD를 만들기 위해 또 하나의 AND 게이트를 사용하지 않아도 된다. 해는 다음과 같다.

$$F = B'C + AB'C' + A'BD + ABD$$
$$G = C + A'BD$$
$$H = BC + AB'C' + ABD$$

8개의 게이트와 22개의 게이트 입력을 필요로 하게 되어, 두 개의 게이트와 세 개의 게이트 입력이 절약된다.

예제 3.39

$$F(A, B, C, D) = \Sigma m(0, 2, 6, 10, 11, 14, 15)$$
$$G(A, B, C, D) = \Sigma m(0, 3, 6, 7, 8, 9, 12, 13, 14, 15)$$
$$H(A, B, C, D) = \Sigma m(0, 3, 4, 5, 7, 10, 11, 12, 13, 14, 15)$$

다음의 맵은 위 함수들을 나타내고 있다. 공유되지 않으면서 필수 주내포항을 만드는 1은 G의 m_9이 있고 이에 대한 주내포항 AC'는 원으로 묶임을 보인다.

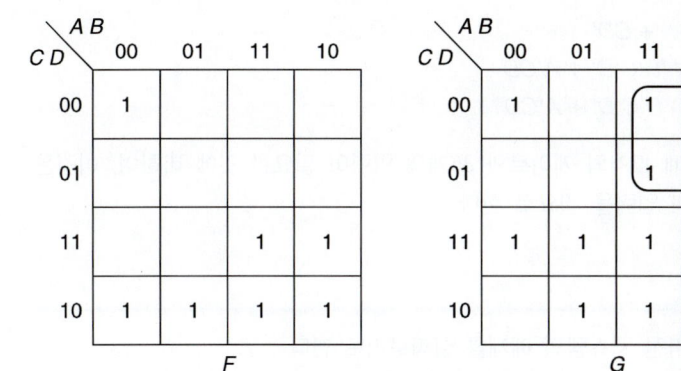

다음은, AC가 $F(m_{11}$과 m_{15}에 의해서)와 $H(m_{10}$에 의해서)의 필수 주내포항인 것을 알 수 있다. 더욱이 m_{10}과 m_{11} 어느 것도 G에서 1이 아니다. 이런 항은 F와 H 양쪽에 대해서 사용되어진다. 다음에 H에 대하여 BC'와 G에 대하여 BC를 선택한다. 각각은 4개의 새로운 1을 커버하고 이것들 중에 일부는 공유할 수가 없다(커버된 1들은 이미 다른 함수에 커버되어 있기 때문이다).

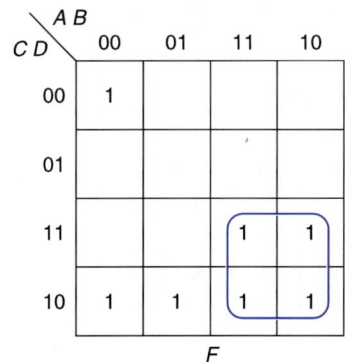
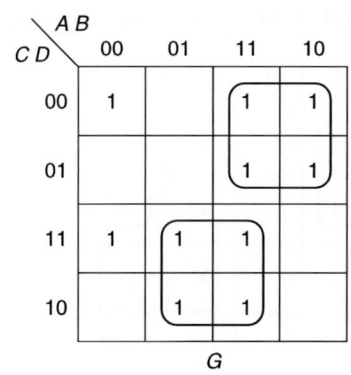
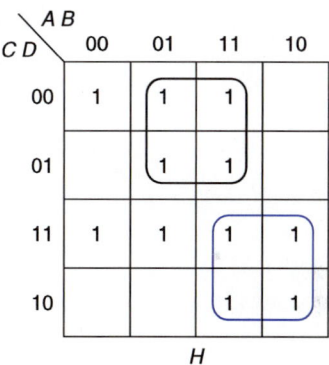

이 시점에서, $A'B'C'D'$는 3개의 함수 모두에서 m_0을 커버하기 위해서 사용될 수 있음을 알 수 있다. 만일 공유하지 않는다면 3개의 서로 다른 3리터럴 항이 필요하게 된다. $A'CD$는 G와 H에 대해서 사용되고, 마지막으로 CD'는 F에 대해서 사용되어 다음과 같은 맵과 대수식들을 만들어 낸다.

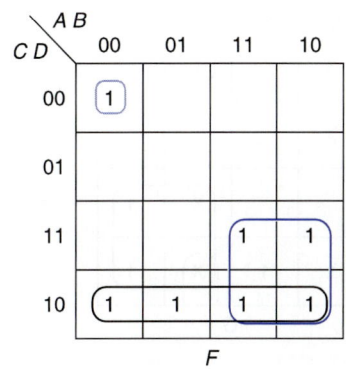
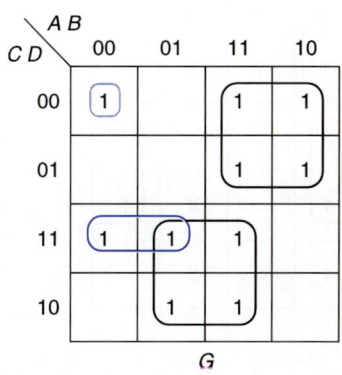
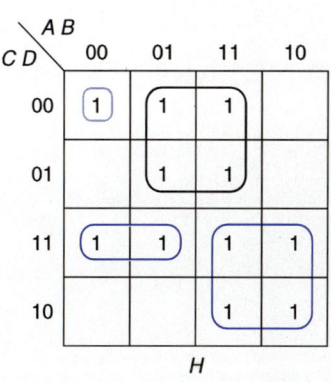

$$F = AC + A'B'C'D' + CD'$$
$$G = AC' + BC + A'B'C'D' + A'CD$$
$$H = AC + BC' + A'B'C'D' + A'CD$$

독립된 문제로 풀었을 때 13개의 게이트와 35개의 입력이 필요한 것에 비하여, 이것은 10개의 게이트와 28개의 입력을 필요로 한다.

예제 3.40

마지막으로, 무정의를 가진 시스템의 예제를 살펴보기로 한다.

$$F(A, B, C, D) = \Sigma m(2, 3, 4, 6, 9, 11, 12) + \Sigma d(0, 1, 14, 15)$$
$$G(A, B, C, D) = \Sigma m(2, 6, 10, 11, 12) + \Sigma d(0, 1, 14, 15)$$

아래의 맵에서 공유되지 않는 1에 의해 필수 주내포항이 되는 $B'D$의 묶음을 보여주고 있다.

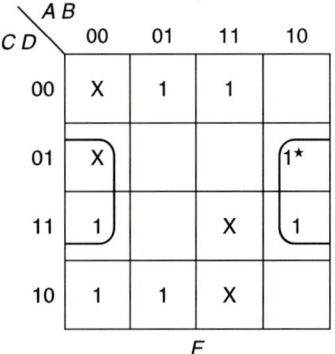

F의 m_{11}은 커버되었기 때문에, G에서 m_{11}을 커버하기 위해 필수 주내포항 AC를 사용해야 한다. 또한, 다음 맵에서 보는 바와 같이, ABD'는 G의 필수 주내포항이고 전체 항이 공유되기 때문에 G에 대하여 ABD'를 선택한다(최적의 해에서 이를 공유한다).

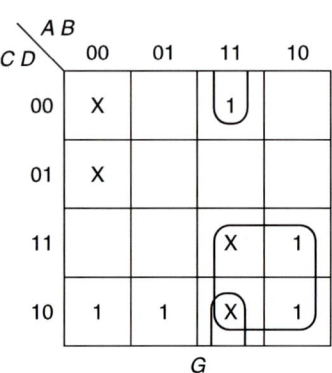

G에서 항 ABD'가 필요하기 때문에, F에 대해서도 이 항을 사용할 수 있을 것이다(단지 OR 게이트에 입력 하나만 추가하면 된다). 만약 이렇게 할 경우, F의 나머지는 $A'D'$로 커버하고 G의 나머지는 CD'로 커버할 수 있다. 맵과 식은 다음과 같다.

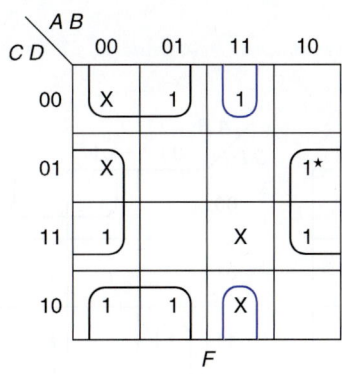

$F = B'D + ABD' + A'D'$

$G = AC + ABD' + CD'$

이 해는 7개의 게이트와 17개의 입력을 사용한다. 또 다른 방법으로는 $A'CD'$을 공유하는 것인데, 필요한 게이트 수는 같고 입력의 수는 하나가 더 필요하게 된다. $A'CD'$을 공유하면 G의 커버는 완성되었고 F의 커버는 BD'로 끝나게 된다. 맵과 식은 다음과 같다.

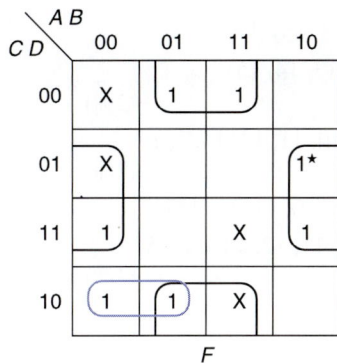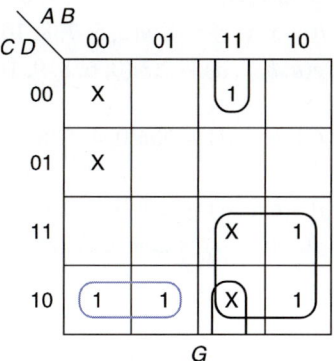

$F = B'D + A'CD' + BD'$

$G = AC + ABD' + A'CD'$

이 방법 역시 7개의 게이트를 필요로 하지만, 2입력 AND 게이트 대신에 3입력 AND 게이트를 사용하게 되어 입력 수가 18개가 된다(따라서, 이 해는 최소가 아니다).

[문제풀이 11; 연습문제 11, 12]

3.7 문제풀이

1. 다음 함수에 대한 카느로 맵을 그려라.

    a. $f(a, b, c) = \Sigma m(0, 1, 3, 6)$

    b. $g(w, x, y, z) = \Sigma m(3, 4, 7, 10, 11, 14) + \Sigma d(2, 13, 15)$

    c. $F = BD' + ABC + AD + A'B'C$

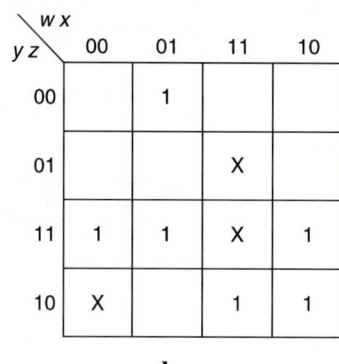

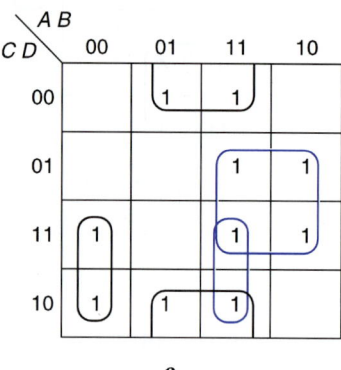

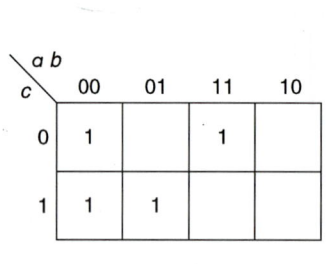

    a.   **b.**   **c.**

2. 다음과 같은 함수에 대해 최소 곱의합 표현을 모두 찾아라(만일 하나 이상의 해가 존재하는 경우 괄호 안에 해의 수를 나타내었다).

    a. $G(X, Y, Z) = \Sigma m(1, 2, 3, 4, 6, 7)$

    b. $f(w, x, y, z) = \Sigma m(2, 5, 7, 8, 10, 12, 13, 15)$

    c. $g(a, b, c, d) = \Sigma m(0, 6, 8, 9, 10, 11, 13, 14, 15)$

                                                            (2해)

    d. $f(a, b, c, d) = \Sigma m(0, 4, 5, 6, 7, 8, 9, 10, 11, 13, 14, 15)$

                                                            (2해)

    e. $f(a, b, c, d) = \Sigma m(0, 1, 2, 4, 6, 7, 8, 9, 10, 11, 12, 15)$

    f. $g(a, b, c, d) = \Sigma m(0, 2, 3, 5, 7, 8, 10, 11, 12, 13, 14, 15)$

                                                            (4해)

    a. 오른쪽 맵에서 볼 수 있듯이 모든 주내포항은 필수이다.

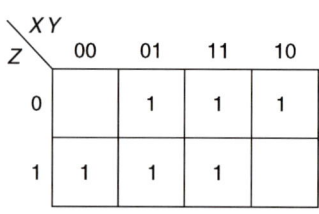

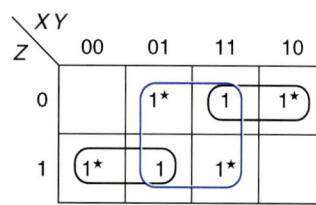

$$G = Y + XZ' + X'Z$$

b.

$yz \backslash wx$	00	01	11	10
00			1	1
01		1	1	
11		1	1	
10	1			1

$yz \backslash wx$	00	01	11	10
00			1	1
01		1*	1	
11		1*	1*	
10	1*			1

$yz \backslash wx$	00	01	11	10
00			1	1
01		1	1	
11		1	1	
10	1			1

필수 주내포항은 두 번째 맵에 보여주고 있고 커버되어야 할 1이 2개가
남아 있다. 세 번째 맵은 2개의 다른 주내포항에 의해 커버될 수 있음을
보여주고 있다. 그러나, 파랑색 그룹은 한 개 항을 가지고 양쪽을 커버한
다. 연파랑색 항은 양쪽 모두 필요하다. 최소해는 다음과 같다.

$$f = xz + x'yz' + wy'z'$$

c.

$cd \backslash ab$	00	01	11	10
00	1			1
01			1	1
11			1	1
10		1	1	1

$cd \backslash ab$	00	01	11	10
00	1*			1
01			1*	1
11			1	1
10		1*	1	1

$cd \backslash ab$	00	01	11	10
00	1			1
01			1	1
11			1	1
10		1	1	1

필수 주내포항은 가운데 맵에 보여주고 있다. 세 번째 맵에서 파랑색으로
표시한 것과 같이 남아있는 1은 4개로 이루어진 두 그룹으로 커버될 수
있다.

$$g = b'c'd' + bcd' + ad + ab'$$
$$g = b'c'd' + bcd' + ad + ac$$

d.

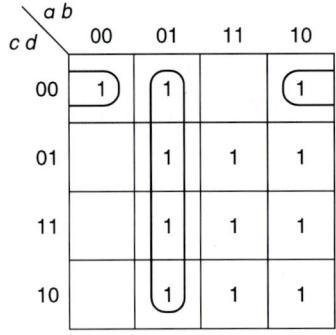

이 문제에는 필수 주내포항이 없다. m_0를 커버하기 위해 2개로 구성된 그룹 하나가 필요하다. 다른 1들은 4개로 구성된 그룹으로 커버될 수 있다. m_0를 커버하는 데 $a'c'd'$를 선택하면(가운데 맵), m_8을 커버하는 데 있어서는 ab'을 선택해야 한다(그렇지 않다면 m_8의 1을 커버하기 위하여 $b'c'd'$를 선택해야 한다. 이것은 변수가 많을 뿐만 아니라 새로운 1을 커버하지 않는다. 반면 ab'은 커버되지 않은 1을 3개 커버한다). 이렇게 함으로써 다른 2개의 주내포항은 명확해 진다.

$$f = a'c'd' + ab' + bc + bd$$

비슷한 방법으로 (다음의 맵에서) $b'c'd'$를 선택하면(m_0를 포함하는 다른 주내포항), m_4를 커버하기 위하여 $a'b$를 선택해야 한다.

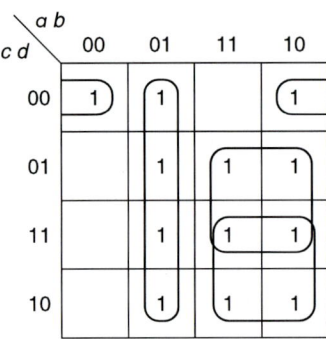

2개의 항으로 나머지 1들을 커버하기 위한 방법은 두 번째 맵에서 보는 바와 같이 ac와 ad이다.

$$f = b'c'd' + a'b + ac + ad$$

e. 첫 번째 맵에서 보는 바와 같이 2개의 필수 주내포항이 있고 6개의 1이 커버되어 있지 않다. 두 번째 맵에서 필수 주내포항은 음영으로 표시하였다.

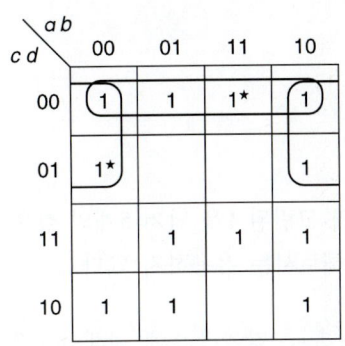 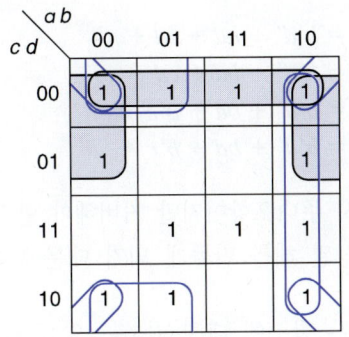 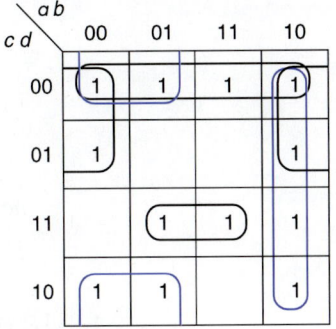

남아있는 1들 중에 2개 보다 많은 것을 커버하는 주내포항이 없다. 따라서 3개 이상의 항이 필요하다. 4개를 포함하는 그룹은 3개가 있고 두 번째 맵에서 파랑색 선으로 표시되어있다. $a'd'$와 ab'를 이용하여 새로운 4개의 1을 커버 할 수 있다. m_7 과 m_{15}가 아직 커버되지 않았는데 이들 두 개를 그룹 bcd로 묶을 수 있다. 따라서, 세 번째의 맵에서 보는 바와 같이 5개의 항과 11개의 리터럴이 필요하다.

$$f = c'd' + b'c' + a'd' + ab' + bcd$$

또 다른 해는 5개의 항을 사용하며 12개의 리터럴을 필요로 한다.

$$f = c'd' + b'c' + b'd' + a'bc + acd$$

이 해는 하나의 리터럴이 더 필요하므로 최소해가 아니다.

f. 두 번째 맵에 2개의 필수 주내포항이 표시($b'd'+ bd$)되어 있다. 4개의 1은 아직 커버되지 않았다. 세 번째 맵에서 주내포항들에 의해 커버되는 1들은 음영으로 표시하였다.

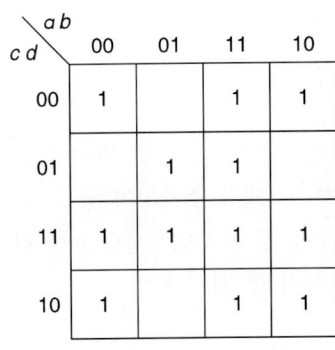 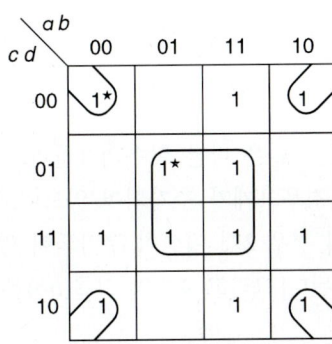 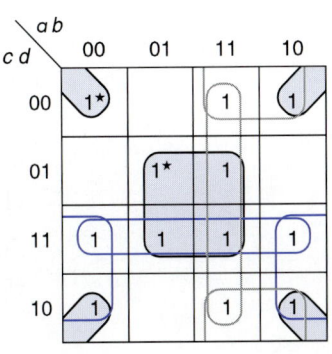

m_3과 m_{11}은 cd 혹은 $b'c$에 의해 커버될 수 있고(파랑색 선으로 표시), m_{12}와 m_{14}는 ab 또는 ad'에 의해 커버될 수 있다(회색 선으로 표시). 따라서 4개의 해가 존재한다.

$$f = b'd' + bd + cd + ab$$
$$f = b'd' + bd + cd + ad'$$
$$f = b'd' + bd + b'c + ab$$
$$f = b'd' + bd + b'c + ad'$$

ac 역시 주내포항이지만 커버해야 할 2개의 고립된 1을 남겨 5개의 항으로 구성된 해를 만들게 되기 때문에 최소해로서는 유용하지 않다.

3. 다음과 같은 함수에 대해 최소 곱의합 표현을 모두 찾아라. z에 대해서는 2개의 해가 존재한다.

cd＼ab	00	01	11	10
00			1	1
01		1	1	
11			1	1
10		1	1	

w

cd＼ab	00	01	11	10
00	1		1	1
01		1	1	
11			1	1
10		1	1	

x

cd＼ab	00	01	11	10
00	1		1	1
01	1	1	1	
11			1	1
10		1	1	

y

cd＼ab	00	01	11	10
00	1		1	1
01	1	1	1	
11	1		1	1
10	1	1	1	

z

w의 모든 1들은 다른 함수의 1들과 카르노 맵 상에서 동일한 위치에 있다. x의 경우 1개가 추가되어 있으며, y의 경우 2개가 추가되어 있고, 그리고 z의 경우 2개 이상이 추가되어 있다. 단지, 필수 주내포항만 w를 위해 사용된다[그리고 4개의 그룹(ab)은 필요하지 않다].

$$w = ac'd' + bc'd + acd + bcd'$$

x에 대해서는 $b'c'd'$이 필수 주내포항인 것처럼, w의 마지막 3개의 항도 필수 주내포항이다. 아래의 맵을 살펴보면, m_{12}만 커버되지 않았고 남겨져 있다.

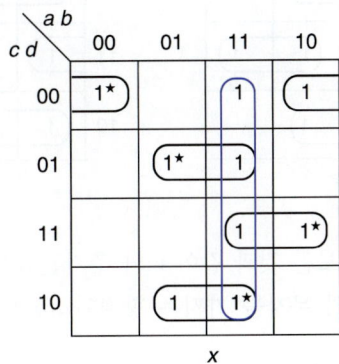

ab 또는 $ac'd'$ 중 문자가 1개 작은 ab를 선택하여 최소해를 획득한다:

$x = bc'd + acd + bcd' + b'c'd' + ab$

y에 대해서는 단지 2개의 필수 주내포항이 있으며, 커버로부터 6개의 1이 남겨져 있다.

남겨진 1들에 대해 2개 이상으로 커버되는 항이 없기 때문에 4개의 그룹을 사용하여 해를 획득한다.

$y = acd + bcd' + ab + b'c'd' + a'c'd$

마지막으로, z에서는 해 01과 10내의 1들을 커버하기 위해 세 개의 문자를 가지는 항 4개가 필요하다.

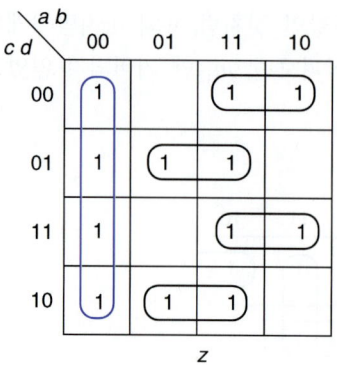
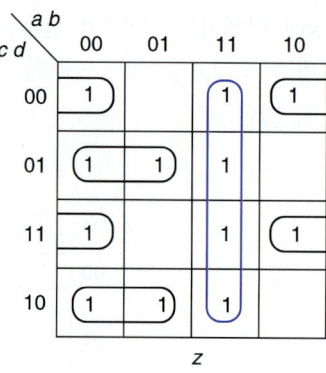

왼쪽 그림에서는 보는 것과 같이 w와 추가된 $a'b'$에 대한 해나 오른쪽 그림과 같이 세 개의 문자를 가지는 항 4와 ab에 대한 해 중 어느 것이든 사용할 수 있다.

$$f = ac'd' + bc'd + acd + bcd' + a'b'$$
$$= ab + b'c'd' + a'c'd + b'cd + a'cd'$$

---

4. 다음과 같은 함수에 대해

i. 모든 주내포항을 나열하고 어떤 것이 필수인지 나타내어라.

ii. 최소 곱의합 식을 구하라.

a. $G(A, B, C, D) = \Sigma m(0, 1, 4, 5, 7, 8, 10, 13, 14, 15)$

(3해)

b. $f(w, x, y, z) = \Sigma m(2, 3, 4, 5, 6, 7, 9, 10, 11, 13)$

c. $h(a, b, c, d) = \Sigma m(1, 2, 3, 4, 8, 9, 10, 12, 13, 14, 15)$

(2해)

a. 첫 번째 맵에서 모든 주내포항을 묶어 원으로 나타낸다. 오직 한 번만 커버된 1에 대해서는 ★로 표시했다.

　　필수 주내포항: $A'C'$, BD

　　다른 주내포항: $B'C'D'$, $AB'D'$, ACD', ABC

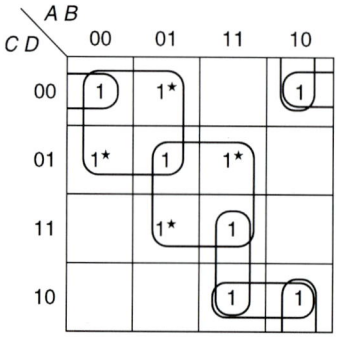
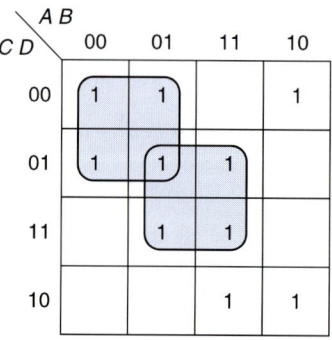

두 번째 맵에서 필수 주내포항을 음영으로 표시하여 아직 커버되지 않은 3개의 1들을 잘 보이게 하고 있다. 이들을 모두 커버하기 위하여 2개의 항이 더 필요하며, 2항 중에서 최소한 한 개는 2개의 1을 커버해야 한다. 따라서 3개의 해는 다음과 같다.

$$F = A'C' + BD + ACD' + B'C'D'$$
$$F = A'C' + BD + AB'D' + ACD'$$
$$F = A'C' + BD + AB'D' + ABC$$

b.

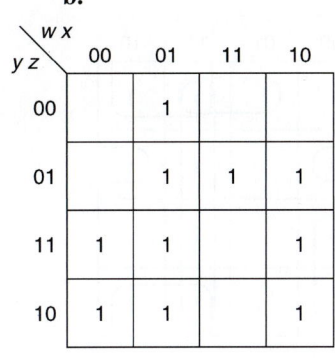 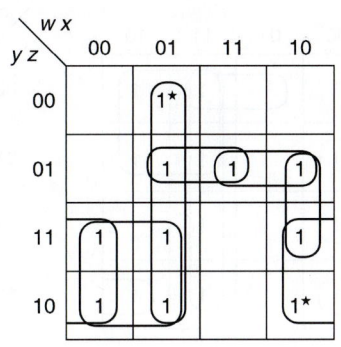 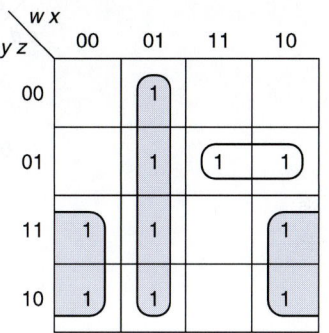

두 번째 맵에서 모든 주내포항을 보여주고 있다. 한 번만 커버된 1에 대해서는 *로 표시하였다.

필수 주내포항: $w'x$, $x'y$

다른 주내포항: $w'y$, $xy'z$, $wy'z$, $wx'z$

세 번째 맵에서 음영으로 표시된 필수 주내포항과 함께 최소해는 다음과 같이 되는 것은 분명하다.

$$f = w'x + x'y + wy'z$$

c. 첫 번째 맵에서 모든 주내포항을 보여주고 있으며, 필수 주내포항은 파랑색으로 나타내었다.

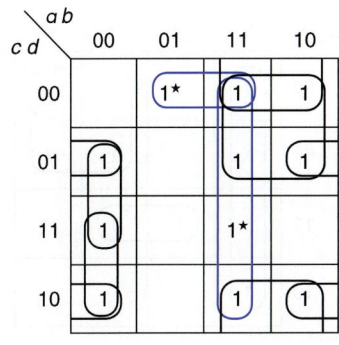 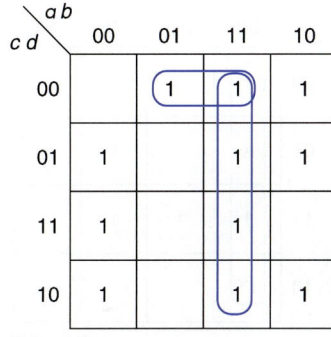

필수 주내포항: ab, $bc'd'$

다른 주내포항: ac', ad', $b'c'd$, $b'cd'$, $a'b'c$, $a'b'd$

이렇게 필수 주내포항을 선택하게 되면, 커버되어져야 하는 1들이 6개 남게 된다. 한 번에 2개만 커버할 수 있게 되어 있다. 4개의 1을 포함하는 그룹은 두 개가 있는데, 이 둘 중 한 개를 사용할 수 있다(두 개 모두를 사용하는 경우에 3개의 1만을 커버하기 때문에 한 개만 사용한다). 두 가지 방법에 따른 해는 아래 맵과 같다.

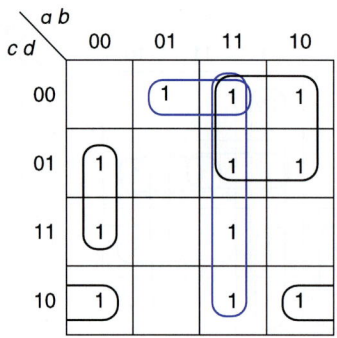
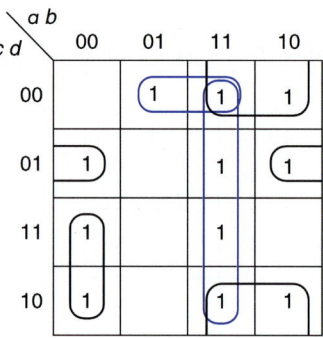

$$h = ab + bc'd' + ac' + a'b'd + b'cd'$$
$$h = ab + bc'd' + ad' + b'c'd + a'b'c$$

5. 다음과 같은 함수에 대해 최소 곱의합 식을 모두 찾아라(만일 하나 이상의 해가 존재하는 경우 괄호 안에 해의 수를 나타내었다).

a. $f(a, b, c, d) = \Sigma m(0, 2, 3, 7, 8, 9, 13, 15) + \Sigma d(1, 12)$

b. $F(W, X, Y, Z) = \Sigma m(1, 3, 5, 6, 7, 13, 14) + \Sigma d(8, 10, 12)$
                                                                   (2해)

c. $f(a, b, c, d) = \Sigma m(3, 8, 10, 13, 15)$
          $+ \Sigma d(0, 2, 5, 7, 11, 12, 14)$ (8해)

a.

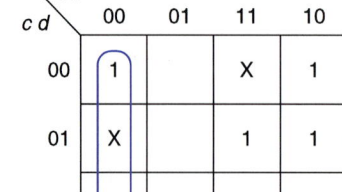
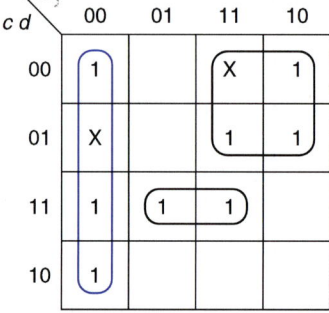

첫 번째 맵은 필수 주내포항 $a'b'$를 나타낸다. 나머지 1들은 두 번째 맵에 나타낸 것처럼 2개의 추가 항으로 커버될 수 있다. 이 예제에서는 모든 무정의들을 1로 다룬다. 결과해는 다음과 같다.

$$f = a'b' + ac' + bcd$$

$b'c'$, abd 그리고 $a'cd$와 같은 다른 주내포항이 있지만, 그 중에서 하나가 선택된다면 $a'b'$외에 3개의 주내포항이 추가적으로 필요하게 될 것이다.

b.

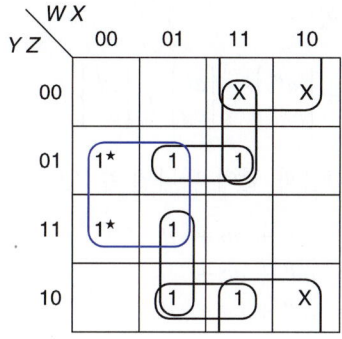

두 번째 맵은 모든 주내포항을 보여주고 있다. 단지 $W'Z$가 필수적이라는 것이 명백하며, 나머지 3개의 1들은 묶이지 않은 상태로 남는다. 주내포항 XYZ'는 3개의 1들 중에서 2개를 커버할 수 있는 유일한 묶음이며, 두 개의 최소해에 포함된다. 남은 1은 WXY'(연파랑색)나 $XY'Z$(회색)로 커버할 수 있기 때문에, 두 항 중에 하나를 선택하면 된다. m_{12}의 무정의는 서로 다르게 처리하므로, 비록 아래에 나타낸 2개의 해가 각각 문제의 요구를 만족하더라도 함수가 서로 같지 않다.

$$F = W'Z + XYZ' + WXY'$$
$$F = W'Z + XYZ' + XY'Z$$

또한, 4개를 묶은 그룹(WZ')은 사용되고 있지 않다. 사용하게 되면 4항으로 이루어진 식이 될 것이다.

c. 이 문제에서는 필수 주내포항이 없다. 첫 번째 맵은 m_8을 커버하는 유일한 2개의 주내포항을 나타내며, 또한 m_{10}도 커버한다. 두 번째 맵은 m_{13}을 커버하는 유일한 주내포항을 나타내며, 또한 m_{15}를 커버한다. 해를 구하기 위해서 이들 중에서 한 개를 선택해야 한다. 마지막으로, 세 번째 맵은 m_3을 커버하는 유일한 2개의 주내포항을 나타낸다.

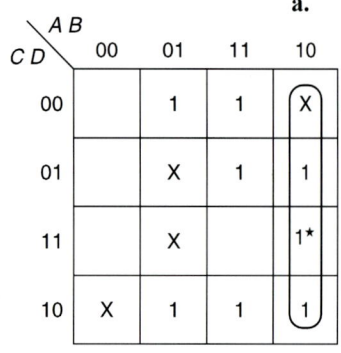

따라서, 최종 해는 각 그룹으로부터 하나씩 선택하여 전체 8개의 해를 구할 수 있다.

$$f = \begin{Bmatrix} ad' \\ b'd' \end{Bmatrix} + \begin{Bmatrix} ab \\ bd \end{Bmatrix} + \begin{Bmatrix} cd \\ b'c \end{Bmatrix}$$

또는, 다음과 같이 나타낼 수 있다.

$$f = ad' + ab + cd$$
$$f = ad' + ab + b'c$$
$$f = ad' + bd + cd$$
$$f = ad' + bd + b'c$$
$$f = b'd' + ab + cd$$
$$f = b'd' + ab + b'c$$
$$f = b'd' + bd + cd$$
$$f = b'd' + bd + b'c$$

6. 다음과 같은 함수에 대해 최소 곱의합 식을 모두 찾아라. 해를 $f_1, f_2, \ldots$ 으로 표시하고, 해들이 같은지를 나타내어라.

a. $F(A, B, C, D) = \Sigma m(4, 6, 9, 10, 11, 12, 13, 14)$
$\qquad\qquad + \Sigma d(2, 5, 7, 8)$ (3해)

b. $f(a, b, c, d) = \Sigma m(0, 1, 4, 6, 10, 14)$
$\qquad\qquad + \Sigma d(5, 7, 8, 9, 11, 12, 15)$ (13해)

a.

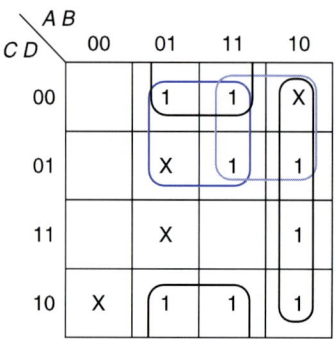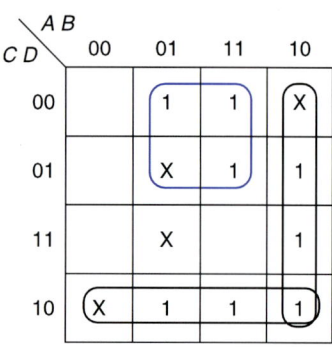

첫 번째 맵에 필수 주내포항인 AB'를 나타내었다. $A'B$나 CD'는 필수가 아니다. 왜냐하면 그들에 의해 커버된 1들은 다른 주내포항으로 커버되기 때문이다(이 항들 하나에 의해서만 커버될 수 있는 무정의들은 이들 항을 필수로 만들지 못한다). 5개의 1이 남아있으며, 2개의 추가 항을 필요로 한다. 가운데 맵에서 묶여져 있는 BD'가 돋보이는데, 이것은 나머지 4개의 1을 커버하기 때문이다. 만일 그것이 선택된다면, 단지 m_{13}이 남게 되고 이것은 BC' 혹은 AC'로 커버될 수 있다. 세 번째 맵은 BC'와 CD'를 이용하는 다른 커버를 보여주고 있다. 따라서 3개의 해는 다음과 같다.

$$F_1 = AB' + BD' + BC'$$
$$F_2 = AB' + BD' + AC'$$
$$F_3 = AB' + BC' + CD'$$

어떤 해도 나머지 주내포항 $A'B$를 이용하지 않는 점에 주목할 필요가 있다.

다음은 이들 3개의 해가 동일한 가를 검사한다. 이것은 각 함수에서 무정의가 어떻게 다루어지는가를 조사함으로써 알 수 있다. 이에 대한 표를 나타내면 다음과 같다.

	2	5	7	8
F_1	0	1	0	1
F_2	0	0	0	1
F_3	1	1	0	1

모든 함수에서 m_7은 0으로 다루어지고(사용된 어떤 주내포항에도 포함되지 않기 때문에) m_8은 1로 다루어진다(필수 주내포항 AB'에 포함되므로). 그러나 첫 번째 두 열은 세 함수 모두가 m_2와 m_5를 다르게 다루는 것을 나타낸다. 그러므로 이들 해는 모두가 다른 함수이다.

b. 이 문제에서는 필수 주내포항이 없다. 시작하기에 가장 좋은 곳은 단지 두 가지 방법으로 커버될 수 있는 1이다. 이 문제에서는 단지 하나의 1인 m_1이 있다. 어떤 해든지 $a'c'$항(첫 번째 맵에 나타난 것처럼)이나 $b'c'$항(나머지 두 맵에 나타난 것처럼)을 포함해야만 한다. $b'c'$는 $a'c'$에 의해 커버되지 않은 어떤 1들도 포함하지 않기 때문에 두 항 모두를 사용할 이유가 없다. 첫 번째 맵은 $a'c'$를 나타낸다. 여기에는 3개의 1들이 남고 2개 이상의 항이 필요하게 된다. 적어도 이 항 중에 한 개는 나머지 1들 중에 2개의 1을 커버해야 한다.

ab \ cd	00	01	11	10
00	1	1	X	X
01	1	X		X
11		X	X	X
10		1	1	1

ab \ cd	00	01	11	10
00	1	1	X	X
01	1	X		X
11		X	X	X
10		1	1	1

ab \ cd	00	01	11	10
00	X	X	X	X
01	X	X		X
11		X	X	X
10		X	X	1

두 번째 맵은 m_6과 m_{14}(bc와 bd')를 커버하는 두 가지 방법을 나타낸다. 각 경우마다 단지 하나의 1이 남게 된다. 세 번째 맵은 이전에 커버된 1들을 무정의로 나타내고 남은 마지막 1인 m_{10}을 커버하는 세 가지 방법을 보여주고 있다. 따라서, 아래와 같은 6개의 해를 얻는다.

$$f_1 = a'c' + bc + ab'$$
$$f_2 = a'c' + bc + ac$$
$$f_3 = a'c' + bc + ad'$$
$$f_4 = a'c' + bd' + ab'$$
$$f_5 = a'c' + bd' + ac$$
$$f_6 = a'c' + bd' + ad'$$

다음에, (이미 찾은 다른 것들을 포함하여) 하나의 항으로 m_{10}과 m_{14}를 어떻게 커버할 수 있는지를 알아보자. 아래의 첫 번째 맵에 나타난 것처럼 2개의 해를 추가로 제공한다(이러한 항들을 사용하는 다른 해는 이미 나타내었다).

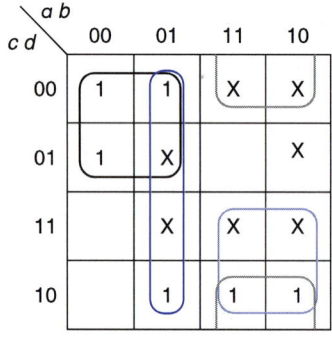
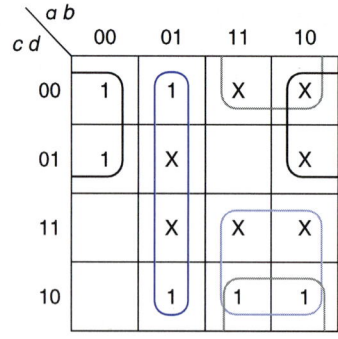
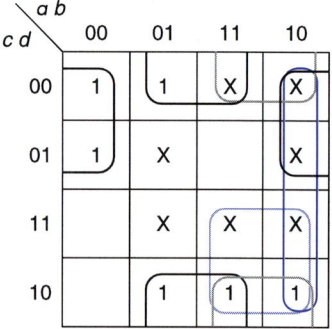

$$f_7 = a'c' + a'b + ad'$$
$$f_8 = a'c' + a'b + ac$$

그러면, $b'c'$를 사용하는 해를 살펴보자. 두 번째 맵은 $a'b$를 이용하는 두 가지를 나타낸다. 세 번째 맵은 bd'를 이용하는 세 가지를 나타내고, 이것은 첫 번째에서처럼 같은 3개의 마지막 항을 가지고 있다. 따라서, 다음과 같은 해를 얻는다.

$$f_9 = b'c' + a'b + ad'$$
$$f_{10} = b'c' + a'b + ac$$
$$f_{11} = b'c' + bd' + ab'$$
$$f_{12} = b'c' + bd' + ac$$
$$f_{13} = b'c' + bd' + ad'$$

마지막으로, 아래의 표는 각 함수가 어떻게 무정의를 다루는지 나타낸다.

	5	7	8	9	11	12	15
f_1	1	1	1	1	1	0	1
f_2	1	1	0	0	1	0	1
f_3	1	1	1	0	0	1	1
f_4	1	0	1	1	1	1	0
f_5	1	0	0	0	1	1	1
f_6	1	0	1	0	0	1	0
f_7	1	1	1	0	0	1	0
f_8	1	1	0	0	1	0	1
f_9	1	1	1	1	0	1	0
f_{10}	1	1	1	1	1	0	1
f_{11}	0	0	1	1	1	1	0
f_{12}	0	0	1	1	1	1	1
f_{13}	0	0	1	1	0	1	0

표의 열들을 비교하면 단지 두 쌍만이 같다.

$$f_1 = f_{10} \text{ 그리고 } f_2 = f_8$$

7. 다음 함수들에 대해 최소 곱의합 식과 최소 합의곱 식을 모두 찾아라.
   a. $f(w, x, y, z) = \Sigma m(2, 3, 5, 7, 10, 13, 14, 15)$
   (1 SOP, 1 POS 해)
   b. $f(a, b, c, d) = \Sigma m(3, 4, 9, 13, 14, 15) + \Sigma d(2, 5, 10, 12)$
   (1 SOP, 2 POS 해)
   c. $f(a, b, c, d) = \Sigma m(4, 6, 11, 12, 13) + \Sigma d(3, 5, 7, 9, 10, 15)$
   (2 SOP 그리고 8 POS 해)

a. f의 맵은 다음과 같다.

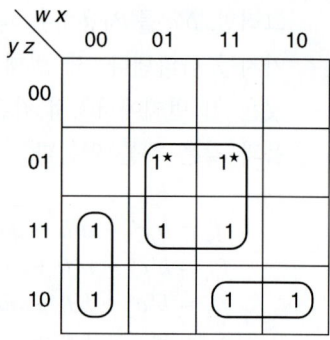

비록 필수 주내포항은 하나이지만, 2개의 추가 항으로 커버를 완성할 수 있는 방법은 한 가지 뿐이다. 즉,

$$f = xz + w'x'y + wyz'$$

모든 1을 0으로 그리고 0을 1로 바꾸거나, f에 있지 않는 모든 최소항을 표시함으로써 f'에 대한 맵을 얻는다.

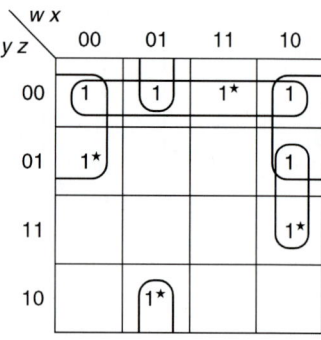

여기에는 4개의 필수 주내포항이 있고 f'의 모든 것을 커버한다.

$$f' = x'y' + y'z' + w'xz' + wx'z$$

드모르간(De Morgan)의 정리를 이용하면, 다음과 같은 결과를 얻을 수 있다.

$$f = (x + y)(y + z)(w + x' + z)(w' + x + z')$$

이러한 경우, 곱의합 식은 보다 적은 항들을 필요로 한다.

b. 다음의 맵에 나타난 것처럼, 모든 1들은 필수 주내포항에 의해 커버되어지고 최소 곱의합 표현을 만들어낸다.

cd＼ab	00	01	11	10
00		1	X	
01		X	1	1
11	1		1	
10	X		1	X

cd＼ab	00	01	11	10
00		1*	X	
01		X	1	1*
11	1*		1*	
10	X		1	X

$$f_1 = bc' + ab + a'b'c + ac'd$$

모든 1을 0으로 0을 1로 바꾸고 X들은 그대로 함으로써 f'에 대해 다음과 같은 맵을 얻는다.

cd＼ab	00	01	11	10
00	1		X	1
01	1	X		
11		1		1
10	X	1		X

cd＼ab	00	01	11	10
00	1		X	1
01	1	X		
11		1		1*
10	X	1		X

cd＼ab	00	01	11	10
00	1		X	1
01	1	X		
11		1		1*
10	X	1		X

여기에는 하나의 필수 주내포항 $ab'c$가 있다. 비록 m_6과 m_7이 두 가지 방법으로 커버될 수 있지만, 단지 $a'bc$ 한 개에 의하여 두 개 모두가 커버된다. 가운데의 맵은 이러한 항들의 묶음을 나타내고, 3개의 1들이 남아있다. 세 번째 맵에 나타난 것처럼 나머지 2개의 1을 커버하는 4개를 묶는 그룹 $b'd'$가 있다. 그리고 남은 m_1은 세 번째 맵에서 나타난 파랑색과 연파랑색 선처럼 두 가지 방법으로 커버될 수 있다. 따라서, f'에 대한 2개의 최소 곱의합 식은 다음과 같다.

$$f_2' = ab'c + a'bc + b'd' + a'c'd$$
$$f_3' = ab'c + a'bc + b'd' + a'b'c'$$

그리고 2개의 최소 합의곱 해는 다음과 같다.

$$f_2 = (a' + b + c')(a + b' + c')(b + d)(a + c + d')$$
$$f_3 = (a' + b + c')(a + b' + c')(b + d)(a + b + c)$$

c. f에 대한 맵은 다음의 왼쪽 맵에 나타나있다. 2개의 필수 주내포항이 있고, 단지 m_{11}만 남게 된다. 오른쪽 맵에서 4개로 이루어진 2개의 그룹을 보여주고 있다.

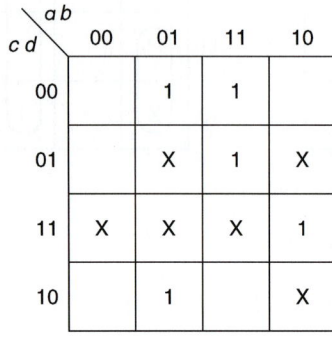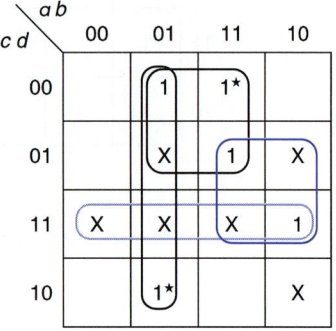

따라서, 2개의 곱의합 해는 다음과 같다.

$$f_1 = a'b + bc' + ad$$
$$f_2 = a'b + bc' + cd$$

f'를 매핑하였고 필수 주내포항은 찾지 못했다.

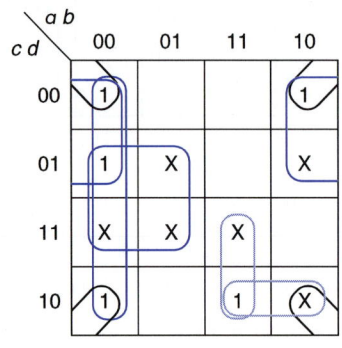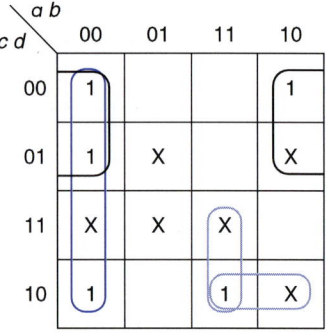

m_8을 시작점으로 선택한다. 이것은 맵의 코너에 있는 4개의 1에 의한 $b'd'$ (두 번째 맵에 나타난 것처럼), 혹은 세 번째 맵에 나타난 것처럼 $b'c'$에 의해 커버될 수 있다. 선택하는 해가 어느 것이든지 간에 m_{14}(연파랑색으로 나타나 있음)를 커버하기 위해 2개로 묶인 그룹을 필요로 하고, 다른 1을 추가로 커버하지 않는다. 이것 중에 한 개와 $b'd'$를 선택하면 남는 것은 m_1뿐이다. 3개의 파랑색 선은 커버를 나타낸다(이들 중에 하나가 $b'c'$인 것을 주목하라). 만일 $b'd'$를 선택하지 않는다면, m_0를 커버하기 위해 $b'c'$를 선택해야 하고 m_2를 커버하기 위해 $a'b'$를 선택해야 한다(왜냐하면 m_2

를 커버하는 유일한 다른 주내포항이 $b'd'$이고, 이미 그 항을 사용하는 모든 해를 찾았기 때문이다). 따라서 f'에 대한 8개의 해는 다음과 같다.

$$f'_3 = b'd' + abc + a'b'$$
$$f'_4 = b'd' + abc + a'd$$
$$f'_5 = b'd' + abc + b'c'$$
$$f'_6 = b'd' + acd' + a'b'$$
$$f'_7 = b'd' + acd' + a'd$$
$$f'_8 = b'd' + acd' + b'c'$$
$$f'_9 = b'c' + abc + a'b'$$
$$f'_{10} = b'c' + acd' + a'b'$$

그리고 f에 대한 합의곱 해는 다음과 같다.

$$f_3 = (b + d)(a' + b' + c')(a + b)$$
$$f_4 = (b + d)(a' + b' + c')(a + d')$$
$$f_5 = (b + d)(a' + b' + c')(b + c)$$
$$f_6 = (b + d)(a' + c' + d)(a + b)$$
$$f_7 = (b + d)(a' + c' + d)(a + d')$$
$$f_8 = (b + d)(a' + c' + d)(b + c)$$
$$f_9 = (b + c)(a' + b' + c')(a + b)$$
$$f_{10} = (b + c)(a' + c' + d)(a + b)$$

8. 문제 7의 각 해를 $f_1, f_2, \ldots$으로 표시하고 해가 같음을 나타내어라.

a. 이 문제는 무정의를 포함하지 않으므로 모든 해는 같다.

b.

	2	5	10	12
f_1	1	1	0	1
f'_2	1	1	1	0
f_2	0	0	0	1
f'_3	1	0	1	0
f_3	0	1	0	1

동일한 해가 하나도 없다. 곱의합 해는 m_2를 1로 다루고, 합의곱 해는 m_2를 0으로 다룬다. 2개의 합의곱 해는 m_5를 다르게 다룬다.

c.

	3	5	7	9	10	15
f_1	0	1	1	1	0	1
f_2	1	1	1	0	0	1
f'_3	1	0	0	0	1	1
f'_4	1	1	1	0	1	1
f'_5	0	0	0	1	1	1
f'_6	1	0	0	0	1	0
f'_7	1	1	1	0	1	0
f'_8	0	0	0	1	1	0
f'_9	1	0	0	1	0	1
f'_{10}	1	0	0	1	1	0

곱의합 식과 합의곱 식이 같아지기 위해서는, 패턴이 반대가 되어야 한다 (왜냐하면 POS 형식으로 f'에 대한 무정의 값을 나타내기 때문이다). 그러므로 f_1은 f_6과 같고($f_1 = f_6$), f_2는 f_8과 같다($f_2 = f_8$).

$$a'b + bc' + ad = (b + d)(a' + c' + d)(a + b)$$
$$a'b + bc' + cd = (b + d)(a' + c' + d)(b + c)$$

9. 다음과 같은 함수에 대해 최소 곱의합 식을 구하라.
   a. $F(A, B, C, D, E) = \Sigma m(0, 5, 7, 9, 11, 13, 15, 18, 19, 22, 23,$
      $25, 27, 28, 29, 31)$
   b. $F(A, B, C, D, E) = \Sigma m(0, 2, 4, 7, 8, 10, 15, 17, 20, 21, 23,$
      $25, 26, 27, 29, 31)$
   c. $G(V, W, X, Y, Z) = \Sigma m(0, 1, 4, 5, 6, 7, 10, 11, 14, 15, 21, 24,$
      $25, 26, 27)$ (3해)
   d. $G(V, W, X, Y, Z) = \Sigma m(0, 1, 5, 6, 7, 8, 9, 14, 17, 20, 21, 22,$
      $23, 25, 28, 29, 30)$ (3해)
   e. $H(A, B, C, D, E) = \Sigma m(1, 3, 10, 14, 21, 26, 28, 30)$
      $+ \Sigma d(5, 12, 17, 29)$

a. 다른 층이 0인 위치에 대해 대응하는 1들을 찾는다. 첫 번째 맵에서 한 층에 완전히 포함되는 모든 필수 주내포항인 $A'B'C'D'E'$, $A'CE$, $AB'D$ 그리고 $ABCD'$를 보여주고 있다.

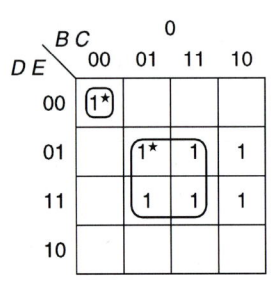
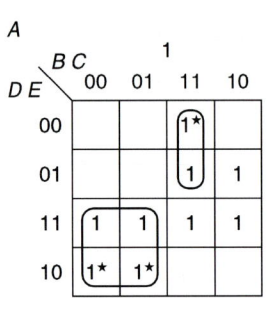

이러한 필수 주내포항에 의해 커버된 1들은 두 번째 맵에 무정의로 나타나 있다. 남아있는 1들은 8개로 묶인 그룹 BE로 두 번째 맵에 나타나있다. 따라서, 최소해는 다음과 같다.

$$F = A'B'C'D'E' + A'CE + AB'D + ABCD' + BE$$

b. 다음의 왼쪽 맵에는 필수 주내포항을 보여주고 있다. $A'C'E'$는 상위 층($A = 0$인 층)에 있고, $AD'E$는 하위 층($A = 1$인 층)에 있다. 그리고 CDE는 두 층에 걸쳐서 있음을 주목하라.

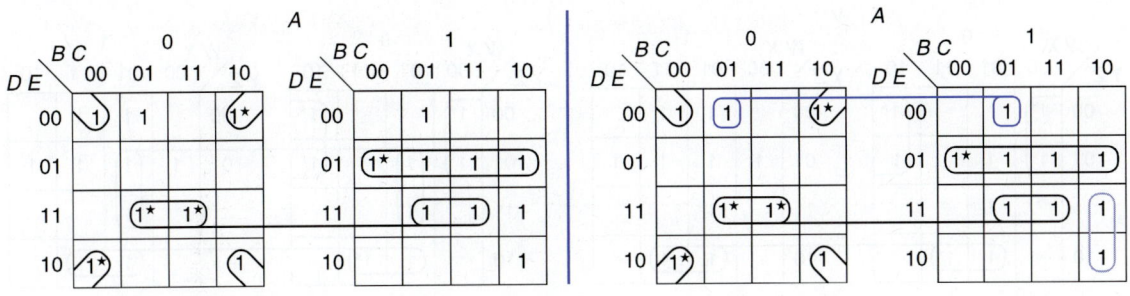

이렇게 함으로써 4개의 1이 남는데, 이것은 오른쪽 맵과 같이 2개로 이루어진 2개 그룹으로 묶으면 된다. 따라서, 최소해는 다음과 같다.

$$F = A'C'E' + AD'E + CDE + B'CD'E' + ABC'D$$

c. 필수 주내포항을 왼쪽 맵에 보여주고 있다. $V'W'Y' + VWX' + W'XY'Z$와 같이 선택한 후에 6개의 1들이 커버되지 않고 남는다. 오른쪽 맵에는 필수 주내포항으로 커버된 최소항이 무정의로 나타나있다. 각 1들은 4개로 이루어진 2개 그룹에 의해 커버될 수 있고, 아래의 오른쪽 맵에 보여주고 있다.

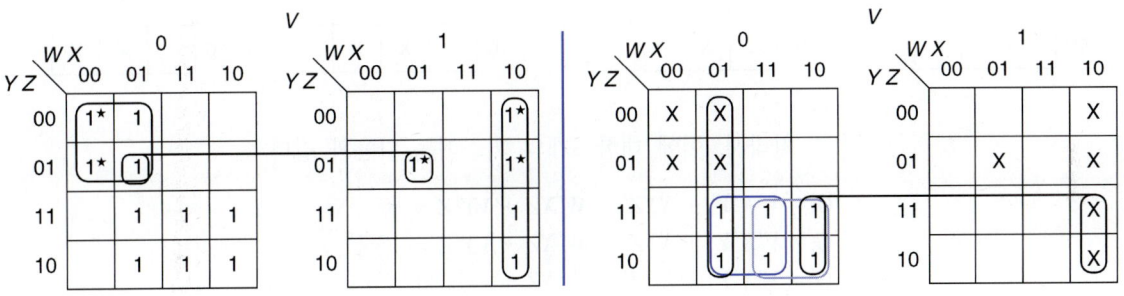

4개의 새로운 1들을 커버하는 그룹 한 개는 반드시 선택해야 한다. 다음과 같은 해가 주어진다.

$$G = V'W'Y' + VWX' + W'XY'Z + V'XY + V'WY$$
$$G = V'W'Y' + VWX' + W'XY'Z + V'XY + WX'Y$$
$$G = V'W'Y' + VWX' + W'XY'Z + V'WY + V'W'X$$

d. 첫 번째 맵에서는 2개의 필수 주내포항 $V'X'Y'$와 XYZ'을 보여주고 있다. $W'XZ$항은 두 번째 맵에 묶여 있고, 만일 이 항이 사용되지 않는다면 $W'XY$는 m_7과 m_{23}을 커버하기 위해 필요하게 된다. 그러면 3개 항이 함수를 커버하기 위해 더 필요하게 된다.

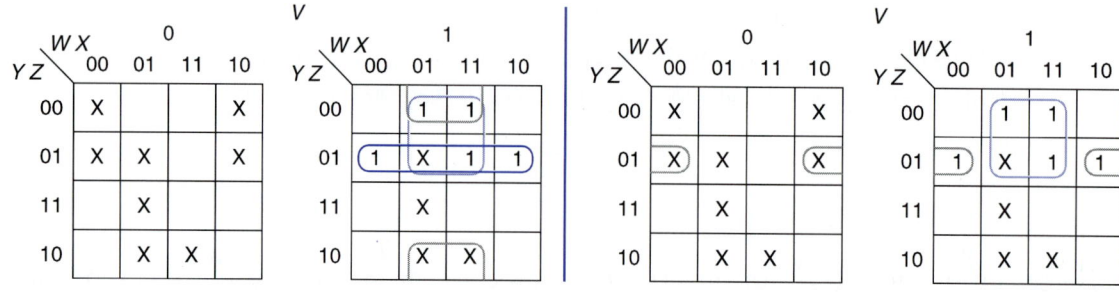

다음 맵에 커버된 항들을 무정의로 표시했고 남아있는 1들을 커버하는 세 가지 방법을 보여주고 있다. 왼쪽 맵에서 파랑색 항 $VY'Z$과 VXY'나 VXZ' 중에 한 개를 사용하는 것을 보여주고 있다. 오른쪽 맵에서는 VXY'와 $X'Y'Z$가 사용되었다.

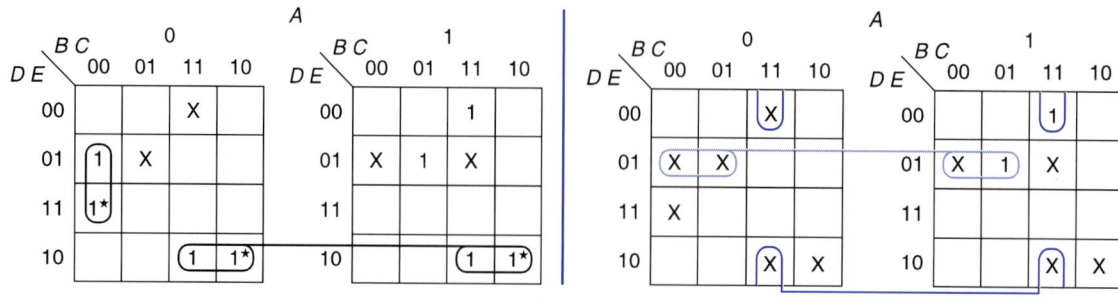

따라서, 이에 대한 3개의 최소해는 다음과 같다.

$$G = V'X'Y' + XYZ' + W'XZ + VY'Z + VXY'$$
$$G = V'X'Y' + XYZ' + W'XZ + VY'Z + VXZ'$$
$$G = V'X'Y' + XYZ' + W'XZ + VXY' + X'Y'Z$$

e. 첫 번째 맵에서 2개의 필수 주내포항 $A'B'C'E$와 BDE'를 보여주고 있다. 두 번째 맵에서 나머지 1들은 4개로 이루어진 그룹에 의해 각각 커버된다는 것을 보여주고 있다.

따라서, 최소해는 다음과 같다.

$$H = A'B'C'E + BDE' + BCE' + B'D'E$$

10. 다음의 6변수 함수에 대해 4개의 최소 곱의합 식을 구하라.

$$G(A, B, C, D, E, F) = \Sigma m(0, 4, 6, 8, 9, 11, 12, 13, 15, 16,$$
$$20, 22, 24, 25, 27, 28, 29, 31, 32, 34, 36, 38, 40, 41, 42,$$
$$43, 45, 47, 48, 49, 54, 56, 57, 59, 61, 63)$$

첫 번째 맵에는 3개의 필수 주내포항 $ABD'E'$, CF 그리고 $C'DEF'$가 검은색으로 묶여있다. 첫 번째 것($ABD'E'$)은 세 번째 층에 있다. 나머지 2개는 4개의 모든 층의 1들을 포함하고 있다(4개의 층에 있기 때문에 변수 A와 B를 포함하지 않는다). 또한 파랑색으로 묶인 8개의 1은 $A'E'F'$이고, 이것은 필수적이지 않다(왜냐하면, 각 1들은 다른 주내포항의 일부이기 때문이다). 그러나 그것을 사용하지 않으면, 적어도 두 개의 항이 이 1들을 커버하기 위해 필요하다.

아래의 맵에서 커버된 1들은 무정의로 나타나있다. 남아있는 1들은 모두 바닥(10) 층에 있다. $AB'D'F'$는 코너에 있는 4개의 1들을 커버한다. 그러면, $AB'C'F'$(바닥 층) 또는 $B'C'E'F'$, $B'C'DF'$[맨 위층(00)의 반과 바닥 층(10)의 반]가 나머지 1들을 커버하기 위해 사용될 수 있다. 이러한 항들은 아래와 같이 묶여진다.

디지털 논리설계

또한, 아래 맵에 나타난 것처럼 $AB'C'F'$와 $AB'CD'$를 함께 사용할 수도 있다.

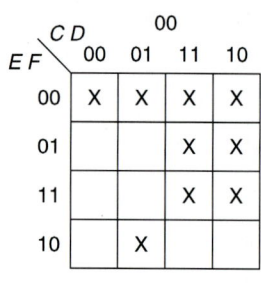 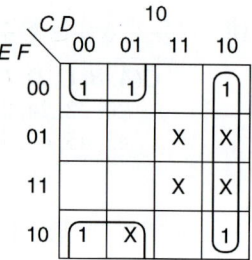

따라서, 다음과 같은 4개의 해를 얻을 수 있다.

$$H = ABD'E' + CF + C'DEF' + A'E'F' + AB'D'F' + AB'C'F'$$

$$H = ABD'E' + CF + C'DEF' + A'E'F' + AB'D'F' + B'C'E'F'$$

$$H = ABD'E' + CF + C'DEF' + A'E'F' + AB'D'F' + B'C'DF'$$

$$H = ABD'E' + CF + C'DEF' + A'E'F' + AB'C'F' + AB'CD'$$

11. 다음의 각 함수들에 대해 AND 게이트와 하나의 OR 게이트를 사용하여 최소 2레벨 회로(곱의합 식에 해당)를 나타내어라.

a. $f(a, b, c, d) = \Sigma m(0, 1, 2, 3, 5, 7, 8, 10, 11, 13)$
$g(a, b, c, d) = \Sigma m(0, 2, 5, 8, 10, 11, 13, 15)$
(7게이트, 19입력)

b. $f(a, b, c, d) = \Sigma m(1, 2, 4, 5, 6, 9, 11, 13, 15)$
$g(a, b, c, d) = \Sigma m(0, 2, 4, 8, 9, 11, 12, 13, 14, 15)$
(8게이트, 23입력)

c. $F(W, X, Y, Z) = \Sigma m(2, 3, 6, 7, 8, 9, 13)$
$G(W, X, Y, Z) = \Sigma m(2, 3, 6, 7, 9, 10, 13, 14)$
$H(W, X, Y, Z) = \Sigma m(0, 1, 4, 5, 9, 10, 13, 14)$
(8게이트, 22입력)

d. $f(a, b, c, d) = \Sigma m(0, 2, 3, 8, 9, 10, 11, 12, 13, 15)$
$g(a, b, c, d) = \Sigma m(3, 5, 7, 12, 13, 15)$
$h(a, b, c, d) = \Sigma m(0, 2, 3, 4, 6, 8, 10, 14)$
(10게이트, 28입력)

e. $f(a, b, c, d) = \Sigma m(0, 3, 5, 7) + \Sigma d(10, 11, 12, 13, 14, 15)$
$g(a, b, c, d) = \Sigma m(0, 5, 6, 7, 8) + \Sigma d(10, 11, 12, 13, 14, 15)$
(7게이트, 19입력)

a. 다른 함수에 없는 1을 커버하는 f의 유일한 주내포항 $a'd$를 맵에 보여주고 있다.

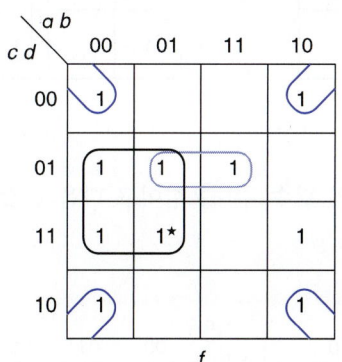

f의 m_7을 제외하고 f와 g의 공유되지 않는 다른 어떤 1도 주내포항을 필수로 만들지 않는다(f의 m_1 또는 m_3, g의 m_{15}). 2개의 다른 항 $b'd'$와 $bc'd$는 f와 g 양쪽의 필수 주내포항이며, 아래의 맵에 나타나있다.

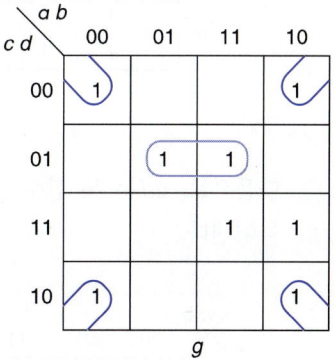

비록 $ab'c$항이 공유될 수 있어도, 다른 항이 $g(abd$나 acd)를 위해 필요하다. 이것은 7개의 게이트와 20개의 게이트 입력을 필요로 한다. 그러나, 만일 acd가 g에 대해 사용된다면, 아래의 맵에서처럼 f에 대해 $b'c$를 사용하여 각 함수를 커버할 수 있다.

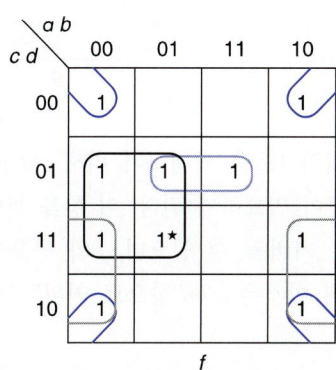

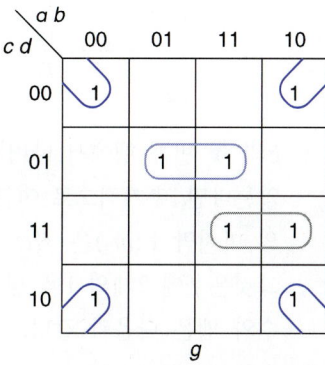

따라서,

$$f = a'd + b'd' + bc'd + b'c$$
$$g = b'd' + bc'd + acd$$

7개의 게이트와 19개의 입력을 필요로 한다.

b. 다른 함수에 포함되지 않으면서 한 함수에서만 1인 것을 찾아보면 f에서는 m_1, m_5 그리고 m_6을, g에서는 m_0, m_8, m_{12} 그리고 m_{14}를 찾을 수 있다. 필수 주내포항을 만드는 것들을 아래 맵에 보여주고 있다.

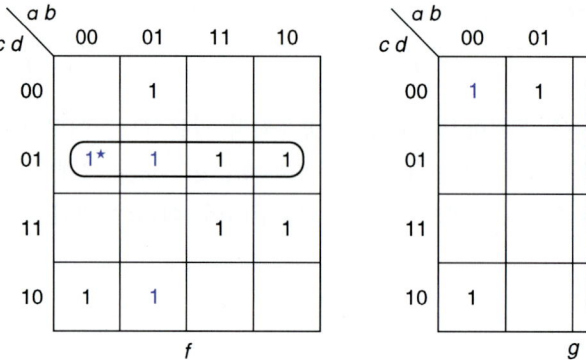

다음으로, ad는 두 함수(f, g)의 필수 주내포항이고 다음과 같은 맵을 만들어낸다.

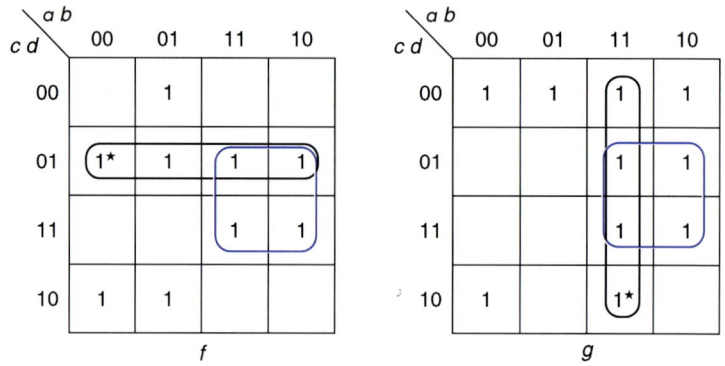

g의 첫 번째 행에서 나머지 3개의 1들을 커버하기 위해 $c'd'$를 선택하지 않는다면, 추가적으로 여분의 항이 필요하게 된다. 이 항을 선택한다면, g의 마지막 1 (m_2)은 최소항으로 커버될 수 있으며, f와 공유될 수 있다. 그것은 f에 2개의 1을 남기는데 이것은 $a'bd'$항으로 커버될 수 있다. 함수와 맵은 다음과 같다.

$$f = c'd + ad + a'b'cd' + a'bd'$$
$$g = ab + ad + c'd' + a'b'cd'$$

따라서, 전체 8개의 게이트와 23개의 입력이 필요하다.

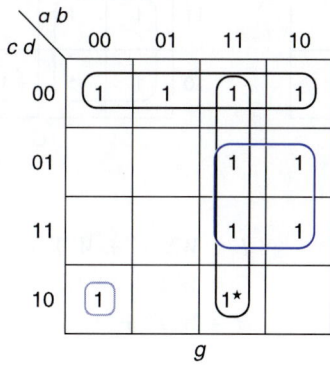

c. 3개의 함수를 최소화시킬 때, 단지 하나의 함수에만 포함되고 주내포항
을 필수로 만드는 1들을 찾는다. 문제에서 이러한 조건을 만족시키는 것
은 아래의 맵에서 보인 바와 같이 F에서 m_8과 H에서 m_0와 m_4이다.

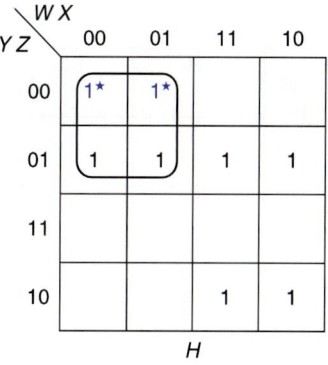

다음으로 $W'Y$는 F와 G에서 필수 주내포항이라는 점에 주목하여야 한
다. 일단 그것이 선택되면, $WY'Z$항은 F의 나머지 1과, G와 H의 2개의
1들을 커버한다(그 항은 각각에 있어 필수 주내포항이고 공유 가능하므
로 F와 G에 대해 사용될 수 있다. 또한 주내포항 $Y'Z$에서 나머지 1들은
이미 커버되었기 때문에 H에 대해서 사용된다). 마지막으로 H의 필수
주내포항 WYZ'는 G와 H의 커버를 끝낸다. 아래에 맵과 함수들이 최종
해를 보여주고 있다. 이는 8개의 게이트와 22개의 입력을 사용한다.

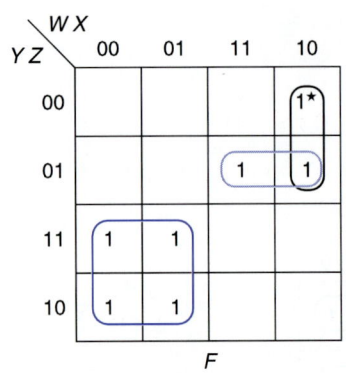

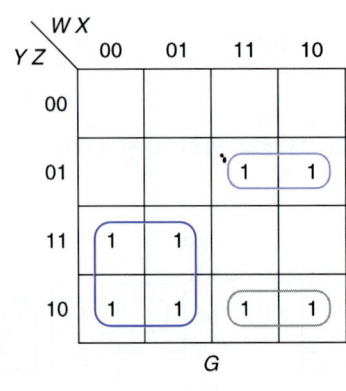

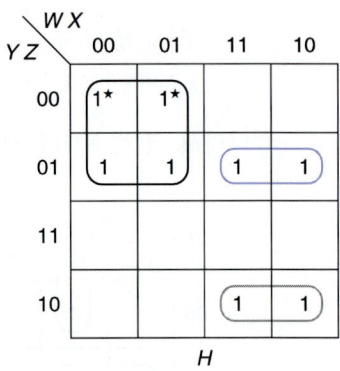

$$F = WX'Y' + W'Y + WY'Z$$
$$G = W'Y + WY'Z + WYZ'$$
$$H = W'Y' + WY'Z + WYZ'$$

d. 아래의 맵에는 다른 함수에는 포함되지 않고 한 함수에서만 1인 것을 커 버하는 필수 주내포항이 묶여있다. f 에서 m_9 와 m_{11} 은 3개의 주내포항 어느 것에 의해서도 커버될 수 있다.

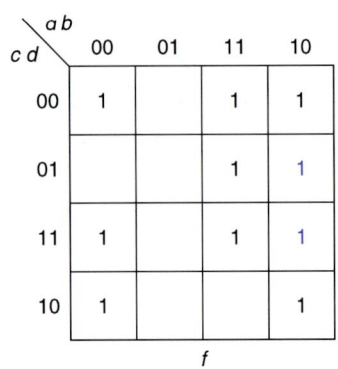

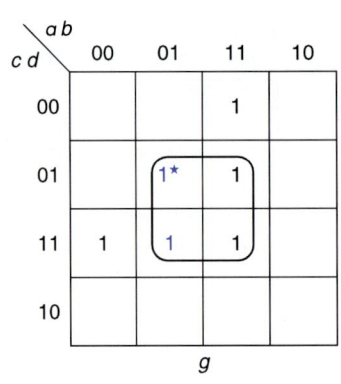

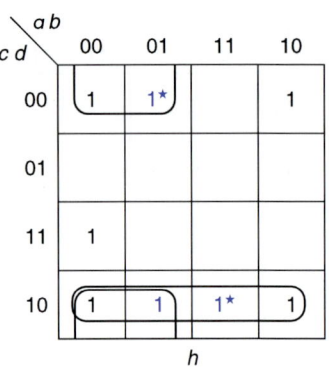

다음으로 h 에서 m_8 은 $b'd'$ 에 의해서만 커버될 수 있고 $b'd'$ 는 f 의 필수 주내포항인 것을 주목하라. 이것을 선택하면, h 에서 m_3 만 남게 된다. m_3 최소항은 f 와 g 에서 공유될 수 있다(이 최소항을 사용하지 않으면, 이들 함수 각각은 새로운 항이 요구될 것이다). 이에 대한 맵의 결과를 표시하 면 다음과 같다.

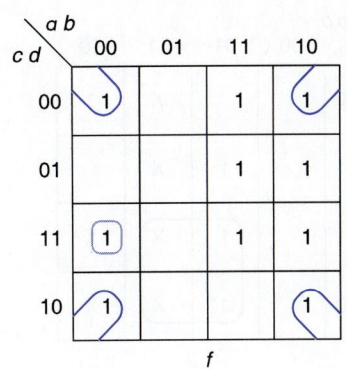

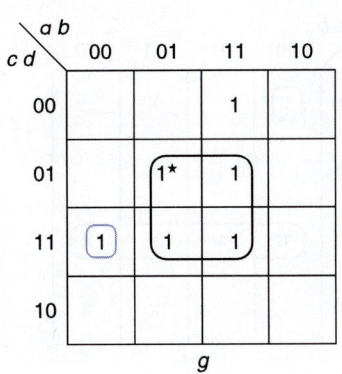

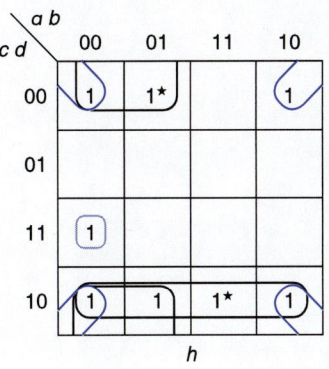

g에서 유일하게 커버되지 않은 1은 m_{12}이다. 이것을 위해 g와 f에 abc'
를 사용함으로써, 항을 줄일 수 있다. 마지막으로 f에서 나머지 3개의 1
들은 ad에 의해 커버되고, 아래와 같은 맵과 수식을 만들어낸다.

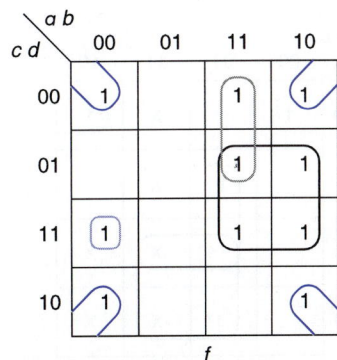

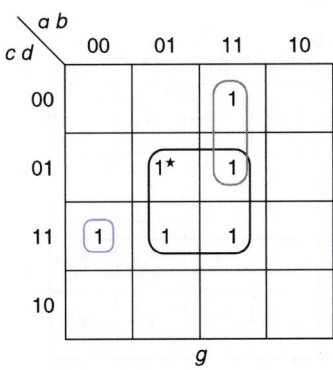

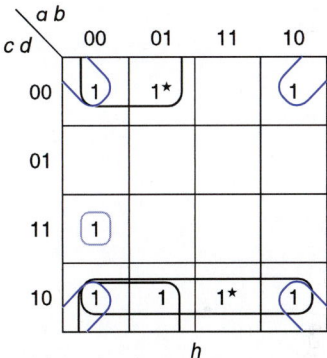

$$f = b'd' + a'b'cd + abc' + ad$$
$$g = bd + a'b'cd + abc'$$
$$h = a'd' + cd' + b'd' + a'b'cd$$

e. 이 예제는 많은 무정의를 포함하지만, 해를 구하는 과정에 큰 변화가
없다. 2개의 필수 주내포항인 f의 cd와 g의 bc는 공유될 수 없는 1들
을 커버하고 있다. 더욱이 $a'b'c'd'$는 m_0를 커버하는 유일한 주내포항이
므로 f에서 사용되어야만 한다(만일 최소항이 주내포항이라면 선택의
여지없이 그것을 사용해야 한다). 다음의 맵은 이러한 항의 묶음을 나
타낸다.

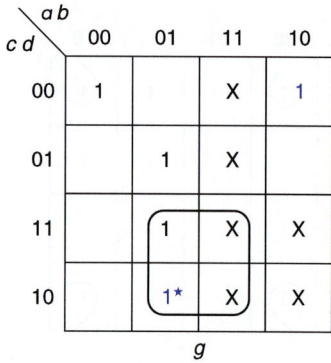

다음으로 각 함수에서 m_5를 커버하기 위해 bd를 사용하고, f의 커버를 완성한다. g의 나머지 1들에 대해 $b'c'd'$를 사용하는 것은 별다른 선택의 여지가 없다. 다음과 같은 맵과 수식을 만들어 낸다.

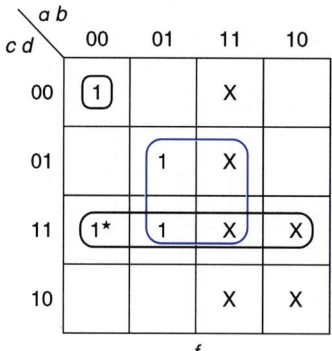
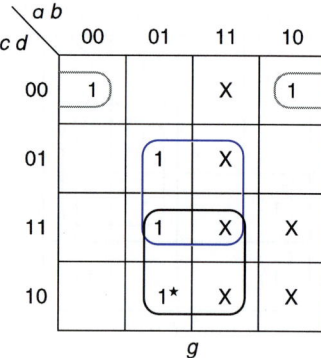

$$f = cd + a'b'c'd' + bd$$
$$g = bc + bd + b'c'd'$$

그러나, 아래에 설명된 것처럼 또 다른 해가 존재한다. g에서 m_0를 커버하기 위해 $a'b'c'd'$를 이용함으로써(f에 대해 이 항은 이미 사용되었음) g에서 4개를 묶은 그룹 ad'으로 나머지 1을 커버할 수 있다. 이렇게 함으로써 다음과 같은 해를 만들어 낸다.

$$f = cd + a'b'c'd' + bd$$
$$g = bc + bd + a'b'c'd' + ad'$$

양쪽 해(f, g)는 7개의 게이트와 19개의 입력을 필요로 한다.

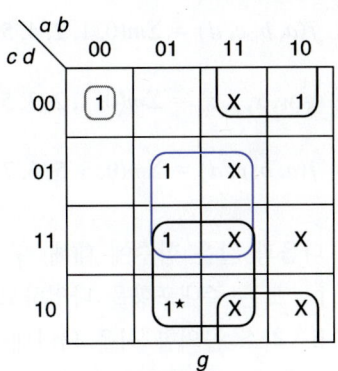

3.8 연습문제

1. 다음 함수에 대해 카르노 맵을 그려라.

   a. $f(a, b, c) = \Sigma m(1, 2, 3, 4, 6)$

   *b. $g(w, x, y, z) = \Sigma m(1, 3, 5, 6, 7, 13, 14) + \Sigma d(8, 10, 12)$

   c. $F = WX'Y'Z + W'XYZ + W'X'Y'Z' + W'XY'Z + WXYZ$

   *d. $g = a'c + a'bd' + bc'd + ab'd + ab'cd'$

   e. $h = x + yz' + x'z$

2. 다음과 같은 함수에 대해 최소 곱의합 식을 모두 찾아라(만일 하나 이상의
   해가 존재하는 경우 괄호 안에 해의 수를 나타내었다).

   a. $f(a, b, c) = \Sigma m(1, 2, 3, 6, 7)$

   *b. $g(w, x, y) = \Sigma m(0, 1, 5, 6, 7)$ (2해)

   c. $h(a, b, c) = \Sigma m(0, 1, 2, 5, 6, 7)$ (2해)

   d. $f(a, b, c, d) = \Sigma m(1, 2, 3, 5, 6, 7, 8, 11, 13, 15)$

   *e. $G(W, X, Y, Z) = \Sigma m(0, 2, 5, 7, 8, 10, 12, 13)$

   f. $h(a, b, c, d) = \Sigma m(2, 4, 5, 6, 7, 8, 10, 12, 13, 15)$
                                               (2해)

   g. $f(a, b, c, d) = \Sigma m(1, 3, 4, 5, 6, 11, 12, 13, 14, 15)$
                                               (2해)

   h. $g(w, x, y, z) = \Sigma m(2, 3, 6, 7, 8, 10, 11, 12, 13, 15)$
                                               (2해)

   *i. $h(p, q, r, s) = \Sigma m(0, 2, 3, 4, 5, 8, 11, 12, 13, 14, 15)$
                                               (3해)

   j. $F(W, X, Y, Z) = \Sigma m(0, 2, 3, 4, 5, 8, 10, 11, 12, 13, 14, 15)$
                                               (4해)

   k. $f(w, x, y, z) = \Sigma m(0, 1, 2, 4, 5, 6, 9, 10, 11, 13, 14, 15)$
                                               (2해)

   l. $g(a, b, c, d) = \Sigma m(0, 1, 2, 3, 4, 5, 6, 8, 9, 10, 12, 15)$

   *m. $H(W, X, Y, Z) = \Sigma m(0, 2, 3, 5, 7, 8, 10, 12, 13)$
                                               (4해)

*n. $f(a, b, c, d) = \Sigma m(0, 1, 2, 4, 5, 6, 7, 8, 9, 10, 11, 13, 14, 15)$
(6해)

o. $g(w, x, y, z) = \Sigma m(0, 1, 2, 3, 5, 6, 7, 8, 9, 10, 13, 14, 15)$
(6해)

*p. $f(a, b, c, d) = \Sigma m(0, 3, 5, 6, 7, 9, 10, 11, 12, 13, 14)$
(32해)

3. 다음과 같은 함수에 대해
 i. 모든 주내포항을 나열하고, 필수 주내포항을 나타내어라.
 ii. 최소 곱의합 식을 나타내어라.
  a. $f(a, b, c, d) = \Sigma m(0, 3, 4, 5, 8, 11, 12, 13, 14, 15)$
 *b. $g(w, x, y, z) = \Sigma m(0, 3, 4, 5, 6, 7, 8, 9, 11, 13, 14, 15)$

4. 다음과 같은 함수에 대한 맵을 각각 그리고, 최소 곱의합 식을 구하여라.
  a. $F = AD + AB + A'CD' + B'CD + A'BC'D'$
 *b. $g = w'yz + xy'z + wy + wxy'z' + wz + xyz'$

5. 다음과 같은 함수에 대해 최소 곱의합 식을 모두 찾아라(만일 하나 이상의 해가 존재하는 경우 괄호 안에 해의 수를 나타내었다).
  a. $f(w, x, y, z) = \Sigma m(1, 3, 6, 8, 11, 14) + \Sigma d(2, 4, 5, 13, 15)$
(3해)
  b. $f(a, b, c, d) = \Sigma m(0, 3, 6, 9, 11, 13, 14) + \Sigma d(5, 7, 10, 12)$
 *c. $f(a, b, c, d) = \Sigma m(0, 2, 3, 5, 7, 8, 9, 10, 11) + \Sigma d(4, 15)$
(3해)
  d. $f(w, x, y, z) = \Sigma m(0, 2, 4, 5, 10, 12, 15) + \Sigma d(8, 14)$
(2해)
  e. $f(a, b, c, d) = \Sigma m(5, 7, 9, 11, 13, 14) + \Sigma d(2, 6, 10, 12, 15)$
(4해)
 *f. $f(a, b, c, d) = \Sigma m(0, 2, 4, 5, 6, 7, 8, 9, 10, 14) + \Sigma d(3, 13)$
(3해)
  g. $f(w, x, y, z) = \Sigma m(1, 2, 5, 10, 12) + \Sigma d(0, 3, 4, 8, 13, 14, 15)$
(7해)

6. 문제 5의 각 함수에 대하여 구한 해들 중에서 동일한 것을 찾아라.

7. 다음과 같은 함수에 대해 최소 곱의합 식과 최소 합의곱 식을 모두 찾아라.
 *a. $f(A, B, C, D) = \Sigma m(1, 4, 5, 6, 7, 9, 11, 13, 15)$
  b. $f(W, X, Y, Z) = \Sigma m(2, 4, 5, 6, 7, 10, 11, 15)$
  c. $f(A, B, C, D) = \Sigma m(1, 5, 6, 7, 8, 9, 10, 12, 13, 14, 15)$
(1 SOP 그리고 2 POS해)
 *d. $f(a, b, c, d) = \Sigma m(0, 2, 4, 6, 7, 9, 11, 12, 13, 14, 15)$
(2 SOP 그리고 1 POS해)
  e. $f(w, x, y, z) = \Sigma m(0, 4, 6, 9, 10, 11, 14) + \Sigma d(1, 3, 5, 7)$
  f. $f(a, b, c, d) = \Sigma m(0, 1, 2, 5, 7, 9) + \Sigma d(6, 8, 11, 13, 14, 15)$
(4 SOP 그리고 2 POS해)

g. $f(w, x, y, z) = \Sigma m(4, 6, 9, 10, 11, 13) + \Sigma d(2, 12, 15)$
(2 SOP 그리고 2 POS 해)

h. $f(a, b, c, d) = \Sigma m(0, 1, 4, 6, 10, 14) + \Sigma d(5, 7, 8, 9, 11, 12, 15)$
(13 SOP 그리고 3 POS 해)

*i. $f(w, x, y, z) = \Sigma m(1, 3, 7, 11, 13, 14) + \Sigma d(0, 2, 5, 8, 10, 12, 15)$
(6 SOP 그리고 1 POS 해)

j. $f(a, b, c, d) = \Sigma m(0, 1, 6, 15) + \Sigma d(3, 5, 7, 11, 14)$
(1 SOP 그리고 2 POS 해)

8. 문제 7의 각 해에 대해 $f_1, f_2, \ldots$와 같이 표시하고, 이 해들이 같은지를 나타내어라.

9. 다음과 같이 5변수를 갖는 함수들에 대해 최소 곱의합 식을 모두 찾아라(만일 하나 이상의 해가 존재하는 경우 괄호 안에 해의 수를 나타내었다).

a. $F(A, B, C, D, E) = \Sigma m(0, 1, 5, 7, 8, 9, 10, 11, 13, 15, 18, 20, 21, 23, 26, 28, 29, 31)$

b. $G(A, B, C, D, E) = \Sigma m(0, 1, 2, 4, 5, 6, 10, 13, 14, 18, 21, 22, 24, 26, 29, 30)$

*c. $H(A, B, C, D, E) = \Sigma m(5, 8, 12, 13, 15, 17, 19, 21, 23, 24, 28, 31)$

d. $F(V, W, X, Y, Z) = \Sigma m(2, 4, 5, 6, 10, 11, 12, 13, 14, 15, 16, 17, 18, 21, 24, 25, 29, 30, 31)$

e. $G(V, W, X, Y, Z) = \Sigma m(0, 1, 4, 5, 8, 9, 10, 15, 16, 18, 19, 20, 24, 26, 28, 31)$

*f. $H(V, W, X, Y, Z) = \Sigma m(0, 1, 2, 3, 5, 7, 10, 11, 14, 15, 16, 18, 24, 25, 28, 29, 31)$
(2해)

g. $F(A, B, C, D, E) = \Sigma m(0, 4, 6, 8, 12, 13, 14, 15, 16, 17, 18, 21, 24, 25, 26, 28, 29, 31)$
(6해)

h. $G(A, B, C, D, E) = \Sigma m(0, 3, 5, 7, 12, 13, 14, 15, 19, 20, 21, 22, 23, 25, 26, 29, 30)$
(3해)

*i. $H(A, B, C, D, E) = \Sigma m(0, 1, 5, 6, 7, 8, 9, 14, 17, 20, 21, 22, 23, 25, 28, 29, 30)$
(3해)

j. $F(V, W, X, Y, Z) = \Sigma m(0, 4, 5, 7, 10, 11, 14, 15, 16, 18, 20, 21, 23, 24, 25, 26, 29, 31)$
(4해)

k. $G(V, W, X, Y, Z) = \Sigma m(0, 2, 5, 6, 8, 10, 11, 13, 14, 15, 16, 17, 18, 19, 20, 21, 22, 24, 26, 29, 31)$
(3해)

l. $H(V, W, X, Y, Z) = \Sigma m(0, 1, 2, 3, 5, 8, 9, 10, 13, 17, 18, 19, 20, 21, 26, 28, 29)$
(3해)

m. $F(A, B, C, D, E) = \Sigma m(1, 2, 5, 8, 9, 10, 12, 13, 14, 15, 16, 18, 21, 22, 23, 24, 26, 29, 30, 31)$
(18해)

*n. $G(V, W, X, Y, Z) = \Sigma m(0, 1, 5, 7, 8, 13, 24, 25, 29, 31) + \Sigma d(9, 15, 16, 17, 23, 26, 27, 30)$
(2해)

o. $H(A, B, C, D, E) = \Sigma m(0, 4, 12, 15, 27, 29, 30) + \Sigma d(1, 5, 9,$
$10, 14, 16, 20, 28, 31)$

(4해)

p. $F(A, B, C, D, E) = \Sigma m(8, 9, 11, 14, 28, 30) + d(0, 3, 4, 6, 7,$
$12, 13, 15, 20, 22, 27, 29, 31)$

(8해)

10. 다음과 같이 6변수를 갖는 함수에 대해 최소 곱의합 식을 모두 찾아라(만일 하나 이상의 해가 존재하는 경우 괄호 안에 해의 수를 나타내었다).

a. $G(A, B, C, D, E, F) = \Sigma m(4, 5, 6, 7, 8, 10, 13, 15, 18, 20, 21,$
$22, 23, 26, 29, 30, 31, 33, 36, 37, 38,$
$39, 40, 42, 49, 52, 53, 54, 55, 60, 61)$

(6항, 21리터럴)

*b. $G(A, B, C, D, E, F) = \Sigma m(2, 3, 6, 7, 8, 12, 14, 17, 19, 21, 23,$
$25, 27, 28, 29, 30, 32, 33, 34, 35, 40, 44,$
$46, 49, 51, 53, 55, 57, 59, 61, 62, 63)$

(8항, 30리터럴)

c. $G(A, B, C, D, E, F) = \Sigma m(0, 1, 2, 4, 5, 6, 7, 9, 13, 15, 17, 19,$
$21, 23, 26, 27, 29, 30, 31, 33, 37, 39,$
$40, 42, 44, 45, 46, 47, 49, 53, 55, 57,$
$59, 60, 61, 62, 63)$

(8항, 28리터럴, 2해)

11. 다음과 같은 함수의 집합에서 각 함수에 대해 AND 게이트와 하나의 OR 게이트를 사용하여 곱의합 표현에 맞는 2레벨 게이트 회로를 구하여라.

*a. $f(a, b, c, d) = \Sigma m(1, 3, 5, 8, 9, 10, 13, 14)$
$g(a, b, c, d) = \Sigma m(4, 5, 6, 7, 10, 13, 14)$ (7게이트, 21입력)

b. $f(a, b, c, d) = \Sigma m(0, 1, 2, 3, 4, 5, 8, 10, 13)$
$g(a, b, c, d) = \Sigma m(0, 1, 2, 3, 8, 9, 10, 11, 13)$

(6게이트, 16입력)

c. $f(a, b, c, d) = \Sigma m(5, 8, 9, 12, 13, 14)$
$g(a, b, c, d) = \Sigma m(1, 3, 5, 8, 9, 10)$

(3해, 8게이트, 25입력)

d. $f(a, b, c, d) = \Sigma m(1, 3, 4, 5, 10, 11, 12, 14, 15)$
$g(a, b, c, d) = \Sigma m(0, 1, 2, 8, 10, 11, 12, 15)$

(9게이트, 28입력)

*e. $F(W, X, Y, Z) = \Sigma m(1, 5, 7, 8, 10, 11, 12, 14, 15)$
$G(W, X, Y, Z) = \Sigma m(0, 1, 4, 6, 7, 8, 12)$ (8게이트, 23입력)

f. $F(W, X, Y, Z) = \Sigma m(0, 2, 3, 7, 8, 9, 13, 15)$
$G(W, X, Y, Z) = \Sigma m(0, 2, 8, 9, 10, 12, 13, 14)$

(2해, 8게이트, 23입력)

g. $f(a, b, c, d) = \Sigma m(1, 3, 5, 7, 8, 9, 10)$
$g(a, b, c, d) = \Sigma m(0, 2, 4, 5, 6, 8, 10, 11, 12)$
$h(a, b, c, d) = \Sigma m(1, 2, 3, 5, 7, 10, 12, 13, 14, 15)$

(2해, 12게이트, 33입력)

*h. $f(a, b, c, d) = \Sigma m(0, 3, 4, 5, 7, 8, 12, 13, 15)$
     $g(a, b, c, d) = \Sigma m(1, 5, 7, 8, 9, 10, 11, 13, 14, 15)$
     $h(a, b, c, d) = \Sigma m(1, 2, 4, 5, 7, 10, 13, 14, 15)$
                                (2해, 11게이트, 33입력)

 i. $f(a, b, c, d) = \Sigma m(0, 2, 3, 4, 6, 7, 9, 11, 13)$
     $g(a, b, c, d) = \Sigma m(2, 3, 5, 6, 7, 8, 9, 10, 13)$
     $h(a, b, c, d) = \Sigma m(0, 4, 8, 9, 10, 13, 15)$
                         (f와 g는 2해, 10게이트, 32입력)

*j. $f(a, c, b, d) = \Sigma m(0, 1, 2, 3, 4, 9) + \Sigma d(10, 11, 12, 13, 14, 15)$
     $g(a, c, b, d) = \Sigma m(1, 2, 6, 9) + \Sigma d(10, 11, 12, 13, 14, 15)$
                      (f는 3해, 6게이트, 15입력)

 k. $f(a, c, b, d) = \Sigma m(5, 6, 11) + \Sigma d(0, 1, 2, 4, 8)$
     $g(a, c, b, d) = \Sigma m(6, 9, 11, 12, 14) + \Sigma d(0, 1, 2, 4, 8)$
                      (g는 2해, 7게이트, 18입력)

12. 다음의 각 함수 집합에서, 함수들은 각각 독립적으로 최소화되어져 있다. 각 함수에 대해 AND 게이트와 하나의 OR 게이트를 사용하여 곱의합 표현에 맞는 최소 2레벨 게이트 회로를 구하여라.

 a. $F = B'D' + CD' + AB'C$
     $G = BC + ACD$ (6게이트, 15입력)

*b. $F = A'B'C'D + BC + ACD + AC'D'$
     $G = A'B'C'D' + A'BC + BCD'$
     $H = B'C'D' + BCD + AC' + AD$
                (H는 2해, 10게이트, 35입력)

 c. $f = a'b' + a'd + b'c'd$
     $g = b'c'd' + bd + acd + abc$
     $h = a'd' + a'b + bc'd + b'c'd'$ (10게이트, 31입력)

3.9 3장 테스트(100분 또는 50분 두 번)

1. 다음 함수에 대해 맵을 작성해라(맵 상에 표시 할 것).

 a. $f(x, y, z) = \Sigma m(1, 2, 7) + \Sigma d(4, 5)$

	00	01	11	10
0				
1				

 b. $g = a'c + ab'c'd + a'bd + abc'$
    맵 상에 항을 위한 원을 그려라.

CHAPTER TEST

	00	01	11	10
00				
01				
11				
10				

2. 다음과 같은 함수에서 각각을 위한 최소 곱의합 표현식을 찾아라(즉 맵 상에 항을 위한 원을 그리고, 대수식을 써라).

a.

yz \ wx	00	01	11	10
00		1		1
01		1		
11		1	1	1
10		1		

b.

cd \ ab	00	01	11	10
00	1	1	1	
01	1	1	1	
11			1	1
10	1	1	1	

3. 다음과 같은 함수에서 최소 곱의합 표현식 4개를 모두 찾아라(맵을 2개 더 복사하여 구할 것).

cd \ ab	00	01	11	10
00	1	1	1	
01	1		1	1
11	1		1	1
10		1	1	1

cd \ ab	00	01	11	10
00	1	1	1	
01	1		1	1
11	1		1	1
10		1	1	1

4. 다음의 함수에 대해서 아래에 답하라(복사된 3개의 맵에 표시하여라).

   a. 모든 주내포항을 쓰고, 필수 주내포항을 표시하여라.

   b. 네 개의 최소해를 모두 구하여라.

yz \ wx	00	01	11	10
00		1	1	X
01	X	X		X
11	X			1
10			1	1

yz \ wx	00	01	11	10
00		1	1	X
01	X	X		X
11	X			1
10			1	1

yz \ wx	00	01	11	10
00		1	1	X
01	X	X		X
11	X			1
10			1	1

5. 다음과 같은 네 개의 변수를 가진 함수에서, 곱의합에 대한 표현식 두 개와 합의곱에 대한 표현식 두 개를 찾아라.

cd \ ab	00	01	11	10
00			X	
01	X	1	X	1
11	1	1		X
10		X		

6. 다음과 같은 함수가 있을때, f에 대해서 곱의합에 대한 표현식 4개와 합의곱에 대한 표현식 4개를 모두 찾아라.

yz \ wx	00	01	11	10
00	X		1	
01	X	1	1	
11	X		X	1
10	X		X	

7. 다음과 같은 5변수 문제에서 최소 합의곱에 대한 표현식 2개를 찾아라.

A

$D\,E$ \\ $B\,C$ (0)	00	01	11	10
00	1		1	
01	1	1		
11	1			
10	1			

$D\,E$ \\ $B\,C$ (1)	00	01	11	10
00			1	
01		1	1	
11		1	1	1
10				1

8. 다음과 같은 5변수 문제에서 최소 곱의합에 대한 표현식 두 개를 찾아라(5개의 항과, 15개의 리터럴).

A

$D\,E$ \\ $B\,C$ (0)	00	01	11	10
00	1			1
01				1
11		1	1	1
10	1			1

$D\,E$ \\ $B\,C$ (1)	00	01	11	10
00	1	1	1	
01	1			1
11	1	1	1	1
10	1	1	1	

9. a. 다음과 같은 두 개의 함수에서, 각각에 대해서 최소 곱의합에 대한 표현식을 찾아라(두 개로 나누는 문제처럼 다루어라).

$y\,z$ \\ $w\,x$	00	01	11	10
00		1	1	1
01				1
11				1
10			1	1

f

$y\,z$ \\ $w\,x$	00	01	11	10
00				
01	1	1		1
11	1	1		1
10		1		

g

b. 같은 두 함수에 대해서 최소 곱의합에 대한 해를 구하여라(최소 갯수의 게이트에 대응하여, 같은 게이트 개수 중에 최소의 게이트 입력).
(7개의 게이트와 19개의 입력)

10. 아래에 보여지는 맵의 세 가지 함수에 대해서 물음에 답하라.

f

yz \ wx	00	01	11	10
00				1
01	1	1		
11	1	1	1	1
10	1	1		1

g

yz \ wx	00	01	11	10
00		1	1	1
01				
11			1	
10	1	1	1	

h

yz \ wx	00	01	11	10
00		1		1
01	1	1		
11	1	1	1	
10		1		

a. 세 개의 함수에 대해서 각각 최소 곱의합에 대한 표현식(개별적으로 구할 것)을 찾아라. 공유 될 수 있는 주내포항을 표시하여라.

b. 최소 2-레벨 NAND 게이트의 해를 구하여라. 10개의 게이트와 32개의 입력을 이용하여 해를 구할 수 있다. 모든 변수는 보수화되지 않은 변수와 보수화된 변수를 이용할 수 있으며, 이것을 이용하여 식과 블록도를 보여라.

함수의 최소화 알고리즘

이 장에서 함수의 모든 주내포항(prime implicant)을 구하는 두 가지 접근 방법과 최소 곱의합(sum of products)의 해를 구하기 위한 알고리즘들에 대하여 알아본다. 다음으로 다중출력을 갖는 문제들에 대한 접근 방법으로 확대해 갈 것이다.

주내포항을 구하는 첫 번째 방법은 Quine-McCluskey 방법으로, 최소항들을 먼저 구하고, 인접 속성(adjacency property)을 반복적으로 사용하여 구하는 방법이다.

$ab + ab' = a$

두 번째 방법은 반복된 합의(iterated consensus)로서, 함수를 구성하는 항들의 어떤 세트로 시작하여, 합의 연산(consensus operation)과 흡수 속성(absorption property)을 사용한다.

$a + ab = a$

이들 방법들은 각각 컴퓨터화되고, 비록 많은 실제 문제들에서 계산 양이 과다할지라도, 카르노 맵보다 더 큰 변수들을 구할 때 효과적이다.

4.1 단일 출력의 QUINE-McCLUSKEY 방법[1]

이 절에서는 함수의 모든 주내포항을 구하기 위하여 Quine-McCluskey 방법을 사용할 것이다. 4.3절에서 함수의 최소 곱의합의 식을 구하기 위하여 목록을 사용할 것이다. 수의 형식(즉, 비보수화 변수 1과 보수화 변수 0)으로 최소항들의 목록을 구하는 것부터 시작한다. 만약 최소항 번호로 시작하면, 이것은 바로 최소항 수의 2진 동치이다. 각 항에 있는 1의 개수로 이 목록을 정리한다. 예제 3.6의 함수를 사용할 것이다.

$f(w, x, y, z) = \Sigma m(0, 4, 5, 7, 8, 11, 12, 15)$

---

1) Quine-McCluskey 알고리즘은 1950년에 W.V.Quine과 Edward J. McCluskey에 의하여 제안되었다.

1의 개수에 의하여 분류한 초기 목록은

A	0 0 0 0	

B	0 1 0 0	
C	1 0 0 0	

D	0 1 0 1	
E	1 1 0 0	

F	0 1 1 1	
G	1 0 1 1	

H	1 1 1 1	

참조가 쉽도록 항에 라벨을 붙였다.

이제 항들의 각 쌍에 인접 속성을 적용한다. 그 속성은 한 변수를 제외하고 다른 변수는 모두 같아야 하므로, 인접한 그룹의 항들만을 고려할 필요가 있다. 두 번째 열에는 변수 하나가 없어졌다.

$A + B = J = 0\text{-}0\,0$ (여기서 밑줄은 변수가 소거된
                                         것을 나타낸다.)

$A + C = K = \text{-}0\,0\,0$

$B + D = L = 0\,1\,0\text{-}$

$B + E = M = \text{-}1\,0\,0$

$C + D = $ 없음

$C + E = N = 1\text{-}0\,0$

$D + F = O = 0\,1\text{-}1$

$D + G = $ 없음

$E + F = $ 없음

$E + G = $ 없음

$F + H = P = \text{-}1\,1\,1$

$G + H = Q = 1\text{-}1\,1$

물론 인접한 그룹이라 할지라도 어떤 항들의 쌍들은 항 C와 D와 같이 한 곳 이상이 다르기 때문에 결합될 수 없다. 항이 다른 항을 생성하기 위하여 사용될 때마다 확인 표시를 한다. 그 항은 주내포항이 아니다. 이들(3변수) 항들은 표 4.1에 보인 것처럼 두 번째 열에 놓여진다. 모든 최소항들은 적어도 두 번째 열의 한 항을 만들기 위하여 사용되었다. 이와 같이 최소항들은 전부 주내포항이 아니다.

이제 두 번째 열에 그 과정을 반복한다. 다시 한 번 그 열(1의 숫자가 단지 하나만 다른)의 연속적인 부분에서 항들을 고려할 필요가 있다. 또한 동일한 세 변수들을 갖는 유일한 것이므로 동일한 자리에 대시들을 갖는 항들만을 고려하여야 한다. 다음과 같이 구한다.

표 4.1 Quine-McCluskey 주내포항 연산

A 0000√	J 0-00√	R --00
------------	K -000√	
B 0100√	------------	
C 1000√	L 010-	
------------	M -100√	
D 0101√	N 1-00√	
E 1100√	------------	
------------	O 01-1	
F 0111√	------------	
G 1011√	P -111	
------------	Q 1-11	
H 1111√		

$$J + N = R = --00$$
$$K + M = R \quad \text{(동일한 항)}$$

이 열의 각 항은 항상 두 개의 다른 항들의 쌍들로 구성되어 있다. 이 예제에서, $y'z'$은 아래 맵에 보인 것과 같이 $x'y'z' + xy'z'$에 의해서 뿐만이 아니라 계산 $w'y'z' + wy'z'$에 의하여서도 구할 수 있다(함수에서 이 항들만을 나타낸 것에 주의하라).

두 번째와 세 번째 그룹 사이 또는 세 번째와 네 번째 그룹 사이에 어떤 인접도 존재하지 않는다.

세 번째 열에 하나의 항이 있으므로 완료되었다. 만일 더 많은 항들이 있으면, 3 변수들이 소거(8개 최소항의 그룹과 일치하는)되는 열을 만들도록 그 과정을 반복해야 한다. 주내포항들은 다음과 같다.

L	010-	$w'xy'$
O	01-1	$w'xz$
P	-111	xyz
Q	1-11	wyz
R	--00	$y'z'$

디지털 논리설계

만일 문제에 무정의(don't care)들이 있다면, 무정의가 주내포항의 일부이므로 표의 첫 번째 열에 모두 포함되어야 한다.

예제 4.1

$$g(w, x, y, z) = \Sigma m(1, 3, 4, 6, 11) + \Sigma d(0, 8, 10, 12, 13)$$

과정은 이전처럼 하면 된다.

```
0 0 0 0 √        0 0 0 -           - - 0 0
--------         0 - 0 0 √
0 0 0 1 √        - 0 0 0 √
0 1 0 0 √        --------
1 0 0 0 √        0 0 - 1
--------         0 1 - 0
0 0 1 1 √        - 1 0 0 √
0 1 1 0 √        1 0 - 0
1 0 1 0 √        1 - 0 0 √
1 1 0 0 √        --------
--------         - 0 1 1
1 0 1 1 √        1 0 1 -
1 1 0 1 √        1 1 0 -
```

그러므로 주내포항들은 다음과 같다.

$w'x'y'$ $x'yz$
$w'x'z$ $wx'y$
$w'xz'$ wxy'
$wx'z'$ $y'z'$

비록 wxy'와 $wx'z'$가 주내포항일지라도, 그들은 모두 무정의로 구성되어 있어, 결코 간소화 해로 사용되지 않는다.

이 과정은 변수들이 많은 경우에도 사용되나 최소항들과 다른 내포항들의 수는 급격히 증가할 수 있다. 문제풀이에서 5변수를 갖는 예제를 볼 것이다. 이 과정은 컴퓨터화되어진다.

[문제풀이 1; 연습문제 1]

4.2 단일 출력을 위한 반복된 합의

이 절에서 함수의 모든 주내포항들을 열거하기 위하여 반복된 합의(iterated consensus) 알고리즘을 사용할 것이다. 다음 절에서 최소 곱의합의 식을 구하기 위하여 그 목록을 사용할 것이다.

논의를 단순하게 하기 위하여 먼저 포함관계를 정의한다.

만약 t_1이 1일 때마다 t_2가 1이면(그리고 다른 경우, 역시 두 항들이 같지 않다면), 곱항 t_1은 곱항 t_2에 포함되게 된다($t_1 \leq t_2$라고 표기).[2]

---

2) 포함관계는 곱항보다 더 복잡한 함수에도 적용할 수 있는데, 여기서 중요하지 않다.

실제로 곱항들을 의미하는 이 모두는 x가 변수 또는 변수의 곱일 경우 $t_1 = t_2$이거나 $t_1 = xt_2$이다. 맵의 관점에서 t_1이 t_2의 부분군(subgroup)임을 의미한다. 만일 내포항 t_1이 다른 내포항 t_2에 포함된다면 t_1은

$$t_1 + t_2 = xt_2 + t_2 = t_2 \qquad\qquad \textbf{[P12a]}$$

이므로 주내포항이 아니다. 단일 함수에 대한 반복된 합의 알고리즘은 다음과 같다.

1. 함수를 구성하고 있는 곱항들(내포항)의 목록을 찾는다. 항이 같지 않거나 목록 상에 어떤 다른 항을 포함하고 있지 않다는 것을 확인하라(목록 상의 항들은 주내포항이거나 최소항 혹은 다른 내포항들의 집합이 될 수 있다. 하지만 주내포항들로 시작한다면 알고리즘의 나머지는 더 신속하게 진행된다).

2. 각 항들의 쌍 t_i과 t_j에 대하여(3단계에서 목록에 추가되는 항들을 포함하여) $t_i \not\subset t_j$를 계산한다.

3. 만약 합의가 정의되고, 합의 항이 같지 않거나, 목록 상에 이미 항이 포함되어 있지 않다면, 그것을 목록에 추가한다.

4. 목록에 추가된 새로운 항에 포함되는 모든 항들을 삭제한다.

5. 처리는 모든 가능한 합의 연산이 수행되어질 때 끝나고, 목록에 남아 있는 항들은 모두 주내포항이다.

다음 함수(3장의 예제 3.6과 4.1절의 Quine-McCluskey 방법을 기술하는 데 사용한 함수)를 고려해 보자.

$$f(w, x, y, z) = \Sigma m(0, 4, 5, 7, 8, 11, 12, 15)$$

함수를 구성하는 일련의 곱항들을 출발점으로 선택한다. 그들은 다른 내포항들 뿐만이 아니라 약간의 주내포항과 최소항들을 포함한다.

$$
\begin{array}{ll}
A & w'x'y'z' \\
B & w'xy' \\
C & wy'z' \\
D & xyz \\
E & wyz
\end{array}
$$

참고를 위하여 항들을 분류하였고, 항이 목록에서 제거될 때 어떤 계산을 생략하면 $B \not\subset A$, $C \not\subset B$, $C \not\subset A$, $D \not\subset C, \ldots$ 의 순으로 간다. 항이 삭제될 때 선을 긋는다. 첫 번째 합의 $B \not\subset A$는 $w'y'z'$를 생성한다. A는 그 항에 포함되므로 제거될 수 있다. 첫 단계 후, 목록은 다음과 같다.

$$
\begin{array}{ll}
\cancel{A} & \cancel{w'x'y'z'} \\
B & w'xy' \\
C & wy'z' \\
D & wyz \\
E & wyz \\
F & w'y'z'
\end{array}
$$

다음으로 항 G, $xy'z'$를 만드는 $C \notin B$를 구한다. 즉, 어떤 다른 항에 포함되지 않고, 어떤 다른 항도 포함하지 않는다. A항이 목록에서 이미 삭제되었으므로 $C \notin A$는 연산할 필요가 없다.

전체 계산은 각 가능한 합의가 별도의 줄에 표시되는 표 4.2에서 볼 수 있다.

연산 결과 남은 항들 B, D, E, H와 J, 즉 $w'xy$, xyz, wyz, $w'xz$, 그리고 $y'z'$는 모두 주내포항이다. 최소 곱의합의 식은 이들 중의 일부분을 사용하고, 일반적으로 그들 모두를 사용하지는 않는다.

항들의 수치적 표현식을 사용하여 처리 과정을 간편하게 할 수 있다. 진리표에서처럼 0은 보수화된 변수를 나타내고, 1은 비보수화된 변수를 나타낸다. Quine-McCluskey 방법에서 했던 것처럼 만일 변수가 항으로부터 제거되면, 각 항이 4개의 엔트리를 갖도록 대시(-)가 그 자리에 사용된다. 하나의 항에 정확히 한 변수에 대하여 1이고, 다른 항에 그(같은 위치의) 변수에 대하여 0이라면 합의가 존재한다. 한 항이 1을, 다른 항이 1 또는 -를 갖는다면 합의 항은 변수에 대하여 1을 갖는다. 한 항이 0이고 다른 항이 0 또는 -이면 0을 갖고, 한 항이 0이고 다른 항이 1이거나 두 항 모두가 -이면 -를 갖는다. 표 4.2의 함수에 대한 처리 과정은 표 4.3(불확정적인 합의 연산에 대하여 선들이 없는)과 같이 된다.

표 4.3에서 남아 있는 5개의 항들은 표 4.2에서 남아 있는 항과 동일하다.

표 4.2 주내포항 계산

~~A~~	~~$w'x'y'z'$~~		
B	$w'xy'$		
~~C~~	~~$wy'z'$~~		
D	xyz		
E	wyz		
~~F~~	~~$w'y'z'$~~	$B \notin A \geq A$	(A 제거)
~~G~~	~~$xy'z'$~~	$C \notin B$	
		$D \notin C$	정의 안됨
H	$w'xz$	$D \notin B$	
		$E \notin D$	정의 안됨
		$E \notin C$	정의 안됨
		$E \notin B$	정의 안됨
		$F \notin E$	정의 안됨
		$F \notin D$	정의 안됨
J	$y'z'$	$F \notin C \geq G, F, C$	
			$(G, F, C$ 제거$)$
		$H \notin E = D$ (추가 안됨)	
		$H \notin D$	정의 안됨
		$H \notin B$	정의 안됨
		$J \notin H = B$ (추가 안됨)	
		$J \notin E$	정의 안됨
		$J \notin D$	정의 안됨
		$J \notin B$	정의 안됨

표 4.3 주내포항의 수치적 계산

~~A~~	~~0~~	~~0~~	~~0~~	~~0~~	
B	0	1	0	–	
~~C~~	~~1~~	~~–~~	~~0~~	~~0~~	
D	–	1	1	1	
E	1	–	1	1	
~~F~~	~~0~~	~~–~~	~~0~~	~~0~~	$B \notin A \geq A$
~~G~~	~~–~~	~~1~~	~~0~~	~~0~~	$C \notin B$
H	0	1	–	1	$D \notin B$ $\qquad$ ($D \notin C$ 정의 안됨)
					$(E \notin D, E \notin C, E \notin B, F \notin E, F \notin D$ 정의 안됨$)$
J	–	–	0	0	$F \notin C \geq G, F, C$
					$(H \notin E = D; H \notin D, H \notin B$ 정의 안됨$; J \notin H = B;$
					$J \notin E, J \notin D, J \notin B$ 정의 안됨$)$

만약 함수에 무정의(don't care)가 있을 경우, 항들 중 적어도 하나에 포함되어 있어야 한다.

주내포항들의 결과 목록은 모든 가능한 주내포항들(가능한 무정의만으로 구성되는 것을 포함하는)을 포함할 것이다. 그 다음에 최소 커버를 선택한다.

예제 4.2

$g(w, x, y, z) = \Sigma m(1, 3, 4, 6, 11) + \Sigma d(0, 8, 10, 12, 13)$

위의 맵을 이용하여, 내포항들의 목록이 다음과 같이 선택되었다.

A	$y'z'$	–	–	0	0	
B	$w'x'z$	0	0	–	1	
C	$w'xyz'$	0	1	1	0	
D	wxy'	1	1	0	–	
E	$wx'y$	1	0	1	–	

세 번째 항을 제외한 이들 모두가 주내포항이다. 시작하는 항들의 집합이 어떤 것이든지 (모든 1과 무정의가 최소한 하나의 항에 포함이 되어 있는 한) 상관없다. 즉, 동일한 결과를 얻게 될 것이다. 매우 적절한 커버를 선택함에 따라 관계없는 항들이면 만들어지는 항은 적어진다. 처리 과정을 나타내면 다음과 같다.

A – – 0 0
B 0 0 – 1
~~C 0 1 1 0~~
D 1 1 0 –
E 1 0 1 –
F 0 0 0 – $B \not\subset A$
                 $C \not\subset B$ 정의 안됨
G 0 1 – 0 $C \not\subset A \geq C$
                 $D \not\subset B, D \not\subset A, E \not\subset D$ 정의 안됨
H – 0 1 1 $E \not\subset B$
J 1 0 – 0 $E \not\subset A$

 $F \not\subset E, F \not\subset D, F \not\subset B, F \not\subset A$ 정의 안됨, $G \not\subset F = 0-00 \leq A$;
 $G \not\subset E$ 정의 안됨; $G \not\subset D \leq A$; $G \not\subset B, G \not\subset A, H \not\subset G$ 정의 안됨;
 $H \not\subset F = B$; $H \not\subset E, H \not\subset D, H \not\subset B, H \not\subset A$, 정의 안됨; $J \not\subset H = E$;
 $J \not\subset G, J \not\subset E, J \not\subset B, J \not\subset A$ 정의 안됨; $J \not\subset F \leq A, J \not\subset D \leq A$

따라서 C항을 제외한 모든 항들이 주내포항들이다.

[문제풀이 2; 연습문제 2]

4.3 단일 출력을 위한 주내포항 표

일단 Quine-McCluskey나 반복적 합의(interated consensus)를 이용하여 주내포항의 완성된 목록이 만들어지면, 표는 각 주내포항에 대한 하나의 행과 함수(무정의가 없는)에 포함되는 각 최소항에 대한 하나의 열로 구성된다. X는 그 주내포항에 의하여 커버되는 최소항의 열에 넣을 수 있다. 이와 같이, 4.1절과 4.2절처럼 첫 번째 함수 f의 주내포항에 대하여, 주내포항 표(PI table)는 표 4.4와 같이 나타낼 수 있다.

표 4.4 주내포항(PI) 표

PI	수치적	$	라벨	0	4	5	7	8	11	12	15
$w'xy'$	0 1 0 –	4	A		X	X					
xyz	– 1 1 1	4	B				X				X
wyz	1 – 1 1	4	C						X		X
$w'xz$	0 1 – 1	4	D		X	X					
$y'z'$	– – 0 0	3	E	X	X			X		X	

표에서의 첫 번째 열은 대수 형태의 주내포항들의 목록이고, 두 번째 열은 수치 형태[3]이다. 후자는 0 혹은 1 어느 쪽으로도 표현할 수 있으므로, 이 항에 의하여 커버되는 최소항들의 목록을 구하는 것은 쉽다. 예를 들면 항 010– 는 최소항 0100(4)와 0101(5)를 커버한다. 세 번째 열은 그 항이 2레벨 회로[즉, 각 리터럴 하나에 출력게이트(OR) 입력 하나를 더한 것]에서 사용되는 게이트 입력들의 수이다. 네 번째 열은 바로 라벨(나중에 전체 항을 쓰는 것을 줄이기 위해)이다. 알파벳 순서로 항들을 분류할 것이다(4.1절과 4.2절에서 이들 항들의 라벨링과는 다를 수 있다).

우리의 작업은 단지 이들 행들을 사용하는 것과 같이 행의 최소 세트를 찾는 데 있다. 모든 열은 적어도 1개의 X를 가진다. 즉, 모든 최소항들은 수식에 포함된다. 만약 하나 이상의 세트가 있다면 게이트 입력의 총수($ 열)는 최소가 된다. 과정의 첫 번째 단계는 필수 주내포항을 찾는 것이다. 그들은 X가 적어도 하나의 열에 한 개만 있는 행들에 해당한다. 이들 사각형을 음영으로 표시했다. 각 필수 주내포항에 의해 커버되는 최소항들은 체크(√) 표시하였고; *표시는 표 4.5와 같이 주내포항 다음에 위치한다.

음영 표시된 X가 있는 이들 열 외에도 필수 주내포항에 의해 커버되는 모든 최소항들에 체크 표시가 되었음을 주목하자. 표는 필수 주내포항 행들과 커버되

---

3) 목록의 순서는 중요하지 않다. 주내포항을 찾기 위해 사용되는 두 개의 방법은 같은 목록에서 만들어지지만 순서는 다르다.

표 4.5 필수 주내포항 찾기

PI	수치적	$	라벨	√ 0	√ 4	5	7	√ 8	√ 11	√ 12	√ 15
$w'xy'$	0 1 0 –	4	A		X	X					
xyz	– 1 1 1	4	B				X				X
$wyz^\star$	1 – 1 1	4	C						X		X
$w'xz$	0 1 – 1	4	D			X	X				
$y'z'^\star$	– – 0 0	3	E	X	X			X		X	

는 최소항들을 삭제함으로써 표 4.6과 같이 축소된다.

이 간단한 예제에서 답은 명확하다. 주내포항 D가 나머지 1들을 커버한다. 다른 해는 총 4개 최소항에 대해 최소한 두 개 이상의 항들이 필요하게 될 것이다. 따라서 해는 다음과 같다.

$$C + E + D = wyz + y'z' + w'xz$$

추가 기법들을 구하는 데에 요구되는 몇몇 복잡한 예제들을 살펴보기 전에, 이미 주내포항들의 목록이 구하여진 예제 4.1과 4.2(무정의를 갖는)를 완료할 것이다. 첫 번째 예제와 다른 점은 함수에 포함된 최소항들에 대한 열만 가지고 있고 무정의에 대한 열이 없는 점이다. 위의 축소된 표도 실제로 이와 같은 방법이 사용된 것이다. 제거된 열들은 (맵 방법 3에서처럼) 필수 주내포항을 선택한 후에 무정의로 되는 최소항들에 해당한다.

표 4.6 축소된 표

$	라벨	5	7
4	A	X	
4	B		X
4	D	X	X

예제 4.3

PI		$	라벨	1	3	√ 4	√ 6	11
$y'z'$	– – 0 0	3	A			X		
$w'x'z$	0 0 – 1	4	B	X	X			
wxy'	1 1 0 –	4	C					
$wx'y$	1 0 1 –	4	D					X
$w'x'y'$	0 0 0 –	4	E	X				
$w'xz'^\star$	0 1 – 0	4	F			X	X	
$x'yz$	– 0 1 1	4	G		X			X
$wx'z'$	1 0 – 0	4	H					

이 표에서 맨 먼저 주목할 점은 C와 H행에 X가 없다는 것이다. 이들은 무정의만 커버하는 주내포항에 해당된다. 음영 표시된 F는 필수 주내포항이다. 축소표를 만드는 데에 있어서 C, H, F 행과 4와 6열을 제거할 수 있다.

$	라벨	1	3	11
3	A			
4	B	X	X	
4	D			X
4	E	X		
4	G		X	X

A행은 X가 없는데 이 행이 커버하는 최소항은 이미 필수 주내포항에 의해 커버되었다. 여기에서는 여러 진행 방법들이 있다. 표를 살펴보면 2개의 최소항들을 커버하는 주내포항이 아무튼 한 개가 필요하다는 것을 알 수 있다(B나 G 둘 중에서). 어떤 경우이든 하나의 최소항이 남게 된다. 따라서 다음 3개의 해가 가능하다.

$$F + B + D = w'xz' + w'x'z + wx'y$$
$$F + B + G = w'xz' + w'x'z + x'yz$$
$$F + G + E = w'xz' + x'yz + w'x'y$$

이들은 사용된 각 주내포항이 모두 같은 수의 리터럴을 가지므로 모두 동일한 비용이 든다(동일한 항들의 수를 사용하는 일부 커버들이 다른 개수의 리터럴을 갖게 되는 것을 다른 예제들에서 볼 수 있다).

만약 가능한 모든 해를 구하지 않고 단지 한 개의 최소해를 찾는다면 압도된 (dominated) 또는 동일한 행들을 제거함으로써 주내포항 표를 줄일 수 있다. 만일 항을 표현하는 한 행이 다른 한편보다 비용이 적게 들고 다른 행의 모든 열에서 X를 가진다면 그 행은 다른 행을 압도한다고 한다.

예제 4.4

예제 4.3에서 E행은 B에 의해, D행은 G에 의해 압도된다. 이들을 제거하면 표는 다음과 같이 축소된다.

$	라벨	1	3	11
4	B	X	X	
4	G		X	X

그리고 다음과 같은 유일한 해를 만들어 낸다.

$$F + B + G = w'xz' + w'x'z + x'yz$$

마지막으로, Petrick's method라는 세 번째 방법은 필수 주내포항을 제거한 후 얻어지는 표를 사용하고 있으나, 압도된 행을 삭제하기 전이다. 각 열에 하나

의 항을 생성함으로써 합의곱 식을 만든다. 마지막 예제에서, 식은

$$(B + E)(B + G)(D + G)$$

이다.

최소항 1은 B 또는 E에 의해서, 최소항 3은 B 또는 G에 의해서 그리고, 최소항 11은 E 또는 G에 의해서 커버되어야 한다. 위의 식을 곱의합 형태로 확장시키면 다음과 같이 된다.

$$(B + EG)(D + G) = BD + BG + DEG + EG$$
$$= BD + BG + EG$$

각 곱항은 함수를 커버하는 데 사용될 수 있는 주내포항의 세트에 해당한다. 이것들은 분명히 우리가 찾던 해이다.

이제 다소 복잡한 예제들을 살펴보기로 하자.

예제 4.5

$$f(a, b, c, d) = \Sigma m(1, 3, 4, 6, 7, 9, 11, 12, 13, 15)$$

맵, Quine–McCluskey 또는 반복된 합의[4]로부터, 모든 주내포항을 찾을 수 있으며, 다음의 표를 만들 수 있다.

			\$		√ 1	√ 3	4	6	7	√ 9	√ 11	12	13	15
$b'd$*	– 0 – 1	3		A	X	X				X	X			
cd	– – 1 1	3		B		X			X		X			X
ad	1 – – 1	3		C						X	X		X	X
abc'	1 1 0 –	4		D								X	X	
$bc'd'$	– 1 0 0	4		E			X					X		
$a'bd'$	0 1 – 0	4		F			X	X						
$a'bc$	0 1 1 –	4		G				X	X					

위의 표에서 필수 주내포항은 $b'd$이다. 표는 그 행과 커버되어지는 항들을 제거함으로써 축소된다.

\$		4	6	7	12	13	15
3	B			X			X
3	C				X	X
4	D				X	X	
4	E	X		X			
4	F	X	X				
4	G		X	X			

---

4) 효율적인 방법은 맵 방법을 이용하여 가능한 많은 주내포항을 찾는다. 그리고서 반복적 합의를 사용하여 빼놓은 것이 있는지를 검토하는 것이다.

축소된 표는 각 열과 행에 2개의 X가 있다. 커버되는 6개의 최소항들이 있으므로 적어도 3개의 주내포항이 필요하다. 또한 *B*와 *C*의 비용은 다른 항들보다 적으므로 이 항들을 사용한다. 표를 주의 깊게 살펴보면 3개의 항들을 사용하는 2개의 식이 존재한다는 것을 알 수 있다. 이들은 비용이 적은 항 한 개씩을 사용하고 있다.

$$A + B + D + F = b'd + cd + abc' + a'bd'$$
$$A + C + E + G = b'd + ad + bc'd' + a'bc$$

(비용이 적은 항 2개 모두를 사용하면 3개의 1만을 커버하므로 더 많은 항이 추가로 필요하게 된다.) 보다 체계적인 방법은 가장 적은 수의 항, 예를 들면 4에 의해 커버되어 질 수 있는 최소항들 중 하나를 선택하는 것이다. 최소항 4를 커버하기 위해서는 *E*나 *F* 중 하나를 선택해야 한다. 다음으로 이들 각각을 사용하는 최소해를 구하고 그들을 비교할 것이다. *E*를 선택한 후 표는 다음과 같이 축소된다.

$		6	7	13	15
3	*B*		X		X
3	*C*			X	X
4	*D*			X	
4	*F*	X			
4	*G*	X	X		

*D*행은 *C*행에 의해 압도되고, *C*행보다 비용이 높으므로 *D*행은 삭제 될 수 있다(이 행은 위의 표에 음영으로 나타내었다). 만일 그것이 제거되면, *C*는 최소항 13을 커버하기 위해 필요하다(또한 최소항 15를 커버하고 있다). 이제 최소항들 6과 7만이 커버될 필요가 있다. 하나의 항으로 이 둘을 커버하는 유일한 방법은 *G*밖에 없다. 따라서 얻어진 해는 다음과 같다.

$$A + C + E + G$$

*F*행 역시(*G*에 의해) 압도되나 이들 두 항들의 비용은 같다. 일반적으로(이 예에서는 아니지만) 비용이 높지 않은 압도된 행들을 삭제하면 다른 좋은 해를 잃어버릴 위험이 따른다. 그 대신에 최소항 4를 커버하기 위해서 주내포항 *F*를 선택한다면 표는 다음과 같이 된다.

$		7	12	13	15
3	*B*	X			X
3	*C*			X	X
4	*D*		X	X	
4	*E*		X		
4	*G*	X			

G행은 B행에 압도되고 비용은 높다. 따라서 함수를 커버하기 위해서 주내포항 B가 필요하다. 최소항 12와 13만이 남았으므로 D항을 선택해야만 한다. 이렇게 해서 구해진 해는 다음과 같다.

$$A + F + B + D$$

마지막으로 두 번째 표(6개의 최소항이 있는)로 돌아가 각 최소항을 커버하기 위해 필요한 주내포항을 고려하여보자. Petrick 방식에 의해 다음의 수식을 얻을 수 있다.

$$(E + F)(F + G)(B + G)(D + E)(C + D)(B + C)$$
$$= (F + EG)(B + CG)(D + CE)$$
$$= (BF + BEG + CFG + CEG)(D + CE)$$
$$= \underline{BDF} + BDEG + CDFG + CDEG + BCEF$$
$$\quad + BCEG + CEFG + \underline{CEG}$$

이들 8개의 조합들 중 어떤 것이든지 사용될 수 있다; 그러나 밑줄 친 2개의 항은 3개의 항들(A 외에)에 대응한다. 이 방법을 이용하여 앞의 방법과 동일한 2개의 최소해를 구할 수 있다.

예제 4.6

$$f(w, x, y, z) = \Sigma m(1, 2, 3, 4, 8, 9, 10, 11, 12)$$

주내포항들은 다음과 같고,

$x'z$
$x'y$
wx'
$xy'z'$
$wy'z'$

주내포항 표는 다음과 같다.

		\$	√ 1	√ 2	√ 3	√ 4	8	√ 9	√ 10	√ 11	√ 12
$x'z\star$	− 0 − 1	3	A	X		X			X		X	
$x'y\star$	− 0 1 −	3	B		X	X				X	X	
wx'	1 0 − −	3	C					X	X	X	X	
$xy'z'\star$	− 1 0 0	4	D				X					X
$wy'z'$	1 − 0 0	4	E					X				X

하나를 제외하고 모두를 커버하는 세 개의 필수 주내포항 A, B와 D가 있다. 즉 간소화된 표는 다음과 같다.

	\$	8
C	3	X
E	4	X

C와 E 모두 m_8을 커버하지만 C는 비용이 더 적게 든다. 그래서 유일한 최소해는

$$f = x'z + x'y + xy'z' + wx'$$

이다.

예제 4.7

$$g(a, b, c, d) = \Sigma m(0, 1, 3, 4, 6, 7, 8, 9, 11, 12, 13, 14, 15)$$

예제 3.18로부터, 아래 표와 같은 9개의 주내포항 목록을 구할 수 있다[이 목록이 완성되고, 이들을 반복된 합의(iterated consensus)의 시작점으로 사용하면 이 목록에 있는 모두가 주내포항이란 것을 체크해 볼 수 있다. 그렇게 해보면 새로운 항들이 이 예제에서 만들어지지 않는다]. 모든 항들이 2리터럴로 구성되어 있으므로 비용 열이 필요하지 않다.

		0	1	3	4	6	7	8	9	11	12	13	14	15
– – 0 0	A	X			X			X			X			
– 0 0 –	B	X	X					X	X					
– 0 – 1	C		X	X					X	X				
– 1 – 0	D				X	X					X		X	
– 1 1 –	E					X	X						X	X
– – 1 1	F			X			X			X				X
1 1 – –	G										X	X	X	X
1 – 0 –	H							X	X		X	X		
1 – – 1	J								X	X		X		X

모든 최소항들은 최소한 2개의 주내포항들에 의해 커버된다(일부는 4개). 단지 2개의 X만을 가지고 있는 열들 중의 하나를 선택하고, 한 항을 이용하여 먼저 함수를 최소화하고, 그리고서 다른 것들을 이용한다. 예를 들어, m_0를 커버하기 위하여 A항 또는 B항을 사용할 것이다. 먼저 A항을 이용하여 A에 의해 커버되는 최소항들을 제거하여 표를 축소시킨다.

		√ 1	√ 3	√ 6	√ 7	√ 9	√ 11	13	√ 14	√ 15
– 0 0 –	B	X				X				
– 0 – 1*	C	X	X			X	X			
– 1 – 0	D			X					X	
– 1 1 –	E			X	X				X	X
– – 1 1	F		X		X		X			X
1 1 – –	G							X	X	X
1 – 0 –	H					X		X		
1 – – 1	J					X	X	X		X

B행은 C에, D행은 E에 압도(dominate)된다. 행 H가 J에 압도되지만 지금은 그대로 남겨둔다. 따라서 항 C와 E를 선택하게 된다. 다음과 같은 축소된 표를 얻는다.

		13
– – 1 1	F	
1 1 – –	G	X
1 – 0 –	H	X
1 – – 1	J	X

분명, 최소항 13을 커버하기 위하여 G, H, J 중에 어느 것이든지 사용할 수 있다. H행은 비록 다른 항에 압도되지만 최소해의 하나로 사용된다는 것을 주의할 필요가 있다. 이제 B행 또는 D행에 대하여도 이렇게 되는지 생각해 보아야 한다. 확실하게 이전의 표로 돌아와야 하고, 만일 그것들을 제거하지 않으면 어떤 일이 발생하는지 알아보아야 한다. B(m_1과 m_4를 커버하기 위해 C를 선택하는 대신)와 E를 선택한다. 그리고 D(E 대신에)와 C를 선택하는 경우는 독자에게 맡기고 생략한다. 축소된 표는 다음과 같다.

		3	11	13
– 0 – 1	C	X	X	
– – 1 1	F	X	X	
1 1 – –	G			X
1 – 0 –	H			X
1 – – 1	J		X	X

그러나 지금 커버(총 5개)를 완료하기 위해 2개 이상의 주내포항을 필요로 한다. 지금까지 4개의 항으로 구성된 해를 3개 구하였으므로, 이러한 해들은 최소가 될 수 없다. 이와 같이 A항을 사용하고 있는 3개의 최소해는 다음과 같다.

$f = c'd' + b'd + bc + ab$

$f = c'd' + b'd + bc + ac'$

$f = c'd' + b'd + bc + ad$

이제 앞으로 가서 B행을 사용하여 이 과정을 반복해 보자. 이미 A행을 사용하여 모든 최소해를 찾았으므로 A행을 제거할 수 있다.

		3	√ 4	√ 6	7	11	√ 12	13	√ 14	15
– 0 – 1	C	X				X				
– 1 – 0*	D		X	X			X		X	
– 1 1 –	E			X	X				X	X
– – 1 1	F	X			X	X				X
1 1 – –	G						X	X	X	X
1 – 0 –	H						X	X		
1 – – 1	J				X			X		X

D행은 지금 필요하다. 표를 다시 한번 축소할 것이다.

		3	**7**	**11**	**13**	**15**
– 0 – 1	C	X		X		
– 1 1 –	E		X			X
– – 1 1	F	X	X	X		X
1 1 – –	G				X	X
1 – 0 –	H				X	
1 – – 1	J				X	X	X

m_{13}을 제외한 모든 남아있는 최소항들을 커버하는 F가 필요하다는 것은 분명해 보인다 (그렇지 않다면, C와 E 두 개가 필요하게 된다. 이 경우에도 커버되지 않은 m_{13}이 여전히 남는다). 이전처럼 함수를 완료하기 위해 주내포항 G, H, J가 사용될 수 있다. B항을 사용한 3개의 해는 다음과 같다.

$$f = b'c' + bd' + cd + ab$$
$$f = b'c' + bd' + cd + ac'$$
$$f = b'c' + bd' + cd + ad$$

[문제풀이 3; 연습문제 3]   총 6개의 해들이 주어진다.

4.4 다중출력 문제를 위한 Quine–McCluskey 함수

Quine-McCluskey 방법은 각각의 곱항에 태그 부분을 더해서 다중출력 시스템으로 확장할 수 있다. 태그는 어떤 함수가 그 항을 이용했는지 나타낸다. 만약 항이 함수에 포함되면 –, 포함되지 않으면 0의 값을 갖는 1비트를 각 함수에 포함한다. 항들이 공통 –를 갖는다면 결합될 수 있다. 항들을 결합할 때(인접 속성을 이용하여), 각 태그는 어느 한쪽의 항이 0을 가지면 0이고, 두 항이 모두 –이면 –이다. 본 절에서는 유용한 항을 찾는 기술을 확인해 보고, 최소 곱의합 식을 구하는 방법에 대한 설명은 4.6절로 미룬다.

과정을 설명하기 위해 다음 함수(예제 3.34와 동일한 함수들)를 살펴보자.

$$f(a, b, c) = \Sigma m(2, 3, 7)$$
$$g(a, b, c) = \Sigma m(4, 5, 7)$$

1의 개수에 따라 항들을 그룹화한다(문자는 식별을 쉽게 하기 위해 추가하였다).

```
A   010  –0
B   100  0–
--------------
C   011  –0
D   101  0–
--------------
E   111  ––
```

공통으로 적어도 하나의 –를 가지는 인접 그룹에서 각 항들의 쌍에 인접 속
성을 적용한다.

```
A + C = F =              01–  –0
B + D = G =              10–  0–
------------------------------------------------
C + E = H =              –11  –0
D + E = J =              1–1  0–
```

또 다른 열에 대해서 계속할 때 항들은 모든 함수에서 커버되는 경우에만 체
크 표시를 한다. 따라서, 예를 들어 E항은 F와 G 모두에 커버되는 항이 없기 때
문에 체크 표시를 하지 않는다.

표 4.7 다중출력 Quine–McCluskey 방법

```
A  010  –0 √        F  01–  –0
B  100  0– √        G  10–  0–
----------------    --------------------
C  011  –0 √        H  –11  –0
D  101  0– √        J  1–1  0–
----------------    --------------------
E  111  ––
```

두 번째 열에 인접한 것은 없다. 풀이 과정이 완료되면, 각 함수에 대해 2개
의 2리터럴 항과 공유되어질 수 있는 1개의 3리터럴 항이 있다.

다중출력 주내포항 표(4.6절의)를 사용하여 이 문제의 풀이를 완료하기 전에,
추가적으로 두 가지 예제를 살펴볼 것이다.

예제 4.8

$f(a, b, c, d) = \Sigma m(2, 3, 4, 6, 9, 11, 12) + \Sigma d(0, 1, 14, 15)$*

$g(a, b, c, d) = \Sigma m(2, 6, 10, 11, 12) + \Sigma d(0, 1, 14, 15)$

---

* 이 문제는 예제 3.40과 동일한 문제이다.

무정의를 포함하고 1의 숫자에 의해 항들을 그룹화하는 것에 의해 모든 최소항들을 목록화하는 것부터 시작한다.

A	0 0 0 0	$--\sqrt{}$	AA	0 0 0 $-$	$--$	BA	0 0 $--$	-0
	--------------		AB	0 0 $-$ 0	$--$	BB	0 $--$ 0	-0
B	0 0 0 1	$--\sqrt{}$	AC	0 $-$ 0 0	$-0\sqrt{}$		--------------	
C	0 0 1 0	$--\sqrt{}$		--------------		BC	$-$ 0 $-$ 1	-0
D	0 1 0 0	$-0\sqrt{}$	AD	0 0 $-$ 1	$-0\sqrt{}$	BD	$--$ 1 0	0 $-$
	--------------		AE	$-$ 0 0 1	$-0\sqrt{}$	BE	$-$ 1 $-$ 0	-0
E	0 0 1 1	$-0\sqrt{}$	AF	0 0 1 $-$	$-0\sqrt{}$		--------------	
F	0 1 1 0	$--\sqrt{}$	AG	0 $-$ 1 0	$--$	BF	1 $-$ 1 $-$	0 $-$
G	1 0 0 1	$-0\sqrt{}$	AH	$-$ 0 1 0	0 $-\sqrt{}$			
H	1 0 1 0	0 $-\sqrt{}$	AI	0 1 $-$ 0	$-0\sqrt{}$			
I	1 1 0 0	$--\sqrt{}$	AJ	$-$ 1 0 0	$-0\sqrt{}$			
	--------------			--------------				
J	1 0 1 1	$--\sqrt{}$	AK	$-$ 0 1 1	$-0\sqrt{}$			
K	1 1 1 0	$--\sqrt{}$	AL	$-$ 1 1 0	$--$			
	--------------		AM	1 0 $-$ 1	$-0\sqrt{}$			
L	1 1 1 1	$--\sqrt{}$	AN	1 0 1 $-$	0 $-\sqrt{}$			
			AO	1 $-$ 1 0	0 $-\sqrt{}$			
			AP	1 1 $-$ 0	$--$			

			AQ	1 $-$ 1 1	$--$			
			AR	1 1 1 $-$	$--$			

그러므로 공유될 수 있는 항들은 $a'b'c'$, $a'b'd'$, $a'cd'$, bcd', abd', acd, abc이다. f의 주내포항은 $a'b'$, $a'd$, $b'd$, bd'이다. g의 주내포항은 cd'와 ac이다.

$AF + AN$과 같은 합도 존재한다는 것에 주의하자. 그러나 두 항은 다른 함수들(그리고 00 태그를 가진다)에 속해 있다. 이것들은 포함되지 않는다.

예제 4.9

마지막으로 세 출력을 갖는 간단한 예제를 살펴보자.

$$f(x, y, z) = \Sigma m(0, 2, 5, 6, 7)$$

$$g(x, y, z) = \Sigma m(2, 3, 5, 6, 7)$$

$$h(x, y, z) = \Sigma m(0, 2, 3, 4, 5)$$

태그가 3비트일 뿐 풀이 과정은 이전과 같다.

```
A   000   -0- √      H   0-0   -0-        R   -1-   0-0
    -------------     J   -00   00-
B   010   ---           -------------
C   100   00- √      K   01-   0--
    -------------     L   -10   --0
D   011   0-- √      M   10-   00-
E   101   ---           -------------
F   110   --0 √      N   -11   0-0 √
    -------------     P   1-1   --0
G   111   --0 √      Q   11-   --0
```

세 함수 모두에서 사용될 수 있는 항들은 $x'yz'$와 $xy'z$이다. f와 g에 대하여 yz', xz 그리고 xy를 사용할 수 있다. f와 h에 대하여 $x'z'$를 사용할 수 있고 g와 h에 대하여 $x'y$를 사용할 수 있다. h에 대하여 $y'z$와 xy'를 사용할 수 있고, g에 대하여 y를 사용할 수 있다.

[문제풀이 4; 연습문제 4]

4.5 다중출력 문제를 위한 반복적 합의

반복된 합의 알고리즘은 다중출력 문제에 있어서 곱의합 식을 위해 사용되는 모든 항을 구하는 데 단지 작은 수정만이 필요하다. 후보가 되는 항들은 어느 한 함수의 주내포항이거나 함수들의 곱의 주내포항이 된다(다른 방법들에서 이 속성이 사용되지는 않았지만, 두 함수들 사이에 공유된 모든 항들은 두 함수의 곱의 주내포항이고 세 함수에서 공유된 모든 항들은 세 함수의 곱의 주내포항이다). 이 절에서는 모든 주내포항을 찾아낼 것이다. 최소해들을 4.6절에서 확인할 것이다.

반복된 합의 과정을 시작하기 위하여, 최소항들에서 시작하거나, 또는 각 함수의 커버뿐만 아니라 함수들의 모든 가능한 곱들의 커버도 포함해야 한다. 이 예제에서 첫 번째 방법을 사용하고, 문제풀이에서 두 번째 방법을 사용하게 될 것이다. 반복된 합의에 대한 목록 상의 각 곱항을 위하여, 각 출력에 대한 더미(dummy)변수로 태그 부분을 추가할 수 있다. 태그는 만일 항이 함수의 내포항이 아니면 0(보수화된 출력변수)을, 내포항이면 공백이다. 4.4절과 동일한 함수를 이용하여 과정을 설명할 것이다.

$$f(a, b, c) = \Sigma m(2, 3, 7)$$
$$g(a, b, c) = \Sigma m(4, 5, 7)$$

초기 목록은 다음과 같다.

$$
\begin{array}{llll}
a' \ b \ c' & g' & 0 \ 1 \ 0 & - \ 0 \\
a' \ b \ c & g' & 0 \ 1 \ 1 & - \ 0 \\
a \ b' \ c' & f' & 1 \ 0 \ 0 & 0 \ - \\
a \ b' \ c & f' & 1 \ 0 \ 1 & 0 \ - \\
a \ b \ c & & 1 \ 1 \ 1 & - \ -
\end{array}
$$

이전처럼 항(태그를 포함하는)의 각 쌍의 합의를 취한 후, 새로운 항을 추가하고 다른 항에 포함된 항들을 삭제한다. 단지 새로운 규칙은 모든 0의 태그 영역의 항들 또한 삭제된다는 것이다(한 함수의 1과 다른 함수의 1에 의해 만들어진 그룹에 해당한다. 그것들은 어떤 함수의 내포항들이 아니다). 태그 부분에 1의 값이 없으므로, 합의의 존재 여부에 태그가 영향을 주지 않는다는 점에 주의해라. 표 4.8과 같이 수행한다.

표 4.8 다중출력 함수를 위한 반복된 합의

$$
\begin{array}{lllll}
A & 0 \ 1 \ 0 & - \ 0 & & \\
B & 0 \ 1 \ 1 & - \ 0 & & \\
C & 1 \ 0 \ 0 & 0 \ = & & \\
D & 1 \ 0 \ 1 & 0 \ = & & \\
E & 1 \ 1 \ 1 & - \ - & & \\
F & 0 \ 1 \ - & - \ 0 & B ¢ A \geq B, A & \\
G & 1 \ 0 \ - & 0 \ - & D ¢ C \geq D, C & \\
H & - \ 1 \ 1 & - \ 0 & F ¢ E & \\
J & 1 \ - \ 1 & 0 \ - & G ¢ E & (G ¢ F \ 정의 \ 안됨) \\
\end{array}
$$

$$H ¢ G \ 태그 \ 없음 ; H ¢ F, H ¢ E \ 정의 \ 안됨$$
$$J ¢ H, J ¢ F \ 태그 \ 없음 ; J ¢ G, J ¢ E \ 정의 \ 안됨$$

공유할 수 있는 항은 abc이다. $a'b$와 bc는 f의 주내포항, ab'와 ac는 g의 주내포항이다.

예제 4.10

예제 4.8의 함수들, 즉 무정의를 가지는 2개의 출력함수를 고려하여 보자.

$$f(a, b, c, d) = \Sigma m(2, 3, 4, 6, 9, 11, 12) + \Sigma d(0, 1, 14, 15)$$
$$g(a, b, c, d) = \Sigma m(2, 6, 10, 11, 12) + \Sigma d(0, 1, 14, 15)$$

주내포항 표에 포함될 주내포항 목록을 얻기 위해서 최소항들에서 시작한다. 모든 무정의를 1로 취급하고 반복된 합의 알고리즘을 적용한다. 이 과정은 많은 시간을 요구하고 실수를 범하기가 쉽다(비록 이것을 처리하는 컴퓨터 루틴을 만드는 것은 비교적 단순하지만).[6] 다른 방법은 fg(두 함수의 곱)에 대한 맵을 그리고, fg는 모든 주내포항과 각 함수에서만 주내포항인 것들을 찾아라. 다음의 맵들은 fg의 주내포항과 f와 g의 주내포항을 보여준다. 이때 무정의를 포함하는 모든 주내포항을 커버해야 하므로 모든 무정의 조건은 맵에서 1로 나타내었다.

---

6) 이 방법에 대한 또 다른 예는 문제풀이 5a에 있다.

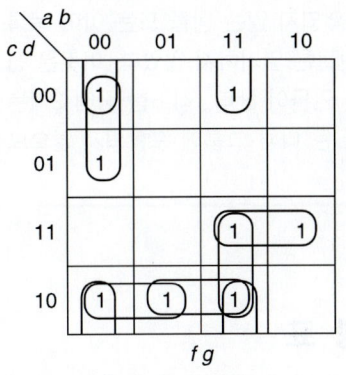
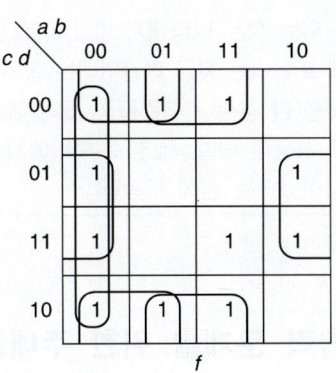
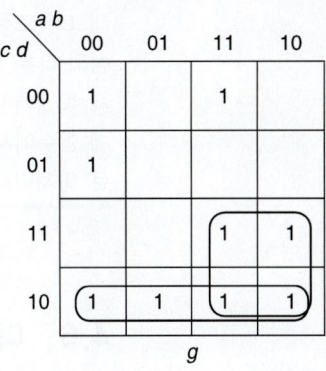

곱항들(태그를 포함한)은

```
000-  --        00--  -0        --10  0-
00-0  --        0--0  -0        1-1-  0-
0-10  --        -1-0  -0
-110  --        -0-1  -0
111-  --
11-0  --
1-11  --
```

이다. 이 목록에서 반복적 합의를 시도해 볼 수 있지만, 새로운 항들을 찾지는 못할 것
이다.

예제 4.11

$f(x, y, z) = \Sigma m(0, 2, 5, 6, 7)$
$g(x, y, z) = \Sigma m(2, 3, 5, 6, 7)$
$h(x, y, z) = \Sigma m(0, 2, 3, 4, 5)$

각 함수에서 사용된 모든 최소항을 태그와 함께 나열하고, 모든 주내포항을 찾아내기 위
하여 반복된 합의 알고리즘을 수행한다.

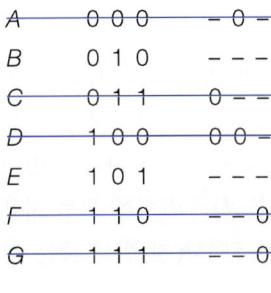

A	0 0 0	-0-	H	0-0	-0-	B ¢ A ≥ A
B	0 1 0	---	J	01-	0--	C ¢ B ≥ C
C	0 1 1	0--	K	10-	00-	E ¢ D ≥ D
D	1 0 0	00-	L	-10	--0	F ¢ B ≥ F
E	1 0 1	---	M	1-1	--0	G ¢ E ≥ G
F	1 1 0	--0	N	-00	00-	K ¢ H
G	1 1 1	--0	P	11-	--0	M ¢ L
			Q	-11	0-0	M ¢ J
			R	-1-	0-0	Q ¢ L ≥ Q

태그가 모두 0이 되는 항은 나타내지 않았다. 또한 정의되지 않는 항들 또는 이미 목록 상의 다른 항들에 포함되는 항을 이끌어내는 합의 연산들은 열거하지 않았다. 이것은 전체 10개의 주내포항(한 함수나 함수들의 곱에 대한)을 만들어 낸다. 최소항 중에 2개는 세 함수에서 모두 사용이 되고, 세 함수 모두에서 보다 큰 다른 그룹에 포함되지 않으므로 마지막까지 남아있다는 점에 주의하라.

4.6 다중출력 문제를 위한 주내포항 표

모든 곱항들을 찾은 후에 각 함수에 대해서 분리된 주내포항 표를 만든다. 앞의 두 절에서 나온 두 개의 함수에 대한 주내포항 표는 표 4.9와 같다.

$$f(a, b, c) = \Sigma m(2, 3, 7)$$
$$g(a, b, c) = \Sigma m(4, 5, 7)$$

X는 내포항인 함수의 열에만 놓인다(예를 들어, g의 7열 또는 D항에 X가 없다). 필수 주내포항들은 이전과 같은 방법으로 찾을 수 있다(f에 대하여 $a'b$, g에 대하여 ab').

표 4.9 다중출력 주내포항 표

	$		f √2	√3	7	g √4	√5	7
1 1 1	4	A			X			X
0 1 –*	3	B	X	X				
1 0 –*	3	C				X	X	
– 1 1	3	D		X	X			
1 – 1	3	E					X	X

표 4.10 축소된 주내포항 표

	$		f 7	g 7
1 1 1	4	A	X	X
– 1 1	3	D	X	
1 – 1	3	E		X

이 표는 표 4.10과 같이 축소될 수 있다.

　이제 비록 A가 4의 비용이 들고 다른 것들은 3의 비용이 든다고 해도 양쪽 함수들을 커버하기 위해 A항을 사용하는 것이 좋다. 실제로 각 함수에서 항을 사용하기 위한 비용은 첫 함수를 제외하면 단지 1이고, OR 게이트의 하나의 입력이다(그 항에 대해 오직 1개의 AND 게이트를 만들 뿐이다). D와 E항을 모두 사용하는 해의 비용은 6인데 비해 A항을 사용하는 해의 비용은 5이다(첫 번째 해는 추가적인 게이트를 필요로 한다). 따라서 해는 다음과 같다.

$$f = a'b + abc$$
$$g = ab' + abc$$

예제 4.8과 4.10의 함수들

$$f(a, b, c, d) = \Sigma m(2, 3, 4, 6, 9, 11, 12) + \Sigma d(0, 1, 14, 15)$$

$$g(a, b, c, d) = \Sigma m(2, 6, 10, 11, 12) + \Sigma d(0, 1, 14, 15)$$

에 대한 주내포항 표는 아래에 나타낸다.

			f				√		√	√		g			√
			2	3	4	6	9	11	12	2	6	10	11	12
0 0 0 –	A	4												
0 0 – 0	B	4	X							X				
0 – 1 0	C	4	X			X				X	X			
– 1 1 0	D	4				X					X			
1 – 1 1	E	4'						X					X	
1 1 1 –	F	4												
1 1 – 0*	G	4							X					X
– 1 – 0	H	3			X	X				X				
0 – – 0	J	3	X		X	X								
0 0 – –	K	3	X	X										
– 0 – 1*	L	3			X		X	X						
– – 1 0	M	3								X	X	X		
1 – 1 –	N	3										X	X	

행들이 3개의 부분으로 나뉘어졌음에 주목하라. 첫 번째 부분(A부터 G)은 공유하여 사용할 수 있는 항들이다. 또한 두 번째 부분은 g의 내포항들이 아닌 f의 주내포항들을 포함하고, 마지막 부분은 f의 내포항들이 아닌 g의 주내포항들을 포함한다. A와 F행들은 X를 가지고 있지 않다는 점에 주의하라. 그들은 단지 무정의들로 이루어진 주내포항이다(물론, 무정의에 해당하는 열들은 존재하지 않는다).

L행, b'd는 f의 필수 주내포항이고, G행, abd'는 g의 필수 주내포항이다. 비록 후자가 또한 f에 대해 유용할지라도, 필수적이지는 않다. 따라서 이것은 사용할 수도 사용하지 않을 수도 있다. 축소된 표는 다음과 같다.

디지털 논리설계

			f				g		√	√
			2	4	6	12	2	6	10	11
0 0 - 0	B	4	X				X			
0 - 1 0	C	4	X		X		X	X		
- 1 1 0	D	4			X			X		
1 - 1 1	E	4								X
1 1 - 0*	G	1				X				
- 1 - 0	H	3		X	X	X				
0 - - 0	J	3	X	X	X					
0 0 - -	K	3	X							
- - 1 0	M	3					X	X	X	
1 - 1 -	N	3							X	X

G항의 비용이 1로 줄어드는 점에 주목할 필요가 있다. AND 게이트가 이미 사용되었기 때문에 OR 게이트에 하나의 입력만이 필요할 뿐이다. E항은 N항에 압도되었고 비용이 높으므로 삭제가 가능하다(N항을 이용하는 것이 비용이 낮기 때문에 최소해의 부분이 될 수 없을 것이다). N항, ac는 g에 필요하다. 이들 두 항들과 커버하는 최소항을 삭제하면 표는 다음과 같이 축소된다.

			f				g	
			2	4	6	12	2	6
0 0 - 0	B	4	X				X	
0 - 1 0	C	4	X		X		X	X
- 1 1 0	D	4			X			X
1 1 - 0	G	1				X		
- 1 - 0	H	3		X	X	X		
0 - - 0	J	3	X	X	X			
0 0 - -	K	3	X					
- - 1 0	M	3					X	X

C항이 B와 D의 모든 1을 커버하므로 B나 D가 모두 사용되지는 않을 것이다. 함수 g를 위해 C 또는 M 중 어느 것을 사용할 것인가 하는 선택이 남는다. 만일 C를 사용하면 양쪽 함수들을 위해 사용할 것이다. f의 커버를 완료하기 위해 H를 사용해야 한다. 비용은 5(C를 위해)에 3을 더해서 8이 될 것이다. 또 다른 방법은 M(3의 비용으로)을 사용하고, f를 커버하기 위해 J와 G를 사용하는 것이다. 총 비용은 7이 된다. 어느 쪽의 해이든 2개의 새로운 게이트들을 필요로 한다.

최소해는 예제 3.36에서 구한 것과 같이 두 번째 방법이다.

$$f = b'd + abd' + a'd'$$
$$g = ac + abd' + cd'$$

예제 4.9와 4.11의 함수들에 대하여 다음과 같은 주내포항 표를 갖는다.

			f					g				h			
			√ 0	√ 2	5	6	7	√ 2	√ 3	5	√ 6	√ 7	0	√ 2	√ 3	4	5
0 1 0	4	A	X					X						X			
1 0 1	4	B		X					X								X
0 – 0*	3	C	X	X									X	X			
0 1 –*	3	D						X	X					X	X		
1 0 –	3	E														X	X
– 1 0	3	F	X		X			X			X						
1 – 1	3	G		X		X				X		X					
– 0 0	3	H											X			X	
1 1 –	3	J			X	X				X	X						
– 1 –*	1	K						X	X	X	X						

C항은 f의 필수 주내포항이지만, h에 대해서는 아니다(이와 같이 f의 항들은 체크하고, h의 항들은 그대로 두지만, 축소표에서 이 항에 대한 비용은 1로 줄어든다. 단지 h의 OR 게이트 입력만 남았다. 비슷하게 D항은 h의 필수 주내포항이지만, g에 대해서는 아니다. 마지막으로 K항은 비용이 단지 1(OR게이트 입력)이므로 g에서 사용될 수 있을 것이다. 비록 2개의 공유 항으로 커버할 수는 있어도 OR 게이트에 2개의 입력이 필요하게 된다. 따라서 표는 다음과 같이 축소된다.

			f			g	h		
			5	6	7	5	0	4	5
0 1 0	4	A							
1 0 1	4	B	X			X			X
0 – 0	1	C					X		
0 1 –	1	D							
1 0 –	3	E						X	X
– 1 0	3	F		X					
1 – 1	3	G	X		X	X			
– 0 0	3	H					X	X	
1 1 –	3	J		X	X				

A와 D는 더 이상 다른 항을 커버하지 않는다는 것을 알 수 있다. 이 행들은 소거될 수 있다. 이제 두 가지 선택이 있다. 먼저 3개의 함수들 모두를 위하여 6의 비용으로 B항을 사용하는 것이다. 12(이 표에서)의 비용으로 f에는 J 그리고 h에는 H를 사용할 것이다. 이 해는 8개의 게이트들과 19개의 입력들을 필요로 한다.

$$f = x'z' + xy'z + xy$$
$$g = y + xy'z$$
$$h = x'y + xy'z + y'z'$$

다른 선택은 f와 g를 위해서 G를 사용하는 것이다(4의 비용으로). 그 다음 F 또는 J는 f를 위해 사용될 수 있다. 그리고 C(비용이 1이기 때문에)와 E는 h를 위해 사용될 수 있다. 총 비용은 11개의 입력과 3개의 게이트(G, F 또는 J 그리고 E)들이다. 따라서 두 번째 해가 가장 좋다(C항을 만들기 위한 게이트는 이미 사용되었으므로 게이트의 수에 포함되지 않는다). 이에 대한 식은 다음과 같다.

$$f = x'z' + xz + (yz' \quad \text{or} \quad xy)$$
$$g = y + xz$$
$$h = x'y + x'z' + xy'$$

[문제풀이 6; 연습문제 6] 이 해 역시 8개의 게이트를 사용하고 있지만 필요한 입력의 수는 18개이다.

4.7 문제풀이

1. 다음 각 함수들에 대해 Quine-McCluskey 방법을 사용하여 모든 주내포항을 구하라(첫 번째 3함수들은 문제풀이 2b, 2d 그리고 3장의 5b에서 카르노 맵을 사용하여 최소화되었다).

   a. $f(w, x, y, z) = \Sigma m(2, 5, 7, 8, 10, 12, 13, 15)$

   b. $f(a, b, c, d) = \Sigma m(0, 4, 5, 6, 7, 8, 9, 10, 11, 13, 14, 15)$
      (2해)

   c. $F(W, X, Y, Z) = \Sigma m(1, 3, 5, 6, 7, 13, 14) + \Sigma d(8, 10, 12)$
      (2해)

   d. $f(a, b, c, d, e) = \Sigma m(0, 2, 4, 5, 6, 7, 8, 9, 10, 11, 13, 15,$
      $21, 23, 26, 28, 29, 30, 31)$

   a. 1의 개수에 의해서 최소항을 정리하자.

A	$0\ 0\ 1\ 0\ \checkmark$	J	$-\ 0\ 1\ 0$	R	$-\ 1\ -\ 1$
B	$1\ 0\ 0\ 0\ \checkmark$	K	$1\ 0\ -\ 0$		
	--------	L	$1\ -\ 0\ 0$		
C	$0\ 1\ 0\ 1\ \checkmark$		--------		
D	$1\ 0\ 1\ 0\ \checkmark$	M	$0\ 1\ -\ 1\ \checkmark$		
E	$1\ 1\ 0\ 0\ \checkmark$	N	$-\ 1\ 0\ 1\ \checkmark$		
	--------	O	$1\ 1\ 0\ -$		
F	$0\ 1\ 1\ 1\ \checkmark$		--------		
G	$1\ 1\ 0\ 1\ \checkmark$	P	$-\ 1\ 1\ 1\ \checkmark$		
	--------	Q	$1\ 1\ -\ 1\ \checkmark$		
H	$1\ 1\ 1\ 1\ \checkmark$				

곱항을 구하는 합들만을 보여준다.

$A + D = J$ $E + G = O$
$B + D = K$ $F + H = P$
$B + E = L$ $G + H = Q$
$C + F = M$ $M + Q = N + P = R$
$C + G = N$

따라서 주내포항은 $x'yz'$, $wx'z'$, $wy'z'$, wxy' 그리고 xz이다.

b.

0 0 0 0 √	0 − 0 0	0 1 − −
--------	− 0 0 0	1 0 − −
0 1 0 0 √	--------	--------
1 0 0 0 √	0 1 0 − √	− 1 − 1
--------	0 1 − 0 √	− 1 1 −
0 1 0 1 √	1 0 0 − √	1 − − 1
0 1 1 0 √	1 0 − 0 √	1 − 1 −
1 0 0 1 √	--------	
1 0 1 0 √	0 1 − 1 √	
--------	− 1 0 1 √	
0 1 1 1 √	0 1 1 − √	
1 0 1 1 √	− 1 1 0 √	
1 1 0 1 √	1 0 − 1 √	
1 1 1 0 √	1 − 0 1 √	
--------	1 0 1 − √	
1 1 1 1 √	1 − 1 0 √	

	− 1 1 1 √	
	1 − 1 1 √	
	1 1 − 1 √	
	1 1 1 − √	

주내포항은 $a'c'd$, $b'c'd$, $a'b$, ab', bd, bc, ad 그리고 ac이다.

c.

0 0 0 1 √	0 0 − 1 √	0 − − 1
1 0 0 0 √	0 − 0 1 √	1 − − 0
--------	1 0 − 0 √	
0 0 1 1 √	1 − 0 0 √	
0 1 0 1 √	--------	
0 1 1 0 √	0 − 1 1 √	
1 0 1 0 √	0 1 − 1 √	
1 1 0 0 √	− 1 0 1	
--------	0 1 1 −	
0 1 1 1 √	− 1 1 0	
1 1 0 1 √	1 − 1 0 √	
1 1 1 0 √	1 1 0 −	
	1 1 − 0 √	

주내포항은 $XY'Z$, $W'XY$, XYZ', WXY', $W'Z$ 그리고 WZ'이다.

d.

00000√	000-0√	00--0	--1-1
----------	00-00√	0-0-0	
00010√	0-000√	----------	
00100√	----------	001--	
01000√	00-10√	010--	
----------	0-010√	----------	
00101√	0010-√	0-1-1√	
00110√	001-0√	--101√	
01001√	0100-√	-01-1√	
01010√	010-0√	01--1	
----------	----------	----------	
00111√	001-1√	--111√	
01011√	0-101√	-11-1√	
01101√	-0101√	1-1-1√	
10101√	0011-√	111--	
11010√	010-1√		
11100√	01-01√		
----------	0101-√		
01111√	-1010		
10111√	----------		
11101√	0-111 √		
11110√	-0111√		
----------	01-11√		
11111√	011-1√		
	-1101√		
	101-1√		
	1-101√		
	11-10		
	1110-√		
	111-0√		

	-1111√		
	1-111√		
	111-1√		
	1111-√		

네 번째 열의 항들이 3가지 방식으로 만들어진다는 점에 주의하자. 주내 포항은 $bc'de'$, $abde'$, $a'b'e'$, $a'c'e'$, $a'b'c$, $a'bc'$, $a'be$, abc 그리고 ce이다.

2. 문제풀이 1의 각 함수들에 대해서 반복된 합의(iterated consensus)를 사용하여 모든 주내포항을 구하라.

a. 이 문제를 해결하기 위해서 최소항을 찾고, 합의 항의 목록을 만든다.

~~A~~	~~0010~~	~~J~~	~~01-1~~	$C \notin B \geq C, B$
~~B~~	~~0101~~	K	10-0	$E \notin D \geq D, E$
~~C~~	~~0111~~	L	110-	$G \notin F \geq F, G$
~~D~~	~~1000~~	~~M~~	~~-111~~	$J \notin H \geq H$
~~E~~	~~1010~~	N	-010	$K \notin A \geq A$
~~F~~	~~1100~~	P	1-00	$L \notin K$
~~G~~	~~1101~~	~~Q~~	~~-101~~	$L \notin J$
~~H~~	~~1111~~	~~R~~	~~11-1~~	$M \notin L$
		S	-1-1	$Q \notin M \geq J, M, Q, R$

다른 모든 합의 동작들이 부정의 이거나 또는 이미 목록에 있는 항을 구한다. 목록에 있는 항들은 모두 주내포항이다―$wx'z'$, wxy', $x'yz'$, $wy'z'$ 그리고 xz.

b. 먼저 함수 맵을 만들고(3장의 문제풀이 2d에서처럼), 함수를 커버하는 4개의 주내포항을 찾는다. 나머지를 생성하기 위해 반복된 합의를 사용한다.

A	0-00	~~E~~	~~010-~~	$B \notin A$
B	-1-1	~~F~~	~~01-0~~	$C \notin A$
C	-11-	G	1-1-	$D \notin C$
D	10--	H	1--1	$D \notin B$
		J	-000	$D \notin A$
		K	01--	$E \notin C \geq E, F$

더 이상 합의 항을 생성하지 않는다.

c. 먼저 함수의 맵에 나타내고, 무정의를 모두 1로 바꾼다. 함수를 커버하는 주내포항의 집합을 찾는다(함수를 커버하는 어떤 곱항 집합도 사용할 수 있다. 그러나 해를 얻는 과정을 줄이기 위해 주내포항을 가지고 시작한다).

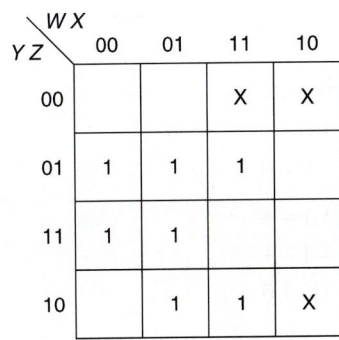 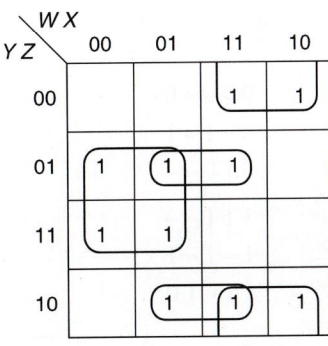

반복된 합의는 매우 매끄럽게 진행된다.

$$
\begin{array}{llcccl}
A & 0 & - & - & 1 & \\
B & 1 & - & - & 0 & \\
C & - & 1 & 0 & 1 & \\
D & - & 1 & 1 & 0 & \\
\hline
E & 1 & 1 & 0 & - & C \notin B \\
F & 0 & 1 & 1 & - & D \notin A \\
\end{array}
$$

다른 새로운 항은 만들어지지 않는다. 형성된 다른 합의 항들은 다음과 같다.

$$E \notin D = 11 - 0 \le B$$
$$E \notin A = C$$
$$F \notin C \le A$$
$$F \notin B = D$$

d. 먼저 함수를 매핑하고 하나의 층에 곱항들을 갖는 함수를 커버할 것이다.

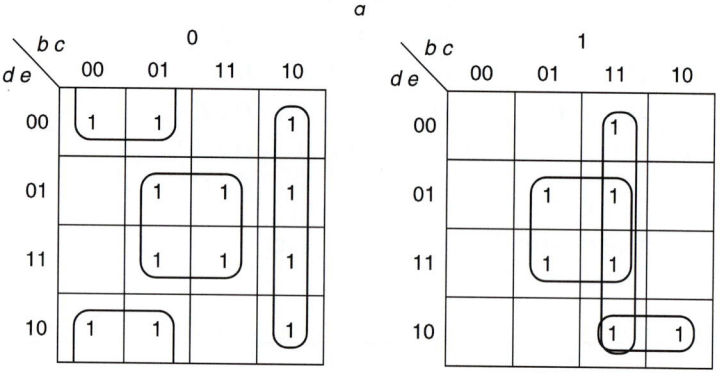

이러한 곱항들은 첫 번째 열을 보여준다. 합의 알고리즘을 수행한다. 그 것들은 새로운 항(두 번째 열에)을 만들고 다른 항들을 제거한다. 전체 9개의 항이 있다.

$$
\begin{array}{ll}
0\,0\,-\,-\,0 & 0\,0\,1\,-\,- \\
\cancel{0\,-\,1\,-\,1} & 0\,1\,-\,-\,1 \\
0\,1\,0\,-\,- & 0\,-\,0\,-\,0 \\
1\,1\,1\,-\,- & \cancel{-\,1\,1\,-\,1} \\
\cancel{1\,-\,1\,-\,1} & -\,-\,1\,-\,1 \\
1\,1\,-\,1\,0 & -\,1\,0\,1\,0 \\
\end{array}
$$

3. 문제풀이 1과 2의 각 함수들을 위해서 최소 곱의합 해를 모두 찾아라(a에 대한 하나의 해, 다른 것들 둘).

a. 주내포항 표이다.

			$	√ 2	√ 5	√ 7	8	√ 10	12	√ 13	√ 15
$wx'z'$	1 0 – 0	A	4				X	X			
wxy'	1 1 0 –	B	4						X	X	
$x'yz'^\star$	– 0 1 0	C	4	X				X			
$wy'z'$	1 – 0 0	D	4				X		X		
$xz^\star$	– 1 – 1	E	3		X	X				X	X

2개의 주내포항 $x'yz'$그리고 xz을 필수로 만드는 1들은 음영으로 나타내었고, 그들에 의해 커버되는 최소항은 체크 표시 되어있다. 위 표는 다음과 같이 축소된다.

			$	8	12
$wx'z'$	A	4	X	
wxy'	B	4		X
$wy'z'$	D	4	X	X

분명히 D항은 사용되어야 하며, 사용되지 않을 경우에는 2개 항이 더 필요하게 된다. 결과 해는 다음과 같다.

$$f = x'yz' + xz + wy'z'$$

b. 주내포항 표이다.

		$	0	4	5	6	7	8	9	10	11	13	14	15
A	0 – 0 0	4	X	X										
B	– 1 – 1	3			X		X					X		X
C	– 1 1 –	3				X	X						X	X
D	1 0 – –	3						X	X	X	X			
E	1 – 1 –	3								X	X		X	X
F	1 – – 1	3							X		X	X		X
G	– 0 0 0	4	X					X						
H	0 1 – –	3			X	X	X	X						

여기에는 필수 주내포항이 없다. 시작점은 단지 2개의 X가 있는 열중의 하나이어야 한다. 두 항이 4개의 1들을 커버할 수 있는 최소 5를 선택한다(그러나 최소항 0, 4, 5, 6, 8, 9, 10, 13 또는 14를 사용할 수 있다). 먼저 주내포항 B로 시도해 보고, 다음으로 주내포항 H로 시도해 본다. B를 선택하여 표를 축소하면 다음과 같다.

		$	0	4	6	8 √	9 √	10 √	11 √	14
A	0 - 0 0	4	X	X						
C	- 1 1 -	3			X					X
D	1 0 - -*	3				X	X	X	X	
E	1 - 1 -	3						X	X	X
F	1 - - 1	3					X		X	
G	- 0 0 0	4	X				X			
H	0 1 - -	3		X	X					

F행은 D행에 압도된다. D행을 선택하면 표는 다음과 같이 축소된다.

		$	0	4	6	14
A	0 - 0 0	4	X	X		
C	- 1 1 -	3			X	X
E	1 - 1 -	3				X
G	- 0 0 0	4	X			
H	0 1 - -	3		X	X	

여기에서, 2개의 항을 가지고 함수를 커버하는 유일한 방법은 A와 C를 선택하는 것이다. 이에 대한 결과는 다음과 같다.

$$f = bd + ab' + a'c'd' + bc$$

D 대신에 압도되는 F항을 선택하였다면, 최소항 8과 10은 F에 의해서 커버되지 않으므로 함수를 커버하기 위해서 3개 항이 더 필요하게 될 것이다.

B 대신에 H 항을 선택하였다면 어떠한 결과가 나타나는지 생각하여 보자. 결과표는 다음과 같다.

		$	√ 0	8	9	√ 10	√ 11	13	√ 14	√ 15
A	0 – 0 0	4	X							
B	– 1 – 1	3						X		X
C	– 1 1 –	3							X	X
D	1 0 – –	3		X	X	X	X			
E	1 – 1 –*	3					X	X	X	X
F	1 – – 1	3			X		X	X		X
G	– 0 0 0*	4	X	X						

주내포항 A 는 G 에 C 는 E 에 압도된다. 그들을 제거하면, G 와 E 를 선택해야 된다. 이렇게 되면 단지 최소항 9와 13이 커버되지 않은 상태로 남겨진다. 그들은 F 에 의해 커버될 수 있다. 어떠한 다른 해(H 를 사용하는)도 항 수가 4개만큼 적어지지 않는다(적어도 이것은 압도되는 항들 A 또는 C 중에서 하나를 사용하지만). 두 번째 동등하게 좋은 답변의 결과 함수는 다음과 같다.

$$f = a'b + ac + b'c'd' + ad$$

c. 주내포항 표는 다음과 같다.

		$	√ 1	√ 3	√ 5	6	√ 7	13	14
0 – – 1*	A	3	X	X	X		X		
1 – – 0	B	3							X
– 1 0 1	C	4			X			X	
– 1 1 0	D	4				X			X
1 1 0 –	E	4						X	
0 1 1 –	F	4				X	X		

무정의에 대한 열이 없는 것을 주목하라. 그것은 커버할 필요가 없다. 여기에는 하나의 필수 주내포항 $A(W'Z)$ 가 있고, 표는 다음과 같이 축소 될 수 있다.

		$	6	13	14
1 – – 0	B	3			X
– 1 0 1	C	4		X	
– 1 1 0	D	4	X		X
1 1 0 –	E	4		X	
0 1 1 –	F	4	X		

축소표에 대한 연구는 D행이 선택되어야 함을 알 수 있다. 그렇지 않으면 최소항 6과 14를 커버하기 위하여 B항과 F항이 필요하게 된다. 커버를 완성하기 위해서 C 또는 E를 선택하여야 한다. 따라서 문제에 대한 2개의 해는 다음과 같다.

$$F = W'Z + XYZ' + XY'Z$$
$$F = W'Z + XYZ' + WXY'$$

d. 다음과 같은 주내포항을 구성하게 된다.

			0	2	4	5√	6	7√	8	9	10	11	13√	15√	21√	23√	26	28√	29√	30√	31√
– 1 0 1 0	A	4									X						X				
1 1 – 1 0	B	4															X			X	
0 0 – – 0	C	3	X	X	X		X														
0 – 0 – 0	D	3	X	X					X		X										
0 0 1 – –	E	3			X	X	X	X													
0 1 0 – –	F	3							X	X	X	X									
0 1 – – 1	G	3								X		X	X	X							
1 1 1 – –	H*	3																X	X	X	X
– – 1 – 1	J*	2				X		X					X	X	X	X			X		X

두 개의 필수 주내포항은 H와 J이다. 축소표는 다음과 같다.

			0	2	4	6	8	9	10	11	26
– 1 0 1 0	A	4							X		X
1 1 – 1 0	B	4									X
0 0 – – 0	C	3	X	X	X	X					
0 – 0 – 0	D	3	X	X			X		X		
0 0 1 – –	E	3			X	X					
0 1 0 – –	F	3					X	X	X	X	
0 1 – – 1	G	3						X		X	

이 시점에서, 커버되어야 하는 9개의 최소항이 남았다. m_{26}은 A 또는 B 중의 하나에 이용되어야 한다. C와 F를 사용하여 나머지 1들을 커버하여 최종 해를 만든다.

$$f = abc + ce + a'b'e' + a'bc' + bc'de'$$
$$= abc + ce + a'b'e' + a'bc' + abde'$$

4. 함수들의 각 집합에 Quine-McCluskey 법을 이용하여 최소한 2레벨 AND/OR 게이트(또는 NAND 게이트) 해에서 사용될 모든 항들을 구하라.

a. $f(a, b, c, d) = \Sigma m(0, 1, 2, 3, 5, 7, 8, 10, 11, 13)$
$g(a, b, c, d) = \Sigma m(0, 2, 5, 8, 10, 11, 13, 15)$

b. $f(w, x, y, z) = \Sigma m(5, 7, 9, 11, 13, 15)$
$g(w, x, y, z) = \Sigma m(1, 5, 7, 9, 10, 11, 14)$

c. $f(a, b, c, d) = \Sigma m(0, 3, 5, 7) + \Sigma d(10, 11, 12, 13, 14, 15)$
$g(a, b, c, d) = \Sigma m(0, 5, 6, 7, 8) + \Sigma d(10, 11, 12, 13, 14, 15)$

d. $f(a, b, c, d) = \Sigma m(0, 2, 3, 8, 9, 10, 11, 12, 13, 15)$
$g(a, b, c, d) = \Sigma m(3, 5, 7, 12, 13, 15)$
$h(a, b, c, d) = \Sigma m(0, 2, 3, 4, 6, 8, 10, 14)$

a. 먼저 각 항에 1의 개수에 의하여 그룹지어진 최소항들의 열을 만든다. 그리고 3개의 리터럴 항들의 2번째 열과 2개의 리터럴 항들의 3번째 열을 만든다.

```
0 0 0 0  – – √      0 0 0 –  – 0 √      0 0 – –  – 0
---------------     0 0 – 0  – – √      – 0 – 0  – –
0 0 0 1  – 0 √      – 0 0 0  – – √      ---------------
0 0 1 0  – – √      ---------------     0 – – 1  – 0
1 0 0 0  – – √      0 0 – 1  – 0 √      – 0 1 –  – 0
---------------     0 – 0 1  – 0 √
0 0 1 1  – 0 √      0 0 1 –  – 0 √
0 1 0 1  – – √      – 0 1 0  – – √
1 0 1 0  – – √      1 0 – 0  – – √
---------------     ---------------
0 1 1 1  – 0 √      0 – 1 1  – 0 √
1 0 1 1  – – √      – 0 1 1  – 0 √
1 1 0 1  – – √      0 1 – 1  – 0 √
---------------     – 1 0 1  – –
1 1 1 1  0 – √      1 0 1 –  – –
                    ---------------
                    1 – 1 1  0 –
                    1 1 – 1  0 –
```

f의 공유되지 않은 주내포항은 $a'b'$, $a'd$ 그리고 $b'c$이고, g항은 acd 그리고 abd이다. 공유 항들은 $b'd'$, $bc'd$ 그리고 $ab'c$이다.

b.

```
0 0 0 1   0 – √      0 – 0 1   0 –      – 1 – 1   – 0
---------------      – 0 0 1   0 –      1 – – 1   – 0
0 1 0 1   – – √      ---------------
1 0 0 1   – – √      0 1 – 1   – –
1 0 1 0   0 – √      – 1 0 1   – 0 √
---------------      1 0 – 1   – –
0 1 1 1   – – √      1 – 0 1   – 0 √
1 0 1 1   – – √      1 0 1 –   0 –
1 1 0 1   – 0 √      1 – 1 0   0 –
1 1 1 0   0 – √      ---------------
---------------      – 1 1 1   – 0 √
1 1 1 1   – 0 √      1 – 1 1   – 0 √
                     1 1 – 1   – 0 √
```

f의 주내포항은 xz 그리고 wz이고, g항은 $w'y'z$, $x'y'z$, $wx'y$ 그리고 wyz'이다. 공유되어질 수 있는 항들은 $w'xz$와 $wx'z$이다.

c. 모든 무정의를 포함해야 한다.

```
0 0 0 0   – –       – 0 0 0   0 –       1 – – 0   0 –
---------------     ---------------     ---------------
1 0 0 0   0 – √     1 0 – 0   0 – √     – – 1 1   – 0
---------------     1 – 0 0   0 – √     – 1 – 1   – –
0 0 1 1   – 0 √     ---------------     – 1 1 –   0 –
0 1 0 1   – – √     0 – 1 1   – 0 √     1 – 1 –   – –
0 1 1 0   0 – √     – 0 1 1   – 0 √     1 1 – –   – –
1 0 1 0   – – √     0 1 – 1   – – √
1 1 0 0   – – √     – 1 0 1   – – √
---------------     0 1 1 –   0 – √
0 1 1 1   – – √     – 1 1 0   0 – √
1 0 1 1   – – √     1 0 1 –   – – √
1 1 0 1   – – √     1 – 1 0   – – √
1 1 1 0   – – √     1 1 0 –   – – √
---------------     1 1 – 0   – – √
1 1 1 1   – – √     ---------------
                    – 1 1 1   – – √
                    1 – 1 1   – – √
                    1 1 – 1   – – √
                    1 1 1 –   – – √
```

f의 공유되지 않는 주내포항은 cd이다. g항은 $b'c'd'$, ad' 그리고 bc이다. 공유되는 항들은 $a'b'c'd'$, bd, ac 그리고 ab이다.

d. 태그는 3개의 항을 가지고 있다.

```
0000  -0-√        00-0  -0-√        0--0  00-
-----------------  0-00  00-√        -0-0  -0-
0010  -0-√        -000  -0-√        -----------------
0100  00-√        -----------------  -01-  -00
1000  -0-√        001-  -0-         --10  00-
-----------------  0-10  00-√        10--  -00
0011  ---          -010  -0-√        1-0-  -00
0101  0-0√        01-0  00-√        -----------------
0110  00-√        100-  -00√        -1-1  0-0
1001  -00√        10-0  -0-√        1--1  -00
1010  -0-√        1-00  -00√
1100  --0√        -----------------
-----------------  0-11  0-0
0111  0-0 √        -011  -00√
1011  -00√        01-1  0-0√
1101  --0√        -101  0-0√
1110  00-√        -110  00-√
-----------------  10-1  -00√
1111  --0√        1-01  -00√
                   101-  -00√
                   1-10  00-√
                   110-  --0
                   -----------------
                   -111  0-0√
                   1-11  -00√
                   11-1  --0
```

f의 공유되지 않는 주내포항은 $b'c$, ab', ac' 그리고 ad이다. g항은 $a'bc$ 그리고 bd, h항은 $a'd'$ 그리고 cd'이다. f와 g의 공유되는 항들은 abc'와 abd이고; f와 h에 의하여 공유되는 항들은 $a'b'c$ 그리고 $b'd'$; 모든 세 함수에 의하여 공유되는 항은 $a'b'cd$이다.

5. 4번 문제를 반복 합의를 이용하여 다시 구하라.

a. *f*, *g*와 *fg*의 맵은 다음과 같다.

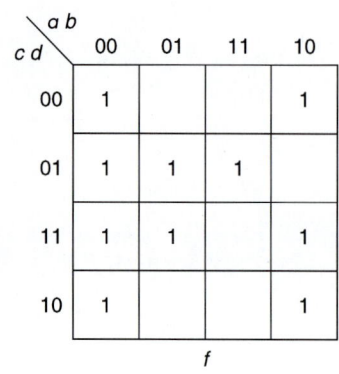

우선 *fg* 곱의 주내포항을 모두 찾고, 각 함수에 대해서 곱에는 속하지 않는 주내포항들을 찾는다(만약 함수에 포함된다면 –, 포함되지 않으면 0인 적절한 태그 부분을 더할 것이다).

$$
\begin{array}{llll}
A & -\,0\,-\,0 & -\,- \\
B & 1\,0\,1\,- & -\,- \\
C & -\,1\,0\,1 & -\,- \\
D & 0\,0\,-\,- & -\,0 \\
E & 0\,-\,-\,1 & -\,0 \\
F & 1\,1\,-\,1 & 0\,- \\
G & 1\,-\,1\,1 & 0\,-
\end{array}
$$

목록를 완성한 후, 빠뜨리는 것을 대비해서 모든 항들 간의 합의를 구해보는 것이 좋다. 이 경우에 시도해본 결과 다음을 빠뜨린 것을 알아냈다.

$$
H \quad -\,0\,1\,- \quad -\,0 \quad D \not\!\!\!c\, B
$$

합의를 구하는 데 있어서, 태그가 0 0으로 되는 것은 이 항이 두 함수에 나타나지 않는다는 것을 뜻하기 때문에 *D* 또는 *E*(또는 *H*)로 *F* 또는 *G*의 합의를 구할 필요가 없다.

    *f*의 공유되지 않는 주내포항들은 *a'b'*, *a'd* 그리고 *b'c*이다. *g*항은 *abd* 그리고 *acd*이다. 공유되어질 수 있는 항들은 *b'd*, *ab'c* 그리고 *bc'd*이다.

b. 최소항에서 시작하고 모든 주내포항을 찾아서 이 문제를 해결할 것이다.

```
1  00010 =      A 0-010 -      5 ¢ 1 ≥ 1
5  0101 --      B 01-1 --      7 ¢ 5 ≥ 7,5
7  0111 --      C 101- 0-      11 ¢ 10 ≥ 10
9  1001 --      D 10-1 --      11 ¢ 9 ≥ 11,9
10 10100 =      E 11-1 -0      15 ¢ 13 ≥ 15,13
11 1011 --      F 1-10 0-      C ¢ 14 ≥ 14
13 1101 -0      G -0010 -      D ¢ A
14 11100 =      H 1--1 -0      E ¢ D ≥ E
15 1111 -0      J -1-1 -0      H ¢ B
```

합의에 의하여 생성되어지는 새로운 항들을 보여주고 있다. 즉, 모든 원래의 항과 2그룹 중 하나는 큰 주내포항에 포함되어 있다.

f의 공유되지 않는 주내포항은 wz와 xz이다. g는 $w'y'z$, $wx'y$, wyz'과 $x'y'z$이다. 공유하게 되는 곱항은 $w'xz$와 $wx'z$이다.

c. 주내포항들을 찾을 때 모든 무정의는 1로 다루어야 한다. 먼저 f, g 그리고 fg에 대한 맵을 나타내고, 주내포항을 찾기 위해 모든 X를 1로 바꾼다(다시 말하면, 이러한 방법은 반복된 합의 알고리즘을 사용할 때 발생하는 실수를 없앨 수 있는 좋은 방법이다).

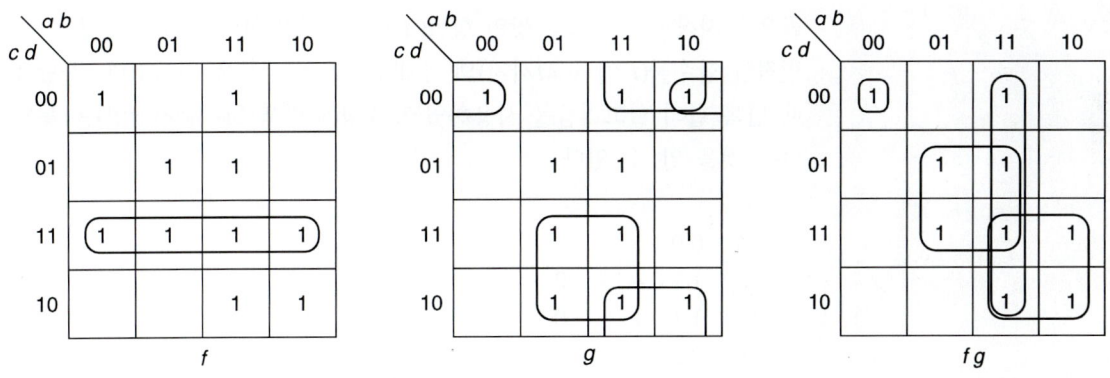

f의 공유되지 않는 주내포항은 cd이고, g는 bc, ad' 그리고 $b'c'd'$이다. 공유되어지는 항들은 $a'b'c'd'$, bd, ab 그리고 ac이다.

d. 먼저 함수들과 함수 쌍들의 모든 곱들의 맵을 만든다(fgh는 gh와 같기 때문에 맵을 분할할 필요가 없다).

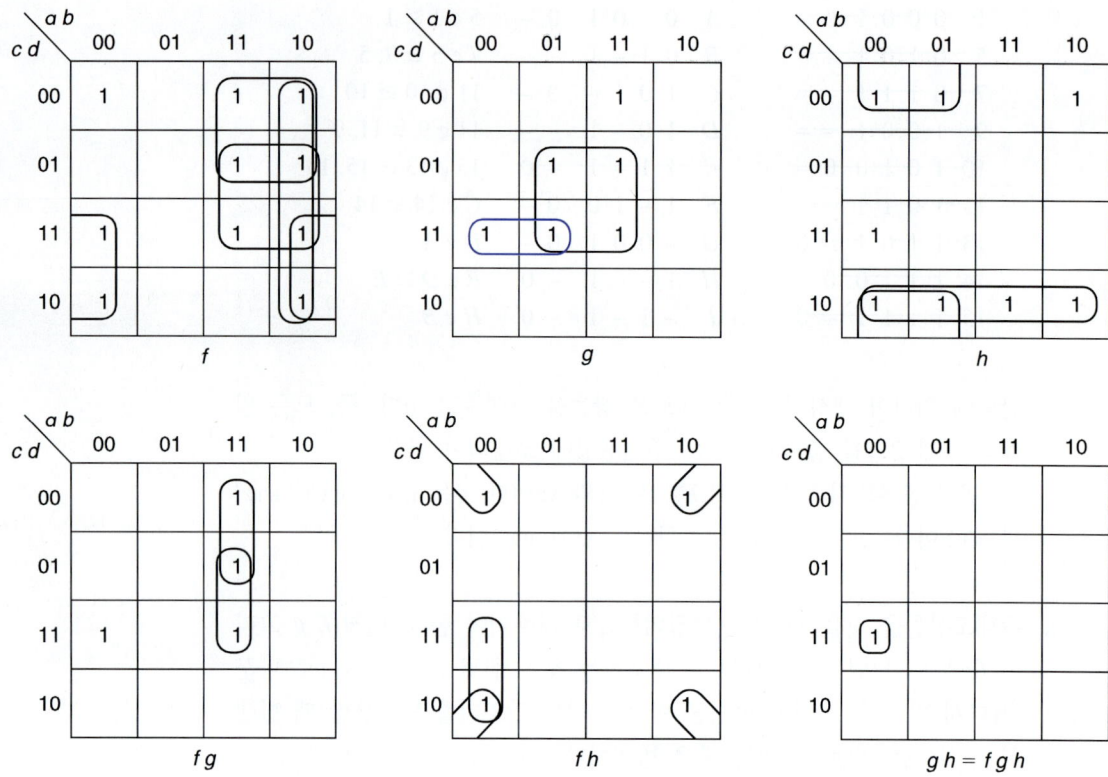

곱으로 시작해서 원으로 쌓인 항들(A에서 E까지)의 목록을 만들었고, 개별적인 함수들(F에서 M까지)의 주내포항들을 목록을 만들었다. 끝났을 때 반복 합의 알고리즘을 사용하였고, N항(파랑색으로 둘러쌓인)을 놓쳤다는 것을 알 수 있다.

$$
\begin{array}{lll}
A & 0011 & --- \\
B & 110- & --0 \\
C & 11-1 & --0 \\
D & 001- & -0- \\
E & -0-0 & -0- \\
F & -01- & -00 \\
G & 10-- & -00 \\
H & 1-0- & -00 \\
J & 1--1 & -00 \\
K & -1-1 & 0-0 \\
L & --10 & 00- \\
M & 0--0 & 00- \\
N & 0-11 & 0-0
\end{array}
$$

6. 문제풀이 4, 5번의 함수에 대하여, 2레벨 AND/OR 게이트(또는 NAND 게이트)로 이루어진 최소 곱의합 식을 찾아라(a. 1해, b. 6해, c. 2해, d. 2해).

a. 주내포항 표이다.

			√	√	√	√	√	√	√	√			√	√	√	√	√		√	
			f										**g**							
			0	**1**	**2**	**3**	**5**	**7**	**8**	**10**	**11**	**13**	**0**	**2**	**5**	**8**	**10**	**11**	**13**	**15**
– 0 – 0*	3	A	X		X				X	X			X	X		X	X			
1 0 1 –	4	B								X	X						X	X		
– 1 0 1*	4	C					X					X			X				X	
0 0 – –	3	D	X	X	X	X														
0 – – 1*	3	E		X			X	X												
1 1 – 1	4	F																	X	X
1 – 1 1	4	G																X		X
– 0 1 –	3	H			X	X			X	X										

항 A와 C는 f와 g의 필수 주내포항이고 E는 f의 필수 주내포항이다. 따라서 축소된 표는 다음과 같다.

			f	**g**	
			11	**11**	**15**
1 0 1 –	4	B	X	X	
0 0 – –	3	D			
1 1 – 1	4	F			X
1 – 1 1	4	G		X	X
– 0 1 –	3	H	X		

항 G는 g를 완전히 커버하고 항 H는 B보다 비용이 적게 들기 때문에 f로 사용한다. 다른 방법은, B는 f 그리고 g 양쪽에 쓰인다. 그리고 그 때 F나 G가 특별한 입력이 된 g의 m_{15}를 커버하는 데 사용된다. 해는 다음과 같다.

$$f = b'd' + bc'd + a'd + b'c$$
$$g = b'd' + bc'd + acd$$

b. 주내포항 표이다.

| | | | f | | | | | | g | | | | | |
			5	7	9	11	13	15	1	5 √	7 √	9	10 √	11	14 √
0 – 0 1	A	4							X	X					
0 1 – 1*	B	4	X	X						X	X				
1 0 1 –	C	4											X	X	
1 0 – 1	D	4			X	X						X		X	
1 – 1 0*	E	4											X		X
– 0 0 1	F	4							X			X			
1 – – 1	G	3			X	X	X	X							
– 1 – 1	H	3	X	X			X	X							

g에 대한 2개의 필수 주내포항 $w'xz$와 wyz'을 보여주고 있다. 이 표를 축소하면 다음과 같이 된다(AND 게이트가 이미 만들어졌기 때문에, B의 비용을 1로 만든다).

| | | | f | | | | | | g | | |
			5	7	9	11	13	15	1	9	11
0 – 0 1	A	4							X		
0 1 – 1	B	1	X	X							
1 0 1 –	C	4									X
1 0 – 1	D	4			X	X				X	X
– 0 0 1	F	4							X	X	
1 – – 1	G	3			X	X	X	X			
– 1 – 1	H	3	X	X			X	X			

두 공유 가능성을 가지고 있다. f를 커버하기 위하여 G와 함께 사용하는 B를 공유할 수 있다. 그 다음 B를 위해 1, G를 위해 3 그리고 g를 커버하는 항들의 어떤 쌍을 위해 8, 합계 12가 드는 g를 위하여 세 가지 선택, $A+D$, $F+D$ 그리고 $F+C$을 할 수 있다. 만일 그렇지 않으면 공유를 위하여 D를 선택할 수 있다. 그 경우에서 하나 이상의 항, H로 f를 커버하고, A 또는 F로 g를 커버할 수 있다. 그것은 D를 위해 5, H를 위해 3 그리고 A 또는 F를 위해 4, 또한 합계 12가 들 것이다.

B, $w'xz$를 공유하는 3개 해들은 다음과 같다.

$$f_1 = w'xz + wz$$
$$g_1 = w'xz + wyz' + w'y'z + wx'z$$
$$g_2 = w'xz + wyz' + wx'y + x'y'z$$
$$g_3 = w'xz + wyz' + wx'z + x'y'z$$

D, $wx'z$를 공유하는 2개 해들은 다음과 같다.

$f_2 = wx'z + xz$
$g_4 = w'xz + wyz' + wx'z + w'y'z$
$g_5 = w'xz + wyz' + wx'z + x'y'z$

c. 이것은 다음의 주내포항 표를 생성한다.

| | | | f | | | | g | | | |
			√ 0	√ 3	√ 5	√ 7	√ 0	√ 5	√ 6	7	8
1 1 – –	A	3									
– 1 – 1*	B	3			X	X		X		X	
1 – 1 –	C	3									
0 0 0 0*	D	5	X				X				
– – 1 1*	E	3		X		X					
– 0 0 0	F	4					X				X
– 1 1 –*	G	3							X	X	
1 – – 0	H	3									X

주내포항 A와 C는 최소항을 커버하지 않는 것에 주목해야 한다. 이들은 모두 4개의 무정의로 이루어진 그룹이다. 함수 f는 필수 주내포항에 의해 커버되고 g에서는 최소항 0과 8이 남는다. 축소된 주내포항 표(g에 대한)는 다음과 같다.

| | | | g | |
			0	8
0 0 0 0	D	1	X	
– 0 0 0	F	4	X	X
1 – – 0	H	3		X

두 개의 해결책이 있다. 주내포항 F는 각 최소항을 커버 하지만, 1개의 AND 게이트와 4개의 입력을 필요로 한다. 주내포항 D는 f의 필수 주내포항이며, 새로운 AND 게이트를 필요로 하지 않고 단지 1개의 게이트 입력이 필요하다. 따라서 D와 H는 새로운 1개의 새로운 게이트와 4개의 입력을 필요로 하는 해를 만들어낸다. 두 개의 해는 다음과 같다.

$f = bd + a'b'c'd' + cd$

와

$g_1 = bd + bc + b'c'd'$

또는

$g_2 = bd + bc + a'b'c'd' + ad'$

d. 여러 가지 곱들을 매핑하고 모든 주내포항을 구할 때, 다음 주내포항 표에 의하여 찾는다. 두 개의 부분으로 나눌 수 있는 크기라는 것을 알아두어야 한다. 비록 일부 행들이 표의 일정부분에서 비어 있더라도, 표의 각 부분에서 주내포항들 모두를 보여준다. 필수 주내포항을 찾은 후 표를 만들 수 있고 문제를 해결할 수 있다.

f

			√	√		√		√				
			0	2	3	8	9	10	11	12	13	15
0 0 1 1	A	5			X							
1 1 0 –	B	4								X	X	
1 1 – 1	C	4									X	X
– 0 – 0*	D	3	X	X		X		X				
0 0 1 –	E	4		X	X							
1 0 – –	F	3				X	X	X	X			
1 – 0 –	G	3				X	X			X	X	
1 – – 1	H	3					X		X		X	X
– 0 1 –	J	3		X	X			X	X			
– 1 – 1	K	3										
0 – 1 1	L	4										
0 – – 0	M	3										
– – 1 0	N	3										

			g						**h**							
				√	√	√	√	√				√	√	√	√	√
			3	5	7	12	13	15	0	2	3	4	6	8	10	14
0 0 1 1	A	5	X								X					
1 1 0 –*	B	4				X	X									
1 1 – 1	C	4					X	X								
– 0 – 0*	D	3							X	X				X	X	
0 0 1 –	E	4								X	X					
1 0 – –	F	3														
1 – 0 –	G	3														
1 – – 1	H	3														
– 0 1 –	J	3														
– 1 – 1*	K	3		X	X		X	X								
0 – 1 1	L	4	X		X											
0 – – 0*	M	3							X	X		X	X			
– – 1 0*	N	3								X			X		X	X

다음과 같이 표를 축소할 수 있고, 두 개의 부분을 합칠 수 있다. g와 h 는 최소항 3만 제외하고 모두 커버되었고, 주내포항 B는 g의 필수 주내 포항이므로 주내포항 B의 비용은 1로 줄어들었다.

			f						g	h
			√	√			√	√		
			3	9	11	12	13	15	3	3
0 0 1 1	A	5	X						X	X
1 1 0 –	B	1				X	X			
1 1 – 1	C	4					X	X		
0 0 1 –	E	4	X							X
1 0 – –	F	3		X	X					
1 – 0 –	G	3		X		X	X			
1 – – 1	H	3		X	X		X	X		
– 0 1 –	J	3	X		X					
0 – 1 1	L	4							X	

물론 주내포항 A는 g와 h(5 + 1 = 6의 비용)에서 m_3을 커버하기 위해 사 용되어야 한다. E와 L을 사용하면 8의 비용이 필요하기 때문이다. f에 대해 주내포항 C를 제거할 수 있는데 이 행이 H행에 압도되어 있고 더 높은 비용이 필요하기 때문이다. 따라서 m_{15}를 커버하기 위해 H를 선택 한다. H가 선택되면 남은 것은 m_3과 m_{12}이다. 이것은 가가 A와 B에 의 해 1의 비용으로 커버될 수 있다(J 혹은 G가 사용 될 수 있지만 각각에 대해 3의 비용이 필요하게 될 것이다). 최종 함수는 다음과 같다.

$$f = b'd' + ad + a'b'cd + abc'$$
$$g = abc' + bd + a'b'cd$$
$$h = b'd' + a'd' + cd' + a'b'cd$$

4.8 연습문제[7]

1. 다음 함수 각각에 대하여 Quine-McCluskey 방법을 사용하여 모든 주내포항을 구하라.

   a. $f(a, b, c) = \Sigma m(1, 2, 3, 6, 7)$

  *b. $g(w, x, y) = \Sigma m(0, 1, 5, 6, 7)$

   c. $g(w, x, y, z) = \Sigma m(2, 3, 6, 7, 8, 10, 11, 12, 13, 15)$

 *d. $h(p, q, r, s) = \Sigma m(0, 2, 3, 4, 5, 8, 11, 12, 13, 14, 15)$

   e. $f(a, b, c, d) = \Sigma m(5, 7, 9, 11, 13, 14) + \Sigma d(2, 6, 10, 12, 15)$

  *f. $f(a, b, c, d) = \Sigma m(0, 2, 4, 5, 6, 7, 8, 9, 10, 14) + \Sigma d(3, 13)$

   g. $G(V, W, X, Y, Z) = \Sigma m(0, 1, 4, 5, 8, 9, 10, 15, 16, 18, 19,$
                                                $20, 24, 26, 28, 31)$

 *h. $H(V, W, X, Y, Z) = \Sigma m(0, 1, 2, 3, 5, 7, 10, 11, 14, 15,$
                                              $16, 18, 24, 25, 28, 29, 31)$

2. 연습문제 1의 함수에 대하여 반복된 합의를 이용하여 모든 주내포항을 구하라.

3. 연습문제 1과 2의 함수에 대하여 모든 최소 곱의합의 식을 구하라.

   (b. 2해, c. 2해, d. 4해, e. 4해, f. 3해, h. 2해 나머지 1해)

4. 다음의 함수에 대하여 Quine-McCluskey 알고리즘을 사용하여 최소 2레벨 AND/OR 시스템에서 사용될 수 있는 모든 곱항을 구하라.

   a. $f(a, b, c, d) = \Sigma m(5, 8, 9, 12, 13, 14)$
          $g(a, b, c, d) = \Sigma m(1, 3, 5, 8, 9, 10)$

 *b. $F(W, X, Y, Z) = \Sigma m(1, 5, 7, 8, 10, 11, 12, 14, 15)$
          $G(W, X, Y, Z) = \Sigma m(0, 1, 4, 6, 7, 8, 12)$

   c. $f(a, b, c, d) = \Sigma m(1, 3, 5, 7, 8, 9, 10)$
          $g(a, b, c, d) = \Sigma m(0, 2, 4, 5, 6, 8, 10, 11, 12)$
          $h(a, b, c, d) = \Sigma m(1, 2, 3, 5, 7, 10, 12, 13, 14, 15)$

 *d. $f(a, b, c, d) = \Sigma m(0, 3, 4, 5, 7, 8, 12, 13, 15)$
          $g(a, b, c, d) = \Sigma m(1, 5, 7, 8, 9, 10, 11, 13, 14, 15)$
          $h(a, b, c, d) = \Sigma m(1, 2, 4, 5, 7, 10, 13, 14, 15)$

5. 문제풀이 4의 함수들의 각각에 대하여 반복된 합의를 사용하여 최소 2레벨 AND/OR 시스템에서 사용될 수 있는 모든 곱항을 구하라.

6. 문제풀이 4와 5의 함수들 집합에 대하여 2레벨 AND/OR 게이트(또는 NAND 게이트) 시스템에 상응하는 최소 곱의합 식을 구하라.

   a. 3해, 8게이트, 25입력

   b. 8게이트, 23입력

   c. 2해, 12게이트, 33입력

   d. 2해, 11게이트, 33입력

---

[7]　함수와 함수들의 세트 각각은 3장의 연습에 포함되었고, 다른 연습문제들 또한 여기에 사용될 수 있다.

4.9 4장 테스트(50분)[8]

1. 다음의 함수에 대하여 다음 조건을 사용하여 모든 주내포항을 구하라.

    a. Quine-McCluskey 방법

    b. 반복된 합의

$$f(w, x, y, z) = \Sigma m(0, 2, 3, 6, 8, 12, 15) + \Sigma d\,(1, 5)$$

2. 다음 함수에 대하여

$$g(a, b, c, d) = \Sigma m(3, 4, 5, 6, 7, 8, 9, 12, 13, 14)$$

다음 주내포항의 완전한 목록을 구하라.

$a'cd$	bd'
$a'b$	ac'
bc'	

최소 곱의합 해를 구하라.

3. 다음의 함수 집합에 대하여 다음 조건을 사용하여 최소 2레벨 AND/OR을 사용하는 모든 항을 구하라.

    a. Quine-McCluskey 방법

    b. 반복 합의

$$f(w, x, y, z) = \Sigma m(1, 2, 5, 7, 10, 11, 13, 15)$$
$$g(w, x, y, z) = \Sigma m(0, 2, 3, 4, 5, 7, 8, 10, 11, 12)$$

4. 다음 함수들의 집합에 대하여

$$f(a, b, c, d) = \Sigma m(2, 3, 4, 6, 7) + \Sigma d(0, 1, 14, 15)$$
$$g(a, b, c, d) = \Sigma m(2, 3, 5, 7, 8, 10, 13) + \Sigma d(0, 1, 14, 15)$$

가능한 공유 항: $a'b'$, $a'cd$, bcd, abc.

f의 또 다른 주내포항은 $a'd'$, $a'c$, bc이다.

g의 또 다른 주내포항은 $a'd$, $b'd'$, bd, acd'이다.

2레벨 AND/OR 게이트(또는 NAND 게이트) 시스템에 상응하는 최소 합의 식을 구하라.

---

8) 여기서의 시간은 1a와 1b 중에서 하나를 풀고, 3a와 3b 중에서 하나를 푸는 것을 가정했다.

대형 조합회로

지금까지는 작은 시스템(대부분 5개 이하의 입력과 3개 이하의 출력을 가진 시스템)을 주로 살펴보았다. 이 장에서는 지금까지 보아온 것보다 더 큰 규모의 많은 집적회로 구성요소들을 살펴보게 될 것이다. 설계 기본 단위로서 게이트만이 아니고 집적회로도 사용될 수 있다. 종종 사용자가 요구하는 회로를 게이트로 만드는 것보다 집적회로를 사용하는 것(심지어 한 집적회로의 부분만 사용하는 것이라 해도)이 더 경제적일 때가 있다. 또한 대형 시스템 설계의 예들을 살펴 볼 것이다.

첫 번째로, 동일한 블록으로 구성된 시스템을 살펴볼 것이다. 이러한 시스템은 종종 반복 시스템(iterative systems)이라 불린다. 가산기와 다른 대수연산 함수 등이 이러한 시스템에 속한다. 가산기의 설계에 대해 보다 더 상세히 살펴보고, 문제풀이에서도 감산기와 십진 가산기에 관해서도 다룰 것이다.

두 번째로, 몇 가지 일반적인 형태의 회로, 즉 디코더, 인코더, 우선순위 인코더 그리고 멀티플렉서를 살펴볼 것이다. 이들은 디지털 시스템 설계에 많이 응용되고 있으며 다양한 형태의 제품으로 구할 수 있다.

또 다른 중간 크기 시스템 설계에 사용되는 종류의 회로로 게이트 배열이 있다. 이 회로들은 곱의합 식을 구현할 수 있도록 연결된 여러 개의 AND와 OR 게이트들로 구성된다. 기본적인 구조는 표준화되어 있고 몇몇 연결들은 사용자에 의해 정해진다. 게이트 배열은 일반적으로 세 가지 형태, ROM(read-only- memory), PLA(programmable logic array), 그리고 PAL(programmable array logic)로 사용되고 있다. 7장에서도 살펴볼 것이지만, 어떤 PLD는 메모리를 담고 있다.

또한 조합회로의 테스트 및 시뮬레이션에 관한 내용도 살펴볼 것이다.

그리고 7-세그먼트 디스플레이 구동기를 포함한 몇 가지 시스템 설계에 대해 살펴보는데, 이 장과 앞 장의 다양한 기술들이 사용된다. 이런 종류의 연습문제들이 20번부터 25까지에 있다.

디지털 논리설계

5.1 반복 시스템

먼저 작은 회로를 여러 번 복제하여 시스템을 구성하는 것에 대하여 살펴본다. 다중 레벨 시스템에서 신호지연을 다루기 위하여 가산기를 예로 사용할 것이다.

손으로 2개의 숫자를 더할 경우에, 최하위 2비트를 더해서 하나의 합(sum) 비트와 자리올림인 캐리(carry) 비트를 만든다. 1-비트 가산기는 예문 3에 정의된 것으로 예제 2.34에서와 같이 NAND 게이트로 설계된다. 만약 n-비트 가산기를 만들려고 한다면 n개의 1-비트 가산기를 단지 연결하면 된다. 그림 5.1은 4-비트 가산기를 보여준다.

그림 5.1 4-비트 가산기

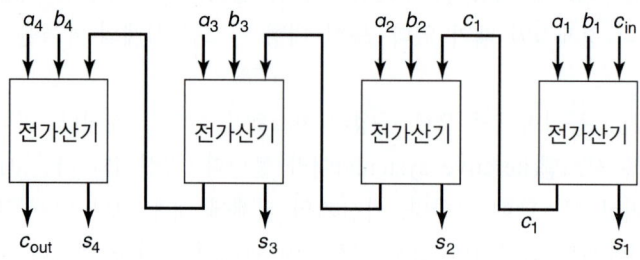

5.1.1 조합회로 시스템에서의 지연

게이트의 입력이 변할 때 그 게이트의 출력은 동시에 변하지 않는다. 대신에 약간의 지연(Δ)이 있게 된다. 만약 한 게이트의 출력이 다른 게이트의 입력으로 사용된다면 두 게이트에서의 지연들이 더해지게 된다. 간단한 회로의 블록도가 그림 5.2(a)에 있고, 회로의 타이밍도가 그림 5.2(b)에 나와 있다.

그림 5.2 게이트 지연의 예

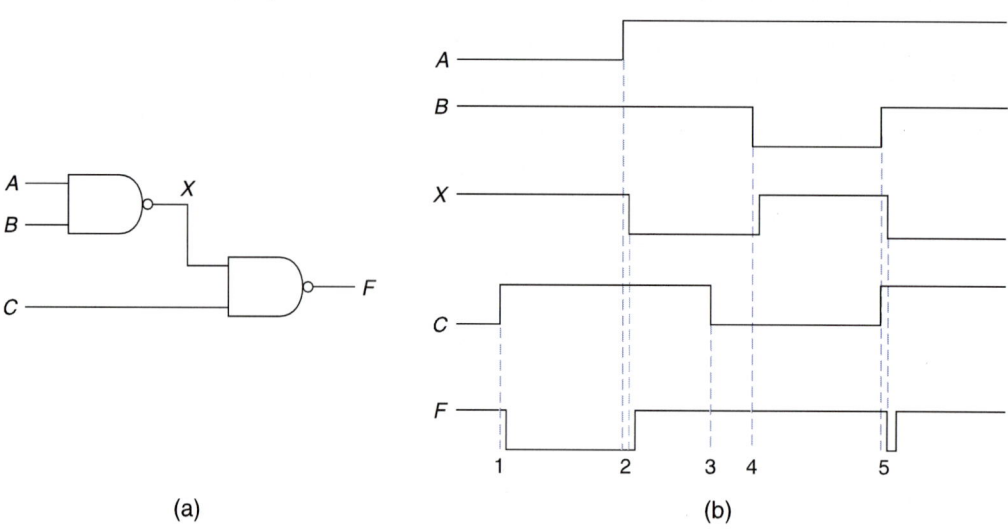

C가 변할 때 시간 1에서 보는 것처럼 F는 지연시간 Δ 뒤에 변한다. 만약 A 또는 B가 변하면 X점이 지연시간 Δ 뒤에 변하게 되고, 시간 2에서 보는 것처럼 또다시 지연시간 Δ뒤에 F가 변하게 된다. 시간 3에서는 C의 변화가 F에 변화를 주지 않고, 시간 4에서는 B의 변화가 X에 변화를 주지만 출력에는 변화를 주지 않는다. 마지막으로 시간 5에서는 B와 C가 모두 동시에 변하고 있다. C에서 변화가 인지될 때(C의 변화 후 지연시간 Δ 뒤에) 출력 F가 짧은 순간 0으로 가고, B의 변화가 전파되어 F는 1로 돌아오게 된다(B의 변화 후 2Δ). 이러한 상황을 해저드(hazard) 또는 글리치(glitch)라고 한다.

출력은 가장 긴 지연 경로 후에나 사용 가능하다. 이 경우에 가장 긴 지연은 2Δ이다. 지연에 관한 더 복잡한 예를 보도록 하자. 예문 3의 전가산기에서는 두 개의 1비트 수와 하위 자리에서 올라오는 하나의 캐리 입력을 더하여 합 비트와 상위 자릿수를 위한 캐리 출력을 만들어낸다.

가산기의 모든 출력에서 덧셈의 결과가 나오는 데 걸리는 시간을 알아보자. 모든 입력이 동시에 들어간다고 가정하자. 그림 5.3은 2.8절의 예제 2.34의 가산기 회로를 이용하고 있다. 그리고 입력 a와 b가 변할 때 회로의 여러 지점에서 생기는 지연을 표시하고 있다. 물론 한 게이트로 들어가는 두 개의 입력이 서로 다른 시간에 변하면 출력은 마지막 입력이 변한 뒤 Δ만큼 늦게 변할 것이다.

그림 5.3 1비트 가산기를 통한 지연

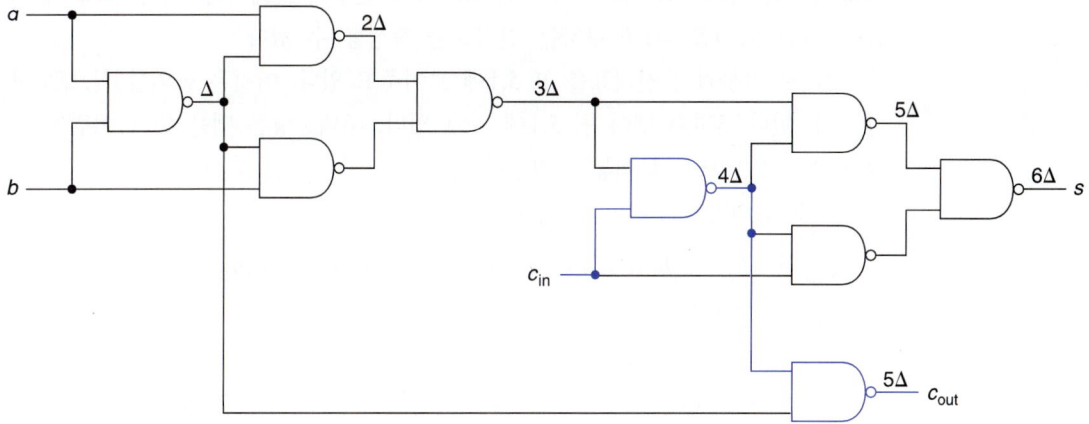

그림에서 보는 것처럼 입력 a와 b가 변하는 시점에서 합이 나오는 시점까지 지연은 6Δ이고, 캐리 출력이 나오는 시점까지 지연은 5Δ이다. a, b의 값이 고정되면, 파랑색 경로에서 알 수 있듯이 c_{in}에서 c_{out}까지 두 게이트만 거치므로 캐리 입력에서 캐리 출력까지 지연은 단지 2Δ가 된다.[1] 곧 이에 대하여 살펴보겠지만

---

[1] 여러 비트들로 되어있는 2개의 숫자를 더할 때, 모든 비트들은 일반적으로 동시에 준비된다. 따라서 최하위 비트(LSB) 이 외에는, a와 b의 모든 비트들은 c_{in}이 도달하기 전에 결정된다.

후자의 지연이 더 중요하다(또한 캐리 입력에서 합까지 지연은 3Δ이다.)

이제 전가산기 n개로 n-비트 가산기를 만들 수 있다. 그림 5.1은 4-비트 가산기의 예이다. n개의 각 회로를 가지고 n비트의 가산기를 만들 때 요구되는 총 지연은 다음과 같이 계산된다. 최하위 비트(LSB)의 입력에서 c_{out}까지의 지연에 중간 가산기들의 c_{in}에서 c_{out}까지의 지연 $\times$ $(n-2)$를 더해주고, 마지막으로 최상위 비트(MSB)의 c_{in}에서 c_{out} 혹은 c_{in}에서 s까지의 지연 중 더 긴 것을 더해서 계산한다. 멀티레벨 가산기(multilevel adder)의 경우 총 지연은 $5\Delta + 2(n-2)\Delta + 3\Delta = (2n+4)\Delta$와 같다. 64비트 가산기의 경우는 132Δ가 될 것이다.

5.1.2 가산기

앞 절에서 언급한 n-비트 가산기를 설계하는 한 가지 방법은 n개의 1비트 가산기들을 서로 연결하는 것이다. 이것은 리플 캐리 가산기(carry-ripple adder)라고 부른다. 가산기가 안정화되기까지 요구되는 시간은 $(2n+4)\Delta$만큼 될 것이다. 그러나 모든 출력이 안정화되기 위해서 꼭 긴 시간이 필요한 것은 아니다. 만약 a_i와 b_i가 모두 1일 때에는 캐리 입력과 상관없이 캐리 출력이 항상 1이 되고, 만약 a_i와 b_i가 모두 0일 때에는 캐리 출력이 항상 0이 되기 때문이다.

속도를 증가시키기 위해서 여러 가지 시도가 있었다. 그 중 한 가지 방법은 곱의합 식을 이용한 멀티비트 가산기를 구현하는 방법이다(결국 최하위 비트에 캐리 입력을 가지는 n-비트 가산기는 $2n+1$개 변수의 문제이다. 이론적으로 곱의합 식(또는 합의곱 식)을 구하는 진리표를 작성할 수 있다.

2비트 가산기의 진리표를 표 5.1에 보여주고 있다. 이것은 곱의합 식으로 구현할 수 있다. 5변수 맵이 맵 5.1에 나와 있다. 주내포항은 맵을 읽기 어렵게 할 수 있으므로 원으로 묶어놓지 않는다.

최소 곱의합 식은 다음과 같다.

$$c_{out} = a_2b_2 + a_1b_1a_2 + a_1b_1b_2 + c_{in}b_1b_2 + c_{in}b_1a_2 + c_{in}a_1b_2 \\ + c_{in}a_1a_2$$

$$s_2 = a_1b_1a_2'b_2' + a_1b_1a_2b_2 + c_{in}'a_1'a_2'b_2 + c_{in}'a_1'a_2b_2' \\ + c_{in}'b_1'a_2'b_2 + c_{in}'b_1'a_2b_2' + a_1'b_1'a_2b_2' \\ + a_1'b_1'a_2'b_2 + c_{in}b_1a_2'b_2' + c_{in}b_1a_2b_2 \\ + c_{in}a_1a_2'b_2' + c_{in}a_1a_2b_2$$

$$s_1 = c_{in}'a_1'b_1 + c_{in}'a_1b_1' + c_{in}a_1'b_1' + c_{in}a_1b_1$$

가산기의 식은 매우 복잡하여 80개의 리터럴을 가진 23개의 항을 필요로 한다. 2레벨 해법은 s_1에 대하여 12입력 게이트를 필요로 한다. 분명히 이러한 과정을 3비트, 4비트 가산기에도 반복할 수 있지만 대수식이 매우 복잡해지고 항의 수가 급진적으로 증가하게 된다[7변수 또는 9변수의 맵은 다루지 않는다. 이것은

표 5.1 2비트 가산기 진리표

a_2	b_2	a_1	b_1	c_{in}	c_{out}	s_2	s_1
0	0	0	0	0	0	0	0
0	0	0	0	1	0	0	1
0	0	0	1	0	0	0	1
0	0	0	1	1	0	1	0
0	0	1	0	0	0	0	1
0	0	1	0	1	0	1	0
0	0	1	1	0	0	1	0
0	0	1	1	1	0	1	1
0	1	0	0	0	0	1	0
0	1	0	0	1	0	1	1
0	1	0	1	0	0	1	1
0	1	0	1	1	1	0	0
0	1	1	0	0	0	1	1
0	1	1	0	1	1	0	0
0	1	1	1	0	1	0	0
0	1	1	1	1	1	0	1
1	0	0	0	0	0	1	0
1	0	0	0	1	0	1	1
1	0	0	1	0	0	1	1
1	0	0	1	1	1	0	0
1	0	1	0	0	0	1	1
1	0	1	0	1	1	0	0
1	0	1	1	0	1	0	0
1	0	1	1	1	1	0	0
1	1	0	0	0	1	0	0
1	1	0	0	1	1	0	1
1	1	0	1	0	1	0	1
1	1	0	1	1	1	1	0
1	1	1	0	0	1	0	1
1	1	1	0	1	1	1	0
1	1	1	1	0	1	1	0
1	1	1	1	1	1	1	1

손으로 풀기에는 매우 긴 작업이 되겠지만, 반복된 합의(iterated consensus) 방법을 사용할 수 있을 것이다]. 또한 적은 수의 대형 게이트로 멀티레벨 회로를 구현할 수 있도록 대수를 조작할 수도 있지만 이러한 방법은 지연을 증가시킬 것이다.

실제로 당면할 수 있는 또 다른 문제는 게이트의 입력 수가 제한된 경우이다[팬인(fan-in)이라 불리기도 한다]. 12개의 입력을 가진 게이트는 실용적이지 않거나 Δ 이상의 지연을 겪게 될 수도 있다.

2비트 가산기는 2레벨 논리로 c_{out}이 구현될 수 있다(최대 7개의 팬인과 함께). 매 두 비트마다 캐리 입력으로부터 캐리 출력까지 지연은 처음 2비트와 맨 마지막 2비트를 제외하면 단지 2Δ이다. 그래서 총 지연은

$$2\Delta + 2(n/2 - 2)\Delta + 3\Delta = (n + 1)\Delta$$

같이 되어 이전의 방법에 비해 지연이 절반으로 줄어들게 된다.

맵 5.1 2비트 가산기

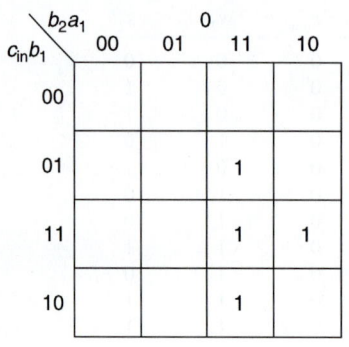

$a_2 = 0$ (출력 c_{out})

$c_{in}b_1 \backslash b_2a_1$	00	01	11	10
00				
01			1	
11			1	1
10			1	

$a_2 = 1$ (출력 c_{out})

$c_{in}b_1 \backslash b_2a_1$	00	01	11	10
00			1	1
01		1	1	1
11	1		1	1
10		1	1	1

$a_2 = 0$ (출력 s_2)

$c_{in}b_1 \backslash b_2a_1$	00	01	11	10
00			1	1
01		1		1
11	1	1		
10		1		1

$a_2 = 1$ (출력 s_2)

$c_{in}b_1 \backslash b_2a_1$	00	01	11	10
00	1	1		
01	1		1	
11			1	1
10	1		1	

$a_2 = 0$ (출력 s_1)

$c_{in}b_1 \backslash b_2a_1$	00	01	11	10
00		1	1	
01	1			1
11		1	1	
10	1			1

$a_2 = 1$ (출력 s_1)

$c_{in}b_1 \backslash b_2a_1$	00	01	11	10
00		1	1	
01	1			1
11		1	1	
10	1			1

    캐리가 2레벨 회로로 구성되고 합이 덜 복잡한 멀티레벨 회로일 때는 n과 무관하게(최종 합에서) 몇 개의 Δ만큼의 지연이 생기는 경우가 일어나기도 한다.

    상용으로 많이 쓰이는 7483, 7483A, 그리고 74283과 같은 4비트 가산기들이 있다. 이들은 캐리 출력이 3레벨 회로로 되어있고 각기 다른 방식으로 구현되어 있다. 7483A와 74283은 단지 핀의 배치만 다르다. 각각은 NAND, NOR,

AND, NOT 그리고 Exclusive-OR 게이트를 혼합하여 사용한 4레벨 회로로 합을 만들어낸다. 따라서 캐리 입력에서 캐리 출력까지의 지연이 매 4비트마다 3Δ이고, 맨 마지막 합에서 추가로 드는 지연을 포함한 총 지연은 $(3/4n + 1)\Delta$이 된다. 7483은 비록 3레벨로 된 캐리 출력을 가졌다 할지라도 캐리 입력이 내부적으로 비트 단위로 전파된다. 그리고 s_4에 대하여 8레벨 회로를 사용한다.

더 큰 가산기가 필요할 때 이러한 4비트 가산기들을 직렬로 연결한다. 예를 들어 그림 5.1에 나타난 3개의 가산기를 이용하는 12비트 가산기는 그림 5.4와 같으며 각각의 블록은 4비트 가산기를 나타낸다.

그림 5.4 4비트 가산기의 직렬연결

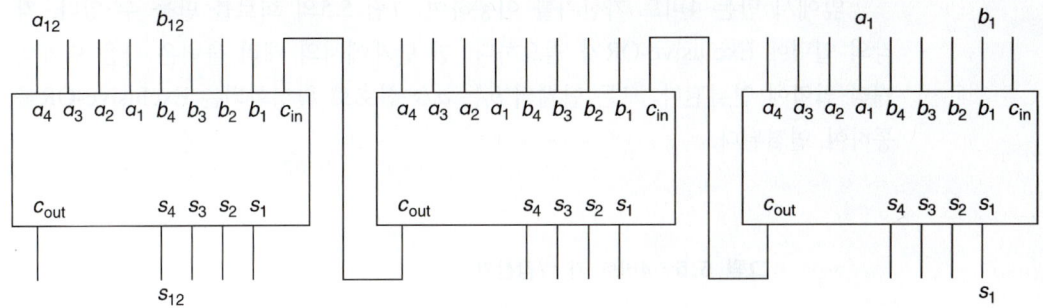

또 다른 방법은 캐리 예견 가산기(carry-look-ahead adder)를 만드는 것이다. 가산기의 각 단계에서 캐리 생성(generate) 신호 g와 캐리 전파(propagate) 신호 p 출력이 나타난다. 생성 신호는 캐리 입력이 있건 없건, 캐리 출력이 1이면 1이다. 전파 신호는 캐리 입력이 1일 때 해당 단계에서 캐리 출력이 1이 되면 1이 된다.

$$g = ab \qquad p = a + b$$

각 단계의 캐리 출력을 위하여 3단계 회로를 구성할 수도 있다. 예를 들어, 앞에서 논의한 4비트 가산기의 캐리 출력은 다음과 같다.

$$c_{out} = g_4 + p_4 g_3 + p_4 p_3 g_2 + p_4 p_3 p_2 g_1 + p_4 p_3 p_2 p_1 c_{in}$$

마지막 자리에서 캐리가 발생하면 캐리 출력은 1이 되며, 만약 아래 자리에서 캐리가 발생하면 그 캐리는 계속하여 윗자리로 전달된다. 이러한 특징은 단지 논리의 팬인 용량에 의해 제한될 뿐 가능한 모든 비트 자리까지 확장될 수 있다(4비트의 경우 5개의 팬인이 필요하다).[2]

---

[2] 캐리 예견 가산기에 관한 상세한 논의에 대해서는 Brown and Vranesic, *Fundamentals of Digital Logic with VHDL Design*, 3rd ed., McGraw-Hill, 2009를 참조하라.

5.1.3 감산기와 가 · 감산기

감산을 위하여 1비트 전감산기의 진리표를 만들 수 있다(3번 문제 참조). 그리고 필요한 만큼 직렬 연결하여 리플 빌림(borrow-ripple) 감산기를 만든다.

감산기가 필요한 대부분의 경우에 가산기가 함께 필요하다. 이러한 경우에 1.2.4절에서 만들었던 감산을 이용하면 감수의 각 비트의 보수를 취하고 1을 더한다.

이런 가 · 감산기를 만들기 위해서 가산은 0, 감산은 1의 신호선이 필요하다. 일반적으로 *add'/subtract*[3]을 줄여서 a'/s라 부른다. 다음을 상기 하도록 하자.

$$1 \oplus x = x' \quad \text{그리고} \quad 0 \oplus x = x$$

앞에서 만든 4비트 가산기를 이용하여 그림 5.5의 회로를 만들 수 있다. 각각의 입력에 Exclusive-OR가 필요하다. 한 단계에서의 캐리 출력은 다음 단계의 캐리 입력에 연결된다. 모든 단계의 b_i는 a'/s 신호로 활성화되는 Exclusive-OR를 통하여 연결된다.

그림 5.5 4비트 가 · /감산기

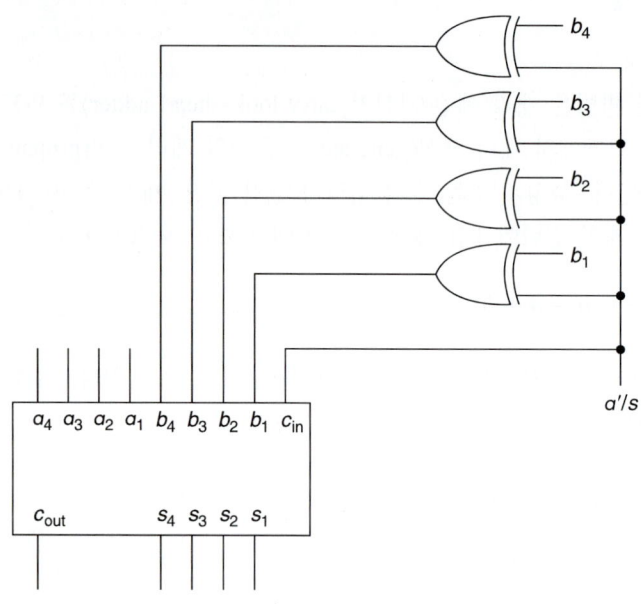

5.1.4 비교기

일반적으로 수학에서는 두 개의 수를 비교하여 같은지 혹은 한 쪽이 큰지를 표시한다. Exclusive-OR는 두 입력이 같지 않으면 1을 출력하고 같으면 0을 출력한다. 여러 비트의 데이터가 입력 될 때, 입력 데이터들 중 어느 한 비트라도 다를 때, 두 값은 같지 않게 출력 된다. 그림 5.6a 회로는 4비트 비교기이다. 입력 데이터가 같을 때, NOR 게이트의 출력은 1이 되며, Exclusive-NOR와 AND 게이트로 구성한 그림 5.6b에서도 같은 결과를 얻을 수 있다.

그림 5.6 4-비트 비교기

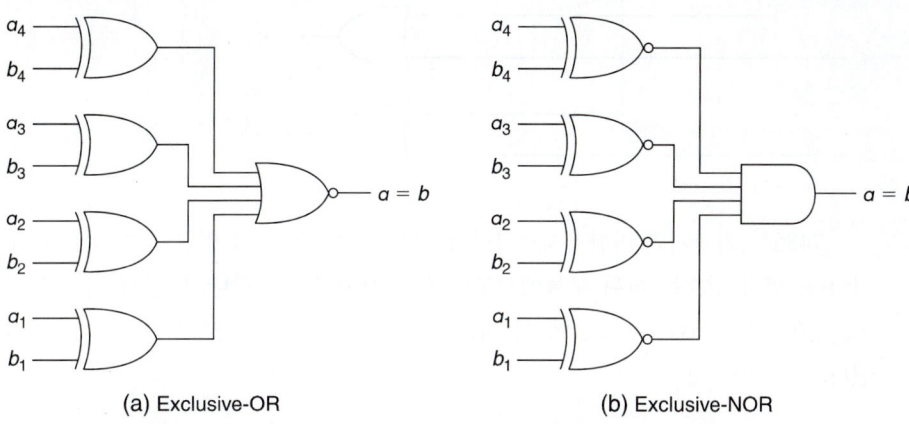

(a) Exclusive-OR   (b) Exclusive-NOR

이러한 비교기는 모든 데이터 비트들의 비교에 사용 될 수 있다.

'크다', '작다' 혹은 '같다'의 (무부호수) 4비트 비교기를 만들 때, 최상위 비트(MSB; a_4와 b_4)부터 만든다.

$a > b$ if $a_4 > b_4$ or $(a_4 = b_4$ and $a_3 > b_3)$ or $(a_4 = b_4$ and $a_3 = b_3$ and $a_2 > b_2)$ or $(a_4 = b_4$ and $a_3 = b_3$ and $a_2 = b_2$ and $a_1 > b_1)$

$a < b$ if $a_4 < b_4$ or $(a_4 = b_4$ and $a_3 < b_3)$ or $(a_4 = b_4$ and $a_3 = b_3$ and $a_2 < b_2)$ or $(a_4 = b_4$ and $a_3 = b_3$ and $a_2 = b_2$ and $a_1 < b_1)$

$a = b$ if $a_4 = b_4$ and $a_3 = b_3$ and $a_2 = b_2$ and $a_1 = b_1$

물론 더 많은 수의 비트의 비교로 확장 가능하며, 4비트 비교기를 직렬 연결하여 '크다', '작다' 혹은 '같다'의 3가지 신호를 얻을 수 있다. 이것은 그림 5.7에서 볼 수 있다.

그림 5.7 비교기의 전형적인 비트

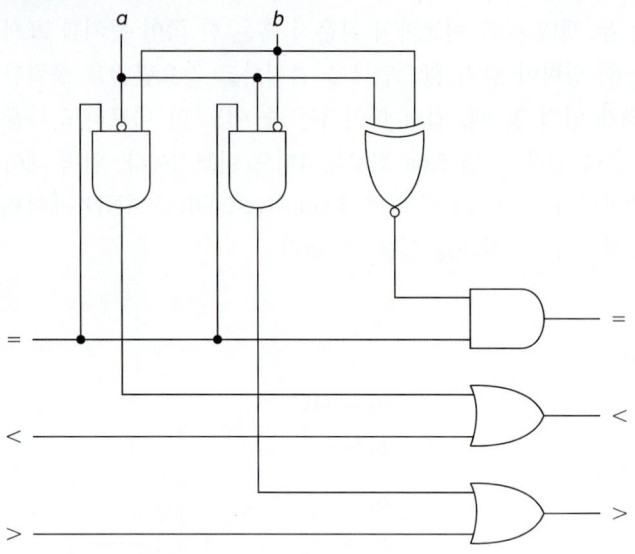

[문제풀이 1, 2, 3, 4;
연습문제 1, 2, 3, 4, 5, 6; 실험]

7485는 가산기와 마찬가지로 4비트 입력과 출력을 직렬 연결할 수 있는 비교기이다. 연결 신호는 하위 모듈에서부터 상위 모듈로 이동한다. 따라서 이 모듈의 a값이 b보다 크거나, 이 모듈에서는 같고 연결된 모듈에서 크면 크다는 출력이 1이 된다.

5.2 디코더

디코더는 활성화될 때 코딩된 입력 신호에 따라 여러 출력선 중 한 개를 선택하는 장치이다. 가장 흔하게는 입력은 n비트 2진수이고 2^n개의 출력선이 존재하게 된다(어떤 디코더들은 디코더를 활성화시키는 활성화 신호(enable signal)를 갖고 있다. 곧 그것에 대해 알아볼 것이다).

2입력(4출력) 디코더에 대한 진리표가 표 5.2a에 나와 있다. 입력은 2진수이고 입력에 의해 선택된 출력은 활성화된다.[4] 이 예에서 출력은 active high, 즉 활성화되는 출력은 1이고 비활성화되는 출력은 0이 된다(활성화되는 값이 1이 되는 active high와 활성화되는 값이 0이 되는 active low라는 용어를 입력과 출력에 사용될 것이다). 이 디코더는 단순히 각각의 출력에 대해선 AND 게이트로 구성되고 입력을 반전시키기 위한 NOT 게이트가 더해지게 된다(단지 a, b만 사용 가능하고 그들의 보수는 사용할 수 없다고 가정한다). 회로도는 그림 5.8a에 있다. 출력 0은 $a'b'$, 출력 1은 $a'b$, 출력 2는 ab', 출력 3은 ab이다. 각각의 출력은 2변수 함수의 최소항 중의 하나이다.

---

4) 4입력은 16개 조합을 가짐에도 불구하고 어떤 디코더는 단지 10개의 출력을 가지기도 한다.

active low 출력 형식의 디코더는 입력의 조합에 따라 한 개의 출력만 0으로 하고 나머지 출력은 1이 되게 한다. 그것을 설명해주는 회로와 진리표가 그림 5.8b, 표 5.2b에 나타나 있다. 앞 회로에서 AND 게이트를 단순히 NAND 게이트로 바꾼 것이다.

그림 5.8a active high 디코더

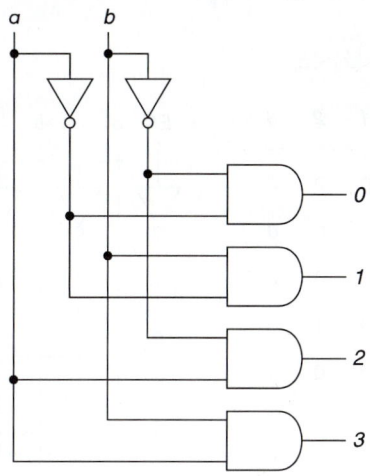

표 5.2a active high 디코더

a	*b*	*0*	*1*	*2*	*3*
0	0	1	0	0	0
0	1	0	1	0	0
1	0	0	0	1	0
1	1	0	0	0	1

그림 5.8b active low 디코더

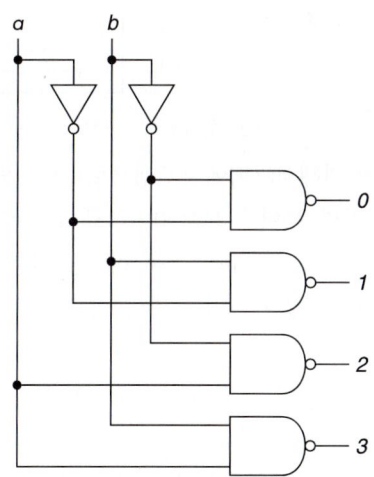

표 5.2b active low 디코더

a	*b*	*0*	*1*	*2*	*3*
0	0	0	1	1	1
0	1	1	0	1	1
1	0	1	1	0	1
1	1	1	1	1	0

대부분의 디코더는 한 개 이상의 활성화(enable) 입력들을 갖고 있다. 그와 같은 입력이 활성화되면 디코더는 다음과 같이 동작한다. 활성화 입력이 비활성화 된다면 디코더의 모든 출력이 비활성화된다. (단지 디코더만이 아니고) 한 개의 활성화 입력을 갖는 대부분의 시스템에서 활성화 입력은 active low이다. active low 활성화 입력을 갖는 active high 출력 디코더에 대한 진리표, 블록도, 회로가 다음에 보여진다. 활성화 입력이 반전되었고 각각의 AND 게이트에 연결되어 있

디지털 논리설계

는 것을 주목하라. $EN' = 1$일 때, 0이 각각의 AND 게이트에 입력으로 들어오고 모든 AND 게이트의 출력은 0이 된다. $EN' = 0$일 때, [활성화(enable) 입력이 없는 회로에] 추가된 입력은 1이 되고 따라서 전과 같이 a, b에 의해서 선택된 출력이 1이 된다. Active low 신호는 그림 5.9의 블록도에 나와 있는 것처럼 작은 원(bubble)으로 표시되는 경우가 많다. 대부분 상용 문서에서는 그러한 신호는 EN' 보다는 $\overline{EN}$으로 표시한다.

그림 5.9 활성화 신호를 갖는 디코더

EN'	a	b	0	1	2	3
1	X	X	0	0	0	0
0	0	0	1	0	0	0
0	0	1	0	1	0	0
0	1	0	0	0	1	0
0	1	1	0	0	0	1

첫 번째 행의 표기에 의해서(8행에서 5행으로) 진리표를 줄였다는 것을 주의하라. 그 행은 $EN' = 1$이라면 출력은 모두 0이므로 a와 b가 무엇이든지 상관없다(무정의 X)는 것을 말해준다. 이 표기는 상용 회로를 다룰 때 많이 나타날 것이다.

더 큰 디코더도 만들 수 있다. 4입력, 16출력 디코더뿐만 아니라 3입력, 8출력의 디코더도 제품으로 나와 있다. 크기의 한계는 집적회로 칩의 핀 수의 제약에 달려있다. 3입력 디코더는 2개의 전원 연결부와 한 개 이상의 활성화 입력들 외에 11개(3입력, 8출력)의 논리 연결선을 사용한다.

3입력, 8출력 디코더의 하나인 74138에 대한 진리표가 표 5.3에 나와 있고, 블록도가 그림 5.10에 나와 있다. 이 칩은 active low 출력과 3개의 활성화 입력들을 갖고 있다(따라서 16핀의 칩을 요구한다). 그리고 활성화 입력들 3개 중 하나는 active high($EN1$)이고 다른 두 개는 active low이다.

세 개의 활성화 신호(enable) 모두가 활성화될 때에만, 즉

$$EN1 = 1, \quad EN2' = 0, \quad \text{and} \quad EN3' = 0$$

일 때 칩은 동작하게 된다. 그렇지 않으면 모든 출력은 비활성화, 즉 1이 된다.

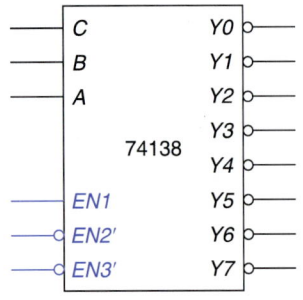

그림 5.10 74138 디코더

표 5.3 74138 디코더

활성화			입력			출력							
EN1	*EN2'*	*EN3'*	*C*	*B*	*A*	*Y0*	*Y1*	*Y2*	*Y3*	*Y4*	*Y5*	*Y6*	*Y7*
0	X	X	X	X	X	1	1	1	1	1	1	1	1
X	1	X	X	X	X	1	1	1	1	1	1	1	1
X	X	1	X	X	X	1	1	1	1	1	1	1	1
1	0	0	0	0	0	0	1	1	1	1	1	1	1
1	0	0	0	0	1	1	0	1	1	1	1	1	1
1	0	0	0	1	0	1	1	0	1	1	1	1	1
1	0	0	0	1	1	1	1	1	0	1	1	1	1
1	0	0	1	0	0	1	1	1	1	0	1	1	1
1	0	0	1	0	1	1	1	1	1	1	0	1	1
1	0	0	1	1	0	1	1	1	1	1	1	0	1
1	0	0	1	1	1	1	1	1	1	1	1	1	0

이 회로에서 입력은 C, B, A(C가 최상위 비트)로 표기한다는 것을 주목하라 (많은 상용의 집적회로 패키지에서 이렇게 사용한다). 앞 예에서 우리는 A를 최 상위 비트로 두었다. 이와 같은 장치를 사용할 때 어떤 입력이 어떤 의미를 갖는 지 확인해야 한다.

상용으로 쓰이는 또 다른 2개의 디코더 칩은 74154와 74155이다. 74154는 24핀 패키지로 구현된 2개의 active low 활성화 입력을 가지는 4입력, 16출력 디 코더이다. 74155는 2입력, 4출력 디코더를 2개 포함하고 있는데, 입력은 공통으 로 사용되고 활성화 입력은 분리되어 있어서 각각 독립적으로 사용된다(따라서 3 입력, 8출력 디코더로 사용될 수 있다).

많은 장치들이 각각 고유의 주소를 가지고 있고 이들 중에서 한 개를 선택하 는 경우에 디코더를 이용할 수 있다. 주소는 디코더의 입력으로 들어가고, 주소에 해당하는 장치를 선택하는 출력이 활성화된다. 때로는 하나의 디코더로 선택할 수 있는 것보다 장치가 더 많을 수도 있다. 다음의 두 예제를 살펴보자.

예제 5.1

74138 디코더를 사용해서 32개의 장치 중에 하나를 선택하려고 한다. 이런 디코더 4개 가 필요할 것이다. 하나는 처음 8개의 장치 중에 하나를 선택하고, 다른 하나는 다음 8 개 중에서 하나를 선택하는 식이 된다.

따라서 만일 주소가 *a*, *b*, *c*, *d*, *e*로 주어졌다면, *c*, *d*, *e* 비트가 4개의 디코더 각 각의 입력(C, B, A의 순서)이 될 것이고, *a*, *b*는 4개의 디코더 중에서 선택된 한 개의 디 코더를 동작시키는 데 사용될 것이다. 따라서 처음 디코더는 *a* = *b* = 0일 때 동작할 것이 고 두 번째는 *a* = 0, *b* = 1일 때, 세 번째는 *a* = 1, *b* = 0, 네 번째는 *a* = *b* = 1일 때 동작할 것이다. 두 개는 active low 활성화 입력이고 한 개는 active high 활성화 입력이기 때문 에 단지 네 번째 디코더만 활성화 입력을 위해서 NOT 게이트가 필요할 것이다. 회로는 다음과 같다.

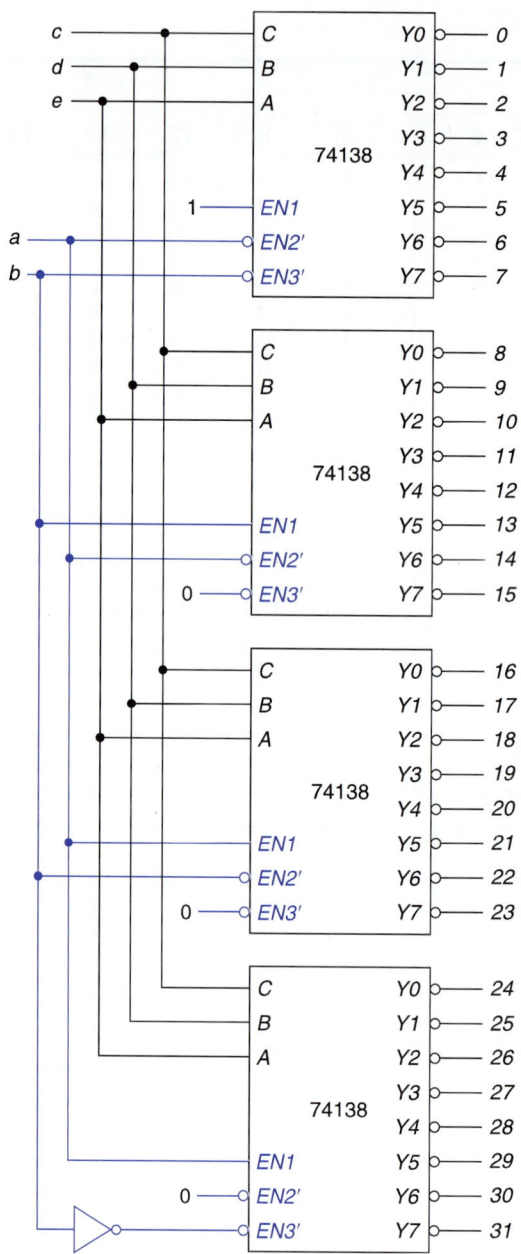

때때로 추가적으로 디코더를 사용하여 다른 디코더를 활성화시키는 데 이용한다. 예를 들어 active low 활성화 입력을 갖는 2입력, 4출력 active low 디코더가 있고, 16개의 장치 중 한 개를 선택하려 한다. 두 개의 입력을 이용하여 네 그룹의 장치들 사이에서 한 그룹을 고르기 위해 한 개의 디코더를 사용할 수 있다. 대개의 경우 처음 두 입력(최상위)이 장치 0-3, 4-7, 8-11 그리고 12-15을 그룹화하기 위해 사용된다. 그리고, 각각의 그룹에 대해 그 그룹에 있는 4개의 장치에서 한 개를 선택하기 위해 한 개의 디코더가 사용된다. 그러한 구성을 아래에 보여주고 있다.

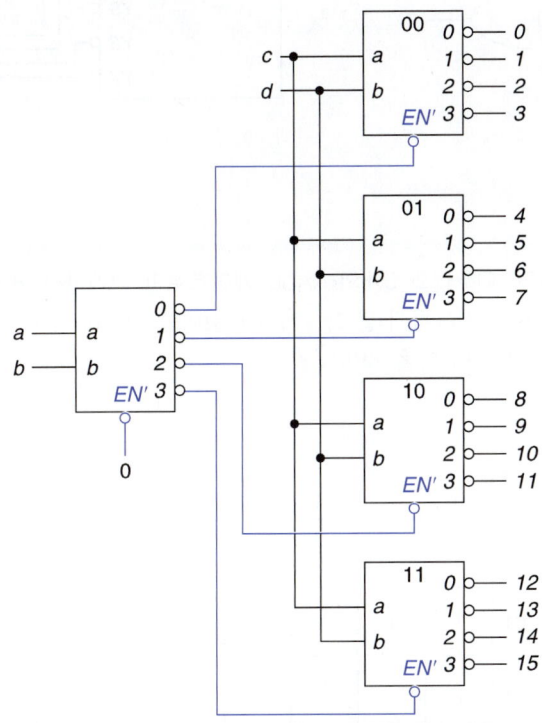

디코더는 논리 함수의 구현에도 이용할 수 있다. 디코더 각각의 active high 출력은 그 함수의 최소항과 일치한다. 따라서 적합한 출력들을 연결할 OR 게이트만 추가로 있으면 된다. active low 출력 디코더의 경우는 OR 게이트를 NAND 게이트로 바꾸면 된다(AND-OR 회로에서 NAND-NAND 회로로 바뀌어짐). 같은 입력들로 구성되는 둘 이상의 함수에 대해서도 역시 단 하나의 디코더만 필요하고, 단지 각각의 출력 함수에 대해서 한 개의 OR 또는 NAND가 필요하다.

예제 5.3

$f(a, b, c) = \Sigma m(0, 2, 3, 7)$
$g(a, b, c) = \Sigma m(1, 4, 6, 7)$

위 식은 다음과 같이 디코더를 사용하여 두 가지 방법으로 구현할 수 있다.

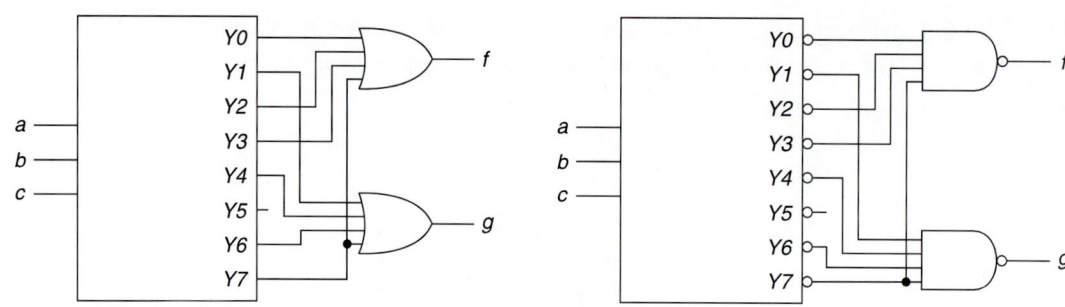

다음 함수에 대하여, 디코더와 3개의 NAND 게이트로만 설계하라. 8개 이상의 입력을 가지는 NAND게이트는 사용하지 말고, 4개의 디코더만 사용하라. 4입력 NAND 게이트들을 가지고 하는 것이 더 나을 것이다.

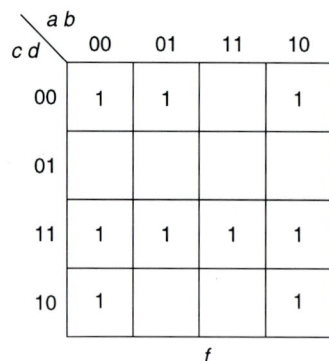

EN'	a	b	0	1	2	3
1	X	X	1	1	1	1
0	0	0	0	1	1	1
0	0	1	1	0	1	1
0	1	0	1	1	0	1
0	1	1	1	1	1	0

만약 예제 5.2 방식의 회로를 사용하면, f를 위해서는 9입력 NAND게이트가 필요할 것이고 g를 위해서는 10입력 NAND게이트가 필요하다. 첫 번째 디코더의 입력으로 c와 d를 사용함으로써 다음과 같은 회로를 얻을 수 있다.

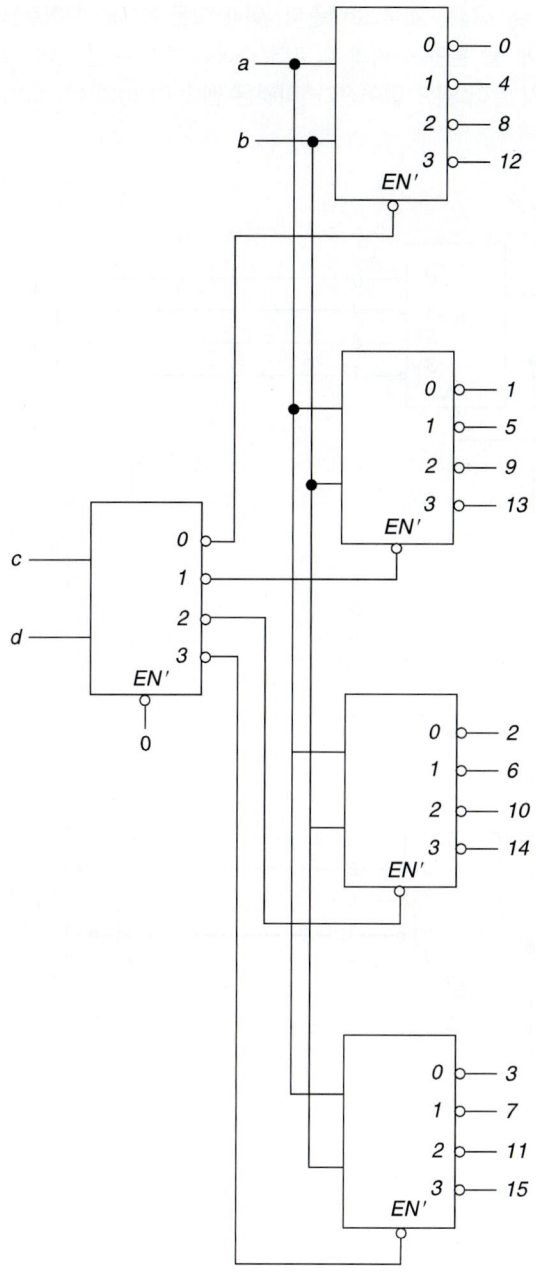

이러한 회로는 f의 최소항 3, 7, 11, 15가 모두 포함되어 있다는 사실을 이용하지 못한다면 동일한 NAND 게이트들이 사용되어야 한다. 그러므로 4번째 디코더의 활성화 입력을 직접 f의 출력 게이트에 연결할 수 있다. 다음 회로도에서 g와 h에 대해서도 이와 동일한 방법이 적용될 수 있다는 것을 보여준다. 이때 모든 NAND 게이트들은 8입력보다 더 적은 입력을 가지게 될 뿐만 아니라 디코더 중에서 하나는 출력이 필요하지 않으므로 점선으로 표현된 것 같이 필요 없어진다. 이것은 맵의 01 행에 1이 없거나 모두 1이기 때문이다.

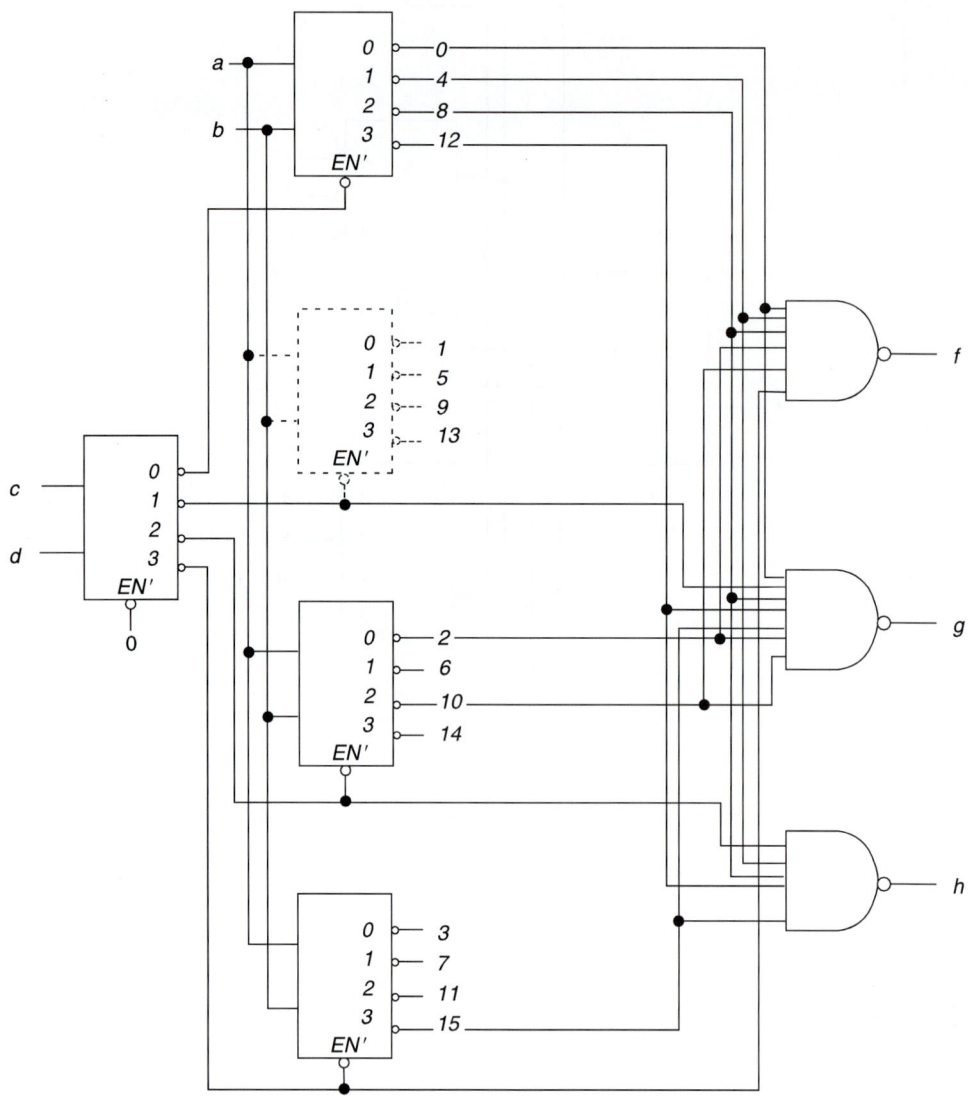

4입력 NAND 게이트를 사용하여 설계하기 위해서는 또 다른 방법이 필요하다. 다음 맵들은 4개 크기의 그룹들을 보여준다.

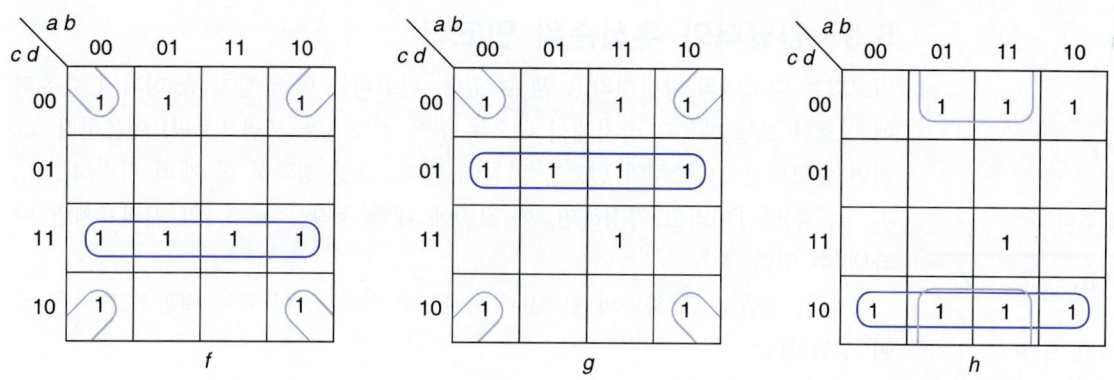

파랑색으로 표현된 항들은 입력 *c*와 *d*를 가지는 디코더로부터 출력 3, 2, 1에 해당되는 *cd*, *c'd*, *cd'*이다. 연파랑색으로 표현된 항들은 입력 *b*와 *d*를 가지는 디코더로부터 출력 0, 2에 해당되는 *b'd'*, *bd'*이다. 나머지 1들은 *cd* 디코더의 출력 0과 3을 위한 디코더를 추가하여 구성될 수 있다.

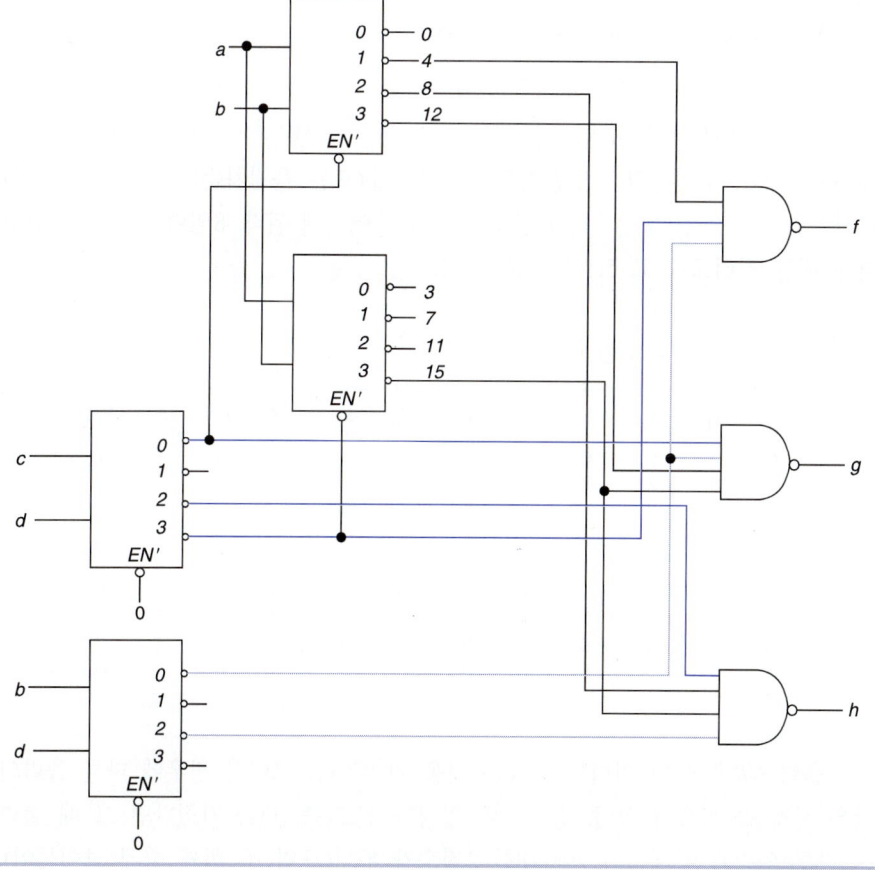

[문제풀이 5, 6, 7, 8, 14c;
연습문제 7, 8, 9, 10, 16c; 실험]

5.3 인코더와 우선순위 인코더

인코더는 디코더의 정반대라고 할 수 있다. 인코더는 여러 장치 중 하나가 컴퓨터에 신호를 보낼 때 (그 장치에서 나오는 선에 신호 1을 보냄으로써) 유용하다. 그러면 인코더는 그 장치의 번호를 만들어 낸다. 만일 정확히 한 개의 입력(A_0, A_1, A_2, A_3 중)만 1이라고 가정하면, 이 장치에 대한 동작을 표 5.4의 진리표처럼 나타낼 수 있다.

표 5.4 4입력 인코더

A_0	A_1	A_2	A_3	Z_0	Z_1
1	0	0	0	0	0
0	1	0	0	0	1
0	0	1	0	1	0
0	0	0	1	1	1

만일 정말로 단 하나의 입력만 1이 될 수 있다면, 이 표는 적합하고 다음 식이 성립한다.

$$Z_0 = A_2 + A_3$$
$$Z_1 = A_1 + A_3$$

이러한 표현은 장치 0이 신호를 보내는 경우와 모든 장치에 신호가 없는 경우를 구분하지 못한다(만일 0의 번호로 주어진 장치가 없다면 이런 문제가 없다). 따라서, 어떤 입력도 활성화되지 않았다는 것을 나타내기 위하여 또 다른 출력 N을 추가하면 될 것이다.

$$N = A_0' A_1' A_2' A_3' = (A_0 + A_1 + A_2 + A_3)'$$

하나 이상의 입력이 동시에 일어날 수 있다면 어떤 우선순위가 정해져야 한다. 그러면 출력은 활성화 입력을 갖는 가장 높은 우선순위의 장치 번호를 가리키게 될 것이다. 우선순위는 일반적으로 내림차순(또는 올림차순)으로 정렬되어 최우선순위에 가장 큰(또는 작은) 입력 번호가 주어지게 된다. 8입력 우선순위 인코더에 대한 진리표가 표 5.5에 나와 있다.

표 5.5 우선순위 인코더

A_0	A_1	A_2	A_3	A_4	A_5	A_6	A_7	Z_0	Z_1	Z_2	NR
0	0	0	0	0	0	0	0	X	X	X	1
X	X	X	X	X	X	X	1	1	1	1	0
X	X	X	X	X	X	1	0	1	1	0	0
X	X	X	X	X	1	0	0	1	0	1	0
X	X	X	X	1	0	0	0	1	0	0	0
X	X	X	1	0	0	0	0	0	1	1	0
X	X	1	0	0	0	0	0	0	1	0	0
X	1	0	0	0	0	0	0	0	0	1	0
1	0	0	0	0	0	0	0	0	0	0	0

출력 NR은 어떤 입력도 없다는 것을 가리킨다. 그러한 경우에 다른 출력의 값은 신경 쓸 필요가 없다. 장치 7이 활성화 신호(즉, 1)를 가졌다면 그 때 출력은 다른 입력과 관계없이 7에 대한 2진수가 된다(표의 두 번째 줄에 보이듯이). 단지 $A_7 = 0$일 때에만 다른 입력이 인식되어진다. 이러한 장치를 나타내는 식은

$$NR = A_0' A_1' A_2' A_3' A_4' A_5' A_6' A_7'$$
$$Z_0 = A_4 + A_5 + A_6 + A_7$$
$$Z_1 = A_6 + A_7 + (A_2 + A_3)A_4' A_5'$$
$$Z_2 = A_7 + A_5 A_6' + A_3 A_4' A_6' + A_1 A_2' A_4' A_6'$$

74147은 상용 BCD 인코더로서 9개의 active low 입력선을 받아서 4개의 active low 출력으로 인코딩시킨다. 입력선은 $1'$에서 $9'$까지 번호가 매겨져있고($0'$ 입력선은 없다), 출력은 D', C', B', A'이다. 만약 모든 출력이 1(비활성화)이라면 어떤 입력도 활성화되지 않았다는 것을 나타낸다. 74147의 동작을 설명하는 진리표가 표 5.6에 있다.

표 5.6 74147 우선순위 인코더

$1'$	$2'$	$3'$	$4'$	$5'$	$6'$	$7'$	$8'$	$9'$	D'	C'	B'	A'
1	1	1	1	1	1	1	1	1	1	1	1	1
X	X	X	X	X	X	X	X	0	0	1	1	0
X	X	X	X	X	X	X	0	1	0	1	1	1
X	X	X	X	X	X	0	1	1	1	0	0	0
X	X	X	X	X	0	1	1	1	1	0	0	1
X	X	X	X	0	1	1	1	1	1	0	1	0
X	X	X	0	1	1	1	1	1	1	0	1	1
X	X	0	1	1	1	1	1	1	1	1	0	0
X	0	1	1	1	1	1	1	1	1	1	0	1
0	1	1	1	1	1	1	1	1	1	1	1	0

[문제풀이 9; 연습문제 11]

5.4 멀티플렉서와 디멀티플렉서

일반적으로 MUX로 불리는 멀티플렉서는 선택입력(select input)에 의해 데이터 입력 중의 한 개를 선택하여 출력으로 내보내는 스위치이다. 종종 비트 수만큼의 멀티플렉서를 사용하여 여러 다중 비트 입력들 중에서 하나를 고르는 데 사용된다.

2갈래(two-way) 멀티플렉서와 그에 따른 논리 기호는 그림 5.11과 같다.

그림 5.11 2갈래 멀티플렉서

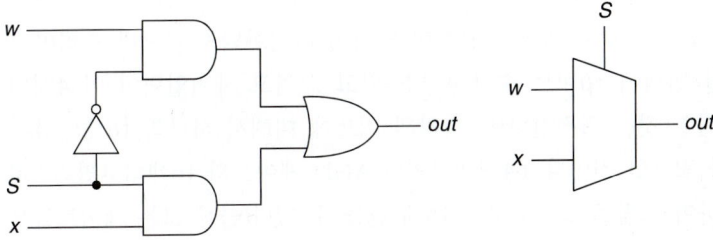

출력 out은 $S=0$일 때 w와 같고 $S=1$일 때는 x와 같다.

4갈래(four-way)는 그림 5.12에 나타난 것처럼 AND와 OR 게이트로 구현될 수 있으며 혹은 그림 5.12b에 나타난 것처럼 3개의 2갈래 멀티플렉서로 구현될 수 있다. 논리 기호는 그림 5.12c와 같다.

그림 5.12 (a) 4-to-1 멀티플렉서. (b) 2갈래 멀티플렉서 이용. (c) 논리 기호.

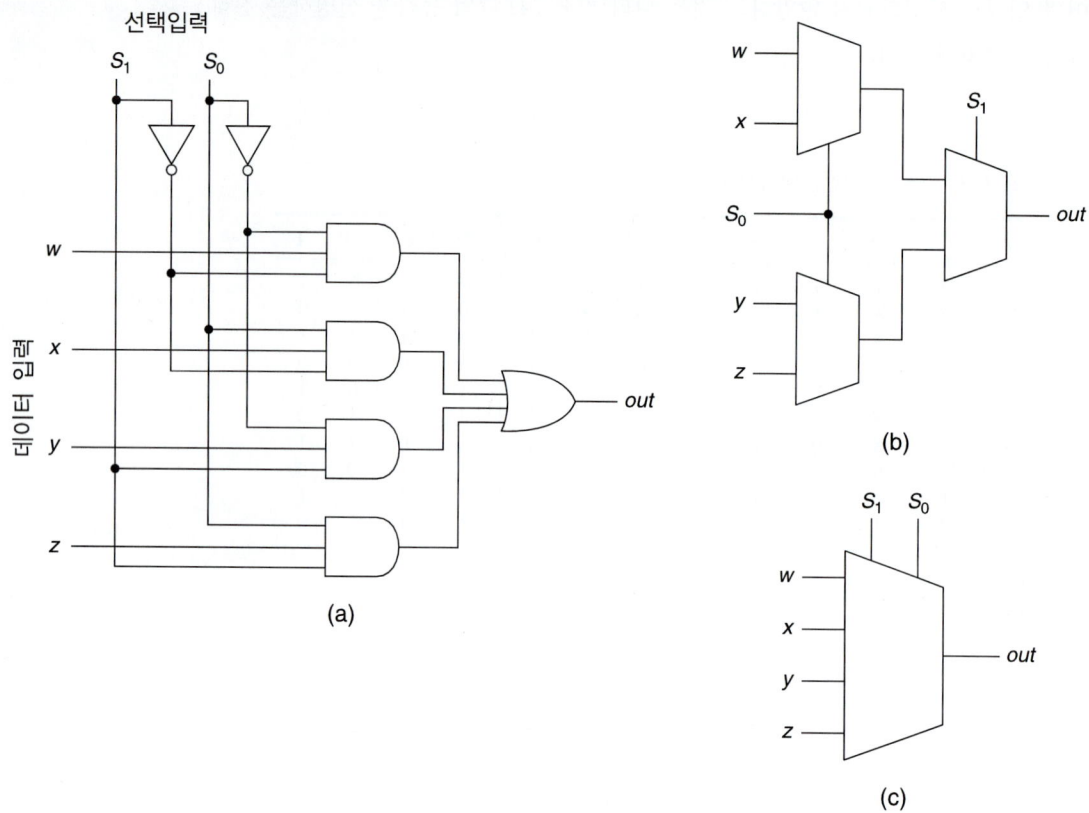

출력은 선택입력(S_1, S_0)이 00이라면 입력 w와 같고, 01이라면 x와 같으며, 10이라면 y와 같고, 11이라면 z와 같다. 선택입력 조합 각각에 대해 하나의 AND 게이트가 있는데, 디코더 회로와 매우 유사하다. 어떤 멀티플렉서들은 또한 활성화(enable) 입력을 갖고 있어서 활성화 입력이 활성화되지 않으면 출력이 0이 된다.

만일 입력에 16비트 숫자 4개가 있고 그리고 제어입력이 이 4개의 숫자들 중 통과시킬 것을 결정한다면, 각각의 비트에 대해서 하나씩 16개의 4-to-1 멀티플렉서가 필요할 것이다. 64개의 3입력 AND 게이트와 16개의 4입력 OR 게이트를 이용하여 그림 5.12a, 회로를 16개 만들 수 있다(물론 모든 게이트들은 NAND

게이트로 바꿀 수 있다). 또 다른 방법은 모든 멀티플렉서를 구동시킬 수 있는 디코더를 하나 사용하는 것이다. 이런 회로의 처음 3비트를 그림 5.13에 보여주고 있다.

그림 5.13 다중 비트 멀티플렉서

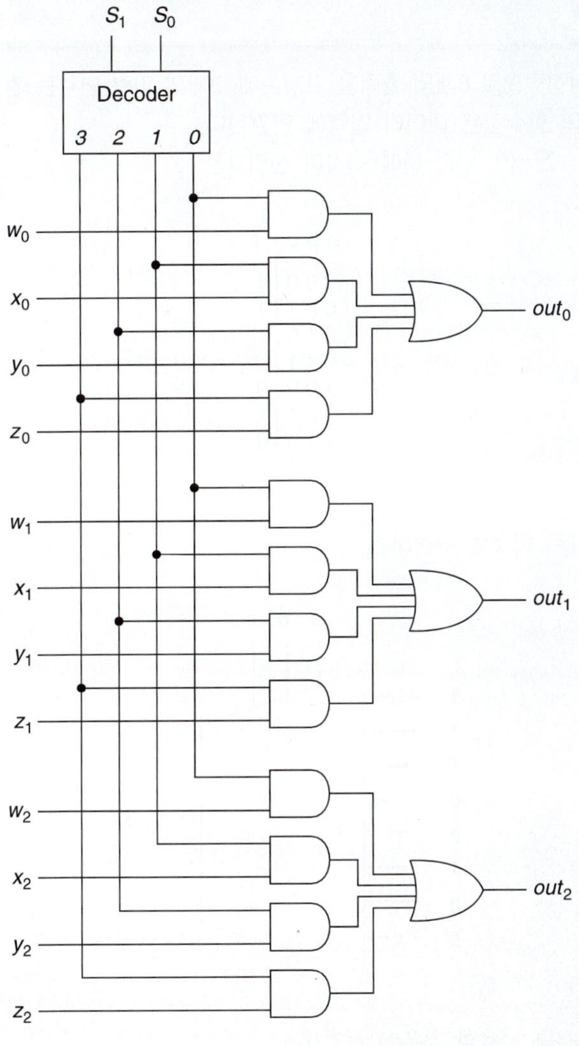

여전히 16개의 4입력 OR 게이트가 있지만, 이제 멀티플렉서의 각 AND 게이트는 단지 두 개의 입력만 필요로 하게 되었다. 물론 디코더에는 4개의 2입력 AND 게이트가 있다. 그러면 16비트 멀티플렉서에 대한 총 AND 게이트 수는 68개의 2입력 AND 게이트가 된다. 만일 패키지당 2입력 AND 게이트를 4개씩 포함하는 7400 계열의 집적회로로 이것을 구현한다면, 이것은 17개의 7400 패키

디지털 논리설계

지가 필요할 것이다. 반면에 앞에서 보여준 회로는 22개의 3입력 AND 게이트 패키지가 필요하게 될 것이다(한 패키지당 3개의 AND 게이트). 이러한 패키지의 핀 배열이 부록 A.6에 나와 있다.

멀티플렉서는 논리함수 구현에 사용될 수 있다. 가장 간단한 방법은 선택입력으로 디코더로 만들고 입력선에 상수 0과 1을 연결하는 것이다.

예제 5.5

3입력 함수는 직접적으로 8개의 출력을 가지는데, 3개의 입력 변수는 컨트롤 입력에 연결되고, 진리표의 함수값은 데이터 입력에 연결된다.

$f(a, b, c) = \sum m(0, 1, 2, 5)$에 대하여 진리표는

$a\,b\,c$	f
0 0 0	1
0 0 1	1
0 1 0	1
0 1 1	0
1 0 0	0
1 0 1	1
1 1 0	0
1 1 1	0

멀티플렉서 하나로 이것을 구현하면

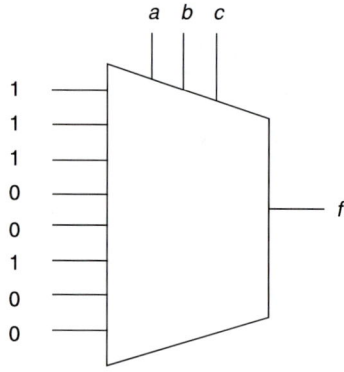

4갈래 멀티플렉서를 사용할 경우에 진리표는

$a\,b$	f $c=0$	$c=1$	f
0 0	1	1	1
0 1	1	0	c'
1 0	0	1	c
1 1	0	0	0

먼저 세 번째 변수인 c를 취하여 $c=0$일 때와 $c=1$일 때에 대하여 출력행을 만들고, 각 열에 대하여 c의 함수로써 출력행을 만든다. 첫 번째 행은 $c=0$ 및 $c=1$ 모두에 대하여 $f=1$로 만든다. 두 번째 행은 $c=0$일 때만 $f=1$이므로 $f=c'$가 된다. 이러한 결과는 다음과 같이 표현된다.

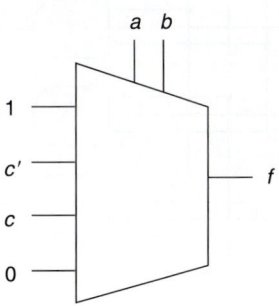

상용으로 쓰이는 세 가지의 멀티플렉서 패키지를 간략히 알아보겠다. 74151은 하나의 active low 활성화 입력 EN'과 active high와 active low의 출력을 모두 갖고 있는 1비트 8-to-1 멀티플렉서이다. 데이터 입력들은 $A0$에서 $A7$까지 표시되어 있고 출력은 Y와 Y'이다. 선택입력(select input)들은 순서대로 $S2, S1, S0$로 표시된다.

74153은 두 개의 4-to-1 멀티플렉서 A, B를 포함하는데, 각각 독립된 active low 활성화 입력(ENA'와 ENB')을 가지고 있다. 첫 번째 멀티플렉서의 입력은 $A0$에서 $A3$로 표시되고 그것의 출력은 YA이다. 두 번째 멀티플렉서의 입력은 $B0$에서 $B3$까지이며 출력은 YB이다. $S1$과 $S0$로 표기된 두 개의 선택 선이 있고, 동일한 선택 신호가 2개의 멀티플렉서에 공통으로 사용된다. 이것은 4개의 입력 워드 중에서 한 개를 선택할 때 멀티플렉서에 2비트를 제공할 것이다.

74157은 4개의 2-to-1 멀티플렉서를 포함하고 있는데, 각각은 공통의 active low 활성화 입력 EN'과 공통의 선택입력(S)을 갖는다. 그 멀티플렉서들은 A, B, C, D로 표기되고 첫 번째 멀티플렉서에 대해선 입력 $A0$와 $A1$ 그리고 출력 YA를 갖는다. 이것은 4비트의 2-to-1 선택 시스템이다.

디멀티플렉서(demux)는 멀티플렉서의 역이다. 한 곳에서 많은 곳 중 한 곳에 신호를 연결해준다. 그림 5.14는 4선 디멀티플렉서의 한 비트를 보여준다. 여기서 a와 b는 선택할 수 있고 입력신호 in은 모든 곳에 직접 연결된다. 입력신호 in은 EN으로 바꿔주면 4갈래 디코더와 동일한 동작을 얻을 수 있다.

그림 5.14 4갈래 디멀티플렉서

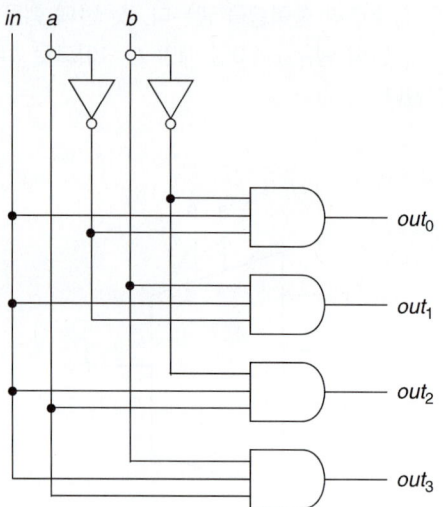

[문제풀이 10, 11, 12;
연습문제 12, 13, 14; 실험]

5.5 3상태(three-state) 게이트

지금까지 모든 논리 레벨이 0 또는 1이라고 가정해왔다. 그리고 또한 무정의(don't care) 값을 다루었지만 실제 회로의 구현에서도 각각의 무정의는 0 또는 1 중의 한 값을 취한다. 그리고, 만일 두 게이트가 반대되는 값을 만든다면 충돌이 있을 것이기 때문에 결코 어느 게이트의 출력과 또 다른 게이트의 출력을 연결하지 않는다[특별히 두 AND 게이트의 출력을 연결하고 "와이어드(wired) AND" 혹은 "와이어드(wired) OR"의 함수를 구현할 수 있는 개방형 콜렉터(open collector) 방식이 있는데, 그 외의 다른 경우는 두 개 게이트 출력을 연결하면 게이트가 파손될 가능성이 있다].

　　게이트의 출력을 직접 연결하는 데는 두 가지 설계 기술인 개방형 콜렉터 게이트와 3상태(혹은 tristate) 출력 게이트가 있는데, 일반적으로 3상태 출력이 많이 사용된다(개방형 콜렉터 게이트는 논의하지 않을 것이다).

그림 5.15 3상태(three-state) 버퍼

EN	a	f
0	0	Z
0	1	Z
1	0	0
1	1	1

EN

$a \dashv\!\!\!\triangleright\!\!- f$

　　3상태(three-state) 게이트에서는 게이트의 측면에 활성화(enable) 입력이 있다. 만일 그 입력이 활성화되면(active high일 수도 있고 active low일 수도 있다), 그 게이트는 보통 게이트처럼 동작한다. 활성화 입력이 비활성화된다면 출력은 연결되지 않은 것처럼(개방 회로처럼) 동작한다. 이런 개방 상태의 출력을 Z로 표기한다. Active high 활성화 입력을 가진 3상태 버퍼의 진리표와 회로 표기가 그림 5.15에 있다.

　　Active low 활성화 입력과 반전 출력을 가진 3상태 버퍼가 있는데, 3상태 NOT 게이트라고 한다. 3상태 출력은 더 복잡한 게이트에서도 존재한다. 이것들

은 활성화 입력이 활성화될 때 정상적으로 동작하고 그렇지 않을 때엔 개방 회로를 만든다. 3상태 게이트가 있으면 OR 게이트가 없이 멀티플렉서를 만들 수 있다. 예를 들면 그림 5.16의 회로는 2-to-1 멀티플렉서이다. 활성화 입력이 제어 입력이어서 $f = a$ ($EN = 0$)인지 $f = b$ ($EN = 1$)인지를 결정한다. 3상태 게이트는 종종 시스템 간에 신호를 전송하기 위해 사용된다. 버스는 데이터가 전송되는 선들의 집합이다. 때때로 물리적으로 떨어져 있는 장치들 사이에서 데이터는 양방향 어느 쪽으로도 전송될 수 있어야 한다. 버스 그 자체는 단순히 각각의 비트에 대해 하나의 멀티플렉서를 이루는 멀티플렉서의 집합과 같다.

그림 5.16 3상태(three-state) 게이트를 사용한 멀티플렉서

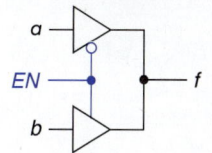

예제 5.6

아래의 회로들은 두 가지의 1비트 버스 구현을 보여준다. 하나는 AND와 OR 게이트를 사용했고 다른 하나는 3상태 게이트를 사용한 것이다.

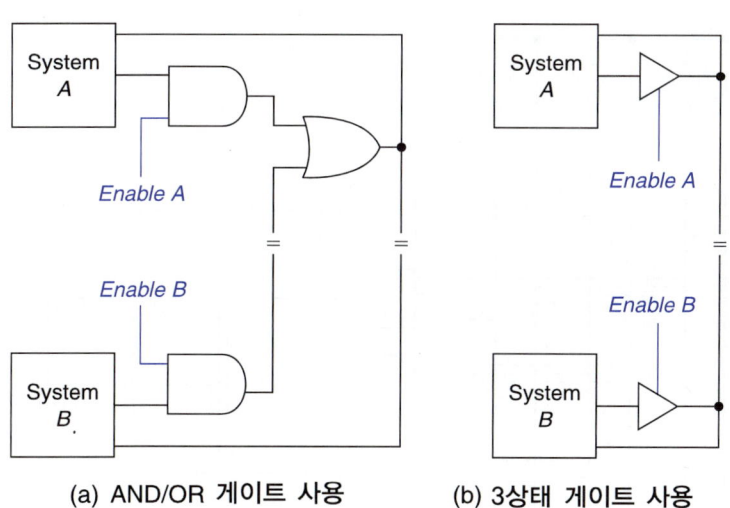

(a) AND/OR 게이트 사용   (b) 3상태 게이트 사용

중요한 차이는 3상태 게이트 방식에서는 시스템을 연결하는 긴 선이 매 비트마다 단 하나인 데 비해 AND-OR 멀티플렉서에서는 두 개라는 것이다. 시스템 사이에 전송되고 있는 것이 32비트 단어의 경우에는 이런 차이는 더 커진다. AND-OR 시스템에서 시스템 사이의 64개의 연결선이 필요한 반면 3-상태 게이트를 사용하는 경우에는 32개만 필요하다. 또한 enable 신호가 (시스템 모두에서 각기 생성되는 것이 아니라) 시스템들 중 하나로부터 입력되어지면 신호의 워드 길이에 상관없이 단지 하나의 연결선만 추가되면 된다.

이 장과 8장에서 게이트 배열(gate array)을 설명할 때, 많은 시스템들이 3상태 게이트 버퍼들을 사용하고 있는 것을 보게 될 것이다.

5.6 게이트 배열[5]−ROMs, PLAs 그리고 PALs

게이트 배열은 꽤 복잡한 시스템을 빠르게 구현할 수 있도록 한다. 게이트 배열 종류에 여러 가지 형태가 있지만, 모든 배열들이 많은 공통점을 가지고 있다. 기본적인 개념이 그림 5.17에 예로 나와 있다. 그림 5.17은 3입력과 3출력의 시스템을 그린 것인데 점선들은 연결 가능한 것을 나타내고 있다. 이러한 부품이 구현할 수 있는 것은 곱의합 식들이다(이 경우에는 3개의 변수를 입력으로 하는 3개의 함수를 구현할 수 있다. 그러나 AND 게이트가 단지 6개이기 때문에 최대 6개의 다른 곱항들을 만들어 함수들에 사용할 수 있다). 보수를 만들어 내는 내부 회로가 있기 때문에, 보수가 아닌 입력들을 사용한다.

그림 5.17   게이트 배열의 구조

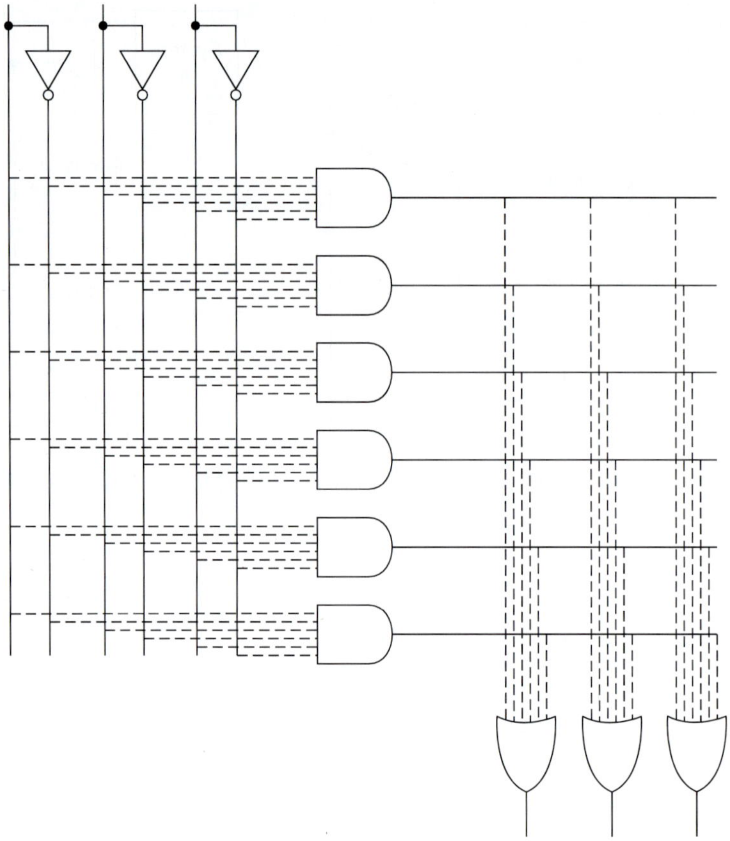

---

5)   일반적으로 PLD라고 불리는데 gate array와 메모리를 포함하는 소자뿐만 아니라 다른 모든 것들을 포함한다. 또 다른 일반적인 이름으로 FPGA(Field Programmable Gate Array)라고도 한다.

다음 회로는 앞에서와 같은 게이트 배열을 사용하여 다음 식을 구현한 것이다. 여기서, 실선들은 실제의 연결을 나타낸다.

$$f = a'b' + abc$$
$$g = a'b'c' + ab + bc$$
$$h = a'b' + c$$

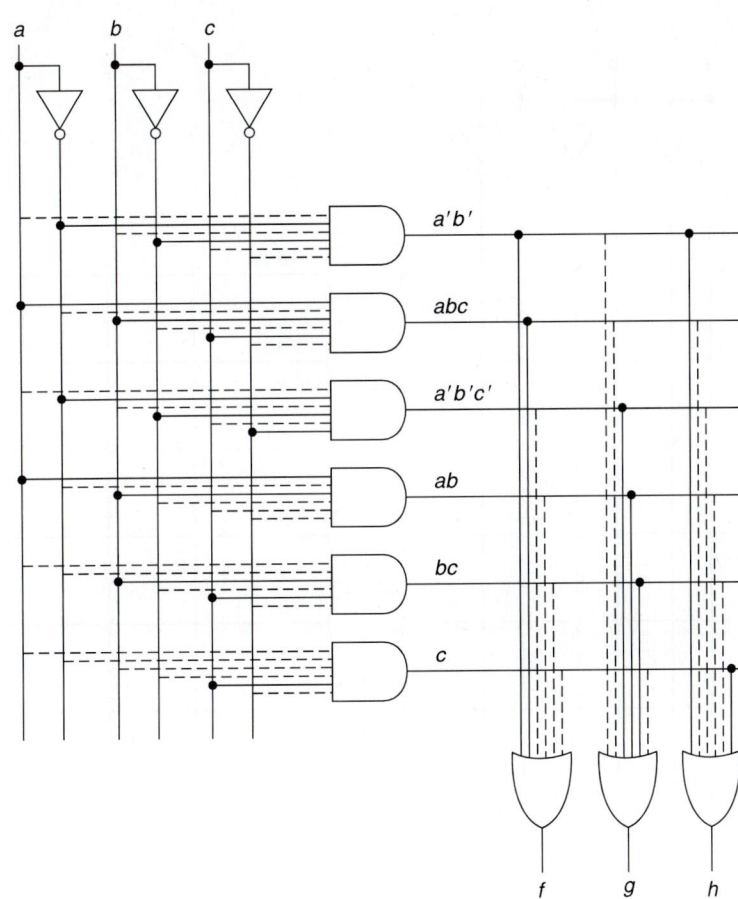

두 가지 특징을 이 그림에서 발견할 수 있다. 첫째, **a'b'**를 만드는 AND 게이트의 출력은 두 개의 OR 게이트의 입력에 연결되어 있다. 그것은 바로 그 항을 공유한다는 의미이다. 둘째, **c**항의 경우, NAND 게이트 구현(혹은 AND/OR 게이트 구현)에서는 게이트를 필요로 하지 않지만 논리 배열에서는 항을 사용해야한다. 출력에서 **c**를 얻을 수 있는 다른 방법이 없기 때문이다.

이러한 방식의 그림은 특히 입력과 게이트의 수가 증가할 때에는 매우 복잡해진다. 따라서 모든 선을 보여주기보다 보통은 각각의 게이트에 대해 한 개의 입력선만 보여주고 연결되는 교차점에서는 X 또는 점을 그려준다. 위의 회로를 이런 방식으로 그린 것을 예제 5.7b에서 보여주고 있다.

예제 5.7b

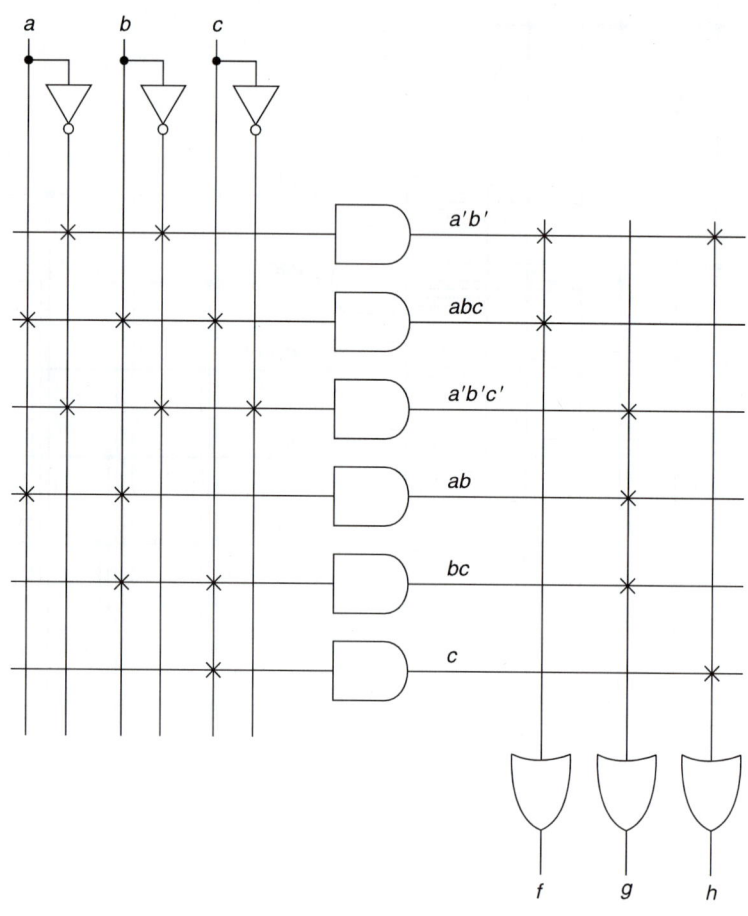

때때로 AND나 OR 게이트가 나타나지 않지만 있는 것으로 이해하게 되는 경우가 있다(곧 그러한 예를 살펴볼 것이다).

조합회로 논리 배열에는 세 가지의 일반적인 유형이 있다(8장에서 메모리와 함께 그것들을 논의할 것이다). 가장 일반적인 유형은 지금까지 예로 들어온 PLA (programmable logic array)이다. PLA에서는 사용자가 모든 연결(AND 배열과 OR 배열 모두)을 지정할 수 있다. 따라서 어떤 곱의합 식(그리고 공유하는 공통 항)도 구현할 수 있다. 두 번째 유형은 ROM(read-only-memory)이다. ROM에서 AND 배열은 고정된다. 이것은 2^n개의 AND 게이트들로 구성된 디코더와 똑같다. 사용자는 단지 OR 게이트에 대한 연결만 지정할 수 있다. 따라서 최소항들의 합을 만들어낸다. 세 번째 유형은 PAL(programmable array logic)이다. PAL에서는 OR 게이트의 연결이 지정되어 있고, 사용자는 AND 게이트 입력만을 결정할 수 있다. 각 곱항들은 하나의 합항을 위해 사용된다. 앞으로 나오는 절들에서 이것들을 다루게 된다.

각각의 경우에 기본이 되는 배열이 먼저 제조할 때에 만들어지고, 나중에 연결부가 완성된다. 연결부를 만드는 한 가지 방법으로 제조자가 사용자의 설계서에 맞추어 연결부들을 추가하는 방식이 있다. 또는 사용자가 특별한 프로그램 장치를 사용하여 연결하는 현장 프로그램 가능한(field programmable) 방식도 있다. 현장 프로그램 가능한 경우는 배열 내의 각 연결선에 퓨즈가 포함되어있다. 사용자가 그 연결을 원하지 않는다면 퓨즈를 끊으면 된다(끊어진 퓨즈는 AND 게이트에 1을 입력시키고 OR 게이트에 0을 입력시킨다. 이런 퓨즈는 전자회로로 만들어진 경우도 있는데, 그 경우에는 리세트할 수도 있다). 이런 작업들이 매우 복잡하고 시간이 많이 걸릴 것처럼 보이나, 프로그램 장치가 있어서 주어진 입력으로부터 원하는 배열을 자동적으로 처리해 준다. ROM의 경우에는 한 걸음 더 나아가 EPROM(erasable programmable read-only memories)이라는 것이 있다[이것은 기록(write)할 수 있는 ROM(read-only memory)이란 말로 모순처럼 들리지만 실제 사용하는 것들이다]. 어떤 종류의 퓨즈는 장치를 몇 분간 자외선에 노출시킴으로써 리세트될 수 있다. 그리고 또 다른 종류는 전자적으로 리세트될 수 있다.

위에서 보여준 논리회로에 추가하여 많은 현장 프로그램 가능한 부품들은 active high나 active low 중 어느 형태로도 출력이 가능하도록 되어 있다(active low 형태라면 출력은 f'이 될 것이다). 이것은 출력에 Exclusive-OR 게이트 하나를 사용하여 f에 대해서는 입력 중의 하나를 0, f'에 대해서는 1로 프로그램하면 된다. 이러한 경우의 출력 논리회로를 그림 5.18에 보여주고 있다.

그림 5.18 프로그램 가능한 출력 회로

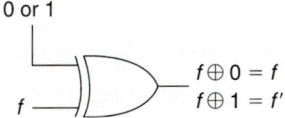

0 or 1

$f \oplus 0 = f$
$f \oplus 1 = f'$

어떤 프로그램 가능한 장치들은 출력단에 3상태 버퍼가 있는데, 이 버퍼는 활성화 입력 선이나 한 AND 게이트에 의해 동작될 수 있다. 이러한 버퍼는 출력을 버스에 쉽게 연결될 수 있게 해준다.

때때로 출력은 AND 배열의 또 다른 입력으로 귀환(feedback)되기도 한다. 이것은 2레벨 이상의 논리회로를 가능하게 한다(아래에서 논의할 부분인데 PAL에서 가장 흔한 경우이다). 그림 5.19 처럼 만약 3상태 출력 게이트가 추가된다면 그것은 출력이 출력 대신에 입력으로 사용되는 것을 가능하게 해준다.

그림 5.19 3상태(three-state)출력

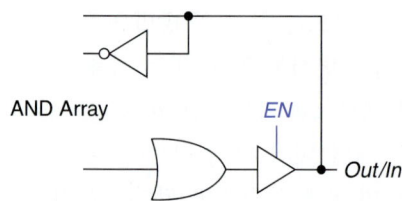

만일 3상태 게이트가 활성화되면, OR 배열로부터 출력 그리고 다시 반대로 AND 배열의 입력으로 들어가는 연결이 만들어진다. 만일 3상태 게이트가 활성화되지 않는다면, 그 OR와 연관된 논리회로는 단절되고 이 Out/In은 AND 배열로 들어가는 또 하나의 입력으로 사용될 수 있다.

5.6.1 ROM(Read-Only Memory)으로 설계하기

ROM을 이용하여 시스템을 설계하기 위해서는 각 함수의 최소항들의 목록만 있으면 된다. ROM은 각각의 최소항에 대해 한 개의 AND 게이트를 가지고 있다. 따라서 각각의 출력에 대해 해당되는 최소항 게이트들을 연결해주면 된다. 이것은 실제로 예제 5.3에서 곱의합 식을 디코더로 구현한 것과 똑같은 회로이다.

예제 5.8

$$W(A, B, C, D) = \Sigma m(3, 7, 8, 9, 11, 15)$$
$$X(A, B, C, D) = \Sigma m(3, 4, 5, 7, 10, 14, 15)$$
$$Y(A, B, C, D) = \Sigma m(1, 5, 7, 11, 15)$$

ROM의 행들은 다음 회로에 보이는 것처럼 4입력 ROM에 대하여 0부터 15까지 순서대로 번호가 정해져 있다. 그리고 X 또는 점이 해당되는 교차점에 놓여져 있다. 다음의 회로에서 X로 나타낸 연결들은 ROM에 미리 형성되어 있다. 사용자는 위의 함수들을 구현하기 위해서 점으로 표시된 연결들을 만든다.

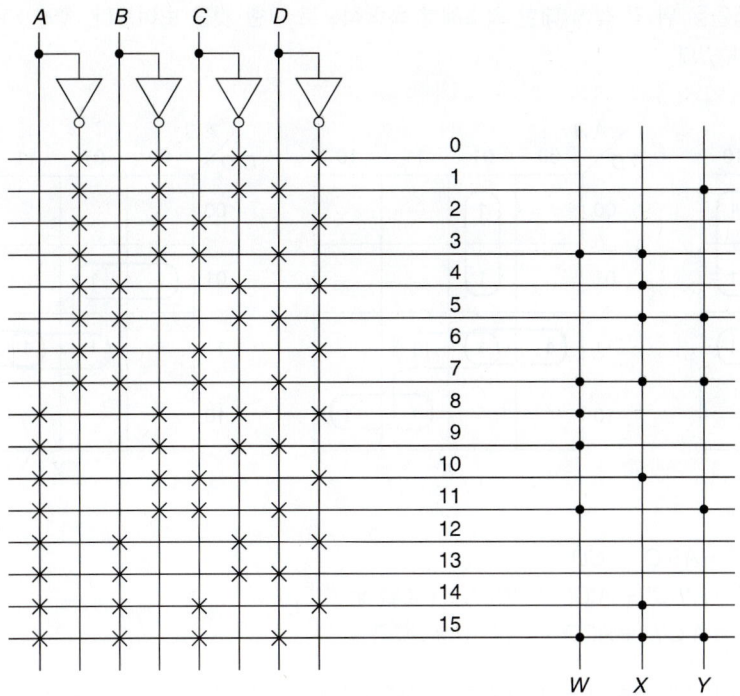

이 장치를 용어상으로는 메모리라고 하지만, 실제로는 회로에서 사용된 것처럼 조합논리 장치이다. 출력들은 단지 현재 입력들의 함수이다. 8장에서는 내부적으로 메모리를 갖고 있는 프로그램 가능한 장치들을 살펴볼 것이다. 상용으로 쓰이는 일반적인 프로그램 가능한 ROM들은 8개에서 12개 사이의 입력과 4개에서 8개 사이의 출력을 갖고 있다.

5.6.2 PLA(Programmable Logic Array)로 설계하기

PLA를 사용하여 시스템을 설계하기 위해서는 구현할 함수에 대한 곱의합 식을 찾아내기만 하면 된다. 유일한 한계는 사용 가능한 AND 게이트(곱항)의 수이다. 단순한 최소항의 합에서부터, 각 함수를 개별적으로 최소화시킨 것, 그리고 공유를 최대화하는 것까지 어떤 곱의합 식도 가능하다(3.6절 또는 4.6절에서 소개된 기술들을 사용한다).

예제 5.9

앞 절에서 ROM 설계를 설명하기 위해 사용한 예제의 함수를 살펴보자.

$$W(A, B, C, D) = \Sigma m(3, 7, 8, 9, 11, 15)$$
$$X(A, B, C, D) = \Sigma m(3, 4, 5, 7, 10, 14, 15)$$
$$Y(A, B, C, D) = \Sigma m(1, 5, 7, 11, 15)$$

다음 맵들은 위 각 식에 대한 최소해를 독립적으로 구한 것을 보여준다. X와 Y는 두 가지 해가 있다.

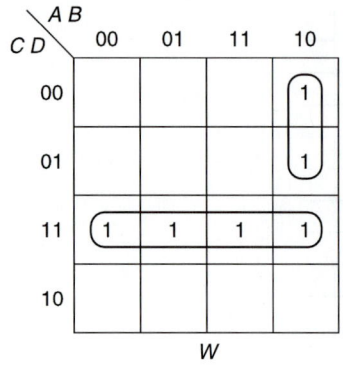

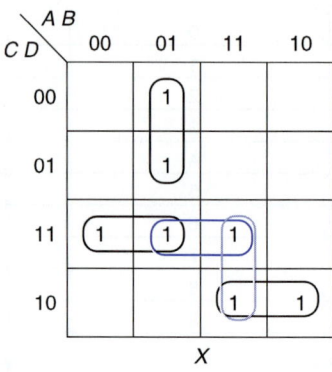

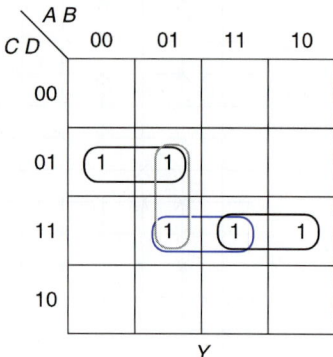

$$W = AB'C' + CD$$
$$X = A'BC' + A'CD + ACD' + \{BCD \text{ or } ABC\}$$
$$Y = A'C'D + ACD + \{A'BD \text{ or } BCD\}$$

만일 X와 Y에 대하여 둘 다 BCD를 선택한다면, 해는 8개의 항을 필요로 한다. 그렇지 않으면 9개의 항을 필요로 한다.

아래의 맵에 나타난 것처럼 다중출력 문제로 처리하면 적은 수의 항을 사용하게 된다.

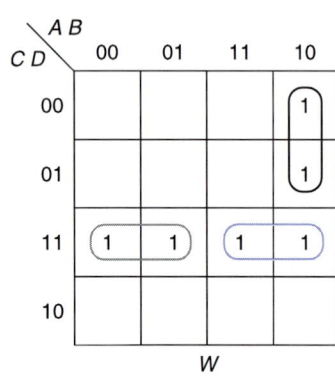

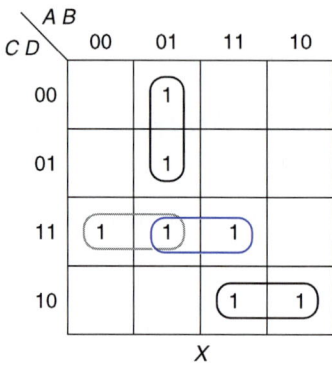

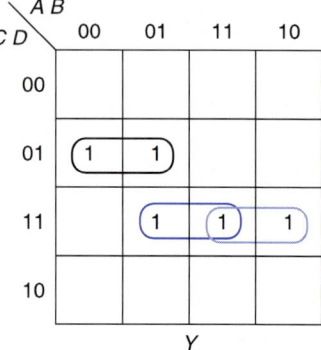

$$W = AB'C' + A'CD + ACD$$
$$X = A'BC' + ACD' + A'CD + BCD$$
$$Y = A'C'D + ACD + BCD$$

이 해는 단지 7개의 항을 사용하고 있다.

다음의 PLA(programmable logic array)는 두 가지 해를 모두 보여주고 있다. 첫 번째 출력 열들의 집합은 첫 번째 해를 보여주고 있는데, 처음 8개의 항이 사용되고 있다. 또는 *BCD*항(파랑색 점)을 *X*에서는 *ABC*로, *Y*에서는 *A'BD*로(*X*로 표시한 것처럼)
대치시켜 총 9개의 항을 사용할 수도 있다. 두 번째 해에서는 두 번째 항 *CD*가 사용되
지 않고 있다. 단지 7개의 곱항만이 필요하다. 만일 사용되는 PLA가 그림에 나타난 크기
의 것이라면 어느 해를 선택하든 문제가 되지 않는다.

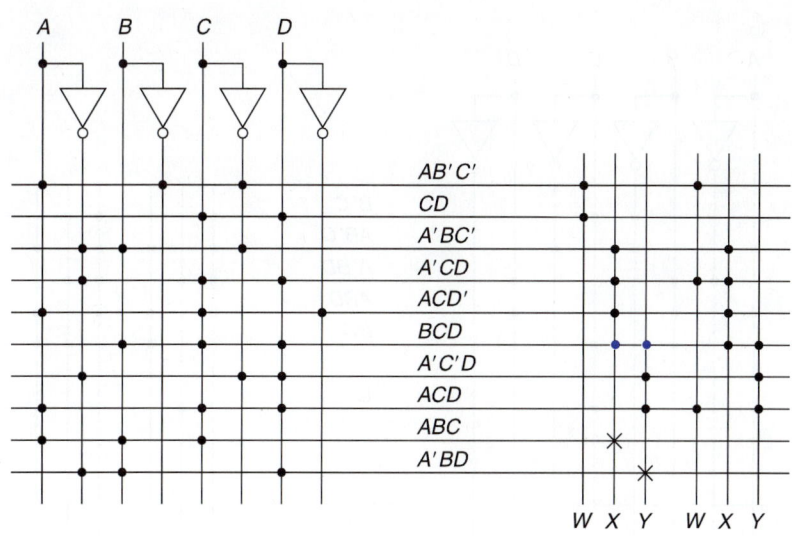

단일 리터럴 항이 존재할 때 어떤 일이 일어나는지 알아보기 위해 또 다른 예를 살펴보
자. 다음 맵들은 3.6절의 예제 3.38에서 나온 맵들이다.

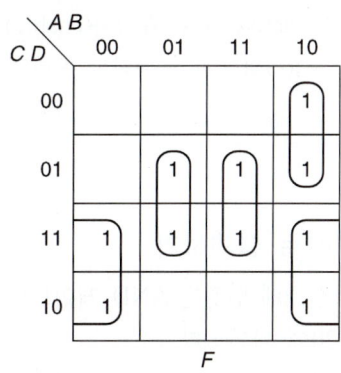
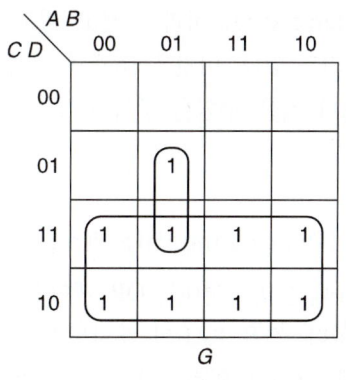
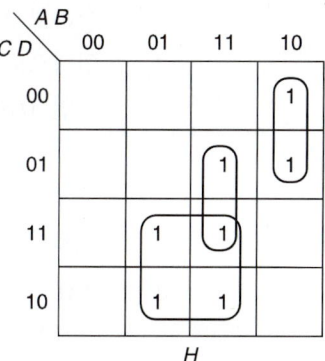

우리는 출력 *G*에 대해서는 8개로 이루어진 그룹, 즉 *C*를 선택했는데 그 이유는 AND
게이트가 필요 없고 OR 게이트에 단지 한 개의 입력을 사용하기 때문이다. 그러나 PLA
에서는 한 개의 문자 항에도 한 개의 게이트가 사용된다. 그리고 게이트 입력의 수는 고
려하지 않고 있다.

$B'C$는 F에 필요하고 BC가 H에 필요하기 때문에 G에 대해 $BC + B'C$를 사용함으로써 항 수를 줄일 수 있다. 따라서 다음의 PLA 그림에서 보여주는 두 집합의 출력열은 모두 해가 될 수 있다. C항은 단지 처음 방법에만 사용되고 있고, 두 번째 방법에서는 항의 수가 1개 적다는 것을 주목하라.

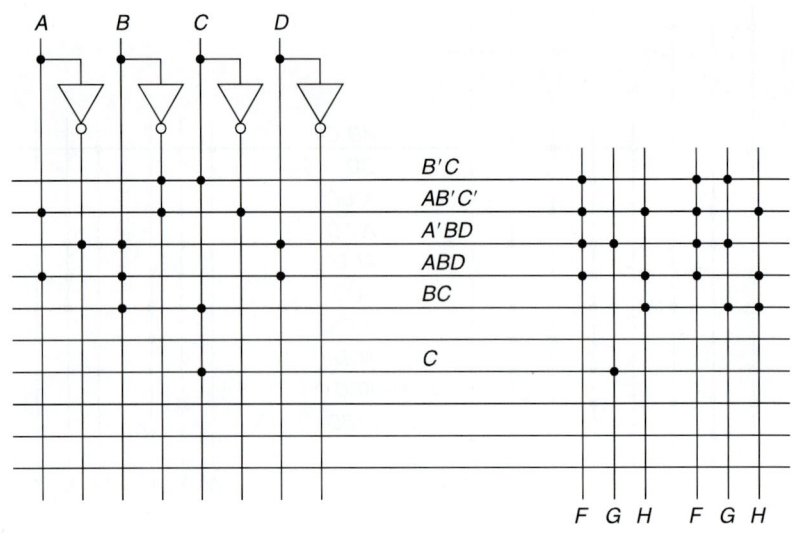

상업적으로 쓰이는 일반적인 PLA(PLS100)은 16개의 입력, 48개의 곱항, 8개의 출력을 갖고 있다. 각각의 출력은 active high나 active low로 프로그램 가능하고 3상태(three-state) 버퍼를 갖고 있고, 공통의 active low 활성화(enable) 입력으로 제어되고 있다. 이것은 16개의 입력을 갖는 ROM에서 요구되는 곱항의 수인 1/1000보다 적은 수임을 주목하라.

5.6.3 PAL(Programmable Array Logic)로 설계하기

PAL에서 각 출력을 만들어내는 OR 게이트들은 자신에게 연결된 AND 게이트의 그룹을 갖고 있다. 작은 PAL의 배치도가 그림 5.20에 나와있다.

이 PAL에는 6개의 입력과 4개의 출력이 있는데 각각의 OR 게이트는 4개의 입력 항을 갖고 있다. PAL을 사용하면 각 AND 게이트의 출력은 단 하나의 OR 게이트로 가게 된다. 따라서 공유되는 항이 없기 때문에 각 함수들을 개별적으로 풀어야 할 것이다. 그러나 대부분의 PAL은 몇몇 혹은 모든 출력을 입력 쪽으로 귀환할 수 있게 한다. 이것이 내부적으로 되어있는 경우가 있다. 즉, 몇몇 OR 게

그림 5.20 PAL

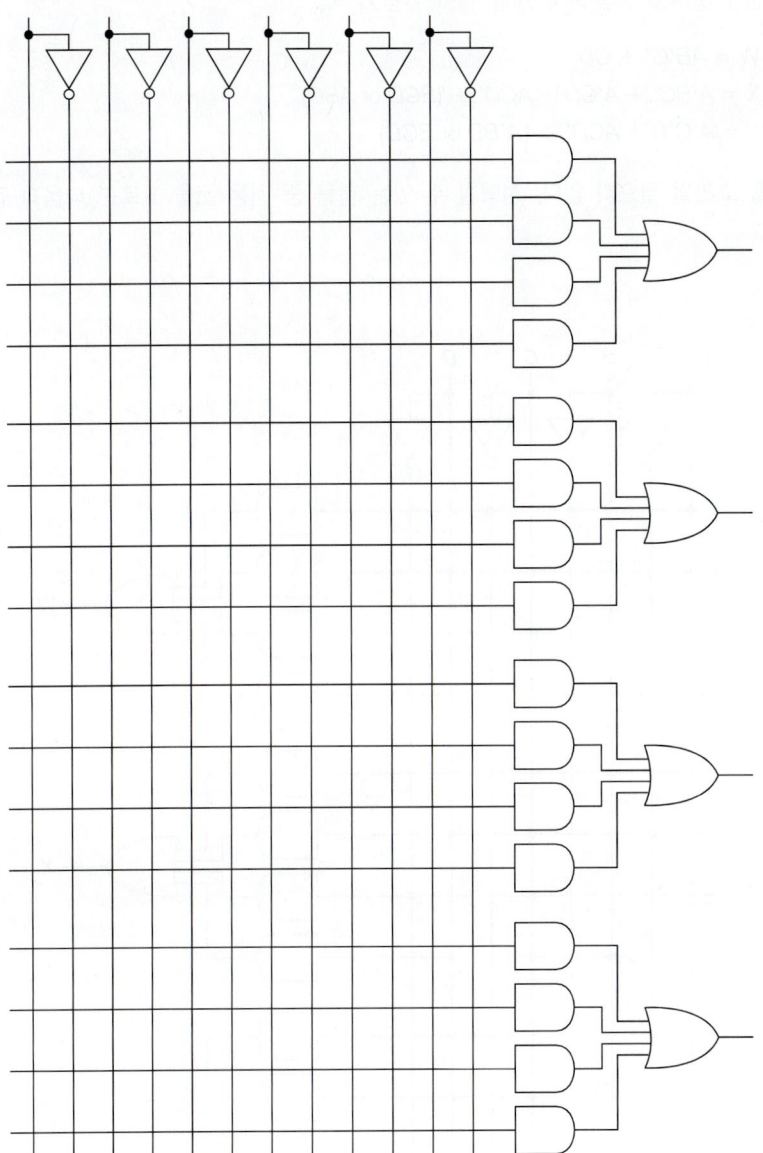

이트들의 출력은 모든 AND 게이트들의 또 다른 입력으로 쓰일 수 있다. 다른 경우들에 있어서는 외부에서 연결해준다(예제 5.12에서 언급되었음). 이것은 곱의합 식에서 더 많은 항(예제에서는 4개 이상), 또는 곱의합 식이 아닌 경우, 또는 한 그룹의 항을 공유하는 경우들을 가능하게 한다. 많은 PAL들은 출력에 3상태 버퍼를 갖고 있다(입력으로 귀환되기 전에). 그래서 출력을 입력으로도 사용할 수 있도록 해 놓았다.

예제 5.11

ROM과 PLA에서 사용한 예제로 돌아가 보자. 즉,

$$W = AB'C' + CD$$
$$X = A'BC' + A'CD + ACD' + \{BCD \text{ or } ABC\}$$
$$Y = A'C'D + ACD' + \{A'BD \text{ or } BCD\}$$

공유를 고려할 필요가 없다. 선택할 수 있는 항들 중 처음 것을 고르면 다음과 같이 구현된다.

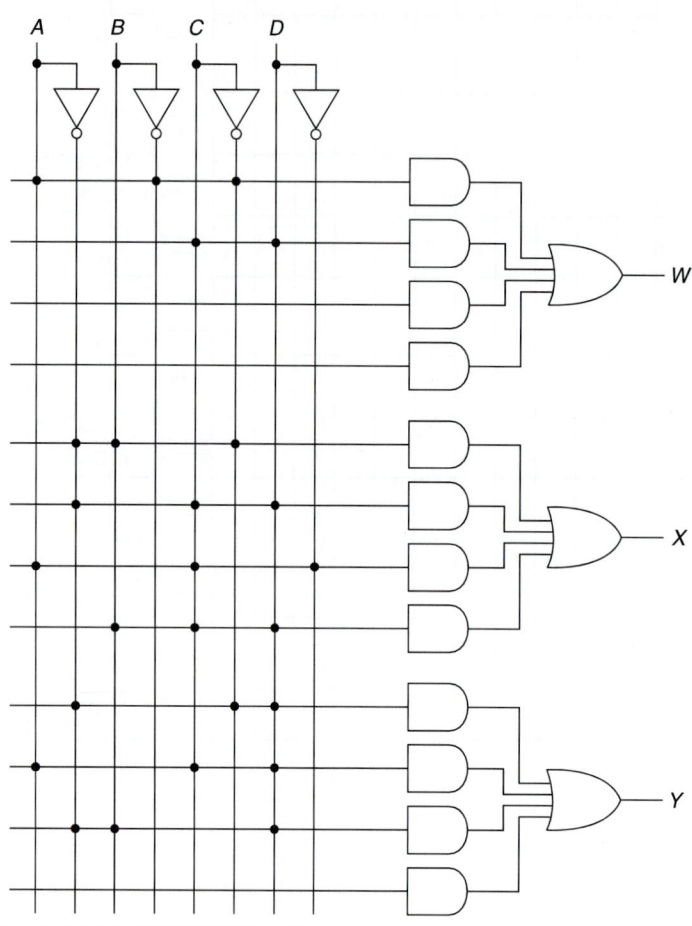

귀환(feedback)의 필요성을 보여주는 예로서, 아래에 맵으로 표시된 함수를 생각해보자.

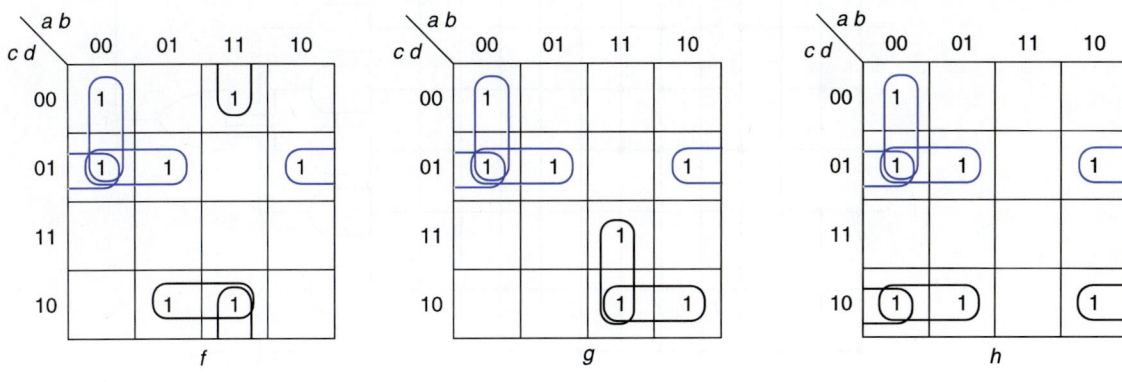

세 개의 파랑색 항들은 각 함수의 필수 주내포항들이고, 다른 두 항은 아니다. 이 맵으로부터 다음과 같은 식을 구하게 된다.

$$f = a'b'c' + a'c'd + b'c'd + abd' + bcd'$$
$$g = a'b'c' + a'c'd + b'c'd + abc + acd'$$
$$h = a'b'c' + a'c'd + b'c'd + a'cd' + b'cd'$$

(이 풀이는 공유를 고려하지 않고 각 함수들을 독립적으로 생각하여 구한 것이다. 만일 우리가 다중출력 문제로 이것을 다룬다면 g와 h 양쪽에서 모두 $ab'cd'$를 사용할 것이다. 그것은 대수 해에서 항들의 수를 줄이지만, PAL에서는 사용되는 게이트 수를 변화시킬 수는 없다.) PAL 구현이 다음에 나와 있다. 처음 세 항은 첫 번째 OR 게이트에 구현되어 있고 그것의 출력 t는 세 개의 다른 회로들 각각의 AND 게이트 중 하나의 입력으로 귀환되어 있다. t 회로의 네 번째 AND 게이트의 입력으로 a와 a'이 모두 연결되어 있는 것을 주목하라. 명백히 AND 게이트의 출력은 0이다. PAL에 따라서는 사용자가 사용되지 않는 AND 게이트를 이와 같은 방법으로 연결해야 되는 것들도 있다(이 책에서는 사용되지 않은 다른 AND 게이트에 대해서 이렇게 하지 않는다).

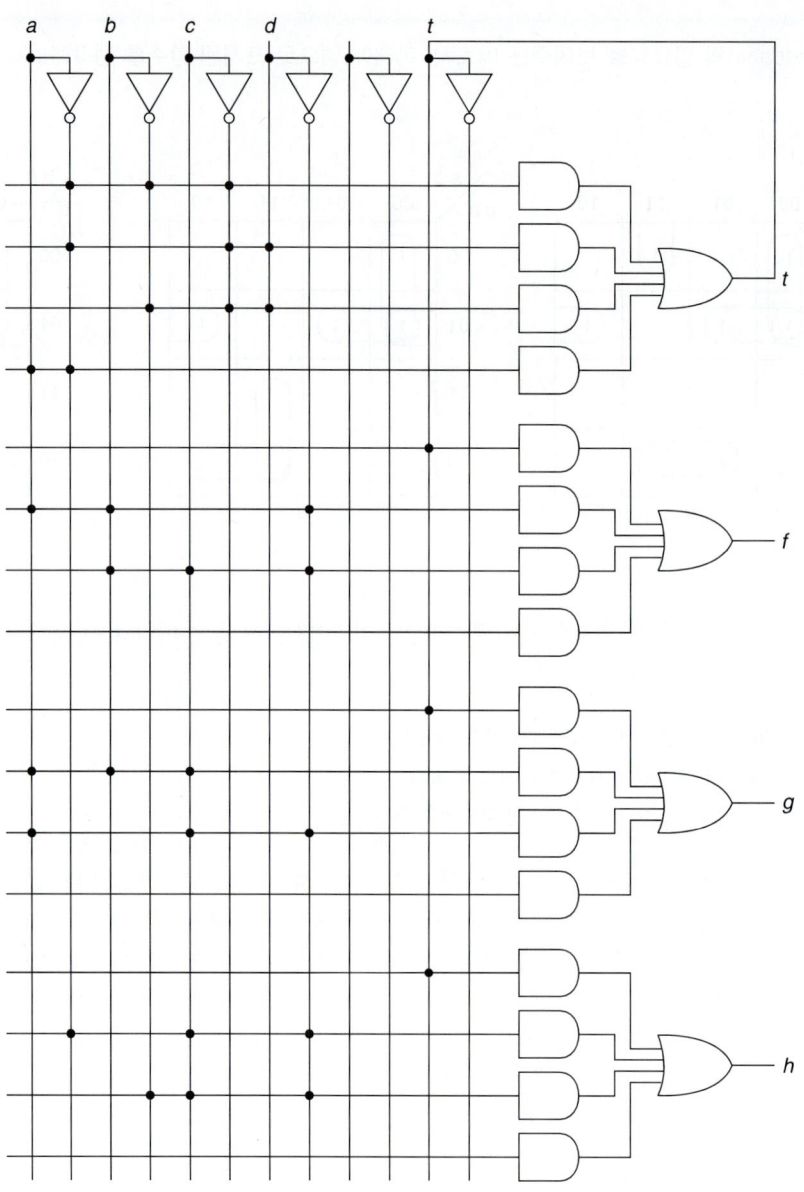

[문제풀이 13, 14; 연습문제 15, 16, 17]

5.7 조합회로의 테스트 및 시뮬레이션

시스템을 설계한 이후에는 그것이 올바르게 설계되었는지 확인하는 것이 필요하다. 작은 시스템은 모든 가능한 입력과 출력을 비교함으로 해서 확인할 수 있다. 더 큰 시스템의 경우에는 시스템의 동작을 확인하기 위하여 매우 많은 시간을 소비해야 된다. 예를 들어, 캐리 입력을 가지는 4비트 전가산기의 경우에는 2^9개의 입력 조합을 테스트 해야만 된다. 회로의 모든 부분이 확실히 테스트 되는 보장만 있다면 더 적은 수의 입력 조합의 테스트만으로도 전체 회로가 동작한다고 확신할 수 있다.

대형 시스템을 구성하려 할 때 종종 몇 개의 소형 시스템으로 나누어 이들 소형 시스템을 테스트하게 된다. 어떤 시스템을 아주 많이 만들어야 한다면 집적회로(integrated circuit)를 설계하여야 한다. 따라서 실제로 구현하기 전에 적은 수의 부품으로 회로를 꾸미거나 시뮬레이션을 통해서 설계된 시스템의 동작을 테스트하는 것이 꼭 필요한 일이다.

5.7.1 Verilog 소개

중요한 디지털 시스템 디자인은 대부분 컴퓨터 툴을 이용하여 이루어진다. 사용자들이 쉽게 시스템을 구성할 수 있게 할 뿐만 아니라 프로그램 언어와 유사하다. 두 가지가 널리 사용되어지고 있는데 *Verilog*와 *VHDL*이다. 이 두 가지는 유사하지만 약간의 차이점을 가지고 있다. HDL를 이용한 설계에 관한 이 절의 설명은 설계를 수행할 정도로 충분하지는 않지만 Verilog의 구조 및 행위적 코드의 예를 소개한다.[6]

먼저 구조적 Verilog로 기술하려는 예제 2.34의 전가산기 회로는 그림 5.21과 같다.

그림 5.21 전가산기

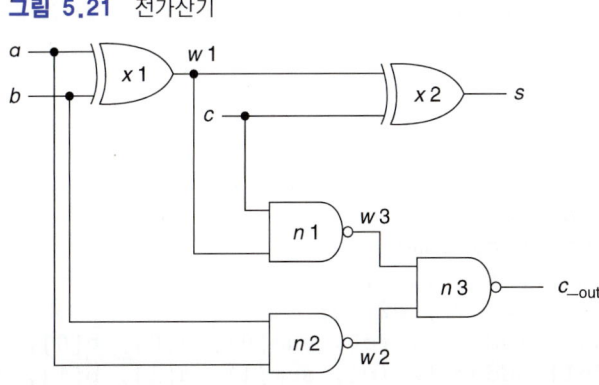

6) Verilog와 VHDL에 관한 상세한 내용을 위해서는 *Fundamentals of Digital Logic with Verilog Desing*, 2nd Ed. McGraw-Hill, 2008과 *Fundamentals of Digital VHDL Design*, 3rd ed. McGraw-Hill 2009 참조.

Verilog 프로그램 코드는 그림 5.22와 같다.

그림 5.22 전가산기 Verilog 코드

```
module full_adder (c_out, s, a, b, c);
     input a, b, c;
     wire a, b, c;
     output c_out, s;
     wire c_out, s;
     wire w1, w2, w3;
     xor x1 (w1, a, b);
     xor x2 (s, w1, c);
     nand n1 (w2, a, b);
     nand n2 (w3, w1, c);
     nand n3 (c_out, w3, w2);
endmodule
```

첫 번째 줄에는 예약어 module과 모듈의 이름, 입력 및 출력 변수가 보인다. 이름은 띄어쓰기 없는 문자로 구성된다. Verilog는 대소문자를 구분하기 때문에 x1는 X1과 다르다(보통 기호 '_'는 여러 단어로 구성된 이름을 연결시켜 줄 때 사용된다). 각 모듈은 endmodule로 끝난다. Verilog에서 각 문장은 ';'으로 끝난다. 입력 및 출력을 나열하고 각 게이트의 출력은 wire로 선언된다. 구조적 Verilog 표현에는 대부분의 기본 게이트인 and, or, not, nand, nor, xor등이 포함된다. 그림 5.22에서 보이는 것과 같이 게이트에는 예약어(xor와 같이), 고유한 이름, 출력선 이름, 입력선 이름이 표시된다. 회로의 연결은 그림 5.21에 보이는 것과 같다. Verilog 문장의 순서는 큰 상관은 없다. 그러나 행위적 Verilog에서는 다르다.

4비트 전가산기는 그림 5.23과 같이 1비트 전가산기 블록을 사용하여 구성할 수 있다(반가산기를 사용해서 구성할 수도 있지만, 여기에서는 전가산기를 사용한다).

그림 5.23 4비트 가산기

```
module  adder_4_bit (c, sum, a, b);
     input a, b;
     output c, sum;
     wire [3:0] a, b, sum;
     wire c0, c1, c2, c;
     full_adder f1 (c0, sum[0], a[0], b[0], 'b0);
     full_adder f2 (c1, sum[1], a[1], b[1], c0);
     full_adder f3 (c2, sum[2], a[2], b[2], c1);
     full_adder f4 (c, sum[3], a[3], b[3], c2);
endmodule
```

그림 5.23의 예제는 다중 비트인 경우를 보여준다. 다중 비트는 wire [3:0] a, b, sum과 같이 [ ]를 사용하여 입력과 출력의 비트를 상위비트에서부터 하위 비트로 표기한다. full_adder와 같은 모듈을 호출할 때, 매개 변수의 이름은 중요하지 않지만 순서는 중요하다. 첫 번째 전가산기 호출은 a[0], b[0], 입력값 '0'을 가지는 캐리를 가지고 최하위 비트 덧셈을 한다. 'b0에서 'b는 다음에 오는 수가 2진수라는 것을 가리킨다.

또한 Verilog는 내부적인 구조를 자세히 기술하지 않고 시스템을 행위적으로 표현할 수 있다. 이것은 종종 복잡한 시스템 설계에서 첫 번째 단계로, 우선 몇 개의 모듈을 만든다. 각 모듈에 대해서 행위적 기술을 만들고 나서 테스트를 한다. 이렇게 작업하는 것이 훨씬 쉽다. 이 작업이 끝나면 각 모듈을 구조적으로 설계하고 기술한다. 그러면 구조적 기술은 행위적 기술을 하나씩 대체할 수 있다. 행위적 Verilog는 C 프로그래밍 언어와 아주 비슷한 표기를 사용한다. 일반적인 수학의 연산자(+, −, * 그리고 /와 같은)와 논리연산(not: ~, and: &, or: |, xor: ^)을 사용할 수 있다. 전가산기에 대한 두 가지 행위적 Verilog 기술은 그림 5.24와 같다.

그림 5.24 4비트 가산기

```verilog
module full_adder (c_out, s, a, b, c);
    input a, b, c;
    wire a, b, c;
    output c_out, s;
    reg c_out, s;
    always
        begin
            s = a ^ b ^ c;
            c_out = (a & b) | (a & c_in) | (b & c_in);
        end
endmodule
```

(a) 논리식 사용

```verilog
module full_adder (c_out, s, a, b, c);
    input a, b, c;
    wire a, b, c;
    output c_out, s;
    reg c_out, s;
    always
        {c_out, s} = a + b + c;
endmodule
```

(b) 대수식 사용

행위적 모델에서 값들이 저장되는 장소는 wire가 아니라 reg로 지정되었다.

5.8 대형 예제

이 절에서는 지금까지 살펴본 시스템보다 더 복잡한 시스템들의 설계에 대해 살펴볼 것이다. 그 중의 하나는 1장에서 소개된 7-세그먼트 디스플레이에 대한 것이다.

5.8.1 1비트 십진 가산기

8421코드의 캐리 입력이 있는 두 개의 십진수 가산기를 설계하려고 하면 9개의 입력(2개의 4비트로 구성된 십진수와 1비트 캐리 입력)과 5개의 출력(4비트 십진수 출력과 1비트 캐리 출력)이 필요하다. 이것을 9입력의 문제로 풀이하기 보다는 4입력의 이진수의 가산기로 풀이하는 것이 가능하다. 4입력 가산기는 이전에 살펴본 것으로 단일 칩으로 된 것을 활용할 수 있다.

십진수의 덧셈에 앞서 먼저 2진수의 덧셈을 실행한다. 이때 만약 합이 9보다 더 크다면, 캐리가 발생하고 6이 추가적으로 더해진다. 따라서 사용되지 않는 6개의 조합이 만들어지게 된다. 예를 들어서

			0		1	1
0011	3	0111	7	1000	8	
0101	5	0101	5	1001	9	
0 1000	8	0 1100	– –	1 0010	1 2	
합 ≤ 9		0110	6	0110	6	
수정 없음		1 0010	1 2	1 1000	1 8	

2진수 가산기를 사용하여 십진수 두 개를 더하고 그 합이 10보다 더 큰지 확인한다. 만약 10보다 더 크다면 그 결과에 6에 해당하는 0110을 다시 더해야만 한다. 2개의 2진수 가산기를 사용하는 십진 가산기의 블록도는 그림 5.25와 같다.

캐리 검출 회로는 첫 번째 가산기의 출력을 가져와서 그 값이 9이상이면 출력을 1로 만들어주어서, 이 값이 캐리 출력이 되게 한다. 이때 캐리 출력이 있으면 첫 번째 가산기의 출력값에 6을 더하고 아니면 0을 더한다. 캐리 검출 회로는 맵 5.2와 같다.

그림 5.25 10진 가산기

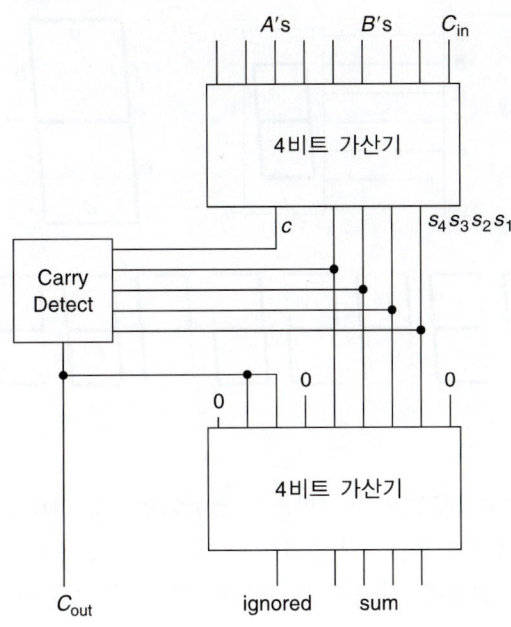

맵 5.2 캐리 검출

$c_{out} = c + s_4 s_3 + s_4 s_2$

5.8.2 7-세그먼트 디스플레이(첫 번째 대형 예제)

2장에서 우리는 십진수로 널리 사용되는 7-세그먼트 디스플레이를 소개했다. 그 디스플레이 시스템의 블록도를 그림 5.26에 다시 보여주고 있다.

그림 5.26 7-세그먼트 디스플레이와 구동기

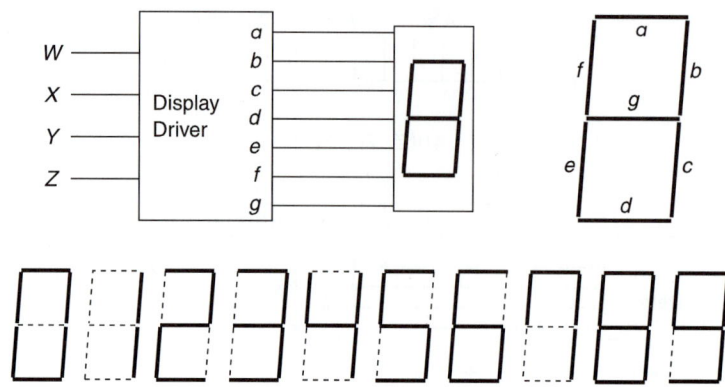

굵은 실선으로 표시된 부분은 세그먼트가 점등되었음을 나타내고 점선으로 표시된 부분은 세그먼트가 점등되지 않았음을 나타낸다. 숫자 6, 7, 9에 대해선 두 가지 표현 방법이 있다(즉, 관계된 한 세그먼트를 점등할 수도 있고 안할 수도 있다.).

이 디스플레이 구동기는 네 개의 입력 W, X, Y, Z와 7개의 출력 a, b, c, d, e, f, g가 있는 문제이다. 실제로 시스템이 십진수만을 표시한다면 입력은 그러한 수들의 해당된 코드로 제한될 것이고 그러면 가능한 16가지의 조합 중 10가지만 발생할 것이다. 그 외의 경우들은 무정의로 취급할 수 있다. 2.1.2절에서는 10진수를 표현하기 위해 8421코드(straight binary)를 선택했고 세그먼트에 1이 들어가면 점등된다는 가정 하에 진리표를 나타내었다. 이것이 당연한 가정인 것처럼 보일지 모르지만, 디스플레이들은 세그먼트에 0이 입력되었을 때 점등되도록 만들어진 것도 있다.

이러한 설계를 위해 여러 가지 접근 방법이 있다. 이 문제에 사용될 수 있는 것으로는 7449와 같은 BCD-to-seven-segment 변환기가 있다(또한 active low의 출력을 갖는 칩들도 있다.).

이 함수들을 3.3절에 나온 것처럼 개별적인 함수들로 풀 수도 있고, 3.6절에 나온 것처럼 다중출력 문제로 다룰 수도 있다. 또한 설계를 완성하기 위해서는 ROM, PLA 또는 PAL을 사용할 수 있다. 이 예제와 다음 예제를 통해서 이러한 접근 방법들을 살펴본다.

공유를 최대화하는 여러 가지 풀이 방법이 있기 때문에 최소해를 찾기 위해 g에 대한 올바른 선택이 필요하지만, 각각을 개별적인 함수로 푸는 것은 간단한 일이다. 최소해는 맵 5.3과 같이

맵 5.3 7-세그먼트 디스플레이 구동기

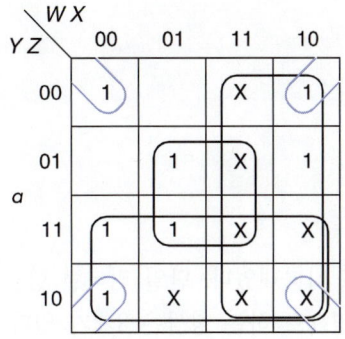

$$a = W + Y + XZ + X'Z'$$
$$b = X' + YZ + Y'Z'$$
$$c = X + Y' + Z$$
$$d = X'Z' + YZ' + X'Y + XY'Z$$
$$e = X'Z' + YZ'$$
$$f = W + X + Y'Z'$$
$$g = W + X'Y + XY' + \{XZ' \text{ or } YZ'\}$$

공유된 항들을 파랑색, 연파랑색, 회색으로 나타내었다. 단일 리터럴 항들은 게이트를 필요로 하지 않기 때문에 게이트를 필요로 하는 항들은 8개가 있다. 따라서 모든 입력이 보수와 보수 아닌 것을 사용할 수 있다고 가정하면 이것은 총 15개의 게이트를 필요로 할 것이다(그렇지 않으면 4개의 추가적인 NOT 게이트가 필요할 것이다). 만일 이러한 함수들이 7400계열의 NAND 게이트로 구현된다면 다음과 같은 칩들이 필요할 것이다.

형식	개수	모듈의 수	칩 번호
2입력	8	2	7400
3입력	4	1	7410
4입력	3	2	7420

여분의 4입력 게이트는 4번째 3입력 게이트로 사용되므로 단지 한 개의 7410만이 필요하다. 이것을 다중출력 문제로 다룬다면 a의 함수에서 XZ 대신에 $XY'Z$를 사용하여 한 개의 게이트를 줄일 수 있다.

만일 사용되는 십진수가 아닌 입력 코드인 경우에 모든 세그먼트가 꺼지도록 한다면 더 재미있는 문제(이 문제를 다중출력 문제로서 다룰 때 장점이 좀 더 있다는 의미에서)가 된다. 이것에 대한 최소해들을 원으로 묶어 맵 5.4에서 보여주고 있다. 10에서 15까지의 최소항들의 모든 무정의들은 0으로 처리했다(6, 7, 9의 다른 표현 방법에 대한 무정의는 남아 있다). 공유된 주내포항들은 파랑색, 연파랑색, 회색의 원으로 보여 주고 있다(몇몇 함수들에 대해서는 여러 가지 풀이가 있지만 최대 공유를 제공하는 한 가지 풀이만 보였다).

표 5.7은 각 최소해들을 또 다른 방식으로 보여주고 있다. 각 곱항은 행에, 각 함수는 열에 두어 함수에서 곱항이 사용되면 그 열의 해당되는 행에 X로 표시했다.

맵 5.4 7-세그먼트 구동기(독립적 풀이)

a

WX\YZ	00	01	11	10
00	1			1
01		1		1
11	1	1		
10	1	X		

b

WX\YZ	00	01	11	10
00	1	1		1
01	1			1
11	1	1		
10	1			

c

WX\YZ	00	01	11	10
00	1	1		1
01	1	1		1
11	1	1		
10		1		

d

WX\YZ	00	01	11	10
00	1			1
01		1		X
11	1			
10	1	1		

e

WX\YZ	00	01	11	10
00	1			1
01				
11				
10	1	1		

f

WX\YZ	00	01	11	10
00	1	1		1
01		1		1
11		X		
10		1		

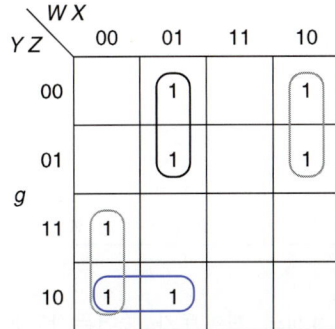

g

WX\YZ	00	01	11	10
00		1		1
01		1		1
11	1			
10	1	1		

디지털 논리설계

표 5.7 7-세그먼트 구동기(주내포항만)

	a	b	c	d	e	f	g
X'Y'Z'	X			X	X		
WX'Y'	X					X	X
W'Y	X						
W'XZ	X						
W'Y'Z'		X				X	
W'X'		X					
W'YZ		X					
X'Y'		X	X				
W'X			X			X	
W'Z			X				
W'YZ'				X	X		X
W'X'Y				X			X
W'XY'Z				X			
W'XY'							X

대수식은 각 함수에 포함된 항들을 단순히 OR해줌으로써 얻어진다. 게이트의 수도 세어볼 수 있다(각 항, 즉, 각 행에 대해 한 개, 각 출력 열에 대해 한 개). 게이트 입력 수는 단순히 각 항의 문자의 수와 각 함수열에서 X의 수를 더하면 되므로 계산하기 쉽다(OR 게이트 입력에 일치). 이 예제에서는 총 21개의 게이트와 62개의 게이트 입력들이 사용된다.

다음은 주내포항이 아닐지라도 가능한 곳에서 항들을 공유함으로써, 이 문제를 풀어보기로 하자. 처음 명백히 눈에 띄는 점은 a에 나타난다. 주내포항 $W'XZ$가 d에서 필요로 하는 항 $W'XY'Z$로 대치될 수 있다. 맵 5.5는 공유된 항들이 파랑, 연파랑, 회색의 원으로 표시된 최소해를 보여 주고 있다. 표 5.8는 이 해를 나타내고 있다.

표 5.8 7-세그먼트 구동기(최대 공유)

	a	b	c	d	e	f	g
X'Y'Z'	X			X	X		
WX'Y'	X					X	X
W'XY'Z	X			X			
W'YZ	X	X	X				
W'X'Y	X	X		X			X
W'Y'Z'		X				X	
X'Y'		X	X				
W'X		X				X	
W'YZ'				X	X		X
W'XY'							X

이 해는 10개의 항으로 줄어들었는데, 4개의 게이트가 줄어든 17개의 게이트, 그리고 8개의 게이트 입력이 줄어든 54개의 게이트 입력을 필요로 한다. 이것에 해당하는 식은 다음과 같다.

맵 5.5 7-세그먼트 디스플레이 구동기(최대 공유)

a

YZ＼WX	00	01	11	10
00	1			1
01		1		1
11	1	1		
10	1	X		

b

YZ＼WX	00	01	11	10
00	1	1		1
01	1			1
11	1	1		
10	1			

c

YZ＼WX	00	01	11	10
00	1	1		1
01	1	1		1
11	1	1		
10		1		

d

YZ＼WX	00	01	11	10
00	1			1
01		1		X
11	1			
10	1	1		

e

YZ＼WX	00	01	11	10
00	1			1
01				
11				
10	1	1		

f

YZ＼WX	00	01	11	10
00	1	1		1
01		1		1
11		X		
10		1		

g

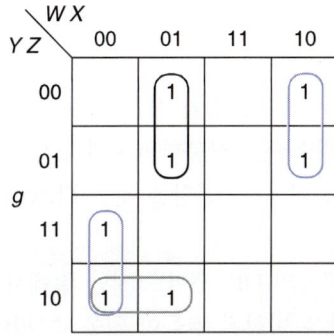

YZ＼WX	00	01	11	10
00		1		1
01		1		1
11	1			
10	1	1		

$$a = X'Y'Z' + WX'Y' + W'XY'Z + W'YZ + W'X'Y$$

$$b = W'YZ + W'X'Y + W'Y'Z' + X'Y'$$

$$c = W'YZ + X'Y' + W'X$$

$$d = X'Y'Z' + W'XY'Z + W'X'Y + W'YZ'$$

$$e = X'Y'Z' + W'YZ'$$

$$f = WX'Y' + W'Y'Z' + W'X$$

$$g = WX'Y' + W'X'Y + W'YZ' + W'XY'$$

만일 이러한 함수들이 7400계열의 NAND 게이트로 구현된다면 다음과 같은 칩들이 필요할 것이다.

형식	칩 번호	개별적		다중출력	
		개수	모듈의 수	개수	모듈의 수
2입력	7400	6	2	3	1
3입력	7410	10	3	9	3
4입력	7420	5	3	4	2
8입력	7430	0		1	1
전체		21	8	17	7

이와 같이 이것을 다중출력 문제로 다룸으로써 4개의 게이트와 1개의 모듈을 줄일 수 있었다.

이 두 개의 해가 같지 않다는 사실을 주목하라. 첫 번째 해는 d에서 무정의를 0으로 다루었고 a와 f에서는 1로 다루었다. 두 번째 해는 a와 d의 무정의를 0으로 다루었고 f에서의 무정의만 1로 다루었다.

우리는 또한 이 문제를 그림 5.27에 나와 있는 ROM을 이용하여 구현할 수 있다. 여기서는 어떤 무정의도 포함시키지 않았다는 사실을 명심하라. 원한다면 무정의 항들의 일부 혹은 전체를 1로 할 수도 있겠지만, 그렇게 하지 않았다. 앞의 두 가지 해가 적어도 하나의 무정의를 1로 다루었기 때문에, 이 해는 앞의 두 가지 해 중 어느 것과도 같지 않게 된다.

이 시스템은 4개의 입력, 7개의 출력, 14개의 곱항을 갖는 PLA로 구현할 수 있다. 또는 그림 5.28에 보여주는 것처럼 최소해를 사용하면 4개의 입력, 7개의 출력, 10개의 곱항을 갖는 PLA로 구현된다. 더 많은 곱항을 갖는 PLA라면 최소해가 아니라도 사용할 수 있다.

만일 이것을 PAL로 구현하고 싶다면 7개의 OR 게이트(지난 절에서 논의한 회로 2개)가 필요할 것이다. 이 문제에서 많은 변형된 것들이 있을 수 있다. 변형된 것들은 완전히 새로운 문제가 된다. 세그먼트에 불이 들어오는 것을 0으로 둘 수 있고, 그 경우에 각 함수들의 보수를 찾아내어야 한다. 그것은 전체적으로 새

그림 5.27 7-세그먼트 구동기의 ROM 구현

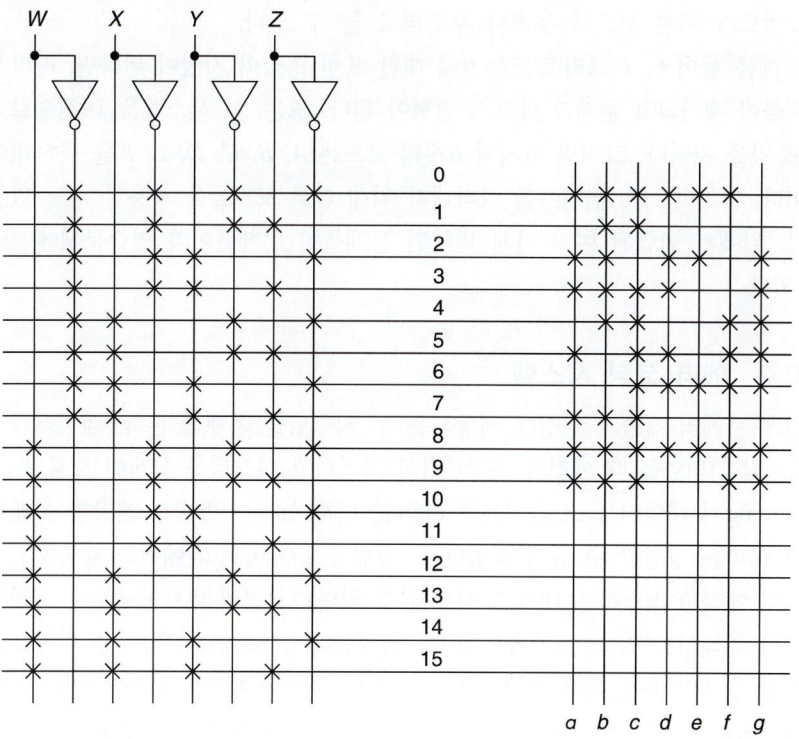

그림 5.28 7-세그먼트 디스플레이 구동기의 PLA 구현

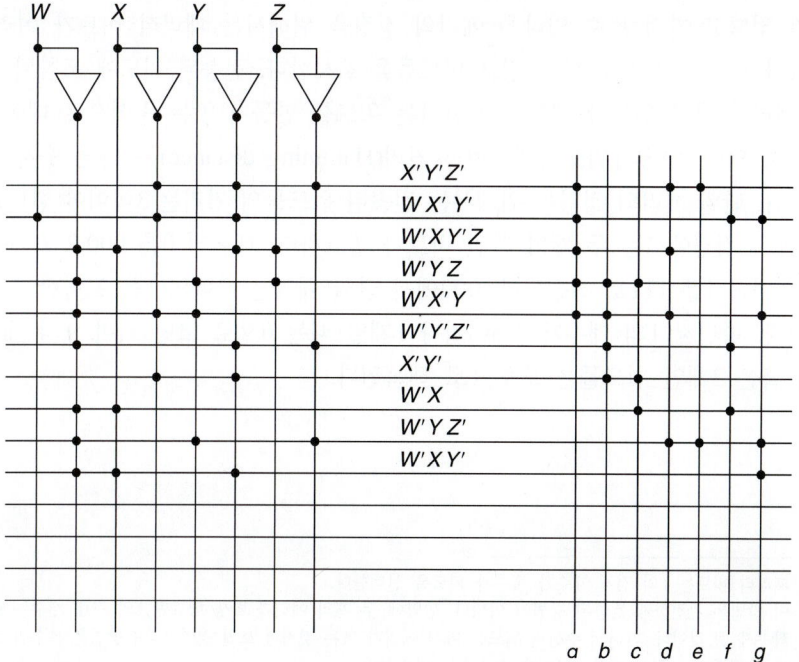

로운 맵 집합을 만들어낼 것이다. 앞에서와 마찬가지로, 사용되지 않은 조건들은 세그먼트가 꺼진 것으로 두거나 무정의로 둘 수 있다.

예를 들어 6, 7 그리고/또는 9에 대한 표현 형식이 지정이 된다면, 따라서 무정의들이 제거되고 문제가 다르게 변형이 된다. 또는, 이 시스템을 16진수로 만들 수도 있을 것이다. 그러면 마지막 6개의 코드는 A, B, C, D, E, F를 나타내야 할 것이다. 마지막으로, 십진수를 나타내기 위해 다른 코드들을 사용할 수도 있을 것이다. 위에서 언급된 여러 가지 변형된 문제들이 문제풀이와 연습문제에 포함되어 있다.

5.8.3 에러 코딩 시스템

이번에는 에러 검출과 정정에 사용되는 두 시스템을 설계해 본다. 데이터가 전송(또는 저장)되었을 때 에러가 발생한다고 가정하고 시스템을 설계해 보자. Richard Hamming이 데이터를 코딩(여분의 digit를 더하여)하는 방법을 개발한 이래로 한 개의 에러는 정정할 수 있게 되었다(이 방법은 2개 비트의 에러를 검출하고 여러 비트의 에러를 정정하는 데까지 이용될 수 있다). 일련의 비트들로부터 에러를 검출하기 위해서 확인 비트(check bit)를 생성한다. 그로 인해 워드 중 확인 비트를 포함한 총 1의 수는 짝수 개가 된다. 그 확인 비트를 패리티 비트라 한다. 에러가 발생하였을 때 전송된 비트의 전체 1의 개수가 홀수 개가 되면 전송된 비트 중에 1이 0으로 또는 0이 1로 잘못 전송되었을 것이다.[7]

패리티 비트는 검사되는 비트의 Exclusive-OR 기능을 이용하여 만들어 진다. 수신 쪽에서 확인 비트와 패리티 비트가 Exclusive-OR된다. 결과가 0이면 에러가 없다고 가정할 수 있다.[8] 에러의 정정을 위해서는 패리티 비트가 여러 개 필요하다. 각각은 서로 다른 정보 비트들을 검사한다. 전송된 워드에 포함된 하나의 에러가 다른 워드나 에러를 포함하는 워드를 만들지 않는 방식으로 데이터가 코딩이 되어야 한다[워드 간의 해밍 거리(Hamming distance)는 다른 숫자의 개수이다. 단일 에러의 정정을 위해서는 전송된 워드들의 거리는 3이어야 한다]. 단일 에러 정정에서는 두 개의 확인 비트가 필요하다. 데이터 0은 000으로 전송되고 데이터 1은 111로 전송된다. 000에서 단일 에러는 하나의 1을 포함한 워드일 것이다. 따라서 1의 개수가 0개이거나 1개일 때는 0으로 코딩 되며, 1의 개수가 2개 혹은 3개인 워드들은 모두 1로 해독된다.

---

7) 패리티 비트는 1의 전체 개수가 홀수가 되도록 선택한다.
8) 이 방법은 완전하게 검증된 방법이 아니다. 만약에 두 개의 에러가 발생 했다면 1의 전체 개수는 또다시 짝수가 될 것이다. 따라서 수신된 워드는 마치 에러가 없는 것처럼 보일 것이다. 이 방법은 복수비트 에러가 발생할 가능성이 매우 낮을 때 사용되는 방법이다.

3개의 확인 비트로는 4개의 데이터 비트가 가능하고, 4개의 확인 비트로는 11개의 데이터 비트를 포함시키는 것이 가능하다. 예를 들어, 모든 단일 에러를 정정하고 일부 이중 에러를 검출하는 3개의 데이터 비트와 3개의 확인 비트를 고려하자. 블록도는 그림 5.29에 보인다.

그림 5.29 에러 검출과 교정시스템

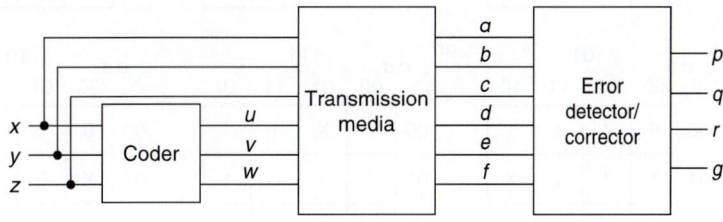

x와 y로 첫 번째 확인 비트인 u를, x와 z로 v를, y와 z로 w를 생성한다. 따라서 코더는 단순히 다음과 같다.

$$u = x \oplus y \qquad v = x \oplus z \qquad w = y \oplus z$$

전송된 워드들의 부록은 표 5.9와 같다.

각각의 전송된 워드들은 6가지 단일 에러를 해독할 수 있다. 예를 들자면, 첫 번째 워드에서 단일 에러는 100000, 010000, 001000, 000100, 000010 그리고 000001이다. 000000을 포함해서 이것들은 000으로 해독된다. 맵 5.6은 p, q, r과 g의 맵들을 보여준다.

표 5.9 전송된 워드

데이터			확인		
x	y	z	u	v	w
0	0	0	0	0	0
0	0	1	0	1	1
0	1	0	1	0	1
0	1	1	1	1	0
1	0	0	1	1	0
1	0	1	1	0	1
1	1	0	0	1	1
1	1	1	0	0	0

디지털 논리설계

맵 5.6 에러 검출/교정

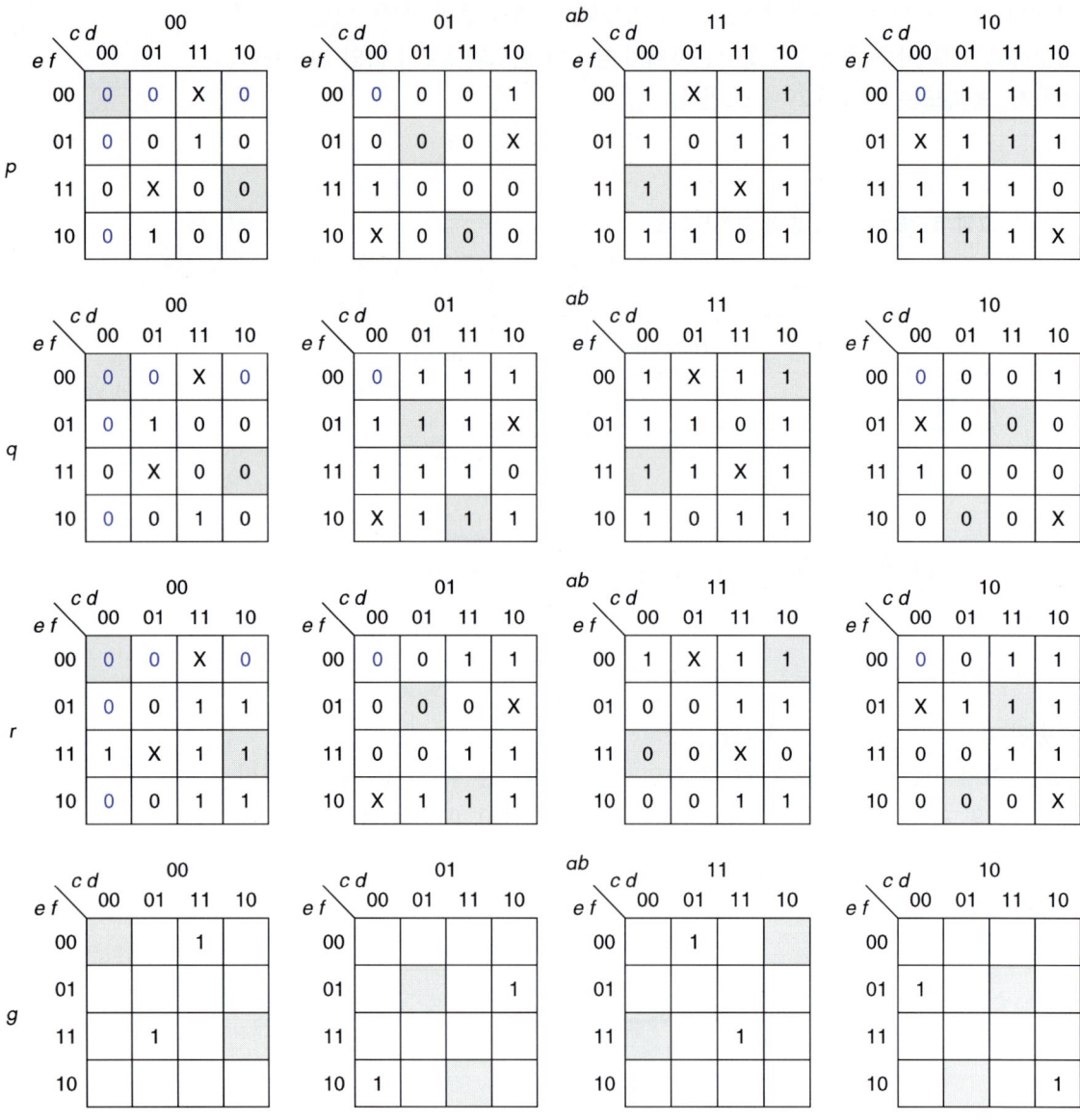

p, q, r은 정정된 워드이고 g는 복수 비트 에러가 검출 되었을 때 1이다(이 경우에 p, q, r은 정확하지 않다). 색칠 된 칸은 에러가 없는 워드들을 나타낸다. $uvw = 000$을 만드는 출력은 파랑색으로 나타내져 있다. 정정된 워드나 혹은 단일 에러 와 관련없는 칸은 처음 세 개의 맵에는 무정의로 나타나 있으며, 복수 에러를 나 타내는 것들은 g의 맵에서 1로 표시되어 있다. 이런 함수를 곱의합으로 나타내는 것은 매우 복잡하며 30개의 곱항을 필요로 한다. NAND 게이트를 이용하여 구현 하면 22개의 집적회로 패키지들이 필요하다.

정정된 출력들을 더욱 쉽게 구할 수 있도록 설정할 수 있다. 확인 비트들을

Exclusive-OR 연산하여 다음과 같이 만든다.

$$t_1 = a \oplus b \oplus d$$
$$t_2 = a \oplus c \oplus e$$
$$t_3 = b \oplus c \oplus f$$

그 테스트 워드는 어느 비트에 에러가 있는지를 나타낸다(만약 단일 에러가 생겼다면). 표 5.10에 설명되어 있다.

표 5.10 비트 에러

t_1	t_2	t_3	에러
0	0	0	없음
0	0	1	f
0	1	0	e
0	1	1	c
1	0	0	d
1	0	1	b
1	1	0	a
1	1	1	다중

3개의 7486 패키지와 하나의 3입력/8출력 디코더로 에러 디코더 회로를 만들 수 있으며 그림 5.30에 나타내었다.

그림 5.30 에러 디코더

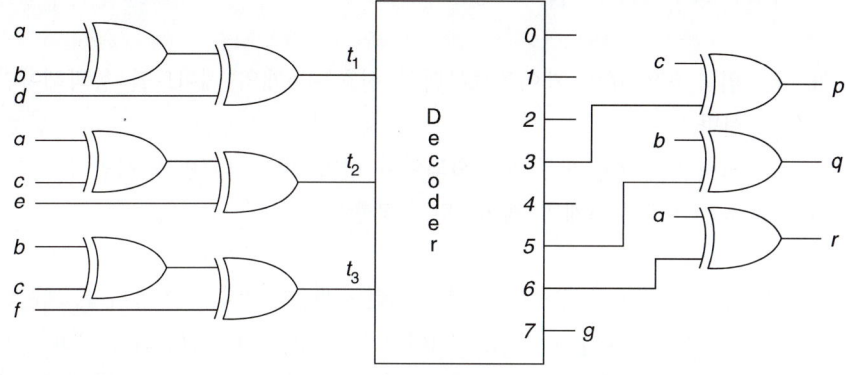

[문제풀이 15, 16, 17, 18;
연습문제 18, 19, 20, 21, 22, 23,
24, 25; 실험]

5.9 문제풀이

1. 아래 회로에서,

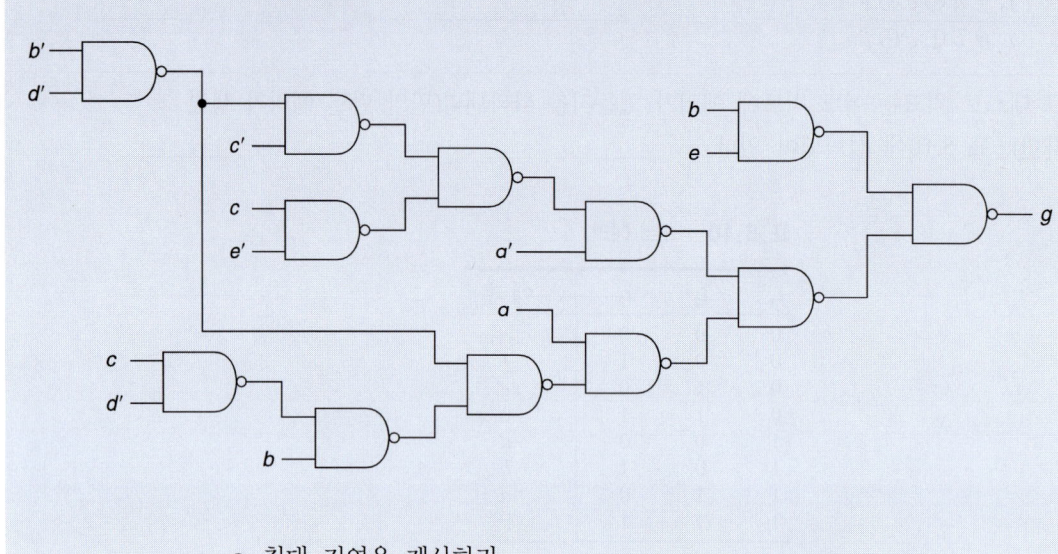

a. 최대 지연을 계산하라.

   i.   입력에 보수와 비보수 모두 가능하다고 가정하자.

   ii. 비보수의 입력만 가능하고 각 입력을 보수화하기 위해서는 게이트를 추가하여야 한다.

b. 입력 a부터 출력까지의 최대 지연을 계산하라. 단, 모든 입력들은 보수와 비보수 모두 가능하다고 가정한다.

   a. i. 입력 b'와 d'인 게이트로부터의 신호는 6개의 게이트를 통과해야만 한다.

       ii. 입력 b와 d는 모두 보수화되어야 하며, 따라서 7번째 지연이 있다.

   b. 신호 a는 오로지 3개의 게이트만 통과한다.

2. n-비트 수의 패리티를 구하기 위한 NAND 게이트 회로를 만들어라. 패리티는 숫자의 비트 중 1인 것이 홀수 개이면 1로 정의 된다. 패리티를 구하는 한 가지 방법은 한 번에 1비트 회로를 만드는 것이다(가산기처럼).[9] 현재까지의 패리티와 새로운 한 비트를 입력으로 받아 새로운 패리티를 구하는 회로를

---

9)   이것을 홀수 패리티라고 부른다. 하지만 이 용어가 다르게 사용되기도 한다. 워드에 있는 1의 수와 패리티 비트를 합쳐서 홀수 개의 1이 있을 때 홀수 패리티라고 하기도 한다(위에서의 정의와 반대이다). 여기서는 위의 정의를 그대로 사용하기로 한다.

만드는 것이다. 이 방법은 한 번에 1비트씩 계산하여 패리티를 구하게 된다. 다음 그림은 이 회로의 처음 몇 비트에 대한 블록도이다.

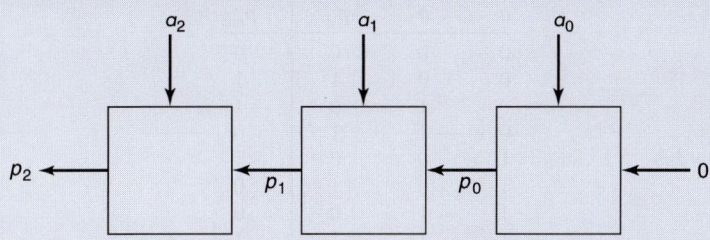

a. 1비트를 구하는 NAND게이트 회로를 그리고, n비트를 구하는 데 필요한 지연을 계산하라.
b. 한 번에 2비트씩 계산하여 지연을 줄일 수 있는 방법을 구하라.

a. 다음은 각 블록의 진리표이다.

p_{i-1}	a_i	p_i
0	0	0
0	1	1
1	0	1
1	1	0

즉, 출력 패리티가 1인 경우는 입력에 짝수 개의 1이 있고($P_{i-1} = 0$) 현재 비트 (a_i)가 1이거나, 입력에 홀수 개의 1이 있고 ($P_{i-1} = 1$) 현재 비트(a_i)가 0인 경우이다. 논리식은 아래와 같다.

$$p_i = p'_{i-1}a_i + p_{i-1}a'_i$$

위의 식은 3레벨 NAND 회로로 만들 수 있다. 그것은 아래의 그림과 같이 Exclusive-OR와 같다.

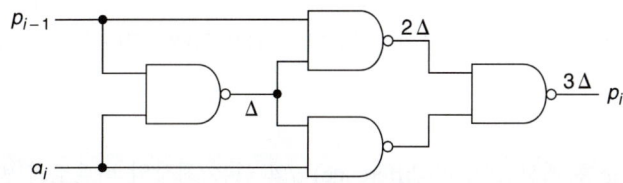

임의의 입력에서 출력까지의 지연은 3Δ이다. 만약, n비트 숫자를 가지고 이 작업을 하면, 전체지연은 $3n\Delta$가 된다.

b. 한 번에 2비트의 패리티를 구할 수 있는 블록을 구해보자. a, b와 p_{in}을 입력으로 하여 출력 p_{out}을 구한다. 진리표는 다음과 같다.[10]

a	b	p_{in}	p_{out}
0	0	0	0
0	0	1	1
0	1	0	1
0	1	1	0
1	0	0	1
1	0	1	0
1	1	0	0
1	1	1	1

p_{out}의 식은

$$p_{out} = a'b'p_{in} + a'bp'_{in} + ab'p'_{in} + abp_{in}$$

이고 NAND 회로는 다음과 같다.

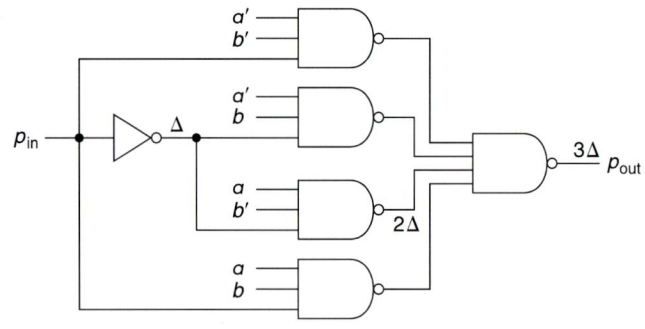

NOT 게이트는 p_{in}에 필요하다(a와 b에 대해서는 아님). 2비트를 사용할 경우 전체 지연은 3Δ이다. 따라서 전체 n비트 지연은 1.5 $n\Delta$이다. 각 블록의 p'_{out}에 대한 분리된 회로를 만들어서 지연을 줄일 수 있다. p'_{out}의 식은

$$p'_{out} = a'b'p'_{in} + a'bp_{in} + ab'p_{in} + abp'_{in}$$

이므로, NAND 게이트 5개가 필요하다. p'_{out}을 이용하면 패리티 입력에는 NOT 게이트가 필요하지 않다. 따라서 이 회로는 모두 2레벨로 구현 가능하고, 이 비트를 계산 할 때 필요한 지연은 2Δ가 된다. 따라서 n비트 숫자의 전체 지연은 $n\Delta$이다.

3. $a - b - c$를 계산하여, 차(difference) d와 다음 최상위 비트로의 빌림(borrow) p를 구하는 전감산기를 설계하라. 여기서 c는 다음 최하위 비트에서의 빌림이다.

---

10) 이 진리표는 전가산기에서 c_{in}을 p_{in}으로 대체하면 똑같다.

전감산기의 진리표는 다음과 같다.

a	b	c	p	d
0	0	0	0	0
0	0	1	1	1
0	1	0	1	1
0	1	1	1	0
1	0	0	0	1
1	0	1	0	0
1	1	0	0	0
1	1	1	1	1

차 비트 d는 가산기에서의 합 비트와 같다. 만약 a보다 b와 c에 1이 더 많으면 감산 빌림 비트는 1이 된다. 이 관계에서 다음의 식을 얻을 수 있다.

$$d = a'b'c + a'bc' + ab'c' + abc$$
$$p = bc + a'c + a'b$$

가산기에 사용된 8개의 NAND 게이트 회로를 d에 사용할 수 있다. 그러나 p회로는 c_{out}과 다르다.

$$p = bc + a'c + a'b = c(b + a') + a'b = c(a' \oplus b) + a'b$$
$$= c(a \oplus b)' + a'b$$

차를 구하는 데에 필요한 여덟 개의 NAND 게이트 외에, 빌림 비트 p는 두 개의 NAND 게이트와 두 개의 NOT 게이트를 사용해서 구현할 수 있다. 타이밍은 첫 번째 빌림 비트를 구하기 위한 지연이 6Δ인 것(1 증가)을 빼고는 가산기와 동일하다.

만약 게이트의 수를 최소화하려면, 두 함수에서 c가 아니라 a를 인수로 하여 묶어야 한다.

$$p = a'(b \oplus c) + bc$$

이렇게 하면, 가산기에 비해 추가로 NAND 게이트와 NOT 게이트가 각각 한 개씩 더 필요하다. 가능한 하나의 해는 다음과 같다.

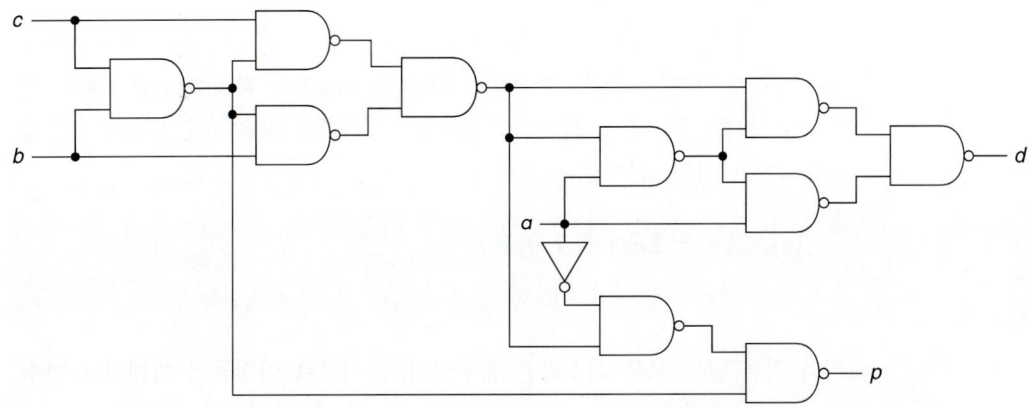

이 방법의 단점은 빌림 비트 입력에서 빌림 비트 출력까지의 지연이 5Δ라는 것이다.

4. 두 개의, 크거나(>), 같거나(=), 그리고 작은(<) 출력을 표시하는 4비트 비교기를 가지고 있다. 이것들을 직렬로 연결 할 수 있는 외부 논리(external logic)를 나타내어라.

두 개의 비교기가 '같다'라고 나타낼 때 '같다'라는 출력을 나타낸다. 또한 이것은 상위의 비교기가 크거나, 혹은 상위 비교기는 같고 하위 비교기가 더 클 때, '크다'라고 나타낸다. 마지막으로 상위비교기가 작거나 혹은 상위 비교기가 같고 하위 비교기가 작을 때 '작다'라고 나타낸다[이것이 7485의 내부논리(internal logic)가 작동하는 원리이다. 하지만 회로의 세부 내용은 많은 차이가 있다].

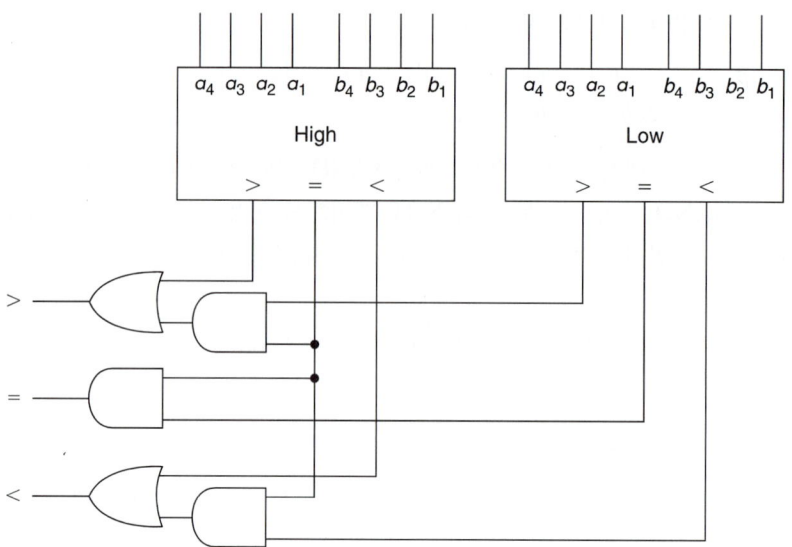

5. 세 개의 입력 a, b, c를 받아서 0부터 7까지 번호가 매겨진, 여덟 개의 active low 출력을 만드는 디코더가 있다. 그리고 active low 활성화 입력 EN'이 있다. 디코더를 사용하고, 최소수의 NAND 게이트를 사용하여 아래의 함수를 구현하려고 한다. 블록도를 보여라.

$$f(a, b, c, e) = \Sigma m(1, 3, 7, 9, 15)$$

위의 식에 있는 모든 최소항은 홀수이다. 그러므로 이것들에 대해서는 변수

e는 1이다. 만약 e가 1일 때 디코더를 활성화하기 원하면, e'을 활성화 입력에 연결하고, a, b, c를 제어 입력에 연결하면 된다. 이 경우 디코더는 최소항 1, 3, 7, 9, 11, 13, 15에 해당하는 값을 출력하게 된다. 이것을 회로로 구현하면 다음과 같다.

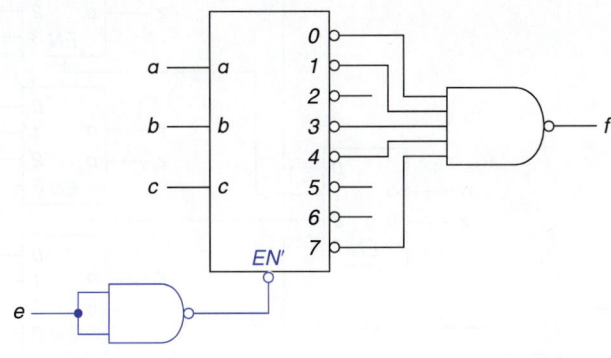

6. 아래 표와 그림에 설명된 2-to-4 디코더를 사용하여 5-to-32 active high 디코더를 구현하라.

EN	a	b	0	1	2	3
0	X	X	0	0	0	0
1	0	0	1	0	0	0
1	0	1	0	1	0	0
1	1	0	0	0	1	0
1	1	1	0	0	0	1

입력은 v, w, x, y와 z이고, 출력은 0에서 31까지의 번호가 부여되어 있다.

출력을 위해 8개의 2-to-4 디코더가 필요하다. 각 디코더는 입력의 처음 세 비트에 의하여 활성화된다. 따라서 활성화를 위해서는 3-to-8 디코더가 필요하다. 이것은 다음 그림과 같이 2레벨로 만들어야 한다.

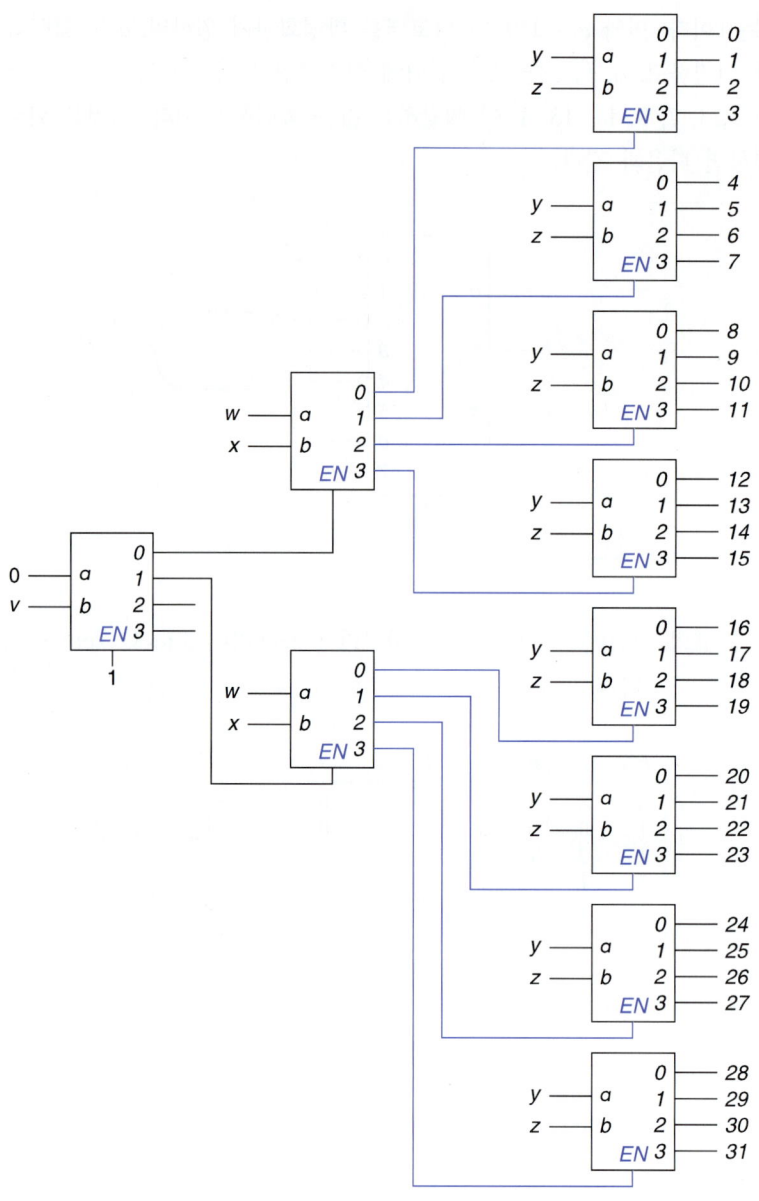

7. 스미스 교수는 다음과 같은 방법으로 성적을 계산한다. 성적을 매길 때, 제
일 앞자리 수만을 고려한다(즉 평균 90에서 99사이는 9로 생각한다). 평균
100점은 고려하지 않는다. 평균 60이상인 사람에게는 P(pass, 통과)를 주고,
평균 60미만인 사람에게는 F를 준다. 첫 번째 자리의 값은 8421코드방식으
로 저장된다(즉 5는 2진수로 0101이 된다). 입력은 w, x, y, z가 있다. 다음

그림처럼 active high 출력과 active low 활성화 입력을 가진 디코더를 2개 사용하고, NOT 게이트 한 개와 OR 게이트 한 개를 사용하여, 학생이 통과 (pass)하면 1을 출력하는 회로를 설계하라.

EN'	a	b	c	0	1	2	3	4	5	6	7
1	X	X	X	0	0	0	0	0	0	0	0
0	0	0	0	1	0	0	0	0	0	0	0
0	0	0	1	0	1	0	0	0	0	0	0
0	0	1	0	0	0	1	0	0	0	0	0
0	0	1	1	0	0	0	1	0	0	0	0
0	1	0	0	0	0	0	0	1	0	0	0
0	1	0	1	0	0	0	0	0	1	0	0
0	1	1	0	0	0	0	0	0	0	1	0
0	1	1	1	0	0	0	0	0	0	0	1

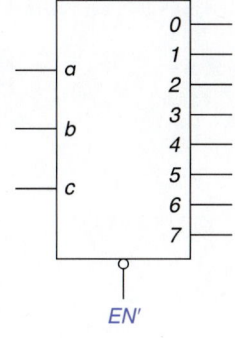

이 문제의 답은 두 가지가 있다. 더 단순한 방법은 두 개의 디코더를 사용하는 것이다. 한 디코더는 w가 0일 때 작동하고, 0에서 7사이의 최소항의 값을 출력한다. 다른 하나는 w가 1일 때 동작하고 8에서 15사이의 값을 출력한다. 최소항 6, 7, 8, 9에 대해서만 1을 출력한다.

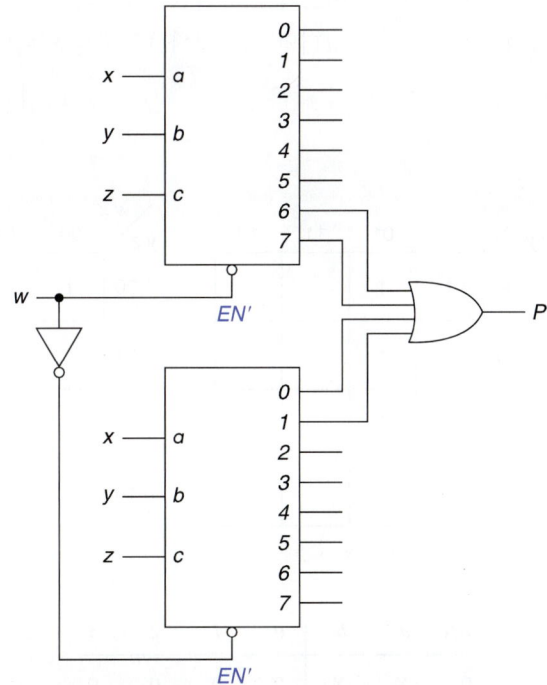

다른 방법은, $P = 0$이 되는 입력은 최소항 0, 1, 2, 3, 4, 5인 경우라는 사실에 착안한 것이다. 디코더 1개를 사용하여, 다음 그림과 같이 설계할 수 있다.

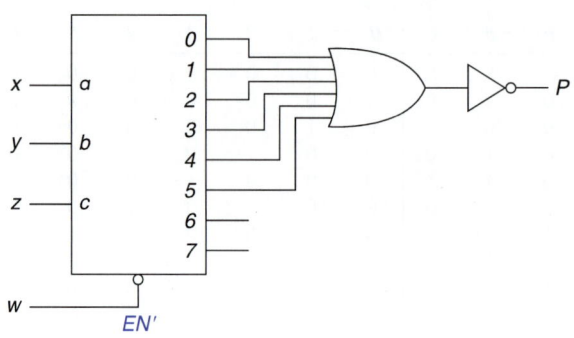

이 경우에는 디코더의 첫 6개의 출력의 OR 값을 구한다. 그러면 0에서 59 사이의 값의 경우에 1을 출력한다(통과할 경우에 0을 출력). 다음에는 원하는 출력을 구하기 위해서 보수를 취한다.

8. 다음 함수들을 3개의 OR 게이트와 필요한 만큼의 디코더를 사용하여 나타내어라. 가능하다면 4개의 디코더와 8개 보다 더 적은 입력의 OR 게이트로 제한하라.

$yz \backslash wx$	00	01	11	10
00	1			1
01	1			1
11	1	1		1
10	1			

f

$yz \backslash wx$	00	01	11	10
00	1	1		1
01		1		1
11		1		
10	1	1		1

g

$yz \backslash wx$	00	01	11	10
00	1		1	1
01			1	
11		1	1	1
10	1		1	1

h

EN	a	b	0	1	2	3
0	X	X	0	0	0	0
1	0	0	1	0	0	0
1	0	1	0	1	0	0
1	1	0	0	0	1	0
1	1	1	0	0	0	1

각 함수들은 모두 1로 구성된 열을 가지고 있기 때문에, 첫 번째 디코더에 첫 두 개의 변수들을 사용하여 OR 게이트 입력을 줄일 수 있다. 또한 11열은 모두 0이거나 1이기 때문에, 11열에 대해서는 디코더가 필요없다. 따라서 회로는 다음과 같이 된다.

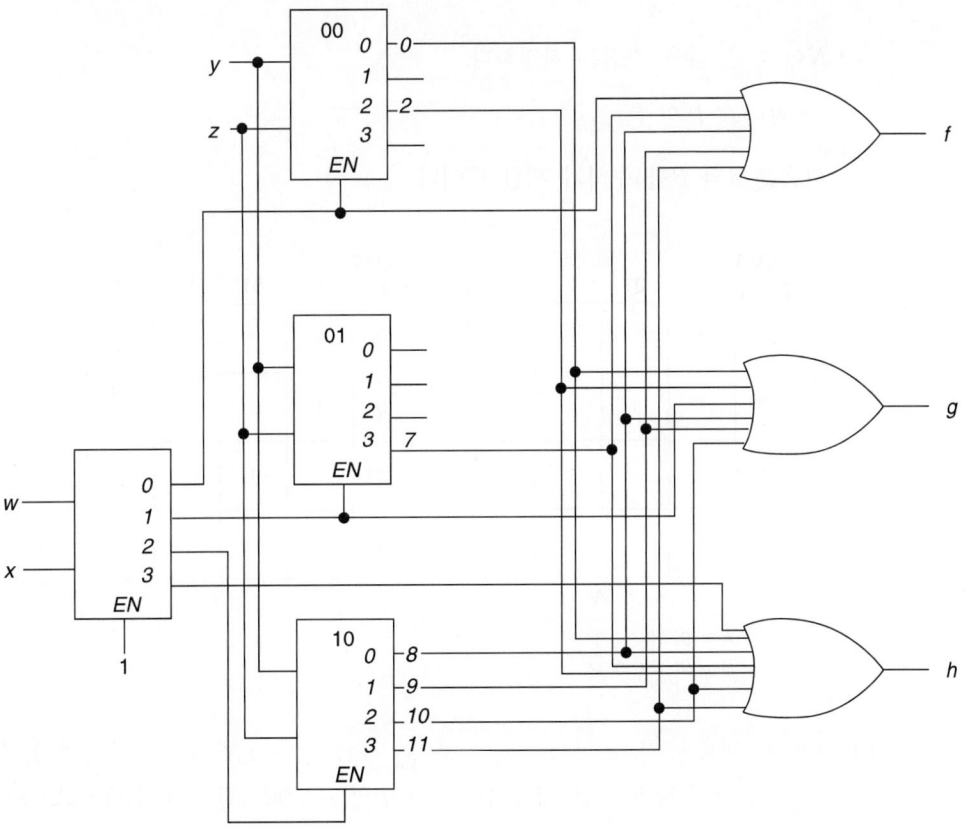

9. 4개의 active high 입력 0, 1, 2, 3과 세 개의 active high 출력을 가진 우선순위 인코더를 설계하라. 출력 A, B는 서비스를 요청하는 최상위 우선순위 장치를 나타내고, N은 요청이 없다는 것을 나타낸다. 입력 0은 최상위 우선순위를 나타낸다(3은 최하위 우선순위).

0	1	2	3	A	B	N
0	0	0	0	X	X	1
1	X	X	X	0	0	0
0	1	X	X	0	1	0
0	0	1	X	1	0	0
0	0	0	1	1	1	0

N이 다음 값을 가짐은 자명하다.

$$N = 0'\ 1'\ 2'\ 3'$$

다음은 A와 B를 구하기 위한 맵이다.

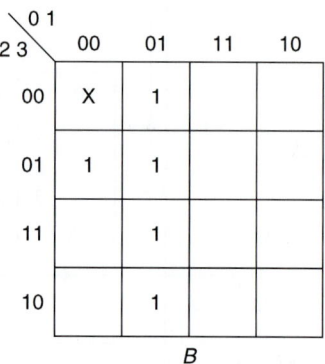

$A = 0'\ 1'$
$B = 0'\ 1 + 0'\ 2'$

---

10. 4개의 3비트 숫자, $w_2 - w_0$, $x_2 - x_0$, $y_2 - y_0$, $z_2 - z_0$가 있다. 두 개의 입력 s와 t의 값에 따라서 한 개를 선택한다(만약 $st = 00$이면 w를 선택하고, $st = 01$이면 x를 선택한다. 마찬가지로 $st = 10$이면 y, $st = 11$이면 z를 선택한다). 그리고 답은 $f_2 - f_0$에 출력한다. 74153 멀티플렉서 칩을 사용해서 구현하라.

74153 칩은 4-to-1 멀티플렉서 2개를 포함하고 있다. 위의 문제에서는 3개가 필요하므로, 아래 그림과 같이 2개의 칩이 필요하다. 두 번째 75153칩의 절반은 사용되지 않는 것을 알 수 있다.

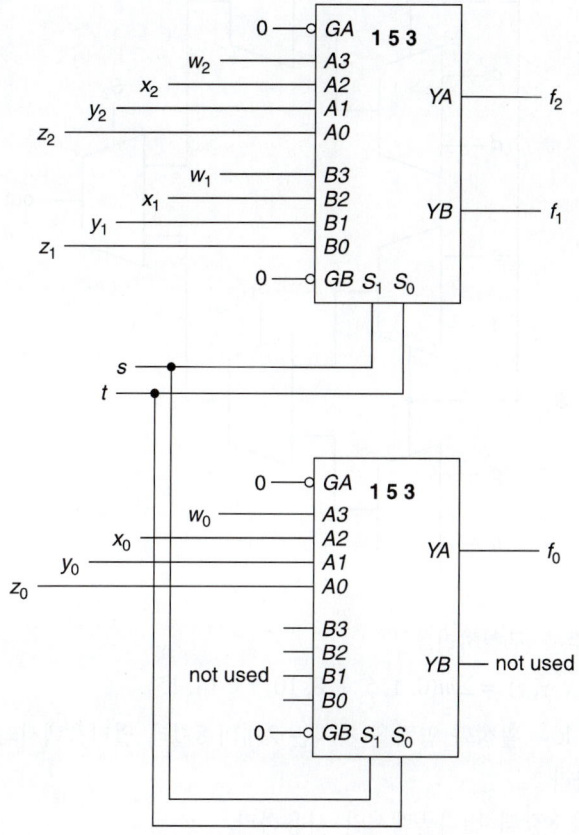

11. 그림 5.11의 2갈래 멀티플렉서를 사용하여 8갈래 멀티플렉서를 만들어라.

그림 5.12b에서 본 것처럼 두 개의 4갈래 멀티플렉서를 만들고 멀티플렉서의 3번째 계층을 그 두 개의 출력을 변환하기 위해 이용한다.

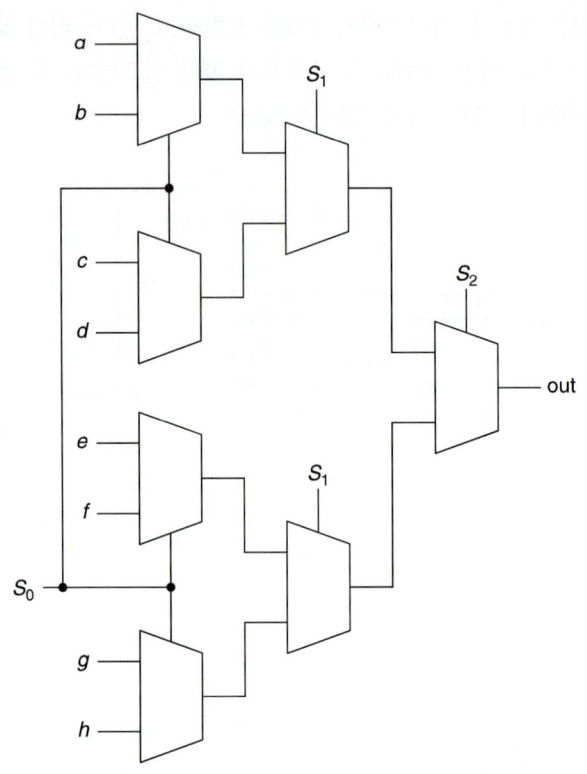

12. 다음 함수를 구현하라.

$$f(w, x, y, z) = \Sigma m(0, 1, 5, 7, 8, 10, 13, 14, 15)$$

a. active low 활성화 입력을 가지는 2개의 8갈래 멀티플렉서와 OR 게이트를 사용하라.

b. 하나의 8갈래 멀티플렉서만 사용하라.

a. $w = 0$일 때 첫 번째 멀티플렉서를 활성화하고 $w = 1$일 때 두 번째 멀티플 렉서를 활성화한다. 첫 번째 입력들은 첫 번째 8개 최소항에 해당하고 두 번째 입력들은 두 번째 8개 최소항에 해당한다.

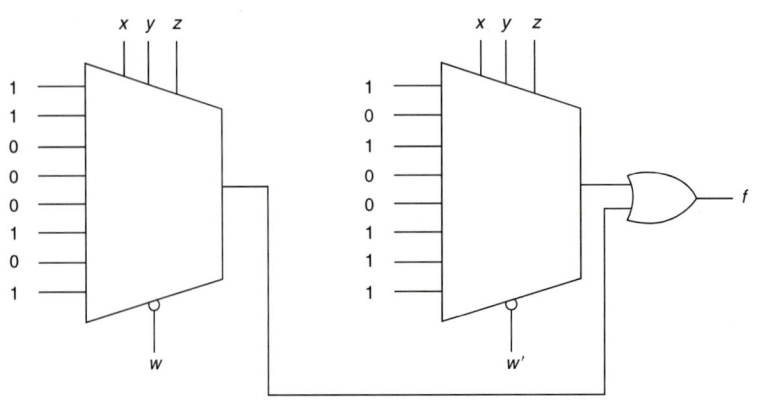

b. w와 w'에 대하여 8갈래 진리표를 구성할 수 있다. 최종적으로 w의 함수
로서 한 열을 추가한다.

	f		f
$x\,y\,z$	$w=0$	$w=1$	
0 0 0	1	1	1
0 0 1	1	0	w'
0 1 0	0	1	w
0 1 1	0	0	0
1 0 0	0	0	0
1 0 1	1	1	1
1 1 0	0	1	w
1 1 1	1	1	1

따라서 그 결과는 EN이 필요없는 회로를 만들 수 있다.

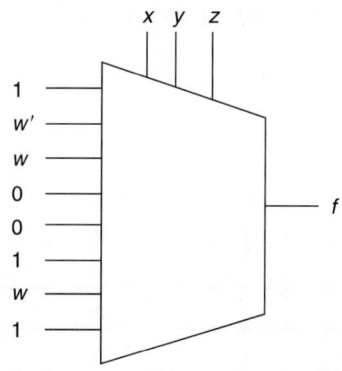

13. 아래 그림은 변수 4개를 갖는 3개의 함수에 대한 맵을 보여주고 있다.

a. ROM을 사용해서 함수들을 구현하라.

b. 최소 비용 2레벨 NAND 회로를 찾아라(최소 비용이란 게이트를 최소한으
로 사용하고, 만약 게이트의 수가 같다면, 게이트의 입력의 수가 적은 것
을 뜻한다). 모든 입력은 보수화된 것과 되지 않은 두 가지 형태가 사용
가능하다고 가정한다(최소 10개의 게이트).

c. 8개의 곱항을 가진 PLA를 사용해서 구현하라(8개 이하가 쓰일 수도 있
음).

d. 본문에 있는 것과 비슷한 PAL을 사용해서 구현하라.

C D \ A B	00	01	11	10
00				1
01	1	1		1
11	1	1		1
10				

X

C D \ A B	00	01	11	10
00	1	1	1	1
01		1		
11		1		1
10	1			1

Y

C D \ A B	00	01	11	10
00			1	
01	1	1	1	
11	1	1	1	
10	1		1	1

Z

a. ROM을 사용하려면 최소항의 리스트가 필요하다. 즉,

$$X(A, B, C, D) = \Sigma m(1, 3, 5, 7, 8, 9, 11)$$
$$Y(A, B, C, D) = \Sigma m(0, 2, 4, 5, 7, 8, 10, 11, 12)$$
$$Z(A, B, C, D) = \Sigma m(1, 2, 3, 5, 7, 10, 12, 13, 14, 15)$$

그러면, 아래와 같이 ROM 다이어그램을 그릴 수 있다.

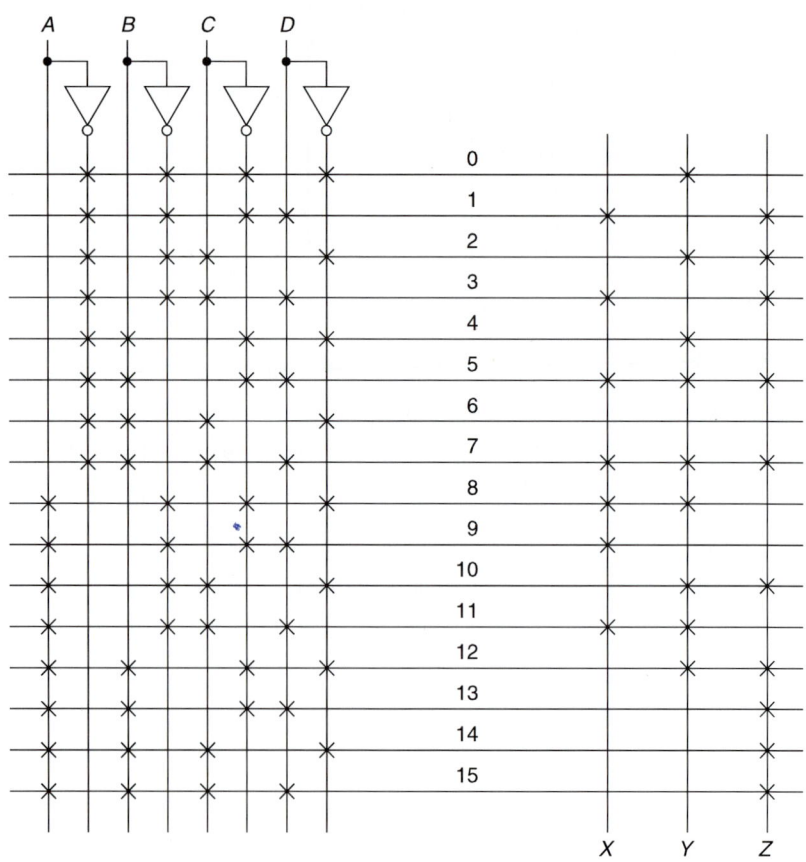

b. 아래의 맵은 최소 비용 2레벨 해를 구현하기 위한 것이다.

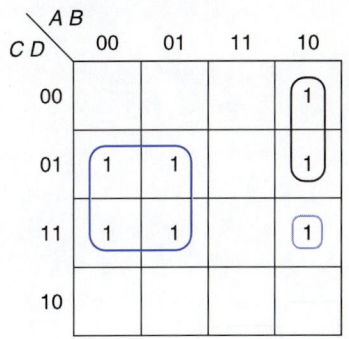 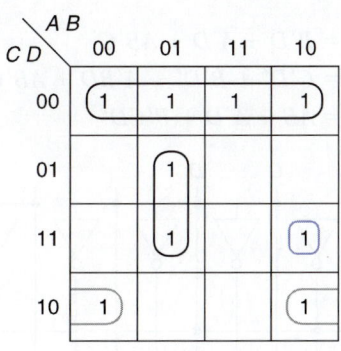 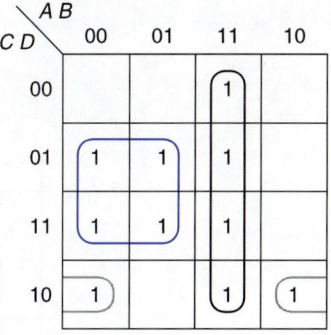

파랑색과 회색이 있는 원으로 묶여진 부분이 공유되는 부분이다. 결과 식
은 다음과 같다.

$$X = A'D + AB'C' + AB'CD$$
$$Y = C'D' + A'BD + B'CD' + AB'CD$$
$$Z = A'D + AB + B'CD'$$

위의 식을 구현하는 PLA를 설계하면 아래 그림과 같이 된다. 그 다음에
보여주는 그림은 2레벨 NAND로 구현한 것이다.

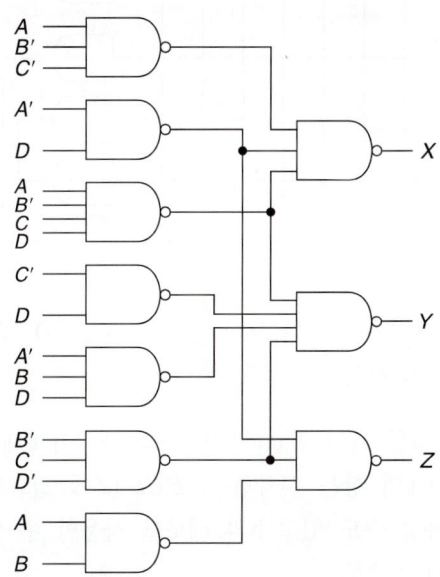

c. PAL에서는 다중출력 문제처럼 다루는 것은 아무런 도움이 안 된다. 이 문제를 각 함수에 대해서 각각 독립적으로 푼다면 아래와 같은 식을 얻을 수 있다.

$$X = B'D + A'D + AB'C'$$
$$Y = C'D' + B'D' + A'BD + AB'C$$
$$Z = AB + A'D + B'CD'$$

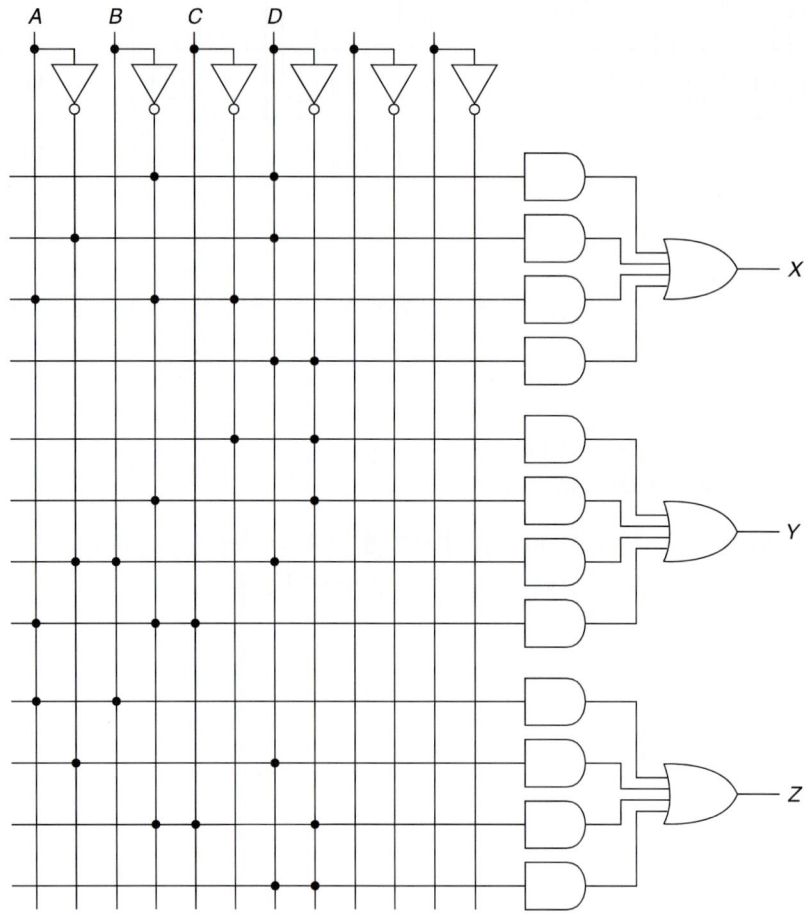

입력 2개는 사용하지 않는다. 사용하지 않는 AND 게이트는 0을 출력하도록 하기 위해서 D와 D'가 연결된다.

d. PLA에서도 곱의합 식이 필요하지만 항의 개수가 8개로 제한된다. c에서 사용한 해는 9개의 항을 사용한다. $B'CD'$(Z에 필요한 항)를 Y에 있는 $B'D'$ 대신 사용할 수도 있고 b의 해로도 사용할 수 있을 것이다. 이 해는 다음과 같다.

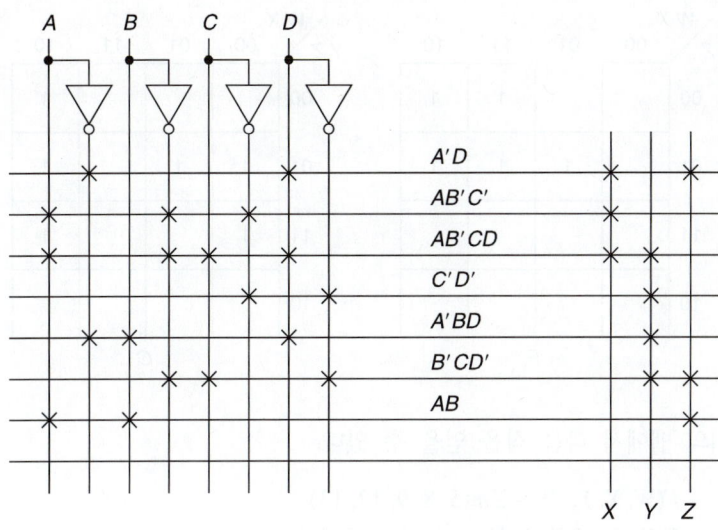

14. 아래 두 함수 *F*와 *G*에 대해서 공유를 갖지 않고 각 함수를 최소화하는 최소 곱의합 식을 찾았다.

$$F = WY' + XY'Z$$
$$G = WX'Y' + X'Z + W'Y'Z$$

a. ROM을 사용해서 구현하라.

b. 단지 4개의 항을 사용하는 PLA로 구현하라.

c. 같은 함수에 대해서, 아래 그림에 나타난 디코더를 필요한 만큼 사용할 수 있고 2개의 8입력 OR 게이트를 사용할 수 있다. 구현을 위한 블록도를 그려라. 모든 입력은 보수화된 것과 보수화되지 않은 것 모두 사용할 수 있다.

EN1'	EN2	A	B	0	1	2	3
X	0	X	X	0	0	0	0
1	X	X	X	0	0	0	0
0	1	0	0	1	0	0	0
0	1	0	1	0	1	0	0
0	1	1	0	0	0	1	0
0	1	1	1	0	0	0	1

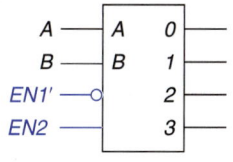

EN1' = 0이고 *EN2* = 1일 때에만, 이 칩이 동작하는 것을 주의하라.

a. 먼저 최소항(minterm)의 번호들을 찾아야한다. 문제 b에서 함수들의 맵을 구하기 위해서도 필요하기 때문에 지금 구하는 것이 가장 쉬운 방법이 된다(물론 함수들을 대수적으로 최소항의 합 형태로 확장하여 구할 수도 있다).

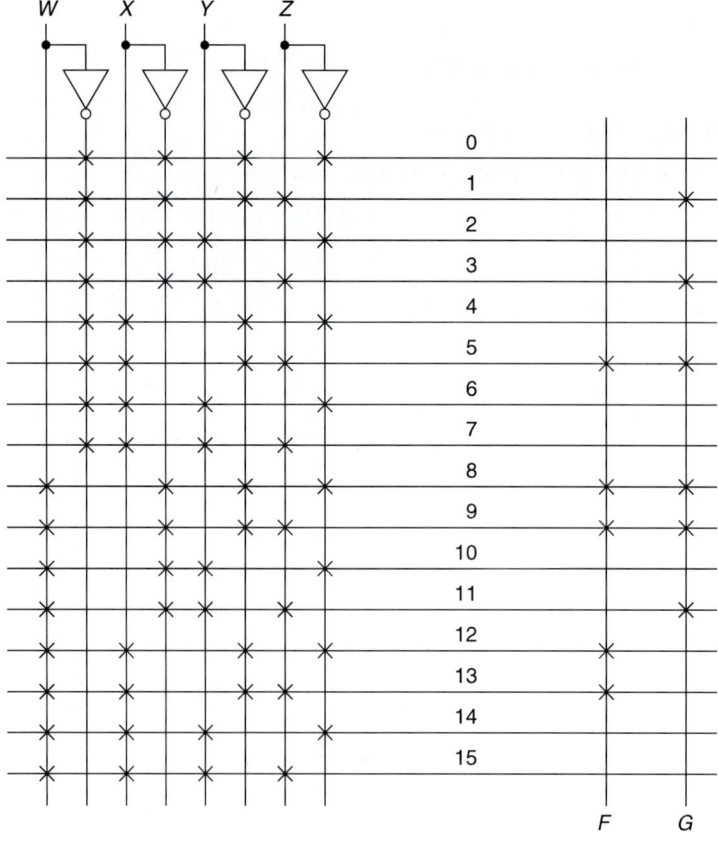

위의 맵에서 다음 식을 얻을 수 있다.

$$F(W, X, Y, Z) = \Sigma m(5, 8, 9, 12, 13)$$
$$G(W, X, Y, Z) = \Sigma m(1, 3, 5, 8, 9, 11)$$

위의 식으로부터 ROM 다이어그램을 그리면 다음과 같다.

b. PLA를 사용하기 위해서는, 서로 다른 항이 4개 뿐인 곱의합 식을 찾아야
한다. 필요한 곱의합은 아래의 맵에서 구할 수 있다.

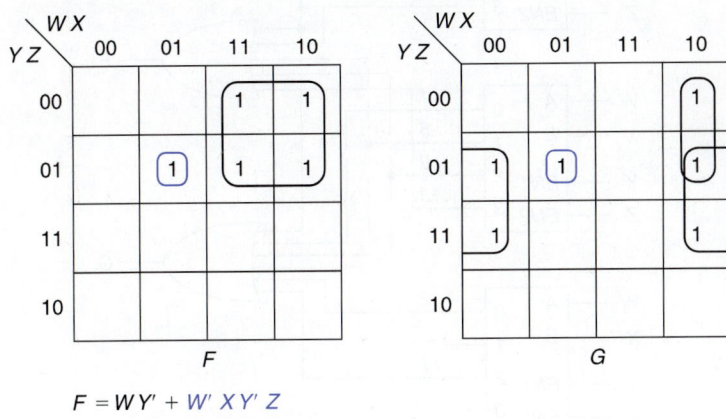

$$F = W Y' + W' X Y' Z$$
$$G = X' Z + W X' Y' + W' X Y' Z$$

아래 PLA는 위의 4개의 항을 가지는 해를 구현한 것이다.

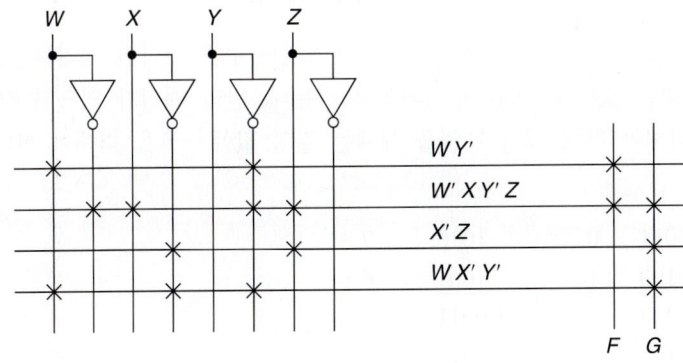

c. 단순한 방법은 4개의 디코더 각각을 활성화하기 위해 W와 X를 사용하
는 것이다. 그러나 맵을 보면 각 맵의 마지막 행에는 1이 없는 것을 볼 수
있다. 따라서 만약 디코더를 활성화시키기 위해 Y와 Z를 사용한다면 00,
01, 11의 3가지 경우만 필요하다. 첫 번째 디코더는 00으로 끝나는 모든
최소항(즉 0, 4, 8, 12)에 대해 활성화 출력을 가진다. 따라서 구하는 회로
는 다음과 같다.

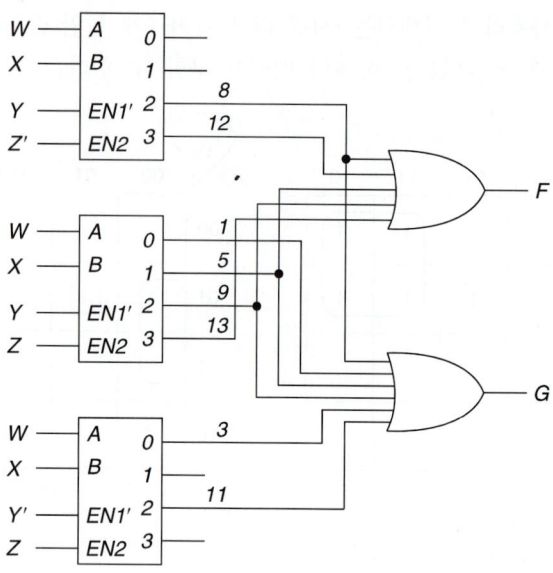

15. excess 3 코드로 저장된 BCD 십진수 가산기를 2진수 4비트 가산기를 이용하여 설계하라.

하나의 2진수 가산기를 사용하여 2개의 십진수를 더하면 캐리는 항상 언제나 올바른 값이다. 합은 수정되어야 하는데, 만약 캐리가 있으면 결과 값에 3을 더해야 하며 캐리가 없을 때에는 결과 값에 −3을 더해야 한다.

	0011	0		1010	7
	0100	1		1001	6
0	0111			1 0011	
−3	1101		+3	0011	
(1)	0100	1		0110	13

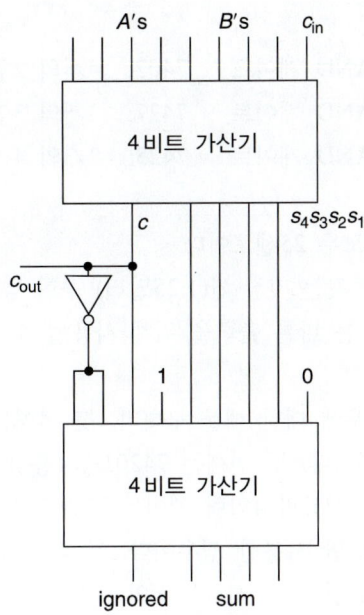

16. 십진수를 표현하기 위해 가끔 사용하는 2가지 방법이 있다. 아래 그림과 같이 excess-3 코드와 2-of-5 방식이다.

수	Excess 3 wxyz	2 of 5 abcde
0	0011	11000
1	0100	10100
2	0101	10010
3	0110	10001
4	0111	01100
5	1000	01010
6	1001	01001
7	1010	00110
8	1011	00101
9	1100	00011

위의 표에 있지 않은 입력 조합은 발생하지 않는다. excess-3 코드를 2-of-5 코드로 바꾸는 블록을 설계하려고 한다. 그 장치는 4개의 입력 w, x, y, z와 다섯 개의 출력 a, b, c, d, e를 가진다. 모든 입력은 보수와 보수 아닌 것 모두 사용이 가능하다.

a. 5개 함수의 맵을 각각 그리고, 각각 곱의합과 합의곱을 찾아라.

b. 만들려고 하는 빌딩 블록은 집적회로 칩으로 구성된다. 다음 목록의 칩을 구입할 수 있다고 하자.

7404: 6개의 인버터

7400: 4개의 2입력 NAND 게이트   7402: 4개의 2입력 NOR 게이트

7410: 3개의 3입력 NAND 게이트   7427: 3개의 3입력 NOR 게이트

7420: 2개의 4입력 NAND 게이트   7425: 2개의 4입력 NOR 게이트

각 칩의 가격은 모두 25센트이다.

5개의 출력을 갖는 가장 싼(1.25달러) 구현 방법을 찾아라(한 칩에 있는 여분의 게이트는 다른 출력을 위해 사용될 수 있다). 대수식과 블록도를 그려라.

c. 다음의 3가지 경우에 대한 해를 구하라. 첫 번째는 7400, 7410 패키지만을 사용하는 경우이다. 두 번째는 7420도 사용할 수 있는 경우이다(그리고, 최소한 한 개 이상의 4입력 게이트를 반드시 사용해야 한다). 마지막으로 NOR 게이트만 사용한 경우이다. 각 해는 1.25달러 이상의 비용이 들면 안 된다(c의 답들 중 하나는 b의 답이 된다).

d. ROM을 사용해서 위의 해를 구현하라.

e. PLA를 사용해서 위의 해를 구현하라.

a. 다섯 개의 함수와 그 보수들 각각의 맵과 식은 다음과 같다.

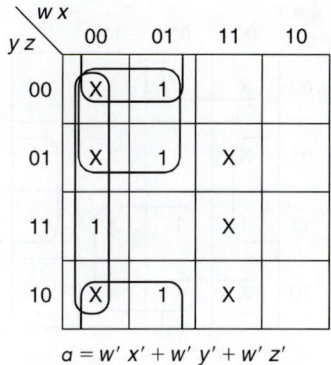

$$a = w' \, x' + w' \, y' + w' \, z'$$

$$a' = w + x \, y \, z$$
$$a = w' \, (x' + y' + z')$$

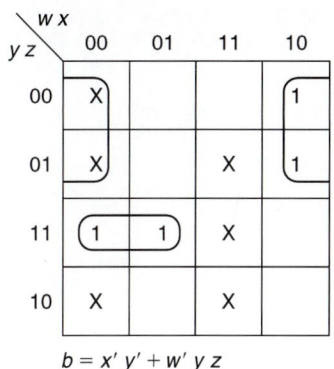

$$b = x' \, y' + w' \, y \, z$$

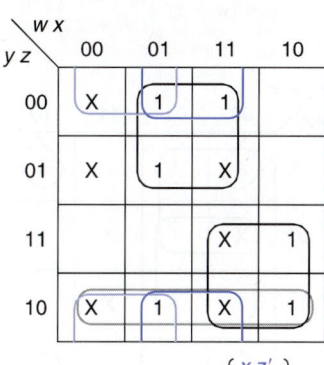

$$b' = w \, y + x \, y' + \begin{Bmatrix} x \, z' \\ w' \, z' \\ y \, z' \end{Bmatrix}$$

$$b = (w' + y') \, (x' + y) \begin{Bmatrix} (x' + z) \\ (w + z) \\ (y' + z) \end{Bmatrix}$$

$$b' = w \, y + x \, z' + w' \, y'$$
$$b = (w' + y') \, (x' + z) \, (w + y)$$

$$c = w' \, y' \, z' + x \, y \, z + w \, y$$

$$c' = w' \, x' + w \, y' + y' \, z + \begin{Bmatrix} x \, y \, z' \\ w' \, y \, z' \end{Bmatrix}$$

$$c = (w + x) \, (w' + y) \, (y + z') \begin{Bmatrix} (x' + y' + z) \\ (w + y' + z) \end{Bmatrix}$$

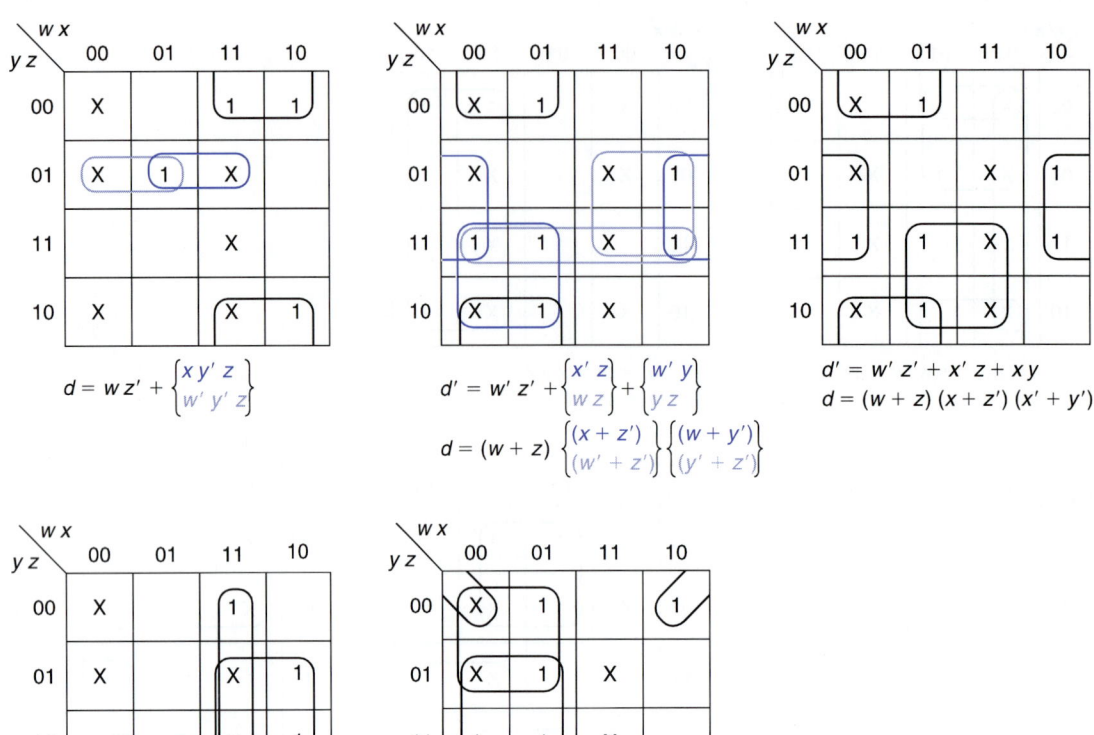

$$d = w\,z' + \begin{cases} x\,y'\,z \\ w'\,y'\,z \end{cases}$$

$$d' = w'\,z' + \begin{cases} x'\,z \\ w\,z \end{cases} + \begin{cases} w'\,y \\ y\,z \end{cases}$$

$$d = (w + z) \begin{cases} (x + z') \\ (w' + z') \end{cases} \begin{cases} (w + y') \\ (y' + z') \end{cases}$$

$$d' = w'\,z' + x'\,z + x\,y$$
$$d = (w + z)\,(x + z')\,(x' + y')$$

$$e = w\,z + w\,x + \begin{cases} w'\,y\,z' \\ x\,y\,z' \end{cases}$$

$$e' = x'\,z' + w'\,y' + w'\,z$$
$$e = (x + z)\,(w + y)\,(w + z')$$

d와 e는 2가지 곱의합 해가 있다. 그리고 b에는 4개의 합의곱 해가 있고, c는 2개, d에는 5개가 있다.

b. 위의 a에서 구한 것으로 회로를 만들면, 서로 같은 곱항이 없기 때문에 NAND 게이트로 구현할 때, 공유가 불가능하다. 위의 것을 만들기 위해서는 10개의 2입력 게이트와 8개의 3입력 게이트가 필요하다. 따라서 7400 3개, 7410 3개가 필요하다(1.50달러). NOR 게이트를 사용하려면, 합의곱 식이 필요하다. 공유할 수 있는 항은 b와 e의 $w + y$ 하나뿐이다. 이것을 구현하려면, 1개의 4입력 게이트와 5개의 3입력 게이트, 12개의 2입력 게이트가 필요하다. 앞에서와 마찬가지로 6개의 집적회로 패키지가 필요하다. 따라서 공유할 수 있는 것을 찾아야 한다. 다음의 맵은 곱의합을 이용한 해를 보여주고 있다.

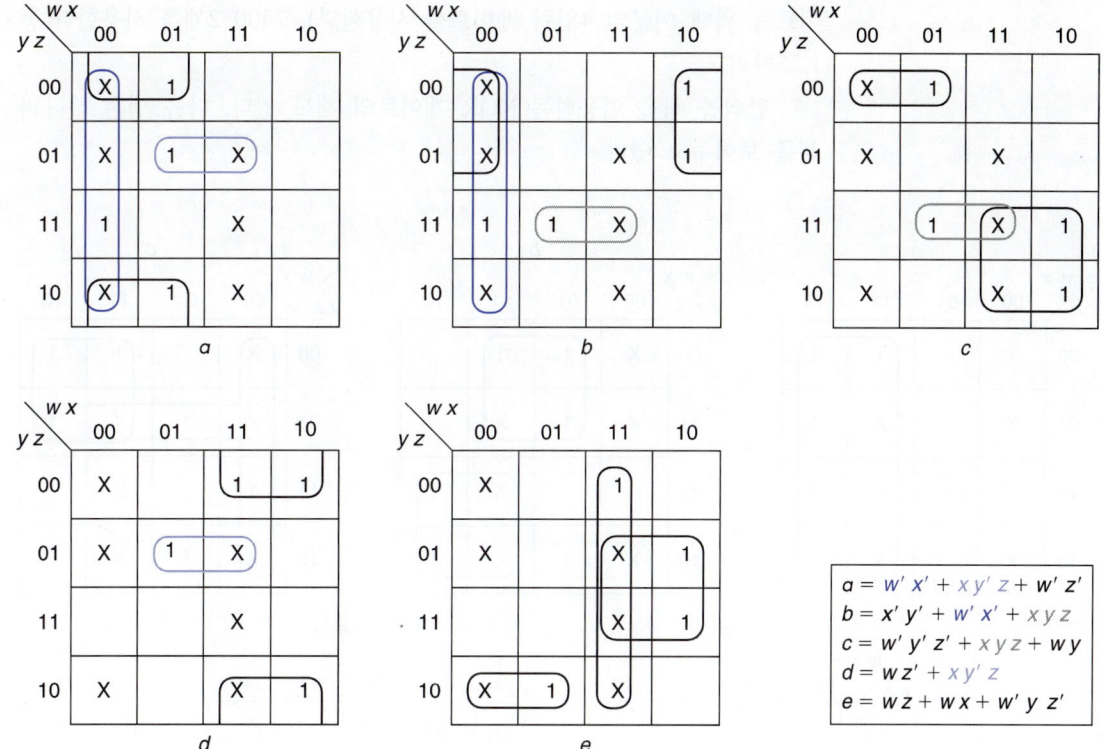

$$a = w'\,x' + x\,y'\,z + w'\,z'$$
$$b = x'\,y' + w'\,x' + x\,y\,z$$
$$c = w'\,y'\,z' + x\,y\,z + w\,y$$
$$d = w\,z' + x\,y'\,z$$
$$e = w\,z + w\,x + w'\,y\,z'$$

이 답을 보면 항 3개가 공유된다(그림에서 색이 있는 원과 항이 공유를 나타낸다). 몇 가지 다른 해(a와 d의 $xy'z$ 대신 $w'y'z$, e의 $w'yz'$ 대신 xyz')가 있다. 그러나 게이트 수에는 영향이 없다. 이 해는 8개의 2입력 게이트와 8개의 3입력 게이트가 필요하다. 즉 7400 칩 2개, 7410 칩 3개가 필요하다(총 1.25달러).

c. 위의 문제 b의 답은 문제 c의 3개의 답 중 하나로 사용할 수 있다. 반대로 문제 c의 모든 답들은 문제 b의 답이 된다. 곱항이 하나 적은 새로운 답은 다음과 같다.

$$a = w'x' + xy'z + w'y'z' + w'yz'$$

마지막 두 개 항은 c와 e에서도 공유되어 사용된다. 이 방법으로 2입력 게이트 1개가 줄어든다. 그러나 이 방법은 3입력 게이트를 4입력 게이트로 바꿔야 한다. 이 답은 4입력 게이트 1개와 3입력 게이트 7개, 2입력 게이트 7개가 필요하다. 따라서 7420 한 개와 7430 2개(일곱 번째 3입력 게이트를 위해 여분의 4입력 게이트를 사용한다), 7400 2개를 사용한다(총 1.25달러).

합의곱 식을 이용하는 NOR 게이트의 해도 있다. 다음 맵은 하나의 해를 보여주고 있다.

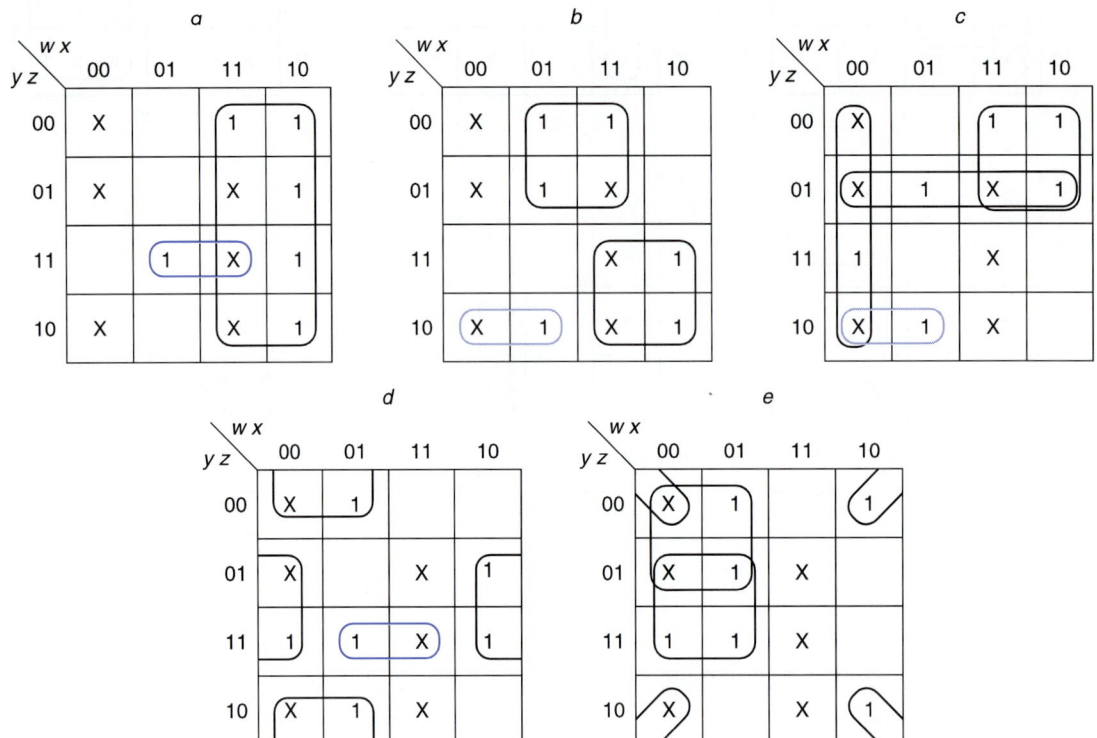

$$a = w'(x' + y' + z')$$
$$b = (x' + y)(w' + y')(w + y' + z)$$
$$c = (w + x)(w' + y)(y + z')(w + y' + z)$$
$$d = (w + z)(x + z')(x' + y' + z')$$
$$e = (x + z)(w + y)(w + z')$$

이 해는 1개의 4입력 게이트, 5개의 3입력 게이트, 11개의 2입력 게이트가 필요하다(6개의 패키지가 필요함).

그러나 만약 2레벨이 아닌 해를 구해도 된다면 c를 아래와 같이 바꿈으로써 4입력 게이트를 없앨 수 있다.

$$c = (w + x)(y + w'z')(w + y' + z)$$

331

이제 3입력 게이트 6개와 2입력 게이트 10개가 필요하다(5개의 패키지 사용)[11]. (*e*에도 유사한 방법을 사용하면 3입력 게이트를 2입력 게이트로 바꿀 수 있지만, 패키지 수에는 영향이 없다.) 회로에 대한 블록도는 다음과 같다.

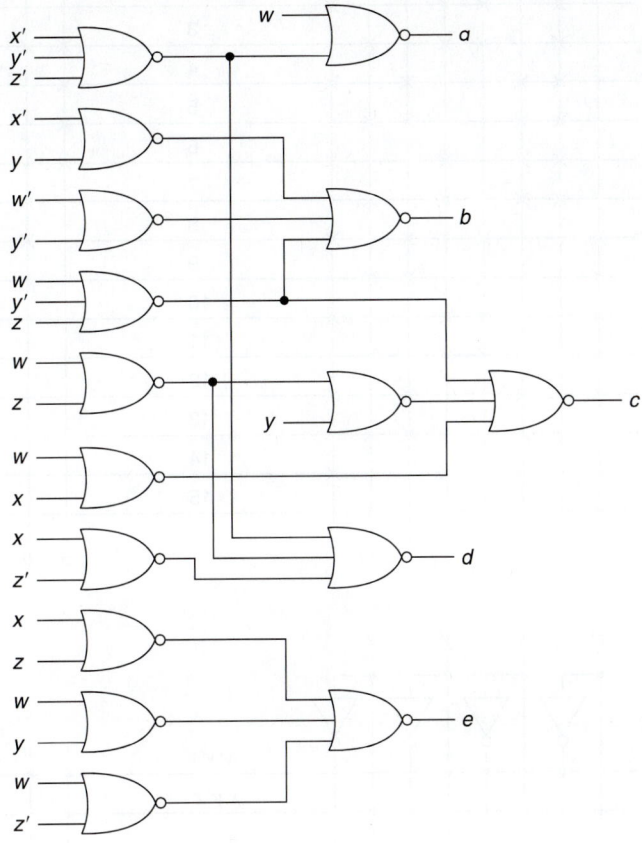

d, e. ROM과 PLA를 사용한 구현 방법은 단순하다. ROM을 사용할 때 최소항만이 필요하고, 무정의 조건은 무시한다. PLA를 사용할 때는 항들이 충분하기만 하면 어떤 곱의합 식도 사용할 수 있다. 두 가지 방법의 해는 다음과 같다.

---

6) 이 방법을 사용하면, 같은 NOR 게이트에 사용된 *w'z'*을 *w* + *z*로 바꾸어서, 2입력 게이트를 한 개 줄일 수 있다.

d.

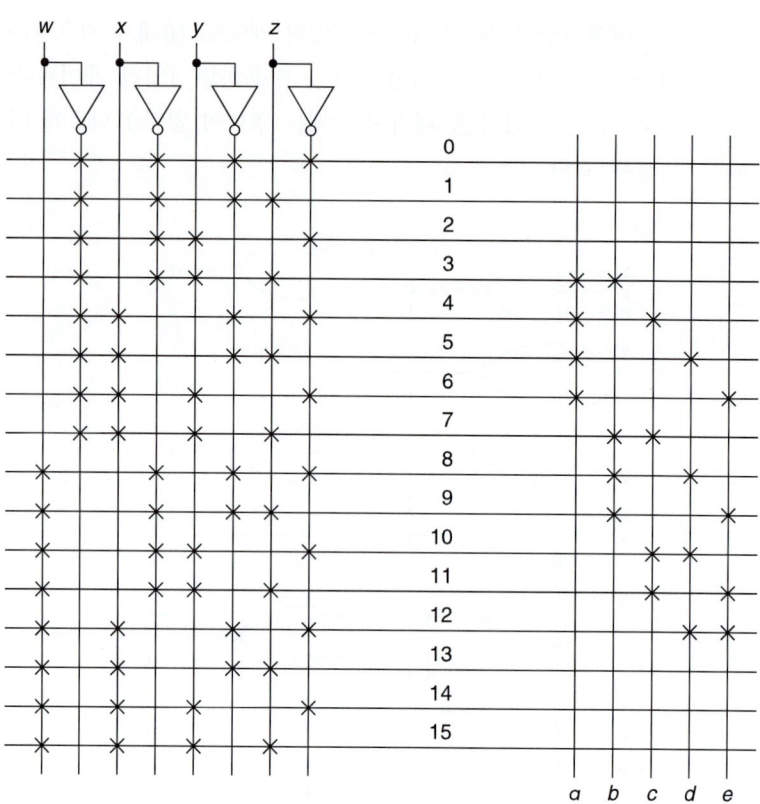

e.

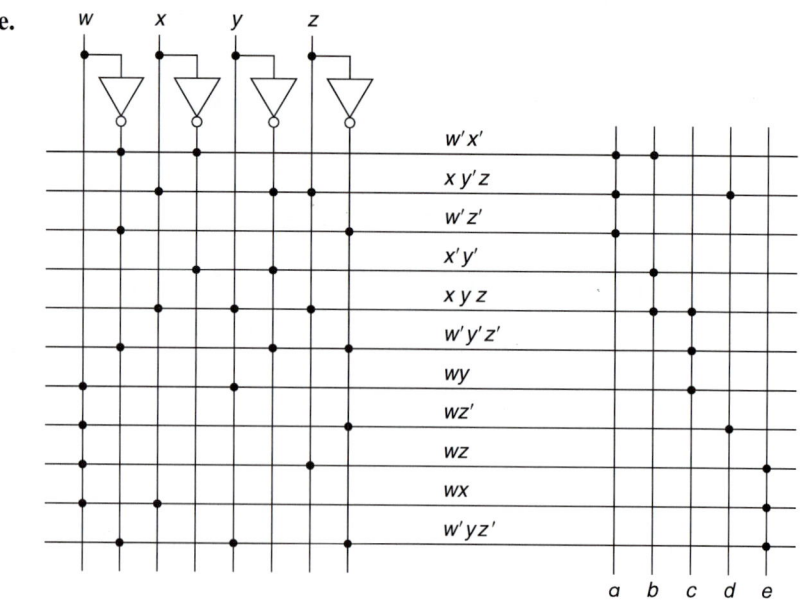

17. 아래 그림과 같이 9개의 점이 있는 전자식 주사위를 보여주는 제어기를 설계하라. 이 제어기는 십진수와 몇 가지 수식을 보여주는 데에 사용된다. 제어기의 입력은 4비트 숫자이다. 각 비트는 W, X, Y, Z로 나타낸다. 입력은 보수와 보수 아닌 것 모두 사용이 가능하다. 출력으로는 각 점을 나타내는 9개의 출력, $A, B, C, D, E, F, G, H, J$가 있다.

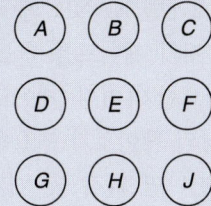

   화면 출력은 두 가지 형태로 이뤄진다. 첫 번째 방법은 1에 의해서 화면에 불이 들어오게 하는 것이고, 두 번째 방식은 0에 의해서 화면에 불이 들어오게 하는 것이다. 두 번째 방법의 경우, 제어기의 출력은 첫 번째 방법에 의한 출력의 보수가 된다.

   아래 그림은 각각의 입력과 화면 결과를 보여준다. 검은색 점은 불이 들어와 있는 것을 의미한다. 원으로 표시된 것은 불이 꺼져있는 것이다. 0은 불이 하나도 안 들어오게 하고, 9는 모든 점에 불이 들어오게 한다.

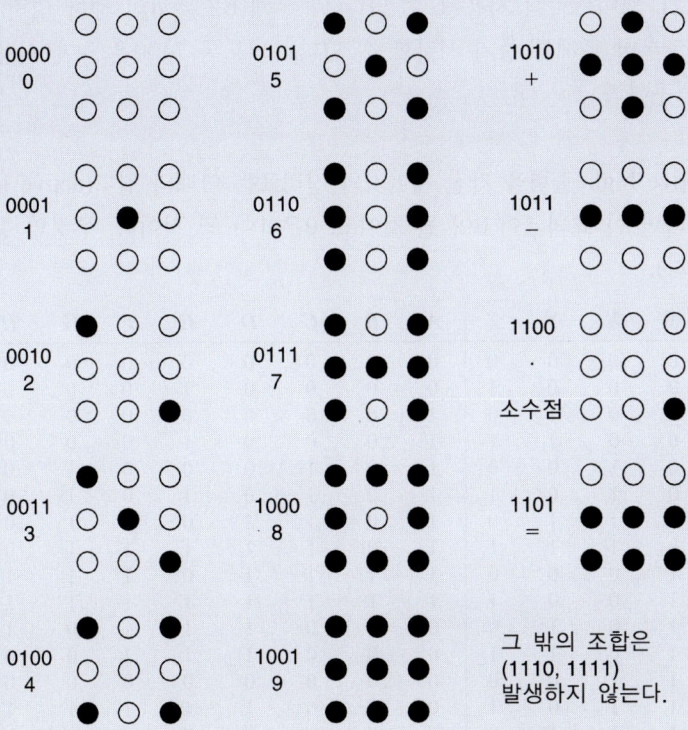

a. 제어기의 진리표를 구하라.

b. 9개의 출력을 각각 다른 문제로 생각해서, 각 출력에 대한 최소 곱의합 식을 구하라. 그리고 맵과 대수식을 보여라. 각 식의 모든 항은 그 함수의 주내포항이어야 한다. 곱항이 2개 이상의 함수에서 주내포항으로 사용될 때만 공유가 가능하다.

c. b에서 구한 모든 함수는 2레벨 NAND 게이트 회로로 구현이 가능하다고 하자. 동일한 입력으로 2개의 게이트를 만들지 말라. 몇 개의 2입력 게이트와 3입력 게이트가 필요한가(어떤 게이트도 NOT 게이트로서 사용될 수 없다. 또한 3입력 이상의 게이트가 필요하지 않다)? 만약 7400과 7410 집적회로 패키지를 사용한다면 각각 몇 개가 필요한가?

d. 최소 비용 2레벨 NAND 게이트 구현을 위한 식과 블록도를 그려라(공유가 있을 수 있고, 몇 개의 항은 그들이 사용되는 함수들의 주내포항이 아닐 수도 있다). 어떤 게이트도 NOT 게이트로서 사용될 수 없다. 몇 개의 집적회로 패키지가 필요한가?

e. 이것을 구현하려고 할 때에 다음과 같은 문제에 부딪쳤다. 가진 것은 3입력 NAND 게이트를 가진 7410 패키지 한 개뿐이다(한 패키지에 3개가 들어있음). 2입력 게이트의 패키지인 7400 패키지는 충분히 많이 있다. 이 방법으로 구현하려고 할 때, 식과 블록도를 그려라. 어떤 게이트도 NOT 게이트로서 사용될 수 없다(위 문제 b또는 d의 해나 몇몇 다른 식들로부터 문제를 풀기 시작할 수 있다). 되도록 7400은 적게 사용하는 해를 구하라.

a. active high 출력을 가진 제어기의 진리표는 아래와 같다(active low 출력이라면 이 표의 1이 0이 될 것이고, 0은 1이 될 것이다. 무정의 항은 서로 같다).

W	X	Y	Z	A	B	C	D	E	F	G	H	J
0	0	0	0	0	0	0	0	0	0	0	0	0
0	0	0	1	0	0	0	0	1	0	0	0	0
0	0	1	0	1	0	0	0	0	0	0	0	1
0	0	1	1	1	0	0	0	1	0	0	0	1
0	1	0	0	1	0	1	0	0	0	1	0	1
0	1	0	1	1	0	1	0	1	0	1	0	1
0	1	1	0	1	0	1	1	0	1	1	0	1
0	1	1	1	1	0	1	1	1	1	1	0	1
1	0	0	0	1	1	1	1	0	1	1	1	1
1	0	0	1	1	1	1	1	1	1	1	1	1
1	0	1	0	0	1	0	1	1	1	0	1	0
1	0	1	1	0	0	0	1	1	1	0	0	0
1	1	0	0	0	0	0	0	0	0	0	0	1
1	1	0	1	0	0	0	1	1	1	1	1	1
1	1	1	0	X	X	X	X	X	X	X	X	X
1	1	1	1	X	X	X	X	X	X	X	X	X

위의 진리표를 보면(또는 아래의 맵을 보면), D와 F가 서로 같음을 알 수 있다. 따라서 한 번만 함수를 만들면 된다.

b. 9개의 맵을 만들 수 있다(D와 F가 같으므로, 서로 다른 8개로 단순화할 수 있지만). B에서 2가지 최소해가 있는데, H와 항을 공유할 수 있는 것을 선택했다.

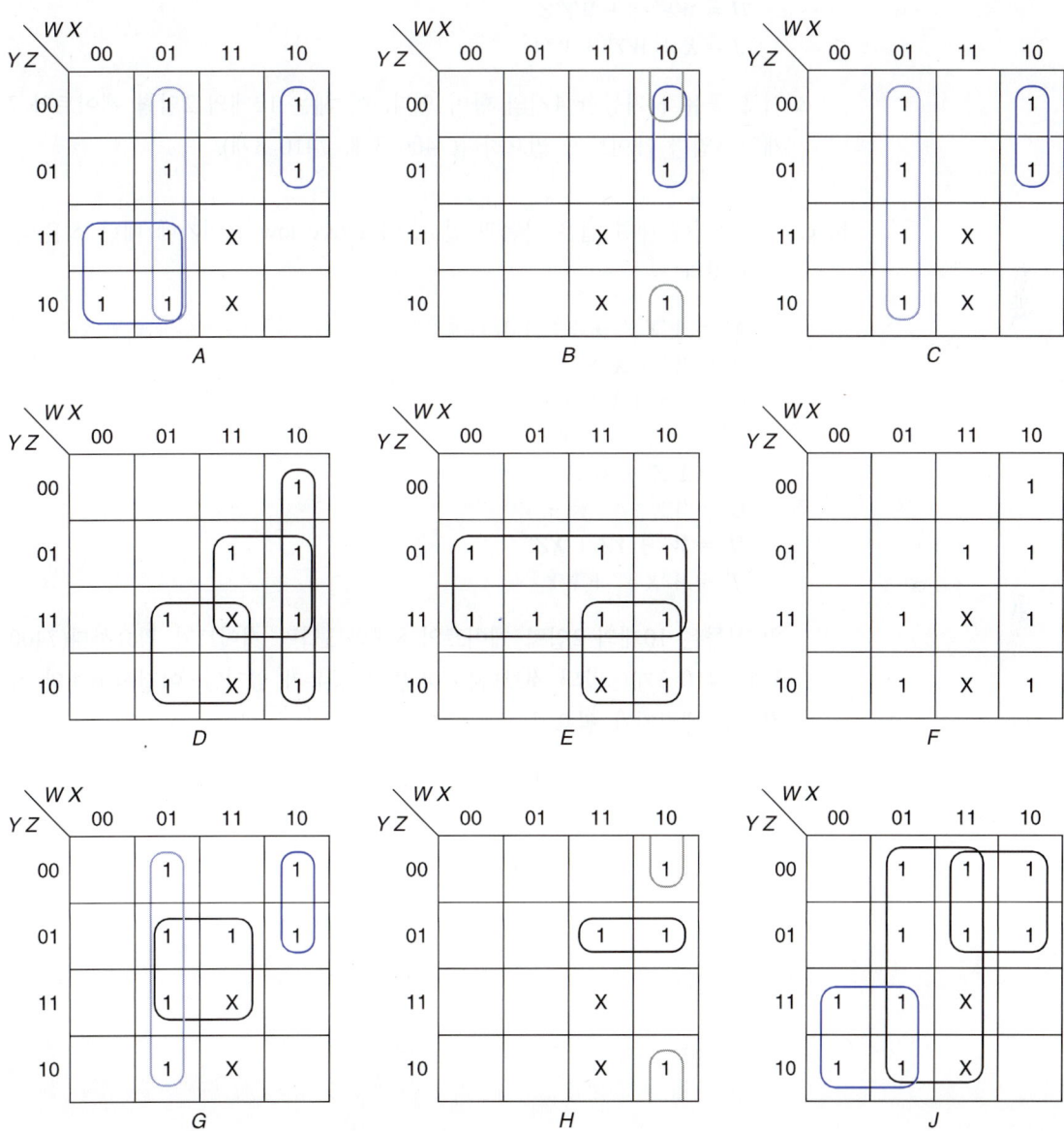

이 맵에서 아래의 8개 함수를 구했다.

$$A = W'X + W'Y + WX'Y'$$
$$B = WX'Y' + WX'Z'$$
$$C = W'X + WX'Y'$$
$$D = XY + WX' + WZ$$
$$E = Z + WY$$
$$G = W'X + WX'Y' + XZ$$
$$H = WX'Z' + WY'Z$$
$$J = X + WY' + W'Y$$

c. 서로 공유가 가능한 4개의 항이 있다. 이 해는 12개의 2입력 게이트와 7개의 3입력 게이트가 필요하다(7400 3개, 7410 3개).

b, c. 보수출력에 대한 맵은 다음과 같다. 이 active low 제어기에 대한 식은 다음과 같다.

$$A' = W'X'Y' + WX + WY$$
$$B' = W' + X + YZ$$
$$C' = WX + WY + W'X'$$
$$D' = W'X' + W'Y' + WXZ'$$
$$E' = Y'Z' + W'Z'$$
$$G' = WY + W'X' + WXZ'$$
$$H' = W' + YZ + XZ'$$
$$J' = W'X'Y' + WY$$

위 식들은 10개의 2입력 게이트와 8개의 3입력 게이트가 필요하다(7400 3개, 7410 3개). 앞의 것보다는 더 많은 공유가 있지만, 여전히 6개의 집적회로 패키지가 필요하다.

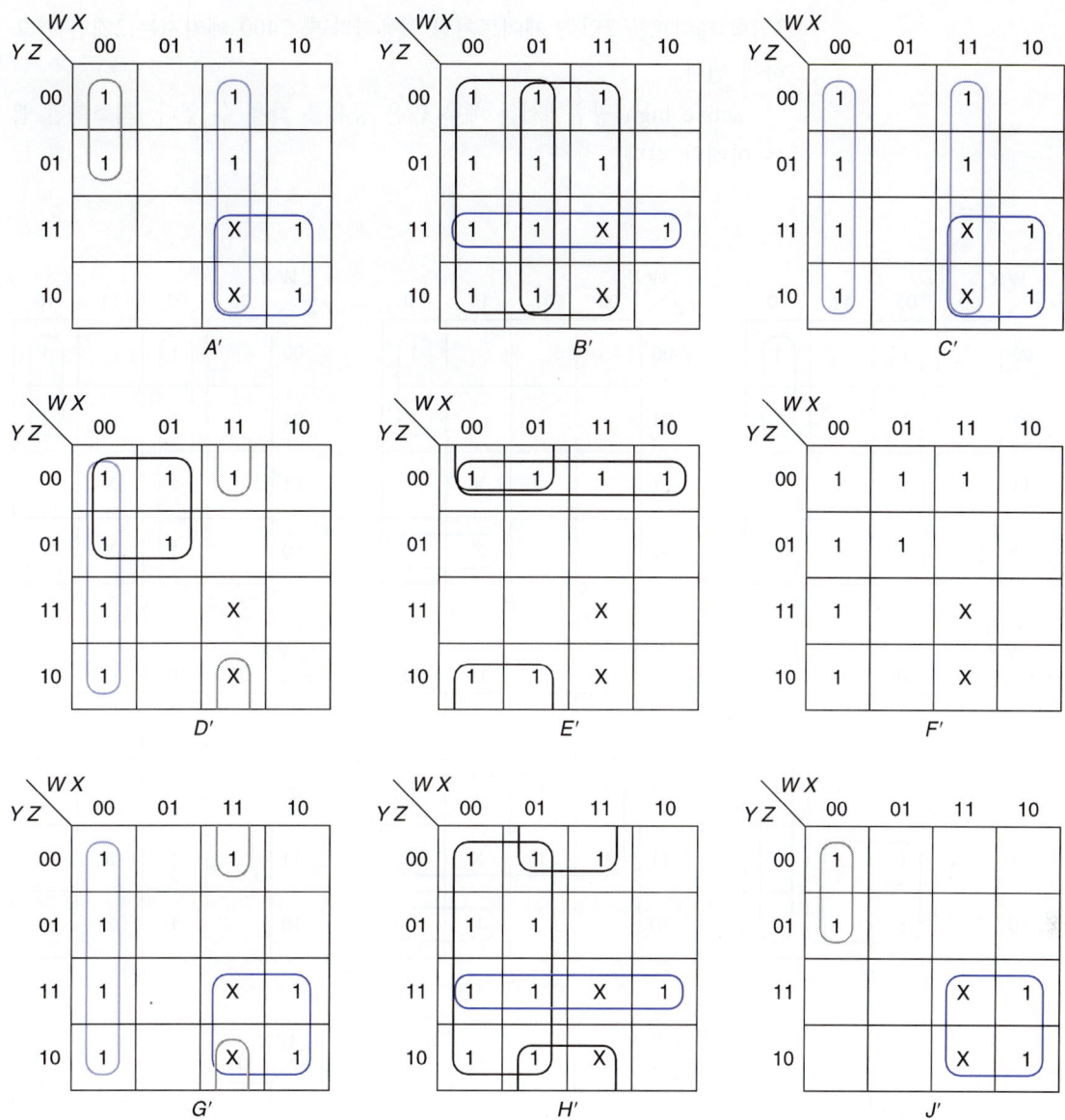

d. 두 가지 방법을 다중출력 문제로 다루면 5개의 패키지로 줄일 수 있다.
active low 방법은 약간의 수정만 하였다. H'의 식을 보면 XZ' 대신에, D'
과 G'을 구현할 때 사용한 WXZ'을 사용할 수 있다. 이렇게 하면, 2입력
게이트를 한 개 줄일 수 있다. 즉 9개만 필요하다. 7410 패키지의 9번째

3입력 게이트를 2입력 게이트처럼 사용한다면, 7400 패키지는 2개만 필요하게 된다.

　　active high 방법에서는 매우 많은 공유를 찾을 수 있다. 최소화된 맵은 아래와 같다.

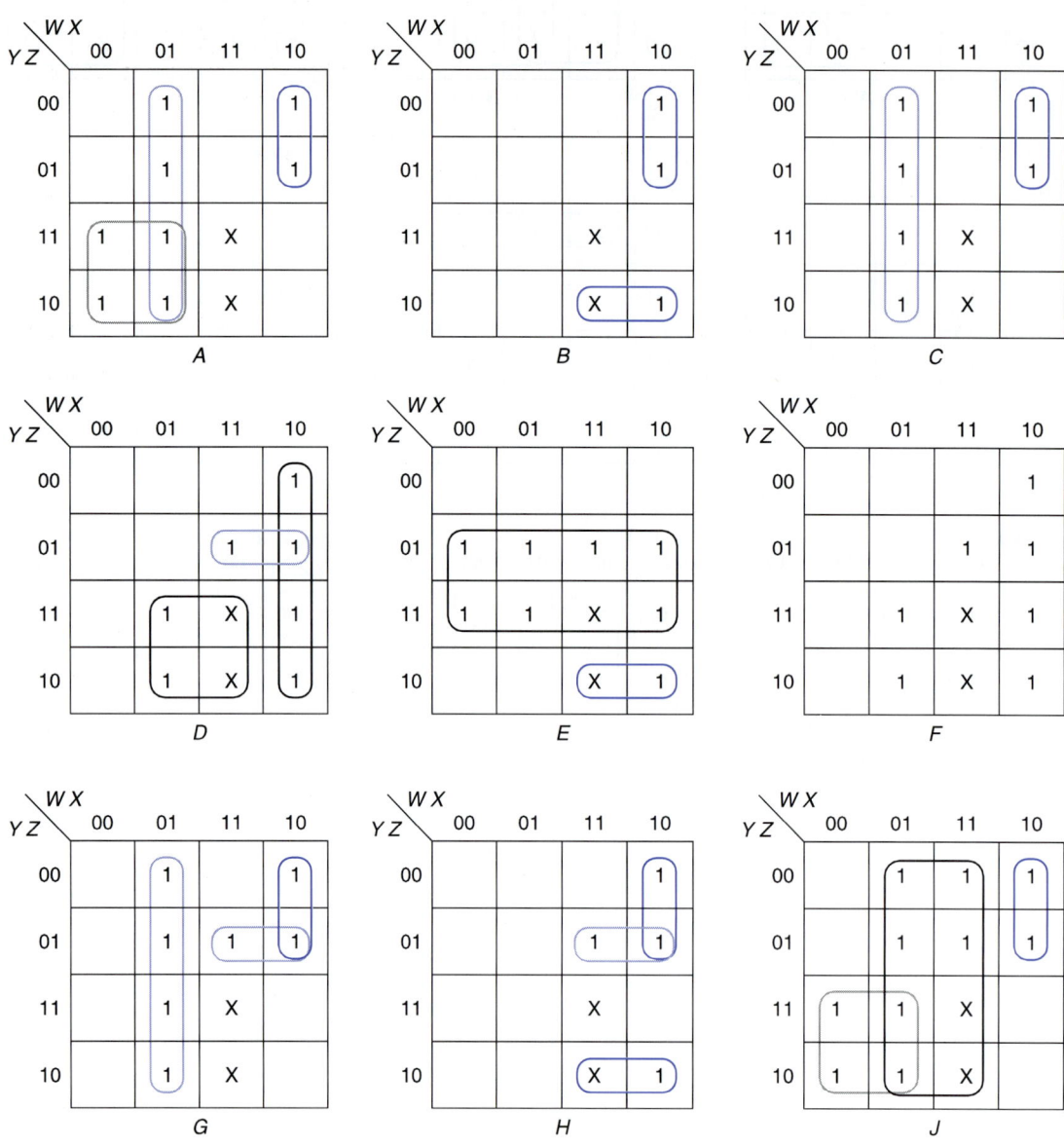

맵에서 볼 수 있듯이, 한 함수의 주내포항이 아닌 항들이 사용된다. 또한 H에는 새로운 게이트를 사용하지 않기 위해서, 2개가 아닌 3개의 항을 사용하였다. 이 해는 아래의 표로 나타내었다. 각 행은 곱항에 해당하고, 각 열은 함수들에 해당한다. 또한, 각 행에는 항들을 생성하기 위한 게이트의 크기가, 그리고 각 열에는 이 항들을 합하기 위한 게이트 크기가 나타나 있다.

		A	B	C	D,F	E	G	H	J
$W'X$	2	X		X			X		
$W'Y$	2	X							X
$WX'Y'$	3	X	X	X			X	X	X
WYZ'	3		X			X		X	
XY	2				X				
$WY'Z$	3				X		X	X	
WX'	2				X				
Z	0					X			
X	0								X
입력		3	2	2	3	2	3	3	3

위의 표에서 알 수 있듯이 8개의 3입력 게이트와 7개의 2입력 게이트가 필요하며, 5개의 모듈이 필요하게 된다.

e. 문제 b의 해로 다시 돌아가 보자. 왜냐하면 더 적은 수의 항과 더 적은 3 리터럴 항이 있기 때문이다. Active high 해는 다음과 같다.

$$A = W'(X + Y) + WX'Y'$$
$$B = WX'Y' + WX'Z'$$
$$C = W'X + WX'Y'$$
$$D = W(X' + Z) + XY$$
$$E = Z + WY$$
$$G = WX'Y' + X(W' + Z)$$
$$H = WX'Z' + WY'Z$$
$$J = X + (W + Y)(W' + Y')$$

3개의 3입력 게이트 중에서 2개가 공유된다. 아래에 있는 NAND 게이트 구현을 보면, WY와 $(W'+Y')$이 같은 게이트에 의해 구현되어 있다. 3입력 게이트 패키지에다가 19개의 2입력 게이트를 사용한다.

Active low 해는 다음과 같다.

$$A' = WX'Y' + W(X + Y)$$
$$B' = W' + X + YZ$$
$$C' = W(X + Y) + W'X'$$

$$D' = W'X' + (W' + XZ')(W + Y')$$
$$E' = Y'Z' + W'Z'$$
$$G' = W(Y + XZ') + W'X'$$
$$H' = W' + (X + Z)(Y + Z')$$
$$J' = WX'Y' + WY$$

위의 식을 구현한 회로는 아래 그림과 같다.

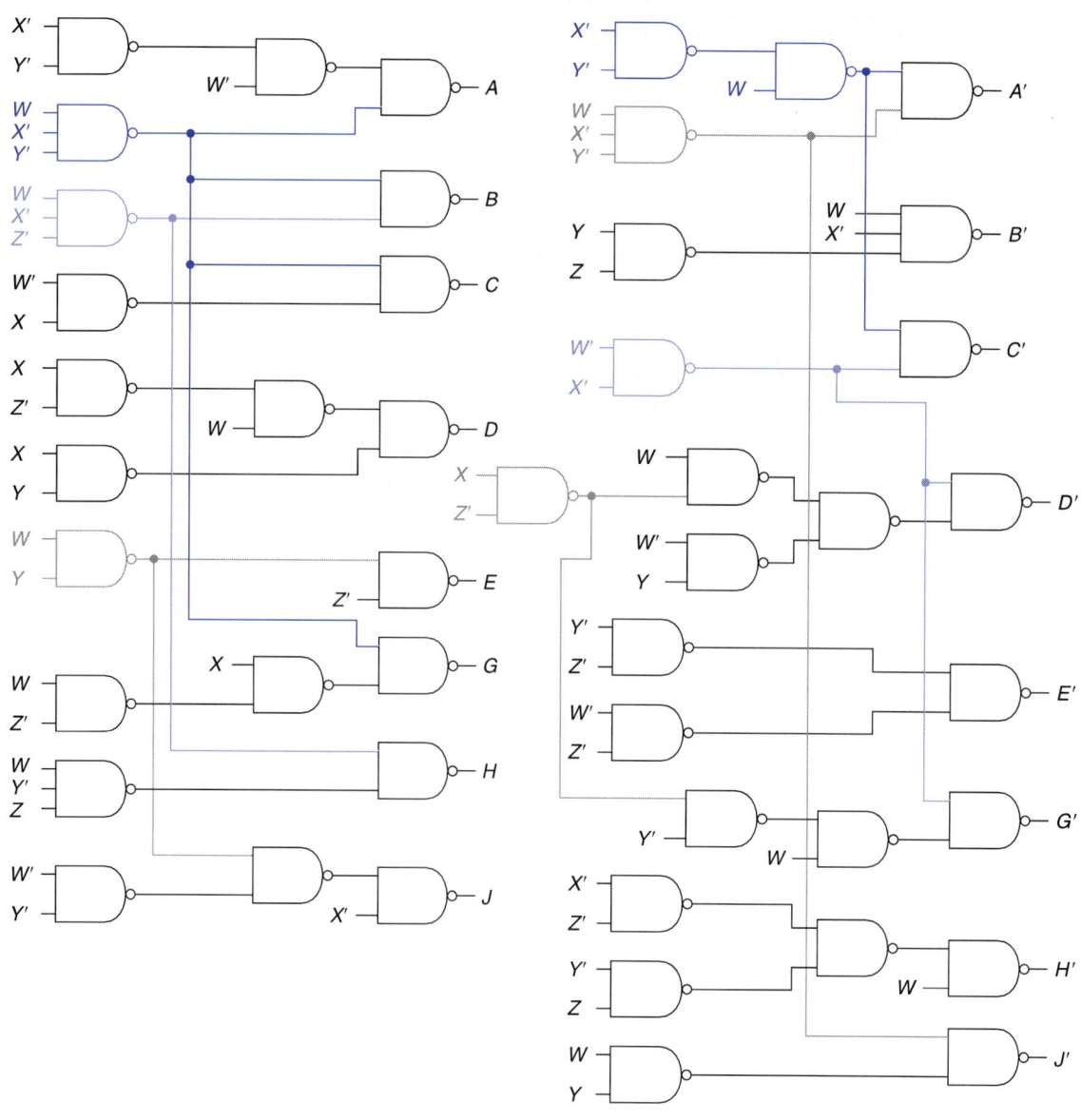

18. 다음과 같이 8-세그먼트 디스플레이의 드라이버를 설계하려고 한다. *a*, *b*, *c*, *d* 네 개의 입력과 *X1*, . . ., *X8*의 8개의 출력으로 되어 있다.

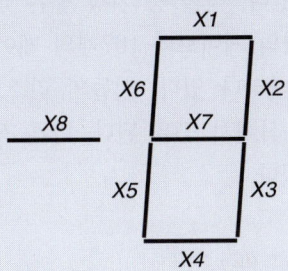

1의 보수 형식으로 표현된 4비트 2진수와 등가인 십진수를 디스플레이한다. 1의 보수 표현은 다음과 같이 코드화된다.

0000	0	1000	−7
0001	1	1001	−6
0010	2	1010	−5
0011	3	1011	−4
0100	4	1100	−3
0101	5	1101	−2
0110	6	1110	−1
0111	7	1111	0

[음수 부호 (*X8*)는 −1부터 −7까지의 수에서는 점등되지만 0또는 1부터 7 까지의 수에서는 점등되지 않는다.] 모든 입력은 보수와 보수 아닌 것 둘 다 사용이 가능하다.

a. 최소의 2레벨 NAND 게이트 해의 맵과 식, 그리고 블록도를 보여라. 그리고 8개의 분리된 문제로 취급하고 각 함수의 주내포항만 사용하여 해를 구하라. 그러나 게이트 구현은 가능하다면 언제나 게이트를 공유해야만 한다(최소는 36개의 게이트와 107개의 입력이다).

b. 최소의 2레벨 NAND 게이트 해의 맵과 식, 그리고 블록도를 보여라. 그러나 이번에는 게이트가 가능하면 어느 곳에서나 공유되도록 한다. 제한 사항: 입력이 8개 보다 많은 게이트는 없다. 또 사용한 모듈의 수를 표시 하라.

c. *X4*는 적어도 8개의 항을 필요로 하기 때문에 2레벨로 해를 구하려면 8개 의 입력을 가진 NAND 게이트를 필요로 한다. 2개의 입력만을 가진 게이 트를 사용한 최소해를 구하라(물론 이것은 2레벨보다 클 것이다). 참고: 이 문제는 b와 아무런 관계가 없다.

d. 최소 수의 항을 가지는 PLA로 구현하라.

a. $X3$과 $X7$을 제외한 모든 것들은 각각 고유의(unique) 식을 가지고 있다. $X3$는 6개의 식을 가지고 있으며, 처음 세 식에 있는 두 개의 항은 다른 식들과 공유 할 수 있다. 식들 중 가장 좋은 식의 맵은 다음 페이지에 보이는 것과 같이 36개의 게이트와 107개의 게이트 입력을 필요로 한다. 공유항은 파랑색으로 나타나 있다. 식들의 리스트는 아래와 같다. 밑줄 친 부분의 첨자들은 이 식에서 공유 된다. 다른 식에서도 공유될 수 있는 다른 항들은 밑줄 쳐있다.

$$X1 = b'd' + bd + \underline{ac'}_7 + a'c$$
$$X2 = a'b' + ab + \underline{c'd'}_6 + \underline{cd}$$
$$X3 = \underline{ab'}_5 + \underline{c'd'}_6 + a'd + bc$$
$$\quad = \underline{ab'} + bd' + \underline{cd} + a'c'$$
$$\quad = a'b + \underline{cd} + \underline{ad'} + b'c'$$
$$\quad = b'd + \underline{c'd'} + a'b + ac$$
$$\quad = a'c' + \underline{ad'} + b'd + bc$$
$$\quad = b'c' + ac + bd' + a'd$$
$$X4 = \underline{a'b'd'}_4 + b'cd' + a'b'c + \underline{a'cd}_3 + abc' + \underline{abd}_2$$
$$\quad\quad + bc'd + \underline{ac'd}_1$$
$$X5 = \underline{ac'd}_1 + \underline{abd}_2 + \underline{a'cd}_3 + \underline{a'b'd'}_4$$
$$X6 = a'c'd' + a'bc' + \underline{a'bd'} + \underline{ab'd} + ab'c + acd$$
$$X7 = bc' + b'c + \{\underline{a'cd}_3 \text{ or } \underline{a'bd'}\} + \{\underline{ac'd}_1 \text{ or } \underline{ab'd}\}$$
$$X8 = \underline{ab'}_5 + \underline{ac'}_7 + \underline{ad'}$$

이 식의 게이트 수는

$X1$:	2	2	2	2					4
$X2$:	2	2	2	2					4
$X3$:	2	(2)	2	2					4
$X4$:	3	3	3	3	3	3	3	3	8
$X5$:	(3)	(3)	(3)	(3)					4
$X6$:	3	3	3	3	3	3			6
$X7$:	2	2	(3)	(3)					4
$X8$:	(2)	(2)	2						3

$2'$s:	14		7430s:	2	36게이트/107입력
$3'$s:	15		7420s:	3	
$4'$s:	5		7410s:	5	
$6'$s:	1		7400s:	4	
$8'$s:	1				

14칩

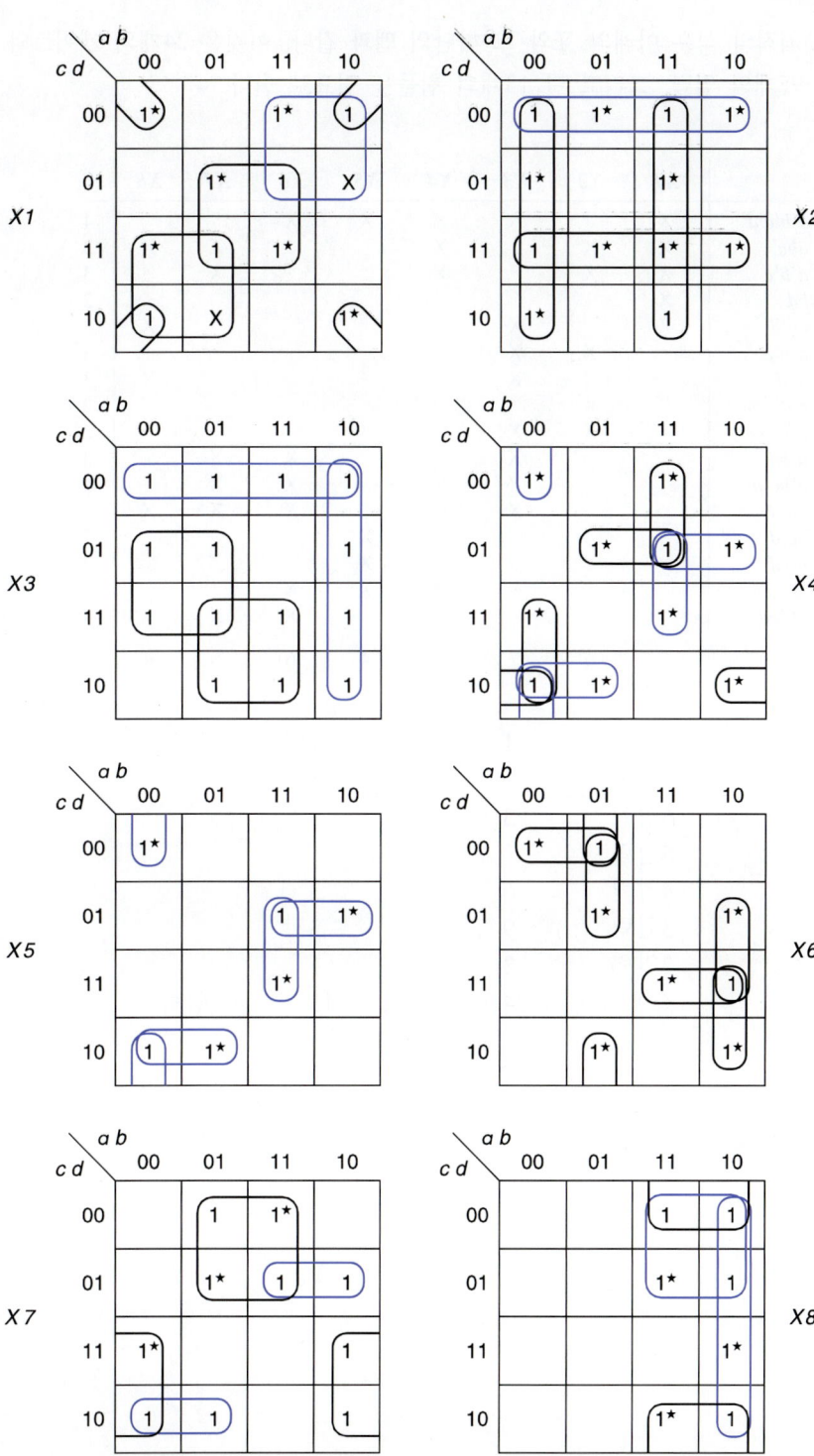

b. 최적의 식은 아래의 표와 그 하단의 맵과 같다. 이것은 24개의 게이트와 95개의 입력, 그리고 단 13개의 칩들을 필요로 한다.

	X1	*X2*	*X3*	*X4*	*X5*	*X6*	*X7*	*X8*	
$a'b'c'd'$	X			X	X	X			4
abc'	X	X		X			X	X	3
$a'b'c$	X	X		X			X		3
bd	X								2
$ab'd'$	X		X					X	3
$a'b'c'$		X	X						3
abd'		X	X					X	3
$c'd'$		X							2
cd		X	X						2
$a'bd'$			X			X	X		3
$a'bc'd$			X	X		X	X		4
$ab'd$			X			X	X	X	3
$ac'd$				X	X				3
$a'cd'$				X	X				3
$abcd$				X	X	X			4
$ab'cd'$				X		X	X		4
	5	6	7	8	4	6	6	4	

8입력	1	1	
7입력	1	1	
6입력	3	3	
5입력	1	1	
4입력	6	3	
3입력	9	3	
2입력	3	1	
전체	24	13	95입력

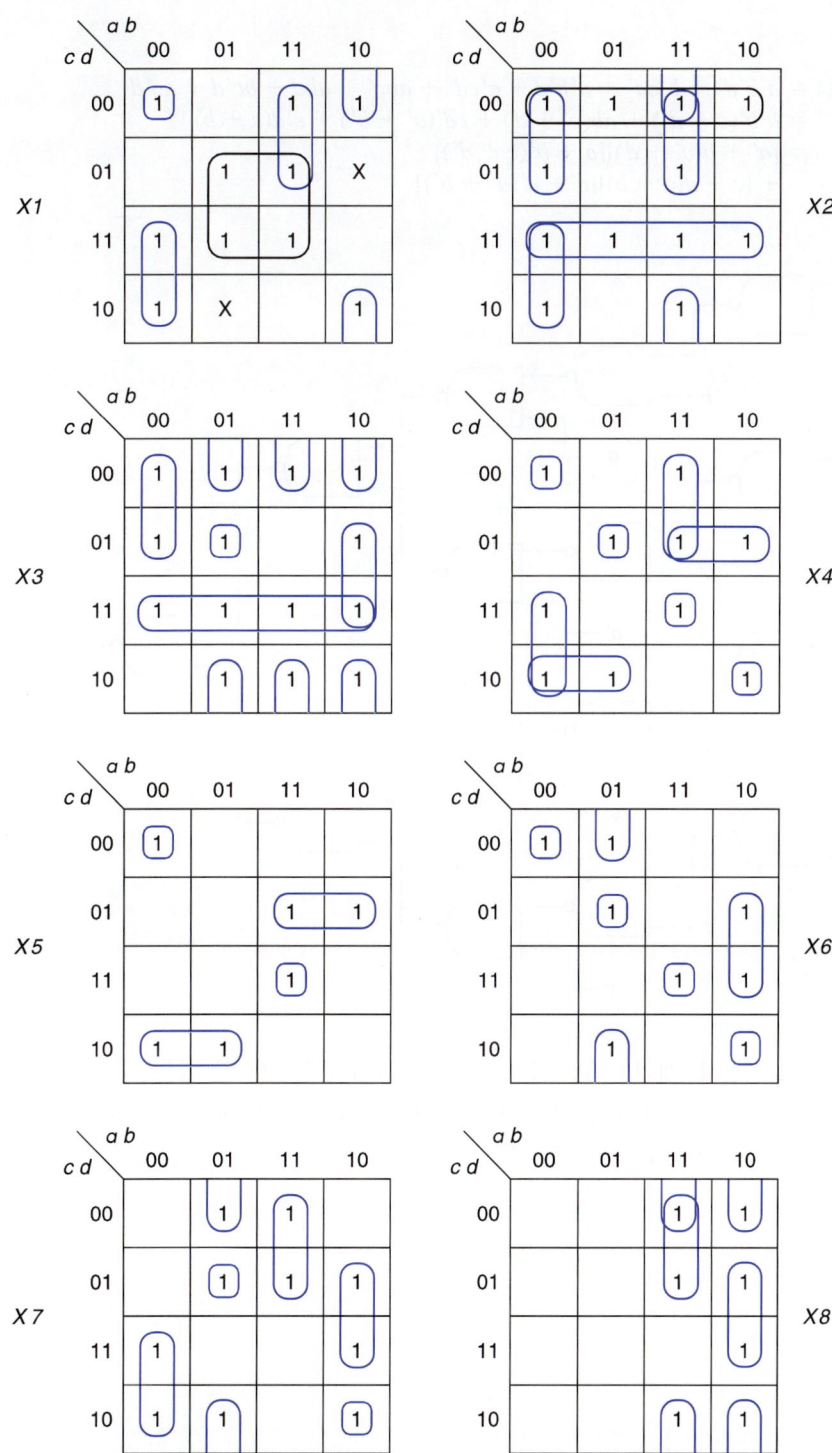

c.

$$X4 = a'b'd' + b'cd' + a'b'c + a'cd' + abc' + abd + bc'd + ac'd$$
$$= a'b'(c + d') + ab(c' + d) + cd'(a' + b') + c'd(a + b)$$
$$= [a' + b(c' + d)][a + b'(c + d')]$$
$$\quad + [c + d(a + b)][c' + d'(a' + b')]$$

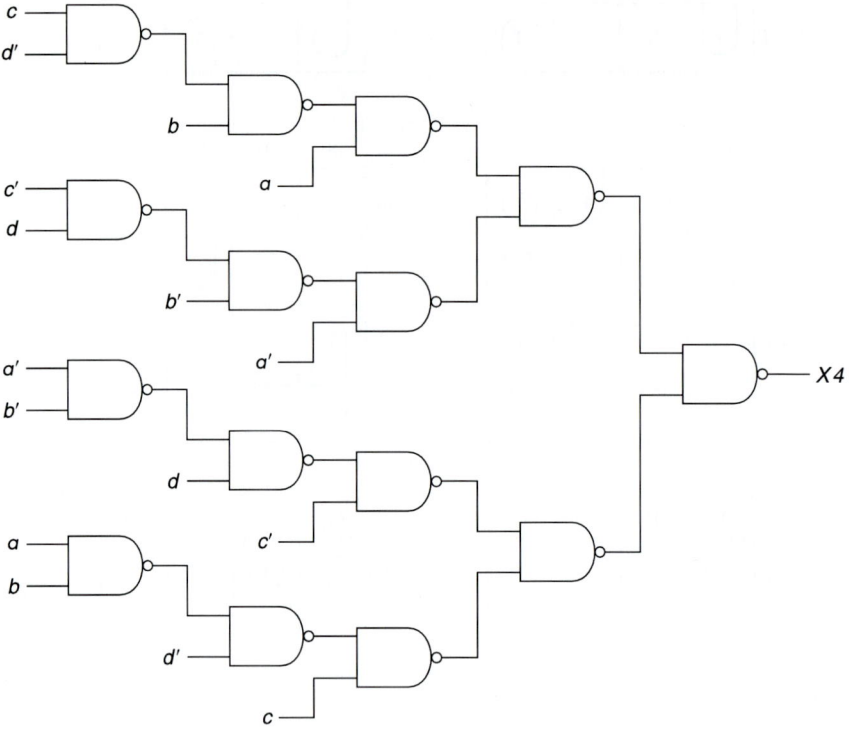

d. b의 식은 16개의 곱항으로 된 PLA로 직접 변환된다(각 행은 각각의 곱항과 일치한다). 또 다른 식은 PLA를 ROM과 마찬가지로 설계하는 것이다. 이것도 역시 16개의 항을 가지고 있다(참고 : ROM 식은 $X3$에 14개의 입력 게이트를 필요로 하기 때문에 b에서는 작동하지 않는다).

5.10 연습문제

1. 아래의 회로를 보고 문제를 풀어라.

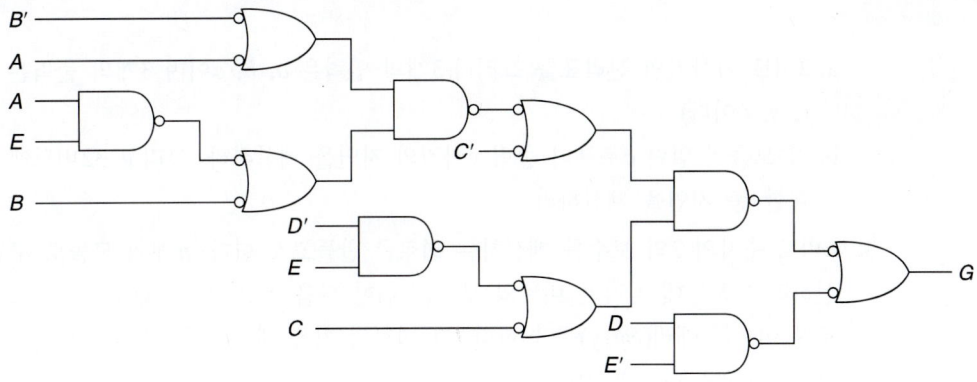

a. 최대 지연을 구하라.
  i. 모든 입력은 보수와 비보수 모두 가능하다고 가정한다.
  ii. 비보수의 입력만 가능하고 각 입력을 보수화하기 위해서는 게이트를 추가하여야 한다.

b. 입력 C부터 출력까지의 최대 지연을 구하라. 단, 모든 입력은 보수와 비보수 모두 가능하다고 가정한다.

*2. 32비트 상수인

$$1010101010101010101010101010101010$$

에 임의의 32비트 숫자를 더하는 가산기를 만들려고 하는데 이것을 16개의 동일한 가산기 모듈을 이용하여 구현하려 한다. 각각의 모듈에서는 숫자 2비트 상수(10)와 바로 전 단계 모듈에서 나온 캐리(carry)를 더하여 합 2비트와 다음 단계의 모듈에 줄 캐리(carry)를 만든다. 아래 그림은 이 회로의 부분을 나타내는 블록도이다.

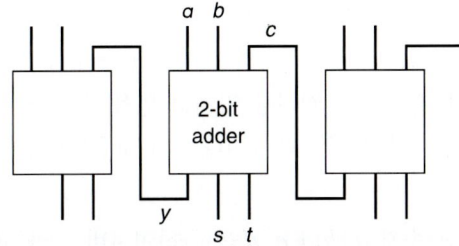

각각의 2비트 가산기가 푸는 문제는 다음과 같다.

$$
\begin{array}{c c c}
 & & c \\
 & a & b \\
\hline
 & 1 & 0 \\
\hline
y & s & t
\end{array}
$$

    a. 2비트 가산기의 진리표를 그려라(3개의 입력은 a, b, c이며 3개의 출력은 y, s, t이다).

    b. 각 모듈의 입력 c로부터 출력 y까지의 지연을 계산하라. 그리고 32비트에 대한 총 지연을 계산하라.

3. n비트 숫자의 2의 보수를 계산하는 회로를 만들고자 한다. n개의 모듈로 구현하려고 하는데 각각은 비트의 보수를 취한 다음 전 단계 모듈에서 입력으로 들어오는 캐리(carry)를 더한다. 그 회로의 처음 세 비트를 계산하는 블록 다이어그램은 다음과 같다.

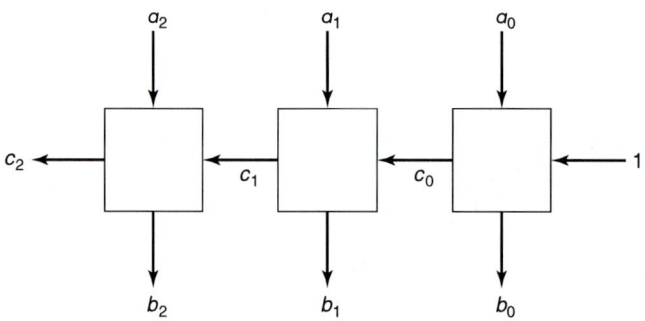

    a. NAND 게이트를 사용하여 각 상자의 블록도를 보여라(특별히, 오른쪽에 있는 첫 번째 상자를 설계하여라).

    b. n비트에 대한 지연을 계산하라.

    c. 한 번에 2비트를 설계하여 속도를 향상시켜라. NAND 게이트 회로를 보이고 총 지연도 계산하라.

4. 3개의 2진수를 동시에 더하기 위한 가산기를 만들려고 한다. 그러한 가산기 한 비트를 만들어라. 그것은 세 개의 입력 x, y, z와 두 개의 캐리입력 u, v를 필요로 한다(0, 1 혹은 2의 캐리를 가지고 있을 수도 있기 때문이다). 3개의 출력은 합 s와 두개의 캐리 f와 g이다. 진리표를 작성하고 세 출력에 대한 최소항을 구하라.

5. 2비트로 이루어진 숫자 a, b와 c, d를 곱하여 4비트 곱, w, x, y, z를 만드는 회로를 설계하라. 그리고 진리표와 식을 보여라.

6. 3비트 수 a_3, a_2, a_1이 다른 수 b_3, b_2, b_1과 같은지 혹은 더 큰지를 판별하려고 한다(더 작은 수의 출력은 필요로 하지 않는다).

a. 판별하기 위해 7485가 어떻게 연결되어 있는지 설명하라.

b. AND와 OR 게이트를 이용하여 구현하라.

c. 7485가 $1라고 가정할 때, AND/OR 구현을 더 저렴하게 설계하려면 AND와 OR게이트 7400 시리즈의 패키지는 얼마이어야 하겠는가?

*7. Active high 출력 디코더를 사용하는 다음 회로를 살펴보고 입력 *a*, *b*, *c*로서 *X*와 *Y*에 대한 진리표를 그려라.

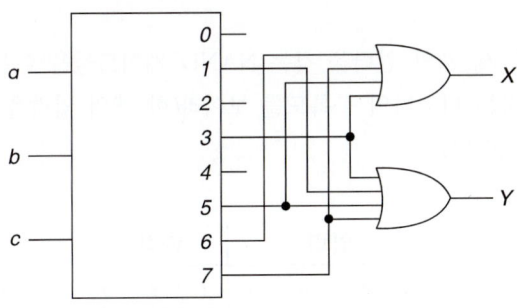

8. 3개의 입력 *x*, *y*, *z*와 0, 1, 2, 3, 4, 5, 6, 7로 표시한 8개의 active high 출력을 갖고 활성화 입력이 없는 디코더를 설계하려 한다(예를 들면 *xyz*가 011의 값을 가지면 출력 3은 1의 값을 가지며 다른 모든 출력은 0의 값을 갖게된다). 이용 가능한 유일한 부품은 2개의 입력과 4개의 출력을 가지며 active high 동작을 하는 디코더이며 이것에 대한 진리표는 아래와 같다.

EN	A	B	0	1	2	3
0	X	X	0	0	0	0
1	0	0	1	0	0	0
1	0	1	0	1	0	0
1	1	0	0	0	1	0
1	1	1	0	0	0	1

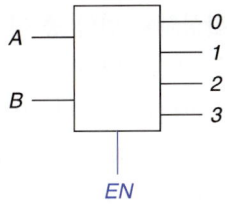

이 부품을 제한없이 필요한 만큼 사용하여 시스템의 블록도를 그려라.

*9. 입력 *a*, *b*, *c*와 출력 *s*, c_{out}을 가지는 가산기를 구현하려고 한다. 가산기는 다음의 식으로 표현하는데

$$s(a, b, c) = \Sigma m(1, 2, 4, 7)$$
$$c_{out}(a, b, c) = \Sigma m(3, 5, 6, 7)$$

구현에 이용할 수 있는 것은 다음에 보이는 디코더 2개와 OR 게이트 2개이다. 입력 *a*와 *b*에 대하여 보수와 보수 아닌 것 모두 사용이 가능하다. *c*는 단지 보수 아닌 것만 사용이 가능하다. 이 시스템의 블록도를 보여라. 반드

시 디코더의 모든 입력에 표기를 하여라.

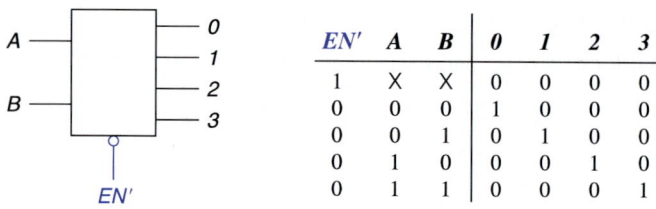

EN'	A	B	0	1	2	3
1	X	X	0	0	0	0
0	0	0	1	0	0	0
0	0	1	0	1	0	0
0	1	0	0	0	1	0
0	1	1	0	0	0	1

10. 한 개, 두 개, 세 개의 입력을 갖는 NAND 게이트들을 이용하여 아래의 진리표를 만족하는 디코더의 블록도를 보여라(한 개의 입력을 갖는 NAND 게이트는 인버터이다).

입력				출력		
E1	E2	a	b	1	2	3
0	X	X	X	1	1	1
X	0	X	X	1	1	1
1	1	0	0	1	1	1
1	1	0	1	0	1	1
1	1	1	0	1	0	1
1	1	1	1	1	1	0

11. AND, OR, NOT 게이트를 이용하여 7개의 active low 입력 $1', \ldots, 7'$과 3개의 active high 출력 CBA를 가지는 우선순위 인코더를 설계하라. CBA의 값은 활성화된 입력 중 가장 높은 우선순위를 갖는 입력이 어떤 것인지를 나타낸다. 우선순위는 $1'$이 가장 높고 $7'$이 가장 낮다. 어느 한 입력도 활성화 상태가 아니면 출력은 000이다. 이 외에 복수 개의 활성화 입력이 있을 때 1이 되는 네 번째 출력인 M이 있다.

*12. 2갈래 멀티플렉서를 사용하여 다음 함수를 구현하라.

$$f(x, y, z) = \Sigma m(0, 1, 3, 4, 7)$$

13. 다음 회로에서, 디코더(DCD)는 두 개의 입력과 네 개의 (active high) 출력을 가지고 있다(예를 들면 출력이 0이라는 것은 입력 A, B가 모두 0임을 의미한다). 세 개의 멀티플렉서(MUX) 각각은 위쪽에 보이는 두 개의 선택입력과 왼쪽에 보이는 4개의 데이터 입력, 그리고 아랫쪽에 보이는 active high 활성화 입력을 가지고 있다. 입력 A, B, C, D는 선택입력이며 N부터 Z까지는 데이터 입력이다. 16개의 선택 가능한 입력 조합 각각에 대한 F의 값을 보여주는 진리표를 완성하라(참조: 어떤 선택입력에 따라 $F = 0$ 또는 한 입력 값인 $F = W$와 같이 나타낸다).

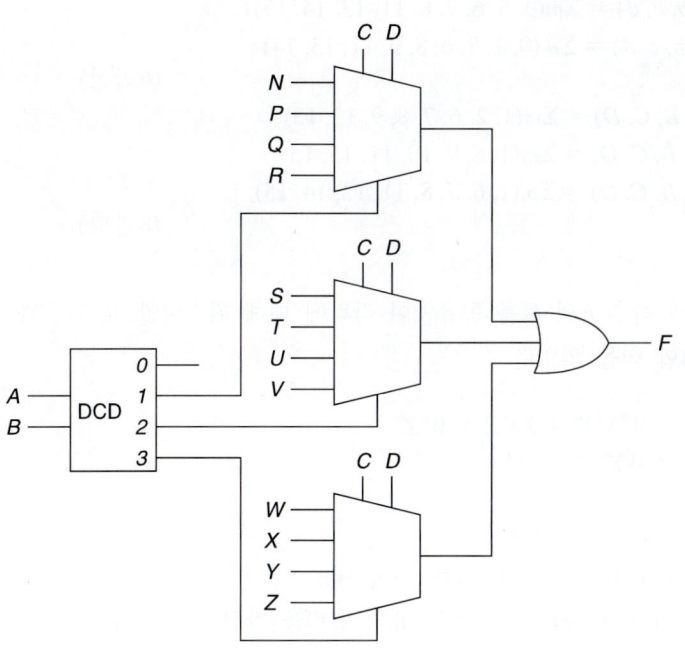

14. 다음 회로는 선택입력 A, B와 데이터 입력 W, X, Y, Z를 갖는 멀티플렉서이다.

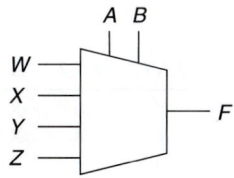

   F에 대한 대수식을 보여라.

15. 다음 함수들의 집합에 대하여 시스템을 설계하라.
   i. ROM을 사용하여
   ii. 주어진 곱항의 수를 가진 PLA를 사용하여
   iii. PAL을 사용하여

   a. $F(A, B, C) = \Sigma m(3, 4, 5, 7)$
      $G(A, B, C) = \Sigma m(1, 3, 5, 6, 7)$
      $H(A, B, C) = \Sigma m(1, 4, 5)$ (4곱항)
   b. $W(A, B, C) = \Sigma m(0, 1, 4)$
      $X(A, B, C) = \Sigma m(0, 3, 4, 7)$
      $Y(A, B, C) = \Sigma m(1, 2, 6)$
      $Z(A, B, C) = \Sigma m(2, 3, 6, 7)$ (4곱항)

c. $f(a, b, c, d) = \Sigma m(3, 5, 6, 7, 8, 11, 13, 14, 15)$
$g(a, b, c, d) = \Sigma m(0, 1, 5, 6, 8, 9, 11, 13, 14)$

(6곱항)

d. $F(A, B, C, D) = \Sigma m(1, 2, 6, 7, 8, 9, 12, 13)$
$G(A, B, C, D) = \Sigma m(1, 8, 9, 10, 11, 13, 15)$
$H(A, B, C, D) = \Sigma m(1, 6, 7, 8, 11, 12, 14, 15)$

(8곱항)

16. 2개의 함수 F와 G를 공유없이 각각에 대해 최소화할 때 다음과 같은 최소 곱의합 식을 얻었다.

$$F = W'X'Y' + XY'Z + W'Z$$
$$G = WY'Z + X'Y'$$

a. ROM으로 구현하라.

b. 4개의 항을 가진 PLA로 구현하라.

c. 동일한 함수들에 대하여 8개의 입력을 가진 OR 게이트 2개와 아래 그림 과 같이 구성된 디코더를 필요한 만큼 쓸 수 있다고 할 때 함수들을 구현 하기 위한 블록도를 보여라. 모든 입력은 보수와 보수 아닌 것 둘 다 사용 할 수 있다.

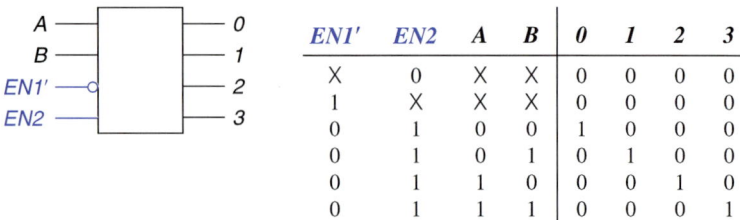

ENI'	$EN2$	A	B	0	1	2	3
X	0	X	X	0	0	0	0
1	X	X	X	0	0	0	0
0	1	0	0	1	0	0	0
0	1	0	1	0	1	0	0
0	1	1	0	0	0	1	0
0	1	1	1	0	0	0	1

이 칩은 $ENI' = 0$이고 $EN2 = 1$일 때만 동작된다는 것을 기억하라.

17. 다음은 4개의 변수 a, b, c, d로 구성된 3개의 함수 f, g, h를 각각 별개의 문제로 취급하여 최소화한 해이다. 모든 변수들은 보수 아닌 것만 이용할 수 있다고 할 때,

$$f = b'c'd' + bd + a'cd$$
$$g = c'd' + bc' + bd' + a'b'cd$$
$$h = bd' + cd + ab'd$$

a. ROM으로 구현하라.

b. 6개의 항을 가진 PLA로 구현하라.

c. 다른 게이트들은 사용할 수 없고 3개의 OR 게이트(입력의 수는 필요한

만큼 할당할 수 있다)와 아래에 표시된 모양의 디코더만 필요한 만큼 사용하여 구현하라. 논리 0과 1은 사용 가능하다.

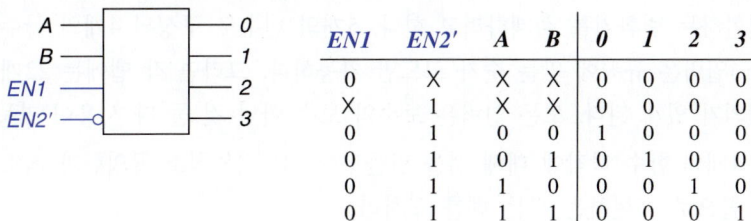

EN1	EN2'	A	B	0	1	2	3
0	X	X	X	0	0	0	0
X	1	X	X	0	0	0	0
0	1	0	0	1	0	0	0
0	1	0	1	0	1	0	0
0	1	1	0	0	0	1	0
0	1	1	1	0	0	0	1

*18. 4개의 변수 A, B, C, D로 구성된 3개의 함수 X, Y, Z가 있다.

주의: a, b, c, d, e 각각은 별개의 문제로 취급하여 풀 수 있다.

$$X(A, B, C, D) = \Sigma m(0, 2, 6, 7, 10, 13, 14, 15)$$
$$Y(A, B, C, D) = \Sigma m(2, 6, 7, 8, 10, 12, 13, 15)$$
$$Z(A, B, C, D) = \Sigma m(0, 6, 8, 10, 13, 14, 15)$$

a. 2레벨 NAND 게이트 회로로 구현하라. 각 함수의 주내포항만을 이용하면 13개의 게이트로 구현할 수 있으며, 공유를 사용하면 10개의 게이트로 구현이 가능하다. 모든 변수는 보수와 보수 아닌 것 둘 다 사용이 가능하다.

b. ROM으로 구현하라.

c. 아래에 보이는 3개의 입력을 가지고 active low 활성화 입력 신호가 있는 디코더 2개와 최소 수의 AND, OR, NOT 게이트를 사용하여 구현하라.

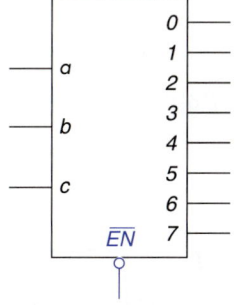

d. 8개의 항을 가진 PLA로 구현하라(단, 모든 항을 사용할 필요는 없다).

e. 본문에 있는 PAL로 구현하라.

19. 5.6.3절에 있는 PAL을 이용하여 5.2.2절의 2비트 가산기를 구현하라. 문제는 출력 함수 중의 하나는 7개의 항이 필요한 반면 다른 것은 12개가 필요하다는 것이다. 이 문제는 2비트들 사이에 캐리(carry)를 만들어서 s_1과 c_{out}

을 계산하기 위한 입력으로 사용하면 해결할 수 있다.

20. 문제풀이 16에서 excess-3 코드를 5의 2(2 of 5) 코드로 변환하는 변환기를 설계한 바 있다. 여기서는 그 반대로 5의 2(2 of 5) 코드를 excess-3 코드로 변환하는 변환기를 설계하려고 한다. 5개의 변수로 구성된 4개의 함수가 있다. 입력은 규칙에 맞는 숫자 코드만 가능하다. 그러면 각 맵에는 22개의 무정의가 있게 된다. 모든 입력은 보수와 보수 아닌 것 둘 다 사용이 가능하다.

    a. 4개의 함수 각각에 대해 맵을 만들고 각 함수를 최소 곱의합과 최소 합의 곱으로 표현하는 모든 해를 구하라.

    b. 모든 부품은 집적회로 칩으로 이루어진다. 구입 가능한 칩들은 다음과 같으며 모든 칩의 가격은 25센트로 동일하다.

7404: 6개의 인버터

7400: 4개의 2입력 NAND 게이트   7402: 4개의 2입력 NOR 게이트

7410: 3개의 3입력 NAND 게이트   7427: 3개의 3입력 NOR 게이트

7420: 2개의 4입력 NAND 게이트   7425: 2개의 4입력 NOR 게이트

    최소 비용 1달러로 4개의 출력 함수를 구현하려고 한다(모든 칩의 게이트들은 한 개 이상의 출력을 위해 사용될 수 있다).

      그 해에 대한 대수식과 블록도를 나타내어라.

    c. 3가지 해를 찾아라. 하나는 7400과 7410 패키지만 사용하여 구하라. 둘째는 7420도 포함하여 구하라(4개의 입력을 갖는 게이트가 적어도 하나 포함된다). 셋째는 NOR 게이트만 사용하여 구하라. 각각의 해는 1달러를 넘지 않아야 한다(물론 하나는 b의 해가 된다).

    d. ROM으로 구현하라.

    e. PLA로 구현하라.

    f. 본문에 있는 PAL로 구현하라.

*21. 아래의 그림은 특별한 8-세그먼트 디스플레이이다.

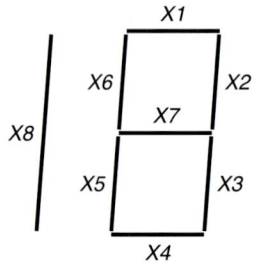

다음 그림에 나타낸 것처럼 0부터 15까지의 숫자를 디스플레이하고 싶다.

점선은 점등되지 않은 세그먼트를 의미하고 실선은 점등된 세그먼트를 의미한다. 6과 9에서 한 세그먼트는 점등되어도 되고 점등되지 않아도 된다는 것을 기억하라.

다음에 주어지는 각각의 제약 조건에서 4 비트 숫자 A, B, C, D를 입력으로 받고 8개의 출력 $X1$, $X2$, ..., $X8$를 만드는 시스템의 세 가지 버전을 설계하라(모든 입력은 보수와 보수 아닌 것 둘 다 사용이 가능하다).

a. 각 출력을 2레벨 NAND 게이트 회로를 사용하여 독립적으로 최소화하여 구현하라. 최소의 의미는 다음과 같다. 첫째, 게이트의 수가 최소인 것을 말한다. 둘째, 게이트의 수가 같은 경우라면 게이트 입력 수가 최소인 것이다(각 함수는 그 함수의 주내포항들의 합이어야 한다).

(최소해: 32 게이트, 95 입력)

b. 다음의 모듈을 최소로 이용하는 2레벨 NAND 게이트 회로를 구현하라.

7400: 4개의 2입력 NAND 게이트
7410: 3개의 3입력 NAND 게이트
7420: 2개의 4입력 NAND 게이트
7430: 1개의 8입력 NAND 게이트

(11개의 모듈을 이용한 해가 있다.) (a의 해는 13개의 모듈을 사용하는 것을 기억하라.)

c. 최소 수의 항을 가진 PLA로 구현하라. a와 b에 대해 맵과 식, 그리고 블록도를 보여라.

22. 다음은 excess-3 코드로 저장된 십진수이다. 코드의 비트들은 왼쪽부터 오른쪽으로 w, x, y, z로 표시되어 있다. 7-세그먼트 디스플레이에 숫자를 나타내고자 하며 배치는 다음과 같다. 6, 7, 9를 표시하는 방법은 두 가지가 있다. 가장 편한 것을 골라라. 디스플레이는 1이면 세그먼트를 점등하고 0이면 세그먼트를 점등하지 않는다.

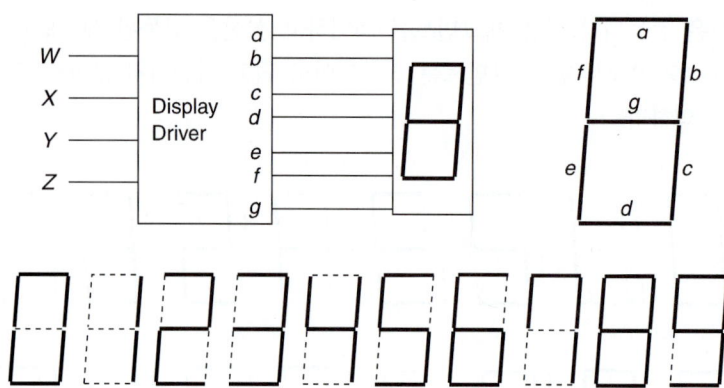

숫자 코드를 4개의 입력으로 받아들이고 7개의 디스플레이 구동 신호를 출력으로 하는 장치를 설계하라. 사용하지 않는 입력 조합이 주어지면 디스플레이의 세그먼트는 하나도 점등되지 않는다. 즉 장치에서 나오는 출력은 모두 0이다. 4개의 입력은 보수와 보수 아닌 것 둘 다 사용이 가능하다고 가정한다.

장치를 위한 세 가지 서로 다른 설계를 하려고 한다. 각각에 대하여 맵과 대수식, 그리고 블록도를 보여라. 색을 사용하여 해를 이해하기 쉽게 나타내어라. a, b에서는 필요한 각 패키지(7400, 7410, 7420, 7430)의 수를 표시하라. 여기서 최소는 다음과 같이 정의된다. 첫째, 게이트의 수가 최소인 것을 말한다. 둘째, 게이트의 수가 같은 경우라면 게이트 입력의 수가 최소인 것이다.

a. 첫째, 최소 비용의 2 레벨 NAND 게이트 해를 구하라. 해의 모든 항은 각 함수의 주내포항이며 각 함수의 주내포항만 공유될 수 있다. 해가 많을 때 공유를 더 많이 갖고 있는 해가 나오는 경우가 자주 있다.

b. 둘째, 더 많은 공유를 사용하여 게이트의 수를 줄여라(주내포항이 아닌 항도 공유할 수 있음).

c. 셋째, 4개의 입력, 7개의 출력, 12개의 곱항을 가진 PLA로 구현하라.

23. 다음에 있는 3개의 함수(5변수)에 대하여

$$f(a, b, c, d, e) = \Sigma m(0, 2, 5, 7, 8, 10, 13, 15, 16, 21, \\ 23, 24, 29, 31)$$

$$g(a, b, c, d, e) = \Sigma m(2, 5, 7, 10, 13, 15, 16, 18,$$
$$20, 21, 22, 23, 25, 27)$$
$$h(a, b, c, d, e) = \Sigma m(2, 9, 10, 12, 13, 14, 16, 18,$$
$$20, 22, 28, 29, 30, 31)$$

a. 각각의 최소 곱의합을 구하라. 각각의 맵과 대수식을 보여라.

b. 2레벨 NAND 게이트 회로를 가정하여 최소해를 구하라. 모든 입력은 보수와 보수 아닌 것 둘 다 이용이 가능하다. 회로의 맵, 식, 그리고 블록도를 보이고 7400 계열 패키지(7400, 7410, 7420, 7430) 수가 얼마나 필요한지 보여라(다만 12개의 게이트가 필요하다).

c. 2개의 입력을 가진 NAND 게이트를 가능한 적게 사용하여 구현하라. 어떤 게이트도 NOT 게이트로 사용할 수 없다. 회로의 식과 블록도를 보여라(참조: 해는 a나 b, 또는 이들 모두로부터 유도될 수 있다).

d. 5개의 입력과 3개의 출력, 그리고 10개의 곱항을 가지는 PLA로 구현하라.

24. 다음 세 개의 함수가 있다.

$$f(a, b, c, d, e) = \Sigma m(2, 3, 4, 5, 8, 9, 12, 20, 21, 24, 25, 31)$$
$$g(a, b, c, d, e) = \Sigma m(2, 3, 4, 5, 6, 7, 10, 11, 12,$$
$$20, 21, 26, 27, 31)$$
$$h(a, b, c, d, e) = \Sigma m(0, 2, 3, 4, 5, 8, 10, 12, 16, 18,$$
$$19, 20, 21, 22, 23, 24, 28, 31)$$

모든 변수는 보수와 보수 아닌 것 둘 다 이용이 가능하다.

a. 각각의 문제를 별개로 간주하여 모든 최소 곱의합 식을 구하라. f와 h는 해를 여러 개 가지고 있다.

b. 7400, 7410, 7420, 7430 패키지들의 가격은 각각 25센트이다. 각 크기별 게이트의 수, 각 패키지의 수, 그리고 2레벨 해의 총 비용을 구하라(같은 항이 하나 이상의 함수의 주내포항인 경우에만 공유를 이용하라).

c. 각각의 함수에 대하여(a의 해들을 다시 사용하여) 7400과 7410 패키지(각각 25센트)만 사용한 해를 구하라(입력이 4개나 8개인 게이트는 없다). 공유를 표시하는 맵과 식, 그리고 블록도를 구하라. 각 크기 별로 게이트의 수, 각 패키지의 수, 그리고 2레벨 해의 총 비용을 구하라.

d. 공유의 이점을 사용하여 2레벨 해의 비용을 줄여라. 7400, 7410, 7420, 7430 패키지를 사용하라. (각각은 25센트) 공유를 표시하는 맵과 식, 그리고 블록도를 구하라. 각 크기별 게이트의 수, 각 패키지의 수, 그리고 2레벨 해의 총 비용을 구하라.

e. ROM을 사용하여 구현하고, 입력이 5개, 곱항이 12개, 출력이 3개인 PLA를 사용하여 구현하라.

25. 1부터 10까지의 숫자를 입력으로 받고 디스플레이 구동 신호를 출력(8개)으로 하는 시스템을 설계하라. 입력은 W, X, Y, Z이고 보통의 2진수이다. 0000, 1011, 1100, 1101, 1110, 1111은 입력으로 들어올 수 없고 무정의로 취급된다. 이용 가능한 부품은 7400, 7410, 7420 집적회로이다. 패키지의 사용을 최소화하여 만들어야 한다(모든 경우에 패키지의 수는 5개이다). 각각의 함수에 대한 맵과 회로의 블록도를 구하라.

   디스플레이는 로마 숫자의 표현을 가능하게 한다(8은 일반적으로 VIII으로 나타내지만 여기서는 IIX로 나타내기로 한다).

   디스플레이에는 총 8개의 세그먼트가 있다. 아래에 적어놓은 것처럼 A부터 H까지이다.

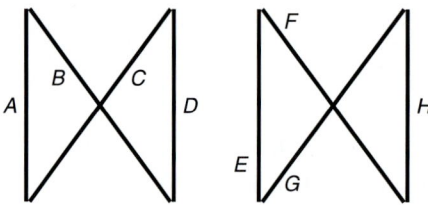

   버전 High: 세그먼트를 점등하려면 해당된 디스플레이 입력(A, B, . . ., H)에 1이 입력으로 들어와야 한다.

   버전 Low: 세그먼트를 점등하려면 해당된 디스플레이 입력(A, B, . . ., H)에 0이 입력으로 들어와야 한다. 이 버전에서는 각각의 입력이 단지 버전 High의 보수이다.

   5를 디스플레이하는 두 가지 방법이 있다.
   왼쪽 표시(Left): 세그먼트 A와 C를 점등한다(또는 E와 G).
   오른쪽 표시(Right): 세그먼트 B와 D를 점등한다(또는 F와 H).

   다음 그림은 모든 숫자를 위의 두 방법으로 코드화했을 때의 결과를 나타낸 것이다. 굵은 선은 세그먼트가 점등된 것을 나타내며 점선은 세그먼트가 점등되지 않은 것을 나타낸다.

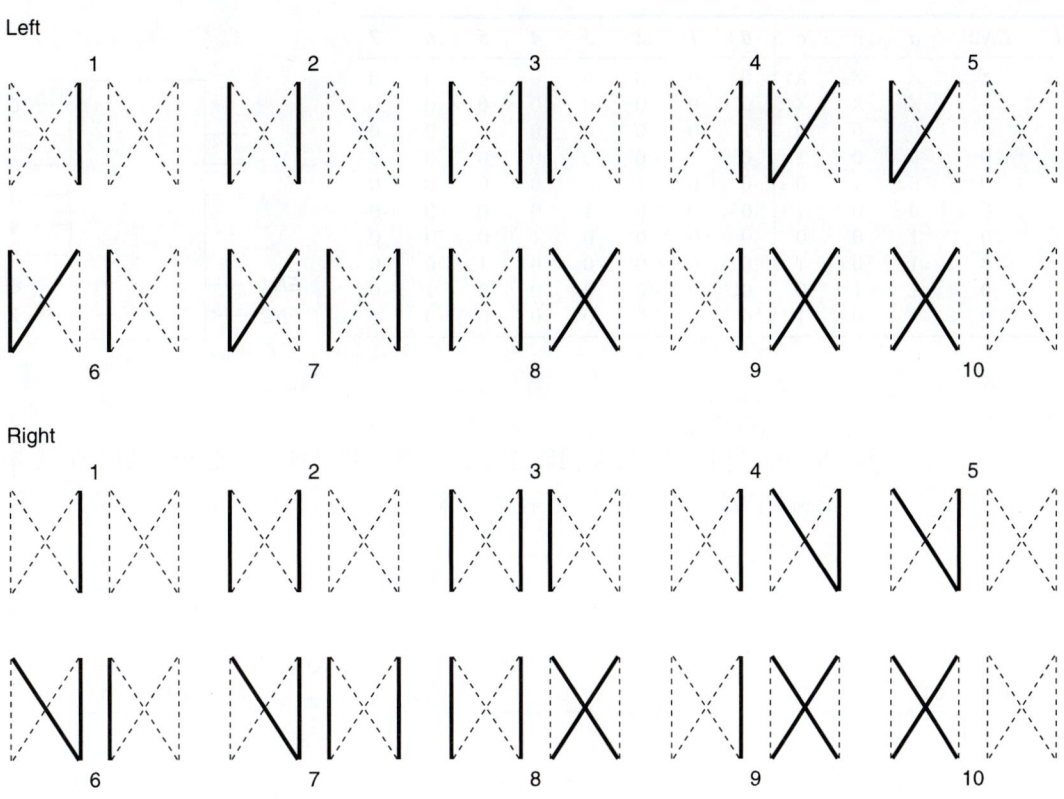

이것은 설계의 각 버전마다 한 문제씩으로 4개의 다른 문제들이다.

5.11 5장 테스트(60분)

1. 아래에 주어진 두 개의 디코더와 두 개의 8입력 OR 게이트만 이용하여 다음의 함수를 구현하라.

$$f(w, x, y, z) = \Sigma m(0, 4, 5, 6, 7, 12, 15)$$
$$g(w, x, y, z) = \Sigma m(1, 3, 12, 13, 14, 15)$$

EN1	EN2'	a	b	c	0	1	2	3	4	5	6	7
0	X	X	X	X	0	0	0	0	0	0	0	0
X	1	X	X	X	0	0	0	0	0	0	0	0
1	0	0	0	0	1	0	0	0	0	0	0	0
1	0	0	0	1	0	1	0	0	0	0	0	0
1	0	0	1	0	0	0	1	0	0	0	0	0
1	0	0	0	1	0	0	0	1	0	0	0	0
1	0	1	0	0	0	0	0	0	1	0	0	0
1	0	1	0	1	0	0	0	0	0	1	0	0
1	0	1	1	0	0	0	0	0	0	0	1	0
1	0	1	0	1	0	0	0	0	0	0	0	1

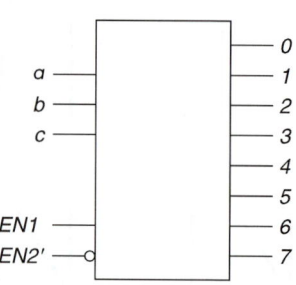

2. 아래에 주어진 세 개의 맵의 함수를 아래의 PLA에서 구현하라. 입력과 출력들에 라벨을 쓰는 것을 잊지 말라. 8개나 혹은 그보다 적은 수의 항을 이용할 경우 만점.

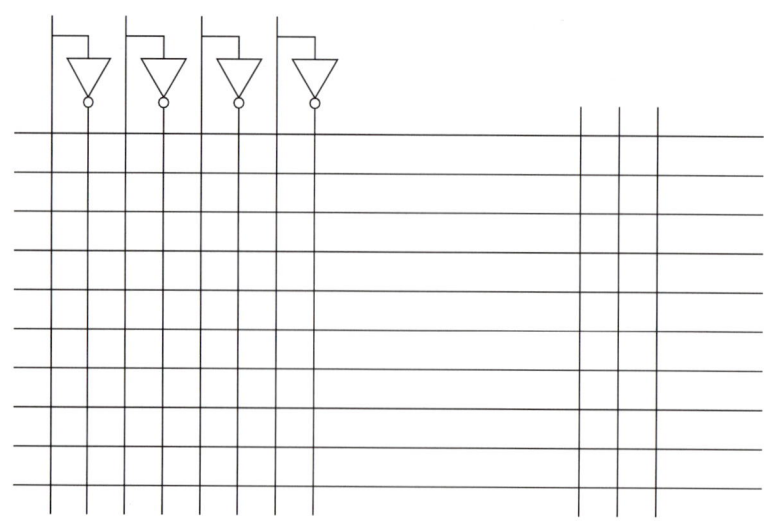

3. 앞과 동일한 함수를 아래에 주어진 ROM으로 구현하라. 입력과 출력들에 라벨을 쓰는 것을 잊지 말라.

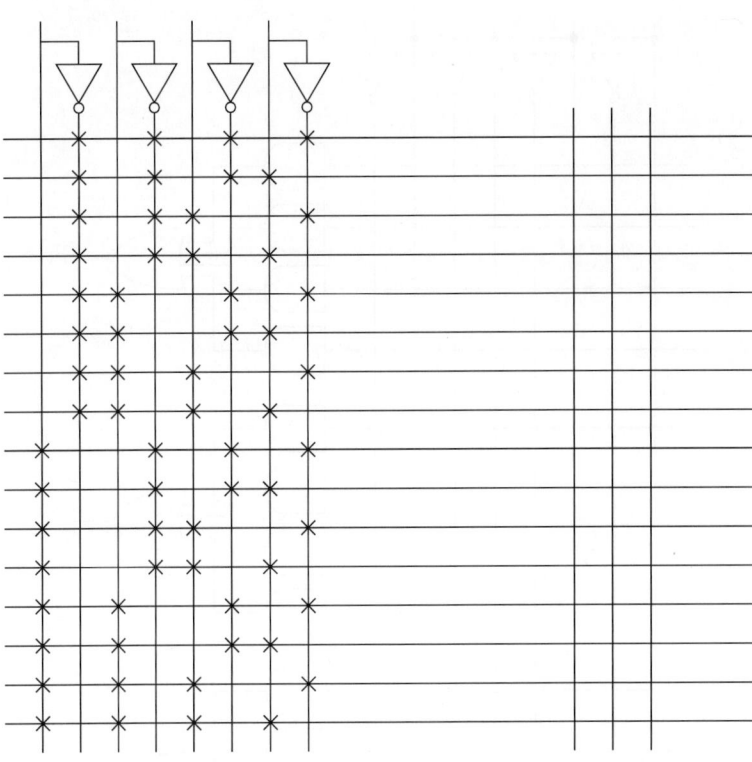

디지털 논리설계

4. 앞과 동일한 함수를 다음의 PAL로 구현하라. 입력과 출력들에 라벨을 쓰는
것을 잊지 말라.

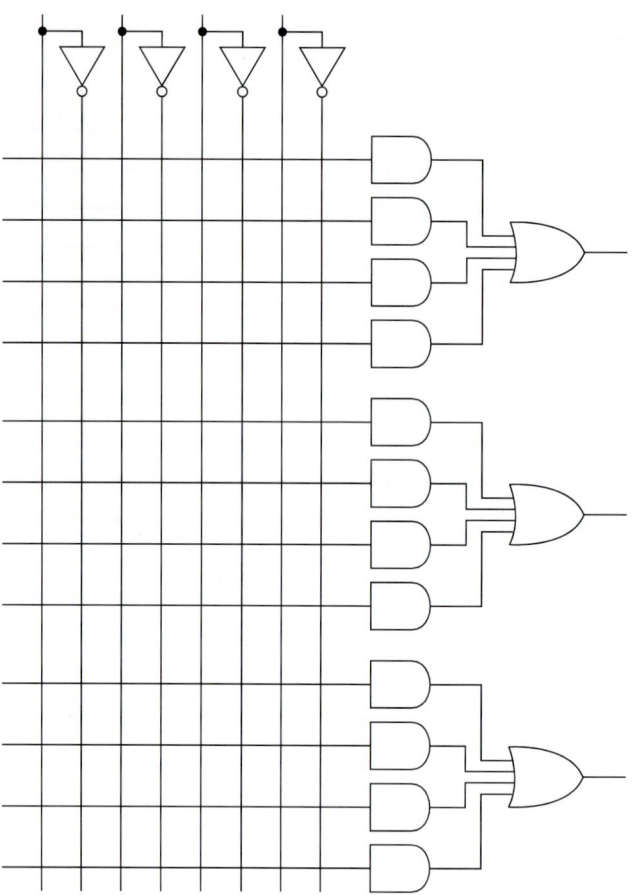

5. 앞과 동일한 함수에서, 3개의 NAND 게이트와 (필요한 만큼 많은 수의 입력) 몇 개의 active low 입력 그리고 active low 활성화 디코더를 소자로 사용 가능하다고 할 때, (필요한 만큼의 수) 이러한 소자만을 이용하여 이 함수를 구현하는 회로도를 나타내어라.

EN	a	b	0	1	2	3
1	X	X	1	1	1	1
0	0	0	0	1	1	1
0	0	1	1	0	1	1
0	1	0	1	1	0	1
0	1	1	1	1	1	0

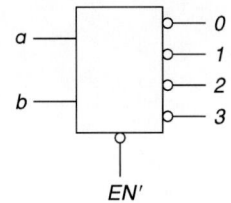

보너스 5점: 3개의 8입력 NAND 게이트와 4개의 디코더만을 사용하는 회로도를 나타내어라.

순차시스템의 해석

CHAPTER

6

지금까지 논의된 내용은 어떤 순간에 출력이 그 시간에서의 입력들의 값에만 의존하는 조합논리에 관한 것이었다(이 경우에 회로의 입력과 출력이 변화하는 시간 사이의 작은 지연은 무시한다).

지금부터 순차시스템 또는 유한상태 머신으로서 메모리 기능을 갖는 시스템을 다룬다. 이와 같이 출력은 현재의 입력만이 아니고 과거의 사실—앞서 일어났던 것—에도 의존하게 된다.

여기서는 주로 클럭을 갖는(동기식이라고도 함) 시스템만을 다룬다. 클럭은 일정한 비율로 0과 1의 사이를 단순히 반복적으로 오가는(시간에 걸쳐서) 신호이다.[1] 2개의 클럭 신호를 그림 6.1에 나타내었다. 첫 번째에서 클럭 신호는 0과 1이 똑같이 한 주기의 반이고, 두 번째에서는 1의 신호기간 길이가 짧다. 모든 플립플롭에 동일한 클럭이 연결된다.

그림 6.1 클럭 신호

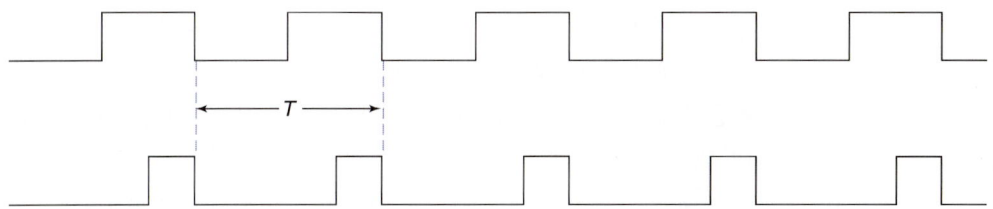

신호의 주기(다이어그램에서 T)는 한 사이클의 길이이며, 주파수의 역수 ($1/T$)이다. 예를 들면, 200 MHz(mega hertz, 초당 백만 사이클)의 주파수는 5 nsec[2](5나노 초, 50억분의 1초)의 주기에 해당한다. 정확한 값은 대부분의 논의에서 중요하지는 않다.

대부분 동기식 시스템에서 변화는 클럭 신호의 천이에서 일어난다. 클럭이 있는 2진 저장 소자인 플립플롭들을 소개할 때 좀 더 자세히 설명할 것이다.

그림 6.2의 블록도는 동기식 순차시스템의 개념도이다. 순차시스템은 기억소자와 약간의 조합논리 회로의 세트로 구성되어 있다. 이 그림은 n개의 입력(x), 클럭, k개의 출력(z), m개의 이진 저장소자(q)를 가진 시스템을 기술하고 있다.

---

1) 클럭이 보통 그림에 나타난 것처럼 일정한 파형으로 나오지만, 순차회로 시스템 동작을 위해 클럭이 반드시 일정한 파형일 필요는 없다.

2) $1/(200 \times 10^6) = (1000/200) \times 10^{-9} = 5 \times 10^{-9} = 5$ nsec.

그림 6.2 순차시스템의 개념도

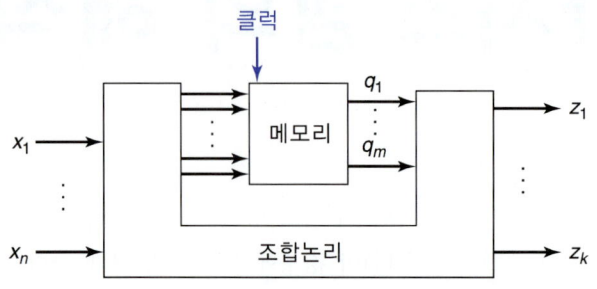

각 메모리 소자는 하나 또는 2개의 입력 신호들이 필요하다. 비록 여러 개의 입력을 갖는 그리고 클록 이외에 입력이 없는 예들을 볼 수 있지만 많은 시스템들은 하나의 입력과 하나의 출력만을 갖고 있다. 많은 메모리 소자들은 q뿐만이 아니라 보수 출력(q')을 제공한다.

조합논리에서 입력들은 시스템 입력과 메모리 내용들이고, 조합논리 출력들은 시스템 출력들과 메모리를 갱신하기 위한 신호들이다.

6.2절에서 가장 단순한 저장 소자인 래치(latch)를 소개할 것이다. 래치는 게이트들로 구성된 정적인 소자이다. 출력은 입력이 변화함에 따라 즉시 변화한다, 즉 클록은 포함되어 있지 않다. 래치들은 주로 임시(버퍼) 저장을 위하여 사용된다.

6.3절에서 가장 일반적인 2진 저장 소자인 플립플롭을 다룰 것이다. 플립플롭은 대부분 항상 2개의 출력 q와 q'를 갖는데, 즉 비트의 저장과 그 보수를 나타낸다. 플립플롭은 1개 또는 2개의 입력(실제 3개인 것도 사용한다)을 가지고 있다. 플립플롭의 몇 가지 종류에 대하여 설명할 것이다.

6.1절에서 상태표, 상태도 그리고 타이밍 추적을 소개할 것이다. 6.4절에서는 순차시스템의 해석을 논의할 것이다.

6.1 상태표와 상태도

순차시스템에 대한 여러 예문들 중 첫 번째로 간단한 예를 소개한다(나머지는 7장에서 소개될 것이다).

예문 6. 적어도 연속된 세 개의 클록 동안 x가 1인 경우에 $z = 1$인, 하나의 입력 x와 하나의 출력 z를 갖는 시스템[3]

이 예제에서, 시스템은 마지막 세 입력에 대한 메모리 정보를 저장해야 하고 이를 기반으로 출력을 생성한다. 메모리에 저장되는 것은 시스템의 상태이다. 메모리는 2진 소자들의 집합으로 구성된다. 마지막에 약간의 입력을 저장할 수도

---

3) 클럭 주기 중에서 입력이 중요해지는 시점에 대한 정확한 정의는 6.3절에서 다룰 것이다.

있으나, 다른 방법으로 그 정보를 코드화하는 것이 경제적이다. 때때로 최근 입력들의 유한한 수는 적절하지 않다.

타이밍 추적은 연속적인 클럭에서 입력과 출력(때때로 시스템의 상태나 다른 변수들) 값들의 집합이다. 타이밍 추적은 시스템 동작의 정의를 명확히 하거나 주어진 시스템 동작을 설명하는 데 이용된다. 입력들은 시스템의 동작을 설명하기 위해 선택된 시스템에 적용할 수 있는 임의적인 값들의 집합이다. 예문 6을 위한 타이밍 추적은 추적 6.1에 나타낸다.

추적 6.1 3개의 연속적인 1

```
x 0 1 1 0 1 1 1 0 0 1 0 1 0 1 1 1 1 1 0 0
z ? 0 0 0 0 0 0 0 1 0 0 0 0 0 0 0 1 1 1 0 0 0 0
```

예문 6의 경우 출력은 시스템의 상태(현재 입력이 아님)에 의존하고 따라서 원하는 입력 패턴이 발생한 후에 발생한다. 이러한 시스템은 후에 E. F. Moore의 이름을 따서 Moore 모델이라고 한다. 첫 입력에 대한 출력은 이전에 발생한 기록이 없으므로 알 수 없다(만일 1이 아직 발생하지 않는다는 것을 암시하기 위해 시스템이 초기화되었다면 출력은 0이 된다). 세 번의 연속적인 입력들이 1인 후에, 시스템은 출력이 1인 상태로 되고, 입력이 1을 유지하면 출력도 1을 유지한다.

이 시스템을 위하여 몇 가지 설계가 가능하다. 언어적인 기술로 시스템을 설계하는 논의는 7장으로 미룰 것이다. 현 시점에서는 순차시스템을 기술하기 위한 두 가지 도구를 소개할 것이다.

상태표는 각 입력 조합과 각 상태에 대해 출력이 무엇이고 다음상태가 무엇인가, 즉 차기 클럭 후에 메모리에 무엇이 저장되는가를 나타낸다.

상태도(또는 상태그래프)는 각 입력 조합과 각 상태에 대해 출력의 현 상태와 다음상태 즉 차기 클럭 후에 메모리에 무엇이 저장되는가를 보여주는 시스템 동작의 도식적 표현이다.

표 6.1은 현 시점에서 분명하진 않지만 예문 6을 묘사한 상태표의 예를 보여주고 있다.

표 6.1 상태표

현재 상태	다음상태 $x=0$	$x=1$	현재 출력
A	A	B	0
B	A	C	0
C	A	D	0
D	A	D	1

현재의 상태를 q로 다음 상태를 $q\star$로 나타낸다(다른 교재에서는 다음상태를 Q, q^+ 또는 $q(t+\Delta)$를 사용한다). 다음상태는 현재 클럭 천이 후에 메모리에 저장될 것이고 다음 클럭에서 현재상태가 된다. 다음상태는 현재상태와 입력 x의 함수이다. 이 예제에서 출력은 현재상태에 의존적이지만 현재상태는 아니다. 출력은 클럭 천이가 있을 때에 상태가 변할 때 변한다. 상태표의 첫 번째 행은 시스템이 상태 A에 있다면, 즉, A가 메모리에 저장되어 있고 입력이 0이라면, 다음상태는 A라는 것을 표시한다(즉, A가 메모리에 다시 저장되는 것이다). 그리고 상태 A가 메모리에 있고 입력이 1이면 다음상태는 B가 된다. 시스템은 상태 A(또는 B 또는 C)에 있을 때마다 출력이 0이다.

이 상태표와 상응하는 상태도를 그림 6.3에 나타내었다. 각 상태는 원으로 표시되며, 또한 그 상태에 대한 출력은 원안에 포함된다. 원의 각 외부 선은 가능한 천이를 나타내며 선 상의 라벨은 그 천이의 원인이 되는 입력을 의미한다. 가능한 입력 조합에 대해 각 상태로부터 하나의 경로가 존재해야 한다(이 예제에서는 입력이 하나뿐이므로 2개의 경로가 존재한다). 때때로, 동일한 다음상태가 두 개의 입력 조합에 의해 도달하게 되고, 단일 선위에 2개의 라벨 또는 무정의(X)로 나타낸다. 이 상태도는 상태표와 동일한 정보를 가지고 있다.

그림 6.3 상태도

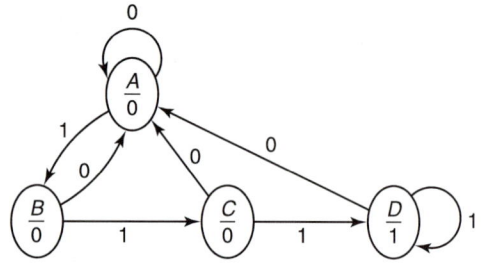

상태표와 상태도가 주어진다면, 타이밍 추적을 작성할 수 있다. 추적 6.2는 이전 추적을 반복하지만, 상태를 포함한다.

추적 6.2 상태를 가진 추적

x	0 1 1 0 1 1 1 0 0 1 0 1 1 1 1 1 0 0
q	? A B C A B C D A A B A B C D D D A A ?
z	? 0 0 0 0 0 0 1 0 0 0 0 0 0 1 1 1 0 0 0 0

상태표와 상태도 모두 초기 상태에 무관하게 입력이 0이면 모든 상태는 상태 A로 간다. 상태 A에서 입력 1은 상태 B로, B에서 C로, C에서 D로 가고 D에서 다시 D로 유지된다.

어떤 시스템에서 출력은 기계의 현재상태 뿐만이 아니라 현재 입력에도 의존한다. 이런 형태의 시스템은 Mealy 모델(후에 G. B. Mealy의 이름을 따서)이라고 불린다. 상태표는 다음상태 부분(각 가능한 입력 조합 중 하나)만큼 많은 출력 열들이 있다. 하나의 예제(다음 장에서 다시 이용되는)가 표 6.2에 보인다.

표 6.2 Mealy 모델 시스템 상태표

q	$q^\star$		z	
	$x = 0$	$x = 1$	$x = 0$	$x = 1$
A	A	B	0	0
B	A	C	0	0
C	A	C	0	1

Mealy 모델 상태도는 Moore 모델과 다르다. 그림 6.4에 보여준 것처럼 출력은 상태보다는 천이와 관련되어 있다. 각 경로는 2개의 라벨을 갖는다. 즉, 천이를 일으키는 입력, 빗금 그리고 시스템이 그 상태에 있고 입력이 그럴 때의 출력이다. 이와 같이 상태 A에서 상태 B에 대한 경로는 1/0의 부호를 붙인다. 그 경로는 $x = 1$일 경우에 일어나고 결과로서 출력은 0임을 의미한다.

그림 6.4 표 6.2 Mealy 시스템의 상태도

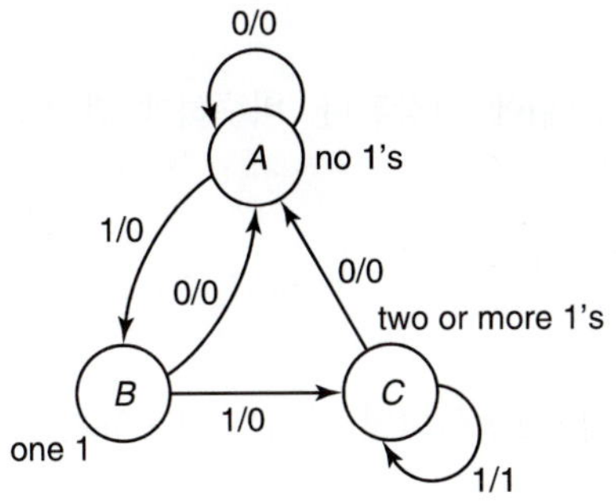

타이밍 추적(추적 6.3)은 현재의 출력이 현재상태뿐만이 아니라 현재 입력에도 의존하는 것만을 제외하고 Moore 모델과 같은 방법으로 작성되었다.

추적 6.3 상태를 가진 추적

```
x  0 1 1 0 1 1 1 0 0 1 0 1 0 1 1 1 1 1 0 0
q  ? A B C A B C C A A B A B A B C C C A A
z  0 0 0 0 0 0 1 0 0 0 0 0 0 0 0 0 1 1 0 0 0
```

Moore와 Mealy 기계에 대한 분석과 설계과정은 매우 유사하다. 6.4절과 7장에서 다시 다루게 될 것이다.

6.2 래치

래치는 2진 저장소자로서, 2개 또는 그 이상의 게이트와 피드백으로 구성되었다. 즉 가장 간단한 2 게이트 래치의 경우에 각 게이트의 출력이 다른 게이트의 입력에 연결된다. 그림 6.5는 두 개의 NOR 게이트로 이루어진 래치를 보여준다.

그림 6.5 NOR 게이트 래치

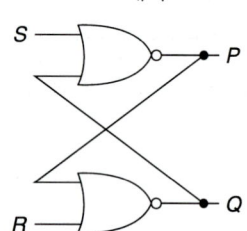

이 시스템을 아래의 수식으로 표현할 수가 있다.

$$P = (S + Q)'$$
$$Q = (R + P)'$$

정상적인 저장 상태는 두 입력이 모두 0(비활성)일 때이다. 만약 S와 R이 0이면, 위 두 식은 P가 Q의 보수 값이라는 것을 나타낸다. 즉,

$$P = Q'   Q = P'$$

래치는 0($Q = 0$이고 $P = 1$인 경우) 또는 1($Q = 1$이고 $P = 0$인 경우)을 저장할 수 있다. 그러므로 출력 P는 일반적으로 Q'로 표현된다. 문자 S는 set를 나타내는 데에 사용한다. 즉 래치에 1을 저장한다. 만일 $S = 1$이고 $R = 0$이면

$$P = (1 + Q)' = 1' = 0$$
$$Q = (0 + 0)' = 0' = 1$$

따라서 1이 래치(Q 라인에)에 저장된다. 비슷하게 만일 reset인 R이 1이고 $S = 0$이면

$$Q = (1 + P)' = 1' = 0$$
$$P = (0 + 0)' = 0' = 1$$

마지막으로 S와 R이 모두 활성화되면 래치는 작동하지 않는데, 가령 $S = 1$이고 $R = 1$이면

$$P = (1 + Q)' = 1' = 0$$
$$Q = (1 + P)' = 1' = 0$$

두 개의 출력이 모두 0(서로 보수가 아니다)이 된다. 더군다나 S와 R이 동시에 비활성화되면(0으로 바뀜) 래치가 어떤 상태로 될지 분명하지 않게 된다($Q = 0$이나 $Q = 1$이 논리식을 만족시키므로). 두 개가 동시에 0으로 가든가 아니면, 한 개가 0으로 가고 다른 하나가 그 뒤에 따르는가에 따라 출력이 다르게 나타나게 되는데, 이런 경우에는 마지막 1에 따라 결정하게 된다. 그렇지 않으면 논리설계자들에게 일반적으로 관심 밖의 요소들[각 트랜지스터의 내부 표유 용량(stray capacitance) 또는 증폭율과 같은]이 최종적인 상태를 결정할 것이다. 이러한 문제를 피하기 위

해, 두 개의 입력이 동시에 활성화되지 않도록 설계되어야 한다.

좀 더 복잡한 래치도 설계할 수 있다. 그림 6.6과 같이 게이트된 래치를 살펴보자. 게이트 신호가 비활성일때(=0), SG와 RG가 모두 0이 되고 래치의 상태는 변하지 않는다. 다만 게이트가 1로 가면, 그림 6.5의 간단한 래치에서처럼 0 또는 1이 저장될 수 있다.

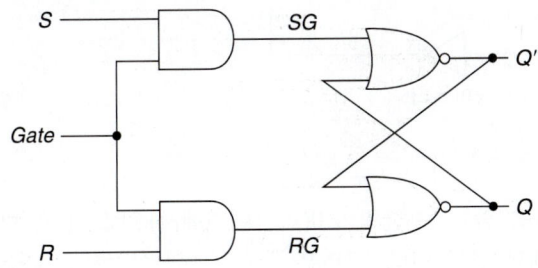

그림 6.6 게이트된 래치

[문제풀이 2, 연습문제 2]

6.3 플립플롭

플립플롭은 클럭이 있는 2진 저장 소자이다. 즉 0 또는 1을 저장하는 소자이다. 정상적인 동작을 할 경우에 그 값은 해당된 클럭 천이에서만 변하게 된다.[4] 시스템 상태(즉 메모리에 저장된)는 클럭의 천이에서만 바뀐다. 어떤 플립플롭에서 그 변화는 클럭이 1에서 0으로 갈 때에 일어난다. 즉, 하강에지 트리거(trailing-edge triggered)처럼 일어난다. 다른 플립플롭에서 그 변화는 클럭이 0에서 1로 갈 때 일어난다. 즉 상승에지 트리거(leading-edge triggered)처럼 일어난다. 천이 후에 저장되는 것은 플립플롭 데이터 입력들과 천이에 앞서 플립플롭에 저장되었던 값에 의해서 결정된다.

플립플롭은 하나 또는 두 개의 출력을 가지고 있다. 하나의 출력은 플립플롭의 상태를 나타낸다. 두 개의 출력이 있는 경우에 다른 하나는 상태의 보수를 나타낸다.

독립된 플립플롭은 거의 두 개의 출력을 갖고 있다. 그러나 여러 개의 플립플롭을 갖고 있는 집적회로 패키지에서는 핀 제약 때문에 보수되지 않은 출력만 있는 경우도 있다.

그림 6.7에 두 개의 게이트된 래치로 구성된 간단한 SR 마스터/슬레이브 플립플롭을 나타냈다. 클럭이 1일 때, S와 R 입력들은 첫 번째 플립플롭, 즉 마스터의 값을 결정한다. 그 시간 동안 슬레이브는 활성화되지 않는다. 클럭이 0이면 마스터는 비활성화되고 슬레이브는 활성화된다. 마스터의 출력값 X와 X'는 하강에지 바로 전의 S와 R값에 의하여 결정된다. 이것들은 슬레이브의 입력이다. 즉, 슬

---

4) 많은 플립플롭들이 비동기 클리어와 프리세트 입력을 가지고 있다. 이들은 클럭을 무시하고, 간단한 SR 래치에서처럼 플립플롭을 즉시 0(클리어) 또는 1(프리세트) 상태로 만든다.

그림 6.7 마스터/슬레이브 플립플롭

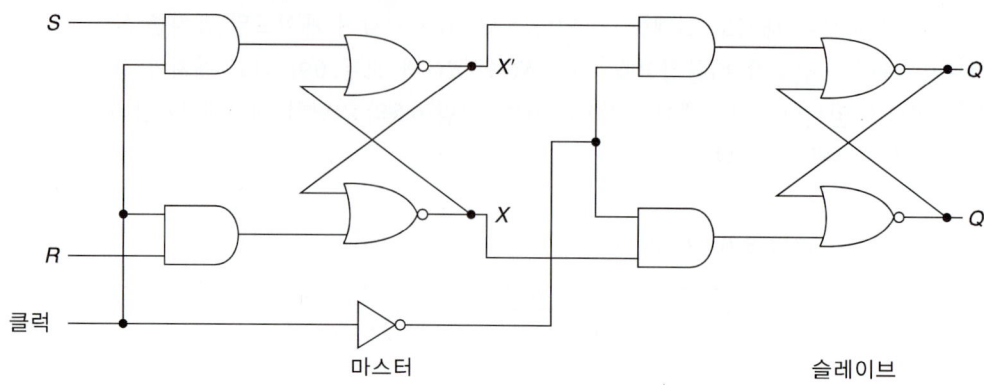

레이브(와 플립플롭 출력)는 클럭이 0(하강에지에서)으로 될 때 변화하고 차기 클럭 주기까지 그대로 남아 있다. 클럭을 슬레이브에 연결하고 보수를 마스터에 연결하면 상승에지 트리거된 플립플롭을 얻을 수 있다. 플립플롭의 출력에서의 변화는 클럭의 에지에서 지연된다(게이트를 거치는 것 이상의 지연). 상업적인 플립플롭들은 더 복잡하지만 회로는 빠르다.

2종류의 플립플롭들, *D*와 *JK*에 대해서 자세히 살펴보자. *D* 플립플롭은 가장 간단하고 보통 PLD(8장)에서 사용된다. *JK* 플립플롭은 거의 가장 간단한 조합 논리를 만들어 낸다. 또한, *D*와 *JK*의 설명 사이에 *SR*과 *T* 플립플롭을 소개할 것이다.

가장 간단한 플립플롭은 *D* 플립플롭이다. 입력이 다음 활성 클럭 천이까지 지연되어 출력이 되므로 Delay(지연)에서 이름이 붙여졌다. *D* 플립플롭의 다음상태는 클럭 천이 전의 *D*값이다. 하강에지 트리거와 상승에지 트리거 *D* 플립플롭의 블록도가 그림 6.8에 있다. 이 그림에서 삼각형은 클럭 입력을 표시한다. 또한 원은 일반적으로 하강에지 트리거 플립플롭의 클럭 입력을 표시한다. 그러나, 책에 따라서는 이들을 구별하지 않는 경우가 있기 때문에 주의하여야 한다.

그림 6.8 *D* 플립플롭 블록도

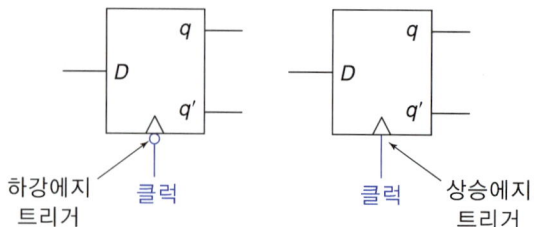

각 플립플롭의 동작을 표현하기 위해 두 가지 형태의 진리표(표 6.3)와 상태도를 사용할 것이다. D 플립플롭은 특히 간단하지만 여기에 나타내었다. 진리표의 첫 번째 형태에서, 플립플롭 입력(들)과 현재상태가 입력 열에 있다. 첫 번째 진리표에는 플립플롭의 입력과 현재의 상태가 입력 열(column)에 있지만, 두 번째 표에서는 단지 입력만이 있다. D 플립플롭의 상태도는 그림 6.9에 나타낸다. 두 개의 상태(state)가 있다(모든 플립플롭에 대해서). 천이 경로들은 그 천이를 일으키는 입력으로 표시된다. 출력은 상태와 동일하므로 원에 표시되지 않는다.

그림 6.9 D 플립플롭 상태도

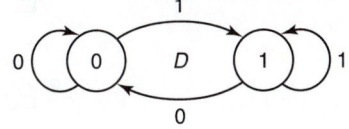

표 6.3 D 플립플롭 동작표

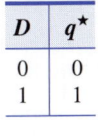

D	q	$q^\star$
0	0	0
0	1	0
1	0	1
1	1	1

D	$q^\star$
0	0
1	1

플립플롭의 다음상태는 입력과 현재상태에 대한 함수로, 대수적으로 표현할 수 있다(첫 번째 진리표에서 직접 함수식을 구할 수 있다). D 플립플롭의 경우 함수식은 다음과 같다.

$q^\star = D.$

하강에지 트리거 D 플립플롭의 동작은 그림 6.10a 타이밍도에서 설명된다. q의 초기값(즉, 확인이 시작되기 전에 플립플롭에 저장되었던 것)을 알 수 없어서 첫 번째 클럭 하강 때까지 q값을 알 수가 없다. 이것은 타이밍도의 빗금 부분으로 나타내었다. 클럭의 첫 번째 하강에지에서 플립플롭의 상태가 정해진다.

이 때의 D가 0이므로 q는 0으로 된다(물론 q'의 값은 1로 된다). 이 때 출력에 약간의 지연이 있는 것을 주목하라. 입력 D는 보통 클럭 천이 이후에 바뀌게 되지만, 다음 활성 천이 전에 정확한 값에 도달할 수만 있다면 언제든지 바뀌어도 된다(D에서 두 번째와 세 번째 변화는 클럭 주기에서 늦게 바뀌고 있다).

타이밍도에서 볼 수 있듯이 출력 q'는 (이름에서 함축하고 있는 것처럼) q 출력의 반대 값이다. 두 번째 하강에지에서 D의 값은 1이므로 q는 다음 클럭 주기까지 1이 된다. 세 번째 하강에지에서 D의 값이 아직 1이므로 q는 다음 클럭 주기까지 1을 유지한다. 만약 그림 6.10b처럼 클럭 천이 사이에서 D값이 0이 되었다 다시 1이 되어도 D의 값은 하강에지 근처에서만 영향을 미치므로 출력에는 영향을 주지 못한다는 것을 유의하라. 그림 6.10a에서와 같이 될 것이다.[5]

---

5) 어떤 플립플롭은 이전 상승에지에 의해서 입력이 만들어지는 것도 있다. 이것에 대해서는 더 자세히 설명하지 않는다.

그림 6.10 D 플립플롭 타이밍도

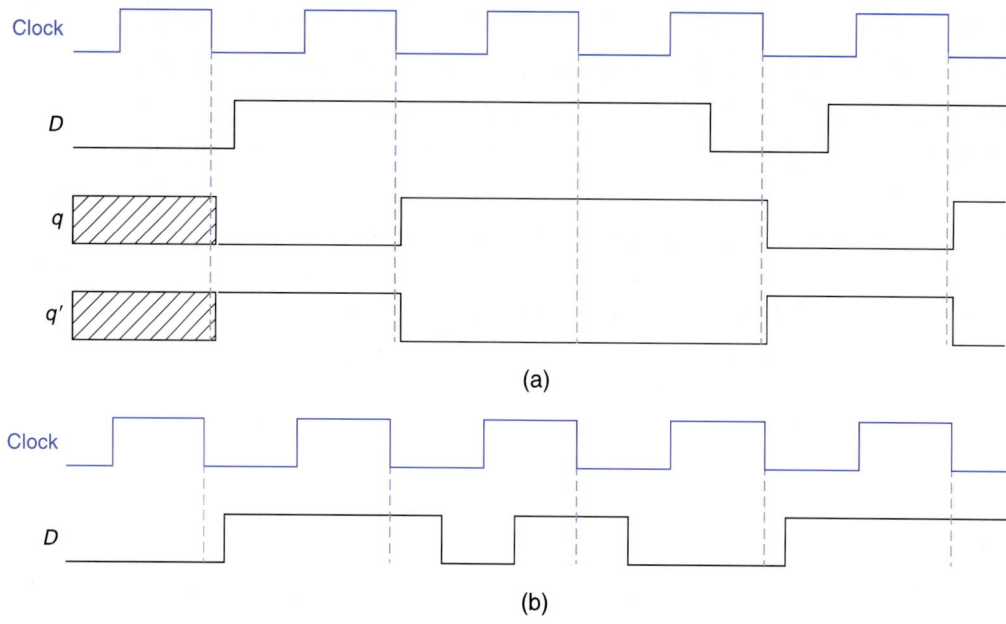

(a)

(b)

다음으로 상승에지 트리거 플립플롭의 동작에 대해서 알아본다. 플립플롭을 기술하는 표는 수정할 필요가 없다. 즉, 유일한 차이점은 출력이 클럭과 관련되어 변한다는 것이다. 이전과 같은 입력을 이용하는 상승에지 트리거 D 플립플롭의 타이밍도는 그림 6.11에 나타낸다. 출력(플립플롭의 상태)은 클럭이 0에서 1(전이 바로 전의 입력에 따라)로 바뀐 다음에 바로 변한다.

그림 6.11 상승에지 트리거 D 플립플롭

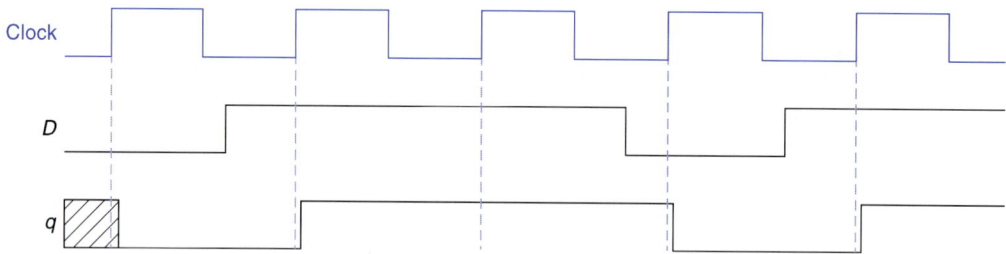

그림 6.12 2개의 플립플롭

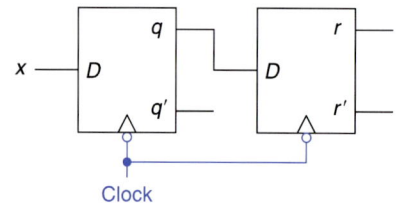

클럭 천이에서의 플립플롭의 동작은 해당 클럭 천이 바로 전의 플립플롭 입력 값에 의해 결정되기 때문에, 그림 6.12(하강에지 트리거를 갖는)처럼 하나의 플립플롭 출력을 다른 플립플롭의 입력에 연결하고, 그리고 같은 클럭 신호를 두 플립플롭에 동시에 줄 수 있다. 그림 6.13의 타이밍도에서 보여주는 것처럼 플립플롭 q가 변하는 클럭 천이에서 q의 이전 값이 r의 값을 결정하는 데 사용된다. 첫 번째 플립플롭의 입력 값이 바로 앞 예의 입력 값과 같으므로 q값도 앞 예제의 출력과 같게 된다(이 그림에서 q'의 값은 나타내지 않았다).

그림 6.13 2개의 플립플롭 타이밍도

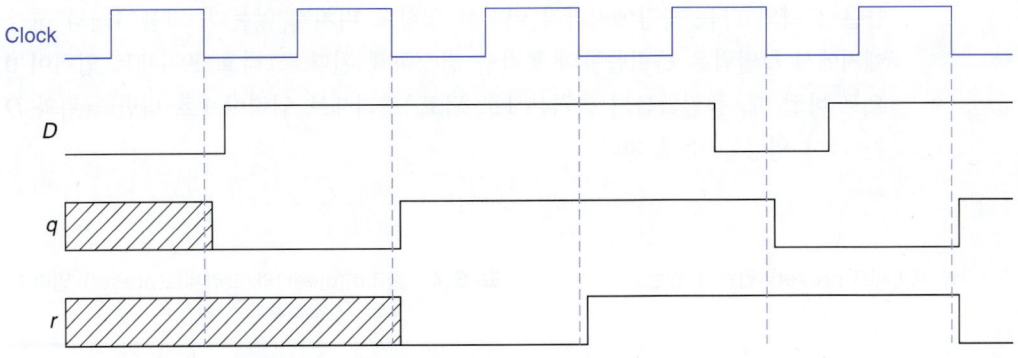

첫 번째 하강에지에서 r(q 플립플롭의 출력)의 입력은 알 수 없다. 따라서, 출력은 그 클럭 후 출력 값도 정할 수가 없다. 두 번째 하강에지에서 r로 들어가는 입력 값이 0이므로, r이 0으로 된다. 플립플롭 q가 이 클럭 에지의 결과로서 0에서 1로 바뀌는 것은 관련이 없다. r의 동작을 결정하는 것은 클럭 에지 전의 입력 값이다.

새로운 q값은 다음 클럭 천이에서 r의 동작을 결정하는 데 사용될 것이다. 플립플롭 r의 출력은 한 클럭 지연된 q의 값과 같게 된다.

대부분의 순차시스템들은 이와 같은 방법으로 동작한다. 일반적으로 시스템에서 모든 플립플롭들은 같은 클럭에서 트리거된다. 그리고 이 장 앞부분의 순차시스템에 대한 개념도에서 보여준 것처럼 플립플롭들의 입력은 시스템의 플립플롭 출력 값들에 대한 함수인 경우가 있다.

다른 종류의 플립플롭들을 살펴보기 전에, 이제 정적인(비동기) 클리어[static (asynchronous) clear][6]와 프리세트(preset) 입력이 있는 플립플롭의 동작에 대해서 설명할 것이다. 어떤 플립플롭들의 종류에서는 이용할 수 있는 클리어와 프리세트 중에 하나 또는 두 개 모두를 가질 수 있다. 그림 6.14에 active low(가장 일반적인 배치)인 클리어와 프리세트 입력을 가지는 D 플립플롭을 보여주고 있다. 왼편 영역(그림)은 보수를 표시하기 위해 overbar(집적회로 문헌에서 가장 일반적인 표기)를 사용한다. 여기서는 오른편 그림처럼 프라임($'$)을 사용할 것이다. 플립플롭의 동작은 표 6.4의 진리표에 설명되어 있다. 클리어와 프리세트 입력은 회로 지연을 제외하고 즉시 동작하게 하는데 클럭은 무시된다. 즉 클리어는 출력을 0으로, 프리세트는 출력을 1로 만든다. 단지 이 정적 입력들이 모두 1일 경우에만 플립플롭은 앞에서 설명한 것과 같이 동작하게 되어, 클럭 천이에서 D 입력이 출력을 결정하게 된다. 타이밍도의 그림 6.15에 나타내었다. 클리어 입력은 시작 부분에서 q의 값이 0으로 되도록 활성화된다. 그 입력이 0으로 유지되는 있는 한 클럭과 D는 무시된다. 이와 같이 어떤 것도 클럭의 첫 번째 하강에지에서 바

---

6) 프리세트는 세트(set)라고도 한다. 이런 경우에 클리어는 리세트(reset)라고도 한다.

꺼지 않는다. 클리어가 1로 복귀하고 나서야 클럭과 D가 인계받는다. 그러나 그들은 클럭의 다음 하강에지까지 어떠한 영향도 미치지 않는다. 다음 4개의 하강에지에서 D입력은 플립플롭의 동작을 결정하게 된다. 그리고 프리세트 입력이 0으로 바뀔 때, 플립플롭의 출력은 1로 되고, 프리세트 입력이 1로 되면 클럭과 D는 다시 영향을 주게 된다.

그림 6.14 클리어(clear)와 프리세트(preset) 입력이 있는 플립플롭

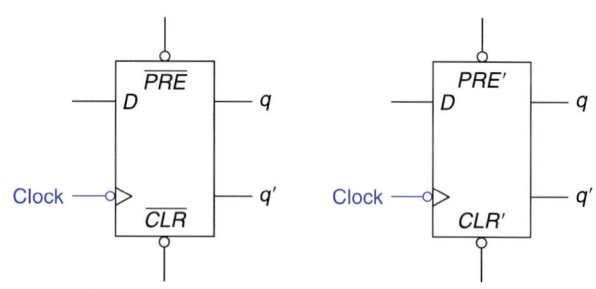

표 6.4 클리어(clear)와 프리세트(preset) 입력이 있는 D 플립플롭의 동작표

PRE'	CLR'	D	q	q*	
0	1	X	X	1	정적
1	0	X	X	0	즉시
0	0	X	X	—	허용 안 됨
1	1	0	0	0	
1	1	0	1	0	클럭에 의함
1	1	1	0	1	(전과 같다)
1	1	1	1	1	

그림 6.15 클리어와 프리세트 입력을 갖는 플립플롭의 타이밍도

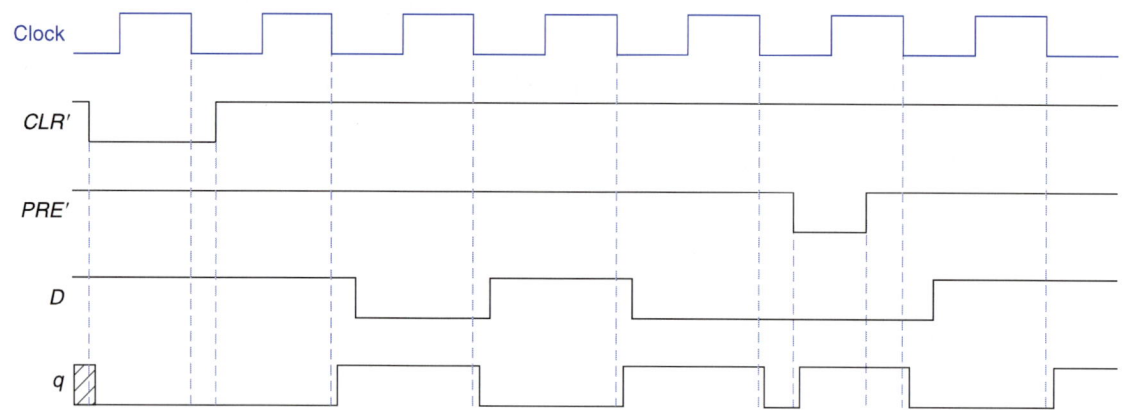

그림 6.16 SR 플립플롭의 상태도

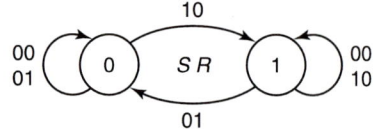

표 6.5 SR 플립플롭의 동작표

S	R	q	q*		S	R	q*	
0	0	0	0		0	0	q	
0	0	1	1		0	1	0	
0	1	0	0		1	0	1	
0	1	1	0		1	1	—	허용 안 됨
1	0	0	1					
1	0	1	1					
1	1	0	—	허용				
1	1	1	—	안 됨				

다음은 SR(Set-Reset) 플립플롭에 대하여 살펴본다. 이것은 두 개의 입력 S 와 R을 갖고 있는데, S와 R은 SR 래치에서의 의미와 같다. 표 6.5의 진리표와 그림 6.16의 상태도는 SR 래치의 동작을 나타내고 있다. S(Set) 입력은 다음 액티브 클럭 에지에서 플립플롭에 1이 저장되도록 하고, R(Reset) 입력은 0을 저장하게 한다. S와 R 입력은 절대 동시에 1이 될 수 없다. S와 R이 모두 1로 되는 것이 플립플롭을 파괴하지는 않지만, 래치의 경우와 마찬가지로 S와 R이 모두 0으로 될 때 어떤 값이 저장될지 알 수가 없다. 상태도에서 각 라벨은 2자리로 되어 있는데, 첫 번째는 S의 값을 나타내고, 두 번째는 R의 값을 나타낸다. 플립플롭 상태 0에서 0으로 가는 경로에 두 개의 라벨이 있는데 00 또는 01 모두가 플립플롭의 상태를 0으로 만들기 때문이다(플립플롭 상태 1에서 1로 가는 경로에도 두 가지의 입력 조합이 있다).

$q\star$(첫 번째 진리표로부터)에 대한 맵을 맵 6.1에 나타냈다. S와 R은 결코 동시에 1로 되지 않기 때문에 두 개의 정사각형이 무정의(don't care)로 표시된 것을 주목하라. 현재상태 q와 입력 S, R에 의하여 플립플롭의 다음상태 $q\star$에 대한 식을 구하면 다음과 같이 된다.

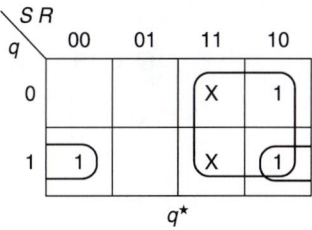

맵 6.1 SR 플립플롭의 동작 맵

$$q\star = S + R'q$$

이 식은 만일 세트(set)하거나($S = 1$), 또는 이미 q가 1인 경우에 리세트(reset)하지 않으면($R = 0$) 클럭 후에 플립플롭이 1이 된다는 것을 말해주고 있다. 타이밍 예(프리세트는 없고, 클리어 입력만 있다)를 그림 6.17에 나타내었다. S과 R이 동시에 1이 되는 경우가 없다는 점을 주목하라. 또한 S와 R이 모두 0이 되면 q는 변하지 않는다.

그림 6.17 SR 플립플롭 타이밍도

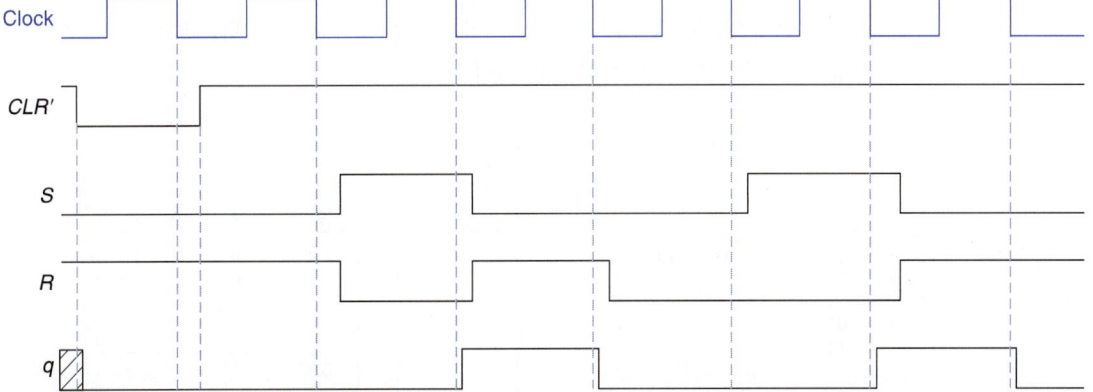

세 번째 플립플롭의 종류로 T(Toggle) 플립플롭이 있다. 이것은 하나의 입력 T를 갖는데, 가령 $T = 1$이면 플립플롭의 상태가 변하게 되고, $T = 0$이면 전 상태

를 유지한다. T 플립플롭의 동작을 나타내는 진리표는 표 6.6에 주어지고, 상태도는 그림 6.18에 나타내었다.

표 6.6 T 플립플롭 동작표

T	q	$q^\star$
0	0	0
0	1	1
1	0	1
1	1	0

T	$q^\star$
0	q
1	q'

그림 6.18 T 플립플롭 상태도

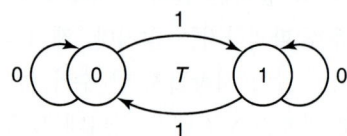

동작을 나타내는 식은 다음과 같다.

$$q^\star = T \oplus q$$

타이밍도는 그림 6.19에 보여주고 있다.[7]

그림 6.19 T 플립플롭의 타이밍도

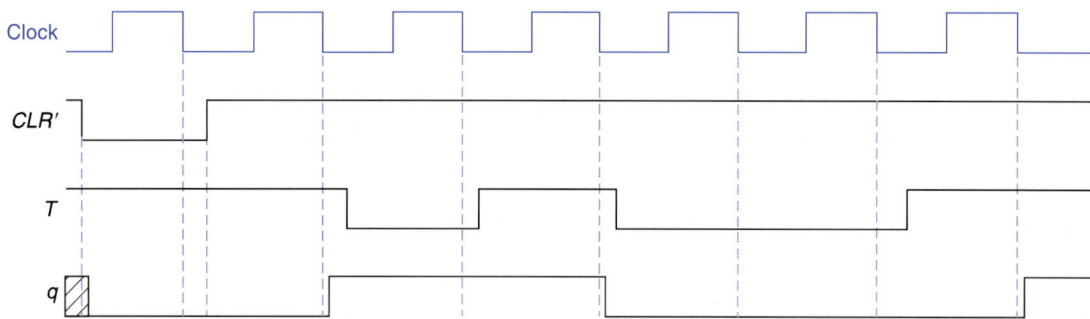

마지막으로 JK 플립플롭(글자들은 약어가 아닌)에 대해서 살펴본다. $J = K = 1$인 경우에 플립플롭은 상태를 바뀌게 하는 것을 제외하면 SR 플립플롭처럼 동작하기 때문에, SR과 T의 조합으로 이루어졌다고 할 수 있다. 표 6.7에 진리표를, 그림 6.20에 상태도를 보여주고 있다.

그림 6.20 JK 플립플롭의 상태도

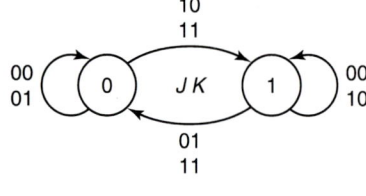

표 6.7 JK 플립플롭의 동작 표

J	K	q	$q^\star$
0	0	0	0
0	0	1	1
0	1	0	0
0	1	1	0
1	0	0	1
1	0	1	1
1	1	0	1
1	1	1	0

J	K	$q^\star$
0	0	q
0	1	0
1	0	1
1	1	q'

---

7) T 플립플롭은 정적 클리어 혹은 프리세트 신호가 있어야 한다. 왜냐하면 다음 상태가 이전 상태에 의존하기 때문이다. 다른 플립플롭에는 플립플롭의 상태를 0으로 만드는 입력의 조합이 적어도 하나는 존재한다.

첫 번째 진리표로부터 맵 6.2와 $q\star$의 식을 얻을 수 있다.

$$q\star = Jq' + K'q$$

그림 6.21에 JK 플립플롭의 타이밍 예를 나타내었다. J와 K 양쪽 모두가 동시에 1인 경우들이 있는데, 이 때마다 상태가 바뀌게 된다는 것을 유의하라.

이제 모든 플립플롭의 동작 특성을 알고 있으므로 더욱 복잡한 시스템을 분석할 수 있다. 복잡한 시스템에 대한 분석을 시작하기 전에 상품화된 플립플롭의 패키지들을 살펴보자. D와 JK 플립플롭은 가장 일반적인 플립플롭이다. 4가지의 패키지를 알아볼 것인데, 이들 모두가 LogicWorks나 Breadboard simulator에서 이용할 수 있다(후자 두 개는 시뮬레이터에서 레지스터 그룹에 소속되어 있다).

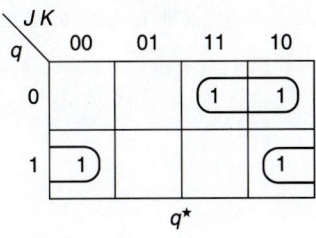

맵 6.2 JK 플립플롭 동작 맵

그림 6.21 JK 플립플롭의 타이밍도

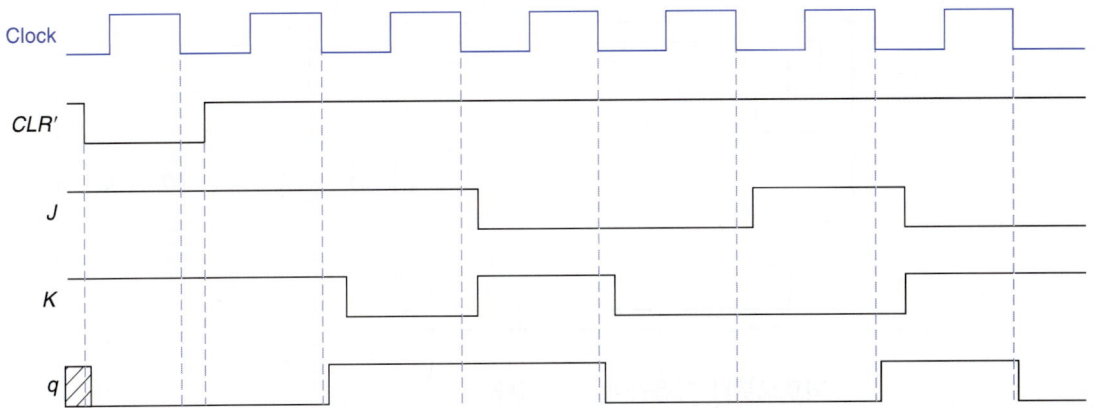

7473은 듀얼 JK 플립플롭 패키지이다. 각각 active low 클리어 입력, 그리고 출력 q와 q'를 갖고 있는 두 개의 독립적인 JK 플립플롭이 들어있다. 또한 하강에지 트리거 플립플롭(각각 플립플롭들이 분리된 클럭 입력을 갖는)이다. (각 플립플롭은 4개 입력 J, K, 클리어 그리고 클럭과 두 개의 출력 q, q'를 가진다. 14핀 집적회로 패키지에 적합하다.)

7474는 듀얼 D 플립플롭이고, 또한 14핀으로 되어있다. 각 플립플롭에 하나의 데이터 입력만 있으므로, 두 개의 이용 가능한 핀들이 있는데 active low 프리세트 입력에 사용된다. 상승에지 트리거 플립플롭(각 플립플롭이 독립된 클럭 입력을 갖는)이다.

또한 4개 또는 6개의 플립플롭을 갖는 D 플립플롭 패키지가 있다. 74174는 6개로 구성된 D 플립플롭으로서 각각의 플립플롭에 한 개의 출력 q를 갖고 있고, 6개의 플립플롭에 공통으로 사용되는 하나의 상승에지 트리거 클럭 입력이 있다. 16핀 패키지로 되어 있다.

마지막으로, 4개의 D 플립플롭을 갖는 74175가 있다. 각각의 플립플롭은 q와

[문제풀이 3, 4;
연습문제 3, 4, 5, 6; 실험]

q'의 출력을 갖고 있다. 공통의 상승에지 트리거 클럭 입력과 active low 클리어 입력이 있다. 16핀 패키지인데, 핀 배치는 부록 A.6에 있다.

6.4 순차시스템의 해석

이 절에서는 작은 상태기계들(플립플롭과 게이트들로 이루어진)을 설명하고, 이들의 동작을 분석할 것이다. 즉 타이밍도, 타이밍 추적, 상태표, 상태도를 구할 것이다. 또한 상태표와 타이밍과의 사이의 관계를 알아본다.

첫 번째 예제, 그림 6.22의 회로는 두 개의 하강에지 트리거 D 플립플롭으로 이루어진 회로이다(플립플롭들을 q_1과 q_2라 할 것이다. 때때로 A와 B와 같이 이름을 사용할 것이다).

그림 6.22 D 플립플롭 Moore 모델 회로

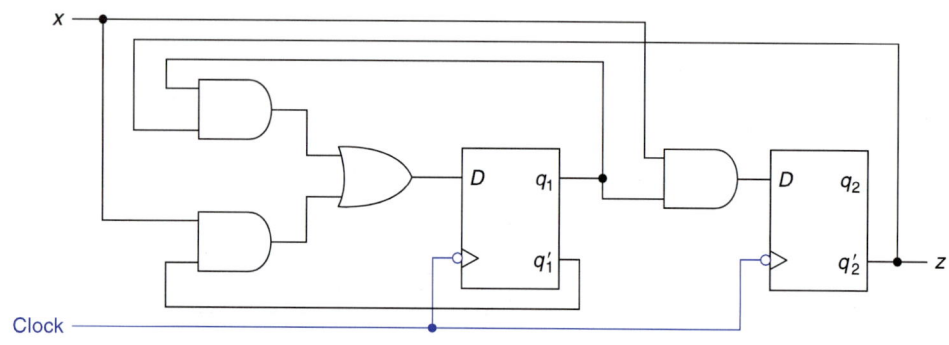

회로로부터 다음을 알 수 있다.

$$D_1 = q_1 q_2' + x q_1'$$
$$D_2 = x q_1$$
$$z = q_2'$$

먼저 상태표를 완성하도록 한다. 이것은 Moore 모델이기 때문에 하나의 출력 열이 있다. 다음상태 부분은 D 플립플롭 $q\star = D$로 쉽게 알 수 있다. 출력(z) 열과 표 6.8a에서 볼 수 있는 것처럼 표의 일부분인 $q_1^\star(= D_1)$을 먼저 완성한다. 마지막으로, $q_2^\star(D_2)$를 더해 표 6.8b의 완전한 상태표를 완성하도록 한다.

그림 6.23 Moore 상태도

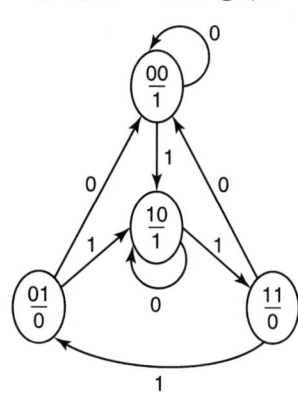

표 6.8a 부분상태표

$q_1 q_2$	$q_1^\star \ q_2^\star$ $x = 0$	$x = 1$	z
0 0	0	1	1
0 1	0	1	0
1 0	1	1	1
1 1	0	0	0

표 6.8b 완전한 상태표

$q_1 q_2$	$q_1^\star \ q_2^\star$ $x = 0$	$x = 1$	z
0 0	0 0	1 0	1
0 1	0 0	1 0	0
1 0	1 0	1 1	1
1 1	0 0	0 1	0

상응되는 상태도는 그림 6.23에 있다.

이제 *JK* 플립플롭으로 구성된 Moore 모델 회로를 보자(그림 6.24).

그림 6.24 Moore 모델 회로

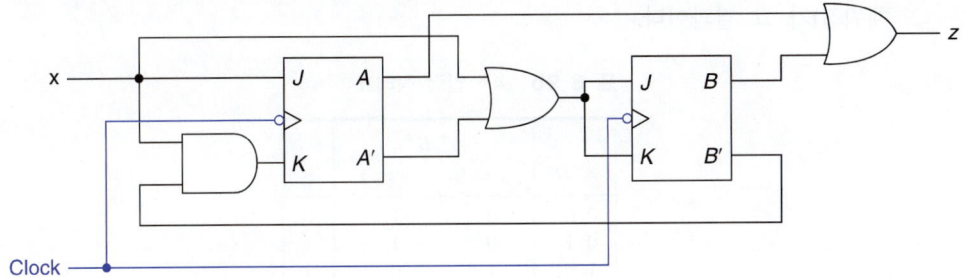

출력 $z = (A + B)$는 입력 x와는 관계없이 단지 상태(플립플롭의 출력)에 대한 함수이기 때문에 Moore 모델이다.

플립플롭 입력들과 출력 z에 대한 식을 쓰고, 이 식들로부터 상태표를 만든다.

$$J_A = x \qquad K_A = xB'$$
$$J_B = K_B = x + A'$$
$$z = A + B$$

출력 열은 z 식으로부터 직접 구한다. 이제 다음상태 부분을 하나씩 작성할 수 있다. 첫 번째 항목에서 $x = A = B = 0$이기 때문에 $J_A = K_A = 0$, $J_B = K_B = 1$이 된다. 표 6.7(6.3절)의 플립플롭 동작표로부터, A는 상태가 변하지 않고 B는 상태가 바뀐다는 것을 알 수 있다. 따라서 다음상태는 01이 된다. 다음에, $x = A = 0$이고 $B = 1$(첫 번째 열의 두 번째 행)이면, $J_A = K_A = 0$이고 $J_B = K_B = 1$이 된다. 다시 한 번, A는 상태가 변하지 않고 B는 변한다. 그 결과, 다음상태는 00이 된다. 여기서, 표 6.9a의 상태표를 얻게 된다.

표 6.9a 첫 번째 두 입력 상태표

| | $A^\star B^\star$ | | |
$A\ B$	$x = 0$	$x = 1$	z
0 0	0 1		0
0 1	0 0		1
1 0			1
1 1			1

이런 방법으로 남아있는 항목들에 대하여 계속하거나 또는 한 번에 하나의 플립플롭 식들을 찾을 수 있다(*D* 플립플롭에서 했던 것처럼). $x = 0$일 때(A와 B의 값에 관계 없이), $J_A = K_A = 0$이고, 플립플롭 A는 상태가 변하지 않는다. 따라서 표 6.9b처럼 $x = 0$인 경우에 대하여 $A^\star$를 완성할 수 있다. $x = 1$이면, $J_A = 1$이

고 $K_A = B'$가 된다. $B = 0$인 두 개의 행(첫 번째와 세 번째)에 대하여 J_A와 K_A는 둘다 1이고 A는 상태가 변한다. $B = 1$인 두 개의 행(두 번째와 네 번째)에 대하여 $J_A = 1$이고 $K_A = 0$이 되므로 플립플롭 A는 1이 된다. 표 6.9b의 미완성 표($A^\star$가 채워진)가 그 결과이다.

표 6.9b $A^\star$ 입력 상태표

A B	$A^\star B^\star$		z
	x = 0	x = 1	
0 0	0	1	0
0 1	0	1	1
1 0	1	0	1
1 1	1	1	1

이제 표의 $B^\star$부분을 완성할 수 있다. $A = 0$일 때(첫 번째 두 행들), $J_B = K_B = 1$이고, B는 상태가 변한다. $A = 1$일 때, $J_B = K_B = x$가 된다. $x = 0$(첫 번째 열, 마지막 두 행)이면 B는 변하지 않는 상태로 남는다. 마지막으로, $A = 1$이고 $x = 1$이면, $J_B = K_B = 1$이 되고 B는 상태가 바뀐다. 표 6.9c가 완성된 표이다.

표 6.9c 완성된 상태표

A B	$A^\star B^\star$		z
	x = 0	x = 1	
0 0	0 1	1 1	0
0 1	0 0	1 0	1
1 0	1 0	0 1	1
1 1	1 1	1 0	1

상태표를 완성하는 또 다른 방법으로는 앞 절에서 설명한 다음상태에 대한 함수식들을 이용하는 것이다. 즉,

$$q^\star = Jq' + K'q$$

이 문제에 대한 식들을 사용하여, 다음 식을 얻는다.

$$A^\star = J_A A' + K'_A A = xA' + (xB')'A = xA' + x'A + AB$$
$$B^\star = J_B B' + K'_B B = (x + A')B' + (x + A')'B$$
$$= xB' + A'B' + x'AB$$

이제 D 플립플롭의 상태표를 완성할 수 있고, 이 식들은 이전과 동일한 결과를 만들어낸다.

이 예제에서, 만약 입력 x와 초기 상태가 주어지면, 타이밍 추적과 타이밍도를 만들 수 있다.[8] 추적 6.4에서 x의 값과 A와 B의 초기값이 주어졌다.

---

8) 이 과정은 타이밍 추적 6.2에서 한 것과 같은 작업이다. 주된 차이점은 타이밍 추적 6.2에서 상태 이름을 사용하였는데 여기서는 상태변수(플립플롭)의 값을 사용하였다.

추적 6.4 표 6.9에 대한 추적

x	[0]	0	1	0	1	1	0	
A	0→	[0]	0	1	1	1	0	0
B	0	[1]	0	1	1	0	1	0	1
	↓							
z	[0]	1	0	1	1	1	1	0	1

첫 번째 클럭 에지에서 음영 처리된 부분에 있는 값들이 다음상태(오른쪽 상자)와 현재의 출력(아래 상자)을 결정한다. 다음상태는 표 6.9c의 음영 처리된 첫번째 행($AB = 00$)과 첫 번째 열($x = 0$)에서 얻어진다. 출력은 첫 번째 행에서 z의 값이다(상태는 다만 출력을 결정하기위하여 필요하다). 타이밍 추적의 다음 열을 위해, 이 과정을 다시 시작한다. 이것은 사실상 새로운 문제이다. 상태는 01(상태표의 두 번째 행)이고 입력은 0이다. 다음상태의 값은 00이 된다. 연속하는 입력들에 대하여 이 과정을 반복한다. 시스템이 01인 상태에서 마지막 입력 0은 시스템을 상태 00으로 바꾼다. 더 이상 입력을 알 수 없어도 그 상태와 출력을 알수 있다. 마지막으로, 이 예에서 상태 00에서 다음상태는 01이거나 11이고, 둘 다 $B = 1$그리고 1 출력을 가지므로, 한 번 더 클럭 시간에 대한 출력과 B의 값을 확인할 수 있다(더 이상의 것은 알 수 없다).

그림 6.25에서 다음과 같은 입력 시퀀스의 동일한 시스템에 대한 타이밍도를 확인할 수 있다. 하강에지 바로 전의 변수들(A, B, x)의 값을 알아야 한다. 그것으로부터 현재상태와 입력을 알 수 있으며, A와 B가 다음 클럭 주기에서 어떤값을 갖게 되는 지를 결정 할 수 있다. A와 B를 알 수만 있으면 어느 시점에서도 z값을 결정할 수 있다.

그림 6.25 표 6.9에 대한 타이밍도

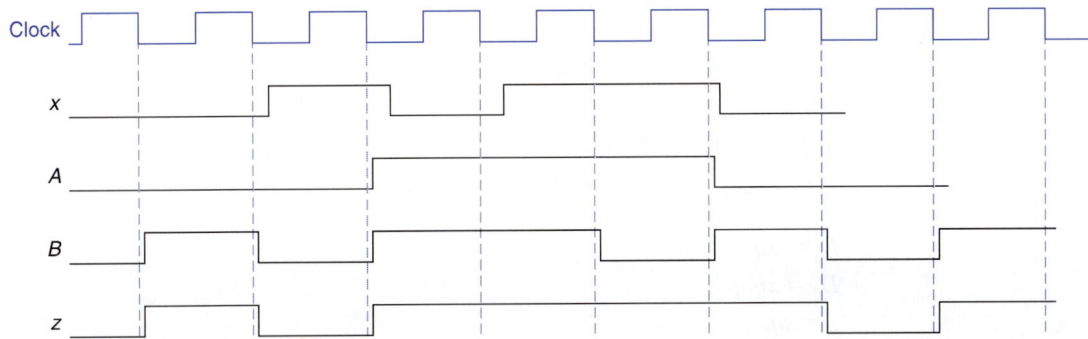

타이밍도나 추적을 얻기 위해 상태표를 완성할 필요는 없었다. 각 클럭의 하강에지에서 각 플립플롭의 동작을 알 수 있다. 출력은 두 상태 변수(A, B)의 OR 이기 때문에 마지막에 완성될 수 있다. 따라서 첫 번째 클럭 에지에서 $A = B = x = 0$이면, $J_A = K_A = 0$이 되어 A는 0으로 남는다. 그리고 $J_B = K_B = 1$이 되어 B는 반전되어 1이 된다. 다음 클럭에서 이와 같은 연산을 반복할 수 있다.

여기서, 초기값에 대하여 한 가지를 기술한다. 이 예제에서, 첫 번째 클럭에서 A와 B에 무엇이 저장되는지를 알고 있다고 가정했다. 이것은 정적 클리어 입력을 사용하여 할 수 있는데, 문제를 간단히 하기 위하여 명시하지 않았다. 경우에 따라서는, 초기화 값을 모른다 할지라도 하나나 두 개의 클럭 주기 후에 시스템의 동작이 정해지게 된다(다음 예제에서의 경우가 될 것이다). 그러나 이 문제에서 시스템을 초기화하여야 한다(다른 초기화 상태로 시도를 해보면 주어진 시간 주기 동안 완전히 다른 순서가 나오는 것을 알 수 있다). 마지막으로, 이 문제에 대한(Moor 모델) 상태도를 그림 6.26에 보여주고 있다.

그림 6.26 표 6.9 상태도

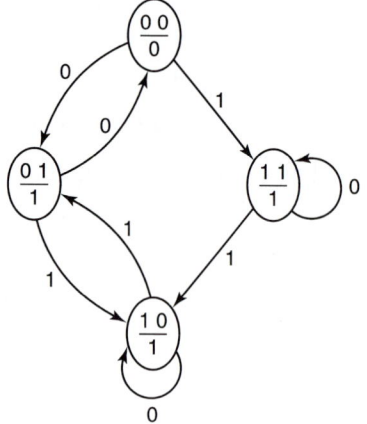

몇몇 시스템에서 출력은 현재상태뿐 아니라 현재의 입력에까지 의존한다. 회로 관점에서 본다면 z는 상태 변수뿐만이 아니라 x의 함수를 의미하는 것이다. 이런 회로 형태는 Mealy 모델에서 언급하기로 한다. 그리고 이 같은 시스템의 예는 그림 6.27에서 볼 수 있다.

플립플롭의 입출력 방정식은 다음과 같다.

$$D_1 = xq_1 + xq_2$$
$$D_2 = xq_1'q_2'$$
$$z = xq_1$$

물론, D 플립플롭은 $q^\star = D$이므로

그림 6.27 Mealy 모델

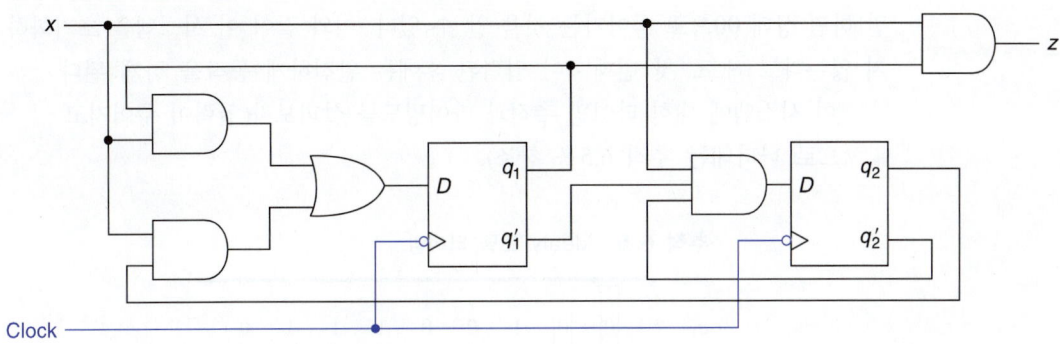

$$q_1^{\star} = xq_1 + xq_2$$
$$q_2^{\star} = xq_1'q_2'$$

이것으로부터 표 6.10의 상태표를 얻는다. $x = 0$과 $x = 1$인 두 개의 출력 열이 필요하다는 것을 알 수 있다.

표 6.10 Mealy 시스템 상태표

	$q^{\star}$		z	
q	$x = 0$	$x = 1$	$x = 0$	$x = 1$
0 0	0 0	0 1	0	0
0 1	0 0	1 0	0	0
1 0	0 0	1 0	0	1
1 1	0 0	1 0	0	1

상태 11로는 절대 가지 않기 때문에, 이 문제는 3개의 상태만을 갖는다(시스템을 처음 켤 때, 상태 11에서 시작할 수도 있지만). 그러나 첫 번째 클럭 이후 그 상태를 떠나고 절대 다시 이 상태로 돌아오지 않는다. 그림 6.28의 상태도를 보면 분명해진다.

그림 6.28 Mealy 모델 상태도

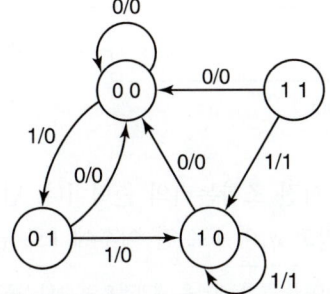

앞의 상태도에서 상태 11로 가는 경로는 없다. 또한 언제든지 0이 입력되기만 하면 상태 00으로 돌아가는 것을 알 수 있다. 이와 같이 이 시스템을 초기화하지 않는다고 해도, 첫 번째 0이 입력된 후에는 완전하게 동작을 하게 된다.

이 시스템에 대한 타이밍 추적과 타이밍도를 살펴보자(입력이 주어지고 연파랑색으로 나타내는 추적 6.5를 참조).

추적 6.5 Mealy 모델 타이밍

x	0	1	1	0	1	1	1	1	0
q_1	?	0 → 0	1	0	0	1	1	1	0
q_2	?	0	1	0	0	1	0	0	0
z	0	0	0	0	0	0	1	1	0	0	0

초기 상태(q_1, q_2에 대한 ?)를 모른다 할지라도, 입력 0은 다음 클럭에서 상태 00으로 가도록 하여 타이밍 추적을 완성할 수 있다. 출력은 입력이 없는 두 클럭 주기 동안에도 알 수 있다. 왜냐하면 상태 10(출력 1을 만드는 유일한 상태)에 두 클럭 전에는 도달할 수 없기 때문이다. 주의: 현재상태와 현재 입력은 현재출력과 다음상태를 결정한다.

이 예제의 타이밍도는 그림 6.29에서 나타내고 있다. 이것은 Mealy 시스템[9]의 특징을 나타내고 있다. 여기에서 상태표나 타이밍 추적에서는 나타나지 않지만, 짧은 시간동안에 출력이 1로 가는 잘못된 출력(때때로 글리치라고도 하는)이 있는 점을 유의하라.

그림 6.29 잘못된 출력의 예

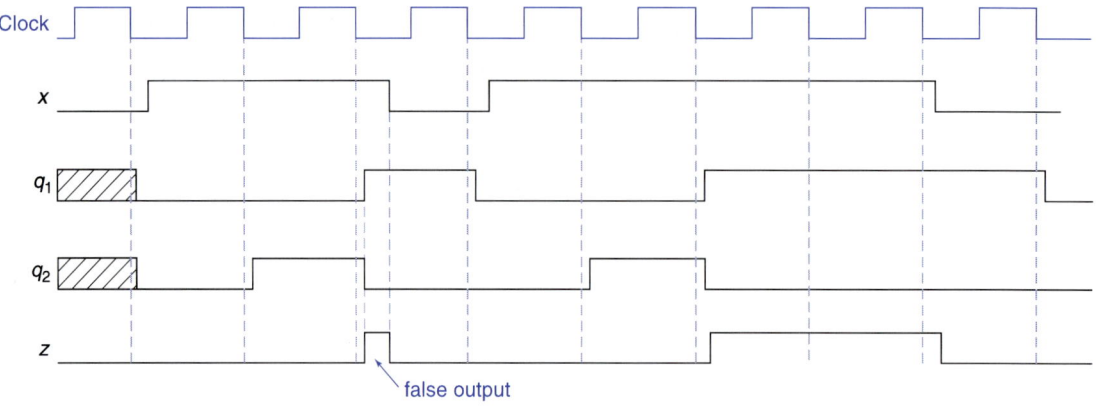

false output

출력은 단지 xq_1으로 이루어진 조합논리의 출력이다. 만약 입력 x가 클럭의 하강에지에서 동시에 변하지 않고 q_1이 1로 간 이후에 1로 남게 되면(이 경우와 같이)

---

9) 타이밍도에서, 출력 AND 게이트를 통한 지연은 일반적으로 플립플롭보다 짧기 때문에 무시된다.

출력은 1로 가게 될 것이다. 그러나 상태표나 타이밍 추적에 나타나는 출력은 다음 클럭 주기에서의 q_1값에 의해 정해진다. Mealy 시스템의 출력은 주로 클럭 타임(즉, 플립플롭의 상태를 변화시킬 수도 있는 에지의 바로 전)에 관련되어 있기 때문에 잘못된 출력은 보통 중요하지 않다. 더욱이, 시스템의 입력들이 클럭의 하강에지[10]와 동시에 변하는 경우가 보통이다. 플립플롭이 변한 후에 x가 변했기 때문에 글리치가 발생한다. 글리치는 입력 x가 바뀌는 시간(in time)이 q가 바뀌는 시간(즉, 클럭 에지)과 가까울수록 글리치 펄스의 폭은 좁아지고, 만일 q_1가 1로 바뀌는 시간과 동시에 x가 0으로 가면 글리치는 없어지게 된다.

예제 6.1a

JK 플립플롭과 D 플립플롭으로 되어있는 회로를 보자.

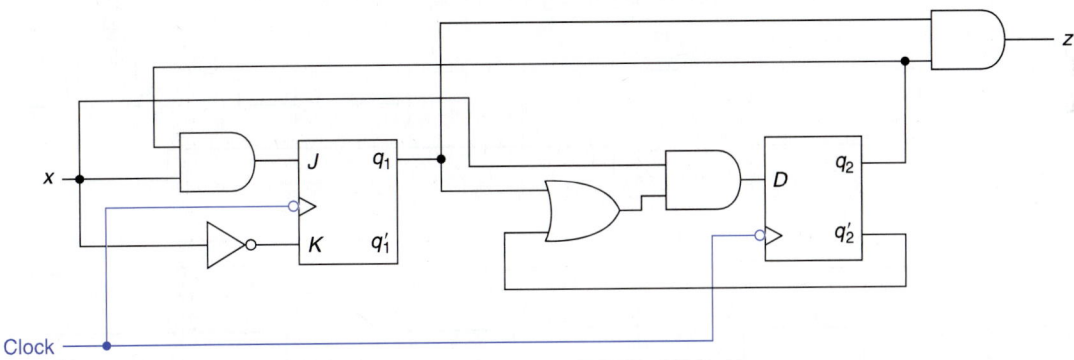

출력 $z = q_1 q_2$는 입력 x에 의존하지 않는다. 그러므로 이것은 Moore 모델이다[만약 입력이 세 개나 그 이상의 연속적인 클럭 주기에서 1이면, 출력이 1이 되는 시스템이다(예문 6)].

시스템에 대한 입력식은 다음과 같다.

$J_1 = xq_2 \qquad K_1 = x'$
$D_2 = x(q_1 + q_2')$

$x = 0$일 때, J_1은 0, K_1은 1, 그리고 D_2는 0이므로 시스템은 상태 00으로 간다. $x = 1$일 때,

$$J_1 = q_2 \qquad K_1 = 0 \qquad D_2 = q_1 + q_2'$$

플립플롭 q_1는 $q_2 = 1$일 때 1로 가고, 그렇지 않으면 변하지 않는다(물론, 상태 10에서 q_1은 1로 남는다). 플립플롭 q_2는 $q_1 = 1$이거나 $q_2 = 0$일 때 1로 되고, $q_1 = 0$이고 $q_2 = 1$일 때만 0으로 된다.

다음 식을 이용하여

$$q^\star = Jq' + K'q$$

---

10) 때때로 클럭 에지와 입력의 변화를 동기화하기 위해 회로가 추가되기도 한다.

q_1에 대한 다음 식을 얻을 수 있다.

$$q_1^{\star} = xq_2q_1' + xq_1 = x(q_2 + q_1)$$

어떤 방법을 쓰든지 다음의 상태표를 얻게 된다.

$q_1 q_2$	$q_1^{\star} q_2^{\star}$		z
	$x = 0$	$x = 1$	
0 0	0 0	0 1	0
0 1	0 0	1 0	0
1 0	0 0	1 1	0
1 1	0 0	1 1	1

이것은 A가 00, B가 01, C가 10, D가 11로 작성되면 표 6.1에서와 동일한 상태표이다. 이 시스템에서 다음과 같은 타이밍도를 얻게 된다.

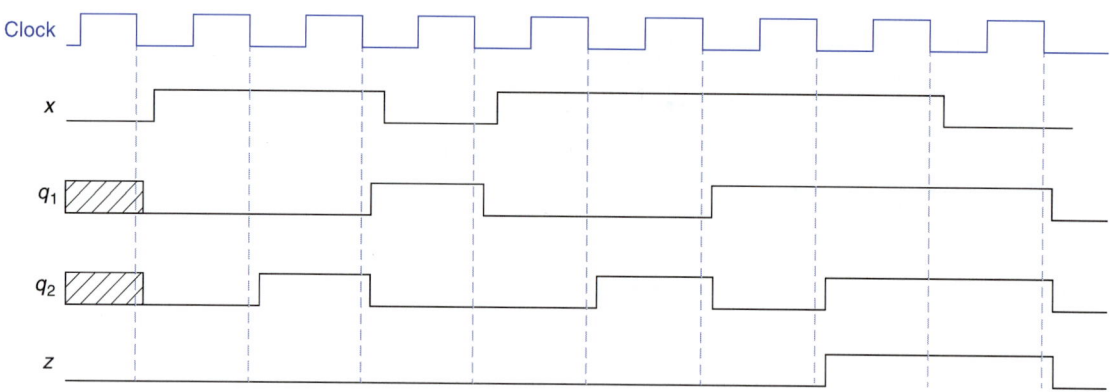

Moore 모델에서 잘못된 출력은 결코 발생하지 않는다. 왜냐하면 출력은 플립플롭의 상태에 의해서만 정해지고, 플립플롭 모두가 클럭의 하강에지에서 동시에 변하기 때문이다. 출력은 한 클럭의 하강에지에서부터 다음 하강에지까지의 전체 클럭 주기 동안 유효하게 된다.

예제 6.1b

예제 6.1a의 AND 게이트가 3번째 입력 x'를 가진다면, 그 때 $z = x'q_1q_2$이고, 이것은 Mealy 모델이 될 것이다. 상태표와 타이밍도의 다음상태 부분은 변화가 없게 된다. 상태표 상에 두 열들이 있을 것이다.

$q_1 q_2$	$q_1^{\star} q_2^{\star}$		z	
	$x = 0$	$x = 1$	$x = 0$	$x = 1$
0 0	0 0	0 1	0	0
0 1	0 0	1 0	0	0
1 0	0 0	1 1	0	0
1 1	0 0	1 1	1	0

타이밍도에서 z는 x가 0(예제 6.1a에서보다 한 클럭 타임 늦은)으로 된 후까지 0으로 남아있을 것이다.

예제 6.2

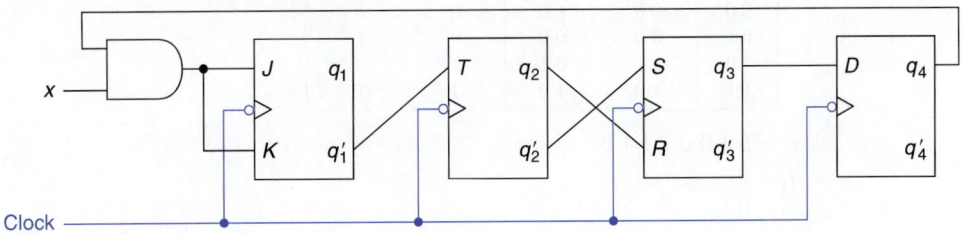

타이밍 추적을 최대한 완성하고, 시스템의 초기 상태를 0000으로 가정한다. 주어진 값은 파랑색으로 나타낸다.

$$J_1 = K_1 = xq_4$$
$$T_2 = q_1'$$
$$S_2 = q_2' \qquad R_2 = q_2$$
$$D_4 = q_3$$

따라서,

q_1은 $xq_4 = 1$일 때 상태가 변한다.
q_2는 $q_1 = 0$일 때 상태가 변한다.
$q_3^\star = q_2'$
$q_4^\star = q_3$

$$
\begin{array}{ll}
x & 1\ 1\ 1\ 0\ 1\ 1 \\
q_1 & 0\ 0\ 0\ 1\ 1\ 0\ 0\ 0\ 0 \\
q_2 & 0\ 1\ 0\ 1\ 1\ 1\ 0\ 1\ 1\ 0 \\
q_3 & 0\ 1\ 0\ 1\ 0\ 0\ 0\ 1\ 0\ 0\ 1 \\
q_4 & 0\ 0\ 1\ 0\ 1\ 0\ 0\ 0\ 1\ 0\ 0\ 1
\end{array}
$$

첫 번째 클럭 후 q_1은 0으로 남고, q_2는 토글되고, q_3은 1(q_2')로 로드되고 q_4는 0(q_3으로부터)으로 이동한다. 마지막 입력이 이 회로에 알려진 후, q_4의 현재 값이 0(xq_4가 0이 될 것이므로)인 한 q_1의 차기 값을 결정할 수 있다. 각각 다른 플립플롭의 다음상태는 오직 그 상태의 왼쪽 현재상태에 의존한다. 따라서 q_1이 알려진 후 한 클럭 q_2, 다음 한 클럭 후 q_3, 그리고 한 클럭이 더해진 후의 q_4의 값을 알 수 있다.

[문제풀이 5, 6, 7, 8;
연습문제 7, 8, 9; 실험]

디지털 논리설계

6.5 문제풀이

1. 다음 각 상태표에 대하여, 상태도와 가능한 완전한 타이밍 추적(timing trace)을 보여라(입력 값이 알려지지 않은 후에도).

a.

q_1q_2	$q_1^\star q_2^\star$		z	
	$x = 0$	$x = 1$	$x = 0$	$x = 1$
0 0	0 0	1 0	0	1
0 1	0 0	0 0	0	0
1 0	1 1	0 1	1	1
1 1	1 0	1 0	1	0

x 0 1 0 0 1 1 1 0
q_1 0
q_2 0
z

b.

q	$q^\star$		z
	$x = 0$	$x = 1$	
A	A	B	1
B	D	C	1
C	D	C	0
D	A	B	0

x 0 1 0 1 0 1 1 1 0 1 0 0 0 0
q A
z

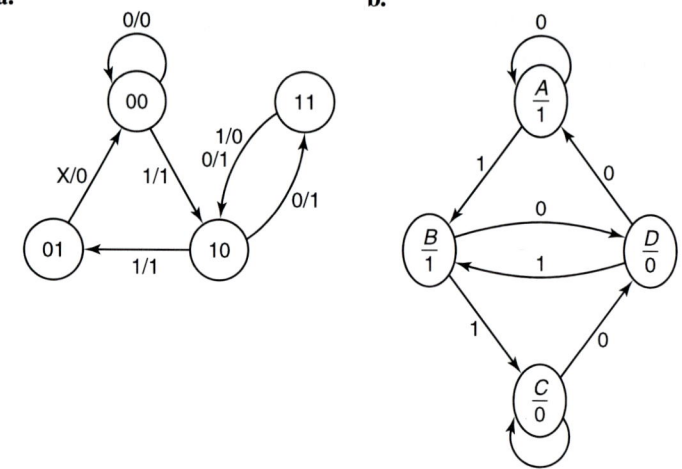

a.   **b.**

a에서 상태 01은 항상 00으로 가고(입력은 무정의) 출력은 항상 0이다. 상태 11은 항상 10으로 가는데, 그러나 출력은 2개의 다른 입력들에 따라 다르다. 따라서 두 개의 라벨이 해당된 경로에 붙여졌다.

타이밍 추적은 다음과 같다:

a. x 0 1 0 0 1 1 1 0
  q_1 0 0 1 1 1 0 0 1 1 1
  q_2 0 0 0 1 0 1 0 0 1 0 1 0
  z 0 1 1 1 1 0 1 1 ? 1

상태 11은(입력에 관계없이) 항상 상태 10으로 가기 때문에 입력이 더 이상 주어지지 않는 두 번째 클럭동안 다음상태를 결정할 수 있다. 마지막 입력 후 첫 번째 클럭에서 출력은 알 수가 없다. 그러나 그 다음 클럭에서는 반드시 1인 것을 알 수 있다. 왜냐하면 상태 10에서는 입력에 관계없이 출력이 1이기 때문이다. 두 번의 추가적인 클럭에서 q_2 값을 결정할 수 있다는 것을 참고하라.

b. x 0 1 0 1 0 1 1 1 0 1 0 0 0 0
  q A A B D B D B C C D B D A A
  z 1 1 1 0 1 0 1 0 0 0 1 0 1 1 1 1

상태 A가 A 혹은 B로 가고, 그리고 각 상태의 출력은 1이기 때문에 추가 클럭에서의 출력을 결정할 수 있다.

2. 다음의 래치를 분석하라. 입력과 출력에 의미가 있는 라벨을 붙여라.

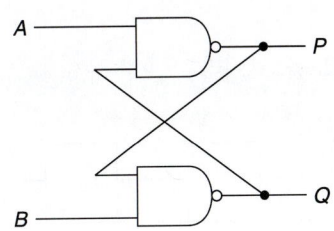

$$P = (AQ)' \qquad Q = (BP)'$$

$A = B = 0$이면
  $P = Q = 1$
$A = B = 1$이면
  $P = Q' \qquad Q = P'$
$A = 0$과 $B = 1$이면
  $P = 1 \qquad Q = 0$
$A = 1$과 $B = 0$이면
  $Q = 1 \qquad P = 0$

이것은 active low 입력 래치이며, 양쪽 입력 모두가 active($A = B = 0$)는 허용되지 않는다. 기억상태는 $A = B = 1$이며(비활성), 출력은 서로 보수이다. A가 활성화되면, P는 1이 된다(그리고 $Q = 0$). B가 활성화되면 $Q = 1$ 그리고 $P = 0$이다. 따라서 래치의 라벨을 다음과 같이 붙일 수 있다.

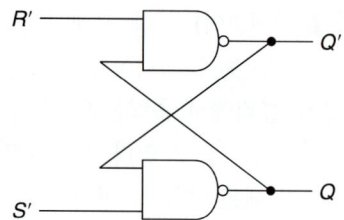

3. 다음 하강에지 트리거 플립플롭들을 고려하자.

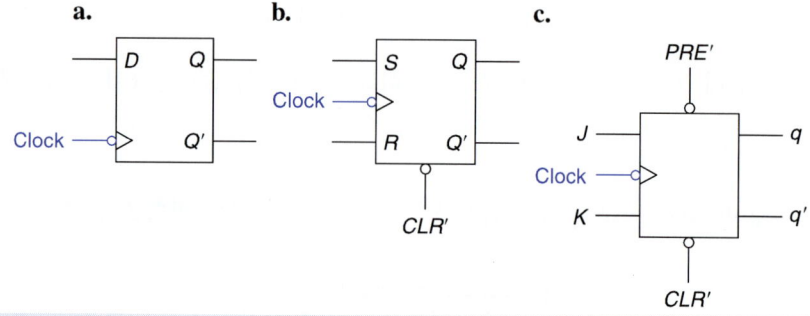

a. Q에 대한 타이밍도를 보여라.

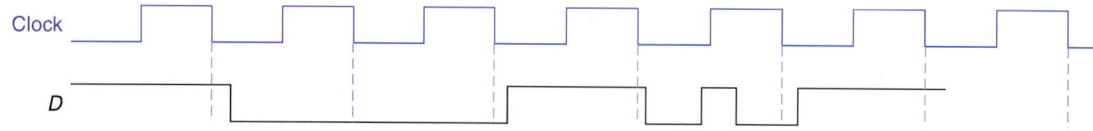

b. 다음 조건에서 Q의 타이밍도를 보여라.

  i. CLR' 입력이 없다.

  ii. CLR'의 입력은 아래에 주어졌다.

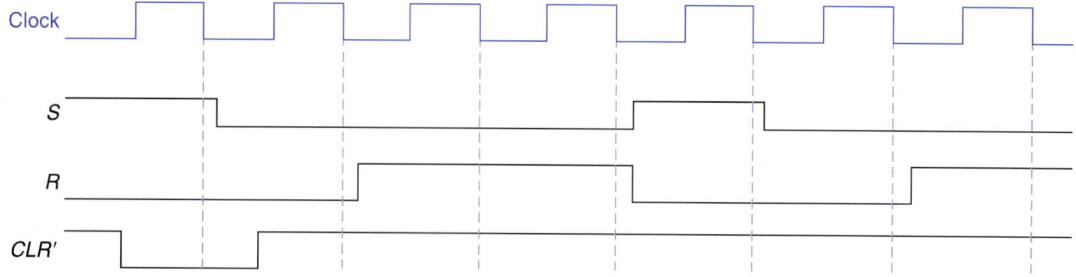

c. 다음 조건에서 Q의 타이밍도를 보여라.

   i. PRE'의 입력이 없다.

   ii. PRE'의 입력이 CLR'입력과 함께 아래와 같이 주어졌다.

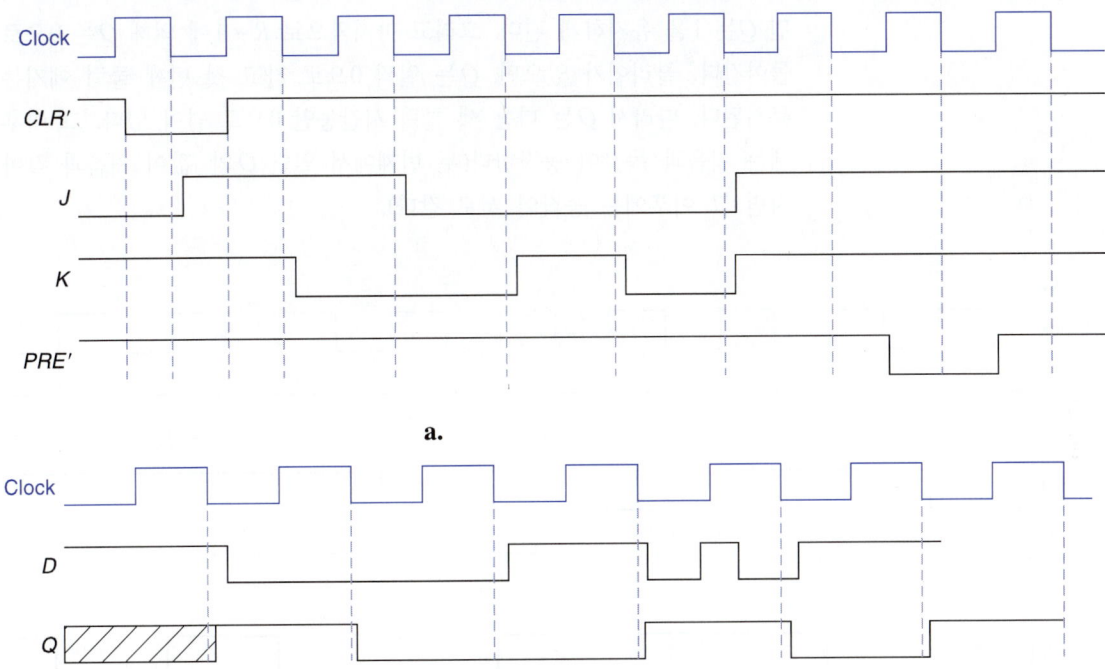

a.

플립플롭의 상태는 첫 번째 하강에지 때까지 알 수 없다. 그때에 D는 저장될 값을 결정한다. 따라서 처음에 Q는 1로 간다. 두 번째에 Q는 0으로 간다. 세 번째에 Q는 0을 유지한다. 클럭 주기 사이에서 D의 변화는 동작에 영향을 주지 않는다. 하강에지 바로 전의 D의 값이 동작을 결정한다.

b.

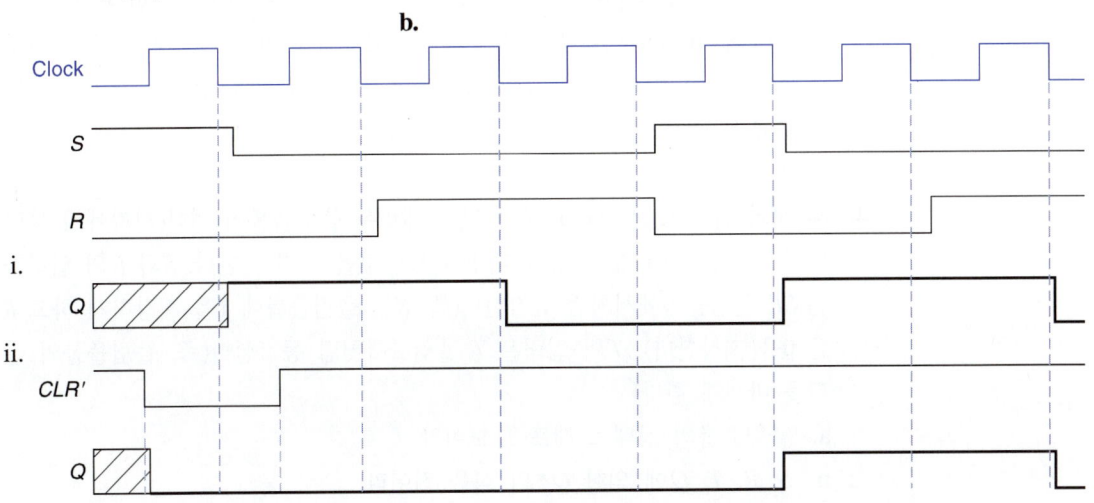

클리어가 없으면 첫 번째 하강에지 후까지는 Q의 값을 알 수가 없다. 이 시점에서, $S = 1$이기 때문에, Q는 1로 간다. 다음 클럭에서, S와 R 둘 다 0이다; 따라서 Q는 바뀌지 않는다. 다음 두 클럭 동안 $R = 1$이므로, Q는 0으로 간다. 그리고 $S = 1$에 의해 $Q = 1$로 된다. S와 R이 0이면 Q는 1을 유지하게 된다. 그리고 마지막으로 $R = 1$에 의해 Q는 0으로 돌아간다. 클리어가 있으면, Q는 일찍 0으로 가고 첫 번째 클럭 에지는 무시된다. 따라서 Q는 다음 세 클럭 시간동안 0으로 남아 있다. 그 이후에는 처음과 똑같이 동작한다(두 번째에서 일단 Q의 값이 처음과 같아지면 그 이후에는 동작이 서로 같다).

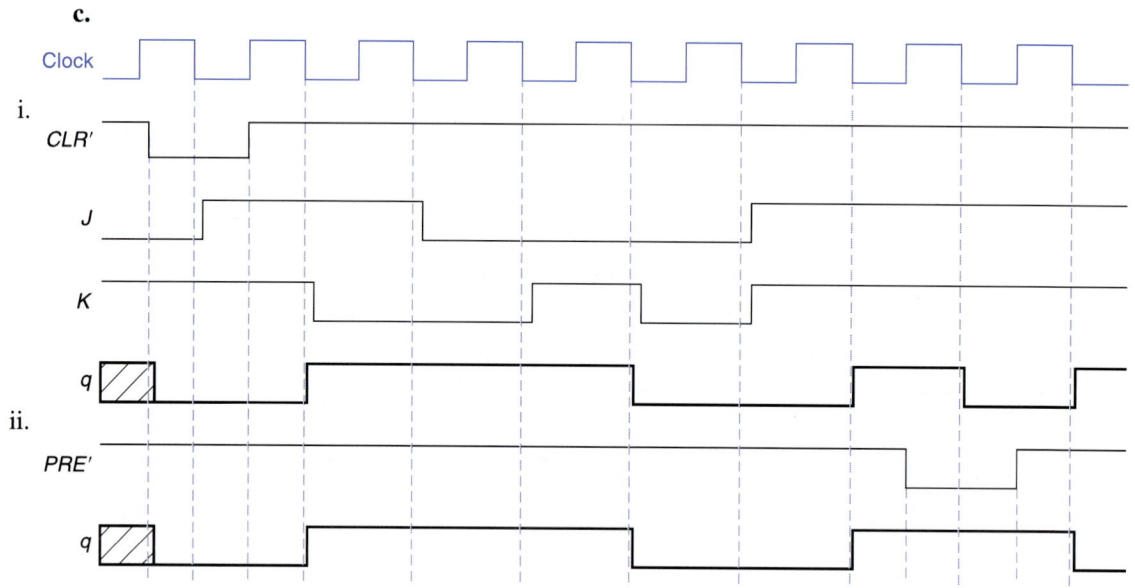

두 경우가 preset 입력이 active할 때까지 똑같이 동작한다. 두 번째 경우에, preset 입력은 클럭을 무시하고 1의 출력을 유지하게 한다. 그리고 출력이 반전되기 시작하면(J와 K가 1이기 때문에), 두 개의 타이밍 그림은 서로 반대이다.

4. 세 개의 입력 S, R 그리고 T가 있는 새로운 플립플롭이 있다(하강에지 클럭 입력을 포함하여). 입력 중 하나밖에 1의 값을 갖지 못한다. S와 R의 입력들은 SR 플립플롭에서처럼 동작한다(즉, S는 플립플롭에 1을 저장하게 하고 R은 0을 저장한다). T의 입력은 T 플립플롭처럼 동작한다(즉, 플립플롭의 상태를 바뀌게 한다).

a. 플립플롭의 상태 그래프를 보여라.

b. S, R, T, Q에 의한 $Q^\star$의 식을 적어라.

a.

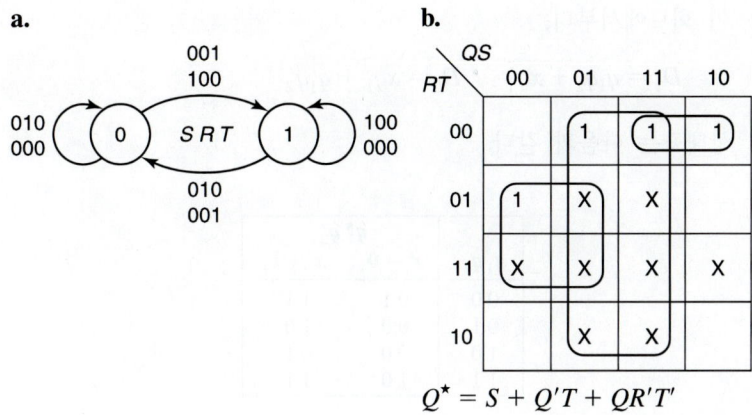

b.

RT \ QS	00	01	11	10
00		1	1	1
01	1	X	X	
11	X	X	X	X
10		X	X	

$$Q^\star = S + Q'T + QR'T'$$

5. 다음 회로에 대하여,

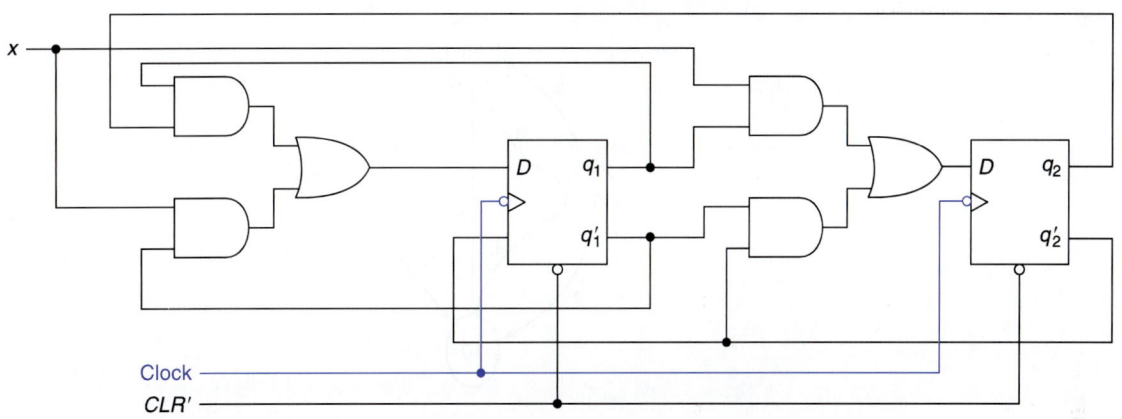

a. CLR'의 입력을 무시하고 상태도과 상태표를 찾아라.

b. 플립플롭의 각 초기 상태가 0(CLR'은 없다)이라 가정하고 가능한 곳까지 플립플롭의 상태 타이밍 추적을 완성하라.

x 1 0 1 1 1 0

c. 아래(x와 CLR' 둘 다)의 입력 값으로, 각 플립플롭의 상태를 타이밍도로 완성하라.

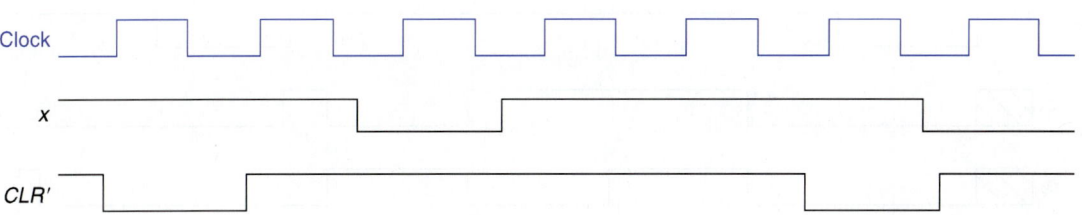

a. 이 회로에서부터,

$$D_1 = q_1q_2 + xq_1' \qquad D_2 = xq_1 + q_1'q_2'$$

상태표는 다음과 같다.

$q_1 q_2$	$q_1^\star q_2^\star$	
	$x = 0$	$x = 1$
0 0	0 1	1 1
0 1	0 0	1 0
1 0	0 0	0 1
1 1	1 0	1 1

출력 값이 더 이상 보이지 않는다면, 그 상태의 출력 값은 오직 하나이고 상태도는 다음과 같다.

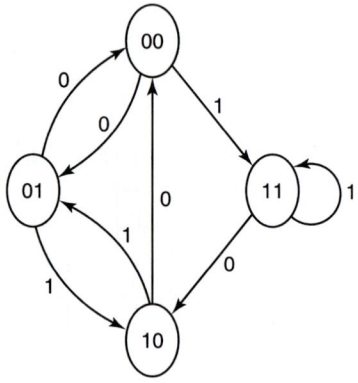

b. 주어진 타이밍 추적(timing trace)은 다음과 같다.

x 1 0 1 1 1 0

q_1 0 1 1 0 1 0 0

q_2 0 1 0 1 0 1 0 1

c. 타이밍도는 다음과 같다.

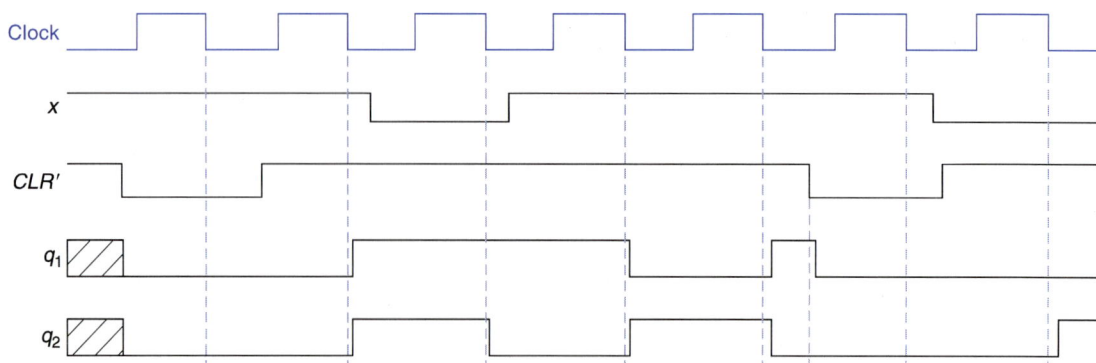

이 플립플롭은 CLR' 신호가 0으로 갈 때까지 내용을 알 수 없다. 첫 번째 클럭의 천이는 영향이 없고 클럭의 두 번째 하강에지에서 $x = 1$이다. 두개의 플립플롭은 1로 간다. CLR'이 다시 0으로 갈 때까지 다음 3개의 클럭 에지에서 플립플롭의 입력 값을 구하고 타이밍도를 그릴 수 있다. CLR'이 다시 0으로 가면 q_1과 q_2는 0으로 간다. 마지막 천이에서 클럭은 다시 제어를 한다.

6. 다음 회로들에서, 각 플립플롭 상태와 출력에 대한 타이밍도를 완성하라. 모든 플립플롭은 하강에지 트리거이다.

a.

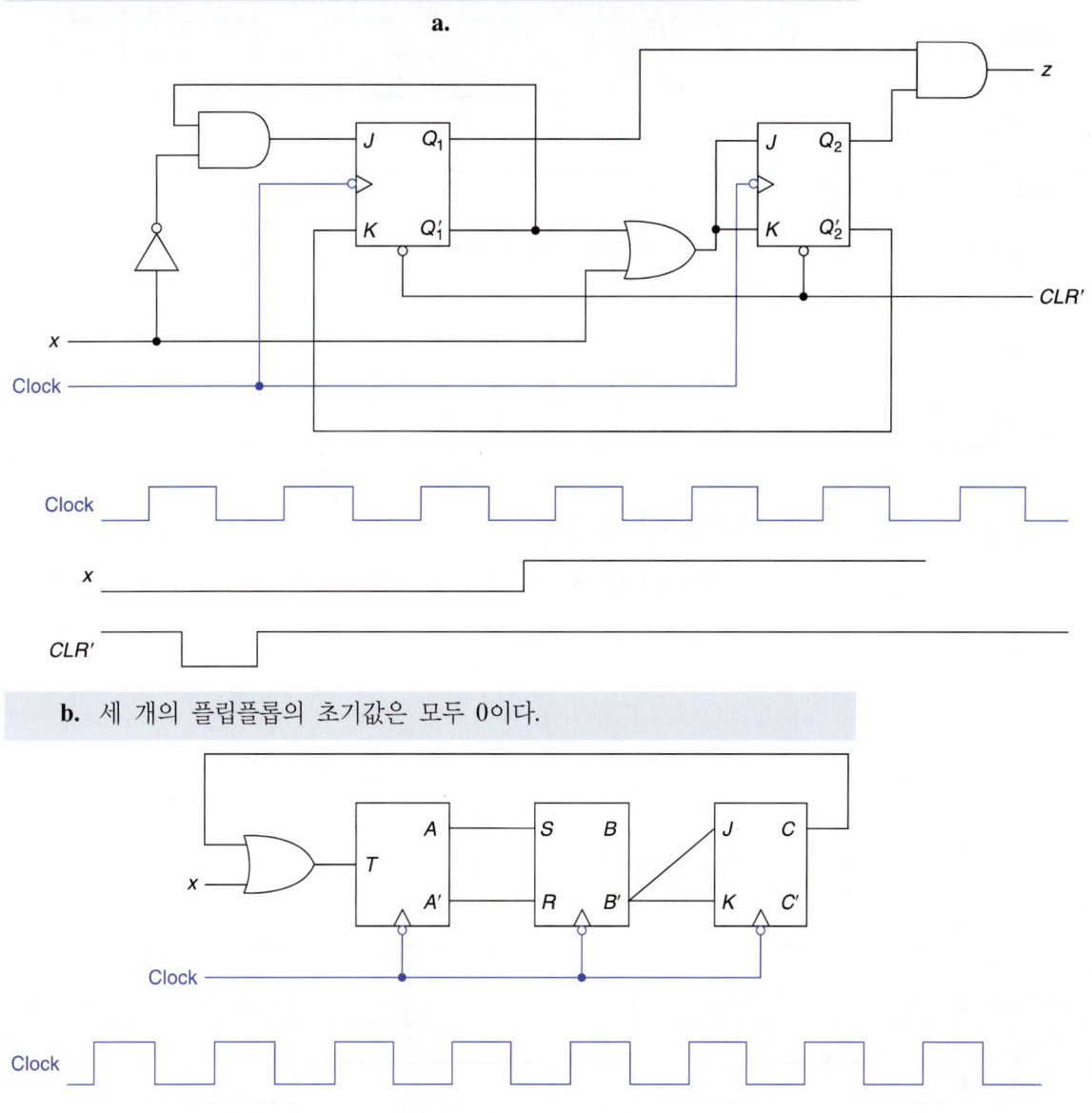

b. 세 개의 플립플롭의 초기값은 모두 0이다.

a. 회로에서,

$$J_1 = x'Q_1' \quad K_1 = Q_2' \quad J_2 = K_2 = x + Q_1' \quad z = Q_1Q_2$$

출력 z는 단지 플립플롭들의 상태에 대한 함수이다. 그것은 마지막에 결정된다(플립플롭의 출력들이 완료된 후에). 마지막 클럭 천이에서, 입력은 알 수가 없고, 따라서 J_1도 알 수가 없다($Q_1' = 1$이 될 때까지). 따라서 Q_1의 다음 값을 결정할 수 없다. 그러나 $J_2 = K_2 = 1$(x값에 관계없이)이므로 Q_2 값을 결정할 수 있다.

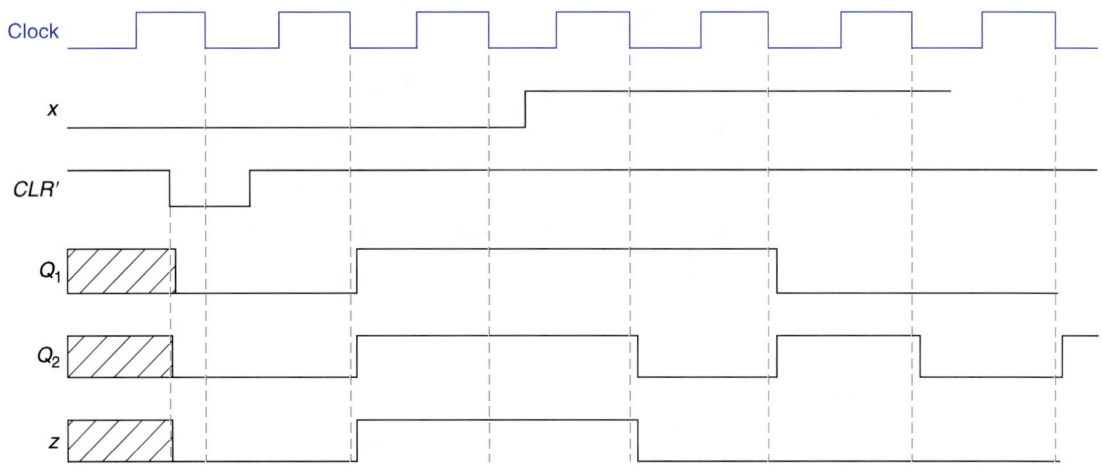

b. 이 회로에서,

$$T = x + C \quad S = A \quad R = A' \quad J = K = B'$$

$B\star = A$이기 때문에, S와 R에 대해서는 생각할 필요가 없다. 타이밍도는 다음과 같다.

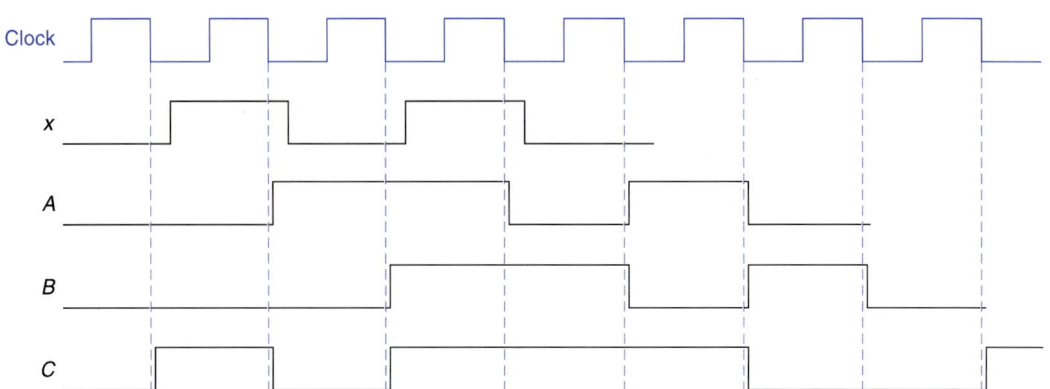

x를 더 이상 알 수 없어도, T값이 1이기 때문에 여전히 A에 대한 한 클럭 동안의 값을 결정할 수 있다.

$$T = x + C = ? + 1 = 1$$

그러나, C가 0으로 갈 때, T값을 알 수가 없다. B의 입력은 단지 A에 의해 결정되므로, A보다 한 클럭 더 B를 결정할 수 있다. 마찬가지로, C의 입력 또한 단지 B에 의해 결정되고 이처럼 C도 B보다 한 클럭 더 결정할 수 있다.

7. 다음 각 회로와 입력 열에 대하여
  i. 상태표를 작성하라(상태는 00, 01, 10, 11).
  ii. 플립플롭의 값들과 출력에 대하여 가능한 것까지 타이밍 추적(timing trace)을 보여라. 모든 플립플롭은 0으로 초기화되었다고 가정한다.

a.

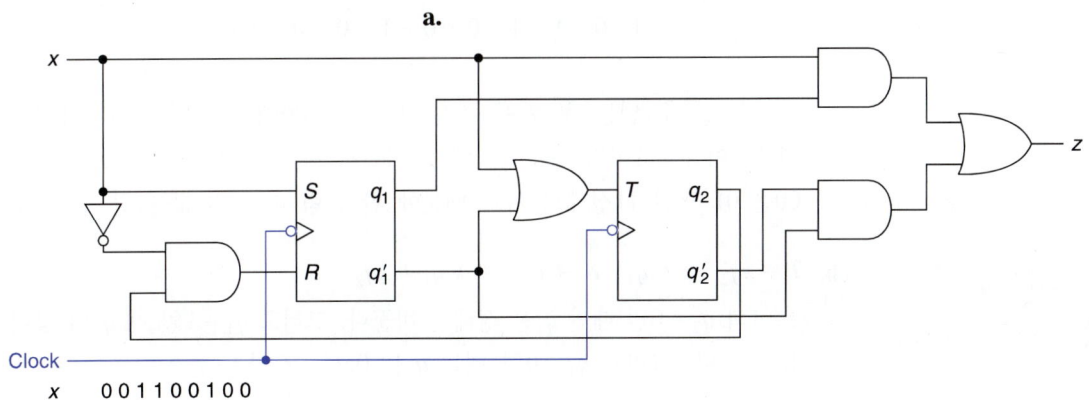

x 0 0 1 1 0 0 1 0 0

b.

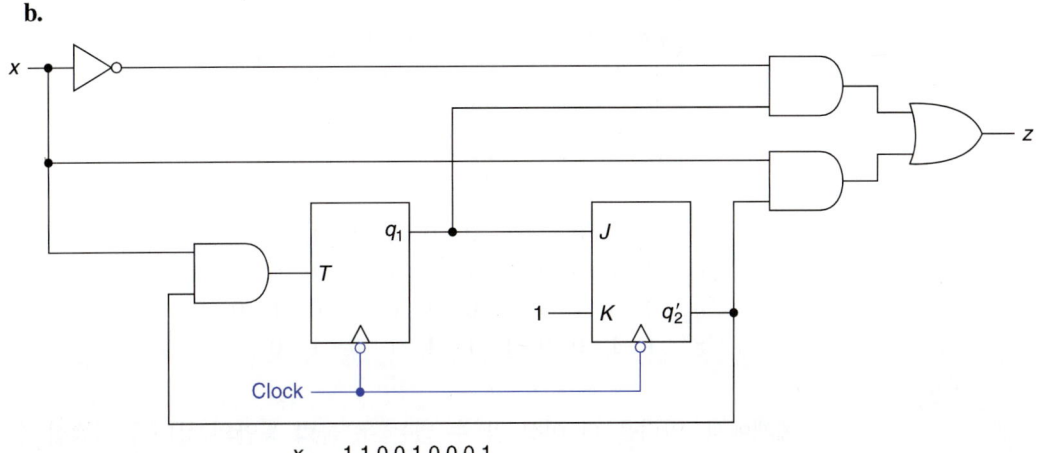

x 1 1 0 0 1 0 0 0 1

a. $S = x \quad R = x'q_2 \quad T = q_1' + x \quad z = xq_1 + q_1'q_2'$

$x = 0$이면, $S = 0$ 그리고 $R = q_2$이다. 따라서 $q_2 = 0$이면 q_1는 바뀌지 않고, 만약 그렇지 않으면 q_1은 0이 된다. $x = 1$이면, q_1은 1이 된다. $x = 1$ 혹은 $q_1 = 0$인 경우에, q_1의 상태는 반전되고, 그렇지 않은 경우는 바뀌지 않은 상태로 남아 있다. 다음 상태표를 만들 수 있다.

	$q_1^\star q_2^\star$		z	
$q_1 q_2$	$x = 0$	$x = 1$	$x = 0$	$x = 1$
0 0	0 1	1 1	1	1
0 1	0 0	1 0	0	0
1 0	1 0	1 1	0	1
1 1	0 1	1 0	0	1

x	0	0	1	1	0	0	1	0	0
q_1	0	0	0	1	1	1	1	0	0
q_2	0	1	0	1	0	0	0	1	1	0	1
z	1	0	1	1	0	0	1	0	0	1

입력을 알 수 없는 첫 번째 클럭에서, 상태 00에서 x값이 0이건 1이건 관계없이 $z = 1$이기 때문에 입력을 몰라도 출력을 결정할 수 있다. 상태 00은 01 또는 11상태로 가기 때문에 한 클럭 더 q_2의 값을 알 수 있다.

b. $T = xq_2' \quad J = q_1 \quad K = 1 \quad z = x'q_1 + xq_2'$

$x = 1$과 $q_2 = 0$일 때만 q_1은 상태를 바꾼다. 그리고 $q_1 = 1$일 때 q_2의 상태는 바뀐다. 그리고 $q_1 = 0$일 때는 q_2는 0으로 간다.

	$q_1^\star q_2^\star$		z	
$q_1 q_2$	$x = 0$	$x = 1$	$x = 0$	$x = 1$
0 0	0 0	1 0	0	1
0 1	0 0	0 0	0	0
1 0	1 1	0 1	1	1
1 1	1 0	1 0	1	0

x	1	1	0	0	1	0	0	0	1	1
q_1	0	1	0	0	0	1	1	1	1	0	0
q_2	0	0	1	0	0	0	1	0	1	0	1	0	0
z	1	1	0	0	1	1	1	1	0	1	0

예제에서, 입력을 더 이상 알 수 없는 두 클럭 동안의 상태를 결정할 수 있다. q_2의 값은 세 클럭 동안(상태가 00부터 이후, 00 혹은 10으로 간다) 그리고 출력은 한 클럭 동안 결정할 수 있다.

8. 다음 회로에서, 타이밍 추적을 가능한 것까지 완성하라. 플립플롭의 상태는 입력이 더 이상 알려지지 않은 후 다섯 혹은 여섯 클럭까지 결정할 수 있다. 모든 플립플롭은 0으로 초기화되었다고 가정한다.

a.

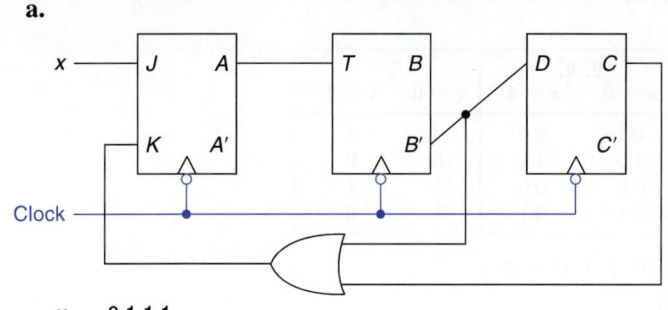

x 0 1 1 1

b.

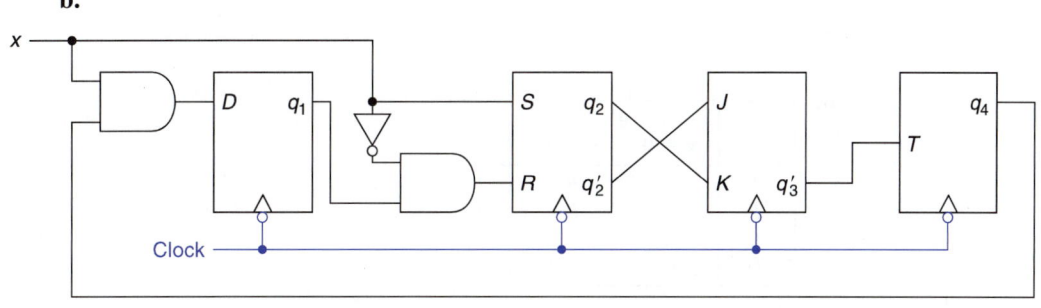

x 0 1 1 1 0 0 1

a. $J = x$ $K = B' + C$ $T = A$ $D = C^\star = B'$

x	0	1	1	1				
A	0	0	1	0	1	1	0	
B	0	0	0	1	1	0	1	1
C	0	1	1	1	0	0	1	0	0

플립플롭 B는 단지 A에 의해 정해지고, 그리고 C는 단지 B에 의해 정해지기 때문에, 우리는 B의 한 클럭 이후의 C값, 그리고 A의 한 클럭 후에 B값을 알 수 있다. x가 알려지지 않은 후 첫 번째 클럭에서 A는 1이다. 만약 K가 0이면, 플립플롭 A는 여전히 1이다. 만약 K가 1이면, A는 0이 될 것이다. 따라서 주어진 입력 열에 대하여, x가 알려지지 않았을 때 두 클럭 동안 A를 결정할 수 있을 것이다.

b. $D = xq_4$ $S = x$ $R = x'q_1$ $q_3^\star = q_2'$ $T = q_3'$

x	0	1	1	1	0	0	1				
q_1	0	0	1	1	1	0	0	0	0	0	
q_2	0	0	1	1	1	0	0	1	1	1	1
q_3	0	1	1	0	0	0	1	1	0	0	0	0
q_4	0	1	1	1	0	1	0	0	0	1	0	1	0

EXERCISES

6.6 연습문제

1. 다음 상태표들 각각에 대하여, 상태도와 가능한 곳까지 타이밍 추적을 완성하라(입력 값이 알려지지 않은 후에도).

a.

q_1q_2	$q_1^\star q_2^\star$		z	
	$x = 0$	$x = 1$	$x = 0$	$x = 1$
0 0	0 1	0 0	0	1
0 1	1 0	1 1	0	0
1 0	0 0	0 0	1	1
1 1	0 1	0 1	1	0

x 1 0 1 1 0 0 0 1
q_1 0
q_2 0
z

*b.

q	$q^\star$		z
	$x = 0$	$x = 1$	
A	A	B	0
B	C	B	0
C	A	D	0
D	C	B	1

x 1 1 0 1 0 1 0 1 0 0 1 0 1 1
q A
z

c.

q	$q^\star$		z	
	$x = 0$	$x = 1$	$x = 0$	$x = 1$
A	B	C	0	1
B	C	A	0	0
C	A	B	1	0

x 0 0 1 1 1 0 0 0 0 1 0
q A
z

d.

q	$q^\star$		z	
	$x = 0$	$x = 1$	$x = 0$	$x = 1$
A	A	B	1	0
B	C	D	0	0
C	A	B	0	0
D	C	D	1	0

x 0 1 0 0 0 1 1 1 1 0 1
q A
z

2. NAND 게이트만 사용하여 그림 6.6의 하나와 유사한 행동을 하는 게이트된 래치의 블록도를 나타내어라.

3. 아래 주어진 입력에 대하여 플립플롭의 출력을 나타내어라.
   a. 클리어 또는 프리세트가 없는 D 플립플롭
   b. active low의 클리어(CLR')가 있는 D 플립플롭
   c. active low의 클리어(CLR')와 프리세트(PRE')가 있는 D 플립플롭
   d. 문제 a와 동일한 입력으로 T플립플롭에 대하여, 그리고 Q의 초기값은 0 이다.
   e. 문제 b와 동일한 입력으로 active low의 클리어(CLR')가 있는 T 플립플 롭에 대하여

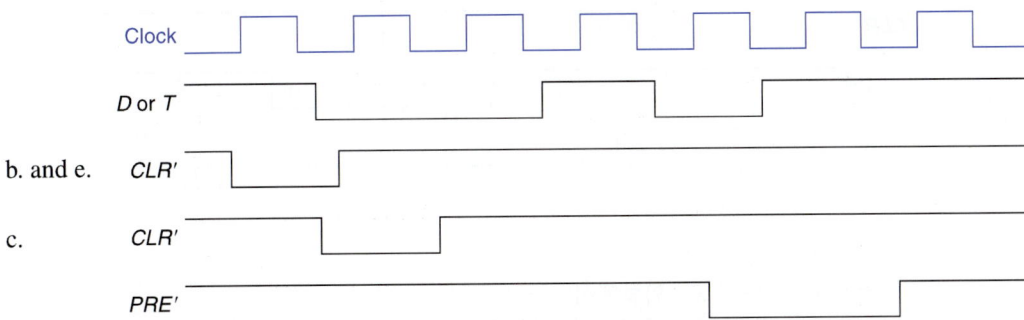

4. 다음 JK 플립플롭에 대하여, 각 타이밍도를 완성하라, 처음에 CLR'과 PRE' 은 비활성 되었다고 가정하라, 그 다음에 주어진 값들을 사용하라.

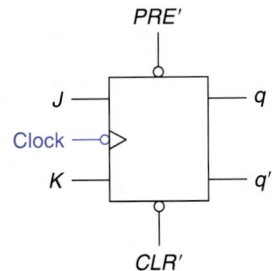

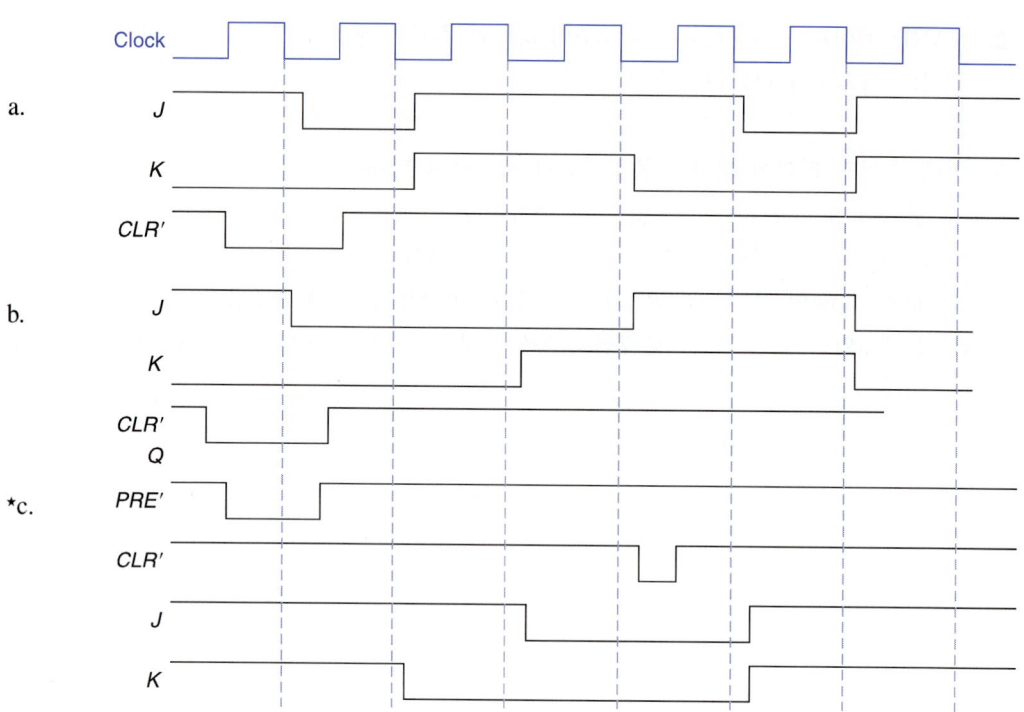

5. 다음 플립플롭 회로에서

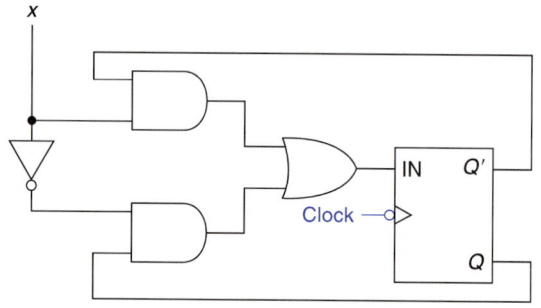

회로의 플립플롭이 아래와 같을 때, 타이밍도를 완성하라.

a. D 플립플롭

b. T 플립플롭

두 경우 모두 플립플롭들의 초기값은 0이다.

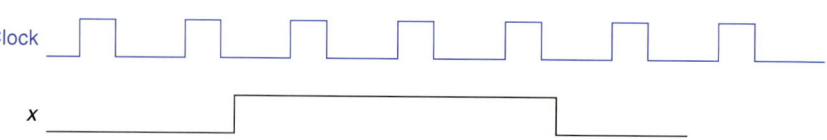

6. 입력 A와 B를 가진 새로운 종류의 플립플롭이 있는데, 만약 $A = 0$이면 $Q\star$ $= B$이고, $A = 1$이면 $Q\star = B'$가 된다.

   a. 이 플립플롭의 상태도를 보여라.

   b. A, B 그리고 Q에 의한 $Q\star$의 식을 작성하라.

7. 다음 각 회로에서 각 플립플롭의 상태와 출력에 대한 타이밍도를 완성하라. 모든 플립플롭은 하강에지 트리거이다. 클리어 입력이 없는 회로에서 각 플립플롭은 0으로 초기화되었다고 가정하라.

a.

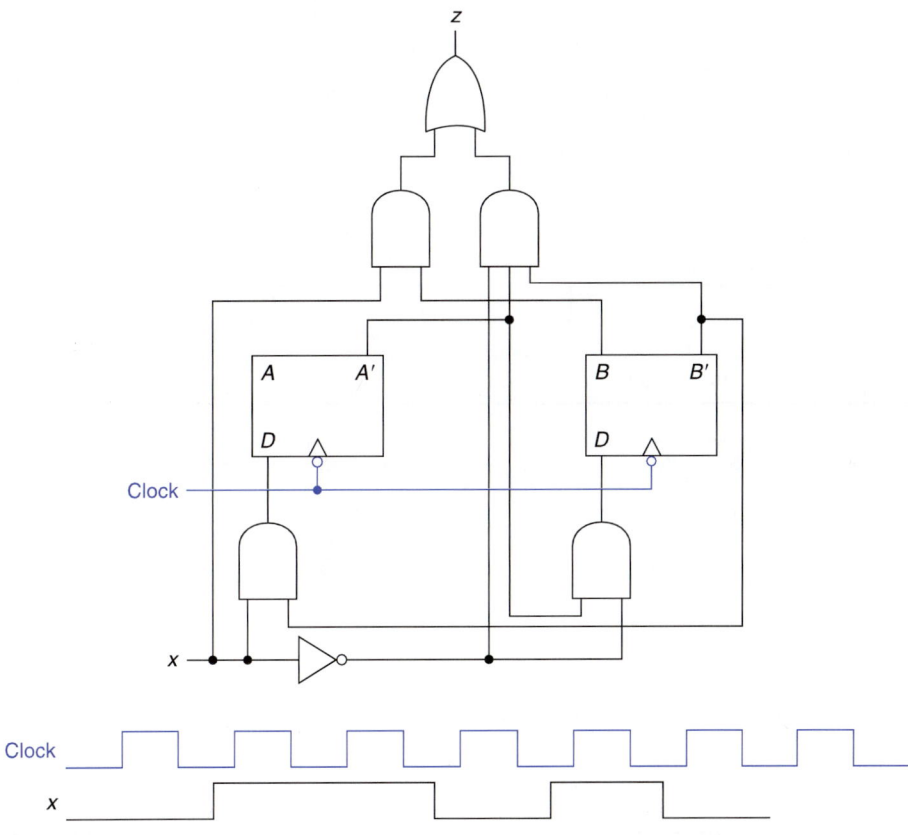

*b.

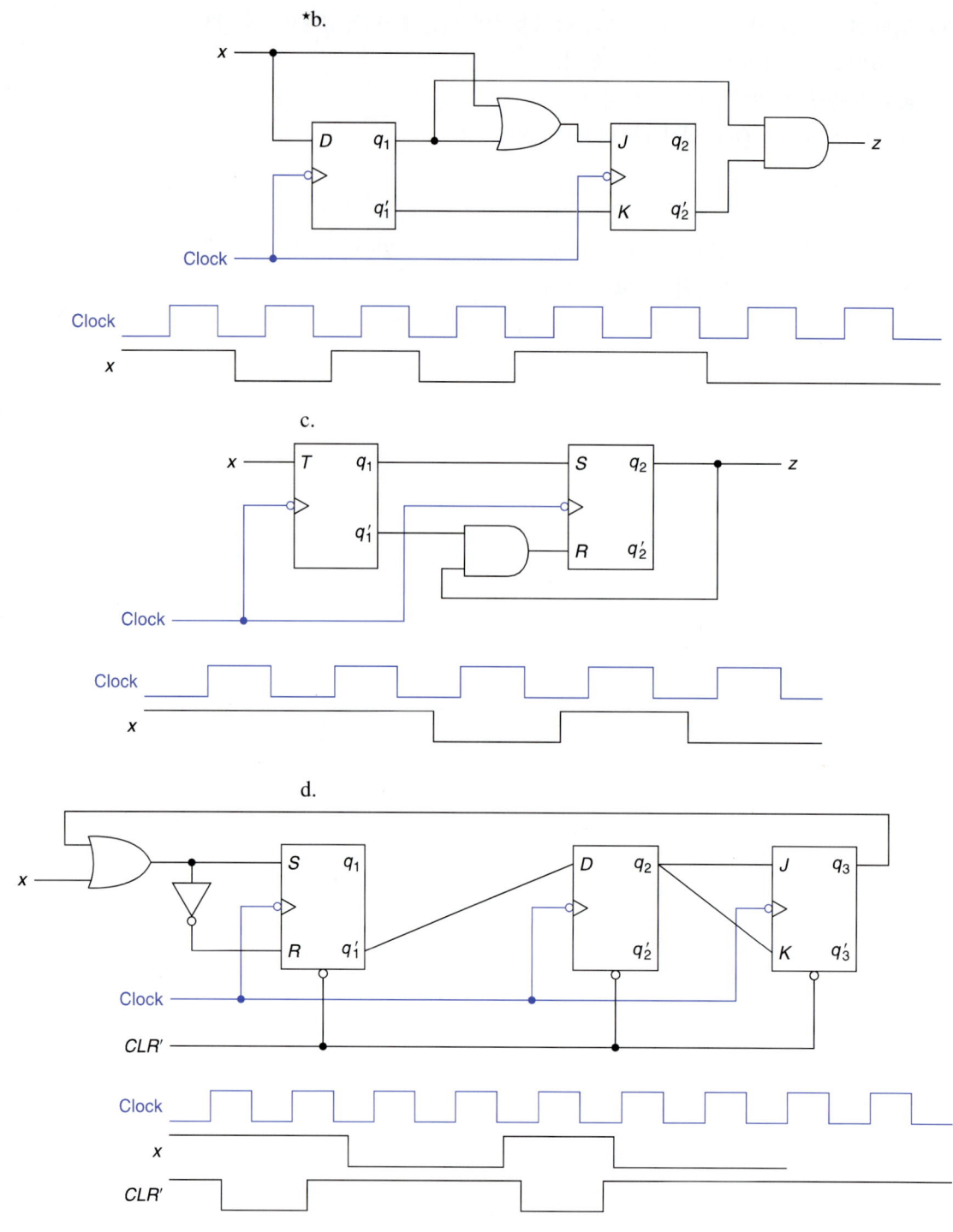

c.

d.

8. 다음 각 회로와 주어진 입력 열에 대하여

　i. 상태표를 구성하라(상태는 00, 01, 10, 11).

　ii. 플립플롭의 값과 출력 값에 대한 가능한 곳까지 타이밍 추적을 보여라.
　　　각 플립플롭의 초기값이 0이라고 가정하라.

*a.

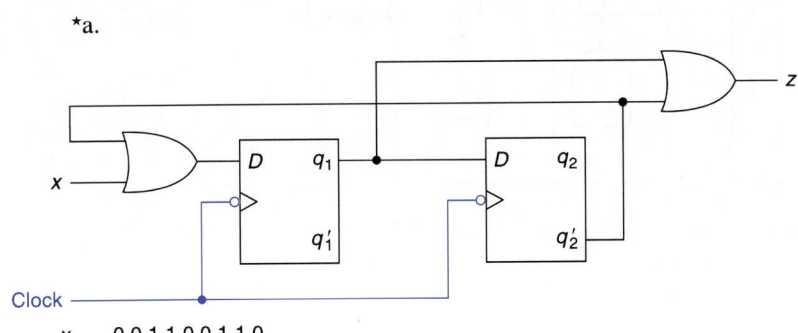

　x　0 0 1 1 0 0 1 1 0

b.

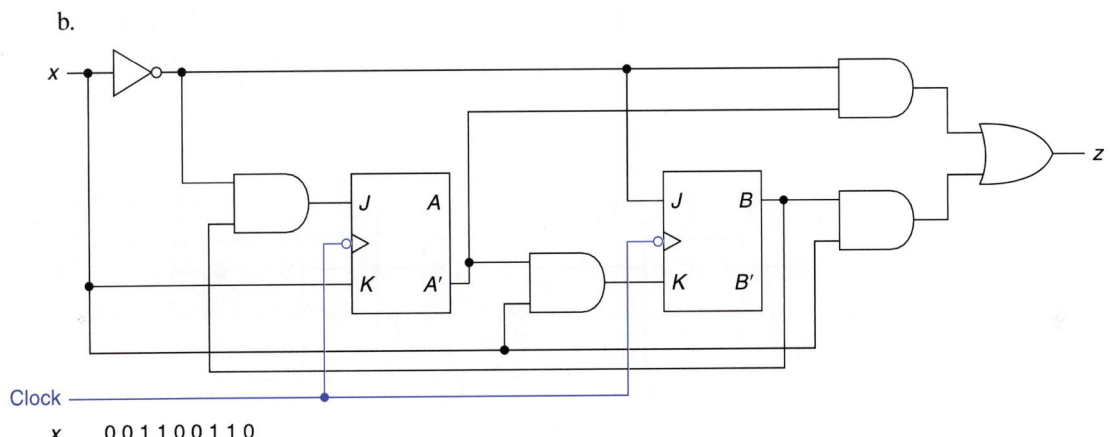

　x　0 0 1 1 0 0 1 1 0

c.

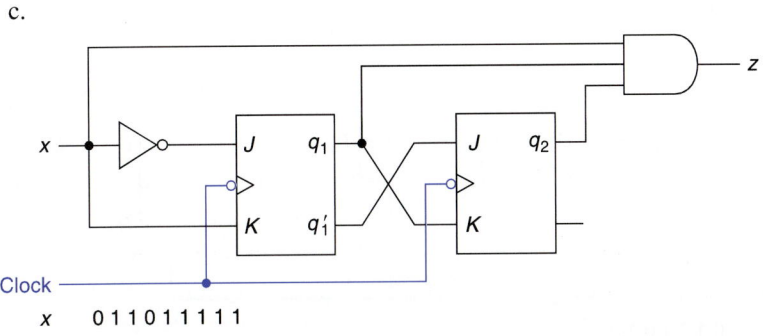

　x　0 1 1 0 1 1 1 1 1

d.

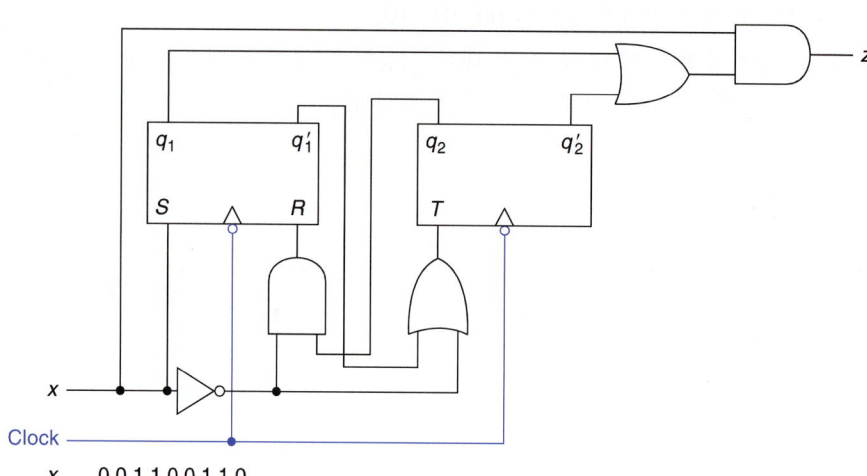

x   0 0 1 1 0 0 1 1 0

9. 다음 회로들에서, 가능한 곳까지 타이밍 추적을 완성하라. 입력이 더 이상 알려지지 않은 후에도 몇 개의 플립플롭들의 상태는 5 또는 6클럭까지 결정 될 수 있다. 모든 플립플롭은 0으로 초기화되었다고 가정하라.

a.

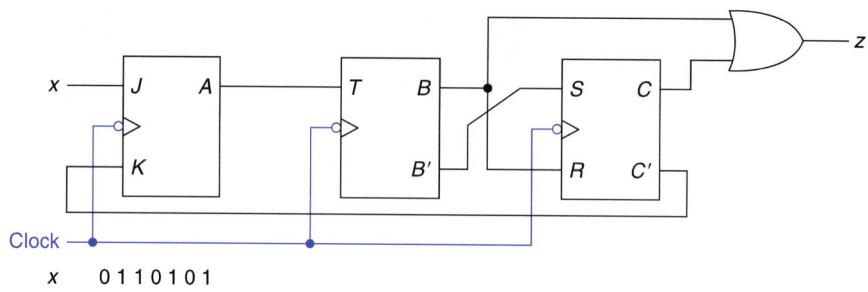

x   0 1 1 0 1 0 1

b.

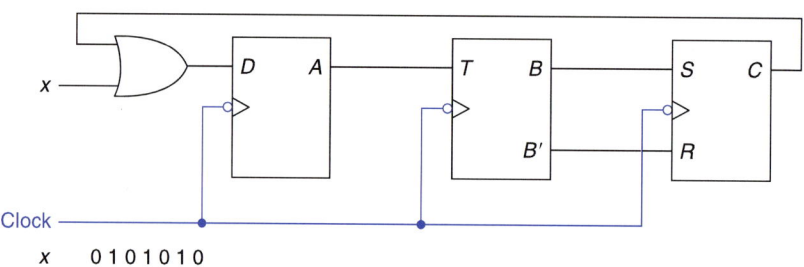

x   0 1 0 1 0 1 0

c.

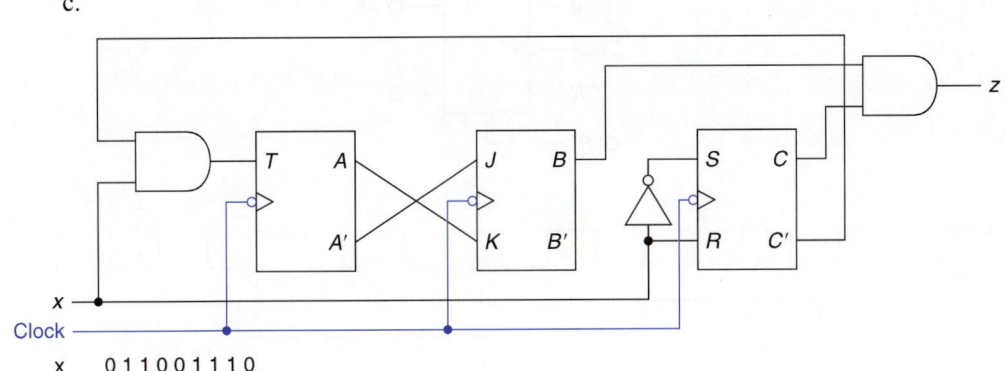

x   0 1 1 0 0 1 1 1 0

d.

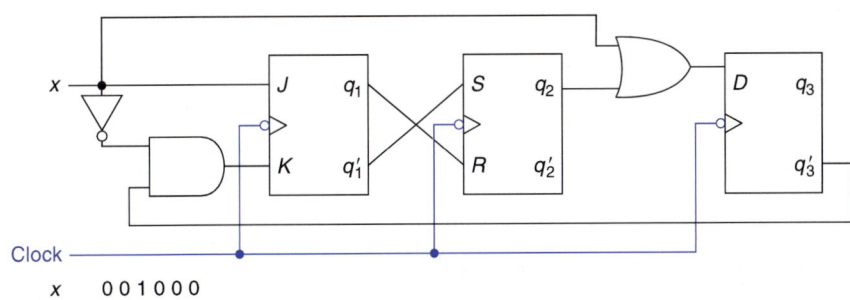

Clock
x   0 0 1 0 0 0

6.7   6장 테스트(50분)

1. 다음 상태표에 대하여, 가능한 곳까지 타이밍 추적을 완성하라.

	$q^\star$		z	
q	$x = 0$	$x = 1$	$x = 0$	$x = 1$
A	C	A	0	0
B	A	D	1	1
C	B	C	0	1
D	B	B	0	0

x 0 0 1 1 0 0 0 1 0 1
q A
z

2. 다음의 active low 클리어를 가진 하강에치 트리거 JK 플립플롭에 대해 Q의
타이밍도를 보여라.
    a. CLR' 입력이 없을 경우
    b. CLR' 입력이 있을 경우

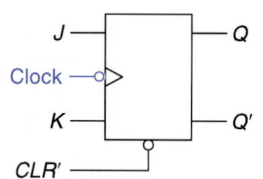

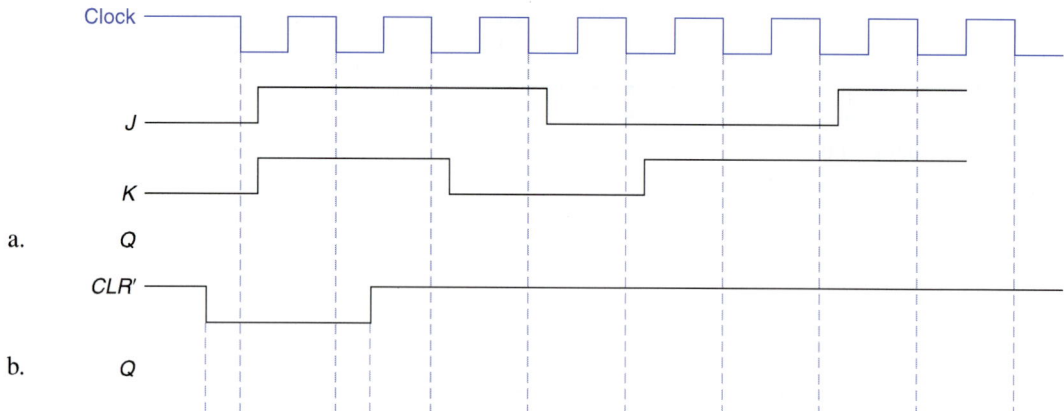

a.   Q

b.   Q

3. 다음 회로에 대한 상태표를 완성하라.

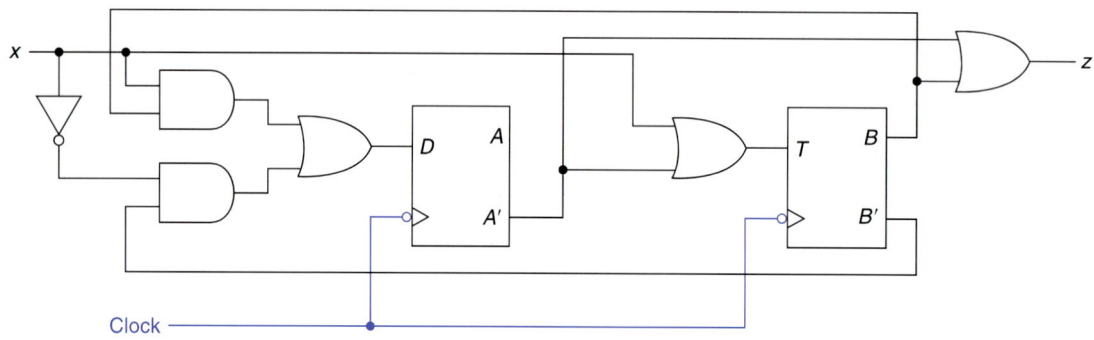

4. 다음 회로에 대한 타이밍도를 완성하라.

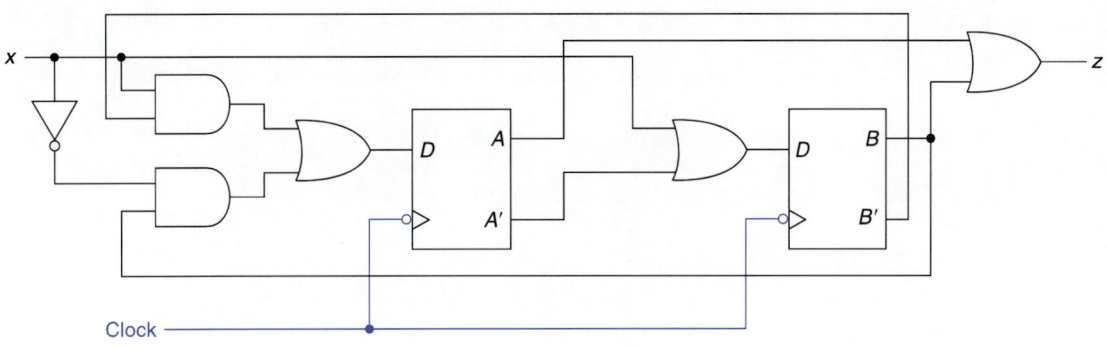

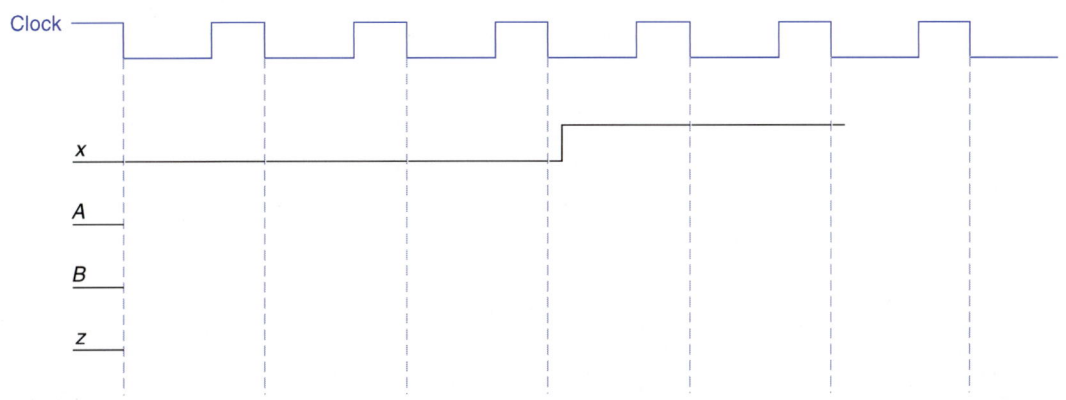

순차회로 시스템의 설계

조합논리 시스템의 경우와 마찬가지로 설계 과정은 대개 시스템이 수행할 동작에 대한 구두 설명, 즉 문제 서술에서부터 시작한다. 최종 목표는 설계 목표와 제약 조건을 만족시키면서 이용 가능한 부품을 사용하는 시스템의 회로도를 개발하는 것이다.

우선 설계기법을 설명하기 위하여 이 장에서 사용할 5개의 예문을 아래에 추가하였다.

예문(Continuing Examples)

예문 7. 입력(x)과 출력(z)이 각각 하나인 시스템으로 현재 입력이 1이고 이전 2클럭 동안에도 1이었을 때에만 1을 출력하는 Mealy(밀리)시스템.[1]

예문 8. 입력(x)과 출력(z)이 각각 하나인 시스템으로 연속하여 3번 1이 입력된 것보다 연속하여 3번 0이 입력된 것이 최근일 경우에만 1을 출력하는 Moore(무어)시스템.

예문 9. 0에서 7까지의 수를 나타내는 3비트 출력을 가진 시스템으로 출력이 0 3 2 4 1 5 7의 순서로 매 클럭마다 바뀌고 한 사이클이 끝나면 다시 반복하는 시스템.

예문 10. 2개의 입력(x_1, x_2)과 3개의 출력(z_1, z_2, z_3)을 가진 시스템으로 출력은 0에서 7 사이의 수를 나타내며, $x_1 = 0$일 때는 상향 카운트(up count), $x_1 = 1$일 때는 하향 카운트(down count), $x_2 = 0$일 때는 카운트를 다시 반복하고, $x_2 = 1$일 때에는 카운트가 끝나면 마지막 상태에서 멈추는 시스템. 따라서 출력 순서가 다음과 같을 수 있다.

$x_1 = 0, x_2 = 0$:　　　0 1 2 3 4 5 6 7 0 1 2 3 4 5 6 7...
$x_1 = 0, x_2 = 1$:　　　0 1 2 3 4 5 6 7 7 7 7 7 7 7 7 7...
$x_1 = 1, x_2 = 0$:　　　7 6 5 4 3 2 1 0 7 6 5 4 3 2 1 0...
$x_1 = 1, x_2 = 1$:　　　7 6 5 4 3 2 1 0 0 0 0 0 0 0 0 0...

---

[1] 이것은 6장에서 소개한 예문 6과 비슷한 문제이다. 단, 예문 6의 경우 3번째 1이 입력되었을 때 출력이 1인 상태로 바뀌는데 반해 여기서는 연속하여 3번째 1이 입력되자마자 출력이 1이 된다는 점이 다르다. 다시 말해, 예문 6의 경우 연속 2번의 클럭 시점에서 입력이 1이었고, 그 다음 클럭 시점에서도 입력이 1인 경우 클럭과 동시에 출력이 1로 바뀌는데 반해 여기서는 연속 2번의 클럭 시점에서 입력이 1이었고, 그 이후 입력이 1이면 클럭과 무관하게 출력이 1로 바뀐다.

(물론 임의의 시점에서 x_1, x_2의 값이 바뀌면 그 시점에서 출력의 순서도 바뀌게 된다.)

예문 11. 버스 제어기(bus controller)가 $R_0 \sim R_3$의 입력선을 통하여 4개의 장치로부터 버스사용 요청을 받는다. 제어기는 4개의 출력($G_0 \sim G_3$)을 가지고 있는데 이 중 하나만 1이 되며, 이때 해당 장치는 그 클럭 주기 동안 버스를 사용할 수 있다. [7.4 절에서는 우선순위 제어기의 설계를 다루는데 이것은 2개 이상의 장치가 동시에 버스사용 요청을 할 때 번호가 작은 장치가 우선권을 가진 제어기를 뜻한다. 인터럽트할 수 있는 제어기(interrupting controller)와 인터럽트할 수 없는 제어기의 두 가지를 모두 다룰 예정인데, 여기서 인터럽트할 수 있는 제어기란 우선순위가 높은 장치가 버스를 뺏을 (preempt) 수 있는 제어기를 말하며, 인터럽트할 수 없는 제어기란 일단 장치가 버스를 사용하게 되면 버스의 사용을 마칠 때까지 버스에 대한 제어권을 유지하는 제어기를 말한다.]

이들 예문과는 별도로 부록 E.2에는(구두 설명에서부터 최종 설계까지의) 전 과정을 다룬 예제가 3개 더 있다.

다음에서는 방금 기술한 것들과 유사한 시스템을 설계하는 과정을 살펴보고자 한다. 8장에서는 대형 시스템의 설계에 적합한 다른 기술을 몇 가지 소개할 것이다.

> **단계 1:** 문제 설명에서 메모리에 저장되어야 하는 것, 즉 시스템이 가지는 상태의 수를 결정한다.

때때로 필요한 정보를 저장하는 방법이 여럿 있을 수 있다. 가령 예문 7에서는 입력의 마지막 두 개의 값만 저장해도 된다. 그것(마지막 두 개의 값)과 현재 입력을 알면 3개 모두 1이었는지를 알 수 있기 때문이다. 반면 연속된 1의 개수를 저장해도 무방하다. 즉, 1의 개수가 0개, 1개, 2개 또는 그 이상이었다고. 어느 방법으로든 상태표를 만들 수 있고, 각각은 적절히 동작하는 회로로 구현될 수 있다. 그러나 가격은 상당히 차이날 수 있다. 현재 입력이 1이고 지난 27 클럭 동안 입력이 연속하여 1이었을 때만 출력이 1이 되는 시스템을 설계한다고 생각해 보자. 첫 번째 방법의 경우 최종 27개의 입력을 저장하여야 하며, 따라서 플립플롭이 27개 필요하다. 두 번째 방법을 사용하는 경우 28가지만 추적하면 된다. 즉, 연속된 1의 개수가 0개인 것부터 연속된 1의 개수가 27개 이상인 경우까지 총 28가지를 나타낼 수 있으면 된다. 28가지는 이진 기억소자 5개만으로 저장할 수 있으며, 이때 0개는 00000, 27이상인 경우를 11011(27의 2진수 표현)로 코딩하는 방법을 생각할 수 있다.

> **단계 2:** 필요하다면 입출력을 2진수로 코드화한다.

이것은 조합회로 시스템에서의 경우와 같은 문제이다. 그러나 많은 문제에서

이 과정이 필요하지 않도록 기술된다.

> **단계 3:** 시스템의 동작을 설명하기 위해 상태표나 상태도를 만든다.

　예문 6과 예문 8과 같은 Moore 시스템에서 출력은 시스템의 현재상태에 의해 전적으로 결정된다(출력을 만드는 조합회로가 플립플롭들만의 함수로 표현된다). (물론, 입력에 의해 상태가 결정되기 때문에 출력이 입력의 영향을 전혀 받지 않는 것은 아니다. 그러나 입력의 영향은 다음 클럭 후에 출력에 나타난다.) 예문 7과 같은 경우에는 출력이 메모리에 저장된 값(현재상태) 뿐만 아니라 현재의 입력에도 영향을 받는다.

> **단계 4:** 입출력 관계는 같지만 상태의 개수가 작은 상태표를 만들기 위해 상태 축소 기법(9장)[2]을 사용한다.

　상태 수가 적으면 필요한 플립플롭 수가 줄어든다는 것을 의미한다. 플립플롭 수가 줄어들면 또한 조합회로로의 입력 수가 줄어들게 된다. 일례로 입력이 한 개이고, 플립플롭이 3개인 시스템은 변수가 네 개인 조합논리 회로를 필요로 하지만, 입력이 한 개이고 플립플롭이 2개인 경우 변수 세 개짜리 조합논리 회로면 충분하다. 이렇게 되면 회로 제작비용이 줄어든다(이 단계를 생략하고도 잘 동작하는 시스템을 설계할 수 있다).

> **단계 5:** 상태할당을 한다. 즉, 상태를 이진수로 코딩한다.

　어떤 코드를 할당해도 되지만, 코드를 잘 선택하면 조합논리 회로를 간단하게 할 수 있다(9장을 보라).

> **단계 6:** 플립플롭의 종류를 선택하고, 플립플롭 입력 맵 또는 표를 만든다.

　상태표에 상태할당을 적용하면 현재 플립플롭에 저장된 값(현 상태)과 입력에 따라 플립플롭에 어떤 값이 저장될 것인지를 나타내는 표가 만들어진다. 이 단계는 플립플롭에 저장된 값이 해당 값으로 바뀌도록 하는 플립플롭의 입력을 결정하는 단계이다. 이 장에서 일반적으로 사용되는 각 종류의 플립플롭에 사용될 수 있는 기법을 살펴본다.

> **단계 7:** 논리식을 구하고 회로도를 그린다(조합논리 시스템의 경우와 같이).

---

2) 9장은 이 책의 웹사이트인 http://www.mhhe.com/marcovitz의 학생편에서 찾을 수 있다.

이 장에서는 단계 6과 7을 먼저 다룬 다음 단계 1을 다룰 것이다. 9장에서는 상태축소(단계 4)와 상태할당(단계 5) 기술을 다룰 것이다.

표 6.1의 상태표와 그림 6.3의 상태도를 그림 7.1로 여기에 다시 보였다.

그림 7.1 설계 예제

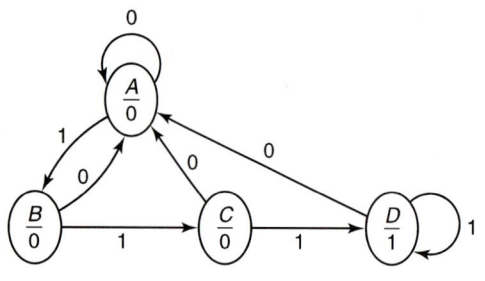

q	$q^\star$ $x = 0$	$x = 1$	z
A	A	B	0
B	A	C	0
C	A	D	0
D	A	D	1

표 7.1에 상태할당의 예를 3가지 보였다.[3]

표 7.1 상태할당 예

q	q_1	q_2
A	0	0
B	0	1
C	1	0
D	1	1

(a)

q	q_1	q_2
A	0	0
B	1	1
C	1	0
D	0	1

(b)

q	q_1	q_2
A	0	0
B	0	1
C	1	1
D	1	0

(c)

표 7.1의 상태할당은 임의로 선택해 본 것으로 어느 것이 조합논리를 최소화할 것인가는 아직 모른다.

상태도나 상태표로부터 다음상태(next state)에 대한 표 7.2의 설계진리표를 만든다. 이 첫 예제에서는 표 7.1a의 상태할당을 사용할 것이다.

표 7.2에서 열 q가 반드시 필요한 것은 아니지만 진리표를 만들 때, 특히 상태의 순서가 크기순이 아닌(표 7.1b 또는 7.1c에서와 같이) 경우에는 꽤 도움이 된다. 설계진리표에서 위의 4개 행은 상태표의 첫 번째 열($x = 0$)에 해당한다. 처음 4개 행의 다음상태는 00인데 이는 이들 4개 상태의 경우 입력이 0일 때 다음상태가 A로 서로 같기 때문이다. 표의 아래 4개 행은 $x = 1$에 해당한다.

Moore 시스템의 경우 출력이 상태변수 2개만의 함수이므로 출력을 위해 별도의 표를 만들어야 한다(표 7.3). (이제 곧 보겠지만 Mealy 시스템의 경우에는 설계진리표에 별도의 열, z를 추가한다.)

표 7.2 설계진리표

q	x	q_1	q_2	$q_1^\star$	$q_2^\star$
A	0	0	0	0	0
B	0	0	1	0	0
C	0	1	0	0	0
D	0	1	1	0	0
A	1	0	0	0	1
B	1	0	1	1	0
C	1	1	0	1	1
D	1	1	1	1	1

---

3) 여기서 제시한 3가지 상태할당과 다른 어떤 상태할당의 경우에도 조합논리의 크기는 이들 상태할당의 어느 한 경우와 같다는 것을 9장에서 증명할 것이다. 플립플롭의 번호 매김을 달리하거나 변수 대신 변수의 보수를 사용하든가 또는 둘 다 적용하면 가능한 모든 상태할당을 얻을 수 있다.

이제 우리는 맵 7.1에 보인 것과 같이 $q_1^\star$, $q_2^\star$, z에 대한 맵을 작성할 수 있다. 이 문제의 경우 열이 입력을 나타내고 행이 상태를 나타내기 때문에 카르노 맵을 세로 방향으로, 즉 세운 형태로 그리는 것이 좋다.

표 7.3 출력진리표

q	q_1	q_2	z
A	0	0	0
B	0	1	0
C	1	0	0
D	1	1	1

맵 7.1 다음 상태 맵과 출력 맵

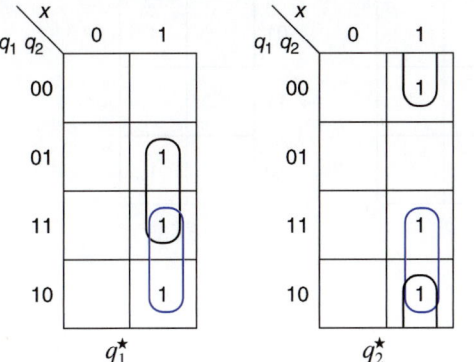
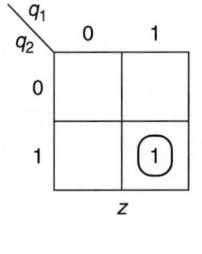

맵으로부터 다음 식을 얻는다.

$$q_1^\star = xq_2 + xq_1$$
$$q_2^\star = xq_2' + xq_1$$
$$z = q_1q_2$$

(이 예제에서는 공유를 이용할 수 있도록 식을 만들었지만 플립플롭 입력 식을 구할 때 공유를 강조하지는 않을 예정이다.) 이 곱의합 형태의 해로부터 입력 2개짜리 AND 게이트 4개와 입력이 2개인 OR 게이트 2개(또는 입력 2개짜리 NAND 게이트 6개와 NOT 게이트 한 개. z가 AND로 표현되기 때문에 NAND 게이트 한 개에는 출력에 NOT 게이트를 달아야 한다)가 필요하다는 것을 알 수 있다.[4]

예제 7.1

만약 표 7.1b의 상태할당을 사용하면 다음의 설계진리표를 얻을 수 있다.

	x	q_1	q_2	$q_1^\star$	$q_2^\star$
A	0	0	0	0	0
D	0	0	1	0	0
C	0	1	0	0	0
B	0	1	1	0	0
A	1	0	0	1	1
D	1	0	1	0	1
C	1	1	0	0	1
B	1	1	1	1	0

q	q_1	q_2	z
A	0	0	0
D	0	1	1
C	1	0	0
B	1	1	0

---

[4] q_1과 q_2가 반전과 비반전 형태로, x는 비반전 형태로만 가용하다고 가정하였다(이 예제에서 x에 대한 가정은 필요없지만).

이로부터 $q_1^\star$과 $q_2^\star$의 맵은 다음과 같고,

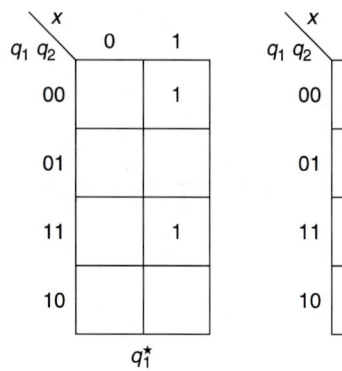

$$q_1^\star = xq_1'q_2' + xq_1q_2$$
$$q_2^\star = xq_1' + xq_2'$$
$$z = q_1'q_2$$

이를 구현하기 위해서는 표 7.1a과 같이 상태 할당한 경우에 비해 게이트 1개가 더 필요하고, 게이트 입력의 수도 3개 더 필요하다.

[문제풀이 1]

이제까지 수행한 것은 시스템 구현에 사용할 플립플롭의 종류와 무관하다. 7.2절에서 이들 결과를 이용하여 설계를 완성할 것이다.

7.1 플립플롭 설계 기술

다음상태용 설계 진리표는 적절한 플립플롭 설계표와 함께 플립플롭 입력용 진리표를 구하는 데 사용된다. 이 방법을 먼저 설명한 다음 진리표가 필요없는 맵 사용법을 다룬다. 그리고 마지막으로 JK 플립플롭의 경우에만 적용되기는 하지만 설계 시간을 대폭 단축할 수 있는 빠른 방법(quick method)을 설명할 것이다.

플립플롭 설계표는 상태도로부터 구하는 것이 가장 쉽다. 플립플롭 설계표의 일반적인 형태를 표 7.4에 보였다. 상태표를 달리 표현한 것인 진리표의 각 행에 현재 값과 원하는 다음상태가 나열되어 있는데 이 표로부터 플립플롭의 입력이 무엇이어야 하는지 알 수 있다.

비록 너무 단순하지만 설계 과정을 설명하기 위한 예제로 D 플립플롭을 사용한다. 그림 7.2는 D 플립플롭의 상태도를 다시 보인 것이다. 상태도를 보면 플립플롭의 현재상태가 0이고 원하는 다음상태도 0이면 유일한 경로는 $D = 0$이라야 한다.

표 7.4 플립플롭 설계표

q	$q^\star$	입력
0	0	
0	1	
1	0	
1	1	

그림 7.2 D 플립플롭 상태도

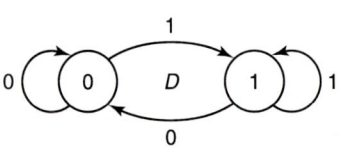

비슷한 방법으로 0에서 1상태로 가려면 D는 반드시 1이어야 한다. 또한 1에서 0으로 가려면 D는 0이어야 하고, 1에서 1로 가려면 D는 1이어야 한다. 이렇게 하여 만든 D 플립플롭에 대한 플립플롭 설계표를 표 7.5에 보였다.

D 플립플롭의 경우 진리표에 D_1과 D_2를 위한 별도의 열이 필요 없다. 왜냐하면 이들이 $q_1^\star$과 $q_2^\star$와 같기 때문이다. 이 절에서는 표 7.2의 설계표를 예제로 사용할 것이다. 따라서 D 플립플롭의 경우

$$D_1 = x\,q_2 + x\,q_1$$
$$D_2 = x\,q_2' + x\,q_1$$

이의 해에 대한 회로도를 D 플립플롭과 AND, 그리고 OR 게이트를 사용하여 그림 7.3에 보였다.

표 7.5 D 플립플롭 설계표

q	$q^\star$	D
0	0	0
0	1	1
1	0	0
1	1	1

그림 7.3 D 플립플롭을 이용한 구현

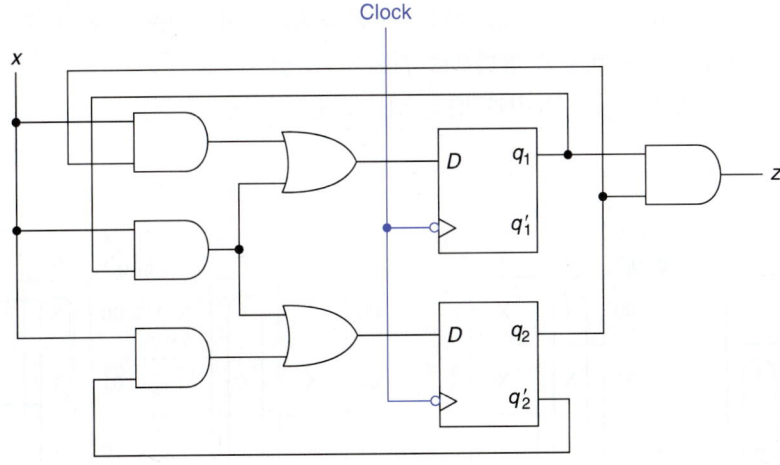

이제 JK 플립플롭으로 설계하는 과정을 반복한다. JK 플립플롭에 대한 상태도를 그림 7.4에 다시 보였다. 상태 0에서 상태 0으로 가기 위한 두 가지 방법이 있다. $J=0$와 $K=0$ 또는 $J=0$와 $K=1$이다. 다시 말해서, J는 반드시 0이어야 하고 K값은 상관이 없다. 비슷한 방법으로, 1에서 1로 가기 위해서는 K는 0이어야 하고 J값은 상관이 없다. 또한 0에서 1로 가기 위해서는 J는 1이어야 하고 K값은 상관이 없다. 마지막으로 1에서 0으로 가기 위해서는 K는 1이어야 하고 J값은 상관이 없다. 이를 종합하여 표 7.6의 JK 플립플롭에 대한 플립플롭 설계표를 만들 수 있다. 따라서 시스템 설계를 위한 진리표를 표 7.7에 다시 보였다. 이제, 설계용 진리표에는 4개의 플립플롭 입력을 위한 4개의 열이 추가되어 있다 (대신 처음 5개 열이 표 7.2의 해당 열과 같으므로 상태 이름을 가진 열 q는 삭제하였다). 표 7.6을 이용하여 음영 처리된 열 q_1과 $q_1^\star$로부터 음영 처리로 표시된 플립플롭 입력 열들을 만든다. 음영 처리되지 않은 부분(플립플롭 2에 대한 부분)

그림 7.4 JK 플립플롭 상태도

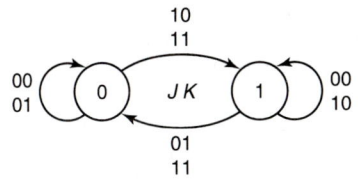

표 7.6 JK 플립플롭 설계표

q	$q^\star$	J	K
0	0	0	X
0	1	1	X
1	0	X	1
1	1	X	0

표 7.7 플립플롭 입력표

x	q_1	q_2	$q_1^{\star}$	$q_2^{\star}$	J_1	K_1	J_2	K_2
0	0	0	0	0	0	X	0	X
0	0	1	0	0	0	X	X	1
0	1	0	0	0	X	1	0	X
0	1	1	0	0	X	1	X	1
1	0	0	0	1	0	X	1	X
1	0	1	1	0	1	X	X	1
1	1	0	1	1	X	0	1	X
1	1	1	1	1	X	0	X	0

으로부터 음영 처리되지 않은 부분의 플립플롭 입력들을 생성한다. 처음 두 행의 경우 q_1은 0에서 0으로 간다. 따라서 플립플롭 설계표의 첫 번째 행에서 J_1은 0, K_1은 X가 되어야 한다. 첫 번째 행에서 q_2 또한 0에서 0으로 가기 때문에, $J_2 =$ 0, $K_2 =$ X가 되어야 한다. 두 번째 행에서는 q_2가 1에서 0으로 바뀌므로, 플립플롭 설계표(표 7.6)의 셋째 행으로부터 $J_2 =$ X와 $K_2 = 1$이 되어야함을 알 수 있다. 표의 나머지 부분도 비슷한 방법으로 채워질 수 있다.

이렇게 해서 만들어진 결과 맵을 맵 7.2에 보였다.

맵 7.2 JK 입력 맵

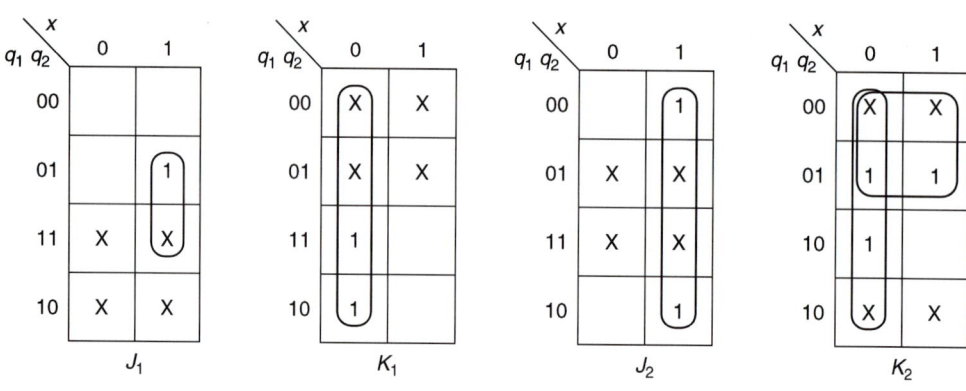

플립플롭 입력식은 다음과 같이 된다.

$$J_1 = xq_2 \qquad K_1 = x' \qquad z = q_1q_2$$
$$J_2 = x \qquad K_2 = x' + q_1'$$

따라서 이 설계에서는 2입력 AND 게이트 2개(출력 게이트 포함)와 2입력 OR 게이트 한 개, 그리고 x'을 위한 NOT 게이트 한 개만 있으면 되는데, 이는 현재까지의 설계 중 가장 비용이 덜 드는 해이다(NAND 게이트로는 2입력 NAND 게이트 3개와 NOT 게이트 2개이면 된다).

JK 플립플롭 입력식을 보면 J_1과 K_1은 q_1과 무관하고, J_2와 K_2는 q_2와 무관하다는 것을 알아차릴 수 있다. 이것은 여기서 살펴본 특정 문제에서만 확인되는 특성이 아니라 (시스템의 규모와는 상관없이) 최소해인 경우에는 항상 진실인 특성이다. 이러한 성질은 맵 7.3에서 다시 보인 J와 K에 대한 맵을 보고도 확인할 수 있다. 각 맵의 반은 무정의(don't care. 파랑색으로 보인)로 채워진 것에 주목하라(실제로, 간혹이기는 하지만 상태 변수의 모든 조합이 사용되지 않을 때에는 무정의의 수가 이보다 훨씬 더 많은데 이러한 예제를 나중에 볼 것이다). 맵 상의 모든 1은 그와 묶을 수 있는 위치에 무정의가 있어서 관련된 변수를 삭제할 수 있다. 이를 맵 상의 동그라미와 맵 아래에 나열된 곱항으로 보였다. 이들 곱항이 주내포항일 필요는 없지만 J_1과 K_1에 대한 것에는 q_1이 없고, J_2와 K_2에 대한 것에는 q_2가 없다.

맵 7.3 JK 플립플롭 입력에서 1과 무정의의 짝짓기

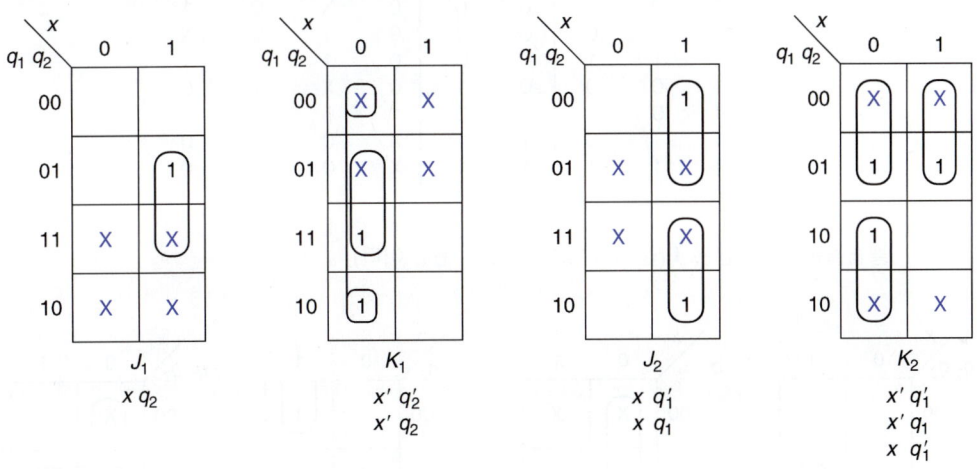

예제 7.2와 7.3에서는 SR 플립플롭과 T 플립플롭에 대해 이 과정을 반복할 것이다.

예제 7.2

SR 플립플롭에 대한 상태도를 아래에 다시 보였다.

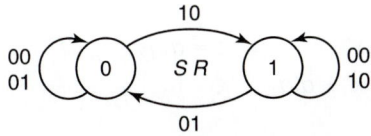

상태 0에서 0으로 가거나 상태 1에서 1로 가기 위해서는 JK 플립플롭의 경우와 같이 두 가지 방법이 있다. 또한 상태 0에서 1로 가기 위해서는 S는 1, R은 0이어야 하고, 상태

1에서 0으로 가기 위해서는 R은 1, S는 0이 되어야한다. 이것을 요약한 SR 플립플롭의 설계표는 다음과 같다.

q	$q^\star$	S	R
0	0	0	X
0	1	1	0
1	0	0	1
1	1	X	0

(X 대신 0 또는 1 중 어떤 값을 선택하든 간에) S와 R이 동시에 1이 되면 절대 안 된다는 것을 명심하라. JK 플립플롭을 이용한 설계에서와 똑같은 방법으로 다음의 플립플롭 입력표를 구할 수 있다.

x	q_1	q_2	$q_1^\star$	$q_2^\star$	S_1	R_1	S_2	R_2
0	0	0	0	0	0	X	0	X
0	0	1	0	0	0	X	0	1
0	1	0	0	0	0	1	0	X
0	1	1	0	0	0	1	0	1
1	0	0	0	1	0	X	1	0
1	0	1	1	0	1	0	0	1
1	1	0	1	1	X	0	1	0
1	1	1	1	1	X	0	X	0

플립플롭 입력 맵은 다음과 같고(출력 z는 q_1q_2이다).

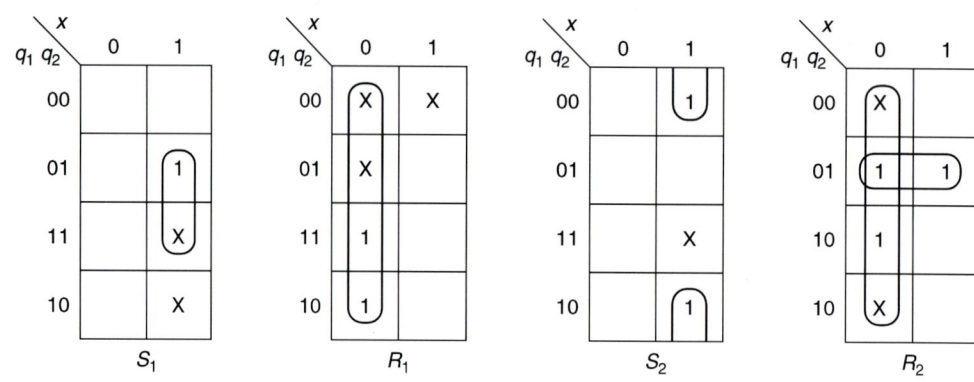

입력식은 다음과 같다

$$S_1 = xq_2 \qquad R_1 = x' \qquad\qquad z = q_1q_2$$
$$S_2 = xq_2' \qquad R_2 = x' + q_1'q_2$$

이 입력식은 2입력 AND 게이트 4개(출력용 1개 포함), 2입력 OR 게이트 한 개, 그리고 x'를 위한 NOT 게이트 1개를 필요로 한다(NAND 게이트로 설계하는 경우 S_1, S_2 그리고 z용으로 3개의 NOT 게이트를 더 사용해야 한다).

T 플립플롭을 위한 상태도는 다음과 같다.

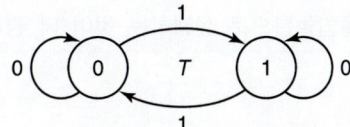

어느 한 상태에서 다른 상태로 가는 방법은 유일하다. 따라서 플립플롭 설계표는 다음과 같고,

q	$q^\star$	T
0	0	0
0	1	1
1	0	1
1	1	0

시스템 설계를 위한 진리표는 다음과 같다.

x	q_1	q_2	$q_1^\star$	$q_2^\star$	T_1	T_2
0	0	0	0	0	0	0
0	0	1	0	0	0	1
0	1	0	0	0	1	0
0	1	1	0	0	1	1
1	0	0	0	1	0	1
1	0	1	1	0	1	1
1	1	0	1	1	0	1
1	1	1	1	1	0	0

T 플립플롭 입력 맵과 식을 다음에 보였다.

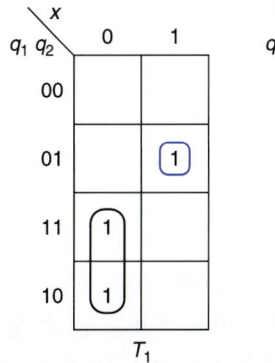 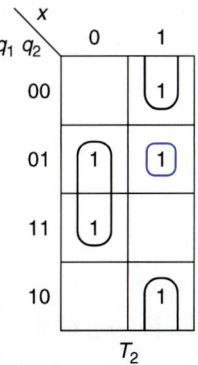

$T_1 = x'q_1 + xq_1'q_2$
$T_2 = x'q_2 + xq_2' + xq_1'q_2$
$z = q_1q_2$

이 방법을 이용하는 경우 2입력 AND 게이트 4개, 3입력 AND 게이트 1개, 2입력 OR 게이트 1개, 3입력 OR 게이트 1개, 그리고 x용 NOT 게이트 1개가 필요하다는 것을 알 수 있다. 따라서 주어진 예제의 경우에는 T 플립플롭을 이용한 설계가 가장 비싸다(그러나 D나 SR 플립플롭보다 T 플립플롭으로 설계하는 것이 더 경제적인 시스템도 있다).

JK를 이용한 해가 SR이나 T보다 더 많은 논리회로를 필요로 하는 경우는 없다. SR과 JK 해를 구하기 위한 맵을 서로 비교해 보면 정확히 같은 위치에 1을 가지며, 또한 SR 맵의 X가 있는 위치에는 JK 맵에서도 X인 것을 알 수 있다. 여기에다 JK 맵에는 SR 맵보다 무정의(don't care)가 더 많다. 추가적으로 있는 이들 무정의를 0으로 하면 SR의 경우와 동일한 해를 얻을 수 있다. 그러나 위에서 보듯 무정의 중의 일부는 그룹의 크기를 더 크게 하여 논리회로를 간소화하는 데 기여하였다. 어떤 이유로, 시스템을 SR 플립플롭을 이용하여 설계하고 논리회로를 구현했어야 했다고 가정하자. 그런데 사용할 수 있는 것이 JK 플립플롭밖에 없는 경우 설계된 논리회로를 그대로 사용하면서 SR 대신 JK 플립플롭을 사용해도 동작한다. 이와 비슷하게, 시스템을 T 플립플롭용으로 설계한 경우 (J와 K를 연결하면 T처럼 동작하므로) 그 논리회로를 J와 K에 함께 연결하면 된다(SR 경우에서처럼 T 플립플롭을 사용한 설계는 종종 JK 설계의 경우보다 게이트를 더 많이 사용한다). D와 JK 설계의 관계는 명확하지 않다. 그러나 D 입력을 J와 연결하고 이것의 보수를 취한 것을 K에 연결하면 그 회로는 동작할 것이다(반복하지만, 이것이 JK 플립플롭용 설계로는 최적이 아닐 수 있다. 이 예제에서는 분명 최적이 아니었다).

주목해야 할 중요사항 하나는 어떤 플립플롭이든 입력식은 그 플립플롭의 q와 $q^\star$ 열로부터 만들어 낼 수가 있다는 것이다. 따라서 만약 두 개(또는 그 이상)의 서로 다른 종류의 플립플롭을 사용하더라도 앞에서 한 것처럼 똑같은 진리표를 만들고, 그 다음 각 플립플롭에 맞는 플립플롭 설계표를 사용하여 입력표를 만들 수 있다. 예를 들어 q_1는 JK 플립플롭, q_2는 D 플립플롭을 사용하는 경우 논리식은 다음과 같을 것이다.

$$J_1 = xq_2 \qquad K_1 = x'$$
$$D_2 = xq_2' + xq_1$$
$$z = q_1q_2$$

이들은 이 절 앞부분에서 구한 J_1, K_1, 그리고 D_2에 대한 식과 같다.

이제 되돌아가서 진리표를 사용하지 않고 이런 문제를 풀 수 있는 다른 방법을 살펴보기로 하자. 상태가 2진수로 표현되어 있는 경우 그림 7.5의 상태표로부터 바로 $q_1^\star$과 $q_2^\star$에 대한 맵을 얻을 수 있다.

그림 7.5 상태표를 맵으로 변환

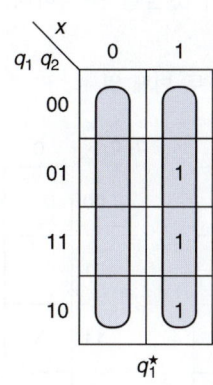

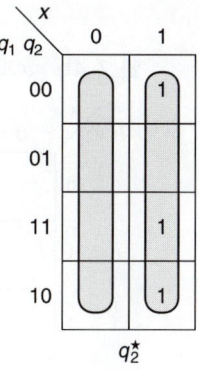

상태표에서 연파랑색 음영처리된 부분은 $q_1^\star$ 맵, 그리고 회색으로 음영처리된 부분은 $q_2^\star$ 맵을 생성한다. 주의할 점은 순서이다(비록 이 문제에서는 영향이 없지만). 상태표에서는 현재상태가 2진 순서로 되어있고, 맵에서는 물론 맵에 맞는 순서로 바뀌어 있다. 즉, 상태표의 마지막 2행이 맵에 복사될 때 순서가 바뀌어야 한다(사람에 따라서는 이런 문제를 방지하기 위해서 상태표를 맵의 순서로 적는 경우도 있다. 즉, 00, 01, 11, 10 순서이다. 이렇게 해도 된다).

D 플립플롭의 경우 $q_1^\star$과 $q_2^\star$의 맵이 D_1과 D_2의 맵과 같으므로 이미 맵이 완성된 셈이다. 맵 7.4a는 $q_1^\star$, J_1, 그리고 K_1의 맵을 보여주고 있다(이 절의 앞부분에서 만들었다).

맵 7.4a J_1과 K_1의 첫 번째 열

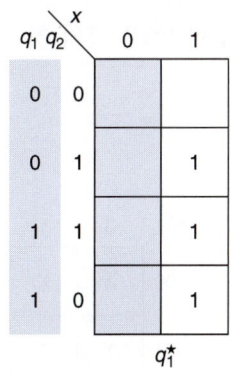

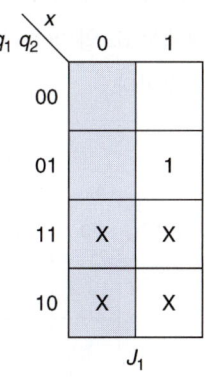

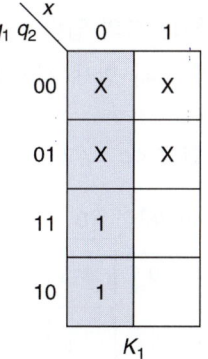

JK 플립플롭의 설계표(표 7.6)를 이용하여 $q_1^\star$ 맵에서 음영 처리된 부분으로부터 J_1과 K_1의 음영 처리된 열을 만들어낼 수 있다. 예를 들어, $q_1^\star$ 맵의 첫 두 행에서는 q_1이 0에서 0으로 가기 때문에 $J = 0$, $K = $ X가 되어야 한다. 마지막 두 행에서는 1에서 0으로 가기 때문에 $J = $ X, $K = 1$이 되어야 한다. J_1과 K_1의 두 번째

열을 채우기 위해 $q_1^\star$ 맵의 두 번째 열을 사용하지만 맵 7.4b에는 여전히 q_1 열(첫 번째 열)이 음영 처리되어 있음을 주의하라.

맵 7.4b J_1과 K_1의 두 번째 열

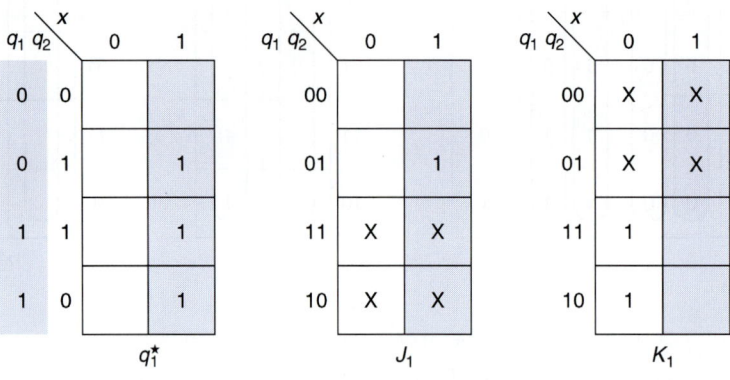

첫 행에서 q_1은 0에서 0으로 가기 때문에 $JK = 0X$가 되어야 하고, 두 번째 행에서는 0에서 1로 가므로 $JK = 1X$이 된다. 그리고 세 번째와 네 번째 행에서는 1에서 1로 가고, 따라서 $JK = X0$이 된다. 물론 이 결과는 앞에서와 같다.

플립플롭 q_2에 대한 J와 K 값을 찾기 위해 $q_2^\star$ 맵을 만들고, 맵 7.4c에서 음영 처리하여 보인 것처럼 q_2 열을 사용하여 J_2와 K_2의 첫 번째 열을 채운다. 그리고 $q_2^\star$ 맵의 두 번째 열과 q_2 열을 사용하여 J_2와 K_2의 두 번째 열을 채운다.

이와 똑같은 방법을 다른 종류의 플립플롭에도(해당 플립플롭에 대한 설계표를 이용하여) 적용할 수 있다. 주의할 점은 첫 번째 플립플롭의 입력을 구할 때에는 q_1 입력(첫 번째 입력 열)을 $q_1^\star$의 첫 번째 및 두 번째 열과 함께 사용하고, 두 번째 플립플롭의 입력을 구할 때에는 q_2 입력(두 번째 입력 열)을 $q_2^\star$의 첫 번째 및 두 번째 열과 함께 사용한다는 것이다.

맵 7.4c J_2과 K_2의 계산

JK 플립플롭 설계를 위한 빠른 방법(quick method. 다른 종류의 플립플롭에는 적용되지 않는다)은 다음에 설명하는 JK 플립플롭의 특성을 이용한 것이다. JK 플립플롭의 입력식을 보면 q_1의 입력(J_1과 K_1)은 q_1과 무관하며, q_2의 입력(J_2과 K_2)은 q_2와 무관하다. 이러한 특성은 특별히 이 문제에만 적용되는 특성이 아니라 (시스템이 제아무리 크더라도) 이러한 특성이 적용되는 최소해 한 개는 항상 존재한다.

6.3절에서 구한 식을 활용하여 이 특성을 이용할 수 있다.

$$q^\star = Jq' + K'q$$

q가 0일 때

$$q^\star = J \cdot 1 + K' \cdot 0 = J$$

$q = 1$일 때

$$q^\star = J \cdot 0 + K' \cdot 1 = K'.$$

따라서, 각 변수에 대한 $q\star$ 맵에서 그 변수가 0인 부분은 J를 위한 부분이고, 1인 부분은 K'을 위한 부분이다. 맵 7.5a에 $q_1^\star$ 맵을 보여주고 있는데 $q_1 = 0$ 부분은 연파랑색으로 음영처리하였고, $q_1 = 1$ 부분은 회색으로 나타내었다. 이 두 개의 작은 맵을 분리하여 오른 쪽에 다시 나타내었다(꼭 이렇게 분리할 필요는 없다. 원래의 맵에서 부분별로 작업하면 된다).

맵 7.5a 빠른 방법을 사용한 J_1과 K_1의 계산

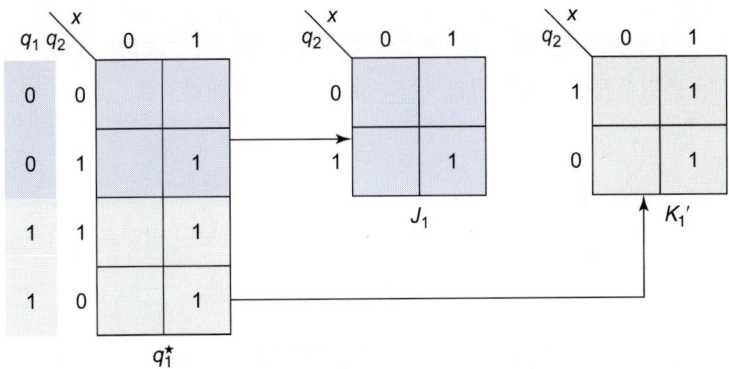

변수가 셋인 맵이 변수가 둘인 맵(J와 K'용 각각 한 개) 2개로 줄여졌다. 원래의 맵에서 두 부분을 구분하는 데 사용되었던 변수 q_1은 제거하였다(K 맵을 그리려면 K' 맵에서 1은 0으로, 그리고 0은 1로 바꾸면 된다). 이들 맵에서

$$J_1 = xq_2 \qquad K'_1 = x \quad \text{or} \quad K_1 = x'$$

을 구할 수 있다. 물론 이 결과는 맵 7.2와 맵 7.4a와 7.4b에서와 같이 다른 방법으로 구한 것과 같다. K_1'의 맵을 사용할 때 주의할 점이 있다. 두 행의 순서가 바뀌어 $q_2 = 1$인 행이 위에 있다. 이 문제에서는 이로 인한 영향이 없지만 다른 문제에서는 맵을 읽을 때 주의하여야 한다(행을 바꿔 맵을 다시 그려도 된다).

맵의 모양이 다소 다른 맵 7.5b의 두 번째 플립플롭에 대하여 이 과정을 반복하려고 한다.

맵 7.5b 빠른 방법을 사용한 J_2과 K_2의 계산

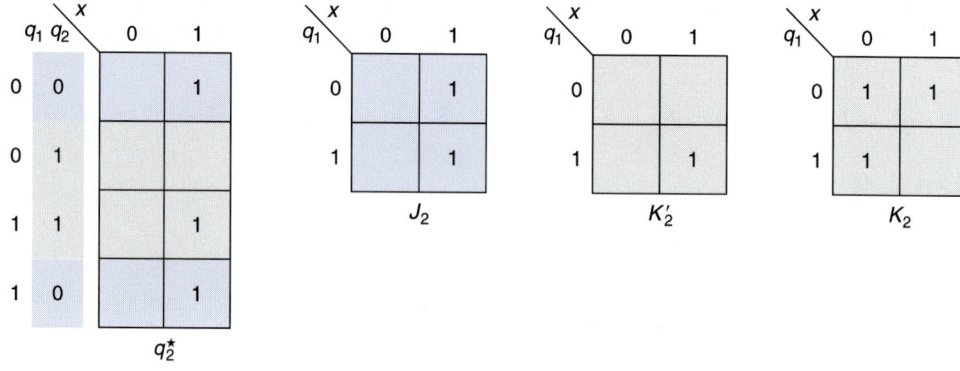

맵에서 $q_2 = 0$인 부분은 첫 째와 마지막 행이고, $q_2 = 1$인 부분은 가운데 두 행이다. J_2, K_2' 그리고 K_2의 맵을 그림 7.5b에 보였으며, 다른 방법으로 구했던 결과와 똑같이

$$J_2 = x \qquad K_2 = x' + q_1'$$

이다. 이 방법을 적용할 때는 각 변수에 대한 $q\star$ 맵만을 그리면 되며, 시스템 진리표나 각 플립플롭에 대한 입력 맵은 그릴 필요가 없다.

예제 7.4

이제 설계과정 전체를 다룬 예제 하나를 살펴보자. 아래에 보인 상태표와 상태할당을 사용하여

	$q\star$		z			q	q_1	q_2
q	$x = 0$	$x = 1$	$x = 0$	$x = 1$				
A	B	C	1	1		A	1	1
B	A	B	1	0		B	1	0
C	B	A	1	0		C	0	1

다음과 같이 상태 이름 열까지 가진 진리표를 만든다.

	x	q_1	q_2	$q_1^\star$	$q_2^\star$	z
–	0	0	0	X	X	X
C	0	0	1	1	0	1
B	0	1	0	1	1	1
A	0	1	1	1	0	1
–	1	0	0	X	X	X
C	1	0	1	1	1	0
B	1	1	0	1	0	0
A	1	1	1	0	1	1

진리표로부터 다음과 같이 출력 맵과 D 플립플롭 입력 맵을 구할 수 있으며,

$q_1 q_2$ \ x	0	1
00	X	X
01	1	
11	1	1
10	1	

z

$q_1 q_2$ \ x	0	1
00	X	X
01	1	1
11	1	
10	1	1

$q_1^\star$

$q_1 q_2$ \ x	0	1
00	X	X
01		1
11		1
10	1	

$q_2^\star$

따라서 결과식은 다음과 같이 구해진다.

$$z = x' + q_1 q_2$$
$$D_1 = x' + q_1' + q_2'$$
$$D_2 = x q_2' + x' q_2$$

상태 변수의 조합 중 하나가 사용되지 않으므로 D 맵에도 무정의가 포함되어 있는 점에 주목하라.

이제 J와 K의 열을 진리표에 추가하여 표를 다음과 같이 변경하였다.

	x	q_1	q_2	$q_1^\star$	$q_2^\star$	z	J_1	K_1	J_2	K_2
–	0	0	0	X	X	X	X	X	X	X
C	0	0	1	1	0	1	1	X	X	1
B	0	1	0	1	1	1	X	0	1	X
A	0	1	1	1	0	1	X	0	X	1
–	1	0	0	X	X	X	X	X	X	X
C	1	0	1	1	1	0	1	X	X	0
B	1	1	0	1	0	0	X	0	0	X
A	1	1	1	0	1	1	X	1	X	0

맵을 그리지 않고도 $J_1 = 1$이라는 것을 알 수 있다. JK 플립플롭의 입력이 1이 되는 경우는 흔하다. 진리표에서 전체의 반 이상이 무정의란 사실도 주목할 만하다. 플립플롭 입력식은 다음과 같다(출력은 플립플롭 종류에 관계없이 똑같다).

$$J_1 = 1 \qquad K_1 = x q_2$$
$$J_2 = x' \qquad K_2 = x'$$

빠른 방법을 사용하여 JK 식을 구할 수도 있다. 따라서 빠른 방법을 적용하기 위해 음영 처리한 $q_1^\star$맵과 $q_2^\star$맵을 아래에 다시 그렸다. 물론 이로부터 구한 결과식은 앞에서와 동일하다.

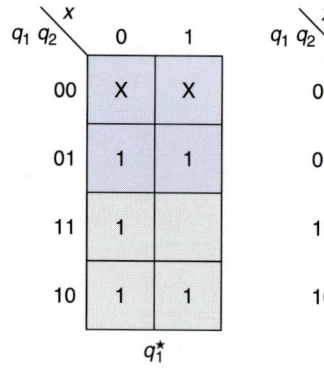

예제 7.5

이 절을 결론짓는 의미에서 더 큰 예제를 살펴보자. 다음 시스템을 설계하려고 한다.

q	$q^\star$		z
	$x=0$	$x=1$	
S_1	S_2	S_1	0
S_2	S_3	S_1	0
S_3	S_4	S_1	0
S_4	S_4	S_5	1
S_5	S_4	S_6	1
S_6	S_4	S_1	1

가장 먼저 해야 할 일은 상태할당이다. 아래에서 보인 것처럼 할당을 두 가지로 달리 해 보자.

1.
q	A	B	C
S_1	0	0	0
S_2	0	0	1
S_3	0	1	0
S_4	0	1	1
S_5	1	0	0
S_6	1	0	1

2.
q	A	B	C
S_1	0	0	0
S_2	1	0	1
S_3	1	0	0
S_4	1	1	1
S_5	0	1	1
S_6	0	1	0

첫 번째 것은 2진수 순서에 따라 처음 여섯 개를 사용한 것이고, 두 번째 할당은 조합회로를 줄일 의도로 (9장에서 설명하게 될 개념에 따라) 할당한 것이다.

첫 번째 할당으로 D와 JK 플립플롭을 사용하여 설계한다고 생각해 보자. 진리표를 만들지 않고도 세 개의 다음상태를($A^\star$, $B^\star$, $C^\star$) 위한 맵을 쉽게 만들 수 있다. 아래에서 보인 것처럼 각 맵에서 네모 칸은 현재상태에 해당한다(S_1은 000; S_6은 101; 110과 111은 사용되지 않는다).

맵의 왼쪽 반은 $x = 0$, 오른쪽 반은 $x = 1$에 해당된다.

$BC \backslash xA$	00	01	11	10
00	S_1	S_5	S_5	S_1
01	S_2	S_6	S_6	S_2
11	S_4	—	—	S_4
10	S_3	—	—	S_3

상태표로부터 직접 다음상태 맵을 채울 수 있다. $x = 0$일 때 S_1은 S_2로 가기 때문에 맵의 맨 왼쪽 위는 0, 0, 1이 된다. 완성된 맵을 다음에 보였다.

$BC \backslash xA$	00	01	11	10
00			1	
01				
11		X	X	1
10		X	X	

$A^{\star}$

$BC \backslash xA$	00	01	11	10
00		1		
01	1			
11	1	X	X	
10	1	X	X	

$B^{\star}$

$BC \backslash xA$	00	01	11	10
00	1	1	1	
01		1		
11	1	X	X	
10	1	X	X	

$C^{\star}$

이것은 다음상태 맵인 동시에 D입력이기도 하다. 출력은 상태 변수만의 함수로서 다음과 같다(Moore 모델이므로).

$BC \backslash A$	0	1
00		1
01		1
11	1	X
10		X

입력식과 출력식은 다음과 같이 구해진다.

$$D_A = xAC' + xBC$$
$$D_B = x'A + x'B + x'C$$
$$D_C = x'A + x'B + x'C' + AC'$$
$$z = A + BC$$

AND와 OR 게이트를 사용하는 경우 13개의 게이트(x'를 위한 NOT를 포함하여)와 30개의 입력(4입력 게이트 1개와 3입력 게이트 3개 포함)을 필요로 한다.

JK 플립플롭으로 구현하기 위해 빠른 방법을 사용해보자. 아래의 맵에서 J에 해당하는 부분은 음영 처리되어 있다.

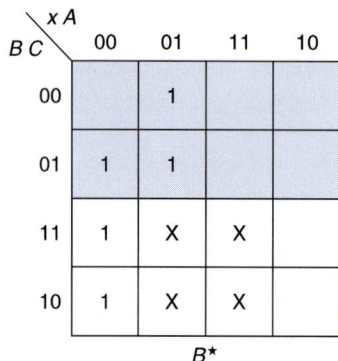
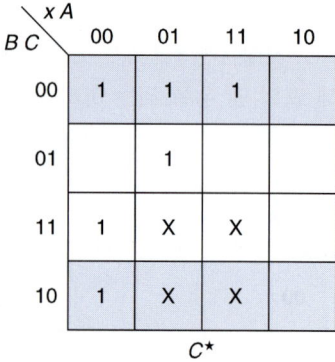

음영 처리된 부분으로부터 J를 구할 수 있다.

$$J_A = xBC \qquad J_B = x'A + x'C \qquad J_C = x' + A$$

J_A의 경우 A가 맵의 어느 부분을 음영 처리할 것인가를 결정한다. 따라서 첫 번째 열은 x'에 해당하고 마지막 열은 x에 해당한다. 같은 방법으로 B의 경우 음영 처리된 첫 번째 행은 C'에 해당하고 두 번째 행은 C에 해당한다. 음영 처리되지 않은 부분의 0(그리고 X)으로부터 K를 구할 수 있다. 아니면 1과 X로부터 K'을 구한 다음 이의 보수를 취하면 된다.

$$K_A = x' + C \qquad K_B = x \qquad K_C = x + A'B'$$

물론 출력은 플립플롭 종류와 무관하다. 그러므로

$$z = A + BC$$

이는 11개의 게이트(x'를 위한 NOT 게이트를 포함해서)와 22개의 입력핀(3입력 게이트는 한 개만 사용된다)을 필요로 한다.

다음에서는 각 플립플롭의 $Q^\star$ 맵에서 바로 J와 K의 맵을 구해 보고자 한다.

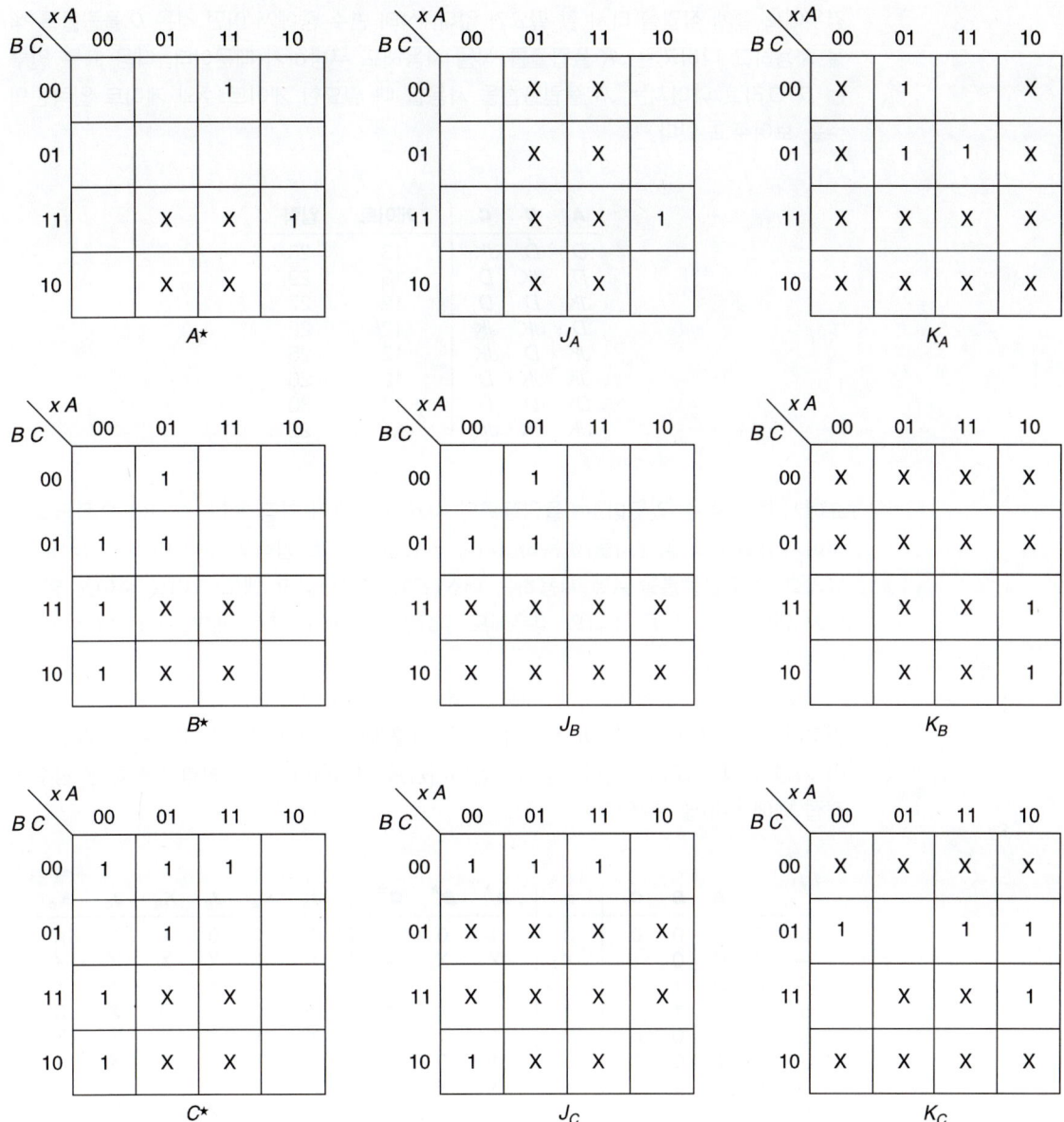

보이는 것처럼 J_A 맵은 A가 1인 2개 열이 모두 무정의로 채워져 있고, K_A 맵은 A가 0인 2개 열이 모두 X로 채워져 있다. 또 $B^\star$ 맵과 $C^\star$ 맵에 대한 J와 K 맵에도 무정의로 채워진 행이 있음을 확인할 수 있다. 이 방법으로 구한 입력식은 당연히 위에서와 동일하다.

다른 상태할당을 고려하기 전에 이와 관련된 문제를 살펴보자. 위와 같이 설계를 마친 상태에서 확인한 결과 실험실 재고로 D 플립플롭 두 개가 들어있는 패키지 한 개와 JK 플립플롭이 두 개 들어있는 패키지 한 개밖에 없다는 것을 알았다고 하자. 이런 경우에도 설계 작업을 다시 할 필요가 없다. 상태 변수 중에서 어떤 것은 D 플립플롭 식을 사용하고 나머지는 JK 플립플롭 식을 사용해도 무방하기 때문이다. 다음 표는 일부는 D, 그리고 나머지는 JK 플립플롭을 사용할 때 필요한 게이트 수와 게이트 입력핀의 수를 보여주고 있다.

A	B	C	게이트	입력
D	D	JK	13	28
D	JK	D	13	29
JK	D	D	12	27
D	JK	JK	12	25
JK	D	JK	12	25
JK	JK	D	12	26
D	D	D	13	30
JK	JK	JK	11	22

표에서 추측할 수 있듯이 JK 플립플롭만 사용하는 것이 가장 좋다. 심지어 D 플립플롭 식에서 B와 C의 공유항을 이용하더라도 필요한 게이트 입력의 수는 이 보다 더 많다. 그리고 D 플립플롭을 A에 사용하는 대신 B에 사용한다고 해도 게이트 수에는 별 차이가 없다. 이외 다른 조합의 경우에도 필요한 게이트와 또는 게이트 입력의 수가 늘어난다.

이제, 두 번째 상태할당을 사용한 해를 구해보자. 이번에는 진리표 방법을 사용할 것이다. 수의 크기 순서가 아닌 상태할당을 다룰 때 진리표를 2진수 순서로 나열하는 것이 가장 좋다. 그리고 2진수 옆에는 상태이름을 나열한다. 이런 방법으로 해당 함수를 직접 맵에 나타낼 수 있다.

	x	A	B	C	z	$A^\star$	$B^\star$	$C^\star$	J_A	K_A	J_B	K_B	J_C	K_C
S_1	0	0	0	0	0	1	0	1	1	X	0	X	1	X
—	0	0	0	1	X	X	X	X	X	X	X	X	X	X
S_6	0	0	1	0	1	1	1	1	1	X	X	0	1	X
S_5	0	0	1	1	1	1	1	1	1	X	X	0	X	0
S_3	0	1	0	0	0	1	1	1	X	0	1	X	1	X
S_2	0	1	0	1	0	1	0	0	X	0	0	X	X	1
—	0	1	1	0	X	X	X	X	X	X	X	X	X	X
S_4	0	1	1	1	1	1	1	1	X	0	X	0	X	0
S_1	1	0	0	0		0	0	0	0	X	0	X	0	X
—	1	0	0	1		X	X	X	X	X	X	X	X	X
S_6	1	0	1	0		0	0	0	0	X	X	1	0	X
S_5	1	0	1	1		0	1	0	0	X	X	0	X	1
S_3	1	1	0	0		0	0	0	X	1	0	X	0	X
S_2	1	1	0	1		0	0	0	X	1	0	X	X	1
—	1	1	1	0		X	X	X	X	X	X	X	X	X
S_4	1	1	1	1		0	1	1	X	1	X	0	X	0

위의 진리표는 다음상태와 각각의 플립플롭에 대한 JK 입력을 보여주고 있다. 출력 z가 입력 x의 함수가 아니므로 출력 z열은 처음 8개 행만 채워진 것에 주목하라.

이제 (3변수 맵으로) 출력식과 ($A^\star$, $B^\star$, $C^\star$ 열을 이용하여) D 입력식 또는 JK

입력식을 구할 수 있다. 먼저 출력 맵과 식을 보였는데, 이 결과는 사용하는 (여기서의 상태할당을 가정할 때) 플립플롭의 종류와는 관계가 없다.

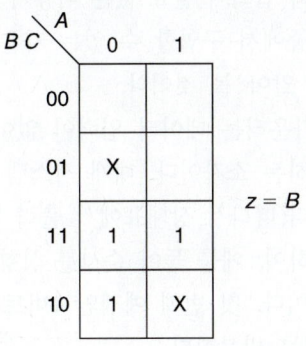

$$z = B$$

$\quad x\,A$ $B\,C$	00	01	11	10
00	1	1		
01	X	1		X
11	1	1		
10	1	X	X	

$A\star$

$\quad x\,A$ $B\,C$	00	01	11	10
00		1		
01	X			X
11	1	1	1	1
10	1	X	X	

$B\star$

$\quad x\,A$ $B\,C$	00	01	11	10
00	1	1		
01	X			X
11	1	1	1	
10	1	X	X	

$C\star$

$$D_A = x'$$
$$D_B = x'B + BC + x'AC'$$
$$D_C = AB + x'C' + \{x'B \text{ or } x'A'\}$$

이것은 게이트 9개와 20개의 입력(x'을 위한 NOT을 포함해서)을 필요로 한다.

    빠른 방법을 사용하여 JK 플립플롭용 해를 구할 수도 있지만, 이 예제에서는 J와 K를 위한 진리표를 앞에서 이미 완성하였다. 맵을 그리는 것은 각자에게 연습문제로 남겨둔다. 결과식은 다음과 같다.

$$J_A = x' \qquad K_A = x$$
$$J_B = x'AC' \qquad K_B = xC'$$
$$J_C = x' \qquad K_C = B' + xA'$$
$$z = B$$

이것은 5개의 게이트와 10개의 입력을 필요로 하며, D를 이용한 해보다 훨씬 낫다. 이 상태할당에 대한 D와 JK 해는 첫 번째 상태할당을 이용한 해보다 훨씬 저렴하다. [문제풀이 2, 3, 4; 연습문제 1, 2, 3, 4; 실험]

7.2 동기식 카운터 설계

이 절에서는 동기식 순차시스템의 한 종류인 카운터의 설계에 대해 알아본다. 다음 절에서는 클럭 입력이 필요 없는 비동기식 카운터를 간단히 살펴볼 것이다. 다음 장에서는 시중에서 구입할 수 있는 카운터와 대형 시스템의 일부로서 카운터의 응용에 대해 알아 볼 것이다.

대부분의 카운터는 데이터 입력이 없이 연속되는 클럭에 따라 정해진 일련의 상태를 반복하는 소자이다. 대개 시스템 상태 자체, 즉 모든 플립플롭의 기억 값이 출력이 된다(따라서 상태표에서 출력 열은 필요 없다). 또한 한 두 개의 제어 입력을 사용하여, 예를 들어 순서를 상향 또는 하향으로 결정할 수 있는 카운터도 살펴볼 것이다. 첫 번째 예제인 4비트 이진 카운터는 플립플롭 4개로 구성되며, 다음 순서를 반복한다.

0 1 2 3 4 5 6 7 8 9 10 11 12 13 14 15 0 1 . . .

이 설계를 위해서는 별도의 새로운 기술을 사용할 필요가 없다. 상태표와 진리표는 앞에서와 같다. 표 7.8에 보인 것처럼 행의 수가 16개, 입력 열과 출력 열의 수는 각각 4개이다. 플립플롭에는 통상적으로 D, C, B, A의 순서로 라벨이 붙여진다. 표 7.8에서와 같이, 상태 0(0000)의 다음상태는 1(0001)이고, 1의 다음상태는 2,..., 15(1111)의 다음은 0(0000)이 된다.

표 7.8 16진 카운터

D	C	B	A	$D^\star$	$C^\star$	$B^\star$	$A^\star$
0	0	0	0	0	0	0	1
0	0	0	1	0	0	1	0
0	0	1	0	0	0	1	1
0	0	1	1	0	1	0	0
0	1	0	0	0	1	0	1
0	1	0	1	0	1	1	0
0	1	1	0	0	1	1	1
0	1	1	1	1	0	0	0
1	0	0	0	1	0	0	1
1	0	0	1	1	0	1	0
1	0	1	0	1	0	1	1
1	0	1	1	1	1	0	0
1	1	0	0	1	1	0	1
1	1	0	1	1	1	1	0
1	1	1	0	1	1	1	1
1	1	1	1	0	0	0	0

맵 7.6에 4개의 다음상태 함수용 맵을 보였다.

맵 7.6 16상태 카운터를 위한 D 플립플롭 입력

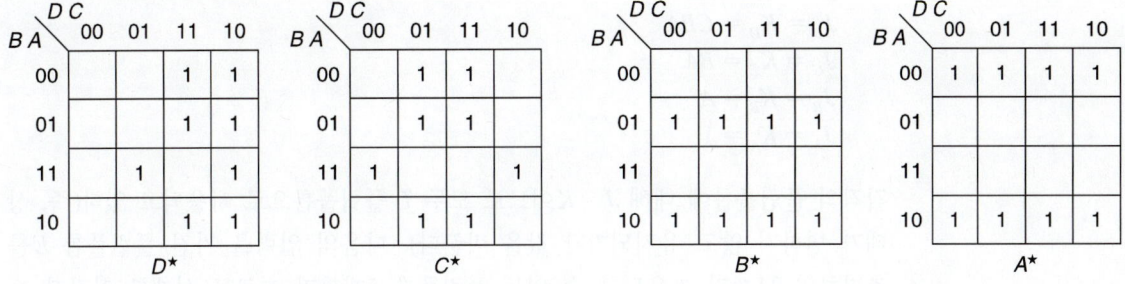

맵으로부터 구한 식은 다음과 같다.

$$D_D = DC' + DB' + DA' + D'CBA$$
$$D_C = CB' + CA' + C'BA$$
$$D_B = B'A + BA'$$
$$D_A = A'$$

이 해를 회로로 구현하려면 게이트 12개와 30개의 입력이 필요하다. XOR 게이트를 사용하는 것으로 가정하면 다음과 같이 식을 단순화할 수 있다.

$$D_D = D(C' + B' + A') + D'CBA = D(CBA)' + D'(CBA)$$
$$= D \oplus CBA$$
$$D_C = C(B' + A') + C'BA = C(BA)' + C'(BA) = C \oplus BA$$
$$D_B = B'A + BA' = B \oplus A$$
$$D_A = A'$$

이 해는 AND 게이트 2개와 XOR게이트 3개로 구현될 수 있다.

다음은 맵 7.7을 사용하여 JK 설계에 대해 알아본다(SR 설계는 연습문제로 남겨둔다.). 빠른 방법을 사용하기 위해 J에 대한 맵은 다음상태 맵에서 음영처리 하였다(K'에 대한 것은 음영처리하지 않았다).

맵 7.7 JK 플립플롭 설계용 맵

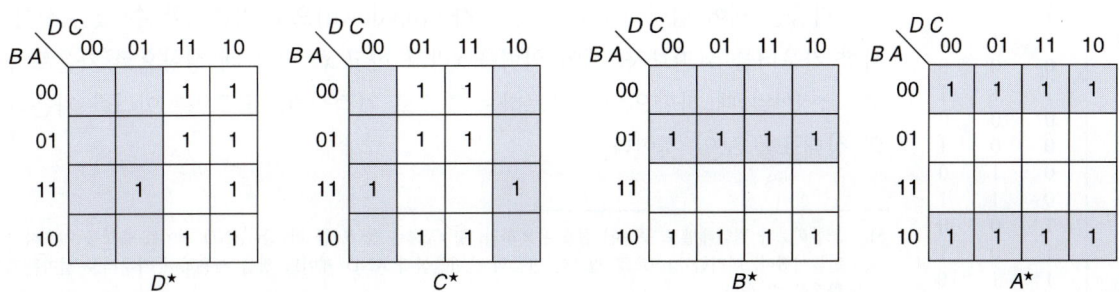

맵으로부터 구한 식은 다음과 같다.

$$J_D = K_D = CBA$$
$$J_C = K_C = BA$$
$$J_B = K_B = A$$
$$J_A = K_A = 1$$

각각의 플립플롭에 대해 $J = K$이므로 모두 T 플립플롭으로 사용되고 있다(즉, 상태가 변하지 않고 유지되거나 값을 바꾼다). 다음의 입력을 가진 플립플롭 E를 추가하여 31까지 카운트할 수 있는 플립플롭 5개짜리 회로로 설계를 확장할 수 있다.

$$J_E = K_E = DCBA$$

JK 플립플롭으로 구현한 회로를 그림 7.6에 보였다.[5]

그림 7.6 4비트 카운터

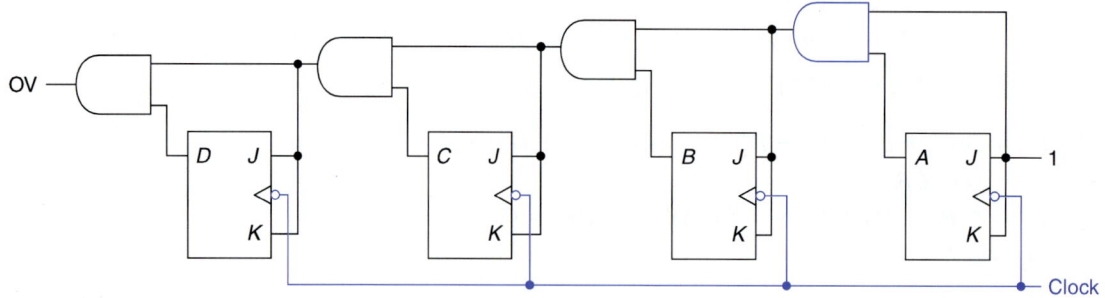

표 7.9 상향/하향(up/down) 카운터

x	C	B	A	C*	B*	A*
0	0	0	0	0	0	1
0	0	0	1	0	1	0
0	0	1	0	0	1	1
0	0	1	1	1	0	0
0	1	0	0	1	0	1
0	1	0	1	1	1	0
0	1	1	0	1	1	1
0	1	1	1	0	0	0
1	0	0	0	1	1	1
1	0	0	1	0	0	0
1	0	1	0	0	0	1
1	0	1	1	0	1	0
1	1	0	0	0	1	1
1	1	0	1	1	0	0
1	1	1	0	1	0	1
1	1	1	1	1	1	0

이 회로가 단독으로 사용되는 경우 파랑색으로 그려진 AND 게이트는 필요하지 않다. 즉, 플립플롭 A의 출력을 J_B와 K_B에 직접 연결해도 된다. OV 출력은 카운터의 상태가 15 (1111)일 때 1이 된다. OV를 또 다른 플립플롭의 JK 입력에 연결하여 5비트 카운트로 만들거나 위와 같은 플립플롭 4개짜리 회로를 두 개 만든 다음 현재 1이 연결되어 있는 AND 입력에 다른 회로의 OV 출력을 연결하여 8비트 카운터로 만들 수 있다.

다음은 제어 입력에 따라서 상향/하향(up/down)으로 카운트할 수 있는 상향/하향 카운터를 살펴보자. 제어 입력을 x라고 하고 $x = 0$일 때 상향으로 카운트하고, $x = 1$[6]일 때 하향으로 카운트하는 것으로 가정하자. 표 7.9는 이러한 카운터의 상태표를 보인 것이다.

---

5) 조합회로가 멀티레벨로 구현된 점을 유의하라. 항 CBA는 항 BA를 만드는 AND 게이트 출력을 이용하여 만들어졌다. 이러한 방식으로 필요한 만큼의 플립플롭과 AND 게이트 쌍을 사용하여 카운터를 얼마든지 확장할 수 있다.

6) 상용 카운터에서 이 입력은 보통 D/U'로 표시하는데, 이 표기는 x의 경우와 마찬가지로 하향(D)은 active high, 상향(U')은 active low임을 뜻한다.

맵 7.8은 $C\star$, $B\star$ 그리고 $A\star$에 대한 맵을 보인 것으로 JK 플립플롭 설계의
빠른 방법을 위해 $q = 0$인 부분을 음영 처리하였다.

맵 7.8 상향/하향 카운터

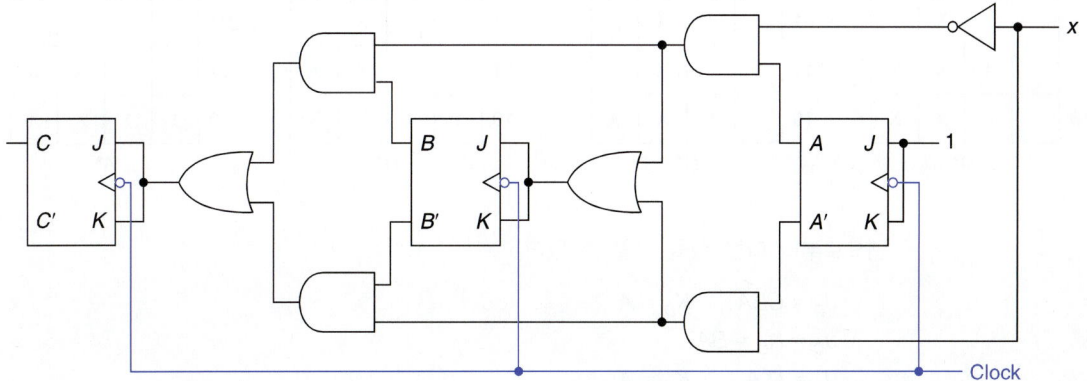

위의 맵으로부터, 다음 입력식을 구할 수 있다.

$$J_A = K_A = 1$$
$$J_B = K_B = x'A + xA'$$
$$J_C = K_C = x'BA + xB'A'$$

4비트, 5비트 상향 카운터에서처럼 이러한 패턴이 계속되므로 플립플롭 두 개를
추가하는 경우 다음과 같이 된다.

$$J_D = K_D = x'CBA + xC'B'A'$$
$$J_E = K_E = x'DCBA + xD'C'B'A'$$

3비트 카운터 회로도를 그림 7.7에 보였다.

그림 7.7 상향/하향 카운터

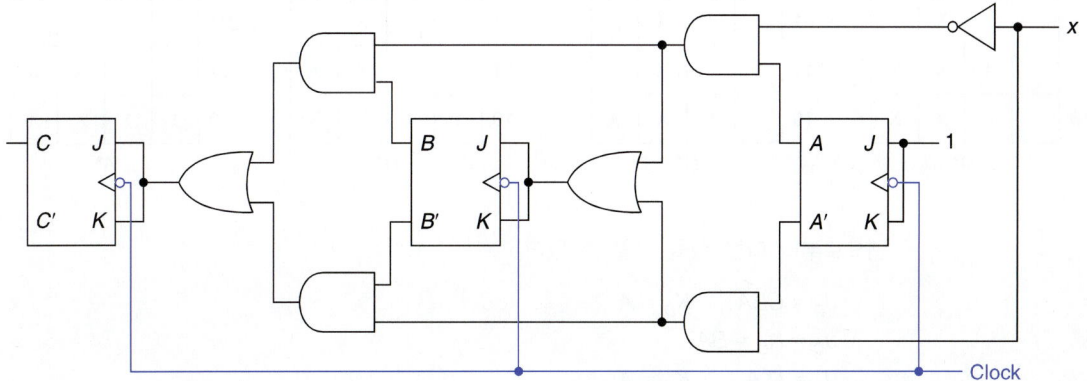

예제 7.6

다음과 같은 순서를 따르는 10진 카운터를 살펴보자.

0 1 2 3 4 5 6 7 8 9 0 1 ...

상태(진리)표는 아래와 같이 2진 카운터의 것과 비슷하다.

D	C	B	A	D*	C*	B*	A*
0	0	0	0	0	0	0	1
0	0	0	1	0	0	1	0
0	0	1	0	0	0	1	1
0	0	1	1	0	1	0	0
0	1	0	0	0	1	0	1
0	1	0	1	0	1	1	0
0	1	1	0	0	1	1	1
0	1	1	1	1	0	0	0
1	0	0	0	1	0	0	1
1	0	0	1	0	0	0	0
1	0	1	0	X	X	X	X
1	0	1	1	X	X	X	X
1	1	0	0	X	X	X	X
1	1	0	1	X	X	X	X
1	1	1	0	X	X	X	X
1	1	1	1	X	X	X	X

상태 9 (1001)의 다음상태는 0 (0000)이고, 상태 10에서 15까지는 도달하지 않으므로 이들의 다음상태는 무정의이다. 맵에 무정의도 필요하므로 사용되지 않는 상태들도 상태표의 행에 포함시켰다. 그러나 상태표에서는 이들을 생략하고, 진리표를 만들 때만 포함시키는 사람도 있다(앞 절에서와 같이). 다음에 보인 것은 빠른 방법을 사용하여 J와 K를 구하기 위해 J 부분을 음영 처리한 다음상태 맵이다.

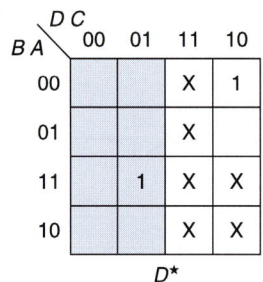

D* 　　　 C* 　　　 B* 　　　 A*

맵으로부터 다음 식을 구할 수 있다.

$$J_D = CBA \qquad K_D = A$$
$$J_C = K_C = BA$$
$$J_B = D'A \qquad K_B = A$$
$$J_A = K_A = 1$$

다음과 같이 수순이 다른 카운터를 설계하고자 한다.

0 3 2 4 1 5 7 그리고 반복

(이것은 예문 9이다.) 순환주기는 7 상태이고, 상태 6은 건너뛴다는 것을 주목하라. 이제 사용하지 않는 상태에 대한 행을 포함하여 상태표를(순서에 관계없이) 그리거나 혹은 바로 진리표를 그릴 수 있다.

q_1	q_2	q_3	$q_1^\star$	$q_2^\star$	$q_3^\star$
0	0	0	0	1	1
0	0	1	1	0	1
0	1	0	1	0	0
0	1	1	0	1	0
1	0	0	0	0	1
1	0	1	1	1	1
1	1	0	X	X	X
1	1	1	0	0	0

표는 두 가지 방법으로 완성할 수 있다. 첫 번째 방법으로 현재상태의 한 행씩 다음상태 값을 채워나간다. 즉, 상태 0은 3으로, 상태 1은 5로, ..., 두 번째 방법으로는 순환주기를 따라가면서 다음상태 값을 채워나간다. 즉, 상태 0은 3으로, 상태 3은 2로, 상태 2는 4로, ..., 첫 번째 방법에서는 상태 6에 이르면 이 상태가 순환주기에 없으므로 다음상태는 무정의가 된다. 두 번째 방법에서는 상태 7에 이를 때 다음상태로 0을 입력해야 하고, 그 다음 순환주기가 끝날 때 상태 6이 빠진 것을 확인하고는 무정의로 채운다. 물론 진리표는 수의 순서대로 적어야 한다.

아래의 표는 SR과 T 플립플롭에 대한 입력 열을 추가하여 다시 보인 것이며, JK 플립플롭의 경우에는 빠른 방법을 사용하고자 한다.

q_1	q_2	q_3	$q_1^\star$	$q_2^\star$	$q_3^\star$	S_1	R_1	S_2	R_2	S_3	R_3	T_1	T_2	T_3
0	0	0	0	1	1	0	X	1	0	1	0	0	1	1
0	0	1	1	0	1	1	0	0	X	X	0	1	0	0
0	1	0	1	0	0	1	0	0	1	0	X	1	1	0
0	1	1	0	1	0	0	X	X	0	0	1	0	0	1
1	0	0	0	0	1	0	1	0	X	1	0	1	0	1
1	0	1	1	1	1	X	0	1	0	X	0	0	1	0
1	1	0	X	X	X	X	X	X	X	X	X	X	X	X
1	1	1	0	0	0	0	1	0	1	0	1	1	1	1

D 플립플롭의 경우 $q_1^\star$, $q_2^\star$와 $q_3^\star$ 열을 사용하여 다음과 같은 입력 식과 맵을 구한다.

$$D_1 = q_2'q_3 + q_2q_3'$$
$$D_2 = q_1'q_2'q_3' + q_1'q_2q_3 + q_1q_2'q_3$$
$$D_3 = q_2'$$

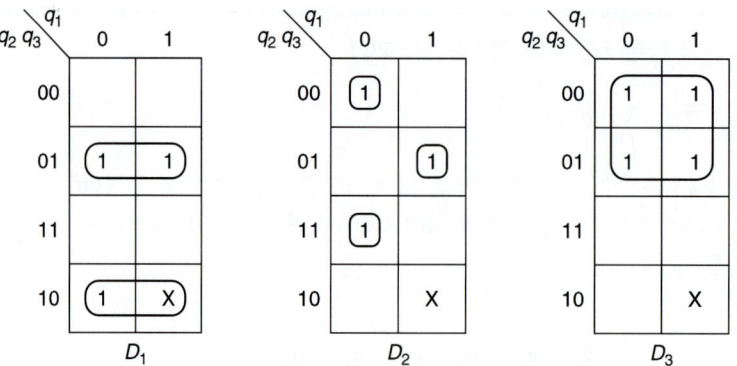

이 해를 구현하려면 4개의 3입력 게이트와 3개의 2입력 게이트가 필요하다.

    SR 플립플롭 해를 위한 맵과 식은 아래와 같다. 상태 6의 경우 다음상태가 무엇이든 상관없으므로 입력이 무엇이 되든 개의치 않는다. 플립플롭 3개 모두에서 S와 R 둘 다 무정의이다.

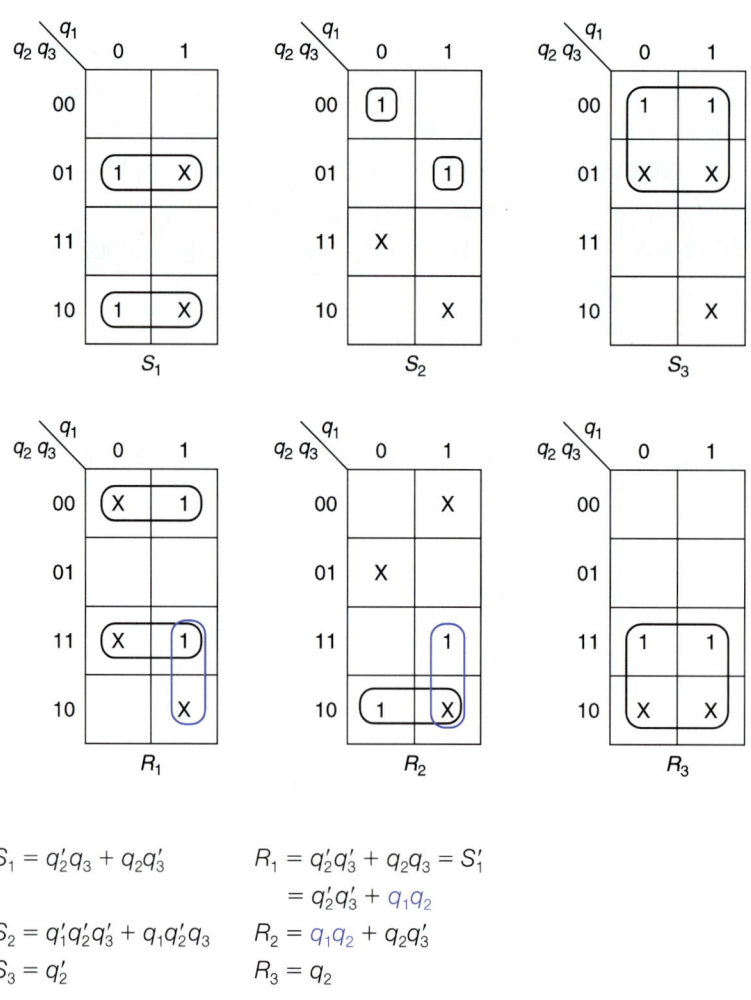

$$S_1 = q_2'q_3 + q_2q_3' \qquad R_1 = q_2'q_3' + q_2q_3 = S_1'$$
$$\qquad\qquad\qquad\qquad\qquad = q_2'q_3' + q_1q_2$$
$$S_2 = q_1'q_2'q_3' + q_1q_2'q_3 \qquad R_2 = q_1q_2 + q_2q_3'$$
$$S_3 = q_2' \qquad\qquad\qquad R_3 = q_2$$

R_1 입력을 만들기 위해 NOT 게이트 1개를 사용하거나($R_1 = S_1'$이므로) 공유항을 이용하더라도 D 플립플롭 해보다 더 많은 논리 게이트가 필요하다(10 또는 11 게이트).

다음에서는 T 플립플롭 해를 구해보자. 맵과 식은 아래와 같다.

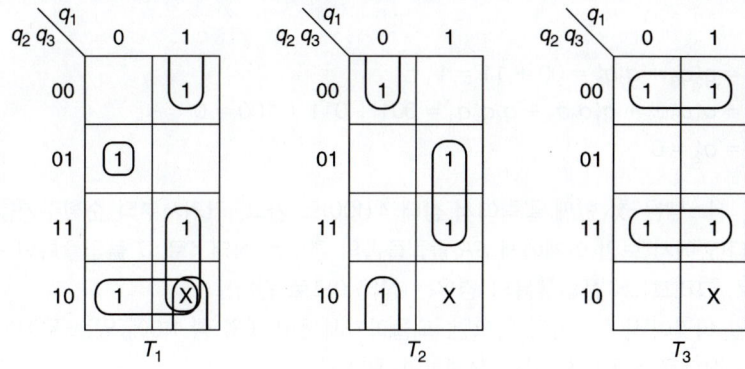

$$T_1 = q_1'q_2'q_3 + q_2q_3' + q_1q_2 + q_1q_3'$$
$$T_2 = q_1'q_3' + q_1q_3$$
$$T_3 = q_2'q_3' + q_2q_3$$

이 해는 게이트 11개를 필요로 한다.

마지막으로, 아래에서와 같이 JK 플립플롭으로 설계하기 위해 빠른 방법을 사용해보자.

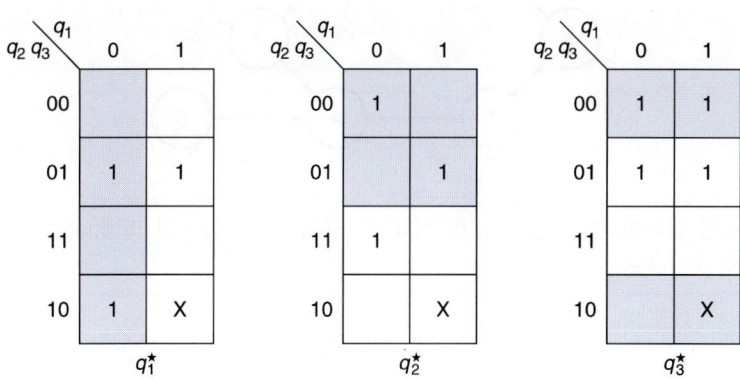

$$J_1 = q_2'q_3 + q_2q_3' \qquad K_1 = q_3' + q_2$$
$$J_2 = q_1'q_3' + q_1q_3 \qquad K_2 = q_1 + q_3'$$
$$J_3 = q_2' \qquad\qquad\quad K_3 = q_2$$

이 해를 구현하는 데 필요한 게이트는 2입력 게이트 8개이지만, 여기서 K_1과 K_2에서 무정의를 1로 처리할 경우 다음 식을 얻을 수 있으므로

$$K_1 = J_1' \quad \text{and} \quad K_2 = J_2$$

K_1용 게이트는 NOT 게이트로 대체하고, K_2를 만드는 데에 사용한 게이트는 없앨 수 있다.

상태 110에 있다고 가정하여 다음 상태가 어떻게 되는지를 알아낼 수 있다. 따라서, 식에 $q_1 = 1$, $q_2 = 1$, $q_3 = 0$을 대입해보자. D 플립플롭인 경우 입력 값은 다음과 같이 계산된다.

$$D_1 = q_2'q_3 + q_2q_3' = 00 + 11 = 1$$
$$D_2 = q_1'q_2'q_3' + q_1'q_2q_3 + q_1q_2'q_3 = 001 + 011 + 100 = 0$$
$$D_3 = q_2' = 0$$

이 경우, 시스템은 첫 번째 클럭에서 상태 4 (100)로 가고, 거기서부터 순환주기를 지속할 것이다(앞에서 보인 설계에서 SR 플립플롭의 경우는 상태 4로, T 플립플롭의 경우는 상태 2로, 그리고 JK 플립플롭의 경우는 상태 0으로 간다).

만일 이것이 만족스럽지 않으면, 되돌아가서 진리표의 행 110에 있는 무정의를 원하는 다음상태로 바꾸어서 다시 설계하면 된다.

아래의 상태도(state diagram)는 D 플립플롭 또는 SR 플립플롭으로 설계된 시스템의 동작을 보인 것으로, 사용되지 않은 상태에서 시스템이 시작되었을 때의 동작도 포함하고 있다.

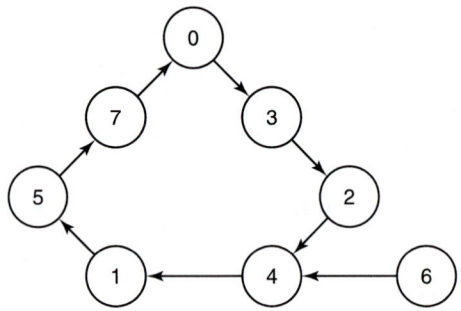

시스템 입력이 없고, 출력 또한 상태 그 자체이므로 경로에 라벨(label)이 없다는 것을 주목하라(Moore 시스템이다).

예제 7.8

이 절의 마지막 예제로서 2비트 상향/하향, 순환/포화(cycling/saturating) 카운터를 설계해보자. 이 카운터에는 A와 B, 즉 두 개의 플립플롭이 있고, 상태의 수는 4개 뿐이다. 그리고 x와 y라는 두 개의 제어 입력이 있다. $x = 0$이면 카운트를 증가하고, $x = 1$이면 카운트를 감소한다. 만일 $y = 0$이면 0 1 2 3 0 1...이나 3 2 1 0 3 2...으로 순환하고, $y = 1$이면 0 1 2 3 3 3...이나 3 2 1 0 0 0...으로 포화된다(이것은 예문 10을 플립플롭 2개용으로 바꾼 것이다). 이 카운터의 상태표는 다음과 같다.

A B	$A^{\star} B^{\star}$			
	xy = 00	xy = 01	xy = 10	xy = 11
0 0	0 1	0 1	1 1	0 0
0 1	1 0	1 0	0 0	0 0
1 0	1 1	1 1	0 1	0 1
1 1	0 0	1 1	1 0	1 0

입력이 2개인 문제이기 때문에 다음상태 부분에 4개의 입력 조합에 해당하는 4개의 열이 있다(만일 이것이 Mealy 시스템이라면 출력 열도 4개 있어야 한다). 이것은 쉽게 16행 진리표로 변환하거나 또는 맵으로 바로 변환할 수 있다. 만일 D 플립플롭이나 JK 플립플롭으로 구현한다면 후자의 방법이 가장 쉬울 것이다. 맵으로 변환할 때 표의 행과 열이 맵의 순서가 아닌 2진 순서로 되어 있기 때문에 조심해야한다. $D_A(A^{\star})$와 $D_B(B^{\star})$에 대한 맵을 아래에 보였다.

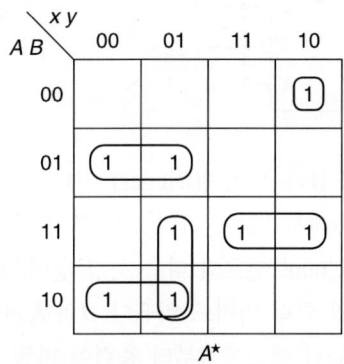 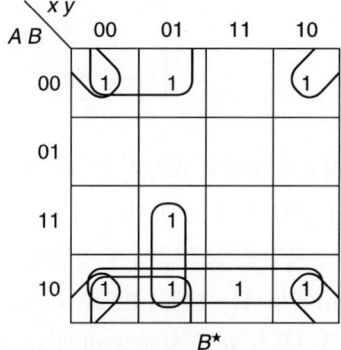

함수는 다소 복잡하다.

$$D_A = x'A'B + x'AB' + x'yA + xAB + xy'A'B'$$
$$D_B = x'yA + AB' + x'B' + y'B'$$
$$\quad = x'yA + AB' + x'B' + xy'A'B'$$

아래의 맵과 식으로부터 JK 플립플롭으로 이 카운터를 구현한다고 해도 많은 조합 논리가 필요하다는 것을 알 수 있다.

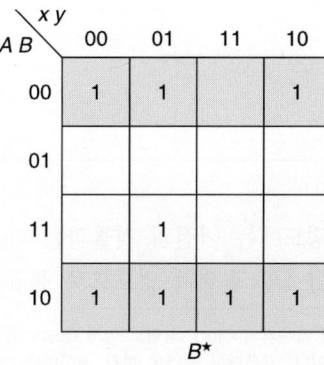

[문제풀이 5, 6, 7; 연습문제 5, 6, 7, 8, 9, 10, 11; 실험]

$$J_A = x'B + xy'B' \qquad K_A = xB' + x'y'B$$
$$J_B = x' + y' + A \qquad K_B = x + y' + A'$$

7.3   비동기식 카운터 설계

2진 카운터는 때때로 클럭 입력이 없는 형태로 설계된다. 이들은 동기식 카운터처럼 클럭 입력이 있는 플립플롭(일반적으로 JK)으로 만들어지지만, 각 플립플롭은 앞단 플립플롭의 천이에 의해서 트리거(trigger)된다. 두 개의 플립플롭을 가진 그림 7.8의 회로를 살펴보자.

그림 7.8   2비트 비동기 카운터

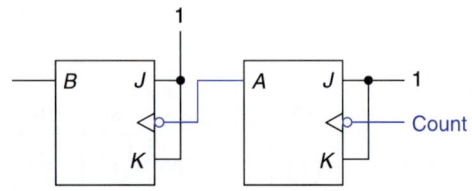

Count 신호가 1에서 0으로 갈 때 플립플롭 A가 트리거(trigger) 된다. 만일 A가 0에서 시작했다면 1로 바뀐다. A의 출력이 0에서 1로 변하여 B의 클럭 입력에 인가 되어도 플립플롭의 값에는 영향이 없다. Count 신호의 다음 하강 천이(negative transition)에서 A는 1에서 0으로 바뀌고, B의 클럭 입력도 바뀐다. J와 K가 1이기 때문에 플립플롭 B의 상태가 바뀔 것이다. 클럭 에지에서부터 출력이 바뀔 때까지의 지연 때문에 플립플롭 B는 A보다 클럭 입력이 늦고, 따라서 출력은 더 늦게 바뀐다. 이것이 그림 7.9의 타이밍도에서 강조되어 나타나 있다. 이 타이밍도에서는 플립플롭 A와 B가 0에서 시작하는 것으로 가정하였다.

그림 7.9   비동기 카운터에서의 지연

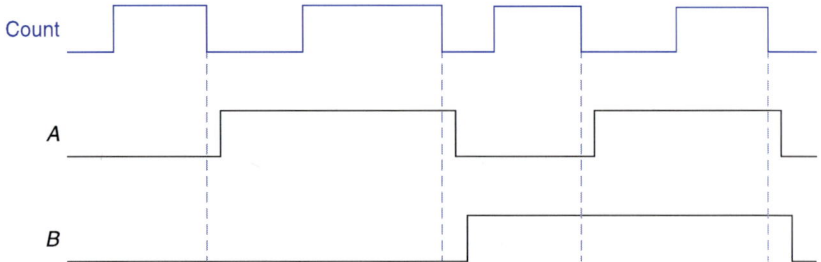

이 타이밍도에는 이전의 것들과는 다른 점 두 가지 있다. 첫째, Count 신호가 반드시 클럭일 필요가 없으므로 불규칙한 신호일 수 있다는 것이다.[7]

---

7)   동기식 카운터의 Clock 입력도 실제 Count 입력이다. Clock은 일반적으로 규칙적이지만, 꼭 그래야 할 필요는 없다. 카운터는 클럭의 하강 천이마다 상태를 바꿀 것이다.

또 하나는, 첫 번째 플립플롭(*A*)은 클럭의 하강에지(점선) 잠시 후에 곧바로 변화하지만, 두 번째 플립플롭(*B*)은 *A*가 변한 이후에도 얼마동안은 변하지 않게 되고, 따라서 클럭으로부터의 지연이 훨씬 크다는 점이다. 이러한 지연이 몇 개의 플립플롭을 지나가면서 누적되면 심각하게 된다.

플립플롭(*BA*)은 00, 01, 10, 11의 순서를 반복하며 순환한다. 따라서 2비트 카운터이다. 같은 형태로 4개의 플립플롭을 연결하여 4비트 카운터를 만들 수 있다. 4비트 카운터의 회로도를 그림 7.10에 보였다.

그림 7.10 4비트 비동기 카운터

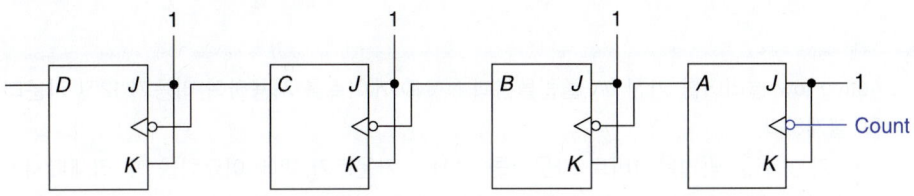

타이밍을 그림 7.11에 보였다. 여기서는 플립플롭 당 지연이 1 unit이고, 클럭의 한 주기는 10 unit인 것으로 가정하였다.

그림 7.11 4비트 카운터에 대한 타이밍

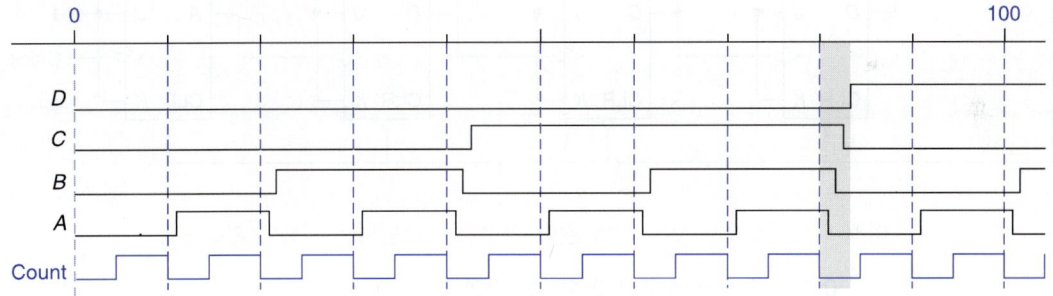

*A*가 클럭의 하강에지 1 unit 후에 변하고, *B*는 *A*의 하강에지 1 unit 후에, *C*는 *B* 다음에, *D*는 *C* 다음에 변화한다. 따라서 *D*에서의 변화는 클럭에서 4 unit 지나서 (거의 다음 상승에지에서) 일어난다.

이 카운터는 0 1 2 3 4 5 6 7 8 9 10(타이밍도의 끝부분)의 상태를 지나 11 12 13 14 15 0 . . . .으로 계속될 것이다.

비동기식 카운터의 장점은 하드웨어가 간단하다는 것에 있다. 조합논리 회로가 필요 없다. 단점은 속도이다. 시스템의 상태는 모든 플립플롭의 천이가 완료되어야 결정된다. 따라서 예제의 경우 4개의 플립플롭 지연 후에 결정된다.

만일 카운터가 크거나(플립플롭의 수가 많거나) 클럭이 빨라지면, 다음 하강천이가 지나서도 최종 상태에 도달하지 못할 수 있다. 이러한 경우 다음 클럭에

디지털 논리설계

서 최종 상태의 카운트 값을 시스템의 다른 부분에서 사용한다는 것이 불가능하다. 또, 이러한 카운터의 출력을 사용할 때에는 의도하지 않은 상태로 들어갈 수 있기 때문에 신중해야 한다. 예를 들어, 타이밍도를 자세히 보면 카운터가 상태 7에서 상태 8로 갈 때 플립플롭 D가 1이 되어 상태 8로 가기 전에 잠시 동안 상태 6, 상태 4 그리고 상태 0을 거친다는 것을 확인할 수 있다. 이 출력을 LED를 점등하거나 클럭이 있는 플립플롭의 입력으로 사용하는 경우에는 이들 짧은 기간 동안의 상태가 문제되지 않는다. 그러나 이 출력을 클럭이나 Count 입력으로 사용하는 경우에는 플립플롭을 트리거할 수 있는 스파이크(spike)를 발생시킬 수도 있다.

예제 7.9

Active low 클리어를 가진 JK 플립플롭과 NAND 게이트를 사용하여 비동기 12진 카운터를 설계하라.

가장 쉬운 방법은 4비트 카운터를 가지고 카운트가 12에 이르렀을 때 리세트시키는 것이다. 따라서 아래 회로에서는 $(DC)'$를 구하여 이를 카운터를 리세트시키는 데 사용하고 있다.

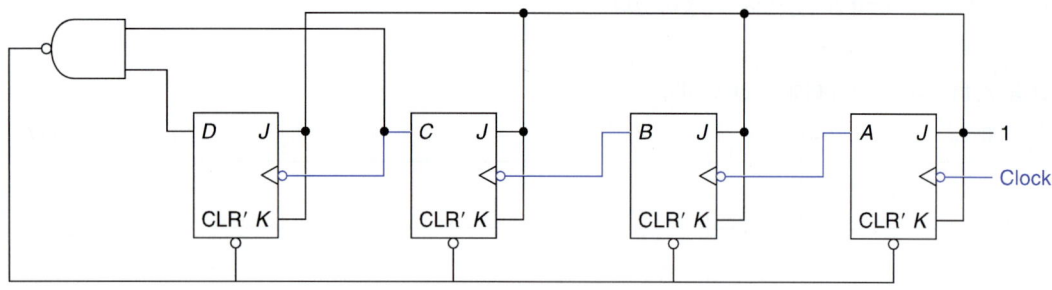

아래 타이밍도에서 보는 바와 같이 카운터는 다음의 순서를 순환하는데

0 1 2 3 4 5 6 7 8 9 10 11 (12) 0

상태 12에서는 짧은 시간 동안 머문다. A가 변한 다음 B가 변하기까지의 지연에 주목하기 바란다. 카운트 값은 마지막 플립플롭이 안정화된 이후에 읽어야 한다.

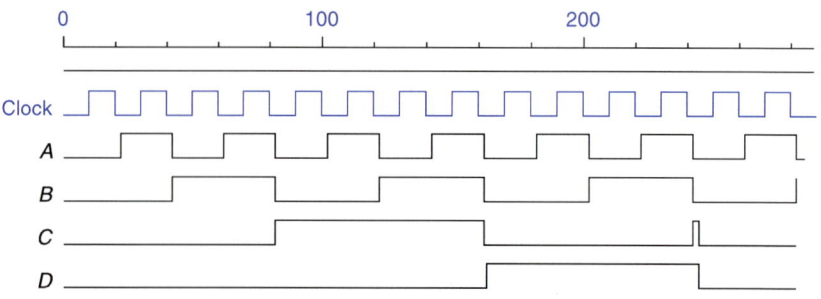

[문제풀이 8; 연습문제 12; 실험]

7.4 상태표의 유도와 상태도의 유도

이 절에서는 순차시스템에 대한 구두 설명에서 시작하여 상태도 또는 상태표를 만들어 보려고 한다. 경우에 따라서는 설계를 좀 더 끝까지(입력식까지 구함) 한 것도 있는데, 이는 단지 앞에서 다룬 것들을 복습하기 위함이다.

우선 예문 6과 7을 살펴보자. 예문 6의 설명에서 Moore라는 단어는 없지만, 문제의 설명에서 Moore 시스템이라는 것을 알 수 있다. 예문 7은 Mealy 시스템이다. 아래에 예문 6을 반복하였다.

예문 6. 입력 x와 출력 z를 갖는 시스템으로, 최소한 3 클럭 주기동안 연속하여 x가 1이었을 때에만 z가 1이 된다.

추적 6.1의 타이밍 추적(timing trace)을 추적 7.1에 다시 보였다.

추적 7.1 연속한 3개의 1

x	0	1	1	0	1	1	1	0	0	1	0	1	1	1	1	1	1	0	0
z	?	0	0	0	0	0	0	1	0	0	0	0	0	0	1	1	1	0	0	0	0

이 문제를 푸는 첫 단계로 메모리에 무엇을 저장할지 결정해야 한다(말로 표현된 문제의 대부분은 이 과정을 맨 처음에 수행해야 한다). 이 경우 의문은 출력이 1이어야 하는지 아닌지를 결정하고 메모리의 저장값을 바꾸려면 이전 입력 값에 대하여 무엇을 알아야 하는가이다.

이 문제에 대한 단계 1에서는 두 가지의 접근 방법이 있다. 첫 번째는 직전 세 개의 입력을 저장하는 것이다. 이들을 알면 출력을 결정할 수 있다. 메모리에 저장된 것 중 가장 오래된 것은 버리고 최근 것 2개와 현재 입력을 저장하면 된다. 입력은 이미 2진수로 부호화되어 있다(단계 2). 가장 오래된 입력을 q_1에 저장하고, 그 다음으로 오래된 것은 q_2에, 가장 최근의 입력을 q_3에 저장하는 것으로 가정하면 표 7.10과 같은 상태표를 구할 수 있다.

q_3의 새 값, $q_3^\star = x$로서 가장 최근의 입력을 저장한다. 이와 마찬가지로 $q_2^\star = q_3$, 그리고 $q_1^\star = q_2$, 출력은 시스템이 상태 111에 있을 때에만 1이 된다.

두 번째 방법으로, 다음과 같이 1인 연속된 횟수를 메모리에 저장하는 것이다.[8]

표 7.10 3개의 플립플롭 상태표

q_1 q_2 q_3	$q_1^\star$ $q_2^\star$ $q_3^\star$ $x = 0$	$x = 1$	z
0 0 0	0 0 0	0 0 1	0
0 0 1	0 1 0	0 1 1	0
0 1 0	1 0 0	1 0 1	0
0 1 1	1 1 0	1 1 1	0
1 0 0	0 0 0	0 0 1	0
1 0 1	0 1 0	0 1 1	0
1 1 0	1 0 0	1 0 1	0
1 1 1	1 1 0	1 1 1	1

A 없다, 최근 입력이 0

B 1번

C 2번

D 3번 이상

3번 또는 그 보다 많은 횟수로 1이 입력되었을 때만 출력이 1이 되므로 이것으로

---

8) 메모리 내용을 문자로(*A, B, C, ...*) 나타내었다. 이들을 2진수로 코드화하는 것은 나중에 다룰 것이다.

정보는 충분하다.

상태도와 상태표는 그림 7.1과 같은데 그림 7.12에 다시 그렸다.

그림 7.12 상태도와 상태표

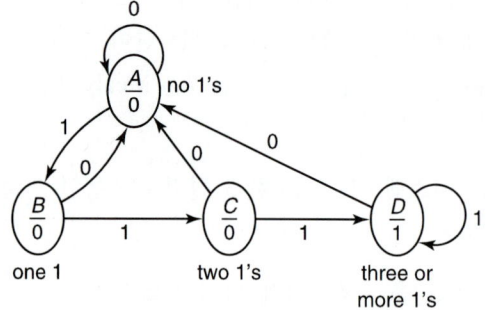

q	$q^\star$		z
	$x=0$	$x=1$	
A	A	B	0
B	A	C	0
C	A	D	0
D	A	D	1

첫 번째 방법의 경우 상태가 8개 있어야 하지만 이 방법에서는 4개의 상태로 충분하다. 첫 번째 방법에서는 플립플롭을 3개 사용하지만 두 번째 방법은 2개만 사용한다. 큰 차이는 없다. 그러나 입력이 25 클럭 주기 이상 연속하여 1일 때 1을 출력하는 문제로 바뀐 경우를 생각해보라. 첫 번째 방법에서는 플립플롭 25개를 사용하여 최근 25개의 입력을 저장해야 하고, 따라서 2^{25}개의 행을 가진 상태표를 만들어야한다. 두 번째 방법의 경우에는 26개의 상태만 있으면 된다(연속된 1의 수가 0인 경우부터 25개 또는 그 이상인 경우까지). 이는 플립플롭 5개로 코드화될 수 있다.

설계 절차의 다음 단계는 가능하다면 상태의 수를 줄여 상태표의 크기를 줄이는 것이다. 9장에 가서야 상태를 줄이는 방법이 설명되지만 표 7.10에 중복되는 상태가 있다는 것은 분명해 보인다. 예를 들어 상태 000과 상태 100은 입력이 0일 때는 상태 000, 입력이 1일 때는 상태 001로 바뀐다. 둘 다 출력이 똑 같다. 따라서 둘 중 하나만 있으면 된다. 실제로 이 상태표는 상태가 4개뿐인 표로 축소될 수 있다. 그러나 두 번째 방법으로 구한 상태표는 축소가 불가하다.

상태축소를 하지 않고도 상태할당 단계로 진행한 다음(9장에서의 기법을 활용하여 "좋은" 할당을 하거나 아니면 편리한 것으로 적당히 할당하여) 설계과정을 마칠 수 있다. 이 과정을 거친 시스템의 가격은 제대로 설계한 것보다는 비쌀 것 같지만 동작만은 제대로 할 것이다.

첫 번째 설계의 경우 이미 상태할당이 되어있다. 플립플롭을 q_1, q_2 그리고 q_3로 라벨을 붙였다. D 플립플롭의 경우 플립플롭 입력을 위한 논리회로가 필요 없다.

$$D_1 = q_2 \qquad D_2 = q_3 \qquad D_3 = x$$

JK 플립플롭의 경우에는

$$J_1 = q_2 \qquad J_2 = q_3 \qquad J_3 = x$$
$$K_1 = q_2' \qquad K_2 = q_3' \qquad K_3 = x'$$

x'용으로 NOT 게이트 1개가 필요하다. D와 JK 모두 z를 출력하기 위해 AND게이트 1개가 필요하다.

$$z = q_1 q_2 q_3$$

두 번째 방법의 경우 표 7.2의 상태할당을 이용한 설계진리표를 이미 만들었으며, 다음의 입력식을 구하였다.

$$D_1 = q_1^\star = xq_2 + xq_1 \quad \text{or} \quad J_1 = xq_2 \qquad K_1 = x$$
$$D_2 = q_2^\star = xq_2' + xq_1 \quad \text{or} \quad J_2 = x \qquad K_2 = x' + q_1$$
$$z = q_1 q_2$$

위와 유사한 Mealy 예제가 예문 7이다.

예문 7. 입력 x와 출력 z를 가진 시스템에서 x가 현재 1이고, 직전 2 클럭에서도 1이었을 때에만 z가 1이다.

이 시스템의 타이밍 추적을 추적 7.2에 보였다.[9]

추적 7.2 예문 7의 타이밍 추적

x	0	1	1	0	1	1	1	1	0	0	1	0	1	1	1	1	1	1	0	0					
z	0	0	0	0	0	0	1	0	0	0	0	0	0	1	1	1	0	0	0	0					

이 문제에도 2가지 해법이 있다. 마지막 2개의 입력만 저장하면 된다(Moore 모델에서는 3개를 저장했지만). 이 방법에 대한 상태표는 표 7.11과 같다.

표 7.11 직전 두 번의 입력을 저장하는 상태표

$q_1\ q_2$	$q_1^\star\ q_2^\star$ $x = 0$	$x = 1$	z $x = 0$	$x = 1$
0 0	0 0	0 1	0	0
0 1	1 0	1 1	0	0
1 0	0 0	0 1	0	0
1 1	1 0	1 1	0	1

두 번째 방법으로 다음과 같이 1이 연속된 횟수를 메모리에 저장한다.

A 없다, 즉, 직전 입력이 0

B 1번

C 2번 이상

---

[9] 역자주: 원서의 경우 Moore 시스템과 혼동되도록 Mealy 시스템을 설명하고 있다. 이 예제의 경우 혼동되는 설명, 즉 원서에서의 예문 7#을 삭제하고 예문 7도 원서와 다르게 설명하였다. 이후 부분에서 Mealy 시스템이 등장할 경우 본 예문에서와 같이 수정하여 해석하기 바란다. 다시 말해 Mealy 시스템에서 출력은 상태와 현재입력의 함수로서 입력이 변하는 순간 출력도 변하며, Moore 시스템에서는 출력이 상태만의 함수이기 때문에 입력이 변하더라도 상태가 변하기까지는, 즉 클럭에지까지는 출력이 변할 수 없다는 것을 생각하기 바란다.

2번 또는 그 이상 1이 이미 입력되었고, 현재의 입력이 1일 때만 출력이 1이 되므로 이것으로 정보는 충분하다. 현재 입력이 0이면 다음상태는 A이다. 그렇지 않으면 A에서 B로, 그리고 B에서 C로 상태가 바뀐다. 상태도는 그림 7.13과 같다.

그림 7.13 연속 세 번의 1에 대한 상태도

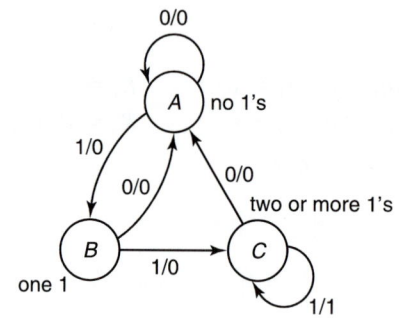

문제 설명을 그림 7.12에 보인 것과 같은 상태표로 나타낼 수도 있다.

표 7.12 연속 세번의 1에 대한 상태표.

	$q^\star$		z	
q	$x = 0$	$x = 1$	$x = 0$	$x = 1$
A	A	B	0	0
B	A	C	0	0
C	A	C	0	1

Mealy와 Moore 모델을 비교하기 위하여 각각에 대한 타이밍도를 보자(4-상태 Moore 모델과 3-상태 Mealy 모델을 사용하여).

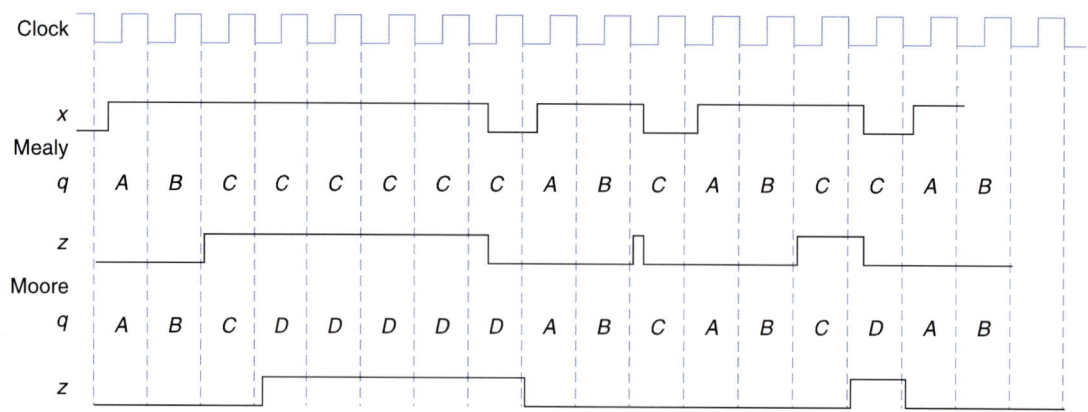

기본적으로 Moore 모델의 출력은 Mealy 모델의 출력과 같지만 한 클럭 주기만큼 지연되어있다. Moore 출력에는 글리치(glitch)가 나타나지 않는데 이는 출력이 플립플롭의 값에만 의존하며, 이들 플립플롭의 값이 동시에 바뀌기 때문이다.

입력 x와 출력 z를 가지는 Moore 시스템과 Mealy 시스템으로 x가 정확히 세 클럭동안 연속하여 1이었을 때에만 출력 z가 1이 되는 시스템을 설계하라.

다음은 이러한 시스템에 대한 입력/출력의 한 예이다.

x	0 1 1 1 1 1 1 1 0 1 1 0 1 1 1 0 1
z-Mealy	0 0 0 0 0 0 0 0 0 0 0 0 0 0 0 1 0 0 0*
z-Moore	0 0 0 0 0 0 0 0 0 0 0 0 0 0 0 0 1 0 0 0

입력에 연속된 세 번째 1이 들어와도 출력을 1로 단정할 수 없다. 화살표로 표시된 두 곳에서 과거 입력들과 현재 입력이 같다. 다음 입력이 도착하기 전까지는 1이 정확히 세 번만 연속해서 들어 왔는지 알 수 없다. Mealy 모델에서는 다섯 개의 상태가 필요하다.

- A 연속된 1이 0개, 즉 직전 입력이 0
- B 연속된 1이 1개
- C 연속된 1이 2개
- D 연속된 1이 3개
- E 연속된 1의 개수가 너무 많음 (3개 이상).

상태도는 앞에서 다룬 예제의 풀이에서의 것과 비슷하게 시작한다. 그러나 세 번째 1이 입력되면 상태 D로 간다. 상태 D에서 입력이 0이면 출력이 1이 되고, 입력이 1이면 새로운 상태 E로 간다. 상태 A는 연속된 1이 하나도 없는 시작 상태이다. 즉, 출력이 1이 되는 곳으로 상태를 옮기기 위해 첫 번째 1을 기다리는 상태이다. 상태 E는 연속된 세 개의 1을 찾는 과정을 시작하기 전에 먼저 0이 입력되어야 하는 상태이다. 완성된 상태도는 다음과 같다.

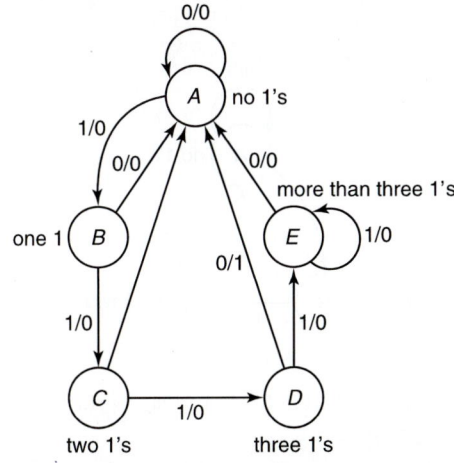

이 시스템을 구현하기 위해서는 플립플롭 3개가 필요하다. 설계는 연습문제로 남겨둔다.
　　Moore 모델의 경우 연속해서 정확히 3개의 1이 입력된 것을 나타내기 위해 상태 D를 사용한다. 거기서 1이 한 번 더 입력되면 1의 개수가 너무 많음을 나타내는 상태 E로 간다. 대신 0이 입력되면 1을 출력하는 상태 F에 도달한다. 아래에 상태표를 보였다(이 모델은 상태도로, 그리고 Mealy 모델은 상태표로 나타낼 수도 있었다).

q	$q^\star$		z
	$x=0$	$x=1$	
A	A	B	0
B	A	C	0
C	A	D	0
D	F	E	0
E	A	E	0
F	A	B	1

예제 7.11

연속 세 클럭 동안 입력이 1인 경우에만 출력이 1이 되는 Mealy 시스템을 설계하라. 단, 입력을 중복해서 사용할 수 없다(즉, 하나의 1의 입력은 출력을 1로 하는 데 한 번만 사용된다).
　　다음은 이 시스템에 대한 입력/출력의 한 예이다.

```
x   0 1 1 1 1 1 1 1 0 1 1 0 1 1 1 0 1
z   0 0 0 1 0 0 1 0 0 0 0 0 0 0 1 0 0 0
```

예문 7에서처럼 세 개의 상태만 있으면 된다. 상태 C에서 시스템은 입력이 0이든 1이든 상태 A로 돌아간다. 세 번째 입력이 1이면(연속 세 번째 1) 출력이 1이고, 입력이 0이면 출력은 0이다.

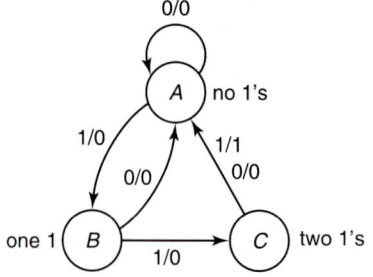

세 번째 입력이 1이 되면, 1이 출력되고 다시 A 상태로 간다. 다음 1의 출력을 내기 위해서는 다시 세 개의 연속된 1이 필요하다.

　　지금까지는 시스템의 초기화에 대해서 고려하지 않았다. 이제까지의 시스템은 일단 0이 한 번 입력된 후부터는 올바른 출력을 발생한다. 처음 0 입력을 받기 전까지의 출력을 모두 무시하겠다는 의지만 있으면, 초기화를 고려할 필요가 없다. 그러나 첫 번째 입력 시점부터 출력을 알아야 한다면 상태 A(또는 첫 번째 예제에서는 000)로 시스템을 초기화해야 한다. 다음 두 예제에서는 시스템을 상태 A로 초기화하느냐 않느냐에 따라 결과가 달라진다. 즉, 시작점을 알아야 한다.

예제 7.12

세 번의 입력을 한 블록으로 생각하여 처리하는 Mealy 시스템을 설계하라. 블록 내의 3비트 모두 1일 때만 1이 출력되며, 따라서 세 번째 입력을 받을 때까지 출력은 1이 될 수 없다.

이러한 시스템에 대한 입력/출력의 예는 다음과 같으며, 여분의 공간은 블록의 경계를 나타낸 것이다.

x	011	111	101	110	111	01
z	000	001	000	000	001	000

초기 상태 A는 시스템을 처음 켰을 때와 새로운 블록(블록에서 세 번째 입력이 수신된 때의 다음상태)이 시작되기 전의 상태이다. 한 블록의 첫 번째 입력을 받은 후, 입력이 1이면 상태 B로 가고 입력이 0이면 상태 C로 간다. 출력은 두 경우 모두 0이다. 이제 두 번째 입력이 들어오면 네 개의 상태를 가질 수 있는데, B에서 D와 E로(입력이 각각 1과 0일 때), 그리고 C에서 F와 G로(입력이 각각 1과 0일 때) 갈 수 있다. 이와 같은 일곱 개의 상태로 구성된 상태표를 아래에 보였다.

q	$q^\star$ $x=0$	$x=1$	z $x=0$	$x=1$
A	C	B	0	0
B	E	D	0	0
C	G	F	0	0
D	A	A	0	1
E	A	A	0	0
F	A	A	0	0
G	A	A	0	0

그러나 여기에는 두 개의 불필요한 상태가 있다. 아래 상태도에서 보는 것처럼 처음 두 번의 입력이 모두 1인 경우를 나타내는 D와 그 이외의 모든 경우를 나타내는 E만 필요하다.

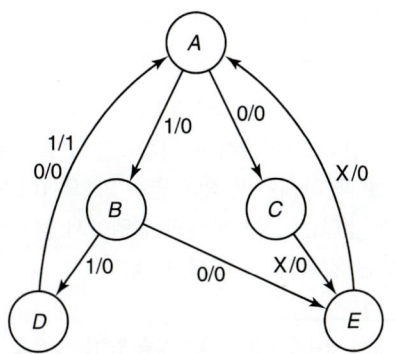

C와 E에서 나오는 경로는 X/0로 표시되었는데, 이것은 입력에 관계없이 그 경로로 이동하고 출력은 0이라는 의미이다.

상태표의 마지막 세 개 행의 다음상태와 출력이 모두 같다는 것을 주목하라. 시스템이 상태 E, F 또는 G 어디에 있든 상관이 없다는 뜻이고, 이 3가지의 경우 시스템의 동작은 동일하다. 9장에서 배우겠지만, 이 3개의 상태를 하나로 합칠 수 있다(사실, 위의 상태도는 이렇게 하여 만든 것이다).

예제 7.13

3번째 1이 입력될 때마다 1이 출력되는 Mealy 시스템을 설계하라(1이 연속되어야 할 필요는 없다).

초기 상태 A는 1이 하나도 입력되지 않았거나 1이 3의 배수만큼 입력된 경우를 나타내기 위해 사용된다. 입력이 0이라고 해서 1의 개수를 카운트하는 동작이 중단되는 것은 아니므로, 어느 상태에서든 0이 입력되면 초기 상태로 가는 것이 아니라 그 상태에 머문다. 이러한 시스템에 대한 입력/출력의 예를 다음에 보였다.

x 0 1 1 1 1 1 1 1 0 1 1 0 1 0 1 0 0 1 0 1

z 0 0 0 1 0 0 1 0 0 0 1 0 0 0 0 0 0 1 0 0 0

상태도는 다음과 같다.

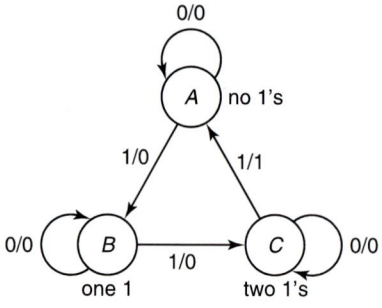

예제 7.14

예문 8. 연속 세 클럭 동안[11] 입력이 1인 것보다 연속 세 클럭동안 입력이 0인 경우가 최근 일 때만 출력이 1인 Moore 시스템을 설계하라.

다음은 이 시스템에 대한 입력/출력의 한 예이다.

x 1 1 1 0 0 1 0 1 1 1 0 0 1 0 0 0 0 1 1 1 1 0 1

z ? ? ? 0 0 0 0 0 0 0 0 0 0 0 0 0 1 1 1 1 0 0 0 0 0

시스템이 이미 동작 중에 있는 것을 중간에 관찰하기 시작했거나, 혹은 시스템을 켤 때 어떤 상태로 시작되는지 모른다고 가정하여 처음 3개의 출력은 모르는 것으로 표시했다. 또, 시스템을 처음 켰을 때 아직은 입력에 연속 3개의 1이 입력된 적이 없기 때문에 시스템 출력이 0일 수밖에 없다는 것을 문제의 설명에서 암시하고 있다(이것은 7.1절의 마지막 예제 7.5에 다루었던 것과 같은 예제이다).

---

11) 3이란 정확한 3을 말하는 것이 아니라 3 또는 그 이상을 뜻하는 것으로 가정한다.

초기 상태를 S_1이라고 하자. 만들고자 하는 첫 경로는 출력이 0에서 1로 바뀌게 하는 경로이다. 이 경로에 해당하는 상태도 부분을 아래에 보였다.

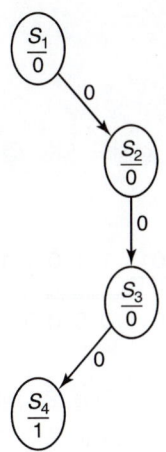

입력이 3회 이상 1이기만 하면 상태는 S_1으로 되고, 출력은 0이 된다. 출력이 1로 바뀌기 위해서는 입력에 0이 연속적으로 3번 입력되어 S_4로 가야한다. S_4에서 아래 왼쪽 그림과 같이 연속하여 1이 3번 입력되면 다시 S_1으로 간다. 오른쪽에는 완성된 상태도를 보여주고 있다. 이 상태도에 의하면 0이 한 번만 더 입력되면 출력값이 바뀔 수 있는 상황에서 0 대신 1이 입력되면 상태는 S_1으로 되돌아가고, 1이 한 번만 더 입력되면 출력이 바뀔 수 있는 시점에서 0이 입력되면 S_4로 되돌아간다는 것을 알 수 있다. 왼쪽 그림에서 S_4와 S_5사이의 화살표 방향 반대로.

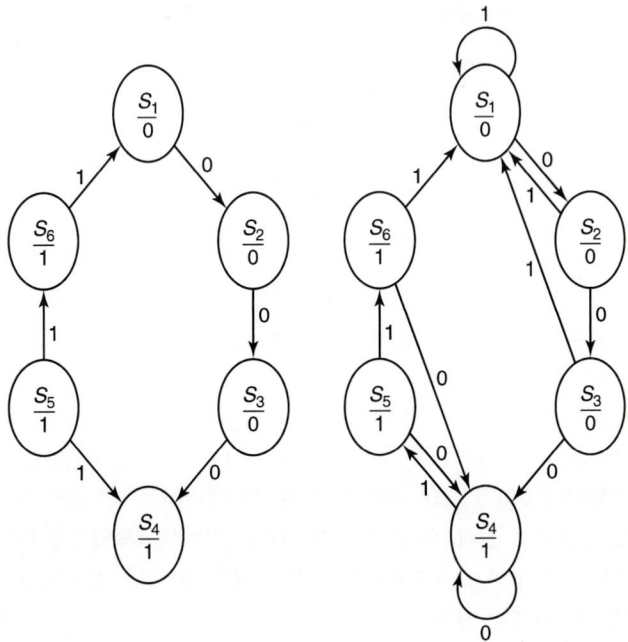

예제 7.15

정확히 2번 1이 입력된 후 연달아 0과 1이 입력될 때만 출력이 1이 되는 Mealy 시스템을 설계하라.

a. 겹쳐도 되는 경우
b. 겹치는 것이 안 되는 경우

다음의 타이밍 추적(timing trace)은 겹쳐도 되는 경우의 동작을 나타낸 것이다.

a.

    x   0 0 1 1 0 1 1 0 1 1 0 1 1 1 0 1 1 0 1 1 0 1

    z   0 0 0 0 0 1 0 0 1 0 0 1 0 0 0 0 0 0 1 0 0 1 0 0

밑줄 쳐진 것들은 찾고 있는 1101 패턴을 표시한 것이다. 두 줄로 밑줄 쳐진 부분은 정확히 2개의 1로 시작하지 않기 때문에 찾는 패턴이 아니다. 겹쳐도 되는 경우의 동작은 명확하다. 출력이 1이 되게 한 마지막 1 입력까지 다음 출력이 1이 되게 하는 연속 2번의 1의 처음 것으로 카운트된다. 파랑색 밑줄이 쳐진 2개는 겹치는 패턴을 표시한 것이다.

상태도를 그릴 때 아래 그림에서와 같이 원하는 출력이 나오게 하는 성공 경로(success path)를 따라가면서 시작하는 것이 가장 쉽다.

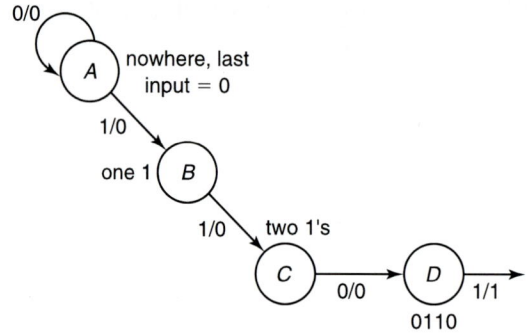

상태 *A*는 초기 상태로서 첫 번째 1을 기다리는 상태이다. 연속해서 1이 입력되면 상태 *B*와 *C*로 바뀌고, 다음 입력 0은 상태 *D*로 가게 하며, 그리고 다음 입력 1은 1을 출력하게 한다.

겹쳐는 것이 허용되는 경우 이 마지막 1은 새로운 패턴에서의 첫 1이 되므로 *B*의 상태로 돌아가게 한다. 또, 실패 경로(failed path)도 완성해야 한다. *C* 이외의 상태에서 입력이 0이면 상태 *A*로 간다. 두 번 연속하여 1이 입력된 후 3번째 1이 들어오면, 상태 *E*로 간다. 이 상태는 1이 너무 많이 입력되었음을 나타내는데 0이 입력된 후에야 상태 *A*로 되돌아가서 다시 시작할 수 있다. 겹쳐도 되는 경우의 완성된 상태도는 다음과 같다.

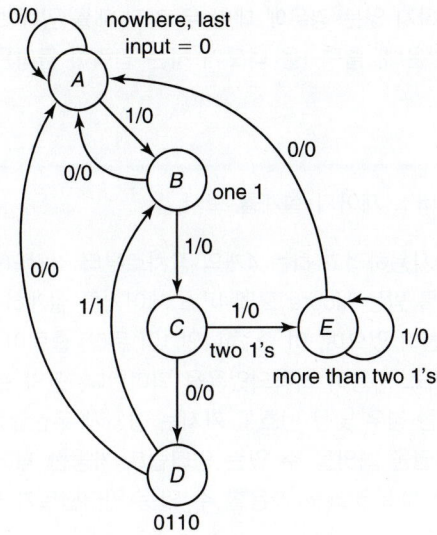

b. 겹치는 것을 허용하지 않는 경우에 대해서는 두 가지 해석이 있을 수 있다. 첫 번째 것을 *b-1*에 보였다. 이 경우 출력이 1이 된 후 2번의 1이 입력되기 전에 0이 먼저 입력되어야 한다. 따라서 출력이 1이 된 후 0 입력이 들어올 때까지는 또 다른 1을 출력하기 위한 시작상태로 갈 수 없다.

```
x     0 0 1 1 0 1 1 0 1 1 0 1 1 1 0 1 1 0 1 1 0 1
b-1   0 0 0 0 0 1 0 0 0 0 0 1 0 0 0 0 0 0 1 0 0 0 0 0
```

두 번째 해석은 다음과 같다. 완전한 패턴이 나온 후 1이 정확히 두 번, 그리고 0과 1이 뒤이어 입력되면 된다. 즉, 두 줄로 밑줄 친 부분도 찾고 있는 패턴으로 인정한다.

```
x     0 0 1 1 0 1 1 0 1 1 0 1 1 1 0 1 1 0 1 1 0 1
b-2   0 0 0 0 0 1 0 0 0 0 0 1 0 0 0 1 0 0 0 0 0 1 0 0 0
```

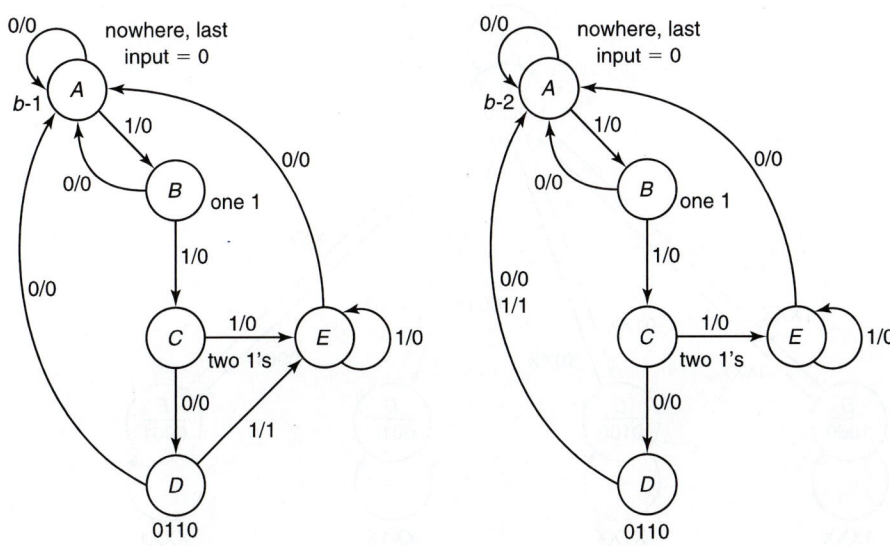

겹치는 것을 허용하지 않는 경우에 대한 두 가지 해를 앞에 보였다. 시작은 겹쳐도 되는 경우와 똑 같은데, 출력 1을 나오게 하는 입력이 들어온 후부터는 다르게 동작한다.

예제 7.16

마지막으로 예문 11의 버스 제어기 설계를 보자.

예문 11. 버스를 사용하려고 하는 4개의 장치로부터 각각의 신호선을 (R_0부터 R_3까지) 통하여 요청신호를 받는 Moore 모델 버스 제어기를 설계하라. 이 제어기는 G_0부터 G_3까지 4개의 출력선이 있으며, 이 중 하나만 1이 된다. 출력이 1이란 것은 해당 클럭 주기 동안 그 장치에 버스 사용이 허락되었음을 의미한다. 만약 한개 이상의 장치가 동시에 버스 사용을 요청한 경우 낮은 번호를 가지는 장치가 우선권을 가진다. 우선순위가 높은 장치가 버스 제어권을 빼앗을 수 있는 인터럽트 가능한 제어기와 일단 버스를 장악한 장치가 원하는 한 계속 버스를 사용할 수 있는 인터럽트가 불가능한 제어기를 살펴본다.

버스 제어기는 다음 5개의 상태를 가진다.

A: idle, 모든 장치가 버스를 사용하지 않고 있다.
B: 장치 0이 버스를 사용하고 있다.
C: 장치 1이 버스를 사용하고 있다.
D: 장치 2가 버스를 사용하고 있다.
E: 장치 3이 버스를 사용하고 있다.

먼저 장치 i가 버스 제어권을 받았을 때($G_i = 1$), 버스가 더 이상 필요하지 않을 때까지 ($R_i = 0$일 때까지) 제어권을 유지하는 경우를 생각해 보자. 또, 제어권을 넘기기 전에 1클럭 주기동안 idle 상태로 돌아가야 한다고 가정한다. 이 경우 다음의 상태도와 같다.

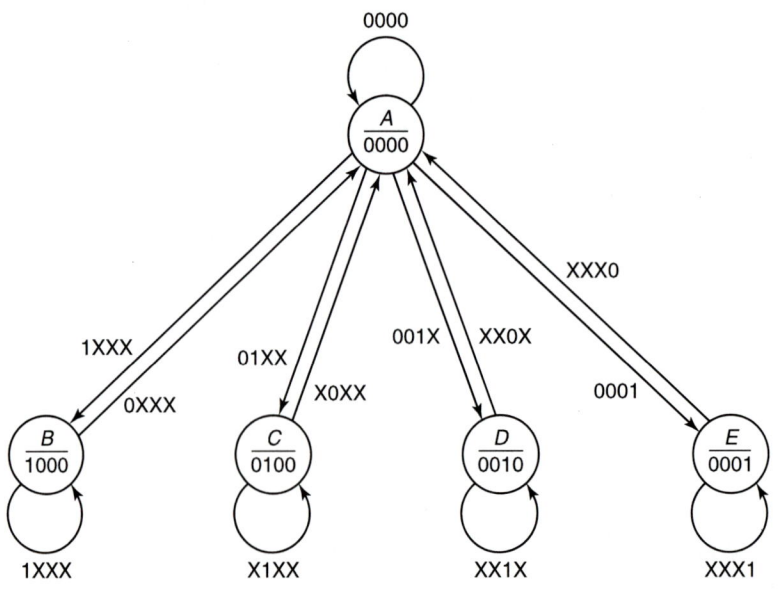

만약 버스 요청이 없으면 시스템은 idle 상태에 머물게 된다. 하나 혹은 그 이상의 버스 요구가 있을 때는 우선순위가 가장 높은 상태로 간다. 따라서, 만약 $R_0 = 1$이면 나머지 R에 관계없이 상태 B로 간다. 버스를 일단 할당받으면 그 장치가 버스를 요구하는 한 그 상태를 유지하게 되고, 그렇지 않은 경우 idle 상태로 가게 된다. 만일 버스를 기다리고 있는 장치가 있으면 한 클럭 동안 idle 상태로 갔다가 그 다음으로 가장 높은 우선순위의 장치에게 버스를 허락한다.

만약에 idle 주기가 없어도 된다면 상태도는 훨씬 복잡하게 된다. 어떤 장치가 버스 사용을 끝냈을 때 버스를 필요로 하는 장치가 없으면 제어기는 상태 A로 가게 되지만, 다른 장치의 요청이 있는 경우에는 곧바로 가장 높은 우선순위의 장치에 버스를 허락하는 상태로 간다. 이러한 시스템의 상태표는 아래와 같다.

q	$q^\star$																G_0 G_1 G_2 G_3
R_0	0	0	0	0	0	0	0	0	1	1	1	1	1	1	1	1	
R_1	0	0	0	0	1	1	1	1	0	0	0	0	1	1	1	1	
R_2	0	0	1	1	0	0	1	1	0	0	1	1	0	0	1	1	
R_3	0	1	0	1	0	1	0	1	0	1	0	1	0	1	0	1	
A	A	E	D	D	C	C	C	C	B	B	B	B	B	B	B	B	0 0 0 0
B	A	E	D	D	C	C	C	C	B	B	B	B	B	B	B	B	1 0 0 0
C	A	E	D	D	C	C	C	C	B	B	B	C	C	C	C	C	0 1 0 0
D	A	E	D	D	C	C	D	D	B	B	D	D	B	B	D	D	0 0 1 0
E	A	E	D	E	C	E	C	E	B	E	B	E	B	E	B	E	0 0 0 1

이 경우 어떤 상태에서든 그 이외의 다른 상태로 갈 수 있다는 것을 주목하라. 이 상태도에는 총 20개의 경로가 있을 수 있다. 아래 상태도는 상태 C에서 다른 상태로, 다른 상태로부터 상태 C로 가는 경로만 보인 (아직 완성되지 않은) 상태도이다.

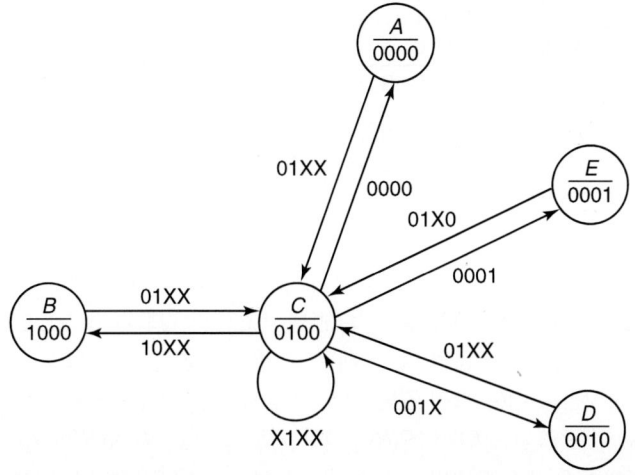

마지막으로, 선점 가능한(인터럽트 가능한) 제어기를 살펴본다. 이 제어기는 우선순위가 낮은 장치가 버스를 사용하고 있는 동안에도 우선순위가 높은 장치가 우선순위가 낮은 장치로부터 버스 제어권을 빼앗을 수 있다. 이 경우 (상태가 바뀌기 전 1주기 동안

idle 상태에 있어야 하든, 그렇지 않든 관계없이) 한 장치가 버스를 요구하고, 그 보다 우
선순위가 높은 장치는 버스 사용 요청을 않고 있을 때에만 그 상태(C, D 그리고 E)에 머
문다. 아래 상태도는 한 클럭 주기 동안 idle 상태로 가야하는 시스템에 대한 것이고, 상
태표는 버스를 사용하는 다음상태로 직접 갈 수 있는 시스템을 나타낸 것이다.

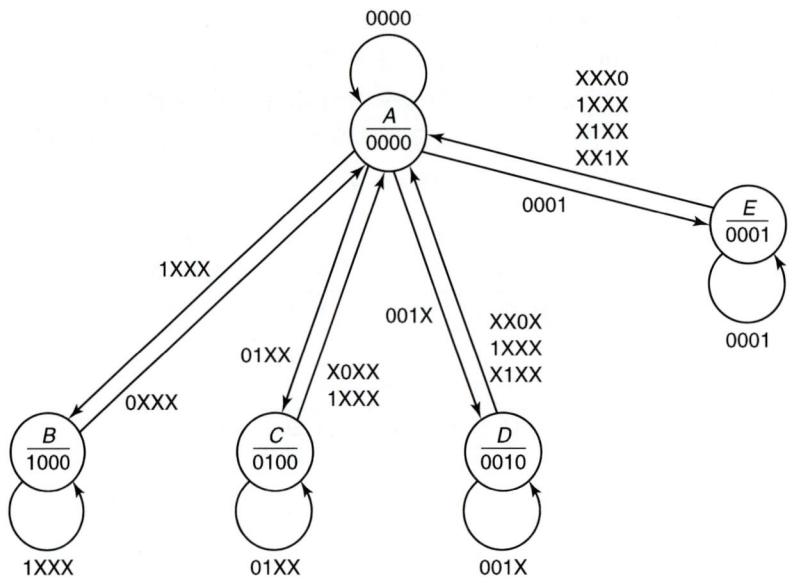

q								$q^{\star}$									$G_0\ G_1\ G_2\ G_3$			
R_0	0	0	0	0	0	0	0	0	1	1	1	1	1	1	1	1				
R_1	0	0	0	0	1	1	1	1	0	0	0	0	1	1	1	1				
R_2	0	0	1	1	0	0	1	1	0	0	1	1	0	0	1	1				
R_3	0	1	0	1	0	1	0	1	0	1	0	1	0	1	0	1				
A	A	E	D	D	C	C	C	C	B	B	B	B	B	B	B	B	0	0	0	0
B	A	E	D	D	C	C	C	C	B	B	B	B	B	B	B	B	1	0	0	0
C	A	E	D	D	C	C	C	C	B	B	B	B	B	B	B	B	0	1	0	0
D	A	E	D	D	C	C	C	C	B	B	B	B	B	B	B	B	0	0	1	0
E	A	E	D	D	C	C	C	C	B	B	B	B	B	B	B	B	0	0	0	1

비록 위의 상태도(인터럽트 가능한 제어기)가 앞의 두 번째 버전(인터럽트가 불가능한
제어기로서 상태가 바뀌기 전 1클럭주기 동안 idle상태로 갈 필요가 없는 시스템)과 같
이 20개의 경로를 필요로 하지만 논리는 훨씬 간단하다. 각 상태로부터 상태 B로 가는
조건은 1XXX (R_1)이며, C로 가는 조건은 01XX ($R_1'R_2'$), D로 가는 조건은 001X ($R_1'R_2'R_3$),
그리고 E로 가는 조건은 0001 ($R_1'R_2'R_3'R_4$)이다(이 예제에서 제시한 4가지 제어기 버전
에서 상태 A로부터의 조건과 같다).

[문제풀이 9;
연습문제 13, 14, 15, 16, 17]

7.5 문제풀이

1. 상태표와 상태할당이 다음과 같을 때, 다음상태와 출력에 대한 식을 구하라.

q	$q^\star$ $x = 0$	$x = 1$	z $x = 0$	$x = 1$
A	C	A	1	0
B	B	A	0	1
C	B	C	1	0

q	q_1	q_2
A	0	1
B	1	1
C	0	0

먼저 진리표를 만들고, 그 다음 함수를 맵에 나타낸다.

q	x	q_1	q_2	z	$q_1^\star$	$q_2^\star$
C	0	0	0	1	1	1
A	0	0	1	1	0	0
—	0	1	0	X	X	X
B	0	1	1	0	1	1
C	1	0	0	0	0	0
A	1	0	1	0	0	1
—	1	1	0	X	X	X
B	1	1	1	1	0	1

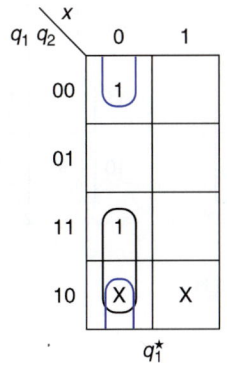
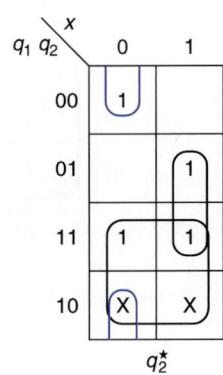
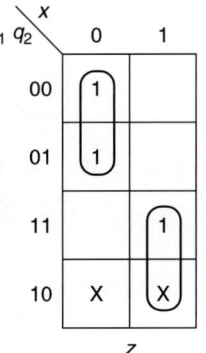

$$q_1^\star = x'q_2' + x'q_1$$

$$q_2^\star = q_1 + x'q_2' + xq_2$$

$$z = x'q_1' + xq_1$$

2. 아래 각 상태표를 다음의 플립플롭을 사용하여 시스템을 설계하라.

  i. D 플립플롭

  ii. SR 플립플롭

  iii. T 플립플롭

  iv. JK 플립플롭

각 플립플롭에 대한 식을 보이고, JK 설계에 대하여는 AND, OR, NOT 게이트를 이용한 회로도를 보여라.

a.

A B	A⋆ B⋆		z	
	x = 0	x = 1	x = 0	x = 1
0 0	0 1	0 0	1	0
0 1	1 1	0 0	1	1
1 1	1 1	0 1	0	1

b.

A B	A⋆ B⋆		z
	x = 0	x = 1	
0 0	1 0	0 0	0
0 1	0 0	1 1	1
1 0	0 1	1 1	1
1 1	1 0	0 1	1

a. 상태표에서 $A^\star$, $B^\star$ 그리고 z에 대한 맵을 직접 구할 수 있다. 상태 10은 사용되지 않으므로 맵에서 마지막 행은 무정의로 채워져 있다.

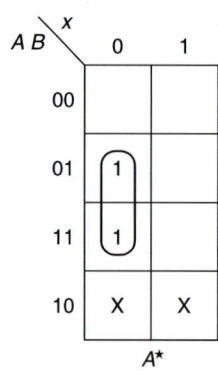 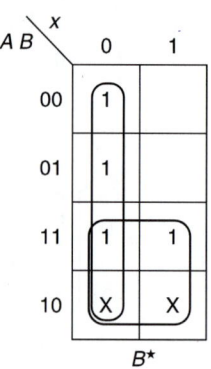 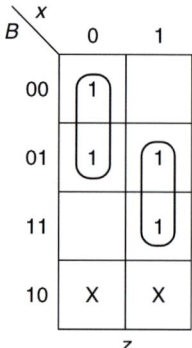

모든 종류의 플립플롭에 대해 z는 다음과 같다.

$$z = x'A' + xB$$

i. D 플립플롭의 경우

$$D_A = A^\star = x'B \qquad D_B = B^\star = x' + A$$

ii. SR 플립플롭의 경우 다음과 같이 진리표와 플립플롭 설계표를 사용한다.

x	A	B	A⋆	B⋆	S_A	R_A	S_B	R_B
0	0	0	0	1	0	X	1	0
0	0	1	1	1	1	0	X	0
0	1	0	X	X	X	X	X	X
0	1	1	1	1	X	0	X	0
1	0	0	0	0	0	X	0	X
1	0	1	0	0	0	X	0	1
1	1	0	X	X	X	X	X	X
1	1	1	0	1	0	1	X	0

따라서 맵은 다음과 같다.

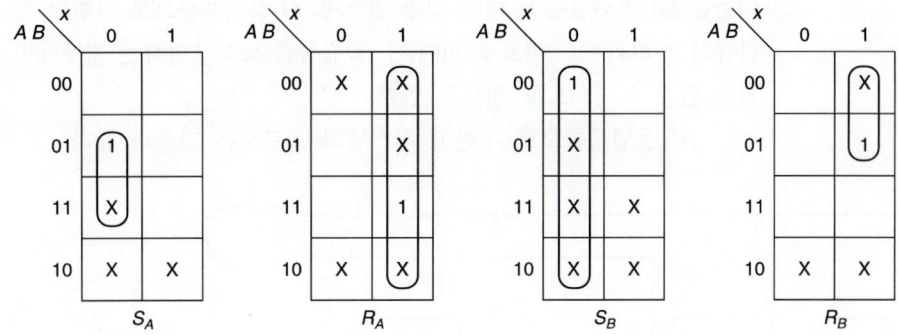

$$S_A = x'B \quad R_A = x \quad S_B = x' \quad R_B = xA'$$

다음상태 맵으로부터 직접 T에 대한 맵을 만들 수 있다. 플립플롭의 상태가 바뀌어야 하는 경우에는 T가 1이고, 그렇지 않으면 T는 0이다.

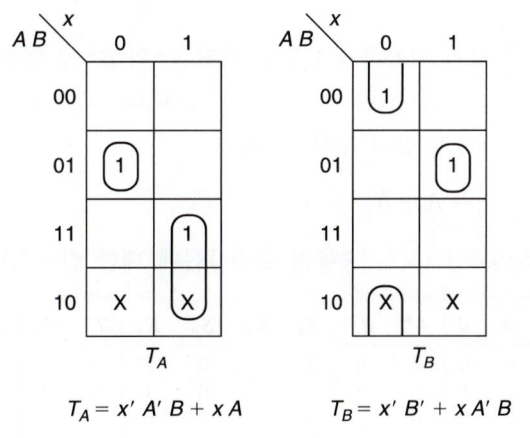

$$T_A = x'A'B + xA \qquad T_B = x'B' + xA'B$$

마지막으로, 빠른 방법을 사용하여 JK 입력을 구한다. 아래의 맵에서 음영 처리된 부분은 J 부분이다.

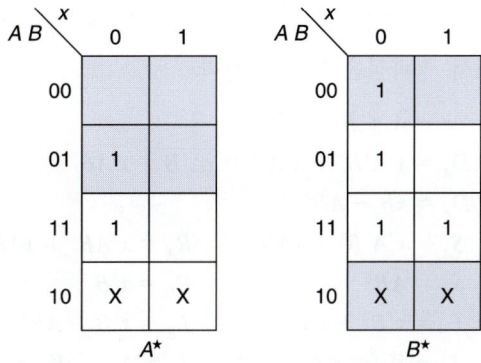

$$J_A = x'B \quad K_A = x \quad J_B = x' \quad K_B = xA'$$

이들은 SR 플립플롭에 대한 식과 같으며, D 플립플롭으로 구현할 때만큼의 논리회로를 필요로 한다. T 플립플롭으로 구현하는 경우에만 훨씬 많은 논리회로를 필요로 한다.

JK 플립플롭으로 구현한 시스템의 회로도는 다음과 같다.

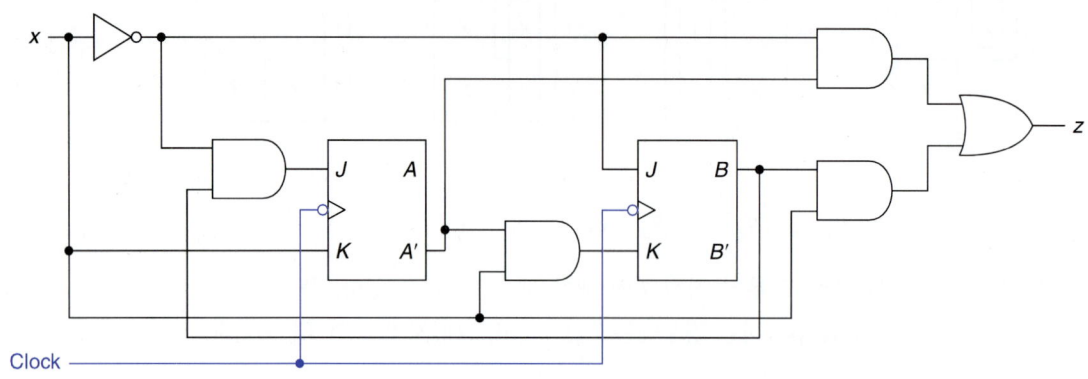

b. 진리표를 사용하거나 또는 먼저 $A^\star$와 $B^\star$에 대한 맵을 만들어 D 입력을 구할 수 있다. 출력은 2변수 문제이다. 굳이 맵을 만들지 않고도 출력 z를 다음과 같이 구할 수 있다.

$$z = A + B$$

진리표를 (모든 종류의 플립플롭에 대한 열과 함께) 아래에 보였다.

x	A	B	$A^\star$	$B^\star$	S_A	R_A	S_B	R_B	T_A	T_B	J_A	K_A	J_B	K_B
0	0	0	1	0	1	0	0	X	1	0	1	X	0	X
0	0	1	0	0	0	X	0	1	0	1	0	X	X	1
0	1	0	0	1	0	1	1	0	1	1	X	1	1	X
0	1	1	1	0	X	0	0	1	0	1	X	0	X	1
1	0	0	0	0	0	X	0	X	0	0	0	X	0	X
1	0	1	1	1	1	0	X	0	1	0	1	X	X	0
1	1	0	1	1	X	0	1	0	0	1	X	0	1	X
1	1	1	0	1	0	1	X	0	1	0	X	1	X	0

각 함수에 대한 맵은 다음의 맵과 같다(D_A는 $A^\star$와 같다).
따라서 결과식은 다음과 같다.

$$z = A + B$$
$$D_A = x'A'B' + x'AB + xA'B + x\,AB'$$
$$D_B = xB + AB'$$
$$S_A = x'A'B' + xA'B \qquad R_A = x'AB' + xAB$$
$$S_B = AB' \qquad\qquad\qquad R_B = x'B$$
$$T_A = x'B' + xB \qquad\qquad T_B = x'B + AB'$$
$$J_A = K_A = x'B' + xB \qquad J_B = A \qquad K_B = x'$$

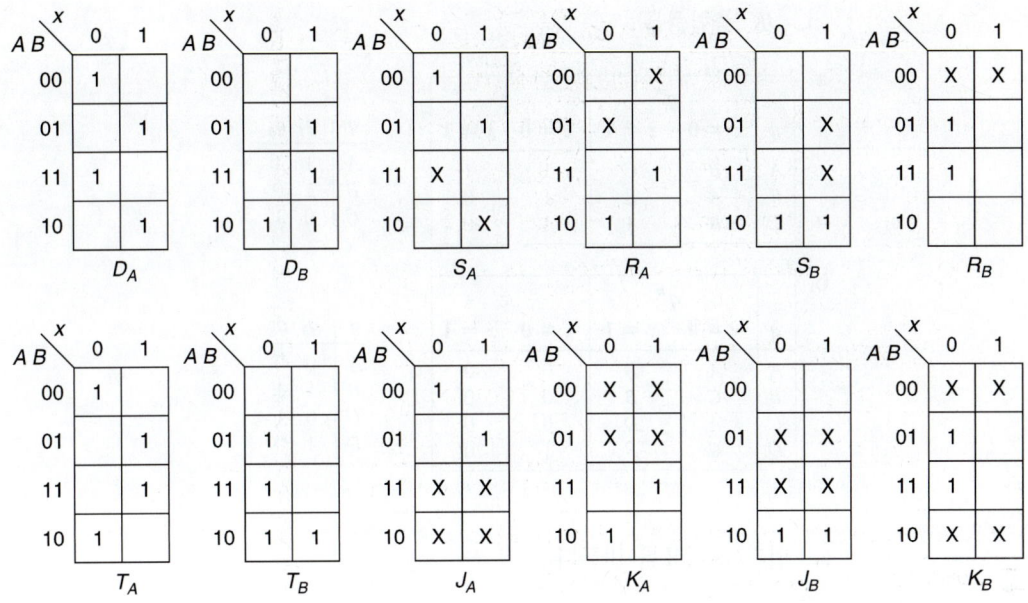

JK 플립플롭 해가 가장 적은 논리회로를 필요로 하고, 그 다음에 T, SR 플립플롭, 그리고 D 플립플롭의 해가 가장 많은 논리회로를 필요로 한다. JK 해의 회로도를 아래에 보였다. 그림을 보기 좋게 하기 위하여 플립플롭 B를 왼쪽에 놓았다.

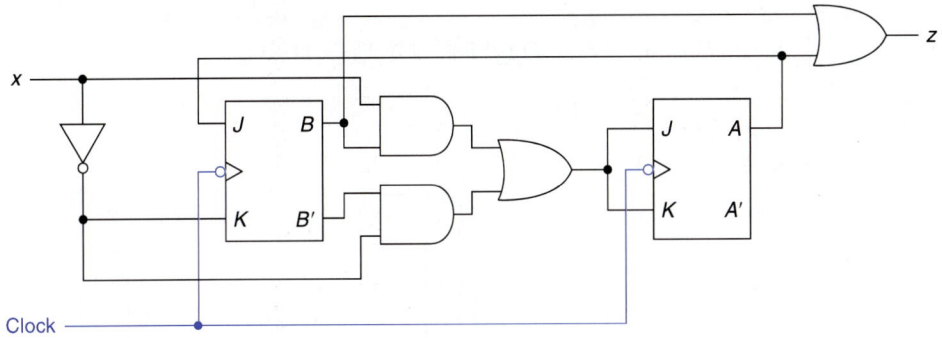

참고: 이 문제에서 A와 B를 서로 다른 종류(예를 들어 A는 T, B는 JK 플립플롭으로)의 플립플롭으로 지정하여 설계할 수 있다. 이 문제에서 구한 해를 플립플롭 별로 적용해도 된다.

3. 다음 각 상태표와 상태할당에 대하여, 다음의 플립플롭을 사용하여 구현할 때의 플립플롭 입력식과 시스템 출력식을 구하라.
  i. D 플립플롭

ii. *JK* 플립플롭

a.

q	$q^{\star}$		z	
	$x = 0$	$x = 1$	$x = 0$	$x = 1$
A	B	C	1	1
B	A	B	1	0
C	B	A	1	0

q	q_1	q_2
A	1	1
B	1	0
C	0	1

b.

q	$q^{\star}$		z	
	$x = 0$	$x = 1$	$x = 0$	$x = 1$
A	A	B	0	0
B	C	B	0	0
C	A	D	0	0
D	C	B	1	0

q	q_1	q_2
A	0	0
B	1	1
C	0	1
D	1	0

a. 먼저 진리표를 만든다.

q	x	q_1	q_2	z	$q_1^{\star}$	$q_2^{\star}$
—	0	0	0	X	X	X
C	0	0	1	1	1	0
B	0	1	0	1	1	1
A	0	1	1	1	1	0
—	1	0	0	X	X	X
C	1	0	1	0	1	1
B	1	1	0	0	1	0
A	1	1	1	1	0	1

i. z, $D_1(q_1^{\star})$, 그리고 $D_2(q_2^{\star})$에 대한 맵을 그린다.

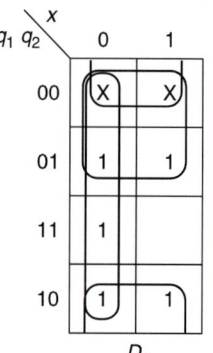
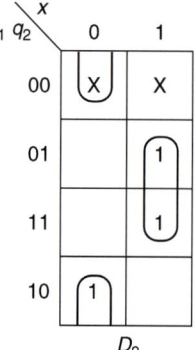

$z = x' + q_1 q_2$ $D_1 = x' + q_1' + q_2'$ $D_2 = x' q_2' + x q_2$

ii. 빠른 방법을 사용하여 음영 처리된 부분에서 J를 구하고, 음영 처리 되지 않은 부분에서 K를 구한다.

$$J_1 = 1 \quad K_1 = x\,q_2 \quad J_2 = x' \quad K_2 = x'$$

b. 먼저 진리표를 만든다.

q	x	q_1	q_2	z	$q_1^\star$	$q_2^\star$
A	0	0	0	0	0	0
C	0	0	1	0	0	0
D	0	1	0	1	0	1
B	0	1	1	0	0	1
A	1	0	0	0	1	1
C	1	0	1	0	1	0
D	1	1	0	0	1	1
B	1	1	1	0	1	1

z는 진리표에서 바로 구할 수 있으므로, 맵을 그릴 필요가 없다.

$$z = x'q_1\,q_2'$$

i. $D_1(q_1^\star)$과 $D_2(q_2^\star)$에 대한 맵을 그린다.

$$D_1 = x \qquad\qquad D_2 = x\,q_2' + q_1$$

ii. JK 플립플롭에 대하여 다음의 식을 얻을 수 있다.

$$J_1 = x \qquad K_1 = x' \qquad J_2 = x + q_1 \qquad K_2 = q_1'$$

4. 주어진 상태표와 각 상태할당에 대하여 D 플립플롭을 사용한 시스템을 설계하라.

q	$q^\star$		z	
	$x = 0$	$x = 1$	$x = 0$	$x = 1$
A	B	C	1	0
B	D	A	0	0
C	B	C	1	1
D	D	A	1	0

a.

q	q_1	q_2
A	0	0
B	0	1
C	1	0
D	1	1

b.

q	q_1	q_2
A	0	0
B	0	1
C	1	1
D	1	0

c.

y	q_1	q_2
A	0	0
B	1	1
C	1	0
D	0	1

a, b, c 각각은 별도의 문제이다(9장에서 보게 되겠지만, 이 3가지 할당의 경우만 회로가 많이 다르다. 나머지 모든 할당은 플립플롭의 번호매김 순서를 바꾸거나 변수의 보수를 취하거나, 혹은 둘 다 적용하여 얻을 수 있다). 각 상태할당에 따른 조합논리의 양을 비교해보라.

a. 할당이 2진수의 순서로 되어있기 때문에 직접 맵을 그리는 것이 쉽다.

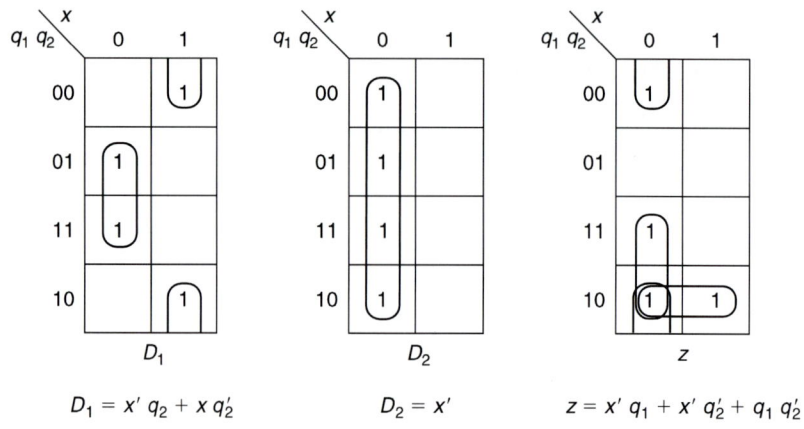

$$D_1 = x' q_2 + x q_2'$$

$$D_2 = x'$$

$$z = x' q_1 + x' q_2' + q_1 q_2'$$

b. 이 할당은 맵 순서로 되어있다. 다시 한번 진리표를 만드는 과정을 거치지 않고 직접 맵을 그린다.

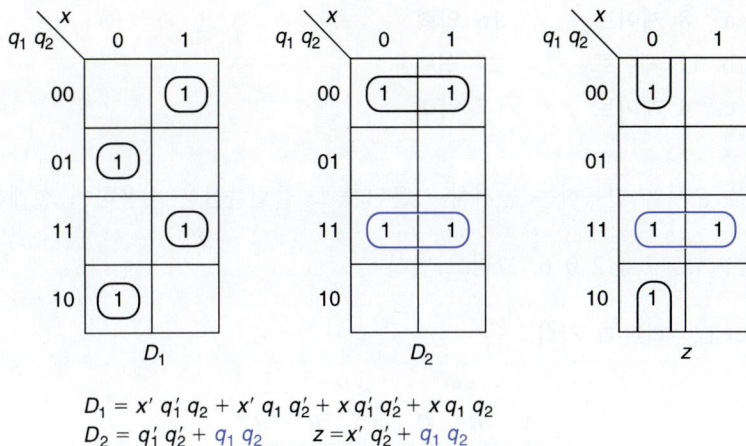

$$D_1 = x' \, q_1' \, q_2 + x' \, q_1 \, q_2' + x \, q_1' \, q_2' + x \, q_1 \, q_2$$
$$D_2 = q_1' \, q_2' + q_1 \, q_2 \qquad z = x' \, q_2' + q_1 \, q_2$$

파랑색으로 표시한 항은 D_2와 z가 공유하는 것이다.

c. 여기서는 먼저 진리표를 만든 다음 맵을 그린다.

q	x	q_1	q_2	z	$q_1^{\star}$	$q_2^{\star}$
A	0	0	0	1	1	1
D	0	0	1	1	0	1
C	0	1	0	1	1	1
B	0	1	1	0	0	1
A	1	0	0	0	1	0
D	1	0	1	0	0	0
C	1	1	0	1	1	0
B	1	1	1	0	0	0

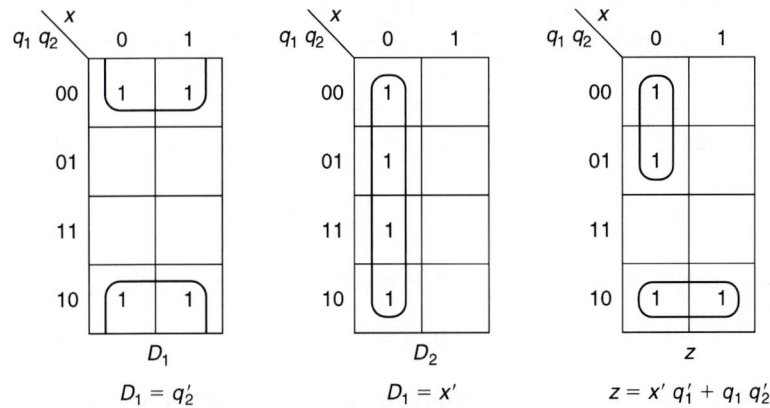

$$D_1 = q_2' \qquad\qquad D_1 = x' \qquad\qquad z = x' \, q_1' + q_1 \, q_2'$$

사실 D_1과 D_2를 맵으로 그릴 필요가 없었다. 진리표에서 바로 알 수 있을 것이다.

세 개의 해를 비교해보면, 할당 방법에 따라 다음과 같이 큰 차이가 있음을 알 수 있다.

   a. 8 게이트   16 입력
   b. 11 게이트   27 입력
   c. 4 게이트   7 입력

5. 다음 순서를 반복하는 동기식 카운터를 D 플립플롭을 사용하여 설계하라.

     1 3 5 7 4 2 0 6, 그리고 반복

진리표는 다음과 같다.

A	B	C	$A^\star$	$B^\star$	$C^\star$
0	0	0	1	1	0
0	0	1	0	1	1
0	1	0	0	0	0
0	1	1	1	0	1
1	0	0	0	1	0
1	0	1	1	1	1
1	1	0	0	0	1
1	1	1	1	0	0

D 입력에 대한 맵을 다음에 보였는데 파랑색과 연파랑색 동그라미로 표시한 것은 공유가 가능한 항이다.

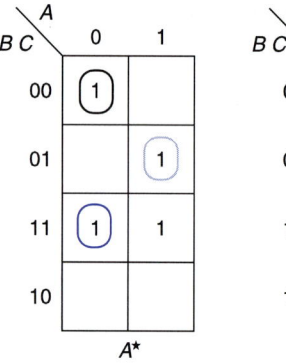
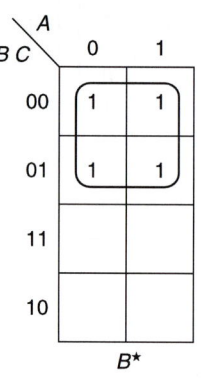
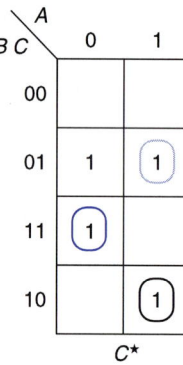

D_B는 B'이다. 나머지 2개의 입력을 독립적으로 구해보면 다음 결과를 얻는다.

$$D_A = AC + BC \qquad\qquad D_C = A'C + B'C$$

그러나, 다음 두 가지 방법 중 하나로 공유하면 게이트 1개를 줄일 수 있다.

$$D_A = AC + A'BC \qquad\qquad D_C = A'BC + B'C \qquad \text{or}$$
$$D_A = AB'C + BC \qquad\qquad D_C = A'C + AB'C$$

6. 다음 순서를 반복하는 동기식 카운터를 아래 i과 ii의 플립플롭을 사용하여 설계하라.

2 6 1 7 5 그리고 반복

  i. *D* 플립플롭
 ii. *JK* 플립플롭

각 설계에 대하여 사용하지 않는 상태(0, 3, 4) 중 하나로 초기화된 경우 어떻게 되는지를 표시한 상태도를 그려라.

진리표는 아래에 보였다. 사용하지 않는 상태에 대한 다음상태는 무정의로 표시하였다.

A	B	C	$A^\star$	$B^\star$	$C^\star$
0	0	0	X	X	X
0	0	1	1	1	1
0	1	0	1	1	0
0	1	1	X	X	X
1	0	0	X	X	X
1	0	1	0	1	0
1	1	0	0	0	1
1	1	1	1	0	1

D 입력에 대한 맵과 식은 다음과 같다.

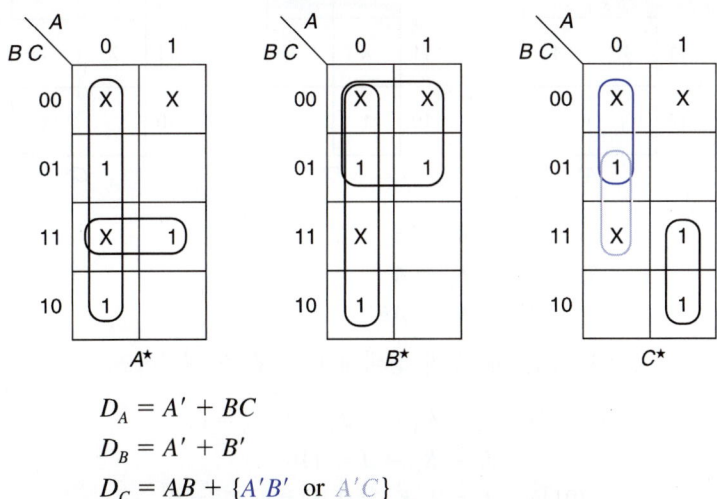

$$D_A = A' + BC$$
$$D_B = A' + B'$$
$$D_C = AB + \{A'B' \ \text{or} \ A'C\}$$

D_C의 경우 좋은 해가 두 개 있다. 곧 보게 되겠지만, 사용하지 않는 상태 중 하나로 초기화될 경우 시스템 동작은 해에 따라(D_C의 두 가지 해) 다르다.

사용하지 않는 세 개의 상태에 대한 값을 대입하면,

$$0\ (000): \quad D_A = 1, D_B = 1, D_C = 1 \ \text{or} \ D_C = 0$$
$$3\ (011): \quad D_A = 1, D_B = 1, D_C = 0 \ \text{or} \ D_C = 1$$
$$4\ (100): \quad D_A = 0, D_B = 1, D_C = 0$$

색칠해진 부분은 D_C로 어느 것을 선택하느냐에 따라 다음상태가 달라진다는 것을 나타낸다.

2개의 해에 대한 상태도를 다음에 보였다.

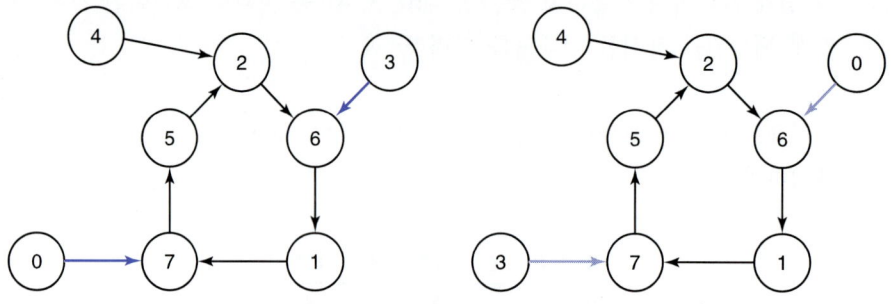

ii. J에 대한 부분을 음영 처리한 JK용 해를 위한 맵과 입력식을 아래에 보였다.

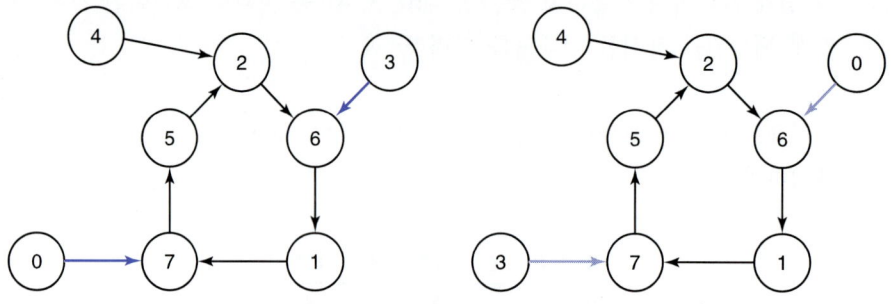

$$J_A = 1 \qquad K_A = B' + C'$$
$$J_B = 1 \qquad K_B = A$$
$$J_C = A \qquad K_C = AB'$$

사용하지 않은 세 개의 상태에 대한 값을 대입하면,

$$0\ (000): \quad J_A = K_A = 1, J_B = 1, K_B = 0,$$
$$J_C = K_C = 0 \Rightarrow 110$$
$$3\ (011): \quad J_A = 1, K_A = 0, J_B = 1, K_B = 0,$$
$$J_C = K_C = 0 \Rightarrow 111$$
$$4\ (100): \quad J_A = K_A = 1, J_B = K_B = 1,$$
$$J_C = K_C = 1 \Rightarrow 011$$

이 또한 앞에서와 또 다른 사용하지 않는 상태에 대한 동작이다. 상태 4는 상태 3으로, 그리고 그 다음 클럭에서 설계된 싸이클로 되돌아간다. 상태도를 아래에 보였다.

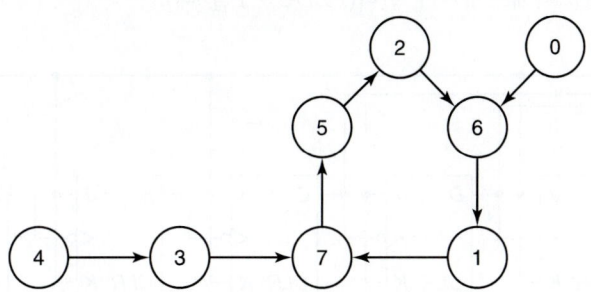

7. 두 개의 *JK* 플립플롭과(*A*, *B*) 하나의 입력 *x*를 가진 카운터를 설계하라. $x = 0$이면 0, 1, 2, 3, 3, . . .으로 카운트하고, $x = 1$이면 3, 2, 1, 0, 0, . . .으로 카운트한다.

이것은 상향/하향 포화 카운터(up/down saturating counter)이다. 진리표는 아래와 같다.

x	A	B	$A^\star$	$B^\star$
0	0	0	0	1
0	0	1	1	0
0	1	0	1	1
0	1	1	1	1
1	0	0	0	0
1	0	1	0	0
1	1	0	0	1
1	1	1	1	0

진리표로부터 빠른 방법을 위한 맵을 만들어 *J*와 *K*에 대한 식을 구할 수 있다.

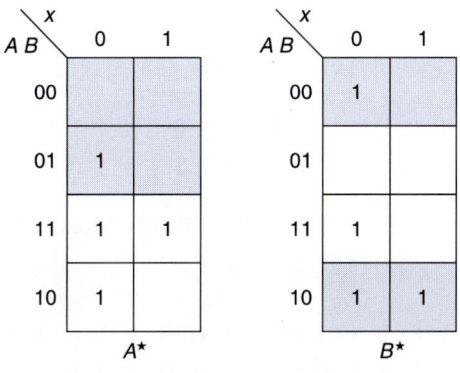

$$J_A = x'B \quad K_A = xB' \qquad J_B = x' + A \quad K_B = x + A'$$

8. *JK* 플립플롭을 사용하여 비동기식 60진 (0부터 59까지) 카운터를 만들어라.

플립플롭 6개를 사용하여야 하며, 카운트가 60에 도달한 것을 감지하여 카운터를 리세트시켜야 한다($FEDC$ = 1일 때).

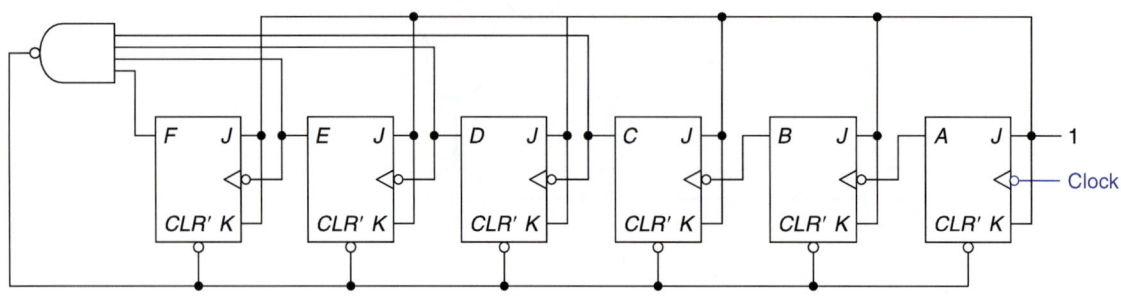

9. 다음 각 문제에 대하여 상태표나 상태도를 보여라(각각에 대한 입/출력 예가 주어져있다).

a. 4번 이상 연속하여 1이 입력되거나 2번 이상 연속하여 0이 입력된 경우에만 출력이 1이 되는 Mealy 시스템. (상태의 수 4개)

x 0 1 1 0 0 1 0 0 1 1 1 1 1 0 0 0 1
z ? 0 0 0 1 0 0 1 0 0 0 1 1 0 1 1 0 0

b. 최근 3번의 입력이 010 일 때만 출력이 1인 Mealy 시스템. (상태의 수 3개)

 i. 겹쳐도 되는 경우
ii. 겹치는 것이 허용되지 않는 경우

x 1 1 0 1 0 1 0 1 0 0 1 0 0 1 0 0 1 1 0
z-i 0 0 0 0 1 0 1 0 1 0 0 1 0 0 1 0 0 0 0
z-ii 0 0 0 0 1 0 0 0 1 0 0 1 0 0 1 0 0 0 0

c. 최근 4번의 입력이 1100이거나, 직전 출력이 1이면서 해당 입력패턴이 계속될 때만 출력이 1인 Mealy 시스템. (상태의 수 7개)

x 1 0 1 1 0 0 1 0 1 1 0 0 1 1 0 0 1 1 1 0 0 1 0
z ? ? 0 0 0 1 1 0 0 0 0 1 1 1 1 1 1 1 0 0 1 1 0 0 0 0

d. 110 패턴이 검출될 때마다 출력이 바뀌는 Moore 시스템(초기 출력을 0으로 가정하라). (상태의 수 6개)

x 0 0 1 0 1 1 1 0 1 1 0 0 1 1 0 1 0 1
z 0 0 0 0 0 0 0 0 0 1 1 1 0 0 0 0 1 1 1 1 1

e. 최소 4클럭 주기동안 연속적으로 입력이 변한 경우에만 출력이 1인 Moore 시스템. (상태의 수 8개)

x 0 0 1 0 1 1 0 1 0 1 0 1 0 0
z ? ? 0 0 0 1 0 0 0 1 1 1 1 1 0

f. 입력과 출력이 각각 x와 z이고 입력이 1번 또는 2번만 1이고, 이후 곧바로 1번 또는 2번만 0인 경우에만 $z = 1$이 되는 Mealy 시스템(상태의 수 6개) 또는 Moore 시스템(상태의 수 7개)에 대한 상태표나 상태도를 보여라.

x 0 1 1 0 1 1 0 0 0 1 0 0 1 1 0 0 1 0 1 1 1 0
Mealy z ? ? 0 0 1 0 0 0 0 0 0 1 0 0 0 1 0 1 0 0 0 0 0
Moore z ? ? ? 0 0 1 0 0 0 0 0 0 1 0 0 0 1 0 1 0 0 0 0 0

a.

	$q^\star$		z	
q	$x=0$	$x=1$	$x=0$	$x=1$
A	A	B	1	0
B	A	C	0	0
C	A	D	0	0
D	A	D	0	1

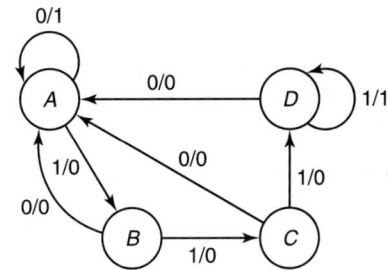

마지막 입력이 0인 상태에서 시작한다. 이 상태에서 출력 1이 나오기 위해서는 연속하여 1이 4번 입력되거나 0이 한 번 더 입력되면 된다. 따라서 0이 입력되면 상태 A로 되돌아온다. 1이 입력되면 B로 가고, 두 번째 1이 입력되면 C로 가고, 세 번째 1에서는 D로 간다. D에서 1이 추가로 들어오면 1을 출력하고, 0이 들어오면 상태 A로 돌아간다.

b. i.

	$q^\star$		z	
q	$x=0$	$x=1$	$x=0$	$x=1$
A	B	A	0	0
B	B	C	0	0
C	B	A	0	1

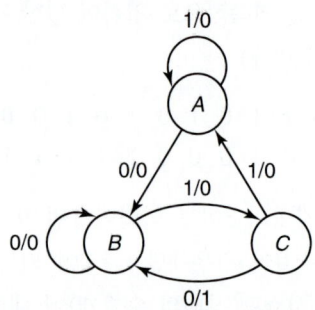

상태 A는 초기 상태로서 첫 번째 0을 기다리는 상태이다. 여기서 0이 입력되면 B로 가고, 그 다음 입력이 1이면 C로 간다. 여기서 0이 입력되면 1을 출력한다. 겹치는 것이 허용되므로 이 입력 0은 새 패턴의 첫 번째 0이 된다. 따라서 상태 B로 돌아간다.

겹치는 것이 허용되지 않는 경우에는 상태 C에서 0이 입력되면 초기 상태인 A로 되돌아가서 010 패턴을 다시 찾는다. 상태도는 다음과 같다.

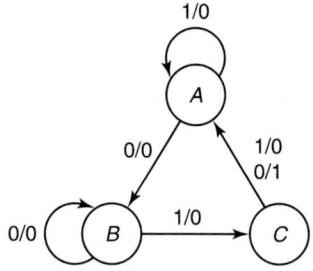

c. 출력이 0인 초기 상태에서 시작하여 처음으로 출력이 1이 되는 것을 찾고 있다면, 성공 경로(success path)는 1100이고, 이 상태에서 출력이 1이 된다. 그 다음에 1이 입력되면 출력은 1로 유지된다. 만일 1이 한 번 더 입력되고, 그 다음에 0이 입력되면(시스템의 상태는 D가 된다) 출력은 계속 1로 유지된다. 이를 정리한 상태도의 시작 부분은 다음과 같다.

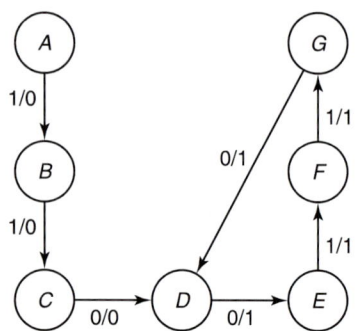

이제 실패 경로(failed path)를 채워보자. 상태 A, B, E와 F에서 1을 기다릴 때 0이 입력되면 상태 A로 되돌아간다. C 또는 G에서(1이 연속해서 두 개 이상 입력된 경우) 1이 입력되면 상태 C로 간다. D에서 1이 입력되면 B로 간다. 물론 이들 실패 경로를 만드는 입력에 대해서는 0이 출력된다. 상태표와 상태도는 다음과 같다.

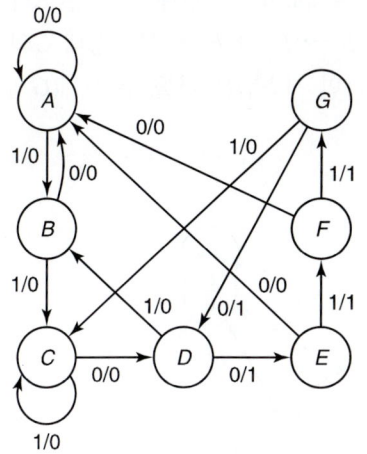

	$q^\star$		z	
q	$x = 0$	$x = 1$	$x = 0$	$x = 1$
A	A	B	0	0
B	A	C	0	0
C	D	C	0	0
D	E	B	1	0
E	A	F	0	1
F	A	G	0	1
G	D	C	1	0

d. Moore 시스템에서 출력은 상태에 의해서만 정해진다. A와 D 두 개의 초기 상태가 있는데 상태 A에서의 출력은 0이고, 상태 D에서는 출력이 1이다. 상태표와 상태도는 다음과 같다.

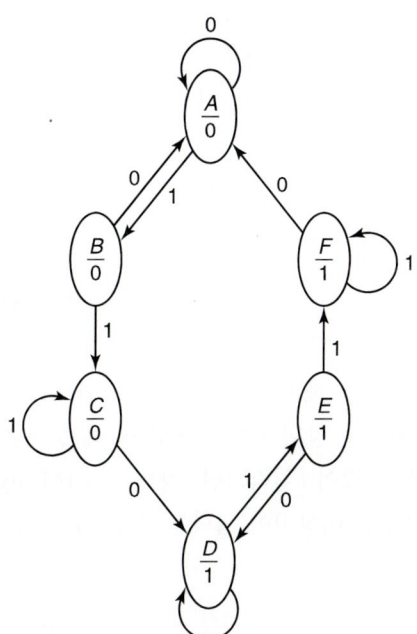

	$q^\star$		
q	$x = 0$	$x = 1$	z
A	A	B	0
B	A	C	0
C	D	C	0
D	D	E	1
E	D	F	1
F	A	F	1

초기상태에서 입력이 0이면 시스템은 초기상태를 유지한다. 초기상태에서 첫 번째 1이 입력되면 B 또는 E로 가고, 두 번째 1이 입력되면 C 또는 F로 간다. 이후에도 계속 1이 입력되면 시스템은 C 또는 F 상태에서 머물다가 0이 입력되면 출력이 반전되면서 초기상태로 간다.

e. 2개의 초기상태 (2번 이상 연달아 0이 입력된 상태 A와 2번 이상 연속하여 1이 입력된 상태 B)에서 시작해보자. 두 상태 모두 별도의 성공경로가 있다($A \rightarrow C \rightarrow E \rightarrow G$와 $B \rightarrow D \rightarrow F \rightarrow H$). 상태 G와 H에서는 출력이 1이다. 입력이 계속 변하면 시스템은 이들 두 상태(G와 H)를 왔다갔다하게 된다.

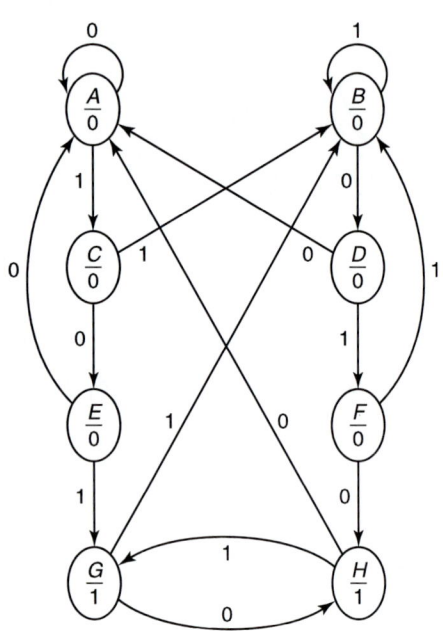

f. 두 경우 모두 초기상태 A는 첫 번째 1 입력을 기다릴 때이다. 첫 번째 1이 입력되면 상태는 B로, 두 번째 1이 입력되면 상태는 C로 바뀐다(B 또는 C에서). 1번 또는 2번만 1이 입력되었을 때 상태 D에 이른다. Mealy 시스템의 경우(왼쪽의 것) 시스템 상태가 D이고 입력이 1인 경우 출력이 1이 된다. 이 때의 1은 새로운 입력 배열의 첫 번째 1로 취급된다. Moore 시스템은 동일한 배열이 입력된 후 상태가 F로 되고 이 때 출력은 1이 된다. (상태 C에서) 0이 너무 많이 입력되면 상태는 F(Mealy) 또는 G(Moore)로 바뀐다. 연달아 2번 이상 0이 입력된 경우 시스템은 상태 A로 되돌아간다.

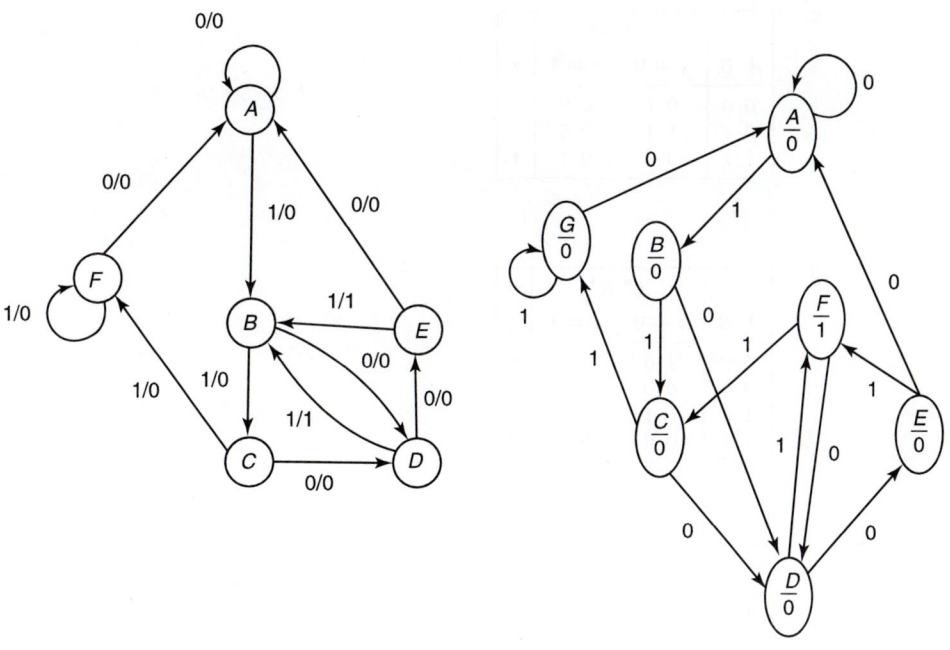

7.6 연습문제

1. 그림 7.1의 상태표에 대한 $q_1^\star$, $q_2^\star$, z의 식을 구하되 표 7.1c의 상태할당을 사용하라.

2. 다음 각각의 상태표로 표현된 시스템을 아래의 플립플롭을 이용하여 설계하라.

  i. D 플립플롭

  ii. SR 플립플롭

  iii. T 플립플롭

  iv. JK 플립플롭

각각에 대한 식을 보이고, JK 설계의 경우에는 AND, OR, NOT 게이트를 사용하여 회로도를 그려라.

★a.

	$A^\star B^\star$		z	
$A\ B$	$x=0$	$x=1$	$x=0$	$x=1$
0 0	1 1	0 0	0	1
0 1	0 1	0 0	1	0
1 1	0 1	1 1	1	0

b.

	$A^\star B^\star$		z	
$A\ B$	$x=0$	$x=1$	$x=0$	$x=1$
0 0	1 0	1 1	0	0
0 1	0 0	0 1	0	0
1 0	0 1	1 1	1	0
1 1	0 0	0 0	1	1

c.

A B	A★ B★ x = 0	x = 1	z
0 0	0 1	0 0	0
0 1	1 1	0 0	1
1 1	0 0	0 1	1

d.

A B	A★ B★ x = 0	x = 1	z
0 0	1 0	0 0	0
0 1	0 0	1 1	1
1 0	0 1	0 1	1
1 1	0 0	0 1	1

e.

A B	A★ B★ x = 0	x = 1	z
0 0	1 1	1 0	0
0 1	1 0	1 0	1
1 0	1 1	0 0	1
1 1	0 1	1 1	1

★f.

A B	A★ B★ x = 0	x = 1	z
0 0	1 0	0 1	1
0 1	1 1	0 0	1
1 0	0 0	1 1	0
1 1	0 1	0 0	0

g.

A B C	A★ B★ C★ x = 0	x = 1	z x = 0	x = 1
0 0 0	0 0 1	0 0 0	1	1
0 0 1	0 1 0	0 0 0	1	1
0 1 0	0 1 1	0 0 0	1	1
0 1 1	1 0 0	0 0 0	1	1
1 0 0	1 0 1	0 0 0	1	1
1 0 1	1 0 1	0 0 0	0	1

3. 다음 각 상태표와 상태할당에 대해 다음의 플립플롭을 이용하여 구현하는
경우 플립플롭 입력식과 시스템 출력식을 구하라.
  i. D 플립플롭
  ii. JK 플립플롭

a.

q	q* x=0	x=1	z
A	C	B	1
B	C	A	1
C	A	C	0

q	$q_1 q_2$
A	1 1
B	0 1
C	1 0

b.

q	q* x=0	x=1	z x=0	x=1
A	C	B	1	1
B	A	A	1	0
C	C	A	1	0

q	$q_1 q_2$
A	0 0
B	1 1
C	0 1

★c.

q	q* x=0	x=1	z
A	B	C	1
B	A	B	0
C	B	A	0

q	$q_1 q_2$
A	0 0
B	1 0
C	0 1

d.

q	q* x=0	x=1	z x=0	x=1
A	B	B	0	0
B	D	A	1	0
C	D	B	0	0
D	C	D	1	0

q	$q_1 q_2$
A	0 0
B	1 1
C	1 0
D	0 1

e.

q	q* x=0	x=1	z x=0	x=1
A	B	D	0	0
B	D	C	1	0
C	A	B	0	0
D	C	A	1	0

q	$q_1 q_2$
A	0 0
B	0 1
C	1 1
D	1 0

4. a. 다음 상태표의 시스템을 다음에 보인 각각의 상태할당을 사용하여 D 플립플롭으로 설계하라.

q	q* x=0	x=1	z
A	B	D	0
B	C	A	1
C	B	B	1
D	D	C	1

i.

q	q_1	q_2
A	0	0
B	0	1
C	1	0
D	1	1

ii.

q	q_1	q_2
A	0	0
B	0	1
C	1	1
D	1	0

iii.

q	q_1	q_2
A	0	0
B	1	1
C	1	0
D	0	1

b, c. 다음 상태표로 제시된 각각의 시스템을 지정된 상태할당을 사용하여 D 플립플롭으로 설계하라.

★b.

q	$q^\star$		z	
	$x = 0$	$x = 1$	$x = 0$	$x = 1$
A	B	C	1	0
B	A	B	0	1
C	B	B	0	0

c.

q	$q^\star$		z	
	$x = 0$	$x = 1$	$x = 0$	$x = 1$
A	A	C	0	0
B	C	B	1	1
C	A	B	1	0

i.

q	q_1	q_2
A	0	0
B	0	1
C	1	0

ii.

q	q_1	q_2
A	0	0
B	0	1
C	1	1

iii.

q	q_1	q_2
A	0	0
B	1	1
C	1	0

5. SR 플립플롭으로 4비트 2진 카운터 설계를 (7.2절의 시작 부분에서부터) 완성하라.

6. JK 플립플롭을 사용하여 십진 카운터를 설계하는 것으로 가정하여 상태도를 그려라. 사용되지 않는 상태로(10, 11, 12, 13, 14, 15) 초기화가 되었을 경우까지 상태도에 포함하여라.

7. 다음 플립플롭을 사용하여 아래 각각의 시스템을 설계하라.
   i. D 플립플롭
  ii. JK 플립플롭

  ★a. 다음 순서를 반복하는 동기식 12진 카운터

   0 1 2 3 4 5 6 7 8 9 10 11 . . .

b. 다음 순서를 반복하는 동기식 하향 카운터

    15 14 13 12 11 10 9 8 7 6 5 4 3 2 1 0 ...

8. 다음 각각의 순서를 반복하는 동기식 카운터를 아래에서 지정한 플립플롭을 사용하여 설계하라.

  a. 6 5 4 3 2 1 그리고 반복

 *b. 1 3 4 7 6 그리고 반복

  c. 6 5 4 1 2 3 그리고 반복

  d. 6 5 1 3 7 그리고 반복

  e. 7 4 3 6 1 2 그리고 반복

  f. 1 3 5 7 6 4 2 0 그리고 반복

   i. JK 플립플롭

  ii. D 플립플롭

각 설계에 대하여 사용하지 않는 상태로 초기화되었을 때를 포함하여 상태도를 그려라.

9. JK 플립플롭 2개(A와 B)와 입력(x) 1개를 가진 카운터를 설계하라. $x = 0$일 때 1, 3, 0의 순서를 반복하고, $x = 1$일 때는 1, 2, 3의 순서를 반복한다.

  a. x는 상태 1 또는 3에서만 바뀐다고 가정하라. (이 경우 절대 발생할 수 없는 상황이 두 개 있는데 상태 2와 $x = 0$, 그리고 상태 0과 $x = 1$인 상황이다.)

  b. 문제 a에서 설계한(두 개의 무정의가 있다) 회로에서 어떤 연유로 상태 2에서 x가 0이거나 상태 0에서 x가 1이 입력되면 어떻게 되겠는가?

*10. a. JK 플립플롭 두 개(A와 B)와 입력 한 개(x)를 가진 카운터로 다음과 같이 동작하는 카운터를 설계하라. $x = 0$일 때 0, 1, 2, 3의 순서를 반복하고, $x = 1$일 때는 0, 1, 2의 순서를 반복한다. 카운트가 3일 때 x가 1이 되는 일은 절대로 없다고 가정하고 시스템을 설계하라. 각각에 대한 최소식을 구하라.

  b. 카운트가 3일 때 x가 1이 되면 무슨 일이 발생하나?

11. JK 플립플롭을 사용하여 예문 10의 시스템을 설계하라.

12. 정적(static) active high 클리어 입력을 가진 T 플립플롭을 사용하여 비동기식 10진 카운터를 설계하라.

13. 표 7.1에 제시된 3가지 상태할당에 대해 JK 플립플롭을 사용하여 예문 6의 설계를 완성하라.

14. 다음 3가지 상태할당과 D 플립플롭을 사용하여 예문 7을 상태 3개이면서 앞에서와 다른 회로로 설계하라.

q	q_1	q_2
A	0	0
B	0	1
C	1	0

q	q_1	q_2
A	0	0
B	0	1
C	1	1

q	q_1	q_2
A	0	0
B	1	1
C	0	1

(a)   (b)   (c)

15. 1이 정확히 세 번만 연속하여 입력되었을 때만 1을 출력하는 시스템을 JK 플립플롭을 사용하여 설계하라(예제 7.10을 참고하라).

   a. Mealy 상태도를 사용하여

   b. Moore 상태표를 사용하여

16. 다음 각 문제에 대한 상태표 또는 상태도를 보여라(각각에 대한 입력/출력 예와 필요한 상태의 최소 수가 제시되어 있다).

   a. 연속 2 클럭이상 입력이 0이었다가 바로 이어서 두 번 이상 연속하여 1이 입력되었을 때만 1을 출력하는 Moore 시스템. (5 상태)

     x 0 1 0 0 1 0 0 1 1 0 0 0 1 0 1 0 0 0 1 1 1 1 0
     z 0 0 0 0 0 0 0 0 0 1 0 0 0 0 0 0 0 0 0 1 1 1 0 0

   *b. 연속 2 클럭이상 입력이 1이거나 세 번 이상 연속하여 0이 입력된 경우에만 1을 출력하는 Moore 시스템. (5 상태)

     x 0 0 0 0 1 0 1 1 0 0 1 1 1 0 0 0 1 0
     z ? ? ? 1 1 0 0 0 1 0 0 0 1 1 0 0 1 0 0 0

   c. 연속 3 클럭 이상 입력이 1이거나 세 번 이상 연속하여 0이 입력되었을 때만 1을 출력하는 Mealy 시스템. 처음 켰을 때 시스템은 초기상태 A에 있다. (상태는 4개 이상)

     x 0 0 0 0 1 0 1 1 0 0 0 1 1 1 1 1 0 0 1
     z 0 0 1 1 0 0 0 0 0 0 0 1 0 0 1 1 1 0 0 0 0

   d. 입력이 0 1 0 또는 1 0 1이었을 때만 1을 출력하는 Mealy 시스템. 겹치는 것이 허용되며, 처음 켰을 때 시스템은 초기상태 A에 있다. (상태는 4개 이상)

     x 0 0 1 0 0 1 0 1 0 0 1 1 0 1 1 0 1 0 0
     z 0 0 0 1 0 0 1 1 1 0 0 0 0 1 0 0 1 1 0 0

   e. 두 클럭 이상 연속하여 1이 입력된 후 처음으로 0이 들어오거나, 두 번 이상 연속하여 0이 입력된 후 처음으로 1이 들어올 때만 1을 출력하는 Mealy 시스템. 겹치는 것이 허용되고, 처음 켰을 때 시스템은 초기상태 A에 있게 된다. (상태는 4개 이상)

x 0 1 0 0 0 1 1 1 1 1 0 0 1 1 0
z 0 0 0 0 0 1 0 0 0 0 1 0 1 0 1 0

*f. 두번 이상 0이 입력된 후 다시 1이 정확히 두 번 입력되고, 뒤이어 0이 입력되었을 때만 1을 출력하는 Mealy 시스템. 겹치는 것은 허용되지 않는다. (5 상태)

x 1 1 1 0 0 0 1 1 0 0 1 1 0 0 1 1 1 0 0 0 0 1 1 0 0
z 0 0 0 0 0 0 0 0 1 0 0 0 0 0 0 0 0 0 0 0 0 0 1 0 0 0

g. 연속하여 1이 정확히 두 번 입력되고 이어서 두 번 이상 0이 입력되었을 때만 1을 출력하는 Mealy 시스템. (5 상태)

x 0 1 1 0 0 0 1 1 0 0 1 1 0 0 1 1 1 0 0 0 0 1 1 0 0
z ? 0 0 0 1 1 0 0 0 1 0 0 0 1 0 0 0 0 0 0 0 0 0 0 1

h. 연속하여 0이 정확히 두 번 입력되거나 정확히 두 번 연속하여 1이 들어올 때만 1을 출력하는 Mealy 시스템.
   i. 겹치는 것이 허용되는 경우 (6 상태)
   ii. 겹치는 것이 허용되지 않는 경우 (6 상태)

x   0 1 1 1 0 1 1 0 0 1 1 0 1 0 1 0 0 1
z-i ? ? 0 0 0 0 0 1 0 1 0 1 0 0 0 0 0 1 0
z-ii ? ? 0 0 0 0 0 1 0 0 0 1 0 0 0 0 0 1 0 0

i. 입력이 1 0 1 1 패턴이었을 때만 1을 출력하는 Mealy 시스템.
   i. 겹치는 것이 허용되는 경우 (4 상태)
   ii. 겹치는 것이 허용되지 않는 경우 (4 상태)

x   0 0 1 0 1 1 0 1 1 0 1 1 1 0 0 1 0 1 0 1 1
z-i 0 0 0 0 0 1 0 0 1 0 0 1 0 0 0 0 0 0 0 1 0 0
z-ii 0 0 0 0 0 1 0 0 0 0 0 1 0 0 0 0 0 0 0 1 0 0 0

j. 입력이 1 1 0 1 패턴이었을 때만 0을 출력하는 Mealy 시스템(출력은 대부분의 시간동안 1이 된다).
   i. 겹치는 것이 허용되는 경우 (4 상태)
   ii. 겹치는 것이 허용되지 않는 경우 (4 상태)

x   0 0 1 0 1 1 0 1 1 0 1 1 1 0 0 1 0 1 1 0 1 1
z-i 1 1 1 1 1 1 1 0 1 1 0 1 1 1 1 1 1 1 1 0 1 1
z-ii 1 1 1 1 1 1 1 0 1 1 1 1 1 1 1 1 1 1 1 1 0 1 1 1

*k. 입력된 것에 0이 짝수 개(0이 하나도 없는 경우를 포함하여)가 있고, 1의 개수가 4의 배수(1이 하나도 없는 경우 포함하여)일 때만 출력이 1인 Mealy 시스템. 시스템을 처음 켜졌을 때는 0과 1이 하나도 없었던 상태로 초기화 된다. (8 상태)

x 0 1 1 0 1 1 0 0 0 0 1 0 1 0 0 0 1 0 1 0

z 0 0 0 0 0 1 0 1 0 1 0 0 0 0 0 0 0 0 1 0

*l. 패턴 1 0 1이 패턴 1 1 1보다 최근에 입력된 경우에만 1을 출력하는 Moore 시스템. (6 상태)

x 1 0 1 0 1 1 0 1 0 1 1 1 1 0 0 1 0 1 1 1

z ? ? ? 1 1 1 1 1 1 1 1 1 0 0 0 0 0 1 1 1 0 0

주어진 입력/출력의 예를 보고 겹침이 허용되는지 판단하라.

m. 연속하여 1이 정확히 2번 입력된 후 0이 정확히 한번 또는 두 번 뒤이어 들어올 때만 1을 출력하는 Mealy 시스템. (상태의 수가 6개 이하이면 만점)

x 1 0 0 1 1 0 0 1 1 0 1 1 1 0 0 1 1 0 0 0 0 0

z ? 0 0 0 0 0 0 1 0 0 1 0 0 0 0 0 0 0 0 0 0 0 0 0

n. 11000 패턴이 입력되었을 때만 1을 출력하는 Mealy 시스템. (5 상태)

x 0 0 0 0 1 0 1 1 0 0 0 0 1 1 1 1 0 0 0 1

z ? ? ? 0 0 0 0 0 0 0 1 0 0 0 0 0 0 0 1 0 0 0 0

o. 이 문제의 Mealy 시스템에서는 두 개의 입력, a와 b가 있는데, 입력 a와 b의 값은 2진수를 나타낸다. 즉, 00은 0, 01은 1, 10은 2, 그리고 11은 3이다. 만약 현재 수가 이전 것보다 크거나 같고, 또 이전 것이 그것의 전 것과 크거나 같으면 1이 출력된다. 그 외의 경우에는 0이 출력된다. 이전의 수가 없는 초기 상태가 있다. 반드시 각 상태의 의미를 설명하라. (초기 상태 1개와 8개의 상태)

a 0 0 1 0 1 0 0 0 1 1 1 0 1 1

b 1 0 0 1 1 0 0 1 0 1 0 0 1 1

z 0 0 0 0 0 0 0 1 1 1 0 0 0 1

7.7 7장 테스트(75분)

1. A에는 D 플립플롭, B는 JK 플립플롭, 그리고 AND, OR, NOT 게이트를 사용하여 다음 상태표를 가진 시스템을 설계하라. 플립플롭 입력식과 출력식을 구하라. 회로도는 그릴 필요없다.

	$A^\star B^\star$		z	
$A\ B$	$x=0$	$x=1$	$x=0$	$x=1$
0 0	1 1	0 1	0	1
0 1	0 0	1 0	0	0
1 0	1 0	0 1	1	1
1 1	0 1	1 0	1	0

2. 다음 상태표와 상태할당에 대하여 q_1에는 SR 플립플롭, q_2에는 JK 플립플롭을 사용하여 시스템을 설계하라. 플립플롭 입력식과 출력식을 구하라. 회로도까지 그릴 필요는 없다.

	$q^\star$		
q	$x=0$	$x=1$	z
A	A	B	1
B	B	C	1
C	A	C	0

q	q_1	q_2
A	0	0
B	1	0
C	1	1

3. 다음 상태표의 시스템을 아래 각각의 상태할당을 사용하여 D 플립플롭으로 설계하라. D_1, D_2, z에 대한 식을 구하라.

	$q^\star$		
q	$x=0$	$x=1$	z
A	C	B	1
B	D	D	0
C	A	D	0
D	C	B	0

a.

q	q_1	q_2
A	0	0
B	0	1
C	1	0
D	1	1

b.

q	q_1	q_2
A	0	0
B	1	1
C	0	1
D	1	0

c. AND, OR, 그리고 NOT 게이트를 사용하여 b의 해를 회로도로 그려라.

4. 다음 순서를 반복하는 카운터를 설계하되 A에는 D 플립플롭, B에는 JK 플립플롭, 그리고 C에는 T 플립플롭을 사용하라.

　　　1　4　3　6　2　5　그리고 반복

5점짜리 보너스: 초기상태가 0 또는 7일 때 어떻게 되는지를 포함한 상태도를 그려라.

5. a. 최근 4클럭 동안의 입력이 1 0 1 0이었을 때만 출력이 1인 Mealy 시스템에 대한 상태표나 상태도를 그려라. 겹치는 것이 허용된다. (4 상태)
　　b. 최근 4클럭 동안의 입력이 1 0 1 0이었을 때만 출력이 1인 Mealy 시스템에 대한 상태표나 상태도를 그려라. 겹치는 것이 허용되지 않는다. (4 상태)

입/출력 예:

```
x     1 1 0 1 0 1 1 1 0 1 0 1 0 1 0 0
z-a   0 0 0 0 1 0 0 0 0 0 1 0 1 0 1 0
z-b   0 0 0 0 1 0 0 0 0 0 1 0 0 0 1 0
```

6. 최근 3클럭 동안의 입력이 0 1 1이었을 때만 출력이 1인 Moore 시스템에 대한 상태표나 상태도를 그려라. (4 상태)

입/출력 예:

```
x 0 0 1 0 1 1 1 0 0 1 1 0 1 1
z ? 0 0 0 0 0 1 0 0 0 0 1 0 0 1
```

대형 순차회로 문제의 해법

문제의 크기가 커짐에 따라 데이터를 저장할 때 플립플롭보다는 레지스터(register)가 사용된다. 레지스터는 플립플롭을 모아서 같은 이름[개별 플립플롭은 아래첨자(subscript)로 표시한다]과 같은 클럭을 사용하도록 한 것이다. 예를 들어, 컴퓨터에서 가산기로 들어가는 두 입력 값(각각 16비트)은 각각 16개의 플립플롭으로 이루어진 두 개의 레지스터에서 오게 할 수 있다. 개별 플립플롭과 게이트로 이런 시스템의 블록도를 보이는 것은 거의 불가능하다.

이 장에서는 MSI(medium-scale integrated) 회로인 시프트 레지스터와 카운터를 살펴본다.[1] CPLD, FPGA와 같은 좀 더 복잡한 문제를 구현하기 위해 메모리를 사용한 PLD(programmable logic device)를 소개한다. 그 다음에 이런 큰 시스템을 다루기 위한 도구인 ASM(Algorithmic State Machine)도와 HDL(Hardware Design Language)을 간단히 살펴본다. 마지막으로, 7장에서 다루던 것보다 더 큰 설계 문제를 살펴 볼 것이다. 여기서는 동기식 시스템에 중점을 둔다.

8.1 시프트 레지스터

가장 간단한 형태의 시프트 레지스터는 플립플롭의 집합으로 된 것인데, 클럭 또는 시프트 입력에 따라 데이터를 한 장소에서 오른쪽으로 이동시킨다. SR 플립플롭을 사용한 간단한 4비트 시프트 레지스터를 그림 8.1에 보여주고 있다(시프트 레지스터를 SR 플립플롭으로 구현하는 것이 가장 일반적이지만, SR 대신에 JK 플립플롭을 사용할 수도 있다. 또한 D 플립플롭을 사용해도 되는데 한 플립플롭의 q 출력이 다음 것의 D 입력에 연결된다). 매 클럭마다 입력 x가 q_1으로 이동되고 모든 플립플롭의 내용이 오른쪽으로 시프트된다.

---

[1]   이 회로들을 자세히 살펴볼 때, 하나의 비트에 국한시키고 부하를 줄이기 위해 사용한 두 개의 NOT 게이트는 삭제함으로써 논리회로를 간단하게 한다.

그림 8.1 간단한 시프트 레지스터

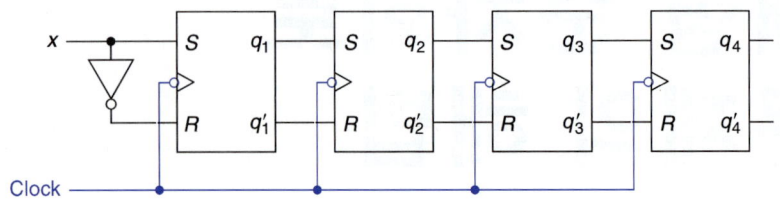

초기에 모든 플립플롭이 0이었다고 가정했을 때 타이밍 추적(timing trace)의 예를 추적 8.1에 보여주고 있다. 예제 입력은 파랑색으로 표시되어 있다.

추적 8.1 시프트 레지스터 타이밍

x	1	0	1	1	1	0	1	1	1	1	0	0	0			
q_1	0	1	0	1	1	1	0	1	1	1	1	0	0	0		
q_2	0	0	1	0	1	1	1	0	1	1	1	1	0	0	0	
q_3	0	0	0	1	0	1	1	1	0	1	1	1	1	0	0	0
q_4	0	0	0	0	1	0	1	1	1	0	1	1	1	1	0	0

상용 시프트 레지스터 중의 어떤 것은 그림 8.2처럼 클럭 입력에 NOT 게이트가 달린 것도 있다.

그림 8.2 상승에지 트리거 시프트 레지스터

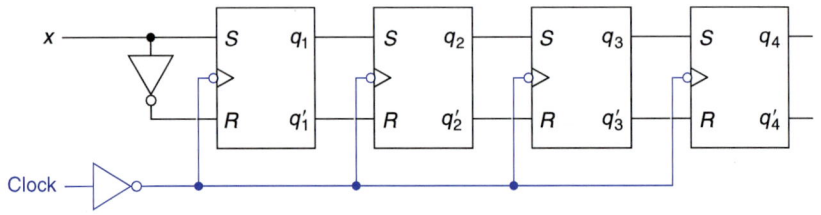

이것은 두 가지 역할을 한다. 우선 시프트 레지스터를 상승에지 트리거 방식으로 만들었다(클럭의 상승에지는 플립플롭 입력에서 하강에지가 되기 때문이다). 또한 클럭 입력 신호는 한 개의 NOT 게이트로만 가는데, 이 회로는 클럭에 4개의 부하(4개의 모든 플립플롭에 신호가 들어가면)를 주는 것이 아니라 1개의 부하만을 준다. 하강에지 트리거 방식의 플립플롭이 필요하면 추가적으로 하나의 NOT 게이트를 직렬로 연결하면 된다. 가끔씩, 입력 x도 1개의 부하만을 주기 위해서 NOT 게이트를 사용해 처음에 반전시킨다. 이 두 가지 변화를 그림 8.3의 회로에 보여주고 있다.

그림 8.3 부하를 줄이는 NOT 게이트가 있는 시프트 레지스터

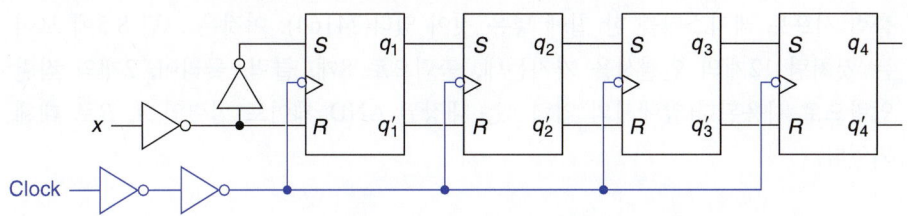

이런 형태의 시프트 레지스터는 한 번에 1비트(왼쪽 비트)가 입력되고 1비트 (오른쪽 비트)가 읽혀지므로 직렬입력 직렬출력(serial-in, serial-out) 방식이라고 부른다(q_4의 정상 출력만 이용할 수 있게 하거나 또는 q_4와 q_4'를 모두 출력할 수도 있다). 하나의 칩에 얼마나 많은 논리 게이트를 넣을 수 있는가는 입력과 출력을 위한 연결 수에 의해 제한된다. 직렬입력 직렬출력 시프트 레지스터에는 3개나 4개의 연결선만 있으면 되므로 거의 무한한 비트를 하나의 칩에 넣을 수 있을 것이다.

큰 직렬입력 직렬출력 시프트 레지스터의 응용분야 중 하나는 디스크와 비슷한 메모리이다. 그림 8.4에 보이는 것처럼 출력 비트가 입력에 다시 연결되면, $Load$가 0일 때 데이터는 n개의 플립플롭을 순회한다. 그 값은 n 주기마다 한 번씩 q_n을 통해서 읽혀진다. 바로 이때 $Load = 1$로 하고 새로운 값을 x에 주면 값을 변경시킬 수 있다. 8비트의 숫자들을 연속으로 얻고 싶으면 이런 시프트 레지스터 8개를 만들어서 각각 1비트를 저장하도록 하면 된다. 모든 시프트 레지스터에 같은 클럭을 넣으면 동시에 1바이트(8비트)의 값을 얻을 수 있다.

그림 8.4 시프트 레지스터 저장장치

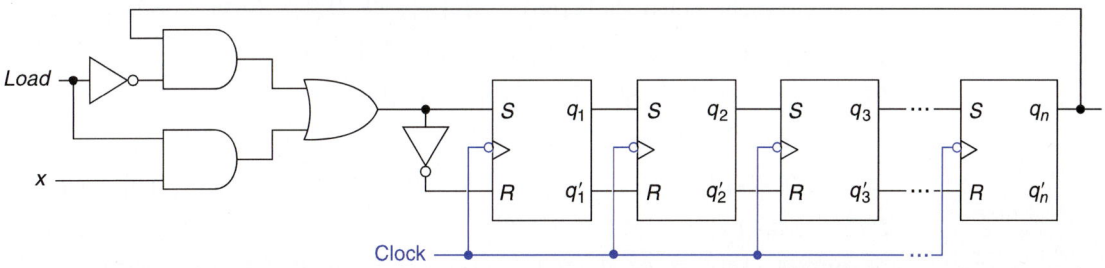

4비트 직렬입력 직렬출력 시프트 레지스터를 모두 0으로 초기화하려면, 입력 x에 0을 넣은 채로 클럭을 4번 주어야 한다. 이것을 피하기 위해 대부분의 시프트 레지스터는 active low(보통 정적, 즉 비동기)인 클리어 입력을 가지고 있다. 많은 시프트 레지스터에는 병렬 출력이 있어서 플립플롭의 모든 내용을 한 번에 읽을 수 있다(개별 플립플롭으로 구현되어 있다면 각 플립플롭의 출력에 선만 연결하면 된다. 그러나 전체 시프트 레지스터가 하나의 집적회로에 들어있다면 각

출력이 핀에 연결되어 있어야 한다). D 플립플롭을 사용한 8비트 직렬입력 병렬
출력 시프트 레지스터를 한 칩에 넣은 것이 있다(74164). 이것은 그림 8.5에 보이
는 것처럼 12개의 연결선을 가지는데, 출력으로 8개, 클럭, 클리어, 2개의 직렬
입력으로 사용된다(앞에서의 입력 x는 내장된 AND 게이트 입력인 A, B로 대체
되었다).

그림 8.5 74164 직렬입력 병렬출력 시프트 레지스터

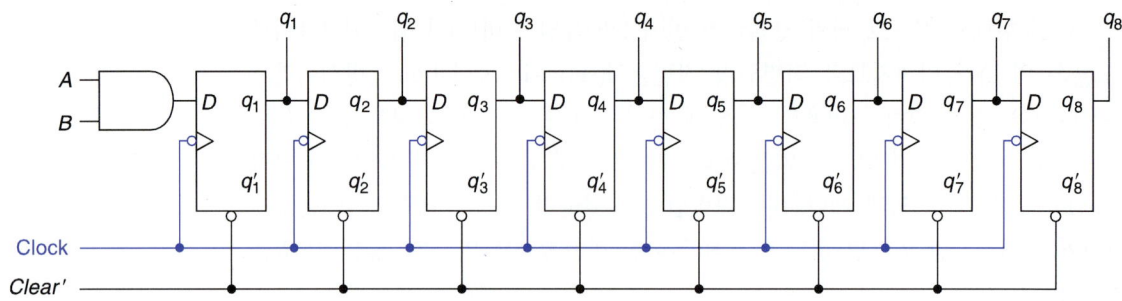

직렬입력 병렬출력 시프트 레지스터의 응용분야 중 하나는 모뎀의 입력 포
트이다. 데이터가 전화선을 통해 직렬로 전송된다. 한 바이트나 워드를 받을 때까
지 매 클럭마다 시프트 레지스터에 데이터가 들어온다. 다음에는 비트들이 시프
트 레지스터에서 병렬로 읽혀져서 메모리에 적재되는 방식으로 컴퓨터 메모리와
모뎀이 상호 작용을 한다.

병렬입력(parallel-in) 시프트 레지스터는 레지스터 적재를 한 번에 한다. 물
론 각 플립플롭에는 입력선과 적재를 알리는 제어선이 있어야 한다. 적재는 그림
8.6a의 q_2 비트처럼 정적인(static) 것(74165)도 있고, 그림 8.6b에 보이는 것처럼
동기적인(synchronous) 것(74166)도 있다. 둘 다 직렬출력이며 오른쪽 끝의 플립
플롭에 하나의 출력 연결선이 있다. 시프트 동작을 위해서 왼쪽 끝 비트에 직렬
입력(그림 8.6의 q_1에 해당하는 곳)이 하나 있다.

74165에서는 *Load'*가 1(적재 금지)이고 *Enable'*이 0(시프트 허용)일 때만,
외부 클럭 입력이 반전되어 플립플롭 클럭으로 전달된다. *Load'*가 1이고 *CLR'*와
*PRE'*가 모두 1이면, 시프트가 일어난다. *Load'*가 0이면 클럭이 비활성화되고, IN'_2
가 *PRE'*에 나타나고 IN_2가 *CLR'*에 나타나서 IN_2가 플립플롭에 적재된다.

74166에는 적재와 무관한 active low 정적(static) 클리어 신호가 있다.
*Enable'*이 0이면 클럭이 반전되어 플립플롭에 전달된다. *Enable'*이 1이면 플립플
롭에 클럭이 인가되지 않아서 아무런 변화가 없을 것이다. *Enable'*이 0이고 *Load'*
가 0이면 IN_2가 q_2에 저장된다. *Enable'*이 0이고 *Load'*가 1이면(비활성화) q_1이
q_2로 시프트된다.

그림 8.6 병렬입력 시프트 레지스터

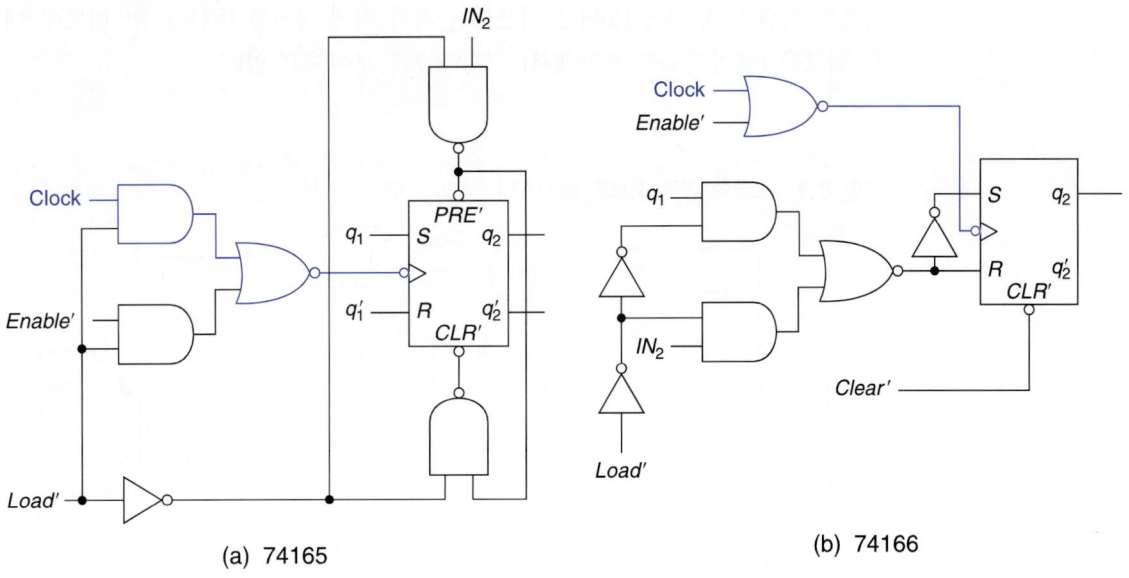

(a) 74165   (b) 74166

병렬입력 직렬출력 시프트 레지스터는 데이터를 직렬로 출력하는 데 사용된다. 컴퓨터에서 한 워드씩(한 번에) 시프트 레지스터에 적재된다. 다음에는 데이터가 한 번에 하나씩 시프트 레지스터의 오른쪽 끝에서 나와서 모뎀으로 보내진다.

병렬입력 병렬출력 시프트 레지스터는 필요한 연결선의 수가 많아지기 때문에 4 혹은 5비트 크기로 제한된다. 7495는 74166과 제어구조가 비슷하지만 시프트와 적재를 위한 별도의 클럭을 가지고 있다.

대부분의 컴퓨터는 왼쪽 시프트, 오른쪽 시프트, 그리고 회전[2] 명령어를 가지고 있다. 이것을 구현하기 위해서 오른쪽/왼쪽 시프트 레지스터(74194와 같은 동기식 병렬입력 병렬출력 4비트 시프트 레지스터)를 사용할 수 있다. 각 비트에는 왼쪽, 오른쪽, 혹은 입력 비트를 받기 위한 3입력 멀티플렉서가 필요하다. 이 시프트 레지스터의 동작을 기술하는 진리표가 표 8.1에 나타나있다. 비트들은 왼쪽에서 오른쪽으로 1부터 4까지 번호가 붙여졌다.

표 8.1 오른쪽/왼쪽 시프트 레지스터

	$Clear'$	S_0	S_1	$q_1^{\star}$	$q_2^{\star}$	$q_3^{\star}$	$q_4^{\star}$
정적 클리어	0	X	X	0	0	0	0
유지	1	0	0	q_1	q_2	q_3	q_4
왼쪽 시프트	1	0	1	q_2	q_3	q_4	LS
오른쪽 시프트	1	1	0	RS	q_1	q_2	q_3
적재	1	1	1	IN_1	IN_2	IN_3	IN_4

---

[2] 오른쪽 1 회전은 한 비트씩 오른쪽으로 이동시키고 제일 오른쪽 비트를 제일 왼쪽 플립플롭으로 다시 돌아오게 한다.

여기서 IN_i가 병렬 적재 입력이고 RS가 오른쪽 시프트 직렬 입력이고 LS가 왼쪽 시프트 직렬 입력이다: Hold는 시프트 금지와 적재 금지를 뜻한다. 한 비트에 대한 회로를 (제어회로를 포함해서) 그림 8.7에 보여주고 있다.

그림 8.7 오른쪽/왼쪽 시프트 레지스터

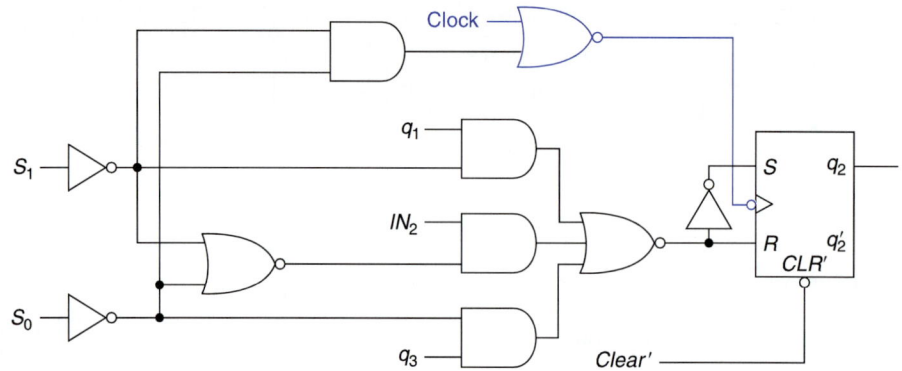

S_0과 S_1이 모두 0이면 플립플롭의 클럭 입력이 0이 되어 클럭 에지가 없어지고 플립플롭이 Hold 된다. 그렇지 않으면 클럭은 반전되어 상승에지 트리거 시프트 레지스터가 된다(가장 왼쪽 플립플롭 q_1에는 멀티플렉서 맨 위 입력으로 RS가 들어오고, q_4에서는 맨 아래 입력으로 LS가 들어온다).

시프트 레지스터 응용의 예로 다음 문제를 살펴보자.

예제 8.1

입력 x가 7 클럭(현재 포함) 동안 값이 계속 변경되면 출력 z가 1이 되는 시스템을 설계하고자 한다. 아래와 같은 8비트 직렬입력 병렬출력 시프트 레지스터를 가지고 있다.

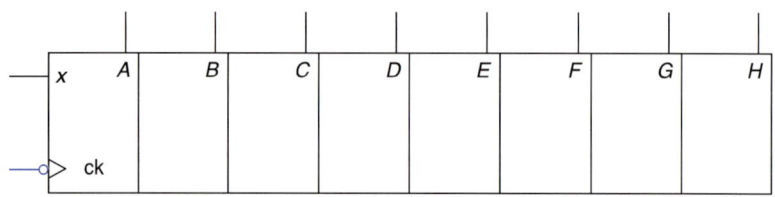

(시프트 레지스터에는 보통 정적 클리어 입력이 있을 수도 있지만 이 문제에서는 필요하지 않다.)

언제나 플립플롭은 최근 8 클럭 동안의 x값을 저장하고 있다. 가장 최근 것이 A에, 가장 오래된 것이 H에 들어간다. 이 문제에서는 6개의 플립플롭만 필요하다.

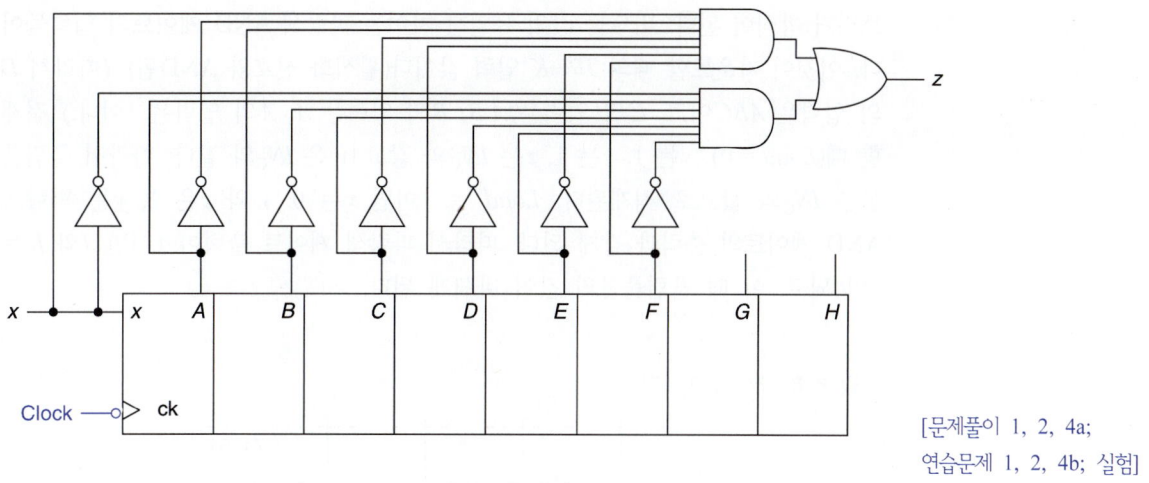

[문제풀이 1, 2, 4a;
연습문제 1, 2, 4b; 실험]

8.2 카운터

7장에서 카운터의 설계에 관해서 배웠다. 이 절에서는 몇 개의 상용 카운터와 카운터의 응용을 살펴볼 것이다. 카운터는 레지스터와 이와 관련된 조합회로로 이루어진다.

카운터는 동기식 또는 비동기식일 수 있고, 10, 12, 혹은 16진(연속된 클럭에 대해서 10, 12, 혹은 16개의 상태를 순회)일 수도 있다. 대부분의 동기식 카운터에는 병렬 입력이 있어서, 적재 신호와 각 비트 입력선을 이용하여 초기값 설정이 가능하다. 또한 레지스터의 값을 0으로 적재하기 위한 클리어(혹은 마스터 리세트) 신호를 가지고 있다. 이런 제어 신호들은 보통 active low이고, 동기식이거나 비동기식일 수도 있다. 대부분의 비동기 카운터에는 정적 클리어만 있다. 또한 일부 동기식 카운터는 상향 / 하향 모두 가능하다. 대부분의 카운터는 캐리 혹은 오버플로우 출력을 가지고 있어서, 카운터가 최대 값에 도달했으며 다시 0(상향 카운터에서)이 되려고 한다는 것을 나타낸다. 이것은 논리 1로 나타내거나, 혹은 카운트 0으로 전이하도록 만드는 클럭 펄스에 해당되는 펄스로 나타내는 경우도 있다.

먼저 동기식으로 카운트와 적재를 하며 비동기식(active low) 클리어를 가진 74161 카운터를 살펴본다. 두 개의 카운터 활성화 신호인(카운트를 위해서는 둘다 1이어야 한다) *ENT*와 *ENP*[3])가 있다. 그림 8.8에 라벨이 *D*(상위 비트), *C*, *B*, *A*로 붙여진 카운터의 블록도와 비트 *C*에 대한 논리회로를 보여주고 있다. 클럭이 하강에지 트리거 플립플롭으로 가기 전에 반전되기 때문에 카운터는 상승에지

---

3)　*ENT*만이 오버플로우 출력을 활성화시킬 수 있다.

트리거 방식이 된다. 비트들 간의 유일한 차이는 파랑색 AND 게이트의 입력들이다. 이것이 카운트할 때의 J와 K 입력 값이다(활성화 신호와 AND됨). (따라서 D의 입력은 ABC이고, C의 입력은 A B, B의 입력은 A, A의 입력은 1이다.) 적재할 때($Load' = 0$), x는 1, y는 1, z는 IN_C'와 같고, w은 IN_C와 같다. 따라서 플립플롭은 IN_C의 값으로 적재된다. $Load' = 1$이면 x는 0, w와 z은 1, y는 파랑색 AND 게이트의 출력과 같게 된다. 따라서 파랑색 게이트 출력이 1이면 J와 K는 1이 되고, 이 때 플립플롭의 값이 바뀌게 된다.

그림 8.8 74161 카운터

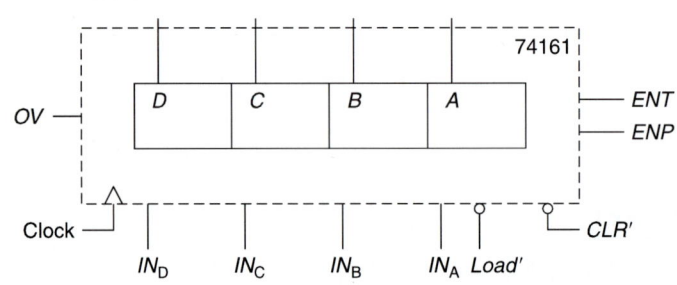

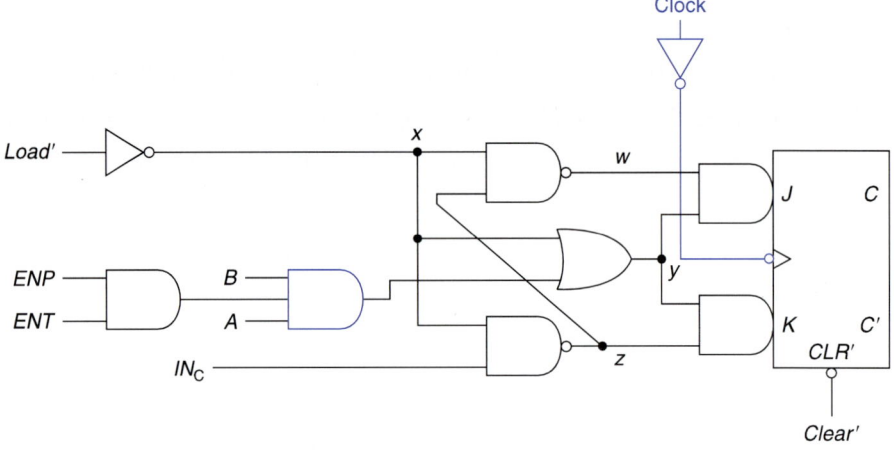

이 카운터 2개를 이용하면 255 ($2^8 - 1$)까지 카운트할 수 있고, 3개면 4095 ($2^{12} - 1$)까지 카운트할 수 있다. 그림 8.9의 블록도는 병렬 적재 입력을 생략한 8비트 카운터이다.

만일 카운터가 처음에 클리어되어 있다면, 낮은 자리 카운터(오른쪽)만 처음 15 클럭 동안 활성화될 것이다. 카운터가 15 (1111)에 이르면 오버플로우 출력 (OV)이 1이 된다. 이것이 두 번째 카운터를 활성화시킨다. 다음 클럭에서 오른쪽 카운터는 0이 되고(OV도 0으로 돌아간다), 왼쪽 카운터는 1 증가한다(따라서 카운터는 16이 된다). 다음 15 클럭에 대해서도 낮은 자리 카운터만 증가되고, 카운터는 31에 이른다. 32번째 클럭에서 높은 자리 카운터가 다시 활성화된다.

그림 8.9 8비트 카운터

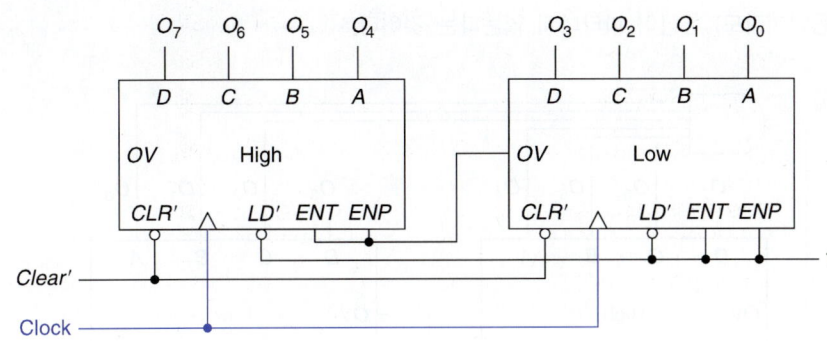

예제 8.2

카운터가 16의 거듭제곱이 아닌 수의 상태를 카운트 하려면, 카운터가 원하는 최대 값에 이르렀을 때 리세트를 해야 한다. 74161 카운터에는 정적 클리어가 있으므로(앞 장의 예제 7.9에 있는 비동기 카운터와 유사하다), 원하는 최대 값보다 하나 더 많이 카운트하도록 하고 클리어시켜야 한다. 따라서 (클리어 신호가 영향을 미치기 전) 짧은 시간 동안 초과 상태에 있게 된다. 예를 들어, 그림 8.9의 카운터는 120 (01111000)에 도달했을 때 이것을 클리어시키기 위한 NAND 게이트가 추가되어서, 120개의 상태(0에서 119)를 카운트할 수 있다.

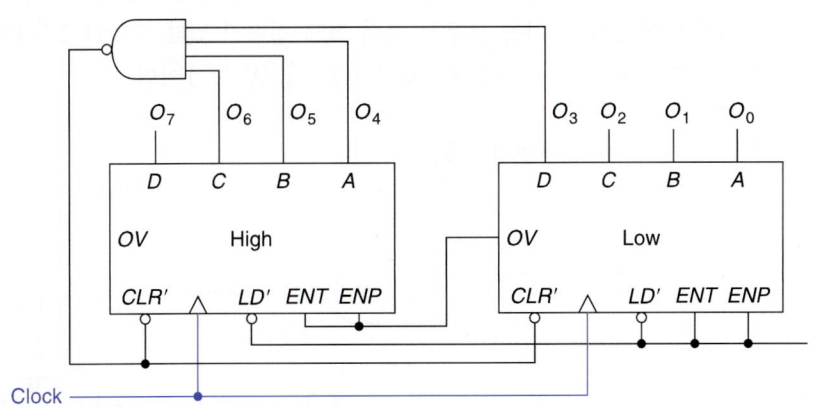

O_2', O_1', O_0', O_7'을 AND할 필요는 없다. 왜냐하면 카운터가 120을 넘지 않기 때문에 이들은 O_6, O_5, O_4, O_3이 모두 1일 때 절대 1이 되지 않기 때문이다.

예제 8.3

74163은 클리어 신호가 클럭에 동기화된 것을 제외하면 74161과 비슷하다. 회로의 내부 구조는 바뀌었고, 클리어 입력이 활성화되면 클럭에 맞춰서 모든 플립플롭을 0으로 만든다. 이것을 120 상태 카운터에 이용하려면 아래와 같이 119를 감지하고 다음 클럭 펄스에서 리세트시켜야 한다. 이 방식의 장점은 카운터가 잠깐 120에 이르게 되는(비록 짧은 동안이라도) 현상이 나타나지 않는다는 것이다.

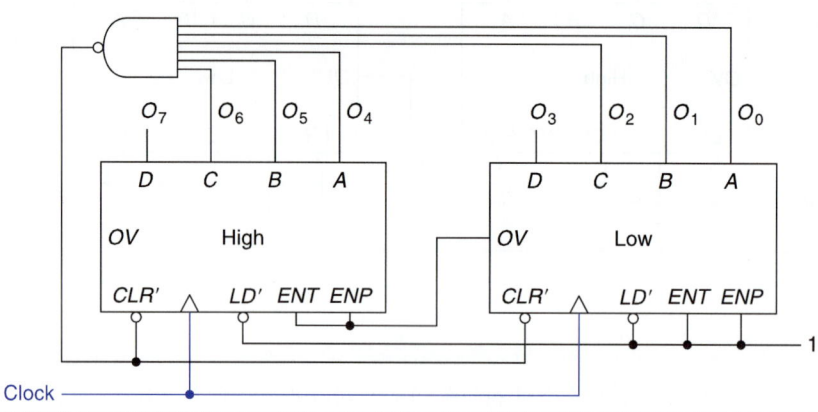

방금 설명한 두 개의 2진 카운터와 비슷한 십진(0에서 9까지 카운트하는) 카운터가 있다(정적 클리어가 있는 74160과 동기화된 클리어가 있는 74162).

상향/하향 카운터에는 2진 방식(74191과 74193)과 십진 방식(74190과 74192)이 있다. 각 방식의 첫 번째 것은 하나의 클럭과 Down/Up′ 입력이 있다(1이 down이고 0이 up이다). 두 번째 것은 두 개의 분리된 클럭 입력이 있어서 하나는 상향 카운트에, 나머지는 하향 카운트에 사용된다. 두 클럭 중의 하나가 논리 1이어야만 나머지 다른 것이 동작한다. 이들 모두는 정적 적재 입력이 있다. 74191 2진 카운터의 C비트가 그림 8.10에 보인다. $Load'$가 0일 때 IN_C가 1이면

그림 8.10 74191 Down/Up′ 카운터의 한 비트

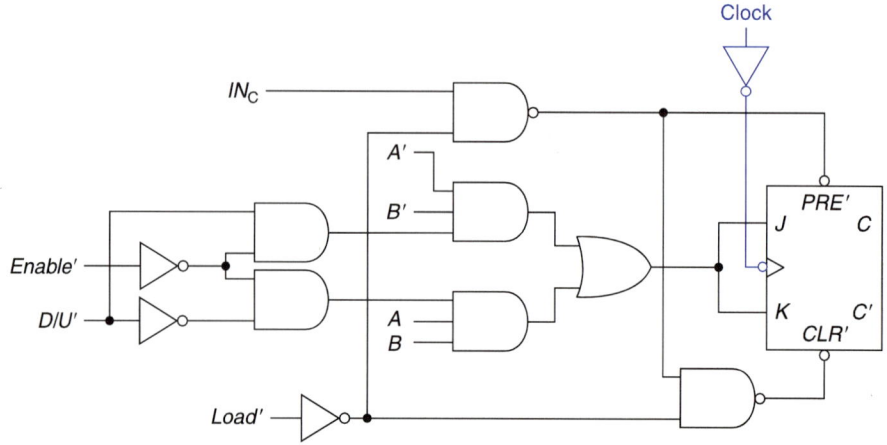

프리세트 입력이 0(활성)이 되고, 만일 IN_C가 0이면 클리어 입력이 0(활성)이 된다(카운터에는 클리어 입력이 없다. 이것은 각 비트에 0을 적재하면 된다). 만일 *Load'*가 1이면 프리세트와 클리어가 1(비활성)이 되고 클럭에 의해서 카운터가 제어된다. 카운터가 상향일 때는 J와 K가 $B\,A$이고, 하향일 때는 $B'A'$가 된다.

74191 카운터의 블록도와 진리표를 그림 8.11에 보여주고 있다.

그림 8.11 74191 Down/Up' 카운터

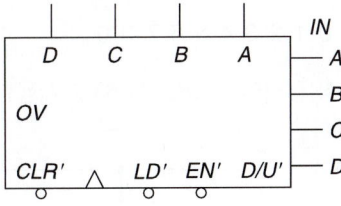

LD'	EN'	D/U'	
0	X	X	Static load
1	1	X	Do nothing
1	0	0	Clocked count up
1	0	1	Clocked count down

마지막으로 설명할 카운터들은 비동기 카운터이다.

7490	Base 10	(2×5)
7492	Base 12	(2×6)
7493	Base 16	(2×8)

이것들 모두는 하강에지 트리거 방식이고, 하나의 플립플롭(2진)과 3비트 카운터로 이루어져 있다(각각 5, 6, 8진). 최대로 카운트 동작을 하게 하려면, 플립플롭의 출력을 3비트 카운터의 클럭에 외부적으로 연결해야 된다. 두 개의 정적 클리어 입력을 가지며, 네 개의 플립플롭을 클리어하려면 클리어 입력 둘 다 1이 되어야 한다. 십진 카운터도 정적 세트(static set) 입력들이 있어서 (둘 다 1이면) 카운터를 9(1001)로 설정한다. 세트 신호가 클리어 신호보다 우선시 된다.

7493의 간단한 블록도를 그림 8.12에 보여준다.

그림 8.12 7493 비동기 2진 카운터

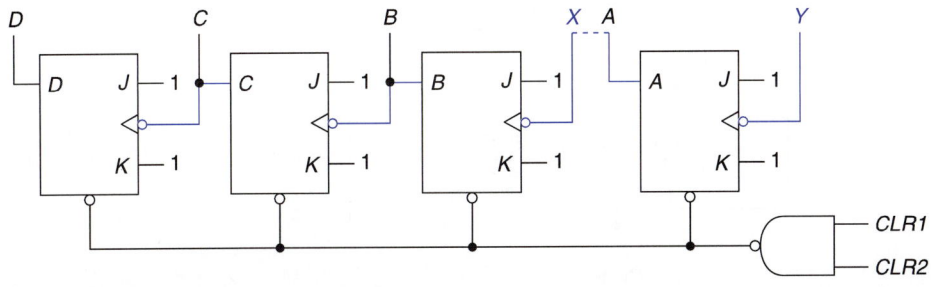

8까지 카운트하기 위해서는 클럭이 X에 연결되어야 하고, 출력은 D, C, B가 된다. 16까지 카운트하기 위해서는 클럭이 Y에 연결되어야 하고, A와 X가 연결되어야 한다(점선으로 표시된 것처럼 집적회로 외부에서 연결).

디지털 논리설계

다음 문제를 2진 카운터를 사용해서 푸는 4가지 방법을 살펴본다.

문제 : 매 9번째 클럭 펄스 입력마다 하나의 클럭 펄스를 출력하는 시스템을 설계하라.

여기서 카운터는 9개의 상태를 순회해야 한다. 출력은 9개의 상태중의 하나를 검출하는 회로와 클럭을 AND하여 얻는다. 한 가지 방법은 카운터가 다음과 같은 순차를 따르는 것이다.

0 1 2 3 4 5 6 7 8 0 . . . ·

동기식 클리어가 있는 74163을 사용한다면 회로는 다음과 같다.

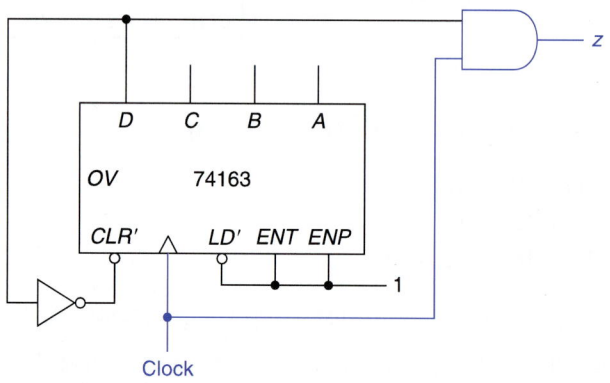

D는 상태 8에서만 1이기 때문에 D를 이용하여 카운터를 0으로 리셋 시킬 수 있다.

만일 정적 클리어가 있는 74161을 이용한다면, 아래 그림과 같이 9까지 카운트하게 하고, 이 때 클리어가 동작되도록 해야 한다.

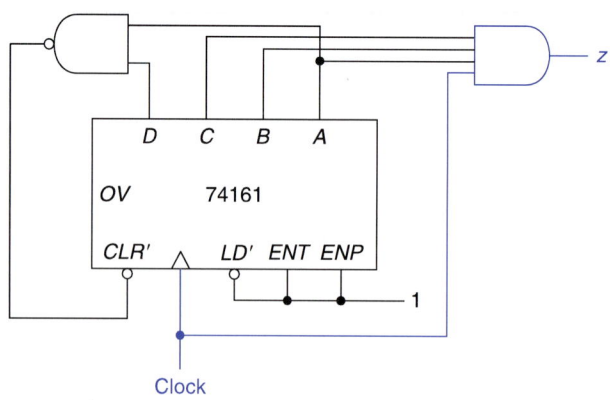

이것은 상태 9에서 짧은 시간(회로의 지연에 따라 다르다) 머물도록 만든다. 이와 같은 출력 회로는 사용할 수 없다. 왜냐하면 다음 타이밍도에서 보는 것처럼 상태 8에서만 출력 펄스가 나오지 않고 상태 9의 시작 부분에서도 짧은 출력 펄스가 나타나기 때문이다.

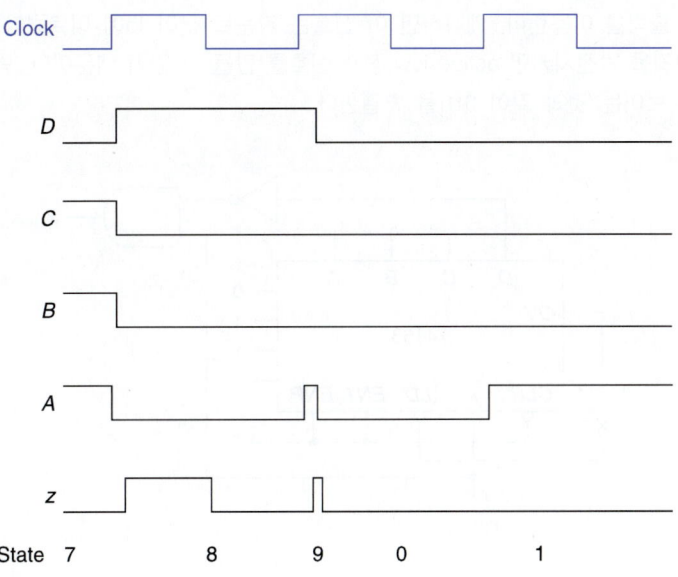

첫 번째 카운터(74163)를 이용해서 이 문제를 푸는 또 다른 방법은 다음 순차를 따르도록 하는 것이다.

    8 9 10 11 12 13 14 15 0 8 . . .

전과 같이 이 카운터는 9개의 상태를 순회한다. 카운터 값이 0에 이르면 카운터에 8을 적재시킨다. 적재가 동기적이므로, 이 적재는 다음 클럭 펄스에 일어난다. 상태 0(또는 다른 상태에 나오게 할 수도 있음)과 일치한 시간에 출력 펄스가 나온다. 결과 회로는 아래와 같다. 적재 입력 IN_D, IN_C, IN_B, IN_A는 블록 오른쪽에 표시되어 있다. $D=0$인 유일한 상태는 상태 0이라서, 이 때 적재가 되고, 이 상태 동안 클럭 펄스가 출력으로 나온다.

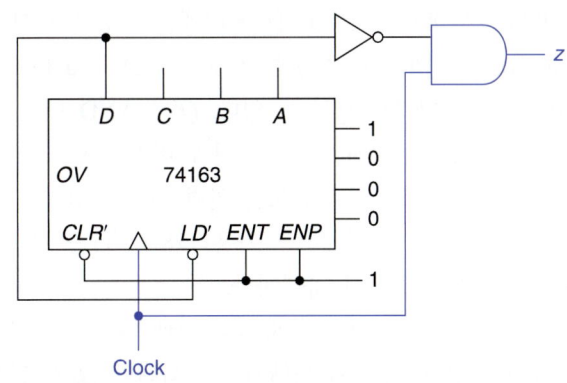

마지막으로 74163을 사용해서 다음 순차를 카운트하도록 하는 것이다.

    7 8 9 10 11 12 13 14 15 7 . . .

이 때 *OV* 출력을 이용한다. 왜냐하면 이 신호는 카운트 값이 15에 이르렀다는 것을 나타내고, 이것을 반전시키면 active low 적재 신호를 만들 수 있기 때문이다. 병렬 입력에는 아래에 보이는 것과 같이 0111을 연결한다.

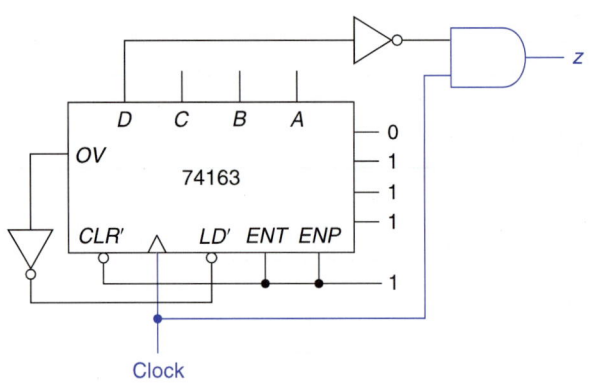

[문제풀이 3, 4b;
연습문제 3, 4a, 5, 6; 실험]

8.3 프로그램 가능 논리소자(PLD)

순차시스템은 메모리와 조합논리 회로로 만들어지므로, PAL(혹은 5장에서 설명한 다른 논리 배열)과 플립플롭(메모리 역할)을 이용해서 구현하는 것이 하나의 방법이다. PAL과 D 플립플롭을 조합해서 상용화한 다양한 논리 소자들이 있다. 이런 소자들로는 16R4, 16R6, 16R8[4]가 있다. 16R4의 간략화된 회로도가 그림 8.13에 나와 있다. 그림에 외부 입력(이것들 중에서 2개는 여기에 보인다)이 8개 있다. 레지스터가 달린 출력(16R8에서는 8개이고 16R4에서는 4개)은 PAL에 의해 구동되는(그림 8.13의 처음 두 개의 출력에서 보는 바와 같다) 플립플롭에서 나온다. 모든 PAL에는 8개의 AND 게이트(4개는 그림에 보인다)가 있다. 공통 클럭과 공통(active low인) 출력 활성화 신호가 있으며, active low 플립플롭 출력(3-상태 게이트 인버터가 있으므로)이 있다. Q'가 AND 배열로 다시 들어가고, AND 배열의 외부 입력과 마찬가지로 반전과 비반전 신호가 모두 제공되는 것을 주목하라. 따라서 조합논리 회로의 모든 입력 신호는 반전과 비반전을 모두 이용할 수 있다. 이 소자 하나만 가지고도 카운터와 같이 플립플롭의 상태를 출력으로 하는 순차시스템을 만들기에 충분하다.

레지스터가 달리지 않은 출력(그림 8.13의 아래쪽에 있음)은 하나의 AND 게이트(PAL에는 7개의 항이 있다)에 의해서 활성화된다. 만일 활성화되지 않으면, 이 핀을 추가적인 입력으로 사용할 수도 있다(16R4에서는 최대 12개의 입력이 가능).

---

4) 16은 AND 배열의 입력 수이고, R은 적어도 몇 개의 출력이 레지스터 출력인가를 나타낸다. 즉 플립플롭에서 나오는 출력의 수를 나타내며, 플립플롭의 수가 8이라는 것이다.

그림 8.13 PLD

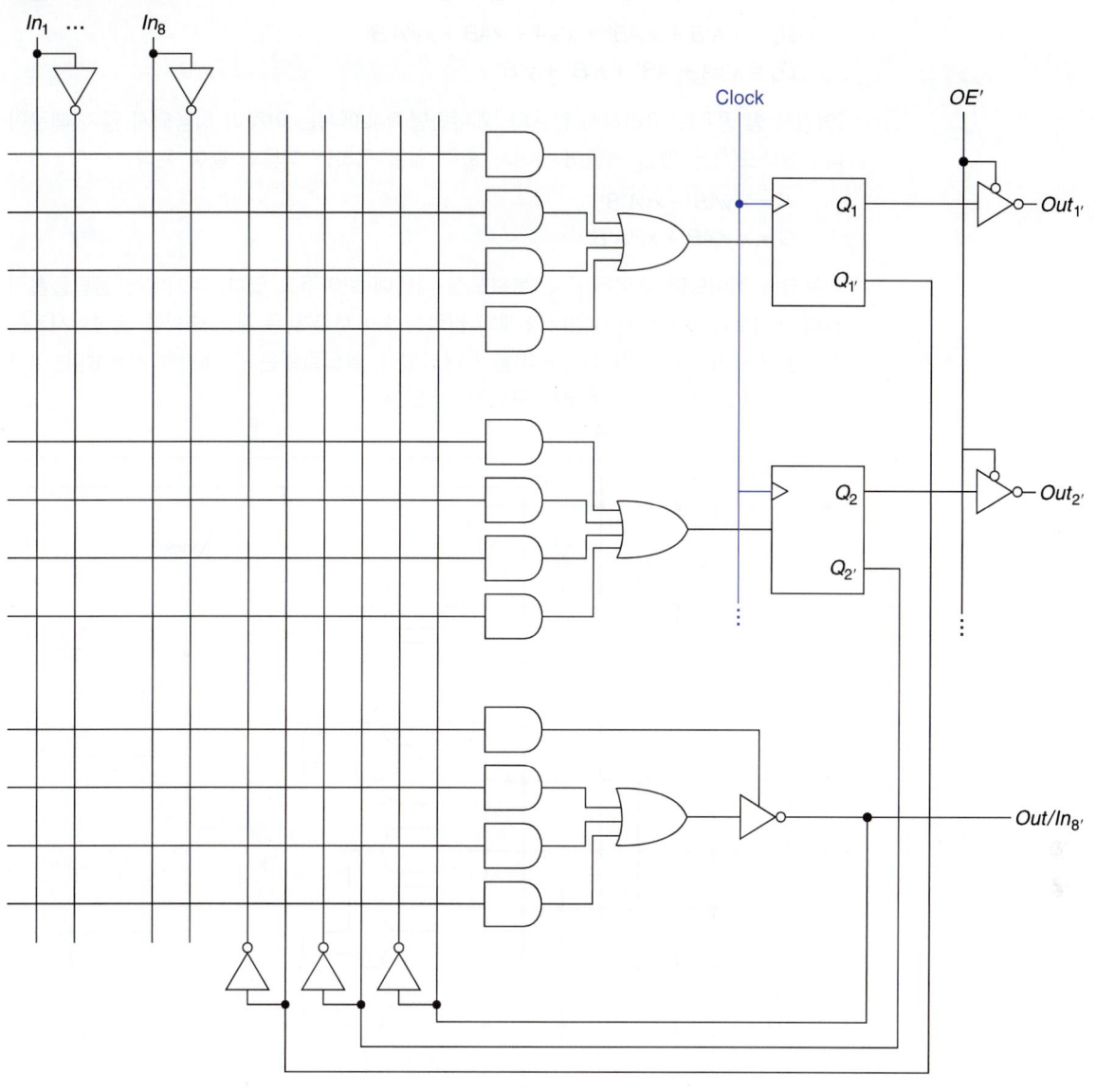

예제 8.5

예제 7.8의 상향/하향 카운터 설계에 대해서 살펴보자. 여기에 두 개의 출력 *F*와 *G*를 추가해서, *F*는 카운터가 포화되었다는 것을 뜻하고, *G*는 카운터가 다시 순환(즉, 3에서 0으로 된다거나 혹은 0에서 다시 3으로 되는 것) 한다는 것을 뜻하게 한다. 상태표는 다음에 보인다.

	A* B*				F G			
A B	**xy = 00**	**xy = 01**	**xy = 10**	**xy = 11**	**xy = 00**	**xy = 01**	**xy = 10**	**xy = 11**
0 0	0 1	0 1	1 1	0 0	0 0	0 0	0 1	1 0
0 1	1 0	1 0	0 0	0 0	0 0	0 0	0 0	0 0
1 0	1 1	1 1	0 1	0 1	0 0	0 0	0 0	0 0
1 1	0 0	1 1	1 0	1 0	0 1	1 0	0 0	0 0

예제 7.8에서 구한 D 입력 식은 다음과 같다.

$$D_A = x'A'B + x'AB' + x'yA + xAB + xy'A'B'$$
$$D_B = x'yA + AB' + x'B' + y'B'$$

(여기서 항 공유는 고려하지 않는다. 왜냐하면 PAL에서는 이것이 허용되지 않기 때문이다.) 상태표(혹은 맵을 만들어서)에서 출력 식을 구하면 다음과 같이 된다.

$$F = x'yAB + xyA'B'$$
$$G = x'y'AB + xy'A'B'$$

사용되는 게이트만 포함된 PAL 블록도를 다음에 보여주고 있다. 여기에는 플립플롭의 출력 게이트가 표시되지 않았다. 8개의 입력선 중에서 5개(두 개의 출력을 활성화시키는 신호를 만들기 위한 1 입력을 포함)를 사용하였다. 플립플롭은 두 개만을 사용했다. 이것은 16R6 혹은 16R4를 이용해서 구현될 수 있다.

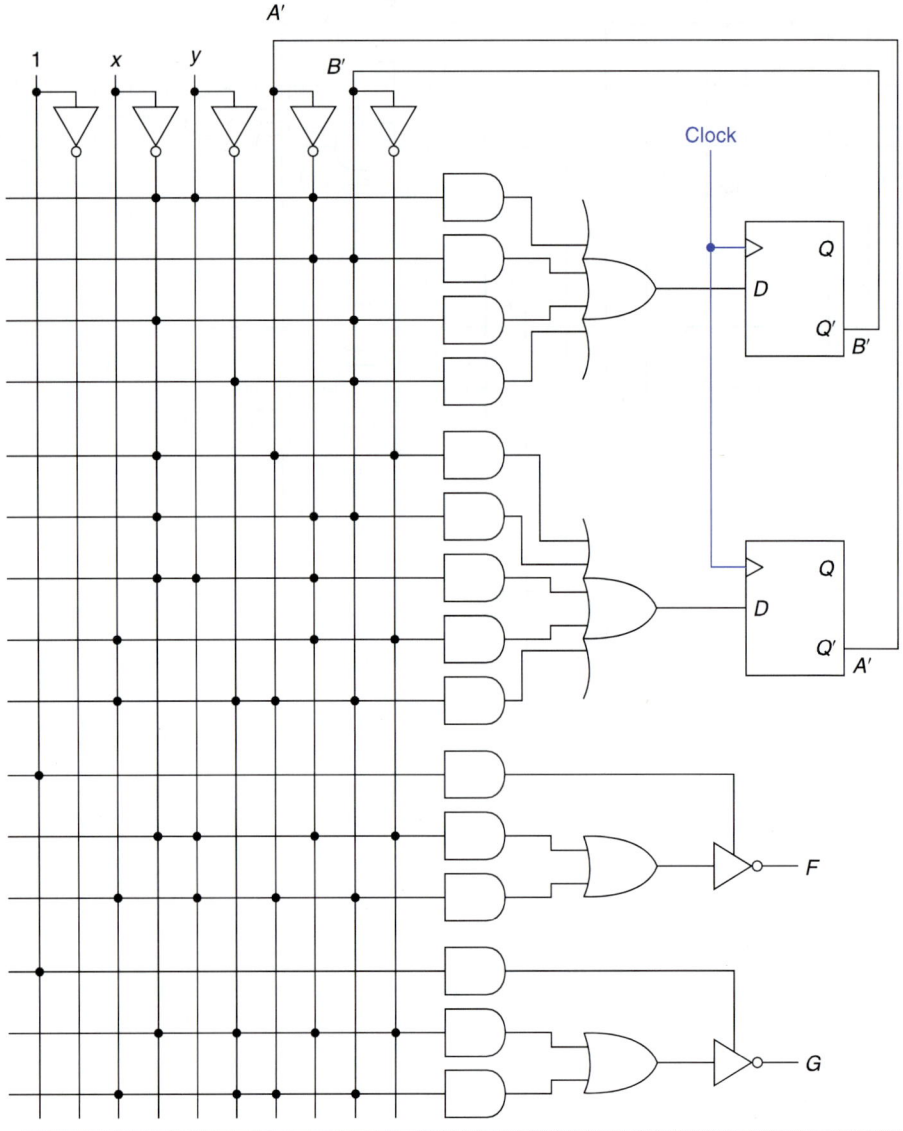

여기서 설명한 PLD는 입력과 출력의 총 개수가 32를 넘지 않는 비교적 작은 회로에서 사용된다. 이론적으로는 더 크게 만드는 것이 가능하기는 하지만 더 큰 회로를 위해서는 다른 방법이 사용된다.

CPLD[5](complex programmable logic device)는 PLD와 유사한 블록의 배열과 프로그램가능한 상호연결망을 포함하고 있다. 판매되고 있는 CPLD에는 수백개의 PLD 블록들이 들어있다.

큰 회로에는 FPGA(field programmable gate arrays)가 사용된다. FPGA에는 PAL 대신에 범용 논리 생성기(보통 3 ~ 5가지 종류), 멀티플렉서, 플립플롭이 기본 구성 블록이 된다. 프로그램 가능한 연결망이 이들 블록들을 연결하며, 입력/출력 블록들도 연결한다. 논리 생성기는 LUT(lookup table)과 플립플롭을 이용해서 효과적으로 구현된다. 3-변수 LUT가 그림 8.14에 보인다. control이 0이면 플립플롭은 선택되지 않는다. 모든 셀은 0혹은 1로 프로그램되므로 3-변수 함수가 만들어질 수 있다.

그림 8.14 3-입력 룩업 테이블

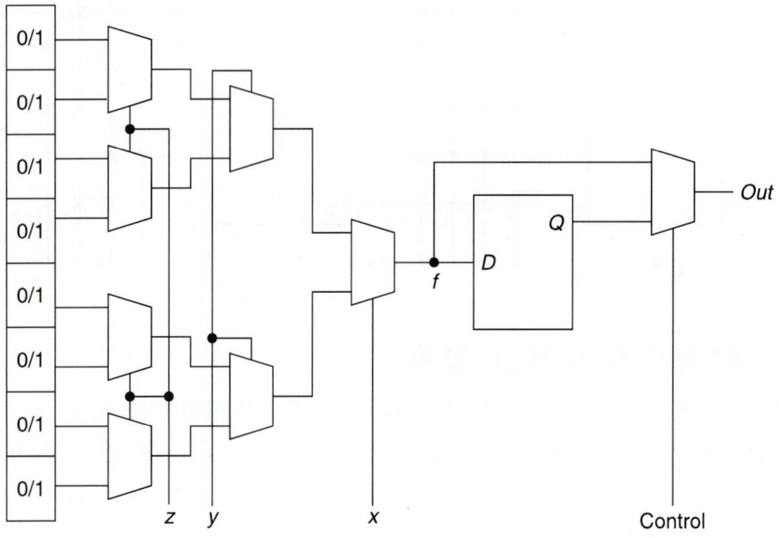

예를 들어서 셀이 0, 0, 0, 1, 0, 0, 1, 1로 프로그램 되었다면 함수는 $f = x'yz + xyz' + xyz = yz + xy$으로 표현된다. 그림 8.15에는 2-입력 LUT를 이용해서 함수

$$f = x_1 x_2' + x_2 x_3$$

구현과 상호연결망을 보인다. 파랑색 입력/출력 연결, 연결(X), 그리고 LUT가 활

---

5) CPLD와 FPGA에 대한 보다 자세한 설명은 Brown, Vranesic의 저서 *"Fundamentals of Digital Logic with VHDL Design"*, 3rd ed., McGraw-Hill, 2009을 참조.

성화되어있다. 나머지 것들은 활성화되어 있지 않다. 하나의 LUT가 $f_1 = x_1 x_2'$를 만들고, 두 번째가 $f_2 = x_2 x_3$를 만들고, 세 번째가 $f = f_1 + f_2$를 만든다.

그림 8.15 프로그램된 FPGA의 일부

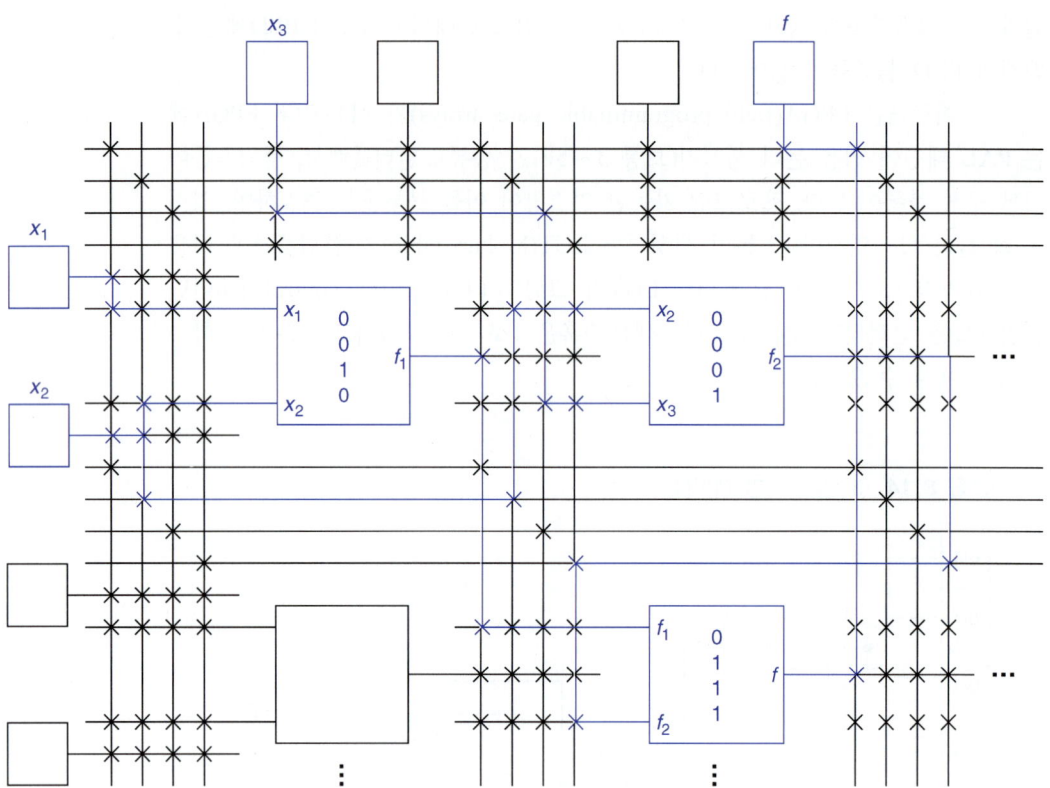

[문제풀이 5]

8.4 ASM도를 이용한 설계

6장에서 소개하였듯이, 유한 상태 기계 혹은 알고리즘적 상태 기계(ASM; algorithmic state machine)라는 용어는 순차시스템(sequential system)과 같은 말이다. 상태도와 플로우 차트를 섞어놓은 툴이 ASM도(ASM 차트라고도 한다)이다. 기본 요소들을 먼저 설명하고, 다음에 그 구조를 상태도와 비교한다. 다음으로, 이 툴을 레지스터를 가지는 작은 시스템에 대한 제어기에(이 툴이 가장 유용하게 사용되는 곳이다) 적용할 것이다.

　　ASM도에는 세 종류의 상자가 있다. 첫 번째는 상태 상자이다. 그림 8.16a에 보인 바와 같이 네모로 표시되고, 하나의 입구 점과 하나의 출구 점을 가진다. 상태의 이름은 상자 위에 있고, 이 상태의 출력은 상자 안에 써넣는다[이것은 무어(Moore) 형식의 출력으로, 시스템이 이 상태에 있을 때 항상 발생하는 출력이다. 밀리(Mealy) 형식의 출력을 표시하는 법은 조금 뒤에 나온다]. 상태상자에 출력이 명시되어 있으면 output = 1을 의미하고 그렇지 않으면 output = 0을 의미한다.

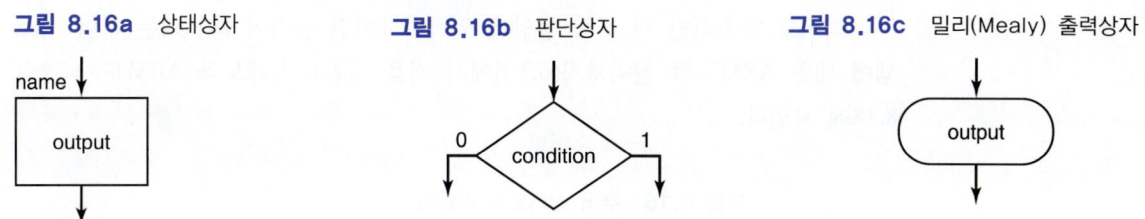

그림 8.16a 상태상자   **그림 8.16b** 판단상자   **그림 8.16c** 밀리(Mealy) 출력상자

두 번째 유형의 상자는 그림 8.16b에 보인 바와 같이 판단상자이고, 스위칭 식에 의해서 두 곳으로 분기를 한다. 이것은 하나의 입구 점과 두 개의 출구 점을 가지는데, 출구 점은 스위칭 식의 값 0과 1에 각각 대응한다. 만일 두 개 이상의 분기가 필요하면, 판단상자의 출구를 또 다른 판단상자의 입구에 연결시키면 된다.

세 번째 유형의 상자는 조건부 출력상자이다(그림 8.16c). 이것은 하나의 입구 점과 하나의 출구 점을 가진다. 해당된 상태 전이가 일어날 때 발생하는 출력을 명시한다(이것은 밀리 출력이다).

하나의 ASM 블록은 상태상자와 판단상자와 조건부 출력상자가 서로 연결된 것이다. 블록에는 하나의 입구가 있지만 출구는 하나 이상이 될 수 있다. 모든 출구들은 상태상자의 입구에 연결된다. 합쳐지는 점을 나타내는 기호는 없다. 다음 예제에서 보듯이 두 개 이상의 출구가 같은 입구에 연결될 수 있다. 그림 8.17은 전형적인 ASM 블록(상태 A와 연관된)을 보여주고 있다. 이 시스템의 출력 z는, 시스템이 상태 A에 있고 입력 x가 1일 때, 1이 된다. $x = 1$일 때 시스템은 상태 B로 가고 $x = 0$일 때 상태 A로 간다.

그림 8.17 ASM 블록

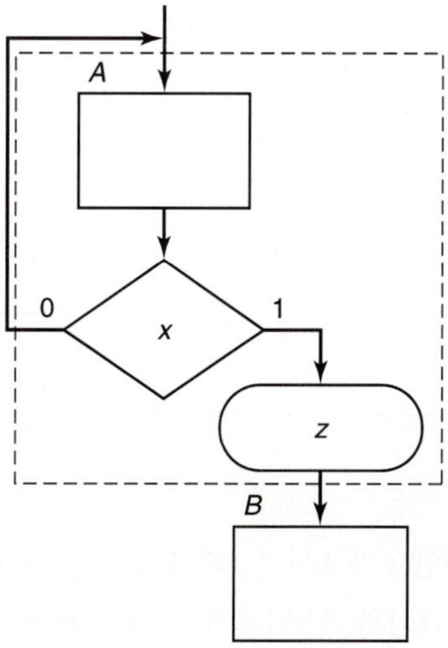

적어도 연속적인 세 클럭 동안에 입력이 1이면 출력이 1이 되는 무어 시스템에 대한 ASM도를 살펴보자(6.1절에서 처음 나옴). 상태도와 ASM도가 그림 8.18에 보인다.

그림 8.18 무어 상태도와 ASM도

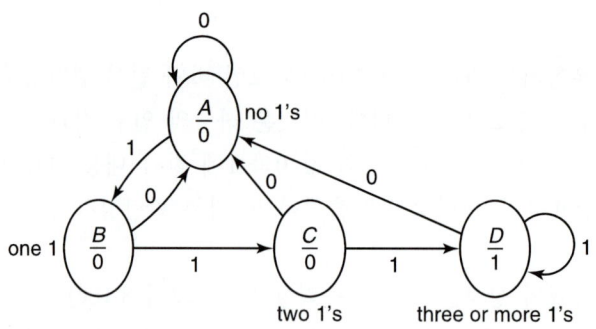

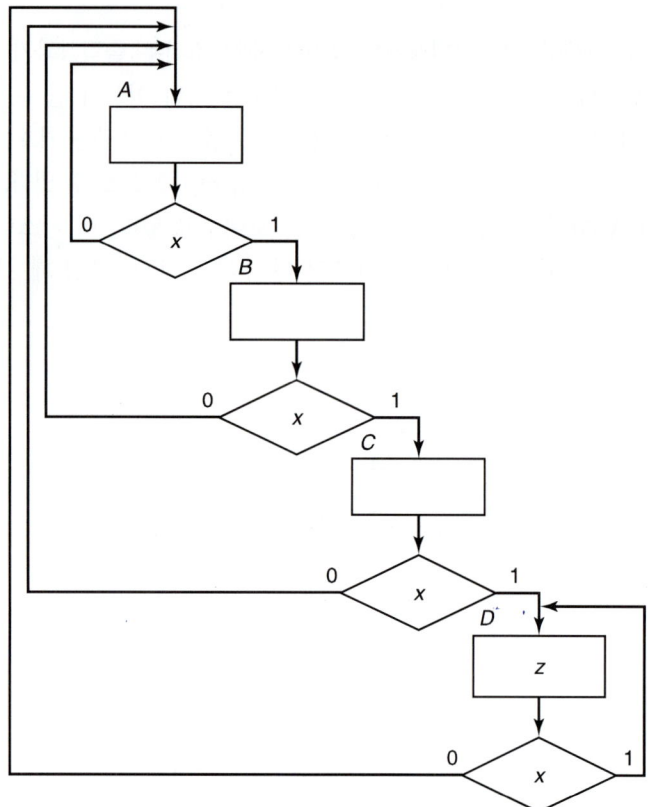

연속적인 세 클럭 동안 x가 1이면 z가 1이 되는 같은 문제를 밀리 기계로 나타내 보면 상태도(그림 7.13)와 ASM도가 그림 8.19와 같다. 상태할당은 상태상자 밖의 상태 이름 오른쪽에 표시된다.

그림 8.19 밀리 상태도와 ASM도

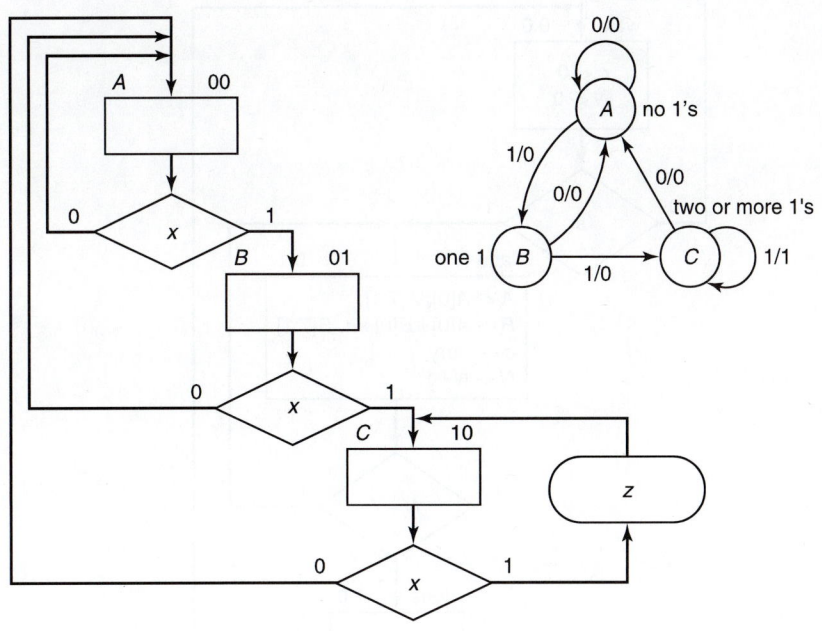

끝으로, 직렬 덧셈기 제어기의 설계를 살펴볼 차례가 되었다. 숫자들은 8비트의 레지스터(시프트 기능이 있는)에 저장되고, 결과는 아래 그림에서 보는 것처럼 이 레지스터 중의 하나에 들어간다(이것의 간단한 버전이 실험 24에 있다). 두 개의 데이터는 레지스터 A와 B에 이미 적재된 것으로 가정한다.

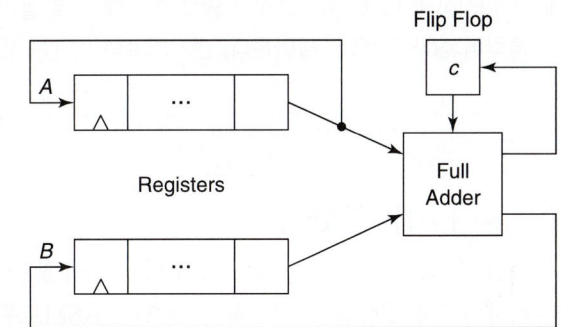

선 s의 신호 1은 시스템이 덧셈 과정을 시작한다는 것을 의미한다. 선 d의 신호 1은 계산이 완료되었음을 (1 클럭 주기 동안) 나타낸다. 이 시스템의 제어기에 대한 ASM도가 다음에 나와 있다. 레지스터에 있는 비트의 번호는 7(왼쪽, most significant)에서 0까지이다. 0번 비트들과 캐리(c)가 더해져서 B 레지스터의 7번 비트에 적재되면서 두 개의 레지스터는 오른쪽으로 시프트된다.

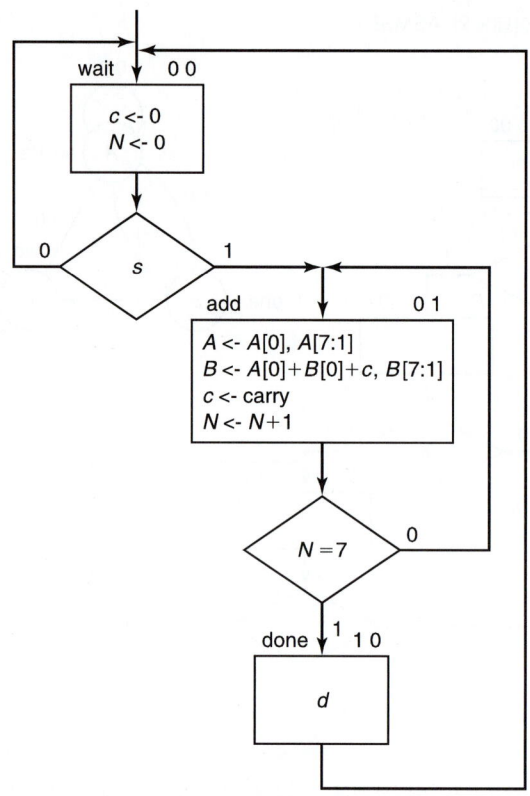

이 제어기는 세 개의 상태를 갖는 순차회로로 구현될 수 있다. 3비트 레지스터 N 과 8단계의 덧셈/시프트 과정을 카운트할 수 있는 카운터가 필요하다. $s = 1$이면 제어기 가 상태 00에서 상태 01로 간다(그렇지 않으면 상태 00에 머문다). 레지스터 N에 세 개 의 1이 있으면 상태 01에서 상태 10로 간다(그렇지 않으면 상태 01로 돌아온다). 상태 10 에서는 언제나 다음 클럭에 상태 00으로 돌아온다. 순차회로의 설계는 연습문제로 남겨 둔다.

[문제풀이 6; 연습문제 7, 8]

8.5 원-핫(one-hot) 인코딩

지금까지는 플립플롭의 수를 최소로 하는 상태 인코딩을 사용했었다. 또 다른 방 법은 하나의 상태에 하나의 플립플롭을 이용하는 것으로, ASM도를 이용하여 설 계할 때 특히 간단하다. 시스템이 그 상태일 때 해당 플립플롭은 1이고 다른 상태 일 때는 0이다.

그림 8.18의 무어 시스템에는 4개의 상태가 있고, 따라서 플립플롭은 4개가 된다. 이것들을 A, B, C, D라고 이름 붙이면 다음 식을 얻을 수 있다.

$$A^\star = x'(A + B + C + D) = x'$$

(상태 변수 중의 하나는 1이어야 하므로)

$$B^{\star} = xA$$

(조건상자는 $x = 1$이면 상태 B로 간다고 되어있으므로)

$$C^{\star} = xB$$
$$D^{\star} = x(C + D)$$

이것은 다음 상태를 위한 조합논리를 아주 간단하게 만든다(비용절약을 위해 추가적인 플립플롭은 적절하지 않다).

출력은 상태가 D일 때만 1이다. 따라서 출력식은 다음과 같다.

$$z = D$$

이런 설계 방법은 대부분의 상태가 출력 신호를 내는 큰 컨트롤러를 설계할 때 자주 사용된다. 위의 예제에서처럼 출력 신호는 상태를 해독하는 조합 신호에서 나오는 것이 아니라 플립플롭에서 직접 나온다.

8.6 순차시스템 설계를 위한 Verilog[6]

조합시스템을 위한 Verilog 구조를 5.7.1절에서 공부해 보았다. 이제, 순차시스템을 위한 Verilog의 사용 예를 볼 것이다.

active low 입력 CLR'이 있는 하강에지 트리거 D 플립플롭의 구조적 모델이 그림 8.20에 나타나 있다.

그림 8.20 D 플립플롭의 구조적 모델

```verilog
module D_ff (q, ck, D, CLR);
    input ck, D, CLR;
    output q;
    reg q;
    always @ (negedge ck or negedge CLR)
        begin
            if (!CLR)
                q <= 0;
            else
                q <= D;
        end
endmodule
```

6) Verilog의 보다 자세한 설명은 Brown, Vranesic의 저서 "*Fundamentals of Digital Logic with Verilog Design*", 2nd ed., McGraw-Hill, 2008을 참조하고, VHDL은 Brown, Vranesic의 저서 "*Fundamentals of Digital Logic with VHDL Design*", 3rd ed., McGraw-Hii, 2009을 참조.

q가 wire가 아니라 레지스터(reg)로 선언된 것을 주목하라. 왜냐하면 이것은 저장 장치이기 때문이다. 앰퍼샌드(@)는 다음에 오는 단계들이 언제 실행될지를 나타낸다. 클럭이나 CLR의 하강 에지(negedge)에서만 실행된다는 것이다. 이 논리회로 문장에서 사용되는 기호들은 !가 not, 부등호 기호는(<=) 시간 종속적이 라는 것을 뜻한다. 조합 모델에서는 순서가 중요하지 않기 때문에 등호 기호(=)를 사용했었다.

그림 8.21a에서 보는 바와 같이 앞에서 설계한 D 플립플롭을 8비트 하강에 지 트리거 시프트 레지스터를 만드는 데 사용할 수 있다.

그림 8.21a 플립플롭 모듈을 사용한 시프트 레지스터

```
module shift (Q, x, ck, CLR);
    input x, clock, CLR;
    output [7:0]Q;
    wire [7:0]Q;
    D_ff Stage 7 (Q[7], x, ck, CLR);
    D_ff Stage 6 (Q[6], Q[7], ck, CLR);
    D_ff Stage 5 (Q[5], Q[6], ck, CLR);
    D_ff Stage 4 (Q[4], Q[5], ck, CLR);
    D_ff Stage 3 (Q[3], Q[4], ck, CLR);
    D_ff Stage 2 (Q[2], Q[3], ck, CLR);
    D_ff Stage 1 (Q[1], Q[2], ck, CLR);
    D_ff Stage 0 (Q[0], Q[1], ck, CLR);
endmodule
```

다른 방법은 하나의 모듈 안에서 시프트 레지스터를 정의하는 것이다.

그림 8.21b 싱글 모듈 시프트 레지스터

```
module shift (Q, x, ck, CLR);
    input x, clock, CLR;
    output [7:0]Q;
    wire [7:0]Q;
    reg [7:0]Q;
always (@ negedge ck)
    begin
        Q[0] <= Q[1];
        Q[1] <= Q[2];
        Q[2] <= Q[3];
        Q[3] <= Q[4];
        Q[4] <= Q[5];
        Q[5] <= Q[6];
        Q[6] <= Q[7];
        Q[7] <= x;
    end
endmodule
```

8.7 간단한 컴퓨터 설계

이 장에서는 간단한 컴퓨터 설계를 할 것이다. $256(2^8)$개의 레지스터를 가진 메모리가 포함되며 각각 12비트의 워드로 참조되고 기본적인 명령어 세트가 존재한다. 이 컴퓨터가 실제 문제를 풀지 못할지라도, 명령어 세트가 실행되는 기본 과정을 이해하는 데는 충분하다.

메모리[7]는 명령어와 데이터를 모두 저장한다. 메모리를 읽으려면 레지스터의 주소(8비트 숫자)가 8개의 입력 선 $A_0, \ldots, A_7$에 연결되고, r'/w 선에는 0이 인가되어야 한다. 레지스터의 내용은 12비트 버스 $D_0, \ldots, D_{11}$를 통해 읽을 수 있다. 메모리에 쓰기 위해서는 레지스터의 주소는 A에 연결되고, 데이터는 D에 저장되어야 한다. 그리고 r'/w 선에는 1이 인가되어야 한다.

두 개의 12비트 사용자 주소지정 가능 레지스터 B와 C가 있다. 추가적으로 기계를 구현하는 데 내부 레지스터가 조금 필요하다.

R — 명령어 해석 및 실행시 명령어를 가지고 있는 12비트 레지스터
P — 다음 명령어의 주소를 추적하기 위한 8비트 레지스터
T — 데이터를 임시로 저장하는 12비트 레지스터

각 명령어의 크기는 한 워드이며 다음과 같은 형식을 따른다.

OP는 4개의 연산 중 하나를 나타내고, N은 2개의 내부 레지스터 중 하나를 가리킨다. 그리고 M은 Address와 함께 주소지정(메모리상의 실제 위치 계산) 방식을 나타낸다.

두 가지의 주소지정 방식이 있는데, 하나는 직접 주소지정 방식($M = 0$)으로, Address가 실제 주소를 나타내고, 간접 주소지정 방식($M = 1$)은 Address가 실제 주소가 저장된 메모리의 위치를 나타낸다(오른쪽 8비트).

명령어 4개는 다음과 같다.

00 메모리에서 레지스터로 로드
01 레지스터에서 메모리로 저장
10 메모리의 숫자를 레지스터 숫자에 더함
11 다음에 실행될 명령어 대신 지정 위치로 점프

---

7) 메모리 설계에 대한 더 자세한 정보는 Marcovitz, Alan B.의 저서 *"Introduction to Logic and Computer Design"*, McGraw-Hill, 2008을 참조.

순서대로 명령어를 실행하기 위해 컴퓨터는 다음 과정을 따라 실행된다(각 명령어의 실행이 완료되면 1단계로 돌아온다).

1. 명령어를 꺼내기(fetch) 위해 프로그램 카운터(Program Counter, 이하 P)로부터 명령어의 주소를 메모리에 전송한다. 명령어 레지스터(Instruction register, 이하 I)라 불리는 CPU의 내부 레지스터에 그 워드를 저장한다.

2. 다음 명령어(의 첫 번째 워드)를 가리키도록 프로그램 카운터를 업데이트한다.

3. 명령어를 해석하여 실행될 연산과 필요하다면 피연산자(operand)를 결정한다.

4. 피연산자를 가져온다. 어떤 것은 레지스터에 있을 수 있고, 그 외에는 메모리에 있을 것이다. 후자의 경우, 주소 계산이 필요할 것이고 데이터를 메모리에서 CPU 레지스터로 꺼내온다.

5. 명령어를 실행한다.

6. 결과를 메모리나 레지스터에 저장한다(jump 명령어의 결과는 프로그램 계수기에 저장될 다음 명령어의 주소일 것이다).

이 컴퓨터의 제어를 위한 ASM 다이어그램이 그림 8.22에 나타나 있다. 출력상자를 나타내기보다, 실행되는 단계를 각 상태상자에 표시하였다. 첫 번째 단계에서, 프로그램 카운터(실행될 명령어의 주소를 가지고 있음)는 주소 입력과 연결되고, 명령어는 I로 읽혀진다. 만약 I_3이 1이면, 간접 주소지정 방식이고, I의 오른쪽 8비트가 메모리 위치에 있는 값으로 교체된다. 프로그램 카운터 P는 다음 명령어를 가리키기 위해 증가되고, I_1에 따라 흐름이 분기된다. 왼쪽 분기에서는 메모리로부터 데이터를 읽어서 임시 레지스터 T에 넣는다. 적재의 경우 데이터는 적절한 레지스터로 이동되고, 덧셈의 경우 T는 레지스터 B 또는 C에 더해진다.[8] 오른쪽 분기에서 P는 점프를 위해 I의 주소로 변경된다. 저장을 하기 위해 적절한 레지스터가 D에 연결되고, 주소는 A에 연결된다. 그리고 r'/w는 1이 된다(데이터를 메모리에 쓰기 위해).

제어기는 메모리와 레지스터 B, C로부터 오는 입력을 가진 버스 D를 포함한다. 입력 내용은 레지스터 I(또는 I의 오른쪽 8비트)와 T에 클럭 단위로 들어갈 수 있다. 캐리-인과 캐리-아웃 모두 없는 12비트 가산기가 있는데 입력 중 하나는 T로부터 받고, 나머지 하나는 B 또는 C로부터(2-입력 멀티플렉서가 포함) 받는다. 내부 이동은 I의 오른쪽 8비트에서 P로 이동하고, T에서 B와 C로 이동한다.

ASM 다이어그램의 상태상자에는 번호가 매겨져 있는데, one-hot 설계를 이용하여 그림 8.23과 같이 제어기를 구현하였다(각 상태는 플립플롭 하나를 사용하여 나타내었다). 가독성을 위해 그림에서 클럭 입력은 연결하지 않았다.

---

8)   ++ 기호는 덧셈을 나타내는 데 사용한다(대조적으로는 OR).

그림 8.22 매우 간단한 컴퓨터를 위한 ASM도

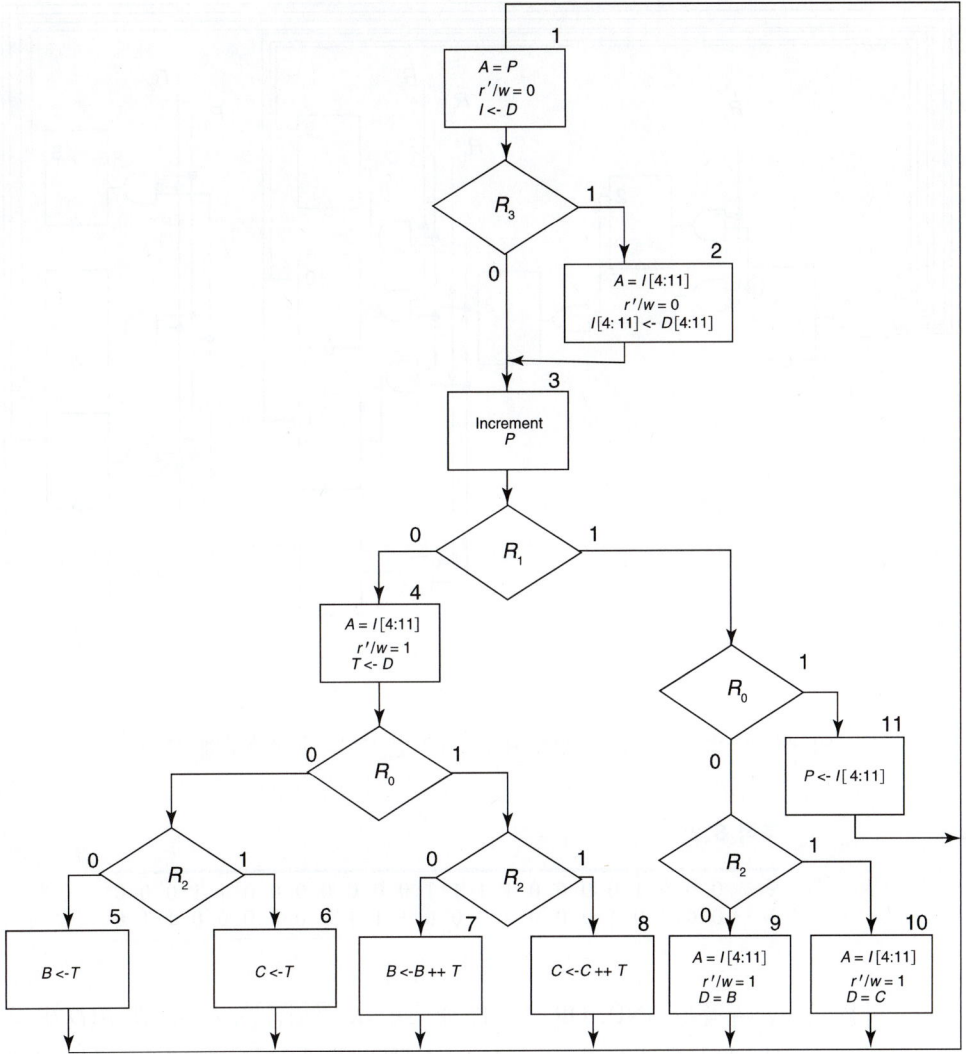

8.8 복잡한 예제

첫 번째로 다음과 같은 시스템 설계를 생각해 보자:

이 시스템은 처음에 0인 입력선 x에 얼마나 많은 1이 연속적으로 들어왔는
지를 추적하고, 출력 z에 같은 수만큼의 1을 연속적인 클럭에 내보낸다(그
이외에는 출력 z에 0을 보낸다).

디지털 논리설계

그림 8.23 제어기의 원핫 설계

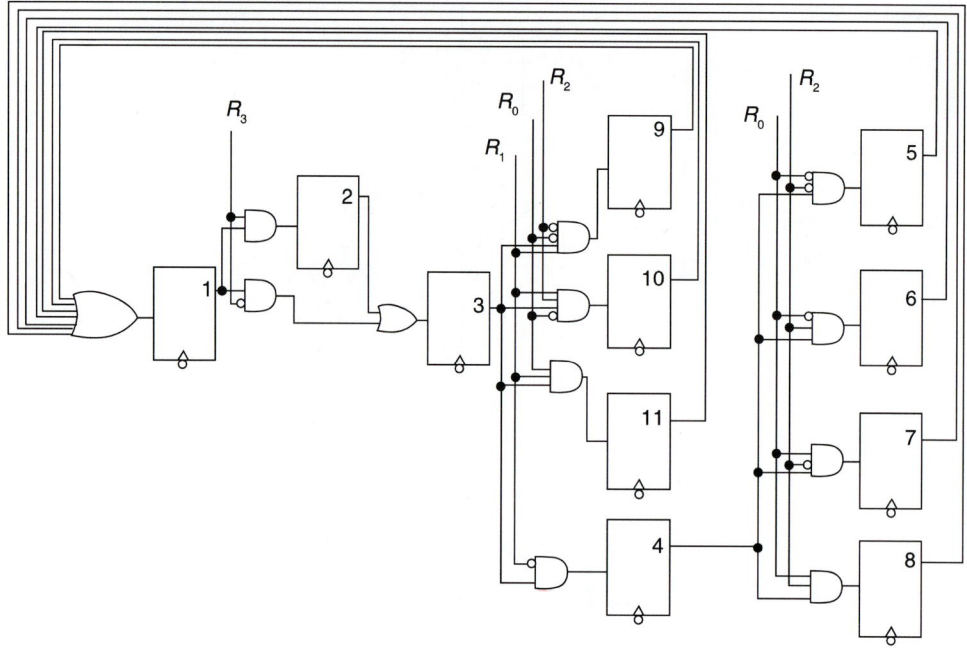

이 시스템의 입력과 출력에 대한 타이밍 예가 추적 8.2에 보인다.

추적 8.2

x	0 0 0 1 0 0 0 0 1 1 1 1 0 0 0 0 0 0 0 1 1 0 0 0
z	0 0 0 0 1 0 0 0 0 0 0 0 1 1 1 1 0 0 0 0 0 1 1 0

사용 가능한 부품은 AND, OR, NOT 게이트, JK 플립플롭, D, C, B, $A(D$가 상위 출력) 네 개의 출력을 가지는 74191 상향/하향 카운터이다. 카운터를 이용해서 연속적인 1의 개수를 카운트하고(카운터 증가), 1이 출력되면서 카운터를 감소시킬 것이다.

가장 간단한 해법을 살펴보고 필요한 가정들이 타당한지 조사할 것이다. 그 다음에는 회로를 추가하여 시스템이 좀 더 일반적인 경우에 사용될 수 있도록 할 것이다. 그림 8.24의 회로가 첫 번째의 시도이다. 여기에는 클리어가 없다. 시스템에 들어온 만큼의 1이 출력되면 카운터 값은 0이 된다. 따라서 클리어시킬 필요가 없다. x가 1이면 D/U'가 0이 되고 카운터가 활성화되어 카운터 값이 증가한다. x가 다시 0으로 되면 카운터는 활성화되어 있는 동안, 즉 카운터에 0이 아닌 값이 남아있는 동안 감소한다. x가 0이고 카운터에 0이 아닌 값이 남아 있으면 출력은 1이다. 16개의 연속적인 1이 들어오면 카운터는 0이 되기 때문에, 카

그림 8.24 카운터를 이용한 간단한 해법

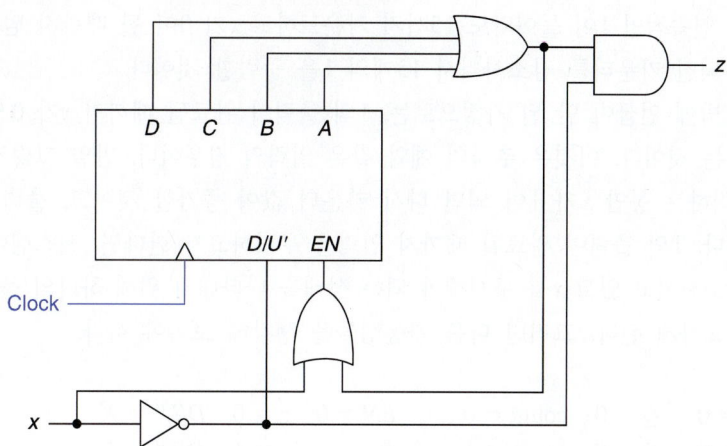

운터가 15를 넘지 않을 때만 이 해법이 동작한다. 만일 더 큰 수가 필요하면 하나 이상의 카운터를 추가하여 15 이상의 수를 카운트할 수 있도록 해야 한다. 또 다른 방법은 입력에 15개 이상의 연속적인 1이 있다고 하여도, 출력에는 최대 15개의 1이 나오도록 제한하는 것이다. 값이 15에 이르면, x가 1이더라도 카운터를 정지시킨다. 이것은 그림 8.25의 회로와 같이 된다.

그림 8.25 최대 16개의 1이 출력되는 예

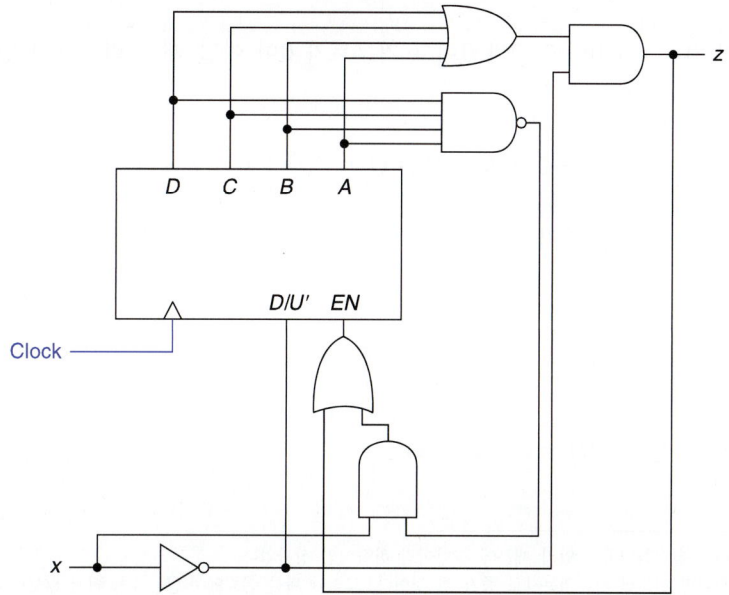

이제 카운터가 15 (1111)이고 x가 1일 때 카운터는 활성화되지 않는다. 따라서 많은 연속적인 1이 들어와도 15까지 카운트하고 x가 0이 될 때까지 멈춘다. x가 0이 되면 카운터를 감소시켜서 15개의 1을 출력할 것이다.

그 밖에 언급이 안 된 가정으로는, 1의 출력이 완료될 때까지 x가 0으로 남아 있다는 것이다. 이것은 추적의 예와 같은 입력의 경우이다. 만일 그렇지 않고 1을 출력하는 동안 x가 1이 되면 다시 카운터 값이 증가할 것이고, 출력은 0이 될 것이다. 1의 출력이 완료될 때까지 입력을 무시하고자 한다면, 시스템이 카운터를 감소시키고 있고 x를 무시해야 되는 상태를 나타내기 위해 하나의 플립플롭 Q가 필요하게 된다. 그러면 다음 가능성들을 생각해 보아야 한다.

$$
\begin{array}{llllll}
x = 0 & Q = 0 & \text{count} = 0 & EN = 0 & z = 0 & D/U' = X^* \\
x = 0 & Q = 0 & \text{count} = 1^\dagger & EN = 1 & z = 1 & D/U' = 1 \\
x = 0 & Q = 0 & \text{count} > 1 & EN = 1 & z = 1 & D/U' = 1 \quad Q \Leftarrow 1 \\
x = 1 & Q = 0 & \text{count} \ne 15 & EN = 1 & z = 0 & D/U' = 0 \\
x = 1 & Q = 0 & \text{count} = 15 & EN = 0 & z = 0 & D/U' = X \\
x = X^\ddagger & Q = 1 & \text{count} > 1 & EN = 1 & z = 1 & D/U' = 1 \\
x = X & Q = 1 & \text{count} = 1 & EN = 1 & z = 1 & D/U' = 1 \quad Q \Leftarrow 0
\end{array}
$$

플립플롭 Q는 x가 0이고 카운트가 0 혹은 1이 아닐 때 1이 되고, Q가 1이고 카운터가 1로 내려갔을 때 0이 된다. 따라서,

$$ J = x'(D + C + B) \qquad K = D'C'B'A $$

Q가 1이거나, x가 0이고 Q가 0이고 카운트가 0이 아닐 때 출력은 1이 된다. 따라서,

$$ z = Q + x'Q'(D + C + B + A) = Q + x'(D + C + B + A) $$

$x = 1$이고 카운트가 15가 아니거나, $z = 1$이면 카운터가 활성화된다. 따라서,

$$ EN = x(ABCD)' + z $$

마지막으로,

$$ D/U' = Q + x'(D + C + B + A) $$

---

* 카운터가 활성화되지 않았기 때문에 상향이건 하향이건 상관없다.

† 1이 하나만 있으면 카운터는 1로 증가 될 것이다. 그러나 다음 클럭에서 Q는 1로 되지 않는다. 왜냐하면 이것이 출력이 1로 나오는 마지막이기 때문이다. Q를 세트하는 조건은 카운터가 2에서 15 사이일 경우이고, 식으로는 $D + C + B$이다.

‡ 카운터가 감소하고 있으면(출력이 1이다), 입력은 무시된다. 따라서 상관없다.

이것은 z와 같다. 왜냐하면 D/U'가 무정의 조건(카운터가 활성화되지 않았기 때문에)일 때만 다르기 때문이다.

카운터 대신에 시프트 레지스터를 사용해서 같은 예를 살펴보자. 오른쪽/왼쪽 시프트 레지스터가 필요하다(네 개 이상의 연속적인 1을 출력하고 싶으면 1개 이상의 시프트 레지스터가 필요). 만일 출력이 12개가 되려면, 74194 시프트 레지스터를 3개 사용해야 할 것이다. 연결된 모습이 그림 8.26에 보인다. 여기에서 병렬 입력은 사용되지 않기 때문에 생략했다.

세 개의 시프트 레지스터는 연결되어 12비트 시프트 레지스터를 이룬다. $x = 1$이면 $S_0 = 1$, $S_1 = 0$이 되어 레지스터는 오른쪽으로 시프트 한다. 가장 왼쪽 비트에는 1이 들어간다. $x = 0$이면 레지스터는 오른쪽 비트에 0을 적재하면서 왼쪽으로 시프트 한다. 몇 개의 클럭 동안 0이 입력된 후에(혹은 시프트 레지스터가 클리어 되면), 모든 비트는 0이 될 것이다. 시프트 레지스터의 왼쪽 비트가 1이고 x가 0이면 출력이 1이 된다. 12개 이상의 연속된 1 입력이 있으면 시프트 레지스터에는 모두 1만 있게 된다. 입력이 0으로 되면 12클럭 동안 1이 출력된다. 따라서 이 방법은 레지스터가 지니고 있을 수 있는 것 보다 더 많은 1 입력이 들어와도 이것을 처리할 수 있다(두 번째 카운터 설계와 비슷하다).

그림 8.26 세 개의 오른쪽/왼쪽 시프트 레지스터를 이용한 회로

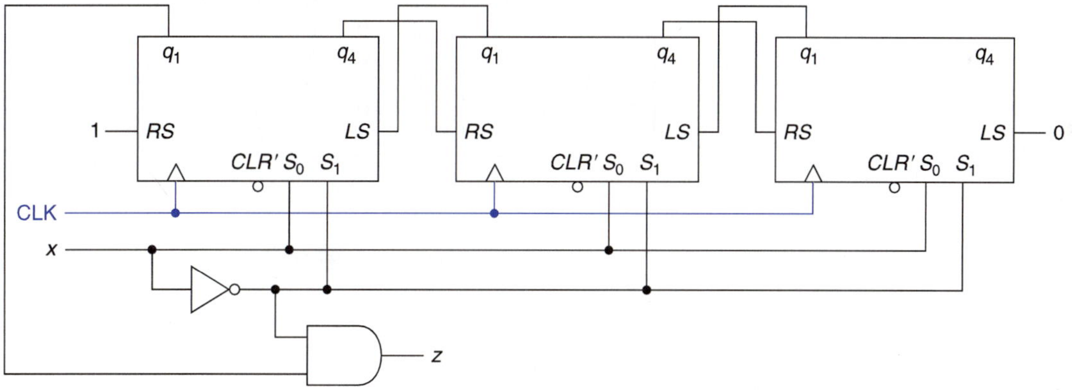

출력이 계속 1인 동안에 입력을 다시 1로 가게 하고 싶으면, 추가적인 플립플롭 Q가 필요하다. 이 플립플롭은 $x = 0$이고 왼쪽 시프트 레지스터의 q_2가 1이면(적어도 두 개의 1이 있다는 것을 나타냄) 세트($J = 1$)된다. q_2가 0이면(출력할 1이 한 개 이하 남아있다는 것을 나타냄) 클리어($K = 1$)된다. S_0는 xQ'가 되고 S_1은 $x' + Q$가 된다.

예제 8.7

다음과 같은 16 상태를 순회하는 카운터를 설계하라.

1 2 4 7 11 0 6 13 5 14 8 3 15 12 10 9 그리고 반복

어디서 시작하는 지는 중요하지 않다. 조합논리로는 NAND 게이트 패키지(7400, 7404, 7410, 7420, 7430)를 사용할 수 있는데 각 패키지는 50센트이다. 두 가지 방법으로 설계를 하고 이들을 비교할 것이다. 첫 번째는 JK 플립플롭 4개를 사용하여 총 비용이 $2.00이 되고, 두 번째는 4비트 동기식 카운터(74161과 같은)와 조합회로인 디코더 블록을 사용한다. 이 디코더 블록은 0, 1, 2, 3, 4,...로 진행하는 카운터의 출력을 받아, 0을 1로, 1을 2로, 2를 4로,... 변환하게 된다.

첫 번째로 JK 플립플롭을 이용한 카운터 설계를 한다. 상태표가 아래에 보인다.

D	C	B	A	D*	C*	B*	A*
0	0	0	0	0	1	1	0
0	0	0	1	0	0	1	0
0	0	1	0	0	1	0	0
0	0	1	1	1	1	1	1
0	1	0	0	0	1	1	1
0	1	0	1	1	1	1	0
0	1	1	0	1	1	0	1
0	1	1	1	1	0	1	1
1	0	0	0	0	0	1	1
1	0	0	1	0	0	0	1
1	0	1	0	1	0	0	1
1	0	1	1	0	0	0	0
1	1	0	0	1	0	1	0
1	1	0	1	0	1	0	1
1	1	1	0	1	0	0	0
1	1	1	1	1	1	0	0

다음에 보인 것과 같이 함수에 대한 맵을 만들고 JK 플립플롭 입력 식을 구할 수 있다.

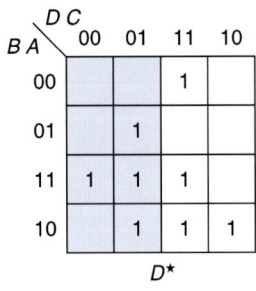

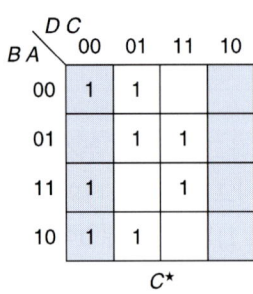

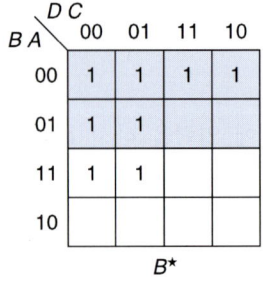

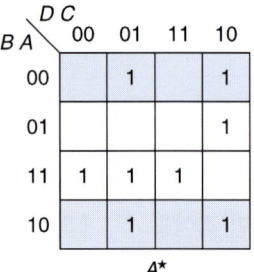

$$J_D = CA + CB + BA \qquad K_D = C'B' + C'A + B'A$$
$$J_C = D'A' + D'B \qquad K_C = DA' + D'BA$$
$$J_B = D' + A' \qquad K_B = D + A'$$
$$J_A = D'C + DC' \qquad K_C = D'B' + CB' + DC'B$$

이 식은 18개의 2-입력 게이트와 5개의 3-입력 게이트, 모두 합쳐서 50센트짜리 직접
회로 7개가 필요하다. 따라서 총 비용은 $5.50이다.

또 다른 방법으로 다음과 같은 진리표 디코더 블록을 만들 수 있다.

D	C	B	A	W	X	Y	Z
0	0	0	0	0	0	0	1
0	0	0	1	0	0	1	0
0	0	1	0	0	1	0	0
0	0	1	1	0	1	1	1
0	1	0	0	1	0	1	1
0	1	0	1	0	0	0	0
0	1	1	0	0	1	1	0
0	1	1	1	1	1	0	1
1	0	0	0	0	1	0	1
1	0	0	1	1	1	1	0
1	0	1	0	1	0	0	0
1	0	1	1	0	0	1	1
1	1	0	0	1	1	1	1
1	1	0	1	1	1	0	0
1	1	1	0	1	0	1	0
1	1	1	1	1	0	0	1

출력맵은 아래와 같다.

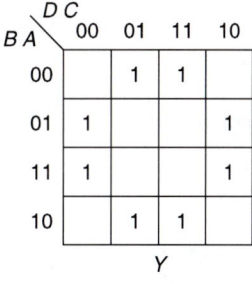

$$W = CB'A' + DB'A + CBA + DBA'$$
$$X = DB' + D'B$$
$$Y = C'A + CA'$$
$$Z = B'A' + BA$$

이 식은 9개의 2-입력 게이트, 4개의 3-입력 게이트, 1개의 4-입력 게이트가 필요하다.
또한 카운터(D, C, B, A)에 비반전 출력만 있으므로 4개의 NOT 게이트(7404 패키지)가

추가적으로 필요하다. 모두 6개의 패키지가 필요하다. 이 방법은 $3.00에 카운터의 비용을 합한 비용이 들며, 카운터가 $2.50 이하이면 전체 비용이 덜 든다.

　　4개의 *JK* 플립플롭을 이용해서 카운터를 만드는 것을 살펴보면 재미있을 것이다. *BA*와 *CBA*만 만들면 되는데, (*BA*)'와 (*CBA*)'가 *W*와 *Z*에 사용되기 때문에 2개의 NOT 게이트가 필요하다. 이 방법은 6개의 패키지에 $5.00의 비용이 들며, 첫 번째 방법보다 싸다. 카운터의 간격이 $2.00 이상이면 이 방법이 가장 좋다.

[문제풀이 5, 6; 연습문제 6, 9, 10, 11, 12, 13, 14, 15; 실험]

8.9   문제풀이

1. 74164 시프트 레지스터와 모든 필요한 게이트를 이용해서 6개의 연속된 입력이 1이면 출력 1을 내보내고, 그렇지 않으면 0을 내보내는 밀리 시스템을 설계하라.

시프트 레지스터는 이전 8개의 입력을 저장한다. 여기서는 최근 5개만 필요로 하므로, 회로는 아래와 같이 된다.

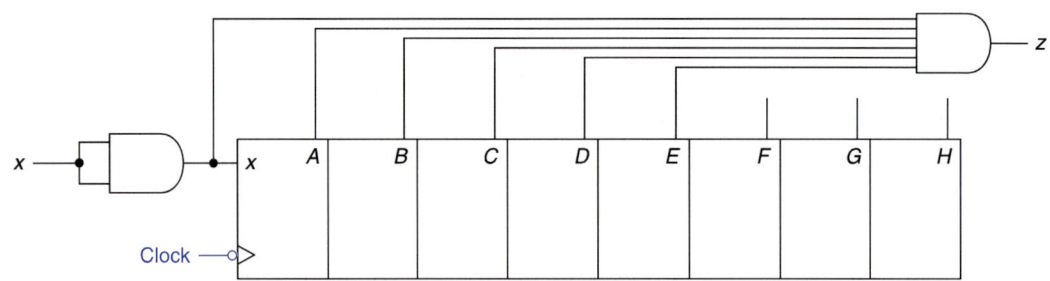

(단지 5비트 시프트 레지스터만 필요하지만, 플립플롭 5개를 사용하는 것보다는 8비트 하나를 사용하는 것이 더 쉽고 저렴하다.)

2. 74164 시프트 레지스터와 AND, OR, NOT 게이트를 이용해서 매 8번째의 입력 1에 대해서(반드시 연속적일 필요는 없다) 출력 1을 내보내는 무어 시스템을 설계하라. 출력이 언제 처음 나오는지는 상관하지 않고, 매 8개의 1 입력 이후에 출력 1이 나오면 된다.

시프트 레지스터 입력으로 1을 넣고, 입력이 1일 때 클럭이 동작하도록 한다. 1이 마지막 플립플롭 *H*에 이르면 시프트 레지스터는 클리어 된다. 출력은 G에서(혹은 7개의 플립플롭 어디에서도) 나오게 할 수 있다. 7번째 1이 입력되면 출력이 1이 되고 8번째가 1이 되면 바로 클리어된다. 블록도는 다음과 같다.

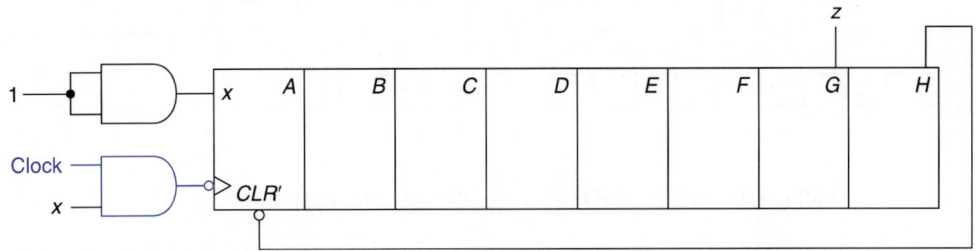

3. 74161 카운터와 AND, OR, NOT 게이트를 이용해서 연속적인 12개의 입력이 1일 때 출력 1을 내보내는 밀리 시스템을 설계하라.

입력이 0이면 카운터는 리세트되고, 입력이 1이면 카운터 값이 11이 될 때까지 카운트를 한다. 이 시점에서 다음 입력이 1이면 출력이 1이 된다. 블록도는 아래와 같다.

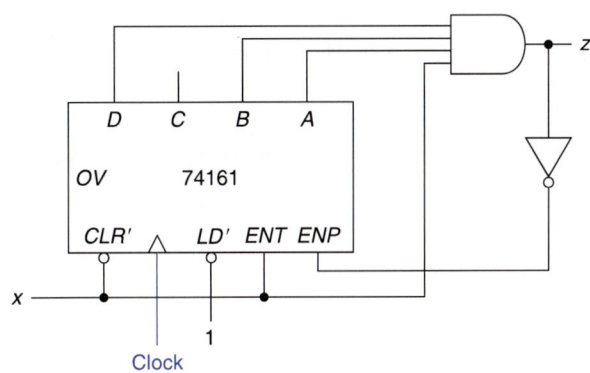

$x=1$이고 출력이 1이 아니면 카운터가 활성화되고, 그리고 11 이상은 카운트를 하지 않는다.

4. 입력 x가 1 클럭 동안 1이 되면, 출력 z가 다음에 오는 8개의 연속 클럭과 같게 되고, 그렇지 않으면 z가 0을 유지하는 시스템을 설계하라. 출력이 0이 아닌 동안에는 x가 0으로 머물러 있다고 가정한다. 블록도를 보여라.
예를 들면;

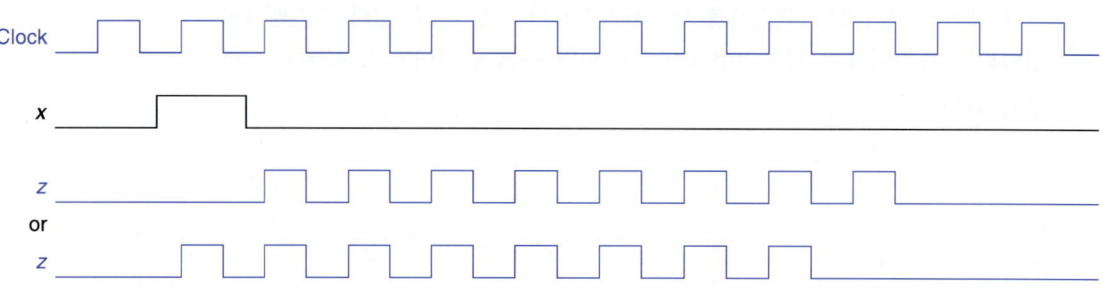

AND, OR, NOT 게이트와 다음 것들을 이용하라.

a. 정적 active low 클리어 CLR'이 있는 하강에지 트리거 방식 8비트 직렬 입력, 직렬출력 시프트 레지스터.

b. 정적 active low 클리어 CLR'이 있는 하강에지 트리거 방식 4비트 카운터.

이미 잠시 동안 동작이 되어 왔거나 혹은 처음 $x = 1$인 이전에는 출력이 없었다고 가정한다.

a. x는 시프트 레지스터를 클리어하고, 그 다음부터 시프트 레지스터 왼쪽 입력으로부터 1이 클럭 펄스마다 들어간다. 출력은 오른쪽 비트에서 나오는데 오른쪽 비트가 0일 때 클럭 펄스가 나온다.

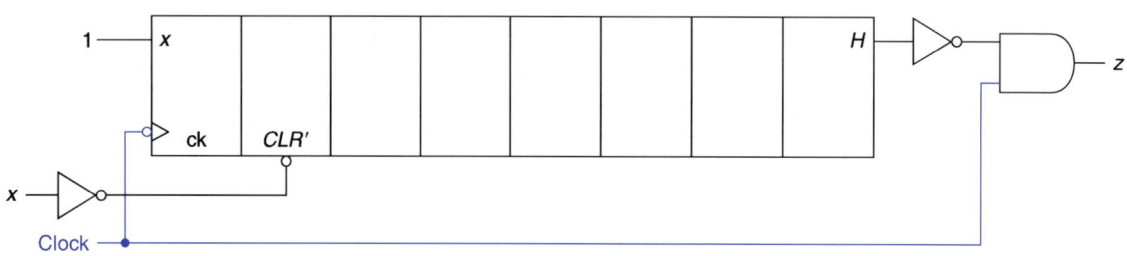

이 회로는 두 번째 타이밍도를 만든다. 왜냐하면 처음 출력은 x가 1일 때 나오기 때문이다. 이것은 직렬 출력만을 이용한다. H'가 이용 가능하면 출력에 NOT 게이트가 필요 없다.

b. 카운터를 이용한 설계에서 x를 이용해서 카운터를 클리어하고, 카운터 값이 8보다 작을 동안(즉, $D = 0$) 카운트가 진행되도록 한다. 다음 회로 모두 가능하다.

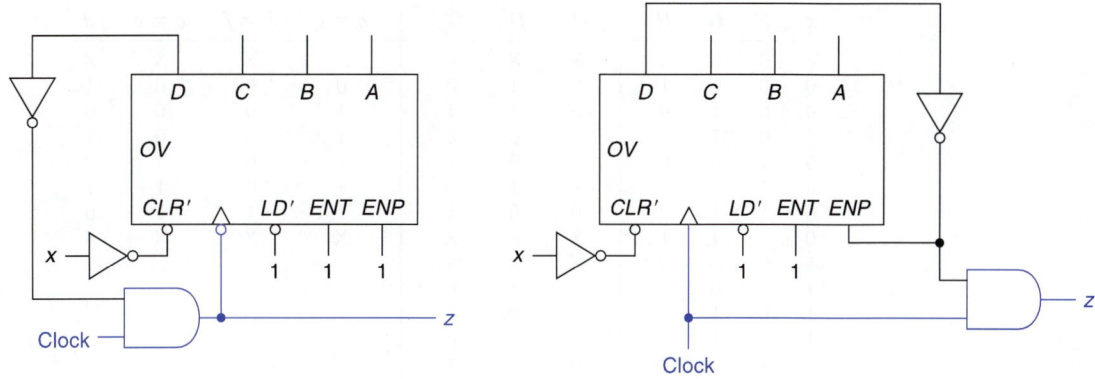

두 가지 모두 클리어가 정적이면 타이밍은 두 번째 그림에 해당하고, 클리어가 클럭에 동기 되어 있으면 첫 번째 그림에 해당된다.

5. 입력 x가 0이면 1에서 6까지(그리고 반복) 카운트하고, $x = 1$이면 6에서 1로 카운트하며, 카운트 값을 표시대에 보여주는 시스템을 설계하라. 표시대에는 7개의 불이 아래 그림과 같이 들어온다.

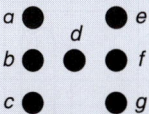

각 세그먼트(a, b, c, d, e, f, g)에서 1은 불이 켜지는 것이고, 0은 꺼지는 것이다. 표시대에서 6개 숫자의 배열은 아래와 같다. 검정 색으로 표시된 것이 불이 켜진 것이다.

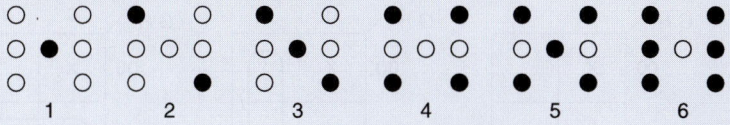

D 플립플롭을 이용해서 1 (001)부터 6 (110)까지 반복해서 카운트하는 카운터를 설계한다. 그리고, 카운터의 출력을 받아서 표시대로 7개의 신호(a, b, c, d, e, f, g)를 내보내는 디코더/구동기를 설계한다. 16R4 PLD를 사용하라 (실제로는 a와 g, b와 f, c와 e가 언제나 같기 때문에 서로 다른 출력이 4개만 있어도 된다).

플립플롭을 F, G, H라고 이름 붙이면 다음과 같은 진리표를 얻을 수 있다. 디스플레이는 입력 x에 무관하기 때문에, 디스플레이 입력에 대해서는 8개의 행만이 있다.

x	F	G	H	D_F	D_G	D_H	$a = g$	$b = f$	$c = e$	d
0	0	0	0	X	X	X	X	X	X	X
0	0	0	1	0	1	0	0	0	0	1
0	0	1	0	0	1	1	1	0	0	0
0	0	1	1	1	0	0	1	0	0	1
0	1	0	0	1	0	1	1	0	1	0
0	1	0	1	1	1	0	1	0	1	1
0	1	1	0	0	0	1	1	1	1	0
0	1	1	1	X	X	X	X	X	X	X
1	0	0	0	X	X	X				
1	0	0	1	1	1	0				
1	0	1	0	0	0	1				
1	0	1	1	0	1	0				
1	1	0	0	0	1	1				
1	1	0	1	1	0	0				
1	1	1	0	1	0	1				
1	1	1	1	X	X	X				

7개 함수에 대한 맵은 다음과 같다.

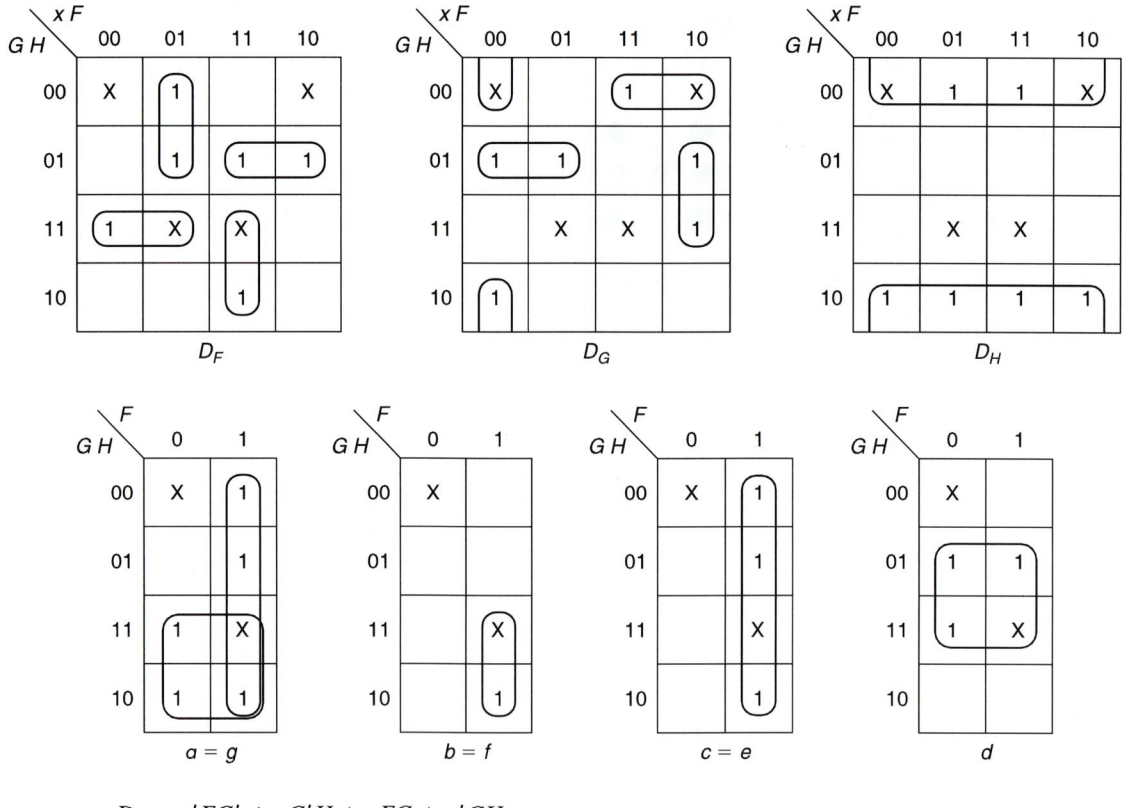

$$D_F = x'FG' + xG'H + xFG + x'GH$$
$$D_G = x'F'H' + x'G'H + xG'H' + xF'H$$
$$D_H = H'$$
$$a = g = F + G \qquad c = e = F$$
$$b = f = FG \qquad d = H$$

PLD 그림은 다음과 같다(사용되는 게이트만 보여주고 있다).

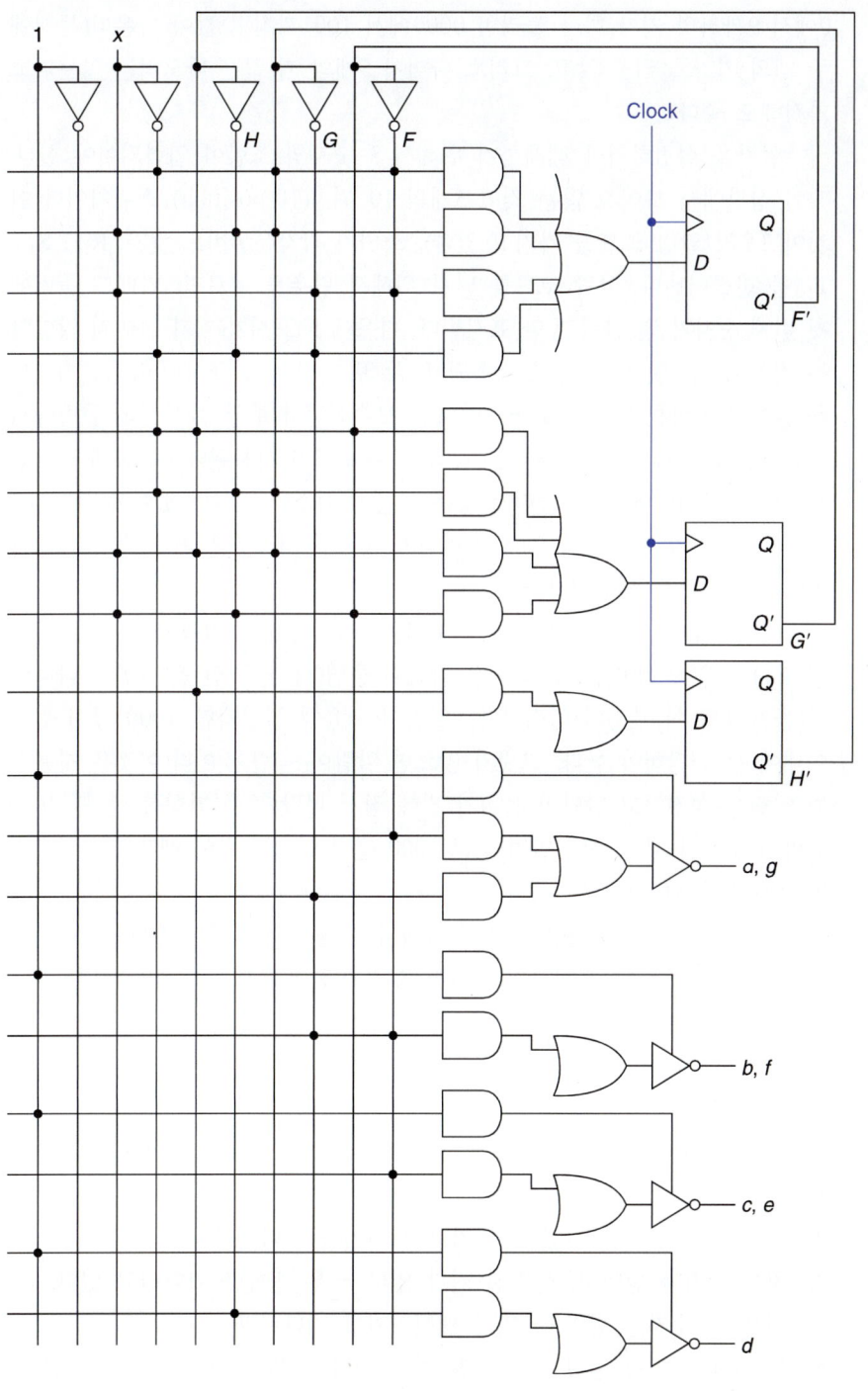

6. 간단한 알람 시스템을 설계하려고 한다. 시스템의 첫 번째 부분에는 알람이 설정되면 1, 그렇지 않으면 0이 되는 플립플롭 A와 키패드를 포함한다. 키패드에는 10개의 키와 4개의 출력 선이 있다. 키가 눌리지 않으면 모두 1이고, 0에서 9까지의 키가 하나 눌리면 0000에서 1001까지의 값이 나온다(동시에 두 개의 키가 눌리지 않고, 그리고 나머지 5개의 키 값은 나오지는 않는다고 가정해도 좋다).

　알람을 설정하거나 해제하기 위해서 3 숫자의 조합이 입력되어야 한다. 제어 상자에서 보이지 않는 것이 3개의 10 위치(10-position) 스위치이다(이것이 3숫자 알람 코드를 가지고 있다). 스위치 각각은 4비트 숫자, $R_{1:4}$, $S_{1:4}$, $T_{1:4}$를 만들어낸다. 알람 코드를 넣기 위해서 단추를 누르면, 키패드 출력에 첫 번째 숫자가 몇 클럭 동안 표시된다. 다음에 F 표시가(키가 눌리지 않았다는 것을 표시) 몇 클럭 동안 지속되고, 두 번째 숫자가 표시되고, ... 키패드를 읽어서 올바른 코드가 들어오면 A를 보수화한다(주의: 대부분의 알람에서처럼 알람을 설정할 때 해제하는 것과 같은 코드가 사용된다. 즉, A에 1을 넣는다). 숫자 사이에 키가 눌리지 않는 기간이 최소한 1 클럭 있어야 한다. 그러나 다음 키가 100 클럭 안에 입력되지 않으면 시스템은 처음 숫자를 받아들이는 부분으로 되돌아간다.

　시스템의 두 번째 부분은 알람 소리를 내는 것이다. 입력 신호 D는 문이 열림(1) 혹은 닫힘(0)을, 출력 N은 알람이 울림(1) 혹은 안 울림(0)을 나타낸다(물론 A도 이 부분의 입력이다). 알람이 처음에 설정되면, 1000 클럭 펄스 이내에 문이 닫혀야 한다. 그렇지 않으면 알람이 울릴 것이다(이것은 사용자가 알람을 설정하고 알람이 울리기 전에 잠시 나갔다 올 기회를 준다). 또한 알람이 설정된 채로 문이 열려 있고 1000 클럭 안에 알람이 해제되지 않으면 알람 소리가 날 것이다.

　이 시스템의 두 부분을 모두 설계하라. 사용 가능한 부품은 하강에지 트리거 JK 플립플롭, 동기식 4비트 이진 혹은 십진 카운터, 그리고 필요한 게이트 전부이다. 여러 부분의 모듈 도면, 각 부분의 자세한 블록도나 식, 그리고 처음 부분에 대한 ASM도를 보여라.

처음 부분에 대한 한 가지 해법은 다음과 같은 상태 집합을 이용하는 것이다.
1. 처음 숫자 입력을 기다린다.
2. 처음 숫자 입력을 받았고, 키가 떨어지기를 기다린다.
3. 처음 숫자를 받았고, 눌러진 키가 없다 — 두 번째를 기다리고 있다.
4. 처음 두 숫자를 받았고, 키가 떨어지기를 기다린다.
5. 두 개의 숫자를 받았고, 눌러진 키가 없다 — 세 번째를 기다리고 있다.
6. 세 번째 입력 숫자를 받았고, 키가 떨어지기를 기다린다.

100개의 클럭 타임아웃을 무시한 ASM도가 아래 그림에 보인다.

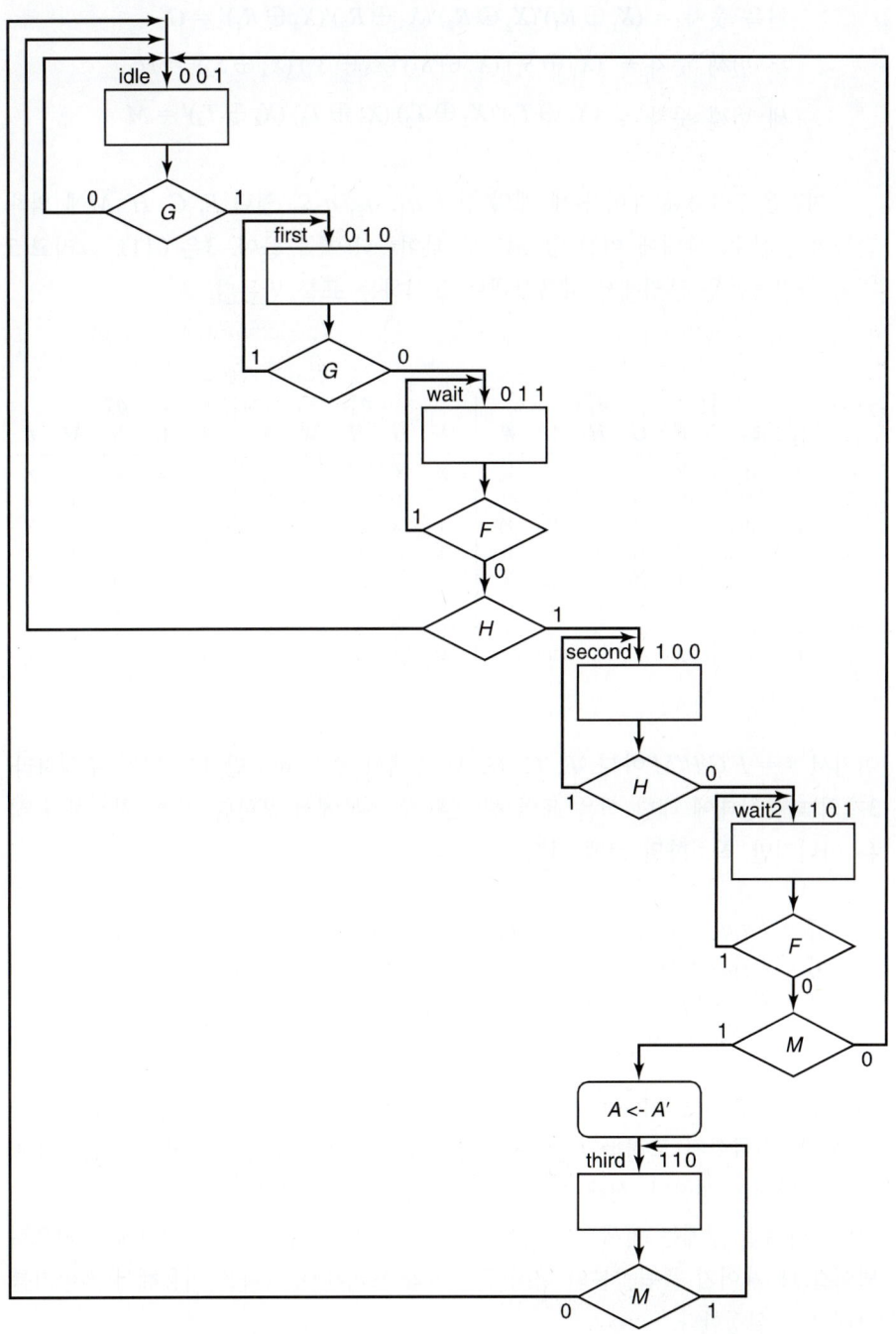

키보드 $X_{1:4}$에서 입력을 얻으면,

$$아무것도\ 안\ 눌렸다 = X_1X_2X_3X_4 = F$$
$$처음\ 숫자 = (X_1 \oplus R_1)'(X_2 \oplus R_2)'(X_3 \oplus R_3)'(X_4 \oplus R_4)' = G$$
$$두\ 번째\ 숫자 = (X_1 \oplus S_1)'(X_2 \oplus S_2)'(X_3 \oplus S_3)'(X_4 \oplus S_4)' = H$$
$$세\ 번째\ 숫자 = (X_1 \oplus T_1)'(X_2 \oplus T_2)'(X_3 \oplus T_3)'(X_4 \oplus T_4)' = M$$

이것은 7변수 문제이다-세 개의 상태 q_1, q_2, q_3와 입력 F, G, H, M에 의해 만들어진 함수. 상태에 이진 값 코드를 부여한다(예를 들어, 3은 011). 그리고 3개의 플립플롭을 분리해서 다음상태로 표시하는 표를 만든다.

q_1	q_2	q_3	$q_1^{\star}$					$q_2^{\star}$					$q_3^{\star}$				
			F	G	H	M	#	F	G	H	M	#	F	G	H	M	#
0	0	0	X	X	X	X	X	X	X	X	X	X	X	X	X	X	X
0	0	1	0	0	0	0	0	0	1	0	0	0	1	0	1	1	1
0	1	0	0	0	X	X	X	1	1	X	X	X	1	0	X	X	X
0	1	1	0	0	1	0	0	1	0	0	0	0	1	1	0	1	1
1	0	0	1	X	1	X	X	0	X	0	X	X	1	X	0	X	X
1	0	1	1	0	0	1	0	0	0	0	1	0	1	1	1	0	1
1	1	0	0	X	X	1	X	0	X	X	1	X	1	X	X	0	X
1	1	1	X	X	X	X	X	X	X	X	X	X	X	X	X	X	X

여기서 # = $F'G'H'M'$이다. F, G, H, M 중에서 오직 하나만 1이 됨에 주의하라. 3개의 다음상태에 대한 식을 표의 해당된 각 부분에서 구한다. 비록 최소화된 식은 아니지만 최소화된 식에 가깝다.

$$q_1^{\star} = Fq_1q_2' + H(q_2 + q_3') + Mq_1$$
$$q_2^{\star} = Fq_1'q_2 + G(q_1'q_2' + q_3') + Mq_1$$
$$q_3^{\star} = F + G(q_1 + q_2q_3) + H(q_1'q_2' + q_1q_3) + Mq_1'$$
$$\quad + F'G'H'M'$$

제어 플립플롭 A는 이 제어기가 상태 5에서 6으로 갈 때, 즉 $q_1q_2'q_3M$에서 보수로 된다. 지금까지 고려하지 않은 것은 타임아웃이다. 2개의 십진 카운터로 100진 카운터를 구성한다. 상태 2에서 3 또는 상태 4에서 5로 전이할 때 클리어되고, 상태 2나 4일 때에는 언제든지 카운터가 작동하게 된다. 카운터가 99에서 00으로 넘어갈 때 제어기 플립플롭의 정적 클리어와 프리세트 입력을 이용해서 제어기를 상태 1로 설정한다.

다음에는 알람 제어기를 만든다. A가 1이 되면, 3개의 십진 카운터는 클리어 된다. 1000에 이르면 두 번째 플립플롭 B가 세트 된다. B가 세트되고 D가 1이 되면, 다시 1000까지 카운트하기 시작한다. 만일 카운터가 1000에 이를 때까지 A 가 0이 되지 않으면, 알람이 소리를 낸다. 즉 플립플롭 N이 1이 된다. A가 0이 되면 B와 N은 둘 다 클리어된다. 시스템 그림이 아래와 같다.

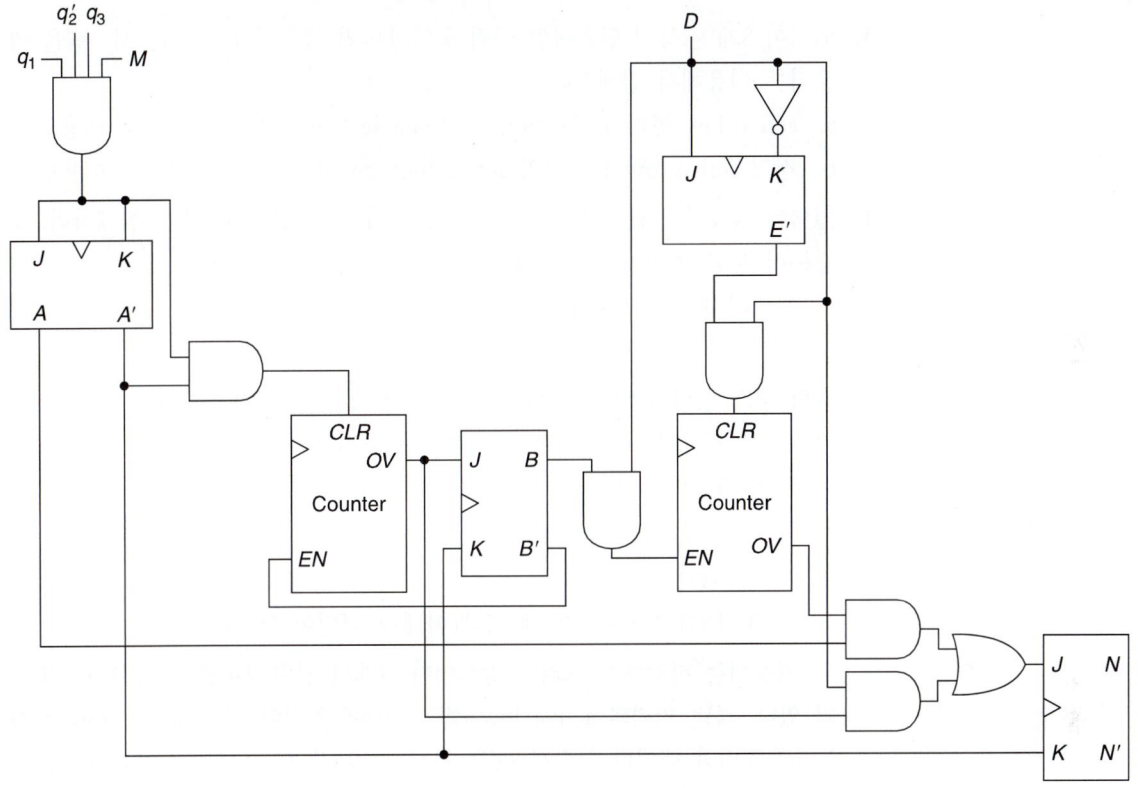

모든 클럭 입력에 시스템 클럭이 연결되어 있다(그림을 간단히 하기 위해서 여기에는 보이지 않는다). 두 개의 카운터는 1000진 카운터이다(즉, 세 개의 10진 카운터가 연결됨). 모든 입력들은 active high로 가정한다. A가 1이 되면 처음 카운터가 클리어 된다. 플립플롭 B는 A가 0이 될 때마다 클리어 되므로 0이 된다. B 는 카운터가 1000에 이를 때 세트된다. 그러나 문이 계속 열려 있으면 알람이 소리를 낸다(첫 번째 카운터가 오버플로우이고 문이 열린 경우). 알람 플립플롭(N) 은 A를 지우기 위한 코드가 들어오기 전까지는 1 상태를 유지한다. E 플립플롭은 문이 처음 열렸을 때 두 번째 카운터에 클리어 신호를 만드는 데 사용된다. 이 카운터는 문이 열리고 $B = 1$일 때 활성화된다. 알람이 1000 클럭 안에 해제되지 않으면(A와 B가 0이 되지 않으면) 알람 소리가 날 것이다.

8.10   연습문제

1. 74164 시프트 레지스터를 이용해서, 최근 9개의 입력이 0이면 출력 1을 내는 시스템을 설계하라.

2. 74164 시프트 레지스터 두 개를 이용해서, 6개의 1 뒤에 8개의 0이 입력으로 들어오면 출력 1을 내는 시스템을 설계하라.

3. 입력이 8개 이상의 연속적인 클럭 동안 1이면 출력이 1이 되는 시스템을 카운터를 이용해서 설계하라.

   a. active low 동기식 클리어가 있고 enable 입력이 없는 카운터를 이용한다.

   b. 정적 active low 클리어와 active high enable이 있는 카운터를 이용한다.

*4. 입력이 정확히 7 클럭 동안에 0이면 출력이 1이 되는 시스템을 설계하라. 조합논리 블록 이외에도 다음과 같은 것들을 이용할 수 있다.

   a. 하나의 4비트 카운터

   b. 하나의 8비트 시프트 레지스터

5. 클럭 펄스 입력이 있으며, 매 25번째 클럭 펄스와 일치하는 출력을 내는 순차시스템을 설계하라(시스템의 초기화는 고려하지 않는다).

   사용 가능한 부품은 다음과 같다.

      1. AND 게이트(입력의 개수는 아무래도 좋다)

      2. NOT 게이트

      3. 16까지 세는 카운터 2개(아래에 설명이 있음)

   카운터는 하강에지 트리거 방식이다. 4개의 입력, D(상위 비트), C, B, A 가 있다. 클럭 입력과 active low 정적 Clear' 입력이 있다. active low 정적 Load' 입력과 데이터 입력선 IND, INC, INB, INA가 있다(Clear'와 Load'는 동시에 0이 되지 않는다. 둘 중의 하나가 0이면 클럭을 무시한다).

   a. Clear' 입력은 있지만 Load' 입력은 없는 부품을 사용해서 시스템을 설계하라.

   b. Load' 입력은 있지만 Clear' 입력은 없는 부품을 사용해서 시스템을 설계하라.

6. 다음 부품을 이용해서 시스템을 설계하라.

   a. 74190 한 개

   b. 74192 한 개

   위 부품과 기타 논리(플립플롭 포함)를 이용해서 다음 순차를 진행하는 시스템이다.

      0 1 2 3 4 5 6 7 8 9 8 7 6 5 4 3 2 1 (0 1) 그리고 반복

7. 예제 8.6 시스템의 제어기를 *D* 플립플롭과 NAND 게이트를 이용해서 구현하라.

*8. 16비트 레지스터 *A*, 4비트 레지스터 *N*을 가진 시스템 제어기의 ASM도를 보여라. 입력선 *s*에 신호 1이 나타나면 레지스터 *A*는 *N*에서 지정된 수(0에서 15)만큼 오른쪽으로 시프트 한다(왼쪽으로 0이 들어온다). 레지스터 *A*는 한 번에 한 자리씩 시프트 한다. 레지스터 *N*은 감소한다(1씩 감소). 시프트가 완료되면 출력선 *d*에 두 클록 동안 1이 출력된다.

*9. 아래에 보이는 것과 같이 카운터, 디스플레이 드라이버, 7-세그먼트 디스플레이로 이루어진 시스템을 설계하라.

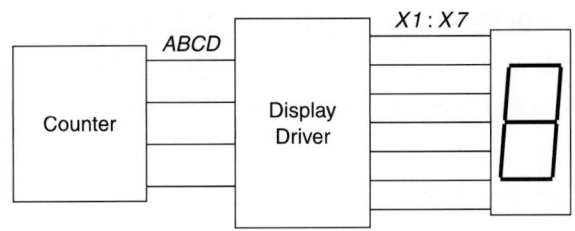

   a. 4개의 *JK* 플립플롭 *A*, *B*, *C*, *D*와 최소한의 NOR 게이트를 이용해서 카운터를 설계하라. 카운터는 BCD코드인 2421 코드(표 1.7에 설명 됨)를 사용하고 다음 순차를 따른다.

      0 3 6 9 2 5 8 1 4 7 그리고 반복

   이와 같이, 카운터는 0000, 0011, 1100, 1111, 0010, ...의 순차를 반복한다. 이 카운터의 설계가 끝나면 상태도를 그린다. 만일 카운터가 처음에 사용되지 않는 상태(예를 들어, 0101)에서 시작하게 되면 어떻게 되는지를 확실하게 나타내어라.

   b. 카운터의 출력은 디스플레이 구동기의 입력이 된다. 이 구동기는 4개의 입력과 7개의 출력으로 이루어진 조합회로이다. 사용되지 않는 코드가 나타나면(예를 들어, *ABCD* = 0111일 때), 디스플레이는 꺼져야 한다(다시 말하면, 7개 입력 모두 0이 되어야 한다). *X1*, *X2*, *X3*, *X4*, *X5*, *X6*, *X7*에 대한 가장 최소화에 근접한 곱의합 식을 구하라(6, 7, 9를 표시할 때 추가적인 세그먼트에 불을 켜지 않는 버전을 이용하라). (17개의 게이트와 56개의 입력으로 된 해를 구할 수 있다.)

10. 다음 순차를 따르는 십진 카운터를 이미 가지고 있다.

    0000 0001 0010 0011 0100 0101 0110 0111 1000 1001 그리고 반복

플립플롭 W, X, Y, Z가 있다. 디스플레이가 0, 3, 6, 9, 2, 5, 8, 1, 4, 7 순차를 반복하게 하고 싶다(연습문제 9번과 같이). 연습문제 9b의 카운터와 디스플레이 구동기 사이에 들어가는 또 다른 상자를 설계하는 방식으로 이 작업을 하라. 예를 들어, 카운터가 $WXYZ = 0010$이면, 디스플레이는 6이고 $ABCD = 1100$(2421 코드에서 6)이다. 이 상자를 4 입력과 4 출력을 가진 PLA로 구현하라.

11. 최근 3개의 입력 중에서 적어도 2개(현재 값 포함)가 0이면 출력 z가 1인 시스템의 블록도를 보여라. 상태표나 상태도는 보일 필요는 없고, 어떤 종류의 플립플롭과 게이트도 사용할 수 있다.

*12. 하나의 입력 x와 세 개의 플립플롭 A, B, C를 가지는 순차시스템(카운터)을 설계하라. $x = 0$이면 시스템은 상태 (0, 1, 2, 3, 4), 0, . . .을 반복하고, $x = 1$이면 상태 (2, 3, 4, 5, 6, 7), 2, . . .을 반복한다. 시스템이 상태 5, 6, 7에 있을 때 x가 0이거나, 상태 0, 1에 있을 때 x가 1이면 다음 클럭에서 상태 3으로 가야 한다.

   a. 사용할 수 있는 부품은

7400, 7404, 7410, 7420, 7430(NAND 게이트 패키지)	개당 25센트
두 개 JK 하강에지 트리거 플립플롭의 개당	$1.00
두 개 D 플립플롭의 패키지 가격은 미정	

     시스템을 다음 두 방법으로 설계하라.

      i. JK 플립플롭을 이용한다.
     ii. D 플립플롭을 이용한다.

     두 가지 설계에 대한 식과 둘 중의 하나에 대한 블록도를 보여라.

   b. 어느 것이 더 경제적인지 D 플립플롭 패키지의 가격 범위를 결정하라.

     모두 JK 플립플롭
     JK 패키지 한 개와 D 플립플롭 한 개
     모두 D 플립플롭

   c. 시스템이 순서가 바뀌어서(x가 0이고 시스템이 상태 5, 6, 7에 있거나 x가 1이고 시스템이 상태 0, 1에 있을 때) 상태 3이 될 때마다 1이 나오는 출력을 추가하려고 한다. 이것은 또 하나의 플립플롭을 필요로 한다.

   d. PLD를 이용해서 문제 c의 시스템을 설계하라.

13. 시간을 시, 분, 초로 보이게 하는 클럭 표시 장치를 설계하라. 1 KHz의 클럭을 가지고 있다고 가정한다(1초는 1000 클럭 펄스이다). 여기에는 6개의 7-세그먼트 디스플레이가 사용되고 시간 표기를 군대식으로(시간이 00시에서

23시까지) 하거나 일반적인 방식(AM과 PM인 1에서 12까지)으로 한다. 입력 x가 이것을 구분한다. 후자의 경우에 7번째 표시기가 A나 P를 표시하는데 사용된다. 사용되지 않을 때(전자의 경우)는 꺼져 있다. BCD에서 7-세그먼트로 변환시키는 디코더 구동기가 있다고 가정한다. AM/PM을 제외하고 각 디스플레이당 하나의 구동기가 필요하다.

a. 비동기 카운터를(7490과 7492를 이용) 이용해서 이것을 설계하라. 이 카운터들의 문제는 임의로 설정할 수 없다는 것이다.

b. 정적 적재 입력을 가진 동기식 카운터를 이용해서 이것을 설계하라(임의의 시간 설정을 하기 위해서는 많은 수의 스위치가 필요하게 된다. 각 숫자마다 4개의 스위치가 필요할 것이다).

c. 두 가지 설계에서 분과 시를 설정하는 기능은 다음과 같다.

입력 f가 0이면 클럭이 정상적으로 동작하고, $f = 1$이면 시간을 맞출 수 있다.

$f = 1$이고 $g = 1$이면 시간이 매 초마다 하나씩 진행한다.

$f = 1$이고 $h = 1$이면 분이 매 초마다 하나씩 진행한다.

또한 $f = 1$이면 초가 00으로 된다.

14. 다음 12개의 순차를 반복하는 카운터를 설계하라.

10 4 5 1 2 8 11 3 9 12 13 0, 그리고 반복한다.

어디서 시작하는지는 중요하지 않다. 사용 가능한 패키지로는 NAND 게이트(7400, 7404, 7410, 7420, 7430)가 개당 50센트이고 아래와 같은 저장 장치가 있다.

다음 세 가지 설계 방식을 비교하라. 각 방법에서 식과 블록도를 보여라. 각 설계의 출력 4개를 W(상위 비트), X, Y, Z로 이름을 붙여라.

a. 사용 가능한 저장 장치가 4개의 JK 플립플롭으로 총 비용은 $2.50이다.

b. 사용 가능한 저장 장치가 4개의 D 플립플롭으로 가격은 미정이다.

c. 74164 4비트 동기식 카운터가 하나 있고 조합형 디코더 블록을 만들어야 한다. 이 블록은 0, 1, 2, 3, 4, . . . 출력을 내는 카운터를 입력으로 받아서 0은 10으로, 1은 4로, 2는 5로, 3은 1로 4는 2로 변환을 한다. 카운터의 상태 11 다음에는 상태 0으로 가야 한다.

세 가지 설계를 비교하면, 설계 b가 설계 a보다 저렴하게 되려면 D 플립플롭의 가격이 얼마가 되어야 하고, 설계 c가 설계 a보다 저렴하려면 카운터의 가격이 얼마가 되어야 하는가?

15. a. 문제풀이 5번을 반복하는데, 카운터가 7까지 가도록 하고, 7은 표시대의 모든 점을 켜게 하도록 하라.

b. 문제풀이 5번을 반복하는데, 카운터가 0(불이 켜지지 않는다)에서 7까지 가서 멈추도록(다시 말하면, 카운터가 증가하면 7에서 멈추고, 감소하면 0에서 멈추도록 해서 다시 순환하지 않도록 한다) 하라.

8.11 8장 테스트(50분)

1. 입력이 정확히 7번 연속적인 클럭 동안 0인 경우에만 1을 출력하는 밀리 시스템을 2가지로 설계하시오. AND, OR, NOT 게이트 이외에 active low, 동기식 클리어(카운터가 활성화되어있어도 동작함) 8-비트 직렬입력, 병렬출력 시프트 레지스터 1개와 active-low, 정적 클리어, 그 밖에 active low 활성화 입력을 갖는 4-비트 카운터 1개를 사용할 수 있다.

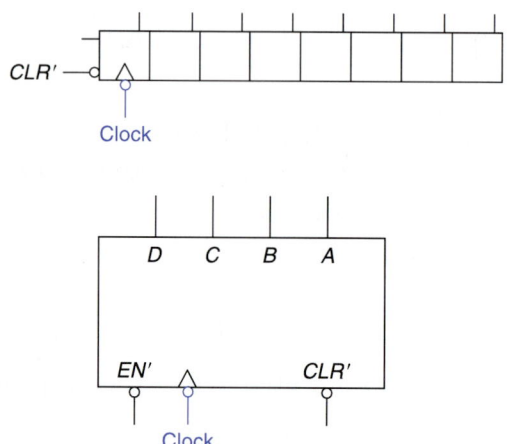

2. 다음의 상태표를 구현할 것이다.

AB	$A^\star B^\star$		z	
	$x = 0$	$x = 1$	$x = 0$	$x = 1$
0 0	1 1	0 1	1	0
0 1	1 0	0 1	0	0
1 0	0 1	1 1	1	1
1 1	0 0	1 1	0	1

이것을 구현을 위해 다음에 보는 바와 같이 PAL이 있다. 두 개의 출력은 D 플립플롭의 입력에 연결된다(아래쪽의 세 번째는 출력으로 사용된다). 그림에 입출력 문자(A, B, x, z)를 표시하고, 점이나 X표시로 연결을 해라. PAL은 필요로 하는 것보다 더 많은 입력과 게이트가 있는데, 여분의 입력과 게이트는 무시해도 된다.

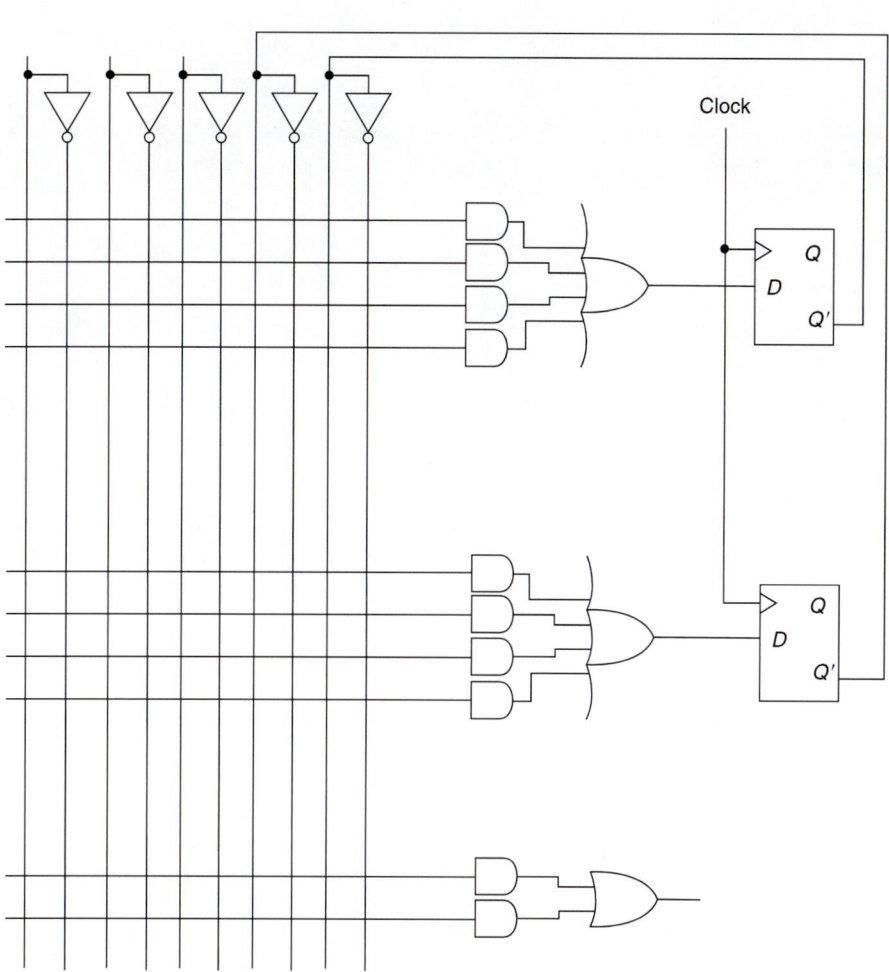

부울대수와 카르노 맵의 관계

부울대수에 대해 고려하지 않고 카르노 맵을 사용하고 있지만, 몇몇 속성이 맵에 어떻게 나타나는지 아는 것은 유용하다.

속성 9a. $ab + ab' = a$

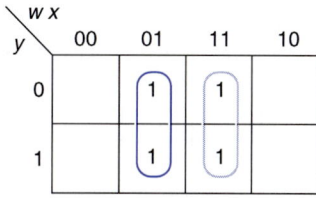

왼쪽에서 $w'x$와 wx를 원으로 묶었다. 이 둘은 x 항으로 합쳐진다. 두 개의 인접하는 사각형은 하나의 큰 사각형으로 합쳐진다. 다른 형태는 다음에 나타나 있다.

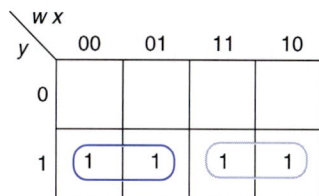 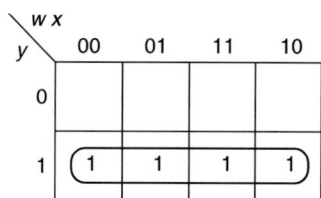

여기서, $w'y + wy = y$이다.

속성 10a. $\qquad a + a'b = a + b$

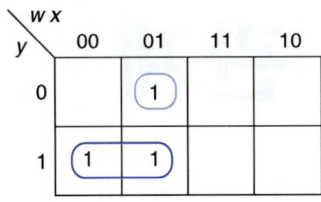
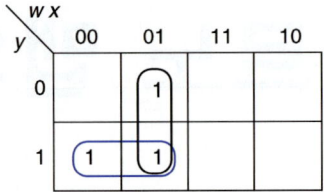

왼쪽에서 $w'y$와 $w'xy'$를 얻었고 대수적으로 양쪽 항에서 w'를 묶어 낼 수 있다. $w'(y + xy') = w'(y + y'x)$. 속성 10a에서, a는 y, b는 x로 하면 오른쪽과 같이 $w'y + w'x$를 얻을 수 있다. 카르노 맵에서 하나의 그룹은 인접한 작은 그룹을 포함한다. 변수가 4개일 경우의 예가 아래에 나와 있다.

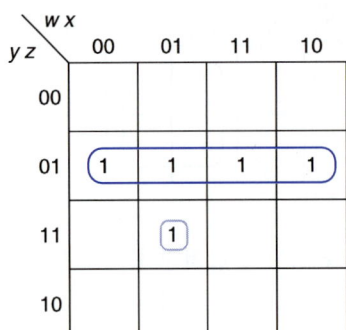
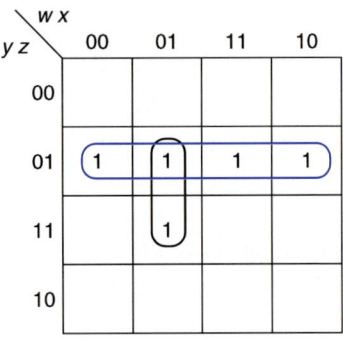

$y'z + w'xyz = y'z + w'xz$이다. 공통항인 z로 묶어내면, $z(y' + yw'x)$를 얻는다. 따라서 속성 10에서 a는 y'이고, b는 $w'x$이다.

속성 12a. $\qquad a + ab = a$

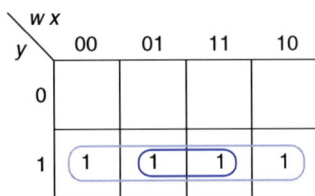
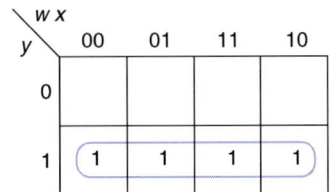

왼쪽 맵의 xy 항은 y 항에 완전하게 포함되므로 오른쪽과 같이 삭제할 수 있다.

속성 13a. $\qquad at_1 + a't_2 + t_1t_2 = at_1 + a't_2$

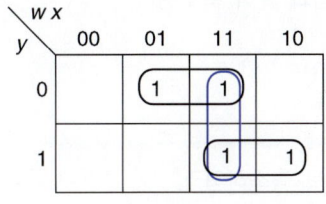

왼쪽 맵의 항 wx는 xy'와 wy의 합의이므로 오른쪽 맵과 같이 제거되었다. 합의 항의 반은 한 쪽 그룹에, 나머지는 다른 그룹에 포함된다. 더 큰 경우의 예는 다음에 나타나 있다.

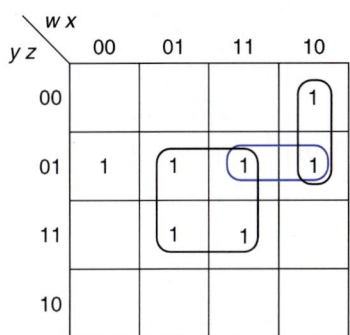 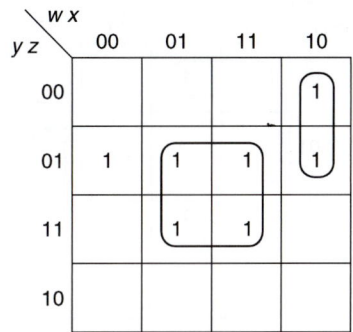

$wy'z$는 xz와 $wx'y'$의 합의이고, 오른쪽 맵에서 제거되었다.

이제 대수적 축소의 예를 맵과 함께 살펴볼 것이다.

예제 A.1

다음 4개의 문자로 구성된 부울 식을 2개 항으로 축소하여라.

$$f = wxy' + yz + xz + w'xy' + w'xy'z'$$

첫 번째 맵에 함수의 각 항들이 나타나 있다. 속성 9a를 첫 번째와 네 번째 항에 적용시키고, 속성 12a를 나머지 2개의 항에 적용시키면 두 번째 맵을 얻을 수 있다.

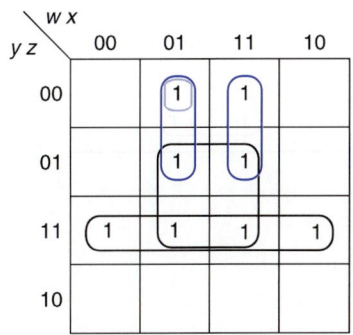 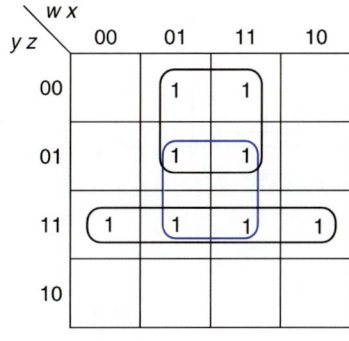 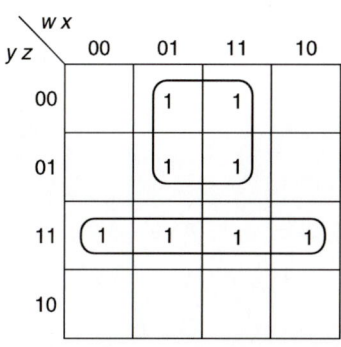

$$f = xy' + xz + yz$$

그러나 xz는 xy'와 yz의 합의이므로 세 번째 맵과 같이 축소된다.

$$f = xy' + yz$$

예제 A.2

다음 7개의 문자로 구성된 부울 식을 3개 항으로 축소하여라.

$$G = BC + AC'D + AB'D + A'C'D'$$

이 함수는 첫 번째 맵과 같이 나타내어진다.

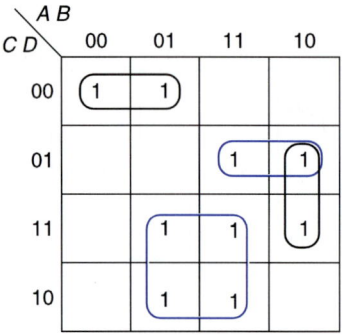 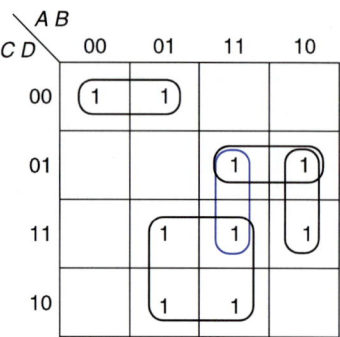

두 번째 맵에서 보는 바와 같이 처음 2개 항의 합의를 통해 ABD를 얻을 수 있다. 속성 9a를 적용해서 $AB'D + ABD$를 AD로 바꾸고(다음 맵에 나타나 있다), 속성 12a를 통해 $AC'D$를 제거하면 마침내 다음과 같은 식으로 축소된다.

$$G = BC + AD + A'C'D'$$

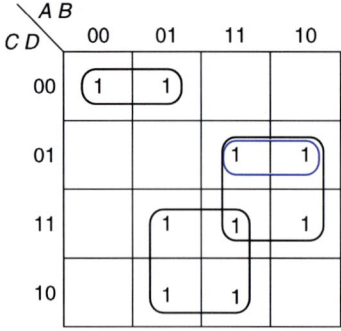 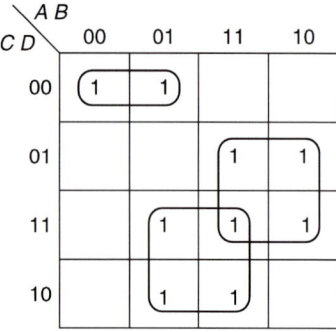

예제 A.3

다음 7개의 문자로 구성된 부울 식을 2개 항으로 축소하여라.

$$h = wx + wz + w'xz' + x'yz + w'yz'$$

첫 번째 맵에 함수의 원래 항들이 나타나 있다. 속성 10a를 첫 번째와 세 번째 항에 적용하면 xz'를 얻는다. 그러면 wx ¢ $wz' = wx$이므로 xz'가 제거되고 두 번째 맵과 같이 된다.

$$h = wz + xz' + x'yz + w'yz'$$

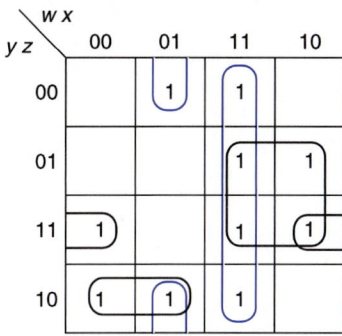 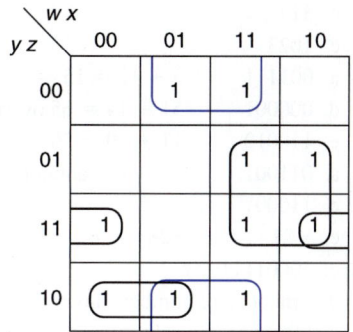

도움말에 있는 합의 속성이 더 이상 없고, 단지 하나의 합의가 존재한다.

$$x'yz ¢ w'yz' = w'x'y$$

위의 항을 추가하면, 다음과 같은 맵이 나오고 계산이 가능해진다.

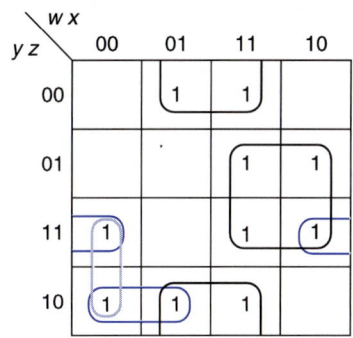 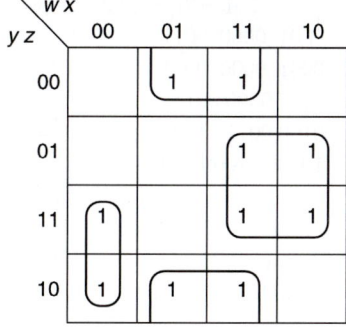

$$wz ¢ w'x'y = x'yz \qquad \text{and} \qquad xz' ¢ w'x'y = w'yz'$$

따라서 $x'yz$와 $w'yz'$를 제거할 수 있고, 네 번째 맵과 같이 축소되어진다.

$$h = wz + xz' + w'x'y$$

APPENDIX B: 연습문제 해답

B.1 Chapter 1 Answers

1.   a. 31   d. 47   h. 0

2.   a. 000001001001

    e. 001111101000

    g. $4200 > 2^{12} = 4096$ Thus, can't represent in 12 bits

3.   a. 96B

    c. 317

4.   c. 1023

5.   a. 001111 $3 + 12 = 15$

    d. 000001 $51 + 14 = 65$ overflow

    e. 110010 $11 + 39 = 50$

6.   a. 011001   c. cannot be stored

    e. 110001

7.   c. $+21$ d. -28 h. -32

8.   c. 10001111

    d. cannot store numbers larger than $+127$

9.   a. 000100 $-11 + (+15) = +4$

    d. 010000 $-22 + (-26) =$ overflow

    f. 101101 $-3 + (-16) = -19$

10. b. 111001   i. $17 - 24 =$ overflow

                    ii. $+ 17 - (+24) = -7$

    c. 110011   i. $58 - 7 = 51$

                    ii. $-6 - (+7) = -13$

    d. 001100   i. $36 - 24 = 12$

                    ii. $-28 - (+24) =$ overflow

11. a. i.   0001 0000 0011

      ii.   0001 0000 0011

     iii.   0001 0000 0011

     iv.   0100 0011 0110

      v.   10100 11000 10001

12.

	i.	ii.	iii.	iv.	v.	vi.
b.	no	18	15	no	27	$+27$
d.	95	no	no	62	149	-107

13. a. ii.   0100010 1001111 1001011 0100010

    b. iii. $9/3 = 3$

B.2 Chapter 2 Answers

2. a.

w	x	y	z	1	2	3
0	0	0	0	1	1	1
0	0	0	1	1	1	1
0	0	1	0	1	1	1
0	0	1	1	1	1	1
0	1	0	0	1	1	1
0	1	0	1	1	1	1
0	1	1	0	1	1	1
0	1	1	1	0	1	1
1	0	0	0	0	1	1
1	0	0	1	0	1	1
1	0	1	0	0	1	1
1	0	1	1	0	0	1
1	1	0	0	0	0	0
1	1	0	1	0	1	0
1	1	1	0	0	0	0
1	1	1	1	0	1	0

d.

A	B	C	D	F
0	0	0	0	1
0	0	0	1	1
0	0	1	0	0
0	0	1	1	0
0	1	0	0	1
0	1	0	1	1
0	1	1	0	1
0	1	1	1	0
1	0	0	0	0
1	0	0	1	1
1	0	1	0	1
1	0	1	1	1
1	1	0	0	0
1	1	0	1	0
1	1	1	0	1
1	1	1	1	1

g.

a	b	c	d	g
0	0	0	0	1
0	0	0	1	0
0	0	1	0	1
0	0	1	1	0
0	1	0	0	1
0	1	0	1	0
0	1	1	0	1
0	1	1	1	1
1	0	0	0	0
1	0	0	1	1
1	0	1	0	0
1	0	1	1	1
1	1	0	0	X
1	1	0	1	X
1	1	1	0	X
1	1	1	1	X

3. a.

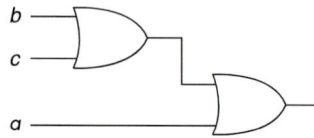 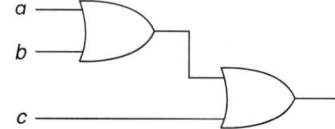

4. a.

X	Y	Z	F
0	0	0	1
0	0	1	0
0	1	0	1
0	1	1	1
1	0	0	1
1	0	1	0
1	1	0	0
1	1	1	1

5. b. $f = h$, but $\neq g$ because of row 011

6. b. ii. sum of three product terms

   d. iv. product of two sum terms

   f. i. product of 1 literal   iii. sum of 1 literal

      ii. sum of 1 product term   iv. product of 1 sum term

   g. none

7. b. 4   d. 3   f. 1   g. 6

8. a. $= z$

   d. $= a'b' + ac$

   f. $= x'y' + x'z + xy$

      also $= x'y' + yz + xy$

9. c. $(a + c')(a' + c)(a' + b') = (a + c')(a' + c)(b' + c')$

10. c.

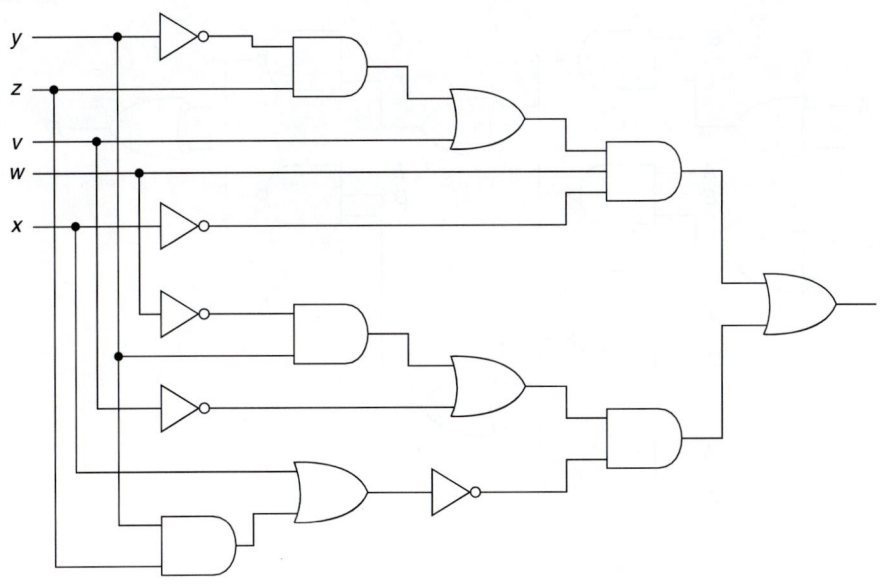

11. c. i. $h = a'c(b + d) + a(c' + bd)$

ii. $= a'bc + a'cd + ac' + abd$

12. a. $f' = (a' + b' + d)(b + c)(a + c' + d')(a + b' + c + d')$

14. a. $f(a, b, c) = \Sigma m(1, 5, 6, 7)$

$g(a, b, c) = \Sigma m(0, 1, 4, 5, 6)$

b. $f = a'b'c + ab'c + abc' + abc$

$g = a'b'c' + a'b'c + ab'c' + ab'c + abc'$

c. $f = b'c + ab$

$g = b' + ac'$

d. $f'(a, b, c) = \Sigma m(0, 2, 3, 4)$

$g'(a, b, c) = \Sigma m(2, 3, 7)$

e. $f = (a + b + c)(a + b' + c)(a + b' + c')(a' + b + c)$

$g = (a + b' + c)(a + b' + c')(a' + b' + c')$

f. $f = (b + c)(a + b')$

$g = (a + b')(b' + c')$

16. a. yes   b. no   c. yes   d. no   e. no   f. yes

18. a. $f = a(bc)' + (c + d')' = ab' + ac' + c'd$

e. $f = 1 \oplus (ab + cd) = a'c' + a'd' + b'c' + b'd'$

19. d.

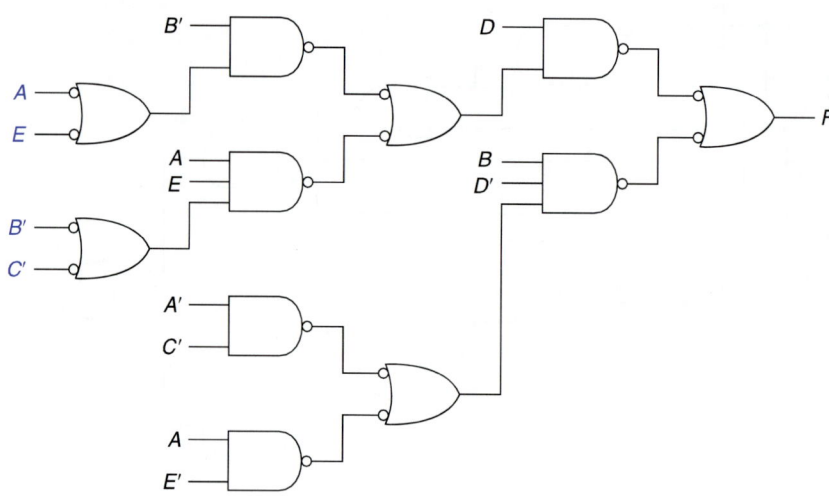

20. c. $f = b + a'c$

21. c. $F = W'Z' + Y'Z + WXY$

e. $G = B'D + BC + A'D$

g. $g = bc'd + abc + a'bd'$
$= a'bc' + abd + bcd'$

22. a. $f = a'b'c' + a'bd + a'cd' + abc + a'c'd$
$+ a'b'd' + a'bc + bcd + bcd'$
$= bc + a'c'd + a'b'd'$

23. b. $g = x'y'z' + x'y'z + x'yz' + x'yz + xyz + xy'z'$
$g(w, x, y, z) = \Sigma m(0, 1, 2, 3, 4, 7)$

24. c. $xy + w'z$

25. c. $(b' + d)(c + d)(a' + b + d')(b' + c' + d')$

26. a. $f = w(y' + xz') + z(y' + w'x')$

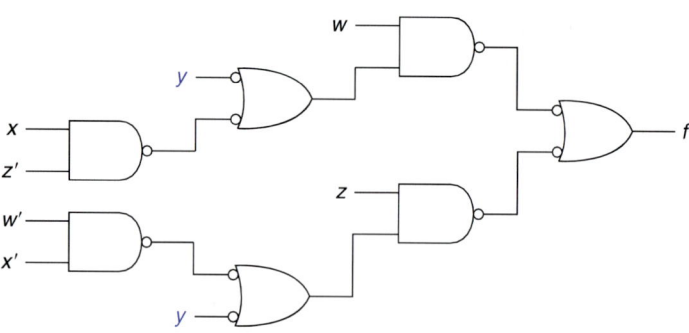

d. $F = B'[D'(A' + CE) + A'C] + B(AC' + C'D)$

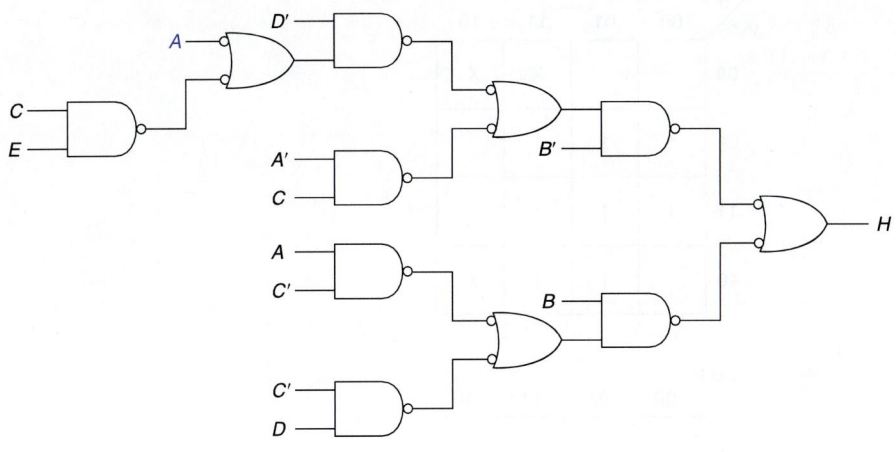

27. a. $F = BE(ACD + C'D' + A'C') + B'(E' + A'C) + CD'E'$
        3   3   3   2   2   3   2   2 2   3   3 packs
   $= BE(C'(A' + D') + ACD) + B'E' + CD'E' + A'B'C$
        3   2   2   2   3   4   2   3   3   3 packs

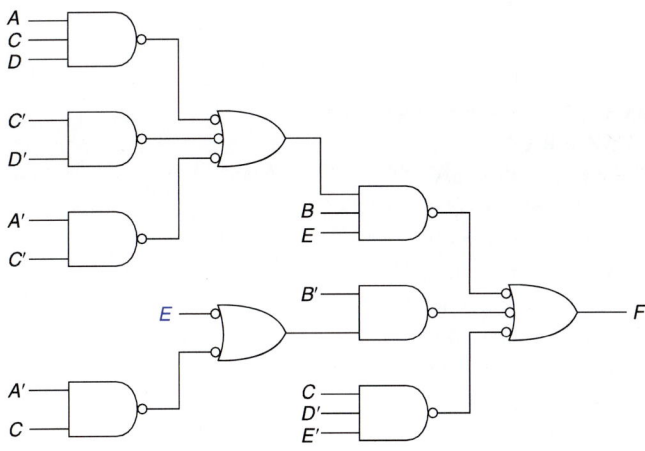

B.3　Chapter 3 Answers

1.　b.

yz \ wx	00	01	11	10
00			X	X
01	1	1	1	
11	1	1		
10		1	1	X

　　c.

cd \ ab	00	01	11	10
00		1		
01		1	1	1
11	1	1		1
10	1	1		1

2.　b.　$g = w'x' + wx + wy$　　$g = w'x' + wx + x'y$

　　e.　$G = X'Z' + W'XZ + WXY'$

　　i.　$h = pq + qr' + r's' + p'q'r + prs$
　　　$h = pq + qr' + r's' + p'q'r + q'rs$
　　　$h = pq + qr' + r's' + q'rs + p'q's'$

　　l.　Prime Implicants: $xy, yz, xz, wz, w'x, w'y'z', x'y'z', wx'y'$
　　　Minimum: $g = yz + xy + w'x + wz + x'y'z'$

　　m.　$H = X'Z' + W'X'Y + W'XZ + WXY'$
　　　$H = X'Z' + W'YZ + W'XZ + WXY'$
　　　$H = X'Z' + W'YZ + XY'Z + WXY'$
　　　$H = X'Z' + W'YZ + XY'Z + WY'Z'$

　　n.　$f = a'c' + ab' + cd' + bd$
　　　$f = b'c' + a'b + cd' + ad$
　　　$f = c'd + ac + a'b + b'd'$
　　　$f = a'c' + ad + bc + b'd'$
　　　$f = b'c' + bd + ac + a'd'$
　　　$f = c'd + bc + ab' + a'd'$

p. $f_1 = a'b'c'd' + a'cd + a'bc + acd' + ab'd + abc' + a'bd$

$f_2 = a'b'c'd' + a'cd + a'bc + acd' + ab'd + abc' + bc'd$

$f_3 = a'b'c'd' + a'cd + a'bc + acd' + ab'd + ac'd + a'bd$

$f_4 = a'b'c'd' + a'cd + a'bc + abd' + ab'c + ac'd + a'bd$

$f_5 = a'b'c'd' + a'cd + a'bc + abd' + ab'c + ac'd + bc'd$

$f_6 = a'b'c'd' + a'cd + a'bc + abd' + ab'c + ab'd + a'bd$

$f_7 = a'b'c'd' + a'cd + bcd' + acd' + ab'd + ac'd + a'bd$

$f_8 = a'b'c'd' + a'cd + bcd' + acd' + ab'd + abc' + a'bd$

$f_9 = a'b'c'd' + a'cd + bcd' + acd' + ab'd + abc' + bc'd$

$f_{10} = a'b'c'd' + a'cd + bcd' + ab'c + ab'd + abc' + a'bd$

$f_{11} = a'b'c'd' + a'cd + bcd' + ab'c + ab'd + abc' + bc'd$

$f_{12} = a'b'c'd' + a'cd + bcd' + ab'c + ab'd + abd' + bc'd$

$f_{13} = a'b'c'd' + a'cd + bcd' + ab'c + ac'd + abd' + a'bd$

$f_{14} = a'b'c'd' + a'cd + bcd' + ab'c + ac'd + abd' + bc'd$

$f_{15} = a'b'c'd' + a'cd + bcd' + ab'c + ac'd + abc' + a'bd$

$f_{16} = a'b'c'd' + a'cd + bcd' + ab'c + ac'd + abc' + bc'd$

$f_{17} = a'b'c'd' + b'cd + ab'c + bcd' + a'bd + abc' + ac'd$

$f_{18} = a'b'c'd' + b'cd + ab'c + bcd' + a'bd + abc' + ab'd$

$f_{19} = a'b'c'd' + b'cd + ab'c + bcd' + a'bd + abd' + ac'd$

$f_{20} = a'b'c'd' + b'cd + ab'c + abd' + a'bc + bc'd + ac'd$

$f_{21} = a'b'c'd' + b'cd + ab'c + abd' + a'bc + bc'd + ab'd$

$f_{22} = a'b'c'd' + b'cd + ab'c + abd' + a'bc + ac'd + a'bd$

$f_{23} = a'b'c'd' + b'cd + acd' + a'bc + a'bd + abc' + ab'd$

$f_{24} = a'b'c'd' + b'cd + acd' + a'bc + a'bd + abc' + ac'd$

$f_{25} = a'b'c'd' + b'cd + acd' + a'bc + a'bd + abd' + ac'd$

$f_{26} = a'b'c'd' + b'cd + acd' + a'bc + bc'd + abc' + ac'd$

$f_{27} = a'b'c'd' + b'cd + acd' + a'bc + bc'd + abc' + ab'd$

$f_{28} = a'b'c'd' + b'cd + acd' + a'bc + bc'd + abd' + ac'd$

$f_{29} = a'b'c'd' + b'cd + acd' + a'bc + bc'd + abd' + ab'd$

$f_{30} = a'b'c'd' + b'cd + acd' + bcd' + a'bd + abc' + ac'd$

$f_{31} = a'b'c'd' + b'cd + acd' + bcd' + a'bd + abc' + bc'd$

$f_{32} = a'b'c'd' + b'cd + acd' + bcd' + a'bd + abd' + ac'd$

3. b. Prime Implicants: $xy, yz, xz, wz, w'x, w'y'z', x'y'z', wx'y'$

Minimum: $g = yz + xy + w'x + wz + x'y'z'$

4. b. $g = wx + yz + xy + xz + wy + wz$

5. c. $f_1 = ab' + b'd' + cd + a'bc'$

$f_2 = ab' + b'd' + cd + a'bd$

$f_3 = ab' + b'd' + b'c + a'bd$

f. $f_1 = cd' + a'b + b'd' + ac'd$

$f_2 = cd' + a'b + b'd' + ab'c'$

$f_3 = cd' + a'b + a'd' + ab'c'$

6. c. All are different.

f. f_2 and f_3 are equal; f_1 treats m_{13} differently

7. a. $f = A'B + C'D + AD$

$f = (B + D)(A + B + C')(A' + D)$

d. $f_1 = a'd' + ad + bc + ab$

$f_2 = a'd' + ad + bc + bd$

$f_3 = (a' + b + d)(a + c + d')(a + b + d')$

i. $f_1 = w'z + wy + xz$

$f_2 = w'z + wy + wx$

$f_3 = w'z + wx + x'z$

$f_4 = w'z + wx + yz$

$f_5 = w'x' + wx + yz$

$f_6 = w'x' + wy + xz$

$f_7 = (w + z)(w' + x + y)$

8. a, d. Since there are no don't cares, all solutions to each problem are equal.

i. All are different.

9. c. $H = AB'E + BD'E' + BCDE + A'CD'E$

f. $H = V'W'Z + V'WY + VWY' + W'X'Z' + VWXZ$

$H = V'W'Z + V'WY + VWY' + W'X'Z' + WXYZ$

i. $H = A'C'D + CDE' + B'CE + AD'E + \{ACD' \text{ or } ACE'\}$

$H = A'C'D + CDE' + B'CE + ACD' + C'D'E$

n. $G = X'Y' + V'XZ + \{VWZ \text{ or } WXZ\}$

10. b. $G = B'C'E'F' + BD'F + AB'C'D' + CDEF + A'B'C'E$
$+ ABF + BC'F + A'BCDE'$

11. a. $f = a'b'd + ab'c' + bc'd + acd'$

$g = a'b + bc'd + acd'$

e. $F = WY + WZ' + W'XZ + W'X'Y'Z$

$G = Y'Z' + W'XY + W'X'Y'Z$

h. $f = c'd' + a'cd + bd$

$g = bd + a'c'd + ab' + \{abc \text{ or } acd'\}$

$h = b'cd' + bd + a'c'd + a'bc' + \{abc \text{ or } acd'\}$

j. $f = b'c'd + a'b' + a'c'd$ or

$f = b'c'd + a'b' + bc'd'$ or

$f = b'c'd + b'c + a'c'd$

$g = b'c'd + cd'$

12. b. $F = A'B'C'D + AC'D' + ACD + BCD' + A'BCD$

$G = A'B'C'D' + BCD' + A'BCD$

$H = AC'D' + AD + A'BCD + A'B'C'D'$

$F = A'B'C'D + AC'D' + ACD + BCD' + A'BCD$

$G = A'B'C'D' + BCD' + A'BCD$

$H = ACD + AC' + A'BCD + A'B'C'D'$

B.4 Chapter 4 Answers

1., 2. b. $w'x'$ d. $r's'$ f. $a'b$ h. $V'W'X'$

wx	qr'	$b'd'$	$W'X'Z'$
$x'y$	pq	cd'	$V'W'Z$
wy	$p'q's'$	$a'c$	$V'YZ$
	$p'q'r$	$a'd'$	$V'WY$
	prs	$ac'd$	$V'X'Y$
	$q'rs$	$bc'd$	$VX'Y'Z'$
		$ab'c'$	VWY'
			$VWXZ$
			$WXYZ$

3.

b. $g = w'x' + wx + wy$
$g = w'x' + wx + x'y$

d. $h = pq + qr' + r's' + p'q'r + prs$
$h = pq + qr' + r's' + p'q'r + q'rs$
$h = pq + qr' + r's' + q'rs + p'q's'$

f. $f_1 = cd' + a'b + b'd' + ac'd$
$f_2 = cd' + a'b + b'd' + ab'c'$
$f_3 = cd' + a'b + a'd' + ab'c'$

h. $H = V'W'Z + V'WY + VWY' + W'X'Z' + VWXZ$
$H = V'W'Z + V'WY + VWY' + W'X'Z' + WXYZ$

4., 5.

b. Prime implicants of F: $W'Y'Z, XYZ, WY, WZ', W'XZ$
Prime implicants of G: $Y'Z', W'X'Y', W'XY, W'XZ'$
Shared terms: $W'XYZ, W'X'Y'Z, WY'Z'$

d. Terms for f only: $a'cd, c'd', bc'$
Terms for g only: $c'd, ab', ac, ad$
Term for h only: $b'cd'$
Term for f and g: $ab'c'd'$
Term for f and h: $a'bc$
Terms for g and h: $a'c'd, abc, acd'$
Term for all three: bd

6.

b. $F = WY + WZ' + W'XZ + W'X'Y'Z$
$G = Y'Z' + W'XY + W'X'Y'Z$

d. $f = c'd' + a'cd + bd$
$g = bd + a'c'd + ab' + \{abc \text{ or } acd'\}$
$h = b'cd' + bd + a'c'd + a'bc' + \{abc \text{ or } acd'\}$

B.5 Chapter 5 Answers

2. a. The truth table for this module is

a	b	c	y	s	t
0	0	0	0	1	0
0	0	1	0	1	1
0	1	0	0	1	1
0	1	1	1	0	0
1	0	0	1	0	0
1	0	1	1	0	1
1	1	0	1	0	1
1	1	1	1	1	0

$$y = a + bc \qquad s = a'b' + a'c' + abc \qquad t = b'c + bc'$$

b. The delay from c to y is 2 for each module. The total delay is $32 + 1$.

7.

a	b	c	X	Y
0	0	0	0	0
0	0	1	0	1
0	1	0	0	0
0	1	1	1	1
1	0	0	0	0
1	0	1	1	1
1	1	0	1	0
1	1	1	1	1

9.

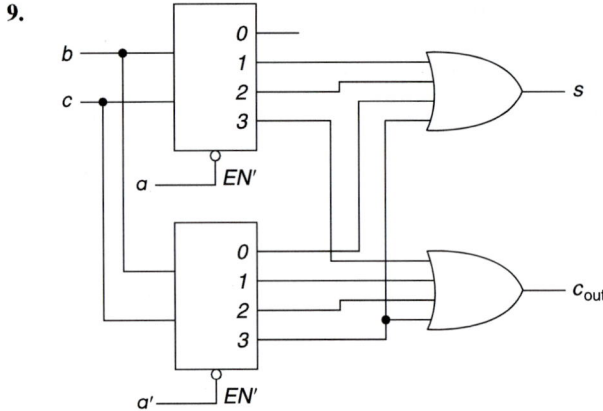

12.

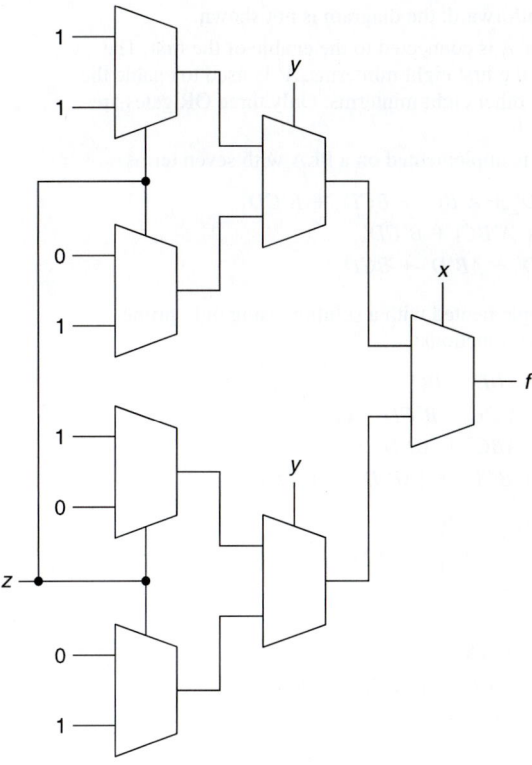

18. a.

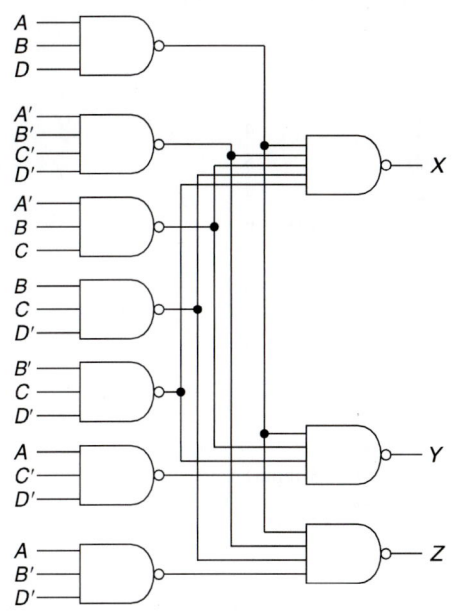

b. The solution is straightforward; the diagram is not shown.

c. We need two decoders. A is connected to the enable of the first. The outputs correspond to the first eight minterms. A' is used to enable the second, producing the other eight minterms. Only three OR gates are needed.

d. The solution of part a is implemented on a PLA with seven terms:

$$X = ABD_1 + A'B'C'D'_2 + A'BC_3 + BCD'_4 + B'CD'_5$$
$$Y = AC'D' + ABD_1 + A'BC_3 + B'CD'_5$$
$$Z = ABD_1 + A'B'C'D'_2 + AB'D' + BCD'_4$$

e. The PAL would be implemented with a solution using only prime implicants of individual functions:

$$X = A'B'D' + CD' + ABD + BC$$
$$Y = AC'D' + ABD + A'BC + B'CD' \quad \text{or}$$
$$\quad = A'CD' + BCD + ABC' + AB'D'$$
$$Z = B'C'D' + ABD + BCD' + \{AB'D' + ACD'\}$$

21. a. $X1 = B'D'_2 + BD + AC'_1 + A'C$

$X2 = B' + C'D' + AD' + AC'_1 + A'CD$

$X3 = D + B'C' + A'B + AC_4 \quad \text{***}$

or

$\quad = D + A'C' + BC + AB'$

$X4 = B'D'_2 + A'B'C_5 + A'CD'_6 + BC'D + ABD + AC'_1$

$X5 = B'D'_2 + A'CD'_6 + AC'D'$

$X6 = A'BC' + ABC + AB'C' + \{B'C'D' \text{ or } A'C'D'\}$
$\quad + \{ACD' \text{ or } AB'D'\} + \{BCD' \text{ or } A'BD'\}$

$X7 = BC' + AC'_1 + AB_3 + A'B'C_5 + \{A'CD'^*_6 \text{ or } BD'\}$

$X8 = AB_7 + AC_3$

Package Count

$X1$:	2	2	2	2			4
$X2$:	0	2	2	(2)	3		5
$X3$:	0	2	2	2			4
$X4$:	(2)	3	3	3	3	(2)	6
$X5$:	(2)	(3)	3				3
$X6$:	3	3	3	3	3	3	6
$X7$:	2	(2)	2	(3)	2		5
$X8$:	(2)	(2)					2

2's:	13	7430s:	4	32 gates/95 inputs	
3's:	13	7420s:	1		
4's:	2	7410s:	5	(2 left over)	
5's:	2	7400s:	3	(use one 3-input)	
6's:	2		Total: 13 packages		

---

*Solving $X7$ alone, you would use BD' in place of $A'CD'$. But, the latter is also a prime implicant and can be shared, saving one gate and three inputs. Gate count is based on BD'.

b. $X1 = B'D_1' + AC_3' + A'CD_2 + BD$

$X2 = B' + A'CD_2 + AC_3' + C'D' + ACD_8'$

$X3 = D + ACD_8' + B'C'D_{10}' + A'BD_5'$

$X4 = A'B'C_4 + B'D_1' + AC_3' + A'CD_7' + A'BC'D_6 + ABCD_9$

$X5 = B'D_1' + A'CD_7' + AC'D'$

$X6 = ACD_8' + B'C'D_{10}' + ABCD_9 + A'BC'D_6 + AB'C' + A'BD_5'$

$X7 = A'B'C_4 + AC_3' + A'BC'D_6 + AB_{11} + A'BD_5'$

$X8 = AC + AB_{11}$

Package Count

$X1$:	2	2	3	2			4
$X2$:	0	(3)	(2)	2	3		5
$X3$:	0	(3)	3	3			4
$X4$:	3	(2)	(2)	3	4	4	6
$X5$:	(2)	(3)	3				3
$X6$:	(3)	(3)	(4)	(4)	3	(3)	6
$X7$:	(3)	(2)	(4)	2	(3)		5
$X8$:	2	(2)					2

2's:	7	7430s:	4	24 gates /79 inputs
3's:	9	7420s:	2	
4's:	4	7410s:	3	
5's:	2	7400s:	2	
6's:	2	Total: 11 packages		

c. The PLA implementation of part b would require 18 product terms, one for each of the product terms shown, including the single literal terms (B' in $X2$ and D in $X3$). We could do this with only 16 product terms if we treated the PLA as a ROM (that is, created the 16 minterms). This would not have worked for part b, since it requires gates of more than eight inputs for those functions with more than 8 minterms (all but $X5$ and $X8$).

B.6 Chapter 6 Answers

1. b.

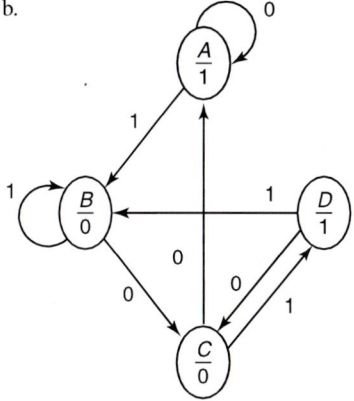

x 1 1 0 1 0 1 0 1 0 0 1 0 1 1

q A B B C D C D C D C A B C D B

z 0 0 0 0 1 0 1 0 1 0 0 0 0 1 0 0

4. c.

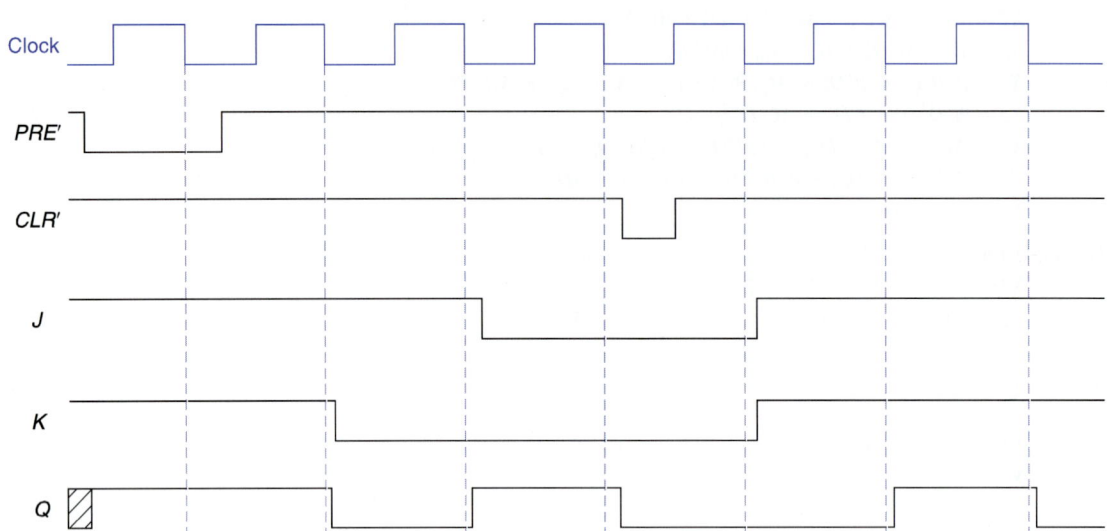

7. b.

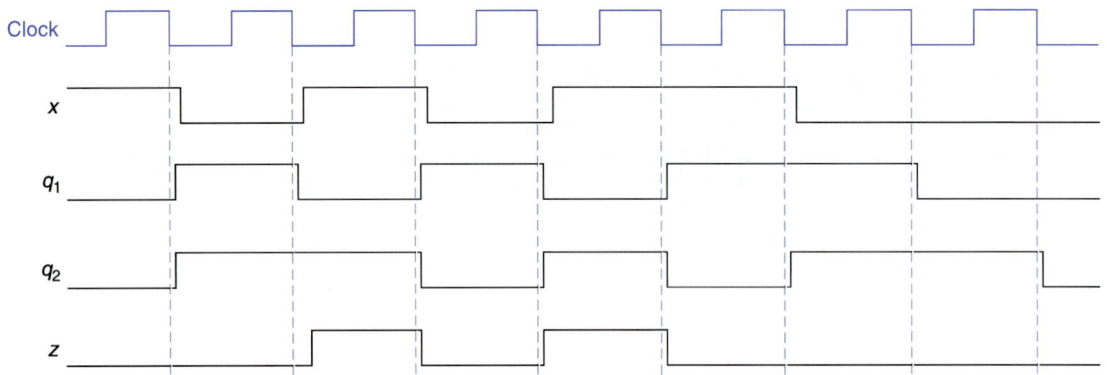

8. a.

q_1q_2	$q_1^\star q_2^\star$		z
	$x = 0$	$x = 1$	
0 0	1 0	1 0	1
0 1	0 0	1 0	0
1 0	1 1	1 1	1
1 1	0 1	1 1	1

x 0 0 1 1 0 0 1 1 0

q_1 0 1 1 1 1 0 0 1 1 0 ? 1 ?

q_2 0 0 1 1 1 1 0 0 1 1 0 ? 1

z 1 1 1 1 1 0 1 1 1 0 1 1 ?

9. c.

x	0	1	1	0	0	1	1	1	0		
A	0	0	0	1	1	1	1	0	1	1	1
B	0	1	1	1	0	0	0	0	1	0	0	0
C	0	1	0	0	1	1	0	0	0	1	
z	0	1	0	0	0	0	0	0	0	0	0	0

B.7 Chapter 7 Answers

2. a. The output equation is the same for all types of flip flop:

$$z = x'B + xB'$$
$$D_A = x'B' + xA \qquad D_B = x' + A$$
$$S_A = x'B' \qquad R_A = x'B \text{ (or } x'A) \qquad S_B = x' \qquad R_B = xA'$$
$$T_A = x'A + x'B' \qquad T_B = x'B' + xA'B$$
$$J_A = x'B' \qquad K_A = x' \qquad J_B = x' \qquad K_B = xA'$$

f. $z = A'$

$$D_A = x'A' + xAB' \qquad D_B = x'B + xB'$$
$$J_A = x' \qquad K_A = x' + B \qquad J_B = x \qquad K_B = x$$
$$S_A = x'A' \qquad R_A = x'A + AB \qquad S_B = xB' \qquad R_B = xB$$
$$T_A = x' + AB \qquad T_B = x$$

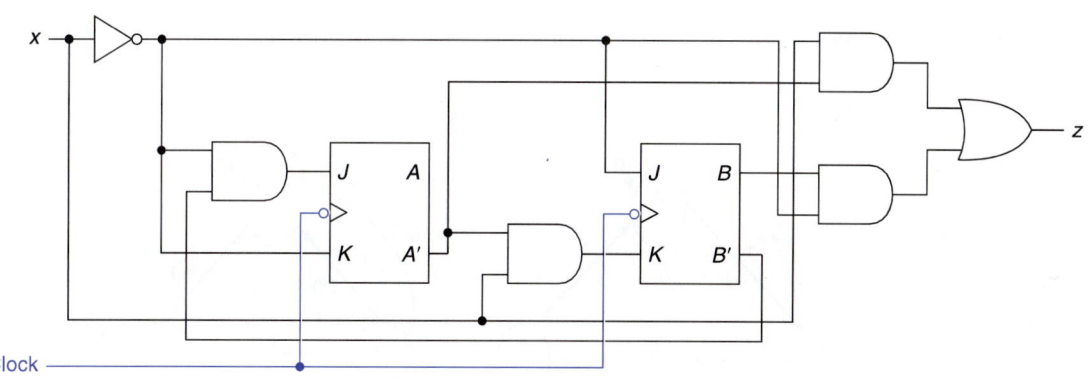

3. c. $z = q_1'q_2'$

$$D_1 = x'q_1' + xq_1 \qquad D_2 = xq_1'q_2'$$
$$J_1 = x' \quad K_1 = x' \qquad J_2 = xq_1' \quad K_2 = 1$$

4. b. (i) $D_1 = xq_1'q_2'$

$$D_2 = q_1 + x'q_2' + xq_2 = q_1 + x'q_1'q_2' + xq_2$$
$$z = x'q_1'q_2' + xq_2 = x'q_1'q_2' + xq_2$$

(ii) $D_1 = xq_2'$

$$D_2 = q_1 + q_2' + x$$
$$z = x'q_2' + xq_1'q_2$$

(iii) $D_1 = x' + q_1' + q_2'$

$$D_2 = xq_1 + xq_2'$$
$$z = xq_2 + x'q_1'$$

7. a. $D_D = CBA + DB' + DA'$ $\qquad J_D = CBA$ $\qquad K_D = BA$

   $D_C = D'C'BA + CB' + CA'$ $\quad J_C = D'BA$ $\qquad K_C = BA$

   $D_B = B'A + BA'$ $\qquad\qquad\quad J_B = K_B = A$

   $D_A = A'$ $\qquad\qquad\qquad\qquad J_A = K_A = 1$

8. b. $D_C = BA + \{CB' \text{ or } B'A'\}$ $\quad J_C = B$ $\qquad K_C = BA'$

   $D_B = B' + CA$ $\qquad\qquad\quad\ J_B = 1$ $\qquad K_B = C' + A'$

   $D_A = B' + A'$ $\qquad\qquad\quad\ J_A = 1$ $\qquad K_A = B$

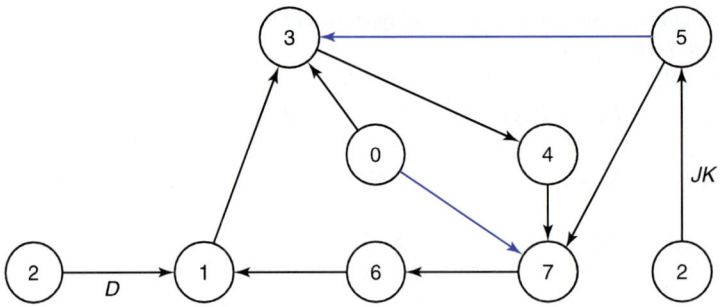

Brown path from 0 and 5 when $D_C = BA + B'A'$

10. a. $J_A = B$ $\quad K_A = x + B$ $\quad J_B = x' + A'$ $\quad K_B = 1$

    b. $11 \rightarrow 00$

16. b.   f.

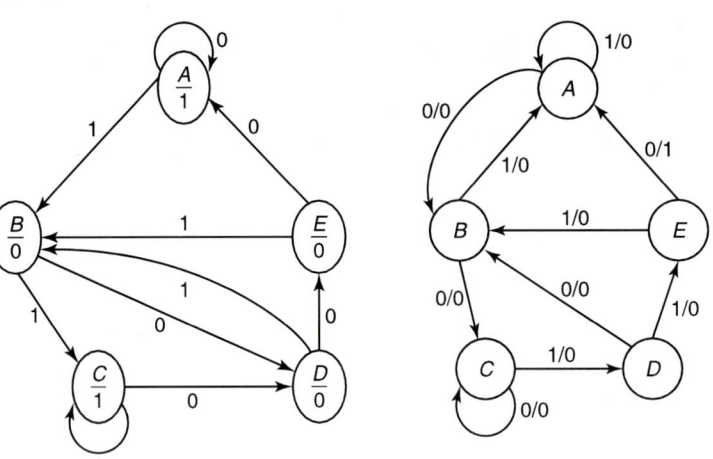

k.

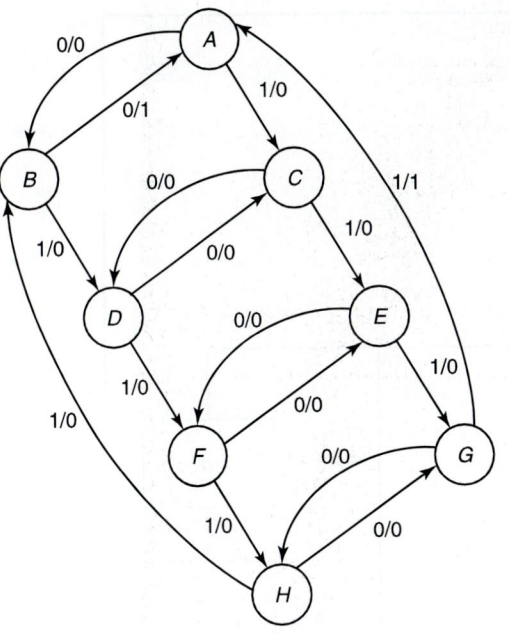

l.

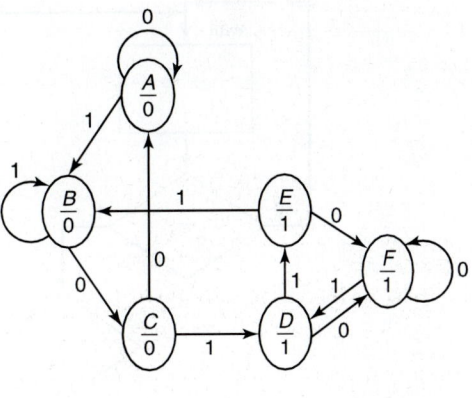

B.8 Chapter 8 Answers

4. a. Assume CLR' is clocked, but does not require counter to be enabled.

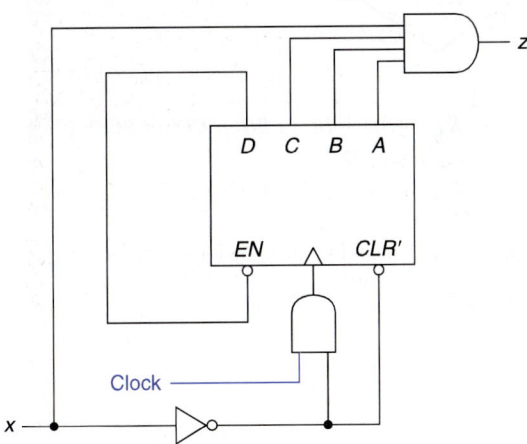

b. $z = x\, q_1'\, q_2'\, q_3'\, q_4'\, q_5'\, q_6'\, q_7'\, q_8$
$= x(q_1 + q_2 + q_3 + q_4 + q_5 + q_6 + q_7)'\, q_8$

8.

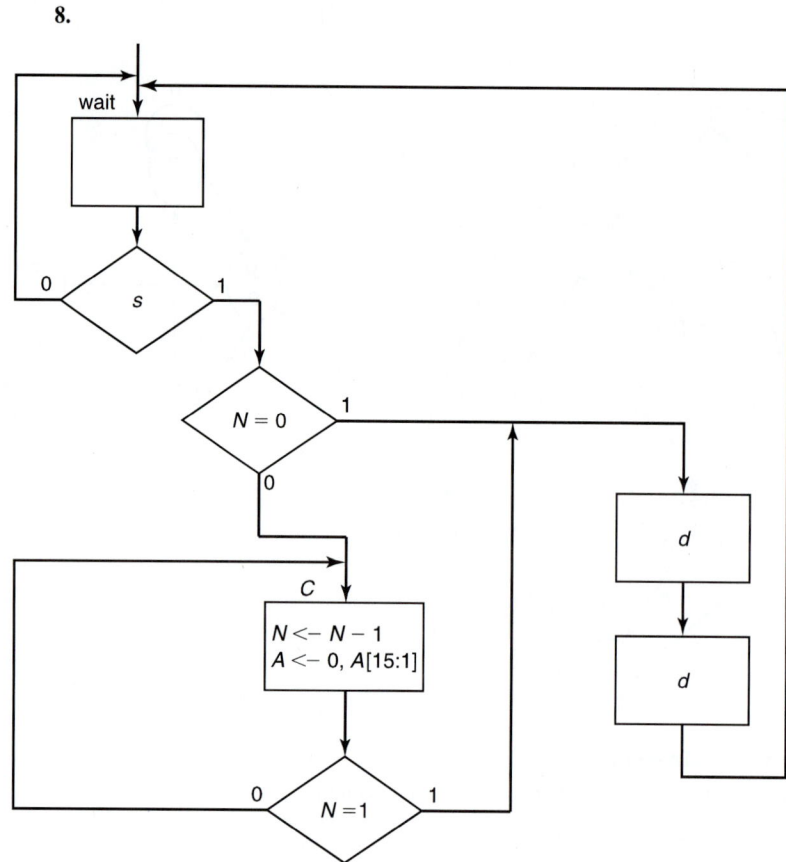

9. a. $J_A = B + C$ $K_A = \{BD + BC \text{ or } BD + CD' \text{ or } BC + C'D\}$

$J_B = D$ $K_B = C + D$

$J_C = AD' + B'D'$ $K_C = A'D + \{AD \text{ or } BD'\}$

$J_D = 1$ $K_D = 1$

In some cases, the next state depends on the choice for K_A or K_C. Those transitions are shown with dashed lines. In any case, the sequence is reached within three clocks.

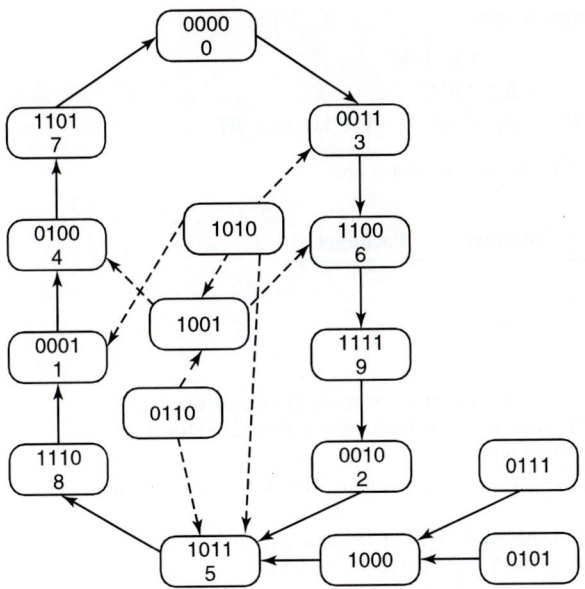

b. A table for the minimal sum of product expressions is shown.

	X1	X2	X3	X4	X5	X6	X7
$A'B'D'$	X			X	X		
$B'CD$	X		X	X			X
ABC	X	X					X
ABD	X	X	X				
$A'C'D'$		X	X			X	
$A'B'C'$		X	X				
$A'B'C$		X					X
ABD'			X	X	X	X	
ACD						X	
$BC'D'$							X
or inputs	4	5	5	3	2	3	4

12. The state table for this counter follows:

a. i. For the D flip flop, we have

$$D_A = A'BC + xAB' + xAC'$$
$$D_B = B'C + BC' + xA'B' + \{AB \text{ or } AC\}$$
$$D_C = x'AC + xA'B' + xAC' + BC' + A'C'$$

The NAND gate requirements are

Size	Number	Packages
1	1 (x')	0 (from 4)
2	4	1
3	6	2
4	1	1
5+	1	1

The cost is thus $1.25 for gates plus the flip flops.

ii. Using *JK* flip flops, we get

$$J_A = BC \qquad\qquad K_A = x' + BC$$
$$J_B = C + xA' \qquad K_B = A'C$$
$$J_C = x + A' + B \qquad K_C = x'A' + xA + \{xB \text{ or } A'B\}$$

For this, the NAND gate requirements are

Size	Number	Packages
1	3	1
2	8	2
3	2	1

The two extra NOT gates (1-input) are needed to create the AND for J_A and K_B. The cost is thus $1.00 for gates plus $2.00 for the flip flops, a total of $3.00.

b. Thus, if the *D* flip flop packages cost less than $0.875, the first solution is less expensive.

If we can use one *D* package and one *JK* package, the best option is to use the *JK* package for *B* and *C*, and one of the *D*s for *A* (using *xB* and a shared *xAB'* in place of *xA* in K_C). That would require

Size	Number	Packages
1	2	0 (from 2's)
2	5	2
3	6	2

This solution would cost $2.00 plus the cost of the *D* package. If the *D* package cost between $0.75 and $0.875, this solution would be better.

c. This flip flop will be set when the system is in state 5, 6, or 7 and *x* is 0, or when in state 0 or 1 and the input is 1. It can be cleared whenever the system is in state 3. Thus, for the new flip flop,

$$J = xA'B' + x'AB + x'AC$$
$$K = A'BC$$

and the output is just the state of that flip flop.

d. All of the outputs come from flip flops. We can compute the inputs for a *D* flip flop for *Q* using

$$D = Q^\star = JQ' + K'Q$$

and then simplifying the algebra. The result is

$$D = AQ + B'Q + C'Q + xA'B' + x'AB + x'AC$$

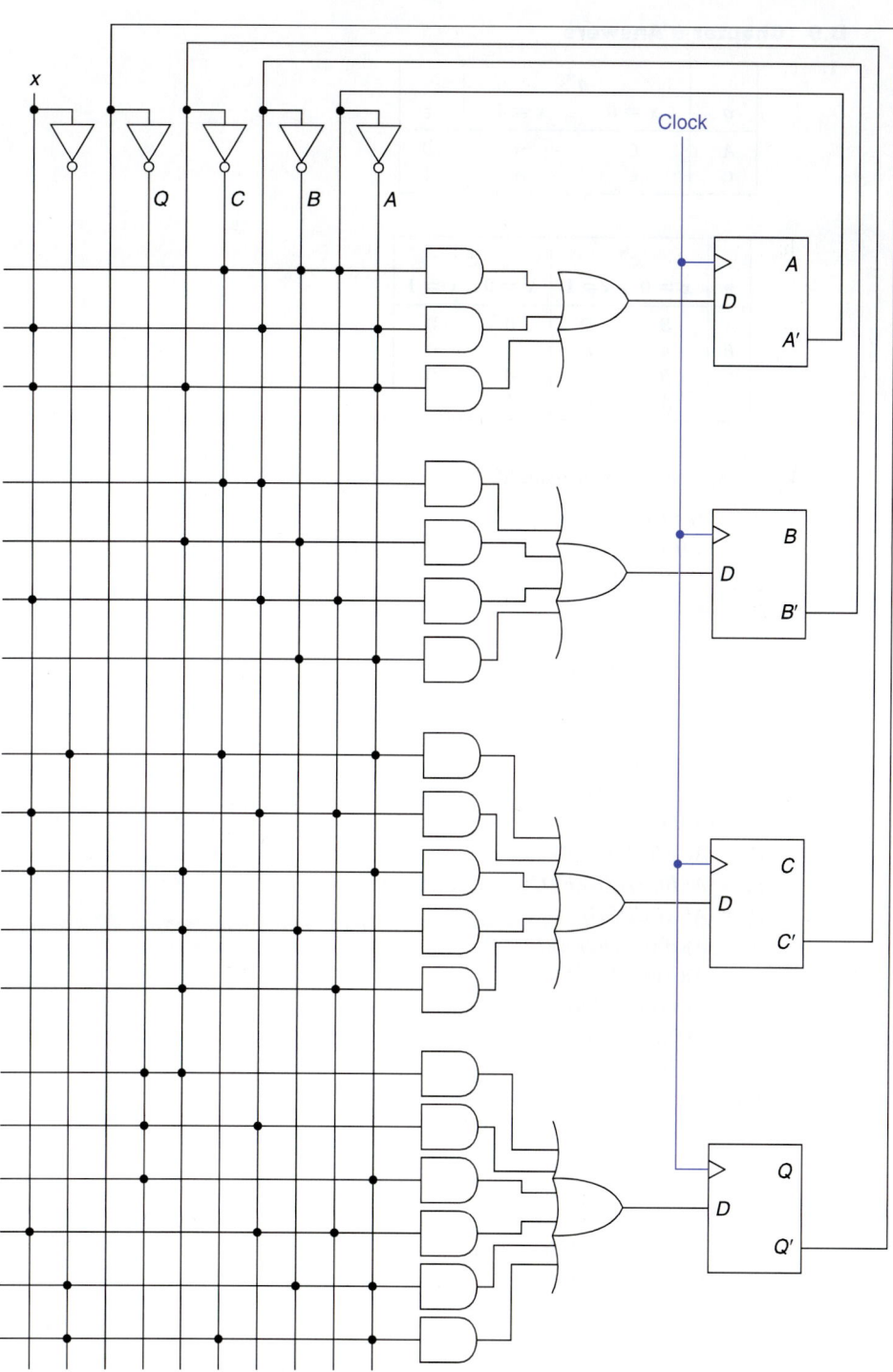

B.9　Chapter 9 Answers

1. c.

q	$q^\star$ $x = 0$	$x = 1$	z
A	C	A	0
C	C	A	1

h.

q	$q^\star$ $x = 0$	$x = 1$	z $x = 0$	$x = 1$
A	B	D	0	0
B	A	B	1	0
C	B	A	0	0
D	A	C	1	1

k.　The system cannot be reduced.

2. c.　$P_1 = (AB)(CD)(E)$
$P_2 = (ABE)(CD)$
$P_3 = (A)(BC)(DE)$
$P_4 = (AB)(CDE)$
$P_5 = (A)(B)(C)(DE)$

h.　$P_1 = (AE)(B)(C)(D)(F)(G)$
$P_2 = (AEF)(BG)(C)(D)$
$P_3 = (AE)(BG)(C)(D)(F)$

k.　$P_1 = (ADG)(B)(C)(E)(F)$
$P_2 = (AE)(BCD)(FG)$
$P_3 = (AEFG)(BCD)$
$P_4 = (AG)(B)(C)(D)(E)(F)$
$P_5 = (A)(BC)(D)(E)(F)(G)$
$P_6 = (AE)(BCDFG)$
$P_7 = (A)(B)(C)(DG)(E)(F)$
$P_8 = (A)(B)(C)(D)(EF)(G)$
$P_9 = (ADG)(BC)(E)(F)$
$P_{10} = (ADG)(B)(C)(EF)$
$P_{11} = (AG)(BC)(D)(E)(F)$
$P_{12} = (AG)(B)(C)(D)(EF)$
$P_{13} = (A)(BC)(DG)(E)(F)$
$P_{14} = (A)(BC)(D)(EF)(G)$
$P_{15} = (A)(B)(C)(DG)(EF)$
$P_{16} = (ADG)(BC)(EF)$
$P_{17} = (AG)(BC)(D)(EF)$
$P_{18} = (A)(BC)(DG)(EF)$

3. c. i.

q	$q^{\star}$		z
	$x = 0$	$x = 1$	
A	A	B	0
B	A	B	1

ii.

q	$q^{\star}$		z
	$x = 0$	$x = 1$	
A	A	B	1
B	E	C	0
C	E	B	1
E	F	A	0
F	E	A	1

iii.

q	$q^{\star}$		z
	$x = 0$	$x = 1$	
A	A	B	0
B	E	C	0
C	E	B	1
D	A	B	1
E	F	D	1
F	E	D	0

iv.

q	$q^{\star}$		z
	$x = 0$	$x = 1$	
A	A	B	0
B	E	B	0
E	E	A	1

5. c. The three SP partitions are

$$P_1 = (ABC)(DEF)$$
$$P_2 = (AF)\,(B)\,(C)\,(D)\,(E)$$
$$P_3 = (A)\,(BE)\,(C)\,(D)\,(F)$$

P_1 is the only two-block SP partition; it can be used for the first variable. If we use the output consistent partition, $P_{oc} = (ADE)(BCF)$, for q_3, we need another partition that separates D from E, and B from C. Using P_2, we should keep A and F together, and using P_3, we should keep B and E together. Two such partitions for q_2 use

$$P_4 = (ACDF)(BE)$$
$$P_5 = (ABEF)(CD)$$

producing the assignments

q	q_1	q_2	q_3
A	0	0	0
B	0	1	1
C	0	0	1
D	1	0	0
E	1	1	0
F	1	0	1

q	q_1	q_2	q_3
A	0	0	0
B	0	0	1
C	0	1	1
D	1	1	0
E	1	0	0
F	1	0	1

For the first assignment, the equations are

$$J_1 = x' \qquad\qquad K_1 = 1$$
$$J_2 = xq_1q_3 + xq_1'q_3' \qquad K_2 = x$$
$$J_3 = x' + q_1' + q_2 \qquad K_3 = x'$$
$$z = q_3'$$

using four gates with 11 inputs (plus a NOT).

For the second assignment, the equations are

$$J_1 = x' \qquad\qquad K_1 = 1$$
$$J_2 = xq_1q_3' + xq_1'q_3 \qquad K_2 = xq_1$$
$$J_3 = x' + q_2' \qquad K_3 = x'$$
$$z = q_3'$$

using five gates with 12 inputs (plus a NOT).

Using the first six binary numbers, the solution requires 11 gates with 24 inputs (plus a NOT).

$$J_1 = x'q_2' \qquad\qquad K_1 = 1$$
$$J_2 = xq_1q_3' + xq_1'q_3 \qquad K_2 = xq_3$$
$$J_3 = x' + q_1'q_2' \qquad K_3 = x' + q_1'$$
$$z = q_2'q_3' + q_2q_3$$

APPENDIX C: 테스트 해답

C.1 Chapter 1

1. a. 101011011   b. 533

2.

```
  1 1 1 0                    1 1 0 1 1
  0 1 0 1 1      11          10 1 0 1 1    43
  0 1 1 1 0      1 4         01 1 0 0 1    25
0 1 1 0 0 1     2 5    1   0 0 0 1 0 0     looks like 4—overflow
```

3. a. 149   115   b. −107   +115   c. 95   73

4.

```
    1 0 0                 1 1 0                 1 1 1
    1 1 0 0    −4         1 0 1 0    −6         0 1 0 1    +5
    1 1 0 1    −3         0 1 1 1    +7         0 0 1 1    +3
(0) 1 0 0 1    −7  (1)  0 0 0 1      +1  (0)  1 0 0 0    overflow
```

5. a. 13 − 12 = 1   10 − 6 = 4

     b. −3 − (−4) = +1   −6 − (+6) = overflow

C.2 Chapter 2

1.

A	B	C	D	X	Y	Z
0	0	0	0	0	0	0
0	0	0	1	0	0	1
0	0	1	0	0	1	0
0	0	1	1	0	1	1
0	1	0	0	1	0	1
0	1	0	1	0	0	0
0	1	1	0	0	0	1
0	1	1	1	0	1	0
1	0	0	0	1	1	0
1	0	0	1	1	0	1
1	0	1	0	0	0	0
1	0	1	1	0	0	1
1	1	0	0	1	1	1
1	1	0	1	1	1	0
1	1	1	0	1	0	1
1	1	1	1	0	0	0

2.

a	b	c	f	g
0	0	0	1	1
0	0	1	1	1
0	1	0	1	1
0	1	1	0	0
1	0	0	0	0
1	0	1	0	0
1	1	0	1	1
1	1	1	1	0

NOT equal

3. $a'c + ab'$

4. a.

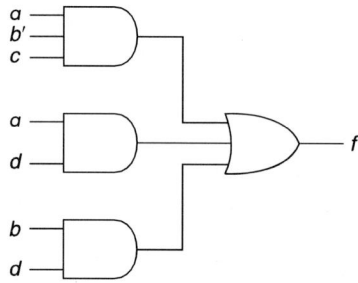

b.

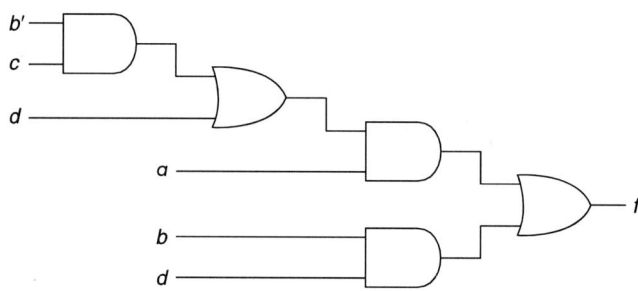

5. a. $f(x, y, z) = \Sigma m(0, 2, 3, 5, 7)$
   b. $f = x'y'z' + x'yz' + x'yz + xy'z + xyz$
   c. $f = x'z' + x'y + xz = x'z' + xz + yz$
   d. $f = (x + y + z')(x' + y + z)(x' + y' + z)$
   e. $f = (x + y + z')(x' + z)$

6. a.

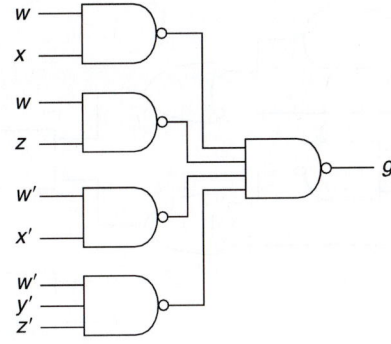

b.

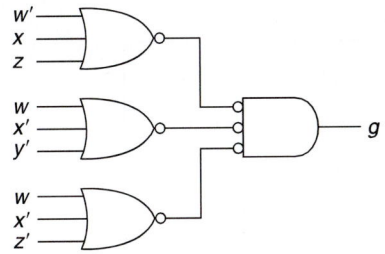

c.

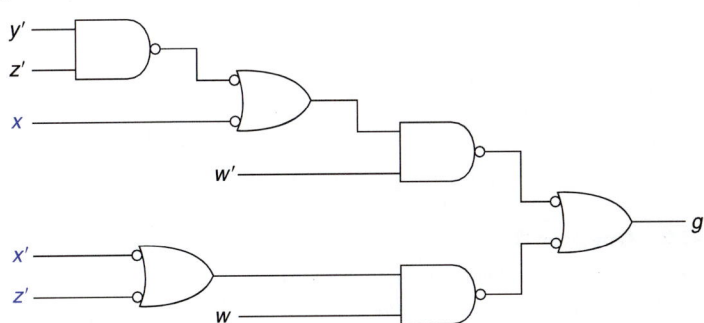

7. a. $f = (b'd' + b'cd') + (bc'd + bcd) + ab'd$
$= b'd' + bd + ab'd$
$= b'd' + d(b + b'a) = b'd' + bd + ad$
$= b'(d' + ad) + bd = b'd' + ab' + bd$

b. $g = (xy'z' + xy'z) + yz + wxy + xz$
$= xy' + yz + wxy + xz = x(y' + yw) + yz + xz$
$= xy' + wx + yz + xz$
$= xy' + wx + yz$ (consensus)

8. a. $a'b'c' + a'b'c + a'bc' + a'bc + ab'c + abc$

b. $w'x'y' + x'y'z' + wyz$

9.

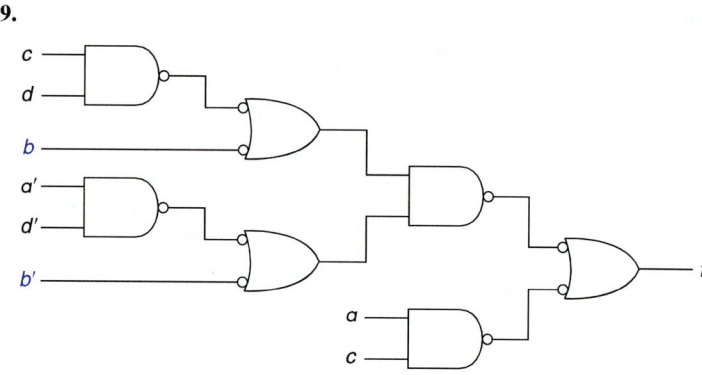

10.

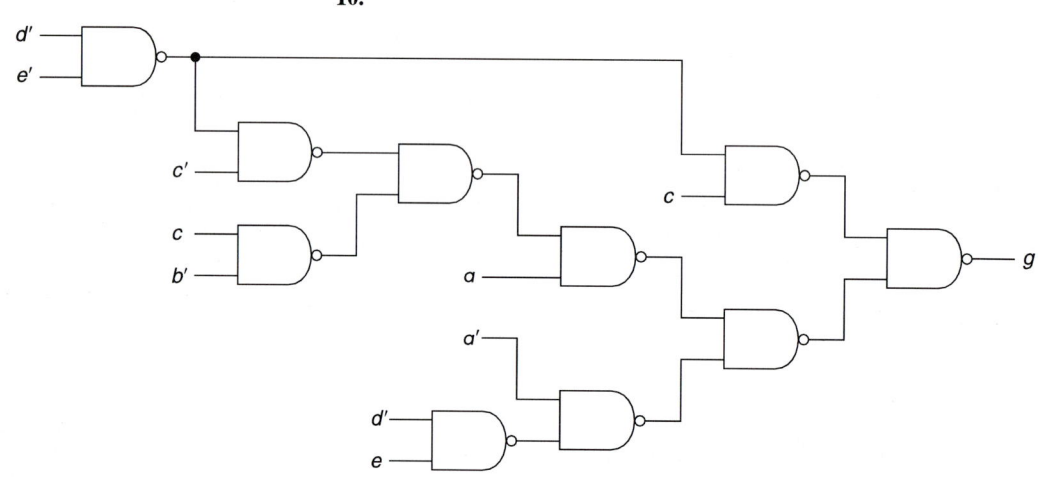

C.3 Chapter 3

1. a. $f(x, y, z) = \Sigma m(1, 2, 7) + \Sigma d(4, 5)$

b. $g = a'c + ab'c'd + a'bd + abc'$

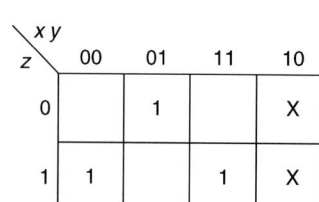

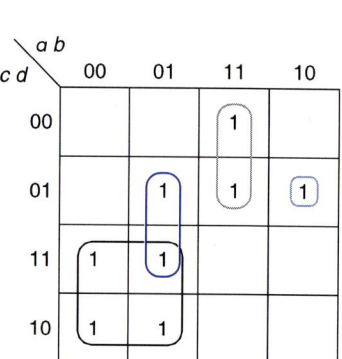

2. a. $wx'y'z' + wyz + w'x$ **b.** $acd + a'c' + a'd' + ab$

3. $b'd + bd' + ac + \{ab \text{ or } ad\} + \{a'b'c' \text{ or } a'c'd'\}$

4. $wz' + \{x'z \text{ or } wx'\} + \{xy'z' \text{ or } w'xy'\}$

5. $f = a'd + \{c'd \text{ or } b'd\}$
$f = d(a' + b') = d(a' + c')$

6. $f = wx + \{xy'z \text{ or } w'y'z\} + \{wyz \text{ or } x'yz\}$
$f = (w + z)(x + y)\{(x + z) \text{ or } (y' + z)\}\{(x' + y') \text{ or } (w + y')\}$

7. $A'B'C' + ACE + ABC'D + BCD'E' + \{A'B'D'E \text{ or } B'CD'E\}$

8. $ACE' + CDE + A'C'E' + BC'E + AB'C'$
$ACE' + CDE + B'C'E' + A'BC' + AC'E$

9. a. $f = xy'z' + wx' + wz'$
$g = w'z + w'xy + x'z$

   b. $f = xy'z' + wz' + wx'z$
$g = w'z + w'xy + wx'z$

10. a. $f = w'z + w'y + yz + wx'z'$
$g = w'yz' + xz' + wxy + wy'z'$
$h = w'z + w'x + xyz + wx'y'z'$

   b. $f = w'z + w'yz' + wx'y'z' + wxyz + x'y$
$g = w'yz' + xz' + wx'y'z' + wxyz$
$h = w'z + wx'y'z' + wxyz + w'x$

C.4 Chapter 4

1. $w'x', x'y'z', w'yz', w'y'z, wy'z', wxyz$

2. $g = a'cd + bd' + ac' + \{a'b \text{ or } bc'\}$

3. terms for both: $x'yz', w'xz, wx'y$
$f: w'y'z, wyz, xz$
$g: w'xy', w'yz, x'z', y'z', x'y$

4. $f = a'd' + a'cd$
$g = b'd' + bd + a'cd$

C.5 Chapter 5

1.

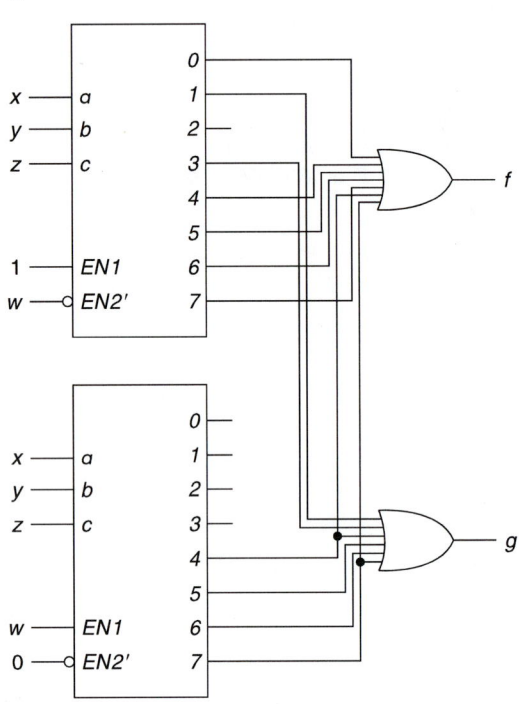

2.

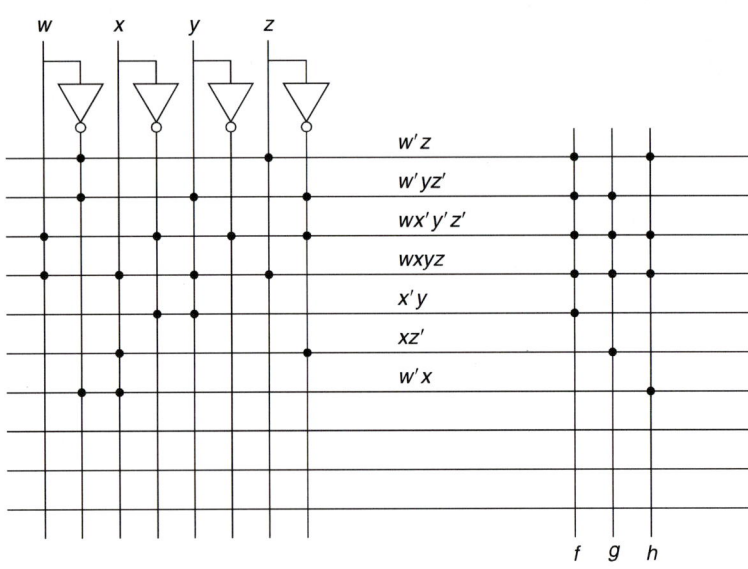

3.

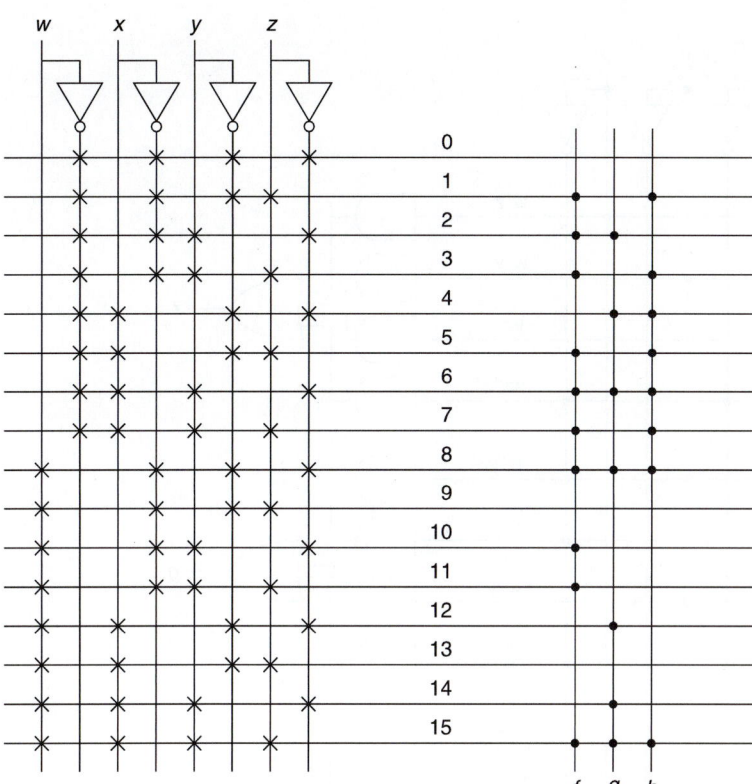

4.

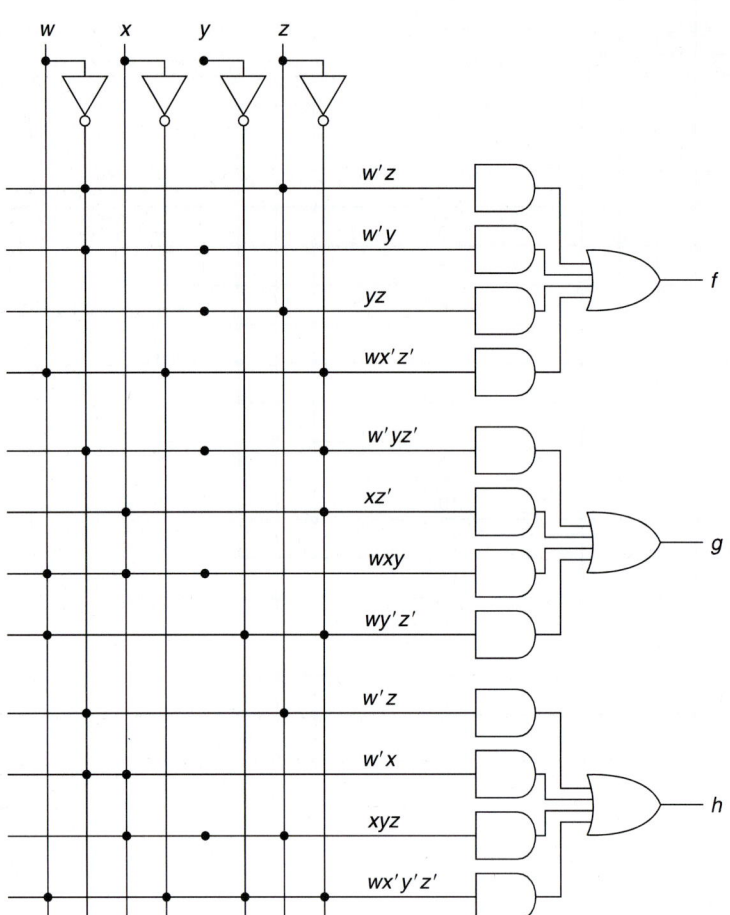

5.

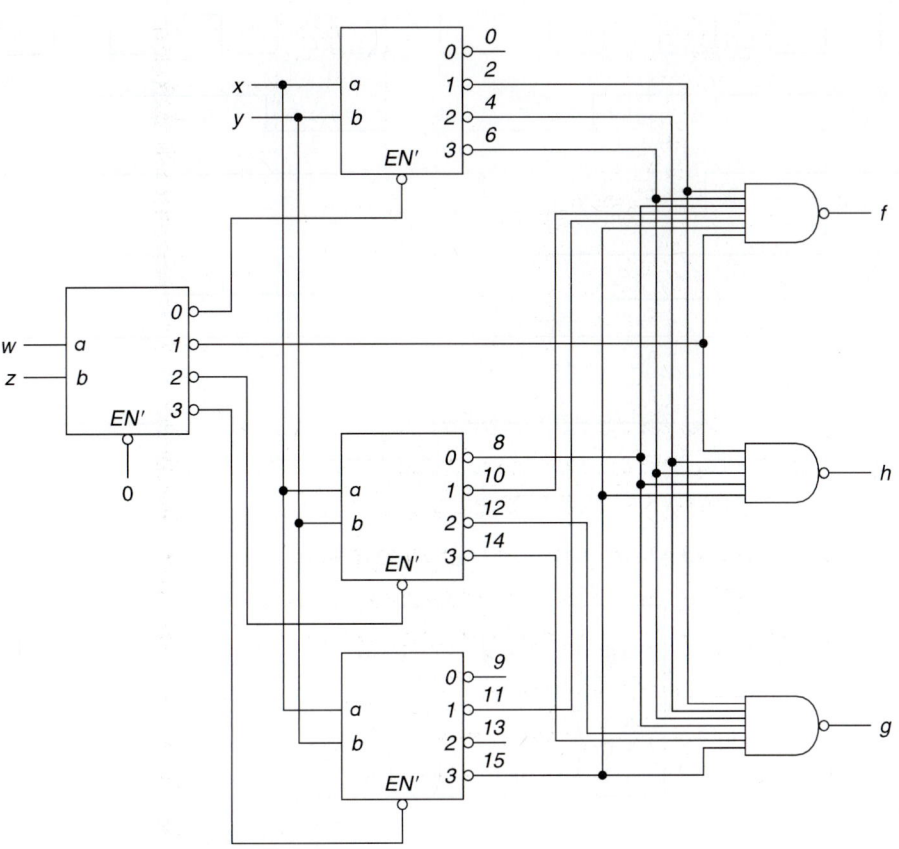

C.6   Chapter 6

1.

x	0	0	1	1	0	0	0	1	0	1
q	A	C	B	D	B	A	C	B	D	B	D	B
z	0	0	1	0	1	0	0	1	0	1	0	1	0

2.

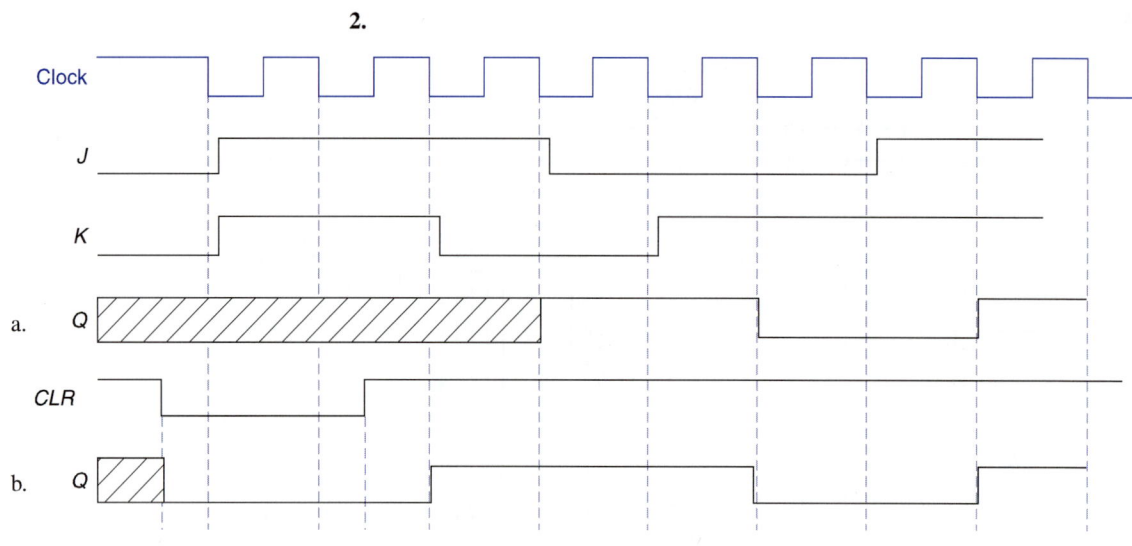

3. $D = xB + x'B'$ $T = A' + x$ $z = A' + B$

	$A^\star B^\star$		z
AB	$x = 0$	$x = 1$	$x = 1$
0 0	1 1	0 1	1
0 1	0 0	1 0	1
1 0	1 0	0 1	0
1 1	0 1	1 0	1

4. $D_A = xB' + x'B$ $D_B = x + A'$ $z = AB$

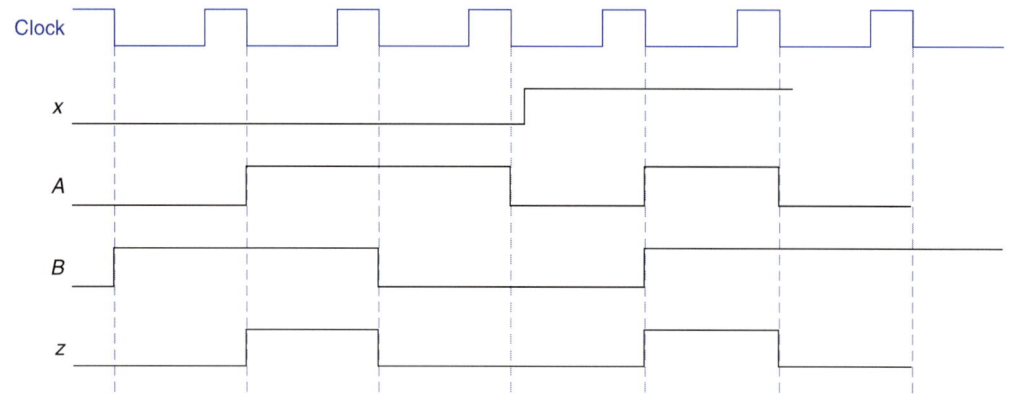

C.7 Chapter 7

1. $D_A = x'B' + xB$ $J_B = K_B = A' + x$ $z = x'A + xB'$

2. $S_1 = x$ $R_1 = x'q_2$ $J_2 = xq_1$ $K_2 = x'$ $z = q_2'$

3. a. $D_1 = x'q_1' + x'q_2 + q_1'q_2 + xq_1q_2'$
      $D_2 = x + q_1'q_2$ $z = q_1'q_2'$

   b. $D_1 = x + q_1q_2$ $D_2 = q_2'$ $z = q_1'q_2'$

   c.

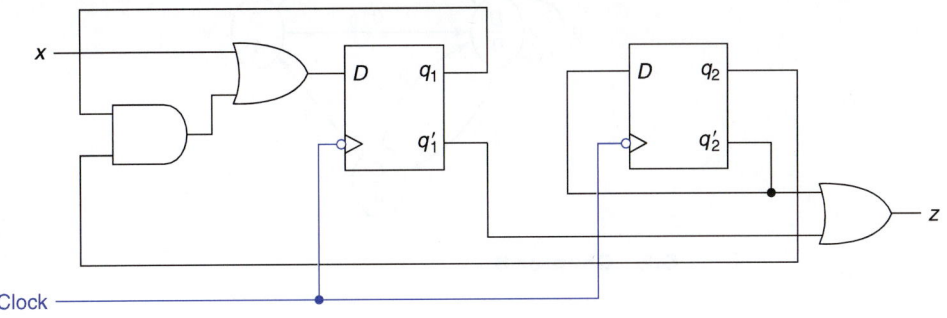

4. $D = A'$ $J = C'$ $K = A'C'$ $T = A' + B'C'$

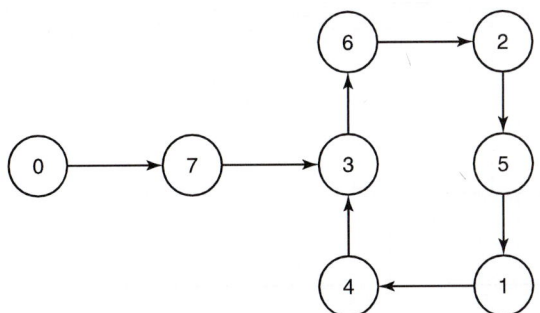

5. a.   b.

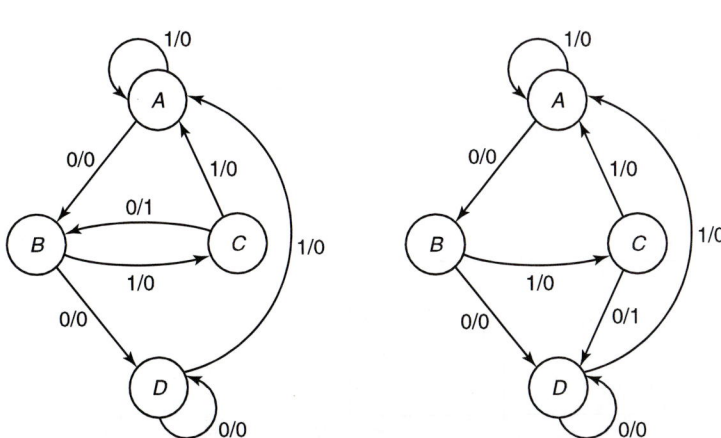

6.

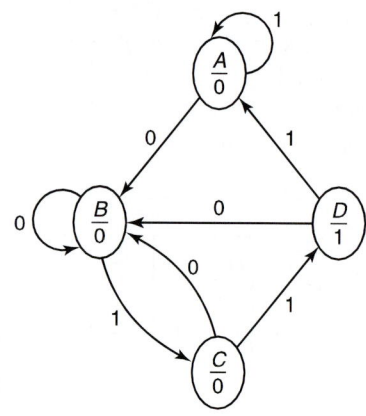

C.8 Chapter 8

1.

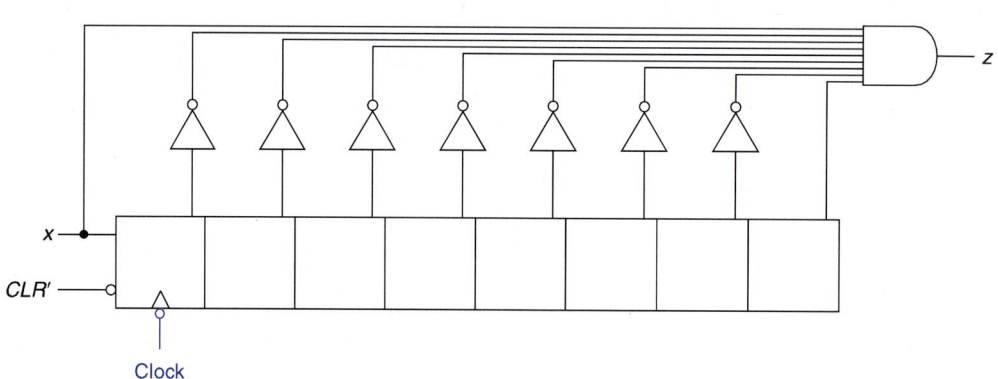

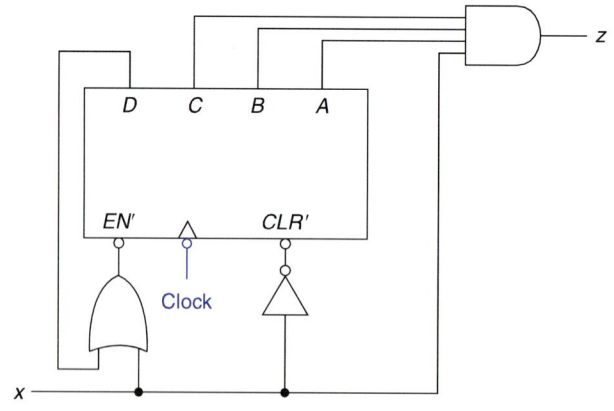

APPENDIX C: CHAPTER TEST ANSWERS

2.

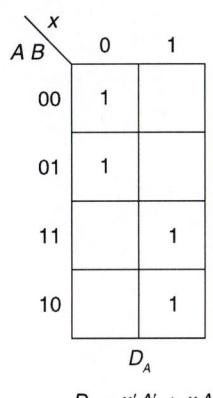

AB \ x	0	1
00	1	
01	1	
11		1
10		1

D_A

AB \ x	0	1
00	1	1
01		1
11		1
10	1	1

D_B

AB \ x	0	1
00	1	
01		
11		1
10	1	1

z

$D_A = x'A' + xA$ $D_B = x + B'$ $z = x'B' + xA$

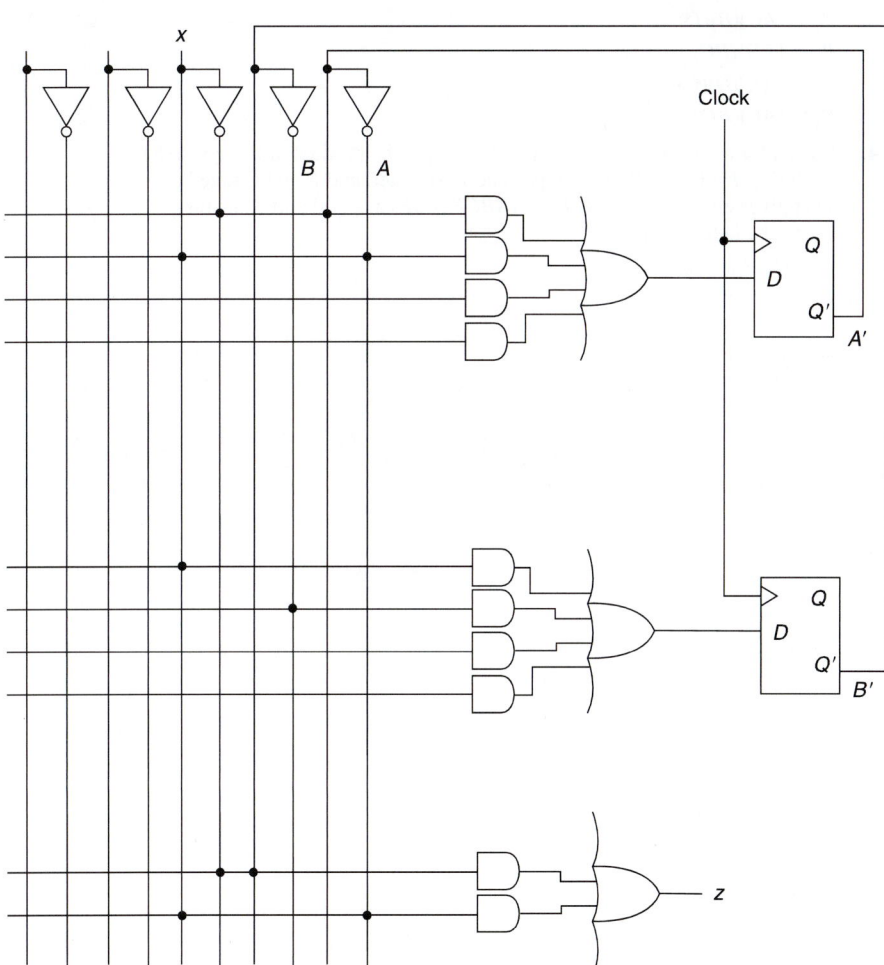

C.9 Chapter 9

1.

	$q^\star$		
q	$x = 0$	$x = 1$	z
A-B	C-D	A-B	0
C-D	E	A-B	0
E	C-D	A-B	1

2. a. P_1 = output consistent

P_2 = SP

P_3 = neither

P_4 = SP, output consistent

P_5 = SP

P_6 = SP, output consistent

b. P_4 allows us to reduce the system to that of Problem 1.

3. $P_1 = (AC)(B)(D)$

$P_2 = (AD)(BC)$

$P_3 = (A)(BD)(C)$

$P_4 = (AC)(BD)$

4. Use P_3 for q_1 and $P_{OC} = (ACE)(BDF)$ for q_2. The product of these is (AE) (BD) (C) (E). Using P_2, we keep A and F together, and B and C together. That gives either (ADF) (BCE) or $(ABCF)$ (DE) as good partitions for q_3. Using the latter, we get

$$D_1 = x + q_1'$$
$$D_2 = x'q_1'q_3' + xq_1 + q_1q_2q_3' + xq_2'$$
$$D_3 = x'q_1'q_3' + xq_1 + \{q_1q_3 \text{ or } q_2q_3\}$$
$$z = q_2'$$

APPENDIX D: 실험

다음 절에서는 교재에서 설계된 회로들을 구현하고 시뮬레이션 할 수 있는 4가지 툴을 소개한다. 이어서 교재 내용에 초점을 맞춘 다양한 실험이 제공된다.

첫 번째, D.1에서는 집적회로 패키지를 연결하고 테스트하는 준비 단계를 설명할 것이다.

두 번째, D.2에서는 실험실 장비가 없이도 하드웨어 실험을 할 수 있도록 하는 브레드보드(breadboard) 시뮬레이터를 소개한다. D.1절의 선 연결은 PC 스크린 상에서 이루어진다.

다음으로 D.3에서는 실제로 회로를 만들지 않고도 회로의 동작을 시뮬레이션해 볼 수 있도록 한 LogicWorks에 대해서 소개한다. 이것은 논리 분석기를 사용하지 않고도 회로의 타이밍 동작을 관찰하는 데 특히 요긴하다.

D.4에서는 이 시스템에서 각각 구현될 수 있는 실험들을 제공한다.

이 교재에서 참조한 모든 집적회로의 핀 배치도가 D.5에 나타난다. 제조업체마다 다른 표기를 사용하고 있음을 주의하자. 여기서는 교재에서 사용한 표기를 따를 것이다.

D.1 하드웨어 논리 실험

사용자가 집적회로 칩과 선을 연결해 볼 수 있는(납땜 연결을 하지 않고도) 작은 브레드보드(breadboard)를 이용해서 논리회로를 만들고 테스트해 볼 수 있다. 대부분의 실험을 수행하기 위해 추가적으로 필요한 장비는 5볼트 전원(혹은 배터리), 스위치, LED(이진 값을 표시하기 위해), 그리고 5볼트 출력을 내는 구형파 발생기(속도 변환이 가능한)이다. 다음에 나오는 실험 일부는 7-세그먼트 디스플레이와 펄스 발생기도 사용한다. IDL-800[1]은 중소규모의 디지털 회로를 만들고 테스트하는 데 편리하며, 위에서 언급된 것들과 그 밖의 많은 기능을 포함한다.

회로는 브레드보드 위에 연결되며, 이것의 일부를 그림 D.1에 보여주고 있다

---

[1]   Logic Lab K & H Mfg. Co., Ltd에서 제조.

디지털 논리설계

[다음 절에 있는(그림 D.6) 브레드보드는 컴퓨터 시뮬레이션으로 하는 것이다]. 그림 D.1과 같이 브레드보드에는 많은 홈들이 있으며, 이 위에 집적회로가 끼워진다. 칩은 6개가 한 세트인 구멍 중의 하나에 끼워지며, 이들은 내부적으로 연결되어 있다. 따라서 이 핀에 무엇을 연결하고 싶으면 이 구멍 중의 하나에 선을 끼우면 된다(또 다른 칩을 바로 옆에 있는 홈에 끼우면 안 된다. 두 칩의 핀이 연결되어 버린다). 대부분의 보드에서 메인 부분의 바로 위와 아래에는 두 개의 버스가 있다. 일반적으로 하나는 접지로 사용되고, 나머지는 +5볼트로 사용된다. 어떤 보드에서는 버스의 여러 섹션이 내부적으로 연결되기도 하는데, 그렇지 않은 경우에는 선으로 연결해 주어야 한다. 또 어떤 보드에는 보드의 하단에 내부적으로 연결된 핀들이 열로 배치되어 주로 외부 신호를 여러 곳으로 보내주는데 사용된다.

그림 D.1 브레드보드의 상세도

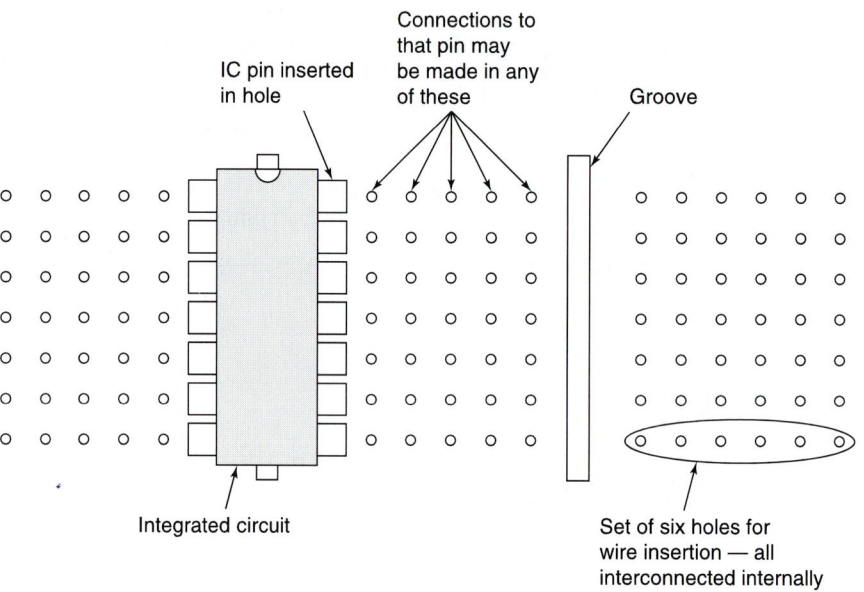

그림에 있는 집적회로는 14핀이다(2장의 모든 실험에서 사용된 것들과 같다). 칩의 방향은 반원에 의해(위쪽) 구별되는데, 일반적으로, 칩의 플라스틱 껍질이 움푹 들어가 있다. 핀들은 1번에서부터(반원의 왼쪽 위) 7번까지 왼쪽 아래로 내려가면서 번호가 붙여지고, 8번에서 14번까지 오른쪽 위로 올라가면서 붙여진다(만일 핀이 더 많아도, 번호 붙이는 방식은 동일하게 왼쪽 위에서 시작해서 왼쪽 면을 따라 내려오고, 오른쪽 면을 따라 올라간다).

APPENDIX D: LABORATORY EXPERIMENTS

7400(2입력 NAND 게이트가 4개 들어 있음)을 자세히 나타낼 때 그림 D.2 와 같이 두 가지 형식이 있다.

그림 D.2 7400의 배치

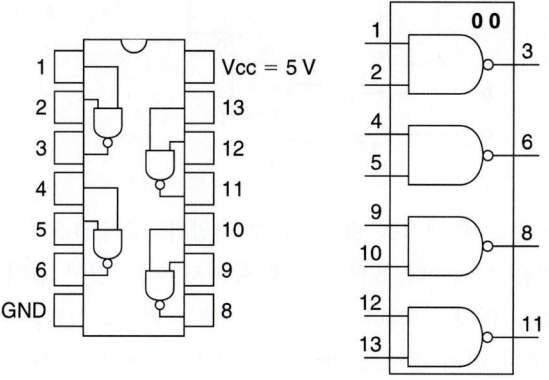

처음 것은 핀 연결의 방향을 중시한 것이고, 두 번째 것은 게이트들을 강조한 것이다. 선을 연결하는 관점에서 회로 보드에서는 처음 형식을 사용하게 된다.

시스템을 사용하는 예를 보이기 위해서, 다음 함수를 NAND로 구현하는 것을 살펴보자.

$$f = ab' + bc$$

이 함수에 대한 회로가 그림 D.3에 나타나있다.

그림 D.3 NAND 게이트 회로

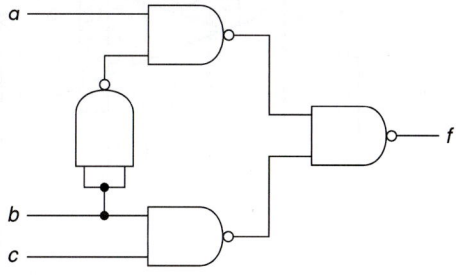

보수 입력이 보통 없으므로, b'이 NAND 게이트를 이용해서 만들어졌다. (이것을 NOT 게이트를 이용해서도 할 수 있으나, 7400에는 4개의 NAND 게이트가 있고, NOT 하나를 위해서 추가적인 집적회로를 사용하지 않아도 되기 때문이다.

이것을 연결하기 위해서 각 게이트를 칩에 있는 것과 대응시키고 핀 번호를 알아내야 한다. 핀 번호가 표시된 회로가 그림 D.4에 다시 그려졌다.

그림 D.4 핀 번호가 붙은 NAND 게이트

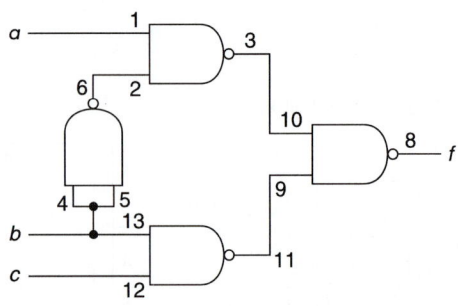

이제 브레드보드에 연결을 할 수 있게 되었다. 그림 D.5의 회로는 이 시스템을 위한 선 연결을 보여준다. 5개의 구멍 중에서 어느 것이 칩의 핀 연결에 사용되는가는 중요하지 않다. 그러나 하나의 구멍에는 하나의 선이 들어가야 한다. 따라서 하나의 신호가 여러 곳으로 가야 한다면 하나 이상의 구멍이 사용되어야 한다(혹은 보드 아래쪽의 또 다른 구멍 집합이 사용된다). 예를 들어, 입력 b가 핀 4, 5, 13으로 간다. 그림 D.5에는 핀 4에 직접 연결되고, 선이 핀 4에서 5로 가고, 핀 4에서 13으로 간다(선이 5에서 13으로 갈 수도 있다).

그림 D.5 7400 회로 선 연결

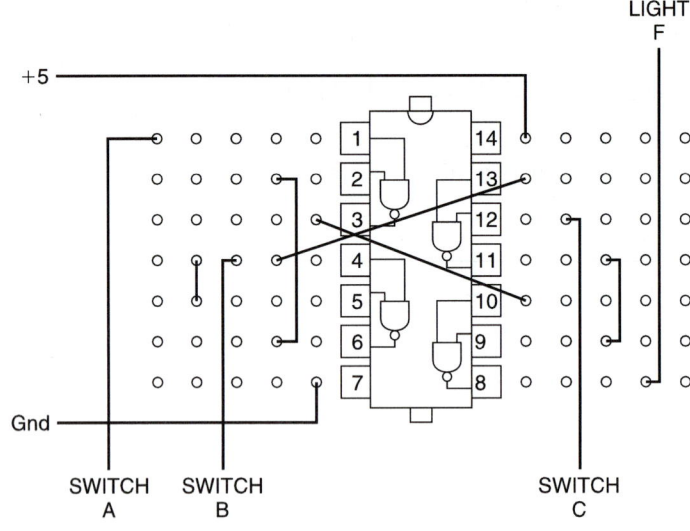

브레드보드에 연결이 끝나면(그리고 전원을 켜기 전에), 브레드보드를 전압, 입력 스위치, 출력 등에 연결한다. 전원을 넣고 시스템을 테스트 할 수 있다(주의: 전원이 켜져 있는 동안에는 선을 끼우거나 제거하지 말아라).

시스템에 대한 이해를 위해서 이 회로를 만들고 테스트해 보자. 이것을 테스트하려면, 세 개의 스위치를 모두 0 위치에 놓고, 출력 등을 관찰한다. 8개의 입력 조합에 대해서 반복한다. 결과를 대수적으로 계산해서 만들어진 진리표와 비교한다.

　7-세그먼트 디스플레이가 십진 결과를 출력하는 데 편리하다. 하나의 숫자 (8421 코드로 됨)가 디코더/구동기로 들어가고, 이것의 출력이 디스플레이의 불을 켜는 신호가 된다. IDL-800 Logic Lab에는 두 개의 7-세그먼트 디스플레이가 있다. 디코더로 들어간 BCD 입력은 BCD 숫자(8421 코드) 형태로 표시된다. 그 아래에는 디스플레이를 위한 active low 동작(enable) 신호가 있다. 두 개의 디스플레이를 다 이용하려면 입력이 바뀌어야 한다(디스플레이는 60Hz 이상으로 바뀌게 되면 반 주기 동안만 켜져 있어도 계속 켜져 있는 것처럼 보인다). 십진 숫자에 해당하지 않는 코드(1010과 그 이상)가 들어오면, 디스플레이는 꺼진 채로 있을 것이다(디스플레이 오른쪽에는 십진 점 표시를 위한 P 입력도 있다).

D.2 WINBREADBOARD™와 MACBREADBOARD™[2])

그림 D.6에 보이는 MacBreadboard는 (윈도우에서는 WinBreadboard를 사용할 수 있다) D.1절에서 설명한 논리 실험을 컴퓨터 시뮬레이션으로 하는 것이다. 회로를 만들기 전의 스크린 그림이 그림 D.6에 보인다.

그림 D.6 브레드보드

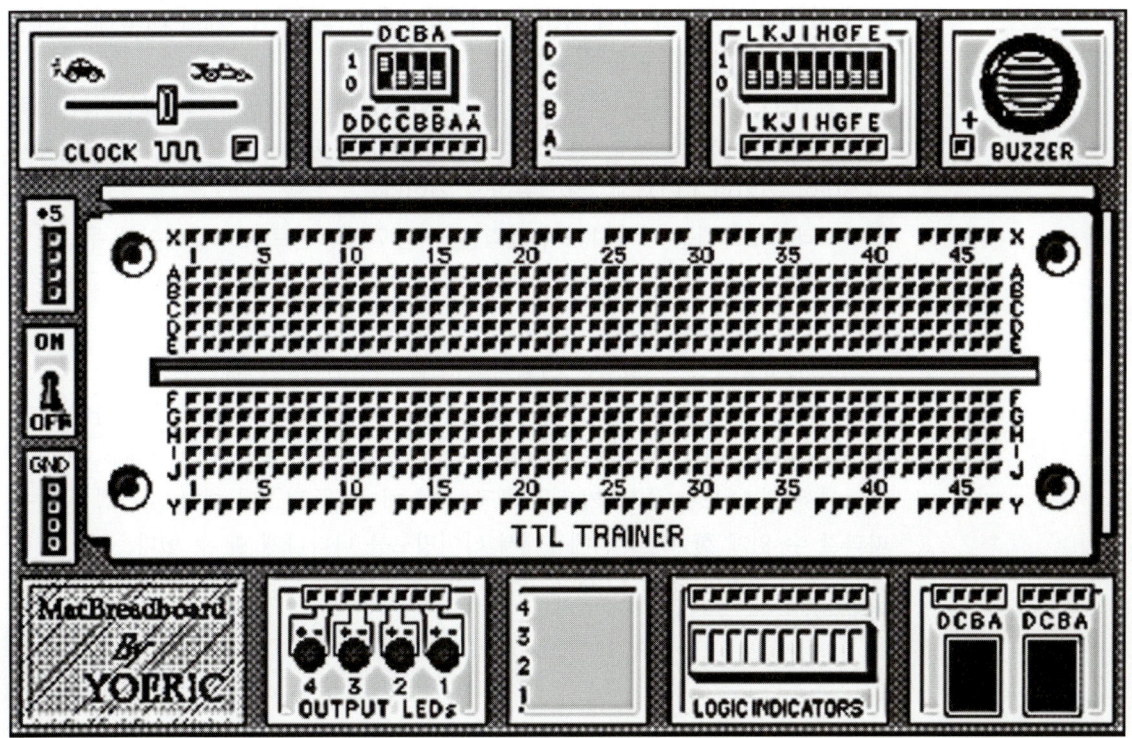

---

2) Yoeric Software 사의 제품이다.

이것은 하드웨어 실험과 아주 비슷하며, 동일한 기능을 많이 가지고 있다 (하드웨어 실험에 대해서 익숙하지 않은 사람은 D.1절을 다시 보라). 풀다운 메뉴에서 chip을 선택하면 7400 시리즈에서 사용가능한 칩이 70개 이상 나타난다. 칩이 선택되면 자동으로 보드의 왼쪽 끝에 놓인다.[3] 그러나 클릭하고 드래그 하면 어느 위치에도 옮길 수 있다. 칩을 더블 클릭하면 그 칩의 핀 배치가 표시된다.

맨 위 행의 구멍들은(X라고 라벨이 붙음) 서로 연결되어 있다. 여기에는 보통 +5를 연결한다. 비슷하게 아래 행도(Y라고 라벨이 붙음) 서로 연결되어 있으며 접지로 사용된다. 이 행들의 구멍 하나에 +5와 접지를 각각 연결해야 한다. 선을 연결하려면 구멍을 클릭하고 연결하고자 하는 다른 구멍까지 드래그 한다. 선들은 수평이나 수직으로만 움직인다(대각선으로 연결되지는 않는다). 점들이 직선을 따라가지 않고 지그재그로 연결될 수도 있다.

이것을 막으려면 시프트 키를 누른다. 그러면 선이 직선을 따라 갈 것이다. 칼라 표시 장치에서는 선 색상을 선택할 수 있다. 선을 그리기 전에 색상을 선택하거나 선을 클릭하고 color 풀다운 목록에서 색을 선택할 수 있다. 4개의 입력 스위치가(정상 혹은 보수 출력) D, C, B, A의 이름으로 주어져 있다. 또한 8개의 스위치(L부터 E까지)는 정상 출력을 내 보낸다. 4개의 출력 LED(4부터 1까지)가 있다. active high 신호를 +측에 연결하고 다른 쪽을 접지에 연결하거나, active low 신호를 −측에 연결하고 +측을 5 볼트에 연결한다. 또한 10개의 논리 표시기가 있다(active high 출력 등(light)이다). 4개의 스위치와 4개의 LED에는 라벨을 붙일 수 있다. 이 이름이 타이밍도에 표시된다.

그림 D.7[4]에는 7400에 있는 하나의 NAND 게이트가 연결되어(입력과 출력에 라벨이 붙어있다) 있고, 연결되지 않은 7410이 보드에 놓여있다. 이 상태에서 시스템이 켜지면 LED4에 불이 들어올 것이다.

브레드보드에는 각각 4개의 입력을 가진 7-세그먼트 디스플레이가 두 개 있다. 이것은 16진수를 표시한다(물론 입력이 10 숫자로 제한되어 있으면, 표시는 0에서 9까지로 제한된다).

6, 7, 8장의 일부 실험은 클럭과 펄스를 사용한다. 클럭은 구형 파를 만들어 내고, 주파수는 슬라이드에 의해서 조절된다(이것은 0.15Hz에서 10Hz 사이의 매우 낮은 주파수이다. 하지만, 이것이 사람이 볼 수 있는 범위이다). clock 풀 다운 메뉴에서 펄스 또는 스텝 기능을 제공하여, 매 클럭 펄스에 대한 시스템 동작을 따라갈 수 있게 한다. 클럭 메뉴에서 타이밍도를 나타나게 할 수 있다. 클럭과 라벨 붙은 스위치와 출력 LED가 표시된다. 브레드보드 회로에는 게이트나 플립플

---

3) On/Off 스위치는 회로 보드에 선을 연결하기 전에 off 위치에 있어야 한다. 스위치를 누르면 바뀐다.

4) 그림이 복잡해짐에 따라 선을 간단하게 그리고 색을 이용해서 의미를 구별하는 것이 특히 중요하다. 예를 들어, 검정은 보통 접지로 사용되고, 적색은 +5로 사용된다(이 흑백 그림에서는 색상이 분명하지 않다).

그림 D.7 7400 circuit

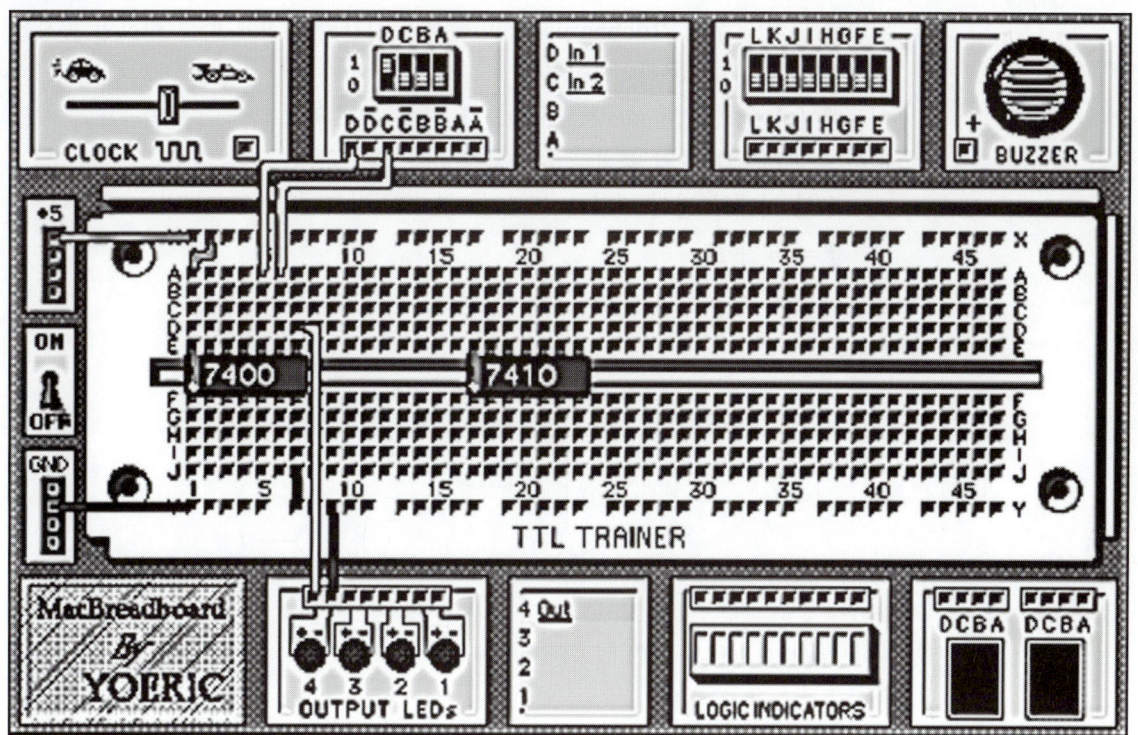

롭에 지연이 들어가 있지 않기 때문에 표시된 모든 타이밍은 지연이 없는 이론적
인 것에 해당한다.

D.3 LogicWorks의 소개

이 절에서는 LogicWorks를 사용해서 본 교재의 문제들을 풀기 시작할 수 있을
정도의 기본적인 기능들에 대해 소개한다. 윈도우용 5.0버전은 VHDL을 이용한
시스템 구현 기능을 포함하여 추가적인 특징이 있다.[5] 기본적인 동작은 윈도우나
매킨토시 플랫폼에서 모두 동일하나 세부적인 부분은 일부 다르다. 윈도우 플랫
폼에 해당하는 내용은 파랑색으로 표시한다.

　　LogicWorks를 시작하기 위해서는 아이콘을 더블 클릭한다. 그러면 매킨토
시에서는 5개의 윈도우 창이 뜬다. 메인 윈도우는 회로 윈도우(Circuit Window)
이고, 여기에서 회로의 블록도가 만들어진다. 화면의 왼쪽 윗부분에는 도구 팔레
트가(tool palette)가 위치하며, 연결선을 그리거나 지우고, 이름을 부여하고, 회로
의 값을 읽어볼 수 있게 한다. 그 오른쪽에는 부품 팔레트(Parts palette)가 있어서

5) LogicWorks는 Capilano Computing Systems사의 제품이다. 최신 버전은 윈도우용의 5.0이고, Prentice
Hall Publishing을 통해 독자적으로 판매되고 있다. 책과 함께 제공되며, 소프트웨어에 대한 자세한 설명
이 되어있다. 매킨토시용 최신 버전(4.5)는 http://www.capilano.com/html/lwm.html 에서 구입 가능하다.

다양한 게이트, 집적회로(IC), 입력 및 디스플레이를 선택할 수 있다. 화면 아래에 위치한 타이밍 윈도우(timing window)에서는 시간의 경과에 따른 회로의 동작을 기록한다. 화면 좌측에는 타이밍을 기록하기 위한 다양한 기능을 제어할 수 있는 시뮬레이터 팔레트(Simulator palette)가 있다. 윈도우에서는 도구 팔레트와 시뮬레이터 팔레트가 단일 툴바로 나타난다.

우선 아래와 같이 간단한 조합회로를 구현하고 테스트 해보자.

$$f = ab' + bc.$$

회로의 블록도는 그림 D.8에 나타나 있다.

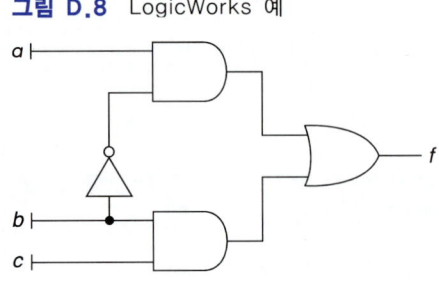

그림 D.8 LogicWorks 예

LogicWorks를 이용해서 이 회로의 모델을 만들려면, 우선 부품 팔레트로 이동해서 강조되어 보이는 Simulation에 있는 Gates.clf 제목을 클릭하고 드래그한다. 그러면 이용 가능한 모든 종류의 게이트들이 나타난다. (윈도우: 모든 부품들은 하나의 목록에 들어간다. 이 후부터는 매킨토시의 개별 팔레트를 기준으로 설명한다.) 이 회로를 위한 AND-2를 클릭한다. 커서가 회로 윈도우로 이동하면 게이트의 그림이 나타난다. 커서를 윈도우 중앙으로 옮긴 후 클릭한다. 그러면 게이트는 화면상에서 고정되며 복사된 다른 것이 나타난다. 두 번째 게이트가 필요하기 때문에 다른 위치로 이동시킨 후 다시 클릭한다. 그 게이트가 더 이상 필요하지 않으면 스페이스바를 누른다(혹은 도구 팔레트의 화살표를 클릭한다). 부품 팔레트로 돌아와서 OR-2를 선택하고 이 과정을 반복한다. 마지막 부품인 NOT 게이트를 같은 방법으로 얻을 수 있다. 그러나 그 방향이 위로가게 해야 한다. 이렇게 하려면 게이트를 선택할 때 위쪽 화살표(up arrow)를 누르고, 놓을 위치에서 클릭하면 된다. 모든 게이트들을 클릭하면 강조되어 보이며, 마우스 드래그를 통해서 이동시킬 수 있다. 게이트 방향은 도구 팔레트의 왼쪽 상자를 잡아끌고 원하는 방향을 선택함으로써 변경시킬 수 있다(옆에 있는 작은 원은 3상태 게이트에서만 관련이 있으며, 여기서는 무시된다). (윈도우에서는 Schematic 메뉴의 Orientation 메뉴를 선택하여 수행한다.) 화면은 이제 그림 D.9처럼 보일 것이다.

그림 D.9　배치된 부품들

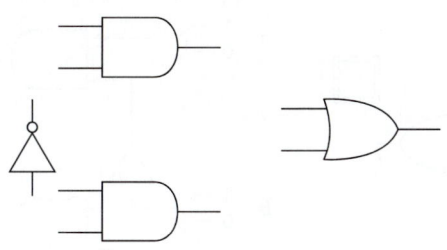

　　모든 게이트들이 놓였으므로 이것들은 연결해야 한다. 한 라인의 끝을 선택한 후 연결될 곳으로 드래그한다. ⌘ 키 그리고/혹은 옵션키(CTRL과/혹은 TAB 키)를 누르면 경로가 바뀐다. 경로가 만족스럽지 않을 경우 한 라인을 다시 그리고 마우스를 놓는다. 그리고 또 다른 방향에서 다시 시작한다. 마지막으로, 툴 팔레트의 + 커서를 누르고 마우스를 드래그 함으로써 원하는 곳 어디로도 선을 그릴 수 있다. 선의 끝에서 클릭을 한 번 하면 새로운 선이 시작되고, 더블 클릭하면 그리기가 종료된다. 선(혹은 게이트)을 지우려면 툴 팔레트에서 번개 표시(zap)을 누르고 지울 것을 선택하면 된다. 또 다른 방법은 항목을 선택해서 강조되도록 하고 Delete 키를 누르는 것이다. 지우는 모드(zap)에서 빠져 나오려면 스페이스바를 누르거나 툴 팔레트의 화살표를 누른다.

　　다음에는 입력과 출력을 위한 이름을 부여해야 한다(혹은 회로 내의 어떤 점에도). 이것을 하기 위해 텍스트 툴을 이용한다(툴 팔레트에서 A 표시). 이것이 선택되면 포인터가 연필 모양이 된다. 포인터를 이름 붙일 선으로 이동시켜서 마우스를 클릭한다. 내부적인 이름이 표시될 것이다. 여기에다 덮어 쓰면 된다. 이름을 클릭하고 드래그 하면 원하는 어떤 위치로도 이동 시킬 수 있다. 텍스트 모드를 나오기 위해서는 툴 팔레트에 있는 화살표를 누른다(혹은 다른 툴을 누른다). 스페이스바는 텍스트에 빈 칸을 넣는다.

　　입력을 연결하기 위해서는 각 점을 접지나 +5볼트에 연결해야 한다. 이것은 CONNECT.CLF 부품 메뉴나 DemoLib.clf 부품 메뉴에 들어 있다. 이진 스위치도 있다(DemoLib.clf 부품 메뉴에서 찾을 수 있다). 이 스위치를 클릭하면 값이 0과 1로 바뀐다. 마지막으로 프로브(probe) 툴을 이용해서(툴 팔레트에 ?로 보임) 모든 점의 값을 확인할 수 있다. 어떤 점에서 마우스를 누르고 0이나 1을 입력하여 값을 설정할 수 있다. 프로브는 연결 안된 입력에는 Z를 보여주고, 값을 모르는 곳에는 X(예를 들어, 입력이 지정되지 않은 게이트의 출력 값)를 보여준다. DemoLib.clf 부품 메뉴에 있는 binary probe를 이용하면 값이 계속 표시되게 할 수 있다.

　　완성된 회로는 그림 D.10에 보이는 것처럼 입력으로 스위치가 사용되고 출력으로 프로브가 사용된다. 모든 스위치 값은 처음에는 0이고(0 출력을 낸다) 다음에 a를 1로, $b = c = 0$으로 한다(출력은 1이 된다).

그림 D.10 입력 스위치와 출력 표시를 가진 완성된 회로

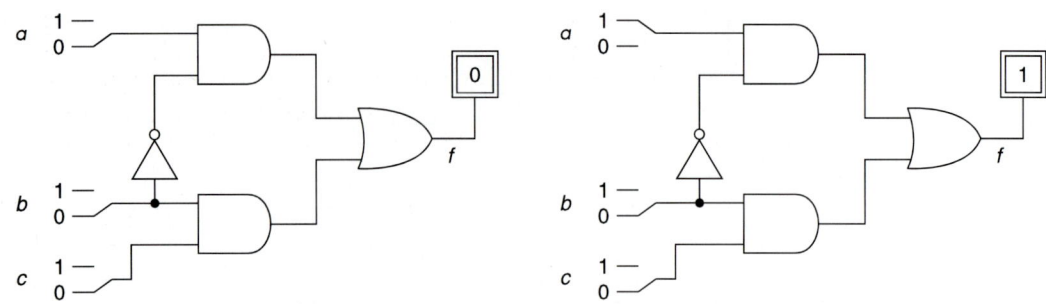

스위치와 프로브를 이용하면 이 함수에 대한 진리표를 만드는 것은 아주 쉽다. LogicWorks를 익히기 위해서 이 회로를 만들고 테스트해 보자.

부품 팔레트에서 7400DEVS.CLF 메뉴를 선택하면 이 칩의 논리도가 회로 윈도우에 나타난다(많은 종류의 7400 시리즈 칩을 이용할 수 있다. 계속되는 예제에서 이들을 많이 이용할 것이다). 다른 부품들처럼 이것도 원하는 위치에서 클릭하면 된다. 선 연결도 전처럼 하면 된다. 다음 식에 대한 회로를

$$f = ab' + bc$$

2입력 NAND 4개로 설계하면 그림 D.11과 같다.

그림 D.11 7400을 이용한 회로

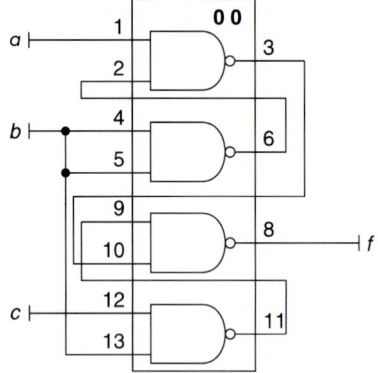

이것은 앞에서 한 것처럼 입력에 스위치를 연결하거나 접지 혹은 +5 볼트를 연결하여 검사할 수 있다. 이것을 시도해보고 회로가 동작하는지 알아본다.

마지막으로, 선을 연결하는 다른 방법을 살펴본다. 만일 두 점에 같은 이름이 주어졌다면, 그들은 연결된 것으로 간주된다(비록 실제로 선이 연결되지 않았더라도). 따라서 그림 D.12의 회로는 위의 그림에서와 같이, 스위치가 입력에 연결되었고 이진 프로브가 출력에 연결되어서, 모든 연결이 되어 있는 것이다.

그림 D.12 이름을 이용한 연결

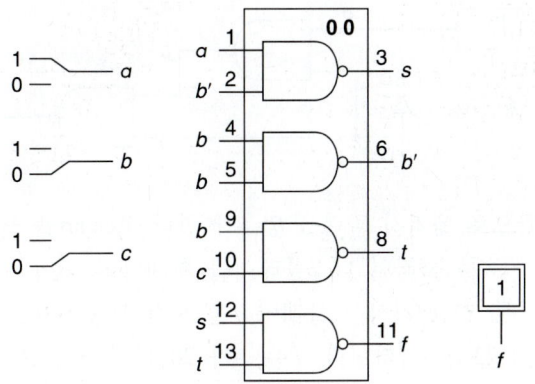

마우스를 클릭하면 회로의 일부가 강조된다(포인트 모드에서). 여러 부품을 강조하려면 시프트 키를 누르면 된다. 또한 회로의 한 쪽 구석 밖에서 마우스를 찍고 드래그 하여 대각선 구석 밖에서 마우스를 놓으면, 그 사각형 안의 모든 회로가 선택된다. 그림 전체를 선택하려면 편집 메뉴에서 전체 선택을 누르면 된다. 복사 기능을 이용하면 도면을 복사해서 다른 문서(워드 문서와 같은)에 삽입시킬 수 있다. 도면은 파일 메뉴의 명령을 이용하면 LogicWorks에서 바로 인쇄될 수 있다(타이밍 윈도우가 강조되어 있으면 타이밍도에 관한 것도 복사나 인쇄 작업이 가능하다). 다른 기능을 살펴보기 위해서 클럭과 타이밍 윈도우를 살펴본다.

클럭은 DemoLib.clf나 Simulation IO.clf 메뉴에서 찾을 수 있다. 이것은 따로 지정하지 않으면 20 단위 주기의 구형 파를 만든다(아래에 보여준 것처럼). 이름이 붙은 모든 신호가 타이밍 윈도우에 보일 것이다. 표시되는 속도는 시뮬레이터 팔레트에서 조절된다(툴바의 단추 행에 있는 단추에 의해서). 속도 제어 바를 왼쪽으로 옮기면 표시가 느려진다. 왼쪽 끝에 이르면 시뮬레이션이 멈춘다. 한 이벤트씩 진행하게 하려면 Step(사람이 서 있는 기호)을 누른다(이벤트는 신호가 바뀌는 모든 지점을 말한다). <>를 누르면 표시가 확대되고, ><를 누르면 축소된다. 클럭 속도는 클럭을 클릭하고(강조 표시를 하고) Simulate (Simulation) 풀 다운 메뉴에 있는 Simulation Params . . .에서 조절한다. 클럭이 low인 시간과 high인 시간을 설정하고 엔터 키를 입력하여 메뉴에서 빠져 나온다.

모든 조합논리 소자는 1 단위의 내장된 지연 시간을 갖는다. 이것은 클럭을 소자에 연결하고 소자의 입력과 출력을 살펴보면 알 수 있다. 소자를 선택하고 Simulation Params . . .를 이용하면 이 지연을 변경할 수 있다. 동작을 확인하기 위해 그림 D.13의 회로를 만들고, 클럭의 low와 high 시간을 40 단위로 설정한다. 각 게이트의 지연을 10 단위로 설정한다.

그림 D.13 지연 예

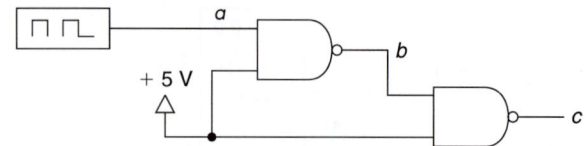

속도바를 왼쪽 끝으로 옮겨서 클럭을 멈추게 한다. Restart를 눌러서 클럭을 다시 초기화 한다. <>를 눌러서 디스플레이를 확대하고, 속도바의 오른쪽 화살표를 한 번 또는 두 번 눌러서 시뮬레이션을 시작한다. 120 단위 후에 멈추면 그림 D.14의 타이밍도가 나타난다. c는 a가 20 단위 지연된(시작 이후에) 것임을 주목하라.

그림 D.14 Timing Diagram

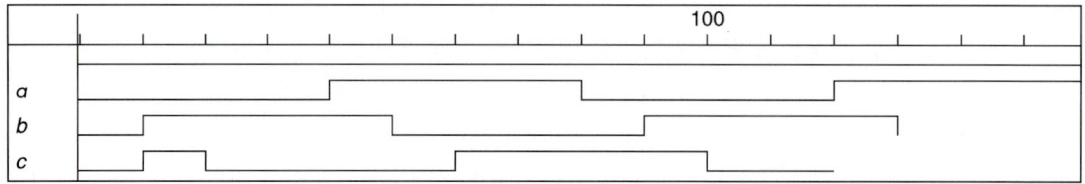

D.4 논리설계 실습

앞으로 나올 각각의 실습은 지시하는 대로 수정만 하면 어느 시스템에서건 구현 가능하다. 아래의 약어는 각각에 대한 지시사항을 명시할 때 사용될 것이다.

HW: Hardward Logic Lab

BB: Breadboard Simulator

LW: LogicWorks

D.4.1 2장 내용에 기반한 실습

■ 1. 다음에 보이는 함수들의 각 집합을 AND, OR, NOT 게이트를 이용하여 구현하라. 그들을 테스트하여 한 집합 내의 각 함수가 다른 함수와 같다는 것을 보여라.

    a. $f = xy'z' + xy'z + xyz$
           $g = xy' + xz$
           $h = x(y' + z)$

    b. $f = a'b'c' + a'b'c + abc' + ab'c'$
           $g = a'b' + ac'$
           $h = (a' + c')(a + b')$

c. $f = x'yz' + xyz' + xy'z$
    $g = yz' + xz'$
    $h = z'(x + y')$

d. $f = a'bc' + ab'c' + a'bc + ab'c$
    $g = (a + b)(a' + b')$
    $h = a'b + ab'$

e. $f = x'y'z' + x'yz' + xyz + xy'z$
    $g = x'z' + xz$
    $h = (x' + z)(x + z')$

f. $f = a'b'c + a'bc + abc$
    $g = a'c + bc$
    $h = c(a' + b)$

HW: 7404(NOT 게이트) 하나를 사용하여 변수들의 보수를 만들어라(한 집합 내의 세 함수 모두 같은 7404 출력을 이용하라).

HW, BB: 추가로 7411(3입력을 가진 AND 게이트들), 7408(2입력을 가진 AND 게이트들), 그리고 7432(2입력을 가진 OR 게이트들)들을 사용할 수 있다. 큰 OR 게이트가 없으므로 두 개의 입력을 가진 게이트들로 여러 개의 입력을 가진 OR 게이트를 만들어야 한다. 각각의 출력은 서로 다른 LED로 가게 하라. 그러나 입력은 세 개의 동일한 스위치에 연결하라.

LW: 독립된 게이트들을 사용하라(Simulation Gates.clf에서).

■ 2. 실습 1의 시스템을 구현하되 각 문제의 처음 두 개의 함수는 NAND 게이트를 사용하고 세 번째 함수는 NOR 게이트를 사용하라.

HW, BB: 7400, 7410, 7430, 7402(두 개의 입력을 가진 NOR 게이트들)들을 사용하라.

LW: 독립된 게이트를 사용하라.

■ 3. 다음의 식들을 구현하라(이미 최소 곱의합으로 되어 있다). 7400(2입력 NAND 게이트)들만 이용하되 어떤 게이트도 NOT 게이트로서 사용할 수 없다(입력의 보수를 취할 때만 예외이다). 이 함수들은 2장 연습문제 25번의 함수들인데, 두 개의 입력을 가진 게이트(NOT 게이트는 포함하지 않는다)의 수가 괄호 안에 적혀있다.

a. $f = wy' + wxz' + y'z + w'x'z$ (7게이트)

b. $ab'd' + bde' + bc'd + a'ce$ (10게이트)

c. $H = A'B'E' + A'B'CD' + B'D'E' + BDE'$
    $+ BC'E + ACE'$ (14게이트)

d. $F = A'B'D' + ABC' + B'CD'E + A'B'C$
    $+ BC'D$ (11게이트)

e. $G = B'D'E' + A'BC'D + ACE + AC'E' + B'CE$
         (12게이트, 이 중 하나는 공유)

f. $h = b'd'e' + ace + c'e' + bcde$ (9게이트)

g. $F = ABE + AB'C' + A'D + CE' + B'D'E'$ (10게이트)

h. $g = a'c' + a'bd + acd' + ab'c + bce$ (공유하면 8게이트)

■ **4.** *a.* NAND 게이트를 이용하여 전가산기를 만들어라. 테스트하고 5장의 실습에 사용할 수 있도록 저장하라.

b. Exclusive-OR와 NAND 게이트를 사용하여 전가산기를 만들어라.

D.4.2 5장 내용에 기반한 실습

■ **5.** 4비트 가산기를 연결하되, 한 개의 숫자(*A4 … A1*)를 네 개의 데이터 스위치(*A4*가 왼쪽 스위치에 연결)에 연결하고 다른 한 숫자를 다른 4개의 스위치에 연결한다. 또 다른 스위치를 캐리 입력(*C0*)에 연결하고 5개의 출력(*C4, ∑4, ∑3, ∑2,* 그리고 *∑1*)을 오른쪽 다섯 개의 표시기에 연결하라. 임의의 두 개의 4비트 숫자와 캐리 입력을 주어 회로를 테스트하라. 그리고 결과를 관측하라. 비트 4가 상위 비트이고 비트 1이 하위 비트이다.

HW: 7483 가산기 칩을 사용하라.

BB: 74283 가산기 칩을 사용하라.

LW: 7483 가산기 칩과 아홉 개의 데이터 스위치를 사용하라. 출력을 위해서는 2진 검출기(binary probe)를 사용하라. LogicWorks 4는 비트표시를 4부터 1대신에 3부터 0으로 표시한다.

■ **6.** 실습 5의 가산기에 실습 4의 1비트 가산기를 연결하라. 이 1비트 가산기는 5비트 가산기의 상위 비트로 간주하면 된다. *C4*를 실습 4의 가산기의 c_{in}에 연결하라. 그러면 11개의 입력(두개의 5비트 숫자와 캐리 인)과 6개의 출력(1비트 가산기에서 나오는 c_{out}과 *s*, 그리고 덧셈의 결과로 인한 4개의 출력)이 있다는 것을 알 수 있다. 여러 가지의 5비트 숫자의 쌍과 캐리 인을 0또는 1로 입력시켜 테스트하라. 표시기의 결과를 관측하라.

HW: IDL-800 Logic Lab에는 단지 10개의 스위치만 존재한다. *C0*를 접지시키거나 5볼트에 연결하여 0이나 1의 입력이 되게 하라.

■ **7. HW:** 실습 5 가산기의 덧셈 결과로 나온 4개의 출력을(four sum outputs) 7-세그먼트 디스플레이에 사용되는 디코더의 입력에 연결하라. 설사 IDL-800의 입력이 왼쪽부터 오른쪽으로 *A B C D*로 표시되었다 할지라도 최상위 유효비트는 *D*이다. 즉 *∑4*를 *D*에 연결하라. 디스플레이 중에서 하나의 활성화 입력(enable input)을 접지시켜 동작하게 하라[IDL-800에는 디코더와 디스플레이들 사이에 스위치들이 있다. 즉 디스플레이의 특정 세그먼트를 동작하지 않도록 할 수 있다. 모든 실습에서 스위치는 ON 위치(오른쪽으로)에 있어야 한다].

BB: 실습 5의 가산기에서 나오는 출력들을 하나의 7-세그먼트 디스플레이에 연결하라. 합이 9 또는 그것보다 작게 나오는 몇 가지 문제를 시도하라. 그리고 7-세그먼트 디스플레이의 결과를 관측하라. 7-세그먼트 디스플레이는 사실 16진수를 나타내는데, 디스플레이들을 연결시켜서 00에서 1F까지의 합을 나타낼 수 있다(입력 *A*를 오름차순으로 디스플레이에 연결하기만 하면 된다).

LW: 실습 5의 가산기에서 덧셈 결과를 출력하는 4개의 출력을 7449 Display 구동기를 통하여 하나의 7-세그먼트 디스플레이에 연결하라(Simulation IO.clf 메뉴에 있다).

■ **8.** 3비트 2진수를 입력하여(스위치 세 개로), 8개의 LED 중에서 하나를 점등하려고 한다. 74138 디코더를 이용하여 구현하라. 디코더는 항상 동작이 가능하도록 하여야 한다.

■ **9.** 두 개의 74138 디코더와 두 개의 7430(8개의 입력을 가진 NAND 게이트들)을 이용하여 다음의 함수들을 구현하라.

a. $F(A, B, C, D) = \Sigma m(0, 1, 8, 9, 10, 12, 15)$
      $G(A, B, C, D) = \Sigma m(0, 3, 4, 5, 7, 9, 10, 11)$

b. $F(A, B, C, D) + \Sigma m(1, 2, 3, 6, 9, 14, 15)$
      $G(A, B, C, D) + \Sigma m(0, 1, 2, 8, 9, 12, 13, 15)$

c. $f(w, x, y, z) = \Sigma m(0, 1, 4, 5, 8, 15)$
      $g(w, x, y, z) = \Sigma m(1, 2, 3, 7, 8, 10, 11, 14)$
      $h(w, x, y, z) = \Sigma m(0, 1, 6, 7, 9, 10, 14, 15)$

d. $f(a, b, c, d) = \Sigma m(0, 3, 4, 5, 7, 8, 12, 13)$
      $g(a, b, c, d) = \Sigma m(1, 5, 7, 8, 11, 13, 14, 15)$
      $h(a, b, c, d) = \Sigma m(2, 4, 5, 7, 10, 13, 14, 15)$

HW, BB: 입력으로는 스위치를, 출력으로는 LED를 사용하라.

LW: 입력으로는 스위치를, 출력으로는 이진 검출기(binary probe)를 사용하라.

■ **10.** 74161 카운터[6]는 세 입력의 모든 조합을 단계적으로 카운트한다. CLR 입력에 연결된 스위치로 카운터를 0으로 초기화할 수 있다. 이렇게 하지 않으면 출력값이 임의의 값을 갖게 된다. *P*와 *T* 동작입력은 active high이며 병렬 load는 비활성화(+5 볼트)되어 있다. 그러면 *A*, *B*, *C*, *D* 입력은 연결할 필요가 없게 된다.

---

[6] 8장에서 카운터와 74161에 관해 더 자세하게 다룰 것이다. 지금으로서는, 몇 가지의 성질을 보여주는 간단한 도구로만 이용한다.

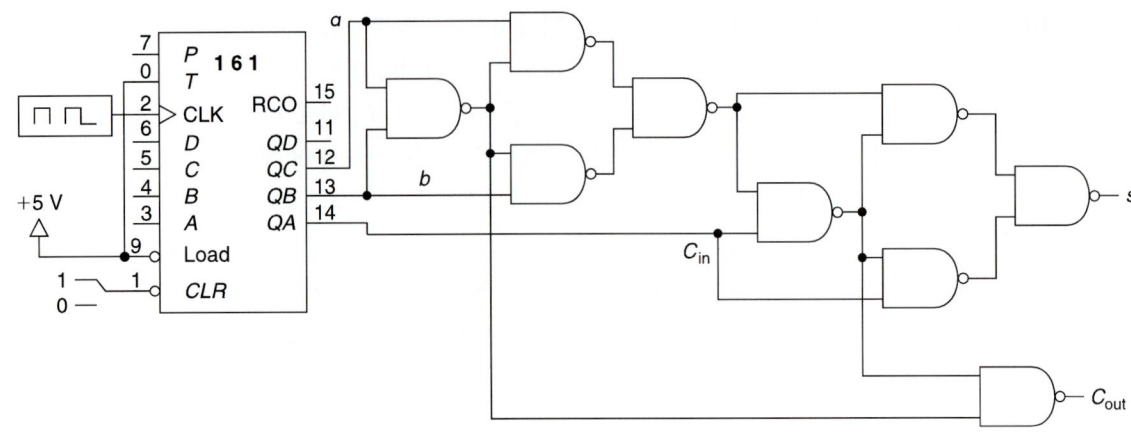

HW, BB: 클럭 주파수를 매우 느리게 하여라.

LW: 지연없이 테스트한 다음 지연을 충분히 주어 지연을 준 효과가 보이게 하라.

■ 11. 연습문제 23의 part b와 c의 해를 구현하라(5장).

■ 12. 한 자리 십진수 가산기를 만들려고 한다. 입력으로는 두 개의 십진수를 변환한 코드(8421코드)와 캐리 입력이 있다. 모든 입력 조합이 다 허용된다고 가정하고 출력은 십진수 코드와 캐리이다(출력 중에서 가장 큰 수는 19이다). 4.8.1절을 보아라.

a. 다섯 개의 LED로 결과를 보이려 한다.

b. 두 개의 7-세그먼트 디스플레이에 결과를 보이려 한다.

HW: IDL-800으로 하려면, 멀티플렉서와 클럭이 있어야 한다. 74157 멀티플렉서는 BCD 입력에서 디스플레이로 가는 숫자 중에서 하나를 고르는 데 사용된다. 고르는 데 사용된 그 신호는 어떤 디스플레이를 동작시킬 것인지를 결정하는 데도 쓰인다. 함수 발생기(function generator)에서 나오는 구형파(square wave)를 사용하라. 디스플레이들은 active low에서 동작하며 둘 중의 하나는 파형이 high일 때 활성화되고, 다른 하나는 low일 때 활성화된다(주의사항: 함수 발생기의 출력은 활성화 입력을 직접 구동시킬 수 없다. 그것은 두개의 인버터를 통하여 활성화 입력에 연결되어야 한다).

LW: 두개의 7449 디스플레이 구동기가 필요하다.

■ 13. NAND 게이트를 이용하여 7-세그먼트 디스플레이 디코더를 설계하라. 용도는 앞의 문제의 십진 가산기의 두 번째 숫자를 위한 것이다. 6일 때 세그먼트 a가 켜지고, 7일 때는 세그먼트 f가, 그리고 9일 때는 세그먼트 d가 점등된다(이것은 각 숫자를 보통과 다른 방식으로 디스플레이한 것이다).

■ **14.** 두 개의 74151 멀티플렉서와 NOT 게이트를 이용하라.

$$f(a, b, c, d) = \Sigma m(0, 3, 4, 5, 7, 8, 12, 13)$$

D.4.3 6장 내용에 기반한 실습

■ **15.** 다음 회로를 연결하라. 7474의 상승에지 트리거(leading edge triggered) D 플립플롭 한 개를 사용하라.

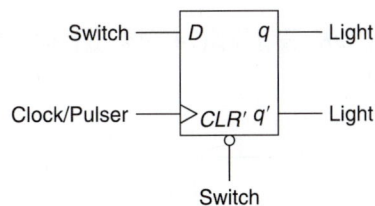

HW, BB: (a) 아래 적어놓은 단계의 순서를 따르면서 두개의 LED에 무엇이 디스플레이 되는지 기록하라.

BB: clock 메뉴에서 clock을 양의 펄스(positive pulse)로 세팅하라.

1. 스위치 $D \to 0$	**8.** 펄스
2. 스위치 $CLR' \to 0$	**9.** 펄스
3. 펄스	**10.** 스위치 $CLR' \to 1$
4. 스위치 $CLR' \to 1$	**11.** 펄스
5. 펄스	**12.** 펄스
6. 스위치 $D \to 1$	**13.** 스위치 $D \to 0$
7. 스위치 $CLR' \to 0$	**14.** 펄스

HW: (b) 펄스발생기(pulser) 대신에 클럭 입력에 구형파 발생기의 출력을 연결하라. 가장 낮은 주파수를 갖도록 하여라. 앞의 순서대로 두 스위치의 입력 패턴을 반복하면서, 결과가 어떻게 되는지 관찰하라.

BB: (b) 클럭의 속도를 상당히 낮게 맞춘 다음, 클럭을 Free Run으로 바꾸어라. 타이밍도(timing diagram)를 리세트하고 다양한 위치에 스위치를 놓아라. 입력이 변할 때와 클럭이 변할 때를 주시하여 언제 출력이 변하는지를 관찰하라.

LW: 프리세트(preset) 입력은 사용하지 않을 경우 논리 1(+5 볼트)에 연결하거나 스위치에 연결해야 한다. 클럭의 속도를 매우 느리게 하고 두 개의 스위치가 변할 때 출력이 어떻게 나타나는 지를 관찰하라.[7] 클럭,

---

7) 스위치들이 동작하기 위해서는 아무런 표시나 언급이 없다 하더라도 클럭(clock) 신호가 가해지거나 스텝(step) 신호가 가해져야만 한다.

*CLR′, D, Q, Q′*에 이름을 붙이고 나서, 두 개의 스위치를 조작하면서 디스플레이를 관찰하라.

■ **16.** *a*. 7473의 하강에지 트리거(trailing-edge triggered) *JK* 플립플롭을 연결할 스위치 하나는 *J*를 위해, 다른 하나는 *K*를 위해 사용한다. 실습 14의 것과 비교가 가능한 테스트 순서(test sequence)를 만들고 출력을 관찰해 보라.

LW: 클리어는 연결되었는지 플립플롭은 초기화되었는지 확인하라.

b. 아래 그림처럼 *JK* 플립플롭(7473에 있는)의 출력을 다음 플립플롭의 입력에 연결하라.

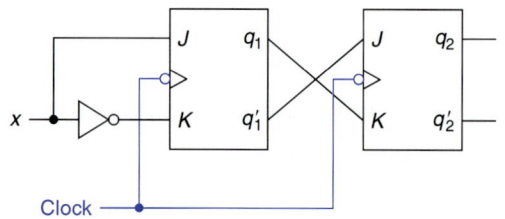

테스트 순서를 만들고 출력을 관찰하라.

■ **17.** 7473, 7404, 7408을 하나씩 사용하여 아래에 있는 회로를 만들어라.

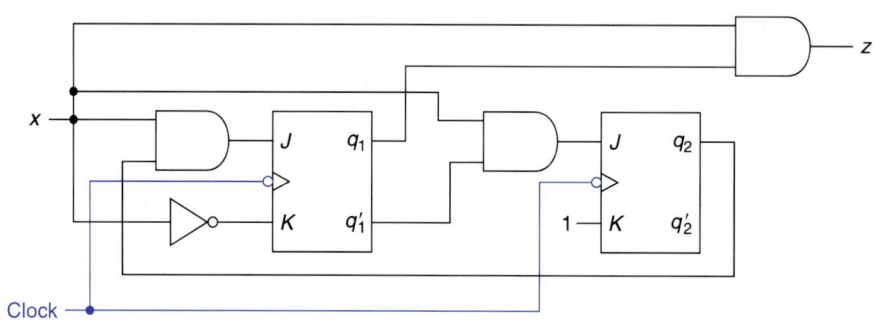

다음과 같은 입력 패턴을 사용하라.

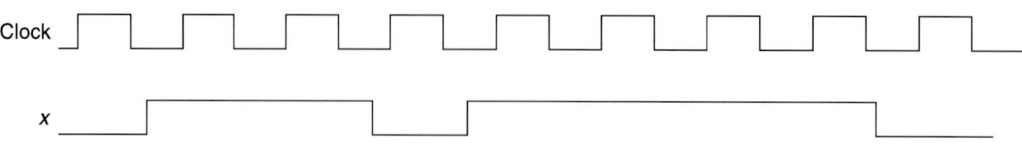

HW: 클럭을 위해 펄스 스위치를 사용하고 몇 초 동안 유지하라(펄스 스위치를 누를 때 상승에지가 발생하고, 스위치를 놓을 때 하강에지가 생긴다. 스위치를 누를 때는 확실하게 누른 상태를 유지하라. 그렇지 않으면 0과 1사이를 왔다 갔다 한다).

BB : 클럭은 느린 속도로, Step에 맞추고도 해 보고, Free Run에 맞추고도 해 보라.

LW: 스위치 하나를 x에 연결하고, 클럭의 속도를 가장 낮추어라. 클럭, x, q_1, q_2에 이름을 붙여 동작을 관찰할 수 있도록 한다. 스위치를 조종하여 위의 입력 패턴을 만들어라. 입력 패턴의 끝에 도착하면 디스플레이를 멈추고 타이밍도를 출력한다.[8]

■ **18.** *a.* 연습문제 8a의 회로(6장의 마지막)를 만들어 테스트하라.
　　b. 연습문제 8b의 회로(6장의 마지막)를 만들어 테스트하라.

D.4.4 7장에 기반한 실습

■ **19.** 7장 연습문제에 각각의 상태표에 대해서 NAND 게이트와 다음의 플립플롭을 사용하여 설계, 구축 및 회로 테스트를 시행하라.
　　　i. *D* 플립플롭
　　　ii. *JK* 플립플롭
　a.　연습문제 7.2a
　b.　연습문제 7.2d
　c.　연습문제 7.2f
　d.　연습문제 7.3c
　e.　연습문제 7.3e

■ **20.** 동기식 12진 카운터(base-12 counter)를 만들되, *JK* 플립플롭들과 한 개의 NAND 게이트를 사용하라.

■ **21.** *D* 플립플롭들과 NAND 게이트들을 사용하여 동기식 카운터를 만들어라. 다음의 순서로 진행한다.
　　　i. 1　3　5　7　6　4　2　0 그리고 반복
　　　ii. 1　3　4　7　2　6　0 그리고 반복
　　iii. 6　5　4　3　2　1 그리고 반복
　　　iv. 1　3　4　7　6 그리고 반복
　　　v. 1　2　4　5　0　6 그리고 반복
　　　vi. 1　4　0　3　5　2 그리고 반복

---

[8] 출력을 하려면, 타이밍 디스플레이를 마우스로 클릭한 뒤, File 메뉴에서 Print Timing을 선택한다. 또한 Select All을 한 뒤에 타이밍도를 다른 문서에 복사하는 것도 가능하다.

클럭의 속도를 가장 느리게 하라.

a. 세 개의 LED에 결과를 출력하라.

b. 7-세그먼트 디스플레이의 하나에 출력들을 연결하라(물론 디스플레이 입력의 처음 비트는 0이다. 활성화 입력을 연결하는 것을 잊지 말라).

HW: IDL-800에서는 클럭 속도를 충분히 낮출 수 없다. 매 클럭 주기마다 상태가 바뀌게 되도록 한 개의 *JK* 플립플롭을 추가하라. 플립플롭의 출력은 입력 주파수의 반이 되는 구형파가 될 것이다. 디스플레이를 구동하기위해 이것을 사용하라.

■ **22.** *JK* 플립플롭들과 NAND 게이트들을 사용하여 비동기식 10진 카운터를 만들어라.

HW, BB, LW: 7-세그먼트 디스플레이에 결과를 보여라.

LW: 카운터를 리세트하기 위하여 스위치 하나를 *CLR'*에 연결하라. 시작할 때에 리셋을 해야 한다. 각각의 플립플롭의 지연을 3으로 하여라.(모두를 선택하여 Simulate 메뉴에서 Simulation Params를 펼친 뒤, 1로 세팅되어 있는 지연을 3으로 바꾸면 된다. 타이밍을 추적하여 클럭 주기 안에 카운터가 해당된 상태에 잘 도달하는지를 보아라. 또한 카운터가 10에 도달한 뒤, 짧은 기간 동안 머물러 있는지도 보아라.

디스플레이를 확대하여(Simulator Palette에 있는 < >를 두세 번 클릭하면 된다) 클럭의 하강에지에 맞추어 출력이 안정되는 시점을 결정하고, 얼마나 오랫동안 시스템이 상태 10에 있는지 결정하라(타이밍 디스플레이를 클릭하면 그 지점에 수직선이 나타날 것이다. 이것이 타이밍 추적을 더욱 정확하게 하도록 도울 것이다).

D.4.5 8장에 기반한 실습

■ **23.** 74164 시프트 레지스터 하나와 최소한의 AND, OR, NOT 게이트를 사용하여 마지막 아홉 개의 입력이 0일 때 출력이 1이 되는 시스템을 설계하고 구축하라.

HW, BB, LW: 클럭을 위해서는 펄스발생기를 사용하고, 입력을 위해서는 스위치를 사용한다.

■ **24.** 두 개의 4비트 숫자를 더하는 직렬 가산기를 설계하여라. 각 숫자는 7495 시프트 레지스터에 저장된다.

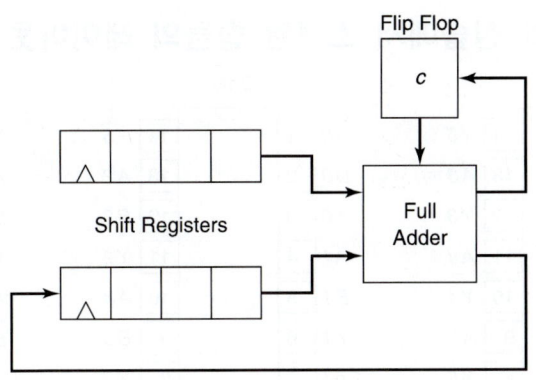

병렬 로드를 사용하여 로드하라. 시작하기 전에, 캐리 저장 플립플롭을 클리어하라. 클럭을 위해서는 펄스발생기를 이용하고, 스위치를 사용하여 로드되는지 시프트되는지를 제어하라. 하위 시프트 레지스터의 내용과 캐리 플립플롭을 디스플레이하라. 4개의 펄스가 지난 다음에 결과가 나올 것이다.

■ **25.** 0에서 59까지 계수하는 카운터를 설계하라. 두 개의 7-세그먼트 디스플레이에 카운트를 보여라.

HW: 두 수를 번갈아 가면서 동작시키는 디스플레이는 카운터 클럭보다 훨씬 더 빠른 클럭을 필요로 한다. 두 가지 대안이 있다.

a. 펄스발생기를 사용하여 카운트하는 것을 체크한다.

b. 클럭의 주파수를 충분히 빠르게 하여 좋은 디스플레이를 얻도록 한다. 그리고 나서 추가 카운터들을 사용하여 주파수를 줄인다(2진 카운터의 0볼트 출력은 매 16개의 클럭 입력에 대한 출력인 것을 기억하라).

■ **26.** 8장의 연습문제 12a의 답을 구현하라.

D.5 본문과 실습에서 소개된 칩들의 레이아웃

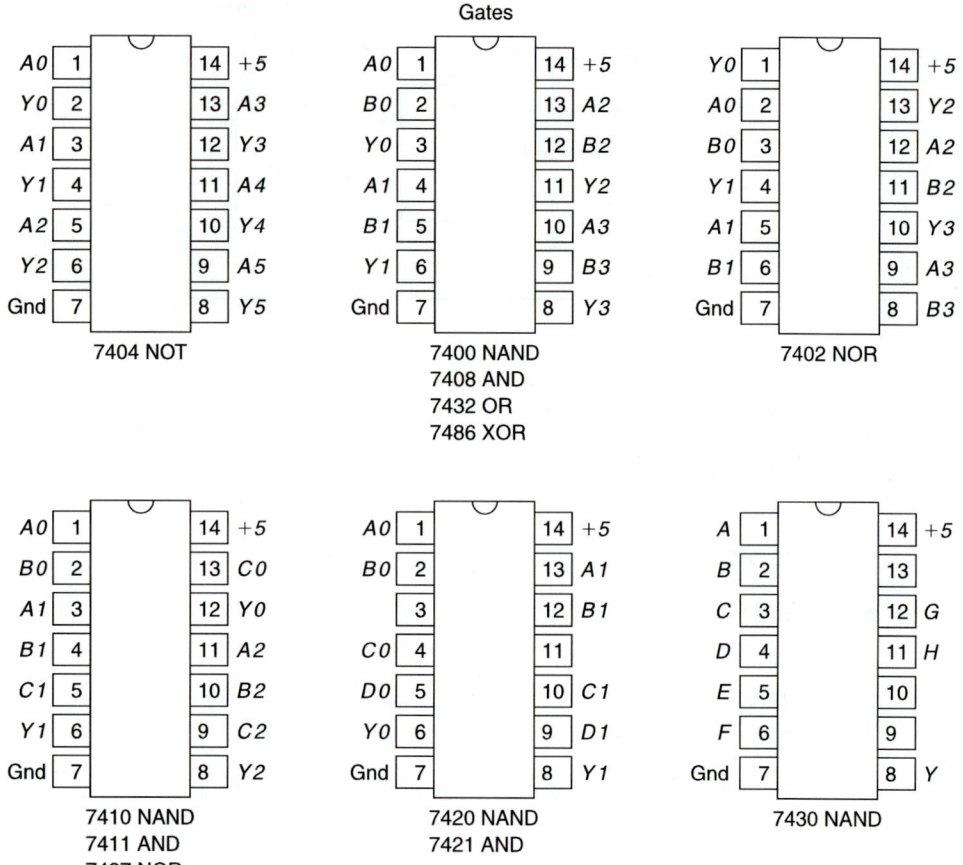

$A1$은 게이트 1의 한 입력이고, $B1$은 두 번째 입력이고, $\cdots$, $Y1$은 게이트 1의 출력이다. 라벨이 없는 핀은 연결하지 않는다.

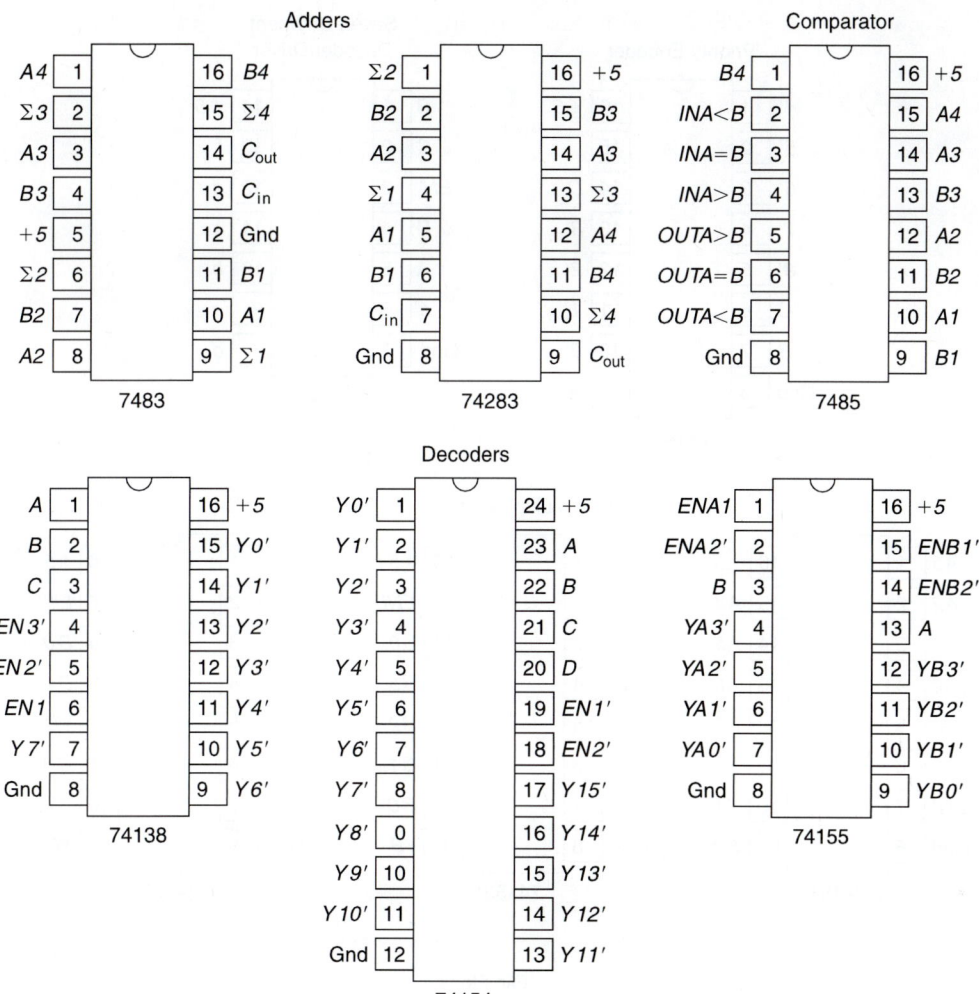

Adders

7483

A4	1		16	B4
Σ3	2		15	Σ4
A3	3		14	C_{out}
B3	4		13	C_{in}
+5	5		12	Gnd
Σ2	6		11	B1
B2	7		10	A1
A2	8		9	Σ1

74283

Σ2	1		16	+5
B2	2		15	B3
A2	3		14	A3
Σ1	4		13	Σ3
A1	5		12	A4
B1	6		11	B4
C_{in}	7		10	Σ4
Gnd	8		9	C_{out}

Comparator

7485

B4	1		16	+5
INA<B	2		15	A4
INA=B	3		14	A3
INA>B	4		13	B3
OUTA>B	5		12	A2
OUTA=B	6		11	B2
OUTA<B	7		10	A1
Gnd	8		9	B1

Decoders

74138

A	1		16	+5
B	2		15	Y0'
C	3		14	Y1'
EN3'	4		13	Y2'
EN2'	5		12	Y3'
EN1	6		11	Y4'
Y7'	7		10	Y5'
Gnd	8		9	Y6'

74154

Y0'	1		24	+5
Y1'	2		23	A
Y2'	3		22	B
Y3'	4		21	C
Y4'	5		20	D
Y5'	6		19	EN1'
Y6'	7		18	EN2'
Y7'	8		17	Y15'
Y8'	0		16	Y14'
Y9'	10		15	Y13'
Y10'	11		14	Y12'
Gnd	12		13	Y11'

74155

ENA1	1		16	+5
ENA2'	2		15	ENB1'
B	3		14	ENB2'
YA3'	4		13	A
YA2'	5		12	YB3'
YA1'	6		11	YB2'
YA0'	7		10	YB1'
Gnd	8		9	YB0'

Priority Encoder

4'	1		16	+5
5'	2		15	
6'	3		14	D
7'	4		13	3'
8'	5		12	2'
C	6		11	1'
B	7		10	9'
Gnd	8		9	A

74147

Seven-Segment
Decoder/Driver

B	1		14	+5
C	2		13	f
EN'	3		12	g
D	4		11	a
A	5		10	b
e	6		9	c
Gnd	7		8	d

7449

Multiplexers

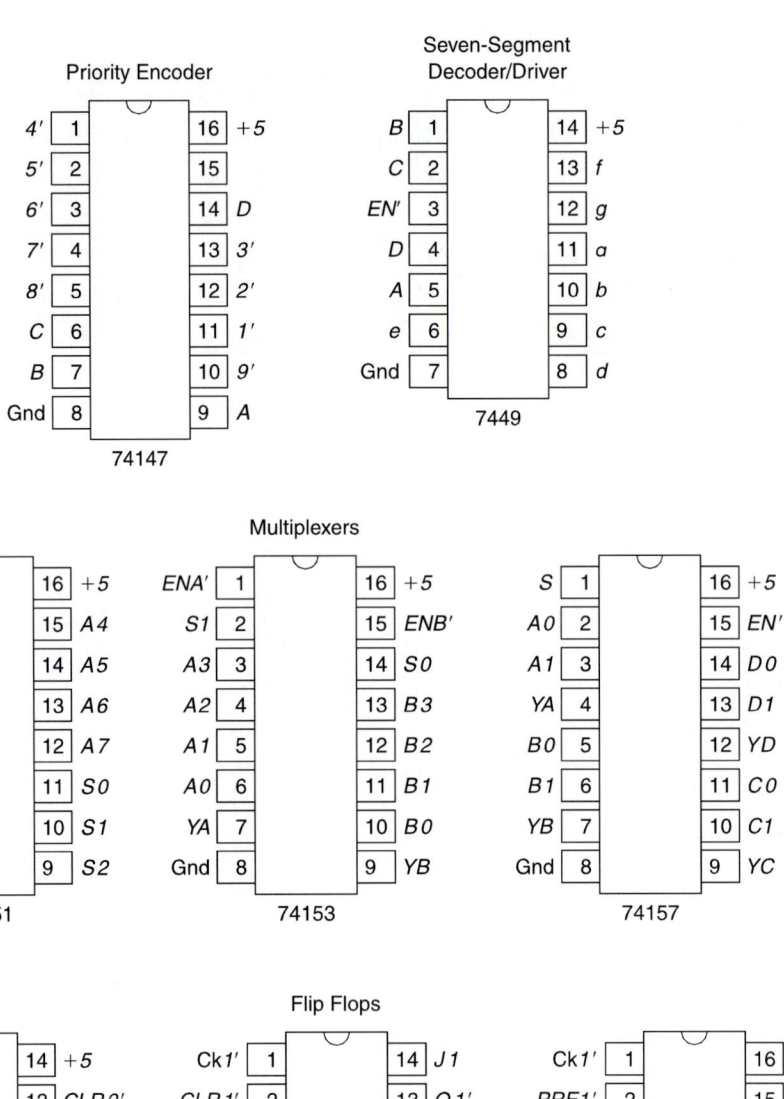

A3	1		16	+5
A2	2		15	A4
A1	3		14	A5
A0	4		13	A6
Y	5		12	A7
Y'	6		11	S0
EN'	7		10	S1
Gnd	8		9	S2

74151

ENA'	1		16	+5
S1	2		15	ENB'
A3	3		14	S0
A2	4		13	B3
A1	5		12	B2
A0	6		11	B1
YA	7		10	B0
Gnd	8		9	YB

74153

S	1		16	+5
A0	2		15	EN'
A1	3		14	D0
YA	4		13	D1
B0	5		12	YD
B1	6		11	C0
YB	7		10	C1
Gnd	8		9	YC

74157

Flip Flops

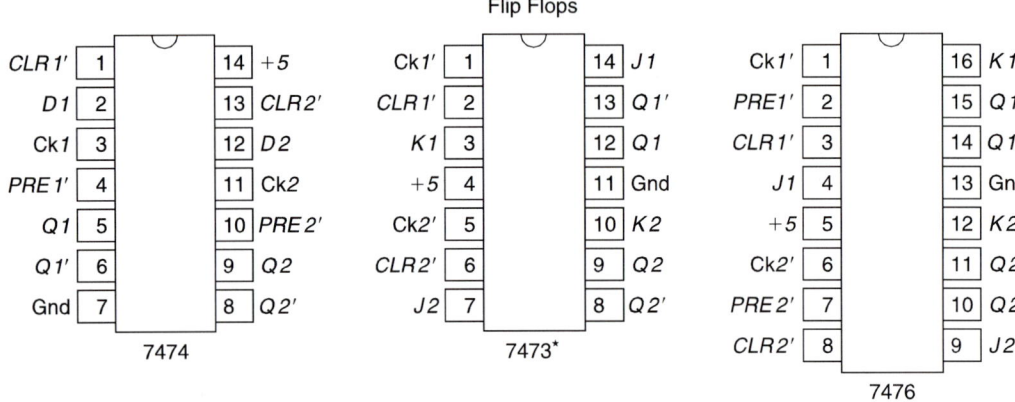

CLR1'	1		14	+5
D1	2		13	CLR2'
Ck1	3		12	D2
PRE1'	4		11	Ck2
Q1	5		10	PRE2'
Q1'	6		9	Q2
Gnd	7		8	Q2'

7474

Ck1'	1		14	J1
CLR1'	2		13	Q1'
K1	3		12	Q1
+5	4		11	Gnd
Ck2'	5		10	K2
CLR2'	6		9	Q2
J2	7		8	Q2'

7473*

Ck1'	1		16	K1
PRE1'	2		15	Q1
CLR1'	3		14	Q1'
J1	4		13	Gnd
+5	5		12	K2
Ck2'	6		11	Q2
PRE2'	7		10	Q2'
CLR2'	8		9	J2

7476

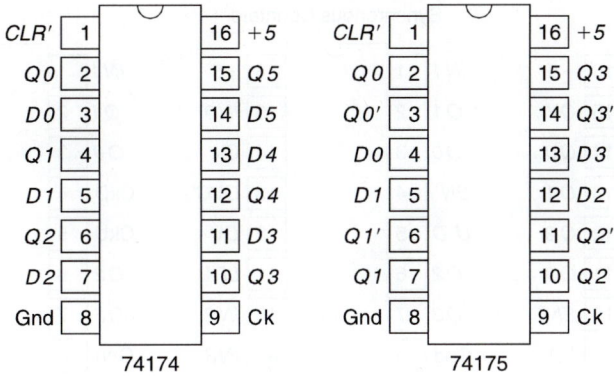

74174   74175

Shift Registers

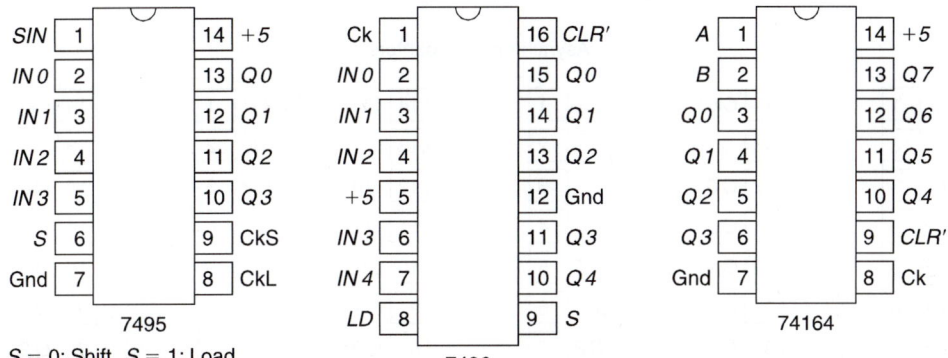

7495

S = 0: Shift, S = 1: Load
CkS: Shift clock
CkL: Load clock
SIN: Serial left bit Input

7496

74164

Shift Registers

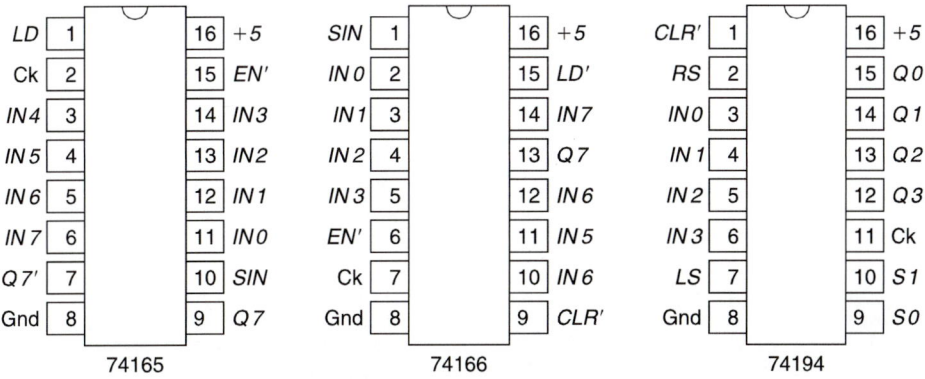

74165   74166   74194

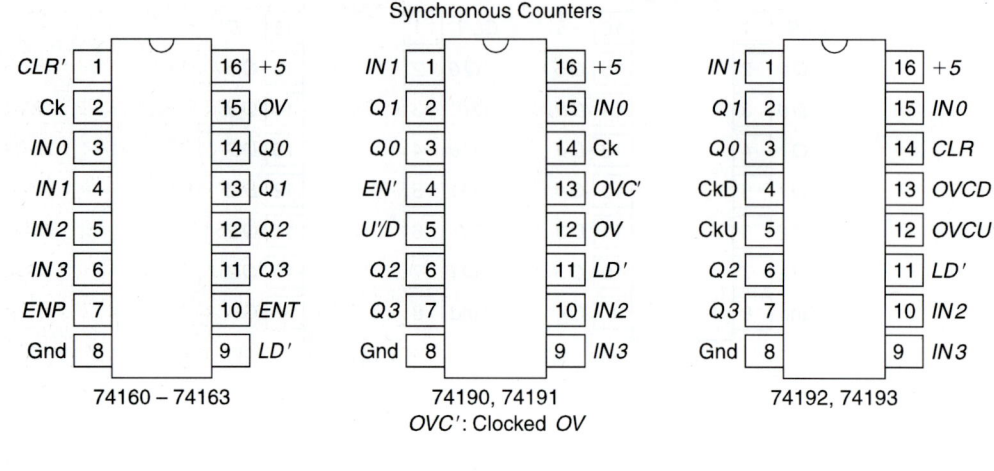

Synchronous Counters

74160 – 74163

CLR'	1		16	+5	
Ck	2		15	OV	
IN0	3		14	Q0	
IN1	4		13	Q1	
IN2	5		12	Q2	
IN3	6		11	Q3	
ENP	7		10	ENT	
Gnd	8		9	LD'	

74190, 74191
OVC': Clocked OV

IN1	1		16	+5	
Q1	2		15	IN0	
Q0	3		14	Ck	
EN'	4		13	OVC'	
U'/D	5		12	OV	
Q2	6		11	LD'	
Q3	7		10	IN2	
Gnd	8		9	IN3	

74192, 74193

IN1	1		16	+5	
Q1	2		15	IN0	
Q0	3		14	CLR	
CkD	4		13	OVCD'	
CkU	5		12	OVCU'	
Q2	6		11	LD'	
Q3	7		10	IN2	
Gnd	8		9	IN3	

Asynchronous Counters

7490

Ck1'	1		14	Ck0'	
CLR1	2		13		
CLR2	3		12	Q0	
	4		11	Q3	
+5	5		10	Gnd	
SET1	6		9	Q1	
SET2	7		8	Q2	

7492

Ck1'	1		14	Ck0'	
	2		13		
	3		12	Q0	
	4		11	Q1	
+5	5		10	Gnd	
CLR1	6		9	Q2	
CLR2	7		8	Q3	

7493

Ck1'	1		14	Ck0'	
CLR1	2		13		
CLR2	3		12	Q0	
	4		11	Q3	
+5	5		10	Gnd	
	6		9	Q1	
	7		8	Q2	

클리어시키기 위해서 CLR1과 CLR2는 모두 1이어야 한다. 1000으로 세트하기 위해서 SET1과 SET2는 모두 1이어야 한다.

APPENDIX E: 자세한 예제

E.1 조합 예제

예제 E.1

입력 w, x, y, z는 양의 2진 정수를 나타낸다. 출력 f가 1이라는 뜻은 입력이 소수이거나 제곱수라는 말이다. 하지만 입력이 0이면 출력도 0이 된다. 소수는 1과 자기 자신으로만 나누어지는(나머지 없이) 양의 정수이다(0도 완전 제곱수이지만 특별히 이 경우는 제외한다). 가장 적은 수의 NAND 또는 NOR 게이트를 사용하여 이 시스템을 설계하여라.

진리표는 다음과 같다.

w	x	y	z	f
0	0	0	0	0
0	0	0	1	1
0	0	1	0	1
0	0	1	1	1
0	1	0	0	1
0	1	0	1	1
0	1	1	0	0
0	1	1	1	1
1	0	0	0	0
1	0	0	1	1
1	0	1	0	0
1	0	1	1	1
1	1	0	0	0
1	1	0	1	1
1	1	1	0	0
1	1	1	1	0

f와 f'에 대한 맵이 다음에 나타나 있다.

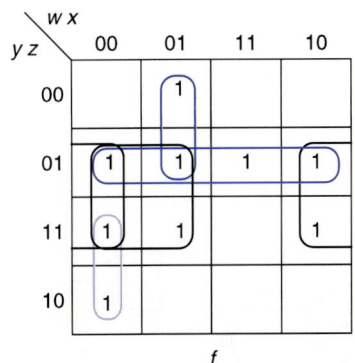

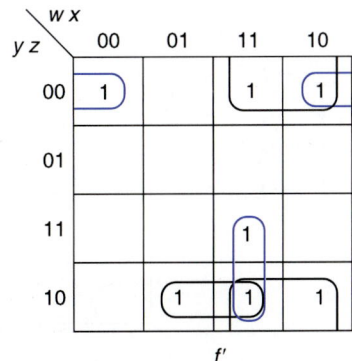

디지털 논리설계

$$f = w'z + x'z + y'z + w'xy' + w'x'y$$
$$f' = wz' + xyz' + wxy + x'y'z'$$
$$f = (w' + z)(x' + y' + z)(w' + x' + y')(x + y + z)$$

2레벨 NAND 게이트를 구현하려면 2–입력 게이트 3개, 3–입력 게이트 2개, 5–입력 게이트 1개로 총 3개의 패키지가 필요하다. 2레벨 NOR 게이트는 4–입력 게이트 1개, 3–입력 게이트 3개, 2–입력 게이트 1개로 총 2개의 패키지가 필요하다(2–입력 게이트를 4–입력 게이트 왼쪽의 입력 중 하나로 사용하면).

NOR의 구현은 다음과 같다.

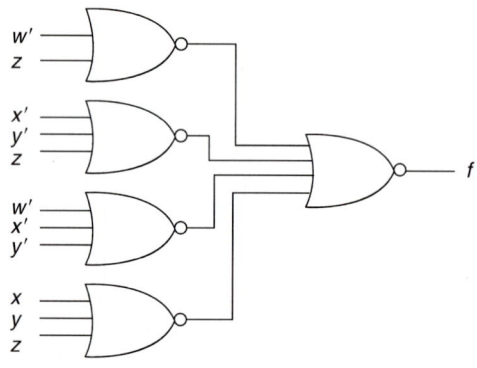

z를 두 번째와 세 번째 항으로부터 묶어내고, w'를 나머지로부터 묶어내면 NAND 게이트를 사용한 구현의 패키지 수를 줄일 수 있다.

$$f = z(x' + y') + w'(z + xy' + x'y)$$
$$= z(x' + y') + w'[z + (x + y)(x' + y')]$$

결과는 다음의 2–입력 NAND 게이트 7개를 사용한 회로와 같다(2 패키지).

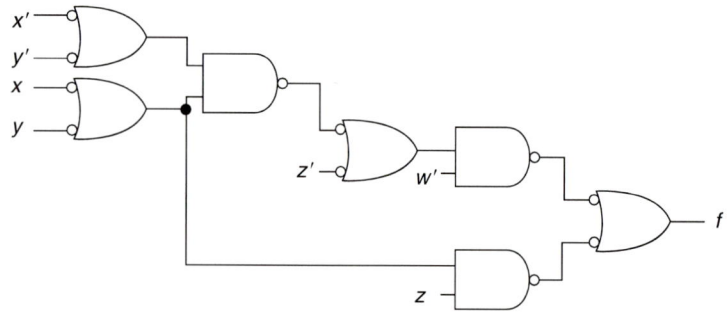

입력은 2421 코드로 10진수 숫자를 나타낸다(표 1.7을 보아라). 코드에서 사용되지 않은 각각의 조합은 또한 10진수 숫자 중 하나를 나타낸다. 숫자가 2나 3의 배수이면(또는 둘 다) 1이 되는 f와 숫자가 보통 사용되는 코드가 아닐 때 1이 되는 g, 두 개의 출력을 가지는 시스템을 설계하여라. 예를 들어, 7은 정상적인 코드 1101(2 + 4 + 0 + 1)이고 코드 0111(0 + 4 + 2 + 1)은 사용되지 않았다. 따라서, 2줄 모두 $f = 0$이 되지만 1101에서 $g = 0$이고 0111에서는 $g = 1$이다.

이 함수에 대한 진리표는 다음과 같다.

w	x	y	z	Digit	f	g
0	0	0	0	0	0	0
0	0	0	1	1	0	0
0	0	1	0	2	1	0
0	0	1	1	3	1	0
0	1	0	0	4	1	0
0	1	0	1	5	0	1
0	1	1	0	6	1	1
0	1	1	1	7	0	1
1	0	0	0	2	1	1
1	0	0	1	3	1	1
1	0	1	0	4	1	1
1	0	1	1	5	0	0
1	1	0	0	6	1	0
1	1	0	1	7	0	0
1	1	1	0	8	1	0
1	1	1	1	9	1	0

곱의합(sum of product)을 이용하는 데서 시작하여 NAND 게이트를 이용한 문제 해결을 할 것이다. 함수 f와 g는 아래와 같이 나타난다.

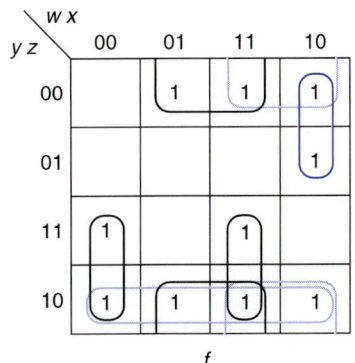

f

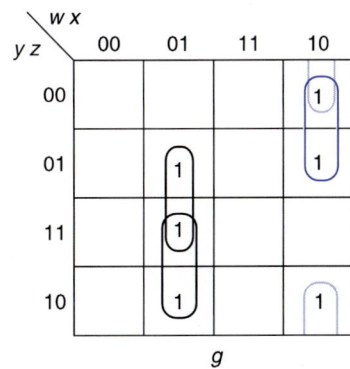

g

f와 g에 대한 최소항의 곱의합은 다음과 같다.

$$f = xz' + w'x'y + wxy + wx'y' + \{wz' \text{ or } yz'\}$$
$$g = w'xy + w'xz + wx'y' + wx'z'$$

2레벨의 해결 방법은 2-입력 게이트 2개, 3-입력 게이트 6개($wx'y'$에 대한 게이트는 공유한다면), 4-입력 게이트 1개와 5-입력 게이트 1개를 필요로 한다. 총 5개의 패키지가 필요하다.

    f의 마지막 항 대신 $wx'z'$를 사용하면 공유의 이점을 얻을 수 있다. 2-입력 게이트는 여분의 4-입력 1개를 사용하여 구현할 수 있으므로 패키지를 4개로 줄일 수 있다. 각 함수는 2개의 공유를 통해 2-입력 게이트만을 사용하여 구현될 수 있지만 총 17개의 게이트를 필요로 한다(5 패키지).

$$f = z' (x + y) + [w' + (x + y') (x' + y)] [w + x'y]$$
$$g = w' (xy + xz) + w (x'y' + x'z')$$

다른 접근 방법은 2-입력 게이트와 3-입력 게이트를 사용하는 것인데 다음 식과 같다.

$$f = xz' + y (w'x' + wx) + wx' (y' + z')$$
$$g = w'x (y + z) + wx' (y' + z')$$

3-입력 게이트 3개와 2-입력 게이트 8개를 사용하여 3개의 패키지로 구성한 결과는 아래의 회로에 보이고 있다.

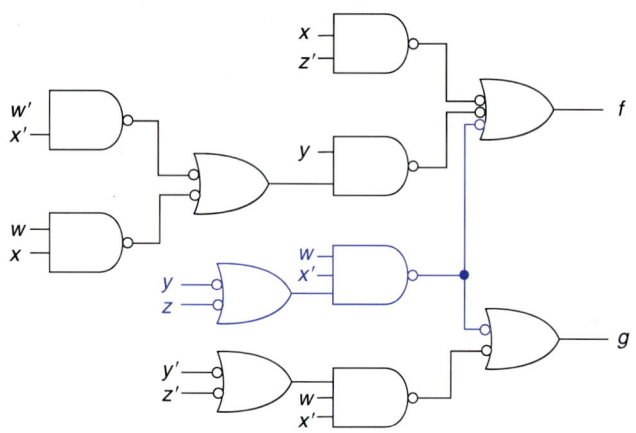

다음으로 합의곱(product of sum)과 NOR 게이트를 이용한 구현을 살펴볼 것이다. f'와 g'에 대한 카르노 맵은 다음과 같다.

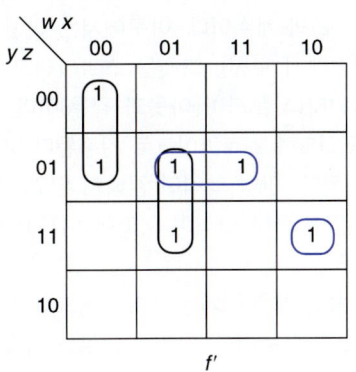 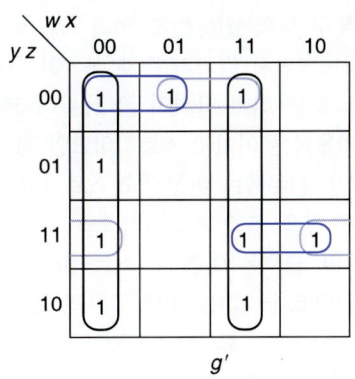

$$f' = w'x'y' + w'xz + xy'z + wx'yz$$
$$g' = w'x' + wx + \{w'y'z' \text{ or } xy'z'\} + \{wyz \text{ or } x'yz\}$$

또는 첫 번째 식을 변형하면 다음과 같다.

$$f = (w + x + y)(w + x' + z')(x' + y + z')(w' + x + y' + z')$$
$$g = (w + x)(w' + x')(w + y + z)(w' + y' + z')$$

2레벨 해결 방법은 2-입력 게이트 2개, 3-입력 게이트 5개, 4-입력 게이트 3개를 필요로 하는데 4개의 패키지가 된다. 2-입력 게이트만을 사용하여 구성하거나 4패키지보다 적게 하는 방법은 없다.

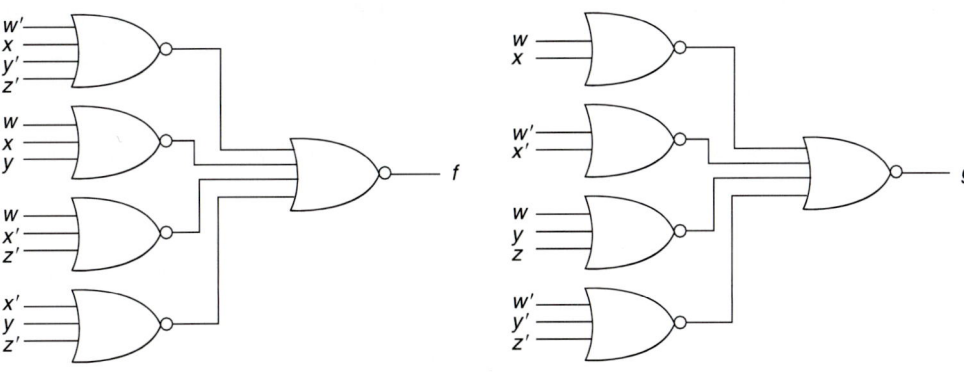

디지털 논리설계

예제 E.3

이번 문제는 야구에서 볼과 스트라이크를 세는 것을 설계하는 것이다. 입력은 이번 투구 전의 볼(0, 1, 2, 3)과 스트라이크(0, 1, 2)의 개수와 이번 투구 후의 결과이다. 출력은 이번 투구 후의 볼(0, 1, 2, 3)과 스트라이크(0, 1, 2)의 개수이다. 야구에서는 어떤 투구에서라도 4가지 결과가 존재한다(이 문제의 관점에서 보면). 그것은 스트라이크, 파울볼, 볼, 또는 이번 타격이 끝나는 어떠한 경우(안타나 플라이 아웃과 같은)이다.

파울볼은 이미 2 스트라이크인 경우를 제외하고 1 스트라이크로 간주된다. 2 스트라이크인 경우에는 여전히 2 스트라이크로 유지된다. 만약 타격이 끝나지 않았으면 이번 투구 후의 볼과 스트라이크의 수가 출력이 된다. 만약 타격이 어떠한 이유에서라도 끝났으면, 출력은 0 볼, 0 스트라이크가 된다.

입력(6개—2개는 이번 투구의 결과, 2개는 볼의 개수, 2개는 스트라이크의 개수)과 출력(5개—3개는 볼, 2개는 스트라이크)에 관한 코드를 보여라. 그리고 카르노 맵을 보이고 NAND 게이트를 이용하여 구현하여라.

주: 더 완벽한 문제는 아웃의 수도 포함될 것이지만 두 가지 사항을 수반한다. 투구 전 아웃의 수를 위한 입력과 병살, 도루사뿐만 아니라 안타와 아웃을 구별 짓는 투구 결과를 나타내는 더 많은 입력이 필요하다.

우선 볼의 개수를 나타내기 위해 입력 a와 b를 사용할 것이다. 다음으로 스트라이크 개수를 나타내기 위해 c와 d를 사용하고(절대 3이 될 수 없다), 마지막으로 e와 f를 사용하여 투구 결과를 다음과 같이 나타낸다.

e	f	결과
0	0	스트라이크
0	1	파울
1	0	볼
1	1	그 밖의

출력 w와 x는 투구 후의 볼의 개수를 나타내고, y와 z는 투구 후의 스트라이크 개수를 나타낸다.

6개 변수에 대한 맵이 다음에 나타난다. 각각의 줄은 볼의 개수이고, 열은 스트라이크의 개수이다. 투구 전에는 3 스트라이크는 절대 없으므로 11에 대한 열은 고려하지 않는다.

최소항의 곱의합은 다음과 같다.

$$w = a'bef' + ab'ef' + ac'e' + ae'f$$
$$x = b'ef' + bc'e' + be'f$$
$$y = de' + ce'f + a'bcef' + ab'cef'$$
$$z = c'd'e' + a'def' + b'def'$$

공유의 이점을 주는(3.8절과 같이) 공통 주내포항은 존재하지 않는다. 그대로 시스템을 구현하면 총 9패키지가 필요하다.

	게이트	패키지
5입력	2	2
4입력	6	3
3입력	9	3
2입력	1	1

공유의 이점을 위해 w의 처음 2개 항과 y의 마지막 2개 항, 그리고 x와 z에서 공통 문자로 묶어내면 다음과 같이 식을 조작할 수 있다.

$$w = (a'b + ab')\,ef' + ae'\,(c' + f)$$
$$x = b'ef' + be'\,(c' + f)$$
$$y = de' + ce'f + (a'b + ab')\,cef' = de' + c\,[e'f + (a'b + ab')\,ef']$$
$$z = c'd'e' + def'\,(a' + b')$$

$(a'b + ab')ef'$와 $(c' + f')$ 항은 공유가 되고, 이것은 6패키지만을 필요로 한다는 것을 주목하라(여분의 3 또는 4-입력 게이트는 13번째 2-입력으로 사용된다).

	게이트	패키지
4입력	1	1
3입력	5	2
2입력	13	3

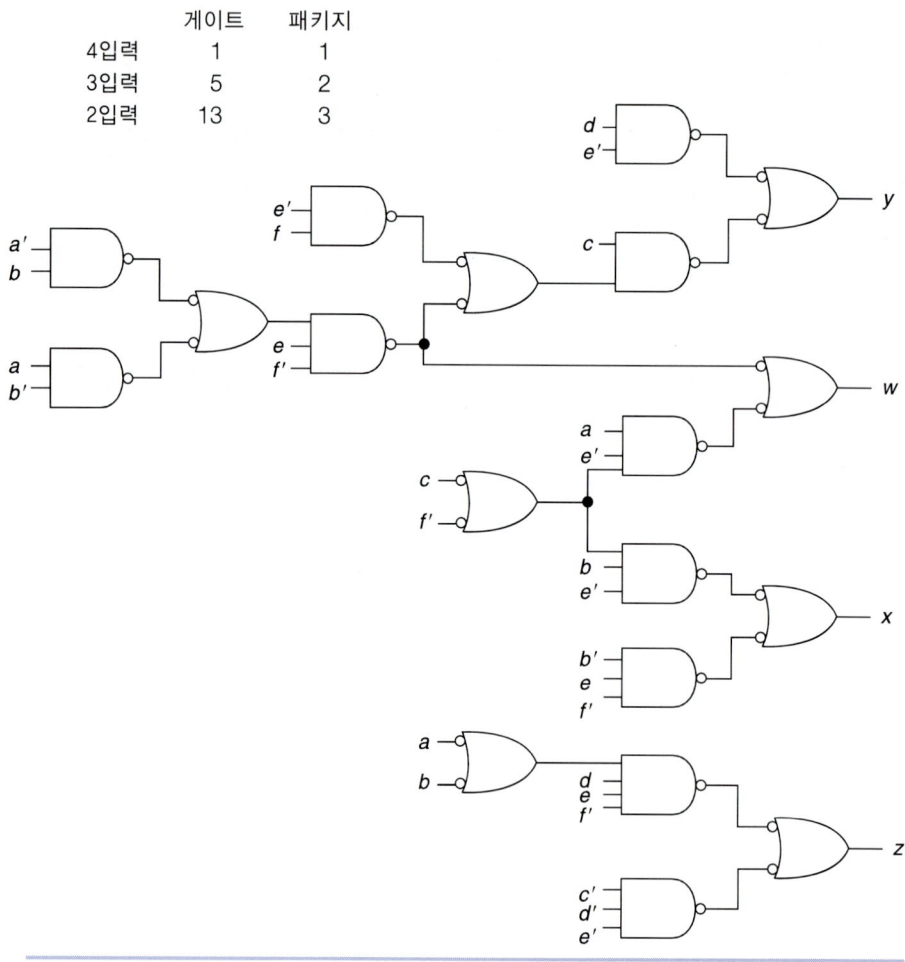

E.2 순차 예제

하나의 입력 x와 입력이 두 번 연속적으로 0이면 바뀌는 출력 z를 가지는 무어 시스템
을 설계하라. 시스템 출력의 초기값은 0이다. JK 플립플롭과 NAND를 사용해 구현하라.

보기

```
x   1 1 0 0 1 0 0 1 0 0 0 1 0 0 1 0 1 0 1 0 0 0 0 0
z   0 0 0 0 1 1 1 0 0 0 1 0 0 0 1 1 1 1 1 0 1 0 1
```

보기에서 2번 이상의 연속적인 입력 0은 출력을 계속 바꾼다는 것을 알 수 있다.

　　2가지 상태가 있는데, A는 출력이 0, B는 출력이 1일 때이다. 여기서 입력 1은 상
태가 유지되고, 입력 0은 상태가 전이된다. 다른 상태 C는 출력이 0인데 0이 입력되었
을 때이고, D는 출력이 1인데 0이 입력되었을 때이다. 이것은 다음과 같은 상태 그림으
로 나타난다.

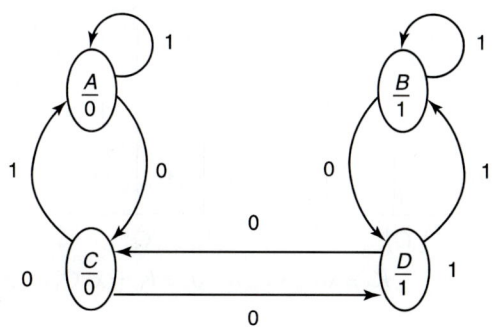

연속적인 0 입력과 상태 C와 D 사이의 전이를 포함한 상태표는 다음과 같다.

Q	$Q^{\star}$		z
	$x = 0$	$x = 1$	
A	C	A	0
B	D	B	1
C	D	A	0
D	C	B	1

우리가 고려해볼 상태 표현이 3가지 있다.

a. Q	Q_1	Q_2
A	0	0
B	0	1
C	1	0
D	1	1

b. Q	Q_1	Q_2
A	0	0
B	0	1
C	1	1
D	1	0

c. Q	Q_1	Q_2
A	0	0
B	1	1
C	0	1
D	1	0

첫 번째와 세 번째에서 a의 경우 $z = Q_2$, c의 경우 $z = Q_1$로 하면 따로 출력 로직이 필

요하지 않다. b의 경우, $z = Q_1'Q_2 + Q_1Q_2'$이므로 3개의 게이트가 필요하다. a와 c를 이용해 설계를 할 것이다.

			a.		c.	
x	Q_1	Q_2	$Q_1^\star$	$Q_1^\star$	$Q_1^\star$	$Q_2^\star$
0	0	0	1	0	0	1
0	0	1	1	1	1	0
0	1	0	1	1	0	1
0	1	1	1	0	1	0
1	0	0	0	0	0	0
1	0	1	0	1	0	0
1	1	0	0	0	1	1
1	1	1	0	1	1	1

a에 대한 맵은 다음과 같다.

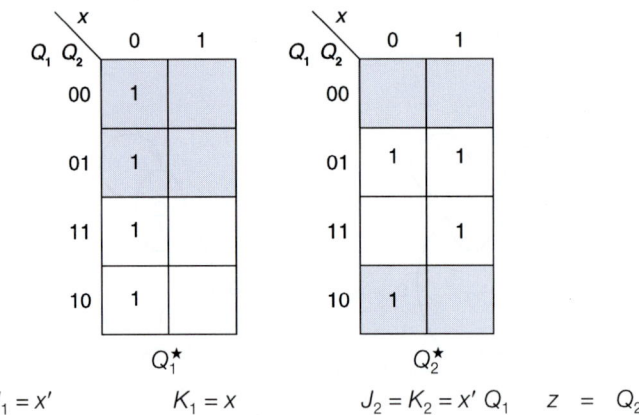

$$J_1 = x' \qquad K_1 = x \qquad J_2 = K_2 = x'\,Q_1 \qquad z = Q_2$$

2-입력 NAND 1개와 반전기 2개가 필요하다.[9]

c에 대한 맵은 다음과 같다.

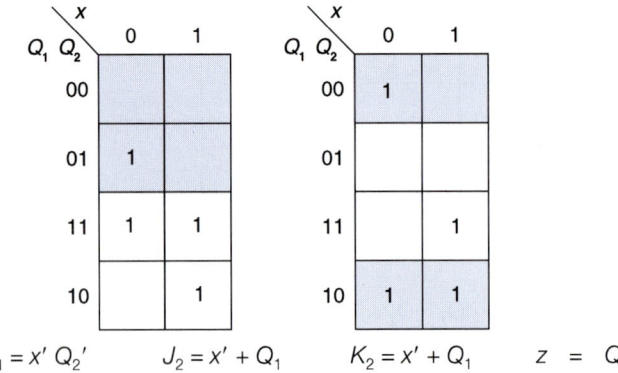

$$J_1 = K_1 = x'\,Q_2' \qquad J_2 = x' + Q_1 \qquad K_2 = x' + Q_1 \qquad z = Q_1$$

2-입력 NAND 3개와 반전기 2개가 필요하다(b의 경우 2-입력 NAND 4개, 반전기 1개).

---

9) 9장에서 JK 플립플롭 사용한 제일 간단한 형태의 Q_1에 대한 입력을 볼 수 있을 것이다.

a에 대한 회로는 다음과 같이 된다.

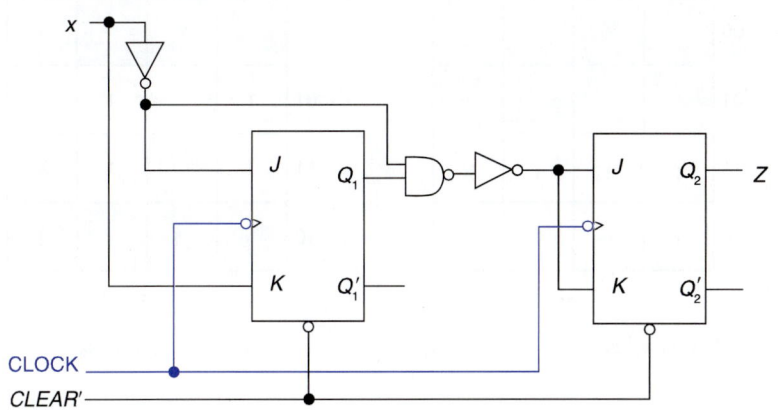

NOT 게이트는 Q_2의 입력에서 AND를 만들기 위해 필요하다. 또한 *CLEAR'* 신호는 시스템을 상태 00으로 초기화하는 것을 보여준다.

예제 E.5

최대 3명이 들어갈 수 있는 작은 방에서의 자동 조명 제어기를 설계할 것이다. 누군가가 방에 들어올 때마다 한 클럭 주기동안 선 x_1이 1이 되는 신호와 비슷하게 누군가가 나갈 때마다 동작하는 선 x_2가 있다. 방이 비었을 때 조명은 꺼지고, 한 명이라도 방 안에 있으면 켜진다. 출력 z_1이 조명을 제어한다. 만약 방이 꽉 찼으면 방 바깥쪽의 빨간불이 출력 z_2에 의해 켜진다.

방 안의 사람 수를 세기 위해 0으로 초기화 되어있는 상/하향 계수기 AB가 필요하다. 예제 7.8에서 보았던 계수기와는 조금의 차이가 있다. 왜냐하면 상향과 하향에 대한 입력이 분리되기 때문이다.

상태표는 다음과 같다.

AB	x_1x_2	$A^{\star}B^{\star}$			z_1z_2
	0 0	0 1	1 0	1 1	
0 0	0 0	X X	0 1	0 0	0 0
0 1	0 1	0 0	1 0	0 1	1 0
1 0	1 0	0 1	1 1	1 0	1 0
1 1	1 1	1 0	X X	1 1	1 1

누군가가 들어왔을 때 계수기는 상향되고(열 10) 누군가가 나갔을 때 하향된다(열 01). 방이 꽉 찼을 때는 아무도 안 들어오고 비었을 때는 나가는 사람이 없다고 가정한다(무정의로 처리한다). 계수기가 0이 아닐 때 첫 번째 출력은 1이고, 3일 때 두 번째 출력은 1이다(이것은 무어 시스템이다).

출력에 관한 식은 상태표로부터 얻을 수 있다.

$$z_1 = A + B \qquad z_2 = AB$$

다음 상태에 대한 맵은 다음에 나타나 있다. J에 관한 것은 음영 처리 되었다.

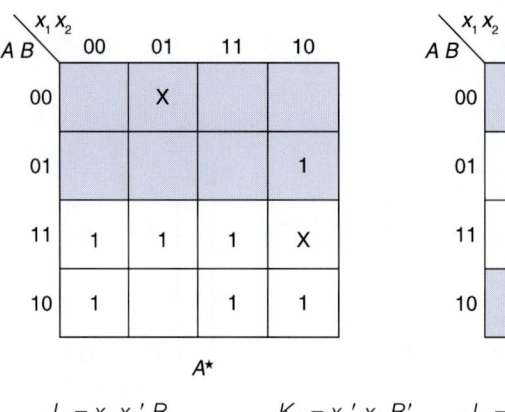

$$J_A = x_1 x_2' B \qquad K_A = x_1' x_2 B' \qquad J_B = K_B = x_1' x_2 + x_1 x_2'$$

회로는 다음과 같고 초기화에 *CLEAR* '가 사용되었다.

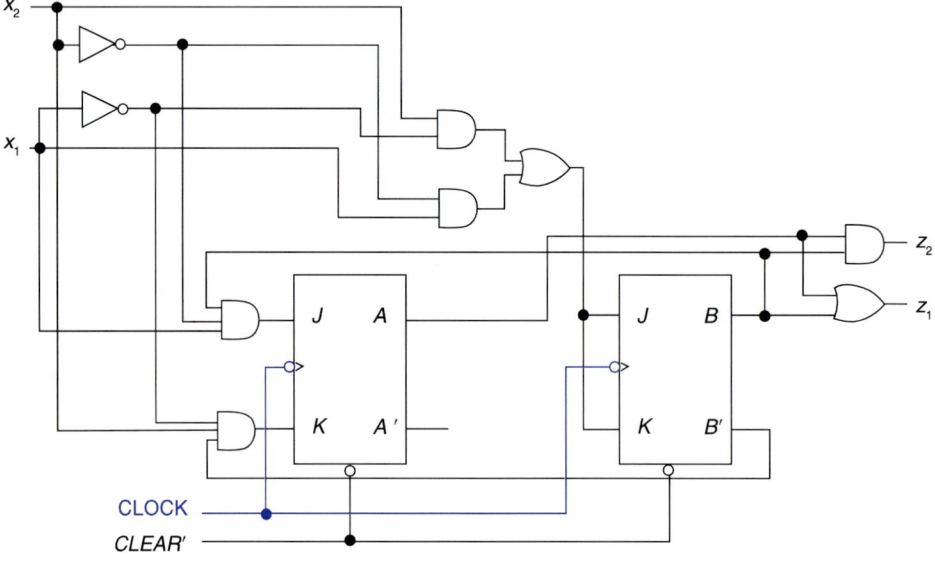

예제 E.6

입력 형태가 1 0 1 1이면 1을 출력하는 무어 시스템을 JK 플립플롭을 사용하여 설계하라.

- a. 중복이 허용되지 않으면 (5개 상태)
- b. 중복이 허용되면 (5개 상태)
- c. 출력이 1일 때 입력 형태가 반복되면 출력은 1 유지 (7개 상태)

보기

x 0 0 1 0 1 1 0 1 1 1 0 1 1 0 1 1 0 0

z_a ? 0 0 0 0 0 1 0 0 0 0 0 0 1 0 0 0 0 0 0

z_b ? 0 0 0 0 0 1 0 0 1 0 0 0 1 0 0 1 0 0 0 0

z_c ? 0 0 0 0 0 1 1 1 1 0 0 0 1 1 1 1 1 0 0 0

세 경우 모두 상태 A에서 시작하여 처음으로 1이 입력되면 상태 B로 이동한다. 0이 입력되면 C로 이동하고, 두 번째 1이 입력되면 D로 이동한다. 그리고 한 형태가 완료되면 E로 이동하고 출력은 1이 된다. 첫 번째 상태 그림은 a와 b에 대한 것을 보여주고 있다.

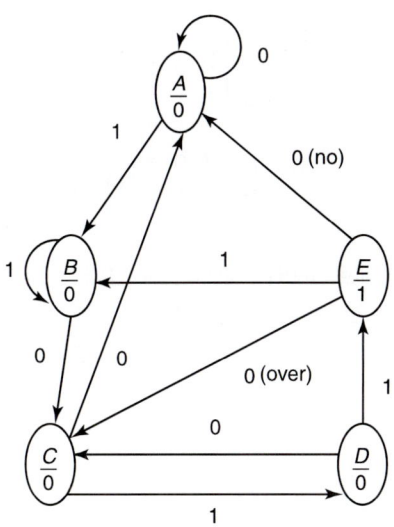

E로 이동한 후에 입력 1은 새로운 입력 형태의 첫 번째 1일 것이다(상태 B). 만약 중복이 허용되지 않는다면 입력 0으로 여기서 끝이 나고 상태 A로 돌아가게 된다. 만약 중복이 허용되면 새로운 입력 형태의 10이 되고 상태 C로 이동한다.

c에서는 2개의 새로운 상태가 필요하다. E에서 입력 0은 형태의 반복으로 계속 이어지므로 출력은 계속 1이다. 그 다음에 입력 1은 형태를 계속 유지한다(상태 G로 이동). 마지막으로 다른 입력 1은 다음에 보이는 것처럼 다시 상태 G로 돌아가게 한다.

디지털 논리설계

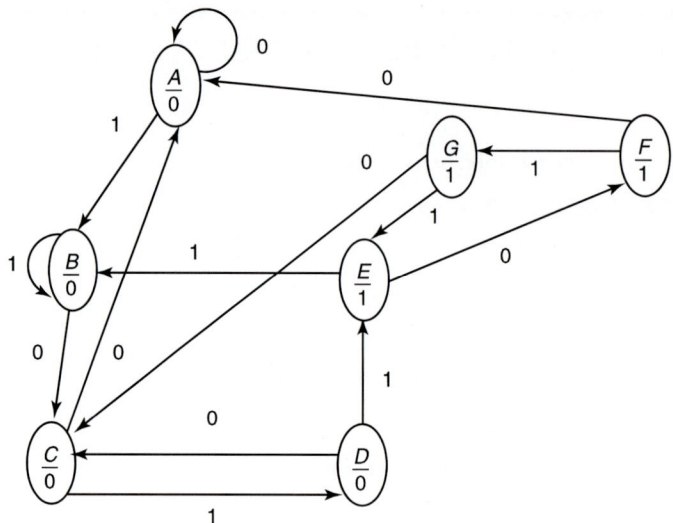

다음으로 *JK* 플립플롭을 이용한 시스템 구현을 볼 것이다. 두 가지의 상태 표현을 고려한다.

a.

Q	$q_1\ q_2\ q_3$
A	0 0 0
B	0 0 1
C	0 1 0
D	0 1 1
E	1 0 0
F	1 0 1
G	1 1 0

b.

Q	$q_1\ q_2\ q_3$
A	0 0 0
B	0 1 0
C	0 0 1
D	0 1 1
E	1 1 0
F	1 0 1
G	1 1 1

첫 번째는 단지 숫자 순서대로 표현한 것이다. 두 번째는 9장의 내용을 사용하였다. 처음에는 상태 그림을 상태표로 변환하고 첫 번째 표현을 써서 진리표를 만들 것이다.

Q	$Q^\star$		z
	x = 0	x = 1	
A	A	B	0
B	C	B	0
C	A	D	0
D	C	E	0
E	F	B	1
F	A	G	1
G	C	E	1

16줄로 된 진리표의 형태는 다음과 같다.

	$x\ q_1\ q_2\ q_3$	$q_1^\star$	$q_2^\star$	$q_3^\star$	$J_1\ K_1$	$J_2\ K_2$	$J_3\ K_3$
A	0 0 0 0	0	0	0	0 X	0 X	0 X
B	0 0 0 1	0	1	0	0 X	1 X	X 1
C	0 0 1 0	0	0	0	0 X	X 1	0 X
D	0 0 1 1	0	1	0	0 X	X 0	X 1
E	0 1 0 0	1	0	1	X 0	0 X	1 X
F	0 1 0 1	0	0	0	X 1	0 X	X 1
G	0 1 1 0	0	1	0	X 1	X 0	0 X
—	0 1 1 1	X	X	X	X X	X X	X X
A	1 0 0 0	0	0	1	0 X	0 X	1 X
B	1 0 0 1	0	0	1	0 X	0 X	X 0
C	1 0 1 0	0	1	1	0 X	X 0	1 X
D	1 0 1 1	1	0	0	1 X	X 1	X 1
E	1 1 0 0	0	0	1	X 1	0 X	1 X
F	1 1 0 1	1	1	0	X 0	1 X	X 1
G	1 1 1 0	1	0	0	X 0	X 1	0 X
—	1 1 1 1	X	X	X	X X	X X	X X

다음을 얻을 수 있다.

$$J_1 = x\,q_2\,q_3 \qquad\qquad K_1 = x'\,q_2 + x'\,q_3 + x\,q_2'\,q_3'$$
$$J_2 = x'\,q_1'\,q_3 + x\,q_1\,q_3 \qquad K_2 = x'\,q_1'\,q_3' + x\,q_1 + x\,q_3$$
$$J_3 = q_1\,q_2' + x\,q_1' \qquad\qquad K_3 = x + q_1 + q_2$$
$$Z = q_1$$

이것은 2-입력 게이트 8개와 3-입력 게이트 8개를 필요로 하고 추가적으로 x'에 NOT 게이트가 사용된다.

두 번째 표현을 사용하면 다음과 같은 형태의 진리표를 얻을 수 있다.

	$x\ q_1\ q_2\ q_3$	$q_1^\star$	$q_2^\star$	$q_3^\star$
A	0 0 0 0	0	0	0
C	0 0 0 1	0	0	0
B	0 0 1 0	0	0	1
D	0 0 1 1	0	0	1
—	0 1 0 0	X	X	X
F	0 1 0 1	0	0	0
E	0 1 1 0	1	0	1
G	0 1 1 1	0	0	1
A	1 0 0 0	0	1	0
C	1 0 0 1	0	1	1
B	1 0 1 0	0	1	0
D	1 0 1 1	1	1	0
—	1 1 0 0	X	X	X
F	1 1 0 1	1	1	1
E	1 1 1 0	0	1	0
G	1 1 1 1	1	1	0

빠른 방법을 사용하여 맵을 그릴 것이다.

$q_2 q_3$ \ $x q_1$	00	01	11	10
00		X	X	
01			1	
11			1	1
10		1		

$Q_1^\star$

$q_2 q_3$ \ $x q_1$	00	01	11	10
00		X	X	1
01			1	1
11			1	1
10			1	1

$Q_2^\star$

$q_2 q_3$ \ $x q_1$	00	01	11	10
00		X	X	
01			1	1
11	1	1		
10	1	1		

$Q_3^\star$

각 맵의 J 부분은 음영으로 처리하였고, 다음과 같은 식을 얻을 수 있다.

$$J_1 = x\, q_2\, q_3 \qquad K_1 = x\, q_3 + x'\, q_3{}'$$
$$J_2 = x \qquad K_2 = x'$$
$$J_3 = x'\, q_2 \qquad K_3 = x'\, q_2{}' + x\, q_2$$
$$Z = q_1$$

2-입력 게이트 7개와 3-입력 게이트 1개만을 필요로 하며, 추가적으로 x'에 NOT 게이트가 사용된다(3-입력 게이트가 아님).

FLIP FLOPS

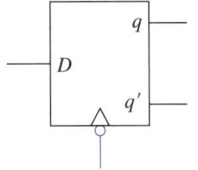

D	q	q★
0	0	0
0	1	0
1	0	1
1	1	1

$$q\star = D$$

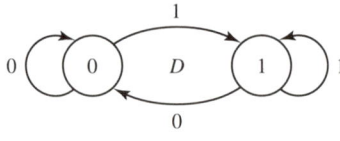

q	q★	D
0	0	0
0	1	1
1	0	0
1	1	1

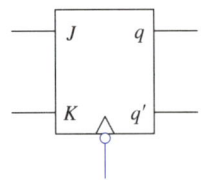

J	K	q	q★
0	0	0	0
0	0	1	1
0	1	0	0
0	1	1	0
1	0	0	1
1	0	1	1
1	1	0	1
1	1	1	0

$$q\star = Jq' + K'q$$

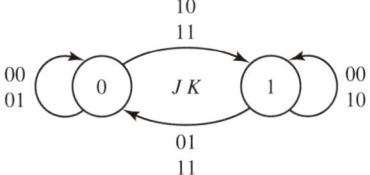

q	q★	J	K
0	0	0	X
0	1	1	X
1	0	X	1
1	1	X	0

FLIP FLOPS

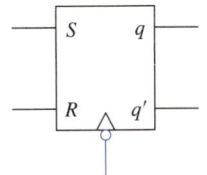

S	R	q	q⋆	
0	0	0	0	
0	0	1	1	
0	1	0	0	
0	1	1	0	
1	0	0	1	
1	0	1	1	
1	1	0	—	not
1	1	1	—	allowed

$$q\star = S + R'q$$

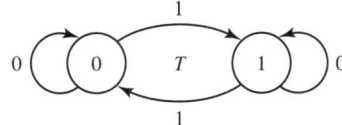

q	q⋆	S	R
0	0	0	X
0	1	1	0
1	0	0	1
1	1	X	0

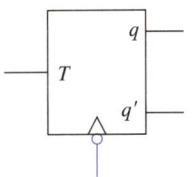

T	q	q⋆
0	0	0
0	1	1
1	0	1
1	1	0

$$q\star = T \oplus q$$

q	q⋆	T
0	0	0
0	1	1
1	0	1
1	1	0